N. BOURBAKI

ÉLÉMENTS DE MATHÉMATIQUE

N. BOURBAKI

ÉLÉMENTS DE
MATHÉMATIQUE

ALGÈBRE

Chapitres 1 à 3

Springer

2ème ed. Réimpression inchangée de l'édition originale de 1970

ISBN-10 3-540-33849-7 Springer Berlin Heidelberg New York
ISBN-13 978-3-540-33849-9 Springer Berlin Heidelberg New York

Springer est membre du Springer Science+Business Media
springer.com

Maquette de couverture: WMXDesign GmbH, Heidelberg
Imprimé sur papier non acide   41/3100/YL - 5 4 3 2 1 0 -

Mode d'emploi de ce traité

NOUVELLE ÉDITION

1. Le traité prend les mathématiques à leur début, et donne des démonstrations complètes. Sa lecture ne suppose donc, en principe, aucune connaissance mathématique particulière, mais seulement une certaine habitude du raisonnement mathématique et un certain pouvoir d'abstraction. Néanmoins, le traité est destiné plus particulièrement à des lecteurs possédant au moins une bonne connaissance des matières enseignées dans la première ou les deux premières années de l'Université.

2. Le mode d'exposition suivi est axiomatique et procède le plus souvent du général au particulier. Les nécessités de la démonstration exigent que les chapitres se suivent, en principe, dans un ordre logique rigoureusement fixé. L'utilité de certaines considérations n'apparaîtra donc au lecteur qu'à la lecture de chapitres ultérieurs, à moins qu'il ne possède déjà des connaissances assez étendues.

3. Le traité est divisé en Livres et chaque Livre en chapitres. Les Livres actuellement publiés, en totalité ou en partie, sont les suivants:

Théorie des Ensembles	désigné par	E
Algèbre	„	A
Topologie générale	„	TG
Fonctions d'une variable réelle	„	FVR
Espaces vectoriels topologiques	„	EVT
Intégration	„	INT
Algèbre commutative	„	AC
Variétés différentielles et analytiques	„	VAR
Groupes et algèbres de Lie	„	LIE
Théories spectrales	„	TS

Dans les *six premiers* Livres (pour l'ordre indiqué ci-dessus), chaque énoncé ne fait appel qu'aux définitions et résultats exposés précédemment dans ce Livre ou dans les Livres *antérieurs*. A partir du septième Livre, le lecteur trouvera éventuellement, au début de chaque Livre ou chapitre, l'indication précise des autres Livres ou chapitres utilisés (les six premiers Livres étant toujours supposés connus).

4. Cependant, quelques passages font exception aux règles précédentes. Ils sont placés entre deux astérisques: * . . . *. Dans certains cas, il s'agit seulement de faciliter la compréhension du texte par des exemples qui se réfèrent à des faits que le lecteur peut déjà connaître par ailleurs. Parfois aussi, on utilise, non seulement les résultats supposés connus dans tout le chapitre en cours, mais des résultats démontrés ailleurs dans le traité. Ces passages seront employés librement dans les parties qui supposent connus les chapitres où ces passages sont insérés et les chapitres auxquels ces passages font appel. Le lecteur pourra, nous l'espérons, vérifier l'absence de tout cercle vicieux.

5. A certains Livres (soit publiés, soit en préparation) sont annexés des *fascicules de résultats*. Ces fascicules contiennent l'essentiel des définitions et des résultats du Livre, mais aucune démonstration.

6. L'armature logique de chaque chapitre est constituée par les *définitions*, les *axiomes* et les *théorèmes* de ce chapitre; c'est là ce qu'il est principalement nécessaire de retenir en vue de ce qui doit suivre. Les résultats moins importants, ou qui peuvent être facilement retrouvés à partir des théorèmes, figurent sous le nom de « propositions », « lemmes », « corollaires », « remarques », etc.; ceux qui peuvent être omis en première lecture sont imprimés en petits caractères. Sous le nom de « scholie », on trouvera quelquefois un commentaire d'un théorème particulièrement important.

Pour éviter des répétitions fastidieuses, on convient parfois d'introduire certaines notations ou certaines abréviations qui ne sont valables qu'à l'intérieur d'un seul chapitre ou d'un seul paragraphe (par exemple, dans un chapitre où tous les anneaux considérés sont commutatifs, on peut convenir que le mot « anneau » signifie toujours « anneau commutatif »). De telles conventions sont explicitement mentionnées à la tête du *chapitre* dans lequel elles s'appliquent.

7. Certains passages sont destinés à prémunir le lecteur contre des erreurs graves, où il risquerait de tomber; ces passages sont signalés en marge par le signe ☡ (« tournant dangereux »).

8. Les exercices sont destinés, d'une part, à permettre au lecteur de vérifier qu'il a bien assimilé le texte; d'autre part à lui faire connaître des résultats qui n'avaient pas leur place dans le texte; les plus difficiles sont marqués du signe ¶.

9. La terminologie suivie dans ce traité a fait l'objet d'une attention particulière. *On s'est efforcé de ne jamais s'écarter de la terminologie reçue sans de très sérieuses raisons.*

10. On a cherché à utiliser, sans sacrifier la simplicité de l'exposé, un langage rigoureusement correct. Autant qu'il a été possible, les *abus de*

langage ou de notation, sans lesquels tout texte mathématique risque de devenir pédantesque et même illisible, ont été signalés au passage.

11. Le texte étant consacré à l'exposé dogmatique d'une théorie, on n'y trouvera qu'exceptionnellement des références bibliographiques; celles-ci sont groupées dans des *Notes historiques*. La bibliographie qui suit chacune de ces Notes ne comporte le plus souvent que les livres et mémoires originaux qui ont eu le plus d'importance dans l'évolution de la théorie considérée; elle ne vise nullement à être complète.

Quant aux exercices, il n'a pas été jugé utile en général d'indiquer leur provenance, qui est très diverse (mémoires originaux, ouvrages didactiques, recueils d'exercices).

12. Dans la nouvelle édition, les renvois à des théorèmes, axiomes, définitions, remarques, etc. sont donnés en principe en indiquant successivement le Livre (par l'abréviation qui lui correspond dans la liste donnée au n° 3), le chapitre et la page où ils se trouvent. A l'intérieur d'un même Livre la mention de ce Livre est supprimée; par exemple, dans le Livre d'Algèbre,

E, III, p. 32, cor. 3

renvoie au corollaire 3 se trouvant au Livre de Théorie des Ensembles, chapitre III, page 32 de ce chapitre;

II, p. 23, *Remarque* 3

renvoie à la Remarque 3 du Livre d'Algèbre, chapitre II, page 23 de ce chapitre.

Les fascicules de résultats sont désignés par la lettre R; par exemple: EVT, R signifie « fascicule de résultats du Livre sur les Espaces vectoriels topologiques ».

Comme certains Livres doivent seulement être publiés plus tard dans la nouvelle édition, les renvois à ces Livres se font en indiquant successivement le Livre, le chapitre, le paragraphe et le numéro où se trouve le résultat en question; par exemple:

AC, III, § 4, n° 5, cor. de la prop. 6.

Au cas où le Livre cité a été modifié au cours d'éditions successives, on indique en outre l'édition.

INTRODUCTION

Faire de l'Algèbre, c'est essentiellement *calculer*, c'est-à-dire effectuer, sur des éléments d'un ensemble, des « opérations algébriques », dont l'exemple le plus connu est fourni par les « quatre règles » de l'arithmétique élémentaire.

Ce n'est pas ici le lieu de retracer le lent processus d'abstraction progressive par lequel la notion d'opération algébrique, d'abord restreinte aux entiers naturels et aux grandeurs mesurables, a peu à peu élargi son domaine, à mesure que se généralisait parallèlement la notion de « nombre », jusqu'à ce que, dépassant cette dernière, elle en vînt à s'appliquer à des éléments qui n'avaient plus aucun caractère « numérique », par exemple aux permutations d'un ensemble (voir Note historique de chap. I). C'est sans doute la possibilité de ces extensions successives, dans lesquelles la *forme* des calculs restait la même, alors que la *nature* des êtres mathématiques soumis à ces calculs variait considérablement, qui a permis de dégager peu à peu le principe directeur des mathématiques modernes, à savoir que les êtres mathématiques, en eux-mêmes, importent peu: ce qui compte, ce sont leurs *relations* (voir Livre I). Il est certain, en tout cas, que l'Algèbre a atteint ce niveau d'abstraction bien avant les autres parties de la Mathématique, et il y a longtemps déjà qu'on s'est accoutumé à la considérer comme l'étude des opérations algébriques, indépendamment des êtres mathématiques auxquels elles sont susceptibles de s'appliquer.

Dépouillée de tout caractère spécifique, la notion commune sous-jacente aux opérations algébriques usuelles est fort simple: effectuer une opération algébrique sur deux éléments a, b d'un même ensemble E, c'est faire correspondre au couple (a, b) un troisième élément bien déterminé c de l'ensemble E. Autrement dit, il n'y a rien de plus dans cette notion que celle de *fonction*: se donner une opération algébrique, c'est se donner une fonction, définie dans E × E, et prenant ses valeurs dans E; la seule particularité réside dans le fait que l'ensemble de définition de la fonction est le produit de deux ensembles identiques à l'ensemble où la fonction prend ses valeurs; c'est à une telle fonction que nous donnons le nom de *loi de composition.*

A côté de ces lois « internes », on a été conduit (principalement sous l'influence de la Géométrie) à considérer un autre type de « loi de composition »; ce sont les « lois d'action », où, en dehors de l'ensemble E (qui reste pour ainsi dire au premier plan) intervient un ensemble auxiliaire Ω, dont les éléments sont qualifiés d'*opérateurs*: la loi faisant cette fois correspondre à un couple (α, a) formé d'un opérateur $\alpha \in \Omega$ et d'un élément $a \in E$, un second élément b de E. Par exemple, une homothétie de centre donné, dans l'espace euclidien E, fait correspondre, à un nombre réel k (le « rapport d'homothétie », qui est ici l'opérateur) et à un point A de E, un autre point A′ de E: c'est une loi d'action dans E.

Conformément aux définitions générales (E, IV, p. 4), la donnée, dans un ensemble E, d'une ou plusieurs lois de composition ou lois d'action définit une *structure* sur E; c'est aux structures définies de cette manière que nous réserverons, de façon précise, le nom de *structures algébriques*, et c'est l'étude de ces structures qui constitue l'Algèbre.

Il y a de nombreuses *espèces* (E, IV, p. 4) de structures algébriques, caractérisées, d'une part par les lois de composition ou lois d'action qui les définissent, de l'autre par les *axiomes* auxquels sont assujetties ces lois. Bien entendu, ces axiomes n'ont pas été choisis arbitrairement, mais ne sont autres que les propriétés appartenant à la plupart des lois qui interviennent dans les applications, telles que l'associativité, la commutativité, etc. Le chapitre I est essentiellement consacré à l'exposé de ces axiomes et des conséquences générales qui en découlent; on y fait aussi une étude plus détaillée des deux espèces de structures algébriques les plus importantes, celle de *groupe* (où n'intervient qu'*une* loi de composition) et celle d'*anneau* (à *deux* lois de composition), dont la structure de *corps* est un cas particulier.

Au chapitre I sont aussi définis les *groupes à opérateurs* et *anneaux à opérateurs*, où, en plus des lois de composition, interviennent une ou plusieurs lois d'action. Les plus importants des groupes à opérateurs sont les *modules*, dans lesquels rentrent en particulier les *espaces vectoriels*, qui jouent un rôle prépondérant aussi bien dans la Géométrie classique que dans l'Analyse moderne. L'étude des structures de module tire son origine de celle des *équations linéaires*, d'où son nom d'*Algèbre linéaire*; on en trouvera les résultats généraux au chapitre II.

De même, les anneaux à opérateurs qui interviennent le plus souvent sont ceux qu'on désigne sous le nom d'*algèbres* (ou *systèmes hypercomplexes*). Aux chapitres III et IV, on fait une étude détaillée de deux algèbres particulières:

l'*algèbre extérieure*, qui, avec la théorie des déterminants qui en découle, est un auxiliaire précieux de l'Algèbre linéaire; et l'*algèbre des polynomes*, qui est à la base de la théorie des équations algébriques.

Au chapitre V est exposée la théorie générale des *corps commutatifs*, et de leur classification. L'origine de cette théorie est l'étude des équations algébriques à une inconnue; les questions qui lui ont donné naissance n'ont plus guère aujourd'hui qu'un intérêt historique, mais la théorie des corps commutatifs reste fondamentale en Algèbre, étant à la base de la théorie des nombres algébriques, d'une part, de la Géométrie algébrique, de l'autre.

Comme l'ensemble des entiers naturels est muni de deux lois de composition, l'addition et la multiplication, l'Arithmétique (ou Théorie des Nombres) classique, qui est l'étude des entiers naturels, est subordonnée à l'Algèbre. Toutefois, il intervient, en liaison avec la structure algébrique définie par ces deux lois, la structure définie par la *relation d'ordre* « a divise b »; et le propre de l'Arithmétique classique est précisément d'étudier les relations entre ces deux structures associées. Ce n'est pas le seul exemple où une structure d'ordre soit ainsi associée à une structure algébrique par une relation de « divisibilité »: cette relation joue un rôle tout aussi important dans les anneaux de polynomes. Aussi en fera-t-on une étude générale au chapitre VI; cette étude sera appliquée au chapitre VII à la détermination de la structure des modules sur certains anneaux particulièrement simples, et en particulier à la théorie des « diviseurs élémentaires ».

Les chapitres VIII et IX sont consacrés à des théories plus particulières, mais qui ont de multiples applications en Analyse: d'une part, la théorie des *modules et anneaux semi-simples*, étroitement liée à celle des *représentations linéaires des groupes*; d'autre part, la théorie des *formes quadratiques* et des *formes hermitiennes*, avec l'étude des groupes qui leur sont associés. Enfin, les *géometries élémentaires* (affine, projective, euclidienne, etc.) sont étudiées aux chap. II, VI et IX dans ce qu'elles ont de purement algébrique: il n'y a guère là qu'un langage nouveau pour exprimer des résultats d'Algèbre déjà obtenus par ailleurs, mais c'est un langage particulièrement bien adapté aux développements ultérieurs de la Géométrie algébrique et de la Géométrie différentielle, auxquelles ce chapitre sert d'introduction.

CHAPITRE 1

Structures algébriques

§ 1. LOIS DE COMPOSITION; ASSOCIATIVITÉ; COMMUTATIVITÉ

1. Lois de composition

DÉFINITION 1. — *Soit* E *un ensemble. On appelle loi de composition sur* E *une application* f *de* $E \times E$ *dans* E. *La valeur* $f(x, y)$ *de* f *pour un couple* $(x, y) \in E \times E$ *s'appelle le composé de* x *et de* y *pour cette loi. Un ensemble muni d'une loi de composition est appelé un magma.*

Le composé de x et de y se note le plus souvent en écrivant x et y dans un ordre déterminé et en les séparant par un signe caractéristique de la loi envisagée (signe qu'on pourra convenir d'omettre). Parmi les signes dont l'emploi est le plus fréquent, citons + et . , étant convenu en général que ce dernier peut s'omettre à volonté; avec ces signes, le composé de x et y s'écrira respectivement $x + y$, et $x.y$ ou xy. Une loi notée par le signe + s'appelle le plus souvent *addition* (le composé $x + y$ s'appelant alors la *somme* de x et de y) et on dit qu'elle est *notée additivement*; une loi notée par le signe . s'appelle le plus souvent *multiplication* (le composé $x.y = xy$ s'appelant alors *produit* de x et de y), et on dit qu'elle est *notée multiplicativement*. Dans les raisonnements généraux des paragraphes 1 à 3 du présent chapitre, on se servira ordinairement des signes $\top$ et $\perp$ pour noter des lois de composition quelconques.

On dit parfois, par abus de langage, qu'une application d'une *partie* de $E \times E$ dans E est une loi de composition *non partout définie* dans E.

Exemples. — 1) Les applications $(X, Y) \mapsto X \cup Y$ et $(X, Y) \mapsto X \cap Y$ sont des lois de composition sur l'ensemble des parties d'un ensemble E.

2) Dans l'ensemble **N** des entiers naturels, l'addition, la multiplication, l'exponentiation sont des lois de composition (les composés de $x \in \mathbf{N}$ et de $y \in \mathbf{N}$ pour ces lois se notant respectivement $x + y$, xy ou $x.y$, et x^y) (E, III, p. 27–28).

3) Soit E un ensemble; l'application $(X, Y) \mapsto X \circ Y$ est une loi de composition sur l'ensemble des parties de E × E (E, II, p. 11, déf. 6); l'application $(f, g) \mapsto f \circ g$ est une loi de composition sur l'ensemble des applications de E dans E (E, II, p. 31).

4) Soit E un ensemble ordonné réticulé (E, III, p. 13); si on désigne par $\sup(x, y)$ la borne supérieure de l'ensemble $\{x, y\}$, l'application $(x, y) \mapsto \sup(x, y)$ est une loi de composition sur E. De même pour la borne inférieure $\inf(x, y)$. L'exemple 1 ci-dessus est un cas particulier de celui-ci, en considérant $\mathfrak{P}(E)$ comme ordonné par inclusion.

5) Soit $(E_\iota)_{\iota \in I}$ une famille de magmas. Notons $\top_\iota$ la loi de composition sur E_ι. L'application

$$((x_\iota), (y_\iota)) \mapsto ((x_\iota \top_\iota y_\iota))$$

est une loi de composition sur le produit $E = \prod_{\iota \in I} E_\iota$, appelée *produit* des lois $\top_\iota$. L'ensemble E, muni de cette loi, s'appelle le *magma produit* des magmas E_ι. En particulier, si tous les magmas E_ι sont égaux à un même magma M, on obtient le *magma des applications de* I *dans* M.

Soit $(x, y) \mapsto x \top y$ une loi de composition sur un ensemble E. Etant données deux parties quelconques X, Y de E, on désignera par $X \top Y$ (pourvu que cette notation ne prête pas à confusion[1]) l'ensemble des éléments $x \top y$ de E, tels que $x \in X, y \in Y$ (autrement dit, l'image de X × Y par l'application $(x, y) \mapsto x \top y$).

Si $a \in E$, on écrit généralement $a \top Y$ au lieu de $\{a\} \top Y$, et $X \top a$ au lieu de $X \top \{a\}$. L'application $(X, Y) \mapsto X \top Y$ est une loi de composition sur l'ensemble des parties de E.

DÉFINITION 2. — *Soit* E *un magma. Notons* $\top$ *sa loi de composition. La loi de composition* $(x, y) \mapsto y \top x$ *sur* E *est dite opposée à la précédente. L'ensemble* E, *muni de cette loi, est appelé magma opposé de* E.

Soient E et E′ deux magmas; nous noterons leurs lois par le même signe $\top$. Conformément aux définitions générales (E, IV, p. 6), on appelle *isomorphisme de* E *sur* E′ une application bijective f de E sur E′, telle que

$$f(x \top y) = f(x) \top f(y) \tag{1}$$

pour tout couple $(x, y) \in E \times E$. On dit que E et E′ sont *isomorphes* s'il existe un isomorphisme de E sur E′.

Plus généralement:

DÉFINITION 3.—*On appelle homomorphisme, ou morphisme, de* E *dans* E′ *une application* f *de* E *dans* E′ *telle que la relation* (1) *soit vérifiée pour tout couple* $(x, y) \in E \times E$; *lorsque* E = E′, *on dit que* f *est un endomorphisme de* E.

L'application identique d'un magma E est un homomorphisme, le composé de deux homomorphismes est un homomorphisme.

Pour qu'une application f de E dans E′ soit un isomorphisme, il faut et il

[1] Voici un exemple où ce principe de notation prêterait à confusion et ne devra donc pas s'appliquer. Supposons qu'il s'agisse de la loi de composition $(A, B) \mapsto A \cup B$ entre parties d'un ensemble E; on en déduit une loi de composition $(\mathfrak{A}, \mathfrak{B}) \mapsto F(\mathfrak{A}, \mathfrak{B})$, entre parties de $\mathfrak{P}(E)$, $F(\mathfrak{A}, \mathfrak{B})$ étant l'ensemble des $A \cup B$ pour $A \in \mathfrak{A}$, $B \in \mathfrak{B}$; mais $F(\mathfrak{A}, \mathfrak{B})$ ne devra pas se noter $\mathfrak{A} \cup \mathfrak{B}$, cette notation ayant déjà un sens différent (réunion de $\mathfrak{A}$ et $\mathfrak{B}$ considérées comme parties de $\mathfrak{P}(E)$).

suffit que ce soit un homomorphisme bijectif, et f^{-1} est alors un isomorphisme de E' sur E.

2. Composé d'une séquence d'éléments

Rappelons qu'une *famille* d'éléments d'un ensemble E est une application $\iota \mapsto x_\iota$ d'un ensemble I (dit ensemble d'indices) dans E; on dit qu'une famille $(x_\iota)_{\iota \in I}$ est *finie* si l'ensemble d'indices est *fini*.

On appelle *séquence* d'éléments de E une famille finie $(x_\iota)_{\iota \in I}$ d'éléments de E dont l'ensemble d'indices I est *totalement ordonné.*

En particulier, toute suite finie $(x_i)_{i \in H}$, où H est une partie finie de l'ensemble **N** des entiers naturels, peut être considérée comme une séquence, en munissant H de la relation d'ordre induite par la relation $m \leqslant n$ entre entiers naturels.

On dit que deux séquences $(x_i)_{i \in I}$ et $(y_k)_{k \in K}$ sont *semblables* s'il existe un isomorphisme φ d'ensembles ordonnés de I sur K tel que $y_{\varphi(i)} = x_i$ pour tout $i \in I$.

Toute séquence $(x_\alpha)_{\alpha \in A}$ est semblable à une suite finie convenable. En effet, il existe une bijection croissante de A sur un intervalle $[0, n]$ de **N**.

DÉFINITION 4. — *Soit* $(x_\alpha)_{\alpha \in A}$ *une séquence d'éléments d'un magma* E *dont l'ensemble d'indices* A *est non vide. On appelle composé (pour la loi* $\top$*) de la séquence* $(x_\alpha)_{\alpha \in A}$, *et on note* $\mathop{\top}\limits_{\alpha \in A} x_\alpha$, *l'élément de* E *défini par récurrence sur le nombre d'éléments de* A, *de la façon suivante:*

1° *si* $A = \{\beta\}$, *alors* $\mathop{\top}\limits_{\alpha \in A} x_\alpha = x_\beta$;

2° *si* A *a* $p > 1$ *éléments, si* β *est le plus petit élément de* A, *et si* $A' = A - \{\beta\}$, *alors* $\mathop{\top}\limits_{\alpha \in A} x_\alpha = x_\beta \top \left(\mathop{\top}\limits_{\alpha \in A'} x_\alpha\right)$.

Il est immédiat (par récurrence sur le nombre d'éléments des ensembles d'indices) que les composés de deux séquences *semblables* sont *égaux*; en particulier, le composé d'une séquence quelconque est égal au composé d'une suite finie. Si $A = \{\lambda, \mu, \nu\}$ a trois éléments ($\lambda < \mu < \nu$) le composé $\mathop{\top}\limits_{\alpha \in A} x_\alpha$ est $x_\lambda \top (x_\mu \top x_\nu)$.

Remarque. — On notera qu'il y a un certain arbitraire dans la définition du composé d'une séquence; la récurrence que nous avons introduite procède « de droite à gauche ». Si on procédait « de gauche à droite », le composé de la séquence $(x_\lambda, x_\mu, x_\nu)$ ci-dessus serait $(x_\lambda \top x_\mu) \top x_\nu$.

Quand on utilise d'autres notations, le composé d'une séquence $(x_\alpha)_{\alpha \in A}$ s'écrit $\mathop{\perp}\limits_{\alpha \in A} x_\alpha$ pour une loi notée $\perp$; pour une loi notée additivement, il est d'usage de le désigner par $\sum\limits_{\alpha \in A} x_\alpha$, et de l'appeler la *somme* de la séquence $(x_\alpha)_{\alpha \in A}$ (les x_α étant appelés les *termes* de la somme); pour une loi notée multiplicativement, on le désigne le plus souvent par la notation $\prod_{\alpha \in A} x_\alpha$, et on l'appelle le *produit* de la séquence (x_α) (les x_α étant appelés les *facteurs* du produit)[1].

Lorsqu'il n'y a pas de confusion possible sur l'ensemble d'indices (ni sur sa structure d'ordre) on se dispense souvent de l'écrire dans la notation du composé d'une séquence et on écrit donc, par exemple pour une loi notée additivement, $\sum_\alpha x_\alpha$ au lieu de $\sum_{\alpha \in A} x_\alpha$; de même pour les autres notations.

Pour une loi notée $\top$, le composé d'une *suite* (x_i), ayant pour ensemble d'indices un intervalle (p, q) non vide de **N**, se note $\mathop{\top}\limits_{p \leqslant i \leqslant q} x_i$, ou $\mathop{\top}\limits_{i=p}^{q} x_i$; de même pour les lois notées par d'autres signes.

Soient E et F deux magmas, dont les lois sont notées $\top$, et f un homomorphisme de E dans F. Pour toute séquence $(x_\alpha)_{\alpha \in A}$ d'éléments de E, on a

$$f\Big(\mathop{\top}\limits_{\alpha \in A} x_\alpha\Big) = \mathop{\top}\limits_{\alpha \in A} f(x_\alpha). \tag{2}$$

3. Lois associatives

Définition 5. — *Une loi de composition* $(x, y) \mapsto x \top y$ *sur un ensemble* E *est dite associative si, quels que soient les éléments* x, y, z *de* E, *on a*

$$(x \top y) \top z = x \top (y \top z).$$

Un magma dont la loi est associative est appelé magma associatif.

La loi opposée à une loi associative est associative.

Exemples. — 1) L'addition et la multiplication des entiers naturels sont des lois de composition associatives sur **N** (E, III, p. 27, corollaire).

2) Les lois citées aux exemples 1), 3) et 4) de I, p. 1–2 sont associatives.

Théorème 1 (Théorème d'associativité). — *Soit* E *un magma associatif dont la loi est notée* $\top$. *Soit* A *un ensemble fini non vide, totalement ordonné, réunion d'une séquence de parties non vides* $(B_i)_{i \in I}$ *telles que les relations* $\alpha \in B_i$, $\beta \in B_j$, $i < j$ *entraînent* $\alpha < \beta$; *soit* $(x_\alpha)_{\alpha \in A}$ *une séquence d'éléments de* E, *ayant* A *pour ensemble d'indices. On a*

$$\mathop{\top}\limits_{\alpha \in A} x_\alpha = \mathop{\top}\limits_{i \in I} \Big(\mathop{\top}\limits_{\alpha \in B_i} x_\alpha\Big). \tag{3}$$

[1] L'emploi de ce terme et de la notation $\prod_{\alpha \in A} x_\alpha$ devra être évité lorsqu'il risque de créer des confusions avec le produit des ensembles x_α défini en théorie des ensembles (E, II, p. 32). Cependant, lorsque les x_α sont des cardinaux, et que l'addition (resp. la multiplication) est la somme cardinale (resp. le produit cardinal), le cardinal désigné par $\sum_{\alpha \in A} x_\alpha$ (resp. $\prod_{\alpha \in A} x_\alpha$) avec la notation ci-dessus est la somme cardinale (resp. le produit cardinal) de la famille $(x_\alpha)_{\alpha \in A}$ (E, III, p. 25–26).

Démontrons le théorème par récurrence sur le cardinal n de A. Soient p le cardinal de I et h son plus petit élément; posons $J = I - \{h\}$. Si $n = 1$, on a nécessairement $p = 1$, puisque les B_i ne sont pas vides, et le théorème est évident. Sinon, le théorème étant supposé vrai pour un ensemble d'indices ayant au plus $n - 1$ éléments, distinguons deux cas:

a) B_h a un seul élément β. Posons $C = \bigcup_{i \in J} B_i$. Le premier membre de (3) est égal, par définition, à $x_\beta \top (\mathop{\top}_{\alpha \in C} x_\alpha)$; le second membre est égal, par définition, à

$$x_\beta \top \Big(\mathop{\top}_{i \in J} \Big(\mathop{\top}_{\alpha \in B_i} x_\alpha\Big)\Big);$$

l'égalité résulte de ce que le théorème est supposé vrai pour C et $(B_i)_{i \in J}$.

b) Sinon, soit β le plus petit élément de A (donc de B_h); soit $A' = A - \{\beta\}$, et soit $B'_i = A' \cap B_i$ pour $i \in I$; on a $B'_i = B_i$ pour $i \in J$. L'ensemble A' a $n - 1$ éléments, et les conditions du théorème sont satisfaites par A' et ses parties B'_i; on a donc par hypothèse:

$$\mathop{\top}_{\alpha \in A'} x_\alpha = \Big(\mathop{\top}_{\alpha \in B'_h} x_\alpha\Big) \top \Big(\mathop{\top}_{i \in J} \Big(\mathop{\top}_{\alpha \in B_i} x_\alpha\Big)\Big).$$

Formons le composé de x_β et de chacun des deux membres: au premier membre, on obtient par définition $\mathop{\top}_{\alpha \in A} x_\alpha$; au second, on obtient, en utilisant l'associativité,

$$\Big(x_\beta \top \Big(\mathop{\top}_{\alpha \in B'_h} x_\alpha\Big)\Big) \top \Big(\mathop{\top}_{i \in J} \Big(\mathop{\top}_{\alpha \in B_i} x_\alpha\Big)\Big)$$

ce qui est égal, d'après la définition 3, au second membre de la formule (3).

Pour une loi associative notée $\top$, le composé $\mathop{\top}_{p \leqslant i \leqslant q} x_i$ d'une suite $(x_i)_{i \in [p,q]}$ se note encore (lorsqu'aucune confusion n'est possible)

$$x_p \top \cdots \top x_q.$$

Un cas particulier du th. 1 est la formule

$$x_0 \top x_1 \top \cdots \top x_n = (x_0 \top x_1 \top \cdots \top x_{n-1}) \top x_n.$$

Considérons une séquence de n termes dont tous les termes sont égaux à un même élément $x \in E$. Le composé de cette séquence se note $\overset{n}{\top} x$ pour une loi notée $\top$, $\overset{n}{\perp} x$ pour une loi notée $\perp$. Pour une loi notée multiplicativement, le composé se note x^n et s'appelle *puissance n-ème* de x. Pour une loi notée additivement, le composé se note le plus souvent nx et s'appelle *n-uple* de x. Le théorème d'associativité, appliqué à une séquence dont tous les termes sont égaux, donne la formule

$$\overset{n_1 + n_2 + \cdots + n_p}{\top} x = (\overset{n_1}{\top} x) \top (\overset{n_2}{\top} x) \top \cdots \top (\overset{n_p}{\top} x).$$

En particulier, si $p = 2$,

$$(4) \qquad \overset{m+n}{\top} x = (\overset{m}{\top} x) \top (\overset{n}{\top} x)$$

et, si $n_1 = n_2 = \cdots = n_p = m$,

$$(5) \qquad \overset{pm}{\top} x = \overset{p}{\top} (\overset{m}{\top} x).$$

Si X est une partie de E, on désigne parfois, conformément aux notations ci-dessus, par $\overset{p}{\top} \mathrm{X}$ l'ensemble $\mathrm{X}_1 \top \mathrm{X}_2 \top \cdots \top \mathrm{X}_p$ où

$$\mathrm{X}_1 = \mathrm{X}_2 = \cdots = \mathrm{X}_p = \mathrm{X};$$

c'est donc l'ensemble de tous les composés $x_1 \top x_2 \top \cdots \top x_p$, pour $x_1 \in \mathrm{X}$, $x_2 \in \mathrm{X}, \ldots, x_p \in \mathrm{X}$.

Il importe de ne pas confondre cet ensemble avec l'ensemble des $\overset{p}{\top} x$, où x parcourt X.

4. Parties stables. Lois induites

DÉFINITION 6. — *Une partie* A *d'un ensemble* E *est dite stable pour une loi de composition* $\top$ *sur* E *si le composé de deux éléments de* A *appartient à* A. *L'application* $(x, y) \mapsto x \top y$ *de* $\mathrm{A} \times \mathrm{A}$ *dans* A *s'appelle alors la loi induite sur* A *par la loi* $\top$. *L'ensemble* A, *muni de la loi induite par* $\top$, *s'appelle un sous-magma de* E.

Autrement dit, pour que A soit stable pour une loi $\top$, il faut et il suffit que $\mathrm{A} \top \mathrm{A} \subset \mathrm{A}$. On identifie souvent une partie stable de E et le sous-magma correspondant.

L'intersection d'une famille de parties stables de E est stable; en particulier il existe une plus petite partie stable A de E contenant une partie X donnée; elle est dite *engendrée* par X et X est appelé un *système générateur* de A, ou *ensemble générateur* de A. On dit aussi que le sous-magma A est *engendré* par X.

PROPOSITION 1. — *Soient* E *et* F *deux magmas, et* f *un homomorphisme de* E *dans* F.

(i) *L'image par* f *d'une partie stable de* E *est une partie stable de* F.

(ii) *L'image réciproque par* f *d'une partie stable de* F *est une partie stable de* E.

(iii) *Soit* X *une partie de* E. *L'image par* f *de la partie stable de* E *engendrée par* X *est la partie stable de* F *engendrée par* $f(\mathrm{X})$.

(iv) *Si* g *est un second homomorphisme de* E *dans* F, *l'ensemble des éléments* x *de* E *tels que* $f(x) = g(x)$ *est une partie stable de* E.

Les assertions (i), (ii) et (iv) sont évidentes; démontrons (iii). Soient $\overline{\mathrm{X}}$ la partie stable de E engendrée par X et $\overline{f(\mathrm{X})}$ la partie stable de F engendrée par $f(\mathrm{X})$. D'après (i), on a $\overline{f(\mathrm{X})} \subset f(\overline{\mathrm{X}})$, et d'après (ii), on a $\overline{\mathrm{X}} \subset f^{-1}(\overline{f(\mathrm{X})})$, d'où $f(\overline{\mathrm{X}}) \subset \overline{f(\mathrm{X})}$.

PROPOSITION 2. — *Soient* E *un magma associatif et* X *une partie de* E. *Soit* X′ *l'ensemble des* $x_1 \top x_2 \top \cdots \top x_n$, *où* $n \geqslant 1$ *et où* $x_i \in \mathrm{X}$ *pour* $1 \leqslant i \leqslant n$. *La partie stable engendrée par* X *est égale à* X′.

Il est immédiat, par récurrence sur n, que le composé d'une séquence de n termes appartenant à X appartient à la partie stable engendrée par X; il suffit donc de voir que X′ est stable. Or, si u et v sont deux éléments de X′, ils sont de la forme $u = x_0 \top x_1 \top \cdots \top x_{n-1}$, $v = x_n \top x_{n+1} \top \cdots \top x_{n+p}$ avec $x_i \in \mathrm{X}$ pour $0 \leqslant i \leqslant n + p$; donc (I, p. 4, th. 1) $u \top v = x_0 \top x_1 \top \cdots \top x_{n+p}$ appartient à X′.

Exemples. — 1) Dans l'ensemble **N** des entiers naturels, la partie stable pour l'addition engendrée par {1} est l'ensemble des entiers $\geqslant 1$; pour la multiplication, l'ensemble {1} est stable.

2) Etant donnée une loi $\top$ sur un ensemble E, pour qu'une partie $\{h\}$ réduite à un seul élément soit stable pour la loi $\top$, il faut et il suffit que $h \top h = h$; on dit alors que h est *idempotent*. Par exemple, tout élément d'un ensemble ordonné réticulé est idempotent pour chacune des lois sup et inf.

3) Pour une loi associative $\top$ sur un ensemble E, la partie stable engendrée par un ensemble $\{a\}$ réduit à un seul élément est l'ensemble des éléments $\overset{n}{\top} a$, où n parcourt l'ensemble des entiers > 0.

5. Eléments permutables. Lois commutatives

DÉFINITION 7. — *Soit* E *un magma dont la loi est notée* $\top$. *On dit que deux éléments* x *et* y *de* E commutent (*ou sont* permutables) *si* $y \top x = x \top y$.

DÉFINITION 8. — *Une loi de composition sur un ensemble* E *est dite* commutative *si deux éléments quelconques de* E *commutent pour cette loi. Un magma dont la loi de composition est commutative est appelé* magma commutatif.

Une loi commutative est égale à son opposée.

Exemples. — 1) L'addition et la multiplication des entiers naturels sont des lois commutatives sur **N** (E, III, p. 27, corollaire).

2) Dans un ensemble ordonné réticulé, les lois sup et inf sont commutatives; il en est ainsi, en particulier, des lois $\cup$ et $\cap$ entre parties d'un ensemble E.

3) Soit E un ensemble, de cardinal > 1. La loi $(f, g) \mapsto f \circ g$ entre applications de E dans E n'est pas commutative, comme on le voit en prenant pour f et g des applications constantes distinctes, mais l'application identique est permutable avec toute application.

4) Soit $(x, y) \mapsto x \top y$ une loi commutative sur E; la loi $(\mathrm{X}, \mathrm{Y}) \mapsto \mathrm{X} \top \mathrm{Y}$ entre parties de E est commutative.

DÉFINITION 9. — *Soient* E *un magma et* X *une partie de* E. *On appelle* commutant *de* X *dans* E *l'ensemble des éléments de* E *qui commutent avec chacun des éléments de* X.

Soient X et Y deux parties de E, X′ et Y′ leurs commutants respectifs. Si $\mathrm{X} \subset \mathrm{Y}$, on a $\mathrm{Y}' \subset \mathrm{X}'$.

Soit $(\mathrm{X}_i)_{i \in \mathrm{I}}$ une famille de parties de E, et pour tout $i \in \mathrm{I}$ soit X'_i le commutant de X_i. Le commutant de $\bigcup_{i \in \mathrm{I}} \mathrm{X}_i$ est $\bigcap_{i \in \mathrm{I}} \mathrm{X}'_i$.

Soient X une partie de E, et X′ le commutant de X. Le commutant X″ de X′ est appelé le *bicommutant* de X. On a X ⊂ X″. Le commutant X‴ de X″ est égal à X′. En effet, X′ est contenu dans son bicommutant X‴, et la relation X ⊂ X″ entraîne X‴ ⊂ X′.

Proposition 3. — *Soit* E *un magma associatif dont la loi est notée* ⊤. *Si un élément* x *de* E *commute avec chacun des éléments* y *et* z *de* E, *il commute avec* $y \top z$.

En effet, on a

$$x \top (y \top z) = (x \top y) \top z = (y \top x) \top z = y \top (x \top z) = y \top (z \top x) = (y \top z) \top x.$$

Corollaire. — *Soit* E *un magma associatif. Le commutant d'une partie quelconque de* E *est une partie stable de* E.

Définition 10. — *On appelle* centre *d'un magma* E *le commutant de* E. *Un élément du centre de* E *est appelé élément* central *de* E.

Si E est un magma associatif, son centre est une partie stable d'après le cor. de la prop. 3, et la loi induite sur ce centre est commutative.

Proposition 4. — *Soient* E *un magma associatif,* X *et* Y *deux parties de* E. *Si tout élément de* X *commute avec tout élément de* Y, *tout élément de la partie stable engendrée par* X *commute avec tout élément de la partie stable engendrée par* Y.

Soient X′ et X″ le commutant et le bicommutant de X. Ce sont des parties stables de E. On a X ⊂ X″ et Y ⊂ X′, donc X″ (resp. X′) contient la partie stable de E engendrée par X (resp. Y). Comme tout élément de X″ commute avec tout élément de X′, la proposition en résulte.

Corollaire 1. — *Si* x *et* y *sont permutables pour la loi associative* ⊤, *il en est de même de* $\overset{m}{\top} x$ *et* $\overset{n}{\top} y$, *quels que soient les entiers* $m > 0$ *et* $n > 0$; *en particulier,* $\overset{m}{\top} x$ *et* $\overset{n}{\top} x$ *sont permutables quels que soient* x *et les entiers* $m > 0, n > 0$.

Corollaire 2. — *Si tous les couples d'éléments d'une partie* X *sont permutables pour une loi associative* ⊤, *la loi induite par* ⊤ *sur la partie stable engendrée par* X *est associative et commutative.*

Théorème 2 (théorème de commutativité). — *Soit* ⊤ *une loi de composition associative sur* E; *soit* $(x_\alpha)_{\alpha \in A}$ *une famille finie non vide d'éléments de* E, *deux à deux permutables; soient* B *et* C *deux ensembles totalement ordonnés ayant* A *pour ensemble sous-jacent. Alors* $\top_{\alpha \in B} x_\alpha = \top_{\alpha \in C} x_\alpha$.

Le théorème étant vrai si A a un seul élément β, raisonnons par récurrence sur le nombre p d'éléments de A. Soit p un entier > 1, supposons le théorème vrai lorsque $\mathrm{Card}\, A < p$ et démontrons-le pour $\mathrm{Card}\, A = p$. On peut supposer que A est l'intervalle $[0, p-1]$ de **N**; le composé de la séquence $(x_\alpha)_{\alpha \in A}$ définie par a relation d'ordre naturelle sur A est $\top_{i=0}^{p-1} x_i$.

Ordonnons totalement A d'une autre manière, et soient h le plus petit élément de A pour cet ordre, A' l'ensemble des autres éléments de A (totalement ordonné par l'ordre induit). Supposons d'abord $0 < h < p - 1$, et posons $P = \{0, 1, \ldots, h-1\}$, et $Q = \{h+1, \ldots, p-1\}$; le théorème étant supposé vrai pour A', on a, en appliquant de plus le théorème d'associativité (puisque $A' = P \cup Q$)

$$\mathop{\top}_{\alpha \in A'} x_\alpha = \Big(\mathop{\top}_{i=0}^{h-1} x_i\Big) \top \Big(\mathop{\top}_{i=h+1}^{p-1} x_i\Big)$$

d'où, en composant x_h avec les deux membres, et par application répétée de la commutativité et de l'associativité de $\top$:

$$\mathop{\top}_{\alpha \in A} x_\alpha = x_h \top \Big(\mathop{\top}_{\alpha \in A'} x_\alpha\Big) = x_h \top \Big(\mathop{\top}_{i=0}^{h-1} x_i\Big) \top \Big(\mathop{\top}_{i=h+1}^{p-1} x_i\Big)$$

$$= \Big(\mathop{\top}_{i=0}^{h-1} x_i\Big) \top x_h \top \Big(\mathop{\top}_{i=h+1}^{p-1} x_i\Big) = \mathop{\top}_{i=0}^{p-1} x_i,$$

ce qui démontre le théorème dans ce cas. Si $h = 0$ ou $h = p - 1$, on trouve le même résultat mais d'une manière plus simple, les termes relatifs à P ou bien les termes relatifs à Q n'apparaissant pas dans les formules.

Pour une loi associative et commutative sur un ensemble E, le *composé* d'une *famille finie* $(x_\alpha)_{\alpha \in A}$ d'éléments de E est par définition la valeur commune des composés de toutes les *séquences* obtenues en ordonnant totalement A de toutes les manières possibles. Ce composé se note encore $\mathop{\top}_{\alpha \in A} x_\alpha$ pour une loi notée $\top$; de même pour les autres notations.

THÉORÈME 3. — *Soient* $\top$ *une loi associative sur* E, $(x_\alpha)_{\alpha \in A}$ *une famille finie non vide d'éléments de* E *deux à deux permutables. Si* A *est réunion d'une famille de parties non vides* $(B_i)_{i \in I}$, *deux à deux disjointes, on a*

(6) $$\mathop{\top}_{\alpha \in A} x_\alpha = \mathop{\top}_{i \in I}\Big(\mathop{\top}_{\alpha \in B_i} x_\alpha\Big).$$

En effet, cela résulte du th. 2 (I, p. 8) en ordonnant totalement A et I de façon que les B_i vérifient les conditions du th. 1 (I, p. 4).

Signalons deux cas particuliers importants de ce théorème :

1) Si $(x_{\alpha\beta})_{(\alpha, \beta) \in A \times B}$ est une famille finie d'éléments permutables d'un magma associatif dont l'ensemble d'indices est le produit de deux ensembles finis non vides A, B (« famille double »), on a

(7) $$\mathop{\top}_{(\alpha, \beta) \in A \times B} x_{\alpha\beta} = \mathop{\top}_{\alpha \in A}\Big(\mathop{\top}_{\beta \in B} x_{\alpha\beta}\Big) = \mathop{\top}_{\beta \in B}\Big(\mathop{\top}_{\alpha \in A} x_{\alpha\beta}\Big)$$

comme il résulte du th. 3 en considérant $A \times B$ comme réunion des ensembles $\{\alpha\} \times B$ d'une part, des ensembles $A \times \{\beta\}$ de l'autre.

Par exemple, si B a n éléments, et si, pour chaque $\alpha \in A$, tous les $x_{\alpha\beta}$ ont une même valeur x_α, on a

$$\mathop{\top}_{\alpha \in A} (\overset{n}{\top} x_\alpha) = \overset{n}{\top} \big(\mathop{\top}_{\alpha \in A} x_\alpha\big). \tag{8}$$

Si B a deux éléments, on obtient le résultat suivant: soient $(x_\alpha)_{\alpha \in A}$, $(y_\alpha)_{\alpha \in A}$ deux familles non vides d'éléments de E. Si les x_α et les y_β sont deux à deux permutables, on a

$$\mathop{\top}_{\alpha \in A} (x_\alpha \top y_\alpha) = \big(\mathop{\top}_{\alpha \in A} x_\alpha\big) \top \big(\mathop{\top}_{\alpha \in A} y_\alpha\big). \tag{9}$$

En raison de la formule (7), le composé d'une suite double (x_{ij}), dont l'ensemble d'indices est le produit de deux intervalles $[p, q]$ et $[r, s]$ de **N**, se note souvent, pour une loi associative et commutative écrite additivement

$$\sum_{i=p}^{q} \sum_{j=r}^{s} x_{ij} \quad \text{ou} \quad \sum_{j=r}^{s} \sum_{i=p}^{q} x_{ij}$$

et de même pour les lois notées par d'autres signes.

2) Soit n un entier > 0 et soit A l'ensemble des couples d'entiers (i, j) tels que $0 \leqslant i \leqslant n$, $0 \leqslant j \leqslant n$ et $i < j$; le composé d'une famille $(x_{ij})_{(i,j) \in A}$ (pour une loi associative et commutative), se notera encore $\mathop{\top}\limits_{0 \leqslant i < j \leqslant n} x_{ij}$ (ou simplement $\mathop{\top}\limits_{i<j} x_{ij}$ si aucune confusion n'en résulte); le th. 3 donne ici les formules

$$\mathop{\top}_{0 \leqslant i < j \leqslant n} x_{ij} = \mathop{\top}_{i=0}^{n-1} \Big(\mathop{\top}_{j=i+1}^{n} x_{ij}\Big) = \mathop{\top}_{j=1}^{n} \Big(\mathop{\top}_{i=0}^{j-1} x_{ij}\Big). \tag{10}$$

On a des formules analogues à (7) pour une famille dont l'ensemble d'indices est le produit de plus de deux ensembles, des formules analogues à (10) pour une famille dont l'ensemble d'indices est l'ensemble S_p des *suites strictement croissantes* $(i_k)_{1 \leqslant k \leqslant p}$ de p entiers tels que $0 \leqslant i_k \leqslant n$ $(p \leqslant n + 1)$: dans ce dernier cas, le composé de la famille $(x_{i_1 i_2 \ldots i_p})_{(i_1, \ldots, i_p) \in S_p}$ se note

$$\mathop{\top}_{0 \leqslant i_1 < i_2 < \ldots < i_p \leqslant n} x_{i_1 i_2 \ldots i_p}, \quad \text{ou simplement} \quad \mathop{\top}_{i_1 < i_2 < \ldots < i_p} x_{i_1 i_2 \ldots i_p}.$$

PROPOSITION 5. — *Soient* E *et* F *des magmas dont les lois sont notées* $\top$, *et soient* f *et* g *des homomorphismes de* E *dans* F. *Soit* $f \top g$ *l'application* $x \mapsto f(x) \top g(x)$ *de* E *dans* F. *Si* F *est associatif et commutatif,* $f \top g$ *est un homomorphisme.*

En effet, quels que soient les éléments x et y de E, on a:

$$\begin{aligned}(f \top g)(x \top y) &= f(x \top y) \top g(x \top y) = f(x) \top f(y) \top g(x) \top g(y)\\ &= f(x) \top g(x) \top f(y) \top g(y) = ((f \top g)(x)) \top ((f \top g)(y)).\end{aligned}$$

6. Lois quotients

DÉFINITION 11. — *Soit* E *un ensemble. On dit qu'une loi de composition* $\top$ *et une relation d'équivalence* R *dans* E *sont compatibles si les relations* $x \equiv x'$ (mod R) *et* $y \equiv y'$ (mod R) (*pour* x, x', y, y' *dans* E) *entraînent* $x \top y \equiv x' \top y'$ (mod R); *la loi de composition sur l'ensemble quotient* E/R *qui, aux classes d'équivalence de* x *et de* y, *fait correspondre la classe d'équivalence de* $x \top y$, *s'appelle la loi quotient de la loi* $\top$ *par* R. *L'ensemble* E/R, *muni de la loi quotient, s'appelle le magma quotient de* E *par* R.

Dire qu'une relation d'équivalence R dans E est compatible avec la loi de composition $f: E \times E \to E$, signifie que l'application f est compatible (au sens de E, II, p. 44) avec les relations d'équivalence produit $R \times R$ dans $E \times E$ (E, II, p. 46) et R dans E. Cela signifie aussi que le graphe de R est un sous-magma de $E \times E$.

Si la loi $\top$ est associative (resp. commutative), il en est de même de la loi quotient (on dit pour abréger que *l'associativité, ou la commutativité, se conserve par passage au quotient*).

L'application canonique du magma E dans le magma E/R est un homomorphisme.

Pour qu'une application g de E/R dans un magma F soit un homomorphisme, il faut et il suffit que le composé de g et de l'application canonique de E sur E/R soit un homomorphisme.

Les deux propositions suivantes se déduisent immédiatement des définitions:

PROPOSITION 6. — *Soient* E *et* F *deux magmas et* f *un homomorphisme de* E *dans* F. *Notons* R$\{x, y\}$ *la relation* $f(x) = f(y)$ *entre éléments* x, y *de* E. *Alors* R *est une relation d'équivalence dans* E *compatible avec la loi de* E *et l'application de* E/R *sur* f(E) *déduite de* f *par passage au quotient est un isomorphisme du magma quotient* E/R *sur le sous-magma* f(E) *de* F.

PROPOSITION 7. — *Soient* E *un magma et* R *une relation d'équivalence dans* E *compatible avec la loi de* E. *Pour qu'une relation d'équivalence* S *dans* E/R *soit compatible avec la loi quotient, il faut et il suffit que* S *soit de la forme* T/R, *où* T *est une relation d'équivalence dans* E, *entraînée par* R *et compatible avec la loi de* E. *L'application canonique de* E/T *sur* (E/R)/(T/R) (E, II, p. 46) *est alors un isomorphisme de magmas.*

PROPOSITION 8. — *Soient* E *un magma,* A *une partie stable de* E *et* R *une relation d'équivalence dans* E, *compatible avec la loi de* E. *Le saturé* B *de* A *pour* R (E, II, p. 44) *est une partie stable. Les relations d'équivalence* R_A *et* R_B *induites par* R *dans* A *et* B *respectivement sont compatibles avec les lois induites et l'application déduite de l'injection canonique de* A *dans* B *par passage aux quotients est un isomorphisme de magmas de* A/R_A *sur* B/R_B.

Notons $\top$ la loi de E. Si x et y sont deux éléments de B, il existe deux éléments x' et y' de A tels que $x \equiv x'$ (mod R) et $y \equiv y'$ (mod R); on a alors $x \top y \equiv x' \top y'$ (mod R) et $x' \top y' \in A$, d'où $x \top y \in B$. Ainsi B est une partie stable de E, et les autres assertions sont évidentes.

Soient M un magma, et $((u_\alpha, v_\alpha))_{\alpha \in I}$ une famille d'éléments de M × M. Considérons toutes les relations d'équivalence S dans M qui sont compatibles avec la loi de M, et telles que $u_\alpha \equiv v_\alpha$ (mod. S) pour tout $\alpha \in I$. L'intersection des graphes de ces relations est le graphe d'une relation d'équivalence R, qui est compatible avec la loi de M, et telle que $u_\alpha \equiv v_\alpha$ (mod R). Donc R est *la plus fine* (E, III, p. 4 et p. 8) des relations d'équivalence possédant ces deux propriétés. On l'appelle la relation d'équivalence compatible avec la loi de M *engendrée* par les (u_α, v_α).

PROPOSITION 9. — *On conserve les notations précédentes. Soit f un homomorphisme de* M *dans un magma tel que* $f(u_\alpha) = f(v_\alpha)$ *pour tout* $\alpha \in I$. *Alors f est compatible avec* R.

Soit T la relation d'équivalence associée à *f*. On a $u_\alpha \equiv v_\alpha$ (mod T) pour tout $\alpha \in I$, et T est compatible avec la loi de M, donc T est moins fine que R; cela prouve la proposition.

§2. ÉLÉMENT NEUTRE; ÉLÉMENTS SIMPLIFIABLES; ÉLÉMENTS INVERSIBLES

1. Elément neutre

DÉFINITION 1. — *Pour une loi de composition* $\top$ *sur un ensemble* E, *un élément e de* E *est dit* élément neutre *si, pour tout* $x \in E$, *on a* $e \top x = x \top e = x$.

Il existe au plus un élément neutre pour une loi donnée $\top$, car si e et e' sont éléments neutres, on a $e = e \top e' = e'$. Un élément neutre est permutable avec tout élément: c'est un élément central.

DÉFINITION 2. — *On appelle magma unifère un magma qui possède un élément neutre. Si* E, E' *sont des magmas unifères, on appelle homomorphisme* (ou *morphisme*) *unifère de* E *dans* E' *un homomorphisme du magma* E *dans le magma* E' *qui transforme l'élément neutre de* E *en l'élément neutre de* E'. *On appelle monoïde un magma unifère associatif.*

Si E, E' sont des monoïdes, on appelle *homomorphisme de monoïdes* ou *morphisme de monoïdes* de E dans E' un morphisme *unifère* de E dans E'.

Exemples. — 1) Dans l'ensemble **N** des entiers naturels, 0 est élément neutre pour l'addition et 1 est élément neutre pour la multiplication. Chacune de ces deux lois munit **N** d'une structure de monoïde commutatif (E, III, p. 27).

2) Dans l'ensemble des parties d'un ensemble E, $\varnothing$ est élément neutre pour la loi $\cup$, E pour la loi $\cap$. Plus généralement, dans un ensemble ordonné réticulé, le plus petit élément, s'il existe, est élément neutre pour la loi sup; réciproquement, s'il existe un élément neutre pour cette loi, il est le plus petit élément de l'ensemble. De même pour le plus grand élément et la loi inf.

3) L'ensemble **N** ne possède pas d'élément neutre pour la loi $(x, y) \mapsto x^y$. Pour la loi $(X, Y) \mapsto X \circ Y$ entre parties de E × E, la diagonale Δ est l'élément neutre. Pour la loi $(f, g) \mapsto f \circ g$ entre applications de E dans E, l'application identique de E est l'élément neutre.

4) Soient E un magma et R une relation d'équivalence sur E, compatible avec la loi de E (I, p. 11). Si e est élément neutre de E, l'image canonique de e dans E/R est élément neutre du magma E/R.

L'application identique d'un magma unifère est un homomorphisme unifère; le composé de deux homomorphismes unifères en est un. Pour qu'une application soit un isomorphisme de magmas unifères, il faut et il suffit que ce soit un homomorphisme unifère bijectif et l'application réciproque est alors un homomorphisme unifère. Soient E et E′ des magmas unifères, e' l'élément neutre de E′; l'application constante de E dans E′ appliquant E en e' est un homomorphisme unifère, appelé *homomorphisme trivial*.

Le produit d'une famille de magmas unifères (resp. de monoïdes) est un magma unifère (resp. un monoïde).

Tout magma quotient d'un magma unifère (resp. d'un monoïde) est un magma unifère (resp. un monoïde).

Soient E un magma unifère, e son élément neutre. On appelle *sous-magma unifère* de E un sous-magma A de E tel que $e \in A$. Il est clair que e est élément neutre du magma A. Toute intersection de sous-magmas unifères de E est un sous-magma unifère de E. Si X est une partie de E, il existe donc un plus petit sous-magma unifère de E contenant X; on l'appelle le *sous-magma unifère de* E *engendré par* X; il est égal à $\{e\}$ si X est vide. Si E est un monoïde, on appelle *sous-monoïde* de E un sous-magma unifère de E.

Si F est un magma sans élément neutre, un sous-magma de F peut posséder un élément neutre. Par exemple, si F est associatif et si h est un élément idempotent de F (I, p. 7), l'ensemble des $h \top x \top h$, où x parcourt F est un sous-magma de F admettant h pour élément neutre.

Si E est un magma d'élément neutre e, il peut se faire qu'un sous-magma A de E tel que $e \notin A$ possède un élément neutre.

DÉFINITION 3. — *Soit* E *un magma unifère. On appelle composé de la famille vide d'éléments de* E *l'élément neutre de* E.

Si $(x_\alpha)_{\alpha \in \varnothing}$ est la famille vide d'éléments de E, son composé e se note encore $\mathop{\top}\limits_{\alpha \in \varnothing} x_\alpha$. Par exemple, on écrit

$$\mathop{\top}\limits_{q \leqslant i \leqslant p} x_i = e$$

lorsque $p < q$ ($p, q \in \mathbf{N}$). On pose de même $\overset{0}{\top} x = e$ quel que soit x. *Avec ces définitions, les théorèmes* 1 (I, p. 4) *et* 3 (I, p. 9) *du* § 1 *restent vrais dans un magma unifère, si on y supprime l'hypothèse que les ensembles* A *et* B_i *sont non vides*. De même, les formules $\overset{m+n}{\top} x = (\overset{m}{\top} x) \top (\overset{n}{\top} x)$ et $\overset{mn}{\top} x = \overset{m}{\top} (\overset{n}{\top} x)$ sont vraies alors pour $m \geqslant 0, n \geqslant 0$.

Soient E un magma unifère dont la loi est notée $\top$ et e son élément neutre. On appelle *support* d'une famille $(x_\iota)_{\iota \in I}$ d'éléments de E l'ensemble des indices

$i \in \mathrm{I}$ tels que $x_i \neq e$. Soit $(x_i)_{i \in \mathrm{I}}$ une famille *à support fini* d'éléments de E. Nous allons définir le composé $\mathop{\top}\limits_{i \in \mathrm{I}} x_i$ dans les deux cas suivants:

a) l'ensemble I est totalement ordonné;
b) E est associatif et les x_i sont permutables deux à deux.

Dans ces deux cas, soit S le support de la famille (x_i). Si J est une partie finie de I contenant S, on a $\mathop{\top}\limits_{i \in \mathrm{J}} x_i = \mathop{\top}\limits_{i \in \mathrm{S}} x_i$, comme on le voit par récurrence sur le nombre d'éléments de J, en appliquant le th. 1 (I, p. 4) dans le cas a) et le th. 3 (I, p. 9) dans le cas b). On note $\mathop{\top}\limits_{i \in \mathrm{I}} x_i$ la valeur commune des composés $\mathop{\top}\limits_{i \in \mathrm{J}} x_i$ pour toutes les parties finies de I contenant S. Lorsque I est l'intervalle $[p, \rightarrow[$ de $\mathbf{N}$, on écrit aussi $\mathop{\top}\limits_{i=p}^{\infty} x_i$.

Avec ces définitions et notations, les théorèmes 1 (I, p. 4) et 3 (I, p. 9) du § 1 et les remarques qui suivent le th. 3 (I, p. 9 et p. 10) s'étendent aux familles à support fini.

L'élément neutre, pour une loi notée *additivement*, se note souvent 0 et s'appelle *zéro* ou *élément nul* (ou parfois *origine*). Pour une loi notée *multiplicativement*, il se note souvent 1 et s'appelle *élément unité* (ou *unité*).

2. Eléments simplifiables

DÉFINITION 4. — *Etant donnée une loi de composition* $\top$ *sur un ensemble* E, *on appelle translation à gauche* (resp. *translation à droite*) *par un élément* $a \in \mathrm{E}$, *l'application* $x \mapsto a \top x$ (resp. $x \mapsto x \top a$) *de* E *dans lui-même.*

Par passage à la loi opposée, les translations à gauche deviennent translations à droite et réciproquement.

On note éventuellement $\boldsymbol{\gamma}_a$, $\boldsymbol{\delta}_a$ (ou $\boldsymbol{\gamma}(a)$, $\boldsymbol{\delta}(a)$) les translations à gauche et à droite par $a \in \mathrm{E}$; on a

$$\boldsymbol{\gamma}_a(x) = a \top x, \qquad \boldsymbol{\delta}_a(x) = x \top a.$$

PROPOSITION 1. — *Si la loi* $\top$ *est associative, on a, pour* $x \in \mathrm{E}$ *et* $y \in \mathrm{E}$,

$$\boldsymbol{\gamma}_{x \top y} = \boldsymbol{\gamma}_x \circ \boldsymbol{\gamma}_y, \qquad \boldsymbol{\delta}_{x \top y} = \boldsymbol{\delta}_y \circ \boldsymbol{\delta}_x.$$

En effet, pour tout $z \in \mathrm{E}$, on a:

$$\boldsymbol{\gamma}_{x \top y}(z) = (x \top y) \top z = x \top (y \top z) = \boldsymbol{\gamma}_x(\boldsymbol{\gamma}_y(z))$$
$$\boldsymbol{\delta}_{x \top y}(z) = z \top (x \top y) = (z \top x) \top y = \boldsymbol{\delta}_y(\boldsymbol{\delta}_x(z)).$$

Autrement dit, l'application $x \mapsto \boldsymbol{\gamma}_x$ est un homomorphisme du magma E dans l'ensemble E^{E} des applications de E dans lui-même, muni de la loi $(f, g) \mapsto f \circ g$; l'application $x \mapsto \boldsymbol{\delta}_x$ est un homomorphisme de E dans l'ensemble E^{E} muni de la loi opposée. Si E est un monoïde, ces homomorphismes sont unifères.

DÉFINITION 5. — *Un élément a d'un magma* E *est dit* simplifiable (*ou* régulier) à gauche (resp. à droite) *si la translation à gauche* (resp. *à droite*) *par a est injective. Un élément simplifiable à gauche et à droite est appelé élément simplifiable* (*ou régulier*).

Autrement dit, pour que a soit simplifiable pour la loi $\top$, il faut et il suffit que chacune des relations $a \top x = a \top y$, $x \top a = y \top a$, entraîne $x = y$ (on dit qu'on peut « simplifier par a » ces égalités). S'il existe un élément neutre e pour la loi $\top$, il est simplifiable pour cette loi: les translations γ_e et δ_e sont alors l'application identique de E sur lui-même.

Exemples. — 1) Tout entier naturel est simplifiable pour l'addition; tout entier naturel $\neq 0$ est simplifiable pour la multiplication.

2) Dans un ensemble ordonné réticulé, il ne peut y avoir d'autre élément simplifiable pour la loi sup que l'élément neutre (plus petit élément) s'il existe; de même pour inf. En particulier, dans l'ensemble des parties d'un ensemble E, $\varnothing$ est le seul élément simplifiable pour la loi $\cup$, E le seul élément simplifiable pour la loi $\cap$.

PROPOSITION 2. — *L'ensemble des éléments simplifiables* (resp. *simplifiables à gauche*, resp. *simplifiables à droite*) *d'un magma associatif est un sous-magma.*

En effet, si γ_x et γ_y sont injectives, il en est de même de $\gamma_{x \top y} = \gamma_x \circ \gamma_y$ (I, p. 14, prop. 1). De même pour $\delta_{x \top y}$.

3. Eléments inversibles

DÉFINITION 6. — *Soient* E *un magma unifère, $\top$ sa loi de composition, e son élément neutre, x et x' deux éléments de* E. *On dit que x' est* inverse à gauche (resp. inverse à droite, resp. inverse) *de x si l'on a $x' \top x = e$* (resp. $x \top x' = e$, resp. $x' \top x = x \top x' = e$).

On dit qu'un élément x de E *est* inversible à gauche (resp. inversible à droite, resp. inversible) *s'il possède un inverse à gauche* (resp. *inverse à droite*, resp. *inverse*).

Un monoïde dont tous les éléments sont inversibles s'appelle un groupe.

On dit parfois *symétrique* et *symétrisable* au lieu d'*inverse* et *inversible*. Lorsque la loi de E est notée additivement, on dit généralement *opposé* au lieu d'*inverse*.

Exemples. — 1) Un élément neutre est son propre inverse.

2) Dans l'ensemble des applications de E dans E, un élément f est inversible à gauche (resp. inversible à droite) si f est une injection (resp. surjection). Les inverses à gauche (resp. inverses à droite) sont alors les rétractions (resp. sections) associées à f (E, II, p. 18, déf. 11). Pour que f soit inversible, il faut et il suffit que f soit une bijection. Son unique inverse est alors la bijection réciproque de f.

Soient E et F deux magmas unifères, et f un homomorphisme unifère de E dans F. Si x' est inverse de x dans E, $f(x')$ est inverse de $f(x)$ dans F. Par suite, si x est un élément inversible de E, $f(x)$ est un élément inversible de F.

En particulier, si R est une relation d'équivalence compatible avec la loi d'un magma unifère E, l'image canonique dans E/R d'un élément inversible de E est inversible.

PROPOSITION 3. — *Soient* E *un monoïde et* x *un élément de* E.

(i) *Pour que* x *soit inversible à gauche* (resp. *à droite*), *il faut et il suffit que la translation à droite* (resp. *à gauche*) *par* x *soit surjective.*

(ii) *Pour que* x *soit inversible, il faut et il suffit qu'il soit inversible à gauche et inversible à droite. Dans ce cas,* x *possède un unique inverse, qui est aussi son unique inverse à gauche* (resp. *à droite*).

Si x' est un inverse à gauche de x, on a (I, p. 14, prop. 1)

$$\boldsymbol{\delta}_x \circ \boldsymbol{\delta}_{x'} = \boldsymbol{\delta}_{x' \top x} = \boldsymbol{\delta}_e = \mathrm{Id}_{\mathrm{E}}$$

et $\boldsymbol{\delta}_x$ est surjective. Réciproquement, si $\boldsymbol{\delta}_x$ est surjective, il existe un élément x' de E tel que $\boldsymbol{\delta}_x(x') = e$ et x' est inverse à gauche de x. On démontre de même l'autre assertion de (i).

Si x' (resp. x'') est un inverse à gauche (resp. à droite) de x, on a

$$x' = x' \top e = x' \top (x \top x'') = (x' \top x) \top x'' = e \top x'' = x''$$

d'où (ii).

Remarque. — Soient E un monoïde et x un élément de E. Si x est inversible à gauche, il est simplifiable à gauche; en effet, si x' est un inverse à gauche de x, on a

$$\boldsymbol{\gamma}_{x'} \circ \boldsymbol{\gamma}_x = \boldsymbol{\gamma}_{x' \top x} = \boldsymbol{\gamma}_e = \mathrm{Id}_{\mathrm{E}}$$

et $\boldsymbol{\gamma}_x$ est injective. En particulier, si x est inversible, les translations à gauche et à droite par x sont *bijectives*. Réciproquement, supposons $\boldsymbol{\gamma}_x$ bijective; il existe $x' \in \mathrm{E}$ tel que $xx' = \boldsymbol{\gamma}_x(x') = e$; on a $\boldsymbol{\gamma}_x(x'x) = (xx')x = x = \boldsymbol{\gamma}_x(e)$, donc $x'x = e$, de sorte que x est inversible. On voit de même que si $\boldsymbol{\delta}_x$ est bijective, x est inversible.

PROPOSITION 4. — *Soient* E *un monoïde,* x *et* y *deux éléments inversibles de* E, *d'inverses* x' *et* y' *respectivement. Alors* $y' \top x'$ *est inverse de* $x \top y$.

Cela résulte de la relation $(y' \top x') \top (x \top y) = y' \top (x' \top x) \top y = y' \top y = e$, et du calcul analogue pour $(x \top y) \top (y' \top x')$.

COROLLAIRE 1. — *Soit* E *un monoïde; si chacun des éléments* x_α *d'une séquence* $(x_\alpha)_{\alpha \in \mathrm{A}}$ *d'éléments de* E *a un inverse* x'_α, *le composé* $\mathop{\top}\limits_{\alpha \in \mathrm{A}} x_\alpha$ *a pour inverse* $\mathop{\top}\limits_{\alpha \in \mathrm{A}'} x'_\alpha$, *où* A' *est l'ensemble totalement ordonné déduit de* A *en remplaçant l'ordre de* A *par l'ordre opposé.*

On déduit ce corollaire de la prop. 4 en raisonnant par récurrence sur le nombre d'éléments de A.

En particulier, si x et x' sont inverses, $\overset{n}{\top} x$ et $\overset{n}{\top} x'$ sont inverses, pour tout entier $n \geqslant 0$.

COROLLAIRE 2. — *Dans un monoïde, l'ensemble des éléments inversibles est stable.*

PROPOSITION 5. — *Si, dans un monoïde,* x *et* x' *sont inverses, et si* x *commute avec* y, *alors* x' *commute avec* y.

En effet, de $x \top y = y \top x$, on tire $x' \top (x \top y) \top x' = x' \top (y \top x) \top x'$ puis $(x' \top x) \top (y \top x') = (x' \top y) \top (x \top x')$, c'est-à-dire $y \top x' = x' \top y$.

COROLLAIRE 1. — *Soient* E *un monoïde,* X *une partie de* E *et* X' *le commutant de* X. *L'inverse de tout élément inversible de* X' *appartient à* X'.

COROLLAIRE 2. — *Dans un monoïde, l'inverse d'un élément central inversible est un élément central.*

4. Monoïde des fractions d'un monoïde commutatif

Dans ce n°, on notera e l'élément neutre d'un monoïde E, et x^* l'inverse d'un élément inversible x de E.

Soient E un monoïde *commutatif*, S une partie de E et S' le sous-monoïde de E engendré par S.

Lemme 1. — *Dans* E × S', *la relation* $R\{x, y\}$ *que voici:*

« il existe a, b dans E et p, q, s dans S' tels que $x = (a, p)$, $y = (b, q)$, et $aqs = bps$ » *est une relation d'équivalence compatible avec la loi du monoïde produit* E × S'.

Il est immédiat que R est réflexive et symétrique. Soient $x = (a, p)$, $y = (b, q)$ et $z = (c, r)$ des éléments de E × S' tels que l'on ait $R\{x, y\}$ et $R\{y, z\}$. Il existe donc deux éléments s et t de S' tels que

$$aqs = bps, \qquad brt = cqt,$$

d'où l'on déduit

$$ar(stq) = bpsrt = cp(stq)$$

donc $R\{x, z\}$, car stq appartient à S'. La relation R est donc transitive.

Soient par ailleurs $x = (a, p)$, $y = (b, q)$, $x' = (a', p')$ et $y' = (b', q')$ des éléments de E × S' tels que l'on ait $R\{x, y\}$ et $R\{x', y'\}$. Il existe s et s' dans S' tels que

$$aqs = bps, \qquad a'q's' = b'p's'$$

d'où l'on déduit $(aa')(qq')(ss') = (bb')(pp')(ss')$, donc $R\{xx', yy'\}$ car $ss' \in$ S'. La relation d'équivalence R est donc compatible avec la loi de composition de E × S'.

Le magma quotient (E × S')/R est un monoïde commutatif.

DÉFINITION 7. — *Soient* E *un monoïde* commutatif, S *une partie de* E *et* S' *le sous-monoïde de* E *engendré par* S. *On note* E_S *et l'on appelle monoïde des fractions*[1] *de* E *associé à* S (*ou à dénominateurs dans* S) *le monoïde quotient* (E × S')/R, *où la relation d'équivalence* R *est décrite comme dans le lemme* 1.

Pour $a \in$ E et $b \in$ S', la classe de (a, p) modulo R se note en général a/p et

[1] On dit aussi *monoïde des différences* si la loi de E est notée additivement.

s'appelle la *fraction* de *numérateur* a et *dénominateur* p. On a donc par définition $(a/p).(a'/p') = aa'/pp'$. Les fractions a/p et a'/p' sont égales si et seulement s'il existe s dans S' avec $spa' = sp'a$; s'il en est ainsi, il existe σ et σ' dans S' avec $a\sigma = a'\sigma'$ et $p\sigma = p'\sigma'$. En particulier, on a $a/p = sa/sp$ pour $a \in A$ et s, p dans S'. L'élément neutre de E_S est la fraction e/e.

On posera $a/e = \varepsilon(a)$ pour tout $a \in E$. Ce qui précède montre que ε est un homomorphisme de E dans E_S, dit *canonique*. Pour tout $p \in S'$, on a $(p/e).(e/p) = e/e$, donc e/p est inverse de $\varepsilon(p) = p/e$; tout élément de $\varepsilon(S')$ est donc inversible. On a $a/p = (a/e)(e/p)$, d'où

$$a/p = \varepsilon(a).\varepsilon(p)^* \tag{1}$$

pour $a \in A$ et $p \in S$; le monoïde E_S est donc engendré par $\varepsilon(E) \cup \varepsilon(S)^*$.

PROPOSITION 6. — *Les notations sont celles de la déf.* 7 *et* ε *désigne l'homomorphisme canonique de* E *dans* E_S.

(i) *Soient* a *et* b *dans* E; *pour qu'on ait* $\varepsilon(a) = \varepsilon(b)$, *il faut et il suffit qu'il existe* $s \in S'$ *avec* $sa = sb$.

(ii) *Pour que* ε *soit injectif, il faut et il suffit que tout élément de* S *soit simplifiable.*

(iii) *Pour que* ε *soit bijectif, il faut et il suffit que tout élément de* S *soit inversible.*

L'assertion (i) est claire, et entraîne que ε est injectif si et seulement si tout élément de S' est simplifiable; mais l'ensemble des éléments simplifiables de E étant un sous-monoïde de E (I, p. 15, prop. 2), il revient au même de dire que tout élément de S est simplifiable.

Si ε est bijective, tout élément de S est inversible, car $\varepsilon(S)$ se compose d'éléments inversibles de E_S. Réciproquement, supposons tout élément de S inversible; alors tout élément de S' est inversible (I, p. 16, cor. 2), donc simplifiable. Alors ε est injectif d'après (ii) et l'on a $a/p = \varepsilon(a.p^*)$ d'après (1), donc ε est surjectif.

THÉORÈME 1. — *Soient* E *un monoïde commutatif,* S *une partie de* E, E_S *le monoïde de fractions associé à* S *et* $\varepsilon: E \to E_S$ *l'homomorphisme canonique. Soit de plus* f *un homomorphisme de* E *dans un monoïde* F (*non nécessairement commutatif*), *tel que tout élément de* $f(S)$ *soit inversible dans* F. *Il existe un homomorphisme* $\bar{f}$ *et un seul de* E_S *dans* F *tel que* $f = \bar{f} \circ \varepsilon$.

Si $\bar{f}$ est un homomorphisme de E_S dans F tel que $f = \bar{f} \circ \varepsilon$, on a $\bar{f}(a/p) = \bar{f}(\varepsilon(a)\varepsilon(p)^*) = \bar{f}(\varepsilon(a))\bar{f}(\varepsilon(p))^* = f(a)f(p)^*$ pour $a \in E$ et $p \in S'$, d'où l'unicité de $\bar{f}$.

Soit g l'application de E × S' dans F définie par $g(a, p) = f(a).f(p)^*$. Montrons que g est un homomorphisme de E × S' dans F. Tout d'abord, on a $g(e, e) = f(e)f(e)^* = e$. Soient (a, p) et (a', p') deux éléments de E × S'; comme a' et p commutent dans E, $f(a')$ et $f(p)$ commutent dans F, d'où $f(a')f(p)^* = {}^*(pf)f(a')$ d'après I, p. 16, prop. 5. On a par ailleurs $f(pp')^* = f(p'p)^* = (f(p')f(p))^* = f(p)^*f(p')^*$ d'après I, p. 16, prop. 4, d'où

$$g(aa', pp') = f(aa')f(pp')^* = f(a)f(a')f(p)^*f(p')^* = f(a)f(p)^*f(a')f(p')^*$$
$$= g(a, p)g(a', p').$$

Montrons que g est compatible avec la relation d'équivalence R dans $E \times S'$; si (a, p) et (a', p') sont congrus mod. R, il existe $s \in S'$ avec $spa' = sap'$, d'où $f(s)f(p)f(a') = f(s)f(a)f(p')$. Comme $f(s)$ est inversible, on en déduit $f(p)f(a') = f(a)f(p')$, puis, après multiplication à gauche par $f(p)^*$ et à droite par $f(p')^*$,

$$g(a', p') = f(a')f(p')^* = f(p)^*f(a) = f(a)f(p)^* = g(a, p).$$

Il existe donc un homomorphisme $\bar{f}$ de E_S dans F tel que $\bar{f}(a/p) = g(a, p)$ d'où $\bar{f}(\varepsilon(a)) = \bar{f}(a/e) = f(a)f(e)^* = f(a)$. On a donc $\bar{f} \circ \varepsilon = f$.

COROLLAIRE. — *Soient* E *et* F *deux monoïdes commutatifs,* S *et* T *des parties de* E *et* F *respectivement,* f *un homomorphisme de* E *dans* F *tel que* $f(S) \subset T$, *et* $\varepsilon: E \to E_S$, $\eta: F \to F_T$ *les homomorphismes canoniques. Il existe un homomorphisme* $g: E_S \to F_T$ *et un seul tel que* $g \circ \varepsilon = \eta \circ f$.

En effet, l'homomorphisme $\eta \circ f$ de E dans F_T transforme tout élément de S en un élément inversible de F_T.

Remarques. — 1) Le th. 1 peut encore s'énoncer en disant que (E_S, ε) est solution du problème d'application universelle pour E, relativement aux monoïdes, aux homomorphismes de monoïdes, et aux homomorphismes de E dans les monoïdes qui transforment les éléments de S en éléments inversibles (E, IV, p. 23). Il en résulte (*loc. cit.*) que toute autre solution de ce problème est isomorphe de façon unique à (E_S, ε).

2) Pour l'existence d'une solution du problème d'application universelle ci-dessus, il est inutile de supposer le monoïde E commutatif, ainsi qu'il résulte de E, IV, p. 23 et p. 24 (cf. I p. 121, exerc. 17).

Mentionnons deux cas particuliers importants de monoïdes de fractions.

a) Soit $\bar{E} = E_E$. Comme le monoïde $\bar{E}$ est engendré par l'ensemble $\varepsilon(E) \cup \varepsilon(E)^*$ qui se compose d'éléments inversibles, tout élément de $\bar{E}$ est inversible (I, p. 16, cor. 2). Autrement dit, $\bar{E}$ est un groupe commutatif. De plus d'après le th. 1, tout homomorphisme f de E dans un groupe G se factorise de manière unique sous la forme $f = \bar{f} \circ \varepsilon$ où $\bar{f}: \bar{E} \to G$ est un homomorphisme. On dit que $\bar{E}$ est le *groupe des fractions de* E (ou *groupe des différences de* E dans le cas de la notation additive).

b) Soit $\Phi = E_\Sigma$, où Σ se compose des éléments simplifiables de E. D'après I, p. 18, prop. 6, (ii), l'homomorphisme canonique de E dans Φ est injectif; on en profitera pour identifier E à son image dans Φ. Par suite, E est un sous-monoïde de Φ, tout élément simplifiable de E a un inverse dans Φ, et tout élément de Φ est de la forme $a/p = a.p^*$ avec $a \in E$ et $p \in \Sigma$; on a $a/p = a'/p'$ si et seulement si l'on a $ap' = pa'$. On voit facilement que les éléments inversibles de Φ sont les fractions a/p avec a et p simplifiables et que p/a est l'inverse de a/p.

Soit maintenant S un ensemble d'éléments simplifiables de E, et soit S′ le sous-monoïde de E engendré par S. Si a/p et a'/p' sont deux éléments de E_S, on a $a/p = a'/p'$ si et seulement si $ap' = pa'$ (car $sap' = spa'$ entraîne $ap' = pa'$ pour tout $s \in S'$). On peut donc identifier E_S au sous-monoïde de Φ engendré par $E \cup S^*$.

Lorsque tout élément de E est simplifiable, on a $\Phi = \overline{E}$ et E est un sous-monoïde du groupe commutatif Φ. Inversement, si E est isomorphe à un sous-monoïde d'un groupe, tout élément de E est simplifiable.

5. Applications: I. Entiers rationnels

Considérons le monoïde commutatif **N** des entiers naturels, la loi de composition étant l'addition; tous les éléments de **N** sont simplifiables pour cette loi (E, III, p. 37, cor. 3). Le groupe des différences de **N** se note **Z**; ses éléments sont appelés les *entiers rationnels*; sa loi s'appelle *addition des entiers rationnels* et se note encore $+$. L'homomorphisme canonique de **N** dans **Z** est injectif, et nous identifierons chaque élément de **N** à son image dans **Z**. Les éléments de **Z** sont, par définition, les classes d'équivalence déterminées dans $\mathbf{N} \times \mathbf{N}$ par la relation $m_1 + n_2 = m_2 + n_1$ entre (m_1, n_1) et (m_2, n_2); un élément m de **N** est identifié avec la classe formée des éléments $(m + n, n)$ où $n \in \mathbf{N}$; il admet pour opposé dans **Z** la classe des éléments $(n, m + n)$. Tout élément (p, q) de $\mathbf{N} \times \mathbf{N}$ peut s'écrire sous la forme $(m + n, n)$ si $p \geqslant q$, sous la forme $(n, m + n)$ si $p \leqslant q$; il s'ensuit que **Z** est *la réunion de* **N** *et de l'ensemble des opposés des éléments de* **N**. L'élément neutre 0 est le seul élément de **N** dont l'opposé appartienne à **N**.

Pour tout entier naturel m, on note $-m$ l'entier rationnel opposé de m, et on note $-\mathbf{N}$ l'ensemble des éléments $-m$ pour $m \in \mathbf{N}$. On a

$$\mathbf{Z} = \mathbf{N} \cup (-\mathbf{N}) \quad \text{et} \quad \mathbf{N} \cap (-\mathbf{N}) = \{0\}.$$

Pour $m \in \mathbf{N}$, on a $m = -m$ si et seulement si $m = 0$.

Soient m et n deux entiers naturels;

a) si $m \geqslant n$, on a $m + (-n) = p$, où p est l'élément de **N** tel que $m = n + p$;

b) si $m \leqslant n$, on a $m + (-n) = -p$, où p est l'élément de **N** tel que $m + p = n$;

c) on a $(-m) + (-n) = -(m + n)$.

Les propriétés b) et c) résultent de I, p. 16, prop. 4; comme $\mathbf{Z} = \mathbf{N} \cup (-\mathbf{N})$, l'addition de **N** et les propriétés a), b) et c) caractérisent entièrement l'addition de **Z**.

Plus généralement on désigne par $-x$ l'opposé d'un entier rationnel quelconque x; le composé $x + (-y)$ se note, de façon abrégée, $x - y$ (cf. I, p. 23).

La relation d'ordre $\leqslant$ entre entiers naturels est caractérisée par la propriété suivante: on a $m \leqslant n$ si et seulement s'il existe un entier $p \in \mathbf{N}$ tel que $m + p = n$ (E, III, p. 29, prop. 13 et p. 36, prop. 2). La relation $y - x \in \mathbf{N}$ entre entiers rationnels x et y est une relation *d'ordre total* sur **Z**, qui prolonge la relation d'ordre $\leqslant$ sur $\mathbf{N}$. En effet, pour tout $x \in \mathbf{Z}$, on a $x - x = 0 \in \mathbf{N}$; si $y - x \in \mathbf{N}$ et $z - y \in \mathbf{N}$, on a $z - x = (z - y) + (y - x) \in \mathbf{N}$ car $\mathbf{N}$ est stable pour l'addition; si $y - x \in \mathbf{N}$ et $x - y \in \mathbf{N}$, on a $y - x = 0$, car 0 est le seul élément de $\mathbf{N}$ dont l'opposé appartienne à $\mathbf{N}$; quels que soient les entiers rationnels x et y, on a $y - x \in \mathbf{N}$ ou $x - y \in \mathbf{N}$, car $\mathbf{Z} = \mathbf{N} \cup (-\mathbf{N})$; enfin si x et y sont des entiers naturels, on a $y - x \in \mathbf{N}$ si et seulement s'il existe $p \in \mathbf{N}$ tel que $x + p = y$. Cette relation d'ordre est encore notée $\leqslant$.

Lorsqu'on considérera désormais $\mathbf{Z}$ comme un ensemble ordonné, il s'agira toujours, sauf mention expresse du contraire, de l'ordre qui vient d'être défini; les entiers naturels sont identifiés aux entiers $\geqslant 0$: on les appelle encore entiers *positifs*; les entiers $\leqslant 0$, opposés des entiers positifs, sont dits entiers *négatifs*; les entiers > 0 (resp. < 0) sont dits *strictement positifs* (resp. *strictement négatifs*); l'ensemble des entiers > 0 se note parfois $\mathbf{N}^*$.

Soient x, y et z trois entiers rationnels; on a $x \leqslant y$ si et seulement si $x + z \leqslant y + z$. En effet $x - y = (x + z) - (y + z)$. On exprime cette propriété en disant que la relation d'ordre de $\mathbf{Z}$ est *invariante par translation.*

6. Applications: II. Multiplication des entiers rationnels

Lemme 2. — *Soient* E *un monoïde et x un élément de* E.

(i) *Il existe un unique homomorphisme f de* $\mathbf{N}$ *dans* E *tel que* $f(1) = x$, *et l'on a* $f(x) = \overset{n}{\top}\, x$ *pour tout* $n \in \mathbf{N}$.

(ii) *Si x est inversible, il existe un unique homomorphisme g de* $\mathbf{Z}$ *dans* E *tel que* $g(1) = x$ *et g coïncide avec f dans* $\mathbf{N}$.

Posons $f(n) = \overset{n}{\top}\, x$ pour tout $n \in \mathbf{N}$; les formules $\overset{0}{\top}\, x = e$ et $(\overset{m}{\top}\, x) \top (\overset{n}{\top}\, x) = \overset{m+n}{\top}\, x$ (I, p. 13) expriment que f est un homomorphisme de $\mathbf{N}$ dans E, et l'on a évidemment $f(1) = x$. Si f' est un homomorphisme de $\mathbf{N}$ dans E tel que $f'(1) = x$, on a $f = f'$ d'après I, p. 6, prop. 1 (iv).

Supposons x inversible. D'après I, p. 16, cor. 2, $f(n) = \overset{n}{\top}\, x$ est inversible pour tout entier $n \geqslant 0$. Par construction, $\mathbf{Z}$ est le groupe des différences de $\mathbf{N}$, donc (I, p. 18, th. 1), f se prolonge de manière unique en un homomorphisme g de $\mathbf{Z}$ dans E. Si g' est un homomorphisme de $\mathbf{Z}$ dans E tel que $g'(1) = x$, la restriction f' de g' à $\mathbf{N}$ est un homomorphisme de $\mathbf{N}$ dans E tel que $f'(1) = x$. On a donc $f' = f$, d'où $g' = g$.

Nous appliquerons le lemme 2 au cas où le monoïde E est $\mathbf{Z}$; pour tout entier $m \in \mathbf{Z}$, il existe donc un endomorphisme f_m de $\mathbf{Z}$ caractérisé par $f_m(1) = m$. Lorsque $m \in \mathbf{N}$, l'application $n \mapsto mn$ de $\mathbf{N}$ dans $\mathbf{N}$ est un endomorphisme du magma $\mathbf{N}$ (E, III, p. 27, corollaire); donc $f_m(n) = mn$ pour m, n dans $\mathbf{N}$.

On peut donc prolonger la multiplication dans $\mathbf{N}$ en une multiplication dans

Z par la formule $mn = f_m(n)$ pour m, n dans **Z**. Nous allons établir les formules:

(2) $$xy = yx$$
(3) $$(xy)z = x(yz)$$
(4) $$x(y + z) = xy + xz$$
(5) $$(x + y)z = xz + yz$$
(6) $$0.x = x.0 = 0$$
(7) $$1.x = x.1 = x$$
(8) $$(-1).x = x.(-1) = -x$$

pour x, y, z dans **Z**. (*Autrement dit, **Z** est un anneau commutatif.$_*$) Les formules $x(y + z) = xy + xz$ et $x.0 = 0$ expriment que f_x est un endomorphisme du monoïde additif **Z** et $f_x(1) = x$ s'écrit $x.1 = x$. L'endomorphisme $f_x \circ f_y$ de **Z** transforme 1 en xy, donc est égal à f_{xy}, d'où (3). On a $f_x(-y) = -f_x(y)$, c'est-à-dire $x(-y) = -xy$; de même, l'endomorphisme $y \mapsto -xy$ de **Z** transforme 1 en $-x$ d'où $(-x)y = -xy$, et par suite $(-x)(-y) = -(x(-y)) = -(-xy) = xy$. Pour m, n dans **N**, on a $mn = nm$ (E, III, p. 27, corollaire) d'où $(-m)n = n(-m)$ et $(-m)(-n) = (-n)(-m)$; comme $\mathbf{Z} = \mathbf{N} \cup (-\mathbf{N})$, on a donc $xy = yx$ pour x, y dans **Z**, et cette formule permet de déduire (5) de (4) et de compatible compléter les formules (6) à (8).

7. Applications: III. Puissances généralisées

Soit E un monoïde, d'élément neutre e, de loi de composition notée $\top$. Si x est inversible dans E, soit g_x l'homomorphisme de **Z** dans E appliquant 1 sur x. On pose $g_x(n) = \overset{n}{\top}\, x$ pour tout $n \in \mathbf{Z}$; d'après le lemme 2 (I, p. 21), cette notation est compatible pour $n \in \mathbf{N}$ avec la notation introduite antérieurement. On a

(9) $$\overset{m+n}{\top}\, x = (\overset{m}{\top}\, x) \top (\overset{n}{\top}\, x)$$
(10) $$\overset{0}{\top}\, x = e$$
(11) $$\overset{1}{\top}\, x = x$$

pour x inversible dans E et m, n dans **Z**. De plus, si $y = \overset{m}{\top}\, x$, l'application $n \mapsto g_x(mn)$ de **Z** dans E est un homomorphisme appliquant 1 sur y, d'où $g_x(mn) = g_y(n)$, c'est-à-dire

(12) $$\overset{mn}{\top}\, x = \overset{n}{\top}\, (\overset{m}{\top}\, x).$$

Comme -1 est opposé de 1 dans **Z**, $\overset{-1}{\top}\, x$ est l'inverse de $x = \overset{1}{\top}\, x$ dans E. Si l'on fait $n = -m$ dans (9) on voit que $\overset{-m}{\top}\, x$ est l'inverse de $\overset{m}{\top}\, x$.

8. Notations

a) Le plus souvent, on note additivement la loi d'un monoïde commutatif. On convient alors que $-x$ désigne l'opposé de x. On écrit de manière abrégée $x - y$ pour $x + (-y)$ et de même

$$x + y - z, \quad x - y - z, \quad x - y + z - t, \quad \text{etc.} \ldots$$

représentent respectivement

$$x + y + (-z), \; x + (-y) + (-z), \; x + (-y) + z + (-t), \text{etc.} \ldots$$

Pour $n \in \mathbf{Z}$, la notation $\overset{n}{\top} x$ se remplace par nx. Les formules (9) à (12) (I. p. 22) se traduisent par

(13) $$(m + n).x = m.x + n.x$$

(14) $$0.x = 0$$

(15) $$1.x = x$$

(16) $$m.(n.x) = (mn).x$$

où m et n appartiennent à $\mathbf{N}$ ou même à $\mathbf{Z}$ si x admet un opposé. On a aussi dans ce dernier cas la relation $(-1).x = -x$. Notons encore la formule

(17) $$n.(x + y) = nx + ny.$$

b) Soit E un monoïde noté multiplicativement. Pour $n \in \mathbf{Z}$, la notation $\overset{n}{\top} x$ se remplace par x^n. On a les relations

$$x^{m+n} = x^m . x^n$$
$$x^0 = 1$$
$$x^1 = x$$
$$(x^m)^n = x^{mn}$$

et aussi $(xy)^n = x^n y^n$ si x et y commutent.

Lorsque x a un inverse, celui-ci n'est autre que x^{-1}. On écrit aussi $\frac{1}{x}$ au lieu de x^{-1}. Enfin, lorsque le monoïde E est commutatif, on écrit aussi $\frac{x}{y}$ ou x/y pour xy^{-1}.

§ 3. ACTIONS

1. Actions

DÉFINITION 1. — *Soient* Ω *et* E *deux ensembles. On appelle* action de Ω sur E *une application de* Ω *dans l'ensemble* E^E *des applications de* E *dans lui-même.*

Soit $\alpha \mapsto f_\alpha$ une action de Ω sur E. On dit que l'application $(\alpha, x) \mapsto f_\alpha(x)$ (resp. $(x, \alpha) \mapsto f_\alpha(x)$) est la *loi d'action à gauche* (resp. *à droite*) de Ω *sur* E *associée à l'action donnée*[1] *de* Ω *sur* E. Etant donnée une application g de $\Omega \times E$ (resp. $E \times \Omega$) dans E, il existe une action $\alpha \mapsto f_\alpha$ de Ω dans E et une seule telle que la loi d'action à gauche (resp. à droite) associée soit g (E, II, p. 31, prop. 3).

Dans ce chapitre, nous dirons pour abréger « loi d'action » au lieu de « loi d'action à gauche ». L'élément $f_\alpha(x)$ de E (pour $\alpha \in \Omega$ et $x \in E$), est parfois appelé le *transformé* de x par α ou le *composé* de α et de x. Pour le désigner, on emploie souvent la notation multiplicative à gauche $\alpha . x$ (resp. à droite $x . \alpha$), le point pouvant être omis; le composé de α et de x s'appelle alors le *produit* de α et de x (resp. de x et de α). On emploie aussi la notation exponentielle x^α. Dans les raisonnements des paragraphes suivants, nous utiliserons ordinairement la notation $\alpha \perp x$. Les éléments de Ω sont souvent appelés *opérateurs*.

Exemples. — 1) Soit E un magma associatif, noté multiplicativement. L'application qui, à un entier n strictement positif, fait correspondre l'application $x \mapsto x^n$ de E dans lui-même, est une action de $\mathbf{N}^*$ sur E. Si E est un groupe, l'application qui, à un entier rationnel a, fait correspondre l'application $x \mapsto x^a$ de E dans E, est une action de $\mathbf{Z}$ sur E.

2) Soit E un magma, de loi notée $\top$. L'application qui, à un élément $x \in E$, fait correspondre l'application $A \mapsto x \top A$ de l'ensemble des parties de E dans lui-même, est une action de E sur $\mathfrak{P}(E)$.

3) Soit E un ensemble. L'application identique de E^E est une action de E^E sur E, dite *action canonique*. La loi d'action correspondante est l'application $(f, x) \mapsto f(x)$ de $E^E \times E$ dans E.

4) Soit $(\Omega_i)_{i \in I}$ une famille d'ensembles. Pour tout $i \in I$, soit $f_i : \Omega_i \to E^E$ une action de Ω_i sur E. Soit Ω la somme des Ω_i (E, II, p. 30). L'application f de Ω dans E^E prolongeant les f_i est une action de Ω sur E. Ceci permet de ramener la considération de familles d'actions à celle d'une seule action.

5) Etant données une action de Ω sur E de loi notée $\perp$, une partie Ξ de Ω et une partie X de E, on désigne par $\Xi \perp X$ l'ensemble des $\alpha \perp x$ pour $\alpha \in \Xi$ et $x \in X$; lorsque Ξ est réduite à un élément α, on écrit généralement $\alpha \perp X$ au lieu de $\{\alpha\} \perp X$. L'application qui, à $\alpha \in \Omega$, fait correspondre l'application $X \mapsto \alpha \perp X$ est une action de Ω sur $\mathfrak{P}(E)$, dite *déduite* de l'action donnée par extension à l'ensemble des parties.

6) Soit $\alpha \mapsto f_\alpha$ une action de Ω sur E. Soit g une application de Ω' dans Ω. Alors l'application $\beta \mapsto f_{g(\beta)}$ est une action de Ω' sur E.

7) Soit $f : E \times E \to E$ une loi de composition sur un ensemble E. L'application $\gamma : x \mapsto \gamma_x$ (resp. $\delta : x \mapsto \delta_x$) (I, p. 14) qui, à un élément $x \in E$ fait correspondre la translation à gauche (resp. à droite) par x, est une action de E sur lui-même; on l'appelle l'*action à gauche* (resp. *à droite*) de E sur lui-même *déduite* de la loi donnée. Lorsque f est commutative, ces deux actions coïncident.

La loi d'action à gauche (resp. à droite) associée à γ est f (resp. la loi opposée à f). La loi d'action à droite (resp. à gauche) associée à δ est f (resp. la loi opposée à f).

Soient Ω, E, F des ensembles, $\alpha \mapsto f_\alpha$ une action de Ω sur E, $\alpha \mapsto g_\alpha$ une action de Ω sur F. On appelle Ω-*morphisme de* E *dans* F, ou *application de* E *dans* F *compatible avec les actions de* Ω, une application h de E dans F telle que

$$g_\alpha(h(x)) = h(f_\alpha(x))$$

[1] Ou parfois la *loi de composition externe* sur E ayant Ω comme ensemble d'opérateurs.

quels que soient $\alpha \in \Omega$ et $x \in E$. Le composé de deux Ω-morphismes est un Ω-morphisme.

Soient Ω, Ξ, E, F des ensembles, $\alpha \mapsto f_\alpha$ une action de Ω dans E, $\beta \mapsto g_\beta$ une action de Ξ dans F, φ une application de Ω dans Ω'. On appelle *φ-morphisme* de E dans F une application h de E dans F telle que

$$g_{\varphi(\alpha)}(h(x)) = h(f_\alpha(x))$$

quels que soient $\alpha \in \Omega$ et $x \in E$.

2. Parties stables pour une action. Action induite

DÉFINITION 2. — *Une partie* A *d'un ensemble* E *est dite* stable *pour une action* $\alpha \mapsto f_\alpha$ *de* Ω *sur* E *si l'on a* $f_\alpha(A) \subset A$ *pour tout* $\alpha \in \Omega$. *Un élément* x *de* E *est dit invariant par un élément* α *de* Ω *si* $f_\alpha(x) = x$.

L'intersection d'une famille de parties stables de E pour une action donnée est stable. Il existe donc une plus petite partie stable de E contenant une partie X donnée; elle est dite *engendrée* par X; elle se compose des éléments $(f_{\alpha_1} \circ f_{\alpha_2} \circ \cdots \circ f_{\alpha_n})(x)$, où $x \in X$, $n \geqslant 0$, $\alpha_i \in \Omega$ pour tout i.

Remarque. — Soit E un magma, de loi notée $\top$. On prendra garde qu'une partie A de E stable pour l'action à gauche de E sur lui-même n'est pas nécessairement stable pour l'action à droite de E sur lui-même; une partie A de E stable pour l'action à gauche (resp. à droite) de E sur lui-même, est stable pour la loi de E, mais la réciproque est en général inexacte. Plus précisément, A est stable pour la loi de E si et seulement si l'on a $A \top A \subset A$, alors que A est stable pour l'action à gauche (resp. à droite) de E sur lui-même si et seulement si l'on a $E \top A \subset A$ (resp. $A \top E \subset A$).

Exemple. — Prenons pour magma E l'ensemble **N** muni de la multiplication. L'ensemble $\{1\}$ est stable pour la loi interne de **N**, mais la partie stable pour l'action de **N** sur lui-même engendrée par $\{1\}$ est **N** tout entier.

DÉFINITION 3. — *Soient* $\alpha \mapsto f_\alpha$ *une action de* Ω *sur* E, A *une partie stable de* E. *L'application qui, à un élément* $\alpha \in \Omega$, *fait correspondre la restriction de* f_α *à* A (*considérée comme application de* A *dans lui-même*), *est une action de* Ω *sur* A *dite* induite *par l'action donnée.*

3. Action quotient

DÉFINITION 4. — *Soit* $\alpha \mapsto f_\alpha$ *une action d'un ensemble* Ω *sur un ensemble* E. *On dit qu'une relation d'équivalence* R *dans* E *est compatible avec l'action donnée si, quels que soient les éléments* x *et* y *de* E *tels que* $x \equiv y \pmod{R}$ *et quel que soit* $\alpha \in \Omega$, *on a* $f_\alpha(x) \equiv f_\alpha(y) \pmod{R}$. *L'application qui, à un élément* $\alpha \in \Omega$, *associe l'application de* E/R *dans lui-même déduite de* f_α *par passage aux quotients, est une action de* Ω *sur* E/R, *appelée quotient de l'action de* Ω *sur* E.

Soit E un magma et soit R une relation d'équivalence sur E. On dit que R est *compatible à gauche* (resp. *à droite*) avec la loi de E si elle est compatible avec l'action à gauche (resp. à droite) de E sur lui-même déduite de la loi de E. Pour que R soit compatible avec la loi de E, il faut et il suffit qu'elle soit compatible à gauche et à droite avec la loi de E.

Nous laissons au lecteur le soin d'énoncer et de démontrer les analogues des prop. 6, 7 et 8 de I, p. 11.

4. Distributivité

DÉFINITION 5. — *Soient* $E_1, \ldots, E_n$ *et* F *des ensembles et* u *une application de* $E_1 \times \ldots \times E_n$ *dans* F. *Soit* $i \in [1, n]$. *Supposons* E_i *et* F *munis de structures de magmas. On dit que u est distributive relativement à la variable d'indice i si l'application partielle*

$$x_i \mapsto u(a_1, \ldots, a_{i-1}, x_i, a_{i+1}, \ldots, a_n)$$

est un homomorphisme de E_i *dans* F *quels que soient les* a_j *fixés dans* E_j *pour* $j \neq i$.

Si l'on note $\top$ les lois internes dans E_i et F, la distributivité de u se traduit par les formules

$$(1) \quad u(a_1, \ldots, a_{i-1}, x_i \top x'_i, a_{i+1}, \ldots, a_n) \\ = u(a_1, \ldots, a_{i-1}, x_i, a_{i+1}, \ldots, a_n) \top u(a_1, \ldots, a_{i-1}, x'_i, a_{i+1}, \ldots, a_n)$$

pour $a_1 \in E_1, \ldots, a_{i-1} \in E_{i-1}, x_i \in E_i, x'_i \in E_i, a_{i+1} \in E_{i+1}, \ldots, a_n \in E_n$.

Exemple. — Soient E un monoïde (resp. un groupe), noté multiplicativement. L'application $(n, x) \mapsto x^n$ de $\mathbf{N} \times E$ (resp. $\mathbf{Z} \times E$) dans E est distributive par rapport à la première variable d'après la formule $x^{m+n} = x^m x^n$ (on munit **N** de l'addition). Si E est commutatif, cette application est distributive par rapport à la deuxième variable d'après la formule $(xy)^n = x^n y^n$.

PROPOSITION 1. — *Soient* $E_1, E_2, \ldots, E_n$ *et* F *des monoïdes commutatifs notés additivement et soit u une application de* $E_1 \times \ldots \times E_n$ *dans* F, *distributive par rapport à toutes les variables. Pour chaque* $i \in [1, n]$, *soient* L_i *un ensemble fini non vide et* $(x_{i,\lambda})_{\lambda \in L_i}$ *une famille d'éléments de* E_i. *On pose* $y_i = \sum_{\lambda \in L_i} x_{i,\lambda}$ *pour* $i \in [1, n]$. *On a*

$$(2) \qquad u(y_1, \ldots, y_n) = \sum_{\alpha} u(x_{1,\alpha_1}, \ldots, x_{n,\alpha_n})$$

la somme étant étendue aux suites $\alpha = (\alpha_1, \ldots, \alpha_n)$ *appartenant à* $L_1 \times \cdots \times L_n$.

On raisonne par récurrence sur n, le cas $n = 1$ résultant de la formule (2) de I, p. 4. D'après la même référence, on a

$$(3) \qquad u(y_1, \ldots, y_{n-1}, y_n) = \sum_{\alpha_n \in L_n} u(y_1, \ldots, y_{n-1}, x_{n,\alpha_n})$$

car $y_n = \sum_{\alpha_n \in L_n} x_{n,\alpha_n}$ et l'application $z \mapsto u(y_1, \ldots, y_{n-1}, z)$ de E_n dans F est un homomorphisme de magmas. Par l'hypothèse de récurrence utilisée pour les applications distributives $(z_1, \ldots, z_{n-1}) \mapsto u(z_1, \ldots, z_{n-1}, x_{n,\alpha_n})$ de $E_1 \times \cdots \times E_{n-1}$ dans F, on a

$$(4) \qquad u(y_1, \ldots, y_{n-1}, x_{n,\alpha_n}) = \sum_{\alpha_1, \ldots, \alpha_{n-1}} u(x_{1,\alpha_1}, \ldots, x_{n-1,\alpha_{n-1}}, x_{n,\alpha_n}),$$

la somme étant étendue aux suites $(\alpha_1, \ldots, \alpha_{n-1})$ appartenant à $M = L_1 \times \cdots \times L_{n-1}$. Or on a $L_1 \times \cdots \times L_n = M \times L_n$; posant $t_{\alpha_1,\ldots,\alpha_n} = u(x_{1,\alpha_1}, \ldots, x_{n,\alpha_n})$, on a

$$(5) \qquad \sum_{\alpha_1,\ldots,\alpha_n} t_{\alpha_1,\ldots,\alpha_n} = \sum_{\alpha_n} \Big(\sum_{\alpha_1,\ldots,\alpha_{n-1}} t_{\alpha_1,\ldots,\alpha_{n-1},\alpha_n} \Big)$$

d'après la formule (7) de I, p. 9. On déduit immédiatement (2) de (3), (4) et (5).

Remarque. — Si l'on a $u(a_1, \ldots, a_{i-1}, 0, a_{i+1}, \ldots, a_n) = 0$ pour $i \in [1, n]$ et $a_j \in E_j$ $(j \neq i)$, alors la formule (2) reste valable pour des familles $(x_{i,\lambda})_{\lambda \in L_i}$ *à support fini.*

Un cas particulier de la déf. 5 est celui où u est la loi d'action associée à une action d'un ensemble Ω sur un magma E. Si u est distributive par rapport à la seconde variable, on dit encore que l'action de Ω sur le magma E est distributive. En d'autres termes:

DÉFINITION 6. — *On dit qu'une action $\alpha \mapsto f_\alpha$ d'un ensemble Ω sur un magma* E *est* distributive *si, pour tout $\alpha \in \Omega$, l'application f_α est un endomorphisme du magma* E.

Si l'on note $\top$ la loi du magma E et $\perp$ la loi d'action associée à l'action de Ω sur E, la distributivité de celle-ci se traduit donc par la formule

$$(6) \qquad \alpha \perp (x \top y) = (\alpha \perp x) \top (\alpha \perp y) \qquad \text{(pour } \alpha \in \Omega \text{ et } x, y \text{ dans E).}$$

Par abus de langage, on dit encore que loi $\perp$ est distributive (ou distributive à droite) par rapport à la loi $\top$.

La formule (2) de I, p. 4 montre que l'on a alors, pour toute séquence $(x_\lambda)_{\lambda \in L}$ d'éléments de E et tout $\alpha \in \Omega$

$$(7) \qquad \alpha \perp \Big(\mathop{\top}_{\lambda \in L} x_\lambda \Big) = \mathop{\top}_{\lambda \in L} (\alpha \perp x_\lambda).$$

Si une action $\alpha \mapsto f_\alpha$ est distributive et si une relation d'équivalence R dans E est compatible avec la loi de composition de E et l'action $\alpha \mapsto f_\alpha$, l'action quotient sur E/R est distributive.

Lorsque la loi de E est écrite multiplicativement, on emploie fréquemment la notation exponentielle x^α pour une loi d'action distributive par rapport à cette multiplication, de sorte que la distributivité s'exprime par l'identité $(xy)^\alpha = x^\alpha y^\alpha$. Si la loi de E est notée additivement, on emploie fréquemment la notation multiplicative à gauche $\alpha . x$ (resp. à droite $x . \alpha$) pour une loi d'action distributive par rapport à cette addition, la distributivité s'exprimant par l'identité

$$\alpha(x + y) = \alpha x + \alpha y \qquad \text{(resp. } (x + y)\alpha = x\alpha + y\alpha\text{).}$$

On peut aussi considérer le cas où Ω est muni d'une loi interne, notée $\overline{\top}$, et où la loi d'action est distributive par rapport à la première variable, ce qui signifie que

$$(\alpha \top \beta) \perp x = (\alpha \perp x) \top (\beta \perp x) \tag{8}$$

quels que soient α, β dans Ω et $x \in \mathrm{E}$. On a alors, d'après la formule (2) de I, p. 4

$$\Big(\mathop{\overline{\top}}_{\lambda \in \mathrm{L}} \alpha_\lambda\Big) \perp x = \mathop{\top}_{\lambda \in \mathrm{L}} (\alpha_\lambda \perp x) \tag{9}$$

pour toute séquence $(\alpha_\lambda)_{\lambda \in \mathrm{L}}$ d'éléments de Ω et tout $x \in \mathrm{E}$.

5. Distributivité d'une loi interne par rapport à une autre

Définition 7. — *Soient* $\top$ *et* $\perp$ *deux lois internes sur un ensemble* E. *On dit que la loi* $\perp$ *est distributive par rapport à la loi* $\top$ *si l'on a*

$$x \perp (y \top z) = (x \perp y) \top (x \perp z) \tag{10}$$

$$(x \top y) \perp z = (x \perp z) \top (y \perp z) \tag{11}$$

pour x, y, z *dans* E.

On remarquera que (10) et (11) sont équivalentes si la loi $\perp$ est commutative. En général, on notera l'une des lois additivement et l'autre multiplicativement; lorsque la multiplication est distributive par rapport à l'addition, on a:

$$x.(y + z) = x.y + x.z \tag{12}$$

$$(x + y).z = x.z + y.z \tag{13}$$

Exemples. — 1) Dans l'ensemble $\mathfrak{P}(\mathrm{E})$ des parties d'un ensemble E, chacune des lois internes $\cap$ et $\cup$ est distributive par rapport à elle-même et à l'autre. Cela résulte des formules du type

$$\mathrm{A} \cap (\mathrm{B} \cup \mathrm{C}) = (\mathrm{A} \cap \mathrm{B}) \cup (\mathrm{A} \cap \mathrm{C})$$
$$\mathrm{A} \cup (\mathrm{B} \cap \mathrm{C}) = (\mathrm{A} \cup \mathrm{B}) \cap (\mathrm{A} \cup \mathrm{C}).$$

2) Dans **Z** (et plus généralement, dans tout ensemble totalement ordonné) chacune des lois sup et inf est distributive par rapport à l'autre et par rapport à elle-même.

3) Dans **Z** (* et plus généralement dans tout anneau *) la multiplication est distributive par rapport à l'addition.

4) Dans **N**, l'addition et la multiplication sont distributives par rapport aux lois sup et inf.

§ 4. GROUPES ET GROUPES A OPÉRATEURS

1. Groupes

Rappelons la définition suivante (I, p. 15, déf. 6):

Définition 1. — *On appelle* groupe *un ensemble muni d'une loi de composition associative, possédant un élément neutre et pour laquelle tout élément est inversible.*

Autrement dit, un groupe est un *monoïde* (I, p. 12, déf. 2) dans lequel tout élément est inversible. Une loi de composition sur un ensemble qui y détermine une structure de groupe est appelée une *loi de groupe*. Si G et H sont deux groupes, un homomorphisme de magmas de G dans H est encore appelé un *homomorphisme de groupes*. Un tel homomorphisme f transforme élément neutre en élément neutre; en effet, soit e (resp. e') l'élément neutre de G (resp. H); en notant multiplicativement les lois de groupe de G et H, on a $e.e = e$, d'où $f(e).f(e) = f(e)$ et, en multipliant par $f(e)^{-1}$, on obtient $f(e) = e'$. Par suite f est unifère. Il résulte alors de I, p. 15, que $f(x^{-1}) = f(x)^{-1}$ pour tout $x \in G$.

Exemple. — Dans un monoïde quelconque E, l'ensemble des éléments inversibles, muni de la structure induite par celle de E, est un groupe. En particulier, l'ensemble des applications bijectives d'un ensemble F sur lui-même (ou ensemble des *permutations* de F) est un groupe pour la loi $(f, g) \mapsto f \circ g$, qu'on appelle *groupe symétrique de l'ensemble* F et qu'on note $\mathfrak{S}_F$.

Dans ce paragraphe, sauf indication contraire, nous noterons toujours *multiplicativement* la loi de composition d'un groupe, et nous désignerons par e l'élément neutre d'une loi de groupe ainsi notée.

Un groupe G est dit *fini* si l'ensemble sous-jacent à G est fini; sinon il est dit *infini*; le cardinal d'un groupe est appelé l'*ordre* du groupe.

Si une loi de composition sur G détermine sur G une structure de groupe, il en est de même de la loi opposée. L'application d'un groupe G sur lui-même qui, à tout $x \in G$, fait correspondre l'inverse de x, est un *isomorphisme* de G sur le groupe opposé (I, p. 16, prop. 4).

Suivant nos conventions générales (E, II, p. 10), nous désignerons par A^{-1} l'image d'une partie A de G par l'application $x \mapsto x^{-1}$. Mais il importe de noter que, malgré l'analogie des notations, A^{-1} n'est pas en général élément inverse de A pour la loi de composition $(X, Y) \mapsto XY$ entre parties de G (rappelons que XY est l'ensemble des xy pour $x \in X$, $y \in Y$) : en effet, l'élément neutre pour cette loi est $\{e\}$, et les seuls éléments de $\mathfrak{P}(G)$, inversibles pour cette loi, sont les ensembles A réduits à un seul élément (un tel A, d'ailleurs, a bien pour inverse A^{-1}). On a l'identité $(AB)^{-1} = B^{-1}A^{-1}$ pour $A \subset G$, $B \subset G$. On dit que A est une partie *symétrique* de G si $A = A^{-1}$. Quel que soit $A \subset G$, les parties $A \cup A^{-1}$, $A \cap A^{-1}$ et AA^{-1} sont symétriques.

2. Groupes à opérateurs

DÉFINITION 2. — *Soit* Ω *un ensemble. On appelle* groupe à opérateurs dans Ω *un groupe* G *muni d'une action de* Ω *dans* G *distributive par rapport à la loi de groupe.*

On notera dans la suite x^α le composé de $\alpha \in \Omega$ et $x \in G$. La distributivité s'exprime alors par l'identité $(xy)^\alpha = x^\alpha y^\alpha$.

Dans un groupe à opérateurs G, chaque opérateur définit un *endomorphisme* de la structure de *groupe* sous-jacente; ces endomorphismes seront parfois appelés les *homothéties* du groupe à opérateurs G.

On dit qu'un groupe à opérateurs G est *commutatif* (ou *abélien*) si sa loi de groupe est commutative.

On identifie dans la suite un groupe G au groupe, à opérateurs dans $\varnothing$, obtenu en munissant G de l'unique action de $\varnothing$ dans G. Cela permet de considérer les groupes comme des cas particuliers de groupes à opérateurs, et de leur appliquer les définitions et résultats relatifs à ces derniers que nous allons énoncer.

Exemple. — Dans un groupe commutatif G, noté multiplicativement, on a $(xy)^n = x^n y^n$ quel que soit $n \in \mathbf{Z}$ (I, p. 23); l'action $n \mapsto (x \mapsto x^n)$ de $\mathbf{Z}$ dans G définit par suite, avec la loi du groupe, une structure de groupe à opérateurs sur G.

DÉFINITION 3. — *Soient* G *et* G′ *des groupes à opérateurs dans* Ω. *On appelle* homomorphisme de groupes à opérateurs *de* G *dans* G′, *un homomorphisme du groupe* G *dans le groupe* G′ *tel que l'on ait*

$$f(x^{\alpha}) = (f(x))^{\alpha}$$

pour tout $\alpha \in \Omega$ *et tout* $x \in G$.

Un *endomorphisme* du groupe à opérateurs G est un endomorphisme du groupe G *permutable avec toutes les homothéties de* G.

Comme deux homothéties d'un groupe à opérateurs G ne sont pas nécessairement permutables, *une homothétie de* G *n'est pas en général un endomorphisme du groupe à opérateurs* G.

L'application identique d'un groupe à opérateurs est un homomorphisme de groupes à opérateurs; le composé de deux homomorphismes de groupes à opérateurs en est un. Pour qu'une application soit un isomorphisme de groupes à opérateurs, il faut et il suffit que ce soit un homomorphisme bijectif de groupes à opérateurs, et l'application réciproque est alors un isomorphisme de groupes à opérateurs.

Plus généralement, soient G (resp. G′) un groupe à opérateurs dans Ω (resp. Ω′). Soit φ une application de Ω dans Ω′. On appelle *φ-homomorphisme* de G dans G′ un homomorphisme du groupe G dans le groupe G′ tel que l'on ait

$$f(x^{\alpha}) = (f(x))^{\varphi(\alpha)}$$

pour tout $\alpha \in \Omega$ et tout $x \in G$.

Dans la suite de ce paragraphe, on se donne un ensemble Ω. Sauf mention du contraire, les groupes à opérateurs considérés admettent Ω pour ensemble d'opérateurs.

3. Sous-groupes

DÉFINITION 4. — *Soit* G *un groupe à opérateurs. On appelle sous-groupe stable de* G *une partie* H *de* G *possédant les propriétés suivantes:*

(i) $e \in H$;

(ii) *la relation* « $x \in H$ *et* $y \in H$ » *implique* $x \in H$;

(iii) *la relation* $x \in H$ *implique* $x^{-1} \in H$;

(iv) *la relation* « $x \in H$ *et* $\alpha \in \Omega$ » *implique* $x^{\alpha} \in H$.

Si H est un sous-groupe stable de G, la structure induite sur H par la structure de groupe à opérateurs de G est une structure de groupe à opérateurs, et l'injection canonique de H dans G est un homomorphisme de groupes à opérateurs.

Soit G un groupe. Un sous-groupe stable de G muni de l'action de $\varnothing$ (I, p. 30), c'est-à-dire une partie de G possédant les propriétés (i), (ii), (iii) de la déf. 4, est appelé un *sous-groupe* de G. Lorsqu'on parlera d'un sous-groupe d'un groupe à opérateurs G, il s'agira d'un sous-groupe du groupe sous-jacent à G. Un sous-groupe d'un groupe à opérateurs G n'est pas nécessairement un sous-groupe stable de G.

Exemple 1). — Soient Σ une espèce de structure (E, IV, p. 4) et S une structure d'espèce Σ sur un ensemble E (*loc. cit.*). L'ensemble des *automorphismes* de S est un sous-groupe de $\mathfrak{S}_E$.

PROPOSITION 1. — *Soient* G *un groupe à opérateurs et* H *une partie de* G *stable pour les homothéties de* G. *Les conditions suivantes sont équivalentes:*

a) H *est un sous-groupe stable de* G.

b) H *n'est pas vide et les relations* $x \in H$, $y \in H$ *entraînent* $xy \in H$ *et* $x^{-1} \in H$.

c) H *n'est pas vide et les relations* $x \in H$, $y \in H$ *entraînent* $xy^{-1} \in H$.

d) H *est stable pour la loi de* G *et la loi de composition induite sur* H *par la loi de composition de* G *est une loi de groupe.*

Il est clair que a) entraîne b). Montrons que b) entraîne a). Il suffit de montrer que H contient l'élément neutre de G. La partie H n'étant pas vide, soit $x \in H$. Alors $x^{-1} \in H$ et $e = xx^{-1}$ appartient à H. Il est clair que b) entraîne c). Montrons que c) entraîne b). Tout d'abord, H n'étant pas vide possède un élément x. Par suite $xx^{-1} = e$ est un élément de H. Pour tout élément x de H, $x^{-1} = ex^{-1}$ appartient à H; donc les relations $x \in H$, $y \in H$ entraînent $xy = x(y^{-1})^{-1} \in H$. Il est clair que a) entraîne d). Montrons que d) entraîne a): l'injection canonique de H dans G est un homomorphisme de groupes; par suite $e \in H$ et la relation $x \in H$ implique $x^{-1} \in H$ (I, p. 29).

Remarques. — 1) On prouve de même que la condition b) de l'énoncé équivaut à la condition

c') $H \neq \varnothing$ et les relations $x \in H$ et $y \in H$ entraînent $y^{-1}x \in H$.

2) Pour tout sous-groupe H de G, on a les relations

$$H.H = H \quad \text{et} \quad H^{-1} = H. \tag{1}$$

En effet, on a $H.H \subset H$ et $H^{-1} \subset H$ d'après b). Comme $e \in H$, on a $H.H \supset e.H = H$, et le passage à l'inverse transforme l'inclusion $H^{-1} \subset H$ en $H \subset H^{-1}$, d'où les formules (1).

Si H est un sous-groupe stable de G, et K un sous-groupe stable de H, il est clair que K est un sous-groupe stable de G.

L'ensemble $\{e\}$ est le plus petit sous-groupe stable de G. L'intersection d'une famille de sous-groupes stables de G est un sous-groupe stable. Il y a donc un plus petit sous-groupe stable H de G contenant une partie donnée X de G; on l'appelle le *sous-groupe stable engendré par* X, et on dit que X est un *système générateur* (ou *ensemble générateur*) de H.

PROPOSITION 2. — *Soient* X *une partie non vide d'un groupe à opérateurs* G *et* $\widehat{X}$ *la partie stable pour l'action de* Ω *dans* G *engendrée par* X. *Le sous-groupe stable engendré par* X *est la partie stable pour la loi de* G *engendrée par l'ensemble* $Y = \widehat{X} \cup \widehat{X}^{-1}$.

En effet, cette dernière partie Z est l'ensemble des composés des suites finies dont tous les termes sont des éléments de $\widehat{X}$ ou des inverses d'éléments de $\widehat{X}$; l'inverse d'un tel composé est un composé de même forme (I, p. 17, cor. 1), et Z est stable par l'action de Ω, comme on le voit en appliquant I, p. 26, prop. 1 aux homothéties de G, donc (I, p. 31, prop. 1) Z est un sous-groupe stable de G. Réciproquement, tout sous-groupe stable contenant X contient évidemment Y, donc Z.

COROLLAIRE 1. — *Soient* G *un groupe à opérateurs et* X *une partie de* G *stable pour l'action de* Ω. *Le sous-groupe engendré par* X *et le sous-groupe stable engendré par* X *coïncident.*

COROLLAIRE 2. — *Soient* G *un groupe et* X *une partie de* G *formée d'éléments deux à deux permutables. Le sous-groupe de* G *engendré par* X *est commutatif.*

L'ensemble $Y = X \cup X^{-1}$ est formé d'éléments deux à deux permutables (I, p. 16, prop. 5) et la loi induite sur la partie stable engendrée par Y est commutative (I, p. 8, cor. 2).

Si G est un groupe à opérateurs, le sous-groupe *stable* engendré par une partie de G formée d'éléments deux à deux permutables n'est pas nécessairement commutatif.

COROLLAIRE 3. — *Soient* $f\colon G \to G'$ *un homomorphisme de groupes à opérateurs et* X *une partie de* G. *L'image par* f *du sous-groupe stable de* G *engendré par* X *est le sous-groupe stable de* G' *engendré par* $f(X)$.

Posons $X' = f(X)$. On a $\widehat{X}' = f(\widehat{X})$ et $X'^{-1} = f(X^{-1})$. Par suite $f(\widehat{X} \cup \widehat{X}^{-1}) = \widehat{X}' \cup \widehat{X}'^{-1}$. Le corollaire résulte donc de I, p. 6, prop. 1.

Exemple 2). — Soient G un groupe et x un élément de G. Le sous-groupe engendré par $\{x\}$ (qu'on appelle plus simplement le sous-groupe engendré par x) est l'ensemble des x^n pour $n \in \mathbf{Z}$. La partie stable (pour la loi de G) engendrée par $\{x\}$ est l'ensemble des x^n où $n \in \mathbf{N}^*$. Ces deux ensembles sont en général distincts.

Ainsi, dans le groupe additif $\mathbf{Z}$, le sous-groupe engendré par un élément x est l'ensemble $x.\mathbf{Z}$ des xn, pour $n \in \mathbf{Z}$, et la partie stable engendrée par x est l'ensemble des xn, pour $n \in \mathbf{N}^*$. Ces deux ensembles sont toujours distincts si $x \neq 0$.

La réunion d'une famille *filtrante croissante* de sous-groupes stables de G est évidemment un sous-groupe stable. Il en résulte que, si P est une partie de G et H un sous-groupe stable de G ne rencontrant pas P, l'ensemble des sous-groupes stables de G contenant H et ne rencontrant pas P, ordonné par inclusion, est inductif (E, III, p. 20). En appliquant le th. de Zorn (E, III, p. 20), on obtient le résultat suivant:

PROPOSITION 3. — *Soient* G *un groupe à opérateurs,* P *une partie de* G, H *un sous-groupe stable de* G *ne rencontrant pas* P. *L'ensemble des sous-groupes stables de* G *contenant* H *et ne rencontrant pas* P *possède un élément maximal.*

4. Groupes quotients

THÉORÈME 1. — *Soit* R *une relation d'équivalence dans un groupe à opérateurs* G; *si* R *est compatible à gauche* (resp. *à droite*) (I, p. 26) *avec la loi de groupe de* G, *et compatible avec l'action de* Ω, *la classe d'équivalence de* e *est un sous-groupe stable* H *de* G *et la relation* R *est équivalente à* $x^{-1}y \in \mathrm{H}$ (resp. $yx^{-1} \in \mathrm{H}$). *Réciproquement, si* H *est un sous-groupe stable de* G, *la relation* $x^{-1}y \in \mathrm{H}$ (resp. $yx^{-1} \in \mathrm{H}$) *est une relation d'équivalence compatible à gauche* (resp. *à droite*) *avec la loi de groupe de* G *et compatible avec l'action de* Ω, *pour laquelle* H *est la classe d'équivalence de* e.

Bornons-nous à considérer le cas où la relation R est compatible à gauche avec la loi de G (le cas d'une relation compatible à droite s'en déduit en remplaçant la loi de G par la loi opposée). La relation $y \equiv x \pmod{\mathrm{R}}$ équivaut à $x^{-1}y \equiv e$ (mod. R), car $y \equiv x$ entraîne $x^{-1}y \equiv x^{-1}x = e$ et réciproquement $x^{-1}y \equiv e$ entraîne $y = x(x^{-1}y) \equiv x$. Si H désigne la classe d'équivalence de e, la relation R est donc équivalente à $x^{-1}y \in \mathrm{H}$. Montrons que H est un sous-groupe stable de G. Pour tout opérateur α, la relation $x \equiv e$ entraîne $x^\alpha \equiv e^\alpha = e$, donc $\mathrm{H}^\alpha \subset \mathrm{H}$, et H est stable pour l'action de Ω. Il suffit d'établir (I, p. 31, prop. 1) que $x \in \mathrm{H}$ et $y \in \mathrm{H}$ entraînent $x^{-1}y \in \mathrm{H}$, c'est-à-dire que $x \equiv e$ et $y \equiv e$ entraînent $x \equiv y$, ce qui est une conséquence de la transitivité de R.

Réciproquement, soit H un sous-groupe stable de G; la relation $x^{-1}y \in \mathrm{H}$ est réflexive, puisque $x^{-1}x = e \in \mathrm{H}$; elle est symétrique, puisque $x^{-1}y \in \mathrm{H}$ entraîne $y^{-1}x = (x^{-1}y)^{-1} \in \mathrm{H}$; elle est transitive, car $x^{-1}y \in \mathrm{H}$ et $y^{-1}z \in \mathrm{H}$ entraînent $x^{-1}z = (x^{-1}y)(y^{-1}z) \in \mathrm{H}$; elle est compatible à gauche avec la loi de composition de G, car on peut écrire $x^{-1}y = (zx)^{-1}(zy)$ pour tout $z \in \mathrm{G}$; enfin, pour tout opérateur α, la relation $y \in x\mathrm{H}$ entraîne $y^\alpha \in x^\alpha\mathrm{H}^\alpha \subset x^\alpha\mathrm{H}$, donc la relation d'équivalence $x^{-1}y \in \mathrm{H}$ est compatible avec l'action de Ω sur G. C. Q. F. D.

Soient G un groupe, H un sous-groupe de G; la relation $x^{-1}y \in \mathrm{H}$ (resp. $yx^{-1} \in \mathrm{H}$) s'écrit aussi sous la forme équivalente $y \in x\mathrm{H}$ (resp. $y \in \mathrm{H}x$). Tout sous-groupe H de G définit ainsi deux relations d'équivalence dans G, à savoir $y \in x\mathrm{H}$ et $y \in \mathrm{H}x$; les classes d'équivalence pour ces relations sont respectivement les ensembles $x\mathrm{H}$, qu'on appelle *classes à gauche suivant* H (ou *modulo* H), et les ensembles $\mathrm{H}x$, qu'on appelle *classes à droite suivant* H (ou *modulo* H). En *saturant* une partie $\mathrm{A} \subset \mathrm{G}$ pour ces relations (E, II, p. 44), on obtient respectivement les ensembles AH et HA. L'application $x \mapsto x^{-1}$ transforme classes à gauche modulo H en classes à droite modulo H et réciproquement.

Le cardinal de l'ensemble des classes à gauche (modulo H) s'appelle l'*indice* du sous-groupe H par rapport à G, et on le désigne par la notation (G:H); il est aussi égal au cardinal de l'ensemble des classes à droite.

Si un sous-groupe K de G contient H, il est réunion de classes à gauche (ou à droite) suivant H. Puisqu'une classe à gauche suivant K se déduit de K par une translation à gauche, l'ensemble des classes à gauche suivant H contenues dans une classe à gauche suivant K a un cardinal indépendant de cellc-ci. Par suite (E, III, p. 41, prop. 9):

PROPOSITION 4. — *Soient* H *et* K *deux sous-groupes d'un groupe* G, *tels que* $H \subset K$. *On a*

$$(G:H) = (G:K)(K:H). \tag{2}$$

COROLLAIRE. — *Si* G *est un groupe fini d'ordre* g, H *un sous-groupe de* G *d'ordre* h, *on a*

$$h.(G:H) = g \tag{3}$$

(en particulier, l'ordre et l'indice de H sont des *diviseurs* de l'ordre de G).

Le th. 1 permet de déterminer les relations d'équivalence compatibles avec les lois d'un groupe à opérateurs G: si R est une telle relation, elle est à la fois compatible à droite et à gauche avec la loi de groupe de G et avec l'action de Ω. Par suite, si H est la classe de e (mod. R), H est un sous-groupe stable tel que les relations $y \in xH$ et $y \in Hx$ soient équivalentes (puisque toutes deux sont équivalentes à R); on a donc $xH = Hx$ quel que soit $x \in G$. Réciproquement, s'il en est ainsi, l'une ou l'autre des relations équivalentes $y \in xH$, $y \in Hx$, est compatible avec la loi du groupe, puisqu'elle est à la fois compatible à gauche et à droite avec cette loi (I, p. 27), et est compatible avec l'action de Ω. L'égalité $xH = Hx$ étant équivalente à $xHx^{-1} = H$, on pose la définition suivante:

DÉFINITION 5. — *Soit* G *un groupe à opérateurs. Un sous-groupe stable* H *de* G *est appelé* sous-groupe stable distingué (*ou* invariant *ou* normal) *de* G *si l'on a* $xHx^{-1} = H$ *pour tout* $x \in G$.

Si $\Omega = \varnothing$, un sous-groupe stable distingué de G est appelé un *sous-groupe distingué* (ou *invariant*, ou *normal*) de G. Dans un groupe commutatif, tout sous-groupe est distingué.

Pour vérifier qu'un sous-groupe stable H est distingué, il suffit de montrer que $xHx^{-1} \subset H$ pour tout $x \in G$; en effet, s'il en est ainsi, on a aussi $x^{-1}Hx \subset H$ pour tout $x \in G$, c'est-à-dire $H \subset xHx^{-1}$, et, par suite $H = xHx^{-1}$.

Soient H un sous-groupe stable distingué de G, R la relation d'équivalence $y \in xH$ définie par H; sur l'ensemble quotient G/R, la loi interne, quotient par R de la loi du groupe G, est associative; la classe de e est l'élément neutre pour cette loi quotient; les classes de deux éléments inverses dans G sont inverses pour la loi quotient, et l'action de Ω, quotient par R de l'action de Ω sur G, est distributive par rapport à la loi interne de G/R (I, p. 27). Donc, en résumant les résultats obtenus:

THÉORÈME 2. — *Soit* G *un groupe à opérateurs. Pour qu'une relation d'équivalence* R *sur* G *soit compatible avec la loi de groupe et l'action de* Ω, *il faut et il suffit qu'elle soit de la forme* $x^{-1}y \in \mathrm{H}$, *où* H *est un sous-groupe stable distingué de* G (*la relation* $x^{-1}y \in \mathrm{H}$ *étant d'ailleurs équivalente à* $yx^{-1} \in \mathrm{H}$ *pour un tel sous-groupe*). *La loi de composition sur* G/R *quotient de celle de* G *et l'action de* Ω *sur* G/R *quotient de celle de* Ω *sur* G *par une telle relation* R *munissent* G/R *d'une structure de groupe à opérateurs, dite structure quotient, et l'application canonique de passage au quotient est un homomorphisme de groupes à opérateurs.*

DÉFINITION 6. — *Le quotient d'un groupe à opérateurs* G *par la relation d'équivalence définie par un sous-groupe stable distingué* H *de* G, *muni de la structure quotient, s'appelle le* groupe à opérateurs quotient *de* G *par* H *et se note* G/H. *L'application canonique* $\mathrm{G} \to \mathrm{G/H}$ *s'appelle* homomorphisme canonique.

Pour qu'une application de G/H dans un groupe à opérateurs soit un homomorphisme de groupes à opérateurs, il faut et il suffit que son composé avec l'application canonique de G sur G/H en soit un; ceci justifie le nom de groupe quotient (E, IV, p. 21).

Soient G un groupe et H un sous-groupe distingué de G. Le quotient G/H, muni de sa structure de groupe, s'appelle *groupe quotient* de G par H.

On note $x \equiv y$ (mod. H) ou $x \equiv y$ (H) la relation d'équivalence définie par un sous-groupe stable distingué de G.

PROPOSITION 5. — *Soient* $f\colon \mathrm{G} \to \mathrm{G}'$ *un homomorphisme de groupes à opérateurs,* H *et* H′ *des sous-groupes stables distingués de* G *et* G′ *respectivement tels que* $f(\mathrm{H}) \subset \mathrm{H}'$. *L'application* f *est compatible avec les relations d'équivalence définies par* H *et* H′. *Soient* $\pi\colon \mathrm{G} \to \mathrm{G/H}$ *et* $\pi'\colon \mathrm{G}' \to \mathrm{G}'/\mathrm{H}'$ *les homomorphismes canoniques. L'application* $f\colon \mathrm{G/H} \to \mathrm{G}'/\mathrm{H}'$ *déduite de* f *par passage aux quotients est un homomorphisme.*

Si $x \equiv y$ (mod. H), on a $x^{-1}y \in \mathrm{H}$, d'où $f(x)^{-1}f(y) = f(x^{-1})f(y) = f(x^{-1}y) \in f(\mathrm{H}) \subset \mathrm{H}'$, donc $f(x) \equiv f(y)$ (mod. H′). La deuxième assertion résulte de la propriété universelle des lois quotients (I, p. 11).

Remarques. — 1) Si A est une partie quelconque d'un groupe G, et H un sous-groupe distingué de G, on a AH = HA; cet ensemble est obtenu en saturant A pour la relation $x \equiv y$ (mod. H).

2) Si H est un sous-groupe distingué d'indice fini de G, le groupe quotient G/H est un groupe fini d'ordre (G:H).

On notera que si H est un sous-groupe distingué d'un groupe G et si K est un sous-groupe distingué de H, K n'est pas nécessairement un sous-groupe distingué de G (I, p. 130, exerc. 10).

Soit G un groupe à opérateurs. L'intersection de toute famille de sous-groupes stables distingués de G est un sous-groupe stable distingué. Par suite, pour toute partie X de G, il existe un plus petit sous-groupe stable distingué contenant X, appelé sous-groupe stable distingué *engendré par* X.

Dans un groupe à opérateurs G, les sous-groupes stables G et $\{e\}$ sont distingués.

DÉFINITION 7. — *Un groupe à opérateurs* G *est dit* simple *si* $G \neq \{e\}$ *et s'il n'existe aucun sous-groupe stable distingué de* G *autre que* G *et* $\{e\}$.

5. Décomposition d'un homomorphisme

PROPOSITION 6. — *Soient* G *un groupe à opérateurs, et* G′ *un magma muni d'une action de* Ω, *notée exponentiellement. Soit* $f: G \to G'$ *un homomorphisme du magma* G *dans le magma* G′ *tel que, pour tout* $\alpha \in \Omega$ *et tout* $x \in G$, *on ait* $f(x^\alpha) = f(x)^\alpha$. *Alors* $f(G)$ *est une partie stable de* G′ *pour la loi de* G′ *et l'action de* Ω; *l'ensemble* $f(G)$ *muni des lois induites est un groupe à opérateurs, et l'application* $x \mapsto f(x)$ *de* G *dans* $f(G)$ *est un homomorphisme de groupes à opérateurs.*

En vertu de I, p. 6, prop. 1, $f(G)$ est une partie stable de G′ pour la loi interne de G′. Pour tout élément $x \in G$ et pour tout opérateur α, on a $f(x)^\alpha = f(x^\alpha) \in f(G)$ et par suite $f(G)$ est stable pour l'action de Ω sur G′. La loi interne de G′ étant notée multiplicativement, on a

$$\begin{aligned}(f(x)f(y))f(z) = f(xy)f(z) &= f((xy)z) \\ &= f(x(yz)) = f(x)f(yz) = f(x)(f(y)f(z))\end{aligned}$$

quels que soient les éléments x, y, z de G; par suite la loi induite sur $f(G)$ est associative. Soit e l'élément neutre de G. Son image $f(e)$ est élément neutre de $f(G)$ (I, p. 13). Tout élément de $f(G)$ est inversible dans $f(G)$ (I, p. 15). Par suite la loi induite sur $f(G)$ par la loi interne de G′ est une loi de groupe. Quels que soient les éléments x et y de G et l'opérateur α, on a

$$\begin{aligned}(f(x)f(y))^\alpha = (f(xy))^\alpha = f((xy)^\alpha) &= f(x^\alpha y^\alpha) \\ &= f(x^\alpha)f(y^\alpha) = (f(x))^\alpha(f(y))^\alpha\end{aligned}$$

ce qui montre que l'action de Ω est distributive par rapport à la loi de groupe de $f(G)$. Par suite $f(G)$ muni des lois induites est un groupe à opérateurs et il est clair que l'application $x \mapsto f(x)$ est un homomorphisme de groupes à opérateurs.

DÉFINITION 8. — *Soit* $f: G \to G'$ *un homomorphisme de groupes à opérateurs. L'image réciproque de l'élément neutre de* G′ *est appelée le* noyau *de* f.

Le noyau de f se note souvent $\mathrm{Ker}(f)$ et l'image $f(G)$ de f se note parfois $\mathrm{Im}(f)$.

THÉORÈME 3. — *Soit* $f: G \to G'$ *un homomorphisme de groupes à opérateurs.*

a) $\mathrm{Ker}(f)$ *est un sous-groupe stable distingué de* G;

b) $\mathrm{Im}(f)$ *est un sous-groupe stable de* G′;

c) *l'application* f *est compatible avec la relation d'équivalence définie sur* G *par* $\mathrm{Ker}(f)$;

d) *l'application* $\tilde{f}$: $G/\mathrm{Ker}(f) \rightarrow \mathrm{Im}(f)$ *déduite de* f *par passage au quotient est un isomorphisme de groupes à opérateurs*;

e) *on a* $f = \iota \circ \tilde{f} \circ \pi$, *où* ι *est l'injection canonique de* $\mathrm{Im}(f)$ *dans* G' *et* π *l'homomorphisme canonique de* G *sur* $G/\mathrm{Ker}(f)$.

L'assertion b) résulte de la prop. 6. La relation d'équivalence $f(x) = f(y)$ sur G est compatible avec la structure de groupe à opérateurs de G. D'après le th. 2 (I, p. 35), elle est donc de la forme $y \in x\mathrm{H}$, où H est un sous-groupe stable distingué de G, et H est la classe de l'élément neutre, d'où $\mathrm{H} = \mathrm{Ker}(f)$. Les assertions a), c) et d) en résultent. L'assertion e) est évidente (E, II, p. 44).

6. Sous-groupes d'un groupe quotient

Proposition 7. — *Soient* G *et* H *deux groupes à opérateurs,* f *un homomorphisme de* G *dans* H *et* N *le noyau de* f.

a) *Soit* H' *un sous-groupe stable de* H. *L'image réciproque* $G' = f^{-1}(H')$ *est un sous-groupe stable de* G, *et* G' *est distingué dans* G *si* H' *est distingué dans* H. *De plus,* N *est un sous-groupe distingué de* G'. *Si* f *est surjectif, on a* $H' = f(G')$ *et* f *définit un isomorphisme de* G'/N *sur* H' *par passage au quotient.*

b) *Soit* G' *un sous-groupe stable de* G. *L'image* $H' = f(G')$ *est un sous-groupe stable de* H *et l'on a* $f^{-1}(H') = G'N = NG'$. *En particulier, on a* $f^{-1}(H') = G'$ *si et seulement si* $N \subset G'$. *Si* f *est surjectif et si* G' *est distingué dans* G, *alors* H' *est distingué dans* H.

a) Soient x et y dans G' et $\alpha \in \Omega$; on a $f(x) \in H'$, $f(y) \in H'$, d'où $f(xy^{-1}) = f(x)f(y)^{-1} \in H'$, c'est-à-dire $xy^{-1} \in G'$; donc G' est un sous-groupe de G. On a $f(x^\alpha) = f(x)^\alpha \in H'$, d'où $x^\alpha \in G'$, et par suite G' est stable. Supposons H' distingué dans H et soient $x \in G'$, $y \in G$; on a $f(x) \in H'$ et

$$f(yxy^{-1}) = f(y)f(x)f(y)^{-1} \in H'$$

d'où $yxy^{-1} \in G'$; donc G' est distingué dans G. Pour tout $n \in N$, on a $f(n) = e \in H'$, d'où $N \subset G'$; comme N est distingué dans G, il l'est dans G'. Enfin, si f est surjectif, on a $f(f^{-1}(A)) = A$ pour toute partie A de H, d'où $H' = f(G')$; la restriction de f à G' est un homomorphisme f' de G' sur H', de noyau N, donc f' définit par passage au quotient un isomorphisme de G'/N sur H'.

b) Soient a et b dans H' et $\alpha \in \Omega$; il existe x, y dans G' tels que $a = f(x)$ et $b = f(y)$, d'où $ab^{-1} = f(xy^{-1}) \in H'$; donc H' est un sous-groupe de H, qui est stable car $a^\alpha = f(x^\alpha) \in H'$. Soit $x \in G$; on a $x \in f^{-1}(H')$ si et seulement si $f(x) \in H' = f(G')$, c'est-à-dire si et seulement s'il existe y dans G' avec $f(x) = f(y)$; la relation $f(x) = f(y)$ équivaut à l'existence de $n \in N$ avec $x = yn$; finalement, $x \in f^{-1}(H')$ équivaut à $x \in G'N = NG'$. Il est clair que la relation $G' = G'N$ équivaut à $G' \supset N$. Supposons enfin f surjectif et G' distingué dans

G; soient $a \in H'$ et $b \in H$; il existe $x \in G'$ et $y \in G$ tels que $a = f(x)$ et $b = f(y)$, d'où $bab^{-1} = f(yxy^{-1}) \in f(G') = H'$. Donc H' est distingué dans H.

Corollaire 1. — *On suppose f surjectif. Soient* $\mathfrak{G}$ (resp. $\mathfrak{G}'$) *l'ensemble des sous-groupes stables* (resp. *stables distingués*) *de* G *contenant* N *et* $\mathfrak{H}$ (resp. $\mathfrak{H}'$) *l'ensemble des sous-groupes stables* (resp. *stables distingués*) *de* H, *ces ensembles étant ordonnés par inclusion. L'application* $G' \mapsto f(G')$ *est un isomorphisme d'ensembles ordonnés* $\Phi : \mathfrak{G} \to \mathfrak{H}$; *l'isomorphisme réciproque* $\Psi : \mathfrak{H} \to \mathfrak{G}$ *est l'application* $H' \mapsto f^{-1}(H')$. *De plus* Φ *et* Ψ *induisent des isomorphismes* $\Phi' : \mathfrak{G}' \to \mathfrak{H}'$ *et* $\Psi' : \mathfrak{H}' \to \mathfrak{G}'$.

Corollaire 2. — *Soient* $f: G \to H$ *un homomorphisme des groupes à opérateurs,* N *le noyau de f,* G' *un sous-groupe stable de* G *et* L *un sous-groupe stable distingué de* G'. *Alors* LN, $L.(G' \cap N)$ *et* $f(L)$ *sont des sous-groupes stables distingués de* G'N, G' *et* $f(G')$ *respectivement, et les trois groupes à opérateurs quotients* G'N/LN, $G'/(L.(G' \cap N))$ *et* $f(G')/f(L)$ *sont isomorphes.*

Posons $H' = f(G')$ et notons f' l'homomorphisme de G' sur H' qui coïncide avec f sur G'; le noyau de f' est $G' \cap N$ et l'on a $f'(L) = f(L)$; d'après la prop. 7 (I, p. 37), $f'(L)$ est un sous-groupe stable distingué de H' et $f'^{-1}(f'(L)) = L.(G' \cap N)$ est un sous-groupe stable distingué de G'. Soit λ l'homomorphisme canonique de H' sur $H'/f'(L) = f(G')/f(L)$; comme $\lambda \circ f'$ est surjectif de noyau $f'^{-1}(f'(L)) = L.(G' \cap N)$, il définit un isomorphisme de $G'/(L.(G' \cap N))$ sur $f(G')/f(L)$. D'après la prop. 7, b) (I, p. 37), on a $f^{-1}(H') = G'N$; si f'' est l'homomorphisme de G'N sur H' qui coïncide avec f sur G'N, l'homomorphisme $\lambda \circ f''$ de G'N sur $f(G')/f(L)$ est surjectif, de noyau $f^{-1}(f(L)) = LN$; ceci prouve que LN est un sous-groupe stable distingué de G'N et que $\lambda \circ f''$ définit un isomorphisme de G'N/LN sur $f(G')/f(L)$.

Corollaire 3. — *Soient* $f: G \to H$ *un homomorphisme de groupes à opérateurs,* N *son noyau,* X *une partie de* G *telle que* $f(X)$ *engendre* H, *et* Y *une partie de* N *qui engendre* N. *Alors* $X \cup Y$ *engendre* G.

Soit G' le sous-groupe stable de G engendré par $X \cup Y$. Comme $Y \subset G'$, on a $N \subset G'$. Comme $f(X) \subset f(G')$ on a $f(G') = H$, d'où $G' = f^{-1}(H) = G$.

Remarque. — Avec les notations de la prop. 7 (I, p. 37), le fait que l'image réciproque d'un sous-groupe de H est un sous-groupe de G résulte du fait suivant:

Si A *et* B *sont des parties de* H, *et si f est surjectif, on a*

$$f^{-1}(A.B) = f^{-1}(A).f^{-1}(B), \qquad f^{-1}(A^{-1}) = f^{-1}(A)^{-1}.$$

On a évidemment $f^{-1}(A).f^{-1}(B) \subset f^{-1}(A.B)$; d'autre part, si $z \in f^{-1}(A.B)$, il existe $a \in A$ et $b \in B$ tels que $f(z) = ab$; comme f est surjectif, il existe $x \in G$ tel que $f(x) = a$; si l'on pose $y = x^{-1}z$, on a $f(y) = a^{-1}f(z) = b$, et $z = xy$, d'où $z \in f^{-1}(A).f^{-1}(B)$. La relation $x \in f^{-1}(A^{-1})$ équivaut à $f(x) \in A^{-1}$, donc à $f(x^{-1}) \in A$, c'est-à-dire à $x^{-1} \in f^{-1}(A)$ et finalement à $x \in f^{-1}(A)^{-1}$.

Proposition 8. — *Soient* G *un groupe à opérateurs,* A *et* B *deux sous-groupes stables de* G.

On suppose que les relations $a \in A$ *et* $b \in B$ *impliquent* $aba^{-1} \in B$ *(*autrement dit, A normalise B*)*$_*$. *Alors on a* AB = BA, *et* AB *est un sous-groupe stable de* G, $A \cap B$ *est un sous-groupe stable distingué de* A, *et* B *est un sous-groupe stable distingué de* AB. *L'injection canonique de* A *dans* AB *définit par passage au quotient un isomorphisme de* $A/(A \cap B)$ *sur* AB/B.

Les formules

$$(ab)(a'b') = aa'(a'^{-1}ba'.b')$$
$$(ab)^{-1} = a^{-1}(ab^{-1}a^{-1})$$
$$(ab)^\alpha = a^\alpha b^\alpha$$

quels que soient a, a' dans A, b, b' dans B et l'opérateur α de G, montrent que AB est un sous-groupe stable de G. Soient $a \in A$ et $x \in A \cap B$; on a $axa^{-1} \in B$ d'après les hypothèses faites sur A et B, et il est clair que axa^{-1} appartient à A, donc $A \cap B$ est distingué dans A. Soient $a \in A$ et b, b' dans B; la formule $(ab)b'(ab)^{-1} = a(bb'b^{-1})a^{-1}$ montre que B est distingué dans AB. Soit φ la restriction à A de l'homomorphisme canonique de AB sur AB/B; on a $\varphi(a) = a$B, donc le noyau de φ est égal à $A \cap B$. Il est clair que φ est surjectif, donc définit un isomorphisme de $A/(A \cap B)$ sur AB/B.

Théorème 4. — *Soient* G *un groupe à opérateurs et* N *un sous-groupe stable distingué de* G.

a) *L'application* $G' \mapsto G'/N$ *est une bijection de l'ensemble des sous-groupes stables de* G *contenant* N *sur l'ensemble des sous-groupes stables de* G/N.

b) *Soit* G′ *un sous-groupe stable de* G *contenant* N. *Pour que* G′/N *soit distingué dans* G/N, *il faut et il suffit que* G′ *soit distingué dans* G, *et les groupes à opérateurs* G/G′ *et* (G/N)/(G′/N) *sont alors isomorphes.*

c) *Soit* G′ *un sous-groupe stable de* G. *Alors* G′N *est un sous-groupe stable de* G, *et* N *est distingué dans* G′N. *De plus* $G' \cap N$ *est distingué dans* G′ *et les groupes à opérateurs* $G'/(G' \cap N)$ *et* G′N/N *sont isomorphes.*

Notons f l'homomorphisme canonique de G sur G/N. Pour tout $x \in G$, on a $f(x) = x$N; par suite, on a $f(G') = G'/N$ pour tout sous-groupe G′ de G contenant N. Comme f est surjectif, l'assertion a) résulte de I, p. 38, cor. 1; il est de même de l'équivalence « G′ distingué » ⇔ « G′/N distingué ». Supposons que G′ soit un sous-groupe stable distingué de G, contenant N. D'après I, p. 35, prop. 5, appliquée à Id_G, il existe un homomorphisme u de G/N dans G/G′ défini par $u(x\mathrm{N}) = x\mathrm{G}'$ pour tout $x \in G$. Il est immédiat que u est surjectif, de noyau G′/N, d'où l'isomorphisme cherché de (G/N)/(G′/N) sur G/G′. Enfin, c) résulte immédiatement de I, p. 38, prop. 8.

7. Le théorème de Jordan-Hölder

Définition 9. — *On appelle suite de composition d'un groupe à opérateurs* G *une suite finie* $(G_i)_{0 \leqslant i \leqslant n}$ *de sous-groupes stables de* G, *avec* $G_0 = G$, $G_n = \{e\}$ *et telle que* G_{i+1} *soit un sous-groupe distingué de* G_i *pour* $0 \leqslant i \leqslant n-1$. *Les quotients* G_i/G_{i+1} *s'appellent les quotients de la suite. Une suite de composition* Σ' *est dite plus fine qu'une suite de composition* Σ *si* Σ *est une suite extraite de* Σ'.

Si $(G_i)_{0 \leqslant i \leqslant n}$ *et* $(H_j)_{0 \leqslant j \leqslant m}$ *sont respectivement des suites de composition de deux groupes à opérateurs* G *et* H, *on dit qu'elles sont équivalentes si* $m = n$ *et s'il existe une permutation* φ *de l'intervalle* $[0, n-1]$ *de* $\mathbf{N}$, *telle que les groupes à opérateurs* G_i/G_{i+1} *et* $H_{\varphi(i)}/H_{\varphi(i)+1}$ *soient isomorphes quel que soit* i.

On notera qu'en général une suite extraite d'une suite de composition (G_i) n'est pas une suite de composition, car pour $j > i + 1$, G_j n'est pas en général un sous-groupe distingué de G_i.

THÉORÈME 5 (Schreier). — *Etant données deux suites de composition* Σ_1, Σ_2 *d'un groupe à opérateurs* G, *il existe deux suites de composition équivalentes* Σ'_1, Σ'_2, *plus fines respectivement que* Σ_1 *et* Σ_2.

Soient $\Sigma_1 = (H_i)_{0 \leqslant i \leqslant n}$ et $\Sigma_2 = (K_j)_{0 \leqslant j \leqslant p}$ les deux suites de composition données ayant respectivement $n + 1$ et $p + 1$ termes; nous allons voir qu'on peut former la suite de composition Σ'_1 en intercalant $p - 1$ sous-groupes $H'_{i,j}$ $(1 \leqslant j \leqslant p - 1)$ entre H_i et H_{i+1} pour $0 \leqslant i \leqslant n - 1$, et la suite Σ'_2 en intercalant $n - 1$ sous-groupes $K'_{j,i}$ $(1 \leqslant i \leqslant n - 1)$ entre K_j et K_{j+1} pour $0 \leqslant j \leqslant p - 1$; on obtiendra ainsi deux suites de $pn + 1$ sous-groupes stables de G; en choisissant convenablement les sous-groupes stables intercalés, nous allons montrer que ces suites sont des suites de composition équivalentes.

Remarquons pour cela que $H_i \cap K_j$ est un sous-groupe stable de H_i et de K_j, donc (I, p. 39, th. 4) $H_{i+1}.(H_i \cap K_j)$ est un sous-groupe stable de H_i contenant H_{i+1} et $K_{j+1}.(H_i \cap K_j)$ est un sous-groupe stable de K_j contenant K_{j+1}. Si on pose $H'_{i,j} = H_{i+1}.(H_i \cap K_j)$ et $K'_{j,i} = K_{j+1}.(H_i \cap K_j)$, $H'_{i,j+1}$ est un sous-groupe stable de $H'_{i,j}$ $(0 \leqslant j \leqslant p - 1)$ et $K'_{j,i+1}$ est un sous-groupe stable de $K'_{j,i}$ $(0 \leqslant i \leqslant n - 1)$. On a d'ailleurs $H'_{i,0} = H_i$, $H'_{i,p} = H_{i+1}$, $K'_{j,0} = K_j$, et $K'_{j,n} = K_{j+1}$. Pour démontrer le théorème, il suffit de montrer que $H'_{i,j+1}$ (resp. $K'_{j,i+1}$) est un sous-groupe stable distingué de $H'_{i,j}$ (resp. $K'_{j,i}$), et que les groupes quotients $H'_{i,j}/H'_{i,j+1}$ et $K'_{j,i}/K'_{j,i+1}$ sont isomorphes $(0 \leqslant i \leqslant n - 1$, $0 \leqslant j \leqslant p - 1)$. Ceci résulte du lemme suivant en prenant $H = H_i$, $H' = H_{i+1}$, $K = K_j$, $K' = K_{j+1}$.

Lemme 1 (Zassenhaus). — *Soient* H *et* K *deux sous-groupes stables d'un groupe à opérateurs* G, H' *et* K' *des sous-groupes stables distingués de* H *et* K *respectivement; alors* $H'.(H \cap K')$ *est un sous-groupe stable distingué de* $H'.(H \cap K)$, $K'.(K \cap H')$ *est un sous-groupe stable distingué de* $K'.(K \cap H)$, *et les groupes à opérateurs quotients* $(H'.(H \cap K))/(H'.(H \cap K'))$ *et* $(K'.(K \cap H))/(K'.(K \cap H'))$ *sont isomorphes.*

D'après I, p. 39, th. 4, $H' \cap K = H' \cap (H \cap K)$ est sous-groupe stable distingué de $H \cap K$; de même $K' \cap H$ est sous-groupe stable distingué de $K \cap H$; donc (I, p. 38, cor. 2) $(H' \cap K)(K' \cap H)$ est sous-groupe stable distingué de $H \cap K$. D'après le th. 4 (I, p. 39) appliqué au groupe H, $H'.(H' \cap K).(K' \cap H) =$

$H'.(H \cap K')$ est sous-groupe stable distingué de $H'.(H \cap K)$, et le groupe quotient $(H'.(H \cap K))/(H'.(H \cap K'))$ est isomorphe à

$$(H \cap K)/((H' \cap K).(K' \cap H)).$$

Dans ce dernier quotient, H et H' d'une part, K et K' de l'autre, figurent symétriquement; en les permutant, on obtient le résultat annoncé. C. Q. F. D.

DÉFINITION 10. — *On appelle suite de Jordan-Hölder d'un groupe à opérateurs* G *une suite de composition* Σ *strictement décroissante, telle qu'il n'existe aucune suite de composition strictement décroissante, distincte de* Σ *et plus fine que* Σ.

PROPOSITION 9. — *Pour qu'une suite de composition* G *soit une suite de Jordan-Hölder de* G, *il faut et il suffit que tous les quotients de la suite soient simples.*

Une suite de composition est strictement décroissante si et seulement si aucun de ses quotients successifs n'est réduit à l'élément neutre. Si une suite de composition strictement décroissante Σ n'est pas une suite de Jordan-Hölder, il existe une suite de composition strictement décroissante Σ' plus fine que Σ et distincte de Σ. Il y a donc deux termes consécutifs G_i, G_{i+1} de Σ qui ne sont pas consécutifs dans Σ'; soit H le premier terme qui suit G_i dans Σ'; H est un sous-groupe stable distingué de G_i, contenant G_{i+1} et distinct de ce dernier; donc H/G_{i+1} est un sous-groupe stable distingué de G_i/G_{i+1}, distinct de celui-ci et de l'élément neutre; par suite G_i/G_{i+1} n'est pas simple. Réciproquement, si Σ est une suite de composition strictement décroissante dont un des quotients G_i/G_{i+1} n'est pas simple, ce quotient contient un sous-groupe stable distingué autre que lui-même et $\{e\}$, dont l'image réciproque dans G_i est un sous-groupe stable distingué H de G_i, distinct de G_i et de G_{i+1} (I, p. 39, th. 4); il suffit d'insérer H entre G_i et G_{i+1} pour avoir une suite de composition strictement décroissante, distincte de Σ et plus fine que Σ.

THÉORÈME 6 (Jordan-Hölder). — *Deux suites de Jordan-Hölder d'un groupe à opérateurs sont équivalentes.*

Soient Σ_1, Σ_2 deux suites de Jordan-Hölder d'un groupe à opérateurs G; en appliquant le th. 5 (I, p. 40), on en déduit deux suites de composition *équivalentes* Σ'_1, Σ'_2, respectivement plus fines que Σ_1 et Σ_2; ces dernières étant des suites de Jordan-Hölder, Σ'_1 est identique à Σ_1 ou s'en déduit en répétant certains termes; la suite des quotients de Σ'_1 se déduit de celle de Σ_1 en insérant un certain nombre de termes isomorphes au groupe $\{e\}$; Σ_1 étant strictement décroissante, la suite des quotients de Σ_1 se déduit de celle de Σ'_1 en supprimant dans cette dernière *tous* les termes isomorphes à $\{e\}$. De même pour Σ_2 et Σ'_2. Comme les suites des quotients de Σ'_1 et Σ'_2 ne diffèrent (à des isomorphies près) que par l'ordre des termes, il en est de même de celles de Σ_1 et Σ_2; le théorème est démontré.

COROLLAIRE. — *Soit* G *un groupe à opérateurs dans lequel il existe une suite de Jordan-Hölder. Si* Σ *est une suite de composition strictement décroissante quelconque de* G, *il existe une suite de Jordan-Hölder plus fine que* Σ.

En effet, soit Σ_0 une suite de Jordan-Hölder de G; d'après le th. 5 (I, p. 40), il existe deux suites de composition équivalentes, Σ' et Σ'_0, plus fines respectivement que Σ et Σ_0; le raisonnement du th. 6 (I, p. 41) montre qu'en supprimant de Σ' les répétitions, on obtient une suite Σ'' équivalente à Σ_0, donc une suite de Jordan-Hölder, puisque tous ses quotients sont simples (I, p. 41, prop. 9). Comme Σ est strictement décroissante, Σ'' est plus fine que Σ, d'où le corollaire.

Remarque. — Un groupe à opérateurs ne possède pas toujours de suite de Jordan-Hölder; un exemple est fourni par le groupe additif **Z** des entiers rationnels: la suite $(2^n.\mathbf{Z})_{n\geqslant 0}$ est une suite infinie strictement décroissante de sous-groupes (distingués) de **Z**; quel que soit p, les p premiers termes de cette suite forment, avec le groupe $\{0\}$, une suite de composition strictement décroissante; s'il existait une suite de Jordan-Hölder pour **Z**, elle aurait au moins $p + 1$ termes, d'après le corollaire du th. 6; conclusion absurde, puisque p est arbitraire.

Par contre, il existe une suite de Jordan-Hölder dans tout groupe à opérateurs *fini* G: en effet, si $G \neq \{e\}$, parmi les sous-groupes stables distingués de G, distincts de G, soit H_1 un sous-groupe maximal; lorsque $H_n \neq \{e\}$, définissons de même par récurrence H_{n+1} comme un élément maximal de l'ensemble des sous-groupes stables distingués de H_n, distincts de H_n; la suite des ordres des H_n est strictement décroissante, donc il existe n tel que $H_n = \{e\}$, et la suite formée de G et des H_i $(1 \leqslant i \leqslant n)$ est, d'après sa formation, une suite de Jordan-Hölder.

DÉFINITION 11. — *Soit* G *un groupe à opérateurs; on appelle longueur de* G *la borne supérieure des entiers n tels qu'il existe une suite de composition de* G *strictement décroissante* $(G_i)_{0\leqslant i\leqslant n}$.

Si G admet une suite de Jordan-Hölder, la longueur de G est le nombre des quotients successifs de cette suite comme il résulte du cor. du th. 6 (I, p. 41). Si G n'admet pas de suite de Jordan-Hölder, sa longueur est infinie; en effet d'après I, p. 41, prop. 9, pour toute suite de composition strictement décroissante de G, il existe une suite de composition strictement décroissante strictement plus fine. Le groupe réduit à l'élément neutre est le seul groupe à opérateurs de longueur zéro. Un groupe à opérateurs est simple si et seulement s'il est de longueur 1.

Soient G un groupe à opérateurs, H un sous-groupe stable distingué de G, K le quotient G/H et $\pi: G \to K$ l'homomorphisme canonique. Soient $\Sigma' = (H_i)_{0\leqslant i\leqslant n}$ une suite de composition de H et $\Sigma'' = (K_j)_{0\leqslant j\leqslant p}$ une suite de composition de K. En posant $G_i = \pi^{-1}(K_i)$ pour $0 \leqslant i \leqslant p$ et $G_i = H_{i-p}$ pour $p \leqslant i \leqslant n + p$, on obtient une suite de composition $\Sigma = (G_i)_{0\leqslant i\leqslant n+p}$ de G. La suite des quotients de Σ s'obtient en juxtaposant la suite des quotients de Σ'' et la suite des quotients de Σ'. Si Σ' et Σ'' sont des suites de Jordan-Hölder, Σ est une suite de Jordan-Hölder de G d'après la prop. 9 (I, p. 41). Si H ou K admet des suites de composition de longueur arbitrairement grande, il en est de même de G. Nous avons démontré:

PROPOSITION 10. — *Soient* G *un groupe à opérateurs,* H *un sous-groupe stable distingué de* G. *La longueur de* G *est la somme des longueurs de* H *et de* G/H.

COROLLAIRE. — *Soient* G *un groupe à opérateurs et* $(G_i)_{0 \leqslant i \leqslant n}$ *une suite de composition de* G. *La longueur de* G *est la somme des longueurs des* G_i/G_{i+1} *pour* $0 \leqslant i \leqslant n-1$.

Si G et G′ sont des groupes à opérateurs isomorphes, et si G admet une suite de Jordan-Hölder, il en est de même de G′ et les suites de Jordan-Hölder de G et G′ sont équivalentes. Cependant, des groupes non isomorphes peuvent avoir des suites de Jordan-Hölder équivalentes; il en est ainsi pour $\mathbf{Z}/4\mathbf{Z}$ et $(\mathbf{Z}/2\mathbf{Z}) \times (\mathbf{Z}/2\mathbf{Z})$, cf. I, p. 48.

8. Produits et produits fibrés

Soit $(G_i)_{i \in I}$ une famille de groupes à opérateurs. Soit G le monoïde produit des G_i. Considérons l'action de Ω sur G définie par

$$((x_i)_{i \in I})^\alpha = (x_i^\alpha)_{i \in I} \qquad (\alpha \in \Omega, x_i \in G_i).$$

Muni de cette structure, G est un groupe à opérateurs. Pour tout $i \in I$, l'application de projection $\mathrm{pr}_i \colon G \to G_i$ est un homomorphisme de groupes à opérateurs.

DÉFINITION 12. — *Le groupe à opérateurs* $G = \prod_{i \in I} G_i$ *défini ci-dessus est appelé* groupe à opérateurs produit *des* G_i. *Les applications* $\mathrm{pr}_i \colon G \to G_i$ *sont appelées les* homomorphismes de projection.

Un cas particulier de produit de groupes à opérateurs est le groupe G^E formé par les applications d'un ensemble E dans un groupe à opérateurs G, les lois étant définies par:

$$(fg)(x) = f(x)g(x) \qquad (f, g \text{ dans } G^E, x \in E)$$
$$f^\alpha(x) = f(x)^\alpha \qquad (f \in G^E, \alpha \in \Omega, x \in E).$$

Soit $(\varphi_i \colon H \to G_i)_{i \in I}$ une famille d'homomorphismes de groupes à opérateurs. L'application $h \mapsto (\varphi_i(h))_{i \in I}$ de H dans $\prod_{i \in I} G_i$ est un homomorphisme de groupes à opérateurs. C'est le seul homomorphisme $\Phi \colon H \to \prod_{i \in I} G_i$ vérifiant $\mathrm{pr}_i \circ \Phi = \varphi_i$ pour tout i. Ceci justifie le nom de groupe à opérateurs produit (E, IV, p. 16).

Soit $(\varphi_i \colon H_i \to G_i)_{i \in I}$ une famille d'homomorphismes de groupes à opérateurs. L'application $\prod_{i \in I} \varphi_i \colon (h_i)_{i \in I} \mapsto (\varphi_i(h_i))_{i \in I}$ de $\prod_{i \in I} H_i$ dans $\prod_{i \in I} G_i$ est un homomorphisme de groupes à opérateurs.

PROPOSITION 11. — *Soit* $(\varphi_i \colon H_i \to G_i)_{i \in I}$ *une famille d'homomorphismes de groupes à opérateurs et posons* $\Phi = \prod_{i \in I} \varphi_i$.

a) *On a* $\mathrm{Ker}(\Phi) = \prod_{i \in I} \mathrm{Ker}(\varphi_i)$*; en particulier, si tous les* φ_i *sont injectifs,* Φ *est injectif.*

b) *On a* $\mathrm{Im}(\Phi) = \prod_{i \in I} \mathrm{Im}(\varphi_i)$ *; en particulier, si tous les* φ_i *sont surjectifs,* Φ *est surjectif.*

C'est immédiat.

En particulier, soit $(G_i)_{i \in I}$ une famille de groupes à opérateurs et, pour tout i, soit H_i un sous-groupe stable (resp. stable distingué) de G_i. Le produit $\prod_{i \in I} H_i$ est un sous-groupe stable (resp. stable distingué) de $\prod_{i \in I} G_i$ et l'application canonique de $\prod_{i \in I} G_i$ sur $\prod_{i \in I} (G_i/H_i)$ définit par passage au quotient un isomorphisme de $(\prod_{i \in I} G_i)/(\prod_{i \in I} H_i)$ sur $\prod_{i \in I} (G_i/H_i)$. Par exemple, soit J une partie de I. Le sous-ensemble G_J de $\prod_{i \in I} G_i$ formé des $(x_i)_{i \in I}$ tels que $x_i = e_i$ pour $i \notin J$ est un sous-groupe stable distingué. L'application ι_J qui à $x = (x_j)_{j \in J}$ associe l'élément $y = (y_i)_{i \in I}$ tel que $y_i = e_i$ pour $i \notin J$ et $y_i = x_i$ pour $i \in J$, est un isomorphisme de $\prod_{j \in J} G_j$ sur G_J. L'application pr_{I-J} définit par passage au quotient un isomorphisme θ_J du groupe quotient G/G_J sur $\prod_{i \in I-J} G_i$. Le composé $\mathrm{pr}_J \circ \iota_J$ est l'application identique de $\prod_{j \in J} G_j$. On identifie souvent G/G_J à $\prod_{i \in I-J} G_i$ grâce à θ_J, et $\prod_{i \in J} G_i$ à G_J grâce à ι_J.

Si J_1 et J_2 sont des parties disjointes de I, il résulte des définitions que tout élément de G_{J_1} commute à tout élément de G_{J_2}.

DÉFINITION 13. — *Soient* G *un groupe à opérateurs et* $(H_i)_{i \in I}$ *une famille de sous-groupes stables distingués de* G. *Soit* $p_i \colon G \to G/H_i$ *l'homomorphisme canonique. On dit que* G *est produit interne* (*ou produit*) *de la famille des groupes quotients* (G/H_i) *si l'homomorphisme* $g \mapsto (p_i(g))_{i \in I}$ *est un isomorphisme de* G *sur* $\prod_{i \in I} G/H_i$.

Soient G et H des groupes à opérateurs, et soient φ et ψ deux homomorphismes de G dans H. L'ensemble des éléments x de G tels que $\varphi(x) = \psi(x)$ est un sous-groupe stable de G, appelé *groupe de coïncidence* de φ et ψ. En particulier, soient $\varphi_1 \colon G_1 \to H$ et $\varphi_2 \colon G_2 \to H$ des homomorphismes de groupes à opérateurs; le groupe de coïncidence des homomorphismes $\varphi_1 \circ \mathrm{pr}_1$ et $\varphi_2 \circ \mathrm{pr}_2$ de $G_1 \times G_2$ dans H est appelé *produit fibré* de G_1 et G_2 sur H relativement à φ_1 et φ_2. Il se note $G_1 \times_H G_2$ quand il n'y a pas d'ambiguïté sur φ_1 et φ_2, et les restrictions p_1 et p_2 de pr_1 et pr_2 à $G_1 \times_H G_2$ s'appellent encore homomorphismes de projection. On a $\varphi_1 \circ p_1 = \varphi_2 \circ p_2$. Les éléments de $G_1 \times_H G_2$ sont les couples $(x_1, x_2) \in G_1 \times G_2$ tels que $\varphi_1(x_1) = \varphi_2(x_2)$. Si f_i est un homomorphisme d'un groupe à opérateurs K dans G_i $(i = 1, 2)$ et si $\varphi_1 \circ f_1 = \varphi_2 \circ f_2$, il existe un homomorphisme f et un seul de K dans $G_1 \times_H G_2$ tel que $f_i = p_i \circ f$ pour $i = 1, 2$.

9. Sommes restreintes

Soit $(G_i)_{i \in I}$ une famille de groupes à opérateurs et, pour tout $i \in I$, soit H_i un sous-groupe stable de G_i. Le sous-ensemble de $\prod_{i \in I} G_i$ formé des $(x_i)_{i \in I}$ tels que l'ensemble des $i \in I$ pour lesquels $x_i \notin H_i$ soit *fini*, est un sous-groupe stable de $\prod_{i \in I} G_i$ égal à $\prod_{i \in I} G_i$ si I est fini. On l'appelle la *somme restreinte des* G_i *par rapport aux* H_i. Lorsque, pour tous les i sauf un nombre fini d'entre eux, H_i est un sous-groupe stable distingué de G_i, la somme restreinte est un sous-groupe stable distingué du produit. Lorsque, pour tout i, le sous-groupe H_i est réduit à l'élément neutre de G_i, la somme restreinte des G_i par rapport aux H_i s'appelle simplement *somme restreinte des* G_i et se note parfois $\coprod_{i \in I} G_i$. Pour tout $i_0 \in I$, l'application $\iota_{i_0} : G_{i_0} \rightarrow \coprod_{i \in I} G_i$ définie par $\iota_{i_0}(x) = (x_i)_{i \in I}$, où $x_{i_0} = x$ et $x_i = e_i$ si $i \neq i_0$, est un homomorphisme injectif de groupes à opérateurs appelé *injection canonique*. On identifie G_i au sous-groupe stable $\operatorname{Im}(\iota_i)$. Les sous-groupes G_i sont distingués. Pour $i \neq j$, les éléments de G_i et G_j commutent et $G_i \cap G_j = \{e\}$. Le groupe $\coprod_{i \in I} G_i$ est engendré par l'ensemble $\bigcup_{i \in I} G_i$.

PROPOSITION 12. — *Soit* $(\varphi_i : G_i \rightarrow K)_{i \in I}$ *une famille d'homomorphismes de groupes à opérateurs telle que, quels que soient* $i \in I$ *et* $j \in I$ *avec* $i \neq j$, $x \in G_i$, $y \in G_j$, *les éléments* $\varphi_i(x)$ *et* $\varphi_j(y)$ *de* K *commutent; il existe un homomorphisme de groupes à opérateurs* Φ *de* $\coprod_{i \in I} G_i$ *dans* K *et un seul tel que l'on ait* $\varphi_i = \Phi \circ \iota_i$ *pour tout* $i \in I$. *Pour tout élément* $x = (x_i)_{i \in I}$ *de* $\coprod_{i \in I} G_i$, *on a* $\Phi(x) = \prod_{i \in I} \varphi_i(x_i)$.

Si Φ et Ψ répondent à la question, ils coïncident dans $\bigcup_{i \in I} G_i$, donc dans $\coprod_{i \in I} G_i$, d'où l'unicité de Φ. Démontrons l'existence de Φ: pour tout élément $x = (x_i)_{i \in I}$ de $\coprod_{i \in I} G_i$, posons $\Phi(x) = \prod_{i \in I} \varphi_i(x_i)$ (I, p. 9). Il est clair que $\Phi \circ \iota_i = \varphi_i$ pour tout i et que Φ commute aux homothéties; la formule $\Phi(xy) = \Phi(x)\Phi(y)$ résulte de I, p. 10, formule (9).

DÉFINITION 14. — *Soient* G *un groupe à opérateurs et* $(H_i)_{i \in I}$ *une famille de sous-groupes stables de* G. *On dit que* G *est* somme restreinte interne (*ou* somme restreinte) *de la famille de sous-groupes* (H_i) *si tout élément de* H_i *est permutable avec tout élément de* H_j *pour* $j \neq i$ *et si l'unique homomorphisme de* $\coprod_{i \in I} H_i$ *dans* G *dont la restriction à chaque* H_i *est l'injection canonique est un isomorphisme.*

Lorsque I est fini, on dit aussi, par abus de langage, *produit direct interne* (ou *produit direct*, ou *produit*) au lieu de somme restreinte interne. Tout sous-groupe stable H de G pour lequel il existe un sous-groupe stable H′ de G tel que G soit produit direct de H et H′ est appelé *facteur direct* de G.

PROPOSITION 13. — *Soient* G *un groupe à opérateurs et* $(H_i)_{i \in I}$ *une famille de sous-groupes stables de* G *telle que tout élément de* H_i *soit permutable avec tout élément de* H_j *pour* $j \neq i$. *Pour que* G *soit somme restreinte de la famille de sous-groupes* $(H_i)_{i \in I}$, *il faut et il suffit que tout élément* x *de* G *se mette, de façon unique, sous la forme* $\prod_{i \in I} y_i$, *où* $(y_i)_{i \in I}$ *est une famille à support fini d'éléments de* G *telle que* $y_i \in H_i$ *pour tout* i.

C'est évident.

PROPOSITION 14. — *Soient* G *un groupe à opérateurs et* $(H_i)_{i \in I}$ *une famille* finie *de sous-groupes stables de* G. *Pour que* G *soit somme restreinte de la famille de sous groupes* (H_i), *il faut et il suffit que chaque* H_i *soit distingué et que* G *soit produit des groupes quotients* G/H^i, *où* H^i *est le sous-groupe engendré par les* H_j *pour* $j \neq i$.

La condition est évidemment nécessaire. Réciproquement, supposons G produit des $K_i = G/H^i$, et identifions G au produit des K_i. Alors H_i s'identifie à un sous-groupe de K_i, de sorte que, pour $i \neq j$, tout élément de H_i est permutable à tout élément de H_j; d'autre part, H^i s'identifie au produit des K_j pour $j \neq i$, donc $H_i = K_i$ pour tout i et G est produit direct des H_i.

PROPOSITION 15. — *Soient* G *un groupe à opérateurs et* $(H_i)_{1 \leqslant i \leqslant n}$ *une suite de sous-groupes stables distingués de* G *telle que*

$$(H_1 H_2 \ldots H_i) \cap H_{i+1} = \{e\} \quad \textit{pour } 1 \leqslant i \leqslant n-1.$$

L'ensemble $H_1 H_2 \ldots H_n$ *est un sous-groupe stable distingué de* G, *somme restreinte des* H_i.

Par récurrence sur n, on se ramène aussitôt à démontrer la proposition pour $n = 2$. Montrons d'abord que, si $x \in H_1$, $y \in H_2$, x et y sont *permutables;* en effet, on a $xyx^{-1}y^{-1} = (xyx^{-1})y^{-1} = x(yx^{-1}y^{-1})$ donc (H_1 et H_2 étant distingués) $xyx^{-1}y^{-1} \in H_1 \cap H_2$, c'est-à-dire $xyx^{-1}y^{-1} = e$, d'après l'hypothèse. Par ailleurs H_1H_2 est une partie de G stable par les homothéties de G. Il en résulte (I, p. 31, prop. 1) que H_1H_2 est un sous-groupe stable de G, et on vérifie immédiatement que ce sous-groupe est distingué. Supposons enfin qu'on ait $xy = x'y'$, avec $x \in H_1$, $x' \in H_1$, $y \in H_2$, $y' \in H_2$; on en tire $x'^{-1}x = y'y^{-1}$, donc $x'^{-1}x \in H_1 \cap H_2 = \{e\}$, $x' = x$, et de même $y' = y$; H_1H_2 est bien produit direct de H_1 et H_2.

Lorsque les groupes considérés sont commutatifs, on emploie le terme de *somme directe* au lieu de somme restreinte.

10. Groupes monogènes

Soit $a \in \mathbf{Z}$; puisque $a\mathbf{Z}$ est un sous-groupe de $\mathbf{Z}$, la relation entre éléments x, y de $\mathbf{Z}$ qui s'énonce « il existe $z \in \mathbf{Z}$ tel que $x - y = az$ » est une relation d'équivalence, que l'on convient, une fois pour toutes, d'écrire $x \equiv y \pmod{a}$ ou plus brièvement $x \equiv y\ (a)$, et qui s'appelle une *congruence modulo a*. En remplaçant a par $-a$, on obtient une relation équivalente, donc on pourra supposer $a \geqslant 0$; pour $a = 0$, $x \equiv y\ (0)$ signifie $x = y$, donc on n'aura de relation distincte de l'égalité que si $a \neq 0$: aussi supposerons-nous par la suite que $a > 0$ sauf indication formelle du contraire.

Pour $a > 0$, le quotient de $\mathbf{Z}$ par la congruence $x \equiv y\ (a)$, c'est-à-dire le groupe $\mathbf{Z}/a\mathbf{Z}$, s'appelle le *groupe des entiers rationnels modulo a.*

PROPOSITION 16. — *Soit a un entier* >0. *Les entiers r tels que* $0 \leqslant r < a$ *forment un système de représentants de la relation d'équivalence* $x \equiv y$ (mod. a) *dans* $\mathbf{Z}$.

Si x est un entier $\geqslant 0$, il existe (E, III, p. 39) des entiers q et r tels que $x = aq + r$ et $0 \leqslant r < a$, et on a $x \equiv r$ (mod. a). Si x est un entier $\leqslant 0$, l'entier $-x$ est $\geqslant 0$, et d'après ce qui précède, il existe un entier r tel que $0 \leqslant r < a$ et $-x \equiv r$ (mod. a). Posons $r' = 0$ si $r = 0$ et $r' = a - r$ si $r > 0$; on a

$$x \equiv -r \equiv r' \ (\text{mod. } a)$$

et $0 \leqslant r' < a$. Montrons maintenant que si $0 \leqslant r < r' < a$, on a $r \not\equiv r'$ (mod. a). On a $r' - r < na$ pour $n \geqslant 1$ et $r' - r > na$ pour $n \leqslant 0$, d'où $-\ r \notin a\mathbf{Z}$.

COROLLAIRE. — *Soit a un entier* >0. *Le groupe* $\mathbf{Z}/a\mathbf{Z}$ *des entiers rationnels modulo a est un groupe d'ordre a.*

PROPOSITION 17. — *Soit* H *un sous-groupe de* $\mathbf{Z}$. *Il existe un entier* $a \geqslant 0$ *et un seul tel que* $\mathrm{H} = a\mathbf{Z}$.

Si $\mathrm{H} = \{0\}$, on a $\mathrm{H} = 0\mathbf{Z}$. Supposons $\mathrm{H} \neq \{0\}$. Le sous-groupe H possède un élément $x \neq 0$. On a $x > 0$ ou $-x > 0$, et par suite H possède des éléments >0. Soit a le plus petit élément >0 de H. Le sous-groupe $a\mathbf{Z}$ engendré par a est contenu dans H; montrons que $\mathrm{H} \subset a\mathbf{Z}$. Soit $y \in \mathrm{H}$. D'après la prop. 16, il existe un entier r tel que $y \equiv r$ (mod. a) et $0 \leqslant r < a$. *A fortiori*, $y \equiv r$ (mod. H), d'où $r \in \mathrm{H}$. Mais ceci n'est possible que si $r = 0$, et par suite $y \in a\mathbf{Z}$. L'entier a est unique: si $\mathrm{H} = \{0\}$, on a nécessairement $a = 0$, et si $\mathrm{H} \neq \{0\}$, l'entier a est l'ordre de $\mathbf{Z}/\mathrm{H}$.

DÉFINITION 15. — *On dit qu'un groupe est* monogène *s'il admet un système générateur réduit à un élément. Un groupe monogène fini est dit* cyclique.

Tout groupe monogène est commutatif (I, p. 32, cor. 2). Tout groupe quotient d'un groupe monogène est monogène (I, p. 32, cor. 3).

Le groupe additif $\mathbf{Z}$ est monogène: il est engendré par $\{1\}$. Pour tout entier positif a, le groupe $\mathbf{Z}/a\mathbf{Z}$ est monogène, car c'est un quotient de $\mathbf{Z}$.

PROPOSITION 18. — *Un groupe monogène fini d'ordre a est isomorphe à* $\mathbf{Z}/a\mathbf{Z}$. *Un groupe monogène infini est isomorphe à* $\mathbf{Z}$.

Soient G un groupe monogène (noté multiplicativement) et x un générateur de G. L'identité $x^m x^n = x^{m+n}$ (I, p. 6, formule (4)) montre que l'application $n \mapsto x^n$ est un homomorphisme de $\mathbf{Z}$ dans G. Son image est un sous-groupe de G contenant x, donc c'est G. D'après I, p. 36, th. 3, le groupe G est isomorphe au quotient de $\mathbf{Z}$ par un sous-groupe, qui est nécessairement de la forme $a\mathbf{Z}$ (prop. 17). Si $a > 0$, le groupe G est fini d'ordre a, et si $a = 0$, le groupe G est isomorphe à $\mathbf{Z}$.

PROPOSITION 19. — *Soit a un entier* >0. *Soient* H *un sous-groupe de* $\mathbf{Z}/a\mathbf{Z}$, *b l'ordre de* H *et c son indice dans* $\mathbf{Z}/a\mathbf{Z}$. *On a* $a = bc$, $\mathrm{H} = c\mathbf{Z}/a\mathbf{Z}$, *et* H *est isomorphe à* $\mathbf{Z}/b\mathbf{Z}$.

Réciproquement, soient b et c deux entiers >0 *tels que* $a = bc$. *On a* $a\mathbf{Z} \subset c\mathbf{Z}$, *et* $c\mathbf{Z}/a\mathbf{Z}$ *est un sous-groupe de* $\mathbf{Z}/a\mathbf{Z}$, *d'ordre b et d'indice c.*

On a $a = bc$ (I, p. 34, corollaire). D'après I, p. 39, H est de la forme $\mathrm{H}'/a\mathbf{Z}$, où H′ est un sous-groupe de **Z**, et $\mathbf{Z}/\mathrm{H}'$ est isomorphe à $(\mathbf{Z}/a\mathbf{Z})/\mathrm{H}$, donc d'ordre c. D'après la prop. 17 et le cor. de la prop. 16 (I, p. 47), on a $\mathrm{H}' = c\mathbf{Z}$, donc H est monogène. Enfin H est isomorphe à $\mathbf{Z}/b\mathbf{Z}$ d'après la prop. 18. Réciproquement, si $a = bc$, on a $a\mathbf{Z} \subset c\mathbf{Z}$ car $a \in c\mathbf{Z}$; le groupe quotient $(\mathbf{Z}/a\mathbf{Z})/(c\mathbf{Z}/a\mathbf{Z})$ est isomorphe à $\mathbf{Z}/c\mathbf{Z}$ (I, p. 39, th. 4), donc d'ordre c (I, p. 34, corollaire), et d'indice b (I, p. 34, corollaire).

COROLLAIRE. — *Tout sous-groupe d'un groupe monogène est monogène.*

Soient a et b deux entiers $\neq 0$. La relation $b \in a\mathbf{Z}$ s'écrit aussi: *b est un multiple de a*, ou encore *a divise b* ou bien encore *a est un diviseur de b*.

DÉFINITION 16. — *On dit qu'un entier* $p > 0$ *est premier si* $p \neq 1$ *et s'il n'admet pas de diviseur* >1 *autre que p.*

PROPOSITION 20. — *Un entier* $p > 0$ *est premier si et seulement si le groupe* $\mathbf{Z}/p\mathbf{Z}$ *est un groupe simple.*

Cela résulte de la prop. 19.

COROLLAIRE. — *Tout groupe simple commutatif est cyclique d'ordre premier.*

Soit G un tel groupe. On a $\mathrm{G} \neq \{e\}$; soit $a \neq e$ un élément de G. Le sous-groupe engendré par a est distingué car G est commutatif, non réduit à $\{e\}$, donc égal à G. Par suite G est monogène, donc isomorphe à un groupe de la forme $\mathbf{Z}/p\mathbf{Z}$, avec $p > 0$, car **Z** n'est pas simple, et p est nécessairement premier.

Remarque. — Un groupe fini G d'ordre premier est nécessairement cyclique. En effet, G n'admet pas d'autre sous-groupe que G et $\{e\}$, donc il est engendré par tout élément $\neq e$.

Lemme 2. — *Soit a un entier* >0. *En associant à toute suite de composition* $(\mathrm{H}_i)_{0 \leqslant i \leqslant n}$ *du groupe* $\mathbf{Z}/a\mathbf{Z}$ *la suite* $(s_i)_{1 \leqslant i \leqslant n}$, *où* s_i *est l'ordre de* $\mathrm{H}_{i-1}/\mathrm{H}_i$, *on obtient une application bijective de l'ensemble des suites de composition de* $\mathbf{Z}/a\mathbf{Z}$ *sur l'ensemble des suites finies* (s_i) *d'entiers* >0 *telles que* $a = s_1 \ldots s_n$. *La suite de composition* $(\mathrm{H}_i)_{0 \leqslant i \leqslant n}$ *est une suite de Jordan-Hölder si et seulement si les* s_i *sont premiers.*

Si $(\mathrm{H}_i)_{0 \leqslant i \leqslant n}$ est une suite de composition de $\mathbf{Z}/a\mathbf{Z}$, il résulte, par récurrence sur n, de I, p. 34, prop. 4, que $a = \prod_{i=1}^{n} (\mathrm{H}_{i-1} : \mathrm{H}_i)$.

Réciproquement, soit $(s_i)_{1 \leqslant i \leqslant n}$ une suite d'entiers >0 telle que $a = s_1 \ldots s_n$. Si $(\mathrm{H}_i)_{0 \leqslant i \leqslant n}$ est une suite de composition de $\mathbf{Z}/a\mathbf{Z}$ telle que $(\mathrm{H}_{i-1} : \mathrm{H}_i) = s_i$ pour $1 \leqslant i \leqslant n$, on a nécessairement $((\mathbf{Z}/a\mathbf{Z}) : \mathrm{H}_i) = \prod_{1 \leqslant j \leqslant i} s_j$ comme on le voit par récurrence sur i, d'où $\mathrm{H}_i = \left(\prod_{j=1}^{i} s_j\right)\mathbf{Z}/a\mathbf{Z}$ (I, p. 47, prop. 19), ce qui montre l'injectivité de l'application considérée. Montrons sa surjectivité : en posant $H_i = \left(\prod_{j=1}^{i} s_j\right) \mathbf{Z}/a\mathbf{Z}$ pour $0 \leqslant i \leqslant n$, on obtient une suite de composition de $\mathbf{Z}/a\mathbf{Z}$ telle que $(H_{i-1} : H_i) = s_i$ (I, p. 47, prop. 19). La deuxième assertion du lemme résulte de I, p. 48, prop. 20 et I, p. 41, prop. 9.

Notons $\mathfrak{P}$ l'ensemble des entiers premiers.

THÉORÈME 7 (décomposition en facteurs premiers). — *Soit a un entier strictement positif. Il existe une famille $(v_p(a))_{p \in \mathfrak{P}}$ d'entiers $\geqslant 0$ et une seule telle que l'ensemble des $p \in \mathfrak{P}$ pour lesquels $v_p(a) \neq 0$ soit fini et que l'on ait*

$$a = \prod_{p \in \mathfrak{P}} p^{v_p(a)}.$$

Comme le groupe $\mathbf{Z}/a\mathbf{Z}$ est fini, il admet une suite de Jordan-Hölder. Le lemme 2 (I, p. 48) entraîne alors que a est produit d'entiers premiers, d'où l'existence de la famille $(v_p(a))$; de plus, pour toute famille $(v_p(a))_{p \in \mathfrak{P}}$ satisfaisant aux conditions du th. 7, l'entier $v_p(a)$ est, pour tout $p \in \mathfrak{P}$, égal au nombre de facteurs d'une suite de Jordan-Hölder de $\mathbf{Z}/a\mathbf{Z}$ isomorphes à $\mathbf{Z}/p\mathbf{Z}$ (lemme 2). L'unicité de la famille $(v_p(a))$ résulte donc du théorème de Jordan-Hölder (I, p. 41, th. 6).

COROLLAIRE. — *Soient a et b deux entiers > 0. On a $v_p(ab) = v_p(a) + v_p(b)$. Pour que a divise b il faut et il suffit que $v_p(a) \leqslant v_p(b)$ pour tout nombre premier p.*

Dans un groupe quelconque G, si le sous-groupe (monogène) engendré par un élément $x \in G$ est d'ordre fini d, on dit que x est un élément d'*ordre d*; le nombre d est donc le plus petit entier > 0 tel que $x^d = e$; si le sous-groupe engendré par x est infini, on dit que x est d'*ordre infini*. Ces définitions, et la prop. 4 (I, p. 34), entraînent en particulier que, dans un groupe *fini* G, l'ordre de tout élément de G est un *diviseur* de l'ordre de G.

PROPOSITION 21. — *Dans un groupe fini* G *d'ordre n, on a $x^n = e$ pour tout $x \in G$.*

En effet, si p est l'ordre de x, on a $n = pq$, avec q entier, donc $x^n = (x^p)^q = e$.

§ 5. GROUPES OPÉRANT SUR UN ENSEMBLE

1. Monoïde opérant sur un ensemble

DÉFINITION 1. — *Soient* M *un monoïde, de loi notée multiplicativement et d'élément neutre noté e, et* E *un ensemble. On dit qu'une action $\alpha \mapsto f_\alpha$ de* M *sur* E *est* une opération à gauche (resp. à droite) *de* M *sur* E *si l'on a $f_e = \mathrm{Id}_E$ et $f_{\alpha\beta} = f_\alpha \circ f_\beta$* (resp. $f_{\alpha\beta} = f_\beta \circ f_\alpha$) *quels que soient* α, β *dans* M.

En d'autres termes, une opération à gauche (resp. à droite) d'un monoïde M sur un ensemble E est un *homomorphisme de monoïdes* de M dans le monoïde E^E

(resp. le monoïde opposé à E^E) muni de la composition des applications. Si l'on note multiplicativement à gauche (resp. à droite) l'une des lois d'action correspondant à l'action de M, le fait que cette action soit une opération à gauche (resp. à droite) se traduit par les formules

(1) $e.x = x$; $\alpha.(\beta.x) = (\alpha\beta).x$ pour α, β dans M et $x \in E$
(resp. $x.e = x$; $(x.\alpha).\beta = x.(\alpha\beta)$ pour α, β dans M et $x \in E$).

Sous ces conditions, on dit encore que M *opère à gauche* (resp. *à droite*) sur E et que les lois d'action correspondantes sont des *lois d'opération à gauche* (resp. *à droite*) du monoïde M sur E.

Soit M un monoïde; un ensemble E muni d'une opération à gauche (resp. à droite) de M sur E est appelé un M-*ensemble* à gauche (resp. à droite). On dit que le monoïde M opère à gauche (resp. à droite) *fidèlement* si l'application $\alpha \mapsto f_\alpha$ de M dans E^E est injective.

Exemples. — 1) Soit E un ensemble; l'action canonique de E^E sur E (I, p. 24, *Exemple* 3) est une opération à gauche.

2) Soit M un monoïde. L'action à gauche (resp. à droite) de M sur lui-même déduite de la loi de M (I, p. 24, *Exemple* 7) est une opération à gauche (resp. à droite) de M sur lui-même. Lorsqu'on considère cette opération, on dit que M opère sur lui-même *par translations à gauche* (resp. *à droite*).

Soient E un M-ensemble à gauche (resp. à droite) et M^0 le monoïde opposé à M. Pour la même action, le monoïde M^0 opère à droite (resp. à gauche) sur E. Le M^0-ensemble obtenu est dit *opposé* au M-ensemble E. Les définitions et résultats relatifs aux M-ensembles à gauche se transposent aux M^0-ensembles à droite par passage aux structures opposées.

Dans la suite de ce paragraphe, on ne considérera, sauf mention expresse du contraire, que des M-ensembles à gauche qu'on appellera simplement M-ensembles. Leur loi d'action sera notée multiplicativement à gauche.

Soit E un ensemble. Soit G un groupe opérant sur E. Pour tout α dans G, l'élément de E^E défini par α est une permutation de E (I, p. 15, nº 3, *Exemple* 2). Se donner une opération de G sur E revient donc à se donner un homomorphisme de G dans $\mathfrak{S}_E$.

Conformément à I, p. 24, on pose la définition suivante:

DÉFINITION 2. — *Soient* M *un monoïde,* E *et* E′ *des* M-*ensembles. On appelle* homomorphisme de M-ensembles (*ou* M-morphisme, *ou* application compatible avec les opérations de M) *une application f de* E *dans* E′ *telle que, pour tout* $x \in E$ *et tout* $\alpha \in M$, *on ait* $f(\alpha.x) = \alpha.f(x)$.

L'application identique d'un M-ensemble est un M-morphisme. Le composé de deux M-morphismes en est un. Pour qu'une application d'un M-ensemble dans un autre soit un isomorphisme, il faut et il suffit que ce soit un M-morphisme bijectif et l'application réciproque est alors un M-morphisme.

Soit $(E_i)_{i \in I}$ une famille de M-ensembles, et soit E l'ensemble produit des E_i. Le monoïde M opère sur E par $\alpha.(x_i)_{i\in I} = (\alpha.x_i)_{i\in I}$, et E, muni de cette action, est un M-ensemble; soit E′ un M-ensemble; une application f de E′ dans E est un M-morphisme si et seulement si $\mathrm{pr}_i \circ f$ est un M-morphisme de E′ dans E_i pour tout $i \in I$.

Soient E un M-ensemble et F une partie de E stable pour l'action de M; muni de la loi induite, F est un M-ensemble et l'injection canonique $F \to E$ est un M-morphisme.

Soient E un M-ensemble et R une relation d'équivalence sur E compatible avec l'action de M; le quotient E/R muni de l'action quotient est un M-ensemble et l'application canonique $E \to E/R$ est un M-morphisme.

Soient $\varphi: M \to M'$ un homomorphisme de monoïdes, E un M-ensemble et E′ un M′-ensemble. On appelle *φ-morphisme* de E dans E′ une application f de E dans E′ telle que, pour tout $x \in E$ et tout $\alpha \in M$, on ait $f(\alpha.x) = \varphi(\alpha).f(x)$ (cf. I, p. 25).

Extension d'une loi d'opération. — Etant donnés (par exemple) trois ensembles F_1, F_2, F_3, des permutations f_1, f_2, f_3 de F_1, F_2, F_3 respectivement, et un échelon F sur les ensembles de base F_1, F_2, F_3 (E, IV, p. 2), on sait définir, en procédant de proche en proche sur la construction de l'échelon F, une permutation de F appelée *extension canonique* de f_1, f_2, f_3 à F (E, IV, p. 2); nous la noterons $\varphi_F(f_1, f_2, f_3)$.

Soient alors G un groupe, h_i un homomorphisme de G dans le groupe symétrique de F_i ($i = 1, 2, 3$), autrement dit une opération de G dans F_i. L'application $x \mapsto x_F = \varphi_F(h_1(x), h_2(x), h_3(x))$ est un homomorphisme de G dans $\mathfrak{S}_F$, autrement dit une opération de G dans F, qu'on appelle l'*extension* de h_1, h_2, h_3 à F. Soit P une partie de F telle que, pour tout $x \in G$, on ait $x_F(P) = P$; soit x_P la restriction de x_F à P; alors l'application $x \mapsto x_P$ est une opération de G dans P qu'on appelle encore l'*extension* de h_1, h_2, h_3 à P.

Par exemple, soient K et L deux échelons sur F_1, F_2, F_3; prenons pour F l'ensemble des parties de $K \times L$, et pour P l'ensemble des applications de K dans L, identifiées à leurs graphes. Si $w \in P$ et si $x \in G$, $x_P(w)$ est l'application $k \mapsto x_L(w(x_K^{-1}(k)))$ de K dans L.

2. Stabilisateur, fixateur

DÉFINITION 3. — *Soient* M *un monoïde opérant sur un ensemble* E, A *et* B *des parties de* E. *On appelle* transporteur (resp. transporteur strict) *de* A *dans* B *l'ensemble des* $\alpha \in M$ *tels que* $\alpha A \subset B$ (resp. $\alpha A = B$). *Le transporteur* (resp. *transporteur strict*) *de* A *dans* A *est appelé le* stabilisateur (resp. stabilisateur strict) *de* A. *On appelle* fixateur *de* A *l'ensemble des* $\alpha \in M$ *tels que* $\alpha a = a$ *pour tout* $a \in A$.

On dit qu'un élément α de M stabilise (resp. stabilise strictement, resp. fixe) une partie A de E si α appartient au stabilisateur (resp. au stabilisateur strict, resp. au fixateur) de A. On dit qu'une partie P de M stabilise (resp. stabilise strictement, resp. fixe) une partie A de E si tous les éléments de P stabilisent (resp. stabilisent strictement, resp. fixent) A. Le fixateur de A est contenu dans le stabilisateur strict de A qui est lui-même contenu dans le stabilisateur de A.

PROPOSITION 1. — *Soient* M *un monoïde opérant sur un ensemble* E *et* A *une partie de* E.

a) *Le stabilisateur, le stabilisateur strict et le fixateur de* A *sont des sous-monoïdes de* M.

b) *Soit* α *un élément inversible de* M*; si* α *appartient au stabilisateur strict* (resp. *au fixateur*) *de* A, *il en est de même de* α^{-1}.

Soit e l'élément neutre de M; on a $ea = a$ pour tout élément $a \in A$ et par suite e appartient au fixateur de A. Soient α et β des éléments de E qui stabilisent A. On a $(\alpha\beta)A = \alpha(\beta A) \subset \alpha A \subset A$ et par suite le stabilisateur de A est un sous-monoïde de M. De même pour le stabilisateur strict et le fixateur de A, d'où a). Si $\alpha A = A$, on a $A = \alpha^{-1}(\alpha A) = \alpha^{-1}A$. Si pour tout $a \in A$, on a $\alpha a = a$, on a $a = \alpha^{-1}(\alpha a) = \alpha^{-1}a$, d'où b).

COROLLAIRE. — *Soient* G *un groupe opérant sur un ensemble* E, *et* A *une partie de* E. *Le stabilisateur strict* S *et le fixateur* F *de* A *sont des sous-groupes de* G, *et* F *est un sous-groupe distingué de* S.

La première assertion découle de la prop. 1, et F est le noyau de l'homomorphisme de S dans $\mathfrak{S}_A$ associé à l'opération de S sur A.

Un groupe G opère fidèlement sur un ensemble E si et seulement si le fixateur de E est réduit à l'élément neutre de G. En effet, le fixateur de E est le noyau de l'homomorphisme donné de G dans $\mathfrak{S}_E$; cet homomorphisme est injectif si et seulement si son noyau est réduit à l'élément neutre (I, p. 36, th. 3).

Soient M un monoïde, E un M-ensemble, a un élément de E. Le fixateur, le stabilisateur strict et le stabilisateur de $\{a\}$ sont égaux; ce sous-monoïde est appelé indifféremment le fixateur ou le stabilisateur de a. Le fixateur d'une partie A de E est l'intersection des fixateurs des éléments de A. On dit que a est un élément *invariant* de E si le fixateur de a est le monoïde M. On dit que M opère *trivialement* sur E si tout élément de E est invariant.

PROPOSITION 2. — *Soit* G *un groupe opérant sur un ensemble* E *et, pour tout* $x \in E$, *soit* S_x *le stabilisateur de* x. *Pour tout* $\alpha \in G$, *on a* $S_{\alpha x} = \alpha S_x \alpha^{-1}$.

Si $s \in S_x$, on a $\alpha s \alpha^{-1}(\alpha x) = \alpha s x = \alpha x$, d'où $\alpha S_x \alpha^{-1} \subset S_{\alpha x}$. Comme $x = \alpha^{-1}(\alpha x)$, on a $\alpha^{-1} S_{\alpha x} \alpha \subset S_x$, d'où $S_{\alpha x} \subset \alpha S_x \alpha^{-1}$.

On voit de même que, si A et B sont deux parties de E et T le transporteur (resp. transporteur strict) de A dans B, alors le transporteur (resp. transporteur strict) de αA dans αB est égal à $\alpha T \alpha^{-1}$.

3. Automorphismes intérieurs

Soit G un groupe. L'ensemble Aut(G) des automorphismes du groupe G est un sous-groupe de $\mathfrak{S}_G$ (I, p. 29, *Exemple* 2)

PROPOSITION 3. — *Soit* G *un groupe. Pour tout élément* x *de* G, *l'application* $\text{Int}(x)$: $y \mapsto xyx^{-1}$ *de* G *dans lui-même est un automorphisme de* G. *L'application* $\text{Int}: x \mapsto \text{Int}(x)$ *de* G *dans* Aut(G) *est un homomorphisme de groupes, dont le noyau est le centre de* G *et dont l'image* Int(G) *est un sous-groupe distingué de* Aut(G).

Si x, y et z sont des éléments de G, on a $(xyx^{-1})(xzx^{-1}) = xyzx^{-1}$, donc $\text{Int}(x)$ est un endomorphisme de G. Pour x et y éléments de G, on a $\text{Int}(x) \circ \text{Int}(y) = \text{Int}(xy)$: en effet, pour tout $z \in G$, $x(yzy^{-1})x^{-1} = (xy)z(xy)^{-1}$. D'autre part, $\text{Int}(e)$ est l'application identique de G. L'application Int est donc un homomorphisme de monoïde de G dans le monoïde End(G) des endomorphismes du groupe G. Comme les éléments de G sont inversibles, l'application Int prend ses valeurs dans l'ensemble Aut(G) des éléments inversibles de End(G) (I, p. 15). On a $xyx^{-1} = y$ si et seulement si x et y commutent, donc $\text{Int}(x)$ est l'application identique de G si et seulement si x est un élément central. Enfin, soit α un automorphisme de G et soit $x \in G$; on a

$$\text{Int}(\alpha(x)) = \alpha \circ \text{Int}(x) \circ \alpha^{-1}. \tag{2}$$

En effet, pour $y \in G$, on a

$$\alpha(x).y.\alpha(x)^{-1} = \alpha(x).\alpha(\alpha^{-1}(y)).\alpha(x)^{-1} = \alpha(x.\alpha^{-1}(y).x^{-1}).$$

D'où $\alpha.\text{Int}(G).\alpha^{-1} \subset \text{Int}(G)$.

DÉFINITION 4. — *Soient* G *un groupe et* $x \in G$. *L'automorphisme* $y \mapsto xyx^{-1}$ *est appelé* l'automorphisme intérieur *de* G *défini par* x, *et est noté* $\text{Int}\, x$.

Pour $x, y \in G$, on pose aussi $x^y = y^{-1}xy = (\text{Int}\, y^{-1})(x)$.

Un sous-groupe de G est distingué si et seulement s'il est stable par tous les automorphismes intérieurs de G (I, p. 34, déf. 5). On dit qu'un sous-groupe de G est *caractéristique* s'il est stable par tous les automorphismes de G. Le centre d'un groupe G est un sous-groupe caractéristique (formule (2)).

Le centre d'un groupe G n'est pas nécessairement stable par tous les endomorphismes de G (I, p. 132, exerc. 22). En particulier, le centre d'un groupe à opérateurs n'est pas nécessairement un sous-groupe stable.

PROPOSITION 4. — *Soient* G *un groupe,* H *un sous-groupe caractéristique* (resp. *distingué*) *de* G, K *un sous-groupe caractéristique de* H. *Alors* K *est un sous-groupe caractéristique* (resp. *distingué*) *de* G.

En effet, la restriction à H d'un automorphisme (resp. d'un automorphisme intérieur) de G est un automorphisme de H et laisse donc stable K.

Soient G un groupe, $A \subset G$ et $b \in G$. On dit que b *normalise* A si $bAb^{-1} = A$; on dit que b *centralise* A si, pour tout $a \in A$, on a $bab^{-1} = a$. Soient A et B des parties de G; on dit que B *normalise* (resp. *centralise*) A si tout élément de B normalise (resp. centralise) A.

L'ensemble des $g \in G$ qui normalisent (resp. centralisent) A est appelé le *normalisateur* (resp. *centralisateur*, ou *commutant*) de A (cf. I, p. 7, déf. 9); on le note souvent $N_G(A)$ ou simplement $N(A)$ (resp. $C_G(A)$ ou $C(A)$). C'est un sous-groupe de G. Lorsque A est un sous-groupe de G, on peut caractériser $N_G(A)$ comme le plus grand sous-groupe de G qui contienne A et dans lequel A soit distingué.

Remarques. — 1) Le normalisateur (resp. le centralisateur) de A est le stabilisateur strict (resp. le fixateur) de A lorsqu'on fait opérer G sur lui-même par automorphismes intérieurs. En particulier, le centralisateur est un sous-groupe distingué du normalisateur.

2) L'ensemble des éléments $b \in G$ tels que $bAb^{-1} \subset A$ est un sous-monoïde de G. Même lorsque A est un sous-groupe de G, cet ensemble n'est pas nécessairement un sous-groupe de G (I, p. 134, exerc. 27).

4. Orbites

DÉFINITION 5. — *Soient* G *un groupe*, E *un* G-*ensemble*, *et* $x \in E$. *On dit qu'un élément* $y \in E$ *est* conjugué à x *par l'opération de* G *s'il existe un élément* $\alpha \in G$ *tel que* $y = \alpha x$. *L'ensemble des éléments conjugués à* x *est appelé* l'orbite de x *dans* E.

La relation « *y est conjugué à x* » est une relation d'équivalence. En effet, $x = ex$; si $y = \alpha x$, on a $x = \alpha^{-1}y$; si $y = \alpha x$ et $z = \beta y$, on a $z = \beta\alpha x$. Les orbites sont les classes d'équivalence pour cette relation.

Une partie X de E est stable si et seulement si elle est saturée pour la relation de conjugaison.

L'application $\alpha \mapsto \alpha x$ de G dans E est parfois appelée l'*application orbitale* définie par x. C'est un G-morphisme de G (muni de l'opération de G sur lui-même par translations à gauche) dans E. L'image $G.x$ de G par cette application est l'orbite de x.

On dit que G opère *librement* sur E si pour tout $x \in E$, l'application orbitale définie par x est injective ou encore si l'application $(g, x) \mapsto (gx, x)$ de $G \times E$ dans $E \times E$ est injective.

Exemples. — 1) Soit G un groupe, et considérons l'opération de G sur lui-même par automorphismes intérieurs. Deux éléments de G conjugués pour cette opération sont dits conjugués par automorphismes intérieurs ou simplement *conjugués*. Les orbites sont appelées *classes de conjugaison*. De même, deux parties H et H' de G sont dites *conjuguées* s'il existe un élément $\alpha \in G$ tel que $H' = \alpha.H.\alpha^{-1}$, c'est-à-dire si elles sont conjuguées pour l'extension à $\mathfrak{P}(G)$ de l'opération de G sur lui-même par automorphismes intérieurs.

2) * Dans l'espace $\mathbf{R}^n$, l'orbite d'un point x pour l'opération du groupe orthogonal $\mathbf{O}(n, \mathbf{R})$ est la sphère euclidienne de rayon $\|x\|$. *

Les stabilisateurs de deux éléments conjugués de E sont des sous-groupes conjugués de G (I, p. 52, prop. 2).

L'ensemble quotient de E par la relation de conjugaison est l'ensemble des orbites de E; on le note parfois E/G ou G\E. (On réserve parfois la notation E/G au cas où E est un G-ensemble à droite, et la notation G\E au cas où E est un G-ensemble à gauche).

Soit G un groupe opérant à droite dans un ensemble E. Soit H un sous-groupe distingué de G. Le groupe G opère à droite sur E/H, la loi d'action à droite correspondante étant $(x\mathrm{H}, g) \mapsto x\mathrm{H}g = xg\mathrm{H}$; pour cette opération, H opère trivialement, d'où une opération à droitc de G/H sur E/H. Soit φ l'application canonique de E/H sur E/G; les images réciproques par φ des points de E/G sont les orbites de G (ou de G/H) dans E/H. Donc φ définit par passage au quotient une bijection, dite *canonique*, de (E/H)/G = (E/H)/(G/H) sur E/G.

Soit G (resp. H) un groupe opérant à gauche (resp. à droite) sur un ensemble E. Supposons que les actions de G et H sur E *commutent*, c'est-à-dire que l'on ait

$$(g.x).h = g.(x.h) \qquad \text{pour } g \in \mathrm{G},\ x \in \mathrm{E} \text{ et } h \in \mathrm{H}.$$

L'action de H sur E est aussi une opération à gauche du groupe H^0 opposé à H. Il résulte alors de I, p. 45, prop. 12 que l'application qui, à l'élément $(g, h) \in \mathrm{G} \times \mathrm{H}^0$ fait correspondre l'application $x \mapsto g.x.h$ de E dans lui-même est une opération à gauche de $\mathrm{G} \times \mathrm{H}^0$ sur E. L'orbite d'un élément $x \in \mathrm{E}$ pour cette opération est l'ensemble GxH. L'ensemble de ces orbites se note G\E/H. D'autre part, l'opération de G (resp. H) est compatible avec la relation de conjugaison pour l'opération de H (resp. G) et l'ensemble des orbites G\(E/H) (resp. (G\E)/H) s'identifie à G\E/H: dans le diagramme

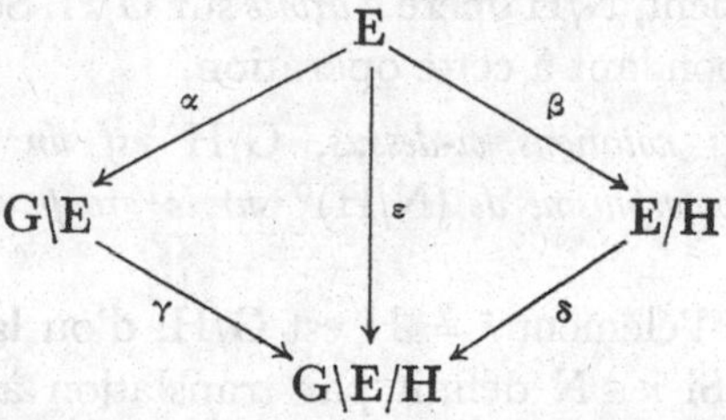

(où α, β, γ, δ, ε désignent les applications canoniques de passage au quotient), on a $\gamma \circ \alpha = \delta \circ \beta = \varepsilon$.

Soient G un groupe et H un sous-groupe de G. Considérons l'opération *à droite* de H sur G par translations à droite (I, p. 50, *Exemple* 2). L'ensemble des orbites G/H est l'ensemble des *classes à gauche* suivant H; remarquons que G opère *à gauche* sur G/H par la loi $(g, x\mathrm{H}) \mapsto gx\mathrm{H}$ (cf. I, p. 56). De même, l'ensemble des classes à droite suivant H est l'ensemble H\G des orbites de l'opération à gauche de H sur G par translations à gauche. Si K est un sous-groupe de G contenant H et si Γ est une classe à gauche (resp. à droite) suivant H, alors ΓK (resp. KΓ) est une classe à gauche (resp. à droite) suivant K. L'application

$\Gamma \mapsto \Gamma K$ (resp. $\Gamma \mapsto K\Gamma$) est appelée l'*application canonique* de G/H dans G/K (resp. de H\G dans K\G). Elle est surjective.

Soient G un groupe, H et K deux sous-groupes de G. Faisons opérer H à gauche sur G par translations à gauche et K à droite par translations à droite; ces deux opérations commutent, ce qui permet de considérer l'ensemble H\G/K. Les éléments de H\G/K s'appellent les *doubles classes* de G suivant (ou modulo) H et K. Lorsque K = H, on dit simplement doubles classes suivant H. Pour que l'application canonique de G/H sur H\G/H soit une bijection, il faut et il suffit que H soit un sous-groupe distingué de G.

5. Ensembles homogènes

DÉFINITION 6. — *Soit* G *un groupe. On dit qu'une opération de* G *sur un ensemble* E *est* transitive *s'il existe un élément* $x \in$ E *dont l'orbite soit* E. *Un* G-*ensemble* E *est dit* homogène *si l'opération de* G *sur* E *est transitive.*

On dit aussi que G *opère transitivement* sur E; ou que E est un *ensemble homogène sous* G. Il revient au même de dire que E *n'est pas vide* et que, quels que soient les éléments x et y de E, il existe un élément $\alpha \in G$ tel que $\alpha . x = y$.

Exemple. — Si E est un G-ensemble, chaque orbite de E, munie de l'opération induite, est un ensemble homogène sous G.

Soient G un groupe et H un sous-groupe de G. Considérons l'ensemble G/H des classes à gauche suivant H. Le groupe G opère *à gauche* sur G/H par $(g, xH) \mapsto gxH$. Soit N le normalisateur de H. Le groupe N opère à droite sur G/H par $(xH, n) \mapsto xHn = xnH$. Cette opération induit sur H l'opération triviale, donc, par passage au quotient, N/H opère *à droite* sur G/H. Soit $\varphi : (N/H)^0 \rightarrow \mathfrak{S}_{G/H}$ l'homomorphisme correspondant à cette opération.

PROPOSITION 5. — *Avec les notations ci-dessus,* G/H *est un* G-*ensemble homogène. L'application* φ *induit un isomorphisme de* $(N/H)^0$ *sur le groupe des automorphismes du* G-*ensemble* G/H.

L'orbite dans G/H de l'élément $\dot{e} = H$ est G/H, d'où la première assertion. Démontrons la seconde. Si $n \in N$ définit par translation à droite l'application identique de G/H, on a $\dot{e}.n = \dot{e}$, soit $H.n = H$, d'où $n \in H$. Par suite, N/H opère à droite fidèlement sur G/H et φ est injectif. Les opérations de G à gauche et de N/H à droite sur G/H commutent, donc les opérateurs de N/H définissent des G-morphismes de G/H dans lui-même, qui sont nécessairement des G-automorphismes car ils sont bijectifs. Par suite, φ prend ses valeurs dans le groupe Φ des G-automorphismes de G/H. Montrons que l'image de φ est Φ. Soit $f \in \Phi$. Par transport de structure, le stabilisateur de $f(\dot{e})$ dans G est égal au stabilisateur de $\dot{e}$, donc à H. Soit $n \in G$ tel que $f(\dot{e}) = n\dot{e}$. Le stabilisateur de $n\dot{e}$ dans G est nHn^{-1} (I, p. 52, prop. 2), d'où $nHn^{-1} = H$, et $n \in N$. Pour tout élément xH de G/H, on a $f(xH) = f(x.\dot{e}) = x.f(\dot{e}) = xnH = xHn$, et f coïncide avec l'application définie par n.

Remarques. — 1) Soient G un groupe, H un sous-groupe de G et $\varphi\colon G \to \mathfrak{S}_{G/H}$ l'opération de G sur G/H. Le noyau de φ est l'intersection des conjugués de H (I, p. 52, prop. 2). C'est aussi le plus grand sous-groupe distingué contenu dans H (I, p. 54). En particulier, G opère fidèlement sur G/H si et seulement si l'intersection des conjugués de H est réduite à e.

2) Soient G un groupe, H et K deux sous-groupes tels que H soit un sous-groupe distingué de K. Alors K/H opère à droite sur le G-ensemble G/H et l'application canonique de G/H sur G/K définit par passage au quotient un isomorphisme de G-ensembles $(G/H)/(K/H) \to G/K$ (cf. I, p. 55).

PROPOSITION 6. — *Soient* G *un groupe,* E *un* G*-ensemble homogène,* $a \in E$, H *le stabilisateur de* a, K *un sous-groupe de* G *contenu dans* H. *Il existe un et un seul* G*-morphisme* f *de* G/K *dans* E *tel que* $f(K) = a$ *et* f *est surjectif. Si* $K = H$, f *est un isomorphisme.*

Si f répond à la question, on a $f(x.K) = x.a$ pour tout x de G, d'où l'unicité; démontrons l'existence. L'application orbitale définie par a est compatible avec la relation d'équivalence $y \in xK$ dans G. En effet, si $y = xk$, $k \in K$, on a $y.a = xk.a = x.a$. On en déduit donc une application f de G/K dans E qui vérifie $f(x.K) = x.a$ pour tout x de G. Cette application est un G-morphisme et $f(K) = a$. Cette application est surjective car son image est une partie stable non vide de E. Supposons maintenant que $K = H$ et montrons que f est injective. Si $f(x.H) = f(y.H)$, on a $x.a = y.a$ d'où $x^{-1}y.a = a$ et $x^{-1}y \in H$, d'où $x.H = y.H$.

THÉORÈME 1. — *Soit* G *un groupe.*

a) *Tout* G*-ensemble homogène est isomorphe à un* G*-ensemble homogène de la forme* G/H, *où* H *est un sous-groupe de* G.

b) *Soient* H *et* H′ *deux sous-groupes de* G. *Les* G*-ensembles* G/H *et* G/H′ *sont isomorphes si et seulement si* H *et* H′ *sont conjugués.*

Comme un G-ensemble homogène n'est pas vide, l'assertion a) résulte de la prop. 6. Démontrons b). Soit $f\colon G/H \to G/H'$ un isomorphisme de G-ensembles. Le sous-groupe H est le stabilisateur de H, donc, par transport de structure, le stabilisateur d'un élément de G/H′. Les sous-groupes H et H′ sont donc conjugués (I, p. 52, prop. 2). Si $H' = \alpha H \alpha^{-1}$, H′ est le stabilisateur de l'élément $\alpha.H$ de G/H (I, p. 52, prop. 2), donc G/H′ est isomorphe à G/H (prop. 6).

Exemples. — 1) Soit E un ensemble non vide. Le groupe $\mathfrak{S}_E$ opère transitivement sur E. En effet, si x et y sont deux éléments de E, l'application $\tau\colon E \to E$, telle que $\tau(x) = y$, $\tau(y) = x$ et $\tau(z) = z$ pour $z \neq x, y$, est une permutation de E. Soit $a \in E$. Le stabilisateur de a s'identifie à $\mathfrak{S}_F$, où $F = E - \{a\}$. Le $\mathfrak{S}_E$-ensemble homogène E est donc isomorphe à $\mathfrak{S}_E/\mathfrak{S}_F$.

2) Soient E un ensemble à n éléments et $(p_i)_{i \in I}$ une famille finie d'entiers >0 telle que $\sum_i p_i = n$. Soit X l'ensemble des partitions $(F_i)_{i \in I}$ de E telles que $\mathrm{Card}(F_i) = p_i$ pour tout i. Le groupe $\mathfrak{S}_E$ opère transitivement sur X. Le stabilisateur H d'un élément $(F_i)_{i \in I}$ de X est canoniquement isomorphe à $\prod_{i \in I} \mathfrak{S}_{F_i}$, donc d'ordre $\prod_{i \in I} p_i!$.

En appliquant le th. 1 et I, p. 34, corollaire on obtient une nouvelle démonstration du fait que

$$\mathrm{Card}(\mathrm{X}) = \frac{n!}{\prod_{i \in \mathrm{I}} p_i!}.$$

En particulier, prenons $\mathrm{I} = \{1, 2, \ldots, r\}$, $\mathrm{E} = \{1, 2, \ldots, n\}$,

$$\mathrm{F}_i = \{p_1 + \cdots + p_{i-1} + 1, \cdots, p_1 + \cdots + p_i\}$$

pour $1 \leqslant i \leqslant r$. Soit S l'ensemble des $\tau \in \mathfrak{S}_{\mathrm{E}}$ tels que $\tau | \mathrm{F}_i$ soit croissante pour $1 \leqslant i \leqslant r$. Si $(\mathrm{G}_1, \ldots, \mathrm{G}_r) \in \mathrm{X}$ il existe une $\tau \in \mathrm{S}$ et une seule qui transforme $(\mathrm{F}_1, \ldots, \mathrm{F}_r)$ en $(\mathrm{G}_1, \ldots, \mathrm{G}_r)$. Autrement dit, chaque classe à gauche de $\mathfrak{S}_{\mathrm{E}}$ suivant H rencontre S en un point et un seul.

3) * Soit n un entier $\geqslant 1$. Le groupe orthogonal $\mathbf{O}(n, \mathbf{R})$ opère transitivement sur la sphère unité $\mathbf{S}_{n-1}$ de $\mathbf{R}^n$. Le stabilisateur du point $(0, \ldots 0, 1)$ s'identifie au groupe orthogonal $\mathbf{O}(n-1, \mathbf{R})$. Le $\mathbf{O}(n, \mathbf{R})$-ensemble homogène $\mathbf{S}_{n-1}$ est donc isomorphe à $\mathbf{O}(n, \mathbf{R})/\mathbf{O}(n-1, \mathbf{R})$. *

6. Ensembles principaux homogènes

DÉFINITION 7. — *Soit* G *un groupe. On dit qu'une opération de* G *sur un ensemble* E *est* simplement transitive *s'il existe un élément x de* E *tel que l'application orbitale définie par x soit une bijection. Un ensemble* E *muni d'une opération à gauche simplement transitive de* G *sur* E *est appelé* G-ensemble principal homogène à gauche (*ou* ensemble principal homogène à gauche sous G).

Il revient au même de dire que G opère librement et transitivement sur E, ou encore qu'il existe un élément $x \in \mathrm{E}$ tel que l'application orbitale définie par x soit un isomorphisme du G-ensemble G (où G opère par translations à gauche) sur E; ou encore que les deux conditions suivantes sont satisfaites:

(i) E n'est pas vide;

(ii) quels que soient les éléments x et y de E, il existe un élément $\alpha \in \mathrm{G}$ et un seul tel que $\alpha x = y$.

La condition (ii) est encore équivalente à la condition suivante:

(iii) l'application $(\alpha, x) \mapsto (\alpha x, x)$ est une bijection de $\mathrm{G} \times \mathrm{E}$ sur $\mathrm{E} \times \mathrm{E}$.

Nous laissons au lecteur le soin de définir les G-ensembles principaux homogènes à droite.

Exemples. — 1) Faisons opérer G sur lui-même par translations à gauche (resp. à droite). On définit ainsi sur l'ensemble G une structure de G-ensemble principal homogène à gauche (resp. à droite), qu'on note parfois G_s (resp. G_d).

2) Soit E un ensemble homogène sous un groupe *commutatif* G. Si G opère fidèlement sur E, celui-ci est un G-ensemble principal homogène.

3) Soient E et F deux ensembles munis de structures de même espèce isomorphes, et soit Isom(E, F) l'ensemble des isomorphismes de E sur F (pour les structures données). Le groupe Aut(E) des automorphismes de E (muni de la structure donnée) opère à droite sur Isom(E, F) par la loi $(\sigma, f) \mapsto f \circ \sigma$ et Isom(E, F) est un Aut(E)-ensemble principal homogène à droite. De même, le groupe Aut(F) opère à gauche sur Isom(E, F) par la loi $(\sigma, f) \mapsto \sigma \circ f$ et Isom(E, F) est un Aut(F)-ensemble principal homogène à gauche.

* 4) Un ensemble principal homogène sous le groups additif d'un espace vectoriel est appelé un *espace affine* (cf. II, p. 126).*

Le groupe des automorphismes du G-ensemble principal homogène G_s (*Exemple* 1) est le groupe des translations à droite de G qu'on identifie à G^0 (I. p. 56, prop. 5). Soient E un G-ensemble principal homogène, a un élément de E. L'application orbitale ω_a définie par a est un isomorphisme du G-ensemble G_s sur E. Par transport de structure on en déduit un isomorphisme ψ_a de G^0 sur Aut(E). On prendra garde que ψ_a *dépend en général de* a; plus précisément, pour $\alpha \in G$, on a

$$\psi_{\alpha a} = \psi_a \circ \mathrm{Int}_{G^0}(\alpha) = \psi_a \circ \mathrm{Int}(\alpha^{-1}). \tag{3}$$

En effet, en notant $\boldsymbol{\delta}_\alpha$ la translation $x \mapsto x\alpha$ dans G, on a

$$\omega_{\alpha a} = \omega_a \circ \boldsymbol{\delta}_\alpha$$

et

$$\psi_a(x) = \omega_a \circ \boldsymbol{\delta}_x \circ \omega_a^{-1}, \qquad x \in G,$$

d'où

$$\psi_{\alpha a}(x) = \omega_a \circ \boldsymbol{\delta}_\alpha \circ \boldsymbol{\delta}_x \circ \boldsymbol{\delta}_\alpha^{-1} \circ \omega_a^{-1} = \omega_a \circ \boldsymbol{\delta}_{\alpha^{-1}x\alpha} \circ \omega_a^{-1} = \psi_a(\alpha^{-1}x\alpha).$$

7. Groupe des permutations d'un ensemble fini

Si E est un ensemble fini à n éléments, le groupe symétrique $\mathfrak{S}_E$ (I, p. 29) est un groupe fini d'ordre $n!$. Lorsque E est l'intervalle $[1, n]$ de l'ensemble $\mathbf{N}$ des entiers naturels, le groupe symétrique correspondant se note $\mathfrak{S}_n$; le groupe symétrique d'un ensemble quelconque à n éléments est isomorphe à $\mathfrak{S}_n$.

DÉFINITION 8. — *Soient* E *un ensemble fini,* $\zeta \in \mathfrak{S}_E$ *une permutation de* E, $\bar{\zeta}$ *le sous-groupe de* $\mathfrak{S}_E$ *engendré par* ζ. *On dit que* ζ *est un* cycle *si, pour l'opération de* $\bar{\zeta}$ *sur* E, *il existe une orbite et une seule qui ne soit pas réduite à un élément. Cette orbite est appelée le* support de ζ.

Soit ζ un cycle. Le support de ζ, noté $\mathrm{supp}(\zeta)$ est l'ensemble des $x \in E$ tels que $\zeta(x) \neq x$.

L'*ordre* d'un cycle ζ est égal au cardinal de son support. En effet, le sous-groupe $\bar{\zeta}$ engendré par ζ opère transitivement et fidèlement sur $\mathrm{supp}(\zeta)$. Comme $\bar{\zeta}$ est commutatif, $\mathrm{supp}(\zeta)$ est un ensemble principal sous $\bar{\zeta}$ (I, p. 58, *Exemple* 2), donc $\mathrm{Card}(\mathrm{supp}(\zeta)) = \mathrm{Card}(\bar{\zeta})$.

Lemme 1. — *Soit* $(\zeta_i)_{i \in I}$ *une famille de cycles dont les supports* S_i *sont deux à deux disjoints. Alors les* ζ_i *sont deux à deux permutables. Posons* $\sigma = \prod_{i \in I} \zeta_i$ *et soit* $\bar{\sigma}$ *le sous-groupe engendré par* σ. *On a* $\sigma(x) = \zeta_i(x)$ *pour* $x \in S_i$, $i \in I$, *et* $\sigma(x) = x$ *pour* $x \notin \bigcup_{i \in I} S_i$. *L'application* $i \mapsto S_i$ *est une bijection de* I *sur l'ensemble des* $\bar{\sigma}$*-orbites non réduites à un élément.*

Soient ζ et ζ' deux cycles dont les supports sont disjoints. Si

$$x \notin \mathrm{supp}(\zeta) \cup \mathrm{supp}(\zeta'),$$

on a $\zeta\zeta'(x) = \zeta'\zeta(x) = x$. Si x appartient au support de ζ, on a $\zeta'(x) = x$ et $\zeta(x)$ appartient au support de ζ, d'où $\zeta\zeta'(x) = \zeta'\zeta(x) = \zeta(x)$. De même lorsque x appartient au support de ζ', on a $\zeta'\zeta(x) = \zeta\zeta'(x) = \zeta'(x)$. Donc $\zeta\zeta' = \zeta'\zeta$. Par suite, les ζ_i sont deux à deux permutables, et pour $i \in \mathrm{I}$ et $x \in \mathrm{S}_i$, on a $\sigma(x) = \zeta_i(x) \in \mathrm{S}_i$. Les applications σ et ζ_i coïncident dans S_i, donc S_i est stable par σ et le sous-groupe de $\mathfrak{S}_{\mathrm{S}_i}$ engendré par la restriction de σ à S_i opère transitivement sur S_i; par suite S_i est une $\bar{\sigma}$-orbite. Comme les S_i ne sont pas vides et sont deux à deux disjoints, l'application $i \mapsto \mathrm{S}_i$ est injective. Comme $\bigcup_i \mathrm{S}_i$ est l'ensemble des x tel que $\sigma(x) \neq x$, toute $\bar{\sigma}$-orbite non réduite à un élément est l'un des S_i.

PROPOSITION 7. — *Soient* E *un ensemble fini et* σ *une permutation de* E. *Il existe un ensemble fini* C *de cycles et un seul, satisfaisant aux deux conditions suivantes :*

a) *les supports des éléments de* C *sont deux à deux disjoints*;

b) *on a* $\sigma = \prod_{\zeta \in \mathrm{C}} \zeta$ (les éléments de C étant deux à deux permutables d'après le lemme 1).

Soit $\bar{\sigma}$ le sous-groupe engendré par σ et soit S l'ensemble des $\bar{\sigma}$-orbites non réduites à un élément. Pour $s \in \mathrm{S}$, posons $\zeta_s(x) = \sigma(x)$ si $x \in s$ et $\zeta_s(x) = x$ si $x \notin s$. Pour tout $s \in \mathrm{S}$, ζ_s est un cycle dont le support est s, et l'on a $\sigma = \prod_{\zeta \in \mathrm{S}} \zeta_s$, comme on le voit en appliquant les deux membres à un élément quelconque de E. L'unicité de C résulte du lemme 1.

DÉFINITION 9. — *Un cycle d'ordre* 2 *est appelé une* transposition.

Soient x et y deux éléments *distincts* de E. On note $\tau_{x,y}$ l'unique transposition de support $\{x, y\}$.

Pour toute permutation σ de E, la permutation $\sigma.\tau_{x,y}.\sigma^{-1}$ est une transposition dont le support est $\{\sigma(x), \sigma(y)\}$. On a donc :

$$\sigma.\tau_{x,y}.\sigma^{-1} = \tau_{\sigma(x),\sigma(y)}. \tag{4}$$

Les transpositions forment donc dans le groupe $\mathfrak{S}_{\mathrm{E}}$ une classe de conjugaison.

PROPOSITION 8. — *Soit* E *un ensemble fini. Le groupe* $\mathfrak{S}_{\mathrm{E}}$ *est engendré par les transpositions.*

Pour toute permutation σ, soit F_σ l'ensemble des $x \in \mathrm{E}$ tels que $\sigma(x) = x$. Montrons, par récurrence descendante sur p, que toute permutation σ telle que $\mathrm{Card}(\mathrm{F}_\sigma) = p$ est un produit de transpositions. Si $p \geqslant \mathrm{Card}(\mathrm{E})$, la permutation σ est l'application identique de E; c'est le produit de la famille vide de transpositions. Si $p < \mathrm{Card}(\mathrm{E})$, supposons la propriété démontrée pour toute permutation σ' telle que $\mathrm{Card}(\mathrm{F}_{\sigma'}) > p$. On a $\mathrm{E} - \mathrm{F}_\sigma \neq \varnothing$; soient $x \in \mathrm{E} - \mathrm{F}_\sigma$ et $y = \sigma(x)$. On a $y \neq x$ et $y \in \mathrm{E} - \mathrm{F}_\sigma$. Posons $\sigma' = \tau_{x,y}.\sigma$. L'ensemble $\mathrm{F}_{\sigma'}$ contient F_σ et x, donc $\text{Card}(F_{\sigma'}) > \text{Card}(F_\sigma) = p$. Par l'hypothèse de récurrence, σ' est produit de transpositions, donc $\sigma = \tau_{x,y}.\sigma'$ est produit de transpositions.

PROPOSITION 9. — *Soit n un entier $\geqslant 0$. Le groupe $\mathfrak{S}_n$ est engendré par la famille des transpositions $(\tau_{i,i+1})_{1 \leqslant i \leqslant n-1}$.*

En vertu de la prop. 8, il suffit de montrer que toute transposition $\tau_{p,q}$ pour $1 \leqslant p < q \leqslant n$, appartient au sous-groupe H engendré par les $\tau_{i,i+1}$ pour $1 \leqslant i \leqslant n-1$. Démontrons ceci par récurrence sur $q - p$. Pour $q - p = 1$, c'est évident. Si $q - p > 1$, on a (I, p. 60, formule (4)) $\tau_{p,q} = \tau_{q-1,q}\tau_{p,q-1}\tau_{q-1,q}$. Par l'hypothèse de récurrence, $\tau_{p,q-1} \in H$, et par suite $\tau_{p,q} \in H$.

Si $\sigma \in \mathfrak{S}_n$, on appelle *inversion* de σ tout couple (i,j) d'éléments de $[1,n]$ tel que $i < j$ et $\sigma(i) > \sigma(j)$. Notons $\nu(\sigma)$ le nombre d'inversions de σ.

Soit P le groupe additif des applications de $\mathbf{Z}^n$ dans $\mathbf{Z}$. Pour $f \in P$ et $\sigma \in \mathfrak{S}_n$, soit σf l'élément de P défini par

$$\sigma f(z_1, \ldots, z_n) = f(z_{\sigma(1)}, \ldots, z_{\sigma(n)}). \tag{5}$$

L'action de $\mathfrak{S}_n$ sur P ainsi définie est une opération; en effet, pour σ, τ dans $\mathfrak{S}_n$ et $f \in P$, on a $ef = f$ et

$$\begin{aligned}(\tau(\sigma f))(z_1, \ldots, z_n) &= \sigma f(z_{\tau(1)}, \ldots, z_{\tau(n)}) = f(z_{\tau\sigma(1)}, \ldots, z_{\tau\sigma(n)}) \\ &= ((\tau\sigma)f)(z_1, \ldots, z_n).\end{aligned}$$

La formule (5) montre que $\sigma(-f) = -\sigma f$ pour $\sigma \in \mathfrak{S}_n$ et $f \in P$.

Soit p l'élément de P défini par

$$p(z_1, \ldots, z_n) = \prod_{i<j} (z_j - z_i). \tag{6}$$

Lemme 2. — On a $p \neq 0$ et $\sigma p = (-1)^{\nu(\sigma)}p$ pour $\sigma \in \mathfrak{S}_n$.

On a $p(1, 2, \ldots, n) = \prod_{i<j} (j - i) \neq 0$, donc $p \neq 0$. D'autre part, si $\sigma \in \mathfrak{S}_n$, on a

$$\sigma p(z_1, \ldots, z_n) = p(z_{\sigma(1)}, \ldots, z_{\sigma(n)}) = \prod_{i<j} (z_{\sigma(j)} - z_{\sigma(i)}).$$

Soit C l'ensemble des couples (i,j) tels que $1 \leqslant i \leqslant n$, $1 \leqslant j \leqslant n$, $i < j$. On définit une permutation θ de C en posant $\theta(i,j) = (\sigma(i), \sigma(j))$ si (i,j) n'est pas une inversion, $\theta(i,j) = (\sigma(j), \sigma(i))$ si (i,j) est une inversion. Cela entraîne $\sigma p = (-1)^{\nu(\sigma)}p$.

THÉORÈME 2. — *Soit E un ensemble fini. Il existe un homomorphisme ε et un seul de $\mathfrak{S}_E$ dans le groupe multiplicatif $\{-1, +1\}$ tel que $\varepsilon(\tau) = -1$ pour toute transposition τ.*

L'unicité résulte de I, p. 60, prop. 8. Démontrons l'existence. Par transport de structure, on peut supposer que $E = [1, n]$. Avec les notations précédentes, posons $\varepsilon(\sigma) = (-1)^{\nu(\sigma)}$. On a (lemme 2)

$$\sigma(\sigma' p) = \sigma(\varepsilon(\sigma')p) = \varepsilon(\sigma')(\sigma p) = \varepsilon(\sigma')\varepsilon(\sigma)p.$$

D'autre part,

$$\sigma(\sigma' p) = (\sigma\sigma')p = \varepsilon(\sigma\sigma')p.$$

Comme $p \neq -p$, on en déduit $\varepsilon(\sigma\sigma') = \varepsilon(\sigma)\varepsilon(\sigma')$, donc ε est un homomorphisme. Montrons que, pour toute transposition τ, on a $\varepsilon(\tau) = -1$. On a $\nu(\tau_{n-1,n}) = 1$, d'où $\varepsilon(\tau_{n-1,n}) = -1$. Comme toute transposition τ est conjuguée de $\tau_{n-1,n}$ et que le groupe $\{-1, +1\}$ est commutatif, on a $\varepsilon(\tau) = \varepsilon(\tau_{n-1,n}) = -1$.

DÉFINITION 10. — *Avec les notations du théorème* 2, *le nombre* $\varepsilon(\sigma)$ (*noté aussi* ε_σ) *est appelé la* signature *de la permutation* σ. *Le noyau de l'homomorphisme* ε *est appelé le* groupe alterné de E.

On dit que σ est *paire* (resp. *impaire*) si $\varepsilon(\sigma) = 1$ (resp. $\varepsilon(\sigma) = -1$). Le groupe alterné de E est noté $\mathfrak{A}_{\mathrm{E}}$. C'est un sous-groupe distingué de $\mathfrak{S}_{\mathrm{E}}$. Lorsque $\mathrm{E} = [\![1, n]\!]$, on le note simplement $\mathfrak{A}_n$. Lorsque le cardinal n de E est $\geqslant 2$, $\mathfrak{A}_n$ est un sous-groupe d'indice 2 de $\mathfrak{S}_n$, donc d'ordre $\frac{n!}{2}$. On peut montrer que, pour $n = 3$ ou $n \geqslant 5$, le groupe $\mathfrak{A}_n$ est un groupe simple (cf. I, p. 131, exerc. 16).

Exemple. — Si σ est un cycle d'ordre d, on a

$$\varepsilon(\sigma) = (-1)^{d-1}.$$

En effet, le nombre d'inversions de la permutation

$$(1, 2, 3, \ldots, d) \mapsto (d, 1, 2, \ldots, d-1)$$

est égal à $d - 1$.

§ 6. EXTENSIONS, GROUPES RÉSOLUBLES, GROUPES NILPOTENTS

Dans tout ce paragraphe, les lois de groupe sont, sauf mention expresse du contraire, notées multiplicativement.

1. Extensions

DÉFINITION 1. — *Soient* F *et* G *deux groupes. Une* extension *de* G *par* F *est un triplet* $\mathscr{E} = (\mathrm{E}, i, p)$, *où* E *est un groupe, i un homomorphisme injectif de* F *dans* E *et p un homomorphisme surjectif de* E *sur* G *tels que* $\mathrm{Im}(i) = \mathrm{Ker}(p)$. *On appelle* section (resp. rétraction) *de l'extension* $\mathscr{E}$ *un homomorphisme* $s : \mathrm{G} \to \mathrm{E}$ (resp. $r : \mathrm{E} \to \mathrm{F}$) *tel que* $p \circ s = \mathrm{Id}_{\mathrm{G}}$ (resp. $r \circ i = \mathrm{Id}_{\mathrm{F}}$).

Une extension $\mathscr{E} = (\mathrm{E}, i, p)$ de G par F est souvent désignée par le diagramme $\mathscr{E} : \mathrm{F} \xrightarrow{i} \mathrm{E} \xrightarrow{p} \mathrm{G}$, dans lequel on omet parfois i et p lorsqu'aucune confusion n'est à craindre. On dit parfois simplement que le groupe E est extension de G par F.

Pour qu'un groupe E soit extension de G par F, il faut et il suffit qu'il contienne un sous-groupe distingué F′ isomorphe à F, tel que le groupe quotient E/F′ soit isomorphe à G.

Une extension $\mathscr{E}: \mathrm{F} \xrightarrow{i} \mathrm{E} \xrightarrow{p} \mathrm{G}$ est dite *centrale* si l'image $i(\mathrm{F})$ est contenue dans le centre de E ; ceci n'est possible que si F est commutatif.

Soient $\mathscr{E}: \mathrm{F} \xrightarrow{i} \mathrm{E} \xrightarrow{p} \mathrm{G}$ et $\mathscr{E}': \mathrm{F} \xrightarrow{i'} \mathrm{E}' \xrightarrow{p'} \mathrm{G}$ deux extensions de G par F. On appelle *morphisme* de $\mathscr{E}$ dans $\mathscr{E}'$ un homomorphisme $u: \mathrm{E} \to \mathrm{E}'$ tel que $p' \circ u = p$ et $u \circ i = i'$, ou en d'autres termes, tel que le diagramme ci-après soit commutatif:

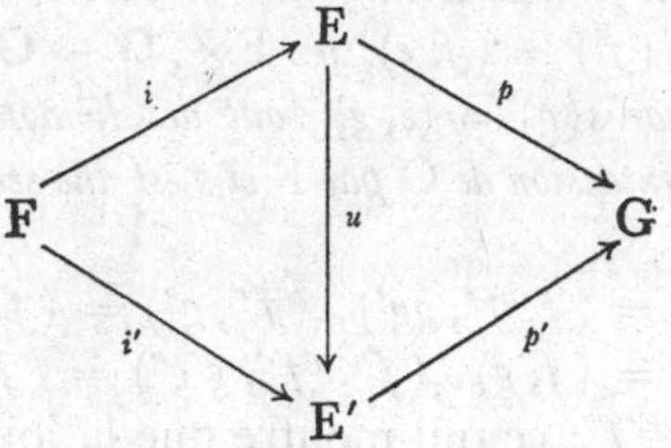

PROPOSITION 1. — *Soient* $\mathscr{E}: \mathrm{F} \xrightarrow{i} \mathrm{E} \xrightarrow{p} \mathrm{G}$ *et* $\mathscr{E}': \mathrm{F} \xrightarrow{i'} \mathrm{E}' \xrightarrow{p'} \mathrm{G}$ *des extensions de* G *par* F. *Si* $u: \mathrm{E} \to \mathrm{E}'$ *est un morphisme de* $\mathscr{E}$ *dans* $\mathscr{E}'$, u *est un isomorphisme de* E *sur* E′ *et* u^{-1} *est un morphisme de* $\mathscr{E}'$ *dans* $\mathscr{E}$.

Soit $x \in \mathrm{E}$ tel que $u(x) = e$. On a $p(x) = p'(u(x)) = e$ d'où $x \in i(\mathrm{F})$. Soit $y \in \mathrm{F}$ tel que $x = i(y)$; on a $i'(y) = u(i(y)) = e$. Comme i' est injectif, $y = e$ et $x = e$. Par suite u est injectif. En vertu de I, p. 38, cor. 1, u est surjectif puisque $u(i(\mathrm{F})) = i'(\mathrm{F})$. La dernière assertion est immédiate.

En d'autres termes, les extensions $\mathscr{E}$ et $\mathscr{E}'$ sont *isomorphes* si et seulement s'il existe un morphisme de $\mathscr{E}$ dans $\mathscr{E}'$.

Soient F et G deux groupes; posons $\mathrm{E}_0 = \mathrm{F} \times \mathrm{G}$; soient $i : \mathrm{F} \to \mathrm{E}_0$ l'injection canonique et $p : \mathrm{E}_0 \to \mathrm{G}$ la surjection canonique. Toute extension de G par F isomorphe à l'extension $\mathscr{E}_0 : \mathrm{F} \xrightarrow{i} \mathrm{E}_0 \xrightarrow{p} \mathrm{G}$ est appelée *extension triviale.*

PROPOSITION 2. — *Soit* $\mathscr{E}: \mathrm{F} \xrightarrow{i} \mathrm{E} \xrightarrow{p} \mathrm{G}$ *une extension de* G *par* F. *Les conditions suivantes sont équivalentes*:

(i) $\mathscr{E}$ *est une extension triviale*;

(ii) $\mathscr{E}$ *possède une rétraction* r;

(iii) $\mathscr{E}$ *possède une section* s *telle que* $s(\mathrm{G})$ *soit contenu dans le centralisateur de* $i(\mathrm{F})$.

Il est clair que (i) entraîne (ii) et (iii). Si (ii) est vérifiée, l'application $(r, p): \mathrm{E} \to \mathrm{F} \times \mathrm{G}$ est un morphisme de $\mathscr{E}$ dans $\mathscr{E}_0$, d'où (i). Si (iii) est vérifiée, l'homomorphisme de $\mathrm{F} \times \mathrm{G}$ dans E correspondant à (i, s) (I, p. 45, prop. 12) est un morphisme de $\mathscr{E}_0$ dans $\mathscr{E}$, d'où (i).

Il peut arriver qu'une extension $\mathscr{E}: \mathrm{F} \rightarrow \mathrm{E} \rightarrow \mathrm{G}$ ne soit pas triviale, et que cependant le groupe E soit isomorphe à $\mathrm{F} \times \mathrm{G}$ (I, p. 135, exerc. 6).

Définition 2. — *Soient* F *et* G *deux groupes, et* τ *un homomorphisme de* G *dans le groupe des automorphismes de* F. *Posons* $\tau(g)(f) = {}^{g}f$ *pour* $g \in \mathrm{G}$ *et* $f \in \mathrm{F}$. *On appelle* produit semi-direct externe de G par F relativement à τ *l'ensemble* $\mathrm{F} \times \mathrm{G}$ *muni de la loi de composition*

$$((f, g), (f', g')) \mapsto (f, g) \cdot_{\tau} (f', g') = (f \cdot {}^{g}f', gg'). \tag{1}$$

Le produit semi-direct externe de G par F relativement à τ se note $\mathrm{F} \times_{\tau} \mathrm{G}$.

Proposition 3. — *Le produit semi-direct externe* $\mathrm{F} \times_{\tau} \mathrm{G}$ *est un groupe. Les applications* $i : \mathrm{F} \rightarrow \mathrm{F} \times_{\tau} \mathrm{G}$ *définie par* $i(f) = (f, e)$, $p : \mathrm{F} \times_{\tau} \mathrm{G} \rightarrow \mathrm{G}$ *définie par* $p(f, g) = g$, *et* $s : \mathrm{G} \rightarrow \mathrm{F} \times_{\tau} \mathrm{G}$ *définie par* $s(g) = (e, g)$ *sont des homomorphismes de groupes. Le triplet* $(\mathrm{F} \times_{\tau} \mathrm{G}, i, p)$ *est une extension de* G *par* F *et* s *est une section de l'extension.*

On a :

$$((f, g) \cdot_{\tau} (f', g')) \cdot_{\tau} (f'', g'') = (f \cdot {}^{g}f', gg') \cdot_{\tau} (f'', g'') = (f \cdot {}^{g}f' \cdot {}^{gg'}f'', gg'g'');$$
$$(f, g) \cdot_{\tau} ((f', g') \cdot_{\tau} (f'', g'')) = (f, g) \cdot_{\tau} (f' \cdot {}^{g'}f'', g'g'') = (f \cdot {}^{g}(f' \cdot {}^{g'}f''), gg'g'').$$

On a ${}^{g}(f' \cdot {}^{g'}f'') = {}^{g}f' \cdot {}^{gg'}f''$, ce qui montre que la loi de composition définie par (1) est associative. L'élément (e, e) est neutre pour cette loi. L'élément (f, g) admet pour inverse $({}^{g^{-1}}f^{-1}, g^{-1})$. Donc la loi de composition de $\mathrm{F} \times_{\tau} \mathrm{G}$ est une loi de groupe. Les autres assertions sont immédiates.

Avec les notations de la prop. 3, on notera $\mathscr{E}_{\tau}$ l'extension $\mathrm{F} \xrightarrow{i} \mathrm{F} \times_{\tau} \mathrm{G} \xrightarrow{p} \mathrm{G}$.

Soient $\mathscr{E}' : \mathrm{F} \xrightarrow{i'} \mathrm{E}' \xrightarrow{p'} \mathrm{G}$ une extension de G par F et $s' : \mathrm{G} \rightarrow \mathrm{E}'$ une section de $\mathscr{E}'$. Définissons une loi d'opération τ de G sur le groupe F par :

$$i'(\tau(g, f)) = s'(g) i'(f) s'(g)^{-1} = \mathrm{Int}(s'(g))(i'(f)). \tag{2}$$

Proposition 4. — *Avec les notations ci-dessus, il existe un isomorphisme* u *de* $\mathscr{E}_{\tau}$ *sur* $\mathscr{E}'$ *et un seul tel que* $u \circ s = s'$.

On a $(f, g) = (f, e) \cdot_{\tau} (e, g) = i(f) \cdot_{\tau} s(g)$. Par suite, si u répond à la question, on a nécessairement $u(f, g) = i'(f) \cdot s'(g)$, d'où l'unicité de u. Démontrons l'existence. Posons $u(f, g) = i'(f) \cdot s'(g)$. On a

$$\begin{aligned} u(f, g) \cdot u(f', g') &= i'(f) s'(g) i'(f') s'(g') = i'(f)(s'(g) i'(f') s'(g)^{-1}) s'(g) s'(g') \\ &= i'(f) i'(\tau(g, f')) \cdot s'(g) s'(g') = i'(f \cdot \tau(g, f')) \cdot s'(gg') \\ &= u((f, g) \cdot_{\tau} (f', g')). \end{aligned}$$

Par suite, u est un homomorphisme de $\mathrm{F} \times_{\tau} \mathrm{G}$ dans E′. On a évidemment $u \circ i = i'$, $p' \circ u = p$ et $u \circ s = s'$.

Remarque. — La définition de l'opération τ par la formule (2) fait intervenir l'extension $\mathscr{E}'$ et la section s'. Lorsque F est commutatif, l'opération τ ne dépend pas de s'. En effet, $\mathrm{Int}(s'(g)) | i'(\mathrm{F})$ ne dépend alors que de la classe de $s'(g)$ mod. $i'(\mathrm{F})$.

Plus généralement, soit $\mathscr{E} : \mathrm{F} \rightarrow \mathrm{E} \rightarrow \mathrm{G}$ une extension de G par un groupe commutatif F (on ne suppose pas que $\mathscr{E}$ admette une section). Le groupe E opère sur F par automorphismes intérieurs, et cette opération est triviale sur l'image de F, donc définit une opération de G sur F. Si $\mathscr{E}$ admet une section, cette opération est celle définie par la formule (2).

COROLLAIRE. — *Soient* G *un groupe*, H *et* K *deux sous-groupes de* G *tels que* H *soit distingué*, $H \cap K = \{e\}$ *et* $H.K = G$. *Soit* τ *l'opération de* K *sur* H *par automorphismes intérieurs de* G. *L'application* $(h, k) \mapsto hk$ *est un isomorphisme de* $H \times_\tau K$ *sur* G.

Sous les hypothèses de ce corollaire, on dit que G est *produit semi-direct* de K par H.

Exemples. — 1) Soient G un groupe et E un G-ensemble principal homogène. Notons Γ le groupe des automorphismes de G. Soit A l'ensemble des permutations f de E possédant la propriété suivante:

Il existe $\gamma \in \Gamma$ tel que f soit un γ-morphisme de E dans E (autrement dit, $f(gb) = \gamma(g)f(b)$ pour $b \in E$ et $g \in G$).

La formule $f(gb) = \gamma(g)f(b)$ précédente montre que, si $f \in A$, il existe *un seul* $\gamma \in \Gamma$ tel que f soit un γ-morphisme; nous le noterons $p(f)$.

Soient f, f' dans A, $\gamma = p(f)$, $\gamma' = p(f')$. On a, pour tout $b \in E$ et tout $g \in G$,

$$(f' \circ f)(gb) = f'(\gamma(g)f(b)) = \gamma'(\gamma(g))f'(f(b))$$

ce qui prouve que $f' \circ f \in A$ et que $p(f' \circ f) = p(f')p(f)$. D'autre part, on a $f(\gamma^{-1}(g)f^{-1}(b)) = gb$, d'où $f^{-1}(gb) = \gamma^{-1}(g)f^{-1}(b)$ et $f^{-1} \in A$. Ainsi A est un sous-groupe de $\mathfrak{S}_E$ et p est un homomorphisme de A dans Γ. Le noyau de p est l'ensemble $\mathrm{Aut}_G(E)$ des automorphismes du G-ensemble E.

Fixons $a \in E$. Nous avons défini dans I, p. 59 un isomorphisme ψ_a de G^0 sur $\mathrm{Aut}_G(E)$ tel que $\psi_a(x)(ga) = gxa$ quels que soient g, x dans G. D'autre part, pour $\gamma \in \Gamma$, soit $s_a(\gamma)$ la permutation de E définie par $s_a(\gamma)(ga) = \gamma(g)a$ pour tout $g \in G$; on vérifie aussitôt que s_a est un homomorphisme de Γ dans A tel que $p \circ s_a = \mathrm{Id}_\Gamma$. Ainsi, $G^0 \xrightarrow{\psi_a} A \xrightarrow{p} \Gamma$ est une *extension* de Γ par G^0 et s_a est une *section* de cette extension. Cette extension et cette section définissent une opération de Γ sur G^0, $s_a(\Gamma)$ agissant sur $\psi_a(G^0)$ par automorphismes intérieurs; nous noterons exponentiellement cette opération. Montrons que *cette opération est l'opération naturelle* (I, p. 24, *Exemple* 3): en effet, pour x, g dans G et $\gamma \in \Gamma$, on a

$$(\psi_a({}^\gamma x))(ga) = (s_a(\gamma) \circ \psi_a(x) \circ s_a(\gamma)^{-1})(ga) =$$
$$(s_a(\gamma) \circ \psi_a(x))(\gamma^{-1}(g)a) = s_a(\gamma)(\gamma^{-1}(g)xa) = g\gamma(x)a = \psi_a(\gamma(x))ga$$

d'où, ${}^\gamma x = \gamma(x)$.

La prop. 4 montre alors que A est isomorphe au produit semi-direct de $\Gamma = \mathrm{Aut}(G)$ par G^0 pour l'opération naturelle de Aut(G) sur G^0. On notera que l'isomorphisme que nous avons construit dépend en général du choix de l'élément $a \in E$.

2) *Soit A un anneau commutatif. Le groupe trigonal supérieur T(n, A) est produit semi-direct du sous-groupe diagonal D(n, A) par le sous-groupe trigonal strict supérieur $T_1(n, A)$.*

2. Commutateurs

DÉFINITION 3. — *Soient* G *un groupe*, x *et* y *deux éléments de* G. *On appelle* commutateur de x et y *l'élément* $x^{-1}y^{-1}xy$ *de* G.

On note (x, y) le commutateur de x et y. On a évidemment

$$(y, x) = (x, y)^{-1}.$$

Pour que x et y commutent, il faut et il suffit que $(x, y) = e$. Plus généralement, on a

$$xy = yx(x, y).$$

Posons d'autre part

(3) $$x^y = y^{-1}xy = x(x, y) = (y, x^{-1})x.$$

Comme l'application $x \mapsto x^y$ est l'automorphisme intérieur $\operatorname{Int}(y^{-1})$, on a $(x, y)^z = (x^z, y^z)$ quels que soient $x, y, z \in G$.

Démontrons, pour $x, y, z \in G$, les relations suivantes:

(4) $$(x, yz) = (x, z).(x, y)^z = (x, z).(z, (y, x)).(x, y)$$

(4 bis) $$(xy, z) = (x, z)^y.(y, z) = (x, z).((x, z), y).(y, z)$$

(5) $$(x^y, (y, z)).(y^z, (z, x)).(z^x, (x, y)) = e$$

(6) $$(x, yz).(z, xy).(y, zx) = e$$

(6 bis) $$(xy, z).(yz, x).(zx, y) = e.$$

En effet, on a $(x, yz) = x^{-1}z^{-1}y^{-1}xyz = (x, z)z^{-1}x^{-1}y^{-1}xyz = (x, z)(x, y)^z = (x, z)(z, (x, y)^{-1})(x, y)$ d'après (3), ce qui démontre (4). La formule (4 bis) se démontre de la même manière. D'autre part, on a

$$\begin{aligned}(x^y, (y, z)) &= (x^y)^{-1}(z, y)(x^y)(y, z)\\ &= y^{-1}x^{-1}yz^{-1}y^{-1}zyy^{-1}xyy^{-1}z^{-1}yz\\ &= (yzy^{-1}xy)^{-1}(zxz^{-1}yz).\end{aligned}$$

Posons alors $u = yzy^{-1}xy$, $v = zxz^{-1}yz$ et $w = xyx^{-1}zx$; on a

$$(x^y, (y, z)) = u^{-1}v.$$

Par permutation circulaire de x, y, z, on en déduit $(y^z, (z, x)) = v^{-1}w$ et $(z^x, (x, y)) = w^{-1}u$, ce qui entraîne aussitôt (5). Enfin, (6) se démontre en multipliant membre à membre les trois formules obtenues en permutant circulairement x, y, z dans la formule $(x, yz) = x^{-1}z^{-1}y^{-1}xyz = (yzx)^{-1}(xyz)$, et de même pour (6 bis).

Si A et B sont deux sous-groupes de G, on note (A, B) le *sous-groupe engendré* par les commutateurs (a, b) pour $a \in A$ et $b \in B$.[1] On a $(A, B) = \{e\}$ si et seulement si A centralise B. On a $(A, B) \subset A$ si et seulement si B normalise A. Si A et B sont distingués (resp. caractéristiques), il en est de même de (A, B).

PROPOSITION 5. — *Soient* A, B, C *trois sous-groupes de* G.

(i) *Le sous-groupe* A *normalise le sous-groupe* (A, B).

(ii) *Si le sous-groupe* (B, C) *normalise* A, *le sous-groupe* (A, (B, C)) *est engendré par les éléments* $(a, (b, c))$ *pour* $a \in A$, $b \in B$ *et* $c \in C$.

(iii) *Si* A, B *et* C *sont distingués, on a*

$$(A, (B, C)) \subset (C, (B, A)).(B, (C, A)).$$

D'après (4 bis), on a, pour a, a' dans A et $b \in B$,

$$(a, b)^{a'} = (aa', b).(a', b)^{-1}$$

[1] Nous nous écartons ici de la convention posée dans I, p. 2 pour la notation de l'extension aux parties d'une loi de composition.

d'où (i). Supposons maintenant que (B, C) normalise A. Pour $a \in A$, $b \in B$, $c \in C$ et $x \in G$, on a d'après (4)

$$(a, (b, c) . x) = (a, x) (x, ((b, c), a)) (a, (b, c))$$

et $((b, c), a) \in A$ puisque (B, C) normalise A, d'où par récurrence sur p le fait que $\left(a, \prod_{i=1}^{p} (b_i, c_i)\right)$, pour $b_i \in B$, $c_i \in C$, appartient au sous-groupe engendré par les éléments de la forme $(a, (b, c))$. Si enfin A, B et C sont distingués, il en est de même des sous-groupes (A, (B, C)), (C, (B, A)) et (B, (C, A)). Il suffit donc d'après (ii) de montrer que

$$(a, (b, c)) \in (C, (B, A)) . (B, (C, A))$$

quels que soient $a \in A$, $b \in B$ et $c \in C$. Or on a d'après (5), en posant $a^{b^{-1}} = u$,

$$(a, (b, c)) = (u^b, (b, c)) = (c^u, (u, b))^{-1} . (b^c, (c, u))^{-1}$$

d'où (iii).

Définition 4. — *Soit* G *un groupe. On appelle* groupe dérivé *de* G *le sous-groupe engendré par les commutateurs d'éléments de* G.

Le groupe dérivé de G est donc le sous-groupe (G, G). On le note aussi D(G). Par abus de langage, on l'appelle parfois le *groupe des commutateurs* de G, bien qu'il soit en général distinct de l'ensemble des commutateurs d'éléments de G (I, p. 137, exerc. 16). On a $D(G) = \{e\}$ si et seulement si G est commutatif.

Proposition 6. — *Soit* $f : G \to G'$ *un homomorphisme de groupes. On a*

$$f(D(G)) \subset D(G').$$

Si f est surjectif, l'homomorphisme de D(G) *dans* D(G') *restriction de f est surjectif.*

L'image par f d'un commutateur d'éléments de G est un commutateur d'éléments de G'. Si f est surjectif, l'image par f de l'ensemble des commutateurs de G est l'ensemble des commutateurs de G'. La proposition résulte donc de I, p. 32, cor. 3.

Corollaire 1. — *Le groupe dérivé d'un groupe* G *est un sous-groupe caractéristique de* G. *En particulier, c'est un sous-groupe distingué de* G.

Corollaire 2. — *Soit* G *un groupe. Le groupe quotient* G/D(G) *est commutatif. Soit* $\pi : G \to G/D(G)$ *l'homomorphisme canonique. Tout homomorphisme f de* G *dans un groupe commutatif* G' *se met de façon unique sous la forme* $f = \bar{f} \circ \pi$, *où* $\bar{f} : G/D(G) \to G'$ *est un homomorphisme.*

On a $\pi(D(G)) = \{e\}$. Comme π est surjectif, on en déduit $D(G/D(G)) = \{e\}$, d'où la première assertion. La seconde résulte de I, p. 35, prop. 5.

Corollaire 3. — *Soit* H *un sous-groupe de* G. *Les conditions suivantes sont équivalentes.*

(i) $H \supset D(G)$;

(ii) H *est un sous-groupe distingué et* G/H *est commutatif.*

On a (ii) $\Rightarrow$ (i) par le cor. 2 et (i) $\Rightarrow$ (ii) par I, p. 39, th. 4, tout sous-groupe d'un groupe commutatif étant distingué.

COROLLAIRE 4. — *Soient* G *un groupe et* X *une partie de* G *qui engendre* G. *Le groupe* D(G) *est le sous-groupe* distingué *de* G *engendré par les commutateurs d'éléments de* X.

Soient H le sous-groupe distingué de G engendré par les commutateurs d'éléments de X et $\varphi : G \to G/H$ l'homomorphisme canonique. L'ensemble $\varphi(X)$ engendre G/H. Les éléments de $\varphi(X)$ sont deux à deux permutables, donc H est commutatif (I, p. 32, cor. 2). Donc (cor. 3) H contient D(G). Par ailleurs on a évidemment $H \subset D(G)$.

Remarques. — 1) Le cor. 2 peut encore s'énoncer en disant que G/D(G), muni de π, est solution du problème d'application universelle pour G, relativement aux groupes commutatifs et aux homomorphismes de G dans les groupes commutatifs.

2) Sous les hypothèses du cor. 4, le sous-groupe engendré par les commutateurs d'éléments de X est contenu dans D(G), mais n'est pas en général égal à D(G) (cf. I, p. 137, exerc. 15c).

Exemples. — 1) Si G est un groupe simple non commutatif, on a $D(G) = G$. Par suite, tout homomorphisme de G dans un groupe commutatif est trivial.

2) Le groupe dérivé du groupe symétrique $\mathfrak{S}_n$ est le groupe alterné $\mathfrak{A}_n$. En effet, $\mathfrak{A}_n$ est engendré par les produits de deux transpositions; si $\tau = \tau_{x,y}$ et $\tau' = \tau_{x',y'}$ sont deux transpositions, soit σ une permutation telle que $\sigma(x') = x$ et $\sigma(y') = y$. On a $\tau' = \sigma^{-1}\tau\sigma$ et $\tau\tau' = \tau^{-1}\tau' = \tau^{-1}\sigma^{-1}\tau\sigma$ est un commutateur. Donc $\mathfrak{A}_n \subset D(\mathfrak{S}_n)$. Comme $\mathfrak{S}_n/\mathfrak{A}_n$ est commutatif, on a $\mathfrak{A}_n \supset D(\mathfrak{S}_n)$ (cor. 3).

3. Suite centrale descendante, groupes nilpotents

Soient G un groupe, H un sous-groupe de G et K un sous-groupe distingué de G. L'image de H dans G/K est contenue dans le centre de G/K si et seulement si $(G, H) \subset K$.

DÉFINITION 5. — *Soit* G *un groupe. On appelle* suite centrale descendante *de* G, *la suite* $(C^n(G))_{n\geqslant 1}$ *de sous-groupes de* G *définie par récurrence par*:

$$C^1(G) = G, \qquad C^{n+1}(G) = (G, C^n(G)).$$

Soit $f: G \to G'$ un homomorphisme de groupes. On voit, par récurrence sur n, que $f(C^n(G)) \subset C^n(G')$ et que si f est surjectif $f(C^n(G)) = C^n(G')$. En particulier, pour tout $n \geqslant 1$, $C^n(G)$ est un sous-groupe caractéristique (donc distingué) de G. Pour tout $n \geqslant 1$, $C^n(G)/C^{n+1}(G)$ est contenu dans le centre de $G/C^{n+1}(G)$.

Soit $(G_1, G_2, \ldots)$ une suite décroissante de sous-groupes distingués de G tels que 1) $G_1 = G$; 2) pour tout i, G_i/G_{i+1} est contenu dans le centre de G/G_{i+1}. Alors $C^i(G) \subset G_i$ comme on le voit par récurrence sur i.

On a:

$$(C^m(G), C^n(G)) \subset C^{m+n}(G). \tag{7}$$

En effet, si nous notons $(F_{m,n})$ cette formule, on déduit de $(F_{m,n})$, compte tenu de I, p. 66, prop. 5, (iii),

$$\begin{aligned}(C^m(G), C^{n+1}(G)) &\subset (G, (C^m(G), C^n(G))).(C^n(G), (G, C^m(G))) \\ &\subset C^{m+n+1}(G).(C^{m+1}(G), C^n(G)).\end{aligned}$$

Donc $((F_{m,n})$ et $(F_{m+1,n})) \Rightarrow (F_{m,n+1})$. Comme $(F_{m,1})$ et $(F_{1,n})$ sont évidentes, on obtient $(F_{m,n})$ par récurrence.

DÉFINITION 6. — *On dit qu'un groupe* G *est* nilpotent *s'il existe un entier n tel que* $C^{n+1}(G) = \{e\}$. *On appelle* classe de nilpotence *d'un groupe nilpotent* G *le plus petit entier n tel que* $C^{n+1}(G) = \{e\}$.

Si $n \in \mathbf{N}$, un groupe de classe de nilpotence n est appelé *groupe nilpotent de classe n*. On dit parfois que la classe de nilpotence d'un groupe G est finie si G est nilpotent.

Exemples. — 1) Un groupe est nilpotent de classe 0 (resp. $\leqslant 1$) si et seulement s'il est réduit à l'élément neutre (resp. est commutatif).

2) *Pour tout anneau commutatif A et tout entier $n \geqslant 1$, le groupe trigonal strict supérieur $T_1(n, A)$ est nilpotent de classe $\leqslant n-1$ (et même de classe $n-1$ si $A \neq \{0\}$).*

3) Soit G un groupe nilpotent de classe n. Tout sous-groupe (resp. tout groupe quotient) de G est nilpotent de classe $\leqslant n$. En effet, si H est un sous-groupe de G, on a $C^n(H) \subset C^n(G)$. Si G′ est un groupe quotient de G et $\pi : G \to G'$ l'homomorphisme canonique, on a $C^n(G') = \pi(C^n(G))$.

4) Un produit fini de groupes nilpotents est nilpotent.

PROPOSITION 7. — *Soient* G *un groupe et n un entier. Les conditions suivantes sont équivalentes :*

a) G *est nilpotent de classe* $\leqslant n$.

b) *Il existe une suite de sous-groupes de* G *:*

$$G = G^1 \supset G^2 \supset \dots \supset G^{n+1} = \{e\}$$

telle que $(G, G^k) \subset G^{k+1}$ *pour tout* $k \in [1, n]$.

c) *Il existe un sous-groupe* A *de* G *contenu dans le centre de* G, *tel que* G/A *soit nilpotent de classe* $\leqslant n-1$.

a) ⇒ b) : il suffit de prendre $G^k = C^k(G)$.

b) ⇒ a) : on a, par récurrence sur k, $C^k(G) \subset G^k$.

a) ⇒ c) : il suffit de prendre $A = C^n(G)$.

c) ⇒ a) : soit $\pi : G \to G/A$ l'homomorphisme canonique ; on a $\pi(C^n(G)) = C^n(G/A) = \{e\}$, donc $C^n(G) \subset A$, d'où $C^{n+1}(G) = \{e\}$.

En termes plus brefs : un groupe est nilpotent de classe $\leqslant n$ s'il s'obtient par n extensions *centrales* successives à partir du groupe $\{e\}$.

COROLLAIRE. — *Une extension centrale d'un groupe nilpotent (par un groupe nécessairement commutatif) est nilpotent.*

PROPOSITION 8. — *Soit* G *un groupe nilpotent de classe* $\leqslant n$, *et soit* H *un sous-groupe de* G. *Il existe une suite de sous-groupes*

$$G = H^1 \supset H^2 \supset \ldots \supset H^{n+1} = H,$$

telle que H^{k+1} *soit distingué dans* H^k *et* H^k/H^{k+1} *commutatif pour tout* $k \leqslant n$.

On choisit une suite (G^k) de sous-groupes de G vérifiant les conditions de la prop. 7 b) (I, p. 69); pour tout k, G^k est distingué dans G. On pose:

$$H^k = H.G^k.$$

Il faut voir que H^{k+1} est normalisé par $H^k = H.G^k$; comme il l'est par H, il suffit de voir qu'il l'est par G^k. Or, si $s \in G^k$ et $h \in H$, on a

$$shs^{-1} = shs^{-1}h^{-1}.h \in (G, G^k).H$$

et $(G, G^k).H$ est contenu dans $G^{k+1}.H = H^{k+1}$; d'où $s.H^{k+1}.s^{-1} = H^{k+1}$, ce qui montre bien que H^{k+1} est distingué dans H^k.

Enfin, l'homomorphisme canonique $G^k/G^{k+1} \to H^k/H^{k+1}$ est évidemment surjectif; comme le premier groupe est commutatif, le second l'est aussi.

COROLLAIRE 1. — *Soient* G *un groupe nilpotent et* H *un sous-groupe de* G. *Si* H *est distinct de* G, *le normalisateur* $N_G(H)$ *de* H *dans* G *est distinct de* H.

Soit k le plus grand indice tel que $H^k \neq H$. Le groupe H^k normalise H, et est distinct de H.

COROLLAIRE 2. — *Soient* G *un groupe nilpotent et* H *un sous-groupe de* G. *Si* H *est distinct de* G, *il existe un sous-groupe distingué* N *de* G, *contenant* H, *distinct de* G, *et tel que* G/N *soit commutatif*.

Soit k le plus petit indice tel que $H^k \neq G$. Le groupe H^k répond à la question.

COROLLAIRE 3. — *Soient* G *un groupe nilpotent et* H *un sous-groupe de* G. *Si* $G = H.(G, G)$, *on a* $G = H$.

En effet, tout sous-groupe N de G qui contient H et tel que G/N soit commutatif contient H.(G, G). Le cor. 3 résulte donc du cor. 2.

Le cor. 3 peut encore se formuler ainsi: soit X une partie de G. Pour que X engendre G, il faut et il suffit que l'image de X dans G/D(G) engendre G/D(G).

COROLLAIRE 4. — *Soit* $f : G' \to G$ *un homomorphisme de groupes. Supposons que*:

a) G *est nilpotent*.

b) *L'homomorphisme* $f_1 : G'/(G', G') \to G/(G, G)$, *déduit de* f *par passage au quotient, est surjectif*.

Alors f *est surjectif*.

Cela résulte du cor. 3 appliqué au sous-groupe $H = f(G')$.

PROPOSITION 9. — *Soit* G *un groupe nilpotent de classe* $\leqslant n$, *et soit* N *un sous-groupe distingué de* G. *Il existe une suite de sous-groupes*

$$N = N^1 \supset N^2 \supset \ldots \supset N^{n+1} = \{e\}$$

telle que $(G, N^k) \subset N^{k+1}$ *pour* $k = 1, \ldots, n$.

Si (G^k) vérifie la condition b) de la prop. 7 (I, p. 69), on prend

$$N^k = G^k \cap N.$$

COROLLAIRE 1. — *Soient* G *un groupe nilpotent,* Z *le centre de* G, *et* N *un sous-groupe distingué de* G. *Si* $N \neq \{e\}$, *on a* $N \cap Z \neq \{e\}$.

Soit k le plus grand indice tel que $N^k \neq \{e\}$. Le groupe N^k est contenu dans N. D'autre part, $(G, N^k) \subset N^{k+1} = \{e\}$; donc N^k est contenu dans le centre Z de G.

COROLLAIRE 2. — *Soit* f *un homomorphisme d'un groupe nilpotent* G *dans un groupe* G'. *Si la restriction de* f *au centre de* G *est injective,* f *est injectif.*

C'est le cor. 1 appliqué à $\mathrm{Ker}(f)$.

4. Suite dérivée, groupes résolubles

DÉFINITION 7. — *Soit* G *un groupe. On appelle* suite dérivée *de* G *la suite* $(D^n(G))_{n \in \mathbf{N}}$ *définie par récurrence par :*

$$D^0(G) = G; \qquad D^{n+1}(G) = D(D^n(G)) \qquad \textit{pour } n \in \mathbf{N}.$$

On a $D^0(G) = C^1(G) = G$, $D^1(G) = C^2(G) = D(G) = (G, G)$. Pour tout $n \in \mathbf{N}$, on a $D^n(G) \subset C^{2^n}(G)$, comme on le voit par récurrence sur n en utilisant la formule (7) de I, p. 68.

Soit $f : G \to G'$ un homomorphisme de groupes. On voit, par récurrence sur n, que $f(D^n(G)) \subset D^n(G')$, et que si f est surjectif, $f(D^n(G)) = D^n(G')$. En particulier, pour tout $n \in \mathbf{N}$, $D^n(G)$ est un sous-groupe caractéristique (donc distingué) de G. Pour tout $n \in \mathbf{N}$, le groupe $D^n(G)/D^{n+1}(G)$ est un sous-groupe distingué commutatif (mais en général non central) de $G/D^{n+1}(G)$.

Soit $(G_0, G_1, \ldots)$ une suite décroissante de sous-groupes de G tels que: 1) $G_0 = G$; 2) pour tout i, G_{i+1} est distingué dans G_i et G_i/G_{i+1} est commutatif. Alors $D^i(G) \subset G_i$ pour tout i, comme on le voit par récurrence sur i.

DÉFINITION 8. — *On dit qu'un groupe* G *est* résoluble *s'il existe un entier* n *tel que* $D^n(G) = \{e\}$. *Si* G *est un groupe résoluble, le plus petit entier* n *tel que* $D^n(G) = \{e\}$ *est appelé la* classe de résolubilité *de* G.

Un groupe résoluble de classe de résolubilité n est appelé un *groupe résoluble de classe* n. On dit parfois qu'un groupe est de classe de résolubilité finie s'il est résoluble.

Exemples. — 1) Un groupe est résoluble de classe 0 (resp. $\leqslant 1$) si et seulement s'il est réduit à e (resp. est commutatif).

2) Tout groupe nilpotent de classe $\leqslant 2^n - 1$ est résoluble de classe $\leqslant n$; cela résulte de la formule $D^n(G) \subset C^{2^n}(G)$ démontrée plus haut.

3) Soit G un groupe résoluble de classe $\leqslant n$. Tout sous-groupe (resp. groupe quotient) de G est résoluble de classe $\leqslant n$ (démonstration analogue à celle de I, p. 69, *Exemple* 3).

4) Si G est un groupe résoluble de classe p et F un groupe résoluble de classe q, toute extension E de G par F est un groupe résoluble de classe $\leqslant p + q$. En effet, soit $\pi : E \to G$ la projection; on a $\pi(D^p(E)) \subset D^p(G) = \{e\}$ et par suite $D^p(E) \subset F$; on en déduit que $D^{p+q}(E) = D^q(D^p(E)) \subset D^q(F) = \{e\}$.

5) Le groupe symétrique $\mathfrak{S}_n$ est résoluble si et seulement si $n < 5$ (cf. I, p. 130, exerc. 10 et p. 131, exerc. 16).

6) *Si A est un anneau commutatif, le groupe trigonal supérieur $T(n, A)$ est résoluble mais non nilpotent en général.*

PROPOSITION 10. — *Soit* G *un groupe et soit* n *un entier. Les conditions suivantes sont équivalentes :*

(i) G *est résoluble de classe* $\leqslant n$.

(ii) *Il existe une suite de sous-groupes distingués de* G

$$G = G^0 \supset G^1 \supset \cdots \supset G^n = \{e\}$$

telle que les groupes G^k/G^{k+1} *soient commutatifs.*

(iii) *Il existe une suite de sous-groupes de* G

$$G = G^0 \supset G^1 \supset \cdots \supset G^n = \{e\}$$

telle que, pour tout k, G^{k+1} *soit un sous-groupe distingué de* G^k, *et que* G^k/G^{k+1} *soit commutatif.*

(iv) *Il existe un sous-groupe commutatif distingué* A *de* G *tel que* G/A *soit résoluble de classe* $\leqslant n - 1$.

On a (i) ⇒ (ii): il suffit de prendre G^k égal à $D^k(G)$. On a trivialement (ii) ⇒ (iii). On a (iii) ⇒ (i) car $D^k(G)$ est nécessairement contenu dans G^k. L'équivalence de (ii) et (iv) est immédiate par récurrence sur n.

En termes plus brefs: un groupe est résoluble de classe $\leqslant n$ s'il s'obtient par extensions successives de n groupes commutatifs.

COROLLAIRE. — *Soient* G *un groupe fini et*

$$G = G^0 \supset G^1 \supset \cdots \supset G^n = \{e\}$$

une suite de Jordan-Hölder de G. *Pour que* G *soit résoluble, il faut et il suffit que les quotients* G^k/G^{k+1} *soient cycliques d'ordre premier.*

En effet, si les quotients d'une suite de composition de G sont cycliques, donc commutatifs, G est résoluble d'après la prop. 10. Réciproquement, si G est résoluble, le groupe G^k/G^{k+1} est, pour tout k, résoluble et simple (I, p. 41, prop. 9). Or, tout groupe simple résoluble H est cyclique d'ordre premier. En effet, D(H) est un sous-groupe distingué de H; on ne peut avoir D(H) = H car on aurait alors $D^k(H) = H$ pour tout k; on a donc $D(H) = \{e\}$, et H est commutatif. Le corollaire résulte alors de I, p. 48, corollaire de la prop. 20.

5. p-groupes

Dans ce numéro et le suivant, la lettre p *désigne un nombre premier* (I, p. 48, déf. 16).

DÉFINITION 9. — *On appelle* p-groupe *un groupe fini dont l'ordre est une puissance de* p.

Soient G un p-groupe, p^r son ordre. Tout diviseur de p^r est une puissance de p (I, p. 49, corollaire). Par suite, tout sous-groupe ou tout groupe quotient de G est un p-groupe (I, p. 34, corollaire); le cardinal de tout espace homogène sous G est une puissance de p (I, p. 57, th. 1).

Une extension d'un p-groupe par un p-groupe est un p-groupe.

* *Exemples.* — 1) Un p-groupe commutatif est isomorphe à un produit de groupes cycliques $\mathbf{Z}/p^n\mathbf{Z}$ (cf. I, p. 138, exerc. 19, ainsi que VII, § 4, n° 7, prop. 7).

2) Soit k un corps fini de caractéristique p. Le groupe trigonal strict $T_1(n, k)$ est un p-groupe.

3) Le groupe quaternionien $\{\pm 1, \pm i, \pm j, \pm k\}$ est un 2-groupe (cf. I, p. 134, exerc. 4). *

PROPOSITION 11. — *Soient* E *un ensemble fini et* G *un p-groupe opérant sur* E. *Notons* E^G *l'ensemble des* $x \in E$ *tels que* $gx = x$ *pour tout* $g \in G$ (points fixes). *On a*

$$\mathrm{Card}(E^G) \equiv \mathrm{Card}(E) \pmod{p}.$$

En effet, $E - E^G$ est réunion disjointe d'orbites non réduites à un point. Le cardinal d'une telle orbite est une puissance de p différente de $p^0 = 1$, donc est un multiple de p.

COROLLAIRE. — *Soit* G *un p-groupe. Si* G *n'est pas réduit à* e, *son centre n'est pas réduit à* e.

Faisons opérer G sur lui-même par automorphismes intérieurs. L'ensemble des points fixes est le centre Z de G. D'après la prop. 11, on a

$$\mathrm{Card}(Z) \equiv \mathrm{Card}(G) \equiv 0 \pmod{p},$$

d'où $\mathrm{Card}(Z) \neq 1$ et $Z \neq \{e\}$.

THÉORÈME 1. — *Soient* G *un p-groupe,* p^r *son ordre. Il existe une suite de sous-groupes de* G

$$G = G^1 \supset G^2 \supset \dots \supset G^{r+1} = \{e\},$$

telle que $(G, G^k) \subset G^{k+1}$, *pour* $1 \leqslant k \leqslant r$, *et que* G^k/G^{k+1}, *pour* $1 \leqslant k \leqslant r$, *soit cyclique d'ordre* p.

Le théorème est vrai pour $G = \{e\}$. Démontrons-le par récurrence sur Card(G). Soient Z le centre de G, $x \neq e$ un élément de Z (cor. de la prop. 11) et p^s, avec $s \neq 0$, l'ordre de x. Alors $x^{p^{s-1}}$ est un élément d'ordre p et par suite Z contient un sous-groupe G^r cyclique d'ordre p. Par l'hypothèse de récurrence, le groupe $G' = G/G^r$ possède une suite de sous-groupes $(G'^k)_{1 \leqslant k \leqslant r}$ ayant les propriétés demandées. Soit $\pi : G \to G'$ l'homomorphisme canonique. La suite de sous-groupes de G définie par $G^k = \pi^{-1}(G'^k)$ pour $1 \leqslant k \leqslant r$, $G^{r+1} = \{e\}$, répond à la question, car G^k/G^{k+1} est isomorphe à G'^k/G'^{k+1} pour $1 \leqslant k < r$ (I, p. 39, th. 4).

COROLLAIRE. — *Tout p-groupe est nilpotent.*

Ceci résulte de I, p. 69, prop. 7.

PROPOSITION 12. — *Soit* G *un p-groupe et soit* H *un sous-groupe de* G *distinct de* G. *Alors*:

a) *Le normalisateur* $N_G(H)$ *de* H *dans* G *est distinct de* G.

b) *Il existe un sous-groupe distingué* N *de* G, *d'indice* p *dans* G, *qui contient* H.

L'assertion a) résulte de I, p. 70, cor. 1. Démontrons b). D'après I, p. 70, cor. 2, il existe un sous-groupe distingué N' de G contenant H, distinct de G et tel que G/N' soit commutatif. Soit N un sous-groupe distinct de G contenant N' et maximal. Alors N est distingué (I, p. 67, cor. 3) et G/N est un p-groupe commutatif simple, donc cyclique d'ordre p (I, p. 48, corollaire).

Corollaire. — *Soit* G *un p-groupe. Tout sous-groupe d'indice p de* G *est distingué.*

6. Sous-groupes de Sylow

Définition 10. — *Soit* G *un groupe fini. On appelle p-sous-groupe de Sylow de* G *tout sous-groupe* P *de* G *vérifiant les deux conditions suivantes*:

a) P *est un p-groupe*;

b) (G : P) *n'est pas un multiple de p.*

Si l'on écrit l'ordre de G sous la forme $p^r m$, où m n'est pas un multiple de p, les conditions a) et b) sont équivalentes à $\mathrm{Card}(P) = p^r$.

Exemples. — 1) Dans le groupe $\mathfrak{S}_p$, soit ζ un cycle d'ordre p. Le sous-groupe engendré par ζ est un p-sous-groupe de Sylow de $\mathfrak{S}_p$ car p ne divise pas $(p - 1)!$.

2) *Soit k un corps fini de caractéristique p, et soit n un entier positif. Le groupe trigonal strict $T_1(n, k)$ est un p-sous-groupe de Sylow du groupe $\mathbf{GL}(n, k)$.*

Théorème 2. — *Tout groupe fini contient un p-sous-groupe de Sylow.*

La démonstration s'appuie sur le lemme suivant.

Lemme. — *Soit $n = p^r m$ où m est un entier non multiple de p. On a*

$$\binom{n}{p^r} \not\equiv 0 \pmod{p}.$$

Soient S un groupe d'ordre p^r (par exemple $\mathbf{Z}/p^r\mathbf{Z}$) et T un ensemble à m éléments. Posons $X = S \times T$ et soit E l'ensemble des parties de X ayant p^r éléments. On a $\mathrm{Card}(X) = n$ d'où $\mathrm{Card}(E) = \binom{n}{p^r}$ (E, III, p. 42, cor. 1). Faisons opérer S sur X par $s.(x, y) = (sx, y)$ (s, x dans S, $y \in T$), et considérons l'extension canonique de cette opération à E. Avec les notations de I, p. 73, prop. 11, l'ensemble E^S est l'ensemble des orbites de X, c'est-à-dire l'ensemble des parties $Y \subset X$ de la forme $S \times \{t\}$, $t \in T$, d'où $\mathrm{Card}(E^S) = m$. D'après I, p. 73, prop. 11, on a

$$\binom{n}{p^r} = \mathrm{Card}(E) \equiv \mathrm{Card}(E^S) = m \not\equiv 0 \pmod{p},$$

ce qui démontre le lemme.

Démontrons maintenant le théorème. Soit G un groupe fini, n son ordre;

écrivons $n = p^r m$ où m n'est pas multiple de p. Soit E l'ensemble des parties à p^r éléments de G. On a

$$\mathrm{Card}(\mathrm{E}) = \binom{n}{p^r};$$

d'où, en vertu du lemme, Card(E) $\not\equiv 0$ (mod. p). Considérons l'extension à E de l'opération de G sur lui-même par translations à gauche. Il existe $\mathrm{X} \in \mathrm{E}$ dont l'orbite a un cardinal non nul mod. p. Si $\mathrm{H_X}$ désigne le stabilisateur de X, on a donc $(\mathrm{G}:\mathrm{H_X}) \not\equiv 0$ mod. p, ce qui signifie que p^r divise $\mathrm{Card}(\mathrm{H_X})$. Mais $\mathrm{H_X}$ est formé des $s \in \mathrm{G}$ tels que $s\mathrm{X} = \mathrm{X}$; si $x \in \mathrm{X}$, on a donc $\mathrm{H_X} \subset \mathrm{X}.x^{-1}$, d'où $\mathrm{Card}(\mathrm{H_X}) \leqslant \mathrm{Card}(\mathrm{X}) = p^r$. On a donc $\mathrm{Card}(\mathrm{H_X}) = p^r$.

COROLLAIRE. — *Si l'ordre de* G *est divisible par* p, *le groupe* G *contient un élément d'ordre* p.

Grâce au th. 2, on se ramène au cas où G est un p-groupe $\neq \{e\}$; si $x \in \mathrm{G}$ est différent de e, le groupe cyclique engendré par x est alors d'ordre p^n avec $n \geqslant 1$ et il contient donc un sous-groupe d'ordre p.

Remarque. — Pour tout nombre premier q divisant Card(G), soit P_q un q-sous-groupe de Sylow de G. Alors le sous-groupe H de G engendré par les P_q est d'ordre multiple de $\mathrm{Card}(\mathrm{P}_q)$ pour chaque q et d'ordre divisant Card(G), donc est égal à G.

THÉORÈME 3. — *Soit* G *un groupe fini.*

a) *Les* p*-sous-groupes de Sylow de* G *sont conjugués entre eux. Leur nombre est congru à* 1 mod. p.

b) *Tout sous-groupe de* G *qui est un* p*-groupe est contenu dans un* p*-sous-groupe de Sylow.*

Soit P un p-sous-groupe de Sylow de G (I, p. 74, th. 2), et soit H un p-sous-groupe de G. Soit E = G/P, et considérons l'opération de H sur G/P. Comme Card(E) $\not\equiv 0$ mod. p, la prop. 11 de I, p. 73, montre qu'il existe $x \in \mathrm{G/P}$ tel que $hx = x$ pour tout $h \in \mathrm{H}$. Si g est un représentant de x dans G, cela signifie que $\mathrm{H} \subset g\mathrm{P}g^{-1}$, d'où l'assertion b).

Si H est un p-sous-groupe de Sylow, on a $\mathrm{Card}(\mathrm{H}) = \mathrm{Card}(\mathrm{P}) = \mathrm{Card}(g\mathrm{P}g^{-1})$, d'où $\mathrm{H} = g\mathrm{P}g^{-1}$, ce qui prouve la première assertion de a).

Démontrons la seconde assertion de a). Soit $\mathscr{S}$ l'ensemble des p-sous-groupes de Sylow de G, et faisons opérer P sur $\mathscr{S}$ par automorphismes intérieurs. L'élément $\mathrm{P} \in \mathscr{S}$ est point fixe pour cette opération; montrons que c'est le seul. Soit $\mathrm{Q} \in \mathscr{S}$ un point fixe; Q est un sous-groupe de Sylow de G normalisé par P, donc P est contenu dans le normalisateur N de Q. Les groupes P et Q sont des p-sous-groupes de Sylow de N; il existe donc $n \in \mathrm{N}$ tel que $\mathrm{P} = n\mathrm{Q}n^{-1} = \mathrm{Q}$. D'après I, p. 73, prop. 11, on a $\mathrm{Card}(\mathscr{S}) \equiv \mathrm{Card}(\mathscr{S}^{\mathrm{P}}) = 1$ (mod. p).

COROLLAIRE 1. — *Soit* P *un* p*-sous-groupe de Sylow de* G, *soit* N *son normalisateur dans* G, *et soit* M *un sous-groupe de* G *contenant* N. *Le normalisateur de* M *dans* G *est égal à* M.

Soit $s \in G$ tel que $sMs^{-1} = M$. Le sous-groupe sPs^{-1} de M est un p-sous-groupe de Sylow de M. Il existe donc $t \in M$ tel que $sPs^{-1} = tPt^{-1}$; on a alors $t^{-1}s \in N$, d'où $s \in tN \subset M$.

Corollaire 2. — *Soit* $f\colon G_1 \to G_2$ *un homomorphisme de groupes finis. Pour tout* p-*sous-groupe de Sylow* P_1 *de* G_1, *il existe un* p-*sous-groupe de Sylow* P_2 *de* G_2 *tel que* $f(P_1) \subset P_2$.

Cela résulte du th. 3, b), appliqué au sous-groupe $f(P_1)$ de G_2.

Corollaire 3. — a) *Soit* H *un sous-groupe de* G. *Pour tout* p-*sous-groupe de Sylow* P *de* H, *il existe un* p-*sous-groupe de Sylow* Q *de* G *tel que* $P = Q \cap H$.

b) *Réciproquement, si* Q *est un* p-*sous-groupe de Sylow de* G, *et si* H *est distingué dans* G, *le groupe* $Q \cap H$ *est un* p-*sous-groupe de Sylow de* H.

a) Le p-groupe P est contenu dans un p-sous-groupe de Sylow Q de G, et $Q \cap H$ est un p-sous-groupe de H contenant P, donc égal à P.

b) Soit P′ un p-sous-groupe de Sylow de H. Il existe un élément $g \in G$ tel que $gP'g^{-1} \subset Q$. Comme H est distingué, $P = gP'g^{-1}$ est contenu dans H, donc dans $Q \cap H$. Comme $Q \cap H$ est un p-sous-groupe de H et P un p-sous-groupe de Sylow de H, on a $P = Q \cap H$.

Corollaire 4. — *Soit* N *un sous-groupe distingué de* G. *L'image dans* G/N *d'un* p-*sous-groupe de Sylow de* G *est un* p-*sous-groupe de Sylow de* G/N, *et tout* p-*sous-groupe de Sylow de* G/N *s'obtient de cette façon.*

Soient $G' = G/N$ et P′ l'image dans G′ d'un p-sous-groupe de Sylow P de G. Le groupe G opère transitivement sur G′/P′, donc G′/P′ est équipotent à G/S, où S est un sous-groupe de G contenant P. Par suite $(G' : P')$ divise $(G : P)$, donc n'est pas multiple de p, et le p-groupe P′ est un p-sous-groupe de Sylow de G′. Soit Q′ un autre p-sous-groupe de Sylow de G′; on a $Q' = g'Pg'^{-1}$ pour un $g' \in G'$; si $g \in G$ est un représentant de g', le groupe Q′ est l'image de $Q = gPg^{-1}$.

7. Groupes nilpotents finis

Théorème 4. — *Soit* G *un groupe fini. Les conditions suivantes sont équivalentes :*

a) G *est nilpotent.*

b) G *est un produit de* p-*groupes.*

c) *Pour tout nombre premier* p, *il existe un* p-*sous-groupe de Sylow de* G *distingué.*

On a b) ⇒ a) (I, p. 73, cor. du th. 1).

Supposons a) vérifiée, et soit P un p-sous-groupe de Sylow de G. Si N est le normalisateur de P dans G, le cor. 1 de I, p. 75 montre que N est son propre normalisateur. D'après le cor. 1 de I, p. 70, cela montre que N = G. Donc a) ⇒ c).

Supposons c) vérifiée, et soit I l'ensemble des nombres premiers divisant Card(G). Pour tout $p \in I$, soit P_p un p-sous-groupe de Sylow de G distingué dans

G. Pour tout $p \neq q$, $P_p \cap P_q$ est réduit à e, car c'est à la fois un p-groupe et un q-groupe, donc P_p et P_q se centralisent mutuellement (I, p. 46, prop. 15). Soit φ l'homomorphisme canonique (I, p. 45, prop. 12) de $\prod_{p \in I} P_p$ dans G. L'homomorphisme φ est surjectif d'après la *Remarque* de I, p. 75. Comme $\mathrm{Card}\left(\prod_{p \in I} P_p\right) = \mathrm{Card}(G)$, il en résulte que φ est bijectif.

Remarques. — 1) Soit G un groupe fini et soit p un nombre premier. D'après I, p. 75, th. 3, a), et I, p. 74, th. 2, les conditions suivantes sont équivalentes:
(i) il existe un p-sous-groupe de Sylow de G distingué;
(ii) tout p-sous-groupe de Sylow de G est distingué;
(iii) il existe un seul p-sous-groupe de Sylow de G.

2) Soit G un groupe fini nilpotent. Soit I l'ensemble des diviseurs premiers de Card G. D'après le th. 4 et la *Remarque* 1, on a $G = \prod_{p \in I} G_p$, où G_p est l'unique p-groupe de Sylow de G.

3) Appliqué aux groupes commutatifs, le th. 4 donne la décomposition en produit de composantes primaires des groupes finis commutatifs, qui sera étudiée d'un autre point de vue au chap. VII.

Exemple. — Le groupe $\mathfrak{S}_3$ est d'ordre 6. Il contient un 3-sous-groupe de Sylow distingué d'ordre 3: le groupe $\mathfrak{A}_3$. Il contient trois 2-sous-groupes de Sylow d'ordre 2: les groupes $\{e, \tau\}$, où τ est une transposition. Le groupe $\mathfrak{S}_3$ n'est donc pas nilpotent.

§ 7. MONOÏDES LIBRES, GROUPES LIBRES

Dans tout ce paragraphe, on note X *un ensemble. Sauf mention expresse du contraire, l'élément neutre d'un monoïde se note e.*

1. Magmas libres

On définit par récurrence sur l'entier $n \geqslant 1$ une suite d'ensembles $M_n(X)$ comme suit: on pose $M_1(X) = X$; pour $n \geqslant 2$, $M_n(X)$ est l'ensemble somme des ensembles $M_p(X) \times M_{n-p}(X)$ pour $1 \leqslant p \leqslant n-1$. L'ensemble somme de la famille $(M_n(X))_{n \geqslant 1}$ est noté $M(X)$; on identifie chacun des ensembles $M_n(X)$ à son image canonique dans $M(X)$. Pour tout élément w de $M(X)$, il existe un unique entier n tel que $w \in M_n(X)$; on l'appelle la *longueur* de w et on le note $l(w)$. L'ensemble X se compose des éléments de longueur 1 dans $M(X)$.

Soient w et w' dans $M(X)$; posons $p = l(w)$ et $q = l(w')$. L'image de (w, w') par l'injection canonique de $M_p(X) \times M_q(X)$ dans l'ensemble somme $M_{p+q}(X)$ s'appelle le *composé* de w et w' et se note ww' ou $w.w'$. On a donc $l(w.w') = l(w) + l(w')$ et tout élément de $M(X)$ de longueur $\geqslant 2$ s'écrit de manière unique sous la forme $w'w''$ avec w', w'' dans $M(X)$.

On appelle *magma libre construit sur* X l'ensemble $M(X)$ muni de la loi de composition $(w, w') \mapsto w.w'$ (I, p. 1, déf. 1).

PROPOSITION 1. — *Soit* M *un magma. Toute application* f *de* X *dans* M *se prolonge de manière unique en un morphisme de* M(X) *dans* M.

Par récurrence sur $n \geqslant 1$, on définit des applications $f_n : M_n(X) \to M$ comme suit: on pose $f_1 = f$; pour $n \geqslant 2$, l'application f_n est définie par $f_n(w.w') = f_p(w).f_{n-p}(w')$ pour $p = 1, 2, \ldots, n-1$ et (w, w') dans $M_p(X) \times M_{n-p}(X)$. Soit g l'application de M(X) dans M dont la restriction à $M_n(X)$ est f_n pour tout entier $n \geqslant 1$. Il est clair que g est l'unique morphisme de M(X) dans M qui prolonge f.

Soit u une application de X dans un ensemble Y. D'après la prop. 1, il existe un homomorphisme et un seul de M(X) dans M(Y) qui coïncide avec u sur X. On le notera M(u). Si v est une application de Y dans un ensemble Z, l'homomorphisme $M(v) \circ M(u)$ de M(X) dans M(Z) coïncide avec $v \circ u$ sur X, d'où

$$M(v) \circ M(u) = M(v \circ u).$$

PROPOSITION 2. — *Soit* $u : X \to Y$ *une application. Si* u *est injective* (resp. *surjective, bijective*), *il en est de même de* M(u).

Supposons u injective. Lorsque X est vide, M(X) est vide, donc M(u) est injective. Si X est non vide, il existe une application v de Y dans X telle que $v \circ u$ soit l'application identique de X (E, II, p. 18, prop. 8); l'application $M(v) \circ M(u) = M(v \circ u)$ est l'application identique de M(X), donc M(u) est injective.

Lorsque u est surjective, il existe une application w de Y dans X telle que $u \circ w$ soit l'application identique de Y (E, II, p. 18, prop. 8). Alors $M(u) \circ M(w) = M(u \circ w)$ est l'application identique de M(Y), donc M(u) est surjective.

Enfin, si u est bijective, elle est injective et surjective, donc M(u) a les mêmes propriétés.

Soit S une partie de X. D'après la prop. 2, l'injection de S dans X se prolonge en un isomorphisme de M(S) sur un sous-magma M′(S) de M(X). On identifiera les magmas M(S) et M′(S) au moyen de cet isomorphisme. Alors M(S) est le sous-magma de M(X) engendré par S.

Soient X un ensemble, et $(u_\alpha, v_\alpha)_{\alpha \in I}$ une famille de couples d'éléments de M(X). Soit R la relation d'équivalence sur M(X) compatible avec la loi de M(X) et engendrée par les (u_α, v_α) (I, p. 12). Le magma M(X)/R s'appelle le *magma défini par* X *et les relateurs* $(u_\alpha, v_\alpha)_{\alpha \in I}$. Soit h le morphisme canonique de M(X) sur M(X)/R. Alors M(X)/R est engendré par h(X).

Soient N un magma, et $(n_x)_{x \in X}$ une famille d'éléments de N. Soit k le morphisme de M(X) dans N tel que $k(x) = n_x$ pour tout $x \in X$ (prop. 1). Si $k(u_\alpha) = k(v_\alpha)$ pour tout $\alpha \in I$, il existe un morphisme $f : M(X)/R \to N$ et un seul tel que $f(h(x)) = n_x$ pour tout $x \in X$ (I, p. 12, prop. 9).

2. Monoïdes libres

On appelle *mot* construit sur X toute suite finie $w = (x_i)_{1 \leqslant i \leqslant n}$ d'éléments de X indexée par un intervalle $(1, n)$ de **N** (éventuellement vide). L'entier n s'appelle la *longueur* du mot w est se note $l(w)$. Il y a un unique mot de longueur 0, à savoir la suite vide e. On identifiera X à l'ensemble des mots de longueur 1.

Soient $w = (x_i)_{1 \leqslant i \leqslant m}$ et $w' = (x'_j)_{1 \leqslant j \leqslant n}$ deux mots. On appelle *composé* de w et w' le mot $u = (y_k)_{1 \leqslant k \leqslant m+n}$ défini par

$$(1) \qquad y_k = \begin{cases} x_k & \text{pour } 1 \leqslant k \leqslant m \\ x'_{k-m} & \text{pour } m+1 \leqslant k \leqslant m+n. \end{cases}$$

Autrement dit, la suite w'' s'obtient en écrivant d'abord les éléments de la suite w et ensuite ceux de w'. Le composé de w et w' se note en général ww' ou $w.w'$; on dit parfois qu'il s'obtient par *juxtaposition* de w et w'. On a par construction $l(w.w') = l(w) + l(w')$.

On établit immédiatement la relation $we = ew = w$ pour tout mot w. Soient $w = (x_i)_{1 \leqslant i \leqslant m}$, $w' = (x'_j)_{1 \leqslant j \leqslant n}$ et $w'' = (x''_k)_{1 \leqslant k \leqslant p}$ trois mots; il est clair que les mots $w(w'w'')$ et $(ww')w''$ sont tous deux égaux au mot $(y_l)_{1 \leqslant l \leqslant m+n+p}$ défini par

$$(2) \qquad y_l = \begin{cases} x_l & \text{si } 1 \leqslant l \leqslant m \\ x'_{l-m} & \text{si } m+1 \leqslant l \leqslant m+n \\ x''_{l-m-n} & \text{si } m+n+1 \leqslant l \leqslant m+n+p. \end{cases}$$

Ce qui précède montre que l'ensemble des mots construits sur X, muni de la loi de composition $(w, w') \mapsto w.w'$, est un monoïde d'élément neutre e. On le note Mo(X) et on l'appelle le *monoïde libre construit sur* X. Il résulte immédiatement de la définition du produit de mots que tout mot $w = (x_i)_{1 \leqslant i \leqslant n}$ est égal au produit $\prod_{i=1}^{n} x_i$. On peut donc écrire un mot sous la forme $x_1 \ldots x_n$.

PROPOSITION 3. — *Soit* M *un monoïde. Toute application f de* X *dans* M *se prolonge de manière unique en un homomorphisme de* Mo(X) *dans* M.

Soit g un homomorphisme de Mo(X) dans M prolongeant f. Si $w = (x_i)_{1 \leqslant i \leqslant n}$ est un mot, on a $w = \prod_{i=1}^{n} x_i$ dans le monoïde Mo(X), d'où

$$g(w) = \prod_{i=1}^{n} g(x_i) = \prod_{i=1}^{n} f(x_i)$$

dans le monoïde M (I, p. 4, formule (2)). Ceci prouve l'unicité de g.

Posons $h(w) = \prod_{i=1}^{n} f(x_i)$ pour tout mot $w = (x_i)_{1 \leqslant i \leqslant n}$. Le théorème d'associativité (I, p. 4, th. 1) et la définition du produit dans Mo(X) entraînent $h(ww') = h(w)h(w')$. Par convention, le produit vide $h(e)$ est l'élément neutre de M et l'on a $h(x) = f(x)$ pour $x \in$ X. Donc h est un homomorphisme de Mo(X) dans M prolongeant f.

Soit u: X $\rightarrow$ Y une application. D'après la prop. 3, il existe un homomorphisme et un seul de Mo(X) dans Mo(Y) qui coïncide avec u sur X; on le note Mo(u). Il transforme un mot $(x_i)_{1 \leqslant i \leqslant n}$ en le mot $(u(x_i))_{1 \leqslant i \leqslant n}$. Comme dans le cas des magmas (I, p. 78), on établit la formule $\mathrm{Mo}(v \circ u) = \mathrm{Mo}(v) \circ \mathrm{Mo}(u)$ pour toute application $v : \mathrm{Y} \to \mathrm{Z}$, et l'on montre que $\mathrm{Mo}(u)$ est injective (resp. surjective, bijective) s'il en est ainsi de u. Pour toute partie S de X, on identifiera Mo(S) au sous-monoïde de Mo(X) engendré par S.

Soient X un ensemble, et $(u_\alpha, v_\alpha)_{\alpha \in \mathrm{I}}$ une famille de couples d'éléments de Mo(X). Soit R la rclation d'équivalence sur Mo(X) compatible avec la loi de Mo(X) et engendrée par les (u_α, v_α) (I, p. 12). Le monoïde Mo(X)/R s'appelle le *monoïde défini par* X *et par les relateurs* $(u_\alpha, v_\alpha)_{\alpha \in \mathrm{I}}$. Soit h le morphisme canonique de Mo(X) sur Mo(X)/R. Alors Mo(X)/R est engendré par $h(\mathrm{X})$.

Soient N un monoïde, et $(n_x)_{x \in \mathrm{X}}$ une famille d'éléments de N. Soit k le morphisme de Mo(X) dans N tel que $k(x) = n_x$ pour tout $x \in \mathrm{X}$ (I, p. 79, prop. 3). Si $k(u_\alpha) = k(v_\alpha)$ pour tout $\alpha \in \mathrm{I}$, il existe un morphisme de magmas $f : \mathrm{Mo}(\mathrm{X})/\mathrm{R} \to \mathrm{N}$ et un seul tel que $f(h(x)) = n_x$ pour tout $x \in \mathrm{X}$ (I, p. 12, prop. 9); comme k est unifère, f est un morphisme de monoïdes.

3. Somme amalgamée de monoïdes

On note $(\mathrm{M}_i)_{i \in \mathrm{I}}$ *une famille de monoïdes et* e_i *l'élément neutre de* M_i. *On se donne un monoïde* A *et une famille d'homomorphismes* $h_i : \mathrm{A} \to \mathrm{M}_i$ (*pour* $i \in \mathrm{I}$).

L'ensemble S somme de la famille $(\mathrm{M}_i)_{i \in \mathrm{I}}$ a pour éléments les couples (i, x) avec $i \in \mathrm{I}$ et $x \in \mathrm{M}_i$. Pour tout triplet $\alpha = (i, x, x')$ avec $i \in \mathrm{I}$, x, x' dans M_i, on pose $u_\alpha = (i, xx')$ et $v_\alpha = (i, x).(i, x')$; pour tout triplet $\lambda = (i, j, a)$ dans $\mathrm{I} \times \mathrm{I} \times \mathrm{A}$, on pose $p_\lambda = (i, h_i(a))$ et $q_\lambda = (j, h_j(a))$; pour tout $i \in \mathrm{I}$, on pose $\varepsilon_i = (i, e_i)$. Le monoïde M défini par S et les relateurs (u_α, v_α), (p_λ, q_λ) et (ε_i, e) est appelé la *somme de la famille* $(\mathrm{M}_i)_{i \in \mathrm{I}}$ *amalgamée par* A. On note φ l'homomorphisme canonique de Mo(S) sur M et l'on pose $\varphi_i(x) = \varphi(i, x)$ pour $(i, x) \in \mathrm{S}$. On dit que φ_i est l'*application canonique* de M_i dans M. Pour tout $a \in \mathrm{A}$, l'élément $\varphi(i, h_i(a))$ est indépendant de i et se note $h(a)$.[1]

La propriété universelle des monoïdes définis par générateurs et relateurs (I, p. 80) entraîne le résultat suivant:

PROPOSITION 4. — a) *Pour tout* $i \in \mathrm{I}$, *l'application* φ_i *est un homomorphisme de* M_i *dans* M *et l'on a* $\varphi_i \circ h_i = h$ *pour tout* $i \in \mathrm{I}$. *De plus,* M *est engendré par* $\bigcup_{i \in \mathrm{I}} \varphi_i(\mathrm{M}_i)$.

b) *Soient* M' *un monoïde, et* $f_i : \mathrm{M}_i \to \mathrm{M}'$ (*pour* $i \in \mathrm{I}$) *des homomorphismes tels que* $f_i \circ h_i$ *soit indépendant de* $i \in \mathrm{I}$. *Il existe un homomorphisme* $f : \mathrm{M} \to \mathrm{M}'$ *et un seul tel que* $f_i = f \circ \varphi_i$ *pour tout* $i \in \mathrm{I}$.

Dans la suite, nous ferons l'hypothèse suivante:

(A) *Pour tout* $i \in \mathrm{I}$, *il existe une partie* P_i *de* M_i *contenant* e_i, *telle que l'application* $(a, p) \mapsto h_i(a).p$ *de* $\mathrm{A} \times \mathrm{P}_i$ *dans* M_i *soit bijective.*

[1] Lorsque I est vide, on a $\mathrm{M} = \{e\}$ et $h(a) = e$ pour tout $a \in \mathrm{A}$.

Elle entraîne que les homomorphismes h_i sont injectifs. Soit $x \in \mathrm{M}$; on appelle *décomposition de* x toute suite finie $\sigma = (a; i_1, \ldots, i_n; p_1, \ldots, p_n)$ avec $a \in \mathrm{A}$, $i_\alpha \in \mathrm{I}$ et $p_\alpha \in \mathrm{P}_{i_\alpha}$ pour $1 \leqslant \alpha \leqslant n$, satisfaisant à

$$x = h(a) \,.\, \prod_{\alpha=1}^{n} \varphi_{i_\alpha}(p_\alpha). \tag{3}$$

L'entier $n \geqslant 0$ s'appelle la *longueur* de la décomposition σ et se note $l(\sigma)$; la suite (e) est une décomposition de longueur 0 de l'élément neutre de M. On dit que la décomposition σ est *réduite* si l'on a $i_\alpha \neq i_{\alpha+1}$ pour $1 \leqslant \alpha < n$ et $p_\alpha \neq e_{i_\alpha}$ pour $1 \leqslant \alpha \leqslant n$.

PROPOSITION 5. — *Sous l'hypothèse* (A), *tout élément x de* M *admet une décomposition réduite unique σ. Toute décomposition $\sigma' \neq \sigma$ de x satisfait à $l(\sigma') > l(\sigma)$.*

A) *Unicité d'une décomposition réduite*:

Notons Σ l'ensemble des suites $\sigma = (a; i_1, \ldots, i_n; p_1, \ldots, p_n)$ avec $n \geqslant 0$, $a \in \mathrm{A}$, $i_\alpha \in \mathrm{I}$ et $p_\alpha \in \mathrm{P}_{i_\alpha} - \{e_{i_\alpha}\}$ pour $1 \leqslant \alpha \leqslant n$, telles que $i_\alpha \neq i_{\alpha+1}$ pour $1 \leqslant \alpha < n$. On note Φ l'application de Σ dans M définie par

$$\Phi(a; i_1, \ldots, i_n; p_1, \ldots, p_n) = h(a) \,.\, \prod_{\alpha=1}^{n} \varphi_{i_\alpha}(p_\alpha). \tag{4}$$

Une décomposition réduite de $x \in \mathrm{M}$ est un élément σ de Σ tel que $\Phi(\sigma) = x$.

Pour tout $i \in \mathrm{I}$, soit Σ_i le sous-ensemble de Σ formé des suites $(e; i_1, \ldots, i_n; p_1, \ldots, p_n)$ avec $i \neq i_1$ lorsque $n > 0$. Soient

$$\sigma = (e; i_1, \ldots, i_n; p_1, \ldots, p_n)$$

dans Σ_i et ξ dans M_i; posons $\xi = h_i(a) \,.\, p$ avec $a \in \mathrm{A}$ et $p \in \mathrm{P}_i$, et

$$\Psi_i(\xi, \sigma) = \begin{cases} (a; i_1, \ldots, i_n; p_1, \ldots, p_n) & \text{si } p = e_i \\ (a; i, i_1, \ldots, i_n; p, p_1, \ldots, p_n) & \text{si } p \neq e_i. \end{cases} \tag{5}$$

Il est immédiat que Ψ_i est une bijection de $\mathrm{M}_i \times \Sigma_i$ sur Σ.

Soient $i \in \mathrm{I}$ et $x \in \mathrm{M}_i$; comme Ψ_i est bijective, on définit une application $f_{i,x}$ de Σ dans lui-même par

$$f_{i,x}(\Psi_i(\xi, \sigma)) = \Psi_i(x\xi, \sigma) \qquad (\xi \in \mathrm{M}_i, \sigma \in \Sigma_i). \tag{6}$$

De plus, pour $a \in \mathrm{A}$, on note f_a l'application de Σ dans lui-même définie par

$$f_a(a'; i_1, \ldots, i_n; p_1, \ldots, p_n) = (aa'; i_1, \ldots, i_n; p_1, \ldots, p_n). \tag{7}$$

Il est clair que f_{i,e_i} est l'application identique de Σ et que l'on a $f_{i,xx'} = f_{i,x} \circ f_{i,x'}$ pour x, x' dans M_i et $f_{i,h_i(a)} = f_a$ pour $a \in \mathrm{A}$ et $i \in \mathrm{I}$.

On peut alors appliquer la prop. 4 (I, p. 80) au cas où M′ est le monoïde des applications de Σ dans lui-même, avec la loi de composition $(f, f') \mapsto f \circ f'$, et où f_i est l'homomorphisme $x \mapsto f_{i,x}$ de M_i dans M'; il existe donc un homomorphisme f de M dans M' tel que $f_{i,x} = f(\varphi_i(x))$ pour $i \in I$ et $x \in M_i$. Soit

$$\sigma = (a; i_1, \ldots, i_n; p_1, \ldots, p_n)$$

dans Σ. Les formules (5) à (7) entraînent par récurrence sur n la relation

$$\begin{aligned}\sigma &= (f_a \circ f_{i_1, p_1} \circ \cdots \circ f_{i_n, p_n})(e) \\ &= f(h(a)\varphi_{i_1}(p_1)\ldots\varphi_{i_n}(p_n))(e),\end{aligned}$$

c'est-à-dire $\sigma = f(\Phi(\sigma))(e)$. Ceci prouve que Φ est injective.

B) *Existence d'une décomposition :*

Soit D l'ensemble des éléments de M admettant une décomposition. On a $e \in D$ et M est engendré par $\bigcup_{i \in I} \varphi_i(M_i)$, donc par $h(A) \cup \bigcup_{i \in I} \varphi_i(P_i)$. On a $D . \varphi_i(P_i) \subset D$ pour tout $i \in I$; pour prouver que l'on a $D = M$, il suffit donc de prouver la relation $D . h(A) \subset D$. Ceci résulte du lemme plus précis suivant :

Lemme 1. — *Soient $i_1, \ldots, i_n$ dans* I *et p_α dans P_{i_α} pour $1 \leqslant \alpha \leqslant n$. Pour tout $a \in A$, il existe $a' \in A$ et une suite $(p'_\alpha)_{1 \leqslant \alpha \leqslant n}$ avec $p'_\alpha \in P_{i_\alpha}$ telle que*

$$\varphi_{i_1}(p_1)\ldots\varphi_{i_n}(p_n)h(a) = h(a')\varphi_{i_1}(p'_1)\ldots\varphi_{i_n}(p'_n).$$

On a $h(a) = \varphi_{i_n}(h_{i_n}(a))$ et il existe $a_n \in A$ et $p'_n \in P_{i_n}$ tels que $p_n . h_{i_n}(a) = h_{i_n}(a_n) . p'_n$. On en déduit $\varphi_{i_n}(p_n)h(a) = h(a_n)\varphi_{i_n}(p'_n)$, d'où

$$\varphi_{i_1}(p_1)\ldots\varphi_{i_{n-1}}(p_{n-1})\varphi_{i_n}(p_n)h(a) = \varphi_{i_1}(p_1)\ldots\varphi_{i_{n-1}}(p_{n-1})h(a_n)\varphi_{i_n}(p'_n);$$

le lemme résulte de là par récurrence sur n.

C) *Fin de la démonstration :*

Soit $x \in M$ et soit n le minimum des longueurs des décompositions de x. Nous allons prouver que toute décomposition σ de x de longueur n est réduite. Ceci établira l'existence d'une décomposition réduite de x; l'unicité de la décomposition réduite entraîne alors $l(\sigma') > l(\sigma)$ pour toute décomposition $\sigma' \neq \sigma$ de x.

Le cas $n = 0$ étant trivial, supposons $n > 0$. Soit $\sigma = (a; i_1, \ldots, i_n; p_1, \ldots, p_n)$ une décomposition de x de longueur n. S'il existait un entier α avec $1 \leqslant \alpha \leqslant n$ et $p_\alpha = e_{i_\alpha}$, la suite $(a; i_1, \ldots, i_{\alpha-1}, i_{\alpha+1}, \ldots, i_n; p_1, \ldots, p_{\alpha-1}, p_{\alpha+1}, \ldots, p_n)$ serait une décomposition de x de longueur $n - 1$, ce qui est exclus. Supposons qu'il existe un entier α avec $1 \leqslant \alpha < n$ et $i_\alpha = i_{\alpha+1}$, et posons $p_\alpha p_{\alpha+1} = h_{i_\alpha}(a') . p'_\alpha$ avec $a' \in A$ et $p'_\alpha \in P_{i_\alpha}$; d'après le lemme 1, il existe des éléments $a'' \in A$, $p'_1 \in P_{i_1}, \ldots, p'_{\alpha-1} \in P_{i_{\alpha-1}}$ tels que

$$\varphi_{i_1}(p_1)\ldots\varphi_{i_{\alpha-1}}(p_{\alpha-1})h(a') = h(a'')\varphi_{i_1}(p'_1)\ldots\varphi_{i_{\alpha-1}}(p'_{\alpha-1})$$

et la suite

$$(aa''; i_1, \ldots, i_{\alpha-1}, i_\alpha, i_{\alpha+2}, \ldots, i_n; p'_1, \ldots, p'_{\alpha-1}, p'_\alpha, p_{\alpha+2}, \ldots, p_n)$$

est une décomposition de x de longueur $n - 1$, ce qui est contradictoire.

On a bien prouvé que σ est réduite. C.Q.F.D.

COROLLAIRE. — *Sous l'hypothèse* (A), *les homomorphismes* φ_i *et* h *sont injectifs. Pour* $i \neq j$ *dans* I, *on a* $\varphi_i(M_i) \cap \varphi_j(M_j) = h(A)$.

Tout d'abord h est injectif: si $h(a) = h(a')$, alors (a) et (a') sont deux décompositions réduites d'un même élément de M, d'où $a = a'$. Soit $i \in I$; on a $h(A) = \varphi_i(h_i(A)) \subset \varphi_i(M_i)$; l'unicité des décompositions réduites entraîne

$$h(A) \cap \varphi_i(M_i - h_i(A)) = \varnothing$$

d'où $\varphi_i(M_i - h_i(A)) = \varphi_i(M_i) - h(A)$.

L'injectivité des homomorphismes φ_i et la relation $\varphi_i(M_i) \cap \varphi_j(M_j) \subset h(A)$ pour $i \neq j$ sont alors conséquences du fait suivant: pour i, j dans I, x dans $M_i - h_i(A)$ et y dans $M_j - h_j(A)$, la relation $\varphi_i(x) = \varphi_j(y)$ entraîne $i = j$ et $x = y$. En effet, posons $x = h_i(a).p$ et $y = h_j(b).q$ avec a, b dans A, p dans $P_i - \{e_i\}$ et y dans $P_j - \{e_j\}$. On a $\varphi_i(x) = h(a)\varphi_i(p)$ et $\varphi_j(y) = h(b)\varphi_j(q)$, donc $(a; i; p)$ et $(b; j; q)$ sont deux décompositions réduites d'un même élément de M. On en déduit $i = j$, $a = b$ et $p = q$, d'où $x = h_i(a)p = h_j(b)q = y$.

C.Q.F.D.

Lorsque l'hypothèse (A) est remplie, nous identifierons chaque monoïde M_i à un sous-monoïde de M au moyen de φ_i; de même, nous identifierons A à un sous-monoïde de M par h. Alors M est engendré par $\bigcup_{i \in I} M_i$ et l'on a $M_i \cap M_j = A$ pour $i \neq j$. Tout élément de M s'écrit de manière unique sous la forme $a.\prod_{\alpha=1}^{n} p_\alpha$ avec $a \in A$ $p_1 \in P_{i_1} - \{e\}, \ldots, p_n \in P_{i_n} - \{e\}$ et $i_\alpha \neq i_{\alpha+1}$ pour $1 \leqslant \alpha < n$. Enfin, si M' est un monoïde et $(f_i : M_i \to M')$ (pour $i \in I$) une famille d'homomorphismes dont les restrictions à A sont toutes un même homomorphisme de A dans M', il existe un homomorphisme $f : M \to M'$ et un seul dont la restriction à M_i est f_i pour tout $i \in I$.

L'hypothèse (A) est vérifiée dans deux cas importants:

a) On a $A = \{e\}$. Dans ce cas, on a une famille $(M_i)_{i \in I}$ de monoïdes et M s'appelle la *somme monoïdale* de cette famille. Chaque M_i est identifié à un sous-monoïde de M, et M est engendré par $\bigcup_{i \in I} M_i$; de plus, on a $M_i \cap M_j = \{e\}$ pour $i \neq j$. Tout élément de M s'écrit de manière unique sous la forme $x_1 \ldots x_n$ avec $x_1 \in M_{i_1} - \{e\}, \ldots, x_n \in M_{i_n} - \{e\}$ et $i_\alpha \neq i_{\alpha+1}$ pour $1 \leqslant \alpha < n$. Enfin, pour toute famille d'homomorphismes $(f_i : M_i \to M')$, il existe un homomorphisme unique $f : M \to M'$ dont la restriction à M_i est f_i pour tout $i \in I$.

b) On a une famille de groupes $(G_i)_{i \in I}$ contenant comme sous-groupe un même groupe A et h_i est l'injection de A dans G_i. La somme de la famille $(G_i)_{i \in I}$ amalgamée par A est alors un *groupe* G: en effet, le monoïde G est engendré par $\bigcup_{i \in I} \varphi_i(G_i)$ et tout élément de $\bigcup_{i \in I} \varphi_i(G_i)$ admet un inverse dans G (cf. I, p. 16, cor. 1); on le note $\ast_{\mathrm{A}} \mathrm{G}_i$ ou $\mathrm{G}_1 \ast_{\mathrm{A}} \mathrm{G}_2$ lorsque $\mathrm{I} = \{1, 2\}$. Lorsque A est réduit à l'élément neutre, on dit aussi que G est le *produit libre de la famille* $(\mathrm{G}_i)_{i \in \mathrm{I}}$ de groupes, et on le note $\ast\, \mathrm{G}_i$ (ou $\mathrm{G}_1 \ast \mathrm{G}_2$ lorsque $\mathrm{I} = \{1, 2\}$).[1]

4. Application aux monoïdes libres

Lemme 2. — *Soit* M *la somme monoïdale de la famille* $(\mathrm{M}_x)_{x \in \mathrm{X}}$ *définie par* $\mathrm{M}_x = \mathbf{N}$ *pour tout* $x \in \mathrm{X}$; *on note* φ_x *l'homomorphisme canonique de* M_x *dans* M. *L'application* $x \mapsto \varphi_x(1)$ *de* X *dans* M *se prolonge en un isomorphisme h de* Mo(X) *sur* M.

Soit h l'homomorphisme de Mo(X) dans M caractérisé par $h(x) = \varphi_x(1)$. Pour tout entier $n \geqslant 0$, on a $\varphi_x(n) = \varphi_x(1)^n = h(x)^n$ et comme M est engendré par $\bigcup_{x \in \mathrm{X}} \varphi_x(\mathbf{N})$, il est aussi engendré par $h(\mathrm{X})$. Donc h est *surjectif*. Par ailleurs, pour tout x dans X, l'application $n \mapsto x^n$ est un homomorphisme de $\mathbf{N} = \mathrm{M}_x$ dans Mo(X); il existe donc (I, p. 80, prop. 4) un homomorphisme h' de M dans Mo(X) tel que $h'(\varphi_x(n)) = x^n$ pour $x \in \mathrm{X}$ et $n \in \mathbf{N}$; en particulier, on a $h'(h(x)) = x$ pour $x \in \mathrm{X}$, donc $h' \circ h$ est l'homomorphisme identique de Mo(X). Par suite, h est *injectif*. On a donc prouvé que h est bijectif.

Proposition 6. — *Soit w un élément de* Mo(X).

a) *Il existe un entier* $n \geqslant 0$, *des éléments* x_α *de* X *et des entiers* $m(\alpha) > 0$ (*pour* $1 \leqslant \alpha \leqslant n$) *tels que* $x_\alpha \neq x_{\alpha+1}$ *pour* $1 \leqslant \alpha < n$ *et* $w = \prod_{\alpha=1}^{n} x_\alpha^{m(\alpha)}$. *La suite* $(x_\alpha, m(\alpha))_{1 \leqslant \alpha \leqslant n}$ *est déterminée de manière unique par ces conditions.*

b) *Soient p un entier positif,* x'_β *dans* X *et* $m'(\beta)$ *dans* $\mathbf{N}$ *pour* $1 \leqslant \beta \leqslant p$, *tels que* $w = \prod_{\beta=1}^{p} x'^{\,m'(\beta)}_\beta$. *On a* $p \geqslant n$. *Si* $p = n$, *on a* $x'_\beta = x_\beta$ *et* $m'(\beta) = m(\beta)$ *pour* $1 \leqslant \beta \leqslant p$.

Avec les notations du lemme 2, on a $h^{-1}(\varphi_x(n)) = x^n$ pour $x \in \mathrm{X}$ et $n \in \mathbf{N}$. La prop. 6 résulte alors de I, p. 81, prop. 5.

5. Groupes libres

Posons $\mathrm{G}_x = \mathbf{Z}$ pour tout $x \in \mathrm{X}$. Le produit libre de la famille $(\mathrm{G}_x)_{x \in \mathrm{X}}$ s'appelle le *groupe libre construit sur* X et se note F(X). Notons φ_x l'homomorphisme canonique de $\mathrm{G}_x = \mathbf{Z}$ dans F(X). D'après I, p. 83, corollaire, l'application $x \mapsto \varphi_x(1)$ de X dans F(X) est injective; nous identifierons X à son image dans F(X) par cette application. Alors X engendre F(X) et l'on a $e \notin \mathrm{X}$.

Par application de I, p. 81, prop. 5, on obtient le résultat suivant:

Proposition 7. — *Soit g un élément du groupe libre* F(X). *Il existe un entier* $n \geqslant 0$, *et une suite* $(x_\alpha, m(\alpha))_{1 \leqslant \alpha \leqslant n}$, *déterminés de manière unique par les relations* $x_\alpha \in \mathrm{X}$, $x_\alpha \neq x_{\alpha+1}$ *pour* $1 \leqslant \alpha < n$, $m(\alpha) \in \mathbf{Z}$, $m(\alpha) \neq 0$ *pour* $1 \leqslant \alpha \leqslant n$ *et* $g = \prod_{\alpha=1}^{n} x_\alpha^{m(\alpha)}$.

[1] On notera que $\mathrm{G}_1 \ast \mathrm{G}_2$ n'est pas « produit » de G_1 et G_2 au sens de E, IV, p. 16 (ni au sens de la « théorie des catégories »; dans le cadre de cette théorie, $\mathrm{G}_1 \ast \mathrm{G}_2$ est la « somme » de G_1 et G_2).

Le groupe libre F(X) jouit de la propriété universelle suivante:

Proposition 8. — *Soient* G *un groupe et* f *une application de* X *dans* G. *Il existe un homomorphisme* $\bar{f}$ *de* F(X) *dans* G *qui prolonge* f, *et un seul.*

L'unicité de $\bar{f}$ résulte du fait que le groupe F(X) est engendré par X. Pour tout x dans X, soit f_x l'homomorphisme $n \mapsto f(x)^n$ de $\mathbf{Z}$ dans G. D'après I, p. 80, prop. 4, il existe un homomorphisme $\bar{f}$ de F(X) dans G tel que $\bar{f}(x^n) = f_x(n)$ pour $x \in X$ et $n \in \mathbf{Z}$; en particulier, on a $\bar{f}(x) = f_x(1) = f(x)$ pour tout $x \in X$, donc $\bar{f}$ prolonge f.

Soit $u: X \to Y$ une application. D'après la prop. 8, il existe un homomorphisme et un seul de F(X) dans F(Y) qui coïncide avec u sur X; on le note F(u). Comme dans le cas des magmas (I, p. 78) on établit la formule $F(v \circ u) = F(v) \circ F(u)$ pour toute application $v : Y \to Z$, et l'on montre que F(u) est injectif (resp. surjectif, bijectif) s'il en est ainsi de u. Pour toute partie S de X, on identifiera F(S) au sous-groupe de F(X) engendré par S.

Soit I un ensemble. Dans certains cas, on a intérêt à ne pas identifier un élément i de I à son image canonique $\varphi_i(1)$ dans le groupe libre F(I); cette dernière pourra être notée T_i (ou T'_i, X_i, ... selon les cas) et s'appelle l'*indéterminée* d'indice i. Le groupe libre F(I) se note alors $F((T_i)_{i \in I})$ ou $F(T_1, \ldots, T_n)$ si $I = \{1, 2, \ldots, n\}$.

Soient G un groupe et $\mathbf{t} = (t_i)_{i \in I}$ une famille d'éléments de G. D'après la prop. 8, il existe un homomorphisme $f_{\mathbf{t}}$ de $F((T_i)_{i \in I})$ dans G caractérisé par $f_{\mathbf{t}}(T_i) = t_i$ pour tout $i \in I$. L'image d'un élément w de $F((T_i)_{i \in I})$ par $f_{\mathbf{t}}$ sera notée $w(\mathbf{t})$ ou $w(t_1, \ldots, t_n)$ si $I = \{1, 2, \ldots, n\}$; on dit que $w(\mathbf{t})$ résulte de la *substitution* $T_i \mapsto t_i$ dans w. En particulier, si l'on prend $G = F((T_i)_{i \in I})$ et $(t_i) = (T_i) = \mathbf{T}$, $f_{\mathbf{T}}$ est l'homomorphisme identique de G, d'où $w(\mathbf{T}) = w$; pour $I = \{1, 2, \ldots, n\}$, on a donc $w(T_1, \ldots, T_n) = w$.

Soient G et G′ deux groupes, u un homomorphisme de G dans G′ et $\mathbf{t} = (t_1, \ldots, t_n)$ une suite finie d'éléments de G. Posons $\mathbf{t}' = (u(t_1), \ldots, u(t_n))$; l'homomorphisme $u \circ f_{\mathbf{t}}$ de $F(T_1, \ldots, T_n)$ dans G′ transforme T_i en $u(t_i)$ pour $1 \leqslant i \leqslant n$, donc est égal à $f_{\mathbf{t}'}$; pour w dans $F(T_1, \ldots, T_n)$, on a donc

$$u(w(t_1, \ldots, t_n)) = w(u(t_1), \ldots, u(t_n)). \tag{8}$$

Soient donnés w dans $F(T_1, \ldots, T_n)$ et des éléments $v_1, \ldots, v_n$ du groupe libre $F(T'_1, \ldots, T'_m)$. La substitution $T_i \mapsto v_i$ définit un élément $w' = w(v_1, \ldots, v_n)$ de $F(T'_1, \ldots, T'_m)$. Soient G un groupe, $t_1, \ldots, t_m$ des éléments de G et u l'homomorphisme de $F(T'_1, \ldots, T'_m)$ dans G caractérisé par $u(T'_j) = t_j$ pour $1 \leqslant j \leqslant m$. On a $u(v_i) = v_i(t_1, \ldots, t_m)$ et $u(w') = w'(t_1, \ldots, t_m)$; la formule (8) entraîne donc

$$w'(t_1, \ldots, t_m) = w(v_1(t_1, \ldots, t_m), \ldots, v_n(t_1, \ldots, t_m)). \tag{9}$$

Ceci justifie la « notation fonctionnelle » $w(t_1, \ldots, t_n)$. On laisse au lecteur le soin d'étendre les formules (8) et (9) au cas d'ensembles d'indices arbitraires.

6. Présentations d'un groupe

Soient G un groupe et $\mathbf{t} = (t_i)_{i \in I}$ une famille d'éléments de G. Soit $f_\mathbf{t}$ l'unique homomorphisme du groupe libre F(I) dans G qui applique i sur t_i. L'image de $f_\mathbf{t}$ est le sous-groupe engendré par les éléments t_i de G. Les éléments du noyau de $f_\mathbf{t}$ s'appellent les *relateurs* de la famille $\mathbf{t}$. On dit que $\mathbf{t}$ est *génératrice* (resp. *libre*, *basique*) si $f_\mathbf{t}$ est surjectif (resp. injectif, bijectif).

Soit G un groupe. Une *présentation* de G est un couple $(\mathbf{t}, \mathbf{r})$ formé d'une famille génératrice $\mathbf{t} = (t_i)_{i \in I}$ et d'une famille $\mathbf{r} = (r_j)_{j \in J}$ de relateurs telles que le noyau $N_\mathbf{t}$ de $f_\mathbf{t}$ soit engendré par les éléments gr_jg^{-1} pour $g \in F(I)$ et $j \in J$. Il revient au même de dire que $N_\mathbf{t}$ est le sous-groupe distingué de F(I) engendré par les r_j pour $j \in J$ (autrement dit le plus petit sous-groupe distingué de F(I) contenant les éléments r_j $(j \in J)$; cf. I, p. 36). Par abus de langage, on dit que les générateurs t_i et les relations $r_j(\mathbf{t}) = e$ constituent une présentation du groupe G.

Soient I un ensemble et $\mathbf{r} = (r_j)_{j \in J}$ une famille d'éléments du groupe libre F(I). Soit $N(\mathbf{r})$ le sous-groupe distingué de F(I) engendré par les r_j pour $j \in J$. On pose $F(I, \mathbf{r}) = F(I)/N(\mathbf{r})$ et l'on note τ_i la classe de i modulo $N(\mathbf{r})$. Le couple $(\boldsymbol{\tau}, \mathbf{r})$ avec $\boldsymbol{\tau} = (\tau_i)_{i \in I}$ est une présentation du groupe $F(I, \mathbf{r})$; si G est un groupe et $(\mathbf{t}, \mathbf{r})$ est une présentation de G avec $\mathbf{t} = (t_i)_{i \in I}$, il existe un isomorphisme unique u de $F(I, \mathbf{r})$ sur G tel que $u(\tau_i) = t_i$ pour tout $i \in I$. On dit que le groupe $F(I, \mathbf{r})$ est défini par les *générateurs* τ_i et les *relateurs* r_j, ou par abus de langage qu'il est *défini par les générateurs* τ_i *et les relations* $r_j(\boldsymbol{\tau}) = e$. Lorsque $I = [1, n]$ et $J = [1, m]$, on dit que $F(I, \mathbf{r})$ est défini par la présentation $\langle \tau_1, \ldots, \tau_n; r_1, \ldots, r_m \rangle$. Si $r_j = u_j^{-1}v_j$ avec u_j et v_j dans F(I), cette présentation se note également par le symbole

$$\langle \tau_1, \ldots, \tau_n; u_1 = v_1, \ldots, u_m = v_m \rangle.$$

Exemples. — 1) Le groupe défini par la présentation $\langle \tau; \tau^q = e \rangle$ est cyclique d'ordre q.

2) Le groupe défini par la présentation $\langle x, y; xy = yx \rangle$ est isomorphe à $\mathbf{Z} \times \mathbf{Z}$.

PROPOSITION 9. — *Soient* G *un groupe,* $\mathbf{t} = (t_i)_{i \in I}$ *une famille génératrice de* G *et* $\mathbf{r} = (r_j)_{j \in J}$ *une famille de relateurs de* $\mathbf{t}$. *Les conditions suivantes sont équivalentes :*

a) *Le couple* $(\mathbf{t}, \mathbf{r})$ *est une présentation de* G.

b) *Soient* G' *un groupe et* $\mathbf{t}' = (t'_i)_{i \in I}$ *une famille d'éléments de* G'. *Si l'on a* $r_j(\mathbf{t}') = e$ *pour tout* $j \in J$, *il existe un homomorphisme* u *de* G *dans* G' *tel que* $u(t_i) = t'_i$ *pour tout* $i \in I$.

c) *Soient* $\overline{G}$ *un groupe et* $\bar{\mathbf{t}} = (\bar{t}_i)_{i \in I}$ *une famille génératrice de* $\overline{G}$ *telle que* $r_j(\bar{\mathbf{t}}) = e$

pour tout $j \in J$. *Tout homomorphisme de* $\bar{G}$ *dans* G *qui applique* $\bar{t}_i$ *sur* t_i *pour tout* $i \in I$ *est un isomorphisme.*

On note f l'homomorphisme de F(I) dans G qui applique i sur t_i pour tout $i \in I$, et N le noyau de f.

a) ⇒ b) : Supposons que $(\mathbf{t}, \mathbf{r})$ soit une présentation de G, et soit $\mathbf{t}' = (t_i')_{i \in I}$ une famille d'éléments d'un groupe G' avec $r_j(\mathbf{t}') = e$ pour tout $j \in J$. Soit f' l'homomorphisme de F(I) dans G' caractérisé par $f'(i) = t_i'$ pour tout $i \in I$. Par hypothèse $f'(r_j) = e$ pour tout $j \in J$, et comme N est engendré par les éléments gr_jg^{-1} pour $j \in J$ et $g \in F(I)$, on a $f'(N) = \{e\}$. Comme l'homomorphisme $f : F(I) \to G$ est surjectif de noyau N, il existe un homomorphisme $u : G \to G'$ tel que $f' = u \circ f$. On a $u(t_i) = u(f(i)) = f'(i) = t_i'$.

b) ⇒ c) : Supposons la condition b) vérifiée. Soit $\mathbf{t} = (t_i)_{i \in I}$ une famille génératrice d'un groupe G, telle que $r_j(\mathbf{t}) = e$ pour tout $j \in J$, et soit v un homomorphisme de $\bar{G}$ dans G tel que $v(\bar{t}_i) = t_i$ pour tout $i \in I$. Comme la famille $(t_i)_{i \in I}$ engendre G, l'homomorphisme v est *surjectif*. D'après la propriété b), il existe un homomorphisme $u : G \to \bar{G}$ tel que $u(t_i) = \bar{t}_i$ pour tout $i \in I$. On a $u(v(\bar{t}_i)) = \bar{t}_i$ pour tout $i \in I$, donc $u \circ v$ est l'identité sur $\bar{G}$, ce qui prouve que v est *injectif*. Donc v est un isomorphisme, et la condition c) est vérifiée.

c) ⇒ a) : Supposons la condition c) vérifiée. Soit t_i' l'image canonique de i dans $F(I, \mathbf{r})$ et $\mathbf{t}' = (t_i')_{i \in I}$; on a donc $r_j(\mathbf{t}') = e$ pour tout $j \in J$. Comme on a $r_j(\mathbf{t}) = e$ pour tout $j \in J$, il existe un homomorphisme v et un seul de $F(I, \mathbf{r})$ dans G tel que $v(\bar{t}_i) = t_i$ pour tout $i \in I$. D'après c), v est un isomorphisme de $F(I, \mathbf{r})$ sur G qui transforme la présentation $(\mathbf{t}', \mathbf{r})$ de $F(I, \mathbf{r})$ en une présentation $(\mathbf{t}, \mathbf{r})$ de G.

7. Groupes et monoïdes commutatifs libres

L'ensemble $\mathbf{Z}^X$ de toutes les applications de X dans $\mathbf{Z}$ est un groupe commutatif pour la loi définie par $(\alpha + \beta)(x) = \alpha(x) + \beta(x)$ (α, β dans $\mathbf{Z}^X$, $x \in X$); les éléments de $\mathbf{Z}^X$ sont parfois appelés *multiindices*. L'élément neutre, noté 0, est l'application constante de valeur 0. Pour $\alpha \in \mathbf{Z}^X$ on appelle *support* de α l'ensemble S_α des $x \in X$ tels que $\alpha(x) \neq 0$; on a $S_0 = \varnothing$ et $S_{\alpha+\beta} \subset S_\alpha \cup S_\beta$ pour α, β dans $\mathbf{Z}^X$. Par suite, l'ensemble $\mathbf{Z}^{(X)}$ des applications $\alpha : X \to \mathbf{Z}$ de support *fini* est un sous-groupe de $\mathbf{Z}^X$ qu'on appelle *groupe commutatif libre construit sur* X.

Pour tout $x \in X$, on note δ_x l'élément de $\mathbf{Z}^{(X)}$ défini par

$$\delta_x(y) = \begin{cases} 1 & \text{si } y = x \\ 0 & \text{si } y \neq x. \end{cases} \tag{10}$$

Par ailleurs, pour $\alpha \in \mathbf{Z}^{(X)}$, on définit l'entier $|\alpha|$, *longueur* de α, par la formule

$$|\alpha| = \sum_{x \in X} \alpha(x). \tag{11}$$

On établit immédiatement les relations

(12) $$\alpha = \sum_{x \in X} \alpha(x) . \delta_x$$

(13) $$|\delta_x| = 1, \qquad |0| = 0$$

(14) $$|\alpha + \beta| = |\alpha| + |\beta|$$

pour α, β dans $\mathbf{Z}^{(X)}$ et x dans X.

La relation d'ordre $\alpha \leqslant \beta$ est définie dans $\mathbf{Z}^{(X)}$ par $\alpha(x) \leqslant \beta(x)$ pour tout $x \in X$. Les relations $\alpha \leqslant \beta$ et $\alpha' \leqslant \beta'$ entraînent $\alpha + \alpha' \leqslant \beta + \beta'$, $|\alpha| \leqslant |\beta|$ et $-\alpha \geqslant -\beta$; de plus, la relation $\alpha \leqslant \beta$ équivaut à $\beta - \alpha \geqslant 0$. L'ensemble des éléments $\alpha \geqslant 0$ de $\mathbf{Z}^{(X)}$ se note $\mathbf{N}^{(X)}$; c'est l'ensemble des applications de X dans $\mathbf{N}$ de support fini, et c'est un sous-monoïde de $\mathbf{Z}^{(X)}$ qu'on appelle le *monoïde commutatif libre construit sur* X. Les éléments de longueur 1 sont les éléments minimaux dans $\mathbf{N}^{(X)} - \{0\}$ et constituent l'ensemble des δ_x ($x \in X$).

Le monoïde $\mathbf{N}^{(X)}$ et le groupe $\mathbf{Z}^{(X)}$ jouissent de la propriété universelle suivante.

PROPOSITION 10. — *Soient* M *un monoïde* (resp. *un groupe*) *commutatif et f une application de* X *dans* M. *Il existe un homomorphisme g de* $\mathbf{N}^{(X)}$ (resp. $\mathbf{Z}^{(X)}$) *dans* M, *et un seul, tel que* $g(\delta_x) = f(x)$ *pour tout* $x \in X$. *Si* M *est noté additivement, on a* $g(\alpha) = \sum_{x \in X} \alpha(x) . f(x)$ *pour tout* α *dans* $\mathbf{N}^{(X)}$ (resp. $\mathbf{Z}^{(X)}$).

Soit g un homomorphisme de $\mathbf{N}^{(X)}$ (resp. $\mathbf{Z}^{(X)}$) dans M tel que $g(\delta_x) = f(x)$ pour tout $x \in X$. Pour tout α dans $\mathbf{N}^{(X)}$ (resp. $\mathbf{Z}^{(X)}$), on déduit de (12) la formule

$$g(\alpha) = \sum_{x \in X} \alpha(x) . g(\delta_x) = \sum_{x \in X} \alpha(x) . f(x),$$

d'où l'unicité de g.

Pour tout α dans $\mathbf{N}^{(X)}$ (resp. $\mathbf{Z}^{(X)}$), posons $g(\alpha) = \sum_{x \in X} \alpha(x) . f(x)$. On a évidemment $g(0) = 0$; pour α, β dans $\mathbf{N}^{(X)}$ (resp. $\mathbf{Z}^{(X)}$), on a

$$\begin{aligned} g(\alpha + \beta) &= \sum_{x \in X} (\alpha(x) + \beta(x)) . f(x) \\ &= \sum_{x \in X} (\alpha(x) . f(x) + \beta(x) . f(x)) \\ &= \sum_{x \in X} \alpha(x) . f(x) + \sum_{x \in X} \beta(x) . f(x) \\ &= g(\alpha) + g(\beta) \end{aligned}$$

donc g est un homomorphisme de $\mathbf{N}^{(X)}$ (resp. $\mathbf{Z}^{(X)}$) dans M. Par ailleurs, pour y dans X, on a

$$g(\delta_y) = \sum_{x \in X} \delta_y(x) . f(x);$$

on a $\delta_y(x) . f(x) = 0$ pour $x \neq y$ et $\delta_y(y) . f(y) = f(y)$ d'où $g(\delta_y) = f(y)$.

Soit $u : \mathrm{X} \to \mathrm{Y}$ une application. D'après la prop. 10, il existe un homomorphisme et un seul de $\mathbf{Z}^{(\mathrm{X})}$ dans $\mathbf{Z}^{(\mathrm{Y})}$ qui applique δ_x sur $\delta_{u(x)}$ pour tout $x \in \mathrm{X}$. On le note $\mathbf{Z}^{(u)}$; on voit immédiatement qu'il transforme $\alpha \in \mathbf{Z}^{(\mathrm{X})}$ en l'élément $\beta \in \mathbf{Z}^{(\mathrm{Y})}$ défini par

$$\beta(y) = \sum_{x \in u^{-1}(y)} \alpha(x). \tag{15}$$

Comme dans le cas des magmas (I, p. 78), on établit la formule $\mathbf{Z}^{(v \circ u)} = \mathbf{Z}^{(v)} \circ \mathbf{Z}^{(u)}$ pour toute application $v : \mathrm{Y} \to \mathrm{Z}$; on montre aussi que $\mathbf{Z}^{(u)}$ est injective (resp. surjective, bijective) s'il en est ainsi de u.

Soit S une partie de X; si i est l'injection de S dans X, l'application $f = \mathbf{Z}^{(i)}$ est un isomorphisme de $\mathbf{Z}^{(\mathrm{S})}$ sur le sous-groupe H de $\mathbf{Z}^{(\mathrm{X})}$ engendré par les éléments δ_s pour $s \in \mathrm{S}$. D'après (15), on a

$$(f(\alpha))(x) = \begin{cases} \alpha(x) & \text{si } x \in \mathrm{S} \\ 0 & \text{si } x \in \mathrm{X} - \mathrm{S} \end{cases}$$

et par suite H est l'ensemble des éléments de $\mathbf{Z}^{(\mathrm{X})}$ de support contenu dans S. On identifiera désormais $\mathbf{Z}^{(\mathrm{S})}$ à H au moyen de f.

La formule (15) montre que la restriction de $\mathbf{Z}^{(u)}$ à $\mathbf{N}^{(\mathrm{X})}$ est un homomorphisme $\mathbf{N}^{(u)}$ de $\mathbf{N}^{(\mathrm{X})}$ dans $\mathbf{N}^{(\mathrm{Y})}$. On a $\mathbf{N}^{(v \circ u)} = \mathbf{N}^{(v)} \circ \mathbf{N}^{(u)}$ pour toute application $v : \mathrm{Y} \to \mathrm{Z}$; de plus, $\mathbf{N}^{(u)}$ est injectif (resp. surjectif, bijectif) s'il en est ainsi de u. Si S est une partie de X, on a $\mathbf{N}^{(\mathrm{S})} = \mathbf{Z}^{(\mathrm{S})} \cap \mathbf{N}^{(\mathrm{X})}$.

Remarque. — Soit M le monoïde multiplicatif des entiers strictement positifs, et soit $\mathfrak{P}$ l'ensemble des nombres premiers (I, p. 48, déf. 16). D'après la prop. 10 (I, p. 88), il existe un homomorphisme u de $\mathbf{N}^{(\mathfrak{P})}$ dans M caractérisé par $u(\delta_p) = p$ pour tout nombre premier p. On a $u(\alpha) = \prod_{p \in \mathfrak{P}} p^{\alpha(p)}$ pour α dans $\mathbf{N}^{(\mathfrak{P})}$ et le th. 7 de I, p. 49 montre que u est un isomorphisme de $\mathbf{N}^{(\mathfrak{P})}$ sur M.

8. Notation exponentielle

Soient M un monoïde, noté multiplicativement, et $\mathbf{u} = (u_x)_{x \in \mathrm{X}}$ une famille d'éléments de M, commutant deux à deux. Soit α dans $\mathbf{N}^{(\mathrm{X})}$; les éléments $u_x^{\alpha(x)}$ et $u_y^{\alpha(y)}$ de M commutent pour x, y dans X, et il existe une partie finie S de X telle que $u_x^{\alpha(x)} = 1$ pour x dans $\mathrm{X} - \mathrm{S}$. On peut par suite poser:

$$\mathbf{u}^\alpha = \prod_{x \in \mathrm{X}} u_x^{\alpha(x)}. \tag{16}$$

Soit M′ le sous-monoïde de M engendré par la famille $(u_x)_{x \in \mathrm{X}}$; il est commutatif (I, p. 8, cor. 2). Il existe donc (I, p. 88, prop. 10) un unique homomorphisme f de $\mathbf{N}^{(\mathrm{X})}$ dans M′ tel que $f(\delta_x) = u_x$ pour tout $x \in \mathrm{X}$, et l'on a $f(\alpha) = \mathbf{u}^\alpha$ pour tout α dans $\mathbf{N}^{(\mathrm{X})}$. On en déduit les formules

$$\mathbf{u}^{\alpha+\beta} = \mathbf{u}^\alpha . \mathbf{u}^\beta \tag{17}$$

$$\mathbf{u}^0 = 1 \tag{18}$$

(19) $$\mathbf{u}^{\delta_x} = u_x$$

pour α, β dans $\mathbf{N}^{(\mathrm{X})}$ et x dans X.

Soit $\mathbf{v} = (v_x)_{x \in \mathrm{X}}$ une autre famille d'éléments de M; on suppose que l'on a $v_x v_y = v_y v_x$ et $u_x v_y = v_y u_x$ pour x, y dans X. Il existe alors (I, p. 8, cor. 2) un sous-monoïde commutatif L de M tel que $u_x \in \mathrm{L}$ et $v_x \in \mathrm{L}$ pour tout $x \in \mathrm{X}$. L'application $\alpha \mapsto \mathbf{u}^\alpha . \mathbf{v}^\alpha$ de $\mathbf{N}^{(\mathrm{X})}$ dans L est alors un homomorphisme (I, p. 10, prop. 5) appliquant δ_x sur $u_x . v_x$. On a donc a formule

(20) $$\mathbf{u}^\alpha . \mathbf{v}^\alpha = (\mathbf{u} . \mathbf{v})^\alpha$$

où $\mathbf{u} . \mathbf{v}$ est la famille $(u_x . v_x)_{x \in \mathrm{X}}$.

Lorsque M est commutatif, on peut définir $\mathbf{u}^\alpha$ pour toute famille $\mathbf{u}$ d'éléments de M et les formules (15) à (20) sont valables sans restriction.

9. Relations entre les divers objets libres

Comme le monoïde libre Mo(X) est un magma, la prop. 1 de I, p. 78, démontre l'existence d'un homomorphisme $\lambda : \mathrm{M}(\mathrm{X}) \to \mathrm{Mo}(\mathrm{X})$ dont la restriction à X est l'identité. De même, comme le groupe libre F(X) est un monoïde, l'application identique de X se prolonge en un homomorphisme $\mu : \mathrm{Mo}(\mathrm{X}) \to \mathrm{F}(\mathrm{X})$ (I, p. 78, prop. 3). D'après I, p. 84, prop. 6 et prop. 7, μ est injectif. De même la prop. 10 de I, p. 88, et la prop. 8 de I, p. 85, démontrent l'existence d'homomorphismes $\nu : \mathrm{Mo}(\mathrm{X}) \to \mathbf{N}^{(\mathrm{X})}$ et $\pi : \mathrm{F}(\mathrm{X}) \to \mathbf{Z}^{(\mathrm{X})}$ caractérisés par $\nu(x) = \delta_x$ et $\pi(x) = \delta_x$ pour tout $x \in \mathrm{X}$. Si ι est l'injection de $\mathbf{N}^{(\mathrm{X})}$ dans $\mathbf{Z}^{(\mathrm{X})}$, les deux homomorphismes $\iota \circ \nu$ et $\pi \circ \mu$ de Mo(X) dans $\mathbf{Z}^{(\mathrm{X})}$ coïncident sur X, d'où $\iota \circ \nu = \pi \circ \mu$. On peut résumer la situation dans le diagramme commutatif suivant:

$$\begin{array}{ccccc} \mathrm{M}(\mathrm{X}) & \xrightarrow{\lambda} & \mathrm{Mo}(\mathrm{X}) & \xrightarrow{\nu} & \mathbf{N}^{(\mathrm{X})} \\ & & \mu \downarrow & & \downarrow \iota \\ & & \mathrm{F}(\mathrm{X}) & \xrightarrow{\pi} & \mathbf{Z}^{(\mathrm{X})}. \end{array}$$

Les homomorphismes λ, μ, ν et π seront qualifiés de *canoniques*.

Soit w dans M(X); on démontre immédiatement par récurrence sur $l(w)$ que la longueur du mot $\lambda(w)$ est égale à celle de w. Par ailleurs, on a

(21) $$\nu(x_1 \ldots x_n) = \sum_{i=1}^{n} \delta_{x_i}$$

pour $x_1, \ldots, x_n$ dans X, d'où $|\nu(x_1 \ldots x_n)| = n$ d'après (13) et (14) (I, p. 88). Autrement dit, on a

(22) $$|\nu(u)| = l(u) \qquad (u \in \mathrm{Mo}(\mathrm{X})).$$

PROPOSITION 11. — *L'homomorphisme canonique* ν *de* Mo(X) *dans* $\mathbf{N}^{(\mathrm{X})}$ *est surjectif. Soient* $w = x_1 \ldots x_n$ *et* $w' = x'_1 \ldots x'_m$ *deux éléments de* Mo(X); *pour qu'on ait* $\nu(w) =$

$\nu(w')$, *il faut et il suffit que l'on ait* $m = n$ *et qu'il existe une permutation* $\sigma \in \mathfrak{S}_n$ *telle que* $x'_i = x_{\sigma(i)}$ *pour* $1 \leqslant i \leqslant n$.

L'image de ν est un sous-monoïde I de $\mathbf{N}^{(X)}$ contenant les éléments δ_x (pour $x \in X$). La formule (12) (I, p. 88) montre que $\mathbf{N}^{(X)}$ est engendré par la famille $(\delta_x)_{x \in X}$, d'où $I = \mathbf{N}^{(X)}$. Par suite ν est surjectif.

Si $m = n$ et si $x'_i = x_{\sigma(i)}$ pour $1 \leqslant i \leqslant n$, on a

$$\nu(w') = \sum_{i=1}^{n} \delta_{x'_i} = \sum_{i=1}^{n} \delta_{x_{\sigma(i)}} = \sum_{i=1}^{n} \delta_{x_i} = \nu(w)$$

d'après la formule (21) (I, p. 90) et le théorème de commutativité (I, p. 8, th. 2).

Inversement, supposons que $\nu(w)$ et $\nu(w')$ soient égaux à un même élément α de $\mathbf{N}^{(X)}$; d'après la formule (22) (I, p. 90), on a $n = |\alpha| = m$. Pour tout $x \in X$, soit I_x (resp. I'_x) l'ensemble des entiers i tels que $1 \leqslant i \leqslant n$ et $x_i = x$ (resp. $x'_i = x$). Donc $(I_x)_{x \in X}$ et $(I'_x)_{x \in X}$ sont des partitions de l'intervalle $[1, n]$ de $\mathbf{N}$; de plus, la formule $\alpha = \sum_{i=1}^{n} \delta_{x_i}$ montre que $\alpha(x)$ est le cardinal de I_x; de même la formule $\alpha = \sum_{i=1}^{n} \delta_{x'_i}$ montre que $\alpha(x)$ est le cardinal de I'_x. Il existe donc une permutation σ de $[1, n]$ telle que $\sigma(I'_x) = I_x$ pour tout $x \in X$, c'est-à-dire $x'_i = x_{\sigma(i)}$ pour $i = 1, \ldots, n$.

Remarque. — Soit S une partie de X. Rappelons que nous avons identifié M(S) à un sous-magma de M(X), Mo(S) à un sous-monoïde de Mo(X) et $\mathbf{N}^{(S)}$ à un sous-monoïde de $\mathbf{N}^{(X)}$. On a

(23) $$M(S) = \lambda^{-1}(Mo(S)).$$

En effet, il est clair que $\lambda(M(S)) \subset Mo(S)$. Soit $w \in \lambda^{-1}(Mo(S))$; montrons, par récurrence sur $l(w)$, que $w \in M(S)$. C'est évident si $l(w) = 1$. Si $l(w) > 1$, on peut écrire $w = w_1 w_2$ avec w_1, w_2 dans M(X), $l(w_1) < l(w)$, $l(w_2) < l(w)$. Alors $\lambda(w_1)\lambda(w_2) \in Mo(S)$, donc $\lambda(w_1) \in Mo(S)$ et $\lambda(w_2) \in Mo(S)$, d'où $w_1 \in M(S)$ et $w_2 \in M(S)$ d'après l'hypothèse de récurrence, et finalement $w \in M(S)$.

On a aussi

(24) $$Mo(S) = \nu^{-1}(\mathbf{N}^{(S)}).$$

Cela résulte aussitôt de la formule (21) de I, p. 90.

De plus, $\mathbf{N}^{(S)}$ est l'ensemble des éléments de $\mathbf{N}^{(X)}$ dont le support est contenu dans S; si $(S_i)_{i \in I}$ est une famille de parties de X, d'intersection S, on a donc $\mathbf{N}^{(S)} = \bigcap_{i \in I} \mathbf{N}^{(S_i)}$ et les formules (23) et (24) entraînent

(25) $$M(S) = \bigcap_{i \in I} M(S_i), \qquad Mo(S) = \bigcap_{i \in I} Mo(S_i).$$

§ 8. ANNEAUX

1. Anneaux

DÉFINITION 1. — *On appelle anneau un ensemble* A *muni de deux lois de composition appelées respectivement addition et multiplication, satisfaisant aux axiomes suivants:*

(AN I) *Pour l'addition,* A *est un groupe commutatif.*

(AN II) *La multiplication est associative et possède un élément neutre.*

(AN III) *La multiplication est distributive par rapport à l'addition.*

On dit que l'anneau A *est commutatif si sa multiplication est commutative.*

Dans la suite, on note $(x, y) \mapsto x + y$ l'addition et $(x, y) \mapsto xy$ la multiplication; on note 0 l'élément neutre de l'addition et 1 celui de la multiplication. Enfin, on note $-x$ l'opposé de x pour l'addition. Les axiomes d'un anneau s'expriment donc par les identités suivantes:

(1) $x + (y + z) = (x + y) + z$ (associativité de l'addition)

(2) $x + y = y + x$ (commutativité de l'addition)

(3) $0 + x = x + 0 = x$ (zéro)

(4) $x + (-x) = (-x) + x = 0$ (opposé)

(5) $x(yz) = (xy)z$ (associativité de la multiplication)

(6) $x.1 = 1.x = x$ (élément unité)

(7) $(x + y).z = xz + yz$ (distributivité)

(8) $x.(y + z) = xy + xz$ (distributivité)

Enfin l'anneau A est commutatif si l'on a $xy = yx$ pour x, y dans A.

Muni de la seule addition, A est un groupe commutatif qu'on appelle *groupe additif* de A. Pour tout $x \in A$, définissons l'homothétie à gauche γ_x et l'homothétie à droite δ_x par $\gamma_x(y) = xy$, $\delta_x(y) = yx$. D'après les formules (7) et (8), γ_x et δ_x sont des endomorphismes du groupe additif de A, donc transforment zéro en zéro et opposé en opposé. Par suite, on a

$$x.0 = 0.x = 0 \tag{9}$$

$$x.(-y) = (-x).y = -xy; \tag{10}$$

on en déduit $(-x)(-y) = -((-x).y) = -(-xy)$, d'où

$$(-x)(-y) = xy. \tag{11}$$

Les formules (10) et (11) constituent la *règle des signes*. On en déduit $-x = (-1).x = x.(-1)$ et $(-1)(-1) = 1$.

De (11) on déduit par récurrence sur n la relation

$$(-x)^n = \begin{cases} x^n & \text{si } n \text{ est pair} \\ -x^n & \text{si } n \text{ est impair.} \end{cases} \tag{12}$$

Lorsqu'on parle d'éléments *simplifiables*, d'éléments *inversibles*, d'éléments *permutables*, d'éléments *centraux*, de *commutant* ou de *centre* dans un anneau A, toutes ces notions sont relatives à la multiplication dans A. Si $x \in A$, $y \in A$ et si y est inversible, l'élément xy^{-1} de A se note aussi x/y lorsque A est commutatif. L'ensemble des éléments inversibles de A est stable pour la multiplication. Pour la loi induite par la multiplication, c'est un groupe appelé *groupe multiplicatif* de A, noté parfois A*.

Soient x, y dans A. On dit que x est *multiple à gauche* (resp. *à droite*) de y s'il existe $y' \in A$ tel que $x = y'y$ (resp. $x = yy'$); on dit encore que y est *diviseur à droite* (resp. *à gauche*) de x. Lorsquc A est commutatif, il est inutile de préciser « à gauche » ou « à droite ».

Conformément à la terminologie ci-dessus, tout élément $y \in A$ devrait être considéré comme un diviseur à droite et à gauche de 0; mais, par abus de langage, on réserve en général le nom de *diviseur à droite* (resp. *à gauche*) *de* 0 aux éléments y tels qu'il existe $x \neq 0$ dans A satisfaisant à la relation $xy = 0$ (resp. $yx = 0$). Autrement dit, les diviseurs de zéro à droite (resp. à gauche) sont les éléments non simplifiables à droite (resp. à gauche).

Soit $x \in A$. On dit que x est *nilpotent* s'il existe un entier $n > 0$ tel que $x^n = 0$. Alors l'élément $1 - x$ est inversible, d'inverse égal à $1 + x + x^2 + \cdots + x^{n-1}$.

Comme A est un groupe commutatif pour l'addition, on a défini (I, p. 23), l'élément nx pour $n \in \mathbf{Z}$ et $x \in A$. Comme γ_x et δ_x sont des endomorphismes du groupe additif A, on a $\gamma_x(ny) = n\gamma_x(y)$ et $\delta_y(nx) = n\delta_y(x)$, d'où

$$x.(ny) = (nx).y = n.(xy).$$

En particulier, on a $nx = (n.1)x$.

On appelle *pseudo-anneau* un ensemble A muni d'une addition et d'une multiplication satisfaisant aux axiomes des anneaux, à l'exception de celui qui assure l'existence de l'élément neutre pour la multiplication.

2. Conséquences de la distributivité

La distributivité de la multiplication par rapport à l'addition permet d'appliquer la prop. 1 de I, p. 27, qui donne:

$$\prod_{i=1}^{n}\Big(\sum_{\lambda \in L_i} x_{i,\lambda}\Big) = \sum_{(\alpha_1,\ldots,\alpha_n)} \prod_{i=1}^{n} x_{i,\alpha_i} \tag{13}$$

somme étendue à toutes les suites $(\alpha_1, \ldots, \alpha_n)$ appartenant à $L_1 \times \cdots \times L_n$; on suppose que pour $i = 1, \ldots, n$, la famille $(x_{i,\lambda})_{\lambda \in L_i}$ d'éléments de l'anneau A est à support *fini*.

PROPOSITION 1. — *Soient* A *un anneau* commutatif *et* $(x_\lambda)_{\lambda \in L}$ *une famille finie d'éléments de* A. *Pour toute famille d'entiers positifs* $\beta = (\beta_\lambda)_{\lambda \in L}$, *posons* $|\beta| = \sum_{\lambda \in L} \beta_\lambda$. *On a*

$$\Big(\sum_{\lambda \in L} x_\lambda\Big)^n = \sum_{|\beta| = n} \frac{n!}{\prod_{\lambda \in L} \beta_\lambda!} \prod_{\lambda \in L} x_\lambda^{\beta_\lambda}. \tag{14}$$

Appliquons la formule (13) (I, p. 93) avec $L_i = L$ et $x_{i,\lambda} = x_\lambda$ pour $1 \leqslant i \leqslant n$. On a donc

$$(15) \qquad \Big(\sum_{\lambda \in L} x_\lambda\Big)^n = \sum_{\alpha_1, \ldots, \alpha_n} x_{\alpha_1} \ldots x_{\alpha_n},$$

la somme étant étendue à toutes les suites $\alpha = (\alpha_1, \ldots, \alpha_n) \in L^n$.

Soit α dans L^n; pour tout $\lambda \in L$, on note U^α_λ l'ensemble des entiers i tels que $1 \leqslant i \leqslant n$ et $\alpha_i = \lambda$, et l'on pose $\Phi(\alpha) = (U^\alpha_\lambda)_{\lambda \in L}$. Il est immédiat que Φ est une bijection de L^n sur l'ensemble des partitions de $\{1, 2, \ldots, n\}$ indexées par L. Pour tout $\beta \in \mathbf{N}^L$ tel que $|\beta| = n$, on note L^n_β l'ensemble des $\alpha \in L^n$ tels que $\operatorname{Card} U^\alpha_\lambda = \beta_\lambda$ pour tout $\lambda \in L$. On en déduit que la famille $(L^n_\beta)_{|\beta| = n}$ est une partition de L^n et que l'on a $\operatorname{Card} L^n_\beta = \dfrac{n!}{\prod_{\lambda \in L} \beta_\lambda !}$ (I, p. 58).

Enfin, pour $\alpha \in L^n_\beta$, on a

$$x_{\alpha_1} \ldots x_{\alpha_n} = \prod_{\lambda \in L} \prod_{i \in U^\alpha_\lambda} x_{\alpha_i} = \prod_{\lambda \in L} \prod_{i \in U^\alpha_\lambda} x_\lambda = \prod_{\lambda \in L} x_\lambda^{\beta_\lambda},$$

d'où

$$\begin{aligned} \sum_{(\alpha_1, \ldots, \alpha_n)} x_{\alpha_1} \ldots x_{\alpha_n} &= \sum_{|\beta| = n} \sum_{\alpha \in L^n_\beta} x_{\alpha_1} \ldots x_{\alpha_n} \\ &= \sum_{|\beta| = n} \sum_{\alpha \in L^n_\beta} \prod_{\lambda \in L} x_\lambda^{\beta_\lambda} \\ &= \sum_{|\beta| = n} \frac{n!}{\prod_{\lambda \in L} \beta_\lambda !} \prod_{\lambda \in L} x_\lambda^{\beta_\lambda} \end{aligned}$$

et la formule (14) résulte donc de (15).

Corollaire 1 (formule du binôme). — *Soient x et y deux éléments d'un anneau commutatif* A. *On a:*

$$(x + y)^n = \sum_{p=0}^{n} \binom{n}{p} x^p y^{n-p}.$$

La formule (14) appliquée avec $L = \{1, 2\}$, $x_1 = x$ et $x_2 = y$ donne

$$(x + y)^n = \sum_{p+q=n} \frac{n!}{p!q!} x^p y^q$$

la sommation étant étendue aux couples d'entiers positifs p, q avec $p + q = n$. La formule du binôme résulte immédiatement de là (E, III, p. 42).

Corollaire 2. — *Soient* A *un anneau commutatif,* X *un ensemble,* $\mathbf{u} = (u_x)_{x \in X}$ *et* $\mathbf{v} = (v_x)_{x \in X}$ *deux familles d'éléments de* A. *Notons* $\mathbf{u} + \mathbf{v}$ *la famille* $(u_x + v_x)_{x \in X}$.

Pour tout $\lambda \in \mathbf{N}^{(X)}$, *posons* $\lambda! = \prod_{x \in X} \lambda(x)!$. *Alors, quel que soit* $\alpha \in \mathbf{N}^{(X)}$, *on a, avec les notations de* I, p. 89,

$$(\mathbf{u} + \mathbf{v})^{\alpha} = \sum_{\beta+\gamma=\alpha} \frac{\alpha!}{\beta!\gamma!} \mathbf{u}^{\beta}\mathbf{v}^{\gamma}.$$

En effet, pour $x \in X$, on a

$$(u_x + v_x)^{\alpha(x)} = \sum_{m+n=\alpha(x)} \frac{\alpha(x)!}{m!n!} u_x^m v_x^n$$

d'après le cor. 1. En faisant le produit de ces égalités pour $x \in X$, et en tenant compte de (13) (I, p. 93), on obtient le corollaire.

COROLLAIRE 3. — *Soient* A *un anneau,* x *et* y *des éléments nilpotents et permutables de* A. *Alors* $x + y$ *est nilpotent.*

On se ramène aussitôt au cas où A est commutatif. Si $x^n = 0$ et $y^n = 0$, le cor. 1 entraîne que $(x + y)^{2n-1} = 0$.

PROPOSITION 2. — *Soient* A *un anneau,* $x_1, \ldots, x_n$ *des éléments de* A, *et* $I = \{1, 2, \ldots, n\}$. *Pour* $H \subset I$, *posons* $x_H = \sum_{i \in H} x_i$. *On a*

$$(16) \qquad (-1)^n \sum_{\sigma \in \mathfrak{S}_n} x_{\sigma(1)} \ldots x_{\sigma(n)} = \sum_{H \subset I} (-1)^{\operatorname{Card} H} (x_H)^n.$$

En particulier, si A *est commutatif, on a*

$$(-1)^n n!\, x_1 x_2 \ldots x_n = \sum_{H \subset I} (-1)^{\operatorname{Card} H} (x_H)^n.$$

Soit C l'ensemble des applications de I dans $\{0, 1\}$. Si à tout $H \subset I$, on fait correspondre sa fonction caractéristique, on obtient une bijection de $\mathfrak{P}(I)$ sur C. Le second membre de (16) est donc égal à:

$$\sum_{a \in C} (-1)^{a(1)+\ldots+a(n)} \Big(\sum_{i \in I} a(i) x_i\Big)^n$$
$$= \sum_{a \in C} (-1)^{a(1)+\ldots+a(n)} \sum_{(i_1,\ldots,i_n) \in I^n} a(i_1) \ldots a(i_n) x_{i_1} \ldots x_{i_n}$$
$$= \sum_{(i_1,\ldots,i_n) \in I^n} c_{i_1\ldots i_n} x_{i_1} \ldots x_{i_n}$$

avec

$$c_{i_1\ldots i_n} = \sum_{a \in C} (-1)^{a(1)+\ldots+a(n)} a(i_1) \ldots a(i_n).$$

1) Supposons que $(i_1, \ldots, i_n)$ ne soit pas une permutation de I. Il existe un $j \in I$ distinct de $i_1, \ldots, i_n$. Soit C′ l'ensemble des $a \in C$ tels que $a(j) = 0$. Pour tout $a \in C'$, soit a^* la somme de a et de la fonction caractéristique de $\{j\}$. On a $a^*(1) + \cdots + a^*(n) = a(1) + \cdots + a(n) + 1$, donc

$$c_{i_1\ldots i_n} = \sum_{a \in C'} (-1)^{a(1)+\ldots+a(n)} a(i_1) \ldots a(i_n) + (-1)^{a^*(1)+\ldots+a^*(n)} a^*(i_1) \ldots a^*(i_n)$$
$$= \sum_{a \in C'} ((-1)^{a(1)+\ldots+a(n)} + (-1)^{a(1)+\ldots+a(n)+1}) a(i_1) \ldots a(i_n) = 0.$$

2) Supposons qu'il existe $\sigma \in \mathfrak{S}_n$ tel que $i_1 = \sigma(1), \ldots, i_n = \sigma(n)$. Alors $a(i_1) \ldots a(i_n) = 0$ sauf si a ne prend que la valeur 1. Donc $c_{i_1\ldots i_n} = (-1)^n$.

3. Exemples d'anneaux

I. *Anneau nul*. Soit A un anneau. Pour qu'on ait $0 = 1$ dans A, il faut et il suffit que A soit réduit à un seul élément. En effet, la condition est évidemment suffisante. D'autre part, si $0 = 1$, on a, pour tout $x \in A$, $x = x.1 = x.0 = 0$. Un tel anneau s'appelle un anneau nul.

II. *Anneau des entiers rationnels*. Pour l'addition définie dans I, p. 20, et la multiplication définie dans I, p. 22, $\mathbf{Z}$ est un anneau commutatif. Les notations $0, 1, -x$ sont en accord avec les notations introduites antérieurement.

$_*$III. *Anneau de fonctions réelles*. Soit I un intervalle de l'ensemble $\mathbf{R}$ des nombres réels et soit A l'ensemble des fonctions continues définies dans I et à valeurs réelles. On définit la somme $f + g$ et le produit $f.g$ de deux fonctions f et g par

$$(f+g)(t) = f(t) + g(t), \qquad (fg)(t) = f(t)g(t) \qquad (t \in \mathrm{I}).$$

On obtient un anneau commutatif dont l'élément unité est la constante 1.$_*$

$_*$IV. *Pseudo-anneau de convolution*. Soit E l'ensemble des fonctions continues à valeurs réelles définies dans $\mathbf{R}$, nulles en dehors d'un intervalle borné. La somme de deux fonctions est définie comme en III, mais le produit est maintenant défini par

$$(fg)(t) = \int_{-\infty}^{\infty} f(s)g(t-s)\,ds$$

(« produit de convolution »). On obtient ainsi un pseudo-anneau commutatif qui n'est pas un anneau (cf. INT, VIII, § 4).$_*$

V. *Anneau opposé d'un anneau* A. Soit A un anneau. On note souvent A^0 l'ensemble A muni de la même addition que A et de la multiplication $(x, y) \mapsto yx$. C'est un anneau (appelé anneau opposé de A) qui admet même zéro et même unité que A, et qui coïncide avec A si et seulement si A est commutatif.

VI. *Anneau des endomorphismes d'un groupe commutatif*. Soit G un groupe commutatif, noté additivement. On note E l'ensemble des endomorphismes de G. Etant donnés f et g dans E, on définit les applications $f + g$ et fg de G dans G par

$$(f+g)(x) = f(x) + g(x), \qquad (fg)(x) = f(g(x)) \qquad (x \in \mathrm{G}).$$

D'après I, p. 10, prop. 5, $f + g$ est un endomorphisme de G, et il en est évidemment de même de $fg = f \circ g$. D'après I, p. 43, E est un groupe (commutatif) pour l'addition. La multiplication est évidemment associative et admet l'élément neutre Id_{G}. Par ailleurs, pour f, g et h dans E, posons $\varphi = f.(g + h)$; pour tout $x \in \mathrm{G}$, on a

$$\varphi(x) = f((g+h)(x)) = f(g(x) + h(x)) = f(g(x)) + f(h(x))$$

car f est un endomorphisme de G; on a donc $\varphi = fg + fh$, et il est clair que $(g + h)f = gf + hf$. Par suite, E est un anneau (non commutatif en général) qu'on appelle *anneau des endomorphismes de* G.

VII. *Pseudo-anneau de carré nul*. Un pseudo-anneau A est dit de carré nul si $xy = 0$ quels que soient x, y dans A. Soit G un groupe commutatif. Si l'on munit l'ensemble G de l'addition du groupe G et de la multiplication $(x, y) \mapsto 0$, on obtient un pseudo-anneau de carré nul. Ce n'est un anneau que si $G = \{0\}$, auquel cas c'est l'anneau nul.

4. Homomorphismes d'anneaux

DÉFINITION 2. — *Soient* A *et* B *deux anneaux. On appelle morphisme, ou homomorphisme, de* A *dans* B *toute application f de* A *dans* B *satisfaisant aux relations :*

(17) $$f(x + y) = f(x) + f(y), \qquad f(xy) = f(x).f(y), \qquad f(1) = 1,$$

quels que soient x, y dans A.

Le composé de deux homomorphismes d'anneaux est un homomorphisme d'anneaux. Soient A et B deux anneaux et f une application de A dans B; pour que f soit un isomorphisme, il faut et il suffit que ce soit un homomorphisme bijectif; dans ce cas, f^{-1} est un homomorphisme de B dans A. Un homomorphisme d'un anneau A dans lui-même s'appelle un *endomorphisme* de A.

Soit $f : A \to B$ un homomorphisme d'anneaux. L'application f est un homomorphisme du groupe additif de A dans le groupe additif de B; en particulier, on a $f(0) = 0$ et $f(-x) = -f(x)$ pour tout $x \in A$. L'image par f d'un élément inversible de A est un élément inversible de B, et la restriction de f au groupe multiplicatif de A est un homomorphisme de ce groupe dans le groupe multiplicatif de B.

Exemples. — 1) Soit A un anneau. On voit immédiatement que l'application $n \mapsto n.1$ de **Z** dans A est l'unique homomorphisme de **Z** dans A. En particulier, l'application identique de **Z** est l'unique endomorphisme de l'anneau **Z**.

Prenons en particulier pour A l'anneau des endomorphismes du groupe additif **Z** (I, p. 96, *Exemple* VI). L'application $n \mapsto n.1$ de **Z** dans A est un isomorphisme de **Z** sur A d'après la construction même de la multiplication dans **Z** (I, p. 22).

2) Soit a un élément inversible d'un anneau A. L'application $x \mapsto axa^{-1}$ est un endomorphisme de A car on a

$$a(x + y)a^{-1} = axa^{-1} + aya^{-1},$$
$$a(xy)a^{-1} = (axa^{-1})(aya^{-1}).$$

Elle est bijective, car la relation $x' = axa^{-1}$ équivaut à $x = a^{-1}x'a$. C'est donc un automorphisme de l'anneau A, appelé *automorphisme intérieur* associé à a.

5. Sous-anneaux

DÉFINITION 3. — *Soit* A *un anneau. On appelle sous-anneau de* A *toute partie* B *de* A *qui est un sous-groupe de* A *pour l'addition, qui est stable pour la multiplication et contient l'unité de* A.

Les conditions précédentes peuvent s'écrire

$$0 \in B, \qquad B + B \subset B, \qquad -B \subset B, \qquad B.B \subset B, \qquad 1 \in B.$$

Si B est un sous-anneau de A, on le munit de l'addition et de la multiplication induites par celles de A, qui en font un anneau. L'injection canonique de B dans A est un homomorphisme d'anneaux.

Exemples. — 1) Tout sous-groupe du groupe additif **Z** qui contient 1 est égal à **Z**. Donc **Z** est le seul sous-anneau de **Z**.

2) Soient A un anneau et $(A_\iota)_{\iota \in I}$ une famille de sous-anneaux de A; il est immédiat que $\bigcap_{\iota \in I} A_\iota$ est un sous-anneau de A. En particulier, l'intersection de tous les sous-anneaux de A contenant une partie X de A est un sous-anneau qui est appelé le *sous-anneau de* A *engendré par* X.

3) Soit X une partie d'un anneau A. Le commutant de X dans A est un sous-anneau de A. En particulier, le centre de A est un sous-anneau de A.

4) Soit G un groupe commutatif à opérateurs; on note Ω l'ensemble d'opérateurs et $\alpha \mapsto f_\alpha$ l'action de Ω sur G. Soit E l'anneau des endomorphismes du groupe sans opérateurs G et F l'ensemble des endomorphismes du groupe à opérateurs G. Par définition, F se compose des endomorphismes φ de G tels que $\varphi . f_\alpha = f_\alpha . \varphi$ pour tout $\alpha \in \Omega$. Par suite, F est un sous-anneau de l'anneau E. On appelle F *l'anneau des endomorphismes du groupe à opérateurs* G (cf. II, p. 5). Soit F_1 le sous-anneau de E engendré par les f_α. Alors F est le commutant de F_1 dans E.

6. Idéaux

Définition 4. — *Soit* A *un anneau. On dit qu'une partie* $\mathfrak{a}$ *de* A *est un idéal à gauche* (resp. *à droite*) *si* $\mathfrak{a}$ *est un sous-groupe du groupe additif de* A *et si les relations* $a \in A$, $x \in \mathfrak{a}$ *entraînent* $ax \in \mathfrak{a}$ (resp. $xa \in \mathfrak{a}$). *On dit que* $\mathfrak{a}$ *est un idéal bilatère de* A *si* $\mathfrak{a}$ *est à la fois un idéal à gauche et un idéal à droite de* A.

La définition d'un idéal à gauche se traduit par les relations

$$0 \in \mathfrak{a}, \qquad \mathfrak{a} + \mathfrak{a} \subset \mathfrak{a}, \qquad A.\mathfrak{a} \subset \mathfrak{a},$$

la relation $-\mathfrak{a} \subset \mathfrak{a}$ résultant de la formule $(-1).x = -x$ et de $A.\mathfrak{a} \subset \mathfrak{a}$. Pour tout $x \in A$, soit γ_x l'application $a \mapsto xa$ de A dans A; l'action $x \mapsto \gamma_x$ munit le groupe additif A^+ de A d'une structure de groupe à opérateurs ayant A comme ensemble d'opérateurs. Les idéaux à gauche de A ne sont autres que les sous-groupes de A^+ stables pour cette action.

Les idéaux à gauche dans l'anneau A sont les idéaux à droite dans l'anneau opposé A^0. Dans un anneau commutatif, les trois espèces d'idéaux se confondent; on les appelle simplement *idéaux*.

Exemples. — 1) Soit A un anneau. L'ensemble A est un idéal bilatère de A; il en est de même de l'ensemble réduit à 0, qu'on appelle l'idéal *nul* et qu'on écrit parfois 0 ou (0) au lieu de $\{0\}$.

2) Pour tout élément a de A, l'ensemble $A.a$ des multiples à gauche de a est un idéal à gauche; de même l'ensemble $a.A$ est un idéal à droite. Lorsque a est dans le centre de A, on a $A.a = a.A$; cet idéal s'appelle *l'idéal principal* engendré par a et se note (a). On a $(a) = A$ si et seulement si a est inversible.

3) Soit M une partie de A. L'ensemble des éléments $x \in A$ tels que $xy = 0$ pour tout $y \in M$ est un idéal à gauche de A qu'on appelle l'*annulateur à gauche* de M. On définit de manière analogue l'annulateur à droite de M.

4) Toute intersection d'idéaux à gauche (resp. à droite, bilatères) de A est un idéal à gauche (resp. à droite, bilatère). Etant donnée une partie X de A, il existe donc un plus petit idéal à gauche (resp. à droite, bilatère) contenant X; on l'appelle l'idéal à gauche (resp. à droite, bilatère) *engendré par* X.

Soit $\mathfrak{a}$ un idéal à gauche de A. Les conditions $1 \notin \mathfrak{a}$, $\mathfrak{a} \neq A$ sont évidemment équivalentes.

Définition 5. — *Soit* A *un anneau. On dit, par abus de langage, qu'un idéal à gauche* $\mathfrak{a}$ *est maximal s'il est un élément maximal de l'ensemble des idéaux à gauche* distincts de A.

Autrement dit, $\mathfrak{a}$ est maximal si $\mathfrak{a} \neq A$ et si les seuls idéaux à gauche de A contenant $\mathfrak{a}$ sont $\mathfrak{a}$ et A.

Théorème 1 (Krull). — *Soient* A *un anneau et* $\mathfrak{a}$ *un idéal à gauche de* A *distinct de* A. *Il existe un idéal à gauche maximal* $\mathfrak{m}$ *de* A *contenant* $\mathfrak{a}$.

Considérons A comme opérant dans le groupe additif A^+ de A par multiplication à gauche. Alors les idéaux à gauche de A sont les sous-groupes stables de A^+. Le théorème résulte donc de I, p. 33, prop. 3, appliquée à la partie $P = \{1\}$ de A^+.

Proposition 3. — *Soient* A *un anneau,* $(x_\lambda)_{\lambda \in L}$ *une famille d'éléments de* A, $\mathfrak{a}$ (resp. $\mathfrak{b}$) *l'ensemble des sommes* $\sum_{\lambda \in L} a_\lambda x_\lambda$ *où* $(a_\lambda)_{\lambda \in L}$ *est une famille à support fini d'éléments de* A (resp. $\sum_{\lambda \in L} a_\lambda x_\lambda b_\lambda$ *où* $(a_\lambda)_{\lambda \in L}$, $(b_\lambda)_{\lambda \in L}$ *sont des familles à support fini d'éléments de* A). *Alors* $\mathfrak{a}$ (resp. $\mathfrak{b}$) *est l'idéal à gauche* (resp. *bilatère*) *de* A *engendré par l'ensemble des* x_λ.

Les formules

$$0 = \sum_{\lambda \in L} 0.x_\lambda \tag{18}$$

$$\sum_{\lambda \in L} a_\lambda x_\lambda + \sum_{\lambda \in L} a'_\lambda x_\lambda = \sum_{\lambda \in L} (a_\lambda + a'_\lambda) x_\lambda \tag{19}$$

$$a.\sum_{\lambda \in L} a_\lambda x_\lambda = \sum_{\lambda \in L} (aa_\lambda) x_\lambda \tag{20}$$

prouvent que $\mathfrak{a}$ est un idéal à gauche. Soit $\mathfrak{a}'$ un idéal à gauche tel que $x_\lambda \in \mathfrak{a}'$ pour tout $\lambda \in L$, et soit $(a_\lambda)_{\lambda \in L}$ une famille à support fini dans A. On a $a_\lambda x_\lambda \in \mathfrak{a}'$ pour tout $\lambda \in L$, d'où $\sum_{\lambda \in L} a_\lambda x_\lambda \in \mathfrak{a}'$; on a donc $\mathfrak{a} \subset \mathfrak{a}'$. Donc $\mathfrak{a}$ est l'idéal à gauche de A engendré par les x_λ. On raisonne de façon analogue pour $\mathfrak{b}$.

Proposition 4. — *Soient* A *un anneau et* $(\mathfrak{a}_\lambda)_{\lambda\in L}$ *une famille d'idéaux à gauche de* A. *L'idéal à gauche engendré par* $\bigcup_{\lambda\in L} \mathfrak{a}_\lambda$ *se compose des sommes* $\sum_{\lambda\in L} y_\lambda$, *où* $(y_\lambda)_{\lambda\in L}$ *est une famille à support fini telle que* $y_\lambda \in \mathfrak{a}_\lambda$ *pour tout* $\lambda \in L$.

Soit $\mathfrak{a}$ l'ensemble des sommes $\sum_{\lambda\in L} y_\lambda$ avec $y_\lambda \in \mathfrak{a}_\lambda$ pour tout $\lambda \in L$. Les formules $\sum_{\lambda\in L} x_\lambda + \sum_{\lambda\in L} y_\lambda = \sum_{\lambda\in L} (x_\lambda + y_\lambda)$ et $a.\sum_{\lambda\in L} x_\lambda = \sum_{\lambda\in L} ax_\lambda$ montrent que $\mathfrak{a}$ est un idéal à gauche de A. Soient $\lambda \in L$ et $x \in \mathfrak{a}_\lambda$; posons $y_\lambda = x$ et $y_\mu = 0$ pour $\mu \neq \lambda$; on a $x = \sum_{\lambda\in L} y_\lambda$, d'où $x \in \mathfrak{a}$ et finalement $\mathfrak{a}_\lambda \subset \mathfrak{a}$. Si un idéal à gauche $\mathfrak{a}'$ contient $\mathfrak{a}_\lambda$ pour tout $\lambda \in L$, il contient évidemment $\mathfrak{a}$, donc $\mathfrak{a}$ est engendré par $\bigcup_{\lambda\in L} \mathfrak{a}_\lambda$.

On dit que l'idéal $\mathfrak{a}$ engendré par $\bigcup_{\lambda\in L} \mathfrak{a}_\lambda$ est *la somme des idéaux à gauche* $\mathfrak{a}_\lambda$ et on le note $\sum_{\lambda\in L} \mathfrak{a}_\lambda$ (cf. II, p. 16). En particulier, la somme $\mathfrak{a}_1 + \mathfrak{a}_2$ de deux idéaux à gauche se compose des sommes $a_1 + a_2$ avec $a_1 \in \mathfrak{a}_1$ et $a_2 \in \mathfrak{a}_2$.

7. Anneaux quotients

Soit A un anneau. Si $\mathfrak{a}$ est un idéal bilatère de A, on dit que deux éléments x et y de A sont *congrus modulo* $\mathfrak{a}$ et l'on écrit $x \equiv y \pmod{\mathfrak{a}}$ ou $x \equiv y\ (\mathfrak{a})$ si $x - y \in \mathfrak{a}$. On a là une relation d'équivalence dans A. Les relations $x \equiv y\ (\mathfrak{a})$ et $x' \equiv y'\ (\mathfrak{a})$ entraînent $x + x' \equiv y + y'(\mathfrak{a})$, $xx' \equiv xy'\ (\mathfrak{a})$, car $\mathfrak{a}$ est idéal à gauche, et $xy' \equiv yy'\ (\mathfrak{a})$ car $\mathfrak{a}$ est idéal à droite, d'où $xx' \equiv yy'\ (\mathfrak{a})$. Réciproquement, si R est une relation d'équivalence sur A compatible avec l'addition et la multiplication, l'ensemble $\mathfrak{a}$ des éléments x tels que $x \equiv 0$ mod. R est un idéal bilatère et la relation $x \equiv y$ mod. R équivaut à $x \equiv y$ mod. $\mathfrak{a}$.

Soient A un anneau et $\mathfrak{a}$ un idéal bilatère de A. On note $A/\mathfrak{a}$ l'ensemble quotient de A par la relation d'équivalence $x \equiv y\ (\mathfrak{a})$, muni de l'addition et de la multiplication quotients de celles de A (I, p. 10, déf. 11). Montrons que $A/\mathfrak{a}$ est un anneau:

a) Pour l'addition, $A/\mathfrak{a}$ est le groupe commutatif quotient du groupe additif de A par le sous-groupe $\mathfrak{a}$.

b) Pour la multiplication, $A/\mathfrak{a}$ est un monoïde (I, p. 13).

c) Soient ξ, η, ζ dans $A/\mathfrak{a}$ et soit $\pi: A \to A/\mathfrak{a}$ l'application canonique; considérons des éléments x, y, z de A tels que $\pi(x) = \xi$, $\pi(y) = \eta$ et $\pi(z) = \zeta$. On a

$$\begin{aligned}\xi(\eta + \zeta) &= \pi(x)\pi(y + z) = \pi(x(y + z)) = \pi(xy + xz) = \pi(x)\pi(y) + \pi(x)\pi(z)\\ &= \xi\eta + \xi\zeta\end{aligned}$$

et l'on établit de manière analogue la relation $(\xi + \eta)\zeta = \xi\zeta + \eta\zeta$.

Définition 6. — *Soient* A *un anneau et* $\mathfrak{a}$ *un idéal bilatère de* A. *On appelle anneau quo-*

tient de A *par* $\mathfrak{a}$ *et l'on note* $A/\mathfrak{a}$ *l'ensemble quotient de* A *par la relation d'équivalence* $x \equiv y\ (\mathfrak{a})$, *muni de l'addition et de la multiplication quotients de celles de* A.

L'anneau $A/\{0\}$ est isomorphe à A, et A/A est un anneau nul.

THÉORÈME 2. — *Soient* A *un anneau et* $\mathfrak{a}$ *un idéal bilatère de* A.

a) *L'application canonique* π *de* A *sur* $A/\mathfrak{a}$ *est un homomorphisme d'anneaux.*

b) *Soient* B *un anneau et* f *un homomorphisme de* A *dans* B. *Si* $f(\mathfrak{a}) = \{0\}$, *il existe un homomorphisme* $\bar{f}$ *de* $A/\mathfrak{a}$ *dans* B *et un seul tel que* $f = \bar{f} \circ \pi$.

Par construction, on a $\pi(x + y) = \pi(x) + \pi(y)$ et $\pi(xy) = \pi(x)\pi(y)$ pour x, y dans A; on sait que $\pi(1)$ est l'unité ε de $A/\mathfrak{a}$, d'où a).

Soient A^+ le groupe additif de A et B^+ celui de B; comme f est un homomorphisme de A^+ dans B^+, nul sur le sous-groupe $\mathfrak{a}$ de A^+, il existe (I, p. 35, prop. 5) un homomorphisme $\bar{f}$ et un seul de $A^+/\mathfrak{a}$ dans B^+ tel que $f = \bar{f} \circ \pi$. Soient ξ, η dans $A/\mathfrak{a}$; soient x, y dans A tels que $\pi(x) = \xi$ et $\pi(y) = \eta$; on a $\xi\eta = \pi(xy)$ d'où

$$\bar{f}(\xi\eta) = \bar{f}(\pi(xy)) = f(xy) = f(x).f(y) = \bar{f}(\xi).\bar{f}(\eta)$$

et $\bar{f}(\varepsilon) = \bar{f}(\pi(1)) = f(1) = 1$, donc $\bar{f}$ est un homomorphisme d'anneaux.

THÉORÈME 3. — *Soient* A *et* B *des anneaux,* f *un homomorphisme de* A *dans* B.

a) *Le noyau* $\mathfrak{a}$ *de* f *est un idéal bilatère de* A.

b) *L'image* $B' = f(A)$ *de* f *est un sous-anneau de* B.

c) *Soient* $\pi\colon A \to A/\mathfrak{a}$ *et* $i\colon B' \to B$ *les morphismes canoniques. Il existe un morphisme* $\bar{f}$ *de* $A/\mathfrak{a}$ *dans* B' *et un seul tel que* $f = i \circ \bar{f} \circ \pi$, *et* $\bar{f}$ *est un isomorphisme.*

Comme f est un morphisme du groupe additif de A dans celui de B, $\mathfrak{a}$ est un sous-groupe de A. Si $x \in \mathfrak{a}$ et $a \in A$, on a $f(ax) = f(a)f(x) = 0$ donc $ax \in \mathfrak{a}$, et de même $xa \in \mathfrak{a}$; donc $\mathfrak{a}$ est un idéal bilatère de A. L'assertion b) est évidente. Comme f est nulle sur $\mathfrak{a}$, il existe un morphisme $\bar{f}$ de $A/\mathfrak{a}$ dans B' tel que $f = i \circ \bar{f} \circ \pi$ (th. 2). L'unicité de $\bar{f}$, et le fait que $\bar{f}$ soit un isomorphisme, résultent de E, II, p. 44.

8. Sous-anneaux et idéaux dans un anneau quotient

PROPOSITION 5. — *Soient* A *et* A' *deux anneaux,* f *un homomorphisme de* A *dans* A', *et* $\mathfrak{a}$ *le noyau de* f.

a) *Soit* B' *un sous-anneau de* A'. *Alors* $B = f^{-1}(B')$ *est un sous-anneau de* A *contenant* $\mathfrak{a}$. *Si* f *est surjectif, on a* $f(B) = B'$, *et* $f|B$ *définit par passage au quotient un isomorphisme de* $B/\mathfrak{a}$ *sur* B'.

b) *Soit* $\mathfrak{b}'$ *un idéal à gauche* (resp. *à droite, bilatère*) *de* A'. *Alors* $\mathfrak{b} = f^{-1}(\mathfrak{b}')$ *est un idéal à gauche* (resp. *à droite, bilatère*) *de* A *contenant* $\mathfrak{a}$.

c) *Si* $\mathfrak{b}'$ *est un idéal bilatère de* A', *l'application composée du morphisme canonique* $A' \to A'/\mathfrak{b}'$ *et de* $f\colon A \to A'$ *définit, par passage au quotient, un morphisme injectif* $\bar{f}$ *de* $A/\mathfrak{b}$ *dans* $A'/\mathfrak{b}'$. *Si* f *est surjectif,* $\bar{f}$ *est un isomorphisme de* $A/\mathfrak{b}$ *sur* $A'/\mathfrak{b}'$.

d) *Supposons f surjectif. Soit Φ l'ensemble des sous-anneaux* (resp. *idéaux à gauche, idéaux à droite, idéaux bilatères*) *de* A *contenant* $\mathfrak{a}$. *Soit Φ' l'ensemble des sous-anneaux* (resp. *idéaux à gauche, idéaux à droite, idéaux bilatères*) *de* A'. *Les applications* $B \mapsto f(B)$ *et* $B' \mapsto f^{-1}(B')$ *sont des bijections réciproques de Φ sur Φ' et de Φ' sur Φ.*

a) et b) sont évidents, sauf la dernière assertion de a) qui résulte de I, p. 101, th. 3.

Le morphisme composé $g: A \to A' \to A'/\mathfrak{b}'$ considéré en c) a pour noyau $\mathfrak{b}$, donc $\bar{f}$ est un morphisme injectif de $A/\mathfrak{b}$ dans $A'/\mathfrak{b}'$ (I, p. 101, th. 3). Si f est surjectif, g est surjectif, donc $\bar{f}$ est surjectif.

Supposons f surjectif. D'après ce qui précède, l'application $\theta: B' \mapsto f^{-1}(B')$ est une application de Φ' dans Φ. Il est clair que l'application $\eta: B \mapsto f(B)$ est une application de Φ dans Φ'. On a $\theta \circ \eta = \mathrm{Id}_\Phi$, $\eta \circ \theta = \mathrm{Id}_{\Phi'}$, d'où d).

Remarque. — Avec les notations précédentes, θ et η sont des isomorphismes d'ensembles ordonnés (Φ et Φ' étant ordonnés par inclusion).

Corollaire. — *Soient* A *un anneau,* $\mathfrak{a}$ *un idéal bilatère de* A.

a) *Tout idéal à gauche* (resp. *à droite, bilatère*) *de* $A/\mathfrak{a}$ *s'écrit de manière unique sous la forme* $\mathfrak{b}/\mathfrak{a}$, *où* $\mathfrak{b}$ *est un idéal à gauche* (resp. *à droite, bilatère*) *de* A *contenant* $\mathfrak{a}$.

b) *Si* $\mathfrak{b}$ *est bilatère, l'homomorphisme composé* $A \to A/\mathfrak{a} \to (A/\mathfrak{a})/(\mathfrak{b}/\mathfrak{a})$ *définit par passage au quotient un isomorphisme de* $A/\mathfrak{b}$ *sur* $(A/\mathfrak{a})(\mathfrak{b}/\mathfrak{a})$.

Il suffit d'appliquer la prop. 5 au morphisme canonique de A sur $A/\mathfrak{a}$.

9. Multiplication des idéaux

Soient A un anneau, $\mathfrak{a}$ et $\mathfrak{b}$ des idéaux bilatères de A. L'ensemble des éléments de la forme $x_1y_1 + \cdots + x_ny_n$ avec $n \geqslant 0$, $x_i \in \mathfrak{a}$ et $y_i \in \mathfrak{b}$ pour $1 \leqslant i \leqslant n$, est évidemment un idéal bilatère de A, qu'on note $\mathfrak{ab}$ et qu'on appelle le *produit* des idéaux bilatères $\mathfrak{a}$ et $\mathfrak{b}$. Pour cette multiplication, l'ensemble des idéaux bilatères de A est un monoïde, ayant pour élément unité l'idéal bilatère A. Si $\mathfrak{a}$, $\mathfrak{b}$, $\mathfrak{c}$ sont des idéaux bilatères de A, on a $\mathfrak{a}(\mathfrak{b} + \mathfrak{c}) = \mathfrak{ab} + \mathfrak{ac}$, $(\mathfrak{b} + \mathfrak{c})\mathfrak{a} = \mathfrak{ba} + \mathfrak{ca}$. Si A est commutatif, la multiplication des idéaux est commutative.

On a $\mathfrak{ab} \subset \mathfrak{a}A \subset \mathfrak{a}$ et $\mathfrak{ab} \subset A\mathfrak{b} \subset \mathfrak{b}$, donc

$$\mathfrak{ab} \subset \mathfrak{a} \cap \mathfrak{b}. \tag{21}$$

Proposition 6. — *Soient* $\mathfrak{a}, \mathfrak{b}_1, \ldots, \mathfrak{b}_n$ *des idéaux bilatères de* A. *Si* $A = \mathfrak{a} + \mathfrak{b}_i$ *pour tout i, on a* $A = \mathfrak{a} + \mathfrak{b}_1\mathfrak{b}_2 \ldots \mathfrak{b}_n = \mathfrak{a} + (\mathfrak{b}_1 \cap \mathfrak{b}_2 \cap \cdots \cap \mathfrak{b}_n)$.

D'après (21), il suffit de prouver que $A = \mathfrak{a} + \mathfrak{b}_1\mathfrak{b}_2 \cdots \mathfrak{b}_n$. Par récurrence, il suffit d'envisager le cas où $n = 2$. Par hypothèse, il existe a, a' dans $\mathfrak{a}$, $b_1 \in \mathfrak{b}_1$, $b_2 \in \mathfrak{b}_2$ tels que $1 = a + b_1 = a' + b_2$. Alors

$$1 = a' + (a + b_1)b_2 = (a' + ab_2) + b_1b_2 \in \mathfrak{a} + \mathfrak{b}_1\mathfrak{b}_2,$$

d'où $A = \mathfrak{a} + \mathfrak{b}_1\mathfrak{b}_2$.

Proposition 7. — *Soient* $\mathfrak{b}_1, \ldots, \mathfrak{b}_n$ *des idéaux bilatères de* A, *tels que* $\mathfrak{b}_i + \mathfrak{b}_j = A$ *pour*

$i \neq j$. *Alors* $\mathfrak{b}_1 \cap \mathfrak{b}_2 \cap \cdots \cap \mathfrak{b}_n = \sum_{\sigma \in \mathfrak{S}_n} \mathfrak{b}_{\sigma(1)}\mathfrak{b}_{\sigma(2)} \ldots \mathfrak{b}_{\sigma(n)}$. *En particulier, si* A *est commutatif*, $\mathfrak{b}_1 \cap \mathfrak{b}_2 \cap \cdots \cap \mathfrak{b}_n = \mathfrak{b}_1\mathfrak{b}_2 \ldots \mathfrak{b}_n$ (cf. I, p. 151, exerc. 2).

Supposons d'abord $n = 2$. Il existe $a_1 \in \mathfrak{b}_1$, $a_2 \in \mathfrak{b}_2$ tels que $a_1 + a_2 = 1$. Si $x \in \mathfrak{b}_1 \cap \mathfrak{b}_2$, on a $x = x(a_1 + a_2) = xa_1 + xa_2 \in \mathfrak{b}_2\mathfrak{b}_1 + \mathfrak{b}_1\mathfrak{b}_2$. Donc $\mathfrak{b}_1 \cap \mathfrak{b}_2 = \mathfrak{b}_1\mathfrak{b}_2 + \mathfrak{b}_2\mathfrak{b}_1$.

Supposons maintenant l'égalité de la proposition établie pour les entiers $< n$. D'après la prop. 6 (I, p. 102), on a $\mathfrak{b}_n + (\mathfrak{b}_1\mathfrak{b}_2 \ldots \mathfrak{b}_{n-1}) = A$, donc

$$\begin{aligned}\mathfrak{b}_1 \cap \mathfrak{b}_2 \cap \cdots \cap \mathfrak{b}_n &= (\mathfrak{b}_1 \cap \mathfrak{b}_2 \cap \cdots \cap \mathfrak{b}_{n-1})\mathfrak{b}_n + \mathfrak{b}_n(\mathfrak{b}_1 \cap \mathfrak{b}_2 \cap \cdots \cap \mathfrak{b}_{n-1})\\ &= \Big(\sum_{\sigma \in \mathfrak{S}_{n-1}} \mathfrak{b}_{\sigma(1)}\mathfrak{b}_{\sigma(2)} \ldots \mathfrak{b}_{\sigma(n-1)}\Big)\mathfrak{b}_n + \mathfrak{b}_n\Big(\sum_{\sigma \in \mathfrak{S}_{n-1}} \mathfrak{b}_{\sigma(1)}\mathfrak{b}_{\sigma(2)} \ldots \mathfrak{b}_{\sigma(n-1)}\Big)\\ &\subset \sum_{\tau \in \mathfrak{S}} \mathfrak{b}_{\tau(1)}\mathfrak{b}_{\tau(2)} \ldots \mathfrak{b}_{\tau(n)} \subset \mathfrak{b}_1 \cap \mathfrak{b}_2 \cap \cdots \cap \mathfrak{b}_n.\end{aligned}$$

10. Produit d'anneaux

Soit $(A_i)_{i \in I}$ une famille d'anneaux. Soit A l'ensemble produit $\prod_{i \in I} A_i$. Sur A, on définit une addition et une multiplication par les formules

$$(22) \qquad (x_i) + (y_i) = (x_i + y_i), \qquad (x_i)(y_i) = (x_i y_i).$$

On vérifie immédiatement que A est un anneau (dit *produit* des anneaux A_i) ayant pour zéro l'élément $0 = (0_i)_{i \in I}$ où 0_i est le zéro de A_i, et pour unité $1 = (1_i)_{i \in I}$ où 1_i est l'unité de A_i. Si les A_i sont commutatifs, il en est de même de A. Si C_i est le centre de A_i, le centre de A est $\prod_{i \in I} C_i$.

Pour tout $i \in I$, la projection pr_i de A sur A_i est un homomorphisme d'anneaux. Si B est un anneau et $f_i : B \to A_i$ une famille d'homomorphismes, il existe un unique homomorphisme $f : B \to A$ tel que $f_i = \mathrm{pr}_i \circ f$ pour tout $i \in I$; il est donné par $f(b) = (f_i(b))_{i \in I}$.

Pour tout $i \in I$, soit $\mathfrak{a}_i$ un idéal à gauche de A_i. Alors $\mathfrak{a} = \prod_{i \in I} \mathfrak{a}_i$ est un idéal à gauche de A. On a un énoncé analogue pour les idéaux à droite, les idéaux bilatères et les sous-anneaux. Supposons que $\mathfrak{a}_i$ soit un idéal bilatère pour tout $i \in I$, et notons f_i l'application canonique de A_i sur $A_i/\mathfrak{a}_i$. Alors l'application $f : (x_i)_{i \in I} \mapsto (f_i(x_i))_{i \in I}$ de $\prod_{i \in I} A_i$ sur $\prod_{i \in I} (A_i/\mathfrak{a}_i)$ est un homomorphisme d'anneaux de noyau $\prod_{i \in I} \mathfrak{a}_i$, donc définit par passage au quotient un isomorphisme de $\big(\prod_{i \in I} A_i\big)\big/\big(\prod_{i \in I} \mathfrak{a}_i\big)$ sur $\prod_{i \in I} (A_i/\mathfrak{a}_i)$.

Soit $(I_\lambda)_{\lambda \in L}$ une partition de I. La bijection canonique de $\prod_{i \in I} A_i$ sur $\prod_{\lambda \in L} \big(\prod_{i \in I_\lambda} A_i\big)$ est un isomorphisme d'anneaux, par lequel on identifie ces deux anneaux.

Soit $J \subset I$. Notons e_J l'élément $(x_i)_{i \in I}$ de A défini par $x_i = 1_i$ pour $i \in J$, $x_i = 0_i$ pour $i \in I - J$. Alors e_J est un idempotent central (I, p. 7) de A. On a aussitôt les formules suivantes:

$$\begin{aligned} e_I &= 1; \\ e_\varnothing &= 0; \\ e_{J \cap K} &= e_J e_K && \text{pour } J \subset I,\ K \subset I; \\ e_{J \cup K} &= e_J + e_K && \text{pour } J \subset I,\ K \subset I,\ J \cap K = \varnothing; \\ \sum_\lambda e_{J_\lambda} &= 1 && \text{si } (J_\lambda) \text{ est une partition finie de } I. \end{aligned}$$

Posons $A_J = \prod_{i \in J} A_i$. Soit η_J la projection canonique de A sur A_J. Pour $x = (x_i)_{i \in J} \in A_J$, soit $\varepsilon_J(x)$ l'élément $(y_i)_{i \in I}$ de A défini par $y_i = x_i$ pour $i \in J$, $y_i = 0_i$ pour $i \in I - J$. Alors η_J est un homomorphisme d'anneaux de A sur A_J, ε_J est un homomorphisme injectif de groupe additif de A_J dans A, et, dans le diagramme

$$A_J \xrightarrow{\varepsilon_J} A \xrightarrow{\eta_{I-J}} A_{I-J}$$

le noyau $\mathfrak{a}_J$ de η_{I-J} est égal à l'image de ε_J. On a $\varepsilon_J(xx') = \varepsilon_J(x)\varepsilon_J(x')$ quels que soient x, x' dans A_J; mais ε_J n'est pas en général un homomorphisme d'anneaux car $\varepsilon_J(1) = e_J$. Il est clair que $\mathfrak{a}_J = e_J A = A e_J$.

Posons $e_{\{i\}} = e_i$ et $\mathfrak{a}_i = \mathfrak{a}_{\{i\}} = e_i A = A e_i$ pour tout $i \in I$. On a $e_i^2 = e_i$, $e_i e_j = e_j e_i = 0$ pour $i \neq j$. Si I est fini, on a $\sum_{i \in I} e_i = 1$, le groupe additif A est somme directe des idéaux bilatères $\mathfrak{a}_i$, et, si $x \in A$, sa composante dans $\mathfrak{a}_i$ est xe_i. On en déduit aussitôt la proposition suivante:

PROPOSITION 8. — *Supposons* I *fini. Si* $\mathfrak{b}$ *est un idéal à gauche ou à droite de* A, $\mathfrak{b}$ *est somme directe des* $\mathfrak{b} \cap \mathfrak{a}_i$.

11. Décomposition directe d'un anneau

Soient A un anneau, $(\mathfrak{b}_i)_{i \in I}$ une famille d'idéaux bilatères de A. Nous appellerons homomorphisme canonique de A dans $\prod_{i \in I} (A/\mathfrak{b}_i)$ l'homomorphisme

$$x \mapsto (\varphi_i(x))_{i \in I},$$

où φ_i est l'homomorphisme canonique de A sur $A/\mathfrak{b}_i$.

PROPOSITION 9. — *Soient* A *un anneau,* $\mathfrak{b}_1, \ldots, \mathfrak{b}_n$ *des idéaux bilatères de* A *tels que* $\mathfrak{b}_i + \mathfrak{b}_j = A$ *pour* $i \neq j$. *L'homomorphisme canonique de* A *dans* $\prod_{i=1}^n (A/\mathfrak{b}_i)$ *est surjectif, de noyau* $\bigcap_{i=1}^n \mathfrak{b}_i = \sum_{\sigma \in \mathfrak{S}_n} \mathfrak{b}_{\sigma(1)}\mathfrak{b}_{\sigma(2)} \ldots \mathfrak{b}_{\sigma(n)}$.

Il est clair que le noyau est $\bigcap_{i=1}^{n} \mathfrak{b}_i$. Pour prouver la surjectivité, il faut montrer que, pour toute famille $(x_i)_{1 \leqslant i \leqslant n}$ d'éléments de A, il existe $x \in A$ tel que $x \equiv x_i \ (\mathfrak{b}_i)$ pour $1 \leqslant i \leqslant n$. Prouvons cette assertion par récurrence sur n, le cas $n \leqslant 1$ étant trivial. D'après l'hypothèse de récurrence, il existe $y \in A$ tel que $y \equiv x_i \ (\mathfrak{b}_i)$ pour $1 \leqslant i \leqslant n - 1$. Cherchons x sous la forme $y + z$ avec $z \in A$. On doit avoir $z \equiv 0 \ (\mathfrak{b}_i)$ pour $i < n$, c'est-à-dire $z \in \mathfrak{b} = \bigcap_{i=1}^{n-1} \mathfrak{b}_i$, et d'autre part $z \equiv x_n - y \ (\mathfrak{b}_n)$. Or $\mathfrak{b}_n + \mathfrak{b} = A$ d'après I, p. 102, prop. 6, d'où l'existence de z. Enfin, la deuxième expression du noyau résulte de I, p. 102, prop. 7.

Définition 7. — *Soit* A *un anneau. On appelle décomposition directe de* A *une famille finie* $(\mathfrak{b}_i)_{i \in I}$ *d'idéaux bilatères de* A *telle que l'homomorphisme canonique de* A *dans* $\prod_{i \in I} (A/\mathfrak{b}_i)$ *soit un isomorphisme.*

Proposition 10. — *Soient* A *un anneau,* A′ *son centre,* $(\mathfrak{b}_i)_{i \in I}$ *une famille finie d'idéaux bilatères de* A. *Les conditions suivantes sont équivalentes* :

a) *la famille* $(\mathfrak{b}_i)_{i \in I}$ *est une décomposition directe de* A;

b) *il existe une famille* $(e_i)_{i \in I}$ *d'idempotents de* A′ *tels que* $e_i e_j = 0$ *pour* $i \neq j$, $1 = \sum_{i=1} e_i$, *et* $\mathfrak{b}_i = A(1 - e_i)$ *pour* $i \in I$;

c) *on a* $\mathfrak{b}_i + \mathfrak{b}_j = A$ *pour* $i \neq j$, *et* $\bigcap_{i \in I} \mathfrak{b}_i = \{0\}$;

d) *on a* $\mathfrak{b}_i + \mathfrak{b}_j = A$ *pour* $i \neq j$, *et* $\prod_{i \in I} \mathfrak{b}_i = \{0\}$ *pour tout ordre total sur* I;

e) *il existe une décomposition directe* $(\mathfrak{b}'_i)_{i \in I}$ *de* A′ *telle que* $\mathfrak{b}_i = A\mathfrak{b}'_i$ *pour* $i \in I$.

a) ⇒ b). Si la condition a) est vérifiée, on peut identifier A à l'anneau $\prod_{i \in I} (A/\mathfrak{b}_i)$, et $\mathfrak{b}_i$ au noyau de pr_i. L'existence des e_i avec les propriétés de b) résulte alors de I, p. 104.

b) ⇒ d). Supposons qu'il existe des e_i avec les propriétés de b). Pour $i \neq j$, on a $1 - e_i \in \mathfrak{b}_i$, $e_i = e_i(1 - e_j) \in \mathfrak{b}_j$, donc $1 \in \mathfrak{b}_i + \mathfrak{b}_j$ et $A = \mathfrak{b}_i + \mathfrak{b}_j$. D'autre part, si I est muni d'un ordre total et si $(x_i)_{i \in I}$ est une famille d'éléments de A, on a, puisque les e_i sont centraux,

$$\prod_{i \in I} x_i(1 - e_i) = \Big(\prod_{i \in I} x_i\Big)\Big(\prod_{i \in I} (1 - e_i)\Big) = \Big(\prod_{i \in I} x_i\Big)\Big(1 - \sum_{i \in I} e_i\Big) = 0$$

donc $\prod_{i \in I} \mathfrak{b}_i = \{0\}$.

d) ⇒ c). Cela résulte de I, p. 102, prop. 7.

c) ⇒ a). Cela résulte de I, p. 104, prop. 9.

Ainsi, les conditions a), b), c) et d) sont équivalentes. Supposons-les vérifiées. Puisque b) ⇒ a), la famille des $\mathfrak{b}'_i = A'(1 - e_i)$ est une décomposition directe de A′. On a $\mathfrak{b}_i = A(1 - e_i) = A\mathfrak{b}'_i$ pour tout $i \in I$. Donc la condition e) est vérifiée.

Enfin, supposons la condition e) vérifiée. Puisque a) ⇒ b), il existe une famille

$(e_i)_{i\in I}$ d'idempotents de A' tels que $e_ie_j = 0$ pour $i \neq j$, $1 = \sum_{i\in I} e_i$, et $\mathfrak{b}'_i = A'(1 - e_i)$ pour $i \in I$. Alors $\mathfrak{b}_i = A\mathfrak{b}'_i = A(1 - e_i)$ pour $i \in I$, donc la condition b) est vérifiée.

Remarque. — Soit A un anneau. Soit $(\mathfrak{a}_i)_{i\in I}$ une famille finie de sous-groupes du groupe additif A^+ de A, telle que A^+ soit somme directe des $\mathfrak{a}_i$. Supposons $\mathfrak{a}_i\mathfrak{a}_i \subset \mathfrak{a}_i$ pour $i \subset I$, et $\mathfrak{a}_i\mathfrak{a}_j = \{0\}$ pour $i \neq j$. Alors $\mathfrak{a}_i$ est, pour tout $i \in I$, un idéal bilatère de A. Muni de l'addition et de la multiplication induites par celles de A, $\mathfrak{a}_i$ est un anneau admettant pour élément unité la composante de $1 \in A$ dans $\mathfrak{a}_i$. Si $\mathfrak{b}_i = \sum_{j\neq i} \mathfrak{a}_j$, il est clair que les $\mathfrak{b}_i$ vérifient la condition c) de la prop. 10, donc $(\mathfrak{b}_i)_{i\in I}$ est une décomposition directe de A, qui est dite *définie par* $(\mathfrak{a}_i)_{i\in I}$.

Exemple: *Idéaux et anneaux quotients de* **Z**

Un idéal de **Z** est un sous-groupe additif de **Z**, donc de la forme $n.\mathbf{Z}$ avec $n \geqslant 0$; réciproquement, pour tout entier $n \geqslant 0$, l'ensemble $n.\mathbf{Z}$ est un idéal, l'idéal principal (n). Donc tout idéal de **Z** est principal, et se représente de manière unique sous la forme $n\mathbf{Z}$ avec $n \geqslant 0$. L'idéal (1) est égal à **Z**, l'idéal (0) est réduit à 0, et les idéaux distincts de **Z** et $\{0\}$ sont donc de la forme $n\mathbf{Z}$ avec $n > 1$. Si $m \geqslant 1$ et $n \geqslant 1$, on a $m\mathbf{Z} \supset n\mathbf{Z}$ si et seulement si $n \in m.\mathbf{Z}$, c'est-à-dire si m divise n. Par suite, pour que l'idéal $n\mathbf{Z}$ soit maximal, il faut et il suffit qu'il n'existe aucun entier $m > 1$ distinct de n divisant n; autrement dit, *les idéaux maximaux de* **Z** *sont les idéaux de la forme* $p\mathbf{Z}$ *où* p *est un nombre premier* (I, p. 48, déf. 16).

Soient m et n deux entiers $\geqslant 1$. L'idéal $m\mathbf{Z} + n\mathbf{Z}$ est principal, d'où l'existence d'un entier $d \geqslant 1$ caractérisé par $d\mathbf{Z} = m\mathbf{Z} + n\mathbf{Z}$; pour tout entier $r \geqslant 1$, la relation « r divise d » équivaut à $r\mathbf{Z} \supset d\mathbf{Z}$, donc à « $r\mathbf{Z} \supset m\mathbf{Z}$ et $r\mathbf{Z} \supset n\mathbf{Z}$ » c'est-à-dire à « r divise m et n ». On voit donc que les diviseurs communs à m et n sont les diviseurs de d et que d est par suite *le plus grand* des diviseurs $\geqslant 1$ communs à m et n; on appelle d *le plus grand commun diviseur* (en abrégé p.g.c.d.) de m et n. Comme $d\mathbf{Z} = m\mathbf{Z} + n\mathbf{Z}$, il existe deux entiers x et y tels que $d = mx + ny$. On dit que m et n sont *étrangers* (ou premiers entre eux) si leur p.g.c.d. est égal à 1. Il revient au même de supposer qu'il existe des entiers x et y tels que $mx + ny = 1$.

L'intersection des idéaux $m\mathbf{Z}$ et $n\mathbf{Z}$ n'est pas nulle car elle contient mn, donc est de la forme $r\mathbf{Z}$ avec $r \geqslant 1$. En raisonnant comme précédemment, on voit que les multiples de r sont les multiples communs à m et n, et que r est *le plus petit* des entiers $\geqslant 1$ multiples communs de m et n; on l'appelle *le plus petit commun multiple* (p.p.c.m.) de m et n.

Le produit des idéaux $m\mathbf{Z}$ et $n\mathbf{Z}$ est l'ensemble des $\sum_{i=1}^{r} mx_iny_i = mn(\sum_{i=1}^{r} x_iy_i)$ pour $x_1, \ldots, y_r$ dans **Z**, donc est égal à $mn\mathbf{Z}$.

Pour tout entier $n \geqslant 1$, l'anneau quotient $\mathbf{Z}/n\mathbf{Z}$ s'appelle l'*anneau des entiers modulo* n; il a n éléments, qui sont les classes modulo n des entiers $0, 1, 2, \ldots, n - 1$. Pour $n = 1$, on obtient un anneau nul.

PROPOSITION 11. — *Soient* $n_1, \ldots, n_r$ *des entiers* $\geqslant 1$, *étrangers deux à deux, et* $n = n_1 \ldots n_r$. *L'homomorphisme canonique de* $\mathbf{Z}$ *dans l'anneau produit* $\prod_{i=1}^{r} (\mathbf{Z}/n_i\mathbf{Z})$ *est surjectif, de noyau* $n\mathbf{Z}$, *et définit un isomorphisme d'anneaux de* $\mathbf{Z}/n\mathbf{Z}$ *sur* $\prod_{i=1}^{r} (\mathbf{Z}/n_i\mathbf{Z})$.

Posons $\mathfrak{a}_i = n_i\mathbf{Z}$ pour $i = 1, \ldots, r$. Par hypothèse, on a $\mathfrak{a}_i + \mathfrak{a}_j = \mathbf{Z}$ pour $i \neq j$. La prop. résulte alors de I, p. 104, prop. 9.

Les résultats précédents, ainsi que ceux relatifs à la décomposition en facteurs premiers, seront généralisés au chap. VII, § 1, consacré à l'étude des anneaux principaux et en *Alg. comm.*, chap. VII, § 3, consacré à l'étude des anneaux factoriels.

12. Anneaux de fractions

THÉORÈME 4. — *Soient* A *un anneau commutatif et* S *une partie de* A. *Soit* A_S *le monoïde des fractions de* A (*muni de la seule multiplication*) *à dénominateurs dans* S (I, p. 17). *Soit* $\varepsilon : A \to A_S$ *le morphisme canonique. Il existe sur* A_S *une addition et une seule satisfaisant aux conditions suivantes*:

a) A_S, *muni de cette addition et de sa multiplication, est un anneau commutatif*;

b) ε *est un homomorphisme d'anneaux.*

Supposons trouvée sur A_S une addition satisfaisant aux conditions a) et b). Soient x, y dans A_S. Soit S′ le sous-monoïde multiplicatif de A engendré par S. Il existe a, b dans A et p, q dans S′ tels que $x = a/p$, $y = b/q$. On a $x = \varepsilon(aq)\varepsilon(pq)^{-1}$, $y = \varepsilon(bp)\varepsilon(pq)^{-1}$, d'où

$$x + y = (\varepsilon(aq) + \varepsilon(bp))\varepsilon(pq)^{-1} = \varepsilon(aq + bp)\varepsilon(pq)^{-1} = (aq + bp)/pq. \tag{23}$$

Cela prouve l'unicité de l'addition.

Définissons maintenant une addition dans A_S en posant $x + y = (aq + bp)/pq$. Il faut montrer que cette définition ne dépend pas du choix de a, b, p, q. Or, si a', b' dans A, p', q' dans S′ sont tels que $x = a'/p'$, $y = b'/q'$, il existe s et t dans S′ tels que $ap's = a'ps$, $bq't = b'qt$, d'où

$$(aq + bp)(p'q')(st) = (a'q' + b'p')(pq)(st)$$

et donc

$$(aq + bp)/pq = (a'q' + b'p')/p'q'.$$

On vérifie facilement que l'addition dans A_S est associative et commutative, que 0/1 est élément neutre pour l'addition, que $(-a)/p$ est opposé de a/p, et que $x(y + z) = xy + xz$ quels que soient $x, y, z \in A_S$. Si $a, b \in A$, on a

$$\varepsilon(a + b) = (a + b)/1 = a/1 + b/1 = \varepsilon(a) + \varepsilon(b)$$

donc ε est un homomorphisme d'anneaux.

DÉFINITION 8. — *L'anneau défini au th. 4 s'appelle l'anneau des fractions de* A *associé à* S, *ou à dénominateurs dans* S, *et se note* $A[S^{-1}]$.

Le zéro $A[S^{-1}]$ est 0/1, l'unité de $A[S^{-1}]$ est 1/1.

On reviendra sur les propriétés de $A[S^{-1}]$ en *Alg. comm.*, chap. II, § 2.

Si S est l'ensemble des éléments simplifiables de A, l'anneau $A[S^{-1}]$ s'appelle l'*anneau total des fractions de* A. On identifie alors A à un sous-anneau de A $[S^{-1}]$ grâce á l'application ε, qui est alors injective (I, p. 18, prop. 6).

THÉORÈME 5. — *Soient* A *un anneau commutatif*, S *une partie de* A, B *un anneau*, f *un homomorphisme de* A *dans* B *tel que tout élément de* $f(S)$ *soit inversible. Il existe un homomorphisme* $\bar{f}$ *de* $A[S^{-1}]$ *dans* B *et un seul tel que* $f = \bar{f} \circ \varepsilon$.

On sait (I, p. 18, th. 1) qu'il existe un morphisme $\bar{f}$ et un seul du monoïde multiplicatif $A[S^{-1}]$ dans le monoïde multiplicatif B tel que $f = \bar{f} \circ \varepsilon$. Soient a, b dans A, p, q dans S′ (sous-monoïde multiplicatif de A engendré par S). Comme les éléments de $f(A)$ commutent deux à deux, on a

$$\begin{aligned}\bar{f}(a/p + b/q) &= \bar{f}((aq + bp)/pq) = f(aq + bp)f(pq)^{-1}\\ &= (f(a)f(q) + f(b)f(p))f(p)^{-1}f(q)^{-1}\\ &= f(a)f(p)^{-1} + f(b)f(q)^{-1}\\ &= \bar{f}(a/p) + \bar{f}(b/q).\end{aligned}$$

Donc $\bar{f}$ est un homomorphisme d'anneaux.

§ 9. CORPS

1. Corps

DÉFINITION 1. — *On dit qu'un anneau* K *est un corps s'il n'est pas réduit à* 0 *et si tout élément non nul de* K *est inversible.*

L'ensemble des éléments non nuls du corps K, muni de la multiplication, est un groupe, qui n'est autre que le groupe multiplicatif K* de l'anneau K (I, p. 93). L'anneau opposé d'un corps est un corps. On dit qu'un corps est *commutatif* si sa multiplication est commutative; un tel corps est identique à son opposé. Un corps non commutatif est parfois appelé *corps gauche*.

Exemples. — * 1) Nous définirons au n° 4 le corps des *nombres rationnels*; on définira en Topologie Générale le corps des nombres réels (TG, IV, § 1, n° 3), celui des nombres complexes (TG, VIII, § 1, n° 1) et celui des quaternions (TG, VIII, § 1, n° 4). Ces corps sont commutatifs, à l'exception du corps des quaternions.*

2) L'anneau **Z**/2**Z** est évidemment un corps.

Soit K un corps. On appelle *sous-corps* de K tout sous-anneau L de K qui est un corps et on dit alors que K est un *surcorps* de L; il revient au même de dire que L est un sous-anneau de K et que l'on a $x^{-1} \in L$ pour tout élément non nul x de L. Si $(L_\iota)_{\iota \in I}$ est une famille de sous-corps de K, alors $\bigcap_{\iota = 1} L_\iota$ est un sous-corps de K; pour toute partie X de K, il existe donc un plus petit sous-corps de K contenant X; on dit qu'il est *engendré par* X.

PROPOSITION 1. — *Soit* K *un corps. Pour toute partie* X *de* K, *le commutant* (I, p. 98, *Exemple* 3) X′ *de* X *est un sous-corps de* K.

On sait (*loc. cit.*) que X′ est un sous-anneau de K. D'autre part, si $x \neq 0$ est permutable avec $z \in X$, il en est de même de x^{-1} (I, p. 16, prop. 5), donc X′ contient l'inverse de tout élément non nul de X′.

COROLLAIRE. — *Le centre d'un corps* K *est un sous-corps* (commutatif) *de* K.

THÉORÈME 1. — *Soit* A *un anneau. Les conditions suivantes sont équivalentes:*

a) A *est un corps;*

b) A *est non réduit à* 0, *et les seuls idéaux à gauche de* A *sont* 0 *et* A.

Supposons que A soit un corps. Alors A est non réduit à 0. Soit $\mathfrak{a}$ un idéal à gauche de A distinct de 0. Il existe un a non nul appartenant à $\mathfrak{a}$. Pour tout $x \in A$, on a $x = (xa^{-1})a \in \mathfrak{a}$; donc $\mathfrak{a} = A$.

Supposons que A vérifie la condition b). Soit $x \neq 0$ dans A. Il s'agit de prouver que x est inversible. L'idéal à gauche Ax contient x donc n'est pas nul, d'où $Ax = A$. Il existe donc $x' \in A$ tel que $x'x = 1$. On a $x' \neq 0$ puisque $1 \neq 0$. Appliquons le résultat précédent à x'; on voit qu'il existe $x'' \in A$ tel que $x''x' = 1$. On a $x'' = x''.1 = x''x'x = 1.x = x$, donc $xx' = 1$. Finalement, x' est inverse de x.

Remarque. — On peut, dans le th. 1, remplacer les idéaux à gauche par les idéaux à droite. Au chap. VIII, § 5, n° 2, nous étudierons des anneaux non nuls A qui n'ont aucun idéal *bilatère* distinct de 0 et A; de tels anneaux (dits *quasi-simples*) ne sont pas nécessairement des corps *(par exemple, l'anneau $\mathbf{M}_2(\mathbf{Q})$ des matrices carrées d'ordre 2 à coefficients rationnels est quasi-simple mais n'est pas un corps)$_*$.

COROLLAIRE 1. — *Soient* A *un anneau et* $\mathfrak{a}$ *un idéal bilatère de* A. *Pour que l'anneau* $A/\mathfrak{a}$ *soit un corps, il faut et il suffit que* $\mathfrak{a}$ *soit un idéal à gauche maximal de* A.

Les idéaux à gauche de $A/\mathfrak{a}$ sont de la forme $\mathfrak{b}/\mathfrak{a}$ où $\mathfrak{b}$ est un idéal à gauche de A contenant $\mathfrak{a}$ (I, p. 102, corollaire). Dire que $A/\mathfrak{a} \neq \{0\}$ signifie que $\mathfrak{a} \neq A$. Sous cette hypothèse, $A/\mathfrak{a}$ est un corps si et seulement si les seuls idéaux à gauche de A contenant $\mathfrak{a}$ sont $\mathfrak{a}$ et A (th. 1), d'où le corollaire.

COROLLAIRE 2. — *Soit* A *un anneau commutatif non réduit à* 0. *Il existe un homomorphisme de* A *sur un corps commutatif.*

D'après le th. de Krull (I, p. 99, th. 1), il existe dans A un idéal maximal $\mathfrak{a}$. Alors $A/\mathfrak{a}$ est un corps (cor. 1).

COROLLAIRE 3. — *Soit* a *un entier* $\geqslant 0$. *Pour que l'anneau* $\mathbf{Z}/a\mathbf{Z}$ *soit un corps, il faut et il suffit que* a *soit premier.*

Cela résulte du cor. 1, et de I, p. 106.

Pour p premier, le corps $\mathbf{Z}/p\mathbf{Z}$ se note $\mathbf{F}_p$.

THÉORÈME 2. — *Soient* K *un corps et* A *un anneau non réduit à* 0. *Si* f *est un homomorphisme de* K *dans* A, *alors le sous-anneau* $f(K)$ *de* A *est un corps et* f *définit un isomorphisme de* K *sur* $f(K)$.

Soit $\mathfrak{a}$ le noyau de f. On a $1 \notin \mathfrak{a}$ car $f(1) = 1 \neq 0$ dans A, et comme $\mathfrak{a}$ est un idéal à gauche de K, on a $\mathfrak{a} = \{0\}$ d'après le th. 1. Par suite, f est injective, donc un isomorphisme de K sur le sous-anneau $f(K)$ de A; ce dernier anneau est donc un corps.

2. Anneaux intègres

DÉFINITION 2. — *On dit qu'un anneau* A *est intègre (ou que* A *est un anneau d'intégrité) s'il est commutatif, non réduit à* 0, *et si le produit de deux éléments non nuls de* A *est non nul.*

L'anneau **Z** des entiers rationnels est intègre: il est commutatif, non réduit à 0; le produit de deux entiers >0 est non nul; tout entier non nul est de la forme a ou $-a$ avec $a > 0$, et l'on a $(-a)b = -ab$, $(-a)(-b) = ab$ pour $a > 0$, $b > 0$, d'où notre assertion.

Tout corps commutatif est un anneau intègre. Un sous-anneau d'un anneau intègre est intègre. En particulier, un sous-anneau d'un corps commutatif est intègre. Nous allons montrer que réciproquement tout anneau intègre A est isomorphe à un sous-anneau d'un corps commutatif. Rappelons (I, p. 108) que l'on a identifié A à un sous-anneau de son anneau total des fractions. Notre assertion résulte alors de la proposition suivante:

PROPOSITION 2. — *Si* A *est un anneau intègre, l'anneau total des fractions* K *de* A *est un corps commutatif.*

L'anneau K est commutatif. Il est non réduit à 0 puisque $A \neq \{0\}$. Comme A est intègre, tout élément non nul de A est simplifiable, et K se compose des fractions a/b avec $b \neq 0$. Or $a/b \neq 0$ entraîne $a \neq 0$, et la fraction b/a est alors inverse de a/b.

L'anneau total des fractions d'un anneau intègre s'appelle son *corps des fractions*. On identifie un tel anneau à son image dans son corps des fractions.

PROPOSITION 3. — *Soient* B *un anneau non réduit à* 0, A *un sous-anneau commutatif de* B *tel que tout élément non nul de* A *soit inversible dans* B.

a) A *est intègre.*

b) *Soit* A′ *le corps des fractions de* A. *L'injection canonique de* A *dans* B *se prolonge de manière unique en un isomorphisme* f *de* A′ *sur un sous-corps de* B.

c) *Les éléments de* $f(A')$ *sont les* xy^{-1} *où* $x \in A$, $y \in A$, $y \neq 0$.

L'assertion a) est évidente. L'injection canonique de A dans B se prolonge de manière unique en un homomorphisme f de A′ dans B (I, p. 108, th. 5). L'assertion b) résulte alors du th. 2. Les éléments de A′ sont les fractions x/y avec $x \in A$, $y \in A$, $y \neq 0$, et $f(x/y) = xy^{-1}$, d'où c).

3. Idéaux premiers

Proposition 4. — *Soient* A *un anneau commutatif,* $\mathfrak{p}$ *un idéal de* A. *Les conditions suivantes sont équivalentes*:

a) *l'anneau* $A/\mathfrak{p}$ *est intègre;*

b) $A \neq \mathfrak{p}$, *et, si* $x \in A - \mathfrak{p}$ *et* $y \in A - \mathfrak{p}$, *on a* $xy \in A - \mathfrak{p}$;

c) $\mathfrak{p}$ *est le noyau d'un homomorphisme de* A *dans un corps.*

Les implications c) ⇒ b) ⇒ a) sont évidentes. Si $A/\mathfrak{p}$ est intègre, soient f l'injection canonique de $A/\mathfrak{p}$ dans son corps des fractions et g l'homomorphisme canonique de A sur $A/\mathfrak{p}$; alors $\mathfrak{p}$ est le noyau de $f \circ g$, d'où l'implication a) ⇒ c).

Définition 3. — *Dans un anneau commutatif* A, *on appelle idéal premier un idéal* $\mathfrak{p}$ *vérifiant les conditions de la prop.* 4.

Exemples. — 1) Soit A un anneau commutatif. Si $\mathfrak{m}$ est un idéal maximal de A, $\mathfrak{m}$ est premier; en effet, l'anneau $A/\mathfrak{m}$ est un corps (I, p. 109, cor. 1).

2) Si A est un anneau intègre, l'idéal $\{0\}$ de A est premier (mais non maximal en général, comme le prouve l'exemple de l'anneau $\mathbf{Z}$).

4. Le corps des nombres rationnels

Définition 4. — *On appelle corps des nombres rationnels, et l'on désigne par* $\mathbf{Q}$, *le corps des fractions de l'anneau* $\mathbf{Z}$ *des entiers rationnels. Les éléments de* $\mathbf{Q}$ *sont appelés nombres rationnels.*

Tout nombre rationnel est donc une fraction de la forme a/b où a et b sont des entiers rationnels avec $b \neq 0$ (et même $b > 0$ comme le prouve la relation $a/b = (-a)/(-b)$). On note $\mathbf{Q}_+$ l'ensemble des nombres rationnels de la forme a/b avec $a \in \mathbf{N}$ et $b \in \mathbf{N}^*$.

On a les relations:

$$\mathbf{Q}_+ + \mathbf{Q}_+ = \mathbf{Q}_+ \tag{1}$$
$$\mathbf{Q}_+ \cdot \mathbf{Q}_+ = \mathbf{Q}_+ \tag{2}$$
$$\mathbf{Q}_+ \cap (-\mathbf{Q}_+) = \{0\} \tag{3}$$
$$\mathbf{Q}_+ \cup (-\mathbf{Q}_+) = \mathbf{Q} \tag{4}$$
$$\mathbf{Q}_+ \cap \mathbf{Z} = \mathbf{N}. \tag{5}$$

Les deux premières résultent des formules $a/b + a'/b' = (ab' + ba')/bb'$, $(a/b)(a'/b') = aa'/bb'$, $0 \in \mathbf{Q}_+$, $1 \in \mathbf{Q}_+$, et de ce que $\mathbf{N}$ est stable par addition et multiplication et $\mathbf{N}^*$ stable par multiplication. Comme $0 \in \mathbf{Q}_+$, on a $0 \in (-\mathbf{Q}_+)$; soit x dans $\mathbf{Q}_+ \cap (-\mathbf{Q}_+)$; il existe donc des entiers positifs a, b, a', b' avec $b \neq 0$, $b' \neq 0$ et $x = a/b = -a'/b'$; on en déduit $ab' + ba' = 0$ d'où $ab' = 0$ (car $ab' \geqslant 0$ et $ba' \geqslant 0$), donc $a = 0$ car $b' \neq 0$; autrement dit, on a $x = 0$. Enfin, on a évidemment $\mathbf{N} \subset \mathbf{Z}$ et $\mathbf{N} \subset \mathbf{Q}_+$. Inversement, si x appartient à $\mathbf{Z} \cap \mathbf{Q}_+$, c'est un entier rationnel; il existe deux entiers rationnels a et b tels que $a \geqslant 0, b > 0$ et $x = a/b$ d'où $a = bx$; si l'on avait $x \notin \mathbf{N}$, on aurait $-x > 0$ d'où $-a = b(-x) > 0$ et par conséquent $a < 0$ contrairement à l'hypothèse.

Etant donnés deux nombres rationnels x et y, on écrit $x \leqslant y$ si l'on a $y - x \in \mathbf{Q}_+$. On déduit facilement des formules (1), (3) et (4) que $x \leqslant y$ est une relation d'ordre totale sur $\mathbf{Q}$, de (5) que cette relation induit la relation d'ordre usuelle sur $\mathbf{Z}$. Enfin de (1) on déduit quc les relations $x \leqslant y$ et $x' \leqslant y'$ entraînent $x + x' \leqslant y + y'$ et de (2) que la relation $x \leqslant y$ entraîne $xz \leqslant yz$ pour tout $z \geqslant 0$ et $xz \geqslant yz$ pour $z \leqslant 0$ (cf. VI, § 2, n° 1).

Soit x un nombre rationnel. On dit que x est *positif* si $x \geqslant 0$, *strictement positif* si $x > 0$, *négatif* si $x \leqslant 0$ et *strictement négatif* si $x < 0$.[1] L'ensemble des nombres rationnels positifs est $\mathbf{Q}_+$ et celui des nombres négatifs est $-\mathbf{Q}_+$. Si l'on note $\mathbf{Q}^*$ l'ensemble des nombres rationnels non nuls, l'ensemble $\mathbf{Q}^*_+$ des nombres strictement positifs est égal à $\mathbf{Q}^* \cap \mathbf{Q}_+$ et $-\mathbf{Q}^*_+$ est l'ensemble des nombres strictement négatifs.

Les ensembles $\mathbf{Q}^*_+$ et $\{1, -1\}$ sont des sous-groupes du groupe multiplicatif $\mathbf{Q}^*$. Tout nombre rationnel $x \neq 0$ se met d'une manière et d'une seule sous l'une des formes $1.y$, $(-1).y$, où $y > 0$; donc le groupe multiplicatif $\mathbf{Q}^*$ est produit des sous-groupes $\mathbf{Q}^*_+$ et $\{1, -1\}$; le composant de x dans $\mathbf{Q}^*_+$ s'appelle la *valeur absolue* de x, et se note $|x|$; le composant de x dans $\{-1, 1\}$ (égal à 1 si $x > 0$, à -1 si $x < 0$) s'appelle *signe* de x, et se note sgn x.

On prolonge d'ordinaire ces deux fonctions à $\mathbf{Q}$ tout entier en posant $|0| = 0$, et sgn $0 = 0$.

§ 10. LIMITES PROJECTIVES ET INDUCTIVES

Dans tout ce paragraphe, on désigne par I un ensemble préordonné non vide, par $\alpha \leqslant \beta$ la relation de préordre dans I. La notion de système projectif (resp. inductif) d'ensembles relatif à l'ensemble d'indices I est définie en E, III, p. 52 (resp. E, III, p. 61, sous l'hypothèse que I est filtrant à droite).

1. Systèmes projectifs de magmas

DÉFINITION 1. — *On appelle système projectif de magmas relatif à l'ensemble d'indices* I *un système projectif d'ensembles* $(E_\alpha, f_{\alpha\beta})$ *relatif à* I, *chaque* E_α *étant muni d'une structure de magma et chaque* $f_{\alpha\beta}$ *étant un homomorphisme de magmas.*

Soit $(E_\alpha, f_{\alpha\beta})$ un système projectif de magmas dont les lois sont notées multiplicativement. L'ensemble limite projective $E = \varprojlim E_\alpha$ est le sous-ensemble du magma produit $\prod_{\alpha \in I} E_\alpha$ formé des familles $(x_\alpha)_{\alpha \in I}$ telles que $x_\alpha = f_{\alpha\beta}(x_\beta)$ pour

[1] Nous nous écartons de la terminologie courante, où positif signifie > 0.

$\alpha \leqslant \beta$. Si (x_α) et (y_α) appartiennent à E, on a, pour $\alpha \leqslant \beta$, $x_\alpha = f_{\alpha\beta}(x_\beta)$ et $y_\alpha = f_{\alpha\beta}(y_\beta)$, d'où $x_\alpha y_\alpha = f_{\alpha\beta}(x_\beta)f_{\alpha\beta}(y_\beta) = f_{\alpha\beta}(x_\beta y_\beta)$; donc E est un sous-magma de $\prod_{\alpha \in I} E_\alpha$. On munira E de la loi induite par celle de $\prod_{\alpha \in I} E_\alpha$; le magma obtenu s'appelle le *magma limite projective des magmas* E_α. Il jouit de la propriété universelle suivante:

a) Pour tout $\alpha \in I$, l'application canonique f_α de E dans E_α est un homomorphisme de magmas de E dans E_α. On a $f_\alpha = f_{\alpha\beta} \circ f_\beta$ pour $\alpha \leqslant \beta$.

b) Supposons donnés un magma F et des homomorphismes $u_\alpha : F \rightarrow E_\alpha$ tels que $u_\alpha = f_{\alpha\beta} \circ u_\beta$ pour $\alpha \leqslant \beta$. Il existe un homomorphisme $u : F \rightarrow E$ et un seul tel que $u_\alpha = f_\alpha \circ u$ pour tout $\alpha \in I$ (à savoir $x \mapsto u(x) = (u_\alpha(x))_{\alpha \in I}$).

Si les magmas E_α sont associatifs (resp. commutatifs), il en est de même de E. Supposons que chaque magma E_α admette un élément neutre e_α et que les homomorphismes $f_{\alpha\beta}$ soient unifères. Alors $e = (e_\alpha)_{\alpha \in I}$ appartient à E, car $e_\alpha = f_{\alpha\beta}(e_\beta)$ pour $\alpha \leqslant \beta$, et c'est un élément neutre du magma E; avec les notations précédentes, les homomorphismes f_α sont unifères, et si les u_α sont unifères, alors u est unifère. De plus un élément $x = (x_\alpha)_{\alpha \in I}$ de E est inversible si et seulement si chacun des x_α est inversible dans le magma E_α correspondant, et l'on a $x^{-1} = (x_\alpha^{-1})_{\alpha \in I}$: cela résulte de la formule $f_{\alpha\beta}(x_\beta^{-1}) = f_{\alpha\beta}(x_\beta)^{-1} = x_\alpha^{-1}$ pour $\alpha \leqslant \beta$.

On déduit de ces remarques que si les magmas E_α sont des monoïdes (resp. des groupes) et les $f_{\alpha\beta}$ des homomorphismes de monoïdes, alors le magma E est un monoïde (resp. un groupe). On parlera dans ce cas de système projectif de monoïdes (resp. de groupes). La propriété universelle se transpose immédiatement à ce cas.

On laisse au lecteur le soin de définir un système projectif d'anneaux $(E_\alpha, f_{\alpha\beta})$ et de vérifier que $E = \varprojlim E_\alpha$ est un sous-anneau de l'anneau produit $\prod_{\alpha \in I} E_\alpha$ appelé *anneau limite projective des anneaux* E_α; on vérifie que la propriété universelle s'étend à ce cas.

Soient $\mathfrak{E} = (E_\alpha, f_{\alpha\beta})$ et $\mathfrak{E}' = (E'_\alpha, f'_{\alpha\beta})$ deux systèmes projectifs de magmas (resp. de monoïdes, de groupes, d'anneaux) relatifs au même ensemble d'indices. Un homomorphisme de $\mathfrak{E}$ dans $\mathfrak{E}'$ est un système projectif $(u_\alpha)_{\alpha \in I}$ d'applications $u_\alpha : E_\alpha \rightarrow E'_\alpha$ tel que chaque u_α soit un homomorphisme. Dans ces conditions, l'application $u = \varprojlim u_\alpha$ de $\varprojlim E_\alpha$ dans $\varprojlim E'_\alpha$ est un homomorphisme (cf. E, III, p. 54).

2. Limites projectives d'actions

Supposons donnés deux systèmes projectifs d'ensembles $(\Omega_\alpha, \varphi_{\alpha\beta})$ et $(E_\alpha, f_{\alpha\beta})$

relatifs au même ensemble d'indices I. Supposons donnée pour tout $\alpha \in I$ une action de Ω_α sur E_α de sorte que l'on ait

$$f_{\alpha\beta}(\omega_\beta x_\beta) = \varphi_{\alpha\beta}(\omega_\beta) . f_{\alpha\beta}(x_\beta) \tag{1}$$

pour $\alpha \leqslant \beta$, $x_\beta \in E_\beta$, $\omega_\beta \in \Omega_\beta$. On dit alors que la famille d'actions considérée est un *système projectif d'actions*. Posons $\Omega = \varprojlim \Omega_\alpha$ et $E = \varprojlim E_\alpha$; si $x = (x_\alpha)_{\alpha \in I}$ appartient à E et $\omega = (\omega_\alpha)_{\alpha \in I}$ appartient à Ω, alors $\omega . x = (\omega_\alpha . x_\alpha)_{\alpha \in I}$ appartient à E d'après (1). On définit ainsi une action de Ω sur E, appelée *limite projective des actions des* Ω_α *sur les* E_α.

Ce qui précède s'applique surtout au cas où les Ω_α sont des monoïdes, et où chaque action de Ω_α sur E_α est une opération. Alors, la limite projective de ces opérations est une opération du monoïde Ω sur E.

On laisse au lecteur le soin de définir la limite projective d'un système projectif de groupes à opérateurs, et de vérifier que cette limite est un groupe à opérateurs.

3. Systèmes inductifs de magmas

Dans ce n° et le suivant, on suppose I *filtrant à droite*.

Définition 2. — *On appelle système inductif de magmas relatif à l'ensemble d'indices* I *un système inductif d'ensembles* $(E_\alpha, f_{\beta\alpha})$ *relatif à* I, *chaque* E_α *étant muni d'une structure de magma et chaque* $f_{\beta\alpha}$ *étant un homomorphisme de magmas.*

Soit $(E_\alpha, f_{\beta\alpha})$ un système inductif de magmas. On notera E l'ensemble limite inductive $\varinjlim E_\alpha$ et f_α l'application canonique de E_α dans E. On rappelle que l'on a

$$f_\beta \circ f_{\beta\alpha} = f_\alpha \qquad \text{pour } \alpha \leqslant \beta, \tag{2}$$

$$E = \bigcup_{\alpha \in A} f_\alpha(E_\alpha). \tag{3}$$

D'après (2), on a aussi

$$f_\alpha(E_\alpha) \subset f_\beta(E_\beta) \qquad \text{pour } \alpha \leqslant \beta. \tag{4}$$

Si x_α, y_α dans E_α sont tels que $f_\alpha(x_\alpha) = f_\alpha(y_\alpha)$, il existe un $\beta \geqslant \alpha$ tel que $f_{\beta\alpha}(x_\alpha) = f_{\beta\alpha}(y_\alpha)$.

Proposition 1. — *Il existe sur* E *une structure de magma et une seule pour laquelle les applications* $f_\alpha : E_\alpha \to E$ *sont des homomorphismes. Si les magmas* E_α *sont associatifs* (resp. *commutatifs*), *il en est de même de* E. *Si les magmas* E_α *et les homomorphismes* $f_{\beta\alpha}$ *sont unifères, il en est de même du magma* E *et des homomorphismes* f_α.

On notera multiplicativement les magmas E_α.

Soient x, y dans E. Il existe α dans I et x_α, y_α dans E_α tels que $x = f_\alpha(x_\alpha)$ et

$y = f_\alpha(y_\alpha)$. S'il existe une structure de magma sur E pour laquelle f_α soit un homomorphisme, on aura $x.y = f_\alpha(x_\alpha y_\alpha)$, d'où l'*unicité* de cette structure de magma.

Pour démontrer son existence, nous devons prouver que pour α, β dans I, x_α, y_α dans E_α et x'_β, y'_β dans E_β, les relations

$$(5) \qquad f_\alpha(x_\alpha) = f_\beta(x'_\beta), \qquad f_\alpha(y_\alpha) = f_\beta(y'_\beta)$$

entraînent $f_\alpha(x_\alpha y_\alpha) = f_\beta(x'_\beta y'_\beta)$. Pour $\gamma \geqslant \alpha$ et $\gamma \geqslant \beta$, posons $x_\gamma = f_{\gamma\alpha}(x_\alpha)$, $y_\gamma = f_{\gamma\alpha}(y_\alpha)$, $x'_\gamma = f_{\gamma\beta}(x'_\beta)$, $y'_\gamma = f_{\gamma\beta}(y'_\beta)$. D'après la définition de la limite inductive, il existe γ dans I tels que $\gamma \geqslant \alpha$, $\gamma \geqslant \beta$, $x_\gamma = x'_\gamma$, $y_\gamma = y'_\gamma$. Alors

$$\begin{aligned} f_\alpha(x_\alpha y_\alpha) &= f_\gamma(f_{\gamma\alpha}(x_\alpha y_\alpha)) = f_\gamma(x_\gamma y_\gamma) = f_\gamma(x'_\gamma y'_\gamma) = f_\gamma(f_{\gamma\beta}(x'_\beta y'_\beta)) \\ &= f_\beta(x'_\beta y'_\beta). \end{aligned}$$

Supposons les magmas E_α associatifs. Soient x, y, z dans E. Il existe $\alpha \in I$ et des éléments $x_\alpha, y_\alpha, z_\alpha$ de E_α tels que

$$x = f_\alpha(x_\alpha), \qquad y = f_\alpha(y_\alpha), \qquad z = f_\alpha(z_\alpha).$$

On a alors $xy = f_\alpha(x_\alpha y_\alpha)$, d'où $(xy)z = f_\alpha((x_\alpha y_\alpha)z_\alpha)$; de même, on a $x(yz) = f_\alpha(x_\alpha(y_\alpha z_\alpha))$, d'où $(xy)z = x(yz)$ car $(x_\alpha y_\alpha)z_\alpha = x_\alpha(y_\alpha z_\alpha)$. Le cas des magmas commutatifs se traite de manière analogue.

Supposons enfin que chaque magma E_α ait un élément neutre e_α et qu'on ait $f_{\beta\alpha}(e_\alpha) = e_\beta$ pour $\alpha \leqslant \beta$. Pour α, β dans I, il existe γ dans I tel que $\gamma \geqslant \alpha$ et $\gamma \geqslant \beta$, d'où

$$f_\alpha(e_\alpha) = f_\gamma(f_{\gamma\alpha}(e_\alpha)) = f_\gamma(e_\gamma) = f_\gamma(f_{\gamma\beta}(e_\beta)) = f_\beta(e_\beta)$$

et il existe donc un élément e de E tel que $f_\alpha(e_\alpha) = e$ pour tout $\alpha \in I$. Soit $x \in E$; soient $\alpha \in I$ et $x_\alpha \in E_\alpha$ tels que $x = f_\alpha(x_\alpha)$. On a alors

$$ex = f_\alpha(e_\alpha) . f_\alpha(x_\alpha) = f_\alpha(e_\alpha . x_\alpha) = f_\alpha(x_\alpha) = x$$

et de même $xe = x$, donc e est élément neutre de E.

C. Q. F. D.

On dit que le magma E est la *limite inductive des magmas* E_α.

PROPOSITION 2. — *Soit* $(E_\alpha, f_{\beta\alpha})$ *un système inductif de magmas et soient* E *sa limite inductive,* $f_\alpha : E_\alpha \to E$ *les homomorphismes canoniques. On suppose donnés un magma* F *et une famille d'homomorphismes* $u_\alpha : E_\alpha \to F$ *tels que* $u_\alpha = u_\beta \circ f_{\beta\alpha}$ *pour* $\alpha \leqslant \beta$. *Il existe un homomorphisme* $u : E \to F$ *et un seul tel que* $u_\alpha = u \circ f_\alpha$ *pour tout* $\alpha \in I$. *Si les magmas* E_α *et* F *et les homomorphismes* $f_{\beta\alpha}$ *et* u_α *sont unifères, l'homomorphisme* u *est unifère.*

On sait (E, III, p. 62, prop. 6) qu'il existe une application $u : E \to F$ et une seule telle que $u_\alpha = u \circ f_\alpha$ pour tout $\alpha \in I$. Vérifions que u est un homomorphisme; soient x, y dans E, α dans I et x_α, y_α dans E_α tels que $x = f_\alpha(x_\alpha)$ et $y = f_\alpha(y_\alpha)$. On a $xy = f_\alpha(x_\alpha y_\alpha)$, d'où

$$\begin{aligned} u(xy) &= u(f_\alpha(x_\alpha y_\alpha)) = u_\alpha(x_\alpha y_\alpha) = u_\alpha(x_\alpha)u_\alpha(y_\alpha) \\ &= u(f_\alpha(x_\alpha))u(f_\alpha(y_\alpha)) = u(x)u(y). \end{aligned}$$

Plaçons-nous maintenant dans le cas unifère et notons e_α l'élément unité de E_α, e celui de E et e' celui de F. Soit $\alpha \in I$; on a $e = f_\alpha(e_\alpha)$, d'où

$$u(e) = u(f_\alpha(e_\alpha)) = u_\alpha(e_\alpha) = e'$$

car u_α est unifère. Donc u est unifère.

C. Q. F. D.

Par analogie avec la notion de système inductif de magmas, on peut formuler celle de système inductif de monoïdes ou de groupes. La prop. 1 (I, p. 114) montre que le magma E limite d'un système inductif de monoïdes $(E_\alpha, f_{\beta\alpha})$ est un monoïde. Montrons que E est un groupe si les E_α sont des groupes; soient $x \in E$, $\alpha \in I$ et $x_\alpha \in E_\alpha$ tels que $x = f_\alpha(x_\alpha)$; l'élément $y = f_\alpha(x_\alpha^{-1})$ de E est inverse de x (I, p. 15). La propriété universelle de la prop. 2 (I, p. 115) se traduit immédiatement dans le cas d'un système inductif de monoïdes ou de groupes.

Nous laissons au lecteur le soin de définir un système inductif d'anneaux. Soit $(A_\alpha, f_{\beta\alpha})$ un tel système inductif; soient $A = \varinjlim A_\alpha$ et $f_\alpha : A_\alpha \to A$ les homomorphismes canoniques. Il existe (I, p. 115, prop. 2) sur A une addition et une multiplication caractérisées par $x + y = f_\alpha(x_\alpha + y_\alpha)$, $xy = f_\alpha(x_\alpha y_\alpha)$ pour α dans I, x_α, y_α dans A_α et $x = f_\alpha(x_\alpha)$, $y = f_\alpha(y_\alpha)$. Pour l'addition, A est un groupe commutatif, et la multiplication est associative et admet un élément unité. Enfin, pour x, y, z dans A, soient α dans I et x_α, y_α, z_α dans A_α tels que

$$x = f_\alpha(x_\alpha), \qquad y = f_\alpha(y_\alpha), \qquad \text{et} \qquad z = f_\alpha(z_\alpha).$$

On a

$$\begin{aligned}(x + y)z &= f_\alpha(x_\alpha + y_\alpha) f_\alpha(z_\alpha) = f_\alpha((x_\alpha + y_\alpha)z_\alpha)\\ &= f_\alpha(x_\alpha z_\alpha + y_\alpha z_\alpha) = f_\alpha(x_\alpha z_\alpha) + f_\alpha(y_\alpha z_\alpha) = xz + yz\end{aligned}$$

et de manière analogue, on prouve la relation $x(y + z) = xy + xz$. Autrement dit, A est muni d'une structure d'anneau, caractérisée par le fait que f_α est un homomorphisme d'anneaux pour tout $\alpha \in I$.

On dit que l'anneau A est *limite inductive des anneaux* A_α. La prop. 2 (I, p. 115) s'étend immédiatement au cas des anneaux.

PROPOSITION 3. — a) *Si les* A_α *sont non nuls,* A *est non nul.*

b) *Si les* A_α *sont intègres,* A *est intègre.*

c) *Si les* A_α *sont des corps,* A *est un corps.*

Soient 0_α, 1_α le zéro et l'unité de A_α, et 0, 1 le zéro et l'unité de A. Il existe $\alpha \in I$ tel que $f_\alpha(0_\alpha) = 0$, $f_\alpha(1_\alpha) = 1$. Si $0 = 1$, il existe $\beta \geqslant \alpha$ tel que $f_{\beta\alpha}(0_\alpha) = f_{\beta\alpha}(1_\alpha)$, c'est-à-dire $0_\beta = 1_\beta$. Ceci prouve a).

Supposons les A_α intègres. Alors A est commutatif, et non nul d'après a). Soient x, y des éléments de A tels que $xy = 0$. Il existe $\alpha \in I$ et x_α, y_α dans A_α tels que $x = f_\alpha(x_\alpha)$, $y = f_\alpha(y_\alpha)$. Alors $f_\alpha(x_\alpha y_\alpha) = xy = 0 = f_\alpha(0_\alpha)$. Donc il existe $\beta \geqslant \alpha$ tel que $f_{\beta\alpha}(x_\alpha y_\alpha) = f_{\beta\alpha}(0_\alpha)$. Comme A_β est intègre, on en conclut que $f_{\beta\alpha}(x_\alpha) = 0_\beta$ ou $f_{\beta\alpha}(y_\alpha) = 0_\beta$, donc $x = 0$ ou $y = 0$. Ceci prouve b).

Supposons que les A_α soient des corps. Alors $A \neq \{0\}$ d'après a). Soit x un élément non nul de A. Il existe $\alpha \in I$ et $x_\alpha \in A_\alpha$ tel que $x = f_\alpha(x_\alpha)$. Alors $x_\alpha \neq 0$ et $f_\alpha(x_\alpha^{-1})$ est inverse de x dans A. Ceci prouve c).

Soient $\mathfrak{E} = (E_\alpha, f_{\beta\alpha})$ et $\mathfrak{E}' = (E'_\alpha, f'_{\beta\alpha})$ deux systèmes inductifs de magmas (resp. monoïdes, groupes, anneaux). Un homomorphisme de $\mathfrak{E}$ dans $\mathfrak{E}'$ est un système inductif $(u_\alpha)_{\alpha \in I}$ d'applications $u_\alpha : E_\alpha \to E'_\alpha$ tel que chaque u_α soit un homomorphisme. Dans ces conditions, l'application $u = \varinjlim u_\alpha$ de $E = \varinjlim E_\alpha$ dans $E' = \varinjlim E'_\alpha$ est un homomorphisme (cf. E, III, p. 63).

4. Limite inductive d'actions

Supposons donnés deux systèmes inductifs d'ensembles $(\Omega_\alpha, \varphi_{\beta\alpha})$ et $(E_\alpha, f_{\beta\alpha})$ relatifs au même ensemble d'indices I, et, pour chaque $\alpha \in I$, une action de Ω_α sur E_α. On suppose que l'on a

$$f_{\beta\alpha}(\omega_\alpha . x_\alpha) = \varphi_{\beta\alpha}(\omega_\alpha) . f_{\beta\alpha}(x_\alpha)$$

pour $\alpha \leqslant \beta$, $\omega_\alpha \in \Omega_\alpha$ et $x_\alpha \in E_\alpha$. On dit alors que la famille d'actions considérée est un *système inductif d'actions*. On vérifie facilement comme dans la prop. 2 (I, p. 115) qu'il existe une action h de $\Omega = \varinjlim \Omega_\alpha$ sur $E = \varinjlim E_\alpha$ qui se décrit ainsi: soient $\omega \in \Omega$ et $x \in E$; soient $\alpha \in I$ et $\omega_\alpha \in \Omega_\alpha$, $x_\alpha \in E_\alpha$ tels que $\omega = \varphi_\alpha(\omega_\alpha)$ et $x = f_\alpha(x_\alpha)$ (on note $\varphi_\alpha : \Omega_\alpha \to \Omega$ et $f_\alpha : E_\alpha \to E$ les applications canoniques); on a alors $\omega . x = f_\alpha(\omega_\alpha . x_\alpha)$. On dit que l'action de Ω sur E est la *limite inductive des actions* des Ω_α sur les E_α.

Si les Ω_α sont des monoïdes et si chaque action de Ω_α sur E_α est une opération, l'action limite inductive est une opération.

On laisse au lecteur le soin de définir la limite inductive d'un système inductif de groupes à opérateurs, et de vérifier que cette limite est un groupe à opérateurs.

Exercices

§ 1

1) Soient E un ensemble, $A \subset E \times E$, et $(x, y) \mapsto x \top y$, $(x, y) \in A$, une loi de composition interne non partout définie sur E. Etant données deux parties X et Y de E, on désigne par $X \top Y$ l'ensemble des éléments de E de la forme $x \top y$ tels que $x \in X$, $y \in Y$ et $(x, y) \in A$. On définit ainsi une loi de composition *partout définie* sur $\mathfrak{P}(E)$.

Si $(X_\alpha)_{\alpha \in A}$ et $(Y_\beta)_{\beta \in B}$ sont deux familles quelconques de parties de E, on a

$$(\bigcup_{\alpha \in A} X_\alpha) \top (\bigcup_{\beta \in B} Y_\beta) = \bigcup_{(\alpha, \beta) \in A \times B} (X_\alpha \top Y_\beta).$$

2) Soit $\top$ une loi de composition non partout définie sur un ensemble E. Soit E′ la partie de $\mathfrak{P}(E)$ formée des ensembles $\{x\}$, où x parcourt E, et de la partie vide $\varnothing$ de E; montrer que E′ est une partie stable de $\mathfrak{P}(E)$ pour la loi $(X, Y) \mapsto X \top Y$ (exerc. 1); en déduire que, si $\overline{E}$ désigne l'ensemble obtenu par *adjonction* (E, II, p. 30) à E d'un élément ω, on peut prolonger à $\overline{E} \times \overline{E}$ la loi $\top$, de sorte que la loi $\top$ soit identique à la loi induite sur E par cette loi prolongée.

3) Soit $\top$ une loi de composition non partout définie sur E.
a) Pour que la loi $(X, Y) \mapsto X \top Y$ (exerc. 1) entre parties de E soit associative, il faut et il suffit que, quels que soient $x \in E$, $y \in E$, $z \in E$, si l'*un* des deux membres de la formule $(x \top y) \top z = x \top (y \top z)$ est défini, l'autre soit défini et lui soit égal (utiliser l'exerc. 1 pour montrer que la condition est suffisante).
b) Si cette condition est vérifiée, montrer que le th. 1 de I, p. 4 se généralise comme suit: si l'un des deux membres de la formule (3) est défini, l'autre est défini et lui est égal.

4) *a*) Etant donné un ensemble E, soit Φ l'ensemble des applications dans E d'une partie quelconque de E; si f, g, h sont trois éléments de Φ, montrer que si le composé $(f \circ g) \circ h$ est défini, il en est de même de $f \circ (g \circ h)$, mais que la réciproque est inexacte; si ces deux composés sont définis, ils sont égaux.
b) Soit $\mathfrak{F}$ une famille de parties non vides de E, sans élément commun deux à deux, et soit Ψ le sous-ensemble de Φ formé des applications bijectives d'un ensemble de $\mathfrak{F}$ *sur* un ensemble de $\mathfrak{F}$. Montrer que, pour la loi induite par la loi $f \circ g$ sur Ψ, la condition de l'exerc. 3 *a*) est vérifiée.

5) Montrer que les seuls triplets (m, n, p) d'entiers naturels $\neq 0$, tels que $(m^n)^p = m^{n^p}$ sont: $(1, n, p)$, n et p étant quelconques; $(m, n, 1)$, m et n quelconques et $(m, 2, 2)$ où m est quelconque.

6) Soit $\top$ une loi de composition sur un ensemble E; soit A la partie de E formée des éléments x tels que $x \top (y \top z) = (x \top y) \top z$ quels que soient $y \in E$, $z \in E$; montrer que A est une partie stable de E et que la loi induite sur A par $\top$ est associative.

7) Si $\top$ est une loi associative sur E, a et b deux éléments de E, les ensembles $\{a\} \top E$, $E \top \{b\}$, $\{a\} \top E \top \{b\}$, $E \top \{a\} \top E$, sont des parties stables de E pour la loi $\top$.

8) Soient $\top$ une loi associative sur E, a un élément de E; quels que soient $x \in E$, $y \in E$, on pose $x \perp y = x \top a \top y$; montrer que la loi $\perp$ est associative.

9) Sur un ensemble E, les applications $(x, y) \mapsto x$ et $(x, y) \mapsto y$ sont des lois de composition associatives opposées.

10) Soient X et Y deux parties quelconques d'un ensemble E; on pose $X \top Y = X \cup Y$ si

$X \cap Y = \varnothing$, $X \top Y = E$ si $X \cap Y \neq \varnothing$; montrer que la loi de composition ainsi définie sur $\mathfrak{P}(E)$ est associative et commutative.

11) Soient $\top$ une loi associative sur E, A et B deux parties de E stables pour cette loi ; montrer que si $B \top A \subset A \top B$, $A \top B$ est une partie stable de E.

12) Les seuls entiers naturels distincts $\neq 0$ qui sont permutables pour la loi $(x, y) \mapsto x^y$ sont 2 et 4.

13) Montrer que, pour la loi $(X, Y) \mapsto X \circ Y$ entre parties de $E \times E$, le centre est l'ensemble formé de $\varnothing$ et de la diagonale.

14) Montrer que, pour la loi de composition $f \circ g$ entre applications de E dans E, le centre est réduit à l'application identique.

15) On dit qu'une loi $\top$ sur un ensemble E est *idempotente* si tous les éléments de E sont idempotents (I, p. 7) pour cette loi, c'est-à-dire si $x \top x = x$ pour tout $x \in E$. Montrer que, si une loi $\top$ sur E est associative, commutative et idempotente, la relation $x \top y = y$ est une relation d'ordre dans E ; si on l'écrit $x \leqslant y$, deux éléments quelconques x, y de E admettent une borne supérieure (pour cette relation d'ordre) égale à $x \top y$. Réciproque.

16) Soit $\top$ une loi de composition associative et commutative sur un ensemble E. Soit n un entier > 0. L'application $x \mapsto \overset{n}{\top}\, x$ de E dans E est un morphisme.

§ 2

1) Soit $\top$ une loi de composition sur un ensemble E. Désignant par F l'ensemble somme (E, II, p. 30) de E et d'un ensemble $\{e\}$ à un élément, et identifiant E et $\{e\}$ avec les parties correspondantes de F, montrer qu'on peut, d'une manière et d'une seule, définir sur F une loi de composition $\overline{\top}$ qui induise sur E la loi $\top$, et pour laquelle e soit élément neutre ; si $\top$ est associative, la loi $\overline{\top}$ est associative. (On dit que F se déduit de E « par adjonction d'un élément neutre ».)

2) Soit $\top$ une loi partout définie sur E.
a) Pour que $\top$ soit associative, il faut et il suffit que toute translation à gauche γ_x soit permutable avec toute translation à droite δ_y dans l'ensemble des applications de E dans E (pour la loi $f \circ g$).
b) On suppose que E possède un élément neutre. Pour que $\top$ soit associative et commutative, il faut et il suffit que l'application $(x, y) \mapsto x \top y$ soit un morphisme du magma $E \times E$ dans le magma E.

3) Dans l'ensemble F des applications de E dans E, pour que la relation $f \circ g = f \circ h$ entraîne $g = h$, il faut et il suffit que f soit injective ; pour que la relation $g \circ f = h \circ f$ entraîne $g = h$, il faut et il suffit que f soit surjective ; pour que f soit simplifiable (pour la loi $\circ$), il faut et il suffit que f soit bijective.

4) Pour qu'il existe sur un ensemble E une loi de composition telle que toute permutation de E soit un isomorphisme de E sur lui-même pour cette loi, il faut et il suffit que E ait 0, 1 ou 3 éléments.

5) Pour $2 \leqslant n \leqslant 5$, déterminer, sur un ensemble E à n éléments, toutes les lois partout définies, admettant un élément neutre et pour lesquelles tous les éléments de E soient simplifiables ; pour $n = 5$, montrer qu'il existe des lois non associatives satisfaisant à ces conditions.

(N.B. — Les exercices 6 à 17 inclus se rapportent à des lois associatives sur un ensemble E, notées *multiplicativement* ; e désigne l'élément neutre, lorsqu'il existe, γ_a et δ_a les translations par $a \in E$; pour toute partie X de E, on posera $\gamma_a(X) = aX$, $\delta_a(X) = Xa$.)

6) Pour une loi associative sur un ensemble *fini*, tout élément simplifiable est inversible (utiliser I, p. 16, prop. 3).

7) Etant donnés une loi associative sur un ensemble E et un élément $x \in E$, soit A l'ensemble des x^n pour $n \in \mathbf{N}^*$; s'il existe un élément neutre, soit B l'ensemble des x^n pour $n \in \mathbf{N}$; si de plus x est inversible, soit C l'ensemble des x^a pour $a \in \mathbf{Z}$. Montrer que, si A (resp. B, C) est infini, il est isomorphe (pour la loi induite par la loi donnée sur E) à $\mathbf{N}^*$ (resp. $\mathbf{N}$, $\mathbf{Z}$) muni de l'addition.

8) Avec les notations de l'exerc. 7, on suppose A fini; montrer que A contient un idempotent h (I, p. 7) et un seul (on observera que si x^p et x^q sont des idempotents, on a $x^p = x^{pq}$, $x^q = x^{pq}$, donc $x^p = x^q$); si $h = x^p$, l'ensemble des x^n pour $n \geqslant p$ est une partie stable D de E telle que, pour la loi induite sur D, D soit un groupe.

9) Pour une loi multiplicative sur un ensemble E, soit a un élément de E simplifiable à gauche.
a) S'il existe un élément u tel que $au = a$, montrer que $ux = x$ pour tout $x \in E$; en particulier, si $xu = x$ pour tout $x \in E$, u est élément neutre.
b) S'il existe $u \in E$ tel que $au = a$, et $b \in E$ tel que $ab = u$, montrer que $ba = u$ (former aba); en particulier, s'il existe un élément neutre e, et un élément b tel que $ab = e$, b est inverse de a.

10) Si a et b sont deux éléments de E tels que ba soit simplifiable à gauche, montrer que a est simplifiable à gauche. En déduire que, pour une loi associative et commutative sur E, l'ensemble S des éléments non simplifiables de E est tel que $ES \subset S$ (et en particulier est stable).

¶ 11) On dit que E est un *semi-groupe à gauche* si tout élément x de E est simplifiable à gauche.
a) Si u est un idempotent (I, p. 7), on a $ux = x$ pour tout $x \in E$ (utiliser l'exerc. 9*a*)); u est élément neutre pour la loi induite sur Eu.
b) Si u et v sont deux idempotents distincts de E, on a $Eu \cap Ev = \varnothing$, et les ensembles Eu et Ev (munis des lois induites par celle de E) sont isomorphes.
c) Soit R le complémentaire de la réunion des ensembles Eu, où u parcourt l'ensemble des idempotents de E. Montrer que $ER \subset R$; il en résulte que R est une partie stable de E. Si R n'est pas vide, on a $aR \neq R$ pour tout $a \in R$ (utiliser l'exerc. 9*a*) pour prouver que, dans le cas contraire, R contiendrait un idempotent); en particulier R est alors infini. On dit que R est le *résidu* du semi-groupe à gauche E.
d) Si R n'est pas vide, et s'il existe au moins un idempotent u dans E (c'est-à-dire si $E \neq R$), pour tout $x \in REu$, on a $xEu \neq Eu$; en particulier, aucun élément de REu n'est inversible dans Eu, et REu est un ensemble infini (utiliser l'exerc. 8).
e) Si E possède un élément neutre e, e est le seul idempotent de E, et R est vide (remarquer que $E = Ee$).
f) S'il existe un élément a de E simplifiable à droite (en particulier si la loi donnée sur E est commutative), ou bien E possède un élément neutre, ou bien $E = R$ (remarquer que s'il existe un idempotent u, on a $xa = xua$ pour tout $x \in E$). Par exemple, si E est l'ensemble des entiers $\geqslant 1$, muni de l'addition, E est un semi-groupe commutatif tel que $E = R$.
g) S'il existe $a \in E$ tel que $\boldsymbol{\delta}_a$ soit surjective, ou bien E possède un élément neutre, ou bien $E = R$ (examiner séparément le cas où $a \in R$ et le cas où $a \in Eu$, pour un idempotent u).

¶ 12) Pour une loi multiplicative sur E, soit $a \in E$ tel que $\boldsymbol{\gamma}_a$ soit surjective.
a) Montrer que, s'il existe u tel que $ua = a$, on a $ux = x$ pour tout $x \in E$.
b) Pour qu'un élément $b \in E$ soit tel que ba soit simplifiable à gauche, il faut et il suffit que $\boldsymbol{\gamma}_a$ soit surjective et que b soit simplifiable à gauche.

¶ 13) On suppose que, pour *tout* $x \in E$, $\boldsymbol{\gamma}_x$ est surjective. Montrer que si, pour un élément $a \in E$, $\boldsymbol{\gamma}_a$ est une application bijective, $\boldsymbol{\gamma}_x$ est une application bijective pour tout $x \in E$ (utiliser l'exerc. 12*b*)); il en est ainsi en particulier s'il existe deux éléments a, b de E tels que $ab = b$ (utiliser l'exerc. 12*a*)); E est alors un semi-groupe à gauche, dont le résidu R est vide; en outre, pour tout idempotent u, tout élément de Eu est inversible dans Eu.

¶ 14) Pour une loi associative sur un ensemble *fini* E, il existe des parties *minimales* de la forme aE (c'est-à-dire des éléments minimaux de l'ensemble des parties de E de cette forme, ordonné par inclusion).
a) Si $M = aE$ est minimale, on a $xM = xE = M$ pour tout $x \in M$; muni de la loi induite par celle de E, M est un semi-groupe à gauche (I, p. 120, exerc. 11) dans lequel toute translation à gauche est bijective (cf. I, p. 120, exerc. 13).
b) Si $M = aE$ et $M' = a'E$ sont minimales et distinctes, on a $M \cap M' = \varnothing$; pour tout $b \in M$, l'application $x' \mapsto bx'$ de M' dans M est une application bijective de M' sur M. En déduire qu'il existe un idempotent $u' \in M'$ tel que $bu' = b$, et un idempotent $u \in M$ tel que $uu' = u$ (prendre pour u l'idempotent tel que $bu = b$). Montrer que $u'u = u'$ (considérer $uu'u$), et que tout $y' \in M'$ tel que $y'u = y'$ appartient à $M'u'$.
c) Montrer que l'application $x' \mapsto ux'$ de $M'u'$ dans M est un isomorphisme de $M'u'$ sur Mu; en déduire que M et M' sont des semi-groupes à gauche isomorphes.
d) Soient M_i $(1 \leqslant i \leqslant r)$ les parties minimales distinctes de la forme aE; déduire de *b*) qu'on peut ranger les idempotents de chaque semi-groupe à gauche M_i en une suite (u_{ij}) $(1 \leqslant j \leqslant s)$ de sorte qu'on ait $u_{ij}u_{kj} = u_{ij}$ quels que soient i, j, k. Si K est la réunion des M_i, montrer que $Eu_{ij} \subset K$ (remarquer que pour tout $x \in E$, $xu_{ij}E$ est une partie minimale de la forme aE); en déduire que Eu_{ij} est la réunion des $u_{kj}Eu_{kj}$ pour $1 \leqslant k \leqslant r$ (montrer que $(Eu_{ij}) \cap M_k = u_{kj}Eu_{kj}$), et que $Eu_{ij}E = K$. Prouver enfin que toute partie minimale de la forme Eb est identique à un des s ensembles Eu_{ij} (remarquer, à l'aide de *a*), que $Ebu_{ij}b = Eb$, et en déduire que $Eb \subset K$).

15) Soit $(x_i)_{1 \leqslant i \leqslant n}$ une suite finie d'éléments simplifiables à gauche.
a) Montrer que la relation $x_1x_2 \ldots x_n = e$ entraîne toutes les relations $x_{i+1} \ldots x_nx_1x_2 \ldots x_i = e$ qui s'en déduisent par « permutation circulaire » pour $1 \leqslant i < n$.
b) En déduire que si le composé de la suite (x_i) est inversible chacun des x_i est inversible.

¶ 16) Soit $\top$ une loi associative sur un ensemble E, E* l'ensemble des éléments simplifiables de E; on suppose que E* n'est pas vide, et que tout élément simplifiable est un élément central. On désigne par $\mathfrak{F}$ l'ensemble des parties X de E ayant la propriété suivante: il existe $y \in E^*$ tel que $\boldsymbol{\delta}_y(E) \subset X$.
a) Montrer que l'intersection de deux ensembles de $\mathfrak{F}$ appartient à $\mathfrak{F}$.
b) Soit Φ l'ensemble des fonctions f définies dans un ensemble de $\mathfrak{F}$, prenant leurs valeurs dans E, et telles que, pour $X \in \mathfrak{F}$, $f^{-1}(X)$ appartienne à $\mathfrak{F}$. On désigne par R la relation entre éléments f et g de Φ: « il existe un ensemble $X \in \mathfrak{F}$ tel que les restrictions de f et g à X soient identiques ». Montrer que R est une relation d'équivalence; soit $\Psi = \Phi/R$ l'ensemble quotient de Φ par cette relation.
c) Soient f et g deux éléments de Φ, $A \in \mathfrak{F}$ et $B \in \mathfrak{F}$ les ensembles où f et g sont respectivement définies; il existe $X \subset B$, appartenant à $\mathfrak{F}$, tel que $g(X) \subset A$; si g_X est la restriction de g à X, montrer que l'application $f \circ g_X$ appartient à Φ, et que sa classe (mod. R) ne dépend que des classes de f et g (et non de X); cette classe est dite composée de celle de f et de celle de g; montrer que la loi de composition ainsi définie dans Ψ est associative et possède un élément neutre.
d) Pour tout $a \in E$, montrer que la translation à gauche γ_a appartient à Φ; soit φ_a sa classe (mod. R). Montrer que l'application $x \mapsto \varphi_x$ est un isomorphisme de E sur un sous-monoïde de Ψ, et que si $x \in E^*$, φ_x est inversible dans Ψ (considérer l'application réciproque de γ_x, montrer qu'elle appartient à Φ, et que sa classe (mod. R) est inverse de φ_x). En déduire une généralisation du th. 1 de I, p. 18.

17) Soient E un monoïde et S une partie stable de E possédant les propriétés suivantes:
α) Pour tout $s \in S$ et tout $a \in E$, il existe $t \in S$ et $b \in E$ tel que $sb = at$.
β) Quels que soient $a \in E$, $b \in E$ et $s \in S$ tels que $sa = sb$, il existe un $t \in S$ tel que $at = bt$.
a) Dans $E \times S$, on note $(a, s) \sim (b, t)$ la relation: « il existe s' et t' dans S tel que $tt' = ss'$ et $as' = bt'$ ».

Montrer que $\sim$ est une relation d'équivalence. On pose $\overline{E} = (E \times S)/\sim$, on note as^{-1} la classe d'équivalence de (a, s) (mod $\sim$) et $\varepsilon\colon E \to \overline{E}$ l'application $a \mapsto ae^{-1}$.

b) Montrer qu'il existe sur $\overline{E}$ une structure de monoïde et une seule telle que ε soit un homomorphisme unifère et telle que pour tout $s \in S$, $\varepsilon(s)$ soit inversible.
c) Montrer que $(\overline{E}, \varepsilon)$ possède la propriété universelle décrite dans le th. 1 de I, p. 18.
d) Montrer que ε est injective si et seulement si les éléments de S sont simplifiables.

§ 3

1) Soit $\alpha \mapsto f_\alpha$ une action de Ω sur E. Soit F l'image de Ω dans E^E et soit G la partie stable de E^E pour la loi $(f, g) \mapsto f \circ g$, engendrée par F et par l'application identique de E.
a) Montrer que toute partie de E stable pour l'action de Ω est aussi stable pour la restriction à G de l'action canonique de E^E sur E (I, p. 24, *Exemple* 3)).
b) Soit X une partie de E; montrer que la partie stable de E engendrée par X est l'ensemble des $f(x)$, où f parcourt G et x parcourt X.

2) Soit $\perp$ une loi de composition sur E, distributive par rapport à une loi de composition associative $\top$; montrer que, si $x \perp x'$ et $y \perp y'$ sont simplifiables pour la loi $\top$, $x \perp y'$ est permutable avec $y \perp x'$ pour la loi $\top$ (calculer le composé $(x \top y) \perp (x' \top y')$ de deux manières différentes). En particulier, si la loi $\perp$ possède un élément neutre, deux éléments simplifiables pour la loi $\top$ sont permutables pour cette loi; si tous les éléments de E sont simplifiables pour la loi $\top$, cette loi est commutative.

3) Soient $\top$ et $\perp$ deux lois de composition sur un ensemble E, telles que $\perp$ soit distributive à droite par rapport à $\top$.
a) Si la loi $\top$ possède un élément neutre e, $x \perp e$ est idempotent pour la loi $\top$, quel que soit $x \in E$; si en outre il existe y tel que $x \perp y$ soit simplifiable pour la loi $\top$, on a $x \perp e = e$.
b) Si la loi $\perp$ possède un élément neutre u, et s'il existe $z \in E$ simplifiable à la fois pour les deux lois $\perp$ et $\top$, u est simplifiable pour la loi $\top$.

¶ 4) Soient $\top$ et $\perp$ deux lois de composition sur E, ayant chacune un élément neutre; si l'action à gauche de E sur lui-même déduite de chacune de ces lois est distributive par rapport à l'autre, tout élément de E est idempotent pour ces deux lois (si e est élément neutre pour $\top$, u élément neutre pour $\perp$, prouver d'abord que $e \perp e = e$, en remarquant que $e = e \perp (u \top e)$).

5) Sur un ensemble E, on suppose données trois lois de composition: une addition (non nécessairement associative ni commutative), une multiplication (non nécessairement associative) et une loi notée $\top$. On suppose que la multiplication possède un élément neutre e, que la loi $\top$ est distributive à droite par rapport à la multiplication, et la loi $\top$ distributive à gauche par rapport à l'addition. Montrer que, s'il existe x, y, z tels que $x \top z$, $y \top z$ et $(x + y) \top z$ soient simplifiables pour la multiplication, on a $e + e = e$ (utiliser l'exercice 3*a*)).

¶ 6) On dit qu'une loi de composition $\top$ sur E détermine sur E une structure de *quasi-groupe*, si pour tout $x \in E$, les translations à gauche et à droite γ_x et δ_x sont des applications bijectives de E sur lui-même. Un quasi-groupe est dit *distributif* si la loi $\top$ est doublement distributive par rapport à elle-même.
a) Déterminer toutes les structures de quasi-groupe distributif sur un ensemble de n éléments, pour $2 \leqslant n \leqslant 6$.
b) * Montrer que l'ensemble $\mathbf{Q}$ des nombres rationnels, muni de la loi de composition $(x, y) \mapsto \frac{1}{2}(x + y)$, est un quasi-groupe distributif. *
c) Dans un quasi-groupe distributif E, tout élément est idempotent. En déduire que, si E a plus d'un élément, la loi $\top$ ne peut posséder d'élément neutre ni être associative.
d) Les translations à gauche et à droite dans un quasi-groupe distributif E sont des automorphismes de E.
e) Si E est un quasi-groupe distributif *fini*, la structure induite sur toute partie stable de E est une structure de quasi-groupe distributif.
f) Soit E un quasi-groupe distributif. Si R est une relation d'équivalence compatible à gauche (resp. à droite) (I, p. 26) avec la loi $\top$, les classes mod. R sont des parties stables de E. Si E est fini, toutes ces classes se déduisent de l'une d'elles par translation à gauche (resp. à droite);

dans les mêmes conditions, si R est compatible avec la loi $\top$, la structure quotient sur E/R est une structure de quasi-groupe distributif.

g) Soit E un quasi-groupe distributif. L'ensemble A_a des éléments de E permutables avec un élément donné a est stable; si E est fini, pour tout $x \in A_a$, on a $A_x = A_a$ (remarquer, en utilisant *e*), qu'il existe $y \in A_a$ tel que $x = a \top y$), et lorsque x parcourt E, les ensembles A_x sont identiques aux classes d'équivalence suivant une relation compatible avec la loi $\top$.

h) Si E est un quasi-groupe distributif fini, et la loi $\top$ commutative, le nombre d'éléments de E est impair (considérer les couples (x, y) d'éléments de E tels que $x \top y = y \top x = a$, où a est donné).

7) On suppose données, sur un ensemble E, une addition (associative et commutative) ayant un élément neutre et pour laquelle tous les éléments de E sont inversibles, et une multiplication (associative), distributive par rapport à l'addition *(autrement dit, une structure de pseudo-anneau)*; on pose $[x, y] = xy - yx$; la loi $(x, y) \mapsto [x, y]$ est distributive par rapport à l'addition. Pour que x et y soient permutables pour la multiplication, il faut et il suffit que $[x, y] = 0$; et on a les identités

$$[x, y] = -[y, x]; \qquad [x, [y, z]] + [y, [z, x]] + [z, [x, y]] = 0$$

(la seconde est connue sous le nom d'« identité de Jacobi »). La seconde identité s'écrit aussi

$$[x, [y, z]] - [[x, y], z] = [[z, x], y]$$

ce qui exprime la « déviation de l'associativité » de la loi $[x, y]$.

8) Les hypothèses étant les mêmes que dans l'exerc. 7, on pose $x \top y = xy + yx$; la loi $\top$ est alors commutative, distributive par rapport à l'addition, mais non associative en général.

a) Quel que soit $x \in E$, montrer que $\overset{m+n}{\top} x = (\overset{m}{\top} x) \top (\overset{n}{\top} x)$.

b) Si on pose $[x, y, z] = (x \top y) \top z - x \top (y \top z)$ (déviation de l'associativité de la loi $\top$), prouver les identités.

$$[x, y, z] + [z, y, x] = 0$$
$$[x, y, z] + [y, z, x] + [z, x, y] = 0$$
$$[x \top y, u, z] = [u, [(x \top y), z]]$$

(la notation $[x, y]$ ayant le même sens que dans l'exerc. 7)

$$[x \top y, u, z] + [y \top z, u, x] + [z \top x, u, y] = 0.$$

¶ 9) On suppose données sur E une addition (associative et commutative) ayant un élément neutre et pour laquelle tous les éléments de E sont inversibles, et une multiplication, *non associative*, mais commutative et doublement distributive par rapport à l'addition. On suppose en outre que $n \in \mathbf{Z}$, $n \neq 0$ et $nx = 0$ entraînent $x = 0$ dans E. Montrer que si, en posant $[x, y, z] = (xy)z - x(yz)$, on a l'identité

$$[xy, u, z] + [yz, u, x] + [zx, u, y] = 0,$$

alors $x^{m+n} = x^m x^n$ quel que soit x (montrer, par récurrence sur p, qu'on a l'identité $[x^q, y, x^{p-q}] = 0$ pour $1 \leqslant q < p$).

10) Soit E un monoïde commutatif dont la loi est notée additivement et l'élément neutre 0. Soit $\top$ une loi interne sur E, distributive par rapport à l'addition, et telle que $0 \top x = x \top 0 = 0$ pour tout $x \in E$. Soit S une partie de E stable pour l'addition et pour chacune des actions déduites de $\top$; notons $\overline{E}$ le monoïde des différences de E par rapport à S pour l'addition et ε l'homomorphisme canonique de E dans $\overline{E}$. Alors, il existe sur $\overline{E}$ une loi $\overline{\top}$ et une seule qui soit distributive par rapport à l'addition et telle que ε soit un homomorphisme pour les lois $\top$ et $\overline{\top}$. Si la loi $\top$ est associative (resp. commutative), il en est de même de la loi $\overline{\top}$.

§ 4

1) Déterminer toutes les structures de groupe sur un ensemble de n éléments, pour

$2 \leqslant n \leqslant 6$ (cf. I, p. 119, exerc. 5). Déterminer les sous-groupes et les groupes quotients de ces groupes, ainsi que leurs suites de Jordan-Hölder.

¶ 2) *a*) Une loi associative $(x, y) \mapsto xy$ sur un ensemble E est une loi de groupe s'il existe $e \in E$ tel que, pour tout $x \in E$, $ex = x$, et si, pour tout $x \in E$, il existe $x' \in E$ tel que $x'x = e$ (montrer que $xx' = e$, en considérant le composé $x'xx'$; en déduire que e est élément neutre).

b) Montrer qu'il en est de même si, pour *tout* $x \in E$, la translation à gauche γ_x est une application de E sur E et s'il existe *un* $a \in E$ tel que la translation à droite δ_a soit une application de E sur E.

3) Dans un groupe G, toute partie stable H *finie* et non vide est un sous-groupe de G (cf. I, p. 119, exerc. 6).

4) Soient A et B deux sous-groupes d'un groupe G.

a) Montrer que le plus petit sous-groupe contenant A et B (c'est-à-dire le sous-groupe engendré par $A \cup B$) est identique à l'ensemble des composés des suites $(x_i)_{1 \leqslant i \leqslant 2n+1}$ d'un nombre impair (quelconque) d'éléments, telles que $x_i \in A$ pour i impair, et $x_i \in B$ pour i pair.

b) Pour que AB soit un sous-groupe de G (auquel cas c'est le sous-groupe engendré par $A \cup B$), il faut et il suffit que A et B soient permutables, c'est-à-dire que $AB = BA$.

c) Si A et B sont permutables, et si C est un sous-groupe contenant A, A est permutable avec $B \cap C$, et on a $A(B \cap C) = C \cap (AB)$.

5) Si un sous-groupe d'un groupe G a pour indice 2, il est distingué dans G.

6) Soit (G_α) une famille de sous-groupes distingués d'un groupe G, telle que $\bigcap_\alpha G_\alpha = \{e\}$; montrer que G est isomorphe à un sous-groupe du groupe produit $\prod_\alpha (G/G_\alpha)$.

7) Si G est produit direct de deux sous-groupes A et B, et si H est un sous-groupe de G tel que $A \subset H$, H est produit direct de A et de $H \cap B$.

8) Soient A et A′ deux groupes, et soit G un sous-groupe de $A \times A'$. On pose:

$$N = G \cap (A \times \{e\}), \qquad H = \mathrm{pr}_1(G)$$
$$N' = G \cap (\{e\} \times A'), \qquad H' = \mathrm{pr}_2(G).$$

a) Montrer que N est distingué dans H et N′ distingué dans H′; définir des isomorphismes

$$H/N \to G/(N \times N') \to H'/N'.$$

b) On suppose que $H = A$, $H' = A'$, que les groupes A et A′ sont de longueur finie, et qu'aucun quotient d'une suite de Jordan-Hölder de A n'est isomorphe à un quotient d'une suite de Jordan-Hölder de A′. Montrer que $G = A \times A'$.

9) Soit G un groupe non réduit à l'élément neutre. On suppose qu'il existe une partie finie S de G telle que G soit engendré par S (resp. par les éléments gsg^{-1}, pour $g \in G$, $s \in S$). Soit $\mathfrak{N}$ l'ensemble des sous-groupes de G (resp. des sous-groupes distingués de G) distincts de G. Montrer que $\mathfrak{N}$, ordonné par inclusion, est inductif. En déduire l'existence d'un sous-groupe distingué H de G tel que G/H soit simple.

10) Soit H un sous-groupe distingué d'un groupe G, contenu dans le centre de G. Montrer que si G/H est un groupe monogène, G est commutatif.

11) Si tous les éléments d'un groupe G autres que l'élément neutre sont d'ordre 2, G est commutatif; si G est fini, son ordre n est une puissance de 2 (raisonner par récurrence sur n).

12) Soit G un groupe tel que, pour un entier déterminé $n > 1$, on ait $(xy)^n = x^n y^n$ quels que soient $x \in G$, $y \in G$. Si $G^{(n)}$ désigne l'ensemble des x^n, où x parcourt G, et $G_{(n)}$ l'ensemble des $x \in G$ tels que $x^n = e$, montrer que $G^{(n)}$ et $G_{(n)}$ sont des sous-groupes distingués de G; si G est fini, l'ordre de $G^{(n)}$ est égal à l'indice de $G_{(n)}$. Montrer que, quels que soient x, y dans G, on a aussi $x^{1-n}y^{1-n} = (xy)^{1-n}$ et en déduire que l'on a $x^{n-1}y^n = y^n x^{n-1}$; conclure de là que l'ensemble des éléments de G de la forme $x^{n(n-1)}$ engendre un sous-groupe commutatif de G.

13) Soit G un groupe. Si S est un groupe simple, on dit que S intervient dans G s'il existe deux sous-groupes H, H′ de G, tels que H soit sous-groupe distingué de H′, et que H′/H soit isomorphe à S. On note in(G) l'ensemble des classes à isomorphisme près de groupes simples qui interviennent dans G.

a) Montrer que $\mathrm{in}(G) = \varnothing \Leftrightarrow G = \{e\}$.

b) Si H est un sous-groupe de G, montrer que $\mathrm{in}(H) \subset \mathrm{in}(G)$; si en outre H est distingué, on a

$$\mathrm{in}(G) = \mathrm{in}(H) \cup \mathrm{in}(G/H).$$

c) Soient G_1 et G_2 deux groupes. Montrer l'équivalence des deux propriétés suivantes:

(i) $\mathrm{in}(G_1) \cap \mathrm{in}(G_2) = \varnothing$;

(ii) Tout sous-groupe de $G_1 \times G_2$ est de la forme $H_1 \times H_2$, avec $H_1 \subset G_1$ et $H_2 \subset G_2$. (Utiliser l'exerc. 8 de I, p. 124.)

* Lorsque G_1 et G_2 sont des groupes finis, montrer que (i) et (ii) sont équivalents à:

(iii) $\mathrm{Card}(G_1)$ et $\mathrm{Card}(G_2)$ sont premiers entre eux.$_*$

14) Soient G un groupe, H un sous-groupe de G. On appelle système de représentants des classes à gauche mod. H toute partie T de G qui rencontre toute classe à gauche mod. H en un point et un seul (cf. E, II, p. 42); cette condition équivaut à la suivante:

L'application $(x, y) \mapsto xy$ est une bijection de $T \times H$ sur G.

a) Soit T un tel système de représentants; pour tout $g \in G$, et tout $t \in T$, soient $x(g, t) \in T$ et $y(g, t) \in H$ tels que $gt = x(g, t)y(g, t)$. Soit S une partie de G engendrant G. Montrer que les éléments $y(g, t)$, pour $g \in S$, $t \in T$, engendrent H. (Si H′ désigne le sous-groupe de H engendré par ces éléments, on montrera que $T.H'$ est stable par les γ_g pour $g \in S$, donc aussi par les γ_g pour $g \in G$, et on en déduira que $T.H' = G$, d'où $H' = H$.)

b) On suppose que (G: H) est fini. Montrer que G peut être engendré par une partie finie si et seulement si il en est de même de H.

¶ 15) Soit $\mathfrak{F}$ un ensemble de sous-groupes stables d'un groupe à opérateurs G; on dit que $\mathfrak{F}$ satisfait à la condition maximale (resp. condition minimale) si toute partie de $\mathfrak{F}$, ordonnée par inclusion, possède un élément maximal (resp. minimal).

On suppose que l'ensemble de *tous* les sous-groupes stables d'un groupe G satisfait à la condition minimale.

a) Prouver qu'il n'existe aucun sous-groupe stable de G isomorphe à G et distinct de G (raisonner par l'absurde en montrant que l'hypothèse entraînerait l'existence d'une suite infinie strictement décroissante de sous-groupes stables de G).

b) On appelle sous-groupes stables distingués *minimaux* les éléments minimaux de l'ensemble des sous-groupes stables distingués de G non réduits à *e*. Soit $\mathfrak{M}$ un ensemble de sous-groupes stables distingués minimaux de G, S le plus petit sous-groupe stable de G contenant tous les sous-groupes appartenant à $\mathfrak{M}$; montrer que S est produit direct d'un nombre *fini* de sous-groupes stables distingués minimaux de G (soit (M_n) une suite de sous-groupes stables distingués minimaux de G appartenant à $\mathfrak{M}$, et telle que M_{n+1} ne soit pas contenu dans le sous-groupe stable engendré par la réunion de $M_1, M_2, \ldots, M_n$; soit S_k le sous-groupe stable engendré par la réunion des M_n d'indice $n \geqslant k$; montrer qu'on a $S_{k+1} = S_k$ à partir d'un certain rang, et par suite que (M_n) est une suite finie; utiliser enfin, I, p. 46, prop. 15).

c) Si G est un groupe sans opérateur, montrer que tout sous-groupe distingué minimal M de G est produit direct d'un nombre fini de sous-groupes, simples et isomorphes entre eux (soit N un sous-groupe distingué minimal *de* M; montrer que M est le plus petit sous-groupe de G contenant tous les sous-groupes aNa^{-1}, où a parcourt G, et appliquer ensuite b) au groupe M).

16) Si l'ensemble des sous-groupes stables d'un groupe à opérateurs G satisfait aux conditions maximale et minimale (I, p. 125, exerc. 15), G possède une suite de Jordan-Hölder (considérer, pour un sous-groupe H de G, un élément maximal de l'ensemble des sous-groupes stables distingués de H, distincts de H).

¶ 17) Soit G un groupe à opérateurs; on dit qu'une suite de composition (G_i) de G est *distinguée* si tous les G_i sont des sous-groupes stables distingués *de* G; une suite distinguée Σ est dite *principale* si elle est strictement décroissante, et s'il n'existe aucune suite distinguée distincte de Σ, plus fine que Σ, et strictement décroissante.
a) Si (G_i) et (H_j) sont deux suites distinguées de G, montrer qu'il existe deux suites distinguées équivalentes, plus fines respectivement que (G_i) et (H_j) (appliquer le th. de Schreier en considérant un domaine d'opérateurs convenable pour G). Donner une seconde démonstration de cette proposition, en « intercalant » les sous-groupes $G'_{ij} = G_i \cap (G_{i+1}H_j)$ et $H'_{ji} = H_j \cap (H_{j+1}G_i)$ dans les suites (G_i) et (H_j) respectivement.
b) Si G possède une suite principale, deux suites principales quelconques de G sont équivalentes; pour toute suite distinguée Σ strictement décroissante, il existe une suite principale plus fine que Σ. En déduire que, pour que G possède une suite principale, il faut et il suffit que l'ensemble des sous-groupes stables distingués de G satisfasse aux conditions maximale et minimale.
c) Si G est un groupe sans opérateur et possède une suite principale (G_i), et si l'ensemble des sous-groupes de G satisfait à la condition minimale, tout groupe quotient G_i/G_{i+1} est produit direct d'un nombre fini de sous-groupes simples et isomorphes entre eux (utiliser l'exerc. 15 de I, p. 125).

¶ 18) a) Soit G un groupe à opérateurs, engendré par la réunion d'une famille $(H_i)_{i\in I}$ de sous-groupes stables distingués *simples* de G. Montrer qu'il existe une partie J de I telle que G soit somme restreinte de la famille $(H_i)_{i\in J}$ (appliquer le théorème de Zorn à l'ensemble des parties K de I telles que le sous-groupe engendré par la réunion des H_i pour $i \in K$ soit somme restreinte de cette famille).
b) Soit A un sous-groupe stable distingué de G. Montrer qu'il existe une partie J_A de I telle que G soit somme restreinte de A et des H_i pour $i \in J_A$. En déduire que A est isomorphe à la somme restreinte d'une sous-famille des H_i.

¶ 19) a) Soit G un groupe tel que tout sous-groupe distingué de G distinct de G soit contenu dans un facteur direct de G distinct de G. Montrer que G est somme restreinte d'une famille de sous-groupes simples. (Soit K le sous-groupe de G engendré par la réunion de tous les sous-groupes simples de G. Supposons $K \neq G$; si $x \in G - K$, considérer un sous-groupe distingué M de G maximal parmi ceux contenant K et ne contenant pas x. Si $G = M' \times S$ où M′ contient M et $S \neq \{e\}$, montrer que $x \notin M'$ et par suite $M' = M$; d'autre part, si N est un sous-groupe distingué de S, montrer que $M \times N = G$ et en conclure que S est simple, d'où une contradiction. Conclure à l'aide de l'exerc. 18). Réciproque (cf. exerc. 18).
b) Pour que dans un groupe G il existe une famille (N_α) de sous-groupes distingués telle que les G/N_α soient simples et que $\bigcap_\alpha N_\alpha = \{e\}$, il faut et il suffit que pour tout sous-groupe distingué $N \neq \{e\}$ de G, il existe un sous-groupe distingué $N' \neq G$ tel que $NN' = G$. (Pour voir que la condition est nécessaire, considérer un $x \in N$ distinct de e, et un N_α ne contenant pas x. Pour voir que la condition est suffisante, pour tout $x \neq e$ dans G, considérer le sous-groupe distingué N engendré par x, et un sous-groupe distingué $N' \neq G$ tel que $NN' = G$. Montrer que si un sous-groupe distingué M de G est maximal parmi les sous-groupes distingués de G contenant N′ et ne contenant pas x, il est maximal dans l'ensemble de tous les sous-groupes distingués $\neq G$ et en déduire la conclusion).

20) a) Soit G un groupe, produit direct de deux sous-groupes A et B. Soit C_A le centre de A et soit N un sous-groupe distingué de G tel que $N \cap A = \{1\}$. Montrer que l'on a $N \subset C_A \times B$.

b) Soit $(S_\iota)_{\iota\in I}$ une famille finie de groupes simples non commutatifs. Montrer que tout sous-groupe distingué de $\prod_{\iota\in I} S_\iota$ est égal à l'un des produits partiels $\prod_{\iota\in J} S_\iota$ où J est une partie de I.

21) Soit G un groupe de longueur finie. Montrer l'équivalence des propriétés suivantes:
a) G est produit de groupes simples deux à deux isomorphes.
b) Aucun sous-groupe de G, distinct de $\{1\}$ et G, n'est stable pour tous les automorphismes de G.

¶ 22) Soit E un quasi-groupe (I, p. 122, exerc. 6) noté multiplicativement, possédant un idempotent e, et tel que $(xy)(zt) = (xz)(yt)$ quels que soient x, y, z, t. On désigne par $u(x)$ l'élément de E tel que $u(x)e = x$, par $v(x)$ l'élément de E tel que $ev(x) = x$; montrer que la loi de composition $(x, y) \mapsto u(x)v(y)$ est une loi de groupe commutatif sur E, pour laquelle e est élément neutre, que les applications $x \mapsto xe$ et $y \mapsto ey$ sont des endomorphismes permutables de cette structure de groupe, et que $xy = u(xe)v(ey)$ (on commencera par établir les identités $e(xy) = (ex)(ey)$, $(xy)e = (xe)(ye)$, $e(xe) = (ex)e$; on remarquera ensuite que les relations $x = y$, $ex = ey$ et $xe = ye$ sont équivalentes). Réciproque.

¶ 23) On considère, sur un ensemble E, une loi interne *non partout définie*, notée multiplicativement, et satisfaisant aux conditions suivantes:
1° si l'un des composés $(xy)z$, $x(yz)$ est défini, il en est de même de l'autre et ils sont égaux;
2° si x, x', y sont tels que xy et $x'y$ (resp. yx et yx') soient définis et égaux, on a $x = x'$;
3° pour tout $x \in E$, il existe trois éléments notés e_x, e'_x et x^{-1} tels que $e_x x = x$, $xe'_x = x$, $x^{-1}x = e'_x$; e_x est appelé unité à gauche de x, e'_x unité à droite de x, x^{-1} inverse de x (par abus de langage).
a) Montrer que les composés xx^{-1}, $x^{-1}e_x$, $e'_x x^{-1}$, $e_x e_x$, $e'_x e'_x$ sont définis, et qu'on a $xx^{-1} = e_x$, $x^{-1}e_x = e'_x x^{-1} = x^{-1}$, $e_x e_x = e_x$, $e'_x e'_x = e'_x$.
b) Tout idempotent e de E (I, p. 7) est unité à gauche pour tous les x tels que ex soit défini, unité à droite pour tous les y tels que ye soit défini.
c) Pour que le composé xy soit défini, il faut et il suffit que l'unité à droite de x soit la même que l'unité à gauche de y (pour voir que la condition est suffisante, utiliser la relation $e_y = yy^{-1}$); si $xy = z$, on a $x^{-1}z = y$, $zy^{-1} = x$, $y^{-1}x^{-1} = z^{-1}$, $z^{-1}x = y^{-1}$, $yz^{-1} = x^{-1}$ (les composés écrits aux premiers membres de ces relations étant définis).
d) Pour deux idempotents quelconques e, e' de E, on désigne par $G_{e,e'}$ l'ensemble des $x \in E$ tels que e soit unité à gauche et e' unité à droite de x. Montrer que, si $G_{e,e}$ n'est pas vide, c'est un groupe pour la loi induite par celle de E.

On dit que E est un *groupoïde* s'il satisfait en outre à la condition suivante:
4° quels que soient les idempotents e, e', $G_{e,e'}$ n'est pas vide.
e) Dans un groupoïde E, si $a \in G_{e,e'}$, montrer que $x \mapsto xa$ est une application bijective de $G_{e,e}$ sur $G_{e,e'}$, $y \mapsto ay$ une application bijective de $G_{e',e'}$ sur $G_{e,e'}$, $x \mapsto a^{-1}xa$ un isomorphisme du groupe $G_{e,e}$ sur le groupe $G_{e',e'}$.
f) Montrer que la loi définie dans I, p. 118, exerc. 4 *b*) détermine une structure de groupoïde sur l'ensemble Ψ, si tous les ensembles de la famille $\mathfrak{F}$ sont équipotents.

24) *a*) Etant donné un ensemble quelconque E, on considère, dans l'ensemble E × E, la loi de composition non partout définie, notée multiplicativement, pour laquelle le composé de (x, y) et de (y', z) n'est défini que si $y' = y$, et a dans ce cas la valeur (x, z). Montrer que E × E, muni de cette loi de composition, est un groupoïde (exerc. 23).
b) Soit $(x, y) \equiv (x', y')$ (R) une relation d'équivalence compatible avec la loi de composition précédente (c'est-à-dire telle que $(x, y) \equiv (x', y')$ et $(y, z) \equiv (y', z')$ entraînent $(x, z) \equiv (x', z')$); on suppose en outre que la relation R satisfait à la condition suivante: quels que soient x, y, z, il existe un $t \in E$ et un seul tel que $(x, y) \equiv (z, t)$, et il existe un $u \in E$ tel que $(x, y) \equiv (u, z)$.

Montrer que, dans ces conditions, la structure quotient par R de la structure de groupoïde de E × E est une structure de groupe (prouver d'abord que la loi quotient est partout définie,

puis que, si $\dot{x}$, $\dot{y}$, $\dot{z}$ sont trois classes telles que $\dot{x}\dot{y} = \dot{x}\dot{z}$, on a $\dot{y} = \dot{z}$; établir enfin que, quels que soient $x \in \mathrm{E}$, $y \in \mathrm{E}$, on a $(x, x) \equiv (y, y)$).
c) Soit G le groupe obtenu en munissant le quotient de E × E par R de la structure précédente. Soit a un élément quelconque de E; si, pour tout $x \in \mathrm{E}$, $f_a(x)$ désigne la classe mod. R de (a, x), montrer que f_a est une bijection de E sur G, et que la relation $(x, y) \equiv (x', y')$ est équivalente à la relation $f_a(x)f_a(x'))^{-1} = f_a(y)(f_a(y'))^{-1}$.

Pour que G soit commutatif, il faut et il suffit que la relation $(x, y) \equiv (x', y')$ entraîne $(x, x') \equiv (y, y')$.

¶ 25) Soit E un ensemble, f une application de E^m dans E; on écrira $f(x_1, x_2, \ldots, x_m) = x_1x_2\ldots x_m$; on suppose que f satisfait aux conditions suivantes:
1° On a identiquement

$$(x_1x_2\ldots x_m)x_{m+1}\ldots x_{2m-1} = x_1(x_2x_3\ldots x_{m+1})x_{m+2}\ldots x_{2m-1};$$

2° Quels que soient $a_1, a_2, \ldots, a_{m-1}$ dans E, les applications

$$x \mapsto xa_1a_2\ldots a_{m-1}$$
$$x \mapsto a_1a_2\ldots a_{m-1}x$$

sont des bijections de E sur E.
a) Montrer qu'on a identiquement

$$(x_1x_2\ldots x_m)x_{m+1}\ldots x_{2m-1} = x_1x_2\ldots x_i(x_{i+1}\ldots x_{i+m})x_{i+m+1}\ldots x_{2m-1}$$

pour tout indice i tel que $1 \leqslant i \leqslant m - 1$ (raisonner par récurrence sur i, en considérant l'élément

$$((x_1x_2\ldots x_m)x_{m+1}\ldots x_{2m-1})a_1a_2\ldots a_{m-1}).$$

b) Quels que soient $a_1, a_2, \ldots, a_{m-2}$, il existe $u \in \mathrm{E}$ tel que l'on ait identiquement en x

$$x = xa_1a_2\ldots a_{m-2}u = ua_1a_2\ldots a_{m-2}x.$$

c) Dans l'ensemble E^k des suites $(u_1, u_2, \ldots, u_k)$ de k éléments de E $(1 \leqslant k \leqslant m - 1)$ on considère la relation d'équivalence R_k qui s'énonce: quels que soient $x_1, x_2, \ldots, x_{m-k}$, $u_1u_2\ldots u_kx_1x_2\ldots x_{m-k} = v_1v_2\ldots v_kx_1x_2\ldots x_{m-k}$; on désigne par E_k l'ensemble quotient $\mathrm{E}^k/\mathrm{R}_k$, par G l'ensemble somme (E, II, p. 30) de $\mathrm{E}_1 = \mathrm{E}, \mathrm{E}_2, \ldots, \mathrm{E}_{m-1}$. Soient $\alpha \in \mathrm{E}_i$, $\beta \in \mathrm{E}_j$; si $(u_1, u_2, \ldots, u_i)$ est une suite de la classe α, $(v_1, \ldots, v_j)$ une suite de la classe β, on considère la suite $(u_1, u_2, \ldots, u_i, v_1, \ldots, v_j)$ de E^{i+j} si $i + j < m$, la suite

$$(u_1, u_2, \ldots, u_{i+j-m}, (u_{i+j-m+1}\ldots u_iv_1v_2\ldots v_j))$$

de $\mathrm{E}^{i+j-m+1}$ si $i + j \geqslant m$; montrer que la classe de cette suite dans E_{i+j} (resp. $\mathrm{E}_{i+j-m+1}$) ne dépend que des classes α et β; on la désigne par $\alpha.\beta$. Montrer qu'on définit ainsi sur G une loi de groupe, que $\mathrm{H} = \mathrm{E}_{m-1}$ est sous-groupe distingué de G, et que le groupe quotient G/H est cyclique d'ordre $m - 1$; prouver enfin que E est identique à une classe (mod. H) engendrant G/H, et que $x_1x_2\ldots x_m$ n'est autre que le composé, dans le groupe G, de la suite $(x_1, x_2, \ldots, x_m)$.

¶ 26) Soient G, G′ deux groupes, f: G → G′ une application telle que pour deux éléments quelconques x, y de G, on ait $f(xy) = f(x)f(y)$ *ou* $f(xy) = f(y)f(x)$. On se propose de prouver que f est un homomorphisme de G dans G′ *ou* un homomorphisme de G dans le groupe opposé G'^0 (autrement dit, on a, ou bien $f(xy) = f(x)f(y)$ pour *tout* couple (x, y), ou bien $f(xy) = f(y)f(x)$ pour *tout* couple (x, y)).
a) Montrer que l'ensemble $\mathrm{N} = f^{-1}(e')$ (e' élément neutre de G′) est un sous-groupe distingué de G et que f se factorise en $\mathrm{G} \xrightarrow{p} \mathrm{G}/\mathrm{N} \xrightarrow{g} \mathrm{G}'$, où g est injectif. On peut donc se borner à prouver la proposition lorsque f est *injectif*, ce qu'on suppose par la suite.
b) Montrer que si $xy = yx$, alors $f(x)f(y) = f(y)f(x)$ (considérer $f(x^2y)$ et $f(x^2y^2)$ en les exprimant de plusieurs manières).

c) Montrer que si $f(xy) = f(x)f(y)$, alors $f(yx) = f(y)f(x)$. (Montrer à l'aide de *b*) qu'on peut se borner au cas où $xy \neq yx$.)
d) Montrer que $f(xyx) = f(x)f(y)f(x)$. (Utiliser *a*) ou *b*), suivant que $xy = yx$ ou $xy \neq yx$; dans le second cas, considérer $f(x^2y)$ et $f(yx^2)$).
e) Soient A l'ensemble des $x \in G$ tels que $f(xy) = f(x)f(y)$ pour *tout* $y \in G$, B l'ensemble des $x \in G$ tels que $f(xy) = f(y)f(x)$ pour *tout* $y \in G$. Montrer qu'il n'est pas possible que l'on ait $A \neq G$, $B \neq G$ et $A \cup B = G$. (Il existerait alors, en vertu de *b*), x, y dans A tels que $f(xy) = f(x)f(y) \neq f(y)f(x)$ et u, v dans B tels que $f(uv) = f(v)f(u) \neq f(u)f(v)$. Déduire de là une contradiction, en considérant successivement les deux possibilités $xu \in A$, $xu \in B$; dans le premier cas, considérer $f(xuv)$ et dans le second $f(yxu)$.)

Le reste de la démonstration consiste à prouver que l'on ne peut avoir $A \cup B \neq G$, en raisonnant par l'absurde. Si $A \cup B \neq G$, il existe a, b, c dans G tels que

$$f(ab) = f(a)f(b) \neq f(b)f(a) \quad \text{et} \quad f(ac) = f(c)f(a) \neq f(a)f(c).$$

f) Montrer que $f(c)f(a)f(b) = f(b)f(a)f(c)$. (Considérer deux cas suivant que $bc \neq cb$ ou $bc = cb$. Dans le premier cas, considérer $f(bac)$; dans le second, utiliser *b*) et *c*) en considérant $f(abc)$, $f(bca)$ et $f(bac)$).
g) Considérer $f(abac)$ et obtenir une contradiction.

§ 5

1) Dans un groupe fini G, montrer que le nombre des conjugués (I, p. 54) d'un élément $a \in G$ est égal à l'indice du normalisateur de a, et est par suite un diviseur de l'ordre de G.

¶ 2) * Si G est un groupe fini d'ordre n, le nombre des automorphismes de G est $\leqslant n^{\frac{\log n}{\log 2}}$ (montrer qu'il existe un ensemble générateur $\{a_1, a_2, \ldots, a_m\}$ de G tel que a_i n'appartienne pas au sous-groupe engendré par $a_1, a_2, \ldots, a_{i-1}$ pour $2 \leqslant i \leqslant m$; en déduire que $2^m \leqslant n$, et que le nombre des automorphismes de G est $\leqslant n^m$). *

3) Soient Γ le groupe des automorphismes d'un groupe G, Δ le groupe des automorphismes intérieurs de G; montrer que Δ est sous-groupe distingué de Γ. Pour qu'un automorphisme σ de G soit permutable avec tous les automorphismes intérieurs de G, il faut et il suffit que, pour tout $x \in G$, $x^{-1}\sigma(x)$ appartienne au centre de G; en déduire que, si le centre de G est réduit à l'élément neutre, il en est de même du centralisateur de Δ dans Γ.

¶ 4) *a*) Soient G un groupe simple non commutatif, Γ le groupe des automorphismes de G, Δ le groupe des automorphismes intérieurs de G (isomorphe à G). Si s est un automorphisme du groupe Γ, montrer que $s(\Delta) = \Delta$ (en utilisant l'exerc. 3 ci-dessus, et I, p. 46, prop. 15, remarquer que l'intersection $\Delta \cap s(\Delta)$ ne peut se réduire à l'élément neutre de Γ).
b) Montrer que le seul automorphisme de Γ laissant invariant chacun des éléments de Δ est l'automorphisme identique (écrire que cet automorphisme laisse invariant α et $\sigma\alpha\sigma^{-1}$, quels que soient $\alpha \in \Delta$ et $\sigma \in \Gamma$, et utiliser l'exerc. 3).
c) Soient s un automorphisme de Γ, φ l'isomorphisme $x \mapsto \mathrm{Int}(x)$ de G sur Δ, ψ l'isomorphisme réciproque, σ l'automorphisme $\psi \circ s \circ \varphi$ de G; montrer que l'automorphisme $\xi \mapsto \sigma^{-1}s(\xi)\sigma$ de Γ est l'automorphisme identique (utiliser *b*) en remarquant que, pour tout $x \in G$, on a $s(\mathrm{Int}(x)) = \mathrm{Int}(\sigma(x))$. En déduire que tout automorphisme de Γ est un automorphisme intérieur.

5) Soit G un groupe.
a) Si H est un sous-groupe de G d'indice fini n, montrer que l'intersection N des conjugués de H est d'indice un diviseur de $n!$ (noter que G/N est isomorphe à un sous-groupe de $\mathfrak{S}_n$).
b) On dit que G est *résiduellement fini* si l'intersection de ses sous-groupes d'indice fini est $\{e\}$. Montrer que cela équivaut à dire que G est isomorphe à un sous-groupe d'un produit de groupes finis.

c) On suppose que G peut être engendré par un ensemble fini. Montrer que, pour tout entier n, l'ensemble P_n des sous-groupes de G d'indice n est fini.
d) Sous l'hypothèse de *c*), on considère un endomorphisme f de G qui est surjectif. Montrer que, pour tout entier n, l'application $H \mapsto f^{-1}(H)$ est une bijection de P_n sur lui-même (observer que c'est une injection). En déduire que le noyau de f est contenu dans tout sous-groupe d'indice fini de G. En particulier, si G est résiduellement fini, f est bijectif.

6) Soit H un sous-groupe d'indice fini d'un groupe G. On suppose que G est réunion des conjugués de H. Montrer que H = G. (Se ramener au cas où G est fini au moyen de l'exerc. 5. Dans ce dernier cas, remarquer que l'on a:

$$\mathrm{Card}(\bigcup_{x\in G} xHx^{-1}) \leqslant 1 + (\mathrm{Card}(H) - 1)\mathrm{Card}(G/H).)$$

7) Soit p un nombre premier.
a) Montrer que $n^p \equiv n \pmod p$ pour tout $n \in \mathbf{Z}$. (Se ramener au cas où n est positif, et raisonner par récurrence sur n en utilisant la formule du binôme.)
b) Soient x, y deux éléments d'un groupe G. On suppose que

$$yxy^{-1} = x^n, \quad \text{avec} \quad n \in \mathbf{Z}, \quad \text{et que} \quad x^p = 1.$$

Montrer que $y^pxy^{-p} = x^n$; en déduire que y^{p-1} commute à x.
c) Soit G un groupe dont tous les éléments $\neq 1$ sont d'ordre p et sont conjugués entre eux. Montrer que Card(G) est égal à 1 ou 2. (Utiliser *b*) pour prouver que G est commutatif.)

8) Soient A et B des sous-groupes d'un groupe fini G, N_A et N_B les normalisateurs de A et B, ν_A et ν_B les indices de N_A et N_B dans G, r_A le nombre des conjugués de A qui contiennent B, r_B le nombre des conjugués de B qui contiennent A; montrer que $\nu_A r_B = \nu_B r_A$.

¶ 9) Soit G un groupe de permutations d'un ensemble fini E; pour tout $s \in G$, on désigne par $\chi(s)$ le cardinal de l'ensemble des points fixes de s.
a) Montrer que $\sum_{s\in G} \chi(s) = Nt$, où $N = \mathrm{Card}(G)$, et où t est le nombre des orbites de G dans E (évaluer de deux manières le nombre des couples $(s, x) \in G \times E$ tels que $s(x) = x$).
b) On suppose que, pour tout $a \in E$, le stabilisateur H_a de a n'est pas réduit à e. Montrer que, si $\chi(s)$ est indépendant de s pour $s \neq e$, et égal à un entier k, on a

$$k \leqslant t < 2k.$$

(Remarquer que $\mathrm{Card}(E) \leqslant Nk$).

Dans le cas particulier où $k = 2$, trouver les ordres possibles des groupes H_a; montrer que, si $t = 3$, l'ordre de H_a ne peut être $\geqslant 3$ pour les éléments de deux des trois orbites que si N a l'une des valeurs 12, 24 ou 60.
c) On suppose que G opère transitivement dans E, et l'on note H le stabilisateur d'un élément de E; montrer que $\sum_{s\in G} \chi(s)^2$ est égal à $N.t_H$ où t_H est le nombre des orbites de H dans E. (Pour tout (s, u), on pose $\chi(s, u) = \chi(s)$. Evaluer de deux manières la somme $\sum_{(s,u)\in R} \chi(s, u)$, où R est l'ensemble des couples (s, u) tels que $usu^{-1} \in H$.)

10) *a*) Montrer que les éléments $\tau_{12}\tau_{34}$, $\tau_{13}\tau_{24}$, $\tau_{14}\tau_{23}$ du groupe alterné $\mathfrak{A}_4$ forment, avec l'élément neutre, un sous-groupe commutatif H de $\mathfrak{A}_4$. Montrer que H est distingué dans $\mathfrak{A}_4$ et dans $\mathfrak{S}_4$, et que $\mathfrak{A}_4/H$ est cyclique d'ordre 3.
b) Montrer que le centralisateur de H dans $\mathfrak{S}_4$ est égal à H. En déduire que l'application $s \mapsto (h \mapsto shs^{-1})$ de $\mathfrak{S}_4$ dans Aut(H) définit par passage au quotient un isomorphisme de $\mathfrak{S}_4/H$ sur Aut(H), et que ce dernier groupe est isomorphe à $\mathfrak{S}_3$.
c) Soit K un sous-groupe d'ordre 2 de H. Montrer que K n'est pas distingué dans $\mathfrak{A}_4$.

11) Soit E un ensemble fini, soit $\zeta \in \mathfrak{S}_E$ un cycle de support E, et soit τ une transposition. Montrer que $\mathfrak{S}_E$ est engendré par ζ et τ.

¶ 12) *a*) Montrer que toute permutation $\sigma \in \mathfrak{A}_n$ est un produit de cycles d'ordre 3 (qui ne sont pas en général les cycles composants de σ). (Le démontrer pour un produit de deux transpositions, et utiliser I, p. 61, prop. 9.)

b) Si $a_1, \ldots, a_p$ sont p éléments distincts de $[1, n]$, on note $(a_1\, a_2 \ldots a_p)$ le cycle d'ordre p dont le support est $\{a_1, \ldots, a_p\}$, et qui transforme a_i en a_{i+1} pour $1 \leqslant i \leqslant p - 1$ et a_p en a_1. Montrer que $\mathfrak{A}_n$ est engendré par les $n - 2$ cycles $(1\,2\,3)$, $(1\,2\,4)$, ..., $(1\,2\,n)$. (Utiliser *a*).)

c) En déduire que, si n est impair, $\mathfrak{A}_n$ est engendré par $(1\,2\,3)$ et $(1\,2 \ldots n)$, et, si n est pair, par $(1\,2\,3)$ et $(2\,3 \ldots n)$.

d) Montrer que, si un sous-groupe distingué de $\mathfrak{A}_n$ contient un cycle d'ordre 3, il est identique à $\mathfrak{A}_n$ (prouver qu'un tel sous-groupe contient tous les cycles $(1\,2\,k)$ pour $3 \leqslant k \leqslant n$).

¶ 13) Soit G un groupe transitif de permutations d'un ensemble X, et soit H le stabilisateur d'un élément $x \in$ X. Montrer l'équivalence des propriétés suivantes:

a) Tout sous-groupe H' de G contenant H est égal à H ou à G.

b) Toute partie Y de X telle que, pour tout $g \in$ G, gY soit, ou bien contenue dans Y, ou bien disjointe de Y, est égale à X ou est réduite à un seul élément.

(Si H' vérifie *a*), et si Y = H'.x, on a gY = Y pour tout $g \in$ H' et gY $\cap$ Y = $\varnothing$ pour tout $g \notin$ H'. Inversement, si Y jouit de la propriété de *b*), l'ensemble H' des $g \in$ G tels que gY = Y est un sous-groupe de G contenant H.)

Un groupe transitif de permutations G vérifiant *a*) et *b*), et non réduit à l'élément neutre, est dit *primitif*.

14) On dit qu'un groupe de permutations Γ d'un ensemble E est *r fois transitif* si, quelles que soient les deux suites $(a_1, a_2, \ldots, a_r)$, $(b_1, b_2, \ldots b_r)$ de r éléments distincts de E, il existe une permutation $\sigma \in \Gamma$ telle que $\sigma(a_i) = b_i$ pour $1 \leqslant i \leqslant r$, cette propriété n'ayant plus lieu pour un couple au moins de suites de $r + 1$ éléments distincts de E.

a) Montrer qu'un groupe r fois transitif est primitif si $r > 1$.

b) L'ordre d'un groupe de permutations Γ de n objets, r fois transitif est de la forme $n(n-1)\ldots(n-r+1)d$, où d est un diviseur de $(n-r)!$ (considérer le sous-groupe des permutations de Γ laissant invariants r éléments, et calculer son indice).

¶ 15) Soit Γ un groupe de permutations r fois transitif d'un ensemble E de n éléments; pour une permutation $\sigma \in \Gamma$, distincte de la permutation identique, soit $n - s$ le nombre d'éléments de E invariants par σ. Si $s > r$, montrer qu'il existe une permutation $\tau \in \Gamma$ telle que $\sigma^{-1}\tau\sigma\tau^{-1}$ soit distincte de la permutation identique, et que le nombre d'éléments de E qu'elle laisse invariants soit $\geqslant n - 2(s - r + 1)$ (utiliser la décomposition de σ en ses cycles composants). Si $s = r$, montrer de même qu'il existe $\tau \in \Gamma$ telle que $\sigma^{-1}\tau\sigma\tau^{-1}$ soit un cycle d'ordre 3. En déduire que, si $r \geqslant 3$, et si Γ ne contient pas le groupe alterné $\mathfrak{A}_n$, on a $s \geqslant 2r - 2$ pour toute permutation de Γ (utiliser l'exerc. 10 de I, p. 130). Conclure finalement que, si Γ n'est pas identique à $\mathfrak{A}_n$ ou à $\mathfrak{S}_n$, on a $r \leqslant \dfrac{n}{3} + 1$.

¶ 16) *a*) Montrer que le groupe alterné $\mathfrak{A}_n$ est $n - 2$ fois transitif.

b) Montrer que $\mathfrak{A}_n$ est un groupe simple non commutatif pour $n \geqslant 5$. (Utiliser *a*), la méthode de l'exerc. 15 et l'exerc. 12 *d*) pour prouver que $\mathfrak{A}_n$ est simple si $n > 6$; examiner de manière analogue les cas $n = 5$ et $n = 6$.)

c) Montrer que, pour $n \geqslant 5$, les seuls sous-groupes distingués de $\mathfrak{S}_n$ sont $\{e\}$, $\mathfrak{A}_n$ et $\mathfrak{S}_n$.

17) Soit G un groupe transitif de permutations d'un ensemble X; on suppose G primitif (exerc. 13). Montrer que tout sous-groupe distingué de G, distinct de $\{e\}$, est transitif.

18) Soit Γ un groupe de permutations d'un ensemble E. Soient A et B deux parties de E, complémentaires l'une de l'autre, stables par Γ. On désigne par Γ_A et Γ_B les groupes formés des restrictions des permutations de Γ à A et B respectivement, par Δ_A et Δ_B les sous-groupes de Γ qui laissent invariants respectivement tout élément de A et tout élément de B. Montrer que Δ_A et Δ_B sont des sous-groupes distingués de Γ, et que Γ_A est isomorphe à Γ/Δ_A et Γ_B à Γ/Δ_B; si Δ_{AB} (resp. Δ_{BA}) est le groupe formé des restrictions des permutations de Δ_A (resp. Δ_B) à B (resp. A), montrer que les groupes quotients Γ_A/Δ_{BA}, Γ_B/Δ_{AB} et $\Gamma/(\Delta_A\Delta_B)$ sont isomorphes (utiliser I, p. 130, exerc. 8).

19) Soient G un groupe, H un sous-groupe de G et G/H l'ensemble des classes à gauche

(mod. H) dans G. Soit $r\colon G/H \to G$ une section associée à la projection canonique $G \to G/H$. Pour tout $X \in G/H$, on a donc $X = r(X).H$. On définit sur G/H une loi de composition en posant $X \top Y = r(X)r(Y).H$.

a) Montrer que l'on a $X \top H = X$ quel que soit X, et que, pour la loi $\top$, toute translation à gauche est bijective. Si G′ est le sous-groupe de G engendré par l'ensemble des éléments $r(X)$, et $H' = H \cap G'$, la loi de composition définie d'une manière analogue sur G′/H′ par l'application r détermine sur cet ensemble une structure isomorphe à celle déterminée sur G/H par la loi $\top$.

b) Pour que la loi $\top$ soit associative, il faut et il suffit que H′ soit un sous-groupe distingué de G′, auquel cas la structure déterminée par $\top$ est isomorphe à la structure du groupe quotient G′/H′ (pour voir que la condition est nécessaire, montrer d'abord, à l'aide de I, p. 124, exerc. 2*a*), que si $\top$ est associative, elle détermine sur G/H une structure de groupe; désignant par K le plus grand sous-groupe distingué de G′ contenu dans H′, montrer ensuite, en écrivant la condition d'associativité pour $\top$, que $(r(X \top Y))^{-1}r(X)r(Y) \in K$ quels que soient X, Y; en déduire que l'application $X \mapsto r(X).K$ est un isomorphisme du groupe G/H (pour la loi $\top$) sur le groupe quotient G′/K; conclure que $H' = K$, en remarquant que H′ est une réunion de classes mod. K).

c) Inversement, on suppose donnée, sur un ensemble E, une loi de composition $\top$, telle que toute translation à gauche soit bijective et qu'il existe $e \in E$ tel que $x \top e = x$ pour tout $x \in E$. Soit Γ le groupe de permutations de E engendré par les translations à gauche γ_x, Δ le sous-groupe des permutations de Γ laissant invariant e; montrer qu'à toute classe à gauche X modulo Δ, il correspond un élément et un seul $x \in E$ tel que $\gamma_x \in X$; si on pose $r(X) = \gamma_x$, l'application $x \mapsto \gamma_x$ est un isomorphisme de l'ensemble E, muni de la loi $\top$, sur l'ensemble Γ/Δ, muni de la loi $(X, Y) \mapsto r(X)r(Y).\Delta$.

20) Soit G un groupe simple, et soit H un sous-groupe de G d'indice fini $n > 1$.

a) Montrer que G est fini et que son ordre divise $n!$ (utiliser l'exerc. 5 de I, p. 129).

b) Montrer que G est commutatif si $n \leqslant 4$ (utiliser l'exerc. 10 de I, p. 130).

21) Soit $p(n)$ le nombre de classes de conjugaison du groupe symétrique $\mathfrak{S}_n$. Montrer que $p(n)$ est égal au nombre des familles $(x_1, \ldots, x_n)$ d'entiers $\geqslant 0$ telles que $\sum_{i=1}^{n} i.x_i = n$.

* En déduire l'identité $\sum_{n=0}^{\infty} p(n)T^n = \prod_{m=0}^{\infty} \frac{1}{1 - T^m}$. *

22) Soient $A = \mathbf{Z}/2\mathbf{Z}$, $B = \mathfrak{S}_3$ et $G = A \times B$. Si s est un élément d'ordre 2 de B, soit φ l'endomorphisme de G dont le noyau est égal à B et dont l'image est $\{1, s\}$. Montrer que le centre de G n'est pas stable par φ.

¶ 23) *a*) Soit s un élément d'ordre 2 du groupe $\mathfrak{S}_n$, produit de k transpositions $t_1, \ldots, t_k$ à supports mutuellement disjoints. Montrer que le centralisateur C_s de s dans $\mathfrak{S}_n$ est isomorphe à $\mathfrak{S}_{n-2k} \times A$, où A admet un sous-groupe distingué B d'ordre 2^k tel que A/B soit isomorphe à $\mathfrak{S}_k$ (observer que tout élément de C_s permute entre eux les points fixes de s ainsi que les supports de $t_1, \ldots, t_k$).

b) Montrer que, si $n = 5$, ou $n \geqslant 7$, tout élément d'ordre 2 de $\mathfrak{S}_n$ dont le centralisateur est isomorphe à celui d'une transposition est une transposition (comparer les quotients de Jordan-Hölder de ces centralisateurs, en utilisant l'exerc. 16 de I, p. 131). En déduire que tout automorphisme de $\mathfrak{S}_n$ permute entre elles les transpositions.

c) Si a, b sont des éléments distincts de $[1, n]$, on désigne par F_a (resp. F_{ab}) le stabilisateur de a (resp. le fixateur de $\{a, b\}$) dans $\mathfrak{S}_n$, et par $(a\, b)$ la transposition $\tau_{a,b}$. Soient a, b, c, d des éléments tous distincts de $[1, n]$. Montrer que, si $n \geqslant 5$, le groupe engendré par F_{ab} et F_{cd} est $\mathfrak{S}_n$ (on montrera que ce groupe contient toutes les transpositions; pour cela, on utilisera le fait que, si $x \in [1, n] - \{a, b, c, d\}$, on a $(a\, c) = (c\, x)(a\, x)(c\, x)$). Montrer que le groupe engendré par F_{ab} et F_{ac} est F_a (utiliser la même égalité que dans le cas précédent).

d) Montrer qu'un automorphisme α de $\mathfrak{S}_n$ tel que $\alpha(F_a) = F_a$ pour tout $a \in [1, n]$ est l'identité (montrer que α transforme toute transposition en elle-même). Montrer que, s'il existe

$a \in [1, n]$ tel que $\alpha(\mathrm{F}_a) = \mathrm{F}_a$, α est intérieur (montrer qu'il existe un automorphisme intérieur β tel que $\beta \circ \alpha$ transforme chacun des groupes F_b pour $b \in [1, n]$, en lui-même).
e) Soient a, b deux éléments distincts de $[1, n]$, et soit C_{ab} le centralisateur de $(a\, b)$ dans $\mathfrak{S}_n$. Montrer que, si $n \geqslant 5$, le groupe dérivé de C_{ab} est d'indice 4 dans C_{ab} (utiliser le fait que le groupe dérivé de $\mathfrak{S}_{n-2}$ est $\mathfrak{A}_{n-2}$). Montrer que F_{ab} est l'unique sous-groupe d'indice 2 de C_{ab} qui ne contient pas $(a\, b)$ et n'est pas contenu dans $\mathfrak{A}_n$.
f) Montrer que, si $n \geqslant 5$, un automorphisme α de $\mathfrak{S}_n$ qui laisse fixe une transposition $(a\, b)$ est intérieur. (Montrer, au moyen de *e*), que $\alpha(\mathrm{F}_{ab}) = \mathrm{F}_{ab}$; montrer également que, si $c \notin \{a, b\}$, $\alpha(\mathrm{F}_{ac})$ est soit de la forme F_{ax}, où $x \notin \{a, b\}$, soit de la forme F_{bx}, où $x \notin \{a, b\}$; dans le premier cas, en conclure que $\alpha(\mathrm{F}_a) = \mathrm{F}_a$ et appliquer *d*); ramener le second cas au premier en multipliant α par l'automorphisme intérieur de $\mathfrak{S}_n$ défini par $(a\, b)$.)
g) Déduire de *b*) et *f*) que tout automorphisme de $\mathfrak{S}_n$ est intérieur si $n = 5$ ou $n \geqslant 7$.

24) *a*) Montrer qu'il existe un sous-groupe H de $\mathfrak{S}_6$, isomorphe à $\mathfrak{S}_5$, et ne laissant fixe aucun élément de $[1, 6]$ (faire opérer $\mathfrak{S}_5$ par automorphismes intérieurs sur l'ensemble de ses sous-groupes d'ordre 5, qui est à 6 éléments).
b) Montrer qu'il existe un automorphisme σ de $\mathfrak{S}_6$ qui transforme $(1\,2)$ en $(1\,2)(3\,4)(5\,6)$. (Faire opérer $\mathfrak{S}_6$ sur $\mathfrak{S}_6/\mathrm{H}$, où H est choisi comme ci-dessus.)
c) Montrer que le groupe des automorphismes intérieurs de $\mathfrak{S}_6$ est d'indice 2 dans le groupe de tous les automorphismes de $\mathfrak{S}_6$. (Soit α un automorphisme de $\mathfrak{S}_6$; montrer que α transforme une transposition soit en une transposition, soit en un conjugué de $(1\,2)(3\,4)(5\,6)$. En utilisant l'exerc. 23, montrer que, dans le premier (resp. second) cas, α (resp. $\alpha \circ \sigma$) est un automorphisme intérieur.)

25) Soit n un entier $\geqslant 5$. Montrer que les sous-groupes de $\mathfrak{S}_n$ d'ordre $(n-1)!$ sont isomorphes à $\mathfrak{S}_{n-1}$ et forment une seule classe de conjugaison (resp. deux classes de conjugaison) si $n \neq 6$ (resp. si $n = 6$). (Soit H un tel sous-groupe, et soient $x_1, \ldots, x_n$ les éléments de $\mathfrak{S}_n/\mathrm{H}$. Montrer que l'action de $\mathfrak{S}_n$ sur les x_i définit un automorphisme de $\mathfrak{S}_n$, et appliquer les exercices 23 et 24.)

¶ 26) *a*) Soit G un groupe, opérant sur deux ensembles finis E_1 et E_2. Si $s \in \mathrm{G}$, on note s_1 (resp. s_2) la permutation de E_1 (resp. E_2) définie par s, et E_1^s (resp. E_2^s) l'ensemble des éléments invariants par s_1 (resp. s_2).

Démontrer l'équivalence des propriétés suivantes:

(i) Pour tout $s \in \mathrm{G}$, on a $\mathrm{Card}(\mathrm{E}_1^s) = \mathrm{Card}(\mathrm{E}_2^s)$.

(ii) Pour tout $s \in \mathrm{G}$, les ordres des cycles composants de s_1 (cf. I, p. 60, prop. 7) sont les mêmes (à une permutation près) que ceux relatifs à s_2.

(iii) Pour tout $s \in \mathrm{G}$, il existe une bijection $f_s : \mathrm{E}_1 \to \mathrm{E}_2$ telle que $s_2 \circ f_s = f_s \circ s_1$.

Si ces propriétés sont vérifiées, on dit que les G-ensembles E_1 et E_2 sont faiblement équivalents.
b) Donner un exemple de deux G-ensembles faiblement équivalents qui ne sont pas isomorphes (prendre pour G un groupe non cyclique d'ordre 4).
c) Soient H_1 et H_2 deux sous-groupes d'un groupe fini G. Démontrer l'équivalence des propriétés suivantes:

(1) Pour toute classe de conjugaison C de G, on a
$$\mathrm{Card}(\mathrm{C} \cap \mathrm{H}_1) = \mathrm{Card}(\mathrm{C} \cap \mathrm{H}_2).$$
(2) Les G-ensembles G/H_1 et G/H_2 sont faiblement équivalents.
d) Montrer que, si H_1 et H_2 vérifient les propriétés (1) et (2) ci-dessus, et si H_1 est distingué dans G, on a $\mathrm{H}_2 = \mathrm{H}_1$.
e) Soit $\mathrm{G} = \mathfrak{A}_6$, et soient
$$\mathrm{H}_1 = \{e, (1\,2)(3\,4), (1\,3)(2\,4), (1\,4)(2\,3)\}$$
$$\mathrm{H}_2 = \{e, (1\,2)(3\,4), (1\,2)(5\,6), (3\,4)(5\,6)\}.$$
Montrer que H_1 et H_2 vérifient les propriétés (1) et (2), et que H_1 et H_2 ne sont pas conjugués dans $\mathfrak{A}_6$ (ni dans $\mathfrak{S}_6$).

27) Soit Y une partie d'un ensemble X et soit A le fixateur de Y dans le groupe $\mathfrak{S}_X$ des permutations de X. Soit M le sous-monoïde de $\mathfrak{S}_X$ formé des éléments s tels que $sAs^{-1} \subset A$. Montrer que M est un sous-groupe de $\mathfrak{S}_X$ si et seulement si l'un des ensembles Y et X $-$ Y est fini.

28) Soit G un groupe, soient A et B deux sous-groupes de G et soit φ un isomorphisme de A sur B. Montrer qu'il existe un groupe G_1 contenant G tel que φ soit la restriction d'un automorphisme *intérieur* de G_1 (utiliser le groupe de permutations de l'ensemble G). Montrer que, si G est fini, on peut choisir G_1 fini.

29) Soit X un ensemble infini. Soit G le sous-groupe de $\mathfrak{S}_X$ formé des permutations σ jouissant de la propriété suivante: il existe une partie finie Y_σ de X telle que $\sigma x = x$ si $x \in X - Y_\sigma$ et que la restriction de σ à Y_σ soit paire.

a) Montrer que G est un groupe simple non commutatif. Montrer que toute partie de G qui engendre G est équipotente à X.

b) Montrer que tout groupe fini est isomorphe à un sous-groupe de G (utiliser le fait que $\mathfrak{S}_n$ est isomorphe à un sous-groupe de $\mathfrak{A}_{n+2}$).

§ 6

1) Soient G un groupe et H un sous-groupe distingué de G tels que G/H soit cyclique d'ordre fini n. Soit x un élément de G dont l'image $\bar{x}$ dans G/H engendre G/H. Soit φ l'automorphisme $h \mapsto xhx^{-1}$ de H et soit $y = x^n$; on a $y \in H$. Montrer que $\varphi(y) = y$ et que φ^n est l'automorphisme intérieur de H défini par y.

Soit τ l'opération de $\mathbf{Z}$ sur H définie par $(m, h) \mapsto \varphi^m(h)$, et soit $E = H \times_\tau \mathbf{Z}$ le produit semi-direct correspondant. Montrer que l'élément (y^{-1}, n) de E engendre un sous-groupe central C_y de E et que le quotient E/C_y est isomorphe à G.

2) Montrer que toute extension centrale de $\mathbf{Z}$ est triviale.

3) Définir des extensions (cf. I, p. 130, exerc. 10)

$$(\mathbf{Z}/2\mathbf{Z}) \times (\mathbf{Z}/2\mathbf{Z}) \to \mathfrak{A}_4 \to \mathfrak{A}_3$$
$$(\mathbf{Z}/2\mathbf{Z}) \times (\mathbf{Z}/2\mathbf{Z}) \to \mathfrak{S}_4 \to \mathfrak{S}_3.$$

Montrer que ces extensions sont non triviales, que la première admet une section et que la deuxième n'en admet pas.

¶ 4) *a*) Soit G un groupe fini d'ordre mn, tel qu'il existe un sous-groupe distingué H de G qui soit cyclique d'ordre m, le groupe quotient G/H étant cyclique d'ordre n. Montrer que G est engendré par deux éléments a, b tels que $a^m = e$, $b^n = a^r$, $bab^{-1} = a^s$, où r et s sont deux entiers tels que $r(s - 1)$ et $s^n - 1$ soient multiples de m (prendre pour a un élément engendrant H, pour b un élément d'une classe engendrant G/H; exprimer par des puissances de a les éléments $b^h a^k b^{-h}$, et appliquer en particulier aux cas $h = n$, $k = 1$, et $h = 1$, $k = r$).

b) *Inversement, soit $G(m, n, r, s)$ le groupe défini par la présentation

$$\langle a, b; a^m = e, b^n = a^r, bab^{-1} = a^s \rangle,$$

où m et n sont deux entiers $\geqslant 0$, r et s des entiers quelconques (cf. I, p. 86); montrer que, si m, $r(s - 1)$ et $s^n - 1$ ne sont pas tous nuls, $G(m, n, r, s)$ est un groupe fini d'ordre qn, où q est le plus grand commun diviseur de m, $|r(s - 1)|$ et $|s^n - 1|$; dans ce groupe, le sous-groupe H engendré par a est sous-groupe distingué d'ordre q, et G/H est un groupe cyclique d'ordre n (prouver que tout élément de $G(m, n, r, s)$ peut s'écrire sous la forme $a^x b^y$, où x et y sont deux entiers tels que $0 \leqslant x \leqslant q - 1$, $0 \leqslant y \leqslant n - 1$, et que $G(m, n, r, s)$ est isomorphe au groupe formé des couples (x, y) d'entiers soumis aux conditions précédentes, avec la loi de composition

$$(x, y) . (x', y') = \begin{cases} (x + x's^y, y + y') & \text{si } y + y' \leqslant n - 1 \\ (x + x's^y + r, y + y' - n) & \text{si } y + y' \geqslant n \end{cases}$$

la première coordonnée du second membre étant une somme modulo q). Examiner les cas où $m = r(s-1) = s^n - 1 = 0$.

Le groupe $G(n, 2, 0, -1)$ est appelé *groupe diédral* d'ordre $2n$ et noté $\mathbf{D}_n$; le groupe $G(4, 2, 2, -1)$ est un groupe d'ordre 8 dit *groupe quaternionien* et noté $\mathfrak{Q}$. Montrer que, dans $\mathfrak{Q}$, tout sous-groupe est distingué, et que l'intersection des sous-groupes distincts de $\{e\}$ est un sous-groupe distinct de $\{e\}$. Prouver que $\mathbf{D}_4$ n'est pas isomorphe à $\mathfrak{Q}$.$_*$

5) Soit F un groupe dont le centre est réduit à e et soit A le groupe de ses automorphismes. On identifie F à un sous-groupe de A au moyen de l'homomorphisme $\mathrm{Int}\colon F \to A$; soit $\Gamma = A/F$.

a) Montrer que l'extension $F \to A \to \Gamma$ n'est triviale que si $\Gamma = \{e\}$ (remarquer que le centralisateur de F dans A est réduit à e).

b) On suppose que $\Gamma = \{e\}$. Montrer que toute extension

$$F \to E \to G$$

d'un groupe G par le groupe F est triviale.

6) Soit I un ensemble; on pose $F = \mathbf{Z}$, $E = \mathbf{Z} \times (\mathbf{Z}/2\mathbf{Z})^{\mathrm{I}}$ et $G = (\mathbf{Z}/2\mathbf{Z}) \times (\mathbf{Z}/2\mathbf{Z})^{\mathrm{I}}$.

a) Définir une extension non triviale $F \xrightarrow{i} E \xrightarrow{p} G$.

b) Montrer que, si I est infini, E est isomorphe à $F \times G$.

7) Soient G et A deux groupes, A étant commutatif. Soit τ un homomorphisme de G dans le groupe $\mathrm{Aut}(A)$ des automorphismes de A; si $g \in G$, $a \in A$, posons ${}^g a = \tau(g)(a)$. On appelle *homomorphisme croisé* de G dans A toute application $\varphi\colon G \to A$ telle que

$$\varphi(gg') = \varphi(g) + {}^g\varphi(g'),$$

le groupe A étant noté additivement. Les homomorphismes croisés de G dans A forment un groupe pour l'addition, noté $Z(G, A)$.

a) Si $a \in A$, on note θ_a l'application $g \mapsto {}^g a - a$. Montrer que $a \mapsto \theta_a$ est un homomorphisme θ de A dans $Z(G, A)$. Le noyau de θ est le sous-groupe de A formé des éléments invariants par G. L'image de θ est notée $B(G, A)$.

b) Soit $X = A \times_\tau G$ le produit semi-direct de G par A. Si φ est une application de G dans A, montrer que $g \mapsto (\varphi(g), g)$ est une *section* de X si et seulement si φ appartient à $Z(G, A)$. Pour que les sections correspondant à φ_1, φ_2 dans $Z(G, A)$ soient conjuguées par un élément de A, il faut et il suffit que l'on ait $\varphi_1 \equiv \varphi_2 \bmod. B(G, A)$.

c) Soit $F \xrightarrow{i} E \xrightarrow{p} G$ une extension de G par un groupe F dont le centre est égal à A. On suppose que, si $y \in E$ et $x = p(y)$, on a

$$i({}^x f) = y.i(f).y^{-1}$$

pour tout $f \in A$. Si $\varphi \in Z(G, A)$, soit u_φ l'application de E dans E donnée par la formule $u_\varphi(y) = i(\varphi(p(y))).y$. Montrer que $\varphi \mapsto u_\varphi$ est un isomorphisme de $Z(G, A)$ sur le groupe $\mathrm{Aut}(E)$ des automorphismes de l'extension E. Cet isomorphisme transforme $B(G, A)$ en le groupe des automorphismes $\mathrm{Int}_E(x)$, où x parcourt A.

¶ 8) Les notations étant celles de l'exercice précédent, on note $C(G, A)$ le groupe des applications de G dans A. On fait opérer G sur $C(G, A)$ par la formule

$$({}^g\varphi)(g') = {}^g(\varphi(g^{-1}g')).$$

Si σ désigne l'homomorphisme correspondant de G dans $\mathrm{Aut}(C(G, A))$, on note E_0 le produit semi-direct $C(G, A) \times_\sigma G$.

a) Soit $\varepsilon\colon A \to C(G, A)$ l'application qui associe à tout $a \in A$ l'application constante égale à a. Montrer que ε est un homomorphisme injectif, compatible avec l'action de G.

b) Soit $A \xrightarrow{i} E \xrightarrow{p} G$ une extension de G par A telle que $i({}^g a) = x i(a) x^{-1}$ si $a \in A$,

$x \in E$ et $g = p(x)$. Soit ρ une application $G \to E$ telle que $p \circ \rho = \mathrm{Id}_G$. Pour tout $x \in E$, soit φ_x l'application de G dans A telle que

$$x\rho(p(x^{-1})g) = i(\varphi_x(g))\rho(g) \quad \text{pour tout} \quad g \in G.$$

Montrer que l'on a

$$\varphi_{xy} = \varphi_x + {}^{p(x)}\varphi_y \quad \text{si} \quad x \in E, y \in E.$$

En déduire que l'application $\Phi : E \to E_0$ définie par

$$\Phi(x) = (\varphi_x, p(x))$$

est un homomorphisme rendant commutatif le diagramme

$$\begin{array}{ccccc} A & \xrightarrow{i} & E & \xrightarrow{p} & G \\ \downarrow \varepsilon & & \downarrow \Phi & & \downarrow \mathrm{Id}_G \\ C(G, A) & \longrightarrow & E_0 & \longrightarrow & G \end{array}$$

c) On appelle G-*moyenne* sur A un homomorphisme

$$m : C(G, A) \to A$$

vérifiant les deux conditions suivantes :

$$(c_1) \quad m \circ \varepsilon = \mathrm{Id}_A$$
$$(c_2) \quad m({}^g\varphi) = {}^g m(\varphi) \quad \text{si} \quad g \in G, \varphi \in C(G, A).$$

Soit m une G-moyenne sur A. Montrer que, si φ est un homomorphisme croisé, et si $a = m(\varphi)$, on a $\varphi = \theta_{-a}$ (cf. I, p. 135, exerc. 7). En particulier,

$$Z(G, A) = B(G, A).$$

Montrer que l'application $(\varphi, g) \mapsto (m(\varphi), g)$ est un homomorphisme de E_0 dans $A \times_\tau G$. En déduire que toute extension E de G par A vérifiant la condition de *b*) est isomorphe à $A \times_\tau G$ (utiliser le composé $E \xrightarrow{\Phi} E_0 \to A \times_\tau G$), donc admet une section. Montrer que deux telles sections sont transformées l'une de l'autre par un automorphisme intérieur de E défini par un élément de A (utiliser I, p. 135, exerc. 7 ainsi que le fait que $Z(G, A) = B(G, A)$).

d) On suppose que G est fini d'ordre n et que l'application $\alpha \mapsto n\alpha$ est un automorphisme de A. Pour tout $\varphi \in C(G, A)$, on désigne par $m(\varphi)$ l'unique élément de A tel que

$$n.m(\varphi) = \sum_{g \in G} \varphi(g).$$

Montrer que m est une G-moyenne sur A.

Ceci s'applique en particulier lorsque A est fini d'ordre premier à n.

¶ 9) Soit $F \to E \to G$ une extension de groupes finis. On suppose qu'aucun nombre premier ne divise à la fois l'ordre de F et l'ordre de G.

a) On suppose F résoluble. Montrer qu'il existe une section $s : G \to E$ et que deux telles sections sont conjuguées par un élément de F. (On raisonnera par récurrence sur la classe de résolubilité de F ; lorsque F est commutatif, on utilisera l'exercice précédent.)

b) Montrer l'existence d'une section[1] $s : G \to E$ sans supposer F résoluble. (Raisonner par récurrence sur l'ordre de G. Si p divise l'ordre de F, choisir un p-sous-groupe de Sylow P de F et considérer son normalisateur N dans E. L'image de N dans G est égale à G, cf. I, p. 139, exerc. 25. Si $N \neq E$, conclure au moyen de l'hypothèse de récurrence ; si $N = E$, utiliser *a*) ainsi que l'hypothèse de récurrence appliquée à $F/P \to E/P \to G$.)

[1] Ici encore, on peut démontrer que deux telles sections sont conjuguées, cf. FEIT-THOMPSON, *Proc. Nat. Acad. Sci. U.S.A.*, XLVIII, 1962, p. 968–970.

¶ 10) Soit G un groupe fini résoluble d'ordre mn, où m et n n'ont pas de facteur premier commun. Montrer qu'il existe un sous-groupe H de G d'ordre m, et que tout sous-groupe de G dont l'ordre divise m est contenu dans un conjugué de H (« *théorème de Hall* »).

(Raisonner par récurrence sur l'ordre de G. Si $mn \neq 1$, choisir un sous-groupe commutatif A de G, distingué, non réduit à e, et dont l'ordre a soit une puissance d'un nombre premier. On appliquera l'hypothèse de récurrence à G/A et à $\left(\frac{m}{a}, n\right)$ ou $\left(m, \frac{n}{a}\right)$ suivant que a divise m ou divise n. Dans le second cas, utiliser l'exerc. 9 de I, p. 136 pour passer de G/A à G.)

11) Montrer que le groupe simple $\mathfrak{A}_5$, d'ordre 60, ne contient pas de sous-groupe d'ordre 15.

¶ 12) Soit G un groupe nilpotent et soit H l'ensemble des éléments de G d'ordre fini.
a) Montrer que H est un sous-groupe de G.
b) Montrer que toute partie finie de H engendre un sous-groupe fini.
c) Montrer que deux éléments de H d'ordres premiers entre eux commutent.

13) Soit G un groupe nilpotent. Montrer que G est fini (resp. dénombrable) si et seulement si G/D(G) l'est.

14) Soit G un groupe fini. On suppose que, quels que soient x, y dans G, le sous-groupe de G engendré par $\{x, y\}$ est nilpotent. Montrer que G est nilpotent (appliquer l'hypothèse à x et y d'ordres $p_1^{n_1}$ et $p_2^{n_2}$, où p_1 et p_2 sont des nombres premiers distincts).

15) Soit G un groupe et soit X une partie de G engendrant G.
a) On pose $X_1 = X$; pour $n \geqslant 2$, on définit X_n, par récurrence sur n, comme l'ensemble des commutateurs (x, y), pour $x \in X, y \in X_{n-1}$. Montrer que $X_n = \{e\}$ si et seulement si G est nilpotent de classe $\leqslant n$. (Raisonner par récurrence sur n. Si $X_n = \{e\}$, montrer que le sous-groupe H de G engendré par X_{n-1} est contenu dans le centre de G, et appliquer l'hypothèse de récurrence à G/H.)
b) Montrer que $C^n(G)$ est le sous-groupe distingué de G engendré par X_n. En déduire que l'image de X_n dans $C^n(G)/C^{n+1}(G)$ engendre le groupe $C^n(G)/C^{n+1}(G)$.
c) On prend $G = \mathfrak{S}_m$ ($m \geqslant 4$) et $X = \{s, t\}$, où s est une transposition et t un cycle d'ordre m. Montrer que X_2 n'engendre pas le groupe $C^2(G) = \mathfrak{A}_m$.

16) *Soit V un espace vectoriel sur un corps commutatif k et soit

$$W = \overset{2}{\wedge} V$$

(cf. III, p. 76). Sur $E = V \times W$, on définit une loi de composition par la formule

$$(v_1, w_1).(v_2, w_2) = (v_1 + v_2, w_1 + w_2 + v_1 \wedge v_2).$$

a) Montrer que cette loi munit E d'une structure de groupe, extension centrale de V par W.
b) On suppose la caractéristique de k différente de 2. Montrer que le groupe dérivé D(E) est l'ensemble des $(0, w)$, pour $w \in W$; c'est un groupe isomorphe à W. Montrer que, si $\dim(V) \geqslant 4$, il existe des éléments de D(E) qui ne sont pas des commutateurs.$_*$

17) Soit G un groupe commutatif fini. Montrer l'équivalence des conditions suivantes:
a) G est cyclique.
b) Tout sous-groupe de Sylow de G est cyclique.
c) Pour tout nombre premier p, le nombre des éléments $x \in G$ tels que $x^p = e$ est $\leqslant p$.

18) Soit n un entier $\geqslant 1$ et soit G un groupe commutatif, noté additivement, tel que $nx = 0$ pour tout $x \in G$. Soit H un sous-groupe de G et soit f un homomorphisme de H dans $\mathbf{Z}/n\mathbf{Z}$.
a) Soit $x \in G$ et soit q l'ordre de l'image de x dans G/H; on a $qx \in H$. Montrer qu'il existe $\alpha \in \mathbf{Z}/n\mathbf{Z}$ tel que $q\alpha = f(x)$. En déduire l'existence d'un prolongement de f au sous-groupe de G engendré par H et x.
b) Montrer que f se prolonge en un homomorphisme de G dans $\mathbf{Z}/n\mathbf{Z}$ (utiliser le théorème de Zorn).

19) Soit G un groupe commutatif fini.
a) Montrer qu'il existe un élément $x \in G$ dont l'ordre n est un multiple des ordres des éléments de G. (Utiliser la décomposition de G en produit de p-groupes.) Montrer que le sous-groupe H engendré par un tel élément est facteur direct dans G (appliquer l'exercice précédent pour construire un homomorphisme $G \to H$ dont la restriction à H soit l'identité).
b) Montrer que G est produit direct de groupes cycliques. (Raisonner par récurrence sur Card(G) en utilisant *a*).) (Cf. VII, §4, nº 6.)

20) Soit G un groupe commutatif fini, noté additivement. Soit $x = \sum_{g \in G} g$, et soit G_2 le sous-groupe de G formé des éléments g tels que $2g = 0$.
a) Montrer que $x = \sum_{g \in G_2} g$.
b) Montrer que $x = 0$ si $\text{Card}(G_2) \neq 2$. Si $\text{Card}(G_2) = 2$, montrer que x est l'unique élément non nul de G_2.
c) Montrer que $\text{Card}(G_2) = 2$ si et seulement si le 2-sous-groupe de Sylow de G est cyclique et $\neq 0$.
d) * Soit p un nombre premier. Montrer que

$$(p-1)! \equiv -1 \pmod{p}.$$

(Appliquer *b*) au groupe multiplicatif du corps $\mathbf{Z}/p\mathbf{Z}$.)*

21) Soient p et q deux nombres premiers tels que $p > q$.
a) Montrer que tout groupe fini G d'ordre pq est extension de $\mathbf{Z}/q\mathbf{Z}$ par $\mathbf{Z}/p\mathbf{Z}$ (remarquer que tout p-sous-groupe de Sylow de G est distingué). Si de plus $p \not\equiv 1 \pmod{q}$, montrer que G est cyclique.
b) En déduire que le centre d'un groupe ne peut pas être d'indice 69.
c) Montrer que, si $p \equiv 1 \pmod{q}$ il existe un groupe d'ordre pq dont le centre est réduit à e.
d) Montrer que tout groupe non commutatif d'ordre 6 est isomorphe à $\mathfrak{S}_3$.

22) Soit G un groupe fini d'ordre $n > 1$ et soit p le plus petit nombre premier divisant n. Soit P un p-groupe de Sylow de G et soit N son normalisateur. Montrer que, si P est cyclique, P est contenu dans le centre de N (on montrera que l'ordre de N/P est premier à l'ordre du groupe des automorphismes de P).

¶ 23) Soit σ un automorphisme d'un groupe G.
a) Montrer l'équivalence des conditions suivantes:
(i) $\sigma(x) = x$ entraîne $x = e$.
(ii) L'application $x \mapsto x^{-1}\sigma(x)$ est injective.
Lorsque ces conditions sont satisfaites, on dit (par abus de langage) que σ est *sans point fixe*.
b) On suppose G fini et σ sans point fixe. L'application $x \mapsto x^{-1}\sigma(x)$ est alors bijective. Si H est un sous-groupe distingué de G stable par σ, montrer que l'automorphisme de G/H défini par σ est sans point fixe.
c) Les hypothèses étant celles de *b*), soit p un nombre premier. Montrer qu'il existe un p-sous-groupe de Sylow P de G stable par σ. (Si P_0 est un p-sous-groupe de Sylow, il existe $y \in G$ tel que $\sigma(P_0) = yP_0y^{-1}$; écrire y^{-1} sous la forme $x^{-1}\sigma(x)$ et prendre $P = xP_0x^{-1}$.) Montrer qu'un tel sous-groupe est unique, et contient tout p-sous-groupe de G stable par σ.
d) On suppose en outre que σ est d'ordre 2. Montrer que $\sigma(g) = g^{-1}$ pour tout $g \in G$ (écrire g sous la forme $x^{-1}\sigma(x)$, avec $x \in G$). En déduire que G est commutatif et d'ordre impair.

24) Soit G un groupe fini, soit H un sous-groupe de Sylow de G et soit N le normalisateur de H. Soient X_1, X_2 deux parties du centre de H, et soit $s \in G$ tel que $sX_1s^{-1} = X_2$. Montrer qu'il existe $n \in N$ tel que $nxn^{-1} = sxs^{-1}$ pour tout $x \in X_1$ (appliquer le théorème de conjugaison des sous-groupes de Sylow au centralisateur de X_1). En déduire que deux éléments centraux de H sont conjugués dans G si et seulement si ils le sont dans N.

25) Soit $\varphi: G \to G'$ un homomorphisme surjectif de groupes finis; soit P un p-sous-groupe de Sylow de G.

a) Soit P_1 un p-sous-groupe de Sylow de G tel que $\varphi(P) = \varphi(P_1)$. Montrer qu'il existe un élément x du noyau de φ tel que $P_1 = xPx^{-1}$.

b) Soit N (resp. N′) le normalisateur dans G (resp. dans G′) de P (resp. de $\varphi(P)$). Montrer que $\varphi(N) = N'$. En particulier, si l'ordre de G′ n'est pas divisible par p, on a $\varphi(P) = \{e\}$ et $\varphi(N) = G'$.

¶ 26) Soit G un groupe fini. On dit que G est *hyper-résoluble* s'il existe une suite de composition $(G_i)_{0 \leqslant i \leqslant n}$ de G formée de sous-groupes distingués de G telle que les quotients G_i/G_{i+1} soient cycliques.

a) Montrer que tout sous-groupe, tout groupe quotient et tout produit fini de groupes hyper-résolubles est hyper-résoluble.

b) Montrer que nilpotent ⇒ hyper-résoluble ⇒ résoluble, et que les implications réciproques sont fausses.

c) On suppose G hyper-résoluble. Montrer que, si $G \neq \{1\}$, il existe un sous-groupe distingué C de G qui est cyclique d'ordre premier. Montrer que le dérivé D(G) de G est nilpotent. Montrer que tout sous-groupe de G distinct de G, et maximal, est d'indice premier.

d) On dit qu'un groupe fini G est *bicyclique* s'il existe deux éléments a, b de G tels que, si l'on désigne par C_a et C_b les sous-groupes cycliques engendrés par a et b respectivement, on a $G = C_aC_b = C_bC_a$. Montrer que tout groupe bicyclique est hyper-résoluble. (Se ramener à prouver qu'il existe dans G un sous-groupe cyclique distingué $N \neq \{1\}$. On peut se borner au cas où $C_a \cap C_b = \{1\}$; soient $m \geqslant n > 1$ les ordres de a et b respectivement; en considérant les éléments $b^{-1}a^k$, où $0 \leqslant k \leqslant m-1$, montrer qu'il existe un entier s tel que $a^s \neq 1$ et $b^{-1}a^sb \in C_a$; l'ensemble des a^s ayant cette propriété est le sous-groupe cyclique N cherché.)

27) Soit S un groupe fini. On dit que S est un groupe *simple minimal* si S est simple, non commutatif, et si tout sous-groupe de S distinct de S est résoluble.

a) Montrer que le groupe alterné $\mathfrak{A}_n$ est simple minimal si et seulement si $n = 5$.

b) Soit G un groupe fini. Montrer que, si G n'est pas résoluble, il existe deux sous-groupes H et K de G, avec H distingué dans K, tels que K/H soit un groupe simple minimal.

¶ 28) Soit G un groupe fini et soit p un nombre premier. Un élément $s \in G$ est dit p-unipotent (resp. p-régulier) si son ordre est une puissance de p (resp. n'est pas divisible par p).

a) Soit $x \in G$. Montrer qu'il existe un unique couple (u, t) d'éléments de G satisfaisant aux conditions suivantes: u est p-unipotent, t est p-régulier, $x = ut = tu$. (Considérer d'abord le cas où G est le groupe cyclique engendrée par x.)

b) Soit P un p-groupe de Sylow de G, soit C son centralisateur et soit E l'ensemble des éléments p-réguliers de G. Montrer que

$$\mathrm{Card}(E) \equiv \mathrm{Card}(E \cap C) \pmod{p}.$$

En déduire que $\mathrm{Card}(E) \not\equiv 0 \pmod{p}$. (Raisonner par récurrence sur Card(G) et se ramener au cas où $C = G$; utiliser alors *a*) pour montrer que $\mathrm{Card}(E) = (G : P)$.)

¶ 29) Soit G un groupe fini d'ordre pair et soit H un 2-sous-groupe de Sylow de G. Pour tout $s \in G$, soit $\varepsilon(s)$ la signature de la permutation $x \mapsto sx$ de G.

a) Soit $s \in H$. Montrer que $\varepsilon(s) = -1$ si et seulement si s engendre H.

b) Montrer que ε est surjectif si et seulement si H est cyclique.

c) On suppose H cyclique. Montrer qu'il existe un sous-groupe distingué D de G et un seul tel que G soit produit semi-direct de H et D (raisonner par récurrence sur l'ordre de H). Montrer que le normalisateur N de H dans G est produit direct de H et de $N \cap D$.

d) Montrer que l'ordre d'un groupe simple non commutatif est, soit impair[1], soit divisible par 4.

[1] En fait, ce cas est impossible, comme l'ont montré Feit et Thompson, *Pac. J. of Maths.*, t. XIII (1963), p. 775–1029.

¶ 30) Soient p un nombre premier, r et t des entiers $\geqslant 0$, S un groupe cyclique d'ordre p^{r+t} et T le sous-groupe d'ordre p^t de S.
a) Si S opère sur un ensemble fini E, montrer que l'on a

$$\mathrm{Card}(E) \equiv \mathrm{Card}(E^T) \pmod{p^{r+1}},$$

où E^T désigne l'ensemble des éléments de E invariants par T.
b) Soient m, n des entiers $\geqslant 0$. Montrer que l'on a

$$\binom{p^{r+t}m}{p^t n} \equiv \binom{p^r m}{n} \pmod{p^{r+1}}.$$

(Soit M un ensemble à m éléments, et soit E l'ensemble des parties de S × M ayant $p^t n$ éléments. Définir une opération de S sur S × M telle qu'il existe une bijection de E^T sur l'ensemble des parties de (S/T) × M ayant n éléments; appliquer *a*).)

31) Soient G un groupe fini, et S un p-sous-groupe de Sylow de G. Soient r, t des entiers $\geqslant 0$ tels que $\mathrm{Card}(S) = p^{r+t}$. Soit E l'ensemble des sous-groupes de G d'ordre p^t.
a) On suppose que S est cyclique. Montrer que $\mathrm{Card}(E) \equiv 1 \pmod{p^{r+1}}$. (Faire opérer S sur E par conjugaison et utiliser l'exerc. 30.) En déduire que, si le sous-groupe d'ordre p^t de S n'est pas distingué dans G, il y a au moins $1 + p^{r+1}$ p-sous-groupes de Sylow dans G.
b) Montrer que $\mathrm{Card}(E) \equiv 1 \pmod{p}$ même si S n'est pas cyclique. (Faire opérer G par translation sur l'ensemble F des parties de G ayant p^t éléments. Montrer que les éléments de E donnent des orbites distinctes ayant $(G : S)p^r$ éléments, et que toutes les autres orbites ont un nombre d'éléments divisible par p^{r+1}. Appliquer l'exerc. 30.)

¶ 32) Soit p un nombre premier et soit G un p-groupe. Soit $G^* = G^p D(G)$ le sous-groupe de G engendré par D(G) et par les x^p pour $x \in G$.
a) Montrer que G^* est l'intersection des noyaux des homomorphismes de G dans $\mathbf{Z}/p\mathbf{Z}$.
b) Montrer qu'une partie S de G engendre G si et seulement si l'image de S dans G/G^* engendre G/G^*. En déduire que, si $(G : G^*) = p^n$, l'entier n est le nombre minimum d'éléments d'une partie de G engendrant G; en particulier, G est cyclique si et seulement si $n \leqslant 1$.
c) Soit u un automorphisme de G d'ordre premier à p et soit $\bar{u}$ l'automorphisme correspondant de G/G^*. Montrer que $\bar{u} = 1$ entraîne $u = 1$.

¶ 33) Soit G un p-groupe et soit A le groupe de ses automorphismes.
a) Soit $(G_i)_{0 \leqslant i \leqslant n}$ une suite de composition de G telle que $(G_i : G_{i+1}) = p$ pour $0 \leqslant i \leqslant n - 1$. Soit P le sous-groupe de A formé des automorphismes u tels que, pour tout i et tout $x \in G_i$, on ait $u(x)x^{-1} \in G_{i+1}$. Montrer que, si un élément $u \in P$ est d'ordre premier à p, on a $u = 1$ (raisonner par récurrence sur n). En déduire que P est un p-groupe.
b) Inversement, soit P un p-sous-groupe de A. Montrer qu'il existe une suite de composition $(G_i)_{0 \leqslant i \leqslant n}$ de G, stable par P, et telle que $(G_i : G_{i+1}) = p$ pour $0 \leqslant i \leqslant n - 1$; montrer que l'on peut choisir les G_i distingués dans G.

34) Soit p un nombre premier. Montrer que tout groupe d'ordre p^2 est commutatif.

35) Soit G un groupe tel que le groupe dérivé $D = D(G)$ soit contenu dans le centre C de G.
a) Montrer que l'application $(x, y) \mapsto (x, y)$ induit une application $\varphi : (G/C) \times (G/C) \to D$ telle que, en écrivant ces groupes additivement, on ait:

$$\varphi(\alpha + \beta, \gamma) = \varphi(\alpha, \gamma) + \varphi(\beta, \gamma) \qquad \varphi(\alpha, \beta) = -\varphi(\beta, \alpha)$$
$$\varphi(\alpha, \beta + \gamma) = \varphi(\alpha, \beta) + \varphi(\alpha, \gamma) \qquad \varphi(\alpha, \alpha) = 0$$

quels que soient α, β, γ dans G/C.
b) Montrer que, pour tout entier n, on a

$$(yx)^n = y^n x^n (x, y)^{\frac{n(n-1)}{2}}$$

pour x, y dans G. En déduire que, si n est impair et si $d^n = 1$ pour tout $d \in$ D, l'application $x \mapsto x^n$ définit, par passage an quotient, un homomorphisme $\theta : G/D \rightarrow C$.

¶ 36) Soit p un nombre premier et soit G un groupe non commutatif d'ordre p^3.
a) Montrer que, avec les notations de l'exercice précédent, on a C = D, et que G/D est isomorphe au produit de deux groupes d'ordre p.
b) Supposons que p soit impair, et que l'homomorphisme θ de l'exercice précédent soit non nul. Montrer que G est produit semi-direct d'un groupe d'ordre p par un groupe cyclique d'ordre p^2. Montrer qu'il existe des éléments x, y engendrant G tels que

$$x^{p^2} = 1, \quad y^p = 1, \quad (x, y) = x^p,$$

que G est caractérisé à isomorphisme près par cette propriété (et par le fait d'être d'ordre p^3), et qu'un tel groupe G existe.
c) Pour $p = 2$, même question que dans *b*) en remplaçant l'hypothèse $\theta \neq 0$ par l'hypothèse que G contient un élément non central d'ordre 2. Montrer qu'un tel groupe est isomorphe au groupe diédral $\mathbf{D}_4$ (cf. I, p. 134, exerc. 4) ainsi qu'à un 2-sous-groupe de Sylow de $\mathfrak{S}_4$.
d) Supposons que p soit impair et que l'homomorphisme θ de l'exercice précédent soit nul. Montrer qu'il y a des éléments x, y, z engendrant G tels que

$$(x, y) = z; \quad x^p = y^p = z^p = (x, z) = (y, z) = 1,$$

que G est caractérisé par cette propriété, et qu'un tel groupe existe. * Montrer que G est isomorphe au groupe multiplicatif des matrices de la forme

$$\begin{pmatrix} 1 & a & b \\ 0 & 1 & c \\ 0 & 0 & 1 \end{pmatrix}$$

dont les éléments a, b, c appartienment au corps à p éléments. *
e) Supposons que $p = 2$, et qu'aucun élément non central de G n'est d'ordre 2 (donc qu'ils sont tous d'ordre 4). Montrer que G est engendré par des éléments x, y tels que

$$x^2 = y^2 = (x, y); \quad (x, y)^2 = 1,$$

que G est caractérisé par cette propriété, et est isomorphe au groupe quaternionien (cf. I, p. 134, exerc. 4).
f) * Le groupe des matrices

$$\begin{pmatrix} 1 & a & b \\ 0 & 1 & c \\ 0 & 0 & 1 \end{pmatrix},$$

où a, b, c parcourent le corps à 2 éléments, est-il du type *c*) ou du type *e*) ? *

37) *a*) Soient G un groupe fini, H un sous-groupe distingué de G, p un nombre premier ne divisant pas l'ordre de H, et P un p-sous-groupe de Sylow de G. Montrer que HP est produit semi-direct de P par H.
b) Disons qu'un groupe fini G a la propriété (ST) s'il existe une numérotation $p_1, \ldots, p_s$ des nombres premiers distincts divisant l'ordre

$$n = p_1^{a_1} \ldots p_s^{a_s}$$

de G, et des p_i-sous-groupes de Sylow $P_1, \ldots, P_s$ de G, tels que, pour $1 \leqslant i \leqslant s$, l'ensemble $G_i = P_1 P_2 \ldots P_i$ soit un sous-groupe distingué de G. Montrer que, s'il en est ainsi, G_i ne dépend pas du choix des P_i; c'est l'unique sous-groupe de G d'ordre $p_1^{a_1} \ldots p_i^{a_i}$; de plus, G_i est produit semi-direct de P_i par G_{i-1}.
c) Montrer qu'un groupe fini G a la propriété (ST) si et seulement si il existe un sous-groupe de Sylow P de G, distingué dans G et tel que G/P ait la propriété (ST).
d) Montrer que tout sous-groupe, tout groupe quotient et toute extension centrale d'un groupe ayant la propriété (ST) a la propriété (ST).

¶ 38) Soit G un groupe fini d'ordre $n = p^a m$, où p est un nombre premier ne divisant pas m, et soit X l'ensemble des p-sous-groupes de Sylow de G. Soit $P \in X$, soit N le normalisateur de P et soit $r = \text{Card}(X)$.
a) Montrer que $r = (G : N)$. En déduire que r appartient à l'ensemble R des diviseurs positifs de m qui sont congrus à 1 (mod p). En particulier, si R est réduit à 1, P est distingué dans G.
b) Si $a = 1$, montrer que le nombre des éléments de G d'ordre p est $r(p-1)$. Si de plus $N = P$, montrer que les éléments de G d'ordre différent de p sont en nombre égal à m; si de plus m est une puissance d'un nombre premier q, en déduire qu'un q-sous-groupe de Sylow Q de G contient tous les éléments de G d'ordre différent de p, donc est distingué dans G.
c) Soit H un groupe d'ordre 210. Montrer que H contient un sous-groupe distingué G d'ordre $n = 105$ (cf. I, p. 139, exerc. 29). Soit $p = 3$ (resp. 5, 7). Montrer que, si G n'a pas de p-sous-groupe de Sylow distingué, le groupe G contient au moins 14 (resp. 84, 90) éléments d'ordre p. En conclure que H et G possèdent la propriété (ST) (cf. exercice précédent).
d) Montrer que tout groupe d'ordre $n \leqslant 100$ possède la propriété (ST), sauf peut-être si $n = 24, 36, 48, 60, 72$ ou 96 (mêmes méthodes que dans *c*)).
e) Montrer que le groupe $\mathfrak{S}_4$, d'ordre 24, ne possède pas la propriété (ST). Construire des exemples analogues pour $n = 48, 60, 72, 96$. (Pour $n = 36$, voir l'exercice suivant.)

¶ 39) Soient G un groupe fini, $n = \text{Card}(G)$, p un nombre premier, X l'ensemble des p-sous-groupes de Sylow de G, et $r = \text{Card}(X)$. Alors G opère transitivement sur X par conjugaison; soit $\varphi : G \to \mathfrak{S}_X \approx \mathfrak{S}_r$ l'homomorphisme correspondant (on écrit $A \approx B$ la relation « A est isomorphe à B »), et soit K son noyau.
a) Montrer que K est l'intersection des normalisateurs des $P \in X$, et que le p-sous-groupe de Sylow de K est l'intersection des $P \in X$. En déduire que si $r > 1$ l'ordre k de K divise n/rp.
b) Montrer que si G n'a pas de sous-groupe d'indice 2, alors $\varphi(G) \subset \mathfrak{A}_X$, et que si $n = k\,r!$ (resp. $\frac{1}{2}k\,r!$), alors $\varphi(G) = \mathfrak{S}_X$ (resp. $\mathfrak{A}_X$).
c) En utilisant *a*) et *b*), ainsi que l'exercice précédent, démontrer les faits suivants:
Si $n = 12$, et si un 3-sous-groupe de Sylow de G n'est pas distingué, alors $G \approx \mathfrak{A}_4$.
Si $n = 24$, et si G n'a pas la propriété (ST), alors $G \approx \mathfrak{S}_4$.
Si $n = 36$, alors G possède la propriété (ST). (Montrer que si un 3-sous-groupe de Sylow de G n'est pas distingué, alors G contient un sous-groupe K d'ordre 3, tel que $G/K \approx \mathfrak{A}_4$, et que K est central.)
Si $n = 48$, et si G n'a pas la propriété (ST), alors G contient un sous-groupe distingué K d'ordre 2 tel que $G/K \approx \mathfrak{S}_4$.
Si $n = 60$, et si G n'a pas la propriété (ST), alors $G \approx \mathfrak{A}_5$. (Montrer qu'un tel groupe G n'a pas de sous-groupe distingué d'ordre 5, ni d'ordre 2, ni d'indice 2. En déduire que G est isomorphe à un sous-groupe de $\mathfrak{S}_6$, et en raisonnant comme dans l'exerc. 25 de I, p. 133, que $G \approx \mathfrak{A}_5$.)
Si $n = 72$, et si un 3-sous-groupe de Sylow de G n'est pas distingué, alors G contient un sous-groupe K distingué tel que G/K soit isomorphe soit à $\mathfrak{S}_4$, soit à $\mathfrak{A}_4$.
Si $n = 96$, et si un 2-sous-groupe de Sylow de G n'est pas distingué, alors G contient un sous-groupe distingué K tel que $G/K \approx \mathfrak{S}_3$.
d) Montrer qu'un groupe G d'ordre $\leqslant 100$ est résoluble sauf si $G \approx \mathfrak{A}_5$.

40) Soient G_1, G_2 deux groupes, G un sous-groupe de $G_1 \times G_2$ tel que $\text{pr}_1 G = G_1$, $\text{pr}_2 G = G_2$; identifiant G_1 et G_2 à $G_1 \times \{e_2\}$ et $\{e_1\} \times G_2$ respectivement, $H_1 = G \cap G_1$ et $H_2 = G \cap G_2$ sont des sous-groupes distingués de G tels que G/H_1 soit isomorphe à G_2 et G/H_2 isomorphe à G_1.
a) Montrer que pour que G soit distingué dans $G_1 \times G_2$, il faut et il suffit que G contienne le groupe des commutateurs $D(G_1 \times G_2) = D(G_1) \times D(G_2)$ (prouver que G contient $D(G_1)$ en écrivant que $xzx^{-1}z^{-1} \in G$ pour $x \in G_1$ et $z \in G$). En déduire que G_1/H_1 est commutatif.
b) Si G est distingué dans $G_1 \times G_2$, montrer qu'on définit un homomorphisme de $G_1 \times G_2$

sur G_1/H_1 en faisant correspondre à tout couple (s_1, s_2) la classe de $s_1t_1^{-1}$ modulo H_1, où $t_1 \in G_1$ est tel que $(t_1, s_2) \in G$. En déduire que $(G_1 \times G_2)/G$ est isomorphe à $G/(H_1 \times H_2)$.

41) Soient x, y deux éléments d'un groupe G.
a) Pour qu'il existe a, b dans G tels que $bay = xab$, il faut et il suffit que xy^{-1} soit un commutateur.
b) Pour qu'il existe $2n + 1$ éléments $a_1, a_2, \ldots, a_{2n+1}$ dans G tels que

$$x = a_1a_2\ldots a_{2n+1} \quad \text{et} \quad y = a_{2n+1}a_{2n}\ldots a_1$$

il faut et il suffit que xy^{-1} soit un produit de n commutateurs (raisonner par récurrence sur n).

§ 7

1) Expliciter les éléments de longueur $\leqslant 4$ de M(X) lorsque X est réduit à un élément.

2) Soit X un ensemble, et soit M l'un des magmas M(X), Mo(X) ou $\mathbf{N}^{(X)}$. Montrer que tout automorphisme de M laisse stable X. En déduire un isomorphisme de $\mathfrak{S}_X$ sur le groupe Aut(M).

Montrer que les endomorphismes de M correspondent bijectivement aux applications de X dans M.

3) Soit X un ensemble, et soit M_a le magma libre construit sur un ensemble $\{a\}$ à un élément. On note ρ l'homomorphisme de M(X) dans M_a qui applique tout élément de X sur a; soit d'autre part λ: M(X) $\rightarrow$ Mo(X) l'homomorphisme défini dans I, p. 90. Montrer que l'application $w \mapsto (\lambda(w), \rho(w))$ est un isomorphisme de M(X) sur le sous-magma de Mo(X) $\times$ M_a formé des couples (u, v) où u et v ont même longueur.

¶ 4) Soient X un ensemble et c un élément n'appartenant pas à X. On pose $Y = X \cup \{c\}$. Soit M le magma ayant pour ensemble sous-jacent Mo(Y), la loi de composition étant donnée par $(u, v) \mapsto cuv$. Soit L le sous-magma de M engendré par X, et soit ε l'application de Y dans $\mathbf{Z}$ égale à -1 sur X et à 1 en c.
a) Montrer que L est le sous-ensemble de M formé des mots $w = y_1\ldots y_p$, où $y_i \in Y$, vérifiant les deux conditions suivantes:
(i) $\varepsilon(y_1) + \cdots + \varepsilon(y_p) = -1$.
(ii) $\varepsilon(y_1) + \cdots + \varepsilon(y_i) \geqslant 0$ pour $1 \leqslant i \leqslant p - 1$.
Montrer que tout élément de L $-$ X s'écrit de manière unique sous la forme cuv, avec u, v dans L.

(Les éléments w vérifiant (i) et (ii) forment un sous-magma L' de M contenant X. Si $w = y_1\ldots y_p$ appartient à L', soit k le plus petit entier tel que $\varepsilon(y_1) + \cdots + \varepsilon(y_k) = 0$; montrer que l'on a $y_1 = c$ et que les éléments $u = y_2\ldots y_k$ et $v = y_{k+1}\ldots y_p$ appartiennent à L'; on a $w = cuv$, d'où par récurrence sur p la relation $w \in$ L. Démontrer ensuite que les relations $u' \in$ L, $v' \in$ L et $w = cu'v'$ entraînent $u' = u$, $v' = v$.)
b) Montrer que l'injection de X dans L se prolonge en un isomorphisme de M(X) sur L.

5) Soit X un ensemble à un élément. Si n est un entier $\geqslant 1$, on note u_n le nombre d'éléments de M(X) de longueur n.
a) Pour tout ensemble Y, montrer que l'on a

$$\mathrm{Card}(\mathrm{M}_n(\mathrm{Y})) = u_n . \mathrm{Card}(\mathrm{Y})^n.$$

(Utiliser l'exerc. 3.)
b) Etablir la relation

$$u_n = \sum_{p=1}^{n-1} u_p u_{n-p} \quad \text{pour} \quad n \geqslant 2.$$

c) * Soit $f(\mathrm{T})$ la série formelle $\sum_{n=1}^{\infty} u_n \mathrm{T}^n$. Montrer que l'on a $f(\mathrm{T}) = \mathrm{T} + f(\mathrm{T})^2$. En déduire les formules

$$f(\mathrm{T}) = \tfrac{1}{2}(1 - (1 - 4\mathrm{T})^{1/2}), \qquad u_n = \frac{2^{n-1}}{n!} 1.3.5\ldots(2n-3) \quad \text{pour} \quad n \geqslant 2. _*$$

Retrouver ce dernier résultat en utilisant l'exerc. 11 de E, III, p. 85.

¶ 6) Soit X un ensemble.

a) Soit N un sous-magma de M(X), et soit $\mathrm{Y} = \mathrm{N} - (\mathrm{N}.\mathrm{N})$. L'injection $\mathrm{Y} \to \mathrm{N}$ se prolonge en un homomorphisme $u \colon \mathrm{M}(\mathrm{Y}) \to \mathrm{N}$. Montrer que u est un isomorphisme. (En d'autres termes, tout sous-magma d'un magma libre est libre.)

b) Si $x \in \mathrm{M}(\mathrm{X})$, on note M_x le sous-magma de M(X) engendré par x; d'après *a*), M_x s'identifie au magma libre construit sur x. Montrer que, si $x \in \mathrm{M}(\mathrm{X})$, $y \in \mathrm{M}(\mathrm{X})$, on a, soit $\mathrm{M}_x \subset \mathrm{M}_y$, soit $\mathrm{M}_y \subset \mathrm{M}_x$, soit $\mathrm{M}_x \cap \mathrm{M}_y = \varnothing$. (Si $\mathrm{M}_x \cap \mathrm{M}_y \neq \varnothing$, soit z un élément de $\mathrm{M}_x \cap \mathrm{M}_y$ de longueur minimum; on montrera que l'on a, soit $z = x$, soit $z = y$.)

¶ 7) Soit M_x le magma libre construit sur un ensemble $\{x\}$ à un élément.

a) Pour tout $y \in \mathrm{M}_x$, montrer qu'il existe un unique endomorphisme f_y de M_x tel que $f_y(x) = y$; c'est un isomorphisme de M_x sur le sous-magma M_y engendré par y (cf. exerc. 6).

b) Si $y \in \mathrm{M}_x$, $z \in \mathrm{M}_x$, on pose $y \circ z = f_y(z)$. Montrer que la loi de composition $(y, z) \mapsto y \circ z$ fait de M_x un monoïde, d'élément neutre x, isomorphe au monoïde $\mathrm{End}(\mathrm{M}_x)$ des endomorphismes de M_x.

c) Soit N l'ensemble des sous-magmas monogènes de M_x distincts de M_x. Un élément y de M_x est dit *primitif* si M_y est un élément maximal de N. Montrer que xx, $x(x(xx))$ sont primitifs alors que x, $(xx)(xx)$ ne le sont pas.

d) Soit P l'ensemble des éléments primitifs de M_x. Montrer que, si $y \in \mathrm{P}$, $z \in \mathrm{P}$, $y \neq z$, on a $\mathrm{M}_y \cap \mathrm{M}_z = \varnothing$ (utiliser l'exerc. 6).

e) Soit Mo(P) le monoïde libre construit sur P. Si l'on munit M_x de la structure de monoïde définie en *b*), l'injection $\mathrm{P} \to \mathrm{M}_x$ se prolonge en un homomorphisme $p \colon \mathrm{Mo}(\mathrm{P}) \to \mathrm{M}_x$. Montrer que p est un isomorphisme.

(Si $z \in \mathrm{M}_x$, on montrera par récurrence sur $l(z)$ que l'on a $z \in \mathrm{Im}(p)$. D'autre part, si $y_1, \ldots, y_n$, $z_1, \ldots, z_m$ sont des éléments de P tels que $p(y_1\ldots y_n) = p(z_1\ldots z_m)$, on a $\mathrm{M}_{y_1} \cap \mathrm{M}_{z_1} \neq \varnothing$, d'où $y_1 = z_1$ et $f_{y_1}(p(y_2\ldots y_n)) = f_{y_2}(p(z_2\ldots z_m))$; d'où $p(y_2\ldots y_n) = p(z_2\ldots z_m)$, et on en déduit que $y_1\ldots y_n = z_1\ldots z_m$ en raisonnant par récurrence sur $\sup(n, m)$).

8) Soit X un ensemble; pour tout entier $q \geqslant 0$, soit $\mathrm{Mo}(\mathrm{X})_q$ l'ensemble des éléments de Mo(X) de longueur q, et soit $\mathrm{Mo}^{(q)}(\mathrm{X})$ la réunion des $\mathrm{Mo}(\mathrm{X})_{nq}$, pour $n \in \mathbf{N}$. L'injection $\mathrm{Mo}(\mathrm{X})_q \to \mathrm{Mo}^{(q)}(\mathrm{X})$ se prolonge en un homomorphisme $\mathrm{Mo}(\mathrm{Mo}(\mathrm{X})_q) \to \mathrm{Mo}^{(q)}(\mathrm{X})$; montrer que cet homomorphisme est bijectif si $q \geqslant 1$.

9) Soient x, y dans X, tels que $x \neq y$. Montrer que le sous-monoïde de Mo(X) engendré par $\{x, xy, yx\}$ n'est pas isomorphe à un monoïde libre.

10) Montrer que le groupe défini par la présentation

$$\langle x, y;\ xy^2 = y^3x,\ yx^2 = x^3y \rangle$$

est réduit à l'élément neutre.

(La première relation entraîne $x^2y^8x^{-2} = y^{18}$ et $x^3y^8x^{-3} = y^{27}$; utiliser la seconde relation pour en déduire que $y^{18} = y^{27}$, d'où $y^9 = e$; le fait que y^2 soit conjugué de y^3 entraîne alors $y = e$, d'où $x = e$.)

11) Le groupe défini par la présentation $\langle x, y;\ x^2, y^3, (xy)^2 \rangle$ est isomorphe à $\mathfrak{S}_3$.

¶ 12) Le groupe défini par la présentation $\langle x, y;\ x^3, y^2, (xy)^3 \rangle$ est isomorphe à $\mathfrak{A}_4$. (Montrer que les conjugués de y forment, avec l'élément neutre, un sous-groupe distingué d'ordre $\leqslant 4$ et d'indice $\leqslant 3$.)

13) Soient G un groupe et X une partie de G disjointe de X^{-1}. Soit $S = X \cup X^{-1}$. Montrer l'équivalence des deux propriétés suivantes :

(i) X est une famille libre dans G.

(ii) Aucun produit $s_1 \ldots s_n$, avec $n \geqslant 1$, $s_i \in S$ et $s_i s_{i+1} \neq e$ pour $1 \leqslant i \leqslant n-1$, n'est égal à e.

14) Un groupe G est dit *libre* s'il possède une famille basique, donc est isomorphe à un groupe libre F(X) construit sur un ensemble X.

a) Montrer que, si $(t_i)_{i \in I}$ et $(t'_j)_{j \in J}$ sont deux telles familles, on a Card(I) = Card(J). (Lorsque Card(I) est infini, on montrera qu'il en est même de Card(J), et que tous deux sont égaux à Card(G). Lorsque Card(I) est un entier d, on montrera que le nombre de sous-groupes d'indice 2 de G est $2^d - 1$.)

Le cardinal d'une famille basique de G est appelé le *rang* de G.

b) Un groupe libre est de rang 0 (resp. 1) si et seulement si il est réduit à e (resp. isomorphe à $\mathbf{Z}$).

c) Soit G un groupe libre de rang fini d, et soit $(x_1, \ldots, x_d)$ une famille génératrice à d éléments de G. Montrer que cette famille est basique. (Utiliser I, p. 149, exerc. 34, et I, p. 129, exerc. 5.)

d) Montrer qu'un groupe libre de rang $\geqslant 2$ contient un sous-groupe libre de rang d donné, pour tout cardinal $d \leqslant \aleph_0$. (Utiliser I, p. 147, exerc. 22.)

¶ 15) Soit G un groupe de présentation $(\mathbf{t}, \mathbf{r})$, avec $\mathbf{t} = (t_i)_{i \in I}$ et $\mathbf{r} = (r_j)_{j \in J}$; on note $F((T_i)_{i \in I})$ le groupe libre F(I), et on pose $\mathbf{T} = (T_i)$. Soit d'autre part $\mathbf{x} = (x_\alpha)_{\alpha \in A}$ une famille génératrice de G; on pose $F(A) = F((X_\alpha)_{\alpha \in A})$, $\mathbf{X} = (X_\alpha)$, et l'on note $R_{\mathbf{x}}$ l'ensemble des relateurs de $\mathbf{x}$; c'est un sous-groupe distingué de F(A). Pour tout $i \in I$, soit $\varphi_i(\mathbf{X})$ un élément de F(A) tel que $t_i = \varphi_i(\mathbf{x})$ dans G; pour tout $\alpha \in A$, soit $\psi_\alpha(\mathbf{T})$ un élément de F(I) tel que $x_\alpha = \psi_\alpha(\mathbf{t})$ dans G. Montrer que $R_{\mathbf{x}}$ est le sous-groupe distingué de F(A) engendré par les éléments $X_\alpha^{-1}\psi_\alpha(\varphi_i(\mathbf{X})_{i \in I})$ pour $\alpha \in A$, et $r_j(\varphi_i(\mathbf{X})_{i \in I})$ pour $j \in J$. (Si $R'_{\mathbf{x}}$ désigne le sous-groupe distingué de F(A) engendré par les éléments en question, on a $R'_{\mathbf{x}} \subset R_{\mathbf{x}}$; d'autre part, on montrera que l'homomorphisme $F(I) \to F(A)$ défini par les φ_i donne, par passage au quotient, un homomorphisme $G \to F(A)/R'_{\mathbf{x}}$ réciproque de l'homomorphisme canonique $F(A)/R'_{\mathbf{x}} \to F(A)/R_{\mathbf{x}} = G$.)

16) Un groupe est dit *de type fini* (resp. *de présentation finie*) s'il admet une présentation $\langle (t_i)_{i \in I}, (r_j)_{j \in J} \rangle$ où I est un ensemble fini (resp. où I et J sont des ensembles finis).

a) Soit G un groupe de présentation finie, et soit $\mathbf{x} = (x_\alpha)_{\alpha \in A}$ une famille génératrice finie de G. Montrer qu'il existe une famille finie $\mathbf{s} = (s_k)_{k \in K}$ de relateurs de la famille $\mathbf{x}$ telle que $(\mathbf{x}, \mathbf{s})$ soit une présentation de G. (Utiliser l'exercice précédent.)

b) Montrer qu'un groupe fini est de présentation finie.

c) Donner un exemple de groupe de présentation finie ayant un sous-groupe qui n'est pas de type fini.

d) Si G est un groupe de présentation finie, et H un sous-groupe distingué de G, montrer l'équivalence des propriétés suivantes :

(i) G/H est de présentation finie.

(ii) Il existe une partie finie X de G telle que H soit le sous-groupe distingué de G engendré par X.

(iii) Si $(H_i)_{i \in I}$ est une famille filtrante croissante de sous-groupes distingués de G de réunion égale à H, il existe $i \in I$ tel que $H_i = H$.

(Utiliser *a*) pour prouver que (i) entraîne (ii).)

e) Si G est un groupe de présentation finie, montrer qu'il en est de même de $G/C^r(G)$ pour tout $r \geqslant 1$. (Utiliser I, p. 137, exerc. 15.)

f) Soit $(G_\alpha)_{\alpha \in A}$ une famille de groupes, et soit $G = \prod_{\alpha \in A} G_\alpha$ le produit des G_α. Montrer que G est de type fini (resp. de présentation finie) si et seulement si chacun des G_α est de type fini (resp. de présentation finie) et $G_\alpha = \{e\}$ pour tout α sauf un nombre fini d'indices.

¶ 17) *a*) Montrer que tout sous-groupe d'un groupe nilpotent de type fini est de type fini.

(Dans le cas commutatif, raisonner par récurrence sur le nombre minimum de générateurs du groupe; procéder ensuite par récurrence sur la classe de nilpotence du groupe.)

Donner un exemple de groupe résoluble de type fini contenant un sous-groupe qui ne soit pas de type fini.

b) Montrer que tout groupe nilpotent de type fini est de présentation finie. (Ecrire le groupe sous la forme $F(X)/R$, avec X fini, et choisir r tel que $R \supset C^r(F(X))$; utiliser *a*) pour montrer que $R/C^r(F(X))$ est de type fini; observer que $F(X)/C^r(F(X))$ est de présentation finie, cf. exerc. 16.)

18) Soit S une partie symétrique d'un groupe G. Deux éléments g_1, g_2 de G sont dits S-*voisins* si $g_2^{-1}g_1$ appartient à S. Une suite $(g_1, \ldots, g_n)$ d'éléments de G est appelée une S-*chaîne* si g_i et g_{i+1} sont S-voisins pour $1 \leqslant i \leqslant n-1$: les éléments g_1 et g_n sont appelés respectivement l'origine et l'extrémité de la chaîne.

a) Soit Y une partie de G, et soit $R_Y\{a, b\}$ la relation « il existe une S-chaîne contenue dans Y d'origine a et d'extrémité b ». Montrer que R_Y est une relation d'équivalence dans Y (cf. E, II, p. 52, exerc. 10) ; les classes d'équivalence pour cette relation sont appelées les S-*composantes connexes* de Y. On dit que Y est S-*connexe* s'il possède au plus une composante connexe.

b) Montrer que G est S-connexe si et seulement si S engendre G.

c) On suppose qu'aucun élément $s \in S$ ne vérifie la relation $s^2 = e$; on choisit une partie X de S telle que S soit réunion disjointe de X et X^{-1}. Montrer l'équivalence des conditions suivantes :

(i) La famille X est libre.

(ii) Il n'existe pas de S-chaîne $(g_1, \ldots, g_n)$ dans G, formée d'éléments distincts, en nombre $n \geqslant 3$, telle que g_1 et g_n soient S-voisins.

(Utiliser l'exerc. 13 de I, p. 145.)

¶ 19) Soient X un ensemble, $G = F(X)$ le groupe libre construit sur X, et $S = X \cup X^{-1}$.

a) Si $g \in G$, on appelle *décomposition réduite* de g toute suite $(s_1, \ldots, s_n)$ d'éléments de S telles que $g = s_1 \ldots s_n$ et $s_i s_{i+1} \neq e$ pour $1 \leqslant i < n$. Montrer que tout élément de G admet une décomposition réduite et une seule; l'entier n est la *longueur* de g (cf. I, p. 147, exerc. 26).

b) Soit Y une partie de G contenant e. Montrer l'équivalence des conditions suivantes :

b_1) Y est S-connexe (cf. exerc. 18).

b_2) Pour tout $g \in Y$, si $(s_1, \ldots, s_n)$ est la décomposition réduite de g, on a $s_1 \ldots s_i \in Y$ pour $1 \leqslant i \leqslant n$.

c) Soient Y_1 et Y_2 deux parties S-connexes non vides de G, telles que $Y_1 \cap Y_2 = \varnothing$. Montrer qu'il existe au plus un couple $(y_1, y_2) \in Y_1 \times Y_2$ tel que y_1 et y_2 soient S-voisins. Il en existe un si et seulement si $Y_1 \cup Y_2$ est S-connexe; on dit alors que Y_1 et Y_2 sont *voisins*.

d) Soit $(Y_1, \ldots, Y_n)$ une suite de parties S-connexes non vides, disjointes, de G. On suppose que Y_i et Y_{i+1} sont voisines pour $1 \leqslant i < n$. Montrer que, si $n \geqslant 3$, Y_1 et Y_n ne sont pas voisines.

¶ 20) On conserve les notations de l'exercice précédent. Soit H un sous-groupe de G.

a) Soit R_H l'ensemble des parties S-connexes T de G telles que $hT \cap T = \varnothing$ si $h \in H$, $h \neq e$. Montrer que R_H est inductif pour la relation d'inclusion.

b) Soit Y un élément maximal de R_H. Montrer que $G = \bigcup_{h \in H} hY$, autrement dit que Y est un système de représentants des classes à droite modulo H. (Si $G' = \bigcup_{h \in H} hY$ est distinct de G, montrer qu'il existe $x \in G'$ et $y \in Y$ qui sont S-voisins, et en déduire que $Y \cup \{x\}$ appartient à R_H.)

c) Soit S_H l'ensemble des éléments $h \in H$ tels que Y et hY soient voisins. C'est une partie symétrique de H. Montrer qu'un élément $h \in H$ appartient à S_H si et seulement si $h \neq e$ et s'il existe y, y' dans Y, $s \in S$, tels que $ys = hy'$.

Montrer que S_H engendre H. (Si H' est le sous-groupe de H engendré par S_H, on prouvera que $\bigcup_{h \in H'} hY$ est une S-composante connexe de G.) Retrouver ce résultat au moyen de l'exerc. 14 de I, p. 125.

d) Soit X_H une partie de S_H telle que S_H soit réunion disjointe de X_H et de X_H^{-1} (on montrera qu'une telle partie existe).

Montrer que X_H est une famille basique pour H, et en particulier que H est un groupe libre (« *théorème de Nielsen-Schreier* »). (Appliquer le critère de l'exerc. 18 *c*) de I, p. 146 à H, muni de S_H, en remarquant que deux éléments *h*, *h'* de H sont S_H-voisins si et seulement si *h*Y et *h'*Y sont des parties voisines de G. Utiliser l'exerc. 19 *d*) pour prouver que S_H vérifie la condition (ii) de l'exerc. 18 *c*).)

e) Soit $d = (G : H) = \text{Card}(Y)$. On suppose *d* fini. Monter que l'on a:

$$\text{Card}(X_H) = \text{Card}(X) = \text{Card}(G) \quad \text{si Card}(X) \text{ est infini}$$
$$\text{Card}(X_H) = 1 + d(\text{Card}(X) - 1) \quad \text{si Card}(X) \text{ est fini.}$$

(Soit T une partie finie S-connexe non vide de G, et soit T′ (resp. T″) l'ensemble des couples d'éléments S-voisins dont le premier élément (resp. les deux éléments) appartient (resp. appartiennent) à T. On a $\text{Card}(T') = 2\,\text{Card}(X)\text{Card}(T)$ et l'on montrera, par récurrence sur Card(T), que $\text{Card}(T'') = 2\,\text{Card}(T) - 2$. On appliquera le résultat à T = Y, en remarquant que S_H est équipotent à T′ − T″.)

21) Soit H un sous-groupe d'indice fini d'un groupe G. Montrer que H est de présentation finie si et seulement si il en est de même de G. (On peut supposer G de type fini, cf. I, p. 125, exerc. 14. Ecrire G sous la forme G = F/R, avec F libre de type fini; l'image réciproque F′ de H dans F est libre de type fini, cf. exerc. 20, et l'on a H = F′/R. Si R est engendré (comme sous-groupe distingué de F) par $(r_j)_{j \in J}$, montrer qu'il est engendré (comme sous-groupe distingué de F′) par les yr_jy^{-1} pour $y \in Y$, $j \in J$, où Y désigne un système de représentants dans F des classes à droite modulo F′.)

22) *a*) Soit $(y_n)_{n \in \mathbf{Z}}$ une famille basique d'un groupe F. Soit φ l'automorphisme de F qui transforme y_n en y_{n+1}; cet automorphisme définit une opération τ de **Z** sur F; soit $E = F \times_\tau \mathbf{Z}$ le produit semi-direct correspondant. Montrer que les éléments $x = (e, 1)$ et $y = (y_0, 0)$ forment une famille basique de E. (Soit $F_{x,y}$ le groupe libre construit sur $\{x, y\}$, et soit *f* l'homomorphisme canonique de $F_{x,y}$ dans E. On montrera qu'il existe un homomorphisme $g : E \to F_{x,y}$ tel que $g((0, 1)) = x$ et $g((y_n, 0)) = x^nyx^{-n}$ et que *f* et *g* sont réciproques l'un de l'autre.)

b) En déduire que le sous-groupe distingué de $F_{x,y}$ engendré par *y* est un groupe libre de famille basique $(x^nyx^{-n})_{n \in \mathbf{Z}}$. Retrouver ce résultat en appliquant l'exerc. 20 au système de représentants formé des x^n pour $n \in \mathbf{Z}$.

c) Etendre ce qui précède aux groupes libres de rang quelconque.

23) Soit F un groupe libre de famille basique (x, y) avec $x \neq y$. Montrer que le groupe dérivé de F a pour famille basique la famille des commutateurs (x^i, y^j) pour $i \in \mathbf{Z}$, $j \in \mathbf{Z}$, $i \neq 0$, $j \neq 0$. (Utiliser l'exerc. 20 ou I, p. 149, exerc. 32.)

24) Soit G un groupe, soit $S = G - \{e\}$, et soit $F = F(S)$. Pour tout $s \in S$, on désigne par x_s l'élément correspondant de F. Si $s \in S$, $t \in S$, on note $r_{s,t}$ l'élément de F défini par:

$$r_{s,t} = x_sx_tx_{st}^{-1} \quad \text{si } st \neq e \text{ dans G}$$
$$r_{s,t} = x_sx_t \quad \text{si } st = e \text{ dans G.}$$

Soit φ l'homomorphisme de F sur G qui applique x_s sur *s* et soit R le noyau de φ.

Montrer que la famille $(r_{s,t})$, pour $(s, t) \in S \times S$, est une famille basique du groupe R. (Appliquer l'exerc. 20 au système de représentants de G dans F formé de *e* et des x_s.)

25) Soit G un groupe. Montrer l'équivalence des propriétés suivantes:

(*a*) G est un groupe libre.

(*b*) Quels que soient le groupe H et l'extension E de G par H, il existe une section G → E. (Pour prouver que *b*) entraîne *a*), prendre pour E un groupe libre et utiliser l'exerc. 20.)

26) Soient X un ensemble et *g* un élément du groupe libre F(X). Soit $g = \prod_{\alpha=1}^{n} x_\alpha^{m(\alpha)}$ la décomposition canonique de *g* comme produit de puissances d'éléments de X (cf. I, p. 84, prop. 7). On appelle *longueur* de *g* l'entier $l(g) = \sum_\alpha |m(\alpha)|$.

a) On dit que g est *cycliquement réduit* si l'on a, soit $x_1 \neq x_n$, soit $x_1 = x_n$ et $m(1)m(n) > 0$. Montrer que toute classe de conjugaison de F(X) contient un élément cycliquement réduit et un seul; c'est l'élément de longueur minimum de la classe en question.

b) Un élément $x \in F(X)$ est dit *primitif* s'il n'existe pas d'entier $n \geqslant 2$ et d'élément $g \in F(X)$ tels que $x = g^n$. Montrer que tout élément $z \neq e$ de F(X) s'écrit de manière unique sous la forme x^n, avec $n \geqslant 1$ et x primitif. (Se ramener au cas où z est cycliquement réduit, et observer que, si $z = x^n$, l'élément x est aussi cycliquement réduit.)

Montrer que le centralisateur de z est le même que celui de x; c'est le sous-groupe cyclique engendré par x.

27) Soit $G = \ast_A G_i$ la somme d'une famille $(G_i)_{i\in I}$ de groupes amalgamée par un sous-groupe commun A. Pour tout $i \in I$, on choisit une partie P_i de G_i vérifiant la condition(A) de I, p. 80.

a) Soit $x \in G$ et soit $(a; i_1, \ldots, i_n; p_1, \ldots, p_n)$ une décomposition réduite de x; on a

$$x = a \prod_{\alpha=1}^{n} p_\alpha, \quad \text{avec} \quad p_\alpha \in P_{i_\alpha} - \{e_{i_\alpha}\},\ i_\alpha \neq i_{\alpha+1}.$$

Montrer que, si $i_1 \neq i_n$, l'ordre de x est infini. Montrer que, si $i_1 = i_n$, x est conjugué d'un élément possédant une décomposition de longueur $\leqslant n - 1$.

b) En déduire que tout élément d'ordre fini de G est conjugué d'un élément de l'un des G_i. En particulier, si les G_i n'ont pas d'élément d'ordre fini à part e, il en est de même de G.

28) On conserve les notations de l'exercice précédent.

a) Soit N un sous-groupe de A. On suppose que, pour tout $i \in I$, le groupe N est distingué dans G_i. Montrer que N est distingué dans $G = \ast_A G_i$, et que l'homomorphisme canonique de $\ast_{A/N}(G_i/N)$ dans G/N est un isomorphisme.

b) Pour tout $i \in I$, soit H_i un sous-groupe de G_i, et soit B un sous-groupe de A. On suppose que $H_i \cap A = B$ pour tout i. Montrer que l'homomorphisme canonique de $\ast_B H_i$ dans G est injectif; son image est le sous-groupe de G engendré par les H_i.

¶ 29) Soit $G = G_1 \ast_A G_2$ la somme de deux groupes G_1 et G_2 amalgamée par un sous-groupe A.

a) Montrer que G est de type fini si G_1 et G_2 sont de type fini.

b) On suppose G_1 et G_2 de présentation finie. Montrer l'équivalence des deux propriétés suivantes:

(1) G est de présentation finie.

(2) A est de type fini.

(On montrera d'abord que (1) entraîne (2). D'autre part, si A n'est pas de type fini, il existe une famille filtrante croissante $(A_i)_{i\in I}$ de sous-groupes de A, avec $\bigcup_{i\in I} A_i = A$ et $A_i \neq A$ pour tout i. Soit H_i (resp. H) le noyau de l'homomorphisme canonique de $G_1 \ast_A G_2$ sur $G_1 \ast_{A_i} G_2$ (resp. sur G). On montrera que H est réunion des H_i et que $H_i \neq H$ pour tout i; appliquer ensuite l'exerc. 16 *d*) de I, p. 145.)

c) En déduire un exemple de groupe de type fini qui ne soit pas de présentation finie. (Prendre pour G_1 et G_2 des groupes libres de rang 2 et pour A un groupe libre de rang infini, cf. I, p. 147, exerc. 22.)

30) Soient A et B deux groupes, et soit $G = A \ast B$ leur produit libre.

a) Soit Z un élément de A\G/A distinct de A. Montrer que Z contient un élément z et un seul de la forme

$$b_1 a_1 b_2 a_2 \ldots b_{n-1} a_{n-1} b_n,$$

avec $n \geqslant 1$, $a_i \in A - \{e\}$, $b_i \in B - \{e\}$. Montrer que tout élément de Z s'écrit de façon unique sous la forme aza', avec a, a' dans A.

b) Soit $x \in G - A$. Soit f_x l'homomorphisme de $A \ast A$ dans G dont la restriction au premier (resp. second) facteur de $A \ast A$ est l'identité (resp. est l'application $a \mapsto xax^{-1}$). Montrer que f_x est injectif. (Ecrire x sous la forme aza' comme ci-dessus et se ramener ainsi au cas $x = z$; utiliser l'unicité des décompositions réduites dans G.)

En particulier, on a $A \cap xAx^{-1} = \{e\}$ et le normalisateur de A dans G est A.

c) Soit T un élément de A\G/B. Montrer que T contient un élément t et un seul de la forme

$$b_1a_1b_2a_2\ldots b_{n-1}a_{n-1},$$

avec $n \geqslant 1$, $a_i \in A - \{e\}$, $b_i \in B - \{e\}$. Montrer que tout élément de T s'écrit de façon unique sous la forme atb, avec $a \in A$, $b \in B$.

d) Soit $x \in G$ et soit h_x l'unique endomorphisme de G tel que $h_x(a) = a$ si $a \in A$ et $h_x(b) = xbx^{-1}$ si $b \in B$. Montrer que h_x est injectif. (Même méthode que dans *b*), en utilisant la décomposition $x = atb$ de *c*).) En particulier, on a $A \cap xBx^{-1} = \{e\}$.

Donner un exemple où h_x n'est pas surjectif.

31) Soit G le produit libre d'une famille $(G_\iota)_{\iota\in I}$ de groupes. Soit S l'ensemble des sous-groupes de G qui sont conjugués de l'un des G_ι, et soit Θ la réunion des éléments de S.

a) Soient H, H' dans S, tels que $H \neq H'$, et soient $x \in H - \{e\}$, $x' \in H' - \{e\}$. Montrer que $xx' \in G - \Theta$. (Se ramener au cas où H est l'un des G_ι; écrire H' sous la forme $yG_\jmath y^{-1}$ et procéder comme dans l'exercice précédent.)

b) Soit C un sous-groupe de G contenu dans Θ. Montrer qu'il existe $H \in S$ tel que $C \subset H$.

c) Soit C un sous-groupe de G dont tous les éléments soient d'ordre fini. Montrer que C est contenu dans Θ (cf. I, p. 148, exerc. 27); en déduire que C est contenu dans un conjugué d'un G_ι.

¶ 32) Soient A et B deux groupes, et soit $G = A * B$ leur produit libre. Soit X l'ensemble des commutateurs (a, b), pour $a \in A - \{e\}$ et $b \in B - \{e\}$, et soit $S = X \cup X^{-1}$.

a) Montrer que $X \cap X^{-1} = \varnothing$, et que, si x est un élément de X, il existe un couple (a,b) unique dans $(A - \{e\}) \times (B - \{e\})$ tel que $(a, b) = x$.

b) Soit $n \geqslant 1$, et soit $(s_1, \ldots, s_n)$ une suite d'éléments de S telle que $s_is_{i+1} \neq e$ pour $1 \leqslant i < n$; soient $a_n \in A - \{e\}$, $b_n \in B - \{e\}$, $\varepsilon(n) = \pm 1$ tels que $s_n = (a_n, b_n)^{\varepsilon(n)}$. Soit $g = s_1\ldots s_n$. Montrer, par récurrence sur n, que la décomposition réduite de g est de longueur $\geqslant n + 3$, et se termine, soit par a_nb_n si $\varepsilon(n) = 1$, soit par b_na_n si $\varepsilon(n) = -1$.

c) Soit R le noyau de la projection canonique $A * B \to A \times B$ correspondant (I, p. 80, prop. 4) aux injections canoniques $A \to A \times B$ et $B \to A \times B$. Montrer que R est un groupe libre de famille basique X. (Utiliser *b*) pour prouver que X est libre; si R_X est le sous-groupe de G engendré par X, montrer que R_X est distingué; en déduire qu'il coïncide avec R.)

33) Soit $E = G *_A G'$ la somme de deux groupes amalgamée par un sous-groupe commun A. Soit P (resp. P') une partie de G (resp. de G') vérifiant la condition (A) de I, p. 80.

Soit n un entier $\geqslant 1$. On note L_n l'ensemble des $x \in E$ dont la décomposition réduite est de longueur $\leqslant 2n - 1$. On note M_n l'ensemble des $x \in E$ de la forme $ap_1p'_1p_2p'_2\ldots p_np'_n$, avec $a \in A$, $p_i \in P - \{e\}$, $p'_i \in P' - \{e\}$; de même, on note M'_n l'ensemble des éléments de la forme $ap'_1p_1p'_2p_2\ldots p'_np_n$, où a, p_i, p'_i vérifient les mêmes conditions.

a) Montrer que L_n, M_n et M'_n sont disjoints et que leur réunion est l'ensemble des éléments de E dont la décomposition réduite est de longueur $\leqslant 2n$.

b) Construire une bijection ε de M_n sur M'_n telle que $\varepsilon(ax) = a\varepsilon(x)$ si $a \in A$, $x \in M_n$.

c) Soient $X_n = L_n \cup M_n$ et $X'_n = L_n \cup M'_n$; montrer que l'on a $G.X_n = X_n$ et $G'.X'_n = X'_n$.

d) On prolonge ε en une bijection de X_n sur X'_n en posant $\varepsilon(x) = x$ si $x \in L_n$. Montrer que l'on peut faire opérer E sur X_n de telle sorte que $g(x) = gx$ si $g \in G$, $x \in X_n$ et $g'(x) = \varepsilon^{-1}(g'\varepsilon(x))$ si $g' \in G'$, $x \in X_n$. Montrer que, si $g \in X_n$, on a $g(e) = g$.

e) Soit $\tau_n \colon E \to \mathfrak{S}_{X_n}$ l'homomorphisme défini par l'action de E sur X_n décrite ci-dessus, et soit R_n le noyau de τ_n. Montrer que $R_n \cap X_n = \{e\}$; en déduire que l'intersection des R_n est réduite à e.

f) Lorsque G et G' sont finis, montrer que E est résiduellement fini (cf. I, p. 129, exerc. 5). (Remarquer que les R_n sont alors des sous-groupes d'indice fini.)

¶ 34) *a*) Soit (H_ι) une famille filtrante décroissante de sous-groupes distingués d'un groupe

G. On suppose que $\bigcap_\iota H_\iota = \{e\}$. Montrer que, pour tout groupe G′, l'intersection des noyaux des homomorphismes canoniques $G' * G \to G' * (G/H_\iota)$ est égale à $\{e\}$.

b) Soit G le produit libre d'une famille (G_α) de groupes. Montrer que, si tous les G_α sont résiduellement finis (cf. I, p. 129, exerc. 5), il en est de même de G. (On se ramènera d'abord au cas où la famille est finie, puis au cas où elle a deux éléments; grâce à *a*), on pourra supposer que les G_α sont finis, et on appliquera l'exercice précédent.)

c) En déduire que tout groupe libre est résiduellement fini.

35) * Soit G (resp. G′) le groupe additif des fractions de la forme a/b, avec $a \in \mathbf{Z}$, $b \in \mathbf{Z}$ et b non divisible par 2 (resp. par 3). Soit $E = G *_{\mathbf{Z}} G'$ la somme de G et G′ amalgamée par leur sous-groupe commun **Z**. Montrer que G et G′ sont résiduellement finis, mais que E ne l'est pas. (Prouver que le seul sous-groupe d'indice fini de E est E.)*

36) Soient $(G_1, \ldots, G_n)$ et $(A_1, \ldots, A_{n-1})$ deux suites de groupes; pour chaque i, soient $\varphi_i : A_i \to G_i$ et $\psi_i : A_i \to G_{i+1}$ deux homomorphismes injectifs; on identifie A_i, grâce à ces homomorphismes, à la fois à un sous-groupe de G_i et à un sous-groupe de G_{i+1}.

a) Soient $H_1 = G_1$, $H_2 = H_1 *_{A_1} G_2, \ldots, H_n = H_{n-1} *_{A_{n-1}} G_n$. Le groupe H_n est appelé la somme des groupes (G_i) amalgamée par les sous-groupes (A_i); on le note

$$G_1 *_{A_1} G_2 *_{A_2} \cdots *_{A_{n-1}} G_n.$$

Si T est un groupe quelconque, définir une correspondance biunivoque entre les homomorphismes de H_n dans T et les familles $(t_1, \ldots, t_n)$ d'homomorphismes $t_i : G_i \to T$ telles que $t_i \circ \varphi_i = t_{i+1} \circ \psi_i$ pour $1 \leqslant i \leqslant n-1$.

b) On identifie chaque G_i au sous-groupe correspondant de H_n. Montrer que $G_i \cap G_{i+1} = A_i$ et que $G_i \cap G_{i+2} = A_i \cap A_{i+1}$ (cette dernière intersection étant prise dans G_{i+1}).

¶ 37) Soient G un groupe et S une partie symétrique finie de G, engendrant G. On note $\mathfrak{T}$ l'ensemble des parties finies de G, ordonnée par inclusion; c'est un ensemble filtrant.

a) Soit $T \in \mathfrak{T}$, et soit B_T l'ensemble des S-composantes connexes de $G - T$ (cf. I, p. 146, exerc. 18); soit $B_T^\infty = B_T - (\mathfrak{T} \cap B_T)$. Montrer que B_T est fini (remarquer que, si $T \neq \varnothing$ et si $Z \in B_T$, il existe $t \in T$ et $z \in Z$ qui sont S-voisins).

b) Soient T, T′ dans $\mathfrak{T}$, tels que $T \subset T'$. Si $Z' \in B_{T'}$, montrer qu'il existe un unique élément $Z \in B_T$ tel que $Z' \subset Z$; l'application $f_{TT'} : B_{T'} \to B_T$ tels que $f_{TT'}(Z') = Z$ applique $B_{T'}^\infty$ sur B_T^∞. On note B la limite projective des B_T, pour T parcourant $\mathfrak{T}$. Montrer que $B = \varprojlim B_T^\infty$ et que l'image de B dans B_T est B_T^∞. L'ensemble B s'appelle l'ensemble des *bouts* de G; il est non vide si et seulement si G est infini.

c) Soit T une partie finie, S-connexe et non vide de G, et soit $Z \in B_T^\infty$. Montrer qu'il existe $g \in G$ tel que $gT \cap T = \varnothing$ et $gT \cap Z \neq \varnothing$ et que l'on a alors $gT \subset Z$. Montrer qu'il existe $Z_1 \in B_T$ tel que gZ_1 contienne T et tous les $Z' \in B_T$ tels que $Z' \neq Z$ (observer que $T \cup \bigcup_{Z' \neq Z} Z'$ est S-connexe et ne rencontre pas gT); en déduire que, si $Z' \in B_T$ est différent de Z_1, on a $gZ' \subset Z$. Montrer que, si l'on pose $T' = T \cup gT$, l'image réciproque de Z dans $B_{T'}^\infty$ est formée d'au moins $n - 1$ éléments, où $n = \mathrm{Card}(B_T^\infty)$.

d) Soit S′ une partie finie symétrique de G engendrant G et soit B′ l'ensemble des bouts de G relativement à S′. Définir une bijection de B sur B′ (se ramener au cas où $S \subset S'$). Le cardinal de B est donc indépendant du choix de S; on l'appelle le *nombre de bouts* de G.

e) Démontrer, en utilisant *c*), que le nombre de bouts de G est égal à 0, 1, 2 ou $2^{\aleph_0}$.

f) Montrer que le nombre de bouts de **Z** est 2 et que celui de $\mathbf{Z}^n$ ($n \geqslant 2$) est 1.

¶ 38) Soient X un ensemble fini, F(X) le groupe libre construit sur X, et $S = X \cup X^{-1}$.

a) Soit S_n l'ensemble des produits $s_1 \ldots s_m$ pour $s_i \in S$, $m \leqslant n$. Montrer que toute S-composante connexe (cf. I, p. 146, exerc. 18) de $F(X) - S_n$ contient un élément et un seul de la forme $s_1 \ldots s_{n+1}$, avec $s_i \in S$ et $s_i s_{i+1} \neq e$ pour $1 \leqslant i \leqslant n$.

b) Déduire de *a*) une bijection de l'ensemble B des bouts de F(X) (cf. exerc. 37) sur l'ensemble des suites infinies $(s_1, \ldots, s_n, \ldots)$ d'éléments de S telles que $s_i s_{i+1} \neq e$ pour tout i. En particulier, le nombre de bouts de F(X) est égal à $2^{\aleph_0}$ si $\mathrm{Card}(X) \geqslant 2$.

39) * Soit G un groupe de type fini, et soit $\mathfrak{F}$ l'ensemble des parties finies symétriques de G, contenant e, qui engendrent G.

a) Si $X \in \mathfrak{F}$ et $n \in \mathbf{N}$, on note $d_n(X)$ le nombre des éléments de G de la forme $x_1 \ldots x_n$, avec $x_i \in X$. Si $X \in \mathfrak{F}$, $Y \in \mathfrak{F}$, montrer qu'il existe un entier $a \geqslant 1$ tel que

$$d_n(X) \leqslant d_{an}(Y) \quad \text{pour tout} \quad n \in \mathbf{N}.$$

En déduire que $\limsup\limits_{n \to \infty} \dfrac{\log(d_n(X))}{\log(n)}$ ne dépend pas du choix de X dans $\mathfrak{F}$; cette limite (finie ou infinie) est notée $e(G)$.

b) Si $X \in \mathfrak{F}$ et si G est infini, montrer que $d_n(X) < d_{n+1}(X)$ pour tout n. En déduire que $e(G)$ est $\geqslant 1$.

c) Soit H un groupe de type fini. Montrer que $e(H) \leqslant e(G)$ si H est isomorphe à un sous-groupe (resp. à un groupe quotient) de G. Si E est une extension de G par H, montrer que $e(E) \geqslant e(H) + e(G)$, avec égalité lorsque $E = G \times H$.

d) Montrer que $e(\mathbf{Z}^n) = n$.

e) Soit $X \in \mathfrak{F}$. Considérons la propriété suivante:

(i) Il existe un nombre réel $a > 1$ tel que $d_n(X) \geqslant a^n$ pour tout n assez grand.

Montrer que, si la propriété (i) est vérifiée par un élément de $\mathfrak{F}$, elle l'est par tout élément de $\mathfrak{F}$. On dit alors que G est *de type exponentiel*; cela entraîne $e(G) = +\infty$.

f) Soient G_1 et G_2 deux groupes, contenant un même sous-groupe A, et soit $H = G_1 *_A G_2$ la somme amalgamée correspondante. On suppose G_1 et G_2 de type fini (donc aussi H), et $G_i \neq A$ pour $i = 1, 2$. Montrer que H est de type exponentiel si l'un au moins des indices $(G_1 : A)$, $(G_2 : A)$ est $\geqslant 3$.

g) Montrer qu'un groupe libre de rang $\geqslant 2$ est de type exponentiel. $_*$

40) * Soit n un entier $\geqslant 2$, et soit T_n le groupe des matrices triangulaires supérieures d'ordre n sur $\mathbf{Z}$ ayant tous leurs termes diagonaux égaux à 1. Soit $e(T_n)$ l'invariant du groupe T_n défini dans l'exerc. 39. Montrer que l'on a

$$e(T_n) \leqslant \sum_{i=1}^{i=n} i(n-i). _*$$

§ 8

1) Déterminer toutes les structures d'anneau sur un ensemble de n éléments, pour $2 \leqslant n \leqslant 7$, ainsi que les idéaux de ces anneaux.

2) Soit A un anneau.

a) L'application qui, à $a \in A$, associe l'homothétie à gauche $x \mapsto ax$, est un isomorphisme de A sur l'anneau des endomorphismes du groupe additif de A qui commutent aux homothéties à droite.

b) Soit M l'ensemble des suites (a, b, c, d) de quatre éléments de A que l'on représente sous forme d'un tableau ou matrice $\begin{pmatrix} a & b \\ c & d \end{pmatrix}$. A tout élément $\begin{pmatrix} a & b \\ c & d \end{pmatrix}$ de M, associons l'application $(x, y) \mapsto (ax + by, cx + dy)$ de $A \times A$ dans lui-même. Montrer que l'on obtient aussi une bijection de M sur l'anneau B des endomorphismes du groupe commutatif $A \times A$ qui commutent aux opérations $(x, y) \mapsto (xr, yr)$ pour tout r dans A. On identifie, désormais, M à l'anneau B. Calculer le produit de deux matrices.

c) Montrer que le sous-ensemble T de M formé des matrices de la forme $\begin{pmatrix} a & b \\ 0 & c \end{pmatrix}$ est le sous-anneau de M qui laisse stable le sous-groupe $A \times 0$ de $A \times A$. Les applications $\begin{pmatrix} a & b \\ 0 & c \end{pmatrix} \mapsto a$, $\begin{pmatrix} a & b \\ 0 & c \end{pmatrix} \mapsto c$ sont des homomorphismes de T dans A; soient $\mathfrak{a}$, $\mathfrak{b}$ leurs noyaux. Montrer que $\mathfrak{a} + \mathfrak{b} = T$, que $\mathfrak{a}\mathfrak{b} = \{0\}$ et que $\mathfrak{b}\mathfrak{a} = \mathfrak{b} \cap \mathfrak{a}$ est $\neq \{0\}$ si $A \neq \{0\}$ (cf. I, p. 102, prop. 6).

d) Si A = **Z**/2**Z**, T n'est pas commutatif, mais le groupe multiplicatif des éléments inversibles de T est commutatif.

3) Soient A un anneau, et $a \in$ A. S'il existe un $a' \in$ A *et un seul* tel que $aa' = 1$, a est inversible et $a' = a^{-1}$ (montrer d'abord que a est simplifiable à gauche, puis considérer le produit $aa'a$).

4) Soit A un pseudo-anneau dans lequel tout sous-groupe additif de A est un idéal à gauche de A.
a) Si A est un anneau, A est canoniquement isomorphe à **Z**/n**Z** pour un entier n convenable.
b) Si A n'a pas d'élément unité et si tout élément non nul est simplifiable, A est isomorphe à un pseudo-sous-anneau de **Z**.

5) Soient M un monoïde, $\mathbf{Z}^{(M)}$ le groupe commutatif libre de base M, $u : M \to \mathbf{Z}^{(M)}$ l'application canonique.
a) Montrer qu'il existe une unique multiplication sur $\mathbf{Z}^{(M)}$ telle que $\mathbf{Z}^{(M)}$ soit un anneau et telle que u soit un morphisme du monoïde M dans le monoïde multiplicatif de l'anneau $\mathbf{Z}^{(M)}$.
b) Soient A un anneau et $v : M \to$ A un morphisme du monoïde M dans le monoïde multiplicatif de A. Il existe un unique morphisme d'anneau $f : \mathbf{Z}^{(M)} \to$ A, tel que

$$f \circ u = v.$$

6) Soient A un anneau commutatif et M un sous-monoïde du groupe additif de A. Soit n un entier > 0, tel que $m^n = 0$ pour tout $m \in$ M.
a) Si $n!$ est non diviseur de zéro dans A, le produit d'une famille de n éléments de M est nul.
b) Montrer que la conclusion de *a*) n'est pas nécessairement vraie si $n!$ est diviseur de zéro dans A.

7) Pour tout $n \in \mathbf{N}^*$, on a

$$n! = \sum_{\nu=0}^{n-1} (-1)^\nu \binom{n}{\nu} (n - \nu)^n$$

(utiliser I, p. 95, prop. 2).

8) Dans un anneau, l'idéal à droite engendré par un idéal à gauche est un idéal bilatère.

9) Dans un anneau, l'annulateur à droite d'un idéal à droite est un idéal bilatère.

10) Dans un anneau A, l'idéal bilatère engendré par les éléments $xy - yx$, où x et y parcourent A, est le plus petit des idéaux bilatères $\mathfrak{a}$ tels que A/$\mathfrak{a}$ soit commutatif.

¶ 11) Dans un anneau A, on dit qu'un idéal bilatère $\mathfrak{a}$ est *irréductible* s'il n'existe pas de couple d'idéaux bilatères $\mathfrak{b}$, $\mathfrak{c}$, distincts de $\mathfrak{a}$ et tels que $\mathfrak{a} = \mathfrak{b} \cap \mathfrak{c}$.
a) Montrer que l'intersection de tous les idéaux irréductibles de A se réduit à 0 (remarquer que l'ensemble des idéaux bilatères ne contenant pas un élément $a \neq 0$ est inductif, et appliquer le th. de Zorn).
b) En déduire que tout idéal bilatère $\mathfrak{a}$ de A est l'intersection de tous les idéaux irréductibles qui le contiennent.

12) Soient A un anneau et $(\mathfrak{a}_i)_{i \in I}$ une famille finie d'idéaux à gauche de A telle que le groupe additif de A soit somme directe des sous-groupes additifs $\mathfrak{a}_i$. Si $1 = \sum_{i \in I} e_i$ (où $e_i \in \mathfrak{a}_i$), on a $e_i^2 = e_i$, $e_i e_j = 0$ si $i \neq j$, et $\mathfrak{a}_i = Ae_i$ (écrire que $x = x \cdot 1$ pour tout $x \in$ A). Réciproquement, si $(e_i)_{i \in I}$ est une famille finie d'idempotents de A tels que $e_i e_j = 0$ pour $i \neq j$ et $1 = \sum_i e_i$, alors A est somme directe des idéaux à gauche Ae_i. Pour que les idéaux Ae_i soient bilatères, il faut et il suffit que les e_i soient dans le centre de A.

¶ 13) Soient A un anneau, e un idempotent de A.

a) Montrer que le groupe additif de A est somme directe de l'idéal à gauche $\mathfrak{a} = Ae$ et de l'annulateur à gauche $\mathfrak{b}$ de e (remarquer que, pour tout $x \in A$, $x - xe \in \mathfrak{b}$).
b) Tout idéal à droite $\mathfrak{d}$ de A est somme directe de $\mathfrak{d} \cap \mathfrak{a}$ et $\mathfrak{d} \cap \mathfrak{b}$.
c) Si $Ae = eA$, $\mathfrak{a}$ et $\mathfrak{b}$ sont des idéaux bilatères de A et définissent une décomposition directe de A.

14) Soit A un anneau commutatif dans lequel il n'y a qu'un nombre fini $n > 0$ de diviseurs de zéro. Montrer que A a au plus $(n + 1)^2$ éléments. (Soient $a_1, \ldots, a_n$ les diviseurs de zéro. Montrer que l'annulateur $\mathfrak{J}_1$ de a_1 a au plus $n + 1$ éléments et que l'anneau quotient $A/\mathfrak{J}_1$ a au plus $n + 1$ éléments.)

15) On appelle *annéloïde* un ensemble E muni de deux lois de composition: *a*) une multiplication $(x, y) \mapsto xy$ associative; *b*) une loi notée additivement, *non partout définie* (I, p. 1), et satisfaisant aux conditions suivantes:
1° elle est *commutative* (autrement dit, si $x + y$ est défini, il en est de même de $y + x$, et on a $x + y = y + x$; on dit alors que x et y sont *addibles*);
2° x et y étant addibles, pour que $x + y$ et z soient addibles il, suffit que x et z d'une part, y et z d'autre part, soient addibles; alors x et $y + z$ sont addibles et on a $(x + y) + z = x + (y + z)$;
3° il existe un élément neutre 0;
4° si x et z d'une part, y et z d'autre part, sont addibles et si $x + z = y + z$, on a $x = y$;
5° si x, y sont addibles, il en est de même de xz et yz (resp. zx et zy) et $(x + y)z = xz + yz$ (resp. $z(x + y) = zx + zy$), quel que soit $z \in E$.
Tout anneau est un annéloïde.
a) Examiner comment s'étendent aux annéloïdes les définitions et résultats du § 8 et les exercices ci-dessus (on appellera idéal à gauche d'un annéloïde E une partie $\mathfrak{a}$ de E stable pour l'addition (i.e., telle que la somme de deux éléments addibles de $\mathfrak{a}$ appartienne à $\mathfrak{a}$, et telle que $E.\mathfrak{a} \subset \mathfrak{a}$).
b) Soient G un groupe à opérateurs, f et g deux endomorphismes de G. Pour que l'application $x \mapsto f(x)g(x)$ soit un endomorphisme de G, il faut et il suffit que tout élément du sous-groupe $f(G)$ soit permutable avec tout élément du sous-groupe $g(G)$; si on note alors $f + g$ cet endomorphisme, et fg l'endomorphisme composé $x \mapsto f(g(x))$, montrer que l'ensemble E des endomorphismes de G, muni de ces deux lois de composition, est un *annéloïde* ayant un élément unité; pour que E soit un anneau, il faut et il suffit que G soit commutatif.

Pour qu'un élément $f \in E$ soit addible avec tous les éléments de E, il faut et il suffit que $f(G)$ soit contenu dans le centre de G; l'ensemble N de ces endomorphismes est un *pseudo-anneau* qu'on appelle le *noyau* de l'annéloïde E.

Un endomorphisme f de G est dit *distingué* s'il est permutable avec tous les automorphismes intérieurs de G; pour tout sous-groupe stable distingué H de G, $f(G)$ est alors un sous-groupe stable distingué de G. Montrer que l'ensemble D des endomorphismes distingués de G forme un sous-annéloïde de E, et que le noyau N est un idéal bilatère dans D.[1]

16) Donner des exemples d'idéaux $\mathfrak{a}$, $\mathfrak{b}$, $\mathfrak{c}$ dans l'anneau $\mathbf{Z}$, tels que l'on ait $\mathfrak{a}\mathfrak{b} \neq \mathfrak{a} \cap \mathfrak{b}$ et $(\mathfrak{a} + \mathfrak{b})(\mathfrak{a} + \mathfrak{c}) \neq \mathfrak{a} + \mathfrak{b}\mathfrak{c}$.

§ 9

1) Quelles sont les structures de corps parmi les structures d'anneau déterminées dans I, p. 151, exerc. 1?

2) Un anneau *fini* dans lequel tout élément non nul est simplifiable est un corps (cf. I, p. 119, exerc. 6).

3) Soit G un groupe commutatif à opérateurs qui est simple (I, p. 36, déf. 7). Montrer que l'anneau A des endomorphismes de G est un corps.

[1] Voir H. FITTING, Die Theorie der Automorphismenringe Abelscher Gruppen, und ihr Analogon bei nicht kommutativen Gruppen, *Math. Ann.*, t. CVII (1933), p. 514.

4) Soit K un corps. Montrer qu'il existe un plus petit sous-corps F de K, et que F est canoniquement isomorphe soit au corps $\mathbf{Q}$ soit au corps $\mathbf{Z}/p\mathbf{Z}$ pour un certain nombre premier p. Dans le premier cas (resp. le second cas), on dit que K est de *caractéristique* 0 (resp. p).

5) Soit K un corps commutatif de caractéristique $\neq 2$; soit G un sous-groupe du groupe additif de K, tel que, si H désigne l'ensemble formé de 0 et des inverses des éléments $\neq 0$ de G, H soit aussi un sous-groupe du groupe additif de K. Montrer qu'il existe un élément $a \in K$ et un sous-corps K′ de K tels que $G = aK'$ (établir d'abord que, si x et y sont des éléments de G tels que $y \neq 0$, on a $\frac{x^2}{y} \in G$; en déduire que, si x, y, z sont des éléments de G tels que $z \neq 0$, on a $\frac{xy}{z} \in G$).

6) Soit K un corps commutatif de caractéristique $\neq 2$; soit f une application de K dans K, telle que $f(x + y) = f(x) + f(y)$ quels que soient x et y, et que, pour tout $x \neq 0$, on ait $f(x) f\left(\frac{1}{x}\right) = 1$. Montrer que f est un isomorphisme de K sur un sous-corps de K (prouver que $f(x^2) = (f(x))^2$).

7) Soit A un anneau commutatif.
a) Tout idéal premier est irréductible (I, p. 152, exerc. 11).
b) L'ensemble des idéaux premiers est inductif pour les relations $\subset$ et $\supset$.
c) Soit $\mathfrak{a}$ un idéal de A, distinct de A; soit $\mathfrak{b}$ l'ensemble des $x \in A$, tels qu'il existe un entier $n \geqslant 0$ pour lequel $x^n \in \mathfrak{a}$ (n dépendant de x). Montrer que $\mathfrak{b}$ est un idéal et est égal à l'intersection des idéaux premiers de A contenant $\mathfrak{a}$.

¶ 8) Un anneau A est appelé *anneau booléien* si chacun de ses éléments est idempotent (autrement dit, si $x^2 = x$ pour tout $x \in A$).
a) Dans l'ensemble $\mathfrak{P}(E)$ des parties d'un ensemble E, montrer qu'on définit une structure d'anneau booléien en posant $AB = A \cap B$ et $A + B = (A \cap \complement B) \cup (B \cap \complement A)$. Cet anneau est isomorphe à l'anneau K^E des applications de E dans l'anneau $K = \mathbf{Z}/(2)$ des entiers modulo 2 (considérer, pour chaque partie $X \subset E$, sa « fonction caractéristique » φ_X, telle que $\varphi_X(x) = 1$ si $x \in X$, $\varphi_X(x) = 0$ si $x \notin X$).
b) Tout anneau booléien A est commutatif et tel que $x + x = 0$ pour $x \in A$ (écrire que $x + x$ est idempotent, puis que $x + y$ est idempotent).
c) Si un anneau booléien A ne contient pas de diviseur de 0, il est réduit à 0 ou est isomorphe à $\mathbf{Z}/(2)$ (si x et y sont deux éléments quelconques de A, montrer que $xy(x + y) = 0$). En déduire que, dans un anneau booléien, tout idéal premier est maximal.
d) Dans un anneau booléien A, tout idéal $\mathfrak{a} \neq A$ est l'intersection des idéaux premiers contenant $\mathfrak{a}$ (appliquer l'exerc. 7 *c*)). En déduire que tout idéal irréductible est maximal (autrement dit, que les notions d'idéal irréductible, d'idéal premier et d'idéal maximal coïncident dans un anneau booléien).
e) Montrer que tout anneau booléien est isomorphe à un sous-anneau d'un anneau produit K^E, où $K = \mathbf{Z}/(2)$ (utiliser *d*)).
f) Si $\mathfrak{p}_i$ $(1 \leqslant i \leqslant n)$ sont n idéaux maximaux distincts dans un anneau booléien A, et $\mathfrak{a} = \bigcap_{1 \leq i \leq n} \mathfrak{p}_i$, montrer que l'anneau quotient $A/\mathfrak{a}$ est isomorphe à l'anneau produit K^n. En déduire que tout anneau booléien fini est de la forme K^n.
g) Dans un anneau booléien A, la relation $xy = x$ est une relation d'ordre; si on la note $x \leqslant y$, montrer que, pour cette relation, A est un ensemble réticulé distributif (E, III, p. 72, exerc. 16), possède un plus petit élément α, et que pour tout couple (x, y) d'éléments tels que $x \leqslant y$, il existe un élément $d(x, y)$ tel que $\inf(x, d(x, y)) = \alpha$, $\sup(x, d(x, y)) = y$. Réciproquement, si un ensemble ordonné A possède ces trois propriétés, montrer que les lois de composition $xy = \inf(x, y)$ et $x + y = d(\sup(x, y), \inf(x, y))$ définissent sur A une structure d'anneau booléien.

9) Soit A un anneau tel que $x^3 = x$ pour tout $x \in A$. On se propose de montrer que A est commutatif.

a) Montrer qu'on a $6A = \{0\}$, et que 2A et 3A sont des idéaux bilatères tels que $2A + 3A = A$ et $2A \cap 3A = \{0\}$. En déduire que l'on peut supposer soit $2A = \{0\}$, soit $3A = \{0\}$.

b) Si $2A = \{0\}$, calculer $(1 + x)^3$, en déduire que $x^2 = x$ pour tout $x \in A$, et conclure au moyen de l'exerc. 8.

c) Si $3A = \{0\}$, calculer $(x + y)^3$ et $(x - y)^3$, montrer que $x^2y + xyx + yx^2 = 0$, et multiplier à gauche par x; en déduire que $xy - yx = 0$.

d) Soit A un anneau tel que $3A = \{0\}$ et que $x^3 = x$ pour tout $x \in A$; définir un ensemble I et un homomorphisme injectif de A dans $(\mathbf{Z}/3\mathbf{Z})^I$ (même méthode que dans l'exerc. 8).

10) Soient A un anneau commutatif et $\mathfrak{R}$ l'intersection de ses idéaux maximaux.

a) Montrer que l'homomorphisme canonique $A^* \to (A/\mathfrak{R})^*$ est surjectif, et que son noyau est $1 + \mathfrak{R}$.

b) On suppose que l'ensemble M des idéaux maximaux de A est fini et que A^* est fini. En déduire que A est fini (appliquer à $A/\mathfrak{R}$ la prop. 8 de I, p. 104).

c) En déduire que l'ensemble des nombres premiers est infini (on notera que $\mathbf{Z}^* = \{1, -1\}$).

d) On suppose que A^* est fini, et que $A/\mathfrak{m}$ est fini pour tout idéal maximal $\mathfrak{m}$. Peut-on en déduire que A est fini, que A est dénombrable?

11) Soient P l'ensemble des nombres premiers et A l'anneau produit des corps $\mathbf{Z}/p\mathbf{Z}$, $p \in P$. Soit $\mathfrak{a}$ la partie de A formée des éléments $(a_p)_{p \in P}$ tels que $a_p \neq 0$ seulement pour un nombre fini d'indices p.

a) $\mathfrak{a}$ est un idéal de A.

b) Soit $B = A/\mathfrak{a}$. Pour tout entier $n > 0$ et tout $b \neq 0$ dans B, il existe un élément b' de B et un seul tel que $nb' = b$ (noter que si $p \in P$ ne divise pas n, la multiplication par n dans $\mathbf{Z}/p\mathbf{Z}$ est bijective). En déduire que B contient un sous-corps isomorphe à $\mathbf{Q}$.

12) Soient A un anneau commutatif et a, b dans A. Montrer que l'image canonique de ab dans $A/(a - a^2b)$ est un idempotent. Donner un exemple où cet idempotent est distinct de 0 et de 1.

13) Déterminer les endomorphismes de l'anneau $\mathbf{Z}$ et de l'anneau $\mathbf{Z} \times \mathbf{Z}$. Plus généralement, si I et J sont des ensembles finis, déterminer les homomorphismes de l'anneau $\mathbf{Z}^I$ dans l'anneau $\mathbf{Z}^J$.

14) Soient A et B deux anneaux, f et g deux homomorphismes de A dans B. L'ensemble des $x \in A$ tels que $f(x) = g(x)$ est-il un sous-anneau de A, un idéal de A?

¶ 15) Soit A un anneau non commutatif, sans diviseur de 0. On dit que A admet un *corps des fractions à gauche* s'il est isomorphe à un sous-anneau B d'un corps K, tel que tout élément de K soit de la forme $x^{-1}y$, où $x \in B$, $y \in B$.

a) Soit A' l'ensemble des éléments $\neq 0$ de A. Pour que A admette un corps des fractions à gauche, il faut que la condition suivante soit remplie:

(G) quels que soient $x \in A$, $x' \in A'$, il existe $u \in A'$ et $v \in A$ tels que $ux = vx'$.

b) On suppose inversement que la condition (G) soit remplie. Montrer que, dans l'ensemble $A \times A'$, la relation R entre (x, x') et (y, y') qui s'énonce « pour tout couple (u, v) d'éléments $\neq 0$ tels que $ux' = vy'$, on a $ux = vy$ » est une relation d'équivalence.

Soient (x, x'), (y, y') deux éléments de $A \times A'$, ξ et η leurs classes respectives (mod. R). Pour tout couple $(u, u') \in A \times A'$ tel que $u'x = uy'$, montrer que la classe (mod. R) de $(uy, u'x')$ ne dépend que des classes ξ et η; si on la désigne par $\xi\eta$, on définit dans l'ensemble $K = (A \times A')/R$ une loi de composition. Si K' est l'ensemble des éléments de K distincts de la classe 0 des éléments $(0, x')$ de $A \times A'$, K', muni de la loi induite par la loi précédente, est un groupe.

Pour tout élément $x \in A$, les éléments $(x'x, x')$, où x' parcourt A', forment une classe (mod. R). Si on fait correspondre cette classe à x, on définit un isomorphisme de A (pour la seule multiplication) sur un sous-anneau de K. Identifiant A à son image par cet isomorphisme, la classe (mod. R) d'un couple $(x, x') \in A \times A'$ est identifiée à l'élément $x'^{-1}x$.

Cela étant, si $\xi = x'^{-1}x$ est un élément de K, et si 1 désigne l'élément unité de K', on désigne par $\xi + 1$ l'élément $x'^{-1}(x + x')$, qui ne dépend pas de l'expression de ξ sous la forme $x'^{-1}x$. On pose ensuite $\xi + 0 = \xi$, et, pour $\eta \neq 0$, $\xi + \eta = \eta(\eta^{-1}\xi + 1)$. Montrer que l'addition et la multiplication ainsi définies sur K déterminent sur cet ensemble une structure de corps, qui prolonge la structure d'anneau de A; autrement dit, la condition (G) est *suffisante* pour que A admette un corps des fractions à gauche.

16) Soit A un anneau dans lequel tout élément non nul est simplifiable. Pour que A admette un corps des fractions à gauche (exerc. 15), il faut et il suffit que dans A, l'intersection de deux idéaux à gauche distincts de 0 ne se réduise jamais à 0.

17) Soit $(K_i)_{i \in I}$ une famille de corps. Pour toute partie J de I, on note e_J l'élément du produit $K = \prod_{i \in I} K_i$ dont la i-ème composante est égale à 0 si $i \in J$ et à 1 si $i \in I - J$.
a) Soit $x = (x_i)$ un élément de K et soit $J(x)$ l'ensemble des éléments $i \in I$ tels que $x_i = 0$. Montrer qu'il existe un élément inversible u de K tel que $x = ue_{J(x)} = e_{J(x)}u$.
b) Soit $\mathfrak{a}$ un idéal à gauche (resp. à droite) de K, distinct de K. Soit $\mathfrak{F}_{\mathfrak{a}}$ l'ensemble des parties J de I telles que $e_J \in \mathfrak{a}$. Montrer que $\mathfrak{F}_{\mathfrak{a}}$ possède les propriétés suivantes:
b_1) Si $J \in \mathfrak{F}_{\mathfrak{a}}$ et $J' \supset I$, on a $J' \in \mathfrak{F}_{\mathfrak{a}}$.
b_2) Si $J_1 \in \mathfrak{F}_{\mathfrak{a}}$, $J_2 \in \mathfrak{F}_{\mathfrak{a}}$, on a $J_1 \cap J_2 \in \mathfrak{F}_{\mathfrak{a}}$.
b_3) $\varnothing \notin \mathfrak{F}_{\mathfrak{a}}$.
Montrer que $x \in \mathfrak{a}$ équivaut à $J(x) \in \mathfrak{F}_{\mathfrak{a}}$ (utiliser *a*)). En déduire que $\mathfrak{a}$ est un idéal bilatère.
c) Un ensemble de parties de I est appelé un *filtre* s'il vérifie les propriétés b_1), b_2), b_3) ci-dessus (* cf. TG, I, § 6 $_*$). Montrer que l'application $\mathfrak{a} \mapsto \mathfrak{F}_{\mathfrak{a}}$ est une bijection strictement croissante de l'ensemble des idéaux de K distincts de K sur l'ensemble des filtres de I. * Montrer que $\mathfrak{a}$ est maximal si et seulement si $\mathfrak{F}_{\mathfrak{a}}$ est un ultrafiltre.
d) Soit $\mathfrak{F}$ un ultrafiltre non trivial sur l'ensemble P des nombres premiers, soit $\mathfrak{a}$ l'idéal correspondant de l'anneau $K = \prod_{p \in P} \mathbf{Z}/p\mathbf{Z}$ et soit $k = K/\mathfrak{a}$. Montrer que k est un corps de caractéristique zéro.$_*$

¶ 18) *a*) Soient K un corps, a, b deux éléments *non permutables* de K. Montrer que l'on a
1) $a = (b - (a-1)^{-1}b(a-1))(a^{-1}ba - (a-1)^{-1}b(a-1))^{-1}$
2) $a = (1 - (a-1)^{-1}b^{-1}(a-1)b)(a^{-1}b^{-1}ab - (a-1)^{-1}b^{-1}(a-1)b)^{-1}$.
b) Soient K un corps non commutatif, x un élément n'appartenant pas au centre de K. Montrer que K est engendré par l'ensemble des conjugués axa^{-1} de x. (Soit K_1 le sous-corps de K engendré par l'ensemble des conjugués de x. Déduire de *a*) que si $K_1 \neq K$, et si $a \in K_1$ et $b \notin K_1$, alors on a nécessairement $ab = ba$. En déduire une contradiction en considérant dans K_1 deux éléments non permutables a, a' et un élément $b \notin K_1$ et en remarquant que $ba \notin K_1$.)
c) Déduire de *b*) que si Z est le centre de K et H un sous-corps de K tel que $Z \subset H \subset K$ et $aHa^{-1} = H$ pour tout $a \neq 0$ dans K, alors $H = Z$ ou $H = K$ (*théorème de Cartan-Brauer-Hua*).
d) Déduire de *a*) que dans un corps non commutatif K, l'ensemble des commutateurs $aba^{-1}b^{-1}$ d'éléments $\neq 0$ de K engendre le corps K.

19) Soit A un pseudo-anneau non réduit à 0, tel que, pour tout $a \neq 0$ dans A et tout $b \in A$ l'équation $ax + ya = b$ ait des solutions formées de couples (x, y) d'éléments de A; autrement dit, $aA + Aa = A$ pour $a \neq 0$ dans A.
a) Montrer que A est le seul idéal bilatère non réduit à 0 dans A.
b) Montrer que la relation $a \neq 0$ entraîne $a^2 \neq 0$ (remarquer que si l'on avait $a^2 = 0$ on en déduirait $aAa = \{0\}$).
c) Montrer que si $ab = 0$ et $a \neq 0$ (resp. $b \neq 0$) alors $b = 0$ (resp. $a = 0$). (Remarquer que $(ba)^2 = 0$, et en déduire que $bAb = \{0\}$.)

20) Soit A un pseudo-anneau non réduit à 0, tel qu'il existe $a \in A$ pour lequel, quel que soit

$b \in A$, une des deux équations $ax = b$, $xa = b$ admet une solution $x \in A$. Montrer que si A n'a pas de diviseur de 0, A admet un élément unité.

21) Soit A un pseudo-anneau non réduit à 0, dans lequel, pour tout $a \neq 0$ et tout $b \in A$, l'une des équations $ax = b$, $xa = b$ admet une solution $x \in A$. Montrer que A est un corps (utiliser les exerc. 19 et 20).

§ 10

1) Soit X la limite inductive d'un système inductif $(X_\iota, f_{j\iota})$ d'ensembles relatif à un ensemble filtrant à droite I. Soit F_ι (resp. F) le groupe libre construit sur X_ι (resp. sur X); chaque $f_{j\iota}$ se prolonge en un homomorphisme $\varphi_{j\iota}\colon F_\iota \to F_j$.

a) Montrer que $(F_\iota, \varphi_{j\iota})$ est un système inductif de groupes.

b) Soit ε_ι l'application composée $X_\iota \to F_\iota \to \varinjlim F_\iota$. Montrer que $\varepsilon_j \circ f_{j\iota} = \varepsilon_\iota$ si $j \geqslant \iota$. Soit ε l'application de X dans $\varinjlim F_\iota$ définie par les ε_ι. Montrer que ε se prolonge en un isomorphisme de F sur $\varinjlim F_\iota$ (de sorte que l'on peut identifier $F(\varinjlim X_\iota)$ à $\varinjlim F(X_\iota)$).

c) Enoncer et démontrer des résultats analogues pour les magmas libres, monoïdes libres, groupes commutatifs libres, monoïdes commutatifs libres.

2) Montrer qu'une limite inductive de groupes simples est, soit un groupe simple, soit un groupe à un élément.

NOTE HISTORIQUE

(N.-B. — Les chiffres romains renvoient à la bibliographie placée à la fin de cette note.)

Il est peu de notions, en Mathématique, qui soient plus primitives que celle de loi de composition : elle semble inséparable des premiers rudiments du calcul sur les entiers naturels et les grandeurs mesurables. Les documents les plus anciens qui nous restent sur la Mathématique des Égyptiens et des Babyloniens nous les montrent déjà en possession d'un système complet de règles de calcul sur les entiers naturels >0, les nombres rationnels >0, les longueurs et les aires; encore que les textes qui nous sont parvenus ne traitent que de problèmes dans lesquels les données ont des valeurs numériques explicitées,[1] ils ne laissent aucun doute sur la généralité attribuée aux règles employées, et dénotent une habileté technique tout à fait remarquable dans le maniement des équations du premier et du second degré ((I), p. 179 et suiv.). On n'y trouve d'ailleurs aucune trace d'un souci de justification des règles utilisées, ni même de définition précise des opérations qui interviennent : celles-ci comme celles-là restent du domaine de l'empirisme.

Pareil souci, par contre, se manifeste déjà très nettement chez les Grecs de l'époque classique : on n'y rencontre pas encore, il est vrai, de traitement axiomatique de la théorie des entiers naturels (une telle axiomatisation n'apparaîtra qu'à la fin du XIXe siècle; voir la Note historique de E, IV, p. 33); mais, dans les *Eléments* d'Euclide, nombreux sont les passages donnant des démonstrations formelles de règles de calcul tout aussi intuitivement « évidentes » que celles du calcul des entiers (par exemple, la commutativité du produit de deux nombres rationnels). Les plus remarquables des démonstrations de cette nature sont celles qui se rapportent à la *théorie des grandeurs*, la création la plus originale de la Mathématique grecque (équivalente, comme on sait, à notre théorie des nombres réels >0; voir la Note historique de TG, IV); Euclide y considère, entre autres, le produit de deux rapports de grandeurs, montre qu'il est indépendant de la forme sous laquelle se présentent ces rapports (premier exemple de « quotient » d'une loi de composition par une relation d'équivalence, au sens de I, p. 11), et qu'il est commutatif ((II), Livre V, prop. 22-23).[2]

[1] Il ne faut pas oublier que ce n'est qu'avec Viète (XVIe siècle) que s'introduit l'usage de désigner par des lettres tous les éléments (donnés ou inconnus) qui interviennent dans un problème d'Algèbre. Jusque là, les seules équations qui soient résolues dans les traités d'Algèbre sont à coefficients numériques; lorsque l'auteur énonce une règle générale pour traiter les équations analogues, il le fait (du mieux qu'il peut) en langage ordinaire; en l'absence d'un énoncé explicite de ce genre, la conduite des calculs dans les cas numériques traités rend plus ou moins vraisemblable la possession d'une telle règle.

[2] Euclide ne donne pas à cet endroit, il est vrai, de définition formelle du produit de deux rapports, et celle qui se trouve un peu plus loin dans les *Eléments* (Livre VI, déf. 5) est considérée comme

Il ne faut pas dissimuler, cependant, que ce progrès vers la rigueur s'accompagne, chez Euclide, d'une stagnation, et même sur certains points d'un recul, en ce qui concerne la technique du calcul algébrique. La prépondérance écrasante de la Géométrie (en vue de laquelle est manifestement conçue la théorie des grandeurs) paralyse tout développement autonome de la notation algébrique: les éléments entrant dans les calculs doivent, à chaque moment, être « représentés » géométriquement; en outre, les deux lois de composition qui interviennent ne sont pas définies sur le même ensemble (l'addition des rapports n'est pas définie de façon générale, et le produit de deux longueurs n'est pas une longueur, mais une aire); il en résulte un manque de souplesse qui rend à peu près impraticable le maniement des relations algébriques de degré supérieur au second.

Ce n'est qu'au déclin de la Mathématique grecque classique qu'on voit Diophante revenir à la tradition des « logisticiens » ou calculateurs professionnels, qui avaient continué à appliquer telles quelles les règles héritées des Égyptiens et des Babyloniens: ne s'embarrassant plus de représentations géométriques pour les « nombres » qu'il considère, il est naturellement amené à développer les règles du calcul algébrique abstrait; par exemple, il donne des règles qui (en langage moderne) équivalent à la formule $x^{m+n} = x^m x^n$ pour les petites valeurs (positives ou négatives) de m et n ((III), t. I, p. 8-13); un peu plus loin (p. 12-13) se trouve énoncée la « règle des signes », premier germe du calcul sur les nombres négatifs[1]; enfin Diophante utilise, pour la première fois, un symbole littéral pour représenter une inconnue dans une équation. Par contre, il ne semble guère préoccupé de rattacher à des idées générales les méthodes qu'il applique à la résolution de ses problèmes; quant à la conception axiomatique des lois de composition, telle qu'elle commençait à se faire jour chez Euclide, elle paraît étrangère à la pensée de Diophante comme à celle de ses continuateurs immédiats; on ne la retrouvera en Algèbre qu'au début du XIXe siècle.

Il fallait d'abord, durant les siècles intermédiaires, que d'une part se développât un système de notation algébrique adéquat à l'expression de lois abstraites, et que, d'autre part, la notion de « nombre » reçût un élargissement tel qu'il permît, par l'observation de cas particuliers assez diversifiés, de s'élever à des conceptions générales. A cet égard, la théorie axiomatique des rapports de grandeurs, créée par les Grecs, était insuffisante, car elle ne faisait que préciser la notion intuitive de nombre réel >0 et les opérations sur ces nombres, déjà connues des Babyloniens sous forme plus confuse; il va s'agir au contraire maintenant de « nombres » dont les Grecs n'avaient pas eu l'idée, et dont, au début, aucune « représentation » sensible ne s'imposait: d'une part, le zéro et les

interpolée: il n'en a pas moins, bien entendu, une conception parfaitement claire de cette opération et de ses propriétés.

[1] Il ne semble pas que Diophante connaisse les nombres négatifs; cette règle ne peut donc s'interpréter que comme se rapportant au calcul des polynomes, et permettant de « développer » des produits tels que $(a - b)(c - d)$.

nombres négatifs, qui apparaissent dès le haut Moyen âge dans la Mathématique hindoue; de l'autre, les nombres imaginaires, création des algébristes italiens du XVIe siècle.

Si on met à part le zéro, introduit d'abord comme symbole de numération avant d'être considéré comme un nombre (voir la Note historique de E, III, p. 97), le caractère commun de ces extensions est d'être (au début tout au moins) purement « formelles ». Il faut entendre par là que les nouveaux « nombres » apparaissent tout d'abord comme résultats d'opérations appliquées dans des conditions où elles n'ont, en s'en tenant à leur définition stricte, aucun sens (par exemple, la différence $a - b$ de deux entiers naturels lorsque $a < b$) : d'où les noms de nombres « faux », « fictifs », « absurdes », « impossibles », « imaginaires », etc., qui leur sont attribués. Pour les Grecs de l'époque classique, épris avant tout de pensée claire, de pareilles extensions étaient inconcevables; elles ne pouvaient provenir que de calculateurs plus disposés que ne l'étaient les Grecs à accorder une confiance quelque peu mystique à la puissance de leurs méthodes (« la généralité de l'Analyse », comme dira le XVIIIe siècle), et à se laisser entraîner par le mécanisme de leurs calculs sans en vérifier à chaque pas le bien-fondé; confiance d'ailleurs justifiée le plus souvent *a posteriori*, par les résultats exacts auxquels conduisait l'extension, à ces nouveaux êtres mathématiques, de règles de calcul valables uniquement, en toute rigueur, pour les nombres antérieurement connus. C'est ce qui explique comment on s'enhardit peu à peu à considérer pour elles-mêmes (indépendamment de toute application à des calculs concrets) ces généralisations de la notion de nombre, qui, au début, n'intervenaient qu'à titre d'intermédiaires dans une suite d'opérations dont le point de départ et l'aboutissement étaient de véritables « nombres »; une fois ce pas franchi, on commence à rechercher des interprétations, plus ou moins tangibles, des entités nouvelles qui acquièrent ainsi droit de cité dans la Mathématique.[1]

A cet égard, les Hindous sont déjà conscients de l'interprétation que doivent recevoir les nombres négatifs dans certains cas (une dette dans un problème commercial, par exemple). Aux siècles suivants, à mesure que se diffusent en Occident (par l'intermédiaire des Arabes) les méthodes et les résultats des mathématiques grecque et hindoue, on se familiarise davantage avec le maniement de ces nombres, et on commence à en avoir d'autres « représentations » de caractère géométrique ou cinématique. C'est d'ailleurs là, avec une amélioration progressive de la notation algébrique, le seul progrès notable en Algèbre pendant la fin du Moyen âge.

Au début du XVIe siècle, l'Algèbre connaît un nouvel essor, grâce à la découverte, par les mathématiciens de l'école italienne, de la résolution « par

[1] Cette recherche n'a d'ailleurs constitué qu'un stade transitoire dans l'évolution des notions dont il s'agit; dès le milieu du XIXe siècle, on est revenu, de façon pleinement consciente cette fois, à une conception formelle des diverses extensions de la notion de nombre, conception qui a fini par s'intégrer dans le point de vue « formaliste » et axiomatique, qui domine l'ensemble des mathématiques modernes.

radicaux » de l'équation du 3e, puis de celle du 4e degré (dont nous parlerons avec plus de détail dans la Note historique de A, V) ; c'est à cette occasion que, malgré leurs répugnances, ils se trouvent pour ainsi dire contraints d'introduire dans leurs calculs les imaginaires; peu à peu, d'ailleurs, la confiance naît dans le calcul de ces nombres « impossibles », comme dans celui des nombres négatifs, et bien qu'ici aucune « représentation » n'en ait été imaginée pendant plus de deux siècles.

D'autre part, la notation algébrique reçoit ses perfectionnements décisifs de Viète et de Descartes; à partir de ce dernier, l'écriture algébrique est déjà, à peu de choses près, celle que nous utilisons aujourd'hui.

Du milieu du XVIIe à la fin du XVIIIe siècle, il semble que les vastes horizons ouverts par la création du Calcul infinitésimal fassent quelque peu négliger l'Algèbre en général, et singulièrement la réflexion mathématique sur les lois de composition, ou sur la nature des nombres réels et complexes.[1] C'est ainsi que la composition des forces et la composition des vitesses, bien connues en Mécanique dès la fin du XVIIe siècle, n'exercèrent aucune répercussion sur l'Algèbre, bien qu'elles renfermassent déjà en germe le calcul vectoriel. Il faut attendre en effet le mouvement d'idées qui, aux environs de 1800, conduit à la représentation géométrique des nombres complexes (voir la Note historique de TG, VIII), pour voir utiliser, en Mathématiques pures, l'addition des vecteurs.[2]

C'est vers cette même époque que, pour la première fois en Algèbre, la notion de loi de composition s'étend, dans deux directions différentes, à des éléments qui ne présentent plus avec les « nombres » (au sens le plus large donné jusque-là à ce mot) que des analogies lointaines. La première de ces extensions est due à C. F. Gauss, à l'occasion de ses recherches arithmétiques sur les formes quadratiques $ax^2 + bxy + cy^2$ à coefficients entiers. Lagrange avait défini, dans l'ensemble des formes de même discriminant, une relation d'équivalence,[3] et avait, d'autre part, démontré une identité qui fournissait, dans cet ensemble, une loi de composition commutative (non partout définie); partant de ces résultats, Gauss montre que cette loi est compatible (au sens de I, p. 11) avec la relation d'équivalence précédente ((V), t, I, p. 272): « *On voit par là* », dit-il alors, « *ce qu'on doit entendre par une classe composée de deux ou de plusieurs classes.* » Il procède ensuite à l'étude de la loi « quotient » qu'il vient ainsi de définir, établit en substance que c'est (en langage moderne) une loi de groupe commutatif et ce par des raisonnements

[1] Il faut mettre à part les tentatives de Leibniz, d'une part pour mettre sous forme algébrique les raisonnements de logique formelle, d'autre part pour fonder un « calcul géométrique » opérant directement sur les éléments géométriques, sans l'intermédiaire des coordonnées ((IV), t. V, p. 141). Mais ces tentatives restèrent à l'état d'ébauches, et n'eurent aucun écho chez les contemporains; elles ne devaient être reprises qu'au cours du XIXe siècle (voir ci-dessous).

[2] Cette opération est d'ailleurs introduite sans aucune référence à la Mécanique; le lien entre les deux théories n'est explicitement reconnu que par les fondateurs du Calcul vectoriel, dans le second tiers du XIXe siècle.

[3] Deux formes sont équivalentes lorsque l'une d'elles se déduit de l'autre par un « changement de variables » $x' = \alpha x + \beta y$, $y' = \gamma x + \delta y$, où $\alpha, \beta, \gamma, \delta$ sont des entiers tels que $\alpha\delta - \beta\gamma = 1$.

dont la généralité dépasse de loin, le plus souvent, le cas spécial que Gauss envisage (par exemple, le raisonnement par lequel il prouve l'unicité de l'élément symétrique est identique à celui que nous avons donné pour une loi de composition quelconque dans I, p. 16 (*ibid.*, p. 273)). Mais il ne s'arrête pas là: revenant un peu plus loin sur la question, il reconnaît l'analogie entre la composition des classes et la multiplication des entiers modulo un nombre premier[1] (*ibid.*, p. 371), mais constate aussi que le groupe des classes de formes quadratiques de discriminant donné n'est pas toujours un groupe cyclique; les indications qu'il donne à ce sujet prouvent clairement qu'il avait reconnu, au moins sur ce cas particulier, la structure générale des groupes commutatifs finis, que nous étudierons au chapitre VII ((V), t. I, p. 374 et t. II, p. 266).

L'autre série de recherches dont nous voulons parler aboutit, elle aussi, à la notion de groupe, pour l'introduire de façon définitive en Mathématique: c'est la « théorie des substitutions », développement des idées de Lagrange, Vandermonde et Gauss sur la résolution des équations algébriques. Nous n'avons pas à faire ici l'historique détaillé de cette question (voir la Note historique de A, V); il nous faut en retenir la définition par Ruffini, puis Cauchy ((VI), (2), t. I, p. 64), du « produit » de deux permutations d'un ensemble fini,[2] et des premières notions concernant les groupes finis de permutations: transitivité, primitivité, élément neutre, éléments permutables, etc. Mais ces premières recherches restent, dans l'ensemble, assez superficielles, et c'est Evariste Galois qui doit être considéré comme le véritable initiateur de la théorie: ayant, dans ses mémorables travaux (VIII), ramené l'étude des équations algébriques à celle des groupes de permutations qu'il leur associe, il approfondit considérablement cette dernière, tant en ce qui concerne les propriétés générales des groupes (c'est Galois qui définit le premier la notion de sous-groupe distingué et en reconnaît l'importance), que la détermination de groupes possédant des propriétés particulières (où les résultats qu'il obtient comptent encore aujourd'hui parmi les plus subtils de la théorie). C'est aussi à Galois que revient la première idée de la « représentation linéaire des groupes »[3], et ce fait prouve clairement qu'il était en possession de la notion

[1] Il est tout à fait remarquable que Gauss note *additivement* la composition des classes de formes quadratiques, malgré l'analogie qu'il signale lui-même, et malgré le fait que l'identité de Lagrange, qui définit la composée de deux formes, suggère beaucoup plus naturellement la notation multiplicative (à laquelle sont d'ailleurs revenus tous les successeurs de Gauss). Il faut voir dans cette indifférence en matière de notation un témoignage de plus de la généralité à laquelle Gauss était certainement parvenu dans ses conceptions relatives aux lois de composition. Il ne bornait d'ailleurs pas ses vues aux lois commutatives, comme le montre un fragment non publié de son vivant, mais datant des années 1819–1820, où il donne, plus de vingt ans avant Hamilton, les formules de multiplication des quaternions ((V), t. VIII, p. 357).

[2] La notion de fonction composée était naturellement connue bien antérieurement, tout au moins pour les fonctions de variables réelles ou complexes; mais l'aspect algébrique de cette loi de composition, et le lien avec le produit de deux permutations, ne sont mis en lumière que par les travaux d'Abel ((VII), t. I, p. 478) et de Galois.

[3] C'est à cette occasion que Galois, par une extension hardie du « formalisme » qui avait conduit aux nombres complexes, considère des « racines imaginaires » d'une congruence modulo un nombre premier, et découvre ainsi les *corps finis*, que nous étudierons dans A, V.

d'*isomorphie* de deux structures de groupe, indépendamment de leurs « réalisations ».

Toutefois, s'il paraît incontestable que les méthodes géniales de Gauss et de Galois les avaient amenés à une conception très large de la notion de loi de composition, ils n'eurent pas l'occasion de développer particulièrement leurs idées sur ce point, et leurs travaux n'eurent pas d'action immédiate sur l'évolution de l'Algèbre abstraite.[1] C'est dans une troisième direction que se font les progrès les plus nets vers l'abstraction: à la suite de réflexions sur la nature des imaginaires (dont la représentation géométrique avait suscité, au début du XIXe siècle, d'assez nombreux travaux), les algébristes de l'école anglaise dégagent les premiers, de 1830 à 1850, la notion abstraite de loi de composition, et élargissent immédiatement le champ de l'Algèbre en appliquant cette notion à une foule d'êtres mathématiques nouveaux: algèbre de la Logique avec Boole (voir Note historique de E, IV, p. 40), vecteurs et quaternions avec Hamilton (IX), systèmes hypercomplexes généraux, matrices et lois non associatives avec Cayley ((X), t. I, p. 127 et 301, et t. II, p. 185 et 475). Une évolution parallèle se poursuit indépendamment sur le continent, notamment en ce qui concerne le Calcul vectoriel (Möbius, Bellavitis), l'Algèbre linéaire et les systèmes hypercomplexes (Grassmann), dont nous parlerons avec plus de détail dans la Note historique de A, III, p. 212.[2]

De tout ce bouillonnement d'idées originales et fécondes qui vient revivifier l'Algèbre dans la première moitié du XIXe siècle, celle-ci sort renouvelée jusque dans ses tendances. Auparavant, méthodes et résultats gravitaient autour du problème central de la résolution des équations algébriques (ou des équations diophantiennes en Théorie des Nombres): « *l'Algèbre* », dit Serret dans l'Introduction de son Cours d'Algèbre supérieure (XII) « *est, à proprement parler, l'Analyse des équations* ». Après 1850, si les traités d'Algèbre laissent encore pendant longtemps la prééminence à la théorie des équations, les recherches nouvelles ne sont plus dominées par le souci d'applications immédiates à la résolution des équations numériques, et s'orientent de plus en plus vers ce que nous considérons aujourd'hui comme le problème essentiel de l'Algèbre, l'étude des structures algébriques pour elles-mêmes.

Ces travaux se répartissent assez nettement en trois courants, qui prolongent respectivement les trois mouvements d'idées que nous avons analysés ci-dessus, et se poursuivent parallèlement sans influences réciproques sensibles jusque dans les dernières années du XIXe siècle.[3]

[1] Ceux de Galois restèrent d'ailleurs ignorés jusqu'en 1846, et ceux de Gauss n'exercèrent une influence directe qu'en Théorie des Nombres.

[2] Les principales théories développées au cours de cette période se trouvent remarquablement exposées dans l'ouvrage contemporain de H. Hankel (XI), où la notion abstraite de loi de composition est conçue et présentée avec une parfaite netteté.

[3] Nous laissons ici volontairement de côté tout ce qui concerne, pendant cette période, l'évolution de la géométrie algébrique, et de la théorie des invariants, qui lui est étroitement liée; ces deux théories

C'est d'abord l'édification, par l'école allemande du XIXe siècle (Dirichlet, Kummer, Kronecker, Dedekind, Hilbert) de la théorie des nombres algébriques, issue de l'œuvre de Gauss, à qui est due la première étude de ce genre, celle des nombres $a + bi$ (a et b rationnels). Nous n'avons pas à suivre ici l'évolution de cette théorie (voir Note historique de AC, VII): il nous faut seulement relever, pour notre objet, les notions algébriques abstraites qui s'y font jour. Dès les premiers successeurs de Gauss, l'idée de *corps* (de nombres algébriques) est à la base de tous les travaux sur la question (comme aussi des recherches d'Abel et de Galois sur les équations algébriques); son champ d'application s'agrandit lorsque Dedekind et Weber (XIII) calquent la théorie des fonctions algébriques d'une variable sur celle des nombres algébriques. C'est à Dedekind aussi (XIV) qu'est due l'introduction de la notion d'*idéal*, qui fournit un nouvel exemple de loi de composition entre *ensembles* d'éléments; à lui et à Kronecker remonte le rôle de plus en plus grand joué par les groupes commutatifs et les modules dans la théorie des corps algébriques; nous y reviendrons dans les Notes historiques de A, III, V et VII.

Nous renvoyons aussi aux Notes historiques de A, III et VIII l'histoire du développement de l'Algèbre linéaire et des systèmes hypercomplexes, qui se poursuit sans introduire de notion algébrique nouvelle pendant la fin du XIXe et le début du XXe siècle, en Angleterre (Sylvester, W. Clifford) et en Amérique (B. et C. S. Peirce, Dickson, Wedderburn) suivant la voie tracée par Hamilton et Cayley, en Allemagne (Weierstrass, Dedekind, Frobenius, Molien) et en France (Laguerre, E. Cartan) d'une manière indépendante des Anglo-Saxons, et en suivant des méthodes assez différentes.

Quant à la théorie des groupes, c'est surtout sous l'aspect de la théorie des groupes finis de permutations qu'elle se développe d'abord, à la suite de la publication des œuvres de Galois et de leur diffusion par les ouvrages de Serret (XII), et surtout le grand « Traité des Substitutions » de C. Jordan (XV). Ce dernier y résume, en les perfectionnant beaucoup, les travaux de ses prédécesseurs sur les propriétés particulières aux groupes de permutations (transitivité, primitivité, etc.), obtenant des résultats dont la plupart n'ont guère été dépassés depuis; il étudie également, de façon approfondie, des groupes particuliers fort importants, les groupes linéaires et leurs sous-groupes; en outre, c'est lui qui introduit la notion fondamentale d'homomorphisme d'un groupe dans un autre, ainsi que (un peu plus tard) celle de groupe quotient, et qui démontre une partie du théorème connu sous le nom de « théorème de Jordan-Hölder ».[1] C'est enfin à Jordan que remonte la première étude des groupes *infinis* (XVI), que S. Lie d'une

se développent suivant leurs méthodes propres, orientées vers l'Analyse plutôt que vers l'Algèbre, et ce n'est qu'à une époque récente qu'elles ont trouvé leur place dans le vaste édifice de l'Algèbre moderne.

[1] Jordan n'avait établi que l'invariance (à l'ordre près) des *ordres* des groupes quotients d'une « suite de Jordan-Hölder » pour un groupe fini; c'est O. Hölder qui montra que les groupes quotients eux-mêmes étaient (à l'ordre près) indépendants de la suite considérée.

part, F. Klein et H. Poincaré de l'autre, devaient considérablement développer, dans deux directions différentes, quelques années plus tard.

Entre temps, on s'était peu à peu rendu compte que ce qui est essentiel dans un groupe, c'est sa loi de composition et non la nature des objets constituant le groupe (voir par exemple (X), t. II, p. 123 et 131 et (XIV), t. III, p. 439). Toutefois, même les recherches sur les groupes abstraits finis sont encore pendant longtemps conçues comme études de groupes de permutations, et ce n'est que vers 1880 que commence à se développer consciemment la théorie autonome des groupes finis. Nous ne pouvons poursuivre plus loin l'historique de cette théorie, qui n'est abordée que très superficiellement dans ce Traité; bornons-nous à mentionner deux des outils qui aujourd'hui encore sont parmi les plus utilisés dans l'étude des groupes finis, et qui tous deux remontent au XIXe siècle; les théorèmes de Sylow[1] sur les p-groupes, qui datent de 1872 (XVII) et la théorie des caractères, créée dans les dernières années du siècle par Frobenius (XIX). Nous renvoyons le lecteur désireux d'approfondir la théorie des groupes finis et les nombreux et difficiles problèmes qu'elle soulève, aux monographies de Burnside (XX), Speiser (XXIII), Zassenhaus (XXIV) et Gorenstein (XXVII).

C'est vers 1880 aussi qu'on commence à étudier systématiquement les *présentations* des groupes; auparavant, on n'avait rencontré que des présentations de groupes particuliers, par exemple pour le groupe alterné $\mathfrak{A}_5$ dans un travail de Hamilton (IX *bis*), ou pour les groupes de monodromie des équations différentielles linéaires et des surfaces de Riemann (Schwarz, Klein, Schläfli). W. Dyck le premier (XVIII) définit (sans lui donner encore de nom) le groupe libre engendré par un nombre fini de générateurs, mais s'y intéresse moins pour lui-même qu'en tant qu'objet « universel » permettant de définir de façon précise ce qu'est un groupe donné « par générateurs et relations ». Développant une idée d'abord émise par Cayley, et visiblement influencé par ailleurs par les travaux de l'école de Riemann mentionnés ci-dessus, Dyck décrit une interprétation d'un groupe de présentation donnée, où chaque générateur est représenté par un produit de deux inversions par rapport à des cercles tangents ou sécants (voir aussi Burnside (XX), chap. XVIII). Un peu plus tard, après le développement de la théorie des fonctions automorphes par Poincaré et ses successeurs, puis l'introduction par Poincaré des outils de la Topologie algébrique, les premières études du groupe fondamental iront de pair avec celles des présentations de groupes (Dehn, Tietze), les deux théories se prêtant un mutual appui. C'est d'ailleurs un topologue, J. Nielsen, qui en 1924 introduit la terminologie de *groupe libre* dans la première étude approfondie de ses propriétés (XXI); presque aussitôt après E. Artin (toujours à propos de questions de topologie) introduit la notion de produit libre de groupes, et O. Schreier définit plus généralement le produit libre avec sous-groupes amalgamés (cf. I, p. 83). Ici encore, nous ne pouvons aborder

[1] L'existence d'un sous-groupe d'ordre p^n dans un groupe dont l'ordre est divisible par p^n est mentionnée sans démonstration dans les papiers de Galois ((VIII), p. 72).

l'histoire des développements ultérieurs dans cette direction, renvoyant à l'ouvrage (XXVI) pour plus de détails.

Ce n'est pas davantage le lieu de parler de l'extraordinaire fortune que connaît, depuis la fin du XIXe siècle, l'idée de groupe (et celle d'*invariant*, qui lui est intimement liée) en Analyse, en Géométrie, en Mécanique et en Physique théorique. C'est par un envahissement analogue de cette notion, et des notions algébriques qui lui sont apparentées (groupes à opérateurs, anneaux, idéaux, modules) dans les parties de l'Algèbre qui paraissaient jusqu'alors assez éloignées de leur domaine propre, que se marque la dernière période de l'évolution que nous retraçons ici, et qui aboutit à la synthèse des trois tendances que nous avons suivies ci-dessus. Cette unification est surtout l'œuvre de l'école allemande des années 1900–1930: commencé avec Dedekind et Hilbert dans les dernières années du XIXe siècle, le travail d'axiomatisation de l'Algèbre a été vigoureusement poursuivi par E. Steinitz, puis, à partir de 1920, sous l'impulsion d'E. Artin, E. Noether et des algébristes de leur école (Hasse, Krull, O. Schreier, van der Waerden). Le traité de van der Waerden (XX), publié en 1930, a réuni pour la première fois ces travaux en un exposé d'ensemble, ouvrant la voie et servant de guide pendant plus de vingt ans aux multiples recherches d'Algèbre.

BIBLIOGRAPHIE

(I) O. NEUGEBAUER, *Vorlesungen über Geschichte der antiken Mathematik*, Bd. I: Vorgrieschische Mathematik, Berlin (Springer), 1934.

(II) *Euclidis Elementa*, 5 vol., éd. J. L. Heiberg, Lipsiae (Teubner), 1883-88.

(II *bis*) T. L. HEATH, *The thirteen books of Euclid's Elements...*, 3 vol., Cambridge, 1908.

(III) *Diophanti Alexandrini Opera Omnia...*, 2 vol., éd. P. Tannery, Lipsiae (Teubner), 1893-95.

(III *bis*) *Diophante d'Alexandrie*, trad. P. Ver Eecke, Bruges (Desclée-de Brouwer), 1926.

(IV) G. W. LEIBNIZ, *Mathematische Schriften*, éd. C. I. Gerhardt, t. V, Halle (Schmidt), 1858.

(V) C. F. GAUSS, *Werke*, vol. I (Göttingen, 1870), II (*ibid.*, 1863) et VIII (*ibid.*, 1900).

(VI) A. L. CAUCHY, *Œuvres complètes* (2), t. I, Paris (Gauthier-Villars), 1905.

(VII) N. H. ABEL, *Œuvres*, 2 vol., éd. Sylow et Lie, Christiania, 1881.

(VIII) E. GALOIS, *Ecrits et mémoires mathématiques* (éd. R. Bourgne et J. Y. Azra), Paris (Gauthier-Villars), 1962.

(IX) W. R. HAMILTON, *Lectures on Quaternions*, Dublin, 1853.

(IX *bis*) W. R. HAMILTON, Memorandum respecting a new system of roots of unity, *Phil. Mag.* (4), t. XII (1856), p. 446.

(X) A. CAYLEY, *Collected mathematical papers*, t. I et II, Cambridge (University Press), 1889.

(XI) H. HANKEL, *Vorlesungen über die complexen Zahlen und ihre Functionen*, I[ter] Teil: Theorie der complexen Zahlensysteme, Leipzig (Voss), 1867.

(XII) J. A. SERRET, *Cours d'Algèbre supérieure*, 3e éd., Paris (Gauthier-Villars), 1866.

(XIII) R. DEDEKIND und H. WEBER, Theorie der algebraischen Funktionen einer Veränderlichen, *J. de Crelle*, t. XCII (1882), p. 181-290.

(XIV) R. DEDEKIND, *Gesammelte mathematische Werke*, 3 vol., Braunschweig (Vieweg), 1932.

(XV) C. JORDAN, *Traité des substitutions et des équations algébriques*, Paris (Gauthier-Villars), 1870 (Nouveau tirage, Paris (A. Blanchard), 1957)

(XVI) C. JORDAN, Mémoire sur les groupes de mouvements, *Ann. di Mat.* (2), t. II (1868), p. 167-215 et 322-345 (= *Œuvres*, t. IV, p. 231-302, Paris (Gauthier-Villars), 1964).

(XVII) L. SYLOW, Théorèmes sur les groupes de substitutions, *Math. Ann.*, t. V (1872), p. 584-594.

(XVIII) W. DYCK, Gruppentheoretische Studien, *Math. Ann.*, t. XX (1882), p. 1-44.

(XIX) G. FROBENIUS, Über Gruppencharaktere, *Berliner Sitzungsber.*, 1896, p. 985-1021 (= *Gesammelte Abhandlungen* (éd. J. P. Serre), Berlin-Heidelberg-New York (Springer), vol. III (1968), p. 1–37).

(XX) W. BURNSIDE, *Theory of groups of finite order*, 2e éd., Cambridge, 1911.

(XXI) J. NIELSEN, Die Isomorphismengruppen der freien Gruppen, *Math. Ann.*, t. XCI (1924), p. 169-209.

(XXII) O. SCHREIER, Die Untergruppen der freien Gruppe, *Abh. Hamb.*, t. V (1927), p. 161-185.

(XXIII) A. SPEISER, *Theorie der Gruppen von endlicher Ordnung*, 3e éd., Berlin (Springer), 1937.

(XXIV) H. ZASSENHAUS, *Lehrbuch der Gruppentheorie*, Bd. I, Leipzig-Berlin (Teubner), 1937.

(XXV) B. L. van der WAERDEN, *Moderne Algebra*, 2e éd., t. I, Berlin (Springer), 1937; t. II (*ibid.*), 1940.

(XXVI) W. MAGNUS, A. KARRASS et D. SOLITAR, *Combinatorial group theory*, New York (Interscience), 1966.

(XXVII) D. GORENSTEIN, *Finite groups*, New York (Harper and Row), 1968.

CHAPITRE II

Algèbre linéaire

Ce chapitre est essentiellement consacré à l'étude d'un type particulier de *groupes commutatifs à opérateurs* (I, p. 29), qu'on appelle les *modules*. Certaines propriétés énoncées dans les §§ 1 et 2 pour les modules s'étendent à tous les groupes commutatifs à opérateurs; on les signalera en leur lieu. On verra d'ailleurs (III, p. 21) que l'étude d'un groupe commutatif à opérateurs est toujours équivalente à celle d'un module associé de façon convenable au groupe à opérateurs considéré.

§ 1. MODULES

1. Modules; espaces vectoriels; combinaisons linéaires

DÉFINITION 1. — *Étant donné un anneau* A, *on appelle module à gauche sur* A (ou A-*module à gauche*), *un ensemble* E *muni d'une structure algébrique définie par la donnée*:

1° *d'une loi de groupe commutatif dans* E (*notée additivement dans ce qui suit*);

2° *d'une loi d'action* $(\alpha, x) \mapsto \alpha \top x$, *dont le domaine d'opérateurs est l'anneau* A, *et qui satisfait aux axiomes suivants*:

(M_I) $\alpha \top (x + y) = (\alpha \top x) + (\alpha \top y)$ *quels que soient* $\alpha \in A$, $x \in E$, $y \in E$;

(M_{II}) $(\alpha + \beta) \top x = (\alpha \top x) + (\beta \top x)$ *quels que soient* $\alpha \in A$, $\beta \in A$, $x \in E$;

(M_{III}) $\alpha \top (\beta \top x) = (\alpha\beta) \top x$ *quels que soient* $\alpha \in A$, $\beta \in A$, $x \in E$;

(M_{IV}) $1 \top x = x$ *pour tout* $x \in E$.

L'axiome (M_I) signifie que la loi d'action de A sur E est *distributive* par rapport à l'addition dans E; un module est donc un groupe commutatif à opérateurs.

Si dans la déf. 1, on remplace l'axiome (M_{III}) par

$$(M'_{III}) \quad \alpha \top (\beta \top x) = (\beta\alpha) \top x \textit{ quels que soient } \alpha \in A, \beta \in A, x \in E,$$

on dit que E, muni de la structure algébrique ainsi définie, est un *module à droite sur* A, ou encore un A-*module à droite.*

Lorsqu'on parle de A-modules (à gauche ou à droite), les éléments de l'anneau A sont souvent appelés *scalaires.*

Le plus souvent, la loi d'action d'un module à gauche (resp. d'un module à droite) se note *multiplicativement*, en écrivant l'opérateur à gauche (resp. à droite); la condition (M_{III}) s'écrit alors $\alpha(\beta x) = (\alpha\beta)x$, la condition ($M'_{III}$) s'écrit $(x\beta)\alpha = x(\beta\alpha)$.

Si A^0 désigne l'anneau *opposé* à A (I, p. 96), tout module *à droite* E sur l'anneau A est un module *à gauche* sur l'anneau A^0. Il en résulte que l'on peut exposer les propriétés des modules en se bornant systématiquement, soit aux modules à gauche, soit aux modules à droite; dans les §§ 1 et 2, nous ferons en général cet exposé pour les modules *à gauche*, et lorsque nous parlerons d'un *module* (sans préciser), il s'agira d'un module à gauche, dont la loi d'action sera notée multiplicativement. Lorsque l'anneau A est *commutatif*, les notions de module à droite et de module à gauche par rapport à A sont identiques.

Pour tout $\alpha \in A$, l'application $x \mapsto \alpha x$ d'un A-module E dans lui-même s'appelle l'*homothétie de rapport* α de E (I, p. 30); d'après (M_I), une homothétie est un endomorphisme de la structure de groupe commutatif (*sans opérateur*) de E, mais *non* en général de la structure de module de E (I, p. 30; cf. II, p. 4 et II, p. 32). On a donc $\alpha 0 = 0$ et $\alpha(-x) = -(\alpha x)$; si α est un élément *inversible* de A, l'homothétie $x \mapsto \alpha x$ est un *automorphisme* de la structure de groupe commutatif (sans opérateur) de E, car de la relation $y = \alpha x$, on tire, en vertu de (M_{IV}), $x = \alpha^{-1}(\alpha x) = \alpha^{-1}y$.

De même, en vertu de (M_{II}), pour tout $x \in E$, l'application $\alpha \mapsto \alpha x$ est un homomorphisme du groupe additif A dans le groupe commutatif (sans opérateur) E; on a donc $0x = 0$ et $(-\alpha)x = -(\alpha x)$; en outre, d'après (M_{IV}), on a, pour tout entier $n \in \mathbf{Z}$, $n.x = (n.1)x$.

Lorsque l'anneau A est réduit au seul élément 0, *tout* A-module E est aussi réduit à l'élément 0, car on a alors $1 = 0$ dans A, d'où, pour tout $x \in E$, $x = 1.x = 0.x = 0$.

Exemples. — 1) Soit φ un homomorphisme d'un anneau A dans un anneau B; l'application $(a, x) \mapsto \varphi(a)x$ (resp. $(a, x) \mapsto x\varphi(a)$) de $A \times B$ dans B définit sur B une structure de A-module à gauche (resp. à droite). Quand on prend en particulier pour φ l'application identique de A on obtient sur A une structure canonique de A-module à gauche (resp. à droite); on notera A_s (resp. A_d) l'ensemble A muni de cette structure, pour éviter des confusions.

2) Sur un groupe commutatif G (noté additivement), la structure de groupe à opérateurs définie par la loi d'action $(n, x) \mapsto n.x$ (I, p. 24) est une structure de module sur l'anneau $\mathbf{Z}$ des entiers rationnels.

3) Soient E un groupe commutatif noté additivement, $\mathscr{E}$ l'*anneau des endomorphismes* de E (I, p. 96: on rappelle que le produit fg de deux endomorphismes est par définition l'endomorphisme composé $f \circ g$). La loi d'action $(f, x) \mapsto f(x)$ entre opérateurs $f \in \mathscr{E}$ et éléments $x \in E$ définit sur E une structure canonique de $\mathscr{E}$-module à gauche.

Considérons maintenant un anneau A et supposons donnée sur E une structure de A-module à gauche (resp. à droite); pour tout $\alpha \in A$, l'homothétie $h_\alpha: x \mapsto \alpha x$ (resp. $x \mapsto x\alpha$) appartient à $\mathscr{E}$; l'application $\varphi: \alpha \mapsto h_\alpha$ est un *homomorphisme* de l'anneau A (resp. de l'anneau opposé A^0) dans l'anneau $\mathscr{E}$ et on a par définition $\alpha x = (\varphi(\alpha))(x)$ (resp. $x\alpha = (\varphi(\alpha))(x)$). Réciproquement, la donnée d'un homomorphisme d'anneaux $\varphi: A \to \mathscr{E}$ (resp. $\varphi: A^0 \to \mathscr{E}$) définit sur E une structure de A-module à gauche (resp. à droite) par les formules précédentes. Autrement dit, se donner une structure de A-module à gauche (resp. à droite) sur un groupe additif E, ayant pour loi additive la loi de groupe donnée, équivaut à se donner un homomorphisme d'anneaux $A \to \mathscr{E}$ (resp. $A^0 \to \mathscr{E}$).

DÉFINITION 2. — *On appelle espace vectoriel à gauche* (resp. *à droite*) *sur un corps* K, *un* K-*module à gauche* (resp. *à droite*).

Les éléments d'un espace vectoriel sont parfois appelés *vecteurs*.

Exemples. — 4) Un corps est à la fois espace vectoriel à gauche et à droite par rapport à un quelconque de ses sous-corps.

* 5) L'espace numérique à 3 dimensions $\mathbf{R}^3$ est un espace vectoriel par rapport au corps des nombres réels $\mathbf{R}$, le produit tx d'un nombre réel t et d'un point x de coordonnées x_1, x_2, x_3 étant le point de coordonnées tx_1, tx_2, tx_3. De même, l'ensemble des fonctions numériques définies dans un ensemble quelconque F est un espace vectoriel par rapport à $\mathbf{R}$, le produit tf d'un nombre réel t et d'une fonction f étant la fonction numérique $x \mapsto tf(x)$. *

Pour deux familles $(x_\iota)_{\iota \in I}$, $(y_\iota)_{\iota \in I}$ d'éléments d'un A-module E, de support fini (I, p. 13), on a les formules

$$\sum_{\iota \in I} (x_\iota + y_\iota) = \sum_{\iota \in I} x_\iota + \sum_{\iota \in I} y_\iota \tag{1}$$

$$\alpha . \sum_{\iota \in I} x_\iota = \sum_{\iota \in I} (\alpha x_\iota) \qquad \text{pour tout } \alpha \in A; \tag{2}$$

on se ramène en effet aussitôt aux formules analogues pour les sommes finies en considérant une partie finie H de I contenant les supports de (x_ι) et (y_ι).

DÉFINITION 3. — *On dit qu'un élément x d'un* A-*module* E *est une combinaison linéaire,* *à coefficients dans* A, *d'une famille* $(a_\iota)_{\iota\in I}$ *d'éléments de* E, *s'il existe une famille* $(\lambda_\iota)_{\iota\in I}$ *d'éléments de* A, *de support fini, telle que* $x = \sum_{\iota\in I} \lambda_\iota a_\iota$.

En général il y a plusieurs familles distinctes (λ_ι) vérifiant cette condition (cf. II, p. 25).

On notera que 0 est la seule combinaison linéaire de la *famille vide* d'éléments de E (d'après la convention de I, p. 13).

2. Applications linéaires

DÉFINITION 4. — *Soient* E *et* F *deux modules (à gauche) par rapport au même anneau* A. *On appelle application linéaire* (ou *application* A-*linéaire*, ou *homomorphisme*, ou A-*homomorphisme*) *de* E *dans* F *toute application* $u: E \rightarrow F$ *telle que*:

(3) $$u(x + y) = u(x) + u(y) \quad \textit{pour } x \in E, y \in E;$$

(4G) $$u(\lambda . x) = \lambda . u(x) \quad \textit{pour } \lambda \in A, x \in E.$$

Si E et F sont deux A-modules *à droite*, une application linéaire $u: E \rightarrow F$ est une application vérifiant (3) et

(4D) $$u(x . \lambda) = u(x) . \lambda \quad \text{pour } \lambda \in A, x \in E.$$

Remarque. — Lorsque E et F sont deux groupes commutatifs, considérés comme modules sur l'anneau **Z** (II, p. 3), tout homomorphisme u du groupe E (sans opérateur) dans le groupe F (sans opérateur) est aussi une application linéaire de E dans F, car pour n entier > 0 la relation $u(n.x) = n.u(x)$ se déduit de $u(x + y) = u(x) + u(y)$ par récurrence sur n, et pour $n = -m < 0$, on a encore $u(n.x) = u(-(m.x)) = -u(m.x) = -(m.u(x)) = n.u(x)$.

Exemples. — 1) Soient E un A-module, a un élément de E; l'application $\lambda \mapsto \lambda a$ du A-module A_s dans E est une application linéaire θ_a, telle que $\theta_a(1) = a$.

* 2) Soient I un intervalle ouvert de la droite numérique **R**, E l'espace vectoriel des fonctions numériques dérivables dans I, F l'espace vectoriel de toutes les fonctions numériques définies dans I. L'application $x \mapsto x'$ qui, à toute fonction dérivable x, fait correspondre sa dérivée, est une application linéaire de E dans F.*

On notera qu'une homothétie $x \mapsto \alpha x$ dans un A-module E *n'est pas nécessairement une application linéaire*: en d'autres termes, on n'a pas nécessairement la relation $\alpha(\lambda x) = \lambda(\alpha x)$ quels que soient $\lambda \in A$ et $x \in E$. Cette relation est toutefois vraie lorsque α appartient au *centre* de A; on dit alors que $x \mapsto \alpha x$ est une *homothétie centrale* (cf. II, p. 32).

Si $u: E \rightarrow F$ est une application linéaire, on a, pour toute famille $(x_\iota)_{\iota\in I}$ d'éléments de E et toute famille $(\lambda_\iota)_{\iota\in I}$ d'éléments de A, telles que le support de la famille $(\lambda_\iota x_\iota)_{\iota\in I}$ soit fini,

(5) $$u\left(\sum_{\iota\in I} \lambda_\iota x_\iota\right) = \sum_{\iota\in I} \lambda_\iota u(x_\iota)$$

comme il résulte aussitôt de (3) et (4G) par récurrence sur le cardinal du support de la famille $(\lambda_\iota x_\iota)$.

PROPOSITION 1. — *Soient* E, F, G *trois* A-*modules, u une application linéaire de* E *dans* F, *v une application linéaire de* F *dans* G. *Alors l'application composée* $v \circ u$ *est linéaire.*

PROPOSITION 2. — *Soient* E, F *deux* A-*modules.*

1° *Si* $u: E \to F$ *et* $v: F \to E$ *sont deux applications linéaires telles que* $v \circ u$ *soit l'application identique de* E *et* $u \circ v$ *l'application identique de* F, *u est un isomorphisme de* E *sur* F *et v l'isomorphisme réciproque.*

2° *Toute application linéaire bijective* $u: E \to F$ *est un isomorphisme de* E *sur* F.

Ces propositions découlent aussitôt de la déf. 4.

Les prop. 1 et 2 montrent que l'on peut prendre pour *morphismes* de l'espèce de structure de A-module les applications linéaires (E, IV, p. 11); nous supposerons toujours par la suite que l'on a fait ce choix de morphismes.

Étant donnés deux A-modules à gauche (resp. à droite) E et F, on notera Hom(E, F) ou $\mathrm{Hom}_A(E, F)$ l'ensemble des applications linéaires de E dans F.

L'ensemble Hom(E, F) est un *groupe commutatif*, sous-groupe du groupe commutatif produit F^E de toutes les applications de E dans F (I, p. 43); on rappelle en effet que l'on a pour deux éléments u, v de F^E, et pour tout $x \in E$,

$$(u + v)(x) = u(x) + v(x), \qquad (-u)(x) = -u(x)$$

d'où résulte aussitôt que si u et v sont linéaires, il en est de même de $u + v$ et de $-u$. Si G est un troisième A-module à gauche (resp. à droite), f, f_1, f_2 des éléments de Hom(E, F), g, g_1, g_2 des éléments de Hom(F, G), on vérifie aussitôt les relations

$$g \circ (f_1 + f_2) = g \circ f_1 + g \circ f_2 \tag{6}$$

$$(g_1 + g_2) \circ f = g_1 \circ f + g_2 \circ f \tag{7}$$

$$g \circ (-f) = (-g) \circ f = -(g \circ f). \tag{8}$$

En particulier, la loi de composition $(f, g) \mapsto f \circ g$ sur Hom(E, E) définit, avec la structure de groupe additif précédente, une structure d'*anneau* sur Hom(E, E), dont l'élément unité, noté 1_E ou Id_E, est l'application identique de E; les applications linéaires de E dans lui-même sont encore appelées *endomorphismes* du A-module E et l'anneau Hom(E, E) se note encore End(E) ou $\mathrm{End}_A(E)$. Les *automorphismes* du A-module E ne sont autres que les éléments *inversibles* de End(E) (prop. 2); ils forment un *groupe* multiplicatif, noté Aut(E) ou **GL**(E), que l'on appelle aussi le *groupe linéaire* relatif à E.

Il résulte de (6) et (7) que pour deux A-modules E, F, Hom(E, F) est muni canoniquement d'une structure de *module à gauche* sur l'anneau Hom(F, F) et de *module à droite* sur l'anneau Hom(E, E).

Soient E, F, E', F' quatre A-modules (à gauche), $u: E' \to E$ et $v: F \to F'$ des applications A-linéaires. Si, à tout élément $f \in \text{Hom}(E, F)$, on fait correspondre l'élément $v \circ f \circ u \in \text{Hom}(E', F')$, on définit une application

$$\text{Hom}(E, F) \to \text{Hom}(E', F')$$

qui est **Z**-*linéaire* et que nous noterons $\text{Hom}(u, v)$ ou $\text{Hom}_A(u, v)$. Si u, u_1, u_2 appartiennent à $\text{Hom}(E', E)$, v, v_1, v_2 à $\text{Hom}(F, F')$, on a

$$(9) \qquad \begin{cases} \text{Hom}(u_1 + u_2, v) = \text{Hom}(u_1, v) + \text{Hom}(u_2, v) \\ \text{Hom}(u, v_1 + v_2) = \text{Hom}(u, v_1) + \text{Hom}(u, v_2). \end{cases}$$

Soient E'', F'' deux A-modules, $u': E'' \to E'$, $v': F' \to F''$ des applications linéaires. On a

$$(10) \qquad \text{Hom}(u \circ u', v' \circ v) = \text{Hom}(u', v') \circ \text{Hom}(u, v).$$

Si u est un isomorphisme de E' sur E et v un isomorphisme de F sur F', $\text{Hom}(u, v)$ est un isomorphisme de Hom(E, F) sur Hom(E', F'), dont l'isomorphisme réciproque est $\text{Hom}(u^{-1}, v^{-1})$ d'après (10).

Si h (resp. k) est un endomorphisme de E (resp. F), $\text{Hom}(h, 1_F)$ (resp. $\text{Hom}(1_E, k)$) n'est autre que l'homothétie de rapport h (resp. k) pour la structure de module à droite (resp. à gauche) sur l'anneau End(E) (resp. End(F)) définie plus haut.

3. Sous-modules; modules quotients

Soient E un A-module, M une partie de E; pour que la structure de A-module de E induise sur M une structure de A-module, il faut et il suffit que M soit un sous-groupe *stable* de E (I, p. 31), car lorsqu'il en est ainsi, la structure de groupe à opérateurs induite sur M vérifie évidemment les axiomes (M_{II}), (M_{III}) et (M_{IV}); alors M, muni de cette structure (ou, par abus de langage, l'ensemble M lui-même) est appelé *sous-module* de E; l'injection canonique $M \to E$ est une application linéaire. Lorsque E est un *espace vectoriel*, ses sous-modules s'appellent aussi *sous-espaces vectoriels* (ou simplement *sous-espaces* si aucune confusion n'en résulte).

Exemples. — 1) Dans un module quelconque E, l'ensemble réduit à 0 est un sous-module (sous-module *nul*, souvent noté 0 par abus de notation).

2) Soit A un anneau. Les sous-modules de A_s (resp. A_d) ne sont autres que les *idéaux à gauche* (resp. *idéaux à droite*) de l'anneau A (I, p. 98).

3) Soient E un A-module, x un élément de E, $\mathfrak{a}$ un idéal à gauche de A. L'ensemble des éléments αx, où α parcourt $\mathfrak{a}$, est un sous-module de E, qu'on note $\mathfrak{a}x$.

4) Dans un groupe commutatif G, considéré comme **Z**-module (II, p. 3), tout sous-groupe de G est aussi un sous-module.

* 5) Soit I un intervalle ouvert de la droite numérique **R**; l'ensemble C des fonctions numériques définies et *continues* dans I est un sous-espace vectoriel de l'espace vectoriel $\mathbf{R}^{I}$ de toutes les fonctions numériques définies dans I. De même, l'ensemble D des fonctions *dérivables* dans I est un sous-espace vectoriel de C. *

Soit E un A-module. Toute relation d'équivalence *compatible* (I, p. 11) avec la structure de module de E est de la forme $x - y \in M$, où M est un sous-groupe stable de E (I, p. 33), c'est-à-dire un *sous-module* de E. On vérifie immédiatement que la structure de groupe à opérateurs du groupe quotient E/M (I, p. 35) est une structure de A-module, pour laquelle l'application canonique $E \to E/M$ est linéaire; muni de cette structure, E/M est appelé *module quotient* de E par le sous-module M. Un module quotient d'un espace vectoriel E s'appelle *espace vectoriel quotient* (ou simplement *espace quotient*) de E.

Exemple 6). — Tout idéal à gauche $\mathfrak{a}$ dans un anneau A définit un module quotient $A_s/\mathfrak{a}$ du A-module à gauche A_s; par abus de notation, ce module quotient s'écrit souvent $A/\mathfrak{a}$.

Soient E, F deux A-modules. Il résulte des propriétés générales des groupes à opérateurs (I, p. 36) (ou directement des définitions) que si $u: E \to F$ est une application linéaire, l'image par u de tout sous-module de E est un sous-module de F et l'image réciproque par u de tout sous-module de F est un sous-module de E. En particulier, le *noyau* $N = \overset{-1}{u}(0)$ est un sous-module de E et l'image $u(E)$ de E par u est un sous-module de F (I, p. 37, prop. 7); on dit par abus de langage que $u(E)$ est l'*image de u*. Le module quotient E/N s'appelle aussi la *coïmage* de u et le module quotient $F/u(E)$ le *conoyau* de u. Dans la *décomposition canonique* de u (I, p. 37)

$$(11) \qquad u: E \xrightarrow{p} E/N \xrightarrow{v} u(E) \xrightarrow{i} F$$

v est un *isomorphisme* de la coïmage de u sur l'image de u (II, p. 5, prop. 2). Pour que u soit *injective*, il faut et il suffit que son noyau soit nul; pour que u soit *surjective*, il faut et il suffit que son conoyau soit nul.

Le noyau, l'image, la coïmage et le conoyau de u se notent respectivement Ker u, Im u, Coïm u, Coker u.

Remarque. — Soient M un sous-module d'un A-module E, $\varphi: E \to E/M$ l'homomorphisme canonique. Pour qu'une application A-linéaire $u: E \to F$ soit de la forme $v \circ \varphi$, où v est une application linéaire de E/M dans F, il faut et il suffit que $M \subset \mathrm{Ker}(u)$; en effet, si cette condition est vérifiée, la relation $x - y \in M$ entraîne $u(x) = u(y)$, donc u est compatible avec cette relation d'équivalence et il est clair que l'application $v: E/M \to F$ déduite de u par passage au quotient est linéaire.

4. Suites exactes

DÉFINITION 5. — *Soient* F, G, H *trois* A-*modules*; *soit f un homomorphisme de* F *dans* G *et soit g un homomorphisme de* G *dans* H. *On dit que le couple* (f, g) *est une suite exacte si l'on a*

$$\overset{-1}{g}(0) = f(\mathrm{F})$$

autrement dit, si le noyau de g est égal à l'image de f.

On dit aussi que le diagramme

(12) $$\mathrm{F} \xrightarrow{f} \mathrm{G} \xrightarrow{g} \mathrm{H}$$

est une *suite exacte.*

Considérons de même un diagramme formé de quatre A-modules et de trois homomorphismes:

(13) $$\mathrm{E} \xrightarrow{f} \mathrm{F} \xrightarrow{g} \mathrm{G} \xrightarrow{h} \mathrm{H}.$$

On dit que ce diagramme est *exact en* F si le diagramme $\mathrm{E} \xrightarrow{f} \mathrm{F} \xrightarrow{g} \mathrm{G}$ est exact; on dit qu'il est *exact en* G si $\mathrm{F} \xrightarrow{g} \mathrm{G} \xrightarrow{h} \mathrm{H}$ est exact. Si le diagramme (13) est *exact en* F *et en* G, on dit simplement qu'il est *exact*, ou encore que c'est une *suite exacte.* On définit de même les suites exactes à un nombre quelconque de termes.

Remarque 1). — Si le couple (f, g) est une suite exacte, on a $g \circ f = 0$; mais bien entendu, cette propriété ne caractérise pas les suites exactes, car elle signifie seulement que l'image de f est *contenue* dans le noyau de g.

Dans les énoncés ci-dessous, E, F, G désignent des A-modules, 0 un A-module réduit à son élément neutre; les flèches représentent des homomorphismes de A-modules. Comme il n'y a qu'un seul homomorphisme du module 0 dans un module E (resp. de E dans 0), il sera inutile de désigner les homomorphismes de ce type plus explicitement dans les suites exactes où ils figurent.

PROPOSITION 3. — a) *Pour que*

$$0 \longrightarrow \mathrm{E} \xrightarrow{f} \mathrm{F}$$

soit une suite exacte, il faut et il suffit que f soit injectif.

b) *Pour que*

$$\mathrm{E} \xrightarrow{f} \mathrm{F} \longrightarrow 0$$

soit une suite exacte, il faut et il suffit que f soit surjectif.

c) *Pour que*

$$0 \longrightarrow \mathrm{E} \xrightarrow{f} \mathrm{F} \longrightarrow 0$$

soit une suite exacte, il faut et il suffit que f soit bijectif (autrement dit (II, p. 5, prop. 2) que f soit un *isomorphisme* de E sur F).

d) *Si* F *est un sous-module de* E, *et si* $i\colon F \to E$ *est l'injection canonique,* $p\colon E \to E/F$ *l'homomorphisme canonique, le diagramme*

$$0 \longrightarrow F \xrightarrow{i} E \xrightarrow{p} E/F \longrightarrow 0. \tag{14}$$

est une suite exacte.

e) *Si* $f\colon E \to F$ *est un homomorphisme, le diagramme*

$$0 \longrightarrow \overset{-1}{f}(0) \xrightarrow{i} E \xrightarrow{f} F \xrightarrow{p} F/f(E) \longrightarrow 0$$

(*où* i *est l'injection canonique et* p *la surjection canonique*) *est une suite exacte.*

La proposition résulte aussitôt des définitions et de la prop. 2 de II, p. 5.

Remarques. — 2) Dire qu'on a une suite exacte

$$0 \longrightarrow E \xrightarrow{f} F \xrightarrow{g} G \longrightarrow 0$$

signifie que f est injectif, g surjectif et que la bijection canonique associée à g est un *isomorphisme* de $F/f(E)$ sur G. On dit encore alors que le triplet (F, f, g) est une *extension du module* G *par le module* E (I, p. 62).

3) Si on a une suite exacte à 4 termes

$$E \xrightarrow{f} F \xrightarrow{g} G \xrightarrow{h} H$$

le conoyau de f est $F/f(E) = F/\overset{-1}{g}(0)$ et le noyau de h est $g(F)$; la bijection canonique associée à g est donc un *isomorphisme*

$$\operatorname{Coker} f \to \operatorname{Ker} h.$$

4) Considérons un couple d'homomorphismes de A-modules

$$E \xrightarrow{f} F \xrightarrow{g} G. \tag{15}$$

Pour que le diagramme (15) soit une suite exacte, il faut et il suffit qu'il existe deux A-modules S, T et des homomorphismes $a\colon E \to S$, $b\colon S \to F$, $c\colon F \to T$, $d\colon T \to G$ tels que les trois suites

$$\begin{cases} E \xrightarrow{a} S \longrightarrow 0 \\ 0 \longrightarrow S \xrightarrow{b} F \xrightarrow{c} T \longrightarrow 0 \\ 0 \longrightarrow T \xrightarrow{d} G \end{cases} \tag{16}$$

soient *exactes*, et que l'on ait $f = b \circ a$ et $g = d \circ c$.

En effet, si (15) est une suite exacte, on prend $S = f(E) = \overset{-1}{g}(0)$ et $T = g(F)$, b et d étant les injections canoniques, a (resp. c) l'homomorphisme ayant même graphe que f (resp. g). Réciproquement, si S, T, a, b, c, d vérifient les conditions ci-dessus, on a $f(E) = b(a(E)) = b(S)$ et $\overset{-1}{g}(0) = \overset{-1}{c}(\overset{-1}{d}(0)) = \overset{-1}{c}(0)$, donc l'exactitude de (16) montre que $f(E) = \overset{-1}{g}(0)$.

On se dispensera souvent de désigner explicitement par des lettres les homomorphismes d'une suite exacte, lorsque cela n'est pas nécessaire dans les raisonnements.

Remarque 5). — La définition d'une suite exacte s'étend aussitôt aux *groupes* non nécessairement commutatifs; on utilisera naturellement dans ce cas la notation multiplicative, 0 étant remplacé par 1 dans les formules (si aucune confusion n'en résulte). Les parties *a*), *b*), *c*) de la prop. 3 sont encore valables, ainsi que *d*) lorsque F est un sous-groupe *distingué* de E. La *Remarque* 2 et la prop. 3 *e*) subsistent lorsqu'on ajoute que $f(\mathrm{E})$ doit être un sous-groupe distingué de F; les *Remarques* 3 et 4 sont valables sans modification.

5. Produits de modules

Soit $(\mathrm{E}_\iota)_{\iota\in\mathrm{I}}$ une famille de modules sur un même anneau A. On vérifie immédiatement que, sur l'ensemble produit $\mathrm{E} = \prod_{\iota\in\mathrm{I}} \mathrm{E}_\iota$, le *produit* des structures de module des E_ι (I, p. 43) est une structure de A-module. Muni de cette structure, l'ensemble E est appelé le *module produit* des modules E_ι; si $x = (x_\iota)$, $y = (y_\iota)$ sont deux éléments de E, on a donc

$$(17) \qquad \begin{cases} x + y = (x_\iota + y_\iota) \\ \lambda x = (\lambda x_\iota) \qquad \text{pour tout } \lambda \in \mathrm{A}. \end{cases}$$

Les formules (17) expriment que les projections $\mathrm{pr}_\iota : \mathrm{E} \to \mathrm{E}_\iota$ sont des applications *linéaires*; ces applications sont évidemment surjectives.

Rappelons que si l'ensemble d'indices I est *vide*, l'ensemble produit $\prod_{\iota\in\mathrm{I}} \mathrm{E}_\iota$ est alors réduit à un seul élément; la structure de module produit sur cet ensemble est alors celle pour laquelle cet unique élément est 0.

PROPOSITION 4. — *Soit* $\mathrm{E} = \prod_{\iota\in\mathrm{I}} \mathrm{E}_\iota$ *le produit d'une famille de* A-*modules* $(\mathrm{E}_\iota)_{\iota\in\mathrm{I}}$. *Pour tout* A-*module* F *et toute famille d'applications linéaires* $f_\iota : \mathrm{F} \to \mathrm{E}_\iota$, *il existe une application* f *de* F *dans* E *et une seule, telle que* $\mathrm{pr}_\iota \circ f = f_\iota$ *pour tout* $\iota \in \mathrm{I}$ *et cette application est linéaire.*

Cela résulte directement des définitions.

Le produit de modules est « associatif »: si $(\mathrm{J}_\lambda)_{\lambda\in\mathrm{L}}$ est une partition de I, l'application canonique

$$\prod_{\iota\in\mathrm{I}} \mathrm{E}_\iota \to \prod_{\lambda\in\mathrm{L}} \Big(\prod_{\iota\in\mathrm{J}_\lambda} \mathrm{E}_\iota\Big)$$

est un isomorphisme.

PROPOSITION 5. — (i) *Soient* $(\mathrm{E}_\iota)_{\iota\in\mathrm{I}}$, $(\mathrm{F}_\iota)_{\iota\in\mathrm{I}}$ *deux familles de* A-*modules ayant même ensemble d'indices* I; *pour toute famille d'applications linéaires* $f_\iota : \mathrm{E}_\iota \to \mathrm{F}_\iota$ $(\iota \in \mathrm{I})$, *l'application* $f : (x_\iota) \mapsto (f_\iota(x_\iota))$ *de* $\prod_\iota \mathrm{E}_\iota$ *dans* $\prod_\iota \mathrm{F}_\iota$ (*parfois notée* $\prod_\iota f_\iota$) *est linéaire.*

(ii) *Soit* $(\mathrm{G}_\iota)_{\iota\in\mathrm{I}}$ *une troisième famille de* A-*modules ayant* I *pour ensemble d'indices, et pour tout* $\iota \in I$, *soit* $g_\iota : F_\iota \to G_\iota$ *une application linéaire; posons* $g = \prod_\iota g_\iota$. *Pour que chacune des suites* $E_\iota \xrightarrow{f_\iota} F_\iota \xrightarrow{g_\iota} G_\iota$ *soit exacte, il faut et il suffit que la suite*

$$\prod_\iota E_\iota \xrightarrow{f} \prod_\iota F_\iota \xrightarrow{g} \prod_\iota G_\iota$$

soit exacte.

L'assertion de (i) résulte aussitôt des définitions. D'autre part, dire que $y = (y_\iota)$ appartient à $\mathrm{Ker}(g)$ signifie que $g_\iota(y_\iota) = 0$ pour tout $\iota \in I$, donc que $y_\iota \in \mathrm{Ker}(g_\iota)$ pour tout $\iota \in I$; de même, dire que y appartient à $\mathrm{Im}(f)$ signifie qu'il existe $x = (x_\iota) \in \prod_\iota E_\iota$ tel que $y = f(x)$, ce qui équivaut à dire que $y_\iota = f_\iota(x_\iota)$ pour tout $\iota \in I$, ou encore que $y_\iota \in \mathrm{Im}(f_\iota)$ pour tout $\iota \in I$; d'où (ii).

Corollaire. — *Sous les conditions de la prop.* 5, (i), *on a*

$$\mathrm{Ker}(f) = \prod_{\iota \in I} \mathrm{Ker}(f_\iota), \qquad \mathrm{Im}(f) = \prod_{\iota \in I} \mathrm{Im}(f_\iota) \tag{18}$$

et on a des isomorphismes canoniques

$$\mathrm{Coïm}(f) \to \prod_{\iota \in I} \mathrm{Coïm}(f_\iota), \qquad \mathrm{Coker}(f) \to \prod_{\iota \in I} \mathrm{Coker}(f_\iota)$$

obtenus en faisant respectivement correspondre à la classe d'un élément $x = (x_\iota)$ *de* $\prod_\iota E_\iota$, mod. $\mathrm{Ker}(f)$, (resp. *à la classe d'un élément* $y = (y_\iota)$ *de* $\prod_\iota F_\iota$, mod. $\mathrm{Im}(f)$), *la famille des classes des* x_ι mod. $\mathrm{Ker}(f_\iota)$ (resp. *la famille des classes des* y_ι mod. $\mathrm{Im}(f_\iota)$).

En particulier, pour que f soit injective (resp. *surjective, bijective, nulle*), *il faut et il suffit que, pour tout* $\iota \in I$, f_ι *soit injective* (resp. *surjective, bijective, nulle*).

Si, pour tout $\iota \in I$, on considère un sous-module F_ι de E_ι, le module $\prod_{\iota \in I} F_\iota$ est un sous-module de $\prod_{\iota \in I} E_\iota$, et en vertu du cor. de la prop. 5, on a un isomorphisme canonique

$$\prod_{\iota \in I} (E_\iota / F_\iota) \to \Big(\prod_{\iota \in I} E_\iota\Big) / \Big(\prod_{\iota \in I} F_\iota\Big). \tag{19}$$

Un exemple important de produit de modules est celui où tous les modules facteurs sont identiques à un même module F; leur produit F^I n'est autre alors que l'ensemble des *applications de* I *dans* F. L'application *diagonale* $F \to F^I$ faisant correspondre à tout $x \in F$ la fonction constante égale à x dans I est linéaire. Si $(E_\iota)_{\iota \in I}$ est une famille de A-modules, et pour tout $\iota \in I$, $f_\iota : F \to E_\iota$ est une application linéaire, alors l'application linéaire $x \mapsto (f_\iota(x))$ de F dans $\prod_{\iota \in I} E_\iota$ est composée de l'application $(x_\iota) \mapsto (f_\iota(x_\iota))$ de F^I dans $\prod_{\iota \in I} E_\iota$, et de l'application diagonale $F \to F^I$.

6. Somme directe de modules

Soient $(E_\iota)_{\iota \in I}$ une famille de A-modules, $F = \prod E_\iota$ leur produit. L'ensemble E des $x \in F$ tels que $\mathrm{pr}_\iota\, x = 0$ sauf pour un nombre *fini* d'indices est évidemment un *sous-module* de F, qu'on appelle la *somme directe externe* (ou simplement *somme directe*) de la famille de modules (E_ι) et que l'on note $\bigoplus_{\iota \in I} E_\iota$ (I, p. 46). Lorsque I est *fini*, on a donc $\bigoplus_{\iota \in I} E_\iota = \prod_{\iota \in I} E_\iota$; si $I = (p, q)$ (intervalle de **Z**), on écrit aussi $\bigoplus_{\iota \in I} E_\iota = E_p \oplus E_{p+1} \oplus \cdots \oplus E_q$.

Pour tout $\kappa \in I$, soit j_κ l'application $E_\kappa \to F$ qui, à tout $x_\kappa \in E_\kappa$, fait correspondre l'élément de F tel que $\mathrm{pr}_\iota(j_\kappa(x_\kappa)) = 0$ pour $\iota \neq \kappa$ et $\mathrm{pr}_\kappa(j_\kappa(x_\kappa)) = x_\kappa$; il est immédiat que j_κ est une application linéaire injective de E_κ dans la *somme directe* E des E_ι, que nous appellerons l'*injection canonique*; le sous-module $j_\kappa(E_\kappa)$ de E, isomorphe à E_κ, est appelé le sous-module *composant* d'indice κ de E. On l'identifie souvent à E_κ au moyen de j_κ.

Pour tout $x \in E = \bigoplus_{\iota \in I} E_\iota$, on a donc

$$x = \sum_{\iota \in I} j_\iota(\mathrm{pr}_\iota\, x). \tag{20}$$

Proposition 6. — *Soient* $(E_\iota)_{\iota \in I}$ *une famille de* A-*modules*, M *un* A-*module, et pour tout* $\iota \in I$, *soit* $f_\iota : E_\iota \to M$ *une application linéaire. Il existe alors une application linéaire* $g : \bigoplus_{\iota \in I} E_\iota \to M$ *et une seule telle que, pour tout* $\iota \in I$, *on ait :*

$$g \circ j_\iota = f_\iota. \tag{21}$$

En vertu de (20), si g existe, on a nécessairement, pour tout $x \in \bigoplus_{\iota \in I} E_\iota$, $g(x) = \sum_\iota g(j_\iota(\mathrm{pr}_\iota(x))) = \sum_\iota f_\iota(\mathrm{pr}_\iota(x))$, d'où l'unicité de g. Inversement, en posant $g(x) = \sum_\iota f_\iota(\mathrm{pr}_\iota(x))$ pour tout $x \in \bigoplus_{\iota \in I} E_\iota$, on vérifie aussitôt qu'on définit une application linéaire satisfaisant aux conditions de l'énoncé.

Lorsque aucune confusion n'en résulte, on pose $g = \sum_{\iota \in I} f_\iota$ (ce qui est contraire aux conventions de I, p. 14, lorsque la famille (f_ι) n'est pas à support fini).

En particulier, si J est une partie quelconque de I, les injections canoniques j_ι pour $\iota \in J$ définissent une application linéaire canonique $j_J : \bigoplus_{\iota \in J} E_\iota \to \bigoplus_{\iota \in I} E_\iota$ qui à tout $(x_\iota)_{\iota \in J}$ fait correspondre l'élément $(x'_\iota)_{\iota \in I}$ tel que $x'_\iota = x_\iota$ pour $\iota \in J$, $x'_\iota = 0$ pour $\iota \notin J$; cette application est évidemment injective. En outre, si $(J_\lambda)_{\lambda \in L}$ est une partition de I, l'application $i : \bigoplus_{\lambda \in L} \left(\bigoplus_{\iota \in J_\lambda} E_\iota \right) \to \bigoplus_{\iota \in I} E_\iota$ correspondant à la famille (j_{J_λ}) par la prop. 6 est un *isomorphisme*, dit canonique (« associativité » de la somme directe).

COROLLAIRE 1. — *Soient* $(E_\iota)_{\iota \in I}$, $(F_\lambda)_{\lambda \in L}$ *deux familles de* A-*modules. L'application*

$$\operatorname{Hom}_A\Big(\bigoplus_{\iota \in I} E_\iota, \prod_{\lambda \in L} F_\lambda\Big) \to \prod_{(\iota,\lambda) \in I \times L} \operatorname{Hom}_A(E_\iota, F_\lambda) \tag{22}$$

qui, à tout $g \in \operatorname{Hom}_A\big(\bigoplus_{\iota \in L} E_\iota, \prod_{\lambda \in L} F_\lambda\big)$, *fait correspondre la famille* $(\mathrm{pr}_\lambda \circ g \circ j_\iota)$, *est un isomorphisme* (dit *canonique*) *de* **Z**-*modules.*

Cela résulte de la prop. 6 et de II, p. 10, prop. 4.

COROLLAIRE 2. — *Soient* $(E_\iota)_{\iota \in I}$ *une famille de* A-*modules,* F *un* A-*module, et pour chaque* $\iota \in I$, *soit* $f_\iota : E_\iota \to F$ *une application linéaire. Pour que* $f = \sum_{\iota \in I} f_\iota$ *soit un isomorphisme de* $E = \bigoplus_{\iota \in I} E_\iota$ *sur* F, *il faut et il suffit qu'il existe pour chaque* $\iota \in I$ *une application linéaire* $g_\iota : F \to E_\iota$ *vérifiant les propriétés suivantes:*

1° $g_\iota \circ f_\iota = 1_{E_\iota}$ *pour tout* $\iota \in I$.

2° $g_\iota \circ f_\kappa = 0$ *pour* $\iota \neq \kappa$.

3° *Pour tout* $y \in F$, *la famille* $(g_\iota(y))$ *a un support fini et l'on a*

$$y = \sum_{\iota \in I} f_\iota(g_\iota(y)). \tag{23}$$

On notera que si I est fini, la dernière condition s'écrit aussi

$$\sum_{\iota \in I} f_\iota \circ g_\iota = 1_F. \tag{24}$$

Il est évident que les conditions sont nécessaires, car elles sont vérifiées par les $g_\iota = \mathrm{pr}_\iota \circ \overset{-1}{f}$. Inversement, si elles sont vérifiées, pour tout $y \in F$, $g(y) = \sum_\iota j_\iota(g_\iota(y))$ est défini, et il est immédiat que g est une application linéaire de F dans E. Pour tout $y \in F$, on a $f(g(y)) = \sum_{\iota \in I} f_\iota(g_\iota(y)) = y$ par hypothèse. D'autre part, pour tout $x \in E$, on a $g_\kappa(f(x)) = g_\kappa\big(\sum_\iota f_\iota(\mathrm{pr}_\iota(x))\big) = g_\kappa(f_\kappa(\mathrm{pr}_\kappa(x))) = \mathrm{pr}_\kappa(x)$ par hypothèse; par suite $g(f(x)) = \sum_\iota j_\iota(g_\iota(f(x))) = \sum_\iota j_\iota(\mathrm{pr}_\iota(x)) = x$, ce qui démontre le corollaire.

PROPOSITION 7. — (i) *Soient* $(E_\iota)_{\iota \in I}$, $(F_\iota)_{\iota \in I}$ *deux familles de* A-*modules ayant même ensemble d'indices* I; *pour toute famille d'applications linéaires* $f_\iota : E_\iota \to F_\iota$ $(\iota \in I)$, *la restriction à* $\bigoplus_{\iota \in I} E_\iota$ *de l'application linéaire* $(x_\iota) \mapsto (f_\iota(x_\iota))$ *est une application linéaire* $f : \bigoplus_{\iota \in I} E_\iota \to \bigoplus_{\iota \in I} F_\iota$ *que l'on note* $\bigoplus_{\iota \in I} f_\iota$ *ou* $\bigoplus_\iota f_\iota$ (*ou* $f = f_p \oplus f_{p+1} \oplus \cdots \oplus f_q$ *si* $I = [p, q]$ *est un intervalle de* **Z**).

(ii) *Soit* $(G_\iota)_{\iota \in I}$ *une troisième famille de* A-*modules ayant* I *pour ensemble d'indices, et pour tout* $\iota \in I$, *soit* $g_\iota : F_\iota \to G_\iota$ *une application linéaire; posons* $g = \bigoplus_\iota g_\iota$. *Pour que chacune des suites* $E_\iota \xrightarrow{f_\iota} F_\iota \xrightarrow{g_\iota} G_\iota$ *soit exacte, il faut et il suffit que la suite*

$$\bigoplus_\iota E_\iota \xrightarrow{f} \bigoplus_\iota F_\iota \xrightarrow{g} \bigoplus_\iota G_\iota$$

soit exacte.

Il est évident que, pour tout $(x_\iota) \in \bigoplus_\iota E_\iota$, la famille $(f_\iota(x_\iota))$ a un support fini, d'où (i). D'autre part, dire qu'un élément $y = (y_\iota)$ de $\bigoplus_\iota F_\iota$ appartient à $\operatorname{Ker}(g)$ signifie que $y_\iota \in \operatorname{Ker}(g_\iota)$ pour tout $\iota \in I$ (II, p. 10, prop. 5); de même, si $y_\iota \in \operatorname{Im}(f_\iota)$ pour tout $\iota \in I$, il existe, pour chaque $\iota \in I$ un $x_\iota \in E_\iota$ tel que $y_\iota = f_\iota(x_\iota)$, et lorsque $y_\iota = 0$ on peut supposer $x_\iota = 0$; on a donc bien $y \in \operatorname{Im}(f)$, et la réciproque est évidente.

COROLLAIRE 1. — *Sous les conditions de la prop.* 7, (i), *on a*

$$\operatorname{Ker}(f) = \bigoplus_{\iota \in I} \operatorname{Ker}(f_\iota), \qquad \operatorname{Im}(f) = \bigoplus_{\iota \in I} \operatorname{Im}(f_\iota) \tag{25}$$

et on a des isomorphismes canoniques

$$\operatorname{Coïm}(f) \to \bigoplus_{\iota \in I} \operatorname{Coïm}(f_\iota), \qquad \operatorname{Coker}(f) \to \bigoplus_{\iota \in I} \operatorname{Coker}(f_\iota)$$

définis comme dans II, *p.* 11, *corollaire. En particulier, pour que f soit injective* (resp. *surjective, bijective, nulle*), *il faut et il suffit que chacune des* f_ι *soit injective* (resp. *surjective, bijective, nulle*).

Si, pour tout $\iota \in I$, on considère un sous-module F_ι de E_ι, le module $\bigoplus_{\iota \in I} F_\iota$ est un sous-module de $\bigoplus_{\iota \in I} E_\iota$, et en vertu du cor. 1 de la prop. 7, on a un isomorphisme canonique

$$\bigoplus_{\iota \in I} (E_\iota/F_\iota) \to \Big(\bigoplus_{\iota \in I} E_\iota\Big)\Big/\Big(\bigoplus_{\iota \in I} F_\iota\Big). \tag{26}$$

COROLLAIRE 2. — *Soient* $(E_\iota)_{\iota \in I}$, $(E'_\iota)_{\iota \in I}$, $(F_\lambda)_{\lambda \in L}$, $(F'_\lambda)_{\lambda \in L}$ *quatre familles de* A-*modules, et pour chaque* $\iota \in I$ (resp. *chaque* $\lambda \in L$) *soit* $u_\iota : E'_\iota \to E_\iota$ (resp. $v_\lambda : F_\lambda \to F'_\lambda$) *une application linéaire. Alors le diagramme*

$$\begin{array}{ccc}
\operatorname{Hom}\Big(\bigoplus_{\iota \in I} E'_\iota, \prod_{\lambda \in L} F'_\lambda\Big) & \xrightarrow{\varphi'} & \prod_{(\iota,\lambda) \in I \times L} \operatorname{Hom}(E'_\iota, F'_\lambda) \\
{\scriptstyle \operatorname{Hom}(\bigoplus_\iota u_\iota, \prod_\lambda v_\lambda)} \uparrow & & \uparrow {\scriptstyle \prod \operatorname{Hom}(u_\iota, v_\lambda)} \\
\operatorname{Hom}\Big(\bigoplus_{\iota \in I} E_\iota, \prod_{\lambda \in L} F_\lambda\Big) & \xrightarrow[\varphi]{} & \prod_{(\iota,\lambda) \in I \times L} \operatorname{Hom}(E_\iota, F_\lambda)
\end{array}$$

(*où* φ *et* φ′ *sont les isomorphismes canoniques définis dans* II, p. 13, *corollaire* 1) *est commutatif.*

La vérification découle immédiatement des définitions.

Lorsque tous les E_ι sont identiques à un même A-module E, la somme directe $\bigoplus_{\iota \in I} E_\iota$ se note aussi $E^{(I)}$: ses éléments sont les applications de I dans E, de support fini. Si, pour tout ι, on prend pour f_ι l'application identique $E \to E$, on obtient par la prop. 6 de II, p. 12, une application linéaire canonique $E^{(I)} \to E$, dite application *codiagonale*, et qui à toute famille $(x_\iota)_{\iota \in I}$ d'éléments de E, de support fini, fait correspondre sa *somme* $\sum_{\iota \in I} x_\iota$.

Remarque. — Rappelons que la définition de la somme directe s'étend aussitôt à une famille $(E_\iota)_{\iota \in I}$ de *groupes* non nécessairement commutatifs, la notation multiplicative remplaçant bien entendu la notation additive; on dit alors « *somme restreinte* » au lieu de « *somme directe* » (I, p. 45). On notera que E est sous-groupe *distingué* du produit $F = \prod_{\iota \in I} E_\iota$, et chacun des $j_\kappa(E_\kappa)$ est un sous-groupe *distingué* de F; en outre, pour deux indices distincts λ, μ, tout élément de $j_\lambda(E_\lambda)$ est *permutable* à tout élément de $j_\mu(E_\mu)$. La prop. 6 (II p. 12) s'étend au cas général moyennant l'hypothèse que pour deux indices distincts λ, μ, tout élément de $f_\lambda(E_\lambda)$ soit *permutable* dans M à tout élément de $f_\mu(E_\mu)$ (I, p. 45, prop. 12). On en déduit aussitôt la propriété d'« associativité » de la somme restreinte. La prop. 7 et ses corollaires 1 et 2 (II, p. 13–14) subsistent sans modification.

7. Intersection et somme de sous-modules

Pour toute famille $(M_\iota)_{\iota \in I}$ de sous-modules d'un A-module E, l'intersection $\bigcap_{\iota \in I} M_\iota$ est un sous-module de E. Si, pour chaque $\iota \in I$, on désigne par φ_ι l'homomorphisme canonique $E \to E/M_\iota$, $\bigcap_{\iota \in I} M_\iota$ est le *noyau* de l'homomorphisme $\varphi: x \mapsto (\varphi_\iota(x))$ de E dans $\prod_{\iota \in I} (E/M_\iota)$, autrement dit, on a une *suite exacte*

$$0 \longrightarrow \bigcap_{\iota \in I} M_\iota \longrightarrow E \xrightarrow{\varphi} \prod_{\iota \in I} (E/M_\iota). \tag{27}$$

L'application linéaire φ et l'application

$$E/(\bigcap_{\iota \in I} M_\iota) \to \prod_{\iota \in I} (E/M_\iota)$$

qu'on en déduit par passage au quotient, sont dites *canoniques*.

En particulier:

PROPOSITION 8. — *Si une famille* $(M_\iota)_{\iota \in I}$ *de sous-modules de* E *a une intersection réduite à* 0, E *est canoniquement isomorphe à un sous-module de* $\prod_{\iota \in I} (E/M_\iota)$.

Étant donnée une partie X d'un A-module E, l'intersection F des sous-modules de E contenant X est appelée le sous-module *engendré* par X et on dit que X est un *ensemble générateur* (ou un *système générateur*) de F (I, p. 32); pour une famille $(a_\iota)_{\iota \in I}$ d'éléments de E, on appelle sous-module engendré par la famille (a_ι) le sous-module engendré par l'ensemble des a_ι.

On dit qu'un A-module est *de type fini* s'il possède un ensemble générateur *fini*.

PROPOSITION 9. — *Le sous-module engendré par une famille* $(a_\iota)_{\iota\in I}$ *d'éléments d'un* A-*module* E *est l'ensemble des combinaisons linéaires de la famille* (a_ι).

En effet, tout sous-module de E qui contient tous les a_ι contient aussi les combinaisons linéaires des a_ι. Inversement, les formules (1) et (2) de II, p. 3 prouvent que l'ensemble des combinaisons linéaires des a_ι est un sous-module de E qui contient évidemment tous les a_ι, et est donc le plus petit sous-module les contenant.

COROLLAIRE 1. — *Soient* $u: E \to F$ *une application linéaire*, S *une partie de* E, M *le sous-module de* E *engendré par* S. *Alors* $u(M)$ *est le sous-module de* F *engendré par* $u(S)$.

En particulier, l'image par u de tout sous-module de type fini de E est un sous-module de type fini de F.

Remarque. — Si l'on a $u(x) = 0$ pour tout $x \in S$, on a aussi $u(x) = 0$ pour tout $x \in M$. Nous nous réfèrerons parfois à ce résultat sous le nom de « *principe de prolongement des identités linéaires* » ou « *principe de prolongement par linéarité* ».

En particulier, pour vérifier qu'une application linéaire $u: E \to F$ est de la forme $v \circ \varphi$, où $v: E/M \to F$ est linéaire et $\varphi: E \to E/M$ est l'application canonique, il suffit de vérifier que $u(S) = 0$.

COROLLAIRE 2. — *Le sous-module engendré par la réunion d'une famille* $(M_\iota)_{\iota\in I}$ *de sous-modules d'un module* E, *est identique à l'ensemble des sommes* $\sum_{\iota\in I} x_\iota$, *où* $(x_\iota)_{\iota\in I}$ *parcourt l'ensemble des familles d'éléments de* E, *de support fini et telles que* $x_\iota \in M_\iota$ *pour tout* $\iota \in I$.

En effet, il est clair que toute combinaison linéaire d'éléments de $\bigcup_{\iota\in I} M_\iota$ a la forme ci-dessus, la réciproque étant évidente.

On dit que le sous-module de E engendré par la réunion d'une famille $(M_\iota)_{\iota\in I}$ de sous-modules de E est la *somme* de la famille (M_ι) et on le note $\sum_{\iota\in I} M_\iota$. Si pour tout $\iota \in I$, h_ι est l'injection canonique $M_\iota \to E$, et $h: (x_\iota) \mapsto \sum_\iota h_\iota(x_\iota)$ l'application linéaire de $\bigoplus_{\iota\in I} M_\iota$ dans E correspondant à la famille (h_ι) (II, p. 12, prop. 6), $\sum_{\iota\in I} M_\iota$ est l'*image* de h; autrement dit, on a une *suite exacte*

$$\bigoplus_{\iota\in I} M_\iota \xrightarrow{h} E \longrightarrow E\Big/\Big(\sum_{\iota\in I} M_\iota\Big) \longrightarrow 0. \tag{28}$$

COROLLAIRE 3. — *Si* $(M_\lambda)_{\lambda\in L}$ *est une famille filtrante croissante de sous-modules d'un* A-*module* E, *la somme* $\sum_{\lambda\in L} M_\lambda$ *est identique à la réunion* $\bigcup_{\lambda\in L} M_\lambda$.

En effet, on a toujours $\bigcup_{\lambda\in L} M_\lambda \subset \sum_{\lambda\in L} M_\lambda$ sans hypothèse; en outre, pour toute sous-famille finie $(M_\lambda)_{\lambda\in J}$ de $(M_\lambda)_{\lambda\in L}$, il existe par hypothèse un $\mu \in L$ tel que $M_\lambda \subset M_\mu$ pour tout $\lambda \in J$, donc $\sum_{\lambda\in J} M_\lambda \subset M_\mu$, et il résulte donc du cor. 2 que $\sum_{\lambda\in L} M_\lambda \subset \bigcup_{\lambda\in L} M_\lambda$.

Corollaire 4. — *Soient* $0 \longrightarrow E \longrightarrow F \xrightarrow{g} G \longrightarrow 0$ *une suite exacte de* A-*modules,* S *un système générateur de* E, T *un système générateur de* G. *Si* T′ *est une partie de* F *telle que* $g(T') = T$, $T' \cup f(S)$ *est un système générateur de* F.

En effet, le sous-module F′ de F engendré par $T' \cup f(S)$ contient $f(E)$, et comme $g(F')$ contient T, on a $g(F') = G$; d'où $F' = F$.

Corollaire 5. — *Dans une suite exacte* $0 \to E \to F \to G \to 0$ *de* A-*modules, si* E *et* G *sont de type fini, il en est de même de* F.

Proposition 10. — *Soient* M, N *deux sous-modules d'un* A-*module* E. *On a alors deux suites exactes*

$$0 \longrightarrow M \cap N \xrightarrow{u} M \oplus N \xrightarrow{i-j} M + N \longrightarrow 0 \tag{29}$$

$$0 \longrightarrow E/(M \cap N) \xrightarrow{v} (E/M) \oplus (E/N) \xrightarrow{p-q} E/(M + N) \longrightarrow 0 \tag{30}$$

où $i: M \to M + N$, $j: N \to M + N$ *sont les injections canoniques,*

$$p: E/M \to E/(M + N) \text{ et } q: E/N \to E/(M + N)$$

les surjections canoniques, et où les homomorphismes u *et* v *sont définis comme suit: si* $f: M \cap N \to M \to M \oplus N$ *et* $g: M \cap N \to N \to M \oplus N$ *sont les injections canoniques,* $u = f + g$, *et si* $r: E/(M \cap N) \to E/M \to (E/M) \oplus (E/N)$ *et*

$$s: E/(M \cap N) \to E/N \to (E/M) \oplus (E/N)$$

sont les applications canoniques, $v = r + s$.

Prouvons l'exactitude de (29): il est évident que $i - j$ est surjective et que u est injective. En outre, dire que $(i - j)(x, y) = 0$, où $x \in M$ et $y \in N$, signifie que $i(x) - j(y) = 0$, donc $i(x) = j(y) = z \in M \cap N$, d'où par définition $x = f(z)$, $y = g(z)$, ce qui prouve que $\operatorname{Ker}(i - j) = \operatorname{Im} u$.

Prouvons l'exactitude de (30): il est clair que $p - q$ est surjective. D'autre part, dire que $v(t) = 0$ pour $t \in E/(M \cap N)$ signifie que $r(t) = s(t) = 0$, donc que t est la classe mod. $(M \cap N)$ d'un élément $z \in E$ dont les classes mod. M et mod. N sont nulles, ce qui entraîne $z \in M \cap N$ et $t = 0$. Enfin, dire que $(p - q)(x, y) = 0$ où $x \in E/M$, $y \in E/N$ signifie que $p(x) = q(y)$, ou encore qu'il existe deux éléments z', z'' de E dont les classes mod. M et mod. N respectivement sont x et y et qui sont tels que $z' - z'' \in M + N$. Il existe donc $t' \in M$, $t'' \in N$ tels que $z' - z'' = t' - t''$, d'où $z' - t' = z'' - t'' = z$. Soit w la classe mod. $(M \cap N)$ de z; $r(w)$ est la classe mod. M de z, donc aussi celle de z', c'est-à-dire x; de même $s(w) = y$, ce qui achève de prouver que $\operatorname{Ker}(p - q) = \operatorname{Im} v$.

8. Sommes directes de sous-modules

Définition 6. — *On dit qu'un* A-*module* E *est somme directe d'une famille* $(M_\iota)_{\iota \in I}$ *de sous-modules de* E *si l'application canonique* $\bigoplus_{\iota \in I} M_\iota \to E$ (II, p. 12) *est un isomorphisme.*

Il revient au même de dire que tout $x \in E$ peut s'écrire *d'une seule manière* sous la forme $x = \sum_{\iota \in I} x_\iota$, où $x_\iota \in E_\iota$ pour tout $\iota \in I$; l'élément x_ι correspondant ainsi à x est appelé le *composant* de x dans E_ι; l'application $x \mapsto x_\iota$ est *linéaire.*

Remarque 1). — Soient $(M_\iota)_{\iota \in I}$, $(N_\iota)_{\iota \in I}$ deux familles de sous-modules d'un module E, ayant même ensemble d'indices; supposons que E soit *à la fois* somme directe de la famille (M_ι) et de la famille (N_ι), *et que l'on ait* $N_\iota \subset M_\iota$ pour tout $\iota \in I$. Alors *on a* $N_\iota = M_\iota$ *pour tout* $\iota \in I$, comme il résulte aussitôt du cor. 1 de II, p. 14 appliqué aux injections canoniques $f_\iota : N_\iota \to M_\iota$.

PROPOSITION 11. — *Soit* $(M_\iota)_{\iota \in I}$ *une famille de sous-modules d'un* A-*module* E. *Les propriétés suivantes sont équivalentes*:

a) *Le sous-module* $\sum_{\iota \in I} M_\iota$ *est somme directe de la famille* $(M_\iota)_{\iota \in I}$.

b) *La relation* $\sum_{\iota \in I} x_\iota = 0$, *où* $x_\iota \in M_\iota$ *pour tout* $\iota \in I$, *entraîne* $x_\iota = 0$ *pour tout* $\iota \in I$.

c) *Pour tout* $\kappa \in I$, *l'intersection de* M_κ *et de* $\sum_{\iota \neq \kappa} M_\iota$ *est réduite à* 0.

Il est immédiat que a) et b) sont équivalentes, puisque la relation $\sum_\iota x_\iota = \sum_\iota y_\iota$ est équivalente à $\sum_\iota (x_\iota - y_\iota) = 0$. D'autre part, en vertu de la déf. 6, a) entraîne c) puisque l'expression d'un élément de $\bigoplus_{\iota \in I} M_\iota$ comme somme d'éléments $x_\iota \in M_\iota$ est unique. Enfin, la relation $\sum_\iota x_\iota = 0$, où $x_\iota \in M_\iota$ pour tout ι, s'écrit, pour tout $\kappa \in I$, $x_\kappa = \sum_{\iota \neq \kappa} (-x_\iota)$; la condition c) entraîne alors $x_\kappa = 0$ pour tout $\kappa \in I$, donc c) entraîne b).

DÉFINITION 7. — *On dit qu'un endomorphisme* e *d'un* A-module E *est un projecteur si* $e \circ e = e$ (autrement dit, si e est un *idempotent* dans l'anneau End(E)). *Dans* End(E), *on dit qu'une famille* $(e_\lambda)_{\lambda \in L}$ *de projecteurs est orthogonale si l'on a* $e_\lambda \circ e_\mu = 0$ *pour* $\lambda \neq \mu$.

PROPOSITION 12. — *Soit* E *un* A-*module.*

(i) *Si* E *est somme directe d'une famille* $(M_\lambda)_{\lambda \in L}$ *de sous-modules et si, pour tout* $x \in E$, $e_\lambda(x)$ *est le composant de* x *dans* M_λ, (e_λ) *est une famille orthogonale de projecteurs telle que* $x = \sum_{\lambda \in L} e_\lambda(x)$ *pour tout* $x \in E$.

(ii) *Inversement, si* $(e_\lambda)_{\lambda \in L}$ *est une famille orthogonale de projecteurs dans* End(E) *telle que* $x = \sum_{\lambda \in L} e_\lambda(x)$ *pour tout* $x \in E$, E *est somme directe de la famille des sous-modules* $M_\lambda = e_\lambda(E)$.

La propriété (i) découle des définitions, et (ii) est un cas particulier du cor. 2 de II, p. 13, appliqué aux injections canoniques $M_\lambda \to E$ et aux applications $e_\lambda : E \to M_\lambda$.

On notera que lorsque L est fini, la condition $x = \sum_{\lambda \in L} e_\lambda(x)$ pour tout $x \in E$ s'écrit aussi dans End (E)

$$(31) \qquad 1_E = \sum_{\lambda \in L} e_\lambda.$$

COROLLAIRE. — *Pour tout projecteur e de* E, E *est somme directe de l'image* $M = e(E)$ *et du noyau* $N = \overset{-1}{e}(0)$ *de e; pour tout* $x = x_1 + x_2 \in E$ *avec* $x_1 \in M$ *et* $x_2 \in N$, *on a* $x_1 = e(x)$; $1 - e$ *est un projecteur de* E, *d'image* N *et de noyau* M.

On a en effet $(1 - e)^2 = 1 - 2e + e^2 = 1 - e$ dans End(E), donc $1 - e$ est un projecteur; comme en outre $e(1 - e) = (1 - e)e = e - e^2 = 0$, E est somme directe des images M et N de e et $1 - e$ en vertu de la prop. 12. Enfin, pour tout $x \in E$, la relation $x \in M$ est équivalente à $x = e(x)$; en effet, $x = e(x)$ entraîne par définition $x \in M$, et inversement, si $x = e(x')$ avec $x' \in E$, on a $e(x) = e^2(x') = e(x') = x$; ceci montre donc que M est le noyau de $1 - e$; en échangeant les rôles de e et de $1 - e$, on voit de même que N est le noyau de e.

Remarque 2). — Soient E, F deux A-modules, tels que E soit somme directe d'une famille (M_i) de sous-modules, et F somme directe d'une famille *finie* $(N_j)_{1 \leq j \leq n}$ de sous-modules. On sait alors (II, p. 13, cor. 1) que $\mathrm{Hom}_A(E, F)$ s'identifie canoniquement au produit $\prod_{i,j} \mathrm{Hom}_A(M_i, N_j)$; de façon précise, à une famille (u_{ji}), où $u_{ji} \in \mathrm{Hom}_A(M_i, N_j)$ correspond l'application linéaire $u: E \to F$ définie de la façon suivante. Il suffit de définir la restriction de u à chacun des M_i, et pour $x_i \in M_i$, on a $u(x_i) = \sum_{j=1}^{n} u_{ji}(x_i)$.

Soit maintenant G un troisième A-module, somme directe d'une famille *finie* $(P_k)_{1 \leq k \leq p}$ de sous-modules; soit v une application linéaire de F dans G et soit $(v_{kj}) \in \prod_{j,k} \mathrm{Hom}_A(N_j, P_k)$ la famille qui lui correspond canoniquement. Pour tout $x_i \in M_i$, on a

$$v(u(x_i)) = \sum_{j=1}^{n} v(u_{ji}(x_i)) = \sum_{k=1}^{p} \sum_{j=1}^{n} v_{kj}(u_{ji}(x_i)).$$

On voit donc que, si l'on pose

$$(32) \qquad w_{ki} = \sum_{j=1}^{n} v_{kj} \circ u_{ji} \in \mathrm{Hom}_A(M_i, P_k)$$

la famille (w_{ki}) correspond canoniquement à l'application linéaire *composée* $w = v \circ u$ de E dans G (cf. II, p. 147).

9. Sous-modules supplémentaires

DÉFINITION 8. — *Dans un* A-*module* E, *on dit que deux sous-modules* M_1, M_2 *sont supplémentaires si* E *est somme directe de* M_1 *et* M_2.

La prop. 11 de II, p. 18 montre que, pour que M_1 et M_2 soient supplémentaires, il faut et il suffit que $M_1 + M_2 = E$ et $M_1 \cap M_2 = \{0\}$ (cf. I, p. 46, prop. 15).

PROPOSITION 13. — *Soient* M_1, M_2 *deux sous-modules supplémentaires dans un* A-*module* E. *La restriction à* M_1 *de l'application canonique* $E \to E/M_2$ *est un isomorphisme de* M_1 *sur* E/M_2.

En effet, cette application linéaire est surjective puisque $M_1 + M_2 = E$, et elle est injective puisque son noyau est l'intersection de M_1 et du noyau M_2 de $E \to E/M_2$, donc est réduit à 0.

COROLLAIRE. — *Si* M_2 *et* M'_2 *sont tous deux supplémentaires d'un même sous-module* M_1 *de* E, *l'ensemble des couples* $(x, x') \in M_2 \times M'_2$ *tels que* $x - x' \in M_1$ *est le graphe d'un isomorphisme de* M_2 *sur* M'_2.

Il est immédiat en effet que c'est le graphe de l'isomorphisme composé $M_2 \to E/M_1 \to M'_2$.

DÉFINITION 9. — *On dit qu'un sous-module* M *d'un* A-*module* E *est facteur direct de* E *s'il possède un sous-module supplémentaire dans* E.

Lorsqu'il en est ainsi, E/M est isomorphe à un supplémentaire de M (prop. 13).

Un sous-module n'admet pas nécessairement de supplémentaire (II, p. 180, exerc. 11). Lorsqu'un sous-module est facteur direct, il a en général plusieurs supplémentaires distincts; ces supplémentaires sont toutefois deux à deux canoniquement isomorphes (cor. de la prop. 13).

PROPOSITION 14. — *Pour qu'un sous-module* M *d'un module* E *soit facteur direct, il faut et il suffit qu'il existe un projecteur de* E *dont l'image soit* M, *ou un projecteur de* E *dont le noyau soit* M.

Cela résulte immédiatement de II, p. 18–19, prop. 12 et corollaire.

PROPOSITION 15. — *Étant donnée une suite exacte de* A-*modules*

$$0 \longrightarrow E \xrightarrow{f} F \xrightarrow{g} G \longrightarrow 0 \tag{33}$$

les conditions suivantes sont équivalentes:

a) *Le sous-module* $f(E)$ *de* F *est facteur direct.*

b) *Il existe une rétraction linéaire* $r\colon F \to E$ *associée à* f (E, II, p. 18, déf. 11).

c) *Il existe une section linéaire* $s\colon G \to F$ *associée à* g (E, II, p. 18, déf. 11).

Lorsqu'il en est ainsi, $f + s\colon E \oplus G \to F$ *est un isomorphisme.*

S'il existe un projecteur e dans End(F) tel que $e(F) = f(E)$, l'homomorphisme $\overset{-1}{f} \circ e\colon F \to E$ est une rétraction linéaire associée à f; inversement, s'il existe une telle rétraction r, il est immédiat que $f \circ r$ est un projecteur dans F dont $f(E)$ est l'image, donc a) et b) sont équivalentes (prop. 14). Si $f(E)$ admet un supplémentaire E′ dans F et si $j\colon E' \to F$ est l'injection canonique, $g \circ j$ est un isomorphisme de E′ sur G et l'isomorphisme réciproque, considéré comme application de G dans F, est une section linéaire associée à g. Inversement, s'il existe une telle section s, $s \circ g$ est un projecteur dans F dont $f(E)$ est le noyau, donc a) et c) sont équivalentes (prop. 14). En outre s est une bijection de G sur $s(G)$, et comme $s(G)$ est supplémentaire de $f(E)$, $f + s$ est un isomorphisme.

On notera que la donnée de r (resp. s) équivaut à la donnée d'un supplémentaire de $f(E)$ dans F, savoir le noyau de r (resp. l'image de s).

Lorsque la suite exacte (33) vérifie les conditions de la prop. 15, on dit qu'elle est *scindée* ou que (F, f, g) est une extension *triviale* de G par E (I, p. 63).

COROLLAIRE 1. — *Soit* $u: E \rightarrow F$ *une application linéaire. Pour qu'il existe une application linéaire* $v: F \rightarrow E$ *telle que* $u \circ v = 1_F$ (cas où on dit que u est *inversible à droite* et que v est *inverse à droite de* u), *il faut et il suffit que* u *soit surjective et que son noyau soit facteur direct dans* E. *Le sous-module* $\mathrm{Im}(v)$ *de* E *est alors supplémentaire de* $\mathrm{Ker}(u)$.

Il est évidemment nécessaire que u soit surjective; comme v est alors une section associée à u, la conclusion résulte de la prop. 15.

COROLLAIRE 2. — *Soit* $u: E \rightarrow F$ *une application linéaire. Pour qu'il existe une application linéaire* $v: F \rightarrow E$ *telle que* $v \circ u = 1_E$ (cas où on dit que u est *inversible à gauche* et que v est *inverse à gauche de* u), *il faut et il suffit que* u *soit injective et que son image soit facteur direct dans* F. *Le sous-module* $\mathrm{Ker}(v)$ *de* F *est alors supplémentaire de* $\mathrm{Im}(u)$.

Il est évidemment nécessaire que u soit injective; comme v est alors une rétraction associée à u, la conclusion résulte encore de la prop. 15.

Remarques. — 1) Soient M, N deux sous-modules supplémentaires dans un A-module E, p, q les projecteurs de E sur M et N respectivement, correspondant à la décomposition de E en somme directe de M et N. On sait (II, p. 13, cor. 1) que, pour tout A-module F, l'application $(u, v) \mapsto u \circ p + v \circ q$ est un isomorphisme de

$$\mathrm{Hom}_A(M, F) \oplus \mathrm{Hom}_A(N, F)$$

sur $\mathrm{Hom}_A(E, F)$. L'image de $\mathrm{Hom}_A(M, F)$ par cet isomorphisme est l'ensemble des applications linéaires $w: E \rightarrow F$ *telles que* $w(x) = 0$ *pour tout* $x \in N$.

2) Si M, N sont deux sous-modules de E tels que $M \cap N$ soit facteur direct de M et de N, alors $M \cap N$ est aussi facteur direct de $M + N$: en effet, si P (resp. Q) est un supplémentaire de $M \cap N$ dans M (resp. N), $M + N$ est somme directe de $M \cap N$, P et Q, comme on le vérifie aussitôt.

10. Modules de longueur finie

Rappelons (I, p. 36, déf. 7) qu'un A-module M est dit *simple* s'il n'est pas réduit à 0 et s'il ne contient aucun sous-module distinct de M et de $\{0\}$. Un A-module M est dit de *longueur finie* s'il possède une suite de Jordan-Hölder $(M_i)_{0 \leqslant i \leqslant n}$, et le nombre n des quotients de cette suite (qui ne dépend pas de la suite de Jordan-Hölder de M considérée) est alors appelé la *longueur* de M (I, p. 42, déf. 11); nous le noterons $\mathrm{long}(M)$, ou $\mathrm{long}_A(M)$. Un A-module réduit à 0 est de longueur 0; si M est un A-module de longueur finie non réduit à 0, on a $\mathrm{long}(M) > 0$.

PROPOSITION 16. — *Soient* M *un* A-*module*, N *un sous-module de* M; *pour que* M *soit de longueur finie, il faut et il suffit que* N *et* M/N *le soient, et l'on a*

(34) $$\mathrm{long}(\mathrm{N}) + \mathrm{long}(\mathrm{M}/\mathrm{N}) = \mathrm{long}(\mathrm{M}).$$

La démonstration a été donnée dans I, p. 42, prop. 10.

Corollaire 1. — *Soit* M *un* A-*module de longueur finie; pour qu'un sous-module* N *de* M *soit égal à* M, *il faut et il suffit que* long(N) = long(M).

Corollaire 2. — *Soit* u: M → N *un homomorphisme de* A-*modules. Si* M *ou* N *est de longueur finie, il en est de même de* Im(u). *Si* M *est de longueur finie, il en est de même de* Ker(u) *et l'on a*

(35) $$\mathrm{long}(\mathrm{Im}(u)) + \mathrm{long}(\mathrm{Ker}(u)) = \mathrm{long}(\mathrm{M}).$$

Si N *est de longueur finie, il en est de même de* Coker(u) *et l'on a*

(36) $$\mathrm{long}(\mathrm{Im}(u)) + \mathrm{long}(\mathrm{Coker}(u)) = \mathrm{long}(\mathrm{N}).$$

Corollaire 3. — *Soit* $(\mathrm{M}_i)_{0 \leqslant i \leqslant n}$ *une famille finie de* A-*modules de longueur finie. S'il existe une suite exacte d'applications linéaires*

(37) $$0 \longrightarrow \mathrm{M}_0 \xrightarrow{u_0} \mathrm{M}_1 \xrightarrow{u_1} \mathrm{M}_2 \longrightarrow \cdots \longrightarrow \mathrm{M}_{n-1} \xrightarrow{u_{n-1}} \mathrm{M}_n \longrightarrow 0$$

on a la relation

(38) $$\sum_{k=0}^{n} (-1)^k \mathrm{long}(\mathrm{M}_k) = 0.$$

Le corollaire est évident pour $n = 1$ et n'est autre que la prop. 16 pour $n = 2$; raisonnons par récurrence sur n. Si $\mathrm{M}'_{n-1} = \mathrm{Im}(u_{n-2})$, on a, par l'hypothèse de récurrence,

$$\sum_{k=0}^{n-2} (-1)^k \mathrm{long}(\mathrm{M}_k) + (-1)^{n-1} \mathrm{long}(\mathrm{M}'_{n-1}) = 0.$$

D'autre part, la suite exacte $0 \to \mathrm{M}'_{n-1} \to \mathrm{M}_{n-1} \to \mathrm{M}_n \to 0$ donne

$$\mathrm{long}(\mathrm{M}'_{n-1}) + \mathrm{long}(\mathrm{M}_n) = \mathrm{long}(\mathrm{M}_{n-1}),$$

d'où la relation (38).

Corollaire 4. — *Soient* M *et* N *deux sous-modules de longueur finie d'un* A-*module* E; *alors* M + N *est de longueur finie et l'on a*

(39) $$\mathrm{long}(\mathrm{M} + \mathrm{N}) + \mathrm{long}(\mathrm{M} \cap \mathrm{N}) = \mathrm{long}(\mathrm{M}) + \mathrm{long}(\mathrm{N}).$$

Il suffit d'appliquer le cor. 3 à la suite exacte (29) (II, p. 17)

$$0 \to \mathrm{M} \cap \mathrm{N} \to \mathrm{M} \oplus \mathrm{N} \to \mathrm{M} + \mathrm{N} \to 0$$

en tenant compte de ce que $\mathrm{long}(\mathrm{M} \oplus \mathrm{N}) = \mathrm{long}(\mathrm{M}) + \mathrm{long}(\mathrm{N})$ d'après (34).

Corollaire 5. — *Soit* M *un* A-*module somme d'une famille finie* (N_ι) *de sous-modules de longueur finie. Alors* M *est de longueur finie et on a*

$$\text{long}(M) \leqslant \sum_\iota \text{long}(N_\iota). \tag{40}$$

En outre, pour que les deux membres de (40) *soient égaux, il faut et il suffit que* M *soit somme directe des* N_ι.

En effet, on a vu (II, p. 16, formule (28)) que l'on a une application linéaire surjective canonique $h : \bigoplus_\iota N_\iota \to M$; le corollaire résulte donc de (35) (II, p. 22).

Corollaire 6. — *Soient* M *et* N *deux sous-modules d'un* A-*module* E *tels que* E/M *et* E/N *soient des modules de longueur finie; alors* $E/(M \cap N)$ *est de longueur finie et l'on a*

$$\text{long}(E/(M \cap N)) + \text{long}(E/(M + N)) = \text{long}(E/M) + \text{long}(E/N). \tag{41}$$

Il suffit d'appliquer le cor. 3 (II, p. 22) à la suite exacte (30) (II, p. 17)

$$0 \to E/(M \cap N) \to (E/M) \oplus (E/N) \to E/(M + N) \to 0$$

en tenant compte de ce que

$$\text{long}((E/M) \oplus (E/N)) = \text{long}(E/M) + \text{long}(E/N).$$

Corollaire 7. — *Soit* (M_i) *une famille finie de sous-modules d'un* A-*module* E, *tels que les* E/M_i *soient des modules de longueur finie. Alors* $E/(\bigcap_i M_i)$ *est de longueur finie, et l'on a*

$$\text{long}(E/(\bigcap_i M_i)) \leqslant \sum_i \text{long}(E/M_i). \tag{42}$$

En effet, on a vu (II, p. 15, formule (27)) que l'on a une application linéaire injective canonique $E/(\bigcap_i M_i) \to \bigoplus_i (E/M_\iota)$.

Remarque. — A l'exception de II, p. 16, prop. 9, *tous* les résultats des n°s 2 à 10 sont valables pour les *groupes commutatifs à opérateurs* quelconques, les sous-modules (resp. les modules quotients) étant remplacés dans les énoncés par les sous-groupes stables (resp. par les groupes quotients par des sous-groupes stables); on convient d'appeler encore « applications linéaires » les homomorphismes de groupes à opérateurs. Les corollaires de II, p. 16, prop. 9 sont encore valables pour les groupes commutatifs à opérateurs: c'est évident pour les cor. 4 et 5, ainsi que pour le cor. 2, puisque $\alpha(\sum_{\iota \in I} x_\iota) = \sum_{\iota \in I} \alpha x_\iota$ pour tout opérateur α, et le cor. 3 s'en déduit. Quant au cor. 1, il suffit de remarquer que si N est un sous-groupe stable de F contenant $u(S)$, $\overset{-1}{u}(N)$ est un sous-groupe stable de E contenant S, donc $\overset{-1}{u}(N)$ contient M et par suite $u(M) \subset N$.

11. Familles libres. Bases

Soient A un anneau, T un ensemble, et considérons le A-module $A_s^{(T)}$. Par définition, c'est la somme directe externe d'une famille $(M_t)_{t \in T}$ de A-modules tous égaux à A_s et pour tout $t \in T$ on a une injection canonique $j_t : A_s \to A_s^{(T)}$ (II, p. 12). Posons $j_t(1) = e_t$, de sorte que $e_t = (\delta_{tt'})_{t' \in T}$, où $\delta_{tt'}$ est égal à 0 si $t' \neq t$, à 1 si $t' = t$ (« *symbole de Kronecker* »; $(t, t') \mapsto \delta_{tt'}$ n'est autre que la fonction caractéristique de la diagonale de $T \times T$); tout $x = (\xi_t)_{t \in T} \in A_s^{(T)}$ s'écrit donc d'une seule manière: $x = \sum_{t \in T} \xi_t e_t$. L'application $\varphi : t \mapsto e_t$ de T dans $A_s^{(T)}$ est dite *canonique*; elle est *injective* si A n'est pas réduit à 0. Nous allons voir que le couple $(A_s^{(T)}, \varphi)$ est solution d'un *problème d'application universelle* (E, IV, p. 22).

PROPOSITION 17. — *Pour tout* A-*module* E *et toute application* $f : T \to E$ *il existe une application* A-*linéaire et une seule* $g : A_s^{(T)} \to E$ *telle que* $f = g \circ \varphi$.

En effet, la condition $f = g \circ \varphi$ signifie que $g(e_t) = f(t)$ pour tout $t \in T$, ce qui équivaut à $g(\xi e_t) = \xi f(t)$ pour tout $\xi \in A$ et tout $t \in T$ et signifie encore que $g \circ j_t$ est l'application linéaire $\xi \mapsto \xi f(t)$ de A_s dans E pour tout $t \in T$; la proposition est donc cas particulier de II, p. 12, prop. 6.

On dit que l'application linéaire g est *déterminée* par la famille $(f(t))_{t \in T}$ d'éléments de E; on a par définition

$$g\Big(\sum_{t \in T} \xi_t e_t\Big) = \sum_{t \in T} \xi_t f(t). \tag{43}$$

Le noyau R de g est l'ensemble des $(\xi_t) \in A_s^{(T)}$ tels que l'on ait $\sum_t \xi_t f(t) = 0$; on dit parfois que le module R est *le module des relations linéaires entre les éléments de la famille* $(f(t))_{t \in T}$. On dit que la suite exacte

$$0 \longrightarrow R \longrightarrow A_s^{(T)} \xrightarrow{\;g\;} E \tag{44}$$

est *déterminée* par la famille $(f(t))_{t \in T}$.

COROLLAIRE 1. — *Soient* T, T' *deux ensembles*, $g : T \to T'$ *une application. Il existe alors une application* A-*linéaire* $f : A^{(T)} \to A^{(T')}$ *et une seule rendant commutatif le diagramme*

$$\begin{array}{ccc} T & \xrightarrow{\;g\;} & T' \\ {\scriptstyle\varphi}\big\downarrow & & \big\downarrow{\scriptstyle\varphi'} \\ A^{(T)} & \xrightarrow[\;f\;]{} & A^{(T')} \end{array}$$

où φ *et* φ' *sont les applications canoniques.*

Il suffit d'appliquer la prop. 17 à l'application composée $T \xrightarrow{\;g\;} T' \xrightarrow{\;\varphi'\;} A^{(T')}$.

COROLLAIRE 2. — *Pour qu'une famille* $(a_t)_{t \in T}$ *d'éléments d'un* A-*module* E *soit un système générateur de* E, *il faut et il suffit que l'application linéaire* $A_s^{(T)} \to E$ *déterminée par cette famille soit surjective.*

Ce n'est qu'une autre manière d'exprimer la prop. 9 de II, p. 16.

DÉFINITION 10. — *On dit qu'une famille* $(a_t)_{t\in T}$ *d'éléments d'un A-module* E *est une* famille libre (resp. *est une* base *de* E) *si l'application linéaire* $A_s^{(T)} \to E$ *déterminée par cette famille est injective* (resp. *bijective*). *On dit qu'un module est libre s'il possède une base.*

En particulier, on dira qu'un groupe commutatif G est *libre* si G (noté additivement) est un **Z**-*module libre* (cf. I, p. 87).

La déf. 10, jointe au cor. 2 de la prop. 17, montre qu'une base d'un A-module E est une *famille libre génératrice* de E. Toute famille libre d'éléments de E est donc une base du sous-module qu'elle engendre.

Par définition, le A-module $A_s^{(T)}$ est libre et la famille $(e_t)_{t\in T}$ est une base (dite *canonique*) de ce A-module. Lorsque $A \neq \{0\}$, on identifie souvent T à l'ensemble des e_t par la bijection canonique $t \mapsto e_t$; cela revient à écrire $\sum_{t\in T} \xi_t . t$ au lieu de $\sum_{t\in T} \xi_t e_t$ les éléments de $A_s^{(T)}$. Lorsqu'on adopte cette convention, les éléments de $A_s^{(T)}$ sont appelés *combinaisons linéaires formelles* (à coefficients dans A) *des éléments de* T.

La définition 10 et la prop. 17 donnent aussitôt le résultat suivant:

COROLLAIRE 3. — *Soient* E *un A-module libre,* $(a_t)_{t\in T}$ *une base de* E, F *un A-module,* $(b_t)_{t\in T}$ *une famille d'éléments de* F. *Il existe une application linéaire* f: E $\to$ F *et une seule telle que l'on ait*

$$f(a_t) = b_t \qquad \textit{pour tout } t \in T. \tag{45}$$

Pour que f soit injective (resp. *surjective*), *il faut et il suffit que* (b_t) *soit une famille libre dans* F (resp. *un système générateur de* F).

Lorsqu'une famille $(a_t)_{t\in T}$ n'est pas libre, on dit qu'elle est *liée*. La déf. 10 s'exprime encore comme suit: dire que la famille $(a_t)_{t\in T}$ est *libre* signifie que la relation $\sum_{t\in T} \lambda_t a_t = 0$ (où la famille (λ_t) est à support fini) entraîne $\lambda_t = 0$ pour tout $t \in T$; dire que $(a_t)_{t\in T}$ est une *base* de E signifie que tout $x \in E$ s'écrit d'une manière et d'une seule sous la forme $x = \sum_{t\in T} \xi_t a_t$; pour tout $t \in T$, on dit alors que ξ_t est *la composante* (ou *la coordonnée*) *d'indice* t *de* x *par rapport à la base* (a_t); l'application $x \mapsto \xi_t$ de E dans A_s est *linéaire.*

Supposons $A \neq \{0\}$; alors, dans un A-module E, deux éléments d'une famille libre $(a_t)_{t\in T}$ dont les indices sont distincts, sont eux-mêmes *distincts*: car si on avait $a_{t'} = a_{t''}$ pour $t' \neq t''$, on en déduirait $\sum_{t\in T} \lambda_t a_t = 0$ avec $\lambda_{t'} = 1$, $\lambda_{t''} = -1$ et $\lambda_t = 0$ pour les éléments de T distincts de t' et de t''. On dira qu'une partie S de

E est une *partie libre* (resp. une *base* de E) si la famille définie par l'application identique de S sur elle-même est libre (resp. une base de E); toute famille définie par une application bijective d'un ensemble d'indices sur S est alors libre (resp. une base). Les éléments d'une partie libre de E sont encore dits *linéairement indépendants*.

Si une partie de E n'est pas libre, on dit qu'elle est *liée*, ou est un *système lié*, et que ses éléments sont *linéairement dépendants*.

Toute partie d'une partie libre de E est libre; en particulier la partie vide est libre et est une base du sous-module $\{0\}$ de E.

PROPOSITION 18. — *Pour qu'une famille* $(a_t)_{t\in T}$ *d'éléments d'un module* E *soit libre, il faut et il suffit que toute sous-famille finie de* $(a_t)_{t\in T}$ *soit libre.*

Cela résulte aussitôt de la définition.

La prop. 18 montre que l'ensemble des parties libres de E, ordonné par inclusion, est *inductif* (E, III, p. 20); comme il n'est pas vide (puisque $\varnothing$ lui appartient), il possède un élément *maximal* $(a_\iota)_{\iota\in I}$ en vertu du th. de Zorn. On en déduit (si $A \neq \{0\}$) que pour tout $x \in E$, il existe un élément $\mu \neq 0$ de A et une famille (ξ_ι) d'éléments de A tels que $\mu x = \sum_\iota \xi_\iota a_\iota$ (cf. II, p. 95–96).

PROPOSITION 19. — *Soit* E *un* A-*module, somme directe d'une famille* $(M_\lambda)_{\lambda\in L}$ *de sous-modules. Si, pour chaque* $\lambda \in L$, S_λ *est une partie libre* (resp. *un ensemble générateur, une base*) *de* M_λ, *alors* $S = \bigcup_{\lambda\in L} S_\lambda$ *est une partie libre* (resp. *un ensemble générateur, une base*) *de* E.

La proposition résulte des définitions et de la relation $A_s^{(S)} = \bigoplus_{\lambda\in L} A_s^{(S_\lambda)}$ (associativité de la somme directe, cf. II, p. 12).

Remarque 1). — D'après la déf. 10 (II, p. 25), si $A \neq \{0\}$ et si $(a_\iota)_{\iota\in I}$ est une famille libre, aucun élément a_κ ne peut être égal à une combinaison linéaire des a_ι d'indice $\iota \neq \kappa$. Mais inversement, une famille (a_ι) qui vérifie cette condition n'est pas nécessairement une famille libre. Par exemple, soit A un anneau intègre, et soient a, b deux éléments distincts et non nuls; dans A, considéré comme A-module, a et b forment un système lié, puisque l'on a $(-b)a + ab = 0$. Mais en général il n'existe pas d'élément $x \in A$ tel que l'on ait $a = xb$ ou $b = xa$ (cf. toutefois II, p. 96, *Remarque*).

On dit qu'un élément x d'un module E est *libre* si $\{x\}$ est une partie libre, c'est-à-dire si la relation $\alpha x = 0$ entraîne $\alpha = 0$. Tout élément d'une partie libre est libre, et en particulier 0 ne peut appartenir à aucune partie libre lorsque $A \neq \{0\}$.

Remarques. — 2) Un module libre peut avoir des éléments $\neq 0$ qui ne sont pas libres: par exemple, le A-module A_s est libre mais les diviseurs de zéro à droite dans A ne sont pas des éléments libres de A_s.

3) Dans le groupe additif $\mathbf{Z}/(n)$ (n entier $\geqslant 2$) considéré comme $\mathbf{Z}$-module, aucun élément n'est libre, et *a fortiori* $\mathbf{Z}/(n)$ n'est pas un module libre.

4) Il peut se faire que tout élément $\neq 0$ d'un A-module soit libre, sans que ce module soit libre. Par exemple, le corps $\mathbf{Q}$ des nombres rationnels est un $\mathbf{Z}$-module qui possède cette propriété, car deux éléments $\neq 0$ de $\mathbf{Q}$ forment toujours un système lié, et une base de $\mathbf{Q}$ ne pourrait donc comporter qu'un seul élément a; mais les éléments de $\mathbf{Q}$ ne sont pas tous de la forme na, avec $n \in \mathbf{Z}$ (cf. VII, § 3).

Proposition 20. — *Tout* A-*module* E *est isomorphe à un module quotient d'un* A-*module libre.*

En effet, si T est un ensemble générateur de E, il existe une application linéaire surjective $A_s^{(T)} \to E$ (II, p. 24, cor. 2), et si R est le noyau de cette application, E est isomorphe à $A_s^{(T)}/R$.

On peut en particulier prendre $T = E$; on a donc une application linéaire surjective $A_s^{(E)} \to E$, dite *canonique*.

En particulier, dire qu'un A-module E est *de type fini* (II, p. 15) signifie qu'il est isomorphe à un quotient d'un A-module libre ayant une *base finie*, ou encore qu'il existe une suite exacte de la forme

$$A_s^n \to E \to 0 \qquad (n \text{ entier} > 0).$$

On notera que si $A \neq \{0\}$, toute base d'un module libre *de type fini* E est nécessairement *finie*, car si S est un système générateur fini et B une base de E, chaque élément de S est combinaison linéaire d'un nombre fini d'éléments de B, et si B′ est l'ensemble de tous les éléments de B qui figurent ainsi dans l'expression des éléments de S, B′ est fini et tout $x \in E$ est combinaison linéaire d'éléments de B′, donc $B' = B$.

Proposition 21. — *Toute suite exacte de* A-*modules*

$$0 \longrightarrow G \xrightarrow{g} E \xrightarrow{f} F \longrightarrow 0$$

dans laquelle F *est un* A-*module* libre, *est scindée* (II, p. 21). *De façon précise, si* $(b_\lambda)_{\lambda \in L}$ *est une base de* F, *et, pour chaque* $\lambda \in L$, a_λ *un élément de* E *tel que* $f(a_\lambda) = b_\lambda$, *la famille* $(a_\lambda)_{\lambda \in L}$ *est libre et engendre un sous-module supplémentaire de* $g(G)$.

Il existe en effet une application linéaire $h \colon F \to E$ et une seule telle que $h(b_\lambda) = a_\lambda$ pour tout $\lambda \in L$ (II, p. 25, cor. 3). Comme h est une section linéaire associée à f, la proposition résulte de I, p. 46, prop. 15.

Remarque 5). — Soit $(a_\iota)_{1 \leqslant \iota \leqslant n}$ une *base* d'un A-module E, et soit $(b_\iota)_{1 \leqslant \iota \leqslant n}$ une famille d'éléments de E donnée par les relations

(46) $$b_\iota = \lambda_{1\iota} a_1 + \cdots + \lambda_{\iota\iota} a_\iota \qquad (1 \leqslant i \leqslant n)$$

où $\lambda_{\iota\iota}$ est *inversible* dans A; alors $(b_\iota)_{1 \leqslant \iota \leqslant n}$ est une *base* de E. Il suffit de raisonner par récurrence sur n, la proposition étant évidente pour $n = 1$. Si E′ est le sous-module de E engendré par la famille $(a_\iota)_{1 \leqslant \iota \leqslant n-1}$, il résulte de l'hypothèse de récurrence que $(b_\iota)_{1 \leqslant \iota \leqslant n-1}$ est une base de E′; d'autre part, on déduit de (46) que si l'on avait $\mu b_n \in E'$ avec $\mu \in A$, on aurait aussi $\mu \lambda_{nn} a_n \in E'$, d'où $\mu = 0$ puisque λ_{nn} est inversible. La famille $(b_\iota)_{1 \leqslant \iota \leqslant n}$ est donc libre, et comme on a

$$a_n = -\lambda_{nn}^{-1} \lambda_{1n} a_1 - \cdots - \lambda_{nn}^{-1} \lambda_{n-1,n} a_{n-1} + \lambda_{nn}^{-1} b_n$$

on voit que $(b_\iota)_{1 \leqslant \iota \leqslant n}$ est un système générateur de E, ce qui achève la démonstration. On généralise aisément ce résultat à une famille $(a_\iota)_{\iota \in I}$ dont l'ensemble d'indices I est bien ordonné.

12. Annulateurs. Modules fidèles. Modules monogènes

DÉFINITION 11. — *On appelle annulateur d'une partie* S *d'un* A*-module* E *l'ensemble des éléments* $\alpha \in A$ *tels que* $\alpha x = 0$ *pour tout* $x \in S$.

L'annulateur de S se note souvent Ann(S); pour une partie S réduite à un seul élément x, on écrit Ann(x) au lieu de Ann($\{x\}$) et on dit que Ann(x) est *l'annulateur de* x.

La relation $\alpha x = 0$ s'exprime encore en disant que *x est annulé par α.*

Il est immédiat que l'annulateur d'une partie quelconque S de E est un *idéal à gauche* de A; pour qu'il soit égal à A, il faut et il suffit (en vertu de (M_{IV})) que $S = \{0\}$. Si deux parties S, T de E sont telles que $S \subset T$, l'annulateur de T est contenu dans l'annulateur de S. Si $(S_\iota)_{\iota \in I}$ est une famille quelconque de parties de E, l'annulateur de la réunion $\bigcup_\iota S_\iota$ est l'intersection des annulateurs des S_ι. En particulier, l'annulateur d'une partie S de E est l'intersection des annulateurs des éléments de S. Dire qu'un élément de E est *libre* équivaut à dire que son annulateur est $\{0\}$. Pour tout $x \in E$ et tout $\alpha \in A$, l'annulateur de αx est l'ensemble des $\beta \in A$ tels que $\beta\alpha \in \text{Ann}(x)$.

L'annulateur d'un *sous-module* M de E est un *idéal bilatère* de A; en effet, si $\alpha x = 0$ pour tout $x \in M$, on a aussi $\alpha(\beta x) = 0$ pour tout $x \in M$ et tout $\beta \in A$, donc $\alpha\beta$ appartient à l'annulateur de M pour tout $\beta \in A$. En particulier l'annulateur de E est un idéal bilatère de A.

Pour tout $\alpha \in A$, soit h_α l'homothétie $x \mapsto \alpha x$; on sait que l'application $\alpha \mapsto h_\alpha$ de A dans l'anneau $\mathscr{E} = \text{Hom}_{\mathbf{Z}}(E, E)$ des endomorphismes du groupe commutatif (sans opérateur) E, est un *homomorphisme d'anneaux* (II, p. 43). L'image réciproque de 0 par cet homomorphisme est l'*annulateur* $\mathfrak{a}$ de E; l'image de A par l'homomorphisme $\alpha \mapsto h_\alpha$ est donc isomorphe à l'anneau quotient $A/\mathfrak{a}$. On dit que le module E est *fidèle* si son annulateur $\mathfrak{a}$ est réduit à 0.

Soient E un A-module quelconque, $\mathfrak{a}$ un idéal bilatère de A contenu dans Ann(E), et soit $\dot{\alpha}$ un élément de l'anneau quotient $A/\mathfrak{a}$; pour tout $x \in E$, l'élément αx est le même pour tous les $\alpha \in A$ appartenant à la classe $\dot{\alpha}$ mod. $\mathfrak{a}$; si on désigne cet élément par $\dot{\alpha}x$, on voit aussitôt que l'application $(\dot{\alpha}, x) \mapsto \dot{\alpha}x$ définit (avec l'addition dans E) une structure de $(A/\mathfrak{a})$-module sur E. Lorsqu'on prend $\mathfrak{a} = \text{Ann}(E)$, le $(A/\mathfrak{a})$-module E ainsi défini est *fidèle*; nous dirons que c'est le module fidèle *associé* au A-module E. On observera que tout sous-module d'un A-module E est aussi un sous-module du module fidèle associé, et réciproquement.

DÉFINITION 12. — *On dit qu'un module est monogène s'il est engendré par un seul élément.*

La prop. 9 de II, p. 16 montre que, si E est un A-module monogène, et si a est un élément engendrant E, E est identique à l'ensemble $A.a$ des ξa, où ξ parcourt A.

Exemples. — 1) Tout groupe monogène étant commutatif (I, p. 47, prop. 18) est un **Z**-module monogène.

2) Si A est un anneau commutatif, les sous-modules monogènes du A-module A ne sont autres que les *idéaux principaux* (I, p. 99) de l'anneau A.

3) Tout A-module *simple* E est monogène, puisque le sous-module de E engendré par un élément $\neq 0$ de E est nécessairement égal à E.

Proposition 22. — *Soit* A *un anneau. Tout module quotient de* A_s *est monogène. Inversement, soient* E *un* A-*module monogène, c un générateur de* E, *et* $\mathfrak{a}$ *son annulateur; l'application linéaire* $\xi \mapsto \xi c$ *définit, par passage au quotient, un isomorphisme de* $A_s/\mathfrak{a}$ *sur* E.

Comme A_s est lui-même monogène, étant engendré par 1, la première assertion résulte de II, p. 16, cor. 1. La seconde est évidente, puisque $\xi \mapsto \xi c$ est par hypothèse surjective et a pour noyau $\mathfrak{a}$.

On notera que si A n'est pas commutatif, les annulateurs de deux générateurs distincts c, c' d'un A-module monogène E sont en général *distincts*, et sont aussi distincts de l'annulateur du module E. Au contraire, si A est *commutatif*, l'annulateur d'un générateur c de E est contenu dans l'annulateur de tout élément de E, donc est l'annulateur de E tout entier.

Corollaire. — *Tout sous-module d'un* A-*module monogène* E *est isomorphe à un module quotient* $\mathfrak{b}/\mathfrak{a}$, *où* $\mathfrak{a}$ *et* $\mathfrak{b}$ *sont deux idéaux à gauche de* A *tels que* $\mathfrak{a} \subset \mathfrak{b}$. *Tout module quotient d'un* A-*module monogène est monogène.*

La seconde assertion est immédiate, et la première résulte de la prop. 22 et de I, p. 39, th. 4.

On notera par contre qu'un sous-module d'un module monogène n'est pas nécessairement monogène. Par exemple, si A est un anneau commutatif dans lequel il existe des idéaux non principaux (VII, § 1, n° 1), ces idéaux sont des sous-modules non monogènes du A-module monogène A.

Il résulte des définitions que le sous-module d'un A-module E engendré par une famille (a_ι) d'éléments de E est la *somme* des sous-modules monogènes Aa_ι de E; pour que (a_ι) soit une *base* de E, il faut et il suffit que chacun des a_ι soit un élément *libre* de E et que la somme des Aa_ι soit *directe*.

Proposition 23. — *Soit* E *un* A-*module, somme directe d'une famille* infinie $(M_\iota)_{\iota \in I}$ *de sous-modules non réduits à* 0. *Pour tout système générateur* S *de* E, *on a* $\mathrm{Card}(S) \geqslant \mathrm{Card}(I)$.

Pour $x \in S$, soit C_x l'ensemble fini des indices $\iota \in I$ tels que le composant de x dans M_ι soit $\neq 0$, et posons $C = \bigcup_{x \in S} C_x$. Tout $x \in S$ appartient par définition au sous-module de E somme directe des M_ι pour $\iota \in C$, et l'hypothèse que S engendre E entraîne donc $C = I$; comme I est infini par hypothèse, il en est de même de S (E, III, p. 36, cor. 1); on a par suite $\mathrm{Card}(I) = \mathrm{Card}(C) \leqslant \mathrm{Card}(S)$ (E, III, p. 49, cor. 3).

Corollaire 1. — *Les hypothèses étant celles de la prop.* 23, *supposons que chaque* M_ι *soit monogène, et que* E *soit somme directe d'une seconde famille* $(N_\lambda)_{\lambda \in L}$ *de sous-modules monogènes non réduits à* 0. *Alors, on a* $\mathrm{Card}(L) = \mathrm{Card}(I)$.

En effet, si b_λ est un générateur de N_λ, l'ensemble des b_λ est un système générateur de E, donc $\operatorname{Card}(L) \geqslant \operatorname{Card}(I)$. En particulier L est infini, et en échangeant les rôles de (M_ι) et de (N_λ), on a de même $\operatorname{Card}(I) \geqslant \operatorname{Card}(L)$, d'où le corollaire.

Corollaire 2. — *Si un module* E *admet une base infinie* B, *tout système générateur de* E *a un cardinal* $\geqslant \operatorname{Card}(B)$, *et toute base de* E *est équipotente à* B.

13. Changement de l'anneau des scalaires

Soient A, B deux anneaux, ρ un homomorphisme de l'anneau B dans l'anneau A. Pour tout A-module E, la loi externe $(\beta, x) \mapsto \rho(\beta)x$ définit (avec l'addition) une structure de B-*module*, dit *associée* à ρ et à la structure de A-module de E; on notera ce B-module $\rho_*(E)$ ou $E_{[B]}$ (et même simplement E) si aucune confusion n'en résulte. En particulier, si B est un *sous-anneau* de A et $\rho: B \to A$ l'injection canonique, on dit que $E_{[B]}$ est le B-module obtenu par *restriction à* B de l'anneau des scalaires A; par abus de langage, on emploie encore cette expression lorsque l'homomorphisme ρ est quelconque.

Si F est un sous-module du A-module E, $\rho_*(F)$ est un sous-module de $\rho_*(E)$, et $\rho_*(E/F)$ est égal à $\rho_*(E)/\rho_*(F)$.

Soient E, F deux A-modules; toute application A-linéaire $u: E \to F$ est aussi une application B-linéaire $E_{[B]} \to F_{[B]}$ que l'on note $\rho_*(u)$; autrement dit, on a une *injection canonique* de **Z**-modules

$$\operatorname{Hom}_A(E, F) \to \operatorname{Hom}_B(E_{[B]}, F_{[B]}). \tag{47}$$

Cette application n'est pas nécessairement bijective; autrement dit une application B-linéaire $E_{[B]} \to F_{[B]}$ n'est pas nécessairement A-linéaire. En outre, un sous-B-module de $E_{[B]}$ n'est pas nécessairement un sous-A-module de E: c'est ainsi que si A est un corps et B un sous-corps de A, le sous-espace vectoriel B_s du B-espace vectoriel $(A_s)_{[B]}$ n'est pas un sous-A-espace vectoriel si $B \neq A$.

Il est immédiat que pour toute famille $(E_\iota)_{\iota \in I}$ de A-modules, le B-module $\rho_*(\prod_{\iota \in I} E_\iota)$ (resp. $\rho_*(\bigoplus_{\iota \in I} E_\iota)$) est égal à $\prod_{\iota \in I} \rho_*(E_\iota)$ (resp. $\bigoplus_{\iota \in I} \rho_*(E_\iota)$).

Tout système générateur de $\rho_*(E)$ est un système générateur de E, la réciproque n'étant pas nécessairement vraie.

Proposition 24. — *Soient* A, B *deux anneaux*, $\rho: B \to A$ *un homomorphisme d'anneaux*.

(i) *Si* ρ *est surjectif, l'application canonique* (47) *est bijective. Pour tout* A-*module* E, *tout sous*-B-*module de* $\rho_*(E)$ *est un sous*-A-*module de* E; *tout système générateur de* E *est un système générateur de* $\rho_*(E)$.

(ii) *Si* ρ *est injectif, toute famille libre dans le* A-*module* E *est une famille libre dans le* B-*module* $\rho_*(E)$.

La proposition résulte aussitôt des définitions.

On notera que même si ρ est injectif, une famille libre dans $\rho_*(E)$ n'est pas nécessairement libre dans E.

* Par exemple, 1 et $\sqrt{2}$ ne forment pas un système libre dans **R** considéré comme **R**-espace vectoriel, bien qu'ils forment un système libre dans **R** considéré comme **Q**-espace vectoriel (cf. *Remarque* 1).*

PROPOSITION 25. — *Soient* A, B *deux anneaux*, $\rho : B \rightarrow A$ *un homomorphisme d'anneaux*, E *un* A-*module. Soit* $(\alpha_\lambda)_{\lambda \in L}$ *un système générateur* (resp. *une famille libre d'éléments, une base*) *de* A *considéré comme* B-*module à gauche. Soit* $(a_\mu)_{\mu \in M}$ *un système générateur* (resp. *une famille libre d'éléments, une base*) *du* A-*module* E. *Alors* $(\alpha_\lambda a_\mu)_{(\lambda, \mu) \in L \times M}$ *est un système générateur* (resp. (*lorsque* ρ *est injectif*) *une famille libre d'éléments, une base*) *du* B-*module* $\rho_*(E)$.

En effet, si $x = \sum_{\mu \in M} \gamma_\mu a_\mu$, où $\gamma_\mu \in A$, et si (α_λ) est un système générateur de A, on peut écrire $\gamma_\mu = \sum_{\lambda \in L} \rho(\beta_{\lambda\mu})\alpha_\lambda$, avec $\beta_{\lambda\mu} \in B$, pour tout $\mu \in M$, d'où $x = \sum_{\mu, \lambda} \rho(\beta_{\lambda\mu})\alpha_\lambda a_\mu$. D'autre part, si (α_λ) et (a_μ) sont des familles libres, une relation $\sum_{\lambda, \mu} \rho(\beta_{\lambda\mu})\alpha_\lambda a_\mu = 0$, avec $\beta_{\lambda\mu} \in B$, s'écrit $\sum_{\mu \in M} \left(\sum_{\lambda \in L} \rho(\beta_{\lambda\mu})\alpha_\lambda\right) a_\mu = 0$; elle entraîne donc $\sum_{\lambda \in L} \rho(\beta_{\lambda\mu})\alpha_\lambda = 0$ pour tout $\mu \in M$, et par suite $\beta_{\lambda\mu} = 0$ quels que soient λ, μ si ρ est injectif.

COROLLAIRE. — *Si* A *est un* B-*module à gauche de type fini et* E *un* A-*module à gauche de type fini*, $\rho_*(E)$ *est un* B-*module à gauche de type fini.*

Soient C un troisième anneau, $\rho' : C \rightarrow B$ un homomorphisme d'anneau, $\rho'' = \rho \circ \rho'$ l'homomorphisme composé. Il résulte aussitôt des définitions que l'on a $\rho''_*(E) = \rho'_*(\rho_*(E))$ pour tout A-module E. En particulier si ρ est un *isomorphisme* de B sur A, on a $E = \rho'_*(\rho_*(E))$, en désignant par ρ' l'isomorphisme réciproque de ρ.

Remarques. — 1) Soient K un corps, A un sous-anneau de K ayant la propriété suivante: pour toute famille finie $(\xi_i)_{1 \leqslant i \leqslant n}$ d'éléments de K, il existe un $\gamma \in A$, non nul et tel que $\gamma\xi_i \in A$ pour $1 \leqslant i \leqslant n$ (hypothèse toujours vérifiée lorsque A est *commutatif* et K le corps des fractions de A). Soient E un espace vectoriel sur K, $E_{[A]}$ le A-module obtenu par restriction à A de l'anneau des scalaires. Alors, si une famille $(x_\lambda)_{\lambda \in L}$ est *libre dans* $E_{[A]}$, elle est aussi *libre dans* E. On peut en effet se borner au cas où $L = [1, n]$; si on avait une relation $\sum_{i=1}^{n} \xi_i x_i = 0$ avec $\xi_i \in K$, ξ_i non tous nuls, on en déduirait, pour tout $\beta \in A$, $\sum_{i=1}^{n} (\beta\xi_i)x_i = 0$. Par hypothèse on peut trouver $\beta \neq 0$ dans A tel que $\beta\xi_i = \alpha_i$ appartienne à A pour tout i; mais la relation $\sum_{i=1}^{n} \alpha_i x_i = 0$ est contraire à l'hypothèse, les α_i n'étant pas tous nuls.

2) Si l'homomorphisme d'anneaux $\rho: B \to A$ est surjectif, et si $\mathfrak{b}$ est son noyau (de sorte que A s'identifie canoniquement à $B/\mathfrak{b}$), alors, pour tout A-module E, $\mathfrak{b}$ est contenu dans l'annulateur de $\rho_*(E)$, et E est le A-module déduit de $\rho_*(E)$ par le procédé défini dans II, p. 28.

Soient A, B deux anneaux, $\rho: B \to A$ un homomorphisme. Soient E un A-module, F un B-module; une application B-*linéaire* $u: F \to \rho_*(E)$ (dite aussi *application* B-*linéaire de* F *dans* E si aucune confusion n'en résulte) est encore appelée *application semi-linéaire* (relative à ρ) du B-module F dans le A-module E; on dit aussi que le couple (u, ρ) est un *dimorphisme* de F dans E; cela signifie donc que pour $x \in F$, $y \in F$ et $\beta \in B$, on a

$$\begin{cases} u(x + y) = u(x) + u(y) \\ u(\beta x) = \rho(\beta)u(x). \end{cases} \tag{48}$$

L'ensemble $\mathrm{Hom}_B(F, \rho_*(E))$ des applications B-linéaires de F dans E s'écrit aussi $\mathrm{Hom}_B(F, E)$ si cela n'entraîne pas confusion.

Lorsque ρ est un *isomorphisme* de B sur A, la relation $u(\beta x) = \rho(\beta)u(x)$ pour tout $\beta \in B$ s'écrit aussi $u(\rho'(\alpha)x) = \alpha u(x)$ pour tout $\alpha \in A$, en désignant par ρ' l'isomorphisme réciproque de ρ; dire que u est semi-linéaire pour ρ équivaut alors à dire que u est une application A-*linéaire de* $\rho'_*(F)$ *dans* E.

Exemple. — On a vu (II, p. 2) qu'une homothétie $h_\alpha: x \mapsto \alpha x$ dans un A-module E n'est pas nécessairement une application linéaire. Mais si α est *inversible*, h_α est une application *semi-linéaire* (d'ailleurs bijective) relative à l'automorphisme intérieur $\xi \mapsto \alpha\xi\alpha^{-1}$ de A, car on a $\alpha(\lambda x) = (\alpha\lambda\alpha^{-1})(\alpha x)$.

Soient C un troisième anneau, $\rho': C \to B$ un homomorphisme, G un C-module. Si $v: G \to F$ est une application semi-linéaire relative à ρ', la composée $w = u \circ v$ est une application semi-linéaire de G dans E relative à l'homomorphisme $\rho'' = \rho \circ \rho'$. Si ρ est un *isomorphisme* et si $u: F \to E$ est une application semi-linéaire *bijective* relative à ρ, l'application réciproque $u': E \to F$ est une application semi-linéaire *relative à l'isomorphisme réciproque* $\rho': A \to B$ de ρ.

On voit donc que pour l'espèce de structure définie par la donnée sur un couple (A, E) d'ensembles, d'une structure d'anneau sur A et d'une structure de A-module à gauche sur E, les *dimorphismes* (u, ρ) peuvent être pris pour *morphismes* (E, IV, p. 11); nous supposerons toujours par la suite qu'on a fait ce choix de morphismes.

Remarque 3). — Soient A_1, A_2 deux anneaux, $A = A_1 \times A_2$ leur produit, et posons $e_1 = (1, 0)$, $e_2 = (0, 1)$ dans A, de sorte que A_1 et A_2 s'identifient canoniquement aux idéaux bilatères Ae_1 et Ae_2 de A. Pour tout A-module E, e_1E et e_2E sont des sous-A-modules E_1, E_2 de E, annulés respectivement par e_2 et e_1, de sorte qu'en identifiant canoniquement A/Ae_2 à A_1 et A/Ae_1 à A_2, E_1 (resp. E_2) est muni d'une structure de A_1-module (resp. de A_2-module). En outre, E est *somme directe* de E_1 et E_2, car tout $x \in E$ s'écrit $x = e_1x + e_2x$, et la relation $e_1x = e_2y$ entraîne $e_1x = e_1^2x = e_1e_2y = 0$. Inversement, pour tout couple formé d'un A_1-module F_1 et d'un A_2-module F_2, soient E_1 le A-module $(p_1)_*(F_1)$, E_2 le A-module $(p_2)_*(F_2)$, p_1 et p_2 étant les projections de A sur A_1 et A_2 respectivement; alors, dans le A-module $E = E_1 \oplus E_2$, on a $E_1 = e_1E$, $E_2 = e_2E$. L'étude des A-modules est ainsi ramenée à celle des A_1-modules et à celle des A_2-modules. En particulier, tout sous-module M de E est de la forme $M_1 \oplus M_2$, où $M_1 = e_1M$ et $M_2 = e_2M$.

14. Multimodules

Soient A, B deux anneaux, et considérons sur un ensemble E deux structures de module à gauche ayant la *même* loi additive, et dont les anneaux d'opérateurs sont respectivement A et B; soit $\mathscr{E}$ l'anneau des endomorphismes du groupe additif E, et pour tout $\alpha \in A$ (resp. $\beta \in B$) désignons par h_α (resp. h'_β) l'élément $x \mapsto \alpha x$ (resp. $x \mapsto \beta x$) de $\mathscr{E}$. Il est clair que les trois propriétés suivantes sont équivalentes: a) $h_\alpha \circ h'_\beta = h'_\beta \circ h_\alpha$ quels que soient α et β; b) l'image de A par l'homomorphisme $\alpha \mapsto h_\alpha$ est *contenue dans* $\operatorname{Hom}_B(E, E)$; c) l'image de B par l'homomorphisme $\beta \mapsto h'_\beta$ est *contenue dans* $\operatorname{Hom}_A(E, E)$. Lorsque la structure de A-module (resp. de B-module) considérée est une structure de module à droite, il faut remplacer dans b) (resp. c)) l'anneau A par A^0 (resp. B^0). On exprime les propriétés précédentes en disant que les deux structures de module (à droite ou à gauche) définies sur E sont *compatibles*.

DÉFINITION 13. — *Soient* $(A_\lambda)_{\lambda \in L}$, $(B_\mu)_{\mu \in M}$ *deux familles d'anneaux*; *on appelle* $((A_\lambda), (B_\mu))$*-multimodule* (ou *multimodule sur les familles d'anneaux* $(A_\lambda)_{\lambda \in L}$, $(B_\mu)_{\mu \in M}$) *un ensemble* E *muni, pour chaque* $\lambda \in L$, *d'une structure de* A_λ*-module à gauche, et pour chaque* $\mu \in M$ *d'une structure de* B_μ*-module à droite, toutes ces structures de module étant deux à deux compatibles.*

Lorsque la famille (B_μ) (resp. (A_λ)) est vide, on dit que E est un *multimodule à gauche* (resp. *à droite*). Lorsque $\operatorname{Card}(L) + \operatorname{Card}(M) = 2$, on dit « *bimodule* » au lieu de « multimodule »; il est souvent commode alors de considérer (comme on peut toujours le faire en remplaçant un des anneaux d'opérateurs par son opposé, cf. II, p. 2) un bimodule comme muni d'une structure de *module à gauche* par rapport à un anneau A et de *module à droite* par rapport à un anneau B, la compatibilité des structures s'exprimant donc par la relation

$$\alpha(x\beta) = (\alpha x)\beta \qquad \text{pour } x \in E, \alpha \in A, \beta \in B. \tag{49}$$

On dit alors aussi que E est un (A, B)-*bimodule*.

On dit que deux structures de *multimodule* sur un ensemble E sont *compatibles* si toutes les structures de module sur E qui défininissent l'une ou l'autre de ces structures de multimodule sont deux à deux compatibles.

Exemples. — 1) Sur un anneau A, les structures de module de A_s et A_d sont compatibles, et A peut donc être canoniquement considéré comme un (A, A)-bimodule.

2) Un A-module à gauche E est canoniquement muni d'une structure de module à gauche sur l'anneau $End_A(E)$, et sur E la structure de A-module et celle de $End_A(E)$-module sont *compatibles*.

Il est clair que lorsque E est un multimodule sur deux familles $(A_\lambda)_{\lambda \in L}$, $(B_\mu)_{\mu \in M}$ d'anneaux, E est aussi un multimodule sur deux sous-familles quelconques $(A_\lambda)_{\lambda \in L'}$, $(B_\mu)_{\mu \in M'}$, étant entendu que les structures de A_λ-module et de B_μ-module pour $\lambda \in L'$ et $\mu \in M'$ sont celles initialement données.

Les multimodules étant des groupes commutatifs à opérateurs particuliers, on peut leur appliquer les résultats des n°s 2 à 10 (cf. II, p. 23, *Remarque*); en particulier, si E, F sont deux $((A_\lambda), (B_\mu))$-multimodules, un *homomorphisme* $u: E \to F$ est une application qui est un A_λ-homomorphisme pour tout $\lambda \in L$ et un B_μ-homomorphisme pour tout $\mu \in M$. Les sous-groupes stables d'un $((A_\lambda), (B_\mu))$-multimodule sont des $((A_\lambda), (B_\mu))$-multimodules (dits *sous-multimodules*), ainsi que les quotients par de tels sous-groupes (dits *multimodules quotients*); de même pour les produits et sommes directes.

Soient E un $((A_\lambda), (B_\mu))$-multimodule, et pour chaque $\lambda \in L$ (resp. chaque $\mu \in M$) soit $\varphi_\lambda: A'_\lambda \to A_\lambda$ (resp. $\psi_\mu: B'_\mu \to B_\mu$) un homomorphisme d'anneaux; il est clair que les structures de A'_λ-module associées aux φ_λ et aux structures de A_λ-module données sur E, et les structures de B'_μ-module associées aux ψ_μ et aux structures de B_μ-modules données sur E, sont deux à deux compatibles, donc définissent sur E une structure de $((A'_\lambda), (B'_\mu))$-multimodule, dite *associée* à la structure de $((A_\lambda), (B_\mu))$-multimodule donnée et aux φ_λ et aux ψ_μ.

Si E, F sont deux $((A_\lambda), (B_\mu))$-multimodules, on désigne par $Hom_{(A_\lambda),(B_\mu)}(E, F)$ (ou simplement Hom(E, F)) le groupe additif des homomorphismes de E dans F. Les formules (6) à (8) de II, p. 5 sont évidemment valables pour des homomorphismes de $((A_\lambda), (B_\mu))$-multimodules, et en particulier Hom(E, E) = End(E) est muni d'une structure d'*anneau*; en outre Hom(E, F) est canoniquement muni d'une structure de End(F)-module *à gauche* et de End(E)-module *à droite*, ces deux structures étant compatibles; autrement dit, Hom(E, F) est canoniquement muni d'une structure de (End(F), End(E))-*bimodule*.

Supposons maintenant E muni d'une structure de multimodule dont les anneaux d'opérateurs à gauche (resp. à droite) sont d'une part les A_λ pour $\lambda \in L$ (resp. les B_μ pour $\mu \in M$), d'autre part les anneaux d'une autre famille $(A'_{\lambda'})_{\lambda' \in L'}$ (resp. $(B'_{\mu'})_{\mu' \in M'}$). Supposons de même F muni d'une structure de multimodule dont les anneaux d'opérateurs à gauche (resp. à droite) sont d'une part les A_λ pour $\lambda \in L$ (resp. les B_μ pour $\mu \in M$), d'autre part les anneaux d'une autre famille $(A''_{\lambda''})_{\lambda'' \in L''}$ (resp. $(B''_{\mu''})_{\mu'' \in M''}$); nous dirons pour abréger que E est un $((A_\lambda), (A'_{\lambda'}); (B_\mu), (B'_{\mu'}))$-multimodule, F un $((A_\lambda), (A''_{\lambda''}); (B_\mu), (B''_{\mu''}))$-multimodule. Considérons E et F comme des $((A_\lambda), (B_\mu))$-multimodules, en *restreignant* donc les opérateurs aux sous-familles (A_λ) et (B_μ). En vertu de ce qu'on a vu au début ce n°, les structures de multimodules données sur E et F définissent canoniquement des homomorphismes d'anneaux $A'_{\lambda'} \to \mathrm{End}_{(A_\lambda),(B_\mu)}(E)$, $B'^{0}_{\mu'} \to \mathrm{End}_{(A_\lambda),(B_\mu)}(E)$, $A''_{\lambda''} \to \mathrm{End}_{(A_\lambda),(B_\mu)}(F)$, $B''^{0}_{\mu''} \to \mathrm{End}_{(A_\lambda),(B_\mu)}(F)$; en outre, deux éléments de $\mathrm{End}_{(A_\lambda),(B_\mu)}(E)$ (resp. $\mathrm{End}_{(A_\lambda),(B_\mu)}(F)$) images respectives d'éléments de deux anneaux distincts pris parmi les $A'_{\lambda'}$ ou les $B'^{0}_{\mu'}$ (resp. les $A''_{\mu''}$ ou les $B''^{0}_{\mu''}$) sont permutables; on en conclut que les homomorphismes précédents définissent sur $\mathrm{Hom}_{(A_\lambda),(B_\mu)}(E, F)$ une structure de *multimodule*, dont les anneaux d'opérateurs *à gauche* sont les $A''_{\lambda''}$ ($\lambda'' \in L''$) et les $B'_{\mu'}$ ($\mu' \in M'$), et les anneaux d'opérateurs *à droite* sont les $A'_{\lambda'}$ ($\lambda' \in L'$) et les $B''_{\mu''}$ ($\mu'' \in M''$).

Si maintenant E' est un $((A_\lambda), (A'_{\lambda'}); (B_\mu), (B'_{\mu'}))$-multimodule, F' un $((A_\lambda), (A''_{\lambda''}); (B_\mu), (B''_{\mu''}))$-multimodule, $\mathrm{Hom}_{(A_\lambda),(B_\mu)}(E', F')$ est un $((A''_{\lambda''}), (B'_{\mu'}); (A'_{\lambda'}), (B''_{\mu''}))$-multimodule; si $u\colon E' \to E$, $v\colon F \to F'$ sont des homomorphismes de multimodules,

$$\mathrm{Hom}(u, v)\colon \mathrm{Hom}_{(A_\lambda),(B_\mu)}(E, F) \to \mathrm{Hom}_{(A_\lambda),(B_\mu)}(E', F')$$

est défini comme dans II, p. 6 et est un homomorphisme de *multimodules*.

Remarques. — 1) Soient F un A-module, C le *centre* de l'anneau A; comme les homothéties centrales permutent à toutes les homothéties, F est muni d'une structure de *bimodule* dont les anneaux d'opérateurs à gauche sont A et C. Si E est un second A-module, $\mathrm{Hom}_A(E, F)$ est donc muni canoniquement d'une structure de C-*module* (où, pour $f \in \mathrm{Hom}_A(E, F)$ et $\gamma \in C$, γf est l'homomorphisme $x \mapsto \gamma f(x)$); si E', F' sont deux A-modules, $u\colon E' \to E$, $v\colon F \to F'$ deux A-homomorphismes, l'application $\mathrm{Hom}(u, v)$ est C-*linéaire*.

2) Soit E un A-module à gauche; comme A est canoniquement muni d'une structure de (A, A)-bimodule, il en est de même de la somme directe $A^{(T)}$ pour tout ensemble d'indices T; d'après ce qui précède, $\mathrm{Hom}_A(A_s^{(T)}, E)$ est canoniquement muni d'une structure de A-*module à gauche* provenant de la structure de A-module *à droite* de $A_s^{(T)}$: pour $f \in \mathrm{Hom}_A(A_s^{(T)}, E)$ et $\alpha \in A$, αf est l'application linéaire $x \mapsto f(x\alpha)$. Le cor. 2 de II, p. 24 définit une application canonique $j_{E,T}$ du module produit E^T dans $\mathrm{Hom}_A(A_s^{(T)}, E)$, l'image par $j_{E,T}$ d'une famille $(x_t)_{t \in T}$ étant l'application linéaire $f\colon A_s^{(T)} \to E$ telle que $f(e_t) = x_t$ pour tout $t \in T$ (où (e_t) est la base canonique de $A_s^{(T)}$); on sait (*loc. cit.*) que $j_{E,T}$ est *bijective* et il résulte de la définition donnée ci-dessus de la structure de A-module de $\mathrm{Hom}_A(A_s^{(T)}, E)$ que $j_{E,T}$ est A-*linéaire*. Enfin, si $u\colon E \to F$ est un homomorphisme de A-modules, le diagramme

$$\begin{array}{ccc} E^T & \xrightarrow{j_{E,T}} & \mathrm{Hom}_A(A_s^{(T)}, E) \\ {\scriptstyle u^T}\big\downarrow & & \big\downarrow{\scriptstyle \mathrm{Hom}(1,u)} \\ F^T & \xrightarrow[j_{F,T}]{} & \mathrm{Hom}_A(A_s^{(T)}, F) \end{array} \qquad (50)$$

est *commutatif*.

On notera que pour T réduit à un seul élément, $j_E\colon E \to \mathrm{Hom}_A(A_s, E)$ n'est autre que l'application $x \mapsto \theta_x$ définie dans II, p. 4, *Exemple* 1.

§ 2. MODULES D'APPLICATIONS LINÉAIRES. DUALITÉ

1. Propriétés de $\mathrm{Hom}_A(E, F)$ relatives aux suites exactes

THÉORÈME 1. — *Soient* A *un anneau,* E', E, E'' *trois* A-*modules,* $u\colon E' \to E$, $v\colon E \to E''$ *deux homomorphismes. Pour que la suite*

$$E' \xrightarrow{u} E \xrightarrow{v} E'' \longrightarrow 0 \tag{1}$$

soit exacte, il faut et il suffit que, pour tout A-*module* F, *la suite*

$$0 \longrightarrow \mathrm{Hom}(E'', F) \xrightarrow{\bar{v}} \mathrm{Hom}(E, F) \xrightarrow{\bar{u}} \mathrm{Hom}(E', F) \tag{2}$$

(où on a posé $\bar{u} = \mathrm{Hom}(u, 1_F)$ $\bar{v} = \mathrm{Hom}(v, 1_F)$) *soit exacte.*

Supposons la suite (1) exacte. Si $w \in \mathrm{Hom}(E'', F)$ et si $\bar{v}(w) = w \circ v = 0$, alors $w = 0$ puisque v est surjectif. La suite (2) est donc exacte en $\mathrm{Hom}(E'', F)$. Montrons qu'elle est exacte en $\mathrm{Hom}(E, F)$. On a $\bar{u} \circ \bar{v} = \mathrm{Hom}(v \circ u, 1_F)$ (II, p. 6, formule (10)) et $v \circ u = 0$ puisque la suite (1) est exacte en E. Par conséquent $\bar{u} \circ \bar{v} = 0$, c'est-à-dire $\mathrm{Im}(\bar{v}) \subset \mathrm{Ker}(\bar{u})$. D'autre part, si $w \in \mathrm{Ker}(\bar{u})$, alors $w \circ u = 0$, donc $\mathrm{Ker}(w) \supset \mathrm{Im}(u)$. Mais comme la suite (1) est exacte en E, $\mathrm{Im}(u) = \mathrm{Ker}(v)$, donc $\mathrm{Ker}(w) \supset \mathrm{Ker}(v)$; comme v est surjectif, il résulte de II, p. 7, *Remarque* qu'il existe un $w' \in \mathrm{Hom}(E'', F)$ tel que $w = w' \circ v = \bar{v}(w')$. Par conséquent $\mathrm{Ker}(\bar{u}) \subset \mathrm{Im}(\bar{v})$, ce qui achève de prouver que la suite (2) est exacte.

Inversement, supposons que (2) soit exacte pour tout A-module F. Comme $\bar{u} \circ \bar{v} = \mathrm{Hom}(v \circ u, 1_F) = 0$, on a $w \circ v \circ u = 0$ pour tout homomorphisme $w\colon E'' \to F$. Prenant $F = E''$ et $w = 1_{E''}$, on voit d'abord que $v \circ u = 0$, donc $u(E') \subset \mathrm{Ker}(v)$. Prenons ensuite $F = \mathrm{Coker}(u)$, et soit $\varphi\colon E \to F = E/u(E')$ l'application canonique. On a $\bar{u}(\varphi) = \varphi \circ u = 0$ par définition, donc il existe un $\psi \in \mathrm{Hom}(E'', F)$ tel que $\varphi = \bar{v}(\psi) = \psi \circ v$; cela entraîne évidemment $u(E') = \mathrm{Ker}(\varphi) \supset \mathrm{Ker}(v)$, ce qui prouve que la suite (1) est exacte en E. Enfin, soit θ l'homomorphisme canonique de E'' sur $F = E''/v(E)$; on a $\bar{v}(\theta) = \theta \circ v = 0$, donc $\theta = 0$; par suite, $F = \{0\}$ et v est surjectif. La suite (1) est donc exacte en E''.

COROLLAIRE. — *Pour qu'une application* A-*linéaire* $u\colon E \to F$ *soit surjective* (resp. *bijective*, resp. *nulle*), *il faut et il suffit que, pour tout* A-*module* G, *l'application* $\mathrm{Hom}(u, 1_G)\colon \mathrm{Hom}(F, G) \to \mathrm{Hom}(E, G)$ *soit injective* (resp. *bijective*, resp. *nulle*).

Il suffit d'appliquer le th. 1 au cas où $E'' = \{0\}$ (resp. $E' = \{0\}$, resp. $E'' = E$ et $v = 1_E$).

On notera que si l'on part d'une suite exacte

$$0 \longrightarrow E' \xrightarrow{u} E \xrightarrow{v} E'' \longrightarrow 0$$

la suite correspondante

$$0 \longrightarrow \mathrm{Hom}(E'', F) \xrightarrow{\bar{v}} \mathrm{Hom}(E, F) \xrightarrow{\bar{u}} \mathrm{Hom}(E', F) \longrightarrow 0$$

n'est pas nécessairement exacte, autrement dit, l'homomorphisme $\bar{u}$ n'est pas nécessairement surjectif. Si on identifie E' à un sous-module de E, cela signifie qu'une application linéaire de E' dans F ne peut pas toujours se prolonger en une application linéaire de E dans F (II, p. 184–185, exerc. 11 et 12). Toutefois:

PROPOSITION 1. — *Si la suite exacte d'applications linéaires*

$$(3) \qquad 0 \longrightarrow E' \xrightarrow{u} E \xrightarrow{v} E'' \longrightarrow 0$$

est scindée (autrement dit, si $u(E')$ est *facteur direct* de E) *la suite*

$$(4) \qquad 0 \longrightarrow \mathrm{Hom}(E'', F) \xrightarrow{\bar{v}} \mathrm{Hom}(E, F) \xrightarrow{\bar{u}} \mathrm{Hom}(E', F) \longrightarrow 0$$

est exacte et scindée. Inversement, si, pour tout A-*module* F, *la suite* (4) *est exacte, la suite* (3) *est scindée.*

Si la suite exacte (3) est scindée, il existe une rétraction linéaire $u' : E \to E'$ associée à u (II, p. 20, prop. 15); si

$$\bar{u}' = \mathrm{Hom}(u', 1_F) : \ \mathrm{Hom}(E', F) \to \mathrm{Hom}(E, F),$$

le fait que $u' \circ u$ soit l'identité entraîne que $\bar{u} \circ \bar{u}'$ est l'identité (II, p. 6, formule (10)), donc la première assertion résulte de II, p. 20, prop. 15. Inversement, supposons la suite (4) exacte pour $F = E'$. Il existe alors un élément $f \in \mathrm{Hom}(E, E')$ tel que $f \circ u = 1_{E'}$, et la conclusion résulte de II, p. 20, prop. 15.

On notera que la première assertion de la prop. 1 peut aussi être considérée comme un cas particulier de II, p. 13, cor. 1, identifiant canoniquement $\mathrm{Hom}(E', F) \oplus \mathrm{Hom}(E'', F)$ à $\mathrm{Hom}(E' \oplus E'', F)$ au moyen de l'application **Z**-linéaire $\mathrm{Hom}(p', 1_F) + \mathrm{Hom}(p'', 1_F)$, où $p' : E' \oplus E'' \to E'$ et $p'' : E' \oplus E'' \to E''$ sont les projections canoniques.

THÉORÈME 2. — *Soient* A *un anneau*, F', F, F'' *trois* A-*modules*, $u : F' \to F$, $v : F \to F''$ *deux homomorphismes. Pour que la suite*

$$(5) \qquad 0 \longrightarrow F' \xrightarrow{u} F \xrightarrow{v} F''$$

soit exacte, il faut et il suffit que, pour tout A-*module* E, *la suite*

$$(6) \qquad 0 \longrightarrow \mathrm{Hom}(E, F') \xrightarrow{\bar{u}} \mathrm{Hom}(E, F) \xrightarrow{\bar{v}} \mathrm{Hom}(E, F'')$$

(où l'on a posé $\bar{u} = \mathrm{Hom}(1_E, u)$, $\bar{v} = \mathrm{Hom}(1_E, v)$) *soit exacte.*

Supposons la suite (5) exacte. Notons d'abord que l'on a $\bar{v} \circ \bar{u} = \mathrm{Hom}(1_E, v \circ u) = 0$ (II, p. 6, formule (10)) puisque $v \circ u = 0$. L'image de $\mathrm{Hom}(E, F')$ par $\bar{u}$ est donc contenue dans le noyau N de $\bar{v}$; soit f l'homomorphisme du **Z**-module $\mathrm{Hom}(E, F')$ dans N dont le graphe est égal à celui de $\bar{u}$; il s'agit de prouver que f est *bijective*, donc de définir une application $g : N \to \mathrm{Hom}(E, F')$ telle que $f \circ g$ et $g \circ f$ soient les applications identiques. Pour cela, soit w un élément de N, c'est-à-dire une application linéaire $w : E \to F$ telle que $v \circ w = 0$. Cette dernière relation équivaut à $w(E) \subset \mathrm{Ker}(v) = u(F')$ par hypothèse, donc, puisque u est injectif, il existe une application linéaire et une seule $w' : E \to F'$ telle que $w = u \circ w'$, et on prend $g(w) = w'$; il est immédiat de vérifier que g satisfait aux conditions voulues.

Inversement, supposons que la suite (6) soit exacte pour tout A-module E. Comme $\mathrm{Hom}(1_E, v \circ u) = \bar{v} \circ \bar{u} = 0$, on a $v \circ u \circ w = 0$ pour tout homomorphisme $w : E \to F'$. Prenant $E = F'$ et $w = 1_{F'}$, on voit d'abord que $v \circ u = 0$, donc $u(F') \subset \mathrm{Ker}(v)$. Prenons ensuite $E = \mathrm{Ker}(v)$ et soit $\varphi : E \to F$ l'injection canonique. On a $\bar{v}(\varphi) = v \circ \varphi = 0$ par définition, donc il existe un $\psi \in \mathrm{Hom}(E, F')$ tel que $\varphi = \bar{u}(\psi) = u \circ \psi$, ce qui entraîne évidemment $\mathrm{Ker}(v) \subset u(F')$ et achève la démonstration de l'exactitude de (5) en F. Enfin, si θ est l'application identique de $\mathrm{Ker}\, u$, on a $\bar{u}(\theta) = 0$, donc $\theta = 0$, et $\mathrm{Ker}\, u = \{0\}$, ce qui prouve l'exactitude de (5) en F'.

Remarque 1). — Le th. 2 permet, pour tout sous-module F' de F, d'identifier Hom(E, F') à un sous-**Z**-module de Hom(E, F). Lorsqu'on fait cette identification, on a, pour toute famille (M_λ) de sous-modules de F

$$\mathrm{Hom}(E, \bigcap_\lambda M_\lambda) = \bigcap_\lambda \mathrm{Hom}(E, M_\lambda)$$

car si $u \in \mathrm{Hom}(E, F)$ appartient à chacun des $\mathrm{Hom}(E, M_\lambda)$, on a, pour tout $x \in E$, $u(x) \in M_\lambda$ pour tout λ, donc u applique E dans $\bigcap_\lambda M_\lambda$.

Corollaire. — *Pour qu'une application* A-*linéaire* $u : E \to F$ *soit injective, il faut et il suffit que pour tout* A-*module* G, *l'application* $\mathrm{Hom}(1_G, u) : \mathrm{Hom}(G, E) \to \mathrm{Hom}(G, F)$ *soit injective.*

Il suffit d'appliquer le th. 2 au cas où $F' = \{0\}$.

Si l'on part d'une suite exacte

$$0 \longrightarrow F' \xrightarrow{u} F \xrightarrow{v} F'' \longrightarrow 0$$

la suite correspondante

$$0 \longrightarrow \mathrm{Hom}(E, F') \xrightarrow{\bar{u}} \mathrm{Hom}(E, F) \xrightarrow{\bar{v}} \mathrm{Hom}(E, F'') \longrightarrow 0$$

n'est pas nécessairement exacte, autrement dit $\bar{v}$ n'est pas nécessairement surjectif. Si on identifie F' à un sous-module de F et F'' au module quotient F/F', cela signifie qu'une application linéaire de E dans F'' n'est pas nécessairement de la forme $v \circ w$, où w est une application linéaire de E dans F. Toutefois:

Proposition 2. — *Si la suite exacte*

$$0 \longrightarrow F' \xrightarrow{u} F \xrightarrow{v} F'' \longrightarrow 0 \tag{7}$$

est scindée (autrement dit, si $u(F')$ est *facteur direct* de F), *la suite*

$$0 \longrightarrow \mathrm{Hom}(E, F') \xrightarrow{\bar{u}} \mathrm{Hom}(E, F) \xrightarrow{\bar{v}} \mathrm{Hom}(E, F'') \longrightarrow 0 \tag{8}$$

est exacte et scindée. Inversement, si la suite (8) *est exacte pour tout* A-*module* E, *la suite exacte* (7) *est scindée.*

La première assertion résulte de ce que

$$\mathrm{Hom}(E, F') \oplus \mathrm{Hom}(E, F'')$$

s'identifie canoniquement à $\mathrm{Hom}(E, F' \oplus F'')$ au moyen de l'application **Z**-

linéaire $\mathrm{Hom}(1_E, j') + \mathrm{Hom}(1_E, j'')$, $j'\colon F' \to F' \oplus F''$ et $j''\colon F'' \to F' \oplus F''$ étant les injections canoniques (II, p. 13, cor. 1). Inversement, si la suite (8) est exacte pour $E = F''$, il y a un élément $g \in \mathrm{Hom}(F'', F)$ tel que $v \circ g = 1_{F''}$, et la conclusion résulte de II, p. 20, prop. 15.

Remarque 2). — Les résultats de ce n° sont valables sans modification pour *tous* les groupes commutatifs à opérateurs.

2. Modules projectifs

DÉFINITION 1. — *On dit qu'un* A-*module* P *est projectif si, pour toute suite exacte* $F' \to F \to F''$ *d'applications* A-*linéaires, la suite*

$$\mathrm{Hom}(P, F') \to \mathrm{Hom}(P, F) \to \mathrm{Hom}(P, F'')$$

est exacte.

PROPOSITION 3. — *Pour qu'un* A-*module* P, *somme directe d'une famille de sous-modules* (M_ι), *soit projectif, il faut et il suffit que chacun des* M_ι *soit projectif.*

En effet, pour tout homomorphisme $u\colon E \to F$ de A-modules,

$$\mathrm{Hom}(1_P, u)\colon\ \mathrm{Hom}(P, E) \to \mathrm{Hom}(P, F)$$

s'identifie à $\prod_\iota \mathrm{Hom}(1_{M_\iota}, u)$ (II, p. 13, cor. 1); la conclusion résulte donc de la déf. 1 et de II, p. 10, prop. 5(ii).

COROLLAIRE. — *Tout* A-*module libre est projectif.*

Il suffit en effet, en vertu de la prop. 3, de montrer que A_s est projectif, ce qui résulte aussitôt de la commutativité du diagramme (50) de II, p. 35.

PROPOSITION 4. — *Soit* P *un* A-*module. Les propriétés suivantes sont équivalentes*:

a) P *est projectif.*

b) *Pour toute suite exacte* $0 \to F' \to F \to F'' \to 0$ *d'applications* A-*linéaires, la suite*

$$0 \to \mathrm{Hom}(P, F') \to \mathrm{Hom}(P, F) \to \mathrm{Hom}(P, F'') \to 0$$

est exacte.

c) *Pour tout homomorphisme surjectif* $u\colon E \to E''$ *de* A-*modules et tout homomorphisme* $f\colon P \to E''$, *il existe un homomorphisme* $g\colon P \to E$ *tel que* $f = u \circ g$ (on dit que f « se relève » en un homomorphisme de P dans E).

d) *Toute suite exacte* $0 \longrightarrow E' \longrightarrow E \xrightarrow{v} P \longrightarrow 0$ *d'applications* A-*linéaires est scindée* (et par suite P est isomorphe à un *facteur direct* de E).

e) P *est isomorphe à un facteur direct d'un* A-*module libre.*

Il est trivial que *a*) implique *b*). Pour voir que *b*) entraîne *c*), il suffit d'appliquer *b*) à la suite exacte $0 \longrightarrow E' \longrightarrow E \xrightarrow{u} E'' \longrightarrow 0$ où $E' = \mathrm{Ker}(u)$, puisque *c*) exprime que

$$\mathrm{Hom}(1_P, u)\colon\ \mathrm{Hom}(P, E) \to \mathrm{Hom}(P, E'')$$

est surjectif. Pour voir que *c*) implique *d*), il suffit d'appliquer *c*) à l'homomorphisme surjectif $v: E \to P$ et à l'homomorphisme $1_P: P \to P$; l'existence d'un homomorphisme $g: P \to E$ tel que $1_P = v \circ g$ entraîne que la suite

$$0 \longrightarrow E' \longrightarrow E \xrightarrow{v} P \longrightarrow 0$$

est scindée (II, p. 20, prop. 15). Comme pour tout A-module M, il existe un A-module libre L et une suite exacte $0 \to R \to L \to M \to 0$ (II, p. 27, prop. 20), il est clair que *d*) entraîne *e*). Enfin *e*) entraîne *a*) en vertu de la prop. 3 et de son corollaire.

Corollaire 1. — *Pour qu'un* A-*module soit projectif et de type fini, il faut et il suffit qu'il soit facteur direct d'un* A-*module libre ayant une base finie.*

La condition est évidemment suffisante; inversement, un module projectif de type fini E est isomorphe à un quotient d'un module libre F ayant une base finie (II, p. 27) et E est isomorphe à un facteur direct de F en vertu de la prop. 4 *d*).

Corollaire 2. — *Soient* C *un anneau commutatif,* E, F *deux* C-*modules projectifs de type fini; alors* $\mathrm{Hom}_C(E, F)$ *est un* C-*module projectif de type fini.*

En effet, on peut supposer qu'il y a deux C-modules libres de type fini M, N tels que $M = E \oplus E'$, $N = F \oplus F'$; il résulte de II, p. 13, cor. 1 que $\mathrm{Hom}_C(M, N)$ est libre de type fini, et d'autre part que $\mathrm{Hom}_C(M, N)$ est isomorphe à $\mathrm{Hom}_C(E, F) \oplus \mathrm{Hom}_C(E', F) \oplus \mathrm{Hom}_C(E, F') \oplus \mathrm{Hom}_C(E', F')$, d'où le corollaire.

3. Formes linéaires; dual d'un module

Soit E un A-module *à gauche*. Comme A est un (A, A)-bimodule, $\mathrm{Hom}_A(E, A_s)$ est canoniquement muni d'une structure de A-module *à droite* (II, p. 35).

Définition 2. — *Pour tout* A-*module à gauche* E, *le* A-*module à droite* $\mathrm{Hom}_A(E, A_s)$ *s'appelle le module dual de* E (ou simplement *le dual*[1] de E) *et ses éléments s'appellent les formes linéaires sur* E.

Si E est un A-module *à droite*, on appelle de même *dual* de E l'ensemble $\mathrm{Hom}_A(E, A_d)$ muni de sa structure canonique de A-module *à gauche*, et on appelle encore ses éléments *formes linéaires* sur E.

Dans ce chapitre, nous désignerons par E* le dual d'un A-module E (à gauche ou à droite).

[1] Dans EVT, IV, nous définirons, pour des espaces vectoriels munis d'une *topologie*, une notion d' « espace dual » qui dépendra de cette topologie, et sera distincte de celle qui est définie ici. Le lecteur aura soin de ne pas appliquer inconsidérément à l'espace dual « topologique » les propriétés du dual « algébrique » qui sont établies dans ce paragraphe.

Exemple. — * Sur l'espace vectoriel (par rapport au corps **R**) des fonctions numériques continues dans un intervalle $[a, b]$ de **R**, l'application $x \mapsto \int_a^b x(t)dt$ est une forme linéaire.*

Soient E un A-module à gauche, E* son dual; pour tout couple d'éléments $x \in E$, $x^* \in E^*$, on désigne par $\langle x, x^* \rangle$ l'élément $x^*(x)$ de A. On a les relations

(9) $$\langle x + y, x^* \rangle = \langle x, x^* \rangle + \langle y, x^* \rangle$$

(10) $$\langle x, x^* + y^* \rangle = \langle x, x^* \rangle + \langle x, y^* \rangle$$

(11) $$\langle \alpha x, x^* \rangle = \alpha \langle x, x^* \rangle$$

(12) $$\langle x, x^* \alpha \rangle = \langle x, x^* \rangle \alpha$$

pour x, y dans E, x^*, y^* dans E*, et $\alpha \in A$. L'application $(x, x^*) \mapsto \langle x, x^* \rangle$ de $E \times E^*$ dans A est appelée la *forme bilinéaire canonique* sur $E \times E^*$ (la notion de forme bilinéaire sera définie de façon générale dans IX, § 1). Toute forme linéaire x^* sur E peut être considérée comme l'application *partielle* $x \mapsto \langle x, x^* \rangle$ correspondant à la forme bilinéaire canonique.

Lorsque E est un A-module *à droite*, la valeur $x^*(x)$ d'une forme linéaire $x^* \in E^*$ en un élément $x \in E$ se note $\langle x^*, x \rangle$, et les formules correspondant à (11) et (12) s'écrivent

$$\langle x^*, x\alpha \rangle = \langle x^*, x \rangle \alpha$$
$$\langle \alpha x^*, x \rangle = \alpha \langle x^*, x \rangle.$$

Lorsque A est commutatif, on peut indifféremment utiliser l'une ou l'autre notation.

PROPOSITION 5. — *Pour tout anneau* A, *l'application qui, à tout* $\xi \in A$, *fait correspondre la forme linéaire* $\eta \mapsto \eta\xi$ *sur* A_s, *est un isomorphisme de* A_d *sur le dual de* A_s.

C'est le cas particulier de l'isomorphisme canonique $E \to \mathrm{Hom}_A(A_s, E)$ de II, p. 35, *Remarque* 2, correspondant à $E = A_s$; la commutativité du diagramme (50) de II, p. 35, montre qu'il s'agit ici d'un isomorphisme de A-modules à droite.

Si on identifie A_d au dual de A_s au moyen de l'isomorphisme de la prop. 5, la forme bilinéaire canonique sur $A_s \times A_d$ s'explicite donc par

(13) $$\langle \xi, \xi^* \rangle = \xi\xi^* \qquad \text{pour } \xi, \xi^* \text{ dans A.}$$

De même, le dual de A_d s'identifie canoniquement à A_s, la forme bilinéaire canonique sur $A_d \times A_s$ s'explicitant par

(14) $$\langle \xi^*, \xi \rangle = \xi^*\xi \qquad \text{pour } \xi, \xi^* \text{ dans A.}$$

4. Orthogonalité

DÉFINITION 3. — *Soient* E *un* A-*module*, E* *son dual*; *on dit qu'un élément* $x \in E$ *et un élément* $x^* \in E^*$ *sont orthogonaux si* $\langle x, x^* \rangle = 0$.

On dit qu'une partie M de E et une partie M′ de E* sont des *ensembles orthogonaux* si, quels que soient $x \in M$, $x^* \in M'$, x et x^* sont orthogonaux. En particulier,

$x^* \in E^*$ (resp. $x \in E$) est dit orthogonal à M (resp. M′) s'il est orthogonal à tout élément de M (resp. M′). Si x^* et y^* sont orthogonaux à M, il en est de même de $x^* + y^*$ et de $x^*\alpha$ pour tout $\alpha \in A$ en vertu de (10) et (12) (II, p. 40), ce qui justifie la définition suivante:

Définition 4. — *Étant donnée une partie* M *de* E (resp. *une partie* M′ *de* E*), *on appelle sous-module totalement orthogonal à* M (resp. M′) (ou simplement sous-module *orthogonal à* M (resp. M′) si aucune confusion n'en résulte) *l'ensemble des* $x^* \in E^*$ (resp. *l'ensemble des* $x \in E$) *qui sont orthogonaux à* M (resp. M′).

Par définition d'une forme linéaire, le sous-module de E* orthogonal à E se réduit à 0; le sous-module de E* orthogonal à $\{0\}$ est identique à E*.

Proposition 6. — *Soient* M, N *deux parties de* E *telles que* $M \subset N$; *si* M′ *et* N′ *sont les sous-modules de* E* *orthogonaux à* M *et* N *respectivement, on a* $N' \subset M'$.

Proposition 7. — *Soit* (M_ι) *une famille de parties de* E; *le sous-module orthogonal à la réunion des* M_ι *est l'intersection des sous-modules* M'_ι *respectivement orthogonaux aux* M_ι; *ce sous-module est aussi le sous-module orthogonal au sous-module de* E *engendré par la réunion des* M_ι.

Ces résultats sont des conséquences immédiates des définitions.

On a une proposition analogue (que nous laissons au lecteur le soin d'énoncer) pour les sous-modules de E orthogonaux aux parties de E*.

Si M est un sous-module de E, M′ le sous-module de E* orthogonal à M, M″ le sous-module de E orthogonal à M′, on a $M \subset M''$ mais on peut avoir $M \neq M''$ (II, p. 184, exerc. 9). Notons toutefois que si M‴ est l'orthogonal de M″ dans E*, on a $M''' = M'$; en effet, on a $M' \subset M'''$ et d'autre part la relation $M \subset M''$ entraîne $M''' \subset M'$.

5. Transposée d'une application linéaire

Soient E, F deux A-modules à gauche; pour toute application linéaire $u: E \to F$, l'application $\operatorname{Hom}(u, 1_{A_s})$ est une application linéaire du A-module à droite F* dans le A-module à droite E* (II, p. 6), dite *transposée* de *u*.

En d'autres termes:

Définition 5. — *Pour toute application linéaire u d'un* A-*module* E *dans un* A-*module* F, *on appelle transposée de u et on note* ${}^t u$ *l'application linéaire* $y^* \mapsto y^* \circ u$ *du dual* F* *de* F *dans le dual* E* *de* E.

La transposée ${}^t u$ est donc définie par la relation

(15) $$\langle u(x), y^* \rangle = \langle x, {}^t u(y^*) \rangle \qquad \text{pour tout } x \in E \text{ et tout } y^* \in F^*.$$

La définition 5 s'applique sans changement pour des A-modules *à droite* et équivaut alors à la relation

$$\langle y^*, u(x) \rangle = \langle {}^t u(y^*), x \rangle \qquad \text{pour tout } x \in E \text{ et tout } y^* \in F^*.$$

Les formules (9) et (10) de II, p. 6 donnent ici

(16) $$^t(u_1 + u_2) = {}^tu_1 + {}^tu_2$$

pour deux éléments u_1, u_2 de $\mathrm{Hom}_A(E, F)$, et

(17) $$^t(v \circ u) = {}^tu \circ {}^tv$$

pour $u \in \mathrm{Hom}_A(E, F)$ et $v \in \mathrm{Hom}_A(F, G)$, G étant un troisième A-module; enfin il est clair que

(18) $$^t1_E = 1_{E^*}.$$

Remarque. — On déduit de (17) et (18) que si u est *inversible à gauche* (resp. *à droite*), ^tu est *inversible à droite* (resp. *à gauche*).

PROPOSITION 8. — *Soient $u: E \to F$ une application A-linéaire, M un sous-module de E, M′ l'orthogonal de M dans E*; l'orthogonal de $u(M)$ dans F* est l'image réciproque $^tu^{-1}(M')$.*

Cela résulte aussitôt de (15).

COROLLAIRE. — *L'orthogonal de l'image $u(E)$ dans F* est le noyau $^tu^{-1}(0)$ de ^tu.*

En effet, l'orthogonal de E dans E* est réduit à 0.

Si $u: E \to F$ est un isomorphisme, $^tu: F^* \to E^*$ est un isomorphisme et si $v: F \to E$ est l'isomorphisme réciproque de u, ^tv est l'isomorphisme réciproque de ^tu (formules (17) et (18)).

DÉFINITION 6. — *Étant donné un isomorphisme u d'un A-module E sur un A-module F, on appelle isomorphisme contragrédient de u et on note $\check{u}$ le transposé de l'isomorphisme réciproque de u* (égal à l'isomorphisme réciproque du transposé de u).

L'isomorphisme $\check{u}$ est donc caractérisé par la relation

(19) $$\langle u(x), \check{u}(x^*)\rangle = \langle x, x^*\rangle \qquad \text{pour } x \in E,\ x^* \in E^*.$$

Si $v: F \to G$ est un isomorphisme, l'isomorphisme contragrédient de $v \circ u$ est $\check{v} \circ \check{u}$.

En particulier, l'application $u \mapsto \check{u}$ est un *isomorphisme* du groupe linéaire **GL**(E) sur un sous-groupe du groupe linéaire **GL**(E*).

Soient $\sigma: A \to B$ un *isomorphisme* d'un anneau A sur un anneau B, E un A-module à gauche, F un B-module à gauche, $u: E \to F$ une application *semi-linéaire* (II, p. 32) *relative à* σ. Soit σ^{-1} l'isomorphisme réciproque de σ; pour tout $y^* \in F^*$, l'application $x \mapsto \langle u(x), y^*\rangle^{\sigma^{-1}}$ de E dans A est une *forme linéaire*; si on la désigne encore par $^tu(y^*)$, on définit une application $^tu: F^* \to E^*$, qu'on appelle encore la *transposée* de l'application semi-linéaire u; elle est donc caractérisée par l'identité

(20) $$\langle u(x), y^*\rangle = \langle x, {}^tu(y^*)\rangle^{\sigma}$$

pour $x \in E$, $y^* \in F^*$. On vérifie immédiatement que ${}^t u$ est une application *semi-linéaire relativement à* σ^{-1}. Si v désigne l'application u considérée comme application A-*linéaire* de E dans $\sigma_*(F)$ (II, p. 32), on peut écrire $u = \varphi \circ v$, où φ est l'application identique $\sigma_*(F) \to F$, considérée comme application semi-linéaire relative à σ. Il est immédiat que l'on a ${}^t u = {}^t v \circ {}^t\varphi$, et $({}^t\varphi, \sigma^{-1})$ est un di-isomorphisme de F_* sur $(\sigma_*(F))^*$, relatif à l'isomorphisme σ^{-1}; cette relation permet d'étendre aussitôt aux transposées d'applications semi-linéaires les propriétés des transposées d'applications linéaires.

6. Dual d'un module quotient. Dual d'une somme directe. Bases duales

Appliquons le th. 1 de II, p. 36 au cas où $F = A_s$:

PROPOSITION 9. — *Soient* E', E, E'' *des* A-*modules,*

$$E' \xrightarrow{u} E \xrightarrow{v} E'' \longrightarrow 0 \tag{21}$$

une suite exacte d'applications linéaires. Alors la suite des applications transposées

$$0 \longrightarrow E''^* \xrightarrow{{}^t v} E^* \xrightarrow{{}^t u} E'^*$$

est exacte.

COROLLAIRE. — *Soient* M *un sous-module d'un* A-*module* E, $\varphi: E \to E/M$ *l'homomorphisme canonique. Alors* ${}^t\varphi$ *est un isomorphisme du dual de* E/M *sur le sous-module* M' *de* E* *orthogonal à* M.

En effet, si $j: M \to E$ est l'injection canonique, le noyau de ${}^t j$ est par définition l'orthogonal de M dans E*.

En outre, avec les notations du corollaire, on obtient par passage au quotient à partir de ${}^t j$ un homomorphisme *injectif* $E^*/M' \to M^*$.

PROPOSITION 10. — *Soit* $(E_\iota)_{\iota \in I}$ *une famille de* A-*modules, et pour tout* $\iota \in I$, *soit* $j_\iota: E_\iota \to E = \bigoplus_{\iota \in I} E_\iota$ *l'injection canonique. Alors l'application produit* $x^* \mapsto ({}^t j_\iota(x^*))$ *est un isomorphisme du dual* E* *de* E *sur le produit* $\prod_{\iota \in I} E_\iota^*$.

C'est un cas particulier de II, p. 13, cor. 1, appliqué au cas où $\prod_\lambda F_\lambda = A_s$.

Si, au moyen des injections canoniques j_ι, on identifie les E_ι à des sous-modules de leur somme directe E, et si, au moyen de l'application produit $x^* \mapsto ({}^t j_\iota(x^*))$, on identifie E* à $\prod_{\iota \in I} E_\iota^*$, on peut donc dire que $\prod_{\iota \in I} E_\iota^*$ est *le dual de* $\bigoplus_{\iota \in I} E_\iota$, la forme bilinéaire canonique étant donnée par

$$\langle (x_\iota), (x_\iota^*) \rangle = \sum_{\iota \in I} \langle x_\iota, x_\iota^* \rangle. \tag{22}$$

COROLLAIRE. — *Soient* M, N *deux sous-modules supplémentaires dans un* A-*module* E, $p: E \to M$, $q: E \to N$ *les projecteurs correspondants; alors* ${}^tp + {}^tq: M^* \oplus N^* \to E^*$ *est un isomorphisme, et* ${}^tp$ (resp. ${}^tq$) *est un isomorphisme de* M^* (resp. N^*) *sur le sous-module de* E^* *orthogonal à* N (resp. M). *En outre, si* $i: M \to E$ *et* $j: N \to E$ *sont les injections canoniques,* ${}^tp \circ {}^ti$ *et* ${}^tq \circ {}^tj$ *sont les projecteurs* $E^* \to {}^tp(M^*)$, $E^* \to {}^tq(N^*)$ *correspondant à la décomposition de* E^* *en somme directe de* ${}^tp(M^*)$ *et* ${}^tq(N^*)$.

On a en effet $p \circ i = 1_M$, $q \circ j = 1_N$, $p \circ j = q \circ i = 0$, $i \circ p + j \circ q = 1_E$, d'où, par transposition (II, p. 43, formules (16), (17) et (18)), ${}^ti \circ {}^tp = 1_{M^*}$, ${}^tj \circ {}^tq = 1_{N^*}$, ${}^tj \circ {}^tp = {}^ti \circ {}^tq = 0$, ${}^tp \circ {}^ti + {}^tq \circ {}^tj = 1_{E^*}$, et la proposition résulte de II, p. 13, cor. 2.

Sous les hypothèses du corollaire, on identifie souvent M^* (resp. N^*) à l'orthogonal ${}^tp(M^*)$ (resp. ${}^tq(N^*)$) de N (resp. M) dans E^*, en identifiant donc toute forme linéaire u sur M (resp. N) à la forme linéaire sur E prolongeant u et qui s'annule dans N (resp. M).

Lorsqu'un A-module E admet une *base* $(e_t)_{t \in T}$, on a vu que la donnée de cette base définit canoniquement un isomorphisme $u: A_s^{(T)} \to E$. En vertu de la prop. 10 et de II, p. 41, prop. 5, le dual de $A_s^{(T)}$ s'identifie canoniquement au produit A_d^T; considérons l'isomorphisme contragrédient $\check{u}: A_d^T \to E^*$. Si, pour tout $t \in T$, f_t est l'élément de A_d^T dont toutes les projections sont nulles sauf celle d'indice t, qui est égale à 1, et si on pose $e_t^* = \check{u}(f_t)$, les éléments e_t^* de E^* sont, en vertu de (19) (II, p. 43) et (22) (II, p. 44), caractérisés par les relations

$$(23) \qquad \langle e_t, e_{t'}^* \rangle = \begin{cases} 0 & \text{pour } t' \neq t. \\ 1 & \text{pour } t' = t. \end{cases}$$

Il revient au même de dire que, pour tout $x = \sum_{t \in T} \xi_t e_t \in E$, on a $e_t^*(x) = \xi_t$; aussi dit-on que e_t^* est la *forme coordonnée* d'indice t sur E. Il résulte de (23) que (e_t^*) est un *système libre* dans E^*.

En particulier, si T est *fini*, les e_t^* forment une *base* de E^*, les f_t formant alors la base canonique de A_d^T. Donc:

PROPOSITION 11. — *Le dual d'un module libre ayant une base de n éléments est un module libre ayant une base de n éléments.*

On notera que le dual d'un module libre ayant une base infinie n'est pas nécessairement un module libre (VII, § 3, exerc. 10).

DÉFINITION 7. — *Si* E *est un module libre ayant une base finie* (e_t), *on appelle base duale de* (e_t) *la base* (e_t^*) *du dual* E^* *de* E *définie par les relations* (23).

On écrit aussi les relations (23) sous la forme

$$(24) \qquad \langle e_t, e_{t'}^* \rangle = \delta_{tt'}$$

où $\delta_{tt'}$ est le *symbole de Kronecker* sur $T \times T$.

On notera que si T est fini et (e_t^*) la base duale de (e_t), on a, pour $x = \sum_{t \in T} \xi_t e_t \in E$, $x^* = \sum_{t \in T} \xi_t^* e_t^* \in E^*$,

$$\langle x, x^* \rangle = \sum_{t \in T} \xi_t \xi_t^*. \tag{25}$$

On définit bien entendu de la même manière la base duale d'une base finie d'un A-module *à droite*.

COROLLAIRE. — *Le dual d'un module projectif de type fini est un module projectif de type fini.*

En effet, un A-module à gauche projectif de type fini peut être identifié à un facteur direct M d'un A-module libre A_s^n ayant une base finie (II, p. 40, cor. 1). Alors (II, p. 45, prop. 11 et corollaire) M^* est isomorphe à un facteur direct de A_d^n, d'où le corollaire.

PROPOSITION 12. — *Soient* E *un* A-*module*, $(a_t)_{t \in T}$ *un système générateur de* E. *Les conditions suivantes sont équivalentes* :

a) E *est un* A-*module projectif*.

b) *Il existe une famille* $(a_t^*)_{t \in T}$ *de formes linéaires sur* E *telles que, pour tout* $x \in E$, *la famille* $(\langle x, a_t^* \rangle)_{t \in T}$ *ait un support fini et que l'on ait*

$$x = \sum_{t \in T} \langle x, a_t^* \rangle a_t. \tag{26}$$

Il existe un homomorphisme surjectif $u : L \to E$ où $L = A_s^{(T)}$, tel que, si $(e_t)_{t \in T}$ est la base canonique de L, on ait $u(e_t) = a_t$ (II, p. 24, prop. 17); pour que E soit projectif, il faut et il suffit qu'il existe une application linéaire $v : E \to L$ telle que $u \circ v = 1_E$ (II, p. 39, prop. 4 et II, p. 20, prop. 15). Si une telle application existe et si l'on pose ${}^t v(e_t^*) = a_t^*$, on a $\langle x, a_t^* \rangle = \langle x, {}^t v(e_t^*) \rangle = \langle v(x), e_t^* \rangle$, donc la famille $(\langle x, a_t^* \rangle)$ a un support fini et l'on a $x = u\big(\sum_{t \in T} \langle v(x), e_t^* \rangle e_t\big) = \sum_{t \in T} \langle x, a_t^* \rangle a_t$ pour tout $x \in E$. Inversement, si la condition b) de l'énoncé est remplie, la somme $\sum_{t \in T} \langle x, a_t^* \rangle e_t$ est définie pour tout $x \in E$, et $x \mapsto \sum_{t \in T} \langle x, a_t^* \rangle e_t$ est une application linéaire $v : E \to L$ telle que $u \circ v = 1_E$.

7. Bidual

Soit E un A-module à gauche. Le dual E^{**} du dual E^* de E est appelé le *bidual* de E; c'est encore un A-module *à gauche* (II, p. 40). Pour tout $x \in E$, il résulte de II, p. 41, formules (10) et (12), que l'application $x^* \mapsto \langle x, x^* \rangle$ est une *forme linéaire* sur le A-module à droite E^*, autrement dit un élément du bidual E^{**}, que nous noterons $\tilde{x}$; en outre, on déduit aussitôt de (9) et (11) (II, p. 41) que l'application $c_E : x \mapsto \tilde{x}$ de E dans E^{**} est *linéaire*; cette application sera dite *canonique*; en général, elle n'est ni injective ni surjective, même lorsque E est de type fini (cf. II, p. 184, exerc. 9*e*) et II, p. 103, th. 6).

On dit qu'un A-module E est *réflexif* si l'homomorphisme canonique $c_E: E \rightarrow E^{**}$ est *bijectif*.

Soit F un second A-module à gauche; pour toute application linéaire $u: E \rightarrow F$, l'application ${}^t({}^tu): E^{**} \rightarrow F^{**}$, que nous écrirons aussi ${}^{tt}u$, est linéaire, et le diagramme

$$\begin{array}{ccc} E & \xrightarrow{u} & F \\ {\scriptstyle c_E}\downarrow & & \downarrow{\scriptstyle c_F} \\ E^{**} & \xrightarrow[{}^{tt}u]{} & F^{**} \end{array} \tag{27}$$

est commutatif, comme il résulte aussitôt des définitions et de la formule (15) (II, p. 42) donnant la transposée d'une application linéaire.

PROPOSITION 13. — *Si* E *est un module libre* (resp. *un module libre ayant une base finie*), *l'application canonique* $c_E: E \rightarrow E^{**}$ *est injective* (resp. *bijective*).

En effet, soit $(e_t)_{t \in T}$ une base de E, et soit (e_t^*) la famille des formes coordonnées correspondantes; par définition, si $x \in E$ est tel que $\tilde{x} = 0$, on a $\langle x, e_t^* \rangle = 0$ pour tout $t \in T$, autrement dit, toutes les coordonnées de x sont nulles, donc $x = 0$. Supposons de plus T fini; puisque $\langle \tilde{e}_t, e_{t'}^* \rangle = \delta_{tt'}$, $(\tilde{e}_t)$ est la base duale de (e_t^*) dans E^{**}, et comme c_E transforme une base de E en une base de E^{**}, c_E est bijective (II, p. 25, cor. 3). On a en outre prouvé:

COROLLAIRE 1. — *Soit* E *un* A-*module libre ayant une base finie; pour toute base* (e_t) *de* E, $(c_E(e_t))$ *est la base duale de la base* (e_t^*) *de* E^*, *duale de* (e_t).

On dit dans ce cas que (e_t) et (e_t^*) sont deux bases *duales l'une de l'autre*.

COROLLAIRE 2. — *Si* E *est un* A-*module libre ayant une base finie, toute base finie de* E^* *est la base duale d'une base de* E.

Il suffit en effet de considérer dans E^{**} la base duale de la base donnée et d'identifier canoniquement E et E^{**}.

COROLLAIRE 3. — *Soient* E, F *deux* A-*modules ayant chacun une base finie,* E (resp. F) *étant canoniquement identifié à son bidual* E^{**} (resp. F^{**}). *Pour toute application linéaire* $u: E \rightarrow F$, *on a alors* ${}^{tt}u = u$.

Cela résulte aussitôt de la commutativité du diagramme (27).

COROLLAIRE 4. — *Si* P *est un module projectif* (resp. *un module projectif de type fini*) *l'application canonique* $c_P: P \rightarrow P^{**}$ *est injective* (resp. *bijective*).

Nous utiliserons le lemme suivant:

Lemme 1. — *Soient* M, N *deux sous-modules supplémentaires dans un* A-*module* E, $i: M \rightarrow E$, $j: N \rightarrow E$ *les injections canoniques. Alors le diagramme*

$$(28)\qquad \begin{array}{ccc} M \oplus N & \xrightarrow{c_M \oplus c_N} & M^{**} \oplus N^{**} \\ {\scriptstyle i+j}\downarrow & & \downarrow{\scriptstyle {}^{tt}i + {}^{tt}j} \\ E & \xrightarrow[c_E]{} & E^{**} \end{array}$$

est commutatif.

En effet, par définition, pour $x \in M, y \in N, z^* \in E^*$

$$\begin{aligned} \langle c_E(i(x) + j(y)), z^* \rangle &= \langle i(x) + j(y), z^* \rangle \\ &= \langle i(x), z^* \rangle + \langle j(y), z^* \rangle \\ &= \langle x, {}^t i(z^*) \rangle + \langle y, {}^t j(z^*) \rangle \\ &= \langle c_M(x), {}^t i(z^*) \rangle + \langle c_N(y), {}^t j(z^*) \rangle \\ &= \langle {}^{tt}i(c_M(x)) + {}^{tt}j(c_N(y)), z^* \rangle. \end{aligned}$$

Cela étant, si E est un module libre (resp. un module libre ayant une base finie), c_E est injectif (resp. bijectif); d'autre part, il résulte de II, p. 44, prop. 10, que ${}^{tt}i \oplus {}^{tt}j$ est bijectif; la commutativité du diagramme (28) entraîne alors que $c_M \oplus c_N$ est injectif (resp. bijectif), et il en est donc de même de c_M et c_N (II, p. 14, cor. 1), d'où le corollaire, compte tenu de II, p. 39, prop. 4.

8. Équations linéaires

Soient E, F deux A-modules. Toute équation de la forme $u(x) = y_0$, où $u: E \to F$ est une application linéaire donnée, y_0 un élément donné de F et où l'inconnue x est assujettie à prendre ses valeurs dans E, s'appelle *équation linéaire*; on dit que y_0 est le *second membre* de l'équation; si $y_0 = 0$, l'équation est dite *linéaire et homogène*.

Tout élément $x_0 \in E$ tel que $u(x_0) = y_0$ est appelé *solution de l'équation linéaire* $u(x) = y_0$.[1]

On dit souvent, de façon imagée, qu'un problème est *linéaire* s'il est équivalent à la détermination des solutions d'une équation linéaire.

Étant donnée une équation linéaire $u(x) = y_0$, l'équation $u(x) = 0$ est appelée l'*équation linéaire et homogène associée à* $u(x) = y_0$.

Proposition 14. — *Si x_0 est une solution de l'équation linéaire $u(x) = y_0$, l'ensemble des solutions de cette équation est égal à l'ensemble des éléments $x_0 + z$, où z parcourt l'ensemble des solutions de l'équation homogène associée $u(x) = 0$.*

En effet, la relation $u(x) = y_0$ s'écrit $u(x) = u(x_0)$, équivalente à $u(x - x_0) = 0$.

[1] Il s'agit en fait d'un abus de langage; du point du vue logique, nous ne définissons pas ici le mot « solution », mais simplement la phrase « x_0 est solution de l'équation $u(x) = y_0$» comme équivalente à la relation « $x_0 \in E$ et $u(x_0) = y_0$ ». On observera que dans une théorie mathématique $\mathscr{T}$ où la relation « A est un anneau, E et F des A-modules, u un homomorphisme de E dans F, y_0 un élément de F » est un théorème, tout *terme* $\boldsymbol{T}$ de $\mathscr{T}$ tel que la relation « $\boldsymbol{T} \in E$ et $u(\boldsymbol{T}) = y_0$ » soit vraie dans $\mathscr{T}$ est une *solution* de l'équation $u(x) = y_0$ au sens de E, I, p. 40; ce qui justifie l'abus de langage précédent.

Autrement dit, si l'équation $u(x) = y_0$ a au moins une solution x_0, l'ensemble de ses solutions est l'ensemble $x_0 + \overset{-1}{u}(0)$, obtenu par translation à partir du noyau $\overset{-1}{u}(0)$ de u. On observera que $\overset{-1}{u}(0)$, étant un sous-module, n'est jamais vide, puisqu'il contient 0 (appelé la *solution nulle*, ou *solution banale*, de l'équation homogène $u(x) = 0$).

En vertu de la prop. 14, pour qu'une équation $u(x) = y_0$ ait *exactement une solution*, il faut et il suffit qu'elle ait au moins une solution, et que l'on ait $\overset{-1}{u}(0) = \{0\}$ (autrement dit, que l'équation homogène associée n'ait pas de solution non nulle, ou encore que u soit *injective*); dans ce cas, pour *tout* $y \in F$, l'équation $u(x) = y$ a *au plus* une solution.

PROPOSITION 15. — *Soit u une application linéaire d'un module* E *dans un module* F. *Si l'équation* $u(x) = y_0$ *a au moins une solution,* y_0 *est orthogonal au noyau de* ${}^tu$.

En effet, dire que $u(x) = y_0$ admet une solution signifie que $y_0 \in u(E)$ et la proposition résulte de II, p. 43, corollaire.

On observera que le critère nécessaire d'existence d'une solution de $u(x) = y_0$, donné par la prop. 15, est suffisant lorsque A est un *corps* (II, p. 106, prop. 12) mais *non en général* (II, p. 184, exerc. 10).

Remarques. — 1) Soient E un A-module, $(F_\iota)_{\iota \in I}$ une famille de A-modules, et pour tout $\iota \in I$, soit $u_\iota : E \to F_\iota$ une application linéaire. Tout système d'équations linéaires

(29) $$u_\iota(x) = y_\iota \qquad (\iota \in I)$$

où les $y_\iota \in F_\iota$ sont donnés, est équivalent à *une seule* équation linéaire $u(x) = y$, où u est l'application $x \mapsto (u_\iota(x))$ de E dans $F = \prod_{\iota \in I} F_\iota$, et $y = (y_\iota)$. On dit que le système (29) est *homogène* si $y_\iota = 0$ pour tout $\iota \in I$.

2) Supposons que E admette une *base* $(a_\lambda)_{\lambda \in L}$; si on pose $u(a_\lambda) = b_\lambda$ pour tout $\lambda \in L$, dire que $x = \sum_{\lambda \in L} \xi_\lambda a_\lambda$ vérifie l'équation $u(x) = y_0$ équivaut à dire que la famille (de support fini) $(\xi_\lambda)_{\lambda \in L}$ d'éléments de A vérifie la relation

(30) $$\sum_{\lambda \in L} \xi_\lambda b_\lambda = y_0.$$

Inversement, la recherche des familles $(\xi_\lambda)_{\lambda \in L}$ d'éléments de A, de support fini, vérifiant (30), équivaut à la résolution de l'équation linéaire $u(x) = y_0$, où u est l'unique application linéaire de E dans F telle que $u(a_\lambda) = b_\lambda$ pour tout $\lambda \in L$ (II, p. 25, cor. 3).

3) Une équation linéaire $u(x) = y_0$ est dite *scalaire* lorsque $F = A_s$, et par suite u est une *forme linéaire* sur E et y_0 un *scalaire.* Si E admet une base $(a_\lambda)_{\lambda \in L}$, il résulte de la *Remarque* 2) qu'une telle équation s'écrit aussi

(31) $$\sum_{\lambda \in L} \xi_\lambda \alpha_\lambda = y_0 \in A$$

où la famille de scalaires (α_λ) est arbitraire, et où il est sous-entendu que la famille (ξ_λ) doit avoir un support fini. De façon générale, par *solution* (dans A) d'un système d'équations linéaires scalaires

(32) $$\sum_{\lambda \in L} \xi_\lambda \alpha_{\lambda\iota} = \eta_\iota \qquad (\iota \in I)$$

où $\alpha_{\lambda\iota} \in A$ et $\eta_\iota \in A$ sont arbitraires, on entend une famille $(\xi_\lambda)_{\lambda \in L}$ d'éléments de A, de support *fini*, et vérifiant (32); les $\alpha_{\lambda\iota}$ sont dits les *coefficients* du système d'équations, et les η_ι les *seconds membres*. La résolution d'un tel système est équivalente à celle de l'équation $u(x) = y$, où $y = (\eta_\iota)$ et $u\colon A_s^{(L)} \to A_s^I$ est l'application linéaire

$$(\xi_\lambda) \mapsto \Big(\sum_{\lambda \in L} \xi_\lambda \alpha_{\lambda\iota}\Big).$$

4) Un système linéaire (32) est encore appelé *système d'équations linéaires scalaires à gauche* lorsqu'il y a lieu d'éviter des confusions. Un système d'équations

$$(33) \qquad \sum_{\lambda \in L} \alpha_{\lambda\iota} \xi_\lambda = \eta_\iota \qquad (\iota \in I)$$

est de même appelé *système d'équations linéaires scalaires à droite*; un tel système se ramène aussitôt à un système (32) en considérant les ξ_λ, η_ι et $\alpha_{\lambda\iota}$ comme appartenant à l'anneau A^0 *opposé* à A.

§ 3. PRODUITS TENSORIELS

1. Produit tensoriel de deux modules

Soient G_1, G_2 deux **Z**-modules; on dit qu'une application u de l'ensemble $G = G_1 \times G_2$ dans un **Z**-module est *biadditive* (ou **Z**-*bilinéaire*) si $u(x_1, x_2)$ est « additive par rapport à x_1 et par rapport à x_2 »; de façon précise, cela signifie que, pour x_1, y_1 dans G_1, x_2, y_2 dans G_2, on a

$$u(x_1 + y_1, x_2) = u(x_1, x_2) + u(y_1, x_2)$$
$$u(x_1, x_2 + y_2) = u(x_1, x_2) + u(x_1, y_2).$$

On notera que cela entraîne en particulier $u(0, x_2) = u(x_1, 0) = 0$ quels que soient $x_1 \in G_1$, $x_2 \in G_2$.

Soient A un anneau, E un A-module *à droite*, F un A-module *à gauche*. Nous allons considérer le *problème d'application universelle* (E, IV, p. 22) où Σ est l'espèce de structure de **Z**-*module* (les morphismes étant donc les applications **Z**-linéaires, autrement dit les homomorphismes de groupes additifs) et où les α-applications sont les applications f de E × F dans un **Z**-module G qui sont **Z**-*bilinéaires* et sont telles en outre que, pour tout $x \in E$, tout $y \in F$ et tout $\lambda \in A$, on ait

$$(1) \qquad f(x\lambda, y) = f(x, \lambda y).$$

Montrons que ce problème admet une solution. Pour cela, considérons le **Z**-module $C = \mathbf{Z}^{(E \times F)}$ des combinaisons linéaires formelles des éléments de E × F à coefficients dans **Z** (II, p. 25), dont on peut considérer qu'une base est formée des couples (x, y), où $x \in E$ et $y \in F$. Soit D le sous-**Z**-module de C *engendré* par les éléments de l'un des types suivants:

$$(2) \qquad \begin{cases} (x_1 + x_2, y) - (x_1, y) - (x_2, y) \\ (x, y_1 + y_2) - (x, y_1) - (x, y_2) \\ (x\lambda, y) - (x, \lambda y) \end{cases}$$

où x, x_1, x_2 sont dans E, y, y_1, y_2 dans F et λ dans A.

INITION 1. — *On appelle produit tensoriel du* A-*module à droite* E *et du* A-*module à gauche* F, *et on note* $E \underset{A}{\otimes} F$ *ou* $E \otimes_A F$ (ou simplement $E \otimes F$ si aucune confusion n'est à craindre) *le* **Z**-*module quotient* C/D (quotient du **Z**-module C des combinaisons linéaires formelles d'éléments de $E \times F$ à coefficients dans **Z**, par le sous-module D engendré par les éléments de l'un des types (2)). *Pour* $x \in E$ *et* $y \in F$, *on note* $x \otimes y$ *et on appelle produit tensoriel de* x *et de* y *l'élément de* $E \otimes_A F$ *image canonique de l'élément* (x, y) *de* $C = \mathbf{Z}^{(E \times F)}$.

L'application $(x, y) \mapsto x \otimes y$ de $E \times F$ dans $E \otimes_A F$ est dite *canonique*. C'est une application **Z**-bilinéaire qui vérifie les conditions (1).

Montrons que le produit tensoriel $E \otimes_A F$ et l'application canonique précédente forment une solution du problème d'application universelle posé plus haut. De façon précise:

PROPOSITION 1. — a) *Soit* g *une application* **Z**-*linéaire de* $E \otimes_A F$ *dans un* **Z**-*module* G. *L'application* $(x, y) \mapsto f(x, y) = g(x \otimes y)$ *de* $E \times F$ *dans* G *est* **Z**-*bilinéaire et vérifie les conditions* (1).

b) *Réciproquement, soit* f *une application* **Z**-*bilinéaire de* $E \times F$ *dans un* **Z**-*module* G, *vérifiant les conditions* (1). *Il existe alors une application* **Z**-*linéaire* g *de* $E \otimes_A F$ *dans* G *et une seule telle que* $f(x, y) = g(x \otimes y)$ *pour* $x \in E$, $y \in F$.

Si φ désigne l'application canonique de $E \times F$ dans $E \otimes_A F$, on a $f = g \circ \varphi$; d'où a). Pour démontrer b), remarquons qu'avec les notations de la déf. 1, f se prolonge en une application **Z**-linéaire $\bar{f}$ de C dans G (II, p. 24, prop. 17). En vertu des relations (1), $\bar{f}$ s'annule pour tous les éléments de C de l'un des types (2), donc dans D. Il existe par suite une application **Z**-linéaire g de $C/D = E \otimes_A F$ dans G telle que $\bar{f} = g \circ \psi$, où $\psi\colon C \to C/D$ est l'homomorphisme canonique (II, p. 16, *Remarque*). L'unicité de g est immédiate, puisque $E \otimes_A F$ est engendré, en tant que **Z**-module, par les éléments de la forme $x \otimes y$.

La prop. 1 définit un *isomorphisme canonique* du **Z**-module des applications **Z**-bilinéaires f de $E \times F$ dans G, vérifiant les conditions (1), sur le **Z**-module $\mathrm{Hom}_{\mathbf{Z}}(E \otimes_A F, G)$.

Lorsque $A = \mathbf{Z}$, les conditions (1) sont automatiquement vérifiées pour *toute* application **Z**-bilinéaire f, et le sous-module D de C est déjà engendré par les éléments des deux premiers types (2).

Si maintenant on revient au cas général, et si E′ et F′ désignent les **Z**-modules *sous-jacents* à E et F respectivement, la remarque précédente et la déf. 1 montrent aussitôt que le **Z**-module $E \otimes_A F$ peut s'identifier canoniquement au *quotient* du **Z**-module $E' \otimes_{\mathbf{Z}} F'$ par le sous-**Z**-module engendré par les éléments de la forme $(x\lambda) \otimes y - x \otimes (\lambda y)$, où x parcourt E, y parcourt F et λ parcourt A.

COROLLAIRE 1. — *Soient* H *un* **Z**-*module*, $h\colon E \times F \to H$ *une application* **Z**-*bilinéaire vérifiant les conditions* (1) *et telle que* H *soit engendré par* $h(E \times F)$. *Supposons que pour tout* **Z**-*module* G *et toute application* **Z**-*bilinéaire* f *de* $E \times F$ *dans* G *vérifiant* (1), *il existe une application* **Z**-*linéaire* $g\colon H \to G$ *telle que* $f = g \circ h$. *Alors, si* φ *désigne l'application* *canonique de* E × F *dans* $E \otimes_A F$, *il existe un isomorphisme et un seul* θ *de* $E \otimes_A F$ *sur* H *tel que* $h = \theta \circ \varphi$.

L'hypothèse que $h(E \times F)$ engendre H entraîne en effet l'unicité de g; le corollaire n'est autre alors que la propriété générale d'unicité d'une solution d'un problème d'application universelle (E, IV, p. 23).

Corollaire 2. — *Désignons par* E^0 (resp. F^0) *le module* E (resp. F) *considéré comme module à gauche* (resp. *à droite*) *sur l'anneau opposé* A^0; *il existe alors un isomorphisme* $\sigma: E \otimes_A F \rightarrow F^0 \otimes_{A^0} E^0$ *de* **Z**-*modules et un seul tel que l'on ait* $\sigma(x \otimes y) = y \otimes x$ *pour* $x \in E$ *et* $y \in F$ (« commutativité » du produit tensoriel).

En effet, par définition des structures de A^0-module sur E^0 et F^0, l'application $(x, y) \mapsto y \otimes x$ de E × F dans $F^0 \otimes_{A^0} E^0$ est **Z**-bilinéaire et vérifie les conditions (1), d'où l'existence et l'unicité de l'application **Z**-linéaire σ. On définit de même une application **Z**-linéaire $\tau: F^0 \otimes_{A^0} E^0 \rightarrow E \otimes_A F$ telle que $\tau(y \otimes x) = x \otimes y$, et il est clair que σ et τ sont des isomorphismes réciproques.

Remarque. — Le produit tensoriel de modules non réduits à 0 peut se réduire à 0: par exemple, si l'on considère les deux **Z**-modules $E = \mathbf{Z}/2\mathbf{Z}$ et $F = \mathbf{Z}/3\mathbf{Z}$, on a $2x = 0$ et $3y = 0$ quels que soient $x \in E$, $y \in F$; par suite, dans $E \otimes_{\mathbf{Z}} F$, on a $x \otimes y = 3(x \otimes y) - 2(x \otimes y) = x \otimes (3y) - (2x) \otimes y = 0$ quels que soient x et y (cf. II, p. 60, cor. 4).

2. Produit tensoriel de deux applications linéaires

Soient A un anneau, E, E′ deux A-modules à droite, F, F′ deux A-modules à gauche, $u: E \rightarrow E'$ et $v: F \rightarrow F'$ deux applications A-linéaires. On vérifie immédiatement que l'application

$$(x, y) \mapsto u(x) \otimes v(y)$$

de E × F dans $E' \otimes_A F'$ est **Z**-bilinéaire et satisfait aux conditions (1) de II, p. 50. En vertu de la prop. 1 de II, p. 51, il existe donc une application **Z**-*linéaire* et une seule $w: E \otimes_A F \rightarrow E' \otimes_A F'$ telle que

$$w(x \otimes y) = u(x) \otimes v(y) \tag{3}$$

pour $x \in E$, $y \in F$. Cette application se note $u \otimes v$ (lorsqu'il n'en résulte pas de confusion) et s'appelle le *produit tensoriel* des applications linéaires u et v.

On déduit aussitôt de (3) que $(u, v) \mapsto u \otimes v$ est une application **Z**-*bilinéaire* dite *canonique*:

$$\mathrm{Hom}_A(E, E') \times \mathrm{Hom}_A(F, F') \rightarrow \mathrm{Hom}_{\mathbf{Z}}(E \otimes_A F, E' \otimes_A F').$$

Il lui correspond d'après la prop. 1 de II, p. 51 une application **Z**-linéaire dite *canonique*:

$$\mathrm{Hom}_A(E, E') \otimes_{\mathbf{Z}} \mathrm{Hom}_A(F, F') \rightarrow \mathrm{Hom}_{\mathbf{Z}}(E \otimes_A F, E' \otimes_A F') \tag{4}$$

qui, à tout élément $u \otimes v$ *du produit tensoriel*, fait correspondre *l'application linéaire* $u \otimes v: E \otimes_A F \rightarrow E' \otimes_A F'$. On notera que l'application canonique (4) *n'est pas nécessairement injective ni surjective.* La notation $u \otimes v$ pourra donc prêter à confusion et il sera nécessaire que le contexte indique s'il s'agit d'un élément d'un produit tensoriel ou d'une application linéaire.

En outre, soient E″ un A-module à droite, F″ un A-module à gauche, $u'\colon E' \to E''$, $v'\colon F' \to F''$ des applications A-linéaires; il résulte de (3) que l'on a

$$(u' \circ u) \otimes (v' \circ v) = (u' \otimes v') \circ (u \otimes v). \tag{5}$$

3. Changement d'anneau

PROPOSITION 2. — *Soient* A, B *deux anneaux*, $\rho\colon B \to A$ *un homomorphisme d'anneaux*, E (resp. F) *un* A-*module à droite* (resp. *à gauche*). *Il existe alors une application* **Z**-*linéaire et une seule*

$$\varphi\colon \rho_*(E) \otimes_B \rho_*(F) \to E \otimes_A F \tag{6}$$

telle que pour tout $x \in E$ *et tout* $y \in F$, *l'image par* φ *de l'élément* $x \otimes y$ *de* $\rho_*(E) \otimes_B \rho_*(F)$ *soit l'élément* $x \otimes y$ *de* $E \otimes_A F$; *cette application* **Z**-*linéaire est surjective.*

Considérons en effet l'application $(x, y) \mapsto x \otimes y$ de $\rho_*(E) \times \rho_*(F)$ dans $E \otimes_A F$; elle est **Z**-bilinéaire et pour tout $\beta \in B$, on a par définition $(x\rho(\beta)) \otimes y = x \otimes (\rho(\beta)y)$, donc les conditions (1) de II, p. 50 sont vérifiées, d'où l'existence et l'unicité de φ (II, p. 51, prop. 1). La dernière assertion résulte de ce que les éléments $x \otimes y$ engendrent le **Z**-module $E \otimes_A F$.

L'application (6) est dite *canonique*.

COROLLAIRE. — *Soient* $\mathfrak{J}$ *un idéal bilatère de* A, *tel que* $\mathfrak{J}$ *soit contenu dans l'annulateur de* E *et dans l'annulateur de* F, *de sorte que* E (resp. F) *est canoniquement muni d'une structure de* $(A/\mathfrak{J})$-*module à droite* (resp. *à gauche*) (II, p. 28). *Alors l'homomorphisme canonique* (6)

$$\varphi\colon E \otimes_A F \to E \otimes_{A/\mathfrak{J}} F$$

correspondant à l'homomorphisme canonique $\rho\colon A \to A/\mathfrak{J}$, *est l'identité.*

En effet, pour tout $\bar{\alpha} \in A/\mathfrak{J}$, tout $x \in E$ et tout $y \in F$, on a $x\bar{\alpha} = x\alpha$ (resp. $\bar{\alpha}y = \alpha y$) pour tout α tel que $\rho(\alpha) = \bar{\alpha}$. Si $C = \mathbf{Z}^{(E \times F)}$, le sous-module de C engendré par les éléments $(x\alpha, y) - (x, \alpha y)$ est donc égal au sous-module engendré par les éléments $(x\bar{\alpha}, y) - (x, \bar{\alpha}y)$.

Les hypothèses et notations étant celles de la prop. 2, soient E′ un B-module à droite, F′ un B-module à gauche, et considérons deux applications $u\colon E' \to E$, $v\colon F' \to F$ *semi-linéaires* relativement à l'homomorphisme $\rho\colon B \to A$; u (resp. v) peut être considéré comme une application B-linéaire $E' \to \rho_*(E)$ (resp. $F' \to \rho_*(F)$), d'où une application **Z**-linéaire $w\colon E' \otimes_B F' \to \rho_*(E) \otimes_B \rho_*(F)$ telle que $w(x' \otimes y') = u(x') \otimes v(y')$ pour $x' \in E'$, $y' \in F'$; en composant avec cette application l'application canonique (6), on obtient donc une application **Z**-linéaire $w'\colon E' \otimes_B F' \to E \otimes_A F$ telle que $w'(x' \otimes y') = u(x') \otimes v(y')$ pour

$x' \in E'$, $y' \in F'$; c'est cette application que l'on notera d'ordinaire $u \otimes v$ s'il n'en résulte pas de confusion. Il est clair que $(u, v) \mapsto u \otimes v$ est une application **Z**-bilinéaire

$$\mathrm{Hom}_B(E', \rho_*(E)) \times \mathrm{Hom}_B(F', \rho_*(F)) \to \mathrm{Hom}_{\mathbf{Z}}(E' \otimes_B F', E \otimes_A F).$$

En outre, si C est un troisième anneau, $\sigma: C \to B$ un homomorphisme, E'' un C-module à droite, F'' un C-module à gauche, $u': E'' \to E'$, $v': F'' \to F'$ des applications semi-linéaires relatives à σ, on a

$$(u \circ u') \otimes (v \circ v') = (u \otimes v) \circ (u' \otimes v').$$

4. Opérateurs sur un produit tensoriel; produits tensoriels comme multimodules

Les hypothèses et notations étant celles du n° 1, pour tout endomorphisme u (resp. v) du A-module E (resp. F), $u \otimes 1_F$ (resp. $1_E \otimes v$) est un endomorphisme du **Z**-module $E \otimes_A F$; il résulte aussitôt de (5) (II, p. 53) que l'application $u \mapsto u \otimes 1_F$ (resp. $v \mapsto 1_E \otimes v$) est un *homomorphisme d'anneaux* $\mathrm{End}_A(E) \to \mathrm{End}_{\mathbf{Z}}(E \otimes_A F)$ (resp. $\mathrm{End}_A(F) \to \mathrm{End}_{\mathbf{Z}}(E \otimes_A F)$); en outre, on a

$$(7) \qquad (u \otimes 1_F) \circ (1_E \otimes v) = (1_E \otimes v) \circ (u \otimes 1_F) = u \otimes v$$

et par suite (II, p. 33) $E \otimes_A F$ est canoniquement muni d'une structure de *bimodule à gauche* par rapport aux anneaux $\mathrm{End}_A(E)$ et $\mathrm{End}_A(F)$.

Cela étant, supposons données sur E une structure de $((B'_i); A, (C'_j))$-*multimodule*, et sur F une structure de $(A, (B''_h); (C''_k))$-*multimodule* (II, p. 33); il revient au même de dire que l'on s'est donné des homomorphismes d'anneaux $B'_i \to \mathrm{End}_A(E)$, $C'^0_j \to \mathrm{End}_A(E)$ d'images deux à deux permutables, et des homomorphismes d'anneaux $B''_h \to \mathrm{End}_A(F)$, $C''^0_k \to \mathrm{End}_A(F)$ d'images deux à deux permutables. Si l'on compose respectivement avec ces homomorphismes les homomorphismes canoniques $\mathrm{End}_A(E) \to \mathrm{End}_{\mathbf{Z}}(E \otimes_A F)$ et $\mathrm{End}_A(F) \to \mathrm{End}_{\mathbf{Z}}(E \otimes_A F)$ définis plus haut, on voit (compte tenu de (7)) que l'on définit ainsi des homomorphismes d'anneaux

$$B'_i \to \mathrm{End}_{\mathbf{Z}}(E \otimes_A F), \qquad C'^0_j \to \mathrm{End}_{\mathbf{Z}}(E \otimes_A F)$$
$$B''_h \to \mathrm{End}_{\mathbf{Z}}(E \otimes_A F), \qquad C''^0_k \to \mathrm{End}_{\mathbf{Z}}(E \otimes_A F)$$

d'images *deux à deux permutables*; autrement dit, on a défini sur $E \otimes_A F$ une structure de $((B'_i), (B''_h); (C'_j), (C''_k))$-*multimodule*; c'est ce multimodule qu'on appelle encore *produit tensoriel* (relatif à A) *du* $((B'_i); A, (C'_j))$-*multimodule* E *et du* $(A, (B''_h); (C''_k))$-*multimodule* F. Ce multimodule est solution d'un problème d'application universelle analogue à celui considéré au n° 1; de façon précise:

PROPOSITION 3. — *Soit* G *un* $((B'_i), (B''_h); (C'_j), (C''_k))$-*multimodule.*

a) *Soit* g *une application linéaire du multimodule* $E \otimes_A F$ *dans* G. *L'application* $f: (x, y) \mapsto g(x \otimes y)$ *de* $E \times F$ *dans* G *est* **Z**-*bilinéaire, vérifie les relations* (1) *de* II, p. 50, *ainsi que les conditions*

$$(8)\qquad \begin{cases} f(\mu'_i x, y) = \mu'_i f(x, y), & f(x\nu'_j, y) = f(x, y)\nu'_j \\ f(x, \mu''_h y) = \mu''_h f(x, y), & f(x, y\nu''_k) = f(x, y)\nu''_k \end{cases}$$

pour $x \in E$, $y \in F$, $\mu'_i \in B'_i$, $\nu'_j \in C'_j$, $\mu''_h \in B''_h$, $\nu''_k \in C''_k$, i, j, h, k *quelconques.*

b) *Réciproquement, soit f une application* **Z**-*bilinéaire de* $E \times F$ *dans* G, *vérifiant les conditions* (1) (II, p. 50) *et* (8). *Il existe alors une application linéaire et une seule g du multimodule* $E \otimes_A F$ *dans le multimodule* G *telle que l'on ait* $f(x, y) = g(x \otimes y)$ *pour* $x \in E$, $y \in F$.

L'assertion a) résulte aussitôt de la définition de la structure de multimodule de $E \otimes_A F$, car on a par exemple $(x \otimes y)\nu'_j = (x\nu'_j) \otimes y$. Pour prouver b), remarquons d'abord que la prop. 1 de II, p. 51 donne l'existence et l'unicité d'une application **Z**-linéaire g telle que $g(x \otimes y) = f(x, y)$ pour $x \in E, y \in F$; tout revient à voir que g est linéaire pour les structures de *multimodule*. Comme les éléments $x \otimes y$ engendrent le **Z**-module $E \otimes_A F$, il suffit de vérifier les relations $g(\mu'_i(x \otimes y)) = \mu'_i g(x \otimes y)$ et les analogues; mais cela résulte aussitôt de la formule $g(x \otimes y) = f(x, y)$ et des relations (8).

Scholie. — Un élément de $E \otimes_A F$ s'écrit en général de plusieurs manières sous la forme $\sum_i (x_i \otimes y_i)$, où $x_i \in E$ et $y_i \in F$; mais pour définir une application linéaire g du multimodule $E \otimes_A F$ dans un multimodule G, il est *inutile* de vérifier que pour $\sum_i (x_i \otimes y_i) = \sum_j (x'_j \otimes y'_j)$, on a $\sum_i g(x_i \otimes y_i) = \sum_j g(x'_j \otimes y'_j)$; il suffit de se donner $g(x \otimes y)$ pour $x \in E$ et $y \in F$ et de s'assurer que $(x, y) \mapsto g(x \otimes y)$ est **Z**-bilinéaire et vérifie les conditions (1) (II, p. 50) et (8).

Soient E′ un $((B'_i); A, (C'_j))$-multimodule, F′ un $(A, (B''_h); (C''_k))$-multimodule, $u: E \to E'$, $v: F \to F'$ des applications linéaires de *multimodules*; il résulte aussitôt des définitions (II, p. 52) que $u \otimes v$ est une application linéaire du multimodule $E \otimes_A F$ dans le multimodule $E' \otimes_A F'$.

Désignant toujours par E un A-module à droite, notons ${}_sA_d$ l'anneau A considéré comme (A, A)-bimodule (II, p. 34, *Exemple* 1); d'après ce qui précède, le produit tensoriel $E \otimes_A ({}_sA_d)$ est muni canoniquement d'une structure de A-*module à droite* telle que $(x \otimes \lambda)\mu = x \otimes (\lambda\mu)$ pour $x \in E$, $\lambda \in A$, $\mu \in A$. L'application $(x, \lambda) \mapsto x\lambda$ de $E \times ({}_sA_d)$ dans E est **Z**-bilinéaire et vérifie les conditions (1) (II, p. 50) et (8) (où, dans ces dernières, les B'_i, C'_j et B''_h sont absents, la famille (C''_k) réduite à A); donc (II, p. 54, prop. 3), il existe une application A-*linéaire g* (dite *canonique*) de $E \otimes_A ({}_sA_d)$ dans E telle que $g(x \otimes \lambda) = x\lambda$ pour $x \in E$, $\lambda \in A$.

Proposition 4. — *Si* E *est un* A-*module à droite, l'application* $h: x \mapsto x \otimes 1$ *de* E *dans* $E \otimes_A ({}_sA_d)$ *est un isomorphisme de* A-*modules à droite, dont l'isomorphisme réciproque g est tel que* $g(x \otimes \lambda) = x\lambda$ *pour* $x \in E$, $\lambda \in A$.

En effet, si g est l'application canonique, $g \circ h$ est l'application identique 1_E et $h \circ g$ coïncide avec l'application identique de $E \otimes_A ({}_sA_d)$ sur lui-même pour les éléments de la forme $x \otimes \lambda$, qui engendrent ce dernier **Z**-module; d'où la conclusion.

On écrira d'ordinaire $E \otimes_A A$ au lieu de $E \otimes_A ({}_sA_d)$ et on identifiera souvent $E \otimes_A A$ et E au moyen des isomorphismes canoniques précédents. On observera que si E est en outre muni d'une structure de B-module (à gauche ou à droite) compatible avec sa structure de A-module à droite, g et h sont aussi des isomorphismes pour les structures de B-module de E et de $E \otimes_A A$ (donc des isomorphismes de multimodules).

Soit maintenant F un A-module à gauche; $({}_sA_d) \otimes_A F$ (aussi noté $A \otimes_A F$) est alors canoniquement muni d'une structure de A-module à gauche, et on définit comme dans la prop. 4 (II, p. 55) un isomorphisme canonique de $A \otimes_A F$ sur F transformant $\lambda \otimes x$ en λx, et son isomorphisme réciproque $x \mapsto 1 \otimes x$.

En particulier il existe un isomorphisme canonique du (A, A)-bimodule $({}_sA_d) \otimes_A ({}_sA_d)$ sur ${}_sA_d$, qui transforme $\lambda \otimes \mu$ en $\lambda\mu$.

5. Produit tensoriel de deux modules sur un anneau commutatif

Soit C un anneau *commutatif*; pour tout C-module E, la structure de module sur E est *compatible avec elle-même* (II, p. 33). Si E et F sont deux C-modules, les considérations de II, p. 54 permettent donc de définir sur le produit tensoriel $E \otimes_C F$ *deux* structures de C-module, respectivement telles que $\gamma(x \otimes y) = (\gamma x) \otimes y$ et $\gamma(x \otimes y) = x \otimes (\gamma y)$; mais comme en vertu de II, p. 51, déf. 1 on a ici $(\gamma x) \otimes y = x \otimes (\gamma y)$, ces deux structures sont *les mêmes*. Quand on parlera désormais de $E \otimes_C F$ comme d'un C-*module*, c'est de la structure ainsi définie qu'il sera question, sauf mention expresse du contraire. L'isomorphisme canonique $\sigma\colon F \otimes_C E \to E \otimes_C F$ (II, p. 52, cor. 2) est alors un isomorphisme de C-modules.

Il résulte de cette définition que si $(a_\lambda)_{\lambda \in L}$ (resp. $(b_\mu)_{\mu \in M}$) est un *système générateur* du C-module E (resp. F), $(a_\lambda \otimes b_\mu)$ est un *système générateur* du C-module $E \otimes_C F$; en particulier, si E et F sont des C-modules *de type fini*, il en est de même de $E \otimes_C F$.

Pour tout C-module G, les applications **Z**-bilinéaires f de $E \times F$ dans G pour lesquelles on a

$$(9) \qquad f(\gamma x, y) = f(x, \gamma y) = \gamma f(x, y) \qquad \text{pour } x \in E,\ y \in F,\ \gamma \in C$$

sont alors appelées C-*bilinéaires*, et forment un C-*module* que l'on note $\mathscr{L}_2(E, F; G)$; la prop. 3 (II, p. 54) définit un *isomorphisme canonique de* C-*modules* (cf. II, p. 35, *Remarque* 1)

$$(10) \qquad \mathscr{L}_2(E, F; G) \to \mathrm{Hom}_C(E \otimes_C F, G).$$

Soient E′, F′ deux C-modules, $u\colon E \to E'$, $v\colon F \to F'$ deux applications C-linéaires; alors (II, p. 55) $u \otimes v$ est une application C-*linéaire* de $E \otimes_C F$ dans $E' \otimes_C F'$. En outre, il est immédiat que $(u, v) \mapsto u \otimes v$ est une application C-

bilinéaire de $\mathrm{Hom}_C(E, E') \times \mathrm{Hom}_C(F, F')$ dans $\mathrm{Hom}_C(E \otimes_C F, E' \otimes_C F')$; il lui correspond donc canoniquement une application C-*linéaire*, dite *canonique*:

(11) $$\mathrm{Hom}_C(E, E') \otimes_C \mathrm{Hom}_C(F, F') \to \mathrm{Hom}_C(E \otimes_C F, E' \otimes_C F')$$

qui, à tout *élément* $u \otimes v$ *du produit tensoriel*

$$\mathrm{Hom}_C(E, E') \otimes_C \mathrm{Hom}_C(F, F')$$

fait correspondre l'*application linéaire* $u \otimes v$. On notera que l'application canonique (11) *n'est pas nécessairement injective ni surjective* (II, p. 190, exerc. 2).

Remarques. — 1) Soient A, B deux anneaux *commutatifs*, $\rho: B \to A$ un homomorphisme d'anneaux, E et F deux A-modules; alors l'application canonique (6) de II, p. 53 est une application B-*linéaire*

(12) $$\rho_*(E) \otimes_B \rho_*(F) \to \rho_*(E \otimes_A F).$$

2) Les considérations de ce n° peuvent se généraliser au cas suivant: soient E un A-module à droite, F un A-module à gauche, C un anneau commutatif, $\rho: C \to A$ un homomorphisme de C dans A tel que $\rho(C)$ soit contenu dans le *centre* de A (cf. III, p. 6). On peut alors considérer les C-modules $\rho_*(E)$ et $\rho_*(F)$ et l'hypothèse sur ρ entraîne que les structures de ces C-modules sont respectivement compatibles avec les structures de A-module de E et F (II, p. 33). Le produit tensoriel $E \otimes_A F$ est donc (en vertu de II, p. 54) muni de deux structures de C-modules telles que $\gamma(x \otimes y) = (x\rho(\gamma)) \otimes y$ et $\gamma(x \otimes y) = x \otimes (\rho(\gamma)y))$ respectivement pour $\gamma \in C$, $x \in E$, $y \in F$, et la déf. 1 (II, p. 51) montre encore que ces deux structures sont *identiques*. Si E' (resp. F') est un A-module à droite (resp. à gauche), $u: E \to E'$, $v: F \to F'$ deux applications A-linéaires, alors $u \otimes v: E \otimes_A F \to E' \otimes_A F'$ est C-*linéaire* pour les structures de C-modules qu'on vient de définir; l'application $(u, v) \mapsto u \otimes v$:

$$\mathrm{Hom}_A(E, E') \times \mathrm{Hom}_A(F, F') \to \mathrm{Hom}_C(E \otimes_A F, E' \otimes_A F')$$

est C-*bilinéaire* (pour les structures de C-module sur $\mathrm{Hom}_A(E, E')$ et $\mathrm{Hom}_A(F, F')$ définies dans II, p. 35, *Remarque* 1) d'où l'on déduit encore une application C-*linéaire*, dite *canonique*

(13) $$\mathrm{Hom}_A(E, E') \otimes_C \mathrm{Hom}_A(F, F') \to \mathrm{Hom}_C(E \otimes_A F, E' \otimes_A F').$$

3) Soient A un anneau intègre, K son corps des fractions. Si E et F sont deux K-espaces vectoriels, l'application canonique

$$(E_{[A]}) \otimes_A (F_{[A]}) \to E \otimes_K F$$

(II, p. 53 et p. 30) est *bijective*. Il suffit en effet (II, p. 55) de prouver que si f est une application A-*bilinéaire* de $E \times F$ dans un K-espace vectoriel G, f est aussi K-*bilinéaire*. Or, pour tout $\alpha \neq 0$ dans A, on a alors

$$\alpha f(\alpha^{-1}x, y) = f(x, y) = \alpha f(x, \alpha^{-1}y),$$

d'où

$$f(\alpha^{-1}x, y) = f(x, \alpha^{-1}y) = \alpha^{-1}f(x, y)$$

puisque G est un K-espace vectoriel.

6. Propriétés de $E \otimes_A F$ **relatives aux suites exactes**

Proposition 5. — *Soient* E, E′, E″ *des* A-*modules à droite*, F *un* A-*module à gauche*,

$$\text{(14)} \qquad E' \xrightarrow{u} E \xrightarrow{v} E'' \longrightarrow 0$$

une suite exacte d'applications linéaires. Si l'on pose $\bar{u} = u \otimes 1_F$, $\bar{v} = v \otimes 1_F$, *la suite*

$$\text{(15)} \qquad E' \otimes_A F \xrightarrow{\bar{u}} E \otimes_A F \xrightarrow{\bar{v}} E'' \otimes_A F \longrightarrow 0$$

de **Z**-*homomorphismes est exacte.*

En vertu de II, p. 53, formule (5), on a $\bar{v} \circ \bar{u} = (v \circ u) \otimes 1_F = 0$; l'image $H = \bar{u}(E' \otimes F)$ est contenue dans le noyau $L = \operatorname{Ker}(\bar{v})$; par passage au quotient, on déduit donc de $\bar{v}$ une application **Z**-linéaire f du conoyau $M = (E \otimes F)/H$ de $\bar{u}$ dans $E'' \otimes F$; il s'agit de prouver que f est *bijective*, et il suffira donc de définir une application **Z**-linéaire $g: E'' \otimes F \rightarrow M$ telle que $g \circ f$ et $f \circ g$ soient les applications identiques.

Soient $x'' \in E''$, $y \in F$; par hypothèse il existe $x \in E$ tel que $v(x) = x''$. Montrons que si x_1, x_2 sont deux éléments de E tels que $v(x_1) = v(x_2) = x''$ et si $\varphi: E \otimes F \rightarrow M$ est l'application canonique, on a $\varphi(x_1 \otimes y) = \varphi(x_2 \otimes y)$. Il suffit de prouver que si $v(x) = 0$, on a $\varphi(x \otimes y) = 0$; cela résulte de ce que $x = u(x')$, avec $x' \in E'$, d'où $x \otimes y = u(x') \otimes y = \bar{u}(x' \otimes y) \in H$. Si à (x'', y) on fait correspondre la valeur unique de $\varphi(x \otimes y)$ pour tous les $x \in E$ tels que $v(x) = x''$, on définit une application de $E'' \times F$ dans M; cette application est **Z**-bilinéaire et vérifie les conditions (1) (II, p. 50), puisque $v(x\lambda) = x''\lambda$ et $(x\lambda) \otimes y = x \otimes (\lambda y)$ pour $x \in E$; il existe donc une application **Z**-linéaire g de $E'' \otimes F$ dans M telle que $g(x'' \otimes y) = \varphi(x \otimes y)$, pour $y \in F$, $x \in E$ et $x'' = v(x)$. Cette définition prouve en outre que $f \circ g$ coïncide avec l'application identique pour les éléments de $E'' \otimes F$ de la forme $x'' \otimes y$, donc $f \circ g$ est l'application identique de $E'' \otimes F$; d'autre part, pour $x \in E$ et $y \in F$, on a $f(\varphi(x \otimes y)) = v(x) \otimes y$ par définition, donc $g(f(\varphi(x \otimes y))) = \varphi(x \otimes y)$, et comme les éléments de la forme $\varphi(x \otimes y)$ engendrent M, $g \circ f$ est l'application identique de M.

Corollaire. — *Soient* F, F′, F″ *des* A-*modules à gauche*, E *un* A-*module à droite*,

$$\text{(16)} \qquad F' \xrightarrow{s} F \xrightarrow{t} F'' \longrightarrow 0$$

une suite exacte d'applications linéaires. Si on pose $\bar{s} = 1_E \otimes s$, $\bar{t} = 1_E \otimes t$, *la suite de* **Z**-*homomorphismes*

(17) $$E \otimes_A F' \xrightarrow{\bar{s}} E \otimes_A F \xrightarrow{\bar{t}} E \otimes_A F'' \longrightarrow 0$$

est exacte.

En effet, quand on considère E (resp. F) comme un A^0-module à gauche (resp. à droite), $F \otimes_{A^0} E$ s'identifie à $E \otimes_A F$, et on a des identifications analogues pour $F' \otimes_{A^0} E$ et $F'' \otimes_{A^0} E$ (II, p. 52, cor. 2); le corollaire résulte donc aussitôt de la prop. 5.

Remarque. — On notera qu'en général, si E' est un sous-module d'un A-module à droite E, $j: E' \to E$ l'injection canonique, l'application $j \otimes 1_F: E' \otimes F \to E \otimes F$ *n'est pas nécessairement injective.* Autrement dit, d'une suite exacte

(18) $$0 \longrightarrow E' \xrightarrow{u} E \xrightarrow{v} E'' \longrightarrow 0$$

on ne peut pas conclure en général que la suite

(19) $$0 \longrightarrow E' \otimes F \xrightarrow{\bar{u}} E \otimes F \xrightarrow{\bar{v}} E'' \otimes F \longrightarrow 0$$

soit exacte.

Prenons par exemple $A = \mathbf{Z}$, $E = \mathbf{Z}$, $E' = 2\mathbf{Z}$, $F = \mathbf{Z}/2\mathbf{Z}$. Comme E' est isomorphe à E, $E' \otimes F$ est isomorphe à $E \otimes F$, lui-même isomorphe à F (II, p. 55, prop. 4). Mais pour tout $x' = 2x \in E'$ (où $x \in E$), et tout $y \in F$, on a $j(x') \otimes y = (2x) \otimes y = x \otimes (2y) = 0$ puisque $2y = 0$, et l'image canonique de $E' \otimes F$ dans $E \otimes F$ est réduite à 0.

En d'autres termes, il faut soigneusement distinguer, pour un sous-module E' de E et un élément $x \in E'$, entre l'élément $x \otimes y$ « calculé dans $E' \otimes F$ » et l'élément $x \otimes y$ « calculé dans $E \otimes F$ » (autrement dit, l'élément $j(x) \otimes y$).

Nous étudierons plus tard, sous le nom de modules *plats*, les modules F tels que la suite (19) soit exacte pour *toute* suite exacte (18) (AC, I, § 2).

PROPOSITION 6. — *Si on a les deux suites exactes* (14) *et* (16) (II, p. 58), *l'homomorphisme* $v \otimes t: E \otimes_A F \to E'' \otimes_A F''$ *est surjectif et son noyau est égal à*

$$\operatorname{Im}(u \otimes 1_F) + \operatorname{Im}(1_E \otimes s).$$

En effet, on a $v \otimes t = (v \otimes 1_{F''}) \circ (1_E \otimes t)$ (II, p. 53, formule (5)), et $v \otimes t$ est donc surjectif, étant composé de deux homomorphismes surjectifs en vertu de la prop. 5 (II, p. 58) et de son corollaire (II, p. 58). D'autre part, pour que $z \in E \otimes F$ soit dans le noyau de $v \otimes t$, il faut et il suffit que $(1_E \otimes t)(z)$ appartienne au noyau de $v \otimes 1_{F''}$, c'est-à-dire, en vertu de (15) (II, p. 58), à l'image de $u \otimes 1_{F''}: E' \otimes F'' \to E \otimes F''$. Mais comme l'homomorphisme $t: F \to F''$ est surjectif, il en est de même de $1_{E'} \otimes t: E' \otimes F \to E' \otimes F''$, en vertu de II, p. 58, corollaire, donc la condition pour z se réduit à l'existence d'un $a \in E' \otimes F$ tel que

$$(1_E \otimes t)(z) = (u \otimes t)(a).$$

Posons $b = z - (u \otimes 1_F)(a)$; on aura alors $(1_E \otimes t)(b) = 0$, et en vertu de (17), b appartient à l'image de $1_E \otimes s$, ce qui démontre la proposition.

Autrement dit:

COROLLAIRE 1. — *Soient* E′ *un sous-module d'un* A-*module à droite* E, F′ *un sous-module d'un* A-*module à gauche* F, $\mathrm{Im}(E' \otimes_A F)$ *et* $\mathrm{Im}(E \otimes_A F')$ *les sous-*$\mathbf{Z}$*-modules de* $E \otimes_A F$, *images respectives des applications canoniques* $E' \otimes_A F \to E \otimes_A F$, $E \otimes_A F' \to E \otimes_A F$. *On a alors un isomorphisme canonique de* $\mathbf{Z}$*-modules*

$$(20) \qquad \pi\colon (E/E') \otimes_A (F/F') \to (E \otimes_A F)/(\mathrm{Im}(E' \otimes_A F) + \mathrm{Im}(E \otimes_A F'))$$

tel que pour $\xi \in E/E'$, $\eta \in F/F'$, $\pi(\xi \otimes \eta)$ *soit la classe de tout élément* $x \otimes y \in E \otimes_A F$ *tel que* $x \in \xi$ *et* $y \in \eta$.

On notera que lorsque E est un $((B'_i); A, (C'_j))$-multimodule, F un $(A, (B''_h); (C''_k))$-multimodule, E′ et F′ des *sous-multimodules* de E et F respectivement, l'isomorphisme (20) est un isomorphisme pour les structures de $((B'_i), (B''_h); (C'_j), (C''_k))$-multimodules des deux membres (II, p. 54).

COROLLAIRE 2. — *Soient* $\mathfrak{a}$ *un idéal à droite de* A, F *un* A-*module à gauche*, $\mathfrak{a}F$ *le sous-*$\mathbf{Z}$*-module de* F *engendré par les éléments de la forme* λx, *où* $\lambda \in \mathfrak{a}$ *et* $x \in F$. *On a alors un isomorphisme canonique de* $\mathbf{Z}$*-modules*

$$(21) \qquad \pi\colon (A/\mathfrak{a}) \otimes_A F \to F/\mathfrak{a}F$$

tel que pour tout $\bar{\lambda} \in A/\mathfrak{a}$ *et tout* $x \in F$, $\pi(\bar{\lambda} \otimes x)$ *soit la classe* mod. $\mathfrak{a}F$ *de* λx, *ou* $\lambda \in \bar{\lambda}$.

En particulier, pour $A = \mathbf{Z}$, on voit que pour tout entier n et tout $\mathbf{Z}$-module F, $(\mathbf{Z}/n\mathbf{Z}) \otimes_{\mathbf{Z}} F$ s'identifie canoniquement au $\mathbf{Z}$-module quotient F/nF.

COROLLAIRE 3. — *Soient* A *un anneau commutatif*, $\mathfrak{a}$ *un idéal de* A, E *et* F *deux* A-*modules, tels que* $\mathfrak{a}$ *soit contenu dans l'annulateur de* F. *Alors les* $(A/\mathfrak{a})$*-modules* $E \otimes_A F$ *et* $(E/\mathfrak{a}E) \otimes_{A/\mathfrak{a}} F$ *sont canoniquement isomorphes.*

En effet, F et $E \otimes_A F$ étant annulés par $\mathfrak{a}$, sont canoniquement munis de structures de $(A/\mathfrak{a})$-modules (II, p. 28), et si on pose $E' = \mathfrak{a}E$, on a $\mathrm{Im}(E' \otimes_A F) = 0$; on a donc un isomorphisme canonique (20) de $E \otimes_A F$ sur $(E/\mathfrak{a}E) \otimes_A F$, et ce dernier est lui-même identique à $(E/\mathfrak{a}E) \otimes_{A/\mathfrak{a}} F$ (II, p. 35, corollaire).

COROLLAIRE 4. — *Soient* $\mathfrak{a}$, $\mathfrak{b}$ *deux idéaux dans un anneau commutatif* C; *le* C-*module* $(C/\mathfrak{a}) \otimes_C (C/\mathfrak{b})$ *est alors canoniquement isomorphe à* $C/(\mathfrak{a} + \mathfrak{b})$.

7. Produits tensoriels de produits et de sommes directes

Soient $(E_\lambda)_{\lambda \in L}$ une famille de A-modules à droite, $(F_\mu)_{\mu \in M}$ une famille de A-modules à gauche, et considérons les modules produits $C = \prod_{\lambda \in L} E_\lambda$, $D = \prod_{\mu \in M} F_\mu$. L'application $((x_\lambda), (y_\mu)) \mapsto (x_\lambda \otimes y_\mu)$ de $C \times D$ dans le $\mathbf{Z}$-module produit $\prod_{(\lambda, \mu) \in L \times M} (E_\lambda \otimes_A F_\mu)$ est $\mathbf{Z}$-bilinéaire et satisfait aux conditions (1) (II, p. 50) de façon évidente. Il existe donc (II, p. 51, prop. 1) une application **Z**-linéaire, dite *canonique*

$$(22) \qquad f\colon \Big(\prod_{\lambda\in L} E_\lambda\Big) \otimes_A \Big(\prod_{\mu\in M} F_\mu\Big) \to \prod_{(\lambda,\mu)\in L\times M} (E_\lambda \otimes_A F_\mu)$$

telle que l'on ait $f((x_\lambda) \otimes (y_\mu)) = (x_\lambda \otimes y_\mu)$.

Lorsque $C = R^L$, $D = S^M$, R (resp. S) étant un A-module à droite (resp. à gauche), l'application canonique (22) fait correspondre à tout produit tensoriel $u \otimes v$, où u est une application de L dans R et v une application de M dans S, l'application $(\lambda, \mu) \mapsto u(\lambda) \otimes v(\mu)$ de L × M dans $R \otimes_A S$; même dans ce cas l'application canonique (22) n'est en général *ni injective ni surjective* (II, p. 189, exerc. 3; cf. II, p. 63, cor. 3).

Lorsque les E_λ sont des $((B'_i); A, (C'_j))$-multimodules et les F_μ des $(A, (B''_h); (C''_k))$-multimodules, l'homomorphisme (22) est aussi un homomorphisme pour les structures de $((B'_i), (B''_h); (C'_j), (C''_k))$-multimodules des deux membres.

Considérons maintenant le sous-module $E = \bigoplus_{\lambda\in L} E_\lambda$ (resp. $F = \bigoplus_{\mu\in M} F_\mu$) de C (resp. D); les injections canoniques $E \to C$, $F \to D$ définissent canoniquement une application **Z**-linéaire $E \otimes_A F \to C \otimes_A D$ qui, composée avec l'application (22), donne une application **Z**-linéaire g de $E \otimes_A F$ dans $\prod_{\lambda,\mu} (E_\lambda \otimes_A F_\mu)$ telle que $g((x_\lambda) \otimes (y_\mu)) = (x_\lambda \otimes y_\mu)$; en outre, comme les familles (x_λ) et (y_μ) ont un support fini, il en est de même de $(x_\lambda \otimes y_\mu)$, donc g est finalement un homomorphisme canonique

$$(23) \qquad g\colon \Big(\bigoplus_{\lambda\in L} E_\lambda\Big) \otimes_A \Big(\bigoplus_{\mu\in M} F_\mu\Big) \to \bigoplus_{(\lambda,\mu)\in L\times M} (E_\lambda \otimes_A F_\mu),$$

qui est un homomorphisme de multimodules sous les mêmes conditions que (22).

PROPOSITION 7. — *L'application canonique* (23) *est bijective.*

Il suffit pour cela de définir une application **Z**-linéaire h de la somme directe $G = \bigoplus_{(\lambda,\mu)\in L\times M} (E_\lambda \otimes_A F_\mu)$ dans $E \otimes_A F$ telle que $g \circ h$ et $h \circ g$ soient les applications identiques. Or, pour définir une application **Z**-linéaire de G dans $E \otimes_A F$, il suffit (II, p. 12, prop. 6), de définir une application **Z**-linéaire

$$h_{\lambda\mu}\colon E_\lambda \otimes_A F_\mu \to E \otimes_A F$$

pour tout couple (λ, μ), et on prendra $h_{\lambda\mu} = i_\lambda \otimes j_\mu$, où $i_\lambda\colon E_\lambda \to E$ et $j_\mu\colon F_\mu \to F$ sont les injections canoniques. Il est clair alors que $h \circ g$ coïncide avec l'application identique pour les éléments de la forme $\big(\sum_\lambda x_\lambda\big) \otimes \big(\sum_\mu y_\mu\big)$, qui engendrent le **Z**-module $E \otimes_A F$; de même $g \circ h$ coïncide avec l'application identique pour les éléments de la forme $\sum_{\lambda,\mu} (x_\lambda \otimes y_\mu)$, qui engendrent le **Z**-module G, puisque pour chaque couple (λ, μ) les produits $x_\lambda \otimes y_\mu$ $(x_\lambda \in E_\lambda, y_\mu \in F_\mu)$ engendrent le **Z**-module $E_\lambda \otimes_A F_\mu$. D'où la proposition.

Soient $u_\lambda : E_\lambda \to E'_\lambda$, $v_\mu : F_\mu \to F'_\mu$ des A-homomorphismes; il est clair que le diagramme

$$\begin{array}{ccc}(\bigoplus_\lambda E_\lambda) \otimes_A (\bigoplus_\mu F_\mu) & \longrightarrow & \bigoplus_{\lambda,\mu} (E_\lambda \otimes_A F_\mu) \\ {\scriptstyle (\oplus u_\lambda)\otimes(\oplus v_\mu)}\downarrow & & \downarrow{\scriptstyle \oplus(u_\lambda \otimes v_\mu)} \\ (\bigoplus_\lambda E'_\lambda) \otimes_A (\bigoplus_\mu F'_\mu) & \longrightarrow & \bigoplus_{\lambda,\mu} (E'_\lambda \otimes_A F'_\mu)\end{array}$$

est commutatif.

Corollaire 1. — *Si le* A-*module à gauche* F *admet une base* $(b_\mu)_{\mu\in M}$, *tout élément de* $E \otimes_A F$ *s'écrit d'une seule manière sous la forme* $\sum_\mu (x_\mu \otimes b_\mu)$, *où* $x_\mu \in E$ *et la famille* (x_μ) *a un support fini. Le* **Z**-*module* $E \otimes_A F$ *est isomorphe à* $E^{(M)}$ *considéré comme* **Z**-*module.*

En effet, la base (b_μ) définit un isomorphisme de F sur $\bigoplus_{\mu\in M} Ab_\mu$, d'où un isomorphisme $E \otimes_A F \to \bigoplus_{\mu\in M} (E \otimes_A Ab_\mu)$ en vertu de la prop. 7; comme $\xi \mapsto \xi b_\mu$ est un isomorphisme de A_s sur Ab_μ, $x \mapsto x \otimes b_\mu$ est un isomorphisme de E sur $E \otimes_A (Ab_\mu)$ en vertu de la prop. 4 de II, p. 55, d'où le corollaire.

Si E est un $((B'_i); A, (C'_j))$-multimodule, l'isomorphisme canonique $E \otimes_A F \to E^{(M)}$ est un isomorphisme de $((B'_i); (C'_j))$-multimodules.

En particulier, si en outre E admet aussi une base $(a_\lambda)_{\lambda\in L}$, tout $z \in E \otimes_A F$ s'écrit d'une manière et d'une seule sous la forme $\sum_{\lambda,\mu} (a_\lambda \xi_{\lambda\mu}) \otimes b_\mu$, où les $\xi_{\lambda\mu}$ appartiennent à A (et forment une famille à support fini); l'application $z \mapsto (\xi_{\lambda\mu})_{(\lambda,\mu)\in L\times M}$ est un isomorphisme de $E \otimes_A F$ sur $A^{(L\times M)}$ pour les structures de **Z**-module (et même les structures de module sur le *centre* de A). Plus particulièrement:

Corollaire 2. — *Si* E *et* F *sont deux modules libres sur un anneau commutatif* C, *et si* (a_λ) (resp. (b_μ)) *est une base du* C-*module* E (resp. F), *alors* $(a_\lambda \otimes b_\mu)$ *est une base du* C-*module* $E \otimes_C F$.

Par abus de langage, on dit parfois que la base $(a_\lambda \otimes b_\mu)$ est le *produit tensoriel* des bases (a_λ) et (b_μ).

Remarque 1). — Soient E un A-module à droite libre, F un A-module à gauche libre, $(a_\lambda)_{\lambda\in L}$ une base de E, $(b_\mu)_{\mu\in M}$ une base de F. Tout élément $z \in E \otimes_A F$ s'écrit d'une seule manière $\sum_\lambda a_\lambda \otimes y_\lambda$, où $y_\lambda \in F$, et aussi d'une seule manière $\sum_\mu x_\mu \otimes b_\mu$, où $x_\mu \in E$. Si on pose $y_\lambda = \sum_\mu \eta_{\lambda\mu} b_\mu$, $x_\mu = \sum_\lambda a_\lambda \xi_{\lambda\mu}$, où les $\xi_{\lambda\mu}$ et $\eta_{\lambda\mu}$ appartiennent à A, on a $\xi_{\lambda\mu} = \eta_{\lambda\mu}$ pour tout (λ, μ), car $\sum_\lambda \big(a_\lambda \otimes \big(\sum_\mu \eta_{\lambda\mu} b_\mu\big)\big) = \sum_{\lambda,\mu} ((a_\lambda \eta_{\lambda\mu}) \otimes b_\mu) = \sum_\mu \big(\big(\sum_\lambda a_\lambda \eta_{\lambda\mu}\big) \otimes b_\mu\big)$.

COROLLAIRE 3. — *Soient* $(E_\lambda)_{\lambda \in L}$ *une famille de* A-*modules à droite*, F *un* A-*module à gauche libre* (resp. *libre et de type fini*). *Alors l'application canonique* (22)

$$\Big(\prod_{\lambda \in L} E_\lambda\Big) \otimes_A F \to \prod_{\lambda \in L} (E_\lambda \otimes_A F)$$

est injective (resp. *bijective*).

En effet, si (b_μ) est une base de F, tout élément de $\Big(\prod_{\lambda \in L} E_\lambda\Big) \otimes_A F$ peut s'écrire d'une seule manière $z = \sum_\mu ((x_\lambda^{(\mu)}) \otimes b_\mu)$ (II, p. 62, cor. 1); dire que son image canonique est nulle signifie que pour tout $\lambda \in L$, on a $\sum_\mu (x_\lambda^{(\mu)} \otimes b_\mu) = 0$, donc $x_\lambda^{(\mu)} = 0$ pour tout $\lambda \in L$ et tout μ (II, p. 62, cor. 1), et par suite $z = 0$.

Pour démontrer que l'application canonique est bijective lorsque F admet une base finie, on est aussitôt ramené, en vertu de la prop. 7, au cas où $F = A_s$; mais alors les deux membres s'identifient canoniquement à $\prod_{\lambda \in L} E_\lambda$ (II, p. 55, prop. 4) et après ces identifications, l'application canonique (22) devient l'identité.

COROLLAIRE 4. — *Soient* A *un anneau sans diviseur de zéro*, E *un* A-*module à droite libre*, F *un* A-*module à gauche libre. Alors la relation* $x \otimes y = 0$ *dans* $E \otimes_A F$ *entraîne* $x = 0$ *ou* $y = 0$.

En effet, soient (a_λ) une base de E, (b_μ) une base de F, et soient $x = \sum_\lambda a_\lambda \xi_\lambda$, $y = \sum_\mu \eta_\mu b_\mu$; on a $x \otimes y = \sum_{\lambda, \mu} ((a_\lambda \xi_\lambda \eta_\mu) \otimes b_\mu)$ et la relation $x \otimes y = 0$ entraîne $\xi_\lambda \eta_\mu = 0$ pour tout couple d'indices (λ, μ) (II, p. 62, cor. 1). Donc, si l'on a $x \neq 0$, c'est-à-dire $\xi_\lambda \neq 0$ pour un λ au moins, on en conclut $\eta_\mu = 0$ pour tout μ, d'où $y = 0$.

COROLLAIRE 5. — *Soient* E *un* A-*module à droite*, F *un* A-*module à gauche*, M *un sous-module de* E, N *un sous-module de* F. *Si* M *est facteur direct de* E *et* N *facteur direct de* F, *l'homomorphisme canonique* $M \otimes_A N \to E \otimes_A F$ *est injectif, et l'image de* $M \otimes_A N$ *par cet homomorphisme est facteur direct du* **Z**-*module* $E \otimes_A F$.

Cela résulte aussitôt de la prop. 7.

On notera que si E est un $((B'_i); A, (C'_j))$-multimodule et F un $(A, (B''_h); (C''_k))$-multimodule, M et N des facteurs directs dans ces multimodules, $M \otimes N$ est facteur direct du $((B'_i), (B''_h); (C'_j), (C''_k))$-multimodule $E \otimes F$.

COROLLAIRE 6. — *Soient* P *un* A-*module à gauche projectif*, E, F *deux* A-*modules à droite. Pour tout homomorphisme injectif* $u \colon E \to F$, *l'homomorphisme*

$$u \otimes 1_P \colon E \otimes_A P \to F \otimes_A P$$

est injectif.

En effet, il existe un A-module à gauche Q tel que $L = P \oplus Q$ soit libre (II, p. 39, prop. 4), et $u \otimes 1_L$ s'identifie (prop. 7) à $(u \otimes 1_P) \oplus (u \otimes 1_Q)$;

il suffit donc de prouver le corollaire lorsque P est *libre* (II, p. 14, cor. 1). Le même raisonnement ramène au cas où $P = A_s$, qui découle aussitôt de II, p. 55, prop. 4.

Corollaire 7. — *Soit* C *un anneau commutatif. Si* E *et* F *sont deux* C-*modules projectifs*, $E \otimes_C F$ *est un* C-*module projectif.*

Cela résulte aussitôt de II, p. 63, cor. 5 et du fait que le produit tensoriel de deux C-modules libres est un C-module libre (II, p. 61, cor. 2).

Remarque 2). — Sous les hypothèses de la prop. 7 (II, p. 61), soient E'_λ un sous-module de E_λ, F'_μ un sous-module de F_μ, et posons $E' = \bigoplus_{\lambda \in L} E'_\lambda$, $F' = \bigoplus_{\mu \in M} F'_\mu$. Désignons par $\mathrm{Im}(E' \otimes_A F')$ (resp. $\mathrm{Im}(E'_\lambda \otimes_A F'_\mu)$) l'image de $E' \otimes_A F'$ (resp. $E'_\lambda \otimes_A F'_\mu$) dans $E \otimes_A F$ (resp. $E_\lambda \otimes_A F_\mu$) par l'application canonique; alors l'isomorphisme (23) identifie les sous-$\mathbf{Z}$-modules

$$\mathrm{Im}(E' \otimes_A F') \quad \text{et} \quad \bigoplus_{(\lambda, \mu) \in L \times M} \mathrm{Im}(E'_\lambda \otimes_A F'_\mu);$$

cela résulte aussitôt de la commutativité du diagramme

$$\begin{array}{ccc} (\bigoplus_\lambda E'_\lambda) \otimes_A (\bigoplus_\mu F'_\mu) & \longrightarrow & (\bigoplus_\lambda E_\lambda) \otimes_A (\bigoplus_\mu F_\mu) \\ \downarrow & & \downarrow \\ \bigoplus_{\lambda, \mu} (E'_\lambda \otimes_A F'_\mu) & \longrightarrow & \bigoplus_{\lambda, \mu} (E_\lambda \otimes_A F_\mu) \end{array}$$

où les flèches verticales sont les isomorphismes canoniques.

8. Associativité du produit tensoriel.

Proposition 8. — *Soient* A, B *deux anneaux*, E *un* A-*module à droite*, F *un* (A, B)-*bimodule*, G *un* B-*module à gauche. Alors* $E \otimes_A F$ *est un* B-*module à droite*, $F \otimes_B G$ *un* A-*module à gauche, et il existe une application* $\mathbf{Z}$-*linéaire et une seule*

$$\varphi\colon (E \otimes_A F) \otimes_B G \to E \otimes_A (F \otimes_B G)$$

telle que $\varphi((x \otimes y) \otimes z) = x \otimes (y \otimes z)$ *pour* $x \in E$, $y \in F$, $z \in G$; *en outre cette application* $\mathbf{Z}$-*linéaire est bijective* (« associativité » du produit tensoriel).

Les structures de B-module à droite sur $E \otimes_A F$ et de A-module à gauche sur $F \otimes_B G$ ont été définies dans II, p. 54. L'unicité de φ est évidente puisque les éléments $(x \otimes y) \otimes z$ engendrent le $\mathbf{Z}$-module $(E \otimes_A F) \otimes_B G$. Pour démontrer l'existence de φ, remarquons que pour tout $z \in G$, $h_z\colon y \mapsto y \otimes z$ est une application A-linéaire du A-module à gauche F dans le A-module à gauche $F \otimes_B G$. Posons $g_z = 1_E \otimes h_z$, qui est donc une application $\mathbf{Z}$-linéaire de $E \otimes_A F$ dans $E \otimes_A (F \otimes_B G)$, et considérons l'application $(t, z) \mapsto g_z(t)$ de $(E \otimes_A F) \times G$ dans $E \otimes_A (F \otimes_B G)$; comme $h_{z+z'} = h_z + h_{z'}$ pour $z \in G$, $z' \in G$, il est immédiat que l'application précédente est **Z**-bilinéaire. En outre, montrons que pour tout $\mu \in B$, on a $g_{\mu z}(t) = g_z(t\mu)$; il suffit évidemment de le faire pour $t = x \otimes y$, où $x \in E$ et $y \in F$; or on a $g_{\mu z}(x \otimes y) = x \otimes (y \otimes \mu z)$ et $g_z((x \otimes y)\mu) = g_z(x \otimes y\mu) = x \otimes (y\mu \otimes z)$. La prop. 1 (II, p. 51) prouve donc l'existence d'une application **Z**-linéaire

$$\varphi\colon (E \otimes_A F) \otimes_B G \to E \otimes_A (F \otimes_B G)$$

telle que $\varphi(t \otimes z) = g_z(t)$, donc $\varphi((x \otimes y) \otimes z) = x \otimes (y \otimes z)$. On définit de la même façon une application **Z**-linéaire

$$\psi\colon E \otimes_A (F \otimes_B G) \to (E \otimes_A F) \otimes_B G$$

telle que $\psi(x \otimes (y \otimes z)) = (x \otimes y) \otimes z$, et il est clair que $\psi \circ \varphi$ et $\varphi \circ \psi$ sont les applications identiques de $(E \otimes_A F) \otimes_B G$ et $E \otimes_A (F \otimes_B G)$ respectivement, puisqu'elles se réduisent à l'identité sur des systèmes générateurs de ces **Z**-modules.

Il est immédiat que si E est un $((C'_i); A, (D'_j))$-multimodule, F un $(A, (C''_h); B, (D''_k))$-multimodule, G un $(B, (C'''_l); (D'''_m))$-multimodule, l'isomorphisme canonique défini dans la prop. 8 (II, p. 64) est un isomorphisme de $((C'_i), (C''_h), (C'''_l); (D'_j), (D''_k), (D'''_m))$-*multimodules*. En particulier, si C est un anneau *commutatif*, E, F, G trois C-*modules*, on a un isomorphisme canonique de C-*modules*

$$(E \otimes_C F) \otimes_C G \to E \otimes_C (F \otimes_C G).$$

Nous allons voir ci-dessous que l'on peut, sous certaines conditions, généraliser la définition du produit tensoriel à une famille de multimodules, ce qui en particulier nous fournira, sous les hypothèses de la prop. 8 (II, p. 64), un **Z**-module $E \otimes_A F \otimes_B G$, canoniquement isomorphe à chacun des **Z**-modules $(E \otimes_A F) \otimes_B G$ et $E \otimes_A (F \otimes_B G)$, et auquel on identifiera ces derniers.

9. Produit tensoriel de familles de multimodules

Soit $(G_\lambda)_{\lambda \in L}$ une famille de **Z**-*modules*; on dit qu'une application u de l'ensemble $G = \prod_{\lambda \in L} G_\lambda$ dans un **Z**-module est *multiadditive* (ou **Z**-*multilinéaire*) si $(x_\lambda) \mapsto u((x_\lambda))$ est additive par rapport à chacune des variables x_λ: de façon précise, cela signifie que pour tout $\mu \in L$ et tout élément $(a_\lambda) \in \prod_{\lambda \neq \mu} G_\lambda$, on a, en identifiant canoniquement G à $G_\mu \times \prod_{\lambda \neq \mu} G_\lambda$

(24) $$u(x_\mu + y_\mu, (a_\lambda)) = u(x_\mu, (a_\lambda)) + u(y_\mu, (a_\lambda)) \text{ pour } x_\mu, y_\mu \text{ dans } G_\mu.$$

Cela entraîne en particulier $u((x_\lambda)) = 0$ si un des x_λ est nul.

Considérons encore le *problème d'application universelle* où Σ est l'espèce de structure de $\mathbf{Z}$-module, et les α-applications les applications multiadditives de G dans un $\mathbf{Z}$-module. On en obtient encore une solution en considérant le $\mathbf{Z}$-module $C = \mathbf{Z}^{(G)}$ des combinaisons linéaires formelles d'éléments de G à coefficients dans $\mathbf{Z}$, et le sous-$\mathbf{Z}$-module D de C engendré par les éléments de la forme

$$(x_\mu + y_\mu, (z_\lambda)_{\lambda \neq \mu}) - (x_\mu, (z_\lambda)_{\lambda \neq \mu}) - (y_\mu, (z_\lambda)_{\lambda \neq \mu})$$

où $\mu \in L$, $x_\mu \in G_\mu$, $y_\mu \in G_\mu$ et les $z_\lambda \in G_\lambda$ $(\lambda \neq \mu)$ sont arbitraires. On appelle *produit tensoriel* (*sur* $\mathbf{Z}$) *de la famille* $(G_\lambda)_{\lambda \in L}$ *de* $\mathbf{Z}$-*modules* et on note $\bigotimes_{\lambda \in L} G_\lambda$ le $\mathbf{Z}$-module quotient C/D; pour tout élément $(x_\lambda)_{\lambda \in L}$ de G qui est un élément de la base canonique de C, on note $\bigotimes_{\lambda \in L} x_\lambda$ l'image canonique de cet élément dans C/D. Il résulte des définitions précédentes que l'application $\varphi: (x_\lambda) \to \bigotimes_{\lambda \in L} x_\lambda$ de G dans $\bigotimes_{\lambda \in L} G_\lambda$ est $\mathbf{Z}$-multilinéaire, et que pour toute application $\mathbf{Z}$-multilinéaire f de G dans un $\mathbf{Z}$-module H, il existe une application $\mathbf{Z}$-linéaire et une seule $g: \bigotimes_{\lambda \in L} G_\lambda \to H$ telle que $f = g \circ \varphi$; le couple $(\bigotimes_{\lambda \in L} G_\lambda, \varphi)$ résout donc le problème d'application universelle considéré.

Soit $(G'_\lambda)_{\lambda \in L}$ une seconde famille de $\mathbf{Z}$-modules, et pour tout $\lambda \in L$, soit $v_\lambda: G_\lambda \to G'_\lambda$ une application $\mathbf{Z}$-linéaire (autrement dit un homomorphisme de groupes commutatifs). Alors l'application

$$(x_\lambda) \mapsto \bigotimes_{\lambda \in L} v_\lambda(x_\lambda)$$

de G dans $\bigotimes_{\lambda \in L} G_\lambda$ est $\mathbf{Z}$-*multilinéaire*, et définit donc canoniquement une application $\mathbf{Z}$-*linéaire* de $\bigotimes_{\lambda \in L} G_\lambda$ dans $\bigotimes_{\lambda \in L} G'_\lambda$, qu'on note $\bigotimes_{\lambda \in L} v_\lambda$ et qui est telle que

$$(25) \qquad (\bigotimes_{\lambda \in L} v_\lambda)(\bigotimes_{\lambda \in L} x_\lambda) = \bigotimes_{\lambda \in L} v_\lambda(x_\lambda).$$

En particulier, considérons, pour un $\mu \in L$, un endomorphisme θ de G_μ; nous désignerons par $\tilde{\theta}$ l'endomorphisme de $\bigotimes_{\lambda \in L} G_\lambda$ égal à $\bigotimes_{\lambda \in L} v_\lambda$, où l'on prend $v_\mu = \theta$ et $v_\lambda = 1_{G_\lambda}$ pour $\lambda \neq \mu$.

Cela étant, supposons donnés un ensemble Ω, une application

$$c: \omega \mapsto (\rho(\omega), \sigma(\omega))$$

de Ω dans $L \times L$, et pour tout $\omega \in \Omega$, un endomorphisme p_ω de $G_{\rho(\omega)}$, et un endomorphisme q_ω de $G_{\sigma(\omega)}$; il leur correspond deux endomorphismes $\tilde{p}_\omega$ et $\tilde{q}_\omega$ de $P = \bigotimes_{\lambda \in L} G_\lambda$. Soit R le sous-$\mathbf{Z}$-module de P *engendré par la réunion des images des endomorphismes* $\tilde{p}_\omega - \tilde{q}_\omega$ lorsque ω parcourt Ω. Le $\mathbf{Z}$-module quotient P/R s'appelle le *produit tensoriel de la famille* $(G_\lambda)_{\lambda \in L}$ *relativement à* c, p, q et se note $\bigotimes_{(c,p,q)} G_\lambda$; en composant l'homomorphisme canonique $P \to P/R$ avec l'application $\varphi: G \to \bigotimes_{\lambda \in L} G_\lambda$ définie ci-dessus, on obtient une application **Z**-multilinéaire $\varphi_{(c,p,q)}: G \to \bigotimes_{(c,p,q)} G_\lambda$ et on pose $\varphi_{(c,p,q)}((x_\lambda)) = \bigotimes_{(c,p,q)} x_\lambda$ ou simplement $\bigotimes_{(c)} x_\lambda$. Le couple formé de $\bigotimes_{(c,p,q)} G_\lambda$ et de $\varphi_{(c,p,q)}$ résout le *problème d'application universelle* suivant: désignons par $\bar{p}_\omega$ (resp. $\bar{q}_\omega$) l'application

$$(x_{\rho(\omega)}, (x_\lambda)_{\lambda \neq \rho(\omega)}) \mapsto (p_\omega(x_{\rho(\omega)}), (x_\lambda)_{\lambda \neq \rho(\omega)})$$
$$(\text{resp. } (x_{\sigma(\omega)}, (x_\lambda)_{\lambda \neq \sigma(\omega)}) \mapsto (q_\omega(x_{\sigma(\omega)}), (x_\lambda)_{\lambda \neq \sigma(\omega)}))$$

de G dans lui-même. On prend alors pour Σ l'espèce de structure de **Z**-module, et pour α-applications les applications **Z**-multilinéaires u de G dans un **Z**-module vérifiant en outre les conditions

$$u \circ \bar{p}_\omega = u \circ \bar{q}_\omega \tag{26}$$

pour tout $\omega \in \Omega$. La démonstration est évidente à partir des définitions précédentes.

Cette construction redonne en particulier celle de $E \otimes_A F$ décrite dans II, p. 51: il faut ici prendre $L = \{1, 2\}$, $G_1 = E$, $G_2 = F$, $\Omega = A$; en outre, pour tout $\omega \in A$, on doit poser $\rho(\omega) = 1$, $\sigma(\omega) = 2$, p_ω est l'endomorphisme $x \mapsto x\omega$ du **Z**-module E et q_ω l'endomorphisme $y \mapsto \omega y$ du **Z**-module F.

Soit $(G'_\lambda)_{\lambda \in L}$ une seconde famille de **Z**-modules; l'application c restant la même, supposons donnés, pour tout $\omega \in \Omega$, un endomorphisme p'_ω de $G'_{\rho(\omega)}$ et un endomorphisme q'_ω de $G'_{\sigma(\omega)}$. Pour tout $\lambda \in L$, soit alors $v_\lambda: G_\lambda \to G'_\lambda$ une application **Z**-linéaire telle que, pour tout $\omega \in \Omega$, on ait

$$v_{\rho(\omega)} \circ p_\omega = p'_\omega \circ v_{\rho(\omega)} \quad \text{et} \quad v_{\sigma(\omega)} \circ q_\omega = q'_\omega \circ v_{\sigma(\omega)} \tag{27}$$

(en d'autres termes, pour tout $\lambda \in L$, v_λ est un morphisme pour les lois d'action sur G_λ (resp. G'_μ) définies par les p_ξ et q_η (resp. p'_ξ et q'_η), avec ξ et η tels que $\rho(\xi) = \lambda$ et $\sigma(\eta) = \lambda$). Alors l'application

$$u: (x_\lambda) \mapsto \bigotimes_{(c,p',q')} v_\lambda(x_\lambda)$$

de G dans $\bigotimes_{(c,p',q')} G'_\lambda$ est **Z**-multilinéaire et vérifie les conditions (26), donc définit une application **Z**-*linéaire* de $\bigotimes_{(c,p',q)} G_\lambda$ dans $\bigotimes_{(c,p',q')} G'_\lambda$, que nous noterons simplement $\bigotimes_{(c)} v_\lambda$ s'il n'en résulte pas de confusion.

Nous allons maintenant donner une propriété d'« *associativité* » pour les produits tensoriels généraux ainsi définis. Soit $(L_i)_{1 \leqslant i \leqslant n}$ une partition *finie* de L; pour tout indice i, désignons par Ω_i la partie de Ω formée des éléments tels que l'on ait $\rho(\omega) \in L_i$ *et* $\sigma(\omega) \in L_i$; il est clair que les Ω_i sont *deux à deux disjoints*; nous poserons $\Omega' = \Omega - (\bigcup_i \Omega_i)$. Pour chaque indice i, nous désignerons par $c^{(i)}$ l'application $\omega \mapsto (\rho(\omega), \sigma(\omega))$ de Ω_i dans $L_i \times L_i$; pour $\omega \in \Omega_i$, nous écrirons $p_\omega^{(i)}$ et $q_\omega^{(i)}$ au lieu de p_ω et q_ω. On a donc pour chaque i un produit tensoriel « partiel »

$$F_i = \bigotimes_{(c^{(i)}, p^{(i)}, q^{(i)})} G_\lambda.$$

Nous ferons en outre l'hypothèse de « permutabilité » suivante:

(P) *Si* $\omega \in \Omega'$, p_ω (resp. q_ω) *permute avec chacun des endomorphismes* p_ξ *et* q_η *de* $G_{\rho(\omega)}$ (resp. $G_{\sigma(\omega)}$) *tels que* $\xi \notin \Omega'$, $\eta \notin \Omega'$ *et* $\rho(\omega) = \rho(\xi) = \sigma(\eta)$ (resp. $\sigma(\omega) = \rho(\xi) = \sigma(\eta)$).

Pour chaque $\omega \in \Omega'$, soit i l'indice tel que $\rho(\omega) \in L_i$; considérons alors la famille $(v_\lambda)_{\lambda \in L_i}$ où $v_{\rho(\omega)} = p_\omega$ et $v_\lambda = 1_{G_\lambda}$ pour $\lambda \neq \rho(\omega)$; l'hypothèse (P) entraîne que la famille (v_λ) vérifie les conditions (27) de II, p. 67 (où on doit remplacer p' et p par $p^{(i)}$, q' et q par $q^{(i)}$, ω par un élément ξ parcourant Ω_i); on en déduit donc un endomorphisme $\bigotimes_{(c^{(i)})} v_\lambda = r_\omega$ du **Z**-module F_i. De la même manière, on définit un endomorphisme s_ω du Z-module F_j à partir de q_ω, j étant l'indice tel que $\sigma(\omega) \in L_j$; posons enfin $d(\omega) = (i, j)$. On peut alors définir le *produit tensoriel* $\bigotimes_{(d, r, s)} F_i$, et l'application canonique correspondante $\varphi_{(d, r, s)} : \prod_{i=1}^{n} F_i \to \bigotimes_{(d, r, s)} F_i$. On a d'autre part, pour chaque i, l'application canonique $\psi_i = \varphi_{(c^{(i)}, p^{(i)}, q^{(i)})} : \prod_{\lambda \in L_i} G_\lambda \to F_i$; utilisant l'associativité du produit d'ensembles, on en déduit une application **Z**-multilinéaire $\psi = \varphi_{(d,r,s)} \circ (\psi_i)$ de G dans $\bigotimes_{(d, r, s)} F_i$. Nous allons montrer que *le couple* $(\bigotimes_{(d, r, s)} F_i, \psi)$ *est solution du même problème universel que* $(\bigotimes_{(c, p, q)} G_\lambda, \varphi_{(c, p, q)})$, d'où résultera l'existence d'un *unique isomorphisme de* **Z**- *modules*

$$\theta : \bigotimes_{(c, p, q)} G_\lambda \to \bigotimes_{(d, r, s)} F_i$$

tel que $\psi = \theta \circ \varphi_{(c, p, q)}$ (E, IV, p. 23).

Par récurrence sur n, on se ramène au cas $n = 2$; nous écrirons pour simplifier $F_1 \bigotimes_{(d)} F_2$ et $y_1 \bigotimes_{(d)} y_2$ au lieu de $\bigotimes_{(d, r, s)} F_i$ et $\bigotimes_{(d, r, s)} y_i$. Considérons l'application de G dans $F_1 \bigotimes_{(d)} F_2$

$$h : (x_\lambda) \mapsto \Big(\bigotimes_{(c^{(1)})} x_\lambda\Big) \bigotimes_{(d)} \Big(\bigotimes_{(c^{(2)})} x_\lambda\Big).$$

Elle est évidemment **Z**-multilinéaire; montrons qu'elle satisfait aux conditions (26) de II, p. 67 pour tout $\omega \in \Omega$. C'est évident si $\omega \in \Omega_1$ ou $\omega \in \Omega_2$; dans le cas contraire, en supposant pour fixer les idées que l'on ait $\rho(\omega) \in L_1$ et $\sigma(\omega) \in L_2$, les valeurs de $h \circ \bar{p}_\omega$ et $h \circ \bar{q}_\omega$ pour (x_λ) sont respectivement

$$\left(r_\omega\left(\bigotimes_{(c^{(1)})} x_\lambda\right)\right) \bigotimes_{(d)} \left(\bigotimes_{(c^{(2)})} x_\lambda\right) \quad \text{et} \quad \left(\bigotimes_{(c^{(1)})} x_\lambda\right) \bigotimes_{(d)} \left(s_\omega\left(\bigotimes_{(c^{(2)})} x_\lambda\right)\right)$$

qui sont encore égales par définition de $F_1 \bigotimes_{(d)} F_2$.

Cela étant, soit u une application **Z**-multilinéaire de G dans un **Z**-module H, vérifiant les conditions (26) de II, p. 67; nous allons définir une application **Z**-linéaire $v: F_1 \bigotimes_{(d)} F_2 \to H$ telle que $u = v \circ h$, et cela prouvera notre assertion (en répétant le raisonnement de II, p. 51, cor. 1). Pour tout $z_2 = (x_\lambda)_{\lambda \in L_2}$, considérons l'application « partielle » de $\prod_{\lambda \in L_1} G_\lambda$ dans H

(28) $$u(., z_2): \quad (x_\lambda)_{\lambda \in L_1} \mapsto u((x_\lambda)_{\lambda \in L_1}, z_2) = u((x_\lambda)_{\lambda \in L}).$$

Il est clair qu'elle est **Z**-multilinéaire et vérifie les conditions (26) de II, p. 67 pour $\omega \in \Omega_1$; par définition, il existe donc une application **Z**-linéaire $y_1 \mapsto w_1(y_1, z_2)$ de F_1 dans H telle que

(29) $$w_1\left(\bigotimes_{(c^{(1)})} x_\lambda, z_2\right) = u((x_\lambda)_{\lambda \in L_1}, z_2).$$

Considérons ensuite l'application

$$u_2: \quad (x_\lambda)_{\lambda \in L_2} \mapsto w_1(., (x_\lambda)_{\lambda \in L_2})$$

de $\prod_{\lambda \in L_2} G_\lambda$ dans $\mathrm{Hom}_{\mathbf{Z}}(F_1, H)$; elle est évidemment **Z**-multilinéaire et vérifie les conditions (26) de II, p. 67 pour $\omega \in \Omega_2$, en vertu de l'hypothèse sur u et des relations (28) et (29), et compte tenu de ce que les éléments de la forme $\bigotimes_{(c^{(1)})} x_\lambda$ engendrent le **Z**-module F_1. Il existe donc une application **Z**-linéaire

$$w_2: F_2 \to \mathrm{Hom}_{\mathbf{Z}}(F_1, H)$$

telle que

$$w_2\left(\bigotimes_{(c^{(2)})} x_\lambda\right) = u_2((x_\lambda)_{\lambda \in L_2})$$

ou encore

(30) $$\left(w_2\left(\bigotimes_{(c^{(2)})} x_\lambda\right)\right)\left(\bigotimes_{(c^{(1)})} x_\lambda\right) = u((x_\lambda)_{\lambda \in L}).$$

Considérons alors, pour $y_1 \in F_1$, $y_2 \in F_2$, l'élément de H

(31) $$w(y_1, y_2) = (w_2(y_2))(y_1).$$

Il est clair que w est une application **Z**-*bilinéaire* de $F_1 \times F_2$ dans H. Montrons en outre que pour tout $\omega \in \Omega'$, on a (en supposant pour fixer les idées, que $\rho(\omega) \in L_1$ et $\sigma(\omega) \in L_2$)

(32) $$w(r_\omega(y_1), y_2) = w(y_1, s_\omega(y_2)).$$

Il suffit de vérifier cette relation lorsque y_1 (resp. y_2) est de la forme $\bigotimes_{(c^{(1)})} x_\lambda$ (resp. $\bigotimes_{(c^{(2)})} x_\lambda$), ces éléments engendrant le **Z**-module F_1 (resp. F_2). Mais par définition, $r_\omega(\bigotimes_{(c^{(1)})} x_\lambda) = \bigotimes_{(c^{(1)})} x'_\lambda$, où $x'_{\rho(\omega)} = p_\omega(x_{\rho(\omega)})$ et $x'_\lambda = x_\lambda$ pour $\lambda \neq \rho(\omega)$ dans L_1; de même $s_\omega(\bigotimes_{(c^{(2)})} x_\lambda) = \bigotimes_{(c^{(2)})} x''_\lambda$, où $x''_{\sigma(\omega)} = q_\omega(x_{\sigma(\omega)})$ et $x''_\lambda = x_\lambda$ pour $\lambda \neq \sigma(\omega)$ dans L_2; compte tenu de (30) et (31), la relation (32) se déduit alors de (26) (II, p. 67). Il existe donc une application **Z**-*linéaire* v de $F_1 \bigotimes_{(d)} F_2$ dans H telle que $v(y_1 \bigotimes_{(d)} y_2) = w(y_1, y_2)$, et il résulte alors de (30) et (31) (II. p. 69) que l'on a bien $v \circ h = u$.

Le cas particulier le plus important du produit tensoriel général défini ci-dessus est le suivant: on part d'une famille $(A_i)_{1 \leqslant i \leqslant n-1}$ d'anneaux, et d'une famille $(E_i)_{1 \leqslant i \leqslant n}$, où E_1 est un A_1-module à droite, E_n un A_{n-1}-module à gauche et pour $2 \leqslant i \leqslant n-1$, E_i est un (A_{i-1}, A_i)-*bimodule*. On applique alors la définition ci-dessus comme suit: L est l'ensemble $[1, n]$, $G_i = E_i$, Ω est l'ensemble *somme* des A_i $(1 \leqslant i \leqslant n-1)$. Pour $\omega \in A_i$ $(1 \leqslant i \leqslant n-1)$, on prend $\rho(\omega) = i$, $\sigma(\omega) = i+1$, p_ω est l'endomorphisme $x \mapsto x\omega$ du **Z**-module E_i et q_ω l'endomorphisme $y \mapsto \omega y$ du **Z**-module E_{i+1}; on note le produit tensoriel correspondant

$$E_1 \otimes_{A_1} E_2 \otimes_{A_2} E_3 \otimes \cdots \otimes_{A_{n-2}} E_{n-1} \otimes_{A_{n-1}} E_n \tag{33}$$

(notation où l'on se permet parfois de supprimer les A_i), et l'élément $\bigotimes_{(c,p,q)} x_i$ de ce produit tensoriel, pour une famille (x_i) telle que $x_i \in E_i$ pour $1 \leqslant i \leqslant n$, s'écrit $x_1 \otimes x_2 \otimes \cdots \otimes x_n$ si aucune confusion n'en résulte; on emploie une notation analogue pour une application **Z**-linéaire $\bigotimes_{(c)} v_i$. L'hypothèse (P) est vérifiée pour *toute* partition de $[1, n]$, en raison de l'hypothèse que les E_i sont des *bimodules* pour $2 \leqslant i \leqslant n-1$. Lorsque $n = 3$, on a ainsi défini le **Z**-module $E \otimes_A F \otimes_B G$ auquel il a été fait allusion dans II, p. 65, et retrouvé la prop. 8 (II, p. 64).

Lorsque chacun des E_i est un *multimodule* (dont, pour $2 \leqslant i \leqslant n-1$, A_{i-1} est un des anneaux opérant à gauche et A_i un des anneaux opérant à droite, avec des conditions analogues pour $i = 1$ et $i = n$) on définit comme dans II, p. 54, sur $E_1 \otimes_{A_1} E_2 \otimes \cdots \otimes_{A_{n-1}} E_n$ une structure de *multimodule* par rapport à *tous* les anneaux autres que les A_i qui opèrent sur les E_i $(1 \leqslant i \leqslant n)$.

En particulier, soient C un anneau *commutatif*, $(E_i)_{1 \leqslant i \leqslant n}$ une famille de C-*modules*. En munissant E_1 et E_n de *deux* structures de C-module identiques à la structure donnée, E_i pour $2 \leqslant i \leqslant n-1$ de *trois* structures de C-modules identiques à la structure donnée, on définit sur le produit tensoriel

$$E_1 \otimes_C E_2 \otimes_C E_3 \otimes \cdots \otimes_C E_{n-1} \otimes_C E_n \tag{34}$$

n structures de C-module deux à deux compatibles, et qui sont en fait *identiques*, car pour $\gamma \in C$ et $(x_i) \in \prod_{i=1}^{n} E_i$, on a par définition $(\gamma x_1) \otimes x_2 \otimes \cdots \otimes x_n = x_1 \otimes (\gamma x_2) \otimes \cdots \otimes x_n = \cdots = x_1 \otimes x_2 \otimes \cdots \otimes (\gamma x_n)$.

Lorsqu'on parle du produit tensoriel (34) (II, p. 70) comme d'un C-*module*, c'est toujours de cette structure qu'il est question, sauf mention expresse du contraire, et le produit tensoriel (34) se note aussi $\bigotimes_{1 \leqslant i \leqslant n} E_i$ s'il n'en résulte pas de confusion. Pour tout C-module G, les applications **Z**-multilinéaires de $\prod_{i=1}^{n} E_i$ dans G qui, pour tout indice i, vérifient la relation

$$f(x_1, \ldots, x_{i-1}, \gamma x_i, x_{i+1}, \ldots, x_n) = \gamma f(x_1, \ldots, x_n) \tag{35}$$

pour $\gamma \in C$ et $(x_i) \in \prod_i E_i$ sont alors dites C-*multilinéaires* et forment un C-*module* que l'on note $\mathscr{L}_n(E_1, \ldots, E_n; G)$; la propriété universelle du produit tensoriel (34) (II, p.70) permet donc de définir un *isomorphisme canonique* de C-*modules*

$$\mathscr{L}_n(E_1, \ldots, E_n; G) \rightarrow \mathrm{Hom}_C(E_1 \otimes_C E_2 \otimes \cdots \otimes_C E_n, G) \tag{36}$$

qui à toute application C-multilinéaire f, fait correspondre l'application C-linéaire g telle que

$$f(x_1, \ldots, x_n) = g(x_1 \otimes x_2 \otimes \cdots \otimes x_n).$$

Une application C-multilinéaire de $E_1 \times \cdots \times E_n$ dans C est encore appelée *forme n-linéaire.*

Soit $(F_i)_{1 \leqslant i \leqslant n}$ une seconde famille de C-modules; pour tout système de n applications C-*linéaires* $u_i \colon E_i \rightarrow F_i$, $u_1 \otimes u_2 \otimes \cdots \otimes u_n$ (aussi notée $\bigotimes_{1 \leqslant i \leqslant n} u_i$) est une application C-*linéaire* de

$$E_1 \otimes_C E_2 \otimes \cdots \otimes_C E_n \quad \text{dans} \quad F_1 \otimes_C F_2 \otimes \cdots \otimes_C F_n.$$

En outre, $(u_1, \ldots, u_n) \mapsto u_1 \otimes u_2 \otimes \cdots \otimes u_n$ est une application C-*multilinéaire* de $\prod_i \mathrm{Hom}_C(E_i, F_i)$ dans

$$\mathrm{Hom}_C(E_1 \otimes_C E_2 \otimes \cdots \otimes_C E_n, F_1 \otimes_C F_2 \otimes \cdots \otimes_C F_n).$$

Il correspond donc canoniquement à cette dernière application une application C-*linéaire* dite *canonique*

$$\begin{aligned} \mathrm{Hom}_C(E_1, F_1) \otimes_C \mathrm{Hom}_C(E_2, F_2) \otimes \cdots \otimes_C \mathrm{Hom}_C(E_n, F_n) \\ \rightarrow \mathrm{Hom}_C(E_1 \otimes_C E_2 \otimes \cdots \otimes_C E_n, F_1 \otimes_C F_2 \otimes \cdots \otimes_C F_n) \end{aligned} \tag{37}$$

généralisant celle définie dans II, p. 57 pour $n = 2$.

La propriété générale d'associativité vue plus haut se particularise ici comme suit. Étant donnée une partition $(J_k)_{1 \leqslant k \leqslant m}$ de l'intervalle $[1, n]$ de **N**, soit, pour chaque k, F_k le produit tensoriel $E_{i_1} \otimes_C E_{i_2} \otimes \cdots \otimes_C E_{i_r}$, où $(i_1, \ldots, i_r)$

est la suite strictement croissante des éléments de J_k. Alors on a un isomorphisme canonique (dit « *isomorphisme d'associativité* ») de C-modules

$$F_1 \otimes_C F_2 \otimes \cdots \otimes_C F_m \to E_1 \otimes_C E_2 \otimes \cdots \otimes_C E_n$$

qui, avec les notations précédentes, fait correspondre le produit tensoriel $x_1 \otimes x_2 \otimes \cdots \otimes x_n$ (où $x_i \in E_i$ pour tout i) au produit tensoriel

$$y_1 \otimes y_2 \otimes \cdots \otimes y_m, \quad \text{où } y_k = x_{i_1} \otimes x_{i_2} \otimes \cdots \otimes x_{i_r}.$$

En particulier, si π est une *permutation* de $[1, n]$, en posant $J_k = \{\pi(k)\}$ pour $1 \leqslant k \leqslant n$, on obtient un isomorphisme canonique (dit « *de commutativité* »)

$$E_{\pi(1)} \otimes_C E_{\pi(2)} \otimes \cdots \otimes_C E_{\pi(n)} \to E_1 \otimes_C E_2 \otimes \cdots \otimes_C E_n$$

qui fait correspondre $x_1 \otimes x_2 \otimes \cdots \otimes x_n$ à $x_{\pi(1)} \otimes x_{\pi(2)} \otimes \cdots \otimes x_{\pi(n)}$. Nous identifierons souvent les divers produits tensoriels qui se correspondent par ces isomorphismes canoniques.

Pour $1 \leqslant i \leqslant n$, supposons que E_i admette une base $(b^{(i)}_{\lambda_i})_{\lambda_i \in L_i}$; par récurrence sur n, il résulte de II, p. 62, cor. 2, que la famille $(b^{(1)}_{\lambda_1} \otimes b^{(2)}_{\lambda_2} \otimes \cdots \otimes b^{(n)}_{\lambda_n})$, où $(\lambda_1, \ldots, \lambda_n)$ parcourt $\prod_{1 \leqslant i \leqslant n} L_i$, est une base de $\bigotimes_{1 \leqslant i \leqslant n} E_i$, qu'on appelle parfois le *produit tensoriel* des bases $(b^{(i)}_{\lambda_i})$ considérées.

Remarques. — 1) Les considérations précédentes relatives au cas des modules sur un anneau commutatif se généralisent comme dans II, p. 57, *Remarque* 2 lorsqu'il s'agit d'un produit tensoriel $E_1 \otimes_{A_1} E_2 \otimes \cdots \otimes_{A_{n-1}} E_n$ où les anneaux A_i ne sont pas nécessairement commutatifs, et où l'on a pour chaque i un homomorphisme $\rho_i : C \to A_i$ d'un même anneau *commutatif* C tel que: 1° $\rho_i(C)$ est contenu dans le *centre* de A_i; 2° pour $2 \leqslant i \leqslant n - 1$, les structures de C-module sur E_i obtenues à l'aide des homomorphismes ρ_{i-1} et ρ_i *coïncident*. On obtient alors sur $E_1 \otimes_{A_1} E_2 \otimes \cdots \otimes_{A_{n-1}} E_n$ une structure de C-*module*, et des applications canoniques analogues à (13) (II, p. 57), que nous laissons au lecteur le soin d'expliciter.

2) Soient A, B deux anneaux, E un A-module à droite, E′ un A-module à gauche, F un B-module à droite, F′ un B-module à gauche. Les applications **Z**-*bilinéaires* de $(E \otimes_A E') \times (F \otimes_B F')$ dans un **Z**-module G sont alors en *correspondance biunivoque* avec les applications **Z**-*multilinéaires* f de $E \times E' \times F \times F'$ dans G, satisfaisant aux conditions

$$(38) \qquad \begin{cases} f(x\lambda, x', y, y') = f(x, \lambda x', y, y') \\ f(x, x', y\mu, y') = f(x, x', y, \mu y') \end{cases}$$

pour $\lambda \in A$, $\mu \in B$, $x \in E$, $x' \in E'$, $y \in F$, $y' \in F'$. En effet, les constructions générales données dans ce n° ramènent à définir un isomorphisme canonique de **Z**-modules entre $(E \otimes_A E') \otimes_{\mathbf{Z}} (F \otimes_B F')$ et $E \otimes_A E' \otimes_{\mathbf{Z}} F \otimes_B F'$, qui résulte de la propriété d'associativité des produits tensoriels de la forme (33).

§ 4. RELATIONS ENTRE PRODUITS TENSORIELS ET MODULES D'HOMOMORPHISMES

1. Les isomorphismes $\mathrm{Hom}_B(E \otimes_A F, G) \to \mathrm{Hom}_A(F, \mathrm{Hom}_B(E, G))$ et $\mathrm{Hom}_C(E \otimes_A F, G) \to \mathrm{Hom}_A(E, \mathrm{Hom}_C(F, G))$.

Soient E un A-module à droite, F un A-module à gauche, G un **Z**-module, H le **Z**-module des applications $f : E \times F \to G$ qui sont **Z**-bilinéaires et telles que

(1) $$f(x\lambda, y) = f(x, \lambda y) \qquad \text{pour } x \in E, y \in F, \lambda \in A.$$

On a vu (II, p. 51, prop. 1) qu'il existe un isomorphisme canonique de **Z**-modules

(2) $$H \to \mathrm{Hom}_{\mathbf{Z}}(E \otimes_A F, G).$$

D'autre part, on a défini sur $\mathrm{Hom}_{\mathbf{Z}}(E, G)$ une structure de A-module à gauche et sur $\mathrm{Hom}_{\mathbf{Z}}(F, G)$ une structure de A-module à droite (II, p. 54); on peut donc considérer les **Z**-modules $\mathrm{Hom}_A(E, \mathrm{Hom}_{\mathbf{Z}}(F, G))$ et $\mathrm{Hom}_A(F, \mathrm{Hom}_{\mathbf{Z}}(E, G))$. Une application f de $E \times F$ dans G s'identifie canoniquement à une application de E dans l'ensemble G^F des applications de F dans G (E, II, p. 31); en exprimant que cette dernière application appartient à $\mathrm{Hom}_A(E, \mathrm{Hom}_{\mathbf{Z}}(F, G))$, on obtient précisément le fait que f est biadditive et les conditions (1); d'où un isomorphisme canonique

(3) $$H \to \mathrm{Hom}_A(E, \mathrm{Hom}_{\mathbf{Z}}(F, G))$$

et on définit de même un isomorphisme canonique

(4) $$H \to \mathrm{Hom}_A(F, \mathrm{Hom}_{\mathbf{Z}}(E, G)).$$

Supposons maintenant que E et G soient aussi munis de structures de B-module à gauche (resp. à droite), et que sur E les structures de A-module et de B-module soient compatibles. Alors $E \otimes_A F$ est canoniquement muni d'une structure de B-module à gauche (resp. à droite) (II, p. 54), et d'autre part $\mathrm{Hom}_B(E, G)$ est canoniquement muni d'une structure de A-module à gauche (II, p. 35). On peut donc considérer les **Z**-modules $\mathrm{Hom}_B(E \otimes_A F, G)$ et $\mathrm{Hom}_A(F, \mathrm{Hom}_B(E, G))$, qui sont des sous-modules de $\mathrm{Hom}_{\mathbf{Z}}(E \otimes_A F, G)$ et de $\mathrm{Hom}_A(F, \mathrm{Hom}_{\mathbf{Z}}(E, G))$ respectivement (II, p. 37, th. 2). Cherchons à quelle condition une application $f \in H$ a pour image par les isomorphismes (2) et (4) un élément de $\mathrm{Hom}_B(E \otimes_A F, G)$ et un élément de $\mathrm{Hom}_A(F, \mathrm{Hom}_B(E, G))$ respectivement; dans chacun des deux cas on trouve la *même* condition

$$f(\beta x, y) = \beta f(x, y)$$

(resp. $$f(x\beta, y) = f(x, y)\beta)$$

pour $x \in E$, $y \in F$, $\beta \in B$.

De même, supposons que F et G soient des C-modules à gauche (resp. à droite), et que sur F les structures de A-module et de C-module soient compatibles. Alors, pour qu'une application $f \in H$ ait pour image par (2) ou (3) un élément de $\mathrm{Hom}_C(E \otimes_A F, G)$ ou $\mathrm{Hom}_A(E, \mathrm{Hom}_C(F, G))$ respectivement, il faut et il suffit qu'elle satisfasse à la même condition

$$f(x, \gamma y) = \gamma f(x, y)$$

(resp. $$f(x, y\gamma) = f(x, y)\gamma)$$

pour $x \in E$, $y \in F$, $\gamma \in C$.

On a donc établi le résultat suivant (avec les notations introduites ci-dessus):

PROPOSITION 1. — a) *Soient* E *un* (B, A)-*bimodule*, F *un* A-*module à gauche*, G *un* B-*module à gauche. Pour toute application* $g \in \mathrm{Hom}_B(E \otimes_A F, G)$, *soit* g' *l'application de* F *dans* $\mathrm{Hom}_B(E, G)$ *définie par* $(g'(y))(x) = g(x \otimes y)$ *pour* $x \in E$, $y \in F$. *L'application* $g \mapsto g'$ *est un isomorphisme*

$$\beta\colon\ \mathrm{Hom}_B(E \otimes_A F, G) \to \mathrm{Hom}_A(F, \mathrm{Hom}_B(E, G)). \tag{5}$$

b) *Soient* E *un* A-*module à droite*, F *un* (A, C)-*bimodule*, G *un* C-*module à droite. Pour toute application* $h \in \mathrm{Hom}_C(E \otimes_A F, G)$, *soit* h' *l'application de* E *dans* $\mathrm{Hom}_C(F, G)$ *définie par* $(h'(x))(y) = h(x \otimes y)$ *pour* $x \in E$, $y \in F$. *L'application* $h \mapsto h'$ *est un isomorphisme*

$$\gamma\colon\ \mathrm{Hom}_C(E \otimes_A F, G) \to \mathrm{Hom}_A(E, \mathrm{Hom}_C(F, G)). \tag{6}$$

On peut en particulier prendre pour B et C un sous-anneau Γ du *centre* de l'anneau A; alors pour tout Γ-module G, les trois Γ-modules

$$\mathrm{Hom}_\Gamma(E \otimes_A F, G), \quad \mathrm{Hom}_A(E, \mathrm{Hom}_\Gamma(F, G)), \quad \mathrm{Hom}_A(F, \mathrm{Hom}_\Gamma(E, G))$$

sont canoniquement isomorphes au Γ-module des applications Γ-*bilinéaires* de $E \times F$ dans G qui vérifient (1) (II, p. 73). Plus particulièrement:

COROLLAIRE. — *Si* C *est un anneau commutatif*, E, F, G *trois* C-*modules, alors les* C-*modules*

$$\mathrm{Hom}_C(E \otimes_C F, G), \qquad \mathrm{Hom}_C(E, \mathrm{Hom}_C(F, G)),$$
$$\mathrm{Hom}_C(F, \mathrm{Hom}_C(E, G)), \qquad \mathscr{L}_2(E, F; G)$$

sont canoniquement isomorphes.

2. L'homomorphisme $E^* \otimes_A F \to \mathrm{Hom}_A(E, F)$.

Soient A, B deux anneaux, E un A-module à gauche, F un B-module à gauche, G un (A, B)-*bimodule*. Le **Z**-module $\mathrm{Hom}_A(E, G)$ est canoniquement muni d'une structure de B-*module à droite* (II, p. 35) telle que $(u\beta)(x) = u(x)\beta$ pour $\beta \in B$, $u \in \mathrm{Hom}_A(E,G)$, $x \in E$. D'autre part, $G \otimes_B F$ est canoniquement muni d'une structure de A-*module à gauche* (II, p. 54). Nous allons définir un **Z**-*homomorphisme canonique*

$$\nu: \operatorname{Hom}_A(E, G) \otimes_B F \to \operatorname{Hom}_A(E, G \otimes_B F). \tag{7}$$

Pour cela, considérons, pour tout $y \in F$ et tout $u \in \operatorname{Hom}_A(E, G)$, l'application $\nu'(u, y): x \mapsto u(x) \otimes y$ de E dans $G \otimes_B F$. On vérifie immédiatement que $\nu'(u, y)$ est A-linéaire, et que ν' est une application **Z**-bilinéaire de $\operatorname{Hom}_A(E, G) \times F$ dans $\operatorname{Hom}_A(E, G \otimes_B F)$; en outre, pour tout $\beta \in B$, $\nu'(u\beta, y)$ et $\nu'(u, \beta y)$ sont égales, car $(u(x)\beta) \otimes y = u(x) \otimes (\beta y)$. On en conclut (II, p. 51, prop. 1) l'existence de l'homomorphisme ν cherché, tel que $\nu(u \otimes y)$ soit l'application A-linéaire $x \mapsto u(x) \otimes y$.

On vérifie aussitôt que si E est un $(A, (C'_i); (D'_j))$-multimodule, F un $(B, (C''_h); (D''_k))$-multimodule, G un $(A, (C'''_l); B, (D'''_m))$-multimodule, l'application (7) est un homomorphisme de $((D'_j), (C''_h), (C'''_l); (C'_i), (D''_k), (D'''_m))$-multimodules.

PROPOSITION 2. — (i) *Lorsque* F *est un* B-*module projectif* (resp. *projectif de type fini*), *l'homomorphisme canonique* (7) *est injectif* (resp. *bijectif*).

(ii) *Lorsque* E *est un* A-*module projectif de type fini, l'homomorphisme canonique* (7) *est bijectif.*

(i) Fixons E et G, et pour *tout* B-module à gauche F, posons $T(F) = \operatorname{Hom}_A(E, G) \otimes_B F$, $T'(F) = \operatorname{Hom}_A(E, G \otimes_B F)$; pour tout homomorphisme $u: F \to F'$ de B-modules à gauche, posons $T(u) = 1 \otimes u$ (1 désignant ici l'application identique de $\operatorname{Hom}_A(E, G)$), $T'(u) = \operatorname{Hom}(1_E, 1_G \otimes u)$; écrivons d'autre part ν_F au lieu de ν. On a alors les lemmes suivants:

Lemme 1. — *Pour tout homomorphisme* $u: F \to F'$, *le diagramme*

$$\begin{array}{ccc} T(F) & \xrightarrow{\nu_F} & T'(F) \\ {\scriptstyle T(u)}\downarrow & & \downarrow{\scriptstyle T'(u)} \\ T(F') & \xrightarrow[\nu_{F'}]{} & T'(F') \end{array} \tag{8}$$

est commutatif.

La vérification est immédiate.

Lemme 2. — *Soient* M, N *deux sous-modules supplémentaires dans* F, *et soient* $i: M \to F$, $j: N \to F$ *les injections canoniques. Le diagramme*

$$\begin{array}{ccc} T(M) \oplus T(N) & \xrightarrow{\nu_M \oplus \nu_N} & T'(M) \oplus T'(N) \\ {\scriptstyle T(i)+T(j)}\downarrow & & \downarrow{\scriptstyle T'(i)+T'(j)} \\ T(F) & \xrightarrow[\nu_F]{} & T'(F) \end{array} \tag{9}$$

est commutatif, et les flèches verticales sont bijectives.

La commutativité résulte du lemme 1; les autres assertions, de II, p. 13, cor. 2 et de II, p. 61, prop. 7.

Lemme 3. — *Sous les hypothèses du lemme* 2, *pour que* ν_F *soit injective* (resp. *surjective*), *il faut et il suffit que* ν_M *et* ν_N *le soient.*

Cela résulte du lemme 2 et de II, p. 13, cor. 1.

Cela étant, le lemme 3, joint à II, p. 39, prop. 4, montre qu'il suffit de considérer le cas où F est un module *libre*. Or, si (b_μ) est une base de F, tout élément de $\mathrm{Hom}_A(E, G) \otimes_B F$ s'écrit alors d'une seule manière $\sum_\mu u_\mu \otimes b_\mu$, où $u_\mu \in \mathrm{Hom}_A(E, G)$ (II, p. 62, cor. 1); l'image de cet élément par ν est l'application A-linéaire $x \mapsto \sum_\mu u_\mu(x) \otimes b_\mu$; elle ne peut être nulle pour tout $x \in E$ que si $u_\mu(x) = 0$ pour tout $x \in E$ et tout μ, ce qui équivaut à dire que $u_\mu = 0$ pour tout μ; donc ν est injectif. Lorsqu'en outre F admet une *base finie*, le lemme 3 montre (par récurrence sur le nombre d'éléments de la base de F) que pour prouver que ν est surjectif, il suffit de le faire lorsque $F = B_s$; mais dans ce cas les deux membres de (7) s'identifient canoniquement à $\mathrm{Hom}_A(E, G)$ (II, p. 55, prop. 4) et ν devient l'identité.

(ii) Pour démontrer la proposition lorsque E est projectif et de type fini, fixons cette fois F et G, et posons, pour *tout* A-module à gauche E, $T(E) = \mathrm{Hom}_A(E, G) \otimes_B F$, $T'(E) = \mathrm{Hom}_A(E, G \otimes_B F)$, et pour tout homomorphisme $v: E \to E'$ de A-modules à gauche, $T(v) = \mathrm{Hom}(v, 1_G) \otimes 1_F$, $T'(v) = \mathrm{Hom}(v, 1_G \otimes 1_F)$; écrivons d'autre part ν_E au lieu de ν. On a alors les deux lemmes :

Lemme 4. — *Pour tout homomorphisme* $v: E \to E'$, *le diagramme*

$$(10)\qquad \begin{array}{ccc} T(E') & \xrightarrow{\nu_{E'}} & T'(E') \\ {\scriptstyle T(v)}\downarrow & & \downarrow{\scriptstyle T'(v)} \\ T(E) & \xrightarrow[\nu_E]{} & T'(E) \end{array}$$

est commutatif.

Lemme 5. — *Soient* M *et* N *deux sous-modules supplémentaires dans* E, *et soient* $p: E \to M$, $q: E \to N$ *les projections canoniques. Le diagramme*

$$\begin{array}{ccc} T(M) \oplus T(N) & \xrightarrow{\nu_M \oplus \nu_N} & T'(M) \oplus T'(N) \\ {\scriptstyle T(p)+T(q)}\downarrow & & \downarrow{\scriptstyle T'(p)+T'(q)} \\ T(E) & \xrightarrow[\nu_E]{} & T'(E) \end{array}$$

est commutatif, et les flèches verticales sont bijectives.

Ils se démontrent comme les lemmes 1 et 2, compte tenu de II, p. 13, cor. 2, de II, p. 37, prop. 1 et de II, p. 61, prop. 7.

Le reste de la démonstration procède alors comme dans (i) et on est ramené au cas où $E = A_s$; les deux membres de (7) s'identifient alors canoniquement à $G \otimes_B F$ et ν devient l'identité. C. Q. F. D.

Prenons en particulier B = A, et pour G le (A, A)-bimodule ${}_sA_d$ (II, p. 55), de sorte que le A-module à droite $\mathrm{Hom}_A(E, {}_sA_d)$ n'est autre que le *dual* E* de E, et $({}_sA_d) \otimes_A F$ s'identifie canoniquement à F (II, p. 55, prop. 4). L'homomorphisme (7) se particularise alors en un **Z**-homomorphisme canonique

$$\theta\colon\ E^* \otimes_A F \to \mathrm{Hom}_A(E, F) \tag{11}$$

et $\theta(x^* \otimes y)$ est l'application linéaire de E dans F

$$x \mapsto \langle x, x^* \rangle y.$$

Remarque 1). — La caractérisation des A-modules *projectifs* donnée dans II, p. 46, prop. 12, peut encore s'exprimer de la façon suivante: pour qu'un A-module à gauche de type fini E soit projectif, il faut et il suffit que l'homomorphisme canonique

$$\theta_E\colon\ E^* \otimes_A E \to \mathrm{Hom}_A(E, E) = \mathrm{End}_A(E)$$

soit tel que 1_E *appartienne à l'image de* θ_E.

COROLLAIRE. — (i) *Lorsque* F *est un module projectif* (resp. *projectif de type fini*), *l'homomorphisme canonique* (11) *est injectif* (resp. *bijectif*).

(ii) *Lorsque* E *est un module projectif de type fini, l'homomorphisme canonique* (11) *est bijectif.*

Même lorsque E et F sont tous deux de type fini, θ n'est pas nécessairement surjectif, comme le montre l'exemple A = **Z**, E = F = **Z**/2**Z**; le second membre de (11) n'est pas réduit à 0, mais on a E* = {0}. D'autre part, on peut donner des exemples où E est *libre*, mais où (11) n'est ni injectif ni surjectif (II, p. 189, exerc. 3 *b*)).

Lorsque E admet une base finie (e_i), on peut expliciter de la façon suivante l'isomorphisme réciproque θ^{-1} de θ. En effet, soit (e_i^*) la base duale de (e_i) (II, p. 45); pour tout $u \in \mathrm{Hom}_A(E, F)$ et tout $x = \sum_i \xi_i e_i$ avec $\xi_i \in A$, on a $u(x) = \sum_i \xi_i u(e_i) = \sum_i \langle x, e_i^* \rangle\, u(e_i)$, et par suite on a $u = \sum_i \theta(e_i^* \otimes u(e_i))$, autrement dit

$$\theta^{-1}(u) = \sum_i e_i^* \otimes u(e_i). \tag{12}$$

En particulier, si de plus F = E, on voit que l'image par θ_E^{-1} de l'application identique 1_E est l'élément $\sum_i e_i^* \otimes e_i$, qui est donc *indépendant* de la base (e_i) considérée dans E.

Notons d'autre part que lorsque E est un module projectif de type fini, on peut transporter par θ_E^{-1} la structure d'*anneau* de $\mathrm{End}_A(E)$ à $E^* \otimes_A E$; on vérifie immédiatement que pour x, y dans E, x^*, y^* dans E*, on a, dans l'anneau $\mathrm{End}_A(E)$

$$\theta_E(x^* \otimes x) \circ \theta_E(y^* \otimes y) = \theta_E((y^*\langle y, x^* \rangle) \otimes x). \tag{13}$$

Remarque 2). — Soit E un A-module *à droite*; remplaçant E par E* dans (11), on obtient un **Z**-homomorphisme canonique

$$E^{**} \otimes_A F \to \mathrm{Hom}_A(E^*, F). \tag{14}$$

D'autre part, on a un A-homomorphisme canonique $c_E: E \to E^{**}$, d'où un $\mathbf{Z}$-homomorphisme $c_E \otimes 1_F: E \otimes_A F \to E^{**} \otimes_A F$; composant avec ce dernier l'homomorphisme (14), on obtient donc un $\mathbf{Z}$-homomorphisme canonique

$$\theta': \quad E \otimes_A F \to \operatorname{Hom}_A(E^*, F) \tag{15}$$

tel que $\theta'(x \otimes y)$ soit l'application linéaire

$$x^* \mapsto \langle x, x^* \rangle y.$$

Si E *et* F sont des modules *projectifs*, l'application (15) est *injective*. En effet, c_E est alors injective (II, p. 47, cor. 4), et comme F est projectif, le $\mathbf{Z}$-homomorphisme $c_E \otimes 1_F: E \otimes_A F \to E^{**} \otimes_A F$ est aussi injectif (II, p. 63, cor. 6); enfin, on a vu (II, p. 75, prop. 2) que l'homomorphisme (14) est injectif, d'où la conclusion.

Si E est *projectif de type fini*, l'application (15) est *bijective* car les deux applications dont elle est composée sont alors bijectives (II, p. 47, cor. 4, et II, p. 75, prop. 2).

3. Trace d'un endomorphisme

Soit C un anneau *commutatif*, et soit E un C-module. L'application $(x^*, x) \mapsto \langle x, x^* \rangle$ de $E^* \times E$ dans C est alors C-*bilinéaire*, car pour tout $\gamma \in C$, on a $\langle \gamma x, x^* \rangle = \gamma \langle x, x^* \rangle$ et $\langle x, x^* \gamma \rangle = \langle x, x^* \rangle \gamma$; on en déduit une application C-*linéaire* canonique

$$\tau: \quad E^* \otimes_C E \to C \tag{16}$$

telle que $\tau(x^* \otimes x) = \langle x, x^* \rangle$ (II, p. 56). Supposons maintenant en outre que E soit un C-module *projectif de type fini*; l'isomorphisme canonique (11) de II, p. 77 est alors un isomorphisme de C-*modules*, et on peut donc définir par transport de structure une *forme linéaire canonique* $\operatorname{Tr} = \tau \circ \theta_E^{-1}$ sur le C-module $\operatorname{End}_C(E)$. Pour tout $u = \operatorname{End}_C(E)$, on dit que le scalaire $\operatorname{Tr}(u)$ est la *trace* de l'endomorphisme u; tout $u \in \operatorname{End}_C(E)$ peut s'écrire (en général d'une infinité de manières) sous la forme $x \mapsto \sum_i \langle x, x_i^* \rangle y_i$ où $x_i^* \in E^*$ et $y_i \in E$, en vertu de II, p. 77, corollaire; on a alors

$$\operatorname{Tr}(u) = \sum_i \langle y_i, x_i^* \rangle \qquad \text{(cf. II, p. 158).} \tag{17}$$

Par définition, on a

$$\operatorname{Tr}(u + v) = \operatorname{Tr}(u) + \operatorname{Tr}(v) \tag{18}$$

$$\operatorname{Tr}(\gamma u) = \gamma \operatorname{Tr}(u) \tag{19}$$

pour u, v dans $\operatorname{End}_C(E)$ et $\gamma \in C$. En outre:

PROPOSITION 3. — *Soient* C *un anneau commutatif,* E, F *deux* C-*modules projectifs de type fini,* $u: E \to F$ *et* $v: F \to E$ *deux applications linéaires; on a alors*

$$\operatorname{Tr}(v \circ u) = \operatorname{Tr}(u \circ v). \tag{20}$$

Les deux applications $(u, v) \mapsto \mathrm{Tr}(u \circ v)$, $(u, v) \mapsto \mathrm{Tr}(v \circ u)$ de

$$\mathrm{Hom}_C(E, F) \times \mathrm{Hom}_C(F, E)$$

dans C sont C-*bilinéaires*; il suffit donc de vérifier (20) lorsque u est de la forme $x \mapsto \langle x, a^* \rangle b$ et v de la forme $y \mapsto \langle y, b^* \rangle a$, avec $a \in E$, $a^* \in E^*$, $b \in F$, $b^* \in F^*$. Mais alors $v \circ u$ est l'application $x \mapsto \langle x, a^* \rangle \langle b, b^* \rangle a$ et $u \circ v$ l'application $y \mapsto \langle y, b^* \rangle \langle a, a^* \rangle b$. La formule (17) montre que les valeurs des deux membres de (20) sont égales à $\langle a, a^* \rangle \langle b, b^* \rangle$.

COROLLAIRE. — *Si* $u_1, \ldots, u_p$ *sont des endomorphismes de* E, *on a*

$$\mathrm{Tr}(u_1 \circ u_2 \circ \cdots \circ u_p) = \mathrm{Tr}(u_i \circ u_{i+1} \circ \cdots \circ u_p \circ u_1 \circ \cdots \circ u_{i-1})$$

pour $1 \leqslant i \leqslant p$ (« invariance de la trace par permutation circulaire »).

Il suffit d'appliquer (20) au produit

$$(u_1 \circ u_2 \circ \cdots \circ u_{i-1}) \circ (u_i \circ u_{i+1} \circ \cdots \circ u_p).$$

On notera par contre qu'on n'a pas nécessairement $\mathrm{Tr}(u \circ v \circ w) = \mathrm{Tr}(u \circ w \circ v)$ pour trois endomorphismes u, v, w de E.

4. L'homomorphisme

$$\mathrm{Hom}_C(E_1, F_1) \otimes_C \mathrm{Hom}_C(E_2, F_2) \to \mathrm{Hom}_C(E_1 \otimes_C E_2, F_1 \otimes_C F_2).$$

Soient C un anneau *commutatif*, E_1, E_2, F_1, F_2 quatre C-modules; on a défini dans II, p. 57, formule (13), un homomorphisme canonique de C-modules

$$(21) \qquad \lambda\colon \mathrm{Hom}(E_1, F_1) \otimes \mathrm{Hom}(E_2, F_2) \to \mathrm{Hom}(E_1 \otimes E_2, F_1 \otimes F_2).$$

PROPOSITION 4. — *Lorsque l'un des couples* (E_1, E_2), (E_1, F_1), (E_2, F_2) *est formé de* C-*modules projectifs de type fini, l'homomorphisme canonique* (21) *est bijectif.*

Il suffit évidemment de faire la démonstration pour les couples (E_1, F_1) et (E_1, E_2).

Considérons d'abord le cas du couple (E_1, F_1); fixons E_2, F_1, F_2, et posons pour *tout* C-module E, $T(E) = \mathrm{Hom}(E, F_1) \otimes_C \mathrm{Hom}(E_2, F_2)$ et $T'(E) = \mathrm{Hom}(E \otimes E_2, F_1 \otimes F_2)$; pour tout C-homomorphisme $v\colon E \to E'$, posons $T(v) = \mathrm{Hom}(v, 1_{F_1}) \otimes 1_{\mathrm{Hom}(E_2, F_2)}$ et $T'(v) = \mathrm{Hom}(v \otimes 1_{E_2}, 1_{F_1} \otimes _{F_2})$. Alors, *les lemmes* 4 *et* 5 (II, p. 76) (où on remplace ν par λ) *sont valables* et se démontrent de façons tout à fait analogues.

Fixons ensuite E_2 et F_2, et posons cette fois, pour tout C-module F, $T(F) = \mathrm{Hom}(C, F) \otimes_C \mathrm{Hom}(E_2, F_2)$ et $T'(F) = \mathrm{Hom}(C \otimes E_2, F \otimes F_2)$, et pour tout C-homomorphisme $u\colon F \to F'$, $T(u) = \mathrm{Hom}(1_C, u) \otimes 1_{\mathrm{Hom}(E_2, F_2)}$ et $T'(u) = \mathrm{Hom}(1_C \otimes 1_{E_2}, u \otimes 1_{F_2})$. Cette fois on vérifie aussitôt que *les lemmes* 1 *et* 2 (II, p. 75) (où λ remplace toujours ν) *sont valables.*

Cela étant, démontrons d'abord la proposition lorsque $E_1 = C$ et que F_1 est projectif de type fini. Le raisonnement de II, p. 76 (qui repose sur les lemmes 1 et 2), joint aux remarques ci-dessus, ramène à prouver la proposition lorsque l'on a aussi $F_1 = C$; alors $\mathrm{Hom}(E_1, F_1)$, $E_1 \otimes E_2$ et $F_1 \otimes F_2$ s'identifient à

C, E_2, et F_2 respectivement (II, p. 55, prop. 4); les deux membres de (21) s'identifient alors canoniquement tous deux à $\mathrm{Hom}(E_2, F_2)$ et, après ces identifications, on vérifie que λ devient l'identité.

Supposons F_1 projectif de type fini; le raisonnement de II, p. 76 (s'appuyant cette fois sur les lemmes 4 et 5) ramène la démonstration pour E_1 projectif de type fini quelconque au cas où $E_1 = C$, c'est-à-dire au premier cas traité.

Pour le couple (E_1, E_2), on procède de même en appliquant cette fois les lemmes 4 et 5 à deux reprises; nous laissons les détails au lecteur.

On notera que lorsque $E_1 = C^{(I)}$, $E_2 = C^{(J)}$ sont libres (de type fini ou non), on a $\mathrm{Hom}(E_1, F_1) = F_1^I$, $\mathrm{Hom}(E_2, F_2) = F_2^J$, et $\mathrm{Hom}(E_1 \otimes E_2, F_1 \otimes F_2) = (F_1 \otimes F_2)^{I \times J}$ à des isomorphismes canoniques près, et (21) s'identifie alors à un cas particulier de l'homomorphisme canonique (22) de II, p. 61.

Lorsque $E_2 = C$, l'homomorphisme canonique (21) de II, p. 79, donne, après identification de $\mathrm{Hom}(E_2, F_2)$ à F_2 et de $E_1 \otimes E_2$ à E_1, un homomorphisme canonique

$$\mathrm{Hom}(E, F) \otimes G \rightarrow \mathrm{Hom}(E, F \otimes G) \tag{22}$$

pour trois C-modules quelconques E, F, G, qui n'est autre que l'homomorphisme (7) de II, p. 75 pour $A = B = C$.

On notera que lorsque $F = C$, l'homomorphisme canonique (22) redonne (11) (II, p. 77) pour le cas d'un anneau commutatif.

Supposons maintenant que $F_1 = F_2 = C$; comme $F_1 \otimes F_2$ s'identifie à C, on a cette fois un homomorphisme canonique

$$\mu : \quad E^* \otimes F^* \rightarrow (E \otimes F)^* \tag{23}$$

pour deux C-modules E, F; pour $x^* \in E^*$, $y^* \in F^*$, l'image de $x^* \otimes y^*$ par l'homomorphisme canonique (23) est la forme linéaire u sur $E \otimes F$ telle que

$$u(x \otimes y) = \langle x, x^* \rangle \langle y, y^* \rangle. \tag{24}$$

En outre, si E_1, E_2, F_1, F_2 sont quatre C-modules, $f : E_1 \rightarrow E_2$, $g : F_1 \rightarrow F_2$ deux applications linéaires, il résulte aussitôt de (24) que le diagramme

$$\begin{array}{ccc} E_2^* \otimes F_2^* & \xrightarrow{\mu} & (E_2 \otimes F_2)^* \\ {\scriptstyle {}^t f \otimes {}^t g} \downarrow & & \downarrow {\scriptstyle {}^t(f \otimes g)} \\ E_1^* \otimes F_1^* & \xrightarrow[\mu]{} & (E_1 \otimes F_1)^* \end{array} \tag{25}$$

est *commutatif*.

COROLLAIRE 1. — *Si l'un des modules* E, F *est projectif et de type fini, l'homomorphisme canonique* (23) *est bijectif.*

COROLLAIRE 2. — *Soient* E_1, E_2 *deux* C-*modules projectifs de type fini,* u_1 *un endomorphisme de* E_1, u_2 *un endomorphisme de* E_2; *on a alors*

$$\mathrm{Tr}(u_1 \otimes u_2) = \mathrm{Tr}(u_1)\mathrm{Tr}(u_2). \tag{26}$$

Par linéarité, il suffit de considérer le cas où u_1 est de la forme $x_1 \mapsto \langle x_1, x_1^* \rangle y_1$ et u_2 de la forme $x_2 \mapsto \langle x_2, x_2^* \rangle y_2$; alors l'image de $x_1 \otimes x_2$ par $u_1 \otimes u_2$ est par définition

$$\langle x_1, x_1^* \rangle \langle x_2, x_2^* \rangle (y_1 \otimes y_2) = \langle x_1 \otimes x_2, x_1^* \otimes x_2^* \rangle (y_1 \otimes y_2)$$

$x_1^* \otimes x_2^*$ étant canoniquement identifié par μ à un élément de $(E_1 \otimes E_2)^*$. Comme $\langle y_1 \otimes y_2, x_1^* \otimes x_2^* \rangle = \langle y_1, x_1^* \rangle \langle y_2, x_2^* \rangle$, la formule (26) résulte dans ce cas de (17) (II, p. 78).

Remarque. — Si E, F, G sont trois C-modules quelconques, on vérifie aussitôt que le diagramme

$$\begin{array}{ccc} E^* \otimes F^* \otimes G^* & \xrightarrow{\mu \otimes 1} & (E \otimes F)^* \otimes G^* \\ {\scriptstyle 1 \otimes \mu} \downarrow & & \downarrow {\scriptstyle \mu} \\ E^* \otimes (F \otimes G)^* & \xrightarrow[\mu]{} & (E \otimes F \otimes G)^* \end{array} \tag{27}$$

est *commutatif*, en vertu de la formule (24) (II, p. 80).

Notons aussi que, sans hypothèse sur les C-modules E, F, on a des *isomorphismes* canoniques

$$(E \otimes F)^* \to \mathrm{Hom}(E, F^*) \tag{28}$$

$$(E \otimes F)^* \to \mathrm{Hom}(F, E^*) \tag{29}$$

qui ne sont autres que les isomorphismes (6) et (5) de II, p. 74 pour G = C, A = B = C.

On définit ainsi une correspondance biunivoque canonique entre les *formes bilinéaires* sur E × F, les *homomorphismes de* E *dans* F* et les *homomorphismes de* F *dans* E*: si u (resp. v) est un homomorphisme de E dans F* (resp. de F dans E*), la forme bilinéaire qui lui correspond est donnée par

$$(x, y) \mapsto \langle y, u(x) \rangle \qquad (\text{resp. } (x, y) \mapsto \langle x, v(y) \rangle).$$

§ 5. EXTENSION DE L'ANNEAU DES SCALAIRES

1. Extension de l'anneau des scalaires d'un module

Soient A, B deux anneaux, $\rho: A \to B$ un homomorphisme d'anneaux; considérons le A-*module à droite* $\rho_*(B_d)$ défini par cet homomorphisme (II, p. 30); ce A-module est aussi muni d'une structure de B-*module à gauche*, à savoir celle de B_s, et comme $b'(b\rho(a)) = (b'b)\rho(a)$ pour $a \in A$, b, b' dans B, ces deux structures de module sur B sont *compatibles* (II, p. 33). Cela permet, pour tout A-*module à gauche* E, de définir sur le produit tensoriel $\rho_*(B_d) \otimes_A E$ une structure de B-*module à gauche*, telle que $\beta'(\beta \otimes x) = (\beta'\beta) \otimes x$ pour β, β' dans B et $x \in E$

(II, p. 54). On dit que ce B-module à gauche est *déduit de* E *par extension à* B *de l'anneau des scalaires au moyen de* ρ, et on le note $\rho^*(E)$, ou $E_{(B)}$ si cela n'entraîne pas confusion.

PROPOSITION 1. — *Pour tout* A-*module à gauche* E, *l'application* $\varphi: x \mapsto 1 \otimes x$ *de* E *dans le* A-*module* $\rho_*(\rho^*(E))$ *est* A-*linéaire, et l'ensemble* $\varphi(E)$ *engendre le* B-*module* $\rho^*(E)$. *En outre, pour tout* B-*module à gauche* F, *et toute application* A-*linéaire* f *de* E *dans le* A-*module* $\rho_*(F)$, *il existe une application* B-*linéaire* $\bar{f}$ *et une seule de* $\rho^*(E)$ *dans* F *telle que* $\bar{f}(1 \otimes x) = f(x)$ *pour tout* $x \in E$.

En effet, B peut être considéré comme un (B, A)-bimodule au moyen de ρ; on a donc un isomorphisme canonique de **Z**-modules

$$(1) \qquad \mathrm{Hom}_B(B \otimes_A E, F) \to \mathrm{Hom}_A(E, \mathrm{Hom}_B(B_s, F))$$

comme on l'a vu dans II, p. 74, prop. 1. Mais le A-module à gauche $\mathrm{Hom}_B(B_s, F)$ s'identifie canoniquement à $\rho_*(F)$: en effet, par définition (II, p. 35), à un élément $y \in F$ correspond l'homomorphisme $\theta(y): B_s \to F$ tel que $(\theta(y))(1) = y$; pour tout $\lambda \in A$, il correspond donc à $\rho(\lambda)y \in F$ l'homomorphisme $\mu \mapsto \mu\rho(\lambda)y$ de B_s dans F, qui n'est autre que $\lambda\theta(y)$ pour la structure de A-module à gauche de $\mathrm{Hom}_B(B_s, F)$ (II, p. 35). Compte tenu de cette identification, on a donc un *isomorphisme canonique* de **Z**-modules, réciproque de (1)

$$(2) \qquad \delta: \mathrm{Hom}_A(E, \rho_*(F)) \to \mathrm{Hom}_B(\rho^*(E), F)$$

et il résulte aussitôt des définitions que si $\delta(f) = \bar{f}$, on a $\bar{f}(1 \otimes x) = f(x)$ pour tout $x \in E$. En particulier, l'application $\varphi_E: x \mapsto 1 \otimes x$ n'est autre que

$$(3) \qquad \varphi_E = \overset{-1}{\delta}(1_{\rho^*(E)}).$$

La prop. 1 est donc démontrée. L'application $\varphi_E: E \to \rho_*(\rho^*(E))$ est dite *canonique*.

Remarques. — 1) La prop. 1 montre que le couple formé de $E_{(B)}$ et de φ_E est solution du *problème d'application universelle* (E, IV, p. 23), où Σ est l'espèce de structure de B-module à gauche (les morphismes étant les applications B-linéaires) et les α-applications les applications A-linéaires de E dans un B-module.

2) Si E est un (A, (C'_i); (D'_j))-multimodule, F un (B, (C''_h); (D''_k))-multimodule, alors l'isomorphisme (2) est linéaire pour les structures de $((D'_j), (C''_h); (C'_i), (D''_k))$-multimodules des deux membres (II, p. 34 et p. 54).

3) Soient E un A-module à gauche, $\mathfrak{a}$ un idéal bilatère de A, $\rho: A \to A/\mathfrak{a}$ l'homomorphisme canonique. Avec les notations de II, p. 60, cor. 2, le A-module $E/\mathfrak{a}E$ est annulé par $\mathfrak{a}$, et est donc canoniquement muni d'une structure de $(A/\mathfrak{a})$-module à gauche (II, p. 28); il est immédiat que l'application canonique $\pi: \rho^*(E) \to E/\mathfrak{a}E$ définie dans II, p. 60, cor. 2, est un isomorphisme pour les structures de $(A/\mathfrak{a})$-module.

COROLLAIRE. — *Soient* E, E' *deux* A-*modules à gauche*; *pour toute application* A-*linéaire* $u: E \to E'$, $v = 1_B \otimes u$ *est l'unique application* B-*linéaire rendant commutatif le diagramme*

$$\begin{array}{ccc} E & \xrightarrow{\varphi_E} & E_{(B)} \\ {\scriptstyle u}\downarrow & & \downarrow{\scriptstyle v} \\ E' & \xrightarrow[\varphi_{E'}]{} & E'_{(B)} \end{array}$$

où φ_E *et* $\varphi_{E'}$ *sont les applications canoniques.*

Il suffit en effet d'appliquer la prop. 1 au A-homomorphisme $\varphi_{E'} \circ u$: $E \to E'_{(B)}$.

L'application v définie dans le corollaire précédent se note $\rho^*(u)$ ou $u_{(B)}$.

Si E″ est un troisième A-module à gauche, v: E′ → E″ une application A-linéaire, il est immédiat que l'on a

$$(v \circ u)_{(B)} = v_{(B)} \circ u_{(B)}.$$

L'extension de l'anneau d'opérateurs d'un module est une opération *transitive*; de façon précise:

PROPOSITION 2. — *Soient* ρ: A → B, σ: B → C *des homomorphismes d'anneaux. Pour tout* A-*module à gauche* E, *il existe un* C-*homomorphisme et un seul*

(4) $$\sigma^*(\rho^*(E)) \to (\sigma \circ \rho)^*(E)$$

transformant $1 \otimes (1 \otimes x)$ *en* $1 \otimes x$ *pour tout* $x \in E$, *et cet homomorphisme est bijectif.*

En effet, les **Z**-modules sous-jacents à $\sigma^*(\rho^*(E))$ et à $(\sigma \circ \rho)^*(E)$ sont respectivement $C \otimes_B (B \otimes_A E)$ et $C \otimes_A E$. Il existe un **Z**-isomorphisme canonique $C \otimes_B (B \otimes_A E) \to (C \otimes_B B) \otimes_A E$ (II, p. 64, prop. 8), qui est aussi un C-isomorphisme pour les structures de C-module à gauche de deux membres. En outre, le C-module $C \otimes_B B$ s'identifie canoniquement au C-module C_s par l'isomorphisme qui à $\gamma \otimes \beta$ fait correspondre $\gamma\sigma(\beta)$ (II, p. 55, prop. 4), et cet isomorphisme est aussi un isomorphisme pour la structure de A-module à droite sur $C \otimes_B B$ définie par ρ et la structure de A-module à droite sur C définie par $\sigma \circ \rho$. On obtient donc bien un isomorphisme canonique

$$(C \otimes_B B) \otimes_A E \to C \otimes_A E,$$

et en le composant avec l'isomorphisme $C \otimes_B (B \otimes_A E) \to (C \otimes_B B) \otimes_A E$ défini plus haut, on obtient l'isomorphisme canonique cherché.

Si φ, φ' et φ'' désignent les applications canoniques $E \to \rho^*(E)$, $\rho^*(E) \to \sigma^*(\rho^*(E))$ et $E \to (\sigma \circ \rho)^*(E)$, $\varphi' \circ \varphi$ s'identifie à φ'' par l'isomorphisme canonique de la prop. 2.

PROPOSITION 3. — *Soient* A, B *deux anneaux commutatifs*, ρ: A → B *un homomorphisme d'anneaux*, E, E′ *deux* A-*modules. Il existe un* B-*homomorphisme et un seul*

(5) $$E_{(B)} \otimes_B E'_{(B)} \to (E \otimes_A E')_{(B)}$$

transformant $(1 \otimes x) \otimes (1 \otimes x')$ *en* $1 \otimes (x \otimes x')$ *pour* $x \in E$, $x' \in E'$, *et cet homomorphisme est bijectif.*

En effet, le premier membre de (5) s'écrit $(B \otimes_A E) \otimes_B (B \otimes_A E')$ et s'identifie à $(E \otimes_A B) \otimes_B (B \otimes_A E')$ puisque A et B sont commutatifs; ce dernier produit s'identifie successivement à $E \otimes_A (B \otimes_B B) \otimes_A E'$, à $E \otimes_A (B \otimes_A E')$, à $E \otimes_A (E' \otimes_A B)$ et finalement à $(E \otimes_A E') \otimes_A B$, par utilisation de l'associativité du produit tensoriel (II, p. 64, prop. 8), de la prop. 4 de II, p. 55, et de la commutativité de A et B. L'isomorphisme cherché est le composé de ces isomorphismes canoniques successifs.

Il est clair que si S est un système générateur de E, l'image de S par l'application canonique $E \to E_{(B)}$ est un système générateur de $E_{(B)}$; en particulier, si E est un A-module de type fini, $E_{(B)}$ est un B-module de type fini.

Proposition 4. — *Soit* E *un* A-*module admettant une base* $(a_\lambda)_{\lambda \in L}$; *si* $\varphi : x \mapsto 1 \otimes x$ *est l'application canonique de* E *dans* $\rho^*(E)$, *alors* $(\varphi(a_\lambda))_{\lambda \in L}$ *est une base de* $\rho^*(E)$. *Si* ρ *est injectif, il en est de même de* φ.

La première assertion résulte aussitôt de II, p. 62, cor. 1. En outre, on a, pour toute famille $(\xi_\lambda)_{\lambda \in L}$ d'éléments de A, de support fini, $\varphi\big(\sum_{\lambda \in L} \xi_\lambda a_\lambda\big) = \sum_{\lambda \in L} \rho(\xi_\lambda)\varphi(a_\lambda)$, et la relation $\varphi\big(\sum_{\lambda \in L} \xi_\lambda a_\lambda\big) = 0$ équivaut donc à $\rho(\xi_\lambda) = 0$ pour tout $\lambda \in L$, d'où la seconde assertion.

Corollaire. — *Pour tout* A-*module projectif* E, *le* B-*module* $\rho^*(E)$ *est projectif. Si en outre* ρ *est injectif, l'application canonique de* E *dans* $\rho^*(E)$ *est injective.*

En effet, il existe par hypothèse un A-module libre M contenant E et dans lequel E admet un supplémentaire F. Il résulte aussitôt de II, p. 61, prop. 7 que $M_{(B)}$ s'identifie à la somme directe de $E_{(B)}$ et $F_{(B)}$, et si φ et ψ sont les applications canoniques $E \to E_{(B)}$ et $F \to F_{(B)}$, l'application canonique $M \to M_{(B)}$ n'est autre que $x + y \mapsto \varphi(x) + \psi(y)$. Le corollaire résulte aussitôt de la prop. 4 appliquée au A-module M.

Lorsque E est un A-module *à droite*, on pose de même $\rho^*(E) = E \otimes_A \rho_*(B_s)$, B étant cette fois considéré comme (A, B)-bimodule, et la structure de B-module à droite de $\rho^*(E)$ étant telle que $(x \otimes \beta)\beta' = x \otimes (\beta\beta')$ pour $\beta \in B$, $\beta' \in B$ et $x \in E$. Nous laissons au lecteur le soin d'énoncer pour les modules à droite les résultats correspondant à ceux de ce n° et du suivant.

Remarque 4). — Considérons le A-module *à gauche* $\rho_*(B_s)$ défini par ρ, et pour tout A-module à gauche E, considérons le **Z**-module

$$\tilde{\rho}(E) = \mathrm{Hom}_A(\rho_*(B_s), E). \tag{6}$$

Comme $\rho_*(B_s)$ est muni d'une structure de B-*module à droite*, on en déduit sur $\tilde{\rho}(E)$ une structure de B-*module à gauche* (II, p. 35) telle que si $u \in \tilde{\rho}(E)$ et $b' \in B$, $b'u$ est l'homomorphisme $b \to u(bb')$ de $\rho_*(B_s)$ dans E. On définit en outre une application A-*linéaire*, dite *canonique*:

$$\eta : \rho_*(\tilde{\rho}(E)) \to E \tag{7}$$

en faisant correspondre à tout homomorphisme $u \in \tilde{\rho}(E)$ l'élément $u(1)$ dans E. Comme B peut être considéré comme un (A, B)-bimodule au moyen de ρ, on a, pour tout B-module à gauche F, un isomorphisme canonique de **Z**-modules

$$\mathrm{Hom}_A(\rho_*(B_s) \otimes_B F, E) \to \mathrm{Hom}_B(F, \mathrm{Hom}_A(\rho_*(B_s), E))$$

(II, p. 74, prop. 1). Comme le A-module à gauche $\rho_*(B_s) \otimes_B F$ s'identifie canoniquement à $\rho_*(F)$ en vertu de II, p. 55, prop. 4, on obtient donc un isomorphisme canonique de **Z**-modules, réciproque du précédent

$$\text{(8)} \qquad \operatorname{Hom}_B(F, \tilde{\rho}(E)) \rightarrow \operatorname{Hom}_A(\rho_*(F), E)$$

qui, à toute application B-linéaire g de F dans $\tilde{\rho}(E)$, fait correspondre l'application composée $\eta \circ g$, considérée comme application A-linéaire de $\rho_*(F)$ dans E. En particulier, sous les hypothèses de la prop. 2 (II, p. 83), si on remplace F par $\sigma_*(C_s)$, on obtient un C-isomorphisme canonique

$$\text{(9)} \qquad \tilde{\sigma}(\tilde{\rho}(E)) \rightarrow (\sigma \circ \rho)^{\sim}(E).$$

2. Relations entre restriction et extension de l'anneau des scalaires

Soit $\rho: A \rightarrow B$ un homomorphisme d'anneaux. Pour tout A-module à gauche E, nous avons défini au n° 1 une application A-linéaire canonique

$$\text{(10)} \qquad \varphi_E: \quad E \rightarrow \rho_*(\rho^*(E))$$

telle que $\varphi_E(x) = 1 \otimes x$. Considérons maintenant un B-module à gauche F, et appliquons la prop. 1 (II, p. 82) au A-homomorphisme $1_{\rho_*(F)}: \rho_*(F) \rightarrow \rho_*(F)$: on en déduit une application B-linéaire

$$\text{(11)} \qquad \psi_F: \quad \rho^*(\rho_*(F)) \rightarrow F$$

égale à $\delta(1_{\rho_*(F)})$, et telle par suite que pour tout $y \in F$ et tout $\beta \in B$, on ait $\psi_F(\beta \otimes y) = \beta y$.

PROPOSITION 5. — *Soient* E *un* A*-module à gauche,* F *un* B*-module à gauche; les applications composées*

$$\text{(12)} \qquad \rho^*(E) \xrightarrow[\rho^*(\varphi_E)]{} \rho^*(\rho_*(\rho^*(E))) \xrightarrow[\psi_{\rho^*(E)}]{} \rho^*(E)$$

$$\text{(13)} \qquad \rho_*(F) \xrightarrow[\varphi_{\rho_*(F)}]{} \rho_*(\rho^*(\rho_*(F))) \xrightarrow[\rho_*(\psi_F)]{} \rho_*(F)$$

sont respectivement égales aux applications identiques de $\rho^*(E)$ *et de* $\rho_*(F)$.

Montrons-le par exemple pour (12); pour tout $x \in E$, l'application $\rho^*(\varphi_E)$ fait correspondre à $1 \otimes x$ l'élément $1 \otimes (1 \otimes x)$ et l'application $\psi_{\rho^*(E)}$ fait correspondre à $1 \otimes (1 \otimes x)$ l'élément $1 \otimes x$; la conclusion résulte de ce que les éléments de la forme $1 \otimes x$ engendrent le B-module $\rho^*(E)$; la démonstration est encore plus simple pour (13).

COROLLAIRE. — *Les applications* $\rho^*(\varphi_E)$ *et* $\varphi_{\rho^*(F)}$ *sont injectives et identifient respectivement* $\rho^*(E)$ *à un facteur direct de* $\rho^*(\rho_*(\rho^*(E)))$ *et* $\rho_*(F)$ *à un facteur direct de* $\rho_*(\rho^*(\rho_*(F)))$.

C'est une conséquence de la prop. 5 et de II, p. 21, cor. 2.

PROPOSITION 6. — *Soient* E *un* A*-module à gauche,* F *un* B*-module à droite. Il existe un* **Z***-homomorphisme et un seul*

$$\text{(14)} \qquad \rho_*(F) \otimes_A E \rightarrow F \otimes_B \rho^*(E)$$

transformant $y \otimes x$ *en* $y \otimes (1 \otimes x)$ *pour tout* $x \in E$ *et tout* $y \in F$, *et cet homomorphisme est bijectif.*

En effet, par définition le second membre de (14) est $F \otimes_B (B \otimes_A E)$, où B est considéré comme (B, A)-bimodule, et on a un **Z**-isomorphisme canonique $(F \otimes_B B) \otimes_A E \rightarrow F \otimes_B (B \otimes_A E)$ défini dans II, p. 64, prop. 8; d'autre part, l'isomorphisme canonique $F \rightarrow F \otimes_B B$ de II, p. 55, prop. 4 est un isomorphisme pour les structures de A-module à droite des deux membres, définies par ρ. D'où l'isomorphisme cherché.

Lorsque A et B sont *commutatifs*, l'isomorphisme (14) est un isomorphisme de A-*modules*

$$\rho_*(F) \otimes_A E \rightarrow \rho_*(F \otimes_B \rho^*(E)).$$

3. Extension de l'anneau d'opérateurs d'un module d'homomorphismes

Soient A un anneau *commutatif*, B un anneau, $\rho: A \rightarrow B$ un homomorphisme d'anneaux, E, F deux A-modules; comme B est un (A, A)-bimodule (au moyen de ρ) et que F peut être considéré comme un (A, A)-bimodule, on a, sur le **Z**-module $B \otimes_A F$, *deux* structures de A-module, pour lesquelles on a respectivement $a(b \otimes y) = (\rho(a)b) \otimes y$ et $a(b \otimes y) = b \otimes (ay)$ pour $a \in A$, $b \in B$, $y \in F$. Nous désignerons par G′ et G″ les deux A-modules ainsi définis; G′ n'est autre d'ailleurs que le A-module $\rho_*(\rho^*(F))$.

Cela étant, dans la définition de l'homomorphisme canonique de II, p. 75, formule (7), remplaçons B par A, le B-module F par l'anneau B considéré comme A-module au moyen de ρ, et G par F considéré comme (A, A)-bimodule; comme A est commutatif, on peut écrire le **Z**-*homomorphisme canonique* obtenu

$$B \otimes_A \mathrm{Hom}_A(E, F) \rightarrow \mathrm{Hom}_A(E, G''). \tag{15}$$

D'autre part (II, p. 82, formule (2)), on a un **Z**-*isomorphisme canonique*

$$\mathrm{Hom}_A(E, G') = \mathrm{Hom}_A(E, \rho_*(\rho^*(F))) \rightarrow \mathrm{Hom}_B(\rho^*(E), \rho^*(F)). \tag{16}$$

Supposons maintenant que $\rho(A)$ soit contenu dans le *centre* de B, auquel cas on dit encore que ρ est un homomorphisme *central* *(ou que ρ définit sur B une structure de A-*algèbre*, cf. III, p. 6)*. Alors les structures de A-module de G′ et G″ sont *identiques*, et en composant les homomorphismes (16) et (15), on obtient donc un **Z**-homomorphisme canonique

$$\omega: \ B \otimes_A \mathrm{Hom}_A(E, F) \rightarrow \mathrm{Hom}_B(E_{(B)}, F_{(B)}) \tag{17}$$

qui est caractérisé par le fait que pour tout $u \in \mathrm{Hom}_A(E, F)$ et tout $b \in B$, on a

$$\omega(b \otimes u) = r_b \otimes u \tag{18}$$

en designant par r_b la multiplication à droite par b dans B.

En outre, l'hypothèse que ρ est un homomorphisme *central* entraîne que l'on a $(bb')\rho(a) = (b\rho(a))b'$ pour b, b' dans B et $a \in A$; autrement dit la structure de

B-module *à droite* de B_d est *compatible* avec sa structure de A-module; elle définit donc sur $B \otimes_A \mathrm{Hom}_A(E, F)$ une structure de B-*module à droite* (II, p. 54) ainsi que sur $F_{(B)} = B \otimes_A F$, et finalement, comme les structures de B-module à gauche et à droite sur $F_{(B)}$ sont *compatibles*, on obtient aussi sur $\mathrm{Hom}_B(E_{(B)}, F_{(B)})$ une structure de B-*module à droite* (II, p. 35). On vérifie alors aussitôt que (17) est un *homomorphisme de* B-*modules à droite* pour ces structures.

Proposition 7. — *Soient* A *un anneau commutatif,* B *un anneau,* $\rho: A \to B$ *un homomorphisme central,* E, F *deux* A-*modules.*

(i) *Si* B *est un* A-*module projectif* (resp. *projectif de type fini*), *l'homomorphisme* (17) *est injectif* (resp. *bijectif*).

(ii) *Si* E *est un* A-*module projectif de type fini, l'homomorphisme* (17) *est bijectif.*

Comme (16) est bijectif, la proposition résulte de II, p. 75, prop. 2, appliquée à l'homomorphisme canonique (15).

4. Dual d'un module obtenu par extension des scalaires

Soient A, B deux anneaux, $\rho: A \to B$ un homomorphisme d'anneaux, E un A-module à gauche, E* son dual. Nous allons définir une application B-*linéaire* canonique

(19) $$\upsilon_E: \ (E^*)_{(B)} \to (E_{(B)})^*.$$

En effet, le premier membre de (19) s'écrit $\mathrm{Hom}_A(E, A) \otimes_A \rho_*(B_s)$, où dans $\mathrm{Hom}_A(E, A)$, A est considéré comme (A, A)-bimodule. On a donc un $\mathbf{Z}$-homomorphisme canonique (II, p. 75, formule (7))

$$\nu: \ \mathrm{Hom}_A(E, A) \otimes_A \rho_*(B_s) \to \mathrm{Hom}_A(E, A \otimes_A \rho_*(B_s)) = \mathrm{Hom}_A(E, \rho_*(B_s))$$

avec l'identification fournie par l'isomorphisme canonique de II, p. 55, prop. 4. D'autre part, le second membre de (19) s'écrit $\mathrm{Hom}_B(\rho_*(B_d) \otimes_A E, B_s)$; comme B est un (B, A)-bimodule, on a un $\mathbf{Z}$-isomorphisme canonique (II, p. 74, prop. 1)

$$\beta: \ \mathrm{Hom}_B(\rho_*(B_d) \otimes_A E, B_s) \to \mathrm{Hom}_A(E, \mathrm{Hom}_B(B_s, B_s))$$

et $\mathrm{Hom}_B(B_s, B_s)$ s'identifie canoniquement, en tant que A-module, à $\rho_*(B_s)$ (voir la démonstration de II, p. 82, prop. 1). Tenant compte de ces identifications, on obtient l'homomorphisme υ_E; on vérifie aisément que cet homomorphisme est caractérisé par l'équation

(20) $$\langle \xi \otimes x, \upsilon_E(x^* \otimes \eta) \rangle = \xi\rho(\langle x, x^* \rangle)\eta,$$

pour $x \in E$, $x^* \in E^*$, ξ, η dans B, ce qui montre aussitôt que υ_E est B-*linéaire.*

En outre, pour toute application A-linéaire u: E $\rightarrow$ F, le diagramme

$$\begin{array}{ccc} (\mathrm{F}^*)_{(\mathrm{B})} & \xrightarrow{\upsilon_{\mathrm{F}}} & (\mathrm{F}_{(\mathrm{B})})^* \\ {\scriptstyle ({}^t u)_{(\mathrm{B})}} \downarrow & & \downarrow {\scriptstyle {}^t(u_{(\mathrm{B})})} \\ (\mathrm{E}^*)_{(\mathrm{B})} & \xrightarrow[\upsilon_{\mathrm{E}}]{} & (\mathrm{E}_{(\mathrm{B})})^* \end{array}$$

est commutatif.

PROPOSITION 8. — *Si l'un des* A-*modules* E, $\rho_*(\mathrm{B}_s)$ *est projectif de type fini, l'homomorphisme* υ_{E} *est bijectif.*

Cela résulte de ce qui précède et de II, p. 75, prop. 2.

Supposons en particulier que E soit un A-module *libre de type fini* et soient $(e_i)_{1 \leqslant i \leqslant n}$ une base de E, $(e_i^*)_{1 \leqslant i \leqslant n}$ la base duale; alors l'isomorphisme canonique (19) de II, p. 87 fait correspondre à la base $(e_i^* \otimes 1)$ de $(\mathrm{E}^*)_{(\mathrm{B})}$ la base duale de la base $(1 \otimes e_i)$ de $\mathrm{E}_{(\mathrm{B})}$.

5. Un critère de finitude

PROPOSITION 9. — *Soient* B *un anneau,* A *un sous-anneau de* B, P *un* A-*module à gauche projectif. Alors, si* $\mathrm{P}_{(\mathrm{B})}$ *est un* B-*module de type fini,* P *est lui-même un* A-*module de type fini.*

On sait (II, p. 46, prop. 12) qu'il existe une famille $(a_\lambda)_{\lambda \in \mathrm{L}}$ d'éléments de P et une famille $(a_\lambda^*)_{\lambda \in \mathrm{L}}$ d'éléments du dual P* telles que, pour tout $x \in \mathrm{P}$, la famille $(\langle x, a_\lambda^* \rangle)$ soit de support fini et que l'on ait $x = \sum_\lambda \langle x, a_\lambda^* \rangle a_\lambda$. Puisque $\mathrm{P}_{(\mathrm{B})}$ est de type fini, il existe une famille finie $(y_i)_{i \in \mathrm{I}}$ d'éléments de P telle que $\mathrm{P}_{(\mathrm{B})}$ soit engendré par les éléments $1 \otimes y_i$. Pour chaque indice i, la famille $(\langle y_i, a_\lambda^* \rangle)$ a un support fini. Il existe donc une partie finie H de L telle que $\langle y_i, a_\lambda^* \rangle = 0$ pour $i \in \mathrm{I}$ et $\lambda \notin \mathrm{H}$. Puisque $\langle 1 \otimes y_i, \mathrm{Id}_\mathrm{B} \otimes a_\lambda^* \rangle = \langle y_i, a_\lambda^* \rangle$, il en résulte que $\mathrm{Id}_\mathrm{B} \otimes a_\lambda^* = 0$ pour $\lambda \notin \mathrm{H}$. Quel que soit $x \in \mathrm{P}$, on a donc $\langle x, a_\lambda^* \rangle = \langle 1 \otimes x, \mathrm{Id}_\mathrm{B} \otimes a_\lambda^* \rangle = 0$ pour $\lambda \notin \mathrm{H}$. Ceci montre que le A-module P est engendré par les a_λ tels que $\lambda \in \mathrm{H}$.

§ 6. LIMITES PROJECTIVES ET LIMITES INDUCTIVES DE MODULES

Dans tout ce paragraphe, on désigne par I *un ensemble préordonné non vide, par* $\alpha \leqslant \beta$ *la relation de préordre dans* I. *Sauf mention expresse du contraire, les systèmes projectifs et inductifs considérés ont pour ensemble d'indices* I.

1. Limites projectives de modules

Soient $(\mathrm{A}_\alpha, \varphi_{\alpha\beta})$ un système projectif d'anneaux (I, p. 133), $(\mathrm{E}_\alpha, f_{\alpha\beta})$ un système projectif de groupes commutatifs (notés additivement) (I, p. 113), et supposons chaque E_α muni d'une structure de A_α-*module à gauche*; en outre supposons que pour $\alpha \leqslant \beta$, $(f_{\alpha\beta}, \varphi_{\alpha\beta})$ soit un *dimorphisme* de E_β dans E_α (II, p. 32), autrement dit que l'on ait

(1) $$f_{\alpha\beta}(\lambda_\beta x_\beta) = \varphi_{\alpha\beta}(\lambda_\beta) f_{\alpha\beta}(x_\beta),$$

pour $x_\beta \in E_\beta$, $\lambda_\beta \in A_\beta$; alors il résulte de I, p. 114 que $E = \varprojlim E_\alpha$ est muni d'une structure de *module à gauche* sur $A = \varprojlim A_\alpha$. Pour tout $\alpha \in I$, soient $f_\alpha : E \to E_\alpha$, $\varphi_\alpha : A \to A_\alpha$ les applications canoniques; alors $(f_\alpha, \varphi_\alpha)$ est un *dimorphisme* de E dans E_α. Nous dirons que $(E_\alpha, f_{\alpha\beta})$ est un *système projectif de* A_α-*modules à gauche*, et que le A-module E est sa *limite projective*.

Soit $(E'_\alpha, f'_{\alpha\beta})$ un second système projectif de A_α-modules à gauche, et pour tout α, soit $u_\alpha : E'_\alpha \to E_\alpha$ une application A_α-*linéaire*, ces applications formant un *système projectif*; alors $u = \varprojlim u_\alpha$ est une application A-*linéaire* de $\varprojlim E'_\alpha$ dans $\varprojlim E_\alpha$.

En outre:

PROPOSITION 1. — *Soient* $(E_\alpha, f_{\alpha\beta})$, $(E'_\alpha, f'_{\alpha\beta})$, $(E''_\alpha, f''_{\alpha\beta})$ *trois systèmes projectifs de* A_α-*modules*, (u_α), (v_α) *deux systèmes projectifs d'applications* A_α-*linéaires tels que les suites*

$$0 \longrightarrow E'_\alpha \xrightarrow{u_\alpha} E_\alpha \xrightarrow{v_\alpha} E''_\alpha$$

soient exactes pour tout α. *Alors, si on pose* $u = \varprojlim u_\alpha$, $v = \varprojlim v_\alpha$, *la suite*

$$0 \longrightarrow \varprojlim E'_\alpha \xrightarrow{u} \varprojlim E_\alpha \xrightarrow{v} \varprojlim E''_\alpha$$

est exacte.

En effet, comme $\overset{-1}{u_\alpha}(0) = \{0\}$ pour tout α, il résulte de E, III, p. 54, prop. 2 que $\overset{-1}{u}(0) = \{0\}$, donc u est injectif; en outre, les $u_\alpha(E'_\alpha)$ forment un système projectif de parties des E_α et l'on a $u(\varprojlim E'_\alpha) = \varprojlim u_\alpha(E'_\alpha)$. Comme $u_\alpha(E'_\alpha) = \overset{-1}{v_\alpha}(0)$ par hypothèse, on a $\overset{-1}{v}(0) = \varprojlim u_\alpha(E'_\alpha) = u(\varprojlim E'_\alpha)$ (E, III, p. 54, prop. 2), ce qui achève la démonstration.

Remarques. — 1) La prop. 1 et sa démonstration sont valables pour des *groupes* quelconques, au changement de notation près.

2) On notera que si l'on a des suites exactes

$$0 \longrightarrow E'_\alpha \xrightarrow{u_\alpha} E_\alpha \xrightarrow{v_\alpha} E''_\alpha \longrightarrow 0$$

il n'en résulte pas nécessairement que la suite

$$0 \longrightarrow \varprojlim E'_\alpha \xrightarrow{u} \varprojlim E_\alpha \xrightarrow{v} \varprojlim E''_\alpha \longrightarrow 0$$

soit exacte; autrement dit, la limite projective d'un système projectif d'applications linéaires surjectives n'est pas nécessairement surjective (cf. II, p. 192, exerc. 1).

Supposons maintenant que tous les A_α soient égaux à un *même anneau* A et les $\varphi_{\alpha\beta}$ à 1_A; alors pour tout système projectif $(E_\alpha, f_{\alpha\beta})$ de A-modules, $E = \varprojlim E_\alpha$ est un A-module. Soit F un A-module, et pour tout α, soit $u_\alpha : F \to E_\alpha$ une application A-linéaire telle que (u_α) soit un système projectif d'applications; alors $u = \varprojlim u_\alpha$ est une application A-linéaire de F dans $\varprojlim E_\alpha$. *Inversement*, pour toute application A-linéaire $v : F \to \varprojlim E_\alpha$, la famille des $v_\alpha = f_\alpha \circ v$ est un système projectif d'applications A-linéaires tel que $v = \varprojlim v_\alpha$. Notons d'autre part que pour $\alpha \leqslant \beta$, l'application

$$\mathrm{Hom}(1_F, f_{\alpha\beta}) = \bar{f}_{\alpha\beta} : \mathrm{Hom}_A(F, E_\beta) \to \mathrm{Hom}_A(F, E_\alpha)$$

est un homomorphisme de **Z**-modules tel que $(\mathrm{Hom}_A(F, E_\alpha), \bar{f}_{\alpha\beta})$ soit un *système projectif de* **Z**-*modules*; comme $\bar{f}_{\alpha\beta}(v_\beta) = f_{\alpha\beta} \circ v_\beta$, les remarques précédentes peuvent donc s'exprimer de la façon suivante:

PROPOSITION 2. — *Pour tout système projectif* $(E_\alpha, f_{\alpha\beta})$ *de* A-*modules et tout* A-*module* F, *l'application canonique* $u \mapsto (f_\alpha \circ u)$ *est un isomorphisme de* **Z**-*modules*

$$l_F : \mathrm{Hom}_A(F, \varprojlim E_\alpha) \to \varprojlim \mathrm{Hom}_A(F, E_\alpha). \tag{2}$$

COROLLAIRE. — *Pour tout homomorphisme* $v : F \to F'$ *de* A-*modules, les* $\bar{v}_\alpha = \mathrm{Hom}(v, 1_{E_\alpha}) : \mathrm{Hom}(F', E_\alpha) \to \mathrm{Hom}(F, E_\alpha)$ *forment un système projectif d'applications* **Z**-*linéaires, et le diagramme*

$$\begin{array}{ccc} \mathrm{Hom}(F', \varprojlim E_\alpha) & \xrightarrow{l_{F'}} & \varprojlim \mathrm{Hom}(F', E_\alpha) \\ {\scriptstyle \mathrm{Hom}(v, 1_E)} \downarrow & & \downarrow {\scriptstyle \varprojlim \bar{v}_\alpha} \\ \mathrm{Hom}(F, \varprojlim E_\alpha) & \xrightarrow[l_F]{} & \varprojlim \mathrm{Hom}(F, E_\alpha) \end{array} \tag{3}$$

est commutatif.

Pour tout $u \in \mathrm{Hom}(F', \varprojlim E_\alpha)$, on a en effet $l_F(u \circ v) = (f_\alpha \circ u \circ v)$ et la commutativité du diagramme (3) résulte alors aussitôt des définitions.

Limites inductives de modules

On suppose désormais I *filtrant à droite.*

Soient $(A_\alpha, \varphi_{\beta\alpha})$ un système inductif d'anneaux (I, p. 116), $(E_\alpha, f_{\beta\alpha})$ un système inductif de groupes commutatifs (notés additivement) (I, p. 116), et supposons chaque E_α muni d'une structure de A_α-*module à gauche*; en outre, supposons que pour $\alpha \leqslant \beta$, $(f_{\beta\alpha}, \varphi_{\beta\alpha})$ soit un *dimorphisme* de E_α dans E_β (II, p. 32), autrement dit que l'on ait

$$f_{\beta\alpha}(\lambda_\alpha x_\alpha) = \varphi_{\beta\alpha}(\lambda_\alpha) f_{\beta\alpha}(x_\alpha) \tag{4}$$

pour $x_\alpha \in E_\alpha$, $\lambda_\alpha \in A_\alpha$; alors $E = \varinjlim E_\alpha$ est muni d'une structure de *module à gauche* sur $A = \varinjlim A_\alpha$ (I, p. 117). Pour tout $\alpha \in I$, soient $f_\alpha : E_\alpha \to E$, $\varphi_\alpha : A_\alpha \to A$ les applications canoniques; alors $(f_\alpha, \varphi_\alpha)$ est un *dimorphisme* de E_α dans E. Nous dirons que $(E_\alpha, f_{\beta\alpha})$ est un *système inductif de* A_α-*modules à gauche*, et que le A-module E est sa *limite inductive*.

Soit $(E'_\alpha, f'_{\beta\alpha})$ un second système inductif de A_α-modules à gauche, et pour tout α, soit $u_\alpha \colon E'_\alpha \to E_\alpha$ une application A_α-*linéaire*, ces applications formant un *système inductif*; alors $u = \varinjlim u_\alpha$ est une application A-*linéaire* de $\varinjlim E'_\alpha$ dans $\varinjlim E_\alpha$. En outre:

PROPOSITION 3. — *Soient* $(E_\alpha, f_{\beta\alpha})$, $(E'_\alpha, f'_{\beta\alpha})$, $(E''_\alpha, f''_{\beta\alpha})$ *trois systèmes inductifs de* A_α-*modules,* (u_α), (v_α) *deux systèmes inductifs d'applications* A_α-*linéaires tels que les suites*

$$E'_\alpha \xrightarrow{u_\alpha} E_\alpha \xrightarrow{v_\alpha} E''_\alpha$$

soient exactes pour tout α. *Alors, si on pose* $u = \varinjlim u_\alpha$, $v = \varinjlim v_\alpha$, *la suite*

$$\varinjlim E'_\alpha \xrightarrow{u} \varinjlim E_\alpha \xrightarrow{v} \varinjlim E''_\alpha$$

est exacte.

En effet, on a $u(\varinjlim E'_\alpha) = \varinjlim u_\alpha(E'_\alpha)$ et $\overset{-1}{v}(0) = \varinjlim \overset{-1}{v_\alpha}(0)$ (E, III, p. 64, corollaire).

De façon imagée, on exprime encore la prop. 3 en disant que *le passage à la limite inductive préserve l'exactitude.*

PROPOSITION 4. — *Soient* $(E_\alpha, f_{\beta\alpha})$ *un système inductif de* A_α-*modules,* $E = \varinjlim E_\alpha$ *sa limite inductive,* $\varphi_\alpha \colon A_\alpha \to A$ *et* $f_\alpha \colon E_\alpha \to E$ *les applications canoniques pour tout* $\alpha \in I$. *Si, pour tout* $\alpha \in I$, S_α *est un système générateur de* E_α, *alors* $S = \bigcup_{\alpha \in I} f_\alpha(S_\alpha)$ *est un système générateur de* E.

En effet, tout $x \in E$ est de la forme $f_\alpha(x_\alpha)$ pour un $\alpha \in I$ et un $x_\alpha \in E_\alpha$, et par hypothèse $x_\alpha = \sum_i \lambda_\alpha^{(i)} y_\alpha^{(i)}$, où $\lambda_\alpha^{(i)} \in A_\alpha$ et $y_\alpha^{(i)} \in S_\alpha$; si on pose $\lambda^{(i)} = \varphi_\alpha(\lambda_\alpha^{(i)})$, $y^{(i)} = f_\alpha(y_\alpha^{(i)})$, on a $x = \sum_i \lambda^{(i)} y^{(i)}$.

PROPOSITION 5. — *Les hypothèses et notations étant celles de la prop. 4, on suppose que pour tout* $\alpha \in I$, E_α *soit somme directe d'une famille* $(M_\alpha^\lambda)_{\lambda \in L}$ *de sous-modules (l'ensemble d'indices* L *étant indépendant de* α) *et que l'on ait* $f_{\beta\alpha}(M_\alpha^\lambda) \subset M_\beta^\lambda$ *pour* $\alpha \leqslant \beta$ *et pour tout* $\lambda \in L$. *Alors* E *est somme directe de la famille des sous-modules* $M^\lambda = \varinjlim M_\alpha^\lambda$ $(\lambda \in L)$.

Il résulte de la prop. 4 que E est somme des M^λ. Soit $(y^\lambda)_{\lambda \in L}$ une famille telle que $y^\lambda \in M^\lambda$ pour tout $\lambda \in L$, dont le support est fini, et supposons que $\sum_\lambda y^\lambda = 0$. En vertu de E, III, p. 62, lemme 1, il existe un $\alpha \in I$ et une famille $(x_\alpha^\lambda)_{\lambda \in L}$, de support fini, formée d'éléments de E_α tels que $x_\alpha^\lambda \in M_\alpha^\lambda$ et $y^\lambda = f_\alpha(x_\alpha^\lambda)$ pour tout $\lambda \in L$. La relation $f_\alpha\big(\sum_{\lambda \in L} x_\alpha^\lambda\big) = 0$ entraîne l'existence d'un $\beta \geqslant \alpha$ tel que $f_{\beta\alpha}\big(\sum_{\lambda \in L} x_\alpha^\lambda\big) = 0$ (E, III, p. 62, lemme 1) ce qui s'écrit $\sum_{\lambda \in L} x_\beta^\lambda = 0$, où $x_\beta^\lambda = f_{\beta\alpha}(x_\alpha^\lambda) \in M_\beta^\lambda$ par hypothèse; on a donc $x_\beta^\lambda = 0$ pour tout $\lambda \in L$, et par suite $y^\lambda = f_\beta(x_\beta^\lambda) = 0$ pour tout $\lambda \in L$, ce qui prouve que la somme des M^λ est directe.

COROLLAIRE. — *Soit* (P_α) *un système inductif de parties des* E_α, *et soit* $P = \varinjlim P_\alpha$. *Si pour tout* $\alpha \in I$, P_α *est une partie libre* (resp. *une base*) *de* E_α, *alors* P *est une partie libre* (resp. *une base*) *de* E.

La seconde assertion résulte aussitôt de la première et de la prop. 4. Il suffit donc de prouver que si les P_α sont libres, toute partie $\{y^{(i)}\}_{1 \leqslant i \leqslant n}$ formée d'éléments de P deux à deux distincts, est libre. Il existe un $\alpha \in I$ et des éléments $x_\alpha^{(i)} \in P_\alpha$ tels que $y^{(i)} = f_\alpha(x_\alpha^{(i)})$ pour $1 \leqslant i \leqslant n$ (E, III, p. 62, lemme 1); si $\sum_i \lambda^{(i)} y^{(i)} = 0$, on peut supposer que $\lambda^{(i)} = \varphi_\alpha(\lambda_\alpha^{(i)})$ pour $1 \leqslant i \leqslant n$, donc on a $f_\alpha(\sum_i \lambda_\alpha^{(i)} x_\alpha^{(i)}) = 0$; cela entraîne $\sum_i \lambda_\beta^{(i)} x_\beta^{(i)} = 0$ pour un $\beta \geqslant \alpha$, avec $\lambda_\beta^{(i)} = \varphi_{\beta\alpha}(\lambda_\alpha^{(i)})$, $x_\beta^{(i)} = f_{\beta\alpha}(x_\alpha^{(i)})$, et les $x_\beta^{(i)}$ appartiennent à P_β et sont deux à deux distincts, puisque $y^{(i)} = f_\beta(x_\beta^{(i)})$; on a donc $\lambda_\beta^{(i)} = 0$ pour $1 \leqslant i \leqslant n$, d'où $\lambda^{(i)} = \varphi_\beta(\lambda_\beta^{(i)}) = 0$ pour $1 \leqslant i \leqslant n$.

Supposons maintenant que tous les anneaux A_α soient égaux à un *même anneau* A et les $\varphi_{\beta\alpha}$ à 1_A; alors, pour tout système inductif $(E_\alpha, f_{\beta\alpha})$ de A-modules, $E = \varinjlim E_\alpha$ est un A-module. Soit F un A-module et pour tout α, soit $u_\alpha \colon E_\alpha \to F$ une application A-linéaire telle que (u_α) soit un système inductif d'applications; alors $u = \varinjlim u_\alpha$ est une application A-linéaire de E dans F. *Inversement*, pour toute application A-linéaire $v \colon \varinjlim E_\alpha \to F$, la famille des $v_\alpha = v \circ f_\alpha$ est un système inductif d'applications A-linéaires tel que $v = \varinjlim v_\alpha$. Notons d'autre part que pour $\alpha \leqslant \beta$, l'application

$$\mathrm{Hom}(f_{\beta\alpha}, 1_F) = \bar{f}_{\alpha\beta} \colon \quad \mathrm{Hom}_A(E_\beta, F) \to \mathrm{Hom}_A(E_\alpha, F)$$

est un homomorphisme de $\mathbf{Z}$-modules tel que $(\mathrm{Hom}_A(E_\alpha, F), \bar{f}_{\alpha\beta})$ soit un *système projectif de* $\mathbf{Z}$-*modules*; comme $\bar{f}_{\alpha\beta}(v_\beta) = v_\beta \circ f_{\beta\alpha}$, les remarques précédentes peuvent s'exprimer comme suit:

PROPOSITION 6. — *Pour tout système inductif* $(E_\alpha, f_{\beta\alpha})$ *de* A-*modules et tout* A-*module* F, *l'application canonique* $u \mapsto (u \circ f_\alpha)$ *est un isomorphisme de* $\mathbf{Z}$-*modules*

$$d_F \colon \quad \mathrm{Hom}_A(\varinjlim E_\alpha, F) \to \varprojlim \mathrm{Hom}_A(E_\alpha, F). \tag{5}$$

COROLLAIRE 1. — *Pour tout homomorphisme* $v \colon F \to F'$ *de* A-*modules, les* $\bar{v}_\alpha = \mathrm{Hom}(1_{E_\alpha}, v) \colon \mathrm{Hom}(E_\alpha, F) \to \mathrm{Hom}(E_\alpha, F')$ *forment un système projectif d'applications* $\mathbf{Z}$-*linéaires, et le diagramme*

$$\begin{array}{ccc} \mathrm{Hom}(\varinjlim E_\alpha, F) & \xrightarrow{d_F} & \varprojlim \mathrm{Hom}(E_\alpha, F) \\ {\scriptstyle \mathrm{Hom}(1_E, v)} \downarrow & & \downarrow {\scriptstyle \varprojlim \bar{v}_\alpha} \\ \mathrm{Hom}(\varinjlim E_\alpha, F') & \xrightarrow[d_{F'}]{} & \varprojlim \mathrm{Hom}(E_\alpha, F') \end{array} \tag{6}$$

est commutatif.

Pour tout $u \in \mathrm{Hom}(\varinjlim \mathrm{E}_\alpha, \mathrm{F})$, on a en effet $d_{\mathrm{F}'}(v \circ u) = (v \circ u \circ f_\alpha)$, et la commutativité du diagramme (6) résulte alors aussitôt des définitions.

Corollaire 2. — *Si* $(\mathrm{E}_\alpha, f_{\beta\alpha})$ *est un système inductif de* A*-modules à gauche et* $\mathrm{E} = \varinjlim \mathrm{E}_\alpha$, $(\mathrm{E}_\alpha^*, {}^t f_{\beta\alpha})$ *est un système projectif de* A*-modules à droite, et* $\varprojlim \mathrm{E}_\alpha^*$ *est canoniquement isomorphe à* E^*.

Remarque. — Soient E un A-module, $(\mathrm{M}_\alpha)_{\alpha \in \mathrm{I}}$ une famille croissante de sous-modules de E telle que E soit *réunion* des M_α ; si $j_{\beta\alpha} : \mathrm{M}_\alpha \to \mathrm{M}_\beta$ (pour $\alpha \leqslant \beta$) et $j_\alpha : \mathrm{M}_\alpha \to \mathrm{E}$ sont les injections canoniques, il est immédiat que $j = \varinjlim j_\alpha$ est un isomorphisme de $\varinjlim \mathrm{M}_\alpha$ sur E (E, III, p. 63, *Remarque* 1). En particulier, tout A-module est limite inductive de la famille filtrante croissante de ses sous-modules *de type fini.*

3. Produit tensoriel de limites inductives

Soient $(\mathrm{A}_\alpha, \rho_{\beta\alpha})$ un système inductif d'anneaux, $(\mathrm{E}_\alpha, f_{\beta\alpha})$ (resp. $(\mathrm{F}_\alpha, g_{\beta\alpha})$) un système inductif de A_α-modules à droite (resp. à gauche). Pour $\alpha \leqslant \beta$, on a un homomorphisme de **Z**-modules

$$f_{\beta\alpha} \otimes g_{\beta\alpha} : \quad \mathrm{E}_\alpha \otimes_{\mathrm{A}_\alpha} \mathrm{F}_\alpha \to (\mathrm{E}_\beta)_{[\mathrm{A}_\alpha]} \otimes_{\mathrm{A}_\alpha} (\mathrm{F}_\beta)_{[\mathrm{A}_\alpha]}$$

et d'autre part, on a un homomorphisme canonique de **Z**-modules

$$(\mathrm{E}_\beta)_{[\mathrm{A}_\alpha]} \otimes_{\mathrm{A}_\alpha} (\mathrm{F}_\beta)_{[\mathrm{A}_\alpha]} \to \mathrm{E}_\beta \otimes_{\mathrm{A}_\beta} \mathrm{F}_\beta$$

correspondant à l'homomorphisme d'anneaux $\rho_{\beta\alpha}$ (II, p. 53, prop. 2); d'où, par composition, un homomorphisme de **Z**-modules

$$h_{\beta\alpha} : \quad \mathrm{E}_\alpha \otimes_{\mathrm{A}_\alpha} \mathrm{F}_\alpha \to \mathrm{E}_\beta \otimes_{\mathrm{A}_\beta} \mathrm{F}_\beta$$

qui, à tout produit tensoriel $x_\alpha \otimes y_\alpha$, fait correspondre $f_{\beta\alpha}(x_\alpha) \otimes g_{\beta\alpha}(y_\alpha)$. Il est clair que $(\mathrm{E}_\alpha \otimes_{\mathrm{A}_\alpha} \mathrm{F}_\alpha, h_{\beta\alpha})$ est un *système inductif* de **Z**-modules. Soient $\mathrm{A} = \varinjlim \mathrm{A}_\alpha$, $\mathrm{E} = \varinjlim \mathrm{E}_\alpha$, $\mathrm{F} = \varinjlim \mathrm{F}_\alpha$, et soient $\rho_\alpha : \mathrm{A}_\alpha \to \mathrm{A}$, $f_\alpha : \mathrm{E}_\alpha \to \mathrm{E}$, $g_\alpha : \mathrm{F}_\alpha \to \mathrm{F}$ les applications canoniques. On définit comme ci-dessus une application **Z**-linéaire $\pi_\alpha : \mathrm{E}_\alpha \otimes_{\mathrm{A}_\alpha} \mathrm{F}_\alpha \to \mathrm{E} \otimes_\mathrm{A} \mathrm{F}$ qui, à tout produit tensoriel $x_\alpha \otimes y_\alpha$, fait correspondre $f_\alpha(x_\alpha) \otimes g_\alpha(y_\alpha)$, et il est immédiat que ces applications forment un système inductif. On en déduit une application **Z**-linéaire

$$\pi = \varinjlim \pi_\alpha : \ \varinjlim (\mathrm{E}_\alpha \otimes_{\mathrm{A}_\alpha} \mathrm{F}_\alpha) \to \mathrm{E} \otimes_\mathrm{A} \mathrm{F}. \tag{7}$$

Proposition 7. — *L'application* **Z***-linéaire* (7) *est bijective.*

Posons $\mathrm{P} = \varinjlim (\mathrm{E}_\alpha \otimes_{\mathrm{A}_\alpha} \mathrm{F}_\alpha)$ et, pour tout $\alpha \in \mathrm{I}$, soit $h_\alpha : \mathrm{E}_\alpha \otimes_{\mathrm{A}_\alpha} \mathrm{F}_\alpha \to \mathrm{P}$ l'application canonique. Soit d'autre part, pour tout $\alpha \in \mathrm{I}$,

$$t_\alpha : \quad \mathrm{E}_\alpha \times \mathrm{F}_\alpha \to \mathrm{E}_\alpha \otimes_{\mathrm{A}_\alpha} \mathrm{F}_\alpha$$

l'application **Z**-bilinéaire canonique; pour $\alpha \leqslant \beta$, on a $t_\beta(f_{\beta\alpha}(x_\alpha), g_{\beta\alpha}(y_\alpha)) =$

$f_{\beta\alpha}(x_\alpha) \otimes g_{\beta\alpha}(y_\alpha) = h_{\beta\alpha}(t_\alpha(x_\alpha, y_\alpha))$, donc (t_α) est un système inductif d'applications. Identifiant canoniquement $\varinjlim (E_\alpha \times F_\alpha)$ à $E \times F$ (E, III, p. 67, prop. 10), on en déduit une application $t = \varinjlim t_\alpha : E \times F \to P$, telle que $t(f_\alpha(x_\alpha), g_\alpha(y_\alpha)) = h_\alpha(t_\alpha(x_\alpha, y_\alpha)) = h_\alpha(x_\alpha \otimes y_\alpha)$. Tenant compte du lemme 1 de E, III, p. 62, on voit aussitôt que t est $\mathbf{Z}$-bilinéaire; en outre, pour $x \in E$, $y \in F$, $\lambda \in A$, il existe $\alpha \in I$ tel que $x = f_\alpha(x_\alpha)$, $y = g_\alpha(y_\alpha)$, $\lambda = \rho_\alpha(\lambda_\alpha)$ avec $\lambda_\alpha \in A_\alpha$, $x_\alpha \in E_\alpha$, $y_\alpha \in F_\alpha$ (E, III, p. 62, lemme 1); d'où $t(x\lambda, y) = h_\alpha((x_\alpha\lambda_\alpha) \otimes y_\alpha) = h_\alpha(x_\alpha \otimes (\lambda_\alpha y_\alpha)) = t(x, \lambda y)$. Il existe donc une application $\mathbf{Z}$-*linéaire* et une seule $\pi' : E \otimes_A F \to P$ telle que $\pi'(x \otimes y) = t(x, y)$ (II, p. 51, prop. 1). En outre, on a par définition

$$\pi'(\pi(h_\alpha(x_\alpha \otimes y_\alpha))) = \pi'(f_\alpha(x_\alpha) \otimes g_\alpha(y_\alpha)) = h_\alpha(x_\alpha \otimes y_\alpha)$$
$$\pi(\pi'(f_\alpha(x_\alpha) \otimes g_\alpha(y_\alpha))) = \pi(h_\alpha(x_\alpha \otimes y_\alpha)) = f_\alpha(x_\alpha) \otimes g_\alpha(y_\alpha)$$

et comme les éléments de la forme $f_\alpha(x_\alpha) \otimes g_\alpha(y_\alpha)$ (resp. $h_\alpha(x_\alpha \otimes y_\alpha)$) engendrent le $\mathbf{Z}$-module $E \otimes_A F$ (resp. P), $\pi' \circ \pi$ et $\pi \circ \pi'$ sont les applications identiques.

C. Q. F. D.

De façon imagée, on exprime la prop. 7 en disant que *le produit tensoriel commute avec les limites inductives*, et l'on identifie d'ordinaire les deux membres de (7) au moyen de l'isomorphisme π.

Corollaire 1. — *Soit* $(E'_\alpha, f'_{\beta\alpha})$ (resp. $(F'_\alpha, g'_{\beta\alpha})$) *un second système inductif de* A_α-*modules à droite* (resp. *à gauche*); *pour tout* $\alpha \in I$, *soit* $u_\alpha : E_\alpha \to E'_\alpha$ (resp. $v_\alpha : F_\alpha \to F'_\alpha$) *une application* A_α-*linéaire, telle que* (u_α) (resp. (v_α)) *soit un système inductif. Alors* $(u_\alpha \otimes v_\alpha)$ *est un système inductif d'applications* $\mathbf{Z}$-*linéaires, et le diagramme*

$$(8)\qquad \begin{array}{ccc} \varinjlim (E_\alpha \otimes_{A_\alpha} F_\alpha) & \longrightarrow & (\varinjlim E_\alpha) \otimes_A (\varinjlim F_\alpha) \\ {\scriptstyle \varinjlim (u_\alpha \otimes v_\alpha)} \downarrow & & \downarrow {\scriptstyle (\varinjlim u_\alpha) \otimes (\varinjlim v_\alpha)} \\ \varinjlim (E'_\alpha \otimes_{A_\alpha} F'_\alpha) & \longrightarrow & (\varinjlim E'_\alpha) \otimes_A (\varinjlim F'_\alpha) \end{array}$$

est commutatif.

La vérification est immédiate.

Soit $(A'_\alpha, \rho'_{\beta\alpha})$ un second système inductif d'anneaux, et supposons que chaque E_α soit un (A'_α, A_α)-bimodule, les $f_{\beta\alpha}$ étant (A'_α, A_α)-linéaires pour $\alpha \leqslant \beta$. Alors, si on pose $A' = \varinjlim A'_\alpha$, l'isomorphisme (7) (II, p. 93) est *linéaire* pour les structures de A'-modules à gauche des deux membres en vertu du cor. 1. On généralise immédiatement à des multimodules quelconques.

En particulier, si les A_α sont *commutatifs*, $A = \varinjlim A_\alpha$ est commutatif et l'isomorphisme (7) est un *isomorphisme de* A-*modules*.

Corollaire 2. — *Soit* $(E_\alpha, f_{\beta\alpha})$ *un système inductif de* A_α-*modules à droite et soit* $E'_\alpha = E_\alpha \otimes_{A_\alpha} A$ *le* A-*module obtenu par extension à* $A = \varinjlim A_\alpha$ *de l'anneau des scalaires au moyen de l'homomorphisme canonique* $\rho_\alpha : A_\alpha \to A$. *Alors* $(E'_\alpha, f_{\beta\alpha} \otimes 1_A)$ *est un système inductif de* A*-modules à droite, dont la limite inductive est canoniquement isomorphe à* $\varinjlim E_\alpha$.

Il suffit d'appliquer la prop. 7 (II, p. 93) en prenant pour F_α l'anneau A considéré comme (A_α, A)-bimodule au moyen de ρ_α.

Corollaire 3. — *Soient* A *un anneau,* $(E_\alpha, f_{\beta\alpha})$ *un système inductif de* A*-modules à droite,* F *un* A*-module à gauche. Alors les* **Z***-modules* $\varinjlim (E_\alpha \otimes_A F)$ *et* $(\varinjlim E_\alpha) \otimes_A F$ *sont canoniquement isomorphes.*

Il suffit de faire $A_\alpha = A$ et $F_\alpha = F$ pour tout $\alpha \in I$ dans la prop. 7 (II, p. 93).

En particulier, si $\rho : A \to B$ est un homomorphisme d'anneaux, $\varinjlim \rho^*(E_\alpha)$ et $\rho^*(\varinjlim E_\alpha)$ sont canoniquement isomorphes.

Corollaire 4. — *Soient* M *un* A*-module à droite,* N *un* A *module à gauche,* $(x_i)_{1 \leqslant i \leqslant n}$ *une famille d'éléments de* M, $(y_i)_{1 \leqslant i \leqslant n}$ *une famille d'éléments de* N, *telles que* $\sum_i (x_i \otimes y_i) = 0$ *dans* $M \otimes_A N$. *Il existe alors un sous-module de type fini* M_1 (resp. N_1) *de* M (resp. N), *contenant les* x_i (resp. les y_i), *et tel que l'on ait* $\sum_i (x_i \otimes y_i) = 0$ *dans* $M_1 \otimes_A N_1$.

En effet, M (resp. N) s'identifie canoniquement à la limite inductive de la famille filtrante de ses sous-modules de type fini contenant les x_i (resp. les y_i), et il suffit d'appliquer E, III, p. 62, lemme 1.

§ 7. ESPACES VECTORIELS

1. Bases d'un espace vectoriel

Théorème 1. — *Tout espace vectoriel sur un corps* K *est un* K*-module libre.*

Il faut prouver que tout espace vectoriel admet une *base*; cela va résulter du théorème plus précis suivant:

Théorème 2. — *Étant donnés un système générateur* S *d'un espace vectoriel* E *sur un corps* K, *et une partie libre* L *de* E *contenue dans* S, *il existe une base* B *de* E *telle que* $L \subset B \subset S$.

Le th. 1 résultera de cet énoncé en prenant $L = \varnothing$.

Pour prouver le th. 2, notons que l'ensemble $\mathfrak{L}$ des parties libres de E contenues dans S, ordonné par inclusion, est *un ensemble inductif* (E, III, p. 20), en vertu de II, p. 26; il en est de même de l'ensemble $\mathfrak{M}$ des parties libres contenant L et contenues dans S. En vertu du th. de Zorn, $\mathfrak{M}$ admet un élément maximal B, et il suffit de prouver que le sous-espace vectoriel de E engendré par B est égal à E. Cela résulte aussitôt de la définition de B et du lemme suivant:

Lemme 1. — *Soit* $(a_\iota)_{\iota \in I}$ *une famille libre d'éléments de* E; *si* $b \in E$ *n'appartient pas au sous-espace* F *engendré par* (a_ι), *la partie de* E *formée des* a_ι *et de* b *est libre.*

Supposons que l'on ait une relation $\mu b + \sum_\iota \lambda_\iota a_\iota = 0$ avec $\mu \in K$ et $\lambda_\iota \in K$ pour tout $\iota \in I$, la famille (λ_ι) ayant un support fini; si on avait $\mu \neq 0$, on en déduirait $b = -\sum_\iota (\mu^{-1}\lambda_\iota)a_\iota$, donc $b \in F$ contrairement à l'hypothèse; on doit donc avoir $\mu = 0$, et il reste la relation $\sum_\iota \lambda_\iota a_\iota = 0$, qui entraîne $\lambda_\iota = 0$ pour tout $\iota \in I$ par hypothèse; d'où le lemme.

COROLLAIRE. — *Pour une partie* B *d'un espace vectoriel* E, *les propriétés suivantes sont équivalentes :*

a) B *est une base de* E.

b) B *est une partie libre maximale de* E.

c) B *est un système générateur minimal de* E.

Cela résulte aussitôt du th. 2.

Exemple. — Étant donné un anneau A et un *sous-corps* K de A, A est un espace vectoriel (à droite ou à gauche) sur K, et admet donc une base; en particulier, tout *surcorps* d'un corps K possède une base en tant qu'espace vectoriel à gauche (resp. à droite) sur K. * C'est ainsi que le corps **R** des nombres réels admet une base (infinie) en tant qu'espace vectoriel sur le corps **Q** des nombres rationnels; une telle base de **R** est dite *base de Hamel*. *

Remarque. — Pour qu'une famille $(a_\iota)_{\iota\in I}$ d'éléments d'un espace vectoriel E sur un corps K soit *libre*, il faut et il suffit que, pour tout $\kappa \in I$, a_κ n'appartienne pas au sous-espace de E engendré par les a_ι d'indice $\iota \neq \kappa$. On sait en effet que cette condition est nécessaire dans tout module (II, p. 26, *Remarque* 1). Elle est suffisante en vertu du lemme 1, comme on le voit aussitôt en raisonnant par l'absurde et considérant une sous-famille liée minimale de (a_ι).

2. Dimension des espaces vectoriels

THÉORÈME 3. — *Deux bases d'un même espace vectoriel* E *sur un corps* K *sont équipotentes.*

Remarquons d'abord que si E admet une base *infinie* B, il résulte de II, p. 30, cor. 2 que toute autre base de E est équipotente à B. On peut donc se limiter au cas où E possède une base finie de n éléments. Remarquons que tout espace vectoriel *monogène* sur K, non réduit à 0, est un K-module *simple* (I, p. 36, déf. 7), car il est engendré par chacun de ses éléments $\neq 0$, en vertu de la relation $\mu a = (\mu\lambda)(\lambda^{-1}a)$ pour $\mu \in K$, $\lambda \in K$ et $\lambda \neq 0$. Cela étant, si $(a_i)_{1 \leqslant i \leqslant n}$ est une base de E, on a $E = \bigoplus_{i=1}^{n} Ka_i$ à un isomorphisme près, et les sous-espaces $E_k = \bigoplus_{i=1}^{k} Ka_i$ pour $0 \leqslant k \leqslant n$ forment une *suite de Jordan-Hölder* de E, E_k/E_{k-1} étant isomorphe à Ka_k. Le th. 3 résulte donc dans ce cas du th. de Jordan-Hölder (I, p. 41, th. 6).

On peut donner une démonstration indépendante du th. de Jordan-Hölder, en montrant par récurrence sur n que si E admet une base B de n éléments, toute autre base B′ a *au plus* n éléments. La proposition est évidente pour $n = 0$. Si $n \geqslant 1$, B′ n'est pas vide; soit donc $a \in B'$. En vertu du th. 2 (II, p. 95), il existe une partie C de B telle que $\{a\} \cup C$ soit une base de E et que $a \notin C$, puisque $\{a\} \cup B$ est évidemment un système générateur de E. Comme B est une base de E, on ne peut avoir C = B (II, p. 96, corollaire), donc C a au plus $n - 1$ éléments. Soient V le sous-espace engendré par C, V′ le sous-espace engendré par $B' - \{a\}$; V et V′ sont tous deux supplémentaires du sous-espace Ka de E, donc sont isomorphes (II, p. 20, prop. 13). Comme V admet une base ayant au plus $n - 1$ éléments, $B' - \{a\}$ a au plus $n - 1$ éléments en vertu de l'hypothèse de récurrence, donc B′ a au plus n éléments.

DÉFINITION 1. — *On appelle dimension d'un espace vectoriel* E *sur un corps* K *et on note* $\dim_K E$ *ou* [E: K] (*ou simplement* dim E) *le cardinal d'une quelconque des bases de* E. *Si* M *est une partie de* E, *on appelle rang de* M (*sur* K) *et l'on note* rg M *ou* rg_K M *la dimension du sous-espace vectoriel de* E *engendré par* M.

Dire que E est de dimension finie équivaut à dire que E est un K-module de *longueur finie* et on a $\dim_K E = \mathrm{long}_K E$.

COROLLAIRE. — *Pour toute partie* M *de* E, *le rang de* M *est au plus égal à* dim E.

En effet, si V est le sous-espace vectoriel de E engendré par M, M contient une base B′ de V (II, p. 95, th. 2) et comme B′ est une partie libre de E, elle est contenue dans une base B de E (II, p. 95, th. 2); on a $\mathrm{Card}(B') \leqslant \mathrm{Card}(B)$, d'où le corollaire.

Les th. 2 et 3 entraînent aussitôt la proposition suivante:

PROPOSITION 1. — (i) *Pour qu'un espace vectoriel à gauche sur* K *soit de dimension finie* n, *il faut et il suffit qu'il soit isomorphe à* K_s^n.

(ii) *Pour que deux espaces vectoriels* K_s^m *et* K_s^n *soient isomorphes* (m *et* n *entiers* $\geqslant 0$) *il faut et il suffit que* $m = n$.

(iii) *Dans un espace vectoriel* E *de dimension finie* n, *tout système générateur a au moins* n *éléments; un système générateur de* E *ayant* n *éléments est une base de* E.

(iv) *Dans un espace vectoriel* E *de dimension finie* n, *toute partie libre a au plus* n *éléments; une partie libre ayant* n *éléments est une base de* E.

PROPOSITION 2. — *Soit* $(E_\iota)_{\iota \in I}$ *une famille d'espace vectoriels sur* K. *On a*

$$\dim_K\Big(\bigoplus_{\iota \in I} E_\iota\Big) = \sum_{\iota \in I} \dim_K E_\iota. \tag{1}$$

En effet, si on identifie canoniquement les E_ι à des sous-espaces de $E = \bigoplus_{\iota \in I} E_\iota$, et si B_ι est une base de E_ι ($\iota \in I$), alors $B = \bigcup_{\iota \in I} B_\iota$ est une base de E (II, p. 26, prop. 19); d'où la relation (1) puisque les B_ι sont deux à deux disjoints.

Remarque 1). — On peut donner des exemples de modules admettant deux bases finies n'ayant pas le même nombre d'éléments (II, p. 181, exerc. 16 c)). Toutefois:

PROPOSITION 3. — *Soient* A *un anneau, tel qu'il existe un homomorphisme* ρ *de* A *dans un corps* D; *alors, pour tout* A-*module libre* E, *deux bases quelconques de* E *sont équipotentes*.

Considérons en effet l'espace vectoriel $\rho^*(E) = D \otimes_A E$ sur D obtenu par extension à D de l'anneau des scalaires (II, p. 82), et soit $\varphi : x \mapsto 1 \otimes x$ l'application canonique de E dans $\rho^*(E)$; si (a_λ) est une base de E, $(\varphi(a_\lambda))$ est une base de $\rho^*(E)$ (II, p. 84, prop. 4); la proposition résulte donc du th. 3 (II, p. 96).

Corollaire. — *Si* A *est un anneau commutatif* $\neq 0$, E *un* A-*module libre, deux bases quelconques de* E *sont équipotentes.*

En effet, il existe dans A au moins un idéal maximal $\mathfrak{m}$ (I, p. 99, th. 1), et comme $A/\mathfrak{m}$ est un corps, les conditions de la prop. 3 sont remplies.

Remarques. — 2) Lorsqu'un A-module libre E est tel que deux bases quelconques de E soient équipotentes, le cardinal d'une base quelconque de E sur A s'appelle encore la *dimension* ou le *rang* de E et se note $\dim_A E$ ou dim E.

3) Soit A un anneau tel que deux bases quelconques d'un A-module libre soient équipotentes, et soit K un sous-corps de A, de sorte que A peut être considéré comme *espace vectoriel à gauche* sur K par restriction des scalaires. Tout A-module libre E peut de même être considéré comme espace vectoriel à gauche sur K, et il résulte alors de II, p. 31, prop. 25, que l'on a

$$\dim_K E = \dim_A E . \dim_K A_s. \tag{2}$$

4) Nous verrons au chapitre VIII des exemples d'anneaux vérifiant la conclusion de la prop. 3, mais non l'hypothèse.

3. Dimension et codimension d'un sous-espace d'un espace vectoriel

Proposition 4. — *Tout sous-espace* F *d'un espace vectoriel* E *est facteur direct de* E, *et on a*

$$\dim F + \dim(E/F) = \dim E. \tag{3}$$

Comme l'espace vectoriel quotient E/F est un module libre, on sait (II, p. 27, prop. 21) que F est facteur direct de E; la relation (3) est alors un cas particulier de II, p. 97, formule (1).

Corollaire 1. — *Si* E, F, G *sont des espaces vectoriels sur un corps* K, *toute suite exacte d'applications linéaires* $0 \to E \to F \to G \to 0$ *est scindée.*

C'est une autre façon d'exprimer la prop. 4 (II, p. 21).

Corollaire 2. — *Soit* $(E_i)_{0 \leqslant i \leqslant n}$ *une famille finie d'espaces vectoriels sur un corps* K. *S'il existe une suite exacte d'applications linéaires*

$$0 \longrightarrow E_0 \xrightarrow{u_0} E_1 \xrightarrow{u_1} E_2 \longrightarrow \cdots \longrightarrow E_{n-1} \xrightarrow{u_{n-1}} E_n \xrightarrow{u_n} 0 \tag{4}$$

on a la relation

$$\sum_{2k+1 \leqslant n} \dim E_{2k+1} = \sum_{2k \leqslant n} \dim E_{2k} \tag{5}$$

ou, si tous les espaces E_i *sont de dimension finie*

$$\sum_{i=0}^{n} (-1)^i \dim E_i = 0. \tag{6}$$

Soit $I_k = \operatorname{Im} u_k = \operatorname{Ker} u_{k+1}$ pour $0 \leqslant k \leqslant n-1$; I_{k+1} est par suite isomorphe à E_{k+1}/I_k, donc (II, p. 98, formule (3)) $\dim I_k + \dim I_{k+1} = \dim E_{k+1}$ pour $0 \leqslant k \leqslant n-2$ et en outre $\dim I_0 = \dim E_0$ et $I_{n-1} = E_n$, donc $\dim I_{n-1} = \dim E_n$. Remplaçant $\dim E_i$ par son expression en fonction des $\dim I_k$ dans les deux membres de (5), on trouve de chaque côté $\sum_{k=0}^{n-1} \dim I_k$, d'où le corollaire.

Corollaire 3. — *Si* M *et* N *sont deux sous-espaces d'un espace vectoriel* E, *on a*

$$\dim(M + N) + \dim(M \cap N) = \dim M + \dim N. \tag{7}$$

Il suffit d'appliquer le cor. 2 à la suite exacte

$$0 \to M \cap N \to M \oplus N \to M + N \to 0$$

(II, p. 17, prop. 10) en tenant compte de ce que

$$\dim(M \oplus N) = \dim M + \dim N$$

(II, p. 97, prop. 2).

Corollaire 4. — *Pour tout sous-espace* F *d'un espace vectoriel* E, *on a* $\dim F \leqslant \dim E$; *si* E *est de dimension* finie, *la relation* $\dim F = \dim E$ *est équivalente à* $F = E$.

La première assertion est évidente d'après (3); en outre si $\dim E$ est finie, la relation $\dim F = \dim E$ entraîne $\dim(E/F) = 0$ d'après (3) (II, p. 98), et un espace vectoriel de dimension 0 est réduit à 0.

Corollaire 5. — *Si un espace vectoriel* E *est somme d'une famille* (F_ι) *de sous-espaces vectoriels, on a*

$$\dim E \leqslant \sum_\iota \dim F_\iota. \tag{8}$$

Si en outre $\dim E$ *est fini, les deux membres de* (8) *sont égaux si et seulement si* E *est somme directe de la famille* (F_ι).

L'inégalité (8) résulte de (3) et du fait que E est isomorphe à un quotient de $\bigoplus_\iota F_\iota$ (II, p. 16, formule (28)). La seconde assertion est un cas particulier de II, p. 23, cor. 5, car l'égalité des deux membres de (8) implique que $\dim F_\iota = 0$ sauf pour un nombre fini d'indices (E, III, p. 27, cor. 2 et p. 49, cor. 4).

Définition 2. — *Étant donné un espace vectoriel* E, *on appelle codimension* (*par rapport à* E) *d'un sous-espace* F *de* E, *et on note* $\operatorname{codim}_E F$, *ou simplement* $\operatorname{codim} F$, *la dimension de* E/F (égale à celle d'un supplémentaire quelconque de F dans E).

La relation (3) s'écrit donc encore

$$\dim F + \operatorname{codim} F = \dim E. \tag{9}$$

Proposition 5. — *Soient* F, F′ *deux sous-espaces d'un espace vectoriel* E, *tels que* $F \subset F'$. *On a alors* $\operatorname{codim}_E F' \leqslant \operatorname{codim}_E F \leqslant \dim E$. *Si* $\operatorname{codim}_E F$ *est finie, la relation* $\operatorname{codim}_E F' = \operatorname{codim}_E F$ *entraîne* $F = F'$.

L'inégalité $\operatorname{codim}_E F \leqslant \dim E$ est évidente en vertu de (9), et si $\dim E$ est finie la relation $\operatorname{codim}_E F = \dim E$ entraîne $\dim F = 0$, donc $F = \{0\}$. Le reste de la proposition découle de là, car on a $\operatorname{codim}_E F' = \operatorname{codim}_{E/F}(F'/F)$, puisque E/F' est canoniquement isomorphe à $(E/F)/(F'/F)$ (I, p. 39, th. 4).

PROPOSITION 6. — *Si* M *et* N *sont deux sous-espaces d'un espace vectoriel* E, *on a*

$$\operatorname{codim}(M + N) + \operatorname{codim}(M \cap N) = \operatorname{codim} M + \operatorname{codim} N. \tag{10}$$

Il suffit d'appliquer le cor. 2 de II, p. 98 à la suite exacte

$$0 \to E/(M \cap N) \to (E/M) \oplus (E/N) \to E/(M + N) \to 0$$

(II, p. 17, prop. 10) en tenant compte de II, p. 97, prop. 2.

On notera que si E est de dimension finie, (10) est conséquence de (7) et (9) (II, p. 99).

PROPOSITION 7. — *Si* (F_i) *est une famille* finie *de sous-espaces d'un espace vectoriel* E, *on a* $\operatorname{codim}(\bigcap_i F_i) \leqslant \sum_i \operatorname{codim} F_i$.

En effet, si $F = \bigcap_i F_i$, E/F est isomorphe à un sous-espace de la somme directe des E/F_i (II, p. 15, formule (27)).

On donne souvent aux sous-espaces vectoriels de dimension 1 (resp. de dimension 2) d'un espace vectoriel E le nom de *droites passant par* 0 (resp. *plans passant par* 0) (ou simplement *droites* (resp. *plans*)) s'il n'en résulte pas de confusion (cf. II, p. 129), par analogie avec le langage de la Géométrie classique; on dit qu'un sous-espace de E est un *hyperplan passant par* 0 (ou simplement un *hyperplan*) s'il est de codimension 1. On peut encore définir les hyperplans comme les éléments *maximaux* de l'ensemble $\mathfrak{S}$ des sous-espaces vectoriels de E *distincts de* E, ordonné par inclusion. En effet, il y a correspondance biunivoque entre les sous-espaces de E contenant un sous-espace H et les sous-espaces de E/H (I, p. 39, th. 4); si E est de dimension $\geqslant 1$, $\mathfrak{S}$ est non vide, et dire que H est maximal dans $\mathfrak{S}$ signifie que E/H ne contient aucun sous-espace distinct de $\{0\}$ et de E/H, ce qui entraîne que E/H est engendré par un quelconque de ses éléments $\neq 0$, autrement dit est de dimension 1.

Dans un espace vectoriel de dimension finie $n \geqslant 1$, les hyperplans sont les sous-espaces *de dimension* $n - 1$, en vertu de II, p. 98, formule (3).

PROPOSITION 8. — *Dans un espace vectoriel* E *sur un corps* K, *tout sous-espace vectoriel* F *est l'intersection des hyperplans qui le contiennent.*

Il suffit de montrer que pour tout $x \notin F$, il existe un hyperplan H contenant F et ne contenant pas x. On a par hypothèse $F \cap Kx = \{0\}$, donc la somme M de F et de Kx est directe. Soit N un supplémentaire de M dans E; E est alors somme directe de $H = F + N$ et de Kx, et H est donc un hyperplan répondant à la question.

Remarque. — La plupart des propriétés démontrées dans ce n° pour les sous-espaces d'un espace vectoriel ne subsistent plus pour les sous-modules d'un A-module libre dont la *dimension* (II, p. 98, *Remarque* 2) est définie. *Par exemple, un idéal d'un anneau commutatif n'admet pas nécessairement de base, car il y a des anneaux intègres A dans lesquels certains idéaux sont non principaux (VII, § 1, n°1) et deux éléments quelconques d'un tel anneau sont linéairement dépendants (II, p. 26, *Remarque* 1).$_*$ Un sous-module d'un A-module libre E peut être libre, distinct de E et avoir même dimension que E, comme le montrent les idéaux principaux dans un anneau intègre A; le même exemple prouve en outre qu'un sous-module libre d'un A-module libre n'admet pas nécessairement de supplémentaire.

4. Rang d'une application linéaire

DÉFINITION 3. — *Soient* E, F *deux espaces vectoriels sur un corps* K. *Pour toute application linéaire u de* E *dans* F, *on appelle rang de u et on note* rg(u) *la dimension du sous-espace* u(E) *de* F.

Si $N = \mathrm{Ker}(u)$, E/N est isomorphe à $u(E)$, d'où la relation

$$\mathrm{rg}(u) = \mathrm{codim}_E(\mathrm{Ker}(u)) \tag{11}$$

et par suite

$$\mathrm{rg}(u) + \dim(\mathrm{Ker}(u)) = \dim E. \tag{12}$$

En outre, d'après II, p. 98, formule (3)

$$\mathrm{rg}(u) + \dim(\mathrm{Coker}(u)) = \dim F. \tag{13}$$

PROPOSITION 9. — *Soient* E, F *deux espaces vectoriels sur un corps* K, $u: E \rightarrow F$ *une application linéaire.*

(i) *On a* $\mathrm{rg}(u) \leqslant \inf(\dim E, \dim F)$.

(ii) *Supposons* E *de dimension finie; pour que* $\mathrm{rg}(u) = \dim E$, *il faut et il suffit que u soit injective.*

(iii) *Supposons* F *de dimension finie; pour que* $\mathrm{rg}(u) = \dim F$, *il faut et il suffit que u soit surjective.*

Cela résulte aussitôt des relations (12) et (13).

COROLLAIRE. — *Soient* E *un espace vectoriel de dimension finie n, u un endomorphisme de* E. *Les propriétés suivantes sont équivalentes :*

a) *u est bijectif;*
b) *u est injectif;*
c) *u est surjectif;*
d) *u est inversible à droite;*
e) *u est inversible à gauche;*
f) *u est de rang n.*

Si E est un espace vectoriel de dimension infinie, il y a des endomorphismes injectifs (resp. surjectifs) de E qui ne sont pas bijectifs (II, p. 194, exerc. 9).

Soient K, K′ deux corps, $\sigma\colon K \to K'$ un *isomorphisme* de K sur K′, E un K-espace vectoriel, E′ un K′-espace vectoriel, $u\colon E \to E'$ une application *semi-linéaire* relative à σ (II, p. 32) ; on appelle encore *rang* de u la dimension du sous-espace $u(E)$ de E′. C'est aussi le rang de u considéré comme application linéaire de E dans $\sigma_*(E')$, car toute base de $u(E)$ est aussi une base de $\sigma_*(u(E))$.

5. Dual d'un espace vectoriel

Théorème 4. — *La dimension du dual* E* *d'un espace vectoriel* E *est au moins égale à la dimension de* E. *Pour que* E* *soit de dimension finie, il faut et il suffit que* E *le soit, et on a alors* dim E* = dim E.

Si K est le corps des scalaires de E, E est isomorphe à un espace $K_s^{(I)}$ et par suite E* est isomorphe à K_d^I (II, p. 44, prop. 10). Comme $K_d^{(I)}$ est un sous-espace de K_d^I, on a $\dim E = \operatorname{Card}(I) \leqslant \dim E^*$ (II, p. 99, cor. 4) ; en outre, si I est fini, on a $K_d^I = K_d^{(I)}$ (cf. II, p. 192, exerc. 3*d*)).

Corollaire. — *Pour un espace vectoriel* E, *les relations* $E = \{0\}$ *et* $E^* = \{0\}$ *sont équivalentes.*

Théorème 5. — *Étant données deux suites exactes d'espaces vectoriels (sur un même corps* K) *et d'applications linéaires*

$$0 \to E' \to E \to E'' \to 0$$
$$0 \to F' \to F \to F'' \to 0$$

et deux espaces vectoriels G, H *sur* K, *les suites correspondantes*

$$0 \to \operatorname{Hom}(E'', G) \to \operatorname{Hom}(E, G) \to \operatorname{Hom}(E', G) \to 0$$
$$0 \to \operatorname{Hom}(H, F') \to \operatorname{Hom}(H, F) \to \operatorname{Hom}(H, F'') \to 0$$

sont exactes et scindées.

Cela résulte de ce que tout sous-espace vectoriel est facteur direct (II, p. 98, prop. 4) et de II, p. 37, prop. 1 et p. 38, prop. 2.

Corollaire. — *Pour toute suite exacte*

$$0 \longrightarrow E' \xrightarrow{u} E \xrightarrow{v} E'' \longrightarrow 0$$

d'espaces vectoriels sur un même corps K *et d'applications linéaires, la suite*

$$0 \longrightarrow E''^* \xrightarrow{{}^t v} E^* \xrightarrow{{}^t u} E'^* \longrightarrow 0$$

est exacte et scindée.

On en déduit en particulier que pour tout sous-espace vectoriel M de E, l'homomorphisme canonique $E^*/M' \to M^*$, où M′ est le sous-espace de E* orthogonal à M (II, p. 42), est *bijectif*.

THÉORÈME 6. — *Pour tout espace vectoriel* E *sur un corps* K, *l'application canonique* $c_E: E \to E^{**}$ (II, p. 46) *est injective; pour qu'elle soit bijective, il faut et il suffit que* E *soit de dimension finie.*

La première assertion et le fait que si E est de dimension finie c_E est bijective, sont des cas particuliers de II, p. 47, prop. 14. Supposons E de dimension infinie, de sorte que l'on peut supposer que $E = K_s^{(L)}$, où L est un ensemble infini, et par suite $E^* = K_d^L$. Soit $(e_\lambda)_{\lambda \in L}$ la base canonique de E, et soit $(e_\lambda^*)_{\lambda \in L}$ la famille correspondante des formes coordonnées dans E* (II, p. 45); le sous-espace vectoriel de E* engendré par les e_λ^* n'est autre que la somme directe $F' = K_d^{(L)}$ et l'hypothèse que L est infini entraîne $F' \neq E^*$. Il existe donc un hyperplan H' de E* contenant F' (II, p. 100, prop. 8), et comme E*/H' n'est pas réduit à 0, il en est de même de son dual (II, p. 102, cor. du. th. 4), qui s'identifie à l'orthogonal H'' de H' dans E** (II, p. 44, corollaire). Mais $H'' \cap c_E(E)$ est contenu dans l'image par c_E de l'orthogonal de F' dans E, qui par définition est réduit à 0; on ne peut donc avoir $c_E(E) = E^{**}$.

On *identifiera* d'ordinaire E au sous-espace de E** image de c_E.

Soient E, F deux espaces vectoriels sur un corps K, $u: E \to F$ une application linéaire. Nous allons définir des *isomorphismes canoniques*:

1° *Du dual de* $\operatorname{Im}(u) = u(E)$ *sur* $\operatorname{Im}({}^t u) = {}^t u(F^*)$.
2° *Du dual de* $\operatorname{Ker}(u) = \overset{-1}{u}(0)$ *sur* $\operatorname{Coker}({}^t u) = E^*/{}^t u(F^*)$.
3° *Du dual de* $\operatorname{Coker}(u) = F/u(E)$ *sur* $\operatorname{Ker}({}^t u) = {}^t u^{-1}(0)$.

Posons en effet $I = \operatorname{Im}(u)$, $N = \operatorname{Ker}(u)$, $C = \operatorname{Coker}(u)$; des suites exactes

$$(14) \qquad 0 \longrightarrow N \longrightarrow E \xrightarrow{p} I \longrightarrow 0, \qquad 0 \longrightarrow I \xrightarrow{j} F \longrightarrow C \longrightarrow 0$$

on déduit, par transposition (II, p. 102, cor. du th. 5), les suites exactes

$$(15) \quad 0 \longrightarrow I^* \xrightarrow{{}^t p} E^* \longrightarrow N^* \longrightarrow 0, \qquad 0 \longrightarrow C^* \longrightarrow F^* \xrightarrow{{}^t j} I^* \longrightarrow 0.$$

En outre, comme $u = j \circ p$, on a ${}^t u = {}^t p \circ {}^t j$; les suites exactes (15) définissent donc des isomorphismes canoniques de C* sur $\operatorname{Ker}({}^t u)$, de I* sur $\operatorname{Im}({}^t u)$ et de N* sur $\operatorname{Coker}({}^t u)$, puisque ${}^t p$ est injective et ${}^t j$ surjective. De façon plus précise, soient $y \in \operatorname{Im}(u)$, $z \in \operatorname{Ker}(u)$, $t \in \operatorname{Coker}(u)$, $y' \in \operatorname{Im}({}^t u)$, $z' \in \operatorname{Coker}({}^t u)$, $t' \in \operatorname{Ker}({}^t u)$; lorsqu'on identifie canoniquement y', z', t' à des formes linéaires sur $\operatorname{Im}(u)$, $\operatorname{Ker}(u)$ et $\operatorname{Coker}(u)$ respectivement, on a

(16) $\langle y, y' \rangle = \langle x, y' \rangle$ pour tout $x \in E$ tel que $u(x) = y$;

(17) $\langle z, z' \rangle = \langle z, x^* \rangle$ pour tout $x^* \in E^*$ dont la classe mod. ${}^t u(F^*)$ est égale à z';

(18) $\langle t, t' \rangle = \langle s, t' \rangle$ pour tout $s \in F$ dont la classe mod. $u(E)$ est égale à t.

On déduit en particulier de ces résultats:

Proposition 10. — *Soient* E, F *deux espaces vectoriels sur un même corps* K, $u\colon E \to F$ *une application linéaire.*

(i) *Pour que* u *soit injective* (resp. *surjective*), *il faut et il suffit que* ${}^t u$ *soit surjective* (resp. *injective*).

(ii) *On a* $\operatorname{rg}(u) \leqslant \operatorname{rg}({}^t u)$, *et* $\operatorname{rg}(u) = \operatorname{rg}({}^t u)$ *si* $\operatorname{rg}(u)$ *est fini.*

La seconde assertion résulte en effet de ce qui précède et du th. 4 (II, p. 102).

Théorème 7. — *Soient* E *un espace vectoriel sur un corps* K, F *un sous-espace de* E, F′ *l'orthogonal de* F *dans* E*.

(i) *On a* $\dim F' \geqslant \operatorname{codim}_E F$; *pour que* $\dim F'$ *soit fini, il faut et il suffit que* $\operatorname{codim}_E F$ *soit fini, et alors on a* $\dim F' = \operatorname{codim}_E F$.

(ii) *L'orthogonal de* F′ *dans* E *est égal à* F.

(iii) *Tout sous-espace* G′ *de* E* *de dimension finie est l'orthogonal d'un sous-espace de* E, *nécessairement égal à l'orthogonal de* G′ *dans* E *et de codimension finie.*

(i) On sait que F′ est isomorphe au dual $(E/F)^*$ (II, p. 44, corollaire), donc l'assertion résulte de II, p. 102, th. 4, puisque $\dim(E/F) = \operatorname{codim}_E F$ par définition.

(ii) Soit F_1 l'orthogonal de F′ dans E; il est clair que $F \subset F_1$ et que l'orthogonal F'_1 de F_1 est égal à F′ (II, p. 42); l'application linéaire canonique $(E/F_1)^* \to (E/F)^*$, transposée de $E/F \to E/F_1$, est donc bijective (II, p. 45, corollaire); il résulte alors de la prop. 10 que l'application canonique $E/F \to E/F_1$ est bijective, ce qui entraîne $F_1 = F$.

(iii) Soient G′ un sous-espace de E* de dimension finie p et soit F son orthogonal dans E; on a alors $\operatorname{codim}_E F \leqslant \dim G'$. En effet, si $(a_i^*)_{1 \leqslant i \leqslant p}$ est une base de G′, F est le noyau de l'application linéaire $x \mapsto (\langle x, a_i^* \rangle)$ de E dans K_s^p, dont le rang est au plus p (II, p. 101, prop. 9), d'où la conclusion (II, p. 101). Soit alors F′ l'orthogonal de F dans E*; il résulte de (i) que $\dim F' \leqslant \dim G'$; mais d'autre part on a évidemment $G' \subset F'$, d'où $F' = G'$ (II, p. 99, cor. 4).

Remarque. — Un sous-espace G′ de E* de dimension *infinie* n'est pas nécessairement l'orthogonal d'un sous-espace de E, autrement dit, si F est l'orthogonal de G′ dans E, l'orthogonal F′ de F dans E* peut être distinct de G′ (II, p. 196, exerc. 20*b*))[1].

Corollaire 1. — *Soit* $(x_i^*)_{1 \leqslant i \leqslant p}$ *une suite finie de formes linéaires sur* E, *et soit* F *le sous-espace de* E *formé des* x *tels que*

$$\langle x, x_i^* \rangle = 0 \qquad \textit{pour } 1 \leqslant i \leqslant p.$$

Alors $\operatorname{codim}_E F$ *est égal au rang de l'ensemble des* x_i^*, *et toute forme linéaire sur* E *qui*

[1] En munissant E et E* de *topologies* convenables, et en ne considérant dans E et E* que des sous-espaces *fermés* pour ces topologies, on peut rétablir une symétrie parfaite entre les propriétés de E et E* lorsque E est de dimension infinie (cf. EVT, II, § 6).

est nulle dans F *est combinaison linéaire des* x_i^*. *On a* $\operatorname{codim}_E F \leqslant p$, *et pour que* $\operatorname{codim}_E F = p$, *il faut et il suffit que les* x_i^* *soient linéairement indépendantes.*

En effet, l'ensemble G′ des combinaisons linéaires des x_i^* est un sous-espace de E* et F est l'orthogonal de G′ dans E, donc $\operatorname{codim}_E F = \dim G'$ en vertu du th. 7; on a en outre $\dim G' \leqslant p$, et la relation $\dim G' = p$ signifie que (x_i^*) est un système libre (II, p. 97, prop. 1); d'où le corollaire.

COROLLAIRE 2. — (i) *Soit* $(x_i^*)_{1 \leqslant i \leqslant p}$ *une suite finie de formes linéaires sur* E. *Pour que* (x_i^*) *soit un système libre, il faut et il suffit qu'il existe une suite* $(x_i)_{1 \leqslant i \leqslant p}$ *d'éléments de* E *tels que* $\langle x_i, x_j^* \rangle = \delta_{ij}$ (indice de Kronecker).

(ii) *Soit* $(x_i)_{1 \leqslant i \leqslant p}$ *une suite finie d'éléments de* E. *Pour que* (x_i) *soit un système libre, il faut et il suffit qu'il existe une suite* $(x_i^*)_{1 \leqslant i \leqslant p}$ *de formes linéaires sur* E *telles que* $\langle x_i, x_j^* \rangle = \delta_{ij}$.

Il est clair que (ii) se déduit de (i), en considérant E comme identifié à un sous-espace de E** au moyen de c_E (II, p. 103, th. 6). Soient G′ le sous-espace de E* engendré par les x_i^*, F son orthogonal dans E; E/F et G′ peuvent être chacun identifié canoniquement au dual de l'autre; si la famille (x_i^*) est libre, il y a dans E/F une base $(\dot{x}_i)$ duale de (x_i^*) et tout système (x_i) de représentants des classes $\dot{x}_i$ répond à la question. Inversement l'existence du système (x_i) tel que $\langle x_i, x_j^* \rangle = \delta_{ij}$ entraîne que pour tout i le sous-espace de E* orthogonal à $K . x_i$ contient les x_j^* d'indice $j \neq i$ mais ne contient pas x_i, donc le système $(x_i^*)_{1 \leqslant i \leqslant p}$ est libre.

COROLLAIRE 3. — *Soient* S *un ensemble,* V *un sous-espace vectoriel du* K*-espace vectoriel à droite* K_d^S *des applications de* S *dans* K. *Pour que* $\dim V \geqslant p$ *(où* p *est un entier), il faut et il suffit qu'il existe* p *éléments* s_i *de* S *et* p *éléments* f_i *de* V $(1 \leqslant i \leqslant p)$ *tels que l'on ait* $f_i(s_j) = \delta_{ij}$.

L'espace K_d^S est canoniquement identifié au dual de $E = K_s^{(S)}$, et on a $f(s) = \langle e_s, f \rangle$ pour $s \in S$ et $f \in K_d^S$, $(e_s)_{s \in S}$ étant la base canonique de E. Le cor. 2 montre donc que la condition est suffisante. Inversement, supposons que $\dim V \geqslant p$, de sorte qu'il existe un sous-espace G′ de V de dimension p; soit F l'orthogonal de G′ dans E, de sorte que $\dim(E/F) = p$. Il résulte de II, p. 95, th. 2 qu'il existe p éléments $s_i \in S$ tels que les e_{s_i} $(1 \leqslant i \leqslant p)$ forment une base d'un supplémentaire de F dans E (en appliquant le th. 2 (II, p. 95) à une partie libre engendrant F et au système générateur réunion de cette partie libre et de la base canonique de E); on prendra alors pour les f_i les éléments d'une base de G′, duale de la base de E/F formée des classes des e_{s_i} mod. F.

COROLLAIRE 4. — *Soient* E *un espace vectoriel,* M, N *deux sous-espaces de* E, *de codimensions finies; si* M′, N′ *sont les orthogonaux de* M *et* N *dans* E*, *l'orthogonal de* $M \cap N$ *dans* E* *est* M′ + N′.

En effet, comme M (resp. N) est l'orthogonal de M′ (resp. N′) dans E (II, p. 104, th. 7), $M \cap N$ est l'orthogonal de M′ + N′ dans E, donc M′ + N′ est l'orthogonal de $M \cap N$ dans E* (II, p. 104, th. 7, (iii)).

Corollaire 5. — *Soit* E *un espace vectoriel de dimension finie n. Pour tout sous-espace* F *de* E, *de dimension p, l'orthogonal* F′ *de* F *dans* E* *est de dimension n − p. Pour tout sous-espace* G′ *de* E*, *de dimension q, l'orthogonal* G *de* G′ *dans* E *est de dimension n − q, et* G′ *est l'orthogonal de* G *dans* E*.

Le th. 7 donne une autre caractérisation des *hyperplans* dans E:

Proposition 11. — *Pour tout hyperplan* H *dans un espace vectoriel* E, *il existe une forme linéaire* x_0^* *sur* E *telle que* $H = \overset{-1}{x_0^*}(0)$. *Étant donnée une telle forme* x_0^*, *pour qu'une forme linéaire* x^* *sur* E *soit telle que* $H = \overset{-1}{x^*}(0)$, *il faut et il suffit que* $x^* = x_0^*\alpha$, *où* α *est un scalaire* $\neq 0$. *Réciproquement, pour toute forme linéaire* $x^* \neq 0$ *sur* E, *le sous-espace* $\overset{-1}{x^*}(0)$ *est un hyperplan de* E.

Cet énoncé ne fait que traduire le th. 7 de II, p. 104 pour les sous-espaces de E de codimension 1 et les sous-espaces de E* de dimension 1.

Si H est un hyperplan et x_0^* une forme linéaire telle que $H = \overset{-1}{x_0^*}(0)$, on dit que la relation

$$\langle x, x_0^* \rangle = 0$$

qui caractérise les éléments $x \in H$, est *une équation de* H.

Plus généralement, si (x_ι^*) est une famille de formes linéaires sur E et si F désigne le sous-espace vectoriel intersection des hyperplans $\overset{-1}{x_\iota^*}(0)$, la relation « quel que soit ι, $\langle x, x_\iota^* \rangle = 0$ » caractérise les éléments x de F; on dit que les relations

$$\langle x, x_\iota^* \rangle = 0 \qquad \text{pour tout } \iota$$

forment *un système d'équations* du sous-espace F. Le th. 7, (ii) (II, p. 104) exprime que *tout sous-espace vectoriel de* E *peut être défini par un système d'équations*.

Le th. 7, (i) et (ii), (II, p. 104) prouve en outre qu'un sous-espace F de codimension *finie* p peut être défini par un système de p équations

$$(19) \qquad \langle x, x_i^* \rangle = 0, \qquad 1 \leqslant i \leqslant p,$$

où les formes x_i^* sont *linéairement indépendantes*. Inversement, le cor. 1 de II, p. 104 montre qu'un sous-espace F défini par un système de p équations (19) est de codimension $\leqslant p$, et qu'il est de codimension p si et seulement si les x_i^* sont linéairement indépendantes; il revient au même de dire que F *ne peut être défini par un système formé d'au plus* $p - 1$ *des équations* (19).

6. Equations linéaires dans les espaces vectoriels

Proposition 12. — *Soient* E, F, *deux espaces vectoriels sur un corps* K, $u : E \to F$ *une application linéaire. Pour que l'équation linéaire*

$$(20) \qquad u(x) = y_0$$

ait au moins une solution $x \in E$, il faut et il suffit que y_0 soit orthogonal au noyau de l'application transposée ${}^t u$.

En effet, l'orthogonal de $u(E)$ dans F^* est ${}^t u^{-1}(0)$ (II, p. 43, corollaire), et l'orthogonal de ${}^t u^{-1}(0)$ dans F est donc $u(E)$ (II, p. 104, th. 7 (ii)).

Nous allons obtenir un critère plus maniable pour les *systèmes d'équations linéaires scalaires*

$$\langle x, x_\iota^* \rangle = \eta_\iota \qquad (\iota \in I) \tag{21}$$

où l'inconnue x prend ses valeurs dans un espace vectoriel E sur un corps K, les x_ι^* sont des formes linéaires sur E, et les seconds membres η_ι des éléments de K.

Si on considère une base $(a_\lambda)_{\lambda \in L}$ de E, le système (21) est équivalent au système d'équations

$$\sum_{\lambda \in L} \xi_\lambda \langle a_\lambda, x_\iota^* \rangle = \eta_\iota \qquad (\iota \in I) \tag{22}$$

avec $x = \sum_{\lambda \in L} \xi_\lambda a_\lambda$, les solutions de (22) devant être des familles (ξ_λ) d'éléments de K *à support fini*.

DÉFINITION 4. — *On appelle rang du système* (21) *la dimension du sous-espace de* E^* *engendré par la famille* (x_ι^*).

PROPOSITION 13. — *Pour que le système* (21) *soit de rang* fini r, *il faut et il suffit que l'application linéaire* $u \colon x \mapsto (\langle x, x_\iota^* \rangle)$ *de* E *dans* K_s^I *soit de rang* r.

En effet, si F' est le sous-espace de E^* engendré par les x_ι^*, le noyau de u est l'orthogonal F de F' dans E; si F' est de dimension r, F est de codimension r et réciproquement (II, p. 104, th. 7), et on a $\mathrm{rg}(u) = \mathrm{codim}_E F$ (II, p. 101, formule (11)).

THÉORÈME 8. — *Soit*

$$\langle x, x_\iota^* \rangle = \eta_\iota \qquad (\iota \in I) \tag{21}$$

un système d'équations linéaires scalaires dans un espace vectoriel E *sur un corps* K. *Pour que ce système ait au moins une solution, il est nécessaire que pour toute famille* (ρ_ι) *de scalaires, de support fini, telle que* $\sum_\iota x_\iota^* \rho_\iota = 0$, *on ait* $\sum_\iota \eta_\iota \rho_\iota = 0$. *Si le rang du système* (21) *est fini, cette condition est aussi suffisante.*

La condition est évidemment nécessaire. Elle exprime que, si F' est le sous-espace de E^* engendré par la famille (x_ι^*), il existe une application linéaire $f \colon F' \to K_d$, telle que $f(x_\iota^*) = \eta_\iota$ pour tout $\iota \in I$. Si F' est de dimension finie r, F' est l'orthogonal d'un sous-espace F de E, de codimension r (II, p. 104, th. 7), et F' s'identifie au dual de E/F (II, p. 44, corollaire); f est donc un élément du bidual $(E/F)^{**}$. Comme E/F est de dimension finie, il existe un élément $y \in E/F$ et un seul tel que $f(x^*) = \langle y, x^* \rangle$ pour tout $x^* \in F'$ (II, p. 103, th. 6). Les solutions de (21) sont alors les $x \in E$ dont y est l'image canonique dans E/F.

Remarque. — Lorsque le rang du système (21) est *infini*, la condition du th. 8 n'est plus suffisante. Par exemple, supposons que les x_ι^* soient les *formes coordonnées* sur l'espace $E = K_s^{(I)}$, I étant infini (II, p. 45); comme les x_ι^* sont linéairement indépendantes, la condition du th. 8 est vérifiée par toute famille (η_ι), mais le système (21) n'a alors de solution que si la famille (η_ι) a un support fini.

Un système (21) est toujours de rang fini s'il n'a qu'un *nombre fini d'équations*, et son rang est alors *au plus égal* au nombre d'équations (II, p. 97, prop. 1). De même, si E est de dimension finie n (ce qui, pour un système (22), correspond au cas où il n'y a qu'un *nombre fini n d'inconnues*), son dual E^* est de dimension n, donc le rang du système (21) est au plus égal à n (II, p. 99, cor. 4). On déduit de là:

COROLLAIRE 1. — *Un système d'équations linéaires scalaires dans un espace vectoriel, formé d'un nombre fini d'équations dont les premiers membres sont des formes linéairement indépendantes, admet toujours des solutions.*

COROLLAIRE 2. — *Pour qu'un système homogène* (22) *d'équations à n inconnues, à coefficients dans un corps* K, *admette des solutions non banales formées d'éléments de* K, *il faut et il suffit que son rang soit* $< n$.

Il en sera toujours ainsi si les équations sont en nombre fini $< n$.

COROLLAIRE 3. — *Pour qu'un système linéaire* (22) *à coefficients et seconds membres dans un corps* K, *formé de n équations à n inconnues, ait une solution et une seule formée d'éléments de* K, *il faut et il suffit que le système homogène associé n'ait aucune solution non banale* (ou, ce qui revient au même, que les premiers membres des équations de ce système soient des formes *linéairement indépendantes*).

7. Produit tensoriel d'espaces vectoriels

Les résultats des §§ 3, 4 et 5 relatifs aux modules libres ou projectifs s'appliquent en particulier aux espaces vectoriels et donnent les propositions suivantes:

PROPOSITION 14. — *Étant donnés une suite exacte*

$$0 \to E' \to E \to E'' \to 0 \tag{23}$$

d'espaces vectoriels à droite sur un corps K *et d'applications linéaires, et un espace vectoriel à gauche* F *sur* K, *la suite correspondante d'applications* **Z**-*linéaires*

$$0 \to E' \otimes_K F \to E \otimes_K F \to E'' \otimes_K F \to 0$$

est exacte et scindée.

Comme la suite (23) est scindée, c'est là un cas particulier de II, p. 63, cor. 5 et II, p. 58, prop. 5.

En raison de la prop. 14, lorsque E′ est un sous-espace vectoriel de E, $j: E' \to E$ l'injection canonique, on *identifie* d'ordinaire $E' \otimes_K F$ à un *sous*-**Z**-*module* de $E \otimes_K F$ au moyen de l'injection $j \otimes 1_F$. Avec cette convention:

COROLLAIRE. — *Soient* K *un corps,* E *un espace vectoriel à droite sur* K, F *un espace vectoriel à gauche sur* K, $(M_\alpha)_{\alpha \in A}$ *une famille de sous-espaces vectoriels de* E, $(N_\beta)_{\beta \in B}$ *une famille de sous-espaces vectoriels de* F. *On a alors*

(24) $$\Big(\bigcap_{\alpha \in A} M_\alpha\Big) \otimes_K \Big(\bigcap_{\beta \in B} N_\beta\Big) = \bigcap_{(\alpha, \beta) \in A \times B} (M_\alpha \otimes_K N_\beta).$$

Il suffit évidemment de démontrer le cas particulier

(25) $$\Big(\bigcap_{\alpha \in A} M_\alpha\Big) \otimes_K F = \bigcap_{\alpha \in A} (M_\alpha \otimes_K F).$$

Il est clair que le premier membre de (25) est contenu dans le second. Pour prouver la réciproque, considérons une base $(f_\lambda)_{\lambda \in L}$ de F. Tout élément de $E \otimes_K F$ se met alors d'une seule manière sous la forme $\sum_{\lambda \in L} x_\lambda \otimes f_\lambda$, où $x_\lambda \in E$ (II, p. 62, cor. 1); si E' est un sous-espace vectoriel de E, la relation $\sum_{\lambda \in L} x_\lambda \otimes f_\lambda \in E' \otimes_K F$ équivaut, en vertu de la prop. 14 (II, p. 108), à $x_\lambda \in E'$ pour tout $\lambda \in L$. Dire que $\sum_{\lambda \in L} x_\lambda \otimes f_\lambda$ appartient à chacun des $M_\alpha \otimes_K F$ signifie donc que pour tout $\lambda \in L$ et tout $\alpha \in A$, on a $x_\lambda \in M_\alpha$, c'est-à-dire $x_\lambda \in \bigcap_{\alpha \in A} M_\alpha$ pour tout $\lambda \in L$, ce qui prouve que le second membre de (25) est contenu dans le premier.

PROPOSITION 15. — *Si* $(E_\lambda)_{\lambda \in L}$ *est une famille d'espaces vectoriels à droite sur un corps* K, $(F_\mu)_{\mu \in M}$ *une famille d'espaces vectoriels à gauche sur* K, *l'application canonique*

(26) $$\Big(\prod_{\lambda \in L} E_\lambda\Big) \otimes_K \Big(\prod_{\mu \in M} F_\mu\Big) \to \prod_{(\lambda, \mu) \in L \times M} (E_\lambda \otimes_K F_\mu)$$

(II, p. 61, formule (22)) *est injective.*

Posons $F = \prod_{\mu \in M} F_\mu$; l'application (26) est composée des applications canoniques $\Big(\prod_{\lambda \in L} E_\lambda\Big) \otimes_K F \to \prod_{\lambda \in L} (E_\lambda \otimes_K F)$ et $\prod_{\lambda \in L} (E_\lambda \otimes_K F) \to \prod_{\lambda \in L} \Big(\prod_{\mu \in M} (E_\lambda \otimes_K F_\mu)\Big)$; comme F et les E_λ sont des espaces vectoriels sur K, on est ramené à II, p. 63, cor. 3.

Lorsque les conditions de la prop. 15 sont remplies, on identifiera souvent le produit tensoriel $\Big(\prod_{\lambda \in L} E_\lambda\Big) \otimes_K \Big(\prod_{\mu \in M} F_\mu\Big)$ à son image canonique dans $\prod_{\lambda, \mu} (E_\lambda \otimes_K F_\mu)$. Avec cette convention:

COROLLAIRE. — *Soit* F *un espace vectoriel à gauche sur* K; *pour tout ensemble* X, *l'espace vectoriel à gauche* $K_d^X \otimes_K F$ *s'identifie au sous-espace de l'espace* F^X *de toutes les applications de* X *dans* F, *formé des applications* u *telles que* $u(X)$ *soit de rang fini dans* F.

En effet, si (f_λ) est une base de F, l'élément $\sum_{\lambda \in L} v_\lambda \otimes f_\lambda$ de $K_d^X \otimes_K F$ s'identifie par (26) à l'application $x \mapsto \sum_\lambda v_\lambda(x) f_\lambda$. Comme $v_\lambda = 0$ sauf pour les indices λ appartenant à une partie finie H de L, l'image de X par l'application précédente est contenue dans le sous-espace de F de dimension finie engendré par les f_λ d'indices $\lambda \in H$. Inversement, soit $u: X \to F$ une application telle que $u(X)$ soit contenu dans un sous-espace G de F de dimension finie et soit $(b_i)_{1 \leqslant i \leqslant n}$ une base de G. Pour tout $x \in X$ on peut écrire $u(x) = \sum_{i=1}^{n} v_i(x) b_i$, où les $v_i(x)$ sont des éléments bien déterminés de K; on définit ainsi n applications $v_i: X \to K$ et il est clair que u est alors identifié à l'élément $\sum_{i=1}^{n} v_i \otimes b_i$.

De même, pour un espace vectoriel à droite E sur K et un ensemble Y, $E \otimes_K K_s^Y$ s'identifie au sous-espace de l'espace E^Y, formé des applications v: $Y \to E$ telles que $v(Y)$ soit de rang fini. Plus particulièrement, pour tout corps K, $K_d^X \otimes_K K_s^Y$ s'identifie à un sous-espace de l'espace $K^{X \times Y}$ des applications de $X \times Y$ dans K (K étant considéré comme (K, K)-bimodule); un élément $\sum_i u_i \otimes v_i$, où u_i est une application de X dans K et v_i une application de Y dans K, s'identifie à l'application $(x, y) \mapsto \sum_i u_i(x) v_i(y)$ de $X \times Y$ dans K.

Proposition 16. — (i) *Soient* K, L *deux corps*, E *un espace vectoriel à gauche sur* K, F *un espace vectoriel à gauche sur* L, G *un* (K, L)*-bimodule. Alors le* **Z***-homomorphisme canonique*

$$(27) \qquad \nu: \operatorname{Hom}_K(E, G) \otimes_L F \to \operatorname{Hom}_K(E, G \otimes_L F)$$

(II, p. 75, formule (7)) *est injectif; il est bijectif lorsque l'un des espaces vectoriels* E, F *est de dimension finie.*

(ii) *Soient* E_1, E_2, F_1, F_2 *quatre espaces vectoriels sur un corps commutatif* K; *alors le* K*-homomorphisme canonique*

$$(28) \qquad \lambda: \operatorname{Hom}(E_1, F_1) \otimes \operatorname{Hom}(E_2, F_2) \to \operatorname{Hom}(E_1 \otimes E_2, F_1 \otimes F_2)$$

(II, p. 79, formule (21)) *est injectif; il est bijectif si l'un des couples* (E_1, E_2), (E_1, F_1), (E_2, F_2) *est formé d'espaces de dimension finie.*

L'assertion (i) est un cas particulier de II, p. 75, prop. 2. De même la seconde assertion de (ii) est un cas particulier de II, p. 79, prop. 4. Enfin, pour voir que l'homomorphisme (28) est toujours injectif, observons que $\operatorname{Hom}(E_i, F_i)$ est un sous-espace vectoriel de $F_i^{E_i}$ $(i = 1, 2)$ et que $\operatorname{Hom}(E_1 \otimes E_2, F_1 \otimes F_2)$ s'identifie canoniquement à un sous-espace vectoriel de l'espace $(F_1 \otimes F_2)^{E_1 \times E_2}$ (II, p. 51, prop. 1); lorsqu'on fait ces identifications, et qu'on identifie en outre le premier membre de (28) à un sous-espace de $F_1^{E_1} \otimes F_2^{E_2}$ (II, p. 108, prop. 14), l'application canonique (28) devient la restriction à ce sous-espace de l'application canonique (26) (II, p. 109), et on a vu (II, p. 109, prop. 15) que cette dernière est injective.

Corollaire 1. — *Soient* E *et* F *deux espaces vectoriels à gauche sur un corps* K; *l'application canonique*

$$E^* \otimes_K F \to \operatorname{Hom}_K(E, F)$$

(II, p. 77, formule (11)) *est injective; elle est bijective lorsque* E *ou* F *est de dimension finie.*

C'est un cas particulier de la prop. 16, (i).

Corollaire 2. — *Soient* E *un espace vectoriel à droite,* F *un espace vectoriel à gauche sur un même corps* K; *l'application canonique*

$$E \otimes_K F \to \mathrm{Hom}_K(E^*, F) \tag{29}$$

(II, p. 78, formule (15)) *est injective; elle est bijective lorsque* E *est de dimension finie.*

C'est un cas particulier de II, p. 77, *Remarque* 2.

Remarques. — 1) Soient K un corps *commutatif*, E, F deux espaces vectoriels sur K, (a_λ) une base de E, (b_μ) une base de F; alors $(a_\lambda \otimes b_\mu)$ est une base du K-espace vectoriel $E \otimes_K F$ (II, p. 62, cor. 2), et par suite on a

$$\dim_K(E \otimes_K F) = \dim_K E . \dim_K F. \tag{30}$$

2) Soient K un corps *commutatif*, E_1, E_2, F_1, F_2 quatre espaces vectoriels sur K, $u: E_1 \to F_1$, $v: E_2 \to F_2$ deux applications linéaires; on a alors

$$\mathrm{rg}(u \otimes v) = \mathrm{rg}(u) . \mathrm{rg}(v). \tag{31}$$

En effet, il est immédiat que $(u \otimes v)(E_1 \otimes E_2)$ est l'image canonique de $u(E_1) \otimes v(E_2)$ dans $F_1 \otimes F_2$, donc (II, p. 108, prop. 14) est isomorphe à $u(E_1) \otimes v(E_2)$; la conclusion résulte alors de (30).

3) Sous les mêmes hypothèses que dans la *Remarque* 1, on a

$$\dim_K(\mathrm{Hom}_K(E, F)) \geqslant \dim_K E . \dim_K F. \tag{32}$$

En effet, si E est isomorphe à $K^{(I)}$, Hom(E, F) est isomorphe à $(\mathrm{Hom}(K, F))^I$ (II, p. 13, cor. 1), donc à F^I (II, p. 35); comme $F^{(I)}$ est un sous-espace de F^I et que $\dim(F^{(I)}) = \mathrm{Card}(I) . \dim F = \dim E . \dim F$ (II, p. 97, prop. 2), l'inégalité (32) résulte de II, p. 99, cor. 4. Le même raisonnement montre que les deux membres de (32) sont égaux lorsque dim E est *finie* (cf. II, p. 142 et 144).

8. Rang d'un élément d'un produit tensoriel

Soient E un espace vectoriel à droite, F un espace vectoriel à gauche sur un même corps K; à tout élément $u \in E \otimes_K F$ il correspond canoniquement un homomorphisme $u_1 \in \mathrm{Hom}_K(E^*, F)$ par (29); si $u = \sum_i x_i \otimes y_i$, avec $x_i \in E$, $y_i \in F$, l'élément u_1 est l'application linéaire

$$x^* \mapsto \sum_i \langle x^*, x_i \rangle y_i. \tag{33}$$

D'autre part, $E \otimes_K F$ s'identifie canoniquement à $F \otimes_{K^0} E$, où E est considéré comme espace vectoriel à gauche et F comme espace vectoriel à droite sur le corps opposé K^0; il correspond donc canoniquement à u un homomorphisme $u_2 \in \mathrm{Hom}_K(F^*, E)$, donné par

(34) $$y^* \mapsto \sum_i x_i \langle y_i, y^* \rangle;$$

u_1 (resp. u_2), considérée comme application de E^* dans F^{**} (resp. de F^* dans E^{**}), n'est autre que la *transposée* de u_2 (resp. u_1). Les *rangs* de u_1 et u_2 sont donc *égaux* à un même nombre *fini* r, dimension commune des sous-espaces $u_1(E^*)$ de F et $u_2(F^*)$ de E, dont chacun est canoniquement isomorphe au dual de l'autre (II, p. 103); nous dirons que r (noté $\mathrm{rg}(u)$) est le *rang* de l'élément u de $E \otimes_K F$, et que $u_1(E^*)$ et $u_2(F^*)$ sont les sous-espaces (de F et E respectivement) *associés* à u.

Proposition 17. — *Soit u un élément de $E \otimes_K F$, $M \subset E$ et $N \subset F$ ses sous-espaces associés. Pour toute expression $u = \sum_{i=1}^{s} x_i \otimes y_i$ de u, où $x_i \in E$ et $y_i \in F$ pour $1 \leqslant i \leqslant s$, le sous-espace* M (resp. N) *est contenu dans le sous-espace de* E (resp. F) *engendré par les x_i* (resp. *les y_i*). *En outre, les propriétés suivantes sont équivalentes :*

a) *L'entier s est égal au rang de u.*
b) *La famille $(x_i)_{1 \leqslant i \leqslant s}$ est une base de* M.
c) *La famille $(y_i)_{1 \leqslant i \leqslant s}$ est une base de* N.
d) *Les familles $(x_i)_{1 \leqslant i \leqslant s}$ et $(y_i)_{1 \leqslant i \leqslant s}$ sont toutes deux libres.*

D'après (33) (resp. 34)) chaque élément de $N = u_1(E^*)$ (resp. de $M = u_2(F^*)$) est combinaison linéaire des y_i (resp. des x_i); d'où la première assertion. Si $s = r$, le sous-espace engendré par les x_i (resp. y_i) ayant une dimension $\leqslant \dim M$ (resp. $\leqslant \dim N$) et contenant M (resp. N) lui est identique, donc a) implique b) et c), et *a fortiori* d). Inversement, chacune des conditions b), c) implique a) par définition de $\mathrm{rg}(u)$. Enfin, si d) est vérifiée, il existe une famille $(x_i^*)_{1 \leqslant i \leqslant s}$ d'éléments de E^* telle que $\langle x_i, x_j^* \rangle = \delta_{ij}$ (II, p. 104, cor. 1), donc il résulte de (33) que (y_i) est une base de N, ce qui achève la démonstration.

Corollaire 1. — *Le rang de u est le plus petit entier s tel qu'il existe une expression $u = \sum_{i=1}^{s} x_i \otimes y_i$, où $x_i \in E$ et $y_i \in F$ pour $1 \leqslant i \leqslant s$.*

Cela résulte aussitôt de la prop. 17 et de II, p. 97, prop. 1.

Corollaire 2. — *Soient* K *un corps commutatif,* E, F *deux espaces vectoriels sur* K, L *un surcorps commutatif de* K. *Soient u un élément de $E \otimes_K F$, M et N ses sous-espaces associés, u' l'image canonique de u dans $(E \otimes_K F)_{(L)}$ (identifié canoniquement à $E_{(L)} \otimes_L F_{(L)}$,* cf. II, p. 83, prop. 3); *alors on a $\mathrm{rg}(u') = \mathrm{rg}(u)$, et les sous-espaces associés à u' s'identifient canoniquement à $M_{(L)}$ et $N_{(L)}$.*

En effet, si $u = \sum_{i=1}^{r} x_i \otimes y_i$, où les familles (x_i) et (y_i) sont libres, on a $u' =$

$\sum_{i=1}^{r} (1 \otimes x_i) \otimes (1 \otimes y_i)$, et les familles $(1 \otimes x_i)$ et $(1 \otimes y_i)$ sont libres dans $E_{(L)}$ et $F_{(L)}$ respectivement (II, p. 84, prop. 4).

9. Extension des scalaires d'un espace vectoriel

Rappelons (I, p. 110, th. 2) qu'un homomorphisme d'un corps K dans un anneau A non réduit à 0 est nécessairement *injectif*.

PROPOSITION 18. — *Soit* ρ *un homomorphisme d'un corps* K *dans un anneau* A. *Pour toute suite exacte de* K-*espaces vectoriels et d'applications* K-*linéaires*

$$E' \xrightarrow{u} E \xrightarrow{v} E''$$

la suite

$$E'_{(A)} \xrightarrow{u_{(A)}} E_{(A)} \xrightarrow{v_{(A)}} E''_{(A)}$$

est exacte.

C'est un cas particulier de II, p. 108, prop. 14, compte tenu de II, p. 9, *Remarque* 4.

COROLLAIRE. — *Pour toute application* K-*linéaire* $f: E' \to E$, *on a* $\mathrm{Im}(f_{(A)}) = (\mathrm{Im}(f))_{(A)}$, $\mathrm{Ker}(f_{(A)}) = (\mathrm{Ker}(f))_{(A)}$, $\mathrm{Coker}(f_{(A)}) = (\mathrm{Coker}(f))_{(A)}$, *à des isomorphismes canoniques près.*

PROPOSITION 19. — *Soit* ρ *un homomorphisme injectif d'un corps* K *dans un anneau* A. *Pour tout espace vectoriel à gauche* E *sur* K, *l'application canonique* $\varphi: E \to \rho^*(E) = A \otimes_K E$ *est injective. En outre, pour tout sous-espace vectoriel* E' *de* E, $\rho^*(E') = A \otimes_K E'$ *s'identifie canoniquement à un sous-A-module facteur direct de* $A \otimes_K E$, *et avec cette identification, on a*

$$(A \otimes_K E') \cap \varphi(E) = \varphi(E'). \tag{35}$$

La première assertion est un cas particulier de II, p. 84, prop. 4; la seconde est un cas particulier de II, p. 108, prop. 14; enfin, pour démontrer (35), il suffit de prendre dans A (considéré comme K-module à droite) une base $(a_\lambda)_{\lambda \in L}$ telle que $a_{\lambda_0} = 1$ pour un indice λ_0 (II, p. 95, th. 2); les éléments de $A \otimes_K E$ s'écrivent d'une seule manière $\sum_\lambda a_\lambda \otimes x_\lambda$ avec $x_\lambda \in E$, et pour qu'un tel élément appartienne à $A \otimes_K E'$, il faut et il suffit que $x_\lambda \in E'$ pour tout λ. D'autre part, les éléments de $\varphi(E)$ sont ceux pour lesquels $x_\lambda = 0$ pour $\lambda \neq \lambda_0$; pour qu'un élément $\sum_\lambda a_\lambda \otimes x_\lambda$ appartienne à $(A \otimes_K E') \cap \varphi(E)$, il faut et il suffit donc que $x_\lambda = 0$ pour $\lambda \neq \lambda_0$ et $x_{\lambda_0} \in E'$, d'où la conclusion.

COROLLAIRE. — *Soit* ρ *un homomorphisme injectif d'un corps* K *dans un anneau* A. *Pour qu'une application* K-*linéaire* $f: E \to F$ (*où* E *et* F *sont deux espaces vectoriels sur* K) *soit injective* (resp. *surjective, nulle*), *il faut et il suffit que* $f_{(A)}: E_{(A)} \to F_{(A)}$ *soit injective* (resp. *surjective, nulle*).

Cela résulte aussitôt de la prop. 19 et du cor. de la prop. 18.

PROPOSITION 20. — *Soit* ρ *un homomorphisme injectif d'un corps* K *dans un anneau* A. *Pour tout espace vectoriel à gauche* E *sur* K, *l'homomorphisme canonique de* A-*modules à droite*

$$\upsilon: (E^*)_{(A)} \to (E_{(A)})^*$$

(II, p. 87) *est injectif*; *il est bijectif lorsque* E *est de dimension finie.*

La seconde assertion résulte de II, p. 88, prop. 8. Pour prouver la première, remarquons que tout élément de $(E^*)_{(A)}$ s'écrit $\sum_i x_i^* \otimes \alpha_i$, où $\alpha_i \in A$ et où $(x_i^*)_{1 \leqslant i \leqslant n}$ est une famille *libre* dans E*; il lui correspond dans $(E_{(A)})^*$ la forme linéaire y^* telle que $y^*(1 \otimes x) = \sum_i \rho(\langle x, x_i^* \rangle)\alpha_i$ pour tout $x \in E$. Or, il existe dans E une famille $(x_i)_{1 \leqslant i \leqslant n}$ telle que $\langle x_i, x_j^* \rangle = \delta_{ij}$ (II, p. 105, cor. 2), d'où $y^*(1 \otimes x_i) = \alpha_i$; la relation $y^* = 0$ entraîne donc $\alpha_i = 0$ pour tout i, ce qui démontre notre assertion.

PROPOSITION 21. — *Soient* K *un corps,* L *un surcorps de* K.

(i) *Pour tout espace vectoriel* E *sur* K, *on a* $\dim_L(E_{(L)}) = \dim_K E$.

(ii) *Pour toute application* K-*linéaire* $u: E \to F$, *où* E *et* F *sont des espaces vectoriels sur* K, *on a* $\operatorname{rg}(u_{(L)}) = \operatorname{rg}(u)$.

Si $(e_\iota)_{\iota \in I}$ est une base de E sur K, $(1 \otimes e_\iota)_{\iota \in I}$ est une base de $E_{(L)}$ sur L (II, p. 84, prop. 4), d'où la première assertion; la seconde résulte de la première et de ce que $u_{(L)}(E_{(L)})$ s'identifie canoniquement à $(u(E))_{(L)}$ en vertu de II, p. 113, corollaire de la prop. 18.

PROPOSITION 22. — *Soient* K *un corps commutatif,* $\rho: K \to A$ *un homomorphisme central injectif,* E, F *deux espaces vectoriels sur* K. *Alors l'homomorphisme canonique*

$$\omega: A \otimes_K \operatorname{Hom}(E, F) \to \operatorname{Hom}_A(E_{(A)}, F_{(A)}) \tag{36}$$

(II, p. 86, formule (17)) *est injectif*; *il est bijectif si* A *ou* E *est un espace vectoriel sur* K *de dimension finie.*

C'est un cas particulier de II, p. 87, prop. 7.

10. Modules sur les anneaux intègres

PROPOSITION 23. — *Dans un module* E *sur un anneau intègre* A, *l'ensemble* T *des éléments non libres est un sous-module de* E.

En effet, si x et y sont non libres, il existe deux éléments α, β non nuls dans A tels que $\alpha x = 0$ et $\beta y = 0$. On a $\alpha\beta \neq 0$ puisque A est intègre, et $\alpha\beta(\lambda x + \mu y) = 0$ quels que soient λ et μ dans A puisque A est commutatif, donc $\lambda x + \mu y$ est non libre.

Remarque. — Soit E un module sur un anneau commutatif quelconque A. Si x est un élément non libre de E, tout élément du sous-module Ax est non libre. Par contre, si A contient des diviseurs de 0, la somme de deux éléments non libres de E peut être libre; par exemple, dans $\mathbf{Z}/6\mathbf{Z}$ considéré comme module sur lui-même, 3 et 4 sont non libres, mais $3 + 4 = 1$ est libre.

La prop. 23 conduit à poser la définition suivante:

DÉFINITION 5. — *Dans un module* E *sur un anneau intègre* A, *on appelle sous-module de torsion de* E *le sous-module de* E *formé des éléments non libres* (aussi appelés *éléments de torsion* de E).

Lorsque E est égal à son sous-module de torsion (c'est-à-dire lorsque tout élément de E est annulé par un élément $\neq 0$ de A) on dit que E est un *module de torsion.* Lorsque le sous-module de torsion de E est réduit à 0 (c'est-à-dire que tout élément $\neq 0$ de E est *libre*) on dit (par abus de langage) que E est un *module sans torsion.*

Tout sous-module d'un A-module libre (et en particulier tout A-module *projectif*) est sans torsion. Le $\mathbf{Z}$-module $\mathbf{Q}$ est sans torsion.

PROPOSITION 24. — *Soit* A *un anneau intègre. Pour tout* A-*module* E, *notons* T(E) *le sous-module de torsion de* E. *Soit* $f: \mathrm{E} \to \mathrm{E}'$ *une application* A-*linéaire,* E *et* E′ *étant des* A-*modules.*

(i) *On a* $f(\mathrm{T}(\mathrm{E})) \subset \mathrm{T}(\mathrm{E}')$.

(ii) *Si* f *est injective, on a* $f(\mathrm{T}(\mathrm{E})) = \mathrm{T}(\mathrm{E}') \cap f(\mathrm{E})$.

(iii) *Si* f *est surjective et si* $\mathrm{Ker}(f) \subset \mathrm{T}(\mathrm{E})$, *alors* $f(\mathrm{T}(\mathrm{E})) = \mathrm{T}(\mathrm{E}')$.

Les assertions (i) et (ii) sont évidentes. D'autre part, si f est surjective et $x' \in \mathrm{T}(\mathrm{E}')$, on a $x' = f(x)$, où $x \in \mathrm{E}$, et par hypothèse il existe $\alpha \neq 0$ dans A tel que $f(\alpha x) = \alpha x' = 0$; d'où $\alpha x \in \mathrm{Ker}(f)$, et en vertu de l'hypothèse, il existe $\beta \neq 0$ dans A tel que $\beta(\alpha x) = 0$; comme $\beta\alpha \neq 0$, on a bien $x \in \mathrm{T}(\mathrm{E})$.

COROLLAIRE 1. — *Pour tout* A-*module* E, E/T(E) *est sans torsion.*

Si f: $\mathrm{E} \to \mathrm{E}'$ est une application A-linéaire, notons f_{T} l'application $\mathrm{T}(\mathrm{E}) \to \mathrm{T}(\mathrm{E}')$ qui a même graphe que la restriction de f à T(E). Avec cette notation:

COROLLAIRE 2. — *Pour toute suite exacte de* A-*modules et d'applications* A-*linéaires*

$$0 \longrightarrow \mathrm{E}' \xrightarrow{f} \mathrm{E} \xrightarrow{g} \mathrm{E}''$$

la suite

$$0 \longrightarrow \mathrm{T}(\mathrm{E}') \xrightarrow{f_{\mathrm{T}}} \mathrm{T}(\mathrm{E}) \xrightarrow{g_{\mathrm{T}}} \mathrm{T}(\mathrm{E}'')$$

est exacte.

En effet,

$$\mathrm{Ker}(g_{\mathrm{T}}) = \mathrm{Ker}(g) \cap \mathrm{T}(\mathrm{E}) = f(\mathrm{E}') \cap \mathrm{T}(\mathrm{E}) = f(\mathrm{T}(\mathrm{E}')) = \mathrm{Im}(f_{\mathrm{T}}).$$

PROPOSITION 25. — *Soient* A *un anneau intègre,* (E_ι) *une famille de* A*-modules; on a*

$$\mathrm{T}\Big(\bigoplus_\iota E_\iota\Big) = \bigoplus_\iota \mathrm{T}(E_\iota). \tag{37}$$

En effet, soit (x_ι) un élément de $\bigoplus_\iota E_\iota$ tel que $x_\iota \in \mathrm{T}(E_\iota)$ pour tout ι; alors chacun des x_ι est annulé par un élément $\alpha_\iota \neq 0$ de A, et on peut supposer que $\alpha_\iota = 1$ lorsque $x_\iota = 0$; comme la famille (x_ι) a un support fini, l'élément $\alpha = \prod_\iota \alpha_\iota$ de A est défini et $\neq 0$; il annule évidemment $\bigoplus_\iota x_\iota$, donc $\bigoplus_\iota \mathrm{T}(E_\iota) \subset \mathrm{T}\big(\bigoplus_\iota E_\iota\big)$; la réciproque est immédiate.

Si E et F sont deux A-modules, il est clair que $\mathrm{T}(E \otimes_A F)$ contient les images canoniques de $\mathrm{T}(E) \otimes_A F$ et de $E \otimes_A \mathrm{T}(F)$; mais on peut donner des exemples de A-modules *sans torsion*, E, F tels que $\mathrm{T}(E \otimes_A F) \neq 0$ (II, p. 197, exerc. 31).

On notera qu'un produit *infini* de modules de torsion n'est pas nécessairement un module de torsion; par exemple, dans le **Z**-module $\prod_{i=1}^{\infty} (\mathbf{Z}/p^n\mathbf{Z})$ (p entier > 1), l'élément dont toutes les coordonnées sont 1 est libre.

PROPOSITION 26. — *Soient* A *un anneau intègre,* K *son corps des fractions,* E *un* A*-module,* $E_{(K)} = K \otimes_A E$ *l'espace vectoriel sur* K *obtenu par extension de l'anneau d'opérateurs; désignons par* φ *l'application* A*-linéaire canonique* $x \mapsto 1 \otimes x$ *de* E *dans* $E_{(K)}$.

(i) *Tout élément de* $E_{(K)}$ *est de la forme* $\lambda^{-1}\varphi(x)$ *pour* $\lambda \in A$, $\lambda \neq 0$ *et* $x \in E$.

(ii) *Le noyau de* φ *est le sous-module de torsion* $\mathrm{T}(E)$ *de* E.

(i) Tout élément de $E_{(K)}$ est de la forme $z = \sum_{i=1}^{n} \xi_i\varphi(x_i)$ avec $\xi_i \in K$ et $x_i \in E$; pour tout i, il existe $\alpha_i \in A$ tel que $\alpha_i \neq 0$ et $\alpha_i\xi_i \in A$; si $\alpha = \prod_{i=1}^{n} \alpha_i$, on a donc $\alpha \neq 0$ et $\alpha\xi_i = \beta_i \in A$ pour tout i, d'où, dans $E_{(K)}$,

$$z = \alpha^{-1}(\alpha z) = \alpha^{-1} \sum_{i=1}^{n} \beta_i\varphi(x_i) = \alpha^{-1}\varphi\Big(\sum_{i=1}^{n} \beta_i x_i\Big)$$

puisque φ est A-linéaire.

(ii) Si $x \neq 0$ n'est pas libre dans E, il existe $\alpha \neq 0$ dans A tel que $\alpha x = 0$, d'où $\alpha\varphi(x) = \varphi(\alpha x) = 0$ dans $E_{(K)}$, ce qui entraîne $\varphi(x) = 0$. Réciproquement, supposons que pour un $x \in E$ on ait $1 \otimes x = 0$ dans $E_{(K)}$, et montrons que x est un élément de torsion dans E. Considérons l'ensemble $\mathfrak{M}$ des sous-A-modules *monogènes* de K; c'est un ensemble filtrant croissant pour la relation d'inclusion, car deux éléments quelconques α, β de K peuvent s'écrire $\alpha = \zeta^{-1}\xi$, $\beta = \zeta^{-1}\eta$, où ξ, η, ζ appartiennent à A et $\zeta \neq 0$, donc $A.\alpha \subset A.\zeta^{-1}$ et $A.\beta \subset A.\zeta^{-1}$. En outre K est réunion des modules $M \in \mathfrak{M}$, et peut donc être considéré comme la *limite inductive* du système inductif défini par les modules $M \in \mathfrak{M}$ et les injections canoniques (II, p. 93, *Remarque*). On a donc aussi, à un isomorphisme canonique près, $E_{(K)} = \varinjlim (M \otimes_A E)$ (II, p. 93, prop. 7), et la relation $1 \otimes x = 0$ dans $E_{(K)}$ entraîne qu'il existe un $M \in \mathfrak{M}$ tel que $1 \in M$ et que l'on ait $1 \otimes x = 0$ *dans le produit tensoriel* $M \otimes_A E$ (E, III, p. 62, lemme 1). On peut d'ailleurs supposer (en remplaçant au besoin M par un sous-module monogène $M' \supset M$ de K) que l'on a $M = A.\gamma^{-1}$, où $\gamma \in A$ et $\gamma \neq 0$. Or l'application $\xi \mapsto \gamma\xi$ est un isomorphisme de M sur le A-module A; d'autre part, l'isomorphisme canonique $A \otimes_A E \to E$ (II, p. 55, prop. 4) fait correspondre à $\xi \otimes x$ l'élément ξx de E; il existe donc un *isomorphisme* $M \otimes_A E \to E$ qui, au produit tensoriel $\xi \otimes x$ fait correspondre l'élément $(\gamma\xi)x$ de E. L'hypothèse $1 \otimes x = 0$ dans $M \otimes_A E$ entraîne donc $\gamma x = 0$.

Remarque. — Soient $\alpha^{-1}\varphi(x)$, $\beta^{-1}\varphi(y)$ deux éléments de $E_{(K)}$, avec $\alpha \in A$, $\beta \in A$, $x \in E$, $y \in E$, $\alpha\beta \neq 0$. Pour que $\alpha^{-1}\varphi(x) = \beta^{-1}\varphi(y)$ il faut et il suffit que $\beta x - \alpha y$ soit un *élément de torsion* de E, car cette relation équivaut à $\beta\varphi(x) = \alpha\varphi(y)$, ce qui s'écrit aussi $\varphi(\beta x - \alpha y) = 0$.

COROLLAIRE 1. — *Si* E *est un* A-*module sans torsion, l'application canonique* $\varphi: E \to E_{(K)}$ *est injective.*

Rappelons (II, p. 82, prop. 1) que pour toute application A-linéaire f de E dans un espace vectoriel F sur K, il existe une application K-linéaire et une seule $\bar{f}: E_{(K)} \to F$ telle que $f = \bar{f} \circ \varphi$; nous dirons que $\bar{f}$ est *associée* à f.

COROLLAIRE 2. — *Soit f une application* A-*linéaire de* E *dans un espace vectoriel* F *sur* K; *si l'on a* $\operatorname{Ker}(f) \subset T(E)$, *l'application* K-*linéaire* $\bar{f}$ *associée à* f *est injective.*

En effet, écrivons un élément de $\operatorname{Ker}(\bar{f})$ sous la forme $\lambda^{-1}\varphi(x)$, où $\lambda \in A$, $\lambda \neq 0$, $x \in E$; la relation $\bar{f}(\lambda^{-1}\varphi(x)) = 0$ équivaut à $\lambda^{-1}\bar{f}(\varphi(x)) = 0$ dans F, donc à $f(x) = \bar{f}(\varphi(x)) = 0$. Par hypothèse, cela entraîne $x \in T(E)$, donc $\varphi(x) = 0$, ce qui prouve le corollaire.

COROLLAIRE 3. — *Soient* E *un* A-*module*, g *une application* A-*linéaire de* E *dans un espace vectoriel* F *sur* K, *telle que* $g(E)$ *engendre* F *et que* $\operatorname{Ker}(g) \subset T(E)$. *Alors l'application* K-*linéaire* $\bar{g}$ *associée à* g *est un isomorphisme de* $E_{(K)}$ *sur* F.

En effet, $\bar{g}$ est injective en vertu du cor. 2, et l'hypothèse que $g(E)$ engendre F entraîne que $\bar{g}$ est surjective.

Pour tout A-module E, on dit que l'espace vectoriel $E_{(K)}$ est *associé* à E. Pour toute partie S de E, on appelle *rang* de S sur K (ou par abus de langage, *rang* de S) le rang de l'image canonique $\varphi(S)$ de S dans $E_{(K)}$, autrement dit (II, p. 97, déf. 1) la dimension sur K du sous-espace vectoriel de $E_{(K)}$ engendré par $\varphi(S)$.

Lorsque E est un A-module *sans torsion*, on l'identifie d'ordinaire à son image canonique $\varphi(E)$ dans $E_{(K)}$. Avec cette convention, tout système générateur de E contient une *base* de $E_{(K)}$ (II, p. 95, th. 2). En particulier:

COROLLAIRE 4. — *Tout* A-*module de type fini est de rang fini.*

On notera que la réciproque de ce corollaire n'est pas nécessairement exacte; par exemple **Q** est un **Z**-module de rang 1 mais n'est pas de type fini sur **Z**.

Rappelons (II, p. 83) que pour toute application linéaire $f: E \to E'$ (où E et E' sont des A-modules), on note $f_{(K)}$ l'application K-linéaire $1_K \otimes f: E_{(K)} \to E'_{(K)}$.

PROPOSITION 27. — *Pour toute suite exacte*

$$E' \xrightarrow{f} E \xrightarrow{g} E''$$

d'applications A-*linéaires, la suite correspondante d'applications* K-*linéaires*

$$E'_{(K)} \xrightarrow{f_{(K)}} E_{(K)} \xrightarrow{g_{(K)}} E''_{(K)}$$

est exacte.

En effet, supposons que $g_{(K)}(\lambda^{-1} \otimes x) = 0$, avec $\lambda \in A$, $\lambda \neq 0$, $x \in E$; cela équivaut à $\lambda^{-1} \otimes g(x) = 0$ dans $E''_{(K)}$, donc aussi à $1 \otimes g(x) = \lambda(\lambda^{-1} \otimes g(x)) = 0$; en vertu de la prop. 26 (II, p. 116), il existe $\alpha \neq 0$ dans A tel que $\alpha g(x) = 0$ dans E'', ou encore $g(\alpha x) = 0$. Par hypothèse, il y a donc un $x' \in E'$ tel que $\alpha x = f(x')$, et par suite $\lambda^{-1} \otimes x = f_{(K)}(\alpha^{-1}\lambda^{-1} \otimes x')$, ce qui démontre la proposition.

COROLLAIRE 1. — *Si* E' *est un sous-module de* E, $E'_{(K)}$ *s'identifie canoniquement à un sous-espace vectoriel de* $E_{(K)}$, *et* $(E/E')_{(K)}$ *à* $E_{(K)}/E'_{(K)}$.

Il suffit d'appliquer la prop. 27 à la suite exacte $0 \to E' \to E \to E/E' \to 0$.

COROLLAIRE 2. — *Pour toute application* A-*linéaire* $f: E \to F$, *on a* $\operatorname{Ker}(f_{(K)}) = (\operatorname{Ker}(f))_{(K)}$, $\operatorname{Im}(f_{(K)}) = (\operatorname{Im}(f))_{(K)}$, $\operatorname{Coker}(f_{(K)}) = (\operatorname{Coker}(f))_{(K)}$ *à des isomorphismes canoniques près. En particulier, pour que* $f_{(K)}$ *soit injective* (resp. *surjective*, resp. *nulle*), *il faut et il suffit que* $\operatorname{Ker}(f) \subset T(E)$ (resp. *que* $\operatorname{Coker}(f)$ *soit un module de torsion*, resp. *que* $\operatorname{Im}(f) \subset T(F)$).

Cela résulte du cor. 1 et de la prop. 26 (II, p. 116).

COROLLAIRE 3. — *Soient* E *un* A-*module*, $(x_\lambda)_{\lambda \in L}$ *une famille d'éléments de* E. *Pour que* (x_λ) *soit une famille libre, il faut et il suffit que dans le* K-*espace vectoriel* $E_{(K)}$, *la famille* $(1 \otimes x_\lambda)$ *soit libre.*

En effet, la famille (x_λ) définit une application A-linéaire $f: A^{(L)} \to E$ telle que $f(e_\lambda) = x_\lambda$ pour tout $\lambda \in L$ ((e_λ) étant la base canonique de $A^{(L)}$), et dire que (x_λ) est libre signifie que f est injective. Il suffit d'appliquer le cor. 2 à f, en observant que $A^{(L)}$ est sans torsion (II, p. 116, prop. 25).

§ 8. RESTRICTION DU CORPS DES SCALAIRES DANS LES ESPACES VECTORIELS

Dans tout ce paragraphe, K *désigne un corps,* K' *un sous-corps de* K. *Sur un ensemble* V, *une structure d'espace vectoriel à droite* (resp. *à gauche*) *sur* K *définit, par restriction des scalaires, une structure d'espace vectoriel à droite* (resp. *à gauche*) *sur* K'.

1. Définition des K′-structures

PROPOSITION 1. — *Soient* V *un espace vectoriel à droite sur* K, V′ *une partie de* V *qui soit un sous-espace vectoriel sur* K′. *Les conditions suivantes sont équivalentes*;

a) *L'application* K*-linéaire* λ *de* $V'_{(K)} = V' \otimes_{K'} K$ *dans* V, *telle que* $\lambda(x' \otimes \xi) = x'\xi$ *pour* $x' \in V'$, $\xi \in K$, *est bijective.*

b) *Toute application* K′*-linéaire* f' *de* V′ *dans un* K*-espace vectoriel* W *se prolonge de manière unique en une application* K*-linéaire* f *de* V *dans* W.

c) *Toute base de* V′ *sur* K′ *est une base de* V *sur* K.

d) *Il existe une base de* V′ *sur* K′ *qui soit aussi une base de* V *sur* K.

e) *Le* K*-espace vectoriel* V *est engendré par* V′, *et toute partie de* V′ *libre sur* K′ *est libre sur* K.

On sait (II, p. 81-82) que $V'_{(K)}$ est muni d'une structure de K-espace vectoriel à droite pour laquelle $(x' \otimes \xi)\eta = x' \otimes (\xi\eta)$ (ξ, η dans K, $x' \in V'$), et que pour toute application K′-linéaire f' de V′ dans un K-espace vectoriel W, il existe une application K-linéaire $\bar{f}'$ de $V'_{(K)}$ dans W et une seule telle que $\bar{f}'(x' \otimes 1) = f'(x')$ pour $x' \in V'$. Si j est l'injection canonique de V′ dans V, λ n'est autre que l'application K-linéaire correspondante $\bar{j}$. Si λ est bijective, alors, pour toute application K′-linéaire $f' : V' \to W$, $\bar{f}' \circ \lambda^{-1}$ est l'unique application K-linéaire de V dans W prolongeant f'; autrement dit, a) implique b). Inversement, si b) est vérifiée, il existe en particulier une application K-linéaire μ de V dans $V'_{(K)}$ telle que $\mu(x') = x' \otimes 1$ pour tout $x' \in V'$; il est immédiat que $\mu \circ \lambda = 1_{V'_{(K)}}$; d'autre part $\lambda(\mu(x')) = x'$ pour tout $x' \in V'$, et comme par hypothèse $j : V' \to V$ se prolonge d'une seule manière en un endomorphisme de V, on a nécessairement $\lambda \circ \mu = 1_V$, ce qui achève de prouver que a) et b) sont équivalentes.

Pour toute base B′ de V′ sur K′, l'ensemble B des éléments $v' \otimes 1$ de $V'_{(K)}$, où v' parcourt B′, est une base de $V'_{(K)}$ sur K (II, p. 84, prop. 4), et $\lambda(B) = B'$. Pour que λ soit bijective, il est nécessaire que l'image par λ de toute base de $V'_{(K)}$ soit une base de V sur K, et il suffit qu'il en soit ainsi pour une seule base de $V'_{(K)}$ (II, p. 24, cor. 2). Ceci prouve l'équivalence de a), c) et d).

Comme toute partie de V′ libre sur K′ est contenue dans une base de V′ sur K′ (II, p. 95, th. 2), c) implique e). Enfin, supposons e) vérifiée; si B′ est une base de V′ sur K′, c'est une partie de V libre sur K; d'autre part, B′ engendre V′ sur K′, donc engendre V sur K par hypothèse; par suite B′ est une base de V sur K, ce qui prouve que e) entraîne c).

C. Q. F. D.

DÉFINITION 1. — *Soient* V *un espace vectoriel à droite sur un corps* K *et* K′ *un sous-corps de* K. *On appelle* K′*-structure sur* V *tout sous-*K′*-espace vectoriel* V′ *de* V *qui vérifie les conditions équivalentes de la proposition* 1.

Exemple. — Soit B une base de V sur K. Pour *tout* sous-corps K′ de K, le sous-K′-espace vectoriel de V engendré par B admet B pour base sur K′, donc est une

K'-structure sur V. *Par exemple, si K est commutatif, et si on prend pour V la K-algèbre de polynômes $K[X_1, \ldots, X_n]$, alors, pour tout sous-corps K' de K, $K'[X_1, \ldots, X_n]$ est une K'-structure sur V.*

2. Rationalité pour un sous-espace

Définition 2. — *Soient* V *un espace vectoriel à droite sur* K, *muni d'une* K'*-structure* V'. *On dit qu'un vecteur de* V *est rationnel sur* K' *s'il appartient à* V'. *On dit qu'un sous-*K*-espace vectoriel* W *de* V *est rationnel sur* K' *s'il est engendré* (*sur* K) *par des vecteurs rationnels sur* K'.

Soit $(v'_\iota)_{\iota \in I}$ une base de V' sur K', qui est donc aussi une base de V sur K (II, p. 119, prop. 1). Pour qu'un vecteur $x = \sum_\iota v'_\iota \xi_\iota$ de V soit rationnel sur K', il faut et il suffit que $\xi_\iota \in K'$ pour tout $\iota \in I$.

Si W est un sous-K-espace vectoriel de V, *rationnel* sur K', il résulte de la déf. 2 que $W' = W \cap V'$ est un sous-K'-espace vectoriel de W, qui *engendre* W sur K; par ailleurs toute partie de W' libre sur K' est aussi libre sur K puisqu'elle est contenue dans V' (II, p. 119, prop. 1). Il en résulte (II, p. 119, prop. 1) que W' est une K'*-structure* sur W, dite *induite* par la K'-structure V' de V.

Pour tout sous-K'-espace vectoriel W' de V' nous noterons W'.K le sous-K-espace vectoriel de V formé des combinaisons linéaires d'éléments de W' à coefficients dans K.

Proposition 2. — *Soient* V *un espace vectoriel à droite sur* K, V' *une* K'*-structure sur* V. *L'application* $W' \mapsto W'.K$ *est une bijection de l'ensemble des sous-*K'*-espaces vectoriels de* V' *sur l'ensemble des sous-*K*-espaces vectoriels de* V *rationnels sur* K', *et la bijection réciproque est* $W \mapsto W \cap V'$.

Il est clair en effet que la bijection $\lambda^{-1} : V \to V' \otimes_{K'} K$, réciproque de la bijection λ définie dans II, p. 119, prop. 1, applique tout sous-K'-espace vectoriel W' de V' sur son image par l'injection canonique $x' \mapsto x' \otimes 1$, et W'.K sur $W' \otimes_{K'} K$; les assertions de la prop. 2 sont donc conséquences de la déf. 2 et de II, p. 113, prop. 19.

Corollaire 1. — *Toute somme et toute intersection de sous-*K*-espaces vectoriels de* V, *rationnels sur* K', *est un sous-espace rationnel sur* K'.

L'assertion relative à la somme est évidente. D'autre part, si $(W'_\iota)_{\iota \in I}$ est une famille de sous-K'-espaces vectoriels de V', on a $(\bigcap_{\iota \in I} W'_\iota) \otimes_{K'} K = \bigcap_{\iota \in I} (W'_\iota \otimes_{K'} K)$ (II, p. 109, cor. de la prop. 14), ce qui démontre le corollaire.

On dit qu'une base B de V sur K est *rationnelle sur* K' si elle est formée de vecteurs rationnels sur K'.

Corollaire 2. — *Toute base de* V *sur* K, *rationnelle sur* K', *est une base de* V' *sur* K'.

En effet, si W' est le sous-K'-espace vectoriel de V' engendré par B, on a $W'.K = V = V'.K$, d'où $V' = W'$ en vertu de la prop. 2.

3. Rationalité pour une application linéaire

DÉFINITION 3. — *Soient* V_1, V_2 *deux espaces vectoriels à droite sur* K, *munis respectivement de* K'*-structures* V'_1, V'_2. *On dit qu'une application* K*-linéaire* $f : V_1 \to V_2$ *est rationnelle sur* K' *si l'on a* $f(V'_1) \subset V'_2$.

Si V_3 est un troisième espace vectoriel à droite sur K, muni d'une K'-structure V'_3, et si une application K-linéaire $g : V_2 \to V_3$ est rationnelle sur K', il est clair que $g \circ f : V_1 \to V_3$ est rationnelle sur K'.

PROPOSITION 3. — *Soient* V_1, V_2 *deux espaces vectoriels à droite sur* K, V'_1, V'_2 *des* K'*-structures sur* V_1, V_2 *respectivement. On identifie canoniquement* V_1 (resp. V_2) *à* $V'_1 \otimes_{K'} K$ (resp. $V'_2 \otimes_{K'} K$) (II, p. 119, prop. 1).

(i) *L'application* $f' \mapsto f' \otimes 1_K = f'_{(K)}$ *est une bijection de* $\mathrm{Hom}_{K'}(V'_1, V'_2)$ *sur l'ensemble des applications* K*-linéaires de* V_1 *dans* V_2, *rationnelles sur* K'; *la bijection réciproque associe à toute application* K*-linéaire* $f : V_1 \to V_2$, *rationnelle sur* K', *l'application* K'*-linéaire* $f' : V'_1 \to V'_2$, *ayant même graphe que la restriction de* f *à* V'_1.

(ii) *Pour toute application* K*-linéaire* $f : V_1 \to V_2$, *rationnelle sur* K', *on a* $f(V'_1) = f(V_1) \cap V'_2$ *et* $\overset{-1}{f}(V'_2) = V'_1 + \mathrm{Ker}(f)$.

(i) Il est clair qu'avec les identifications faites, si $f' : V'_1 \to V'_2$ est une application K'-linéaire, $f'_{(K)} = f' \otimes 1_K$ est rationnelle sur K' et f' est l'application ayant même graphe que la restriction de $f'_{(K)}$ à V'_1. Inversement, si $f : V_1 \to V_2$ est une application K-linéaire, rationnelle sur K', et si $f' : V'_1 \to V'_2$ a même graphe que la restriction de f à V'_1, f et $f'_{(K)}$ coïncident dans V'_1, qui est un système générateur sur K de V_1, donc $f = f'_{(K)}$.

(ii) Si $f = f' \otimes 1_K$, on a $f(V_1) = f(V'_1 \otimes_{K'} K) = f'(V'_1) \otimes_{K'} K$, et comme $f'(V'_1) \subset V'_2$, on a $f(V'_1) = f'(V'_1) = f(V_1) \cap V'_2$ (II, p. 113, prop. 19); la formule $\overset{-1}{f}(V'_2) = V'_1 + \mathrm{Ker}(f)$ en résulte aussitôt.

COROLLAIRE 1. — *Avec les notations de la prop.* 3, *on a*
$\mathrm{Im}(f) = (\mathrm{Im}(f'))_{(K)}$, $\mathrm{Ker}(f) = (\mathrm{Ker}(f'))_{(K)}$, $\mathrm{Coker}(f) = (\mathrm{Coker}(f'))_{(K)}$.

En particulier, pour que f *soit injective* (resp. *surjective, nulle*) *il faut et il suffit que* f' *le soit. Si* f *est bijective, son application réciproque est rationnelle sur* K'.

C'est un cas particulier de II, p. 113, cor. de la prop. 18.

COROLLAIRE 2. — *Soit* $f : V_1 \to V_2$ *une application* K*-linéaire, rationnelle sur* K'. *Pour tout sous-*K*-espace vectoriel* W_1 *de* V_1 (resp. W_2 *de* V_2) *rationnel sur* K', $f(W_1)$ (resp. $\overset{-1}{f}(W_2)$) *est un sous-*K*-espace vectoriel de* V_2 (resp. V_1) *rationnel sur* K'.

Avec les notations de la prop. 3, pour tout sous-K'-espace vectoriel W'_1 de V'_1, on a $f'_{(K)}(W'_1 \otimes_{K'} K) = f'(W'_1) \otimes_{K'} K$; d'où l'assertion relative à W_1 (II,

p. 120, prop. 2). D'autre part, soit W'_2 un sous-K'-espace vectoriel de V'_2, et soit g' l'application K'-linéaire canonique $V'_2 \to V'_2/W'_2$; on a $\overset{-1}{f'}(W'_2) = \mathrm{Ker}(g' \circ f')$; en vertu du cor. 1, on a donc $\overset{-1}{f'_{(K)}}(W'_2 \otimes_{K'} K) = \overset{-1}{f'}(W'_2) \otimes_{K'} K$, d'où l'assertion relative à W_2.

Soient V_1, V_2 deux K-espaces vectoriels à droite, munis respectivement de K'-structures V'_1, V'_2. Il est immédiat que $V'_1 \times V'_2$ est unc *K'-structure* sur $V_1 \times V_2$, dite *produit* des K'-structures V'_1 et V'_2.

PROPOSITION 4. — *Pour qu'une application* K-*linéaire* $f: V_1 \to V_2$ *soit rationnelle sur* K', *il faut et il suffit que son graphe* Γ *soit rationnel sur* K' *pour la* K'-*structure produit de* $V_1 \times V_2$.

Soit g l'application $x_1 \mapsto (x_1, f(x_1))$ de V_1 dans $V_1 \times V_2$; c'est une application K-linéaire telle que $\Gamma = g(V_1)$; si f est rationnelle sur K', il en est de même de Γ en vertu de II, p. 121, cor. 2. Inversement, supposons Γ rationnel sur K' et munissons-le de la K'-structure induite par celle de $V_1 \times V_2$; il résulte aussitôt des définitions que les restrictions p_1, p_2 à Γ des projections pr_1, pr_2, sont des applications K-linéaires, rationnelles sur K', de Γ dans V_1 et V_2 respectivement. Comme p_1 est bijective, son application réciproque q_1 est rationnelle sur K' (II, p. 121, cor. 1), donc il en est de même de $f = p_2 \circ q_1$.

4. Formes linéaires rationnelles

Soit V un espace vectoriel à droite sur K, muni d'une K'-structure V'. Comme K'_d est une K'-structure sur le K-espace vectoriel à droite K_d, on peut définir les *formes linéaires* $x^* \in V^*$, *rationnelles sur* K', comme les applications linéaires de V dans K_d, rationnelles sur K' pour les K'-structures de V et de K_d. En vertu de II, p. 121, prop. 3, l'ensemble R' de ces formes linéaires est l'image du dual V'^* de V' par l'application composée

$$V'^* \xrightarrow{\varphi} K \otimes_{K'} V'^* \xrightarrow{\upsilon} V^* \tag{1}$$

où $\varphi(x'^*) = 1 \otimes x'^*$, et $\upsilon(\xi \otimes x'^*)$ est la forme linéaire y^* sur V telle que $y^*(x') = \xi\langle x'^*, x'\rangle$ pour tout $x' \in V'$ (II, p. 87). On sait que cette application est injective (II, p. 114, prop. 20 et p. 113, prop. 19) et il est clair que R' est un sous-K'-espace vectoriel à gauche de V^*; en outre toute partie de R' libre sur K' est libre sur K. Mais en général R' *n'engendre pas nécessairement* V^* sur K et ne définit donc pas une K'-structure sur V^* (II, p. 199, exerc. 2). Toutefois, si V est de dimension *finie* n sur K, V'^* est de dimension n sur K', et R' définit alors canoniquement une K'-structure sur V^*.

PROPOSITION 5. — *Soient* V *un espace vectoriel à droite sur* K, V' *une* K'-*structure sur* V, W *un sous*-K-*espace vectoriel de* V. *Pour que* W *soit rationnel sur* K', *il faut et il* *suffit qu'il existe un ensemble* $H \subset V^*$ *de formes linéaires rationnelles sur* K', *tel que* W *soit l'orthogonal de* H *dans* V (II, p. 42).

Soit H une partie de V^* dont les éléments sont des formes linéaires rationnelles sur K'. Pour tout $x^* \in H$, le noyau de x^* est un sous-K-espace vectoriel de V, rationnel sur K' (II, p. 121, cor. 2); l'intersection de ces noyaux est donc aussi un sous-K-espace vectoriel de V, rationnel sur K' (II, p. 120, cor. 1).

Inversement, soit W un sous-K-espace vectoriel de V, rationnel sur K', de sorte que W s'identifie à $W' \otimes_{K'} K$, où $W' = W \cap V'$ (II, p. 120, prop. 2). Pour qu'une forme linéaire $x'^* \in V'^*$ soit nulle dans W', il faut et il suffit que la forme linéaire $x^* \in V^*$ qui lui correspond par (1) (II, p. 122) soit nulle dans W, car en vertu de II, p. 121, cor. 1, on a $\operatorname{Ker}(x^*) = (\operatorname{Ker}(x'^*)) \otimes_{K'} K$, et $\operatorname{Ker}(x'^*) = (\operatorname{Ker}(x^*)) \cap V'$. Soit H' l'orthogonal de W' dans V'^*; on sait (II, p. 104, th. 7) que W' est l'orthogonal de H' dans V'; si H est l'image de H' dans V^* par l'application (1), il résulte de ce qui précède que W est l'orthogonal de H dans V, compte tenu de II, p. 109, cor. de la prop. 14.

5. Applications aux systèmes linéaires

PROPOSITION 6. — (i) *Étant donné un système d'équations linéaires homogènes*

$$\sum_{\iota \in I} \alpha_{\mu\iota} \xi_\iota = 0 \qquad (\mu \in M) \tag{2}$$

dont les coefficients $\alpha_{\mu\iota}$ *appartiennent à* K', *toute solution* (ξ_ι) *de ce système formée d'éléments de* K *est combinaison linéaire à coefficients dans* K *de solutions* (ξ'_ι) *de* (2) *formées d'éléments de* K'.

(ii) *Étant donné un système d'équations linéaires*

$$\sum_{\iota \in I} \alpha_{\mu\iota} \xi_\iota = \beta_\mu \qquad (\mu \in M) \tag{3}$$

dont les coefficients $\alpha_{\mu\iota}$ *et les seconds membres* β_μ *appartiennent à* K', *s'il existe une solution du système formée d'éléments de* K, *il existe aussi une solution formée d'éléments de* K'.

(i) Pour tout ensemble S, munissons le K-espace vectoriel à droite $K_d^{(S)}$ de la K'-structure $K_d'^{(S)}$. Soit f l'application K-linéaire de $K_d^{(I)}$ dans $K_d^{(M)}$ faisant correspondre à tout vecteur $(\xi_\iota)_{\iota \in I}$ le vecteur $(\zeta_\mu)_{\mu \in M}$ défini par $\zeta_\mu = \sum_{\iota \in I} \alpha_{\mu\iota} \xi_\iota$ pour tout $\mu \in M$. Il est clair que f est rationnelle sur K'; son noyau V, qui est l'ensemble des solutions dans K du système (2), est un sous-espace de $K_d^{(I)}$ rationnel sur K' (II, p. 121, cor. 2), donc engendré par les solutions de (2) dans K'.

(ii) Considérons K comme K'-espace vectoriel à gauche; il existe un projecteur K'-linéaire p de K sur son sous-espace vectoriel K'_s (II, p. 98, prop. 4); si (ξ_ι) est une solution de (3) dans K, on a $\sum_{\iota \in I} \alpha_{\mu\iota} p(\xi_\iota) = p\left(\sum_{\iota \in I} \alpha_{\mu\iota} \xi_\iota\right) = p(\beta_\mu) = \beta_\mu$, ce qui prouve que $(p(\xi_\iota))$ est une solution de (3) dans K'.

On dit qu'un anneau K est *fidèlement plat* (à gauche) sur un sous-anneau K′ si la prop. 6 est valable pour K et K′; nous étudierons plus tard cette notion en détail (AC, I, § 3).

6. Plus petit corps de rationalité

Soit V un K-espace vectoriel à droite, muni d'une K′-structure V′. Pour tout corps L tel que $K' \subset L \subset K$, on posera $V_L = V' . L$; il est clair que toute base de V′ sur K′ est une base de V sur K et une base de V_L sur L. Donc V_L est une L-structure sur V, et V′ une K′-structure sur V_L.

PROPOSITION 7. — (i) *Soit* V *un* K-*espace vectoriel à droite muni d'une* K′-*structure* V′. *Pour tout vecteur* $x \in V$ (resp. *tout sous*-K-*espace vectoriel* W *de* V), *l'ensemble des sous-corps* L *de* K *contenant* K′ *et tels que* x (resp. W) *soit rationnel sur* L, *possède un plus petit élément* $K'(x)$ (resp. K′(W)).

(ii) *Soient* V_1, V_2 *deux* K-*espaces vectoriels à droite munis respectivement de* K′-*structures* V'_1, V'_2. *Pour toute application* K-*linéaire* f *de* V_1 *dans* V_2, *l'ensemble des sous-corps* L *de* K *contenant* K′ *et tels que* f *soit rationnel sur* L, *possède un plus petit élément* $K'(f)$.

Démontrons d'abord l'assertion de (i) relative à un vecteur $x \in V$. Soit B une base de V rationnelle sur K′; B est une base de V′ sur K′ et une base de V_L sur L pour tout corps L tel que $K' \subset L \subset K$; pour que $x = \sum_{b \in B} b\xi_b$ soit rationnel sur L, il faut et il suffit que les ξ_b appartiennent à L (II, p. 120), donc le plus petit corps L ayant cette propriété est le sous-corps de K *engendré* par K′ et les ξ_b pour $b \in B$.

Démontrons ensuite (ii). Soient B_1, B_2 des bases de V_1, V_2 respectivement, rationnelles sur K′, et posons, pour tout $b_1 \in B_1$, $f(b_1) = \sum_{b_2 \in B_2} b_2\alpha_{b_2b_1}$ (* la famille $(\alpha_{b_2b_1})$ n'est autre que la *matrice* de f par rapport aux bases B_1 et B_2; cf. II, p. 144 $_*$). Comme B_1 (resp. B_2) est une base de $(V_1)_L$ (resp. $(V_2)_L$) sur L pour tout corps L tel que $K' \subset L \subset K$, pour que f soit rationnel sur L, il faut et il suffit que les $\alpha_{b_2b_1}$ appartiennent à L; le plus petit corps ayant cette propriété est donc le corps *engendré* par K′ et les $\alpha_{b_2b_1}$ pour $b_1 \in B_1$, $b_2 \in B_2$.

Enfin, pour établir l'assertion de (i) relative à un sous-espace W de V, nous démontrerons d'abord le lemme suivant:

Lemme 1. — *Soient* V *un* K-*espace vectoriel à droite muni d'une* K′-*structure* V′, W *un sous*-K-*espace vectoriel de* V. *Il existe deux sous*-K-*espaces vectoriels* W_1, W_2 *de* V, *rationnels sur* K′, *tels que* V *soit somme directe de* W_1 *et* W_2 *et que, si l'on identifie* V *à* $W_1 \times W_2$, W *soit le graphe d'une application* K-*linéaire* g *de* W_1 *dans* W_2.

Soit B une base de V rationnelle sur K′. Appliquant le th. 2 de II, p. 95 à une base de W sur K, considérée comme partie libre de V, et au système générateur réunion de cette partie libre et de B, on voit qu'il existe une partie C de B telle que V soit somme directe de W et du sous-espace W_2 de V engendré par C. Soit par ailleurs W_1 le sous-espace de V engendré par B − C. Comme $B \subset V'$, il est clair que W_1 et W_2 sont rationnels sur K'. En outre, pour tout $x \in W_1$, il existe un vecteur et un seul $g(x)$ de W_2 tel que $x + g(x) \in W$, puisque V est somme directe de W et W_2; alors W est le graphe de g, et g est K-linéaire puisque W est un sous-K-espace vectoriel de V.

Ce lemme étant démontré, on sait que W est rationnel sur un sous-corps L de K contenant K' si et seulement si g est rationnelle sur L (II, p. 122, prop. 4). Le plus petit corps $K'(g)$ tel que g soit rationnelle sur $K'(g)$ est donc aussi le plus petit corps sur lequel W soit rationnel.

7. Critères de rationalité

Pour tout sous-corps L de K, notons $\mathrm{End}_L(K)$ l'anneau des endomorphismes de K considéré comme *espace vectoriel à gauche* sur L; si L contient K', $\mathrm{End}_L(K)$ est un sous-anneau de $\mathrm{End}_{K'}(K)$. Pour toute partie $\mathscr{M}$ de $\mathrm{End}_{K'}(K)$, il existe un *plus grand sous-corps* L de K contenant K' et tel que $\mathscr{M}$ soit contenue dans $\mathrm{End}_L(K)$, à savoir l'ensemble des $\xi \in K$ tels que $\varphi(\xi\eta) = \xi\varphi(\eta)$ pour tout $\eta \in K$ et tout $\varphi \in \mathscr{M}$ (on vérifie aussitôt que cet ensemble est un sous-anneau, et d'autre part, en remplaçant η par $\xi^{-1}\eta$ dans la relation précédente, il vient $\varphi(\xi^{-1}\eta) = \xi^{-1}\varphi(\eta)$ lorsque $\xi \neq 0$). Nous dirons que ce corps est le *commutant* de $\mathscr{M}$ dans K et nous le noterons $\chi(\mathscr{M})$.

Soit maintenant V un K-espace vectoriel à droite muni d'une K'-structure V'. Pour tout $\varphi \in \mathrm{End}_{K'}(K)$, il existe un endomorphisme φ_V du **Z**-module V et un seul tel que l'on ait $\varphi_V(x'.\xi) = x'.\varphi(\xi)$ pour $x' \in V'$ et $\xi \in V$: en effet, on a défini dans II, p. 119 un **Z**-isomorphisme λ de $V' \otimes_{K'} K$ sur V transformant $x' \otimes \xi$ en $x'.\xi$, et φ_V est nécessairement égal à $\lambda \circ (1_{V'} \otimes \varphi) \circ \lambda^{-1}$.

THÉORÈME 1. — *Soient $\mathscr{M}$ une partie de $\mathrm{End}_{K'}(K)$, $L = \chi(\mathscr{M})$ le sous-corps de K commutant de $\mathscr{M}$.*

(i) *Soit V un K-espace vectoriel à droite muni d'une K'-structure. Pour qu'un vecteur $x \in V$ soit rationnel sur L, il faut et il suffit que l'on ait $\varphi_V(x.\eta) = x.\varphi(\eta)$ pour tout $\varphi \in \mathscr{M}$ et tout $\eta \in K$. Pour qu'un sous-K-espace vectoriel W de V soit rationnel sur L, il faut et il suffit que l'on ait $\varphi_V(W) \subset W$ pour tout $\varphi \in \mathscr{M}$.*

(ii) *Soient V_1, V_2 deux K-espaces vectoriels à droite munis chacun d'une K'-structure. Pour qu'une application K-linéaire f de V_1 dans V_2 soit rationnelle sur L, il faut et il suffit que l'on ait $f(\varphi_{V_1}(x_1)) = \varphi_{V_2}(f(x_1))$ pour tout $x_1 \in V_1$ et tout $\varphi \in \mathscr{M}$.*

Prouvons d'abord l'assertion de (i) relative à x. Soit B une base de V rationnelle sur K', et posons $x = \sum_{b \in B} b.\xi_b$; pour $\varphi \in \mathscr{M}$ et $\eta \in K$, on a alors

$$\varphi_V(x.\eta) - x.\varphi(\eta) = \sum_{b \in B} b.(\varphi(\xi_b\eta) - \xi_b\varphi(\eta))$$

et par suite, les relations

$$\text{« pour tout } \varphi \in \mathscr{M} \text{ et tout } \eta \in \mathrm{K},\ \varphi_{\mathrm{V}}(x.\eta) = x.\varphi(\eta) \text{ »}$$

et

$$\text{« pour tout } \varphi \in \mathscr{M}, \text{ tout } b \in \mathrm{B} \text{ et tout } \eta \in \mathrm{K},\ \varphi(\xi_b\eta) = \xi_b\varphi(\eta) \text{ »}$$

sont équivalentes. La seconde de ces relations signifie que pour tout $b \in \mathrm{B}$, on a $\xi_b \in \chi(\mathscr{M})$, ce qui prouve la première assertion de (i).

Prouvons ensuite (ii). Pour que f soit rationnelle sur L, il faut et il suffit que pour tout $x'_1 \in \mathrm{V}_1$, rationnel sur K′, $f(x'_1)$ soit un vecteur de V_2 rationnel sur L; cela entraînera en effet que $f(x_1)$ est rationnel sur L pour tout vecteur x_1 de V_1 rationnel sur L, un tel vecteur étant combinaison linéaire à coefficients dans L de vecteurs rationnels sur K′. La condition précédente équivaut, d'après la première partie du raisonnement, à la relation

$$f(x'_1).\varphi(\eta) = \varphi_{\mathrm{V}_2}(f(x'_1).\eta) \qquad \text{pour } \varphi \in \mathscr{M} \text{ et } \eta \in \mathrm{K} \tag{4}$$

ce qui s'écrit aussi

$$f(\varphi_{\mathrm{V}_1}(x'_1.\eta)) = \varphi_{\mathrm{V}_2}(f(x'_1.\eta)) \qquad \text{pour } \varphi \in \mathscr{M} \text{ et } \eta \in \mathrm{K}. \tag{5}$$

Comme tout élément de V_1 est combinaison linéaire à coefficients dans K d'éléments de V_1 rationnels sur K′, la condition (5) équivaut à $f(\varphi_{\mathrm{V}_1}(x_1)) = \varphi_{\mathrm{V}_2}(f(x_1))$ pour tout $x_1 \in \mathrm{V}_1$ et tout $\varphi \in \mathscr{M}$.

Enfin, pour prouver la seconde assertion de (i), utilisons le lemme 1 de II, p. 124: W est le graphe d'une application K-linéaire $g\colon \mathrm{W}_1 \to \mathrm{W}_2$ et W est rationnel sur L si et seulement si l'application g est rationnelle sur L (II, p. 122, prop. 4). D'après (ii), pour que g soit rationnelle sur L, il faut et il suffit que $g(\varphi_{\mathrm{W}_1}(x_1)) = \varphi_{\mathrm{W}_2}(g(x_1))$ pour tout $x_1 \in \mathrm{W}_1$ et tout $\varphi \in \mathscr{M}$; comme $\varphi_{\mathrm{V}} = \varphi_{\mathrm{W}_1} \times \varphi_{\mathrm{W}_2}$, la condition précédente signifie que le graphe W de g est stable par φ_{V} pour tout $\varphi \in \mathscr{M}$.

C. Q. F. D.

§ 9. ESPACES AFFINES ET ESPACES PROJECTIFS

1. Définition des espaces affines

DÉFINITION 1. — *Étant donné un espace vectoriel à gauche* (resp. *à droite*) T *sur un corps* K, *on appelle espace affine attaché à* T *tout ensemble homogène* E *du groupe additif* T (I, p. 56) *tel que* 0 *soit le seul opérateur de* T *laissant invariants tous les éléments de* E (c'est-à-dire que T *opère fidèlement et transitivement dans* E). *Dans ces conditions,* T *s'appelle l'espace des translations de* E, *et ses éléments s'appellent les translations de* E (ou *les vecteurs libres de* E).

Dans ce qui suit, nous nous bornerons au cas où T est un espace vectoriel à gauche sur K. La dimension (sur K) de l'espace vectoriel des translations T d'un espace affine E s'appelle la *dimension* de E (sur K), et se note dim E ou $\dim_K E$. Un espace affine de dimension un (resp. deux) s'appelle une *droite affine* (resp. un *plan affine*). Les éléments d'un espace affine sont encore qualifiés de *points*.

Dans les conditions de la déf. 1, pour $\mathbf{t} \in T$ et $a \in E$, nous noterons $\mathbf{t} + a$ ou $a + \mathbf{t}$ le transformé du point a par $\mathbf{t}$. On a donc les relations

$$\mathbf{s} + (\mathbf{t} + a) = (\mathbf{s} + \mathbf{t}) + a, \qquad 0 + a = a \tag{1}$$

pour $\mathbf{s} \in T$, $\mathbf{t} \in T$, $a \in E$. L'application $x \mapsto x + \mathbf{t}$ est une bijection de E sur lui-même, qu'on identifie à $\mathbf{t}$. La déf. 1 entraîne en outre que, pour tout $a \in E$, l'application $\mathbf{t} \mapsto \mathbf{t} + a$ est une *bijection* de T sur E. Autrement dit, étant donnés deux points a, b de E, il existe une translation $\mathbf{t}$ et une seule telle que $b = \mathbf{t} + a$; nous noterons cette translation $b - a$; on a donc les formules

$$a - a = 0, \qquad a - b = -(b - a), \qquad b = (b - a) + a, \tag{2}$$
$$(c - b) + (b - a) = c - a$$

pour $a \in E$, $b \in E$, $c \in E$. Si quatre points a, b, a', b' de E sont tels que $b - a = b' - a'$, la formule

$$b' = (b' - b) + (b - a) + a = (b' - a') + (a' - a) + a$$

et la commutativité de l'addition dans T montrent que l'on a $b' - b = a' - a$.

Étant donné un point $a \in E$, l'application $x \mapsto x - a$ est une bijection de E sur T; quand on identifie E à T par cette application, on dit qu'on considère E comme espace vectoriel obtenu *en prenant a pour origine* dans E. Inversement, tout espace vectoriel T est canoniquement muni d'une structure d'espace affine attaché à T, à savoir la structure d'espace homogène correspondant au sous-groupe $\{0\}$ de T (I, p. 59).

Remarque. — Les définitions de ce n°, et une partie des résultats qui suivent, s'étendent immédiatement au cas où, au lieu d'un espace vectoriel T, on considère un *groupe commutatif à opérateurs* quelconque T.

2. Calcul barycentrique

PROPOSITION 1. — *Soient* $(x_\iota)_{\iota \in I}$ *une famille de points d'un espace affine* E, *et* $(\lambda_\iota)_{\iota \in I}$ *une famille d'éléments de* K, *de support fini, telle que* $\sum_{\iota \in I} \lambda_\iota = 1$ (resp. $\sum_{\iota \in I} \lambda_\iota = 0$). *Si a est un point quelconque de* E, *le point* $x \in E$ *défini par*

$$x - a = \sum_{\iota \in I} \lambda_\iota (x_\iota - a)$$

(resp. *le vecteur libre* $\sum_{\iota \in I} \lambda_\iota (x_\iota - a)$) *est indépendant du point a considéré.*

En effet, si a' est un second point de E, on a

$$\sum_\iota \lambda_\iota (x_\iota - a') = \sum_\iota \lambda_\iota ((x_\iota - a) + (a - a')) = \sum_\iota \lambda_\iota (x_\iota - a) + \Big(\sum_\iota \lambda_\iota\Big)(a - a').$$

Si $\sum_\iota \lambda_\iota = 1$, on en déduit $\sum_\iota \lambda_\iota(x_\iota - a') = (x - a) + (a - a') = x - a'$; si $\sum_\iota \lambda_\iota = 0$, on a $\sum_\iota \lambda_\iota(x_\iota - a') = \sum_\iota \lambda_\iota(x_\iota - a)$; d'où la proposition.

Dans les conditions de la prop. 1, on note $\sum_{\iota\in I} \lambda_\iota x_\iota$ le point x défini par $x - a = \sum_{\iota\in I} \lambda_\iota(x_\iota - a)$ (resp. le vecteur libre $\sum_{\iota\in I} \lambda_\iota(x_\iota - a)$).

On retrouve ainsi en particulier la notation $b - a$ introduite dans II, p. 127. Lorsque $\sum_\iota \lambda_\iota = 1$, le point $x = \sum_\iota \lambda_\iota x_\iota$ s'appelle le *barycentre des points* x_ι *affectés des masses* λ_ι.

Étant donnés m points $a_1, \ldots, a_m$ de E, dont le nombre m ne soit pas multiple de la caractéristique de K (V, § 1), le point $g = \sum_{i=1}^{m} \frac{1}{m} a_i$ s'appelle (par abus de langage) *le barycentre des points* a_i $(1 \leqslant i \leqslant m)$ (pour $m = 2$, on dit « milieu » au lieu de « barycentre »); il est caractérisé par la relation $\sum_{i=1}^{m} (a_i - g) = 0$.

3. Variétés linéaires affines

DÉFINITION 2. — *Étant donné un espace affine* E, *on dit qu'une partie* V *de* E *est une variété linéaire affine* (ou simplement une *variété linéaire* ou un *sous-espace affine* de E) *si, pour toute famille* $(x_\iota)_{\iota\in I}$ *de points de* V, *et toute famille* $(\lambda_\iota)_{\iota\in I}$ *d'éléments de* K, *de support fini et telle que* $\sum_{\iota\in I} \lambda_\iota = 1$, *le barycentre* $\sum_{\iota\in I} \lambda_\iota x_\iota$ *appartient à* V.

Il revient au même de dire que la condition de la déf. 2 est vérifiée pour toute famille *finie* de points de V.

L'ensemble vide est une variété linéaire; toute intersection de variétés linéaires est une variété linéaire.

Soient V une partie non vide de E, a un point de V; la relation

$$x - a = \sum_{i=1}^{n} \lambda_i(x_i - a)$$

signifie que x est un barycentre $\sum_{i=1}^{n} \lambda_i x_i + (1 - \sum_{i=1}^{n} \lambda_i)a$ de la famille formée des x_i et de a. Par suite:

PROPOSITION 2. — *Pour qu'une partie non vide* V *d'un espace affine* E *soit une variété linéaire, il faut et il suffit que* V *soit un sous-espace vectoriel pour la structure d'espace vectoriel de* E *obtenue en prenant un point de* V *comme origine.*

En particulier, les variétés linéaires affines non vides d'un espace vectoriel T (considéré comme espace affine) ne sont autres que les *translatés* des sous-espaces vectoriels de T; les sous-espaces vectoriels de T sont donc les variétés linéaires contenant 0.

Soit V une variété linéaire non vide de l'espace affine E; l'ensemble des vecteurs libres $x - y$, où x et y parcourent V, est un sous-espace vectoriel D de l'espace des translations T de E, qu'on appelle la *direction* de V: en effet, si $a \in V$, on peut écrire

$$x - y = (x - a) - (y - a),$$

et notre assertion résulte de la prop. 2 de II, p. 128. Il est immédiat que D opère fidèlement et transitivement dans V, qui est donc canoniquement muni d'une structure d'*espace affine attaché à* D. Par *dimension* de la variété linéaire V, on entendra la dimension de V pour cette structure d'espace affine, c'est-à-dire la dimension de l'espace vectoriel D. Les variétés linéaires de dimension 0 sont les points de E; celles de dimension 1 (resp. 2) sont appelées les *droites* (resp. les *plans*) de E.

Tout vecteur $\neq 0$ appartenant à la direction d'une droite est appelé *vecteur directeur* de cette droite; ses composantes par rapport à une base de T forment ce qu'on appelle un système de *paramètres directeurs* de la droite considérée.

On appelle *codimension* d'une variété linéaire V dans E la codimension de sa direction D dans T; une variété linéaire de codimension 1 dans E s'appelle un *hyperplan* (affine) de E.

Deux variétés linéaires de même direction sont dites *parallèles*; il revient au même de dire qu'elles se déduisent l'une de l'autre par translation. Si V est une variété linéaire dans T (considéré comme espace affine), sa direction est la variété linéaire parallèle à V et contenant 0.

Proposition 3. — *Étant donnée une famille* $(a_\iota)_{\iota \in I}$ *de points d'un espace affine* E, *l'ensemble* V *des barycentres* $\sum_{\iota \in I} \lambda_\iota a_\iota$ $((\lambda_\iota)$ *de support fini*, $\sum_{\iota \in I} \lambda_\iota = 1)$ *est une variété linéaire de* E.

Si la famille (a_ι) est vide, on a $V = \varnothing$, à cause de la condition $\sum_\iota \lambda_\iota = 1$. On peut donc supposer la famille (a_ι) non vide, et dans ce cas la proposition est évidente, en prenant un des a_ι pour origine de E.

La variété V est évidemment la plus petite variété linéaire contenant les a_ι; on dit qu'elle est *engendrée* par la famille (a_ι) et que cette famille est un *système générateur* de V.

Avec les notations de la prop. 3, et en supposant la famille (a_ι) non vide, pour que l'expression de tout point $x \in V$ sous la forme $x = \sum_\iota \lambda_\iota a_\iota$ soit *unique*, il faut et il suffit que, en désignant par κ un indice quelconque de I, la famille des vecteurs $a_\iota - a_\kappa$, où ι parcourt l'ensemble des indices $\neq \kappa$, soit libre dans T. On dit alors que la famille $(a_\iota)_{\iota \in I}$ de points de E est *affinement libre* (ou que ses éléments forment un *système affinement libre*, ou sont *affinement indépendants*), et que λ_ι est la *coordonnée barycentrique* d'indice ι de x par rapport à la famille affinement libre (a_ι).

On dit qu'une famille $(a_\iota)_{\iota \in I}$ de points de E qui n'est pas affinement libre est *affinement liée.*

PROPOSITION 4. — *Pour qu'une famille non vide* $(a_\iota)_{\iota \in I}$ *de points d'un espace affine* E *soit affinement liée, il faut et il suffit qu'il existe une famille* $(\lambda_\iota)_{\iota \in I}$ *d'éléments non tous nuls de* K, *de support fini, telle que* $\sum_{\iota \in I} \lambda_\iota = 0$ *et* $\sum_{\iota \in I} \lambda_\iota a_\iota = 0$.

En effet, étant donné un indice $\kappa \in I$, dire que la famille de vecteurs $(a_\iota - a_\kappa)$, où ι parcourt l'ensemble des indices $\neq \kappa$, est liée dans T, signifie qu'il existe une famille de scalaires $(\lambda_\iota)_{\iota \neq \kappa}$ non tous nuls, tels que $\sum_{\iota \neq \kappa} \lambda_\iota(a_\iota - a_\kappa) = 0$, ce qui s'écrit aussi $\sum_{\iota \in I} \lambda_\iota a_\iota = 0$, avec $\lambda_\kappa = -\sum_{\iota \neq \kappa} \lambda_\iota$, autrement dit $\sum_{\iota \in I} \lambda_\iota = 0$.

PROPOSITION 5. — *Pour qu'une famille non vide* $(a_\iota)_{\iota \in I}$ *de points d'un espace affine* E *soit affinement libre, il faut et il suffit que, quel que soit l'indice* $\kappa \in I$, a_κ *n'appartienne pas à la variété linéaire engendrée par les* a_ι *d'indice* $\neq \kappa$.

La proposition est évidente si I n'a qu'un seul élément. Sinon, en prenant pour origine dans E un des a_ι d'indice $\neq \kappa$, la proposition résulte de II, p. 96, *Remarque.*

4. Applications linéaires affines

DÉFINITION 3. — *Étant donnés deux espaces affines* E, E', *attachés à deux espaces vectoriels,* T, T' *sur un même corps* K, *on dit qu'une application u de* E *dans* E' *est une application linéaire affine* (ou simplement *une application affine*) *si, quelles que soient la famille* $(x_\iota)_{\iota \in I}$ *de points de* E *et la famille* $(\lambda_\iota)_{\iota \in I}$ *de scalaires telle que* $\sum_{\iota \in I} \lambda_\iota = 1$, *on a*

$$u\Big(\sum_{\iota \in I} \lambda_\iota x_\iota\Big) = \sum_{\iota \in I} \lambda_\iota u(x_\iota). \tag{3}$$

PROPOSITION 6. — *Soit u une application affine de* E *dans* E'. *Il existe une application linéaire v et une seule de* T *dans* T' *telle que*

$$u(x + \mathbf{t}) = u(x) + v(\mathbf{t})$$

quels que soient $x \in E$, $\mathbf{t} \in T$.

En effet, soit a un point quelconque de E. L'application

$$\mathbf{t} \mapsto u(a + \mathbf{t}) - u(a)$$

est une application linéaire v_a de T dans T', car on peut écrire

$$a + \lambda\mathbf{t} = \lambda(a + \mathbf{t}) + (1 - \lambda)a$$

$$a + \mathbf{s} + \mathbf{t} = (a + \mathbf{s}) + (a + \mathbf{t}) - a$$

et on tire de (3) que $v_a(\lambda\mathbf{t}) = \lambda v_a(\mathbf{t})$ et $v_a(\mathbf{s} + \mathbf{t}) = v_a(\mathbf{s}) + v_a(\mathbf{t})$. En outre, si

b est un second point de E, on a $v_a = v_b$; en effet, la relation $(a + \mathbf{t}) - a + b = b + \mathbf{t}$ entraîne

$$u(a + \mathbf{t}) - u(a) + u(b) = u(b + \mathbf{t})$$

c'est-à-dire $u(a + \mathbf{t}) - u(a) = u(b + \mathbf{t}) - u(b)$. D'où l'existence de v; l'unicité est immédiate.

On dit que v est l'application linéaire de T dans T′ *associée* à u. Inversement, pour toute application linéaire v de T dans T′ et tout couple de points $a \in$ E, $a' \in$ E′, on vérifie aussitôt que

$$x \mapsto a' + v(x - a)$$

est une application affine de E dans E′, dont v est l'application linéaire associée. Dire que u est une application affine de E dans E′ signifie donc encore que, si on prend comme origines dans E un point quelconque a et dans E′ le point $u(a)$, u est une application *linéaire* pour les deux espaces vectoriels ainsi obtenus.

Soient E″ un troisième espace affine, T″ son espace des translations, u' une application affine de E′ dans E″, v' l'application linéaire de T′ dans T″ associée à u'. Il est clair que $u' \circ u$ est une application affine de E dans E″; en outre, pour $a \in$ E et $\mathbf{t} \in$ T, on a

$$u'(u(a + \mathbf{t})) = u'(u(a) + v(\mathbf{t})) = u'(u(a)) + v'(v(\mathbf{t}))$$

donc $v' \circ v$ est l'application linéaire de T dans T″ associée à $u' \circ u$. Pour qu'une application affine u soit bijective, il faut et il suffit que l'application linéaire associée v le soit, et u^{-1} est alors une application affine, dont v^{-1} est l'application linéaire associée.

En particulier, les bijections affines de E sur lui-même forment un groupe G, appelé *groupe affine* de E. L'application qui, à tout $u \in$ G, fait correspondre l'application linéaire v associée à u, est, d'après ce qui précède, un *homomorphisme* de G *sur le groupe linéaire* $\mathbf{GL}$(T). Si u est une translation $x \mapsto x + \mathbf{t}$, v est l'identité, et réciproquement. Donc, le noyau de l'homomorphisme précédent s'identifie au groupe T des translations de E, qui est par suite un *sous-groupe distingué* de G.

Si $u \in$ G, l'automorphisme $\mathbf{t} \mapsto u\mathbf{t}u^{-1}$ de T (où $\mathbf{t}$ est identifié à la translation $x \mapsto x + \mathbf{t}$) est l'application linéaire v associée à u. En effet, pour $x \in$ E et $\mathbf{t} \in$ T, on a par définition

$$x + u\mathbf{t}u^{-1} = u(u^{-1}(x) + \mathbf{t}) = u(u^{-1}(x)) + v(\mathbf{t}) = x + v(\mathbf{t}),$$

donc $u\mathbf{t}u^{-1} = v(\mathbf{t})$.

Soient $a \in$ E, et G_a le sous-groupe de G formé des $u \in$ G tels que $u(a) = a$. Si on identifie E à T en prenant a pour origine, G_a s'identifie à $\mathbf{GL}$(T). Tout $u \in$ G se met, d'une manière unique, sous la forme $u = \mathbf{t}_1 u_1$ (resp. sous la forme $u = u_2 \mathbf{t}_2$), où u_1, u_2 sont dans G_a et $\mathbf{t}_1$, $\mathbf{t}_2$ dans T: en effet, posant $\mathbf{t}_1 = u(a) - a$, on a $u^{-1}\mathbf{t}_1 \in \mathrm{G}_a$, d'où l'existence de u_1 et $\mathbf{t}_1$; on obtient l'existence de u_2 et $\mathbf{t}_2$ de manière analogue. L'unicité résulte du fait que $G_a \cap T$ se réduit à l'élément neutre de G. D'ailleurs

$$\mathbf{t}_1 u_1 = u_1(u_1^{-1}\mathbf{t}_1 u_1)$$

d'où $u_2 = u_1$, $\mathbf{t}_2 = u_1^{-1}\mathbf{t}_1 u_1$. Enfin, les application linéaires associées à u et u_1 sont les mêmes, donc, si on identifie comme plus haut G_a à $\mathbf{GL}(T)$, u_1 est l'application linéaire de T dans lui-même associée à u. On voit donc que G est *produit semi-direct* de G_a par T (I, p 65.).

Soient E, E' deux espaces affines sur K. L'image directe (resp. réciproque) d'une variété linéaire de E (resp. E') par une application affine u de E dans E' est une variété linéaire de E' (resp. E); le *rang* de u est par définition la dimension de $u(E)$; il est égal au rang de l'application linéaire associée à u. Si V, V' sont des variétés linéaires de même dimension finie m dans E, E' respectivement, il existe une application affine u de E dans E' telle que $u(V) = V'$: en prenant pour origines dans E et E' des points de V et V' respectivement, puis en prenant dans E (resp. E') une base dont les m premiers vecteurs forment une base de V (resp. V'), la proposition résulte aussitôt de II, p. 25, cor. 3.

Comme le corps K est canoniquement muni d'une structure d'espace vectoriel à gauche (de dimension 1) sur K, il peut être considéré comme espace affine de dimension 1. Une application affine d'un espace affine D (sur K) dans l'espace affine K s'appelle encore une *fonction linéaire affine* (ou *fonction affine*). Si on prend pour origine dans E un point a, toute fonction affine sur E peut donc s'écrire d'une seule manière $x \mapsto \alpha + v(x)$, où $\alpha \in K$ et où v est une forme linéaire sur l'espace vectoriel E ainsi obtenu; les fonctions affines sur E forment donc un *espace vectoriel à droite sur* K, de dimension $1 + \dim E$. Si u est une fonction affine non constante sur E, et $\lambda \in K$, l'ensemble des $x \in E$ satisfaisant à l'équation $u(x) = \lambda$ est un hyperplan; réciproquement, pour tout hyperplan H dans E, il existe une fonction affine u_0 sur E telle que $H = \overset{-1}{u_0}(0)$, et toute fonction affine u telle que $H = \overset{-1}{u}(0)$ est de la forme $u_0\mu$, où $\mu \in K$ (II, p. 106, prop. 11). Si u est une fonction affine non constante sur E, les hyperplans d'équations $u(x) = \alpha$ et $u(x) = \beta$ sont parallèles.

5. Définition des espaces projectifs

DÉFINITION 4. — *Étant donné un espace vectoriel à gauche* (resp. *à droite*) V *sur un corps* K, *on appelle espace projectif à gauche* (resp. *à droite*) *déduit de* V, *et on note* $\mathbf{P}(V)$, *le quotient du complémentaire* $V - \{0\}$ *de* $\{0\}$ *dans* V, *par la relation d'équivalence* $\Delta(V)$: « *il existe* $\lambda \neq 0$ *dans* K *tel que* $y = \lambda x$ (resp. $y = x\lambda$) » *entre* x *et* y *dans* $V - \{0\}$.

Lorsque $V = K_s^{n+1}$, on écrit encore $\mathbf{P}_n(K)$ au lieu de $\mathbf{P}(K_s^{n+1})$ et $\Delta_n(K)$ au lieu de $\Delta(V)$.

La déf. 4 s'exprime aussi en disant que $\mathbf{P}(V)$ est l'ensemble des droites (passant par 0) de V, privées de l'origine; $\mathbf{P}(V)$ s'identifie donc canoniquement à l'ensemble des droites (passant par 0) de V. Les éléments d'un espace projectif sont appelés *points* de cet espace.

Lorsque V est de dimension n, on appelle *dimension* de l'espace projectif $\mathbf{P}(V)$ l'entier $n - 1$ si n est fini, et le cardinal n dans le cas contraire; on note ce cardinal $\dim_K \mathbf{P}(V)$, ou $\dim \mathbf{P}(V)$. Ainsi, un espace projectif de dimension -1 est vide, et un espace projectif de dimension 0 est réduit à un point. Un espace projectif de dimension 1 (resp. 2) s'appelle une *droite projective* (resp. un *plan projectif*).

Nous ne considérerons désormais que des espaces projectifs à gauche.

6. Coordonnées homogènes

Soient V un espace vectoriel de dimension finie $n + 1$ sur K, $\mathbf{P}(V)$ l'espace projectif de dimension n déduit de V, $(e_i)_{0 \leqslant i \leqslant n}$ une base de V. Désignons par π l'application canonique de $V - \{0\}$ sur l'ensemble quotient $\mathbf{P}(V)$. Pour tout point $x = \sum_{i=0}^{n} \xi_i e_i$ de $V - \{0\}$, on dit que $(\xi_0, \xi_1, \ldots, \xi_n)$ est un *système de coordonnées homogènes* du point $\pi(x)$ par rapport à la base (e_i) de V. Tout système (ξ_i) de $n + 1$ éléments *non tous nuls* de K est donc un système de coordonnées homogènes d'un point de $\mathbf{P}(V)$ par rapport à (e_i); pour que deux tels systèmes (ξ_i), (ξ'_i) soient des systèmes de coordonnées homogènes d'un même point de $\mathbf{P}(V)$ par rapport à la même base (e_i), il faut et il suffit qu'il existe un élément $\lambda \neq 0$ de K tel que $\xi'_i = \lambda \xi_i$ pour $0 \leqslant i \leqslant n$.

On généralise aussitôt cette définition au cas où V est de dimension infinie.

Étant donnée une seconde base $(\bar{e}_i)$ de V, telle que $e_i = \sum_{j=0}^{n} \alpha_{ij} \bar{e}_j$ $(0 \leqslant i \leqslant n)$, et un système (ξ_i) de coordonnées homogènes de $\pi(x)$ par rapport à la base (e_i), pour qu'un système $(\bar{\xi}_i)$ de $n + 1$ éléments de K soit un système de coordonnées homogènes de $\pi(x)$ par rapport à la base $(\bar{e}_i)$, il faut et il suffit qu'il existe $\lambda \neq 0$ dans K, tel que l'on ait

$$\lambda \bar{\xi}_i = \sum_{j=0}^{n} \xi_j \alpha_{ji} \qquad \text{pour } 0 \leqslant i \leqslant n.$$

En particulier, si $e_i = \gamma_i \bar{e}_i$, avec $\gamma_i \neq 0$ $(0 \leqslant i \leqslant n)$, on a $\bar{\xi}_i = \mu \xi_i \gamma_i$, où $\mu \neq 0$.

7. Variétés linéaires projectives

Soit W un sous-espace vectoriel d'un espace vectoriel V; l'image canonique de $W - \{0\}$ dans l'espace projectif $\mathbf{P}(V)$ déduit de V, est appelée une *variété linéaire projective* (ou simplement une *variété linéaire* lorsque aucune confusion n'est à craindre); comme la relation d'équivalence $\Delta(W)$ dans $W - \{0\}$ est induite par la relation $\Delta(V)$, on peut identifier la variété linéaire projective image de $W - \{0\}$ dans $\mathbf{P}(V)$ avec l'espace projectif $\mathbf{P}(W)$ déduit de W, et parler par suite de la dimension d'une telle variété. Dans un espace projectif $\mathbf{P}(V)$, l'image canonique d'un hyperplan (privé de l'origine) de V est une variété linéaire appelée *hyperplan projectif* (ou simplement *hyperplan*); si $\mathbf{P}(V)$ est de dimension finie n, les hyperplans dans $\mathbf{P}(V)$ sont les variétés linéaires de dimension $n - 1$.

Toute proposition relative aux sous-espaces vectoriels d'un espace vectoriel se traduit en une proposition relative aux variétés linéaires projectives. Par exemple, si un espace projectif $\mathbf{P}(V)$ est de dimension finie n, et si $(e_i)_{0 \leqslant i \leqslant n}$ est une base de V, toute variété linéaire $L \subset \mathbf{P}(V)$, de dimension r, peut être définie par un système de $n - r$ équations linéaires homogènes

$$(4) \qquad \sum_{i=0}^{n} \xi_i \alpha_{ij} = 0 \qquad (1 \leqslant j \leqslant n - r)$$

entre les coordonnées homogènes ξ_i $(0 \leqslant i \leqslant n)$ d'un point de $\mathbf{P}(V)$ par rapport à la base (e_i), les premiers membres de (4) étant des formes linéaires indépendantes sur V. En particulier, un hyperplan projectif est défini par une seule équation linéaire homogène à coefficients non tous nuls. Inversement, les points de $\mathbf{P}(V)$ satisfaisant à un système arbitraire d'équations linéaires et homogènes par rapport aux ξ_i forment une variété linéaire L; si le système considéré se compose de $k \leqslant n + 1$ équations, L est de dimension $\geqslant n - k$.

Toute intersection de variétés linéaires de $\mathbf{P}(V)$ est une variété linéaire; pour toute partie A de $\mathbf{P}(V)$, il existe une plus petite variété linéaire L contenant A; on dit que c'est la variété linéaire *engendrée par* A ou que A est un *système générateur* de L; si W est le sous-espace vectoriel de V engendré par $\overset{-1}{\pi}(A)$, on a $L = \mathbf{P}(W)$.

Si L et M sont deux variétés linéaires quelconques dans $\mathbf{P}(V)$, N la variété linéaire engendrée par $L \cup M$, on a (II, p. 99, cor. 3)

$$(5) \qquad \dim L + \dim M = \dim(L \cap M) + \dim N.$$

En particulier, si $\mathbf{P}(V)$ est de dimension finie et si $\dim L + \dim M \geqslant \dim \mathbf{P}(V)$, on déduit de (5) que $L \cap M$ n'est pas vide.

Soient (x_ι), (y_ι) deux familles de points de l'espace vectoriel V ayant même ensemble d'indices, telles que $y_\iota = \lambda_\iota x_\iota$, où $\lambda_\iota \neq 0$, pour tout ι. Si la famille (x_ι) est libre, il en est de même de (y_ι), et réciproquement; on dit alors que la famille des points $\pi(x_\iota)$ de $\mathbf{P}(V)$ est *projectivement libre* (ou simplement *libre*). Il revient au même de dire que, pour tout indice κ, le point $\pi(x_\kappa)$ n'appartient pas à la variété linéaire engendrée par les $\pi(x_\iota)$ pour $\iota \neq \kappa$. Une famille de points de $\mathbf{P}(V)$ qui n'est pas projectivement libre est dite *projectivement liée* (ou simplement *liée*).

Pour qu'une famille (x_ι) de points de $V - \{0\}$ soit telle que la famille $(\pi(x_\iota))$ soit projectivement libre et engendre $\mathbf{P}(V)$, il faut et il suffit que (x_ι) soit une base de V. Si $\mathbf{P}(V)$ est de dimension n, le nombre d'éléments d'une telle famille est donc $n + 1$. On notera que la donnée d'une telle famille $(\pi(x_\iota))$ dans $\mathbf{P}(V)$ ne détermine pas (même à un facteur à gauche près) les coordonnées homogènes d'un point donné de $\mathbf{P}(V)$ par rapport à une base (y_ι) de V telle que $\pi(y_\iota) = \pi(x_\iota)$ pour tout ι (cf. II, p. 133).

8. Complétion projective d'un espace affine

Soit V un espace vectoriel (à gauche) sur un corps K, et considérons l'espace vectoriel $K_s \times V$ sur K; on dit que l'espace projectif $\mathbf{P}(K_s \times V)$ est l'espace projectif *canoniquement associé* à l'espace vectoriel V. Si V est de dimension n, $\mathbf{P}(K_s \times V)$ est de même dimension n. Considérons, dans $K_s \times V$, l'hyperplan affine $V_1 = \{1\} \times V$, dont la direction (II, p. 129) est le sous-espace $V_0 = \{0\} \times V$; si une droite (passant par 0) de $K_s \times V$ n'est pas contenue dans V_0, elle contient un point (α, x) avec $\alpha \neq 0$ et $x \in V$, donc elle contient aussi le point $\alpha^{-1}(\alpha, x) = (1, \alpha^{-1}x)$ de V_1; la réciproque est immédiate, et on voit qu'il y a correspondance biunivoque entre les points de V_1 et les droites (passant par 0) de $K_s \times V$ non contenues dans V_0, chacune de ces dernières rencontrant V_1 en un point et un seul. On en déduit que l'application $x \mapsto \varphi(x) = \pi(1, x)$ est une injection (dite *canonique*) de V dans l'espace projectif $\mathbf{P}(K_s \times V)$; on identifie souvent V à son image par cette injection. Le complémentaire de $\varphi(V)$ dans $\mathbf{P}(K_s \times V)$ est l'hyperplan projectif $\mathbf{P}(V_0)$, dit *hyperplan à l'infini* de $\mathbf{P}(K_s \times V)$ (ou de V, par abus de langage); ses points sont encore dits « points à l'infini » de $\mathbf{P}(K_s \times V)$ (ou de V). Si (a_ι) est une base de V, et si on prend pour $K_s \times V$ la base formée des éléments $e_\iota = (0, a_\iota)$ et de l'élément $e_\omega = (1, 0)$, les points à l'infini de $\mathbf{P}(K_s \times V)$ sont ceux dont la coordonnée homogène d'indice ω est 0.

Soient M une variété linéaire affine dans V (II, p. 128), D sa direction; l'image canonique $\varphi(M)$ de M dans $\mathbf{P}(K_s \times V)$ est contenue dans l'image canonique $\overline{M} = \pi(M_2)$ du sous-espace vectoriel M_2 de $K_s \times V$ engendré par la variété linéaire affine $M_1 = \{1\} \times M$ de $K_s \times V$. Plus précisément, si (a_ι) est un système affinement libre de M engendrant M, les éléments $(1, a_\iota)$ forment une base de M_2, et par suite $\overline{M}$ n'est autre que la *variété linéaire projective engendrée par* $\varphi(M)$; si M est de dimension finie, $\overline{M}$ a même dimension que M. Le complémentaire de $\varphi(M)$ dans $\overline{M}$ est l'intersection de $\overline{M}$ et de l'hyperplan à l'infini, et est égal à l'image canonique $\pi(M_0)$, où $M_0 = \{0\} \times D$.

Réciproquement, soit N une variété linéaire projective non contenue dans l'hyperplan à l'infini et soit $R = \overset{-1}{\pi}(N)$; $R \cap V_1$ est une variété linéaire affine de $K_s \times V$, de la forme $\{1\} \times M$, où M est une variété linéaire affine de V, et on voit aussitôt que N est la variété linéaire projective $\overline{M}$ engendrée par $\varphi(M)$.

Il y a donc correspondance biunivoque entre variétés linéaires affines de V et variétés linéaires projectives de $\mathbf{P}(K_s \times V)$ non contenues dans l'hyperplan à l'infini; pour que deux variétés linéaires affines de V soient *parallèles*, il faut et il suffit que les variétés linéaires projectives qu'elles engendrent aient même intersection avec l'hyperplan à l'infini (ce qu'on exprime parfois en disant que les deux variétés linéaires affines considérées ont mêmes points à l'infini).

9. Prolongement des fonctions rationnelles

Si on applique les résultats du n° 8 à l'espace vectoriel $V = K_s$, de dimension 1, on voit qu'il existe une injection canonique φ de K_s dans la droite projective $\mathbf{P}_1(K) = \mathbf{P}(K_s \times K_s)$; pour tout $\xi \in K$, $\varphi(\xi)$ est le point de coordonnées homogènes $(1, \xi)$ par rapport à la base canonique (II, p. 25) de $K_s \times K_s$. Le complémentaire de $\varphi(K)$ dans $\mathbf{P}_1(K)$ est réduit au point de coordonnées homogènes $(0, 1)$ par rapport à la base précédente; on l'appelle le « point à l'infini ». On dit parfois que $\mathbf{P}_1(K)$ est le *corps projectif* associé à K et on le note $\tilde{K}$, le point à l'infini de $\tilde{K}$ étant noté ∞.

* Considérons en particulier le cas où K est un corps *commutatif*, et soit $f \in K(X)$ une fraction rationnelle à une indéterminée sur K (IV, § 4); si $f \neq 0$, on peut écrire d'une seule manière $f = \alpha p/q$, où $\alpha \in K^*$ et p et q sont deux polynômes unitaires étrangers (VII, § 1); soient m et n leurs degrés respectifs, et posons $r = \sup(m, n)$. Posons $p_1(T, X) = T^r p(X/T)$, $q_1(T, X) = T^r q(X/T)$; p_1 et q_1 sont deux polynômes homogènes de degré r sur K, tels que $p(X) = p_1(1, X)$, $q(X) = q_1(1, X)$. Cela étant, pour tout élément $\xi \in K$ qui n'est pas un zéro de $q(X)$, $f(\xi) = \alpha p(\xi)/q(\xi)$ est défini, et peut s'écrire

$$f(\xi) = \alpha p_1(1, \xi)/q_1(1, \xi) = \alpha p_1(\lambda, \lambda\xi)/q_1(\lambda, \lambda\xi)$$

pour tout $\lambda \neq 0$ dans K. Considérons alors l'application

$$(\eta, \xi) \mapsto (q_1(\eta, \xi), \alpha p_1(\eta, \xi))$$

de K^2 dans lui-même; elle est compatible avec la relation d'équivalence $\Delta(K^2)$ et définit par suite, par passage aux quotients, une application $\tilde{f}$ de $\tilde{K}$ dans lui-même, qui coïncide avec $\xi \mapsto f(\xi)$ aux points où cette fonction rationnelle est définie; on dit, par abus de langage, que $\tilde{f}$ est le *prolongement canonique de* f à $\tilde{K}$.

Par exemple, si $f = 1/X$, on a $\tilde{f}(0) = \infty$ et $\tilde{f}(\infty) = 0$; si $f = (aX + b)/(cX + d)$ avec $ad - bc \neq 0$, on a $\tilde{f}(-d/c) = \infty$, $\tilde{f}(\infty) = a/c$ si $c \neq 0$, $\tilde{f}(\infty) = \infty$ si $c = 0$. Si $f = a_0X^n + \cdots + a_n$ est un polynôme de degré $n > 0$, on a $\tilde{f}(\infty) = \infty$. *

10. Applications linéaires projectives

Soient V, V′ deux espaces vectoriels à gauche sur un corps K, f une application linéaire de V dans V′, $N = \overset{-1}{f}(0)$ son noyau. Il est immédiat que l'image par f d'une droite (passant par 0) de V non contenue dans N est une droite (passant par 0) de V′; donc, par passage aux quotients, f définit une application g de $\mathbf{P}(V) - \mathbf{P}(N)$ dans $\mathbf{P}(V')$. Une telle application est dite *application linéaire projective* (ou simplement *application projective*); bien qu'elle soit définie dans $\mathbf{P}(V) - \mathbf{P}(N)$ et non dans $\mathbf{P}(V)$ tout entier (lorsque $N \neq \{0\}$), on dira par abus de langage que g est une application projective de $\mathbf{P}(V)$ dans $\mathbf{P}(V')$. La variété linéaire projective $\mathbf{P}(N)$, où g n'est pas définie, est appelée le *centre* de g.

On notera que, lorsque g est définie dans $\mathbf{P}(V)$ tout entier (c'est-à-dire lorsque $N = \{0\}$), g est une *injection* de $\mathbf{P}(V)$ dans $\mathbf{P}(V')$.

Lorsqu'on s'est donné des bases $(a_\lambda)_{\lambda \in L}$, $(b_\mu)_{\mu \in M}$ dans V et V' respectivement, une application projective de $\mathbf{P}(V)$ dans $\mathbf{P}(V')$ fait correspondre à un point de $\mathbf{P}(V)$ de coordonnées homogènes ξ_λ $(\lambda \in L)$ un point de $\mathbf{P}(V')$ admettant un système de coordonnées homogènes η_μ $(\mu \in M)$ de la forme

$$\eta_\mu = \sum_{\lambda \in L} \xi_\lambda \alpha_{\lambda\mu} \qquad (\alpha_{\lambda\mu} \in K). \tag{6}$$

Le centre de g est la variété linéaire définie par les équations

$$\sum_{\lambda \in L} \xi_\lambda \alpha_{\lambda\mu} = 0 \qquad (\mu \in M).$$

Si C est le centre de g, et M une variété linéaire de $\mathbf{P}(V)$, l'*image* par g de $M - (M \cap C)$ est une variété linéaire de $\mathbf{P}(V')$, que l'on désigne (par abus de langage) par $g(M)$. On a

$$\dim g(M) + \dim(M \cap C) + 1 = \dim M \tag{7}$$

(II, p. 101, formule (12)). Si M' est une variété linéaire de $\mathbf{P}(V')$, $\overset{-1}{g}(M') \cup C$ est une variété linéaire de $\mathbf{P}(V)$, et on a

$$\dim(\overset{-1}{g}(M') \cup C) = \dim C + \dim(M' \cap g(\mathbf{P}(V))) + 1. \tag{8}$$

On dit, par abus de langage, que $\overset{-1}{g}(M') \cup C$ est l'*image réciproque* de M' par g.

Comme les valeurs prises par une application linéaire sur une base (e_ι) de V peuvent être choisies arbitrairement dans V', on voit qu'il existe une application projective de $\mathbf{P}(V)$ dans $\mathbf{P}(V')$ prenant des valeurs *arbitraires* aux points $\pi(e_\iota)$. Mais (même lorsque g est partout définie) la donnée des éléments $g(\pi(e_\iota))$ ne détermine pas g de façon unique (II, p. 202, exerc. 10).

La composée de deux applications projectives qui sont des bijections est une application projective; il en est de même de l'application réciproque d'une telle bijection. Les applications projectives bijectives d'un espace projectif $\mathbf{P}(V)$ sur lui-même forment donc un groupe, appelé *groupe projectif de* $\mathbf{P}(V)$, et noté $\mathbf{PGL}(V)$; on écrit $\mathbf{PGL}_n(K)$ ou $\mathbf{PGL}(n, K)$ au lieu de $\mathbf{PGL}(K_s^n)$.

Remarque. — Dans un espace projectif $\mathbf{P}(V)$ sur un corps K, soit $H = \mathbf{P}(W)$ un hyperplan. Il existe une application linéaire bijective f de V sur $K_s \times W$ telle que $f(W) = W$; soit g l'application projective obtenue à partir de f par passage aux quotients. On a vu (II, p. 135) qu'on peut identifier le complémentaire de $\mathbf{P}(W)$ dans $\mathbf{P}(K_s \times W)$ à un espace affine, dont W est l'espace des translations. Lorsqu'on identifie $\mathbf{P}(V)$ à $\mathbf{P}(K_s \times W)$ au moyen de g, on dit qu'*on a pris* H *pour hyperplan à l'infini* dans $\mathbf{P}(V)$; le complémentaire de H dans $\mathbf{P}(V)$ est alors identifié à un espace affine dont W est l'espace des translations.

11. Structure d'espace projectif

Étant donnés un ensemble E et un corps K, une *structure d'espace projectif* (*à gauche*) sur E, par rapport au corps K, est définie par la donnée d'un ensemble non vide Φ de *bijections* de parties de l'espace projectif $\mathbf{P}(K_s^{(E)})$ *sur* E, satisfaisant aux axiomes suivants:

(EP_I) *L'ensemble de définition de toute application $f \in \Phi$ est une variété linéaire de* $\mathbf{P}(K_s^{(E)})$.

(EP_{II}) *Pour tout couple d'éléments f, g de Φ, définis respectivement dans les variétés linéaires $\mathbf{P}(V)$ et $\mathbf{P}(W)$, la bijection $h = g^{-1} \circ f$ de $\mathbf{P}(V)$ sur $\mathbf{P}(W)$ est une application projective.*

(EP_{III}) *Inversement, si $f \in \Phi$ est définie dans la variété linéaire $\mathbf{P}(V)$, et si h est une application projective bijective de $\mathbf{P}(V)$ sur une variété linéaire $\mathbf{P}(W) \subset \mathbf{P}(K_s^{(E)})$, on a* $f \circ h^{-1} \in \Phi$.

Soient E un ensemble, $(V_\lambda)_{\lambda \in L}$ une famille d'espaces vectoriels sur K, et supposons donnée pour chaque $\lambda \in L$ une bijection f_λ de $\mathbf{P}(V_\lambda)$ sur E, telle que, pour tout couple d'indices λ, μ, $f_\lambda^{-1} \circ f_\mu$ soit une *application projective* de $\mathbf{P}(V_\mu)$ sur $\mathbf{P}(V_\lambda)$. On peut alors définir sur E une structure d'espace projectif par rapport à K, de la façon suivante: soit $(e_\iota)_{\iota \in I}$ une base d'un espace V_λ et posons $a_\iota = f_\lambda(\pi(e_\iota))$; soit b_ι l'élément d'indice a_ι dans la base canonique de $K_s^{(E)}$ (II, p. 25). La relation $\iota \neq \kappa$ entraîne $b_\iota \neq b_\kappa$ en vertu de l'hypothèse que f_λ est bijective; donc les b_ι forment une base d'un sous-espace vectoriel W_0 de $K_s^{(E)}$, et il existe par suite une application projective bijective h de $\mathbf{P}(W_0)$ sur $\mathbf{P}(V_\lambda)$ telle que $h(\pi(b_\iota)) = \pi(e_\iota)$ pour tout $\iota \in I$. Si on prend pour Φ l'ensemble de toutes les applications $f_\lambda \circ h \circ g^{-1}$, où g parcourt l'ensemble de toutes les applications projectives bijectives de $\mathbf{P}(W_0)$ sur des variétés linéaires $\mathbf{P}(W) \subset \mathbf{P}(K_s^{(E)})$, on vérifie aussitôt que Φ satisfait aux axiomes (EP_I), (EP_{II}) et (EP_{III}). Il est immédiat en outre que Φ ne dépend, ni du choix de l'indice $\lambda \in L$, ni du choix d'une base (e_ι) dans V_λ, ni du choix de h.

En particulier (en prenant L réduit à un seul élément), tout espace projectif $\mathbf{P}(V)$ déduit d'un espace vectoriel V (II, p. 132, déf. 4) est ainsi muni d'une « structure d'espace projectif » bien déterminée, au sens de la définition donnée dans ce n°. On peut donc appeler *espace projectif* tout ensemble muni d'une structure d'espace projectif.

Les notations restant les mêmes, une *variété linéaire* dans l'espace projectif E est une partie M de E telle que, pour *une* bijection $f \in \Phi$ au moins, définie dans $\mathbf{P}(V) \subset \mathbf{P}(K_s^{(E)})$, $\overset{-1}{f}(M)$ soit une variété linéaire dans $\mathbf{P}(V)$ au sens de II, p. 133 (cette propriété est alors vérifiée pour *toute* $f \in \Phi$). Il résulte de ce qui précède que toute variété linéaire dans un espace projectif est canoniquement munie d'un structure d'espace projectif.

On dit que l'espace projectif E est *de dimension n* si, pour toute $f \in \Phi$, $\overset{-1}{f}(E)$ est une variété linéaire de dimension n (il suffit que cela soit vérifié pour *une* application $f \in \Phi$).

§ 10. MATRICES

1. Définition des matrices

DÉFINITION 1. — *Soient* I, K, H *trois ensembles; on appelle matrice de type* (I, K) *à éléments dans* H (ou *matrice de type* (I, K) *sur* H) *toute famille* $M = (m_{\iota\kappa})_{(\iota,\kappa)\in I\times K}$ *d'éléments de* H *dont l'ensemble d'indices est le produit* I × K. *Pour tout* $\iota \in I$, *la famille* $(m_{\iota\kappa})_{\kappa\in K}$ *est appelée la ligne d'indice* ι *de* M; *pour tout* $\kappa \in K$, *la famille* $(m_{\iota\kappa})_{\iota\in I}$ *est appelée la colonne d'indice* κ *de* M.

Si I (resp. K) est fini, on dit que M est une matrice ayant un nombre fini de lignes (resp. de colonnes). L'ensemble des matrices de type (I, K) sur H s'identifie au produit $H^{I\times K}$.

Les dénominations de « ligne » et de « colonne » proviennent de ce que, dans le cas où I et K sont des intervalles $[1, p]$, $[1, q]$ de **N**, on imagine les éléments de la matrice disposés dans les cases d'un *tableau* rectangulaire ayant p lignes (rangées horizontales) et q colonnes (rangées verticales):

$$\begin{pmatrix} m_{11} & m_{12} & \cdots & m_{1q} \\ m_{21} & m_{22} & \cdots & m_{2q} \\ . & . & . & . \\ m_{p1} & m_{p2} & \cdots & m_{pq} \end{pmatrix}$$

Lorsque p et q sont des entiers explicités assez petits pour que ce soit praticable, on convient que le tableau précédent est un symbole qui note effectivement la matrice considérée; cette écriture permet de se dispenser de noter les indices, étant entendu que les indices d'un élément sont déterminés par sa place dans le tableau; par exemple, lorsqu'on parlera de la matrice

$$\begin{pmatrix} a & b & c \\ d & e & f \end{pmatrix}$$

il s'agira de la matrice $(m_{ij})_{1\leqslant i\leqslant 2, 1\leqslant j\leqslant 3}$ telle que

$$m_{11} = a,\ m_{12} = b,\ m_{13} = c,\ m_{21} = d,\ m_{22} = e,\ m_{23} = f.$$

Au lieu de matrice de type $([1, p], [1, q])$ on dira aussi matrice *de type* (p, q), ou matrice *à p lignes et q colonnes* s'il n'en résulte pas de confusion; on note parfois $\mathbf{M}_{p,q}(H)$ l'ensemble des matrices de type (p, q) sur H.

Toute matrice sur H dont l'un des ensembles d'indices I, K est vide est identique à la famille vide d'éléments de H; on l'appelle encore la *matrice vide*. Lorsque $I = \{i_0\}$ (resp. $K = \{k_0\}$) est un ensemble réduit à un seul élément, on dit que M est une *matrice ligne* (resp. une *matrice colonne*), et on peut alors supprimer dans la notation l'indice de ligne (resp. de colonne); lorsque I et K sont tous deux des ensembles à un élément, on identifie souvent une matrice de type (I, K) à l'unique élément de cette matrice.

Une sous-famille $M' = (m_{\iota\kappa})_{(\iota,\kappa)\in J\times L}$ d'une matrice $M = (m_{\iota\kappa})_{(\iota,\kappa)\in I\times K}$ dont l'ensemble d'indices est produit d'une partie J de I et d'une partie L de K, est dite *sous-matrice* de la matrice M; on dit qu'elle s'obtient en *supprimant* dans M les lignes d'indice $\iota \notin J$ et les colonnes d'indice $\kappa \notin L$; inversement, on dit que M s'obtient en *bordant* M' par les lignes d'indice $\iota \notin J$ et les colonnes d'indice $\kappa \notin L$.

DÉFINITION 2. — *On appelle transposée d'une matrice* $M = (m_{\iota\kappa})_{(\iota,\kappa)\in I\times K}$ *et on note* ${}^tM$ *la matrice* $(m'_{\kappa\iota})_{(\kappa,\iota)\in K\times I}$ *sur* H *donnée par* $m'_{\kappa\iota} = m_{\iota\kappa}$ *pour tout* $(\iota, \kappa) \in I \times K$.

Il résulte de cette définition que la transposée d'une matrice de type (I, K) est une matrice de type (K, I) et que l'on a

$$(1) \qquad {}^t({}^tM) = M.$$

2. Matrices sur un groupe commutatif

Soit G un groupe commutatif (noté additivement). L'ensemble des matrices sur G, ayant des ensembles d'indices donnés I, K, est muni d'une structure de *groupe commutatif*, puisque c'est l'ensemble des applications de I × K dans G; ce groupe est noté additivement, de sorte que si $M = (m_{\iota\kappa})$ et $M' = (m'_{\iota\kappa})$ sont deux de ses éléments, on a $M + M' = (m_{\iota\kappa} + m'_{\iota\kappa})$; l'élément neutre de ce groupe est donc la matrice dont tous les éléments sont *nuls* (dite *matrice nulle*). Il est clair que l'on a

$$(2) \qquad {}^t(M + M') = {}^tM + {}^tM'.$$

La somme de deux matrices n'est donc définie que si les ensembles d'indices des lignes et des colonnes sont les *mêmes* pour les deux matrices.

Soient H', H'' deux ensembles, G un groupe commutatif (noté additivement), et $f : (h', h'') \mapsto h'h''$ une application de H' × H'' dans G. Étant données deux matrices

$$M' = (m'_{ik})_{(i,k)\in I\times K}, \qquad M'' = (m''_{kl})_{(k,l)\in K\times L}$$

sur H' et H'' respectivement, telles que l'ensemble K des indices des colonnes de M' soit *fini* et égal à l'ensemble des indices des lignes de M'', on appelle *produit de* M' *et* M'' *suivant* f et on note $M'M''$ ou $f(M', M'')$ la matrice

$$(3) \qquad \Big(\sum_{k\in K} m'_{ik}m''_{kl}\Big)_{(i,l)\in I\times L}$$

sur G.

La définition précédente suppose que l'ensemble des indices des colonnes de M' est égal à l'ensemble des indices des lignes de M''; en particulier le produit $M''M'$ *n'a pas de sens si* $I \neq L$. Dans la formule (3) figurent les éléments d'une même *ligne* de M', multipliés à droite par les éléments d'une même *colonne* de M''; on dit que la multiplication se fait « lignes par colonnes ».

Soit f^0 l'application $(h'', h') \mapsto h'h''$ de H'' × H' dans G; il résulte aussitôt des définitions que l'on a

$$(4) \qquad {}^t(M'M'') = {}^tM''.{}^tM'$$

où le produit dans le premier (resp. second) membre est calculé suivant f (resp. suivant f^0).

Lorsque H' et H'' sont eux-mêmes des groupes commutatifs (notés additivement) et que f est **Z**-*bilinéaire* (II, p. 50), on vérifie aussitôt les formules de *distributivité*

$$(5)\qquad \begin{cases} (M' + N')M'' = M'M'' + N'M'' \\ M'(M'' + N'') = M'M'' + M'N'' \end{cases}$$

les ensembles d'indices étant tels que les sommes et produits écrits soient définis.

Soient maintenant H_1, H_2, H_3, H_{12}, H_{23} et H des groupes commutatifs (notés additivement), $f_{12}: H_1 \times H_2 \to H_{12}$, $f_{23}: H_2 \times H_3 \to H_{23}$ des applications, $f_3: H_{12} \times H_3 \to H$, $f_1: H_1 \times H_{23} \to H$ des applications **Z**-bilinéaires; supposons en outre que l'on ait, quels que soient les $x_i \in H_i$ $(i = 1, 2, 3)$

$$f_3(f_{12}(x_1, x_2), x_3) = f_1(x_1, f_{23}(x_2, x_3))$$

(ce qu'on écrit aussi comme ci-dessus $(x_1x_2)x_3 = x_1(x_2x_3)$); alors, si $M' = (m'_{rs})$, $M'' = (m''_{st})$, $M''' = (m'''_{tu})$ sont des matrices sur H_1, H_2, H_3 respectivement, on a

$$(6)\qquad (M'M'')M''' = M'(M''M''')$$

lorsque les produits des deux membres (calculés respectivement suivant f_{12}, f_3, f_{23} et f_1) sont définis; en effet, on a

$$\sum_t \Big(\sum_s m'_{rs}m''_{st}\Big)m'''_{tu} = \sum_t \sum_s (m'_{rs}m''_{st})m'''_{tu} = \sum_s \sum_t m'_{rs}(m''_{st}m'''_{tu})$$
$$= \sum_s m'_{rs}\Big(\sum_t m''_{st}m'''_{tu}\Big)$$

en vertu des hypothèses faites.

On note encore $MM'M''$ les deux membres de (6). On fera des conventions analogues pour les produits de plus de trois facteurs.

Remarque. — Les formules précédentes s'étendent à une situation plus générale. De façon précise:

a) Supposons $H = \bigcup_{(\iota, \kappa) \in I \times K} G_{\iota\kappa}$, où chaque $G_{\iota\kappa}$ est un groupe commutatif noté additivement; alors on peut définir la somme $M + M'$ lorsque, pour tout couple (ι, κ), on a $m_{\iota\kappa} \in G_{\iota\kappa}$ et $m'_{\iota\kappa} \in G_{\iota\kappa}$.

b) Soient I, K, L trois ensembles, K étant supposé fini, et soient $H' = \bigcup_{(i, k) \in I \times K} H'_{ik}$, $H'' = \bigcup_{(k, l) \in K \times L} H''_{kl}$, $H = \bigcup_{(i, l) \in I \times L} H_{il}$ trois ensembles; supposons que chaque H_{il} soit un groupe commutatif noté additivement, et pour chaque triplet (i, k, l), soit

$$f_{ikl}:\ H'_{ik} \times H''_{kl} \to H_{il}$$

une application. Alors si $M' = (m'_{ik})_{(i, k) \in I \times K}$, $M'' = (m''_{kl})_{(k, l) \in K \times L}$ sont des matrices telles que $m'_{ik} \in H'_{ik}$ et $m''_{kl} \in H''_{kl}$ quels que soient i, k, l on peut définir le produit $M'M''$ suivant les f_{ikl}. Nous laissons au lecteur le soin d'écrire et de démontrer les formules analogues à (4), (5) et (6).

3. Matrices sur un anneau

Les matrices qui sont les plus importantes en Mathématique sont les matrices sur un *anneau*. L'ensemble $A^{I \times K}$ des matrices sur A, correspondant à des ensembles d'indices I, K, est alors canoniquement muni d'une structure de (A, A)-*bimodule* (II, p. 33).

Pour tout couple $(i, k) \in I \times K$, soit E_{ik} la matrice (a_{jl}) telle que $a_{ik} = 1$ et $a_{jl} = 0$ pour $(j, l) \neq (i, k)$; on dit que les E_{ik} sont les *unités matricielles* dans l'ensemble de matrices $A^{I \times K}$; si I et K sont finis, elles forment la *base canonique* de cet ensemble pour sa structure de A-module à gauche ou à droite (II, p. 25). Il est clair que l'on a

$$^tE_{ik} = E_{ki}.$$

Sauf mention expresse du contraire, le *produit* $M'M''$ de deux matrices sur A (supposé défini) sera toujours entendu relativement à la multiplication $(x, y) \mapsto xy$ *dans* A (ou, comme on dit encore, sera « calculé dans A »). On a donc (II, p. 141) les formules d'associativité et de distributivité

$$(XY)Z = X(YZ) \tag{7}$$

$$\begin{cases} X(Y + Z) = XY + XZ \\ (X + Y)Z = XZ + YZ \end{cases} \tag{8}$$

pour trois matrices X, Y, Z sur A, chaque fois que les sommes et produits écrits dans ces formules sont définis.

En particulier, si E_{ik} (resp. E'_{kl}, E''_{il}) sont les unités matricielles dans $A^{I \times K}$ (resp. $A^{K \times L}$, $A^{I \times L}$) respectivement, avec $I = [1, p]$, $K = [1, q]$, $L = [1, r]$, on a les formules

$$\begin{cases} E_{ik}E'_{jl} = 0 & \text{si } k \neq j \\ E_{ik}E'_{kl} = E''_{il} \end{cases} \tag{9}$$

Soit A^0 l'anneau *opposé* de A, et notons $a * b$ $(= ba)$ le produit de a et b dans A^0; on a alors, pour deux matrices X, Y sur A dont le produit est défini,

$$^t(XY) = {}^tY * {}^tX \tag{10}$$

où au second membre ^tY et ^tX sont considérées comme des matrices à éléments dans A^0 et le signe $*$ note le produit de matrices sur cet anneau; lorsque A est *commutatif*, on a donc

$$^t(XY) = {}^tY . {}^tX. \tag{11}$$

PROPOSITION 1. — *Soient* A, B *deux anneaux*, $M = (m_{ik})_{(i,k) \in I \times K}$ *et* $M' = (m'_{ik})_{(i,k) \in I \times K}$ *deux matrices à ensembles d'indices finis, sur un* (A, B)-*bimodule* G. *Supposons que pour toute unité matricielle* $L = (a_i)_{i \in I}$ *à une ligne, à éléments dans* A, *et toute unité matricielle* $C = (b_k)_{k \in K}$ *à une colonne, à éléments dans* B, *on ait* $L.M.C = L.M'.C$ *(les produits étant calculés suivant les lois externes du* (A, B)-*bimodule* G); *alors* $M = M'$.

En effet, si on prend pour L l'unité matricielle (a_s) avec $a_i = 1$, $a_s = 0$ pour $s \neq i$, pour C l'unité matricielle (b_t) avec $b_k = 1$, $b_t = 0$ pour $t \neq k$, les produits $L.M.C$ et $L.M'.C$ sont des matrices à un seul élément respectivement égal à m_{ik} et m'_{ik}.

Soient A, B deux anneaux, $\sigma: A \to B$ un homomorphisme.

Pour toute matrice $M = (m_{\iota\kappa})$ sur A, nous noterons $\sigma(M)$ la matrice $(\sigma(m_{\iota\kappa}))$ sur B; il est clair que l'on a $\sigma(aM) = \sigma(a)\sigma(M)$, $\sigma(Ma) = \sigma(M)\sigma(a)$ pour $a \in A$, ainsi que $\sigma({}^tM) = {}^t(\sigma(M))$ et

$$\text{(12)} \qquad \begin{cases} \sigma(M + M') = \sigma(M) + \sigma(M') \\ \sigma(MM') = \sigma(M)\sigma(M') \end{cases}$$

lorsque les opérations considérées sont définies, les produits du premier et du second membre de la seconde équation (12) étant calculés dans A et dans B respectivement. Lorsque σ est noté $x \mapsto x^\sigma$, on écrit M^σ au lieu de $\sigma(M)$.

Considérons en particulier un *antiendomorphisme* σ de A, c'est-à-dire un homomorphisme de A dans l'anneau opposé A^0, ou encore une application de A dans lui-même telle que

$$\sigma(a + a') = \sigma(a) + \sigma(a'), \qquad \sigma(aa') = \sigma(a')\sigma(a)$$

quels que soient a, a' dans A; alors, pour deux matrices M, M' sur A dont le produit MM' est défini, on a

$$\text{(13)} \qquad \sigma(MM') = {}^t(\sigma({}^tM').\sigma({}^tM))$$

où les produits des deux membres sont calculés *dans* A; cela résulte aussitôt de (10) et (12).

4. Matrices et applications linéaires

Soient A un anneau, E un A-module (*à droite ou à gauche*) admettant une *base* $(e_i)_{i \in I}$. Pour tout élément $x \in E$, on appelle *matrice de x par rapport à la base* (e_i) et on note $M(x)$ ou $\mathbf{x}$ (ou même parfois x lorsqu'il n'en résulte pas de confusion), la *matrice colonne* formée des composantes x_i $(i \in I)$ de x par rapport à (e_i) (II, p. 25); dans les calculs, il sera parfois commode, afin de rappeler que l'indice i est un indice de ligne, de lui adjoindre un indice de colonne susceptible de prendre une seule valeur, et d'écrire (x_{i0}) la matrice $M(x)$.

Considérons maintenant deux A-modules (à gauche ou à droite) E et F ayant des bases $(e_i)_{i \in I}$ et $(f_k)_{k \in K}$ respectivement; soit (f_k^*) la famille des *formes coordonnées* correspondant à (f_k). Pour une application u de E dans F, nous allons définir *la matrice de u par rapport aux bases* (e_i), (f_k), dans chacun des cas suivants:

(D) E et F sont des A-modules à droite, u est A-linéaire.

(G) E et F sont des A-modules à gauche, u est A-linéaire.

Dans la suite, nous affecterons de la lettre (D) (resp. (G)) les formules s'appliquant aux modules à droite (resp. à gauche).

DÉFINITION 3. — *Dans chacun des deux cas précédents, on appelle matrice de u par rapport aux bases* (e_i), (f_k) *la matrice* $M(u) = (u_{ki})_{(k,i)\in K\times I}$ *telle que*

(14) $$u_{ki} = f_k^*(u(e_i))$$

ce qui s'écrit suivant les cas

(14 D) $$u_{ki} = \langle f_k^*, u(e_i)\rangle$$

(14 G) $$u_{ki} = \langle u(e_i), f_k^*\rangle.$$

La *colonne* d'indice i de $M(u)$ est donc égale à $M(u(e_i))$.

Il est clair que si u, v sont deux applications linéaires de E dans F, $M(u)$, $M(v)$ leurs matrices par rapport aux mêmes bases, on a, par rapport à ces bases,

(15) $$M(u + v) = M(u) + M(v)$$

et

(16) $$M(\gamma u) = \gamma M(u)$$

pour tout élément γ du *centre* Γ de A. En d'autres termes, une fois les bases (e_i), (f_k) fixées, l'application $u \mapsto M(u)$ est un *isomorphisme de* Γ*-modules* de $\mathrm{Hom}_A(E, F)$ sur une partie de l'ensemble $A^{K\times I}$, égale à $A^{K\times I}$ si K est *fini*.

PROPOSITION 2. — *Supposons* I *et* K *finis. Pour tout élément* $x \in E$, *la matrice* $M(u(x))$ *par rapport à la base* (f_k) *est donnée par la formule*

(17 D) $$M(u(x)) = M(u)\,.\,M(x)$$

(17 G) $${}^tM(u(x)) = {}^tM(x)\,.\,{}^tM(u).$$

Vérifions par exemple (17 G). Posons $x = \sum_i x_{i0}e_i$, $u(x) = \sum_k y_{k0}f_k$ avec $x_{i0} \in A$, $y_{k0} \in A$; on a $u(x) = u(\sum_i x_{i0}e_i) = \sum_i x_{i0}u(e_i) = \sum_{i,k} x_{i0}u_{ki}f_k$; d'où $y_{k0} = \sum_i x_{i0}u_{ki}$. Afin d'amener l'un à côté de l'autre les deux indices i, considérons les matrices transposées ${}^tM(x) = (x'_{0i})$ où $x'_{0i} = x_{i0}$ et ${}^tM(u) = (u'_{ik})$ où $u'_{ik} = u_{ki}$; on a alors $y_{k0} = \sum_i x'_{0i}u'_{ik}$, et le second membre est l'élément d'indice k de la matrice à une ligne ${}^tM(x)\,.\,{}^tM(u)$, d'où (17 G).

Lorsque A est commutatif, (17 G) se ramène à (17 D) au moyen de la formule (4) de II, p. 140.

COROLLAIRE. — *Soient* E, F, G *trois modules à droite* (resp. *à gauche*) *sur un anneau* A, $(e_i)_{i\in I}$, $(f_k)_{k\in K}$, $(g_l)_{l\in L}$ *des bases finies respectives de* E, F, G, $u: E \to F$, $v: F \to G$ *deux applications linéaires,* $M(u)$ *la matrice de u relative aux bases* (e_i), (f_k), $M(v)$ *la matrice de v relative aux bases* (f_k), (g_l), $M(v \circ u)$ *la matrice de* $v \circ u$ *relative aux bases* (e_i), (g_l); *on a alors*

(18 D) $$M(v \circ u) = M(v)M(u)$$

(18 G) $${}^tM(v \circ u) = {}^tM(u).{}^tM(v).$$

Démontrons par exemple (18 G). Quel que soit $x \in \mathrm{E}$, on a en vertu de (17 G):

$$\begin{aligned} {}^tM(x).{}^tM(v \circ u) &= {}^tM(v(u(x))) \\ &= {}^tM(u(x)).{}^tM(v) = {}^tM(x).{}^tM(u).{}^tM(v) \end{aligned}$$

par associativité; le corollaire résulte donc de la prop. 1 (II, p. 142), la matrice à une ligne ${}^tM(x)$ étant arbitraire.

Remarque 1). — La formule (17 D) peut être considérée comme un cas particulier de (18 D). En effet, à tout $x \in \mathrm{E}$ correspond canoniquement l'application linéaire $\theta_x : \mathrm{A}_d \to \mathrm{E}$ qui à tout $\alpha \in \mathrm{A}$ fait correspondre $x\alpha$ (II, p. 36). Il est immédiat que la matrice $M(\theta_x)$ par rapport à la base 1 de A_d et à la base (e_i) de E n'est autre que la matrice $M(x)$; de même on a $M(\theta_{u(x)}) = M(u(x))$ et on peut donc considérer que la formule (17 D) est une traduction de la relation $\theta_{u(x)} = u \circ \theta_x$.

PROPOSITION 3. — *Soient* E, F *deux* A-*modules à droite* (resp. *à gauche*), $(e_i)_{i \in \mathrm{I}}$, $(f_k)_{k \in \mathrm{K}}$ *des bases finies de* E *et* F *respectivement. Pour toute application linéaire* u *de* E *dans* F, *soit* $M(u)$ *la matrice de* u *par rapport aux bases* (e_i) *et* (f_k). *Alors la matrice de* ${}^tu : \mathrm{F}^* \to \mathrm{E}^*$ *par rapport aux bases duales* (f_k^*) *et* (e_i^*) *est égale à* ${}^tM(u)$.

En effet, E est canoniquement identifié à son bidual E** et (e_i) à la base duale de (e_i^*); on a alors (en supposant par exemple que E et F soient des modules à droite) $\langle {}^tu(f_k^*), e_i \rangle = \langle f_k^*, u(e_i) \rangle$, d'où la proposition.

Remarques. — 2) Soient E et F deux A-modules à gauche ayant des bases $(e_i)_{i \in \mathrm{I}}$ et $(f_k)_{k \in \mathrm{K}}$ respectivement. Pour toute application A-linéaire $u : \mathrm{E} \to \mathrm{F}$, on a, d'après (14 G), $u(e_i) = \sum_k u_{ki} f_k$; ces relations peuvent encore s'interpréter en disant que la *matrice colonne* $(u(e_i))_{i \in \mathrm{I}}$ à éléments dans F est égale au produit ${}^tM(u).(f_k)$, où $(f_k)_{k \in \mathrm{K}}$ est considéré comme une *matrice colonne* à éléments dans F, et le produit est calculé pour l'application $\mathrm{A} \times \mathrm{F} \to \mathrm{F}$ définissant la loi d'action du A-module F (II, p. 140).

3) Soient A, B deux anneaux *commutatifs*, $\sigma : \mathrm{A} \to \mathrm{B}$ un homomorphisme d'anneaux. Les notations étant celles de la prop. 3, $(e_i \otimes 1)$ et $(f_k \otimes 1)$ sont des bases respectives de $\mathrm{E}_{(\mathrm{B})} = \mathrm{E} \otimes_\mathrm{A} \mathrm{B}$ et $\mathrm{F}_{(\mathrm{B})} = \mathrm{F} \otimes_\mathrm{A} \mathrm{B}$ (II, p. 84, prop. 4); en outre, si (e_i^*) et (f_k^*) sont respectivement les bases duales de (e_i) et (f_k), alors $(e_i^* \otimes 1)$ et $(f_k^* \otimes 1)$ sont respectivement les bases duales de $(e_i \otimes 1)$ et $(f_k \otimes 1)$ (II, p. 88). Pour toute application A-linéaire $u : \mathrm{E} \to \mathrm{F}$, soient $M(u)$ et $M(u \otimes 1)$ la matrice de u par rapport à (e_i) et (f_k) et la matrice de l'application B-linéaire $u \otimes 1$ par rapport à $(e_i \otimes 1)$ et $(f_k \otimes 1)$. Il résulte de II, p. 87, formule (20) que l'on a

$$M(u \otimes 1) = \sigma(M(u)).$$

Considérons un système d'un nombre *fini* d'équations linéaires scalaires à droite à un nombre *fini* d'inconnues

(19) $$\sum_{i \in \mathrm{I}} a_{ki} x_i = b_k \quad (k \in \mathrm{K})$$

avec a_{ki}, x_i, b_k dans A.

Soient $(e_i)_{i\in I}$, $(f_k)_{k\in K}$ les bases canoniques de $E = A_d^I$ et $F = A_d^K$; le système (19) est équivalent à l'équation $u(x) = b$, où $x = \sum_i e_i x_i$, $b = \sum_k f_k b_k$ et $u \colon E \to F$ est l'application linéaire telle que la matrice $M(u)$, par rapport aux bases (e_i) et (f_k), soit égale à $A = (a_{ki})_{(k,i)\in K\times I}$. On dit cette matrice est *la matrice du système d'équations linéaires* (19). Rappelons (II, p. 49, *Remarques* 2 et 3) que si on pose $c_i = \sum_k f_k a_{ki}$, le système (19) équivaut à l'unique équation vectorielle

$$\sum_i c_i x_i = b, \tag{20}$$

et comme c_i est la *colonne* d'indice i de la matrice A, on voit que dire que le système (19) admet une solution revient à dire que la matrice à une colonne $b = (b_{k0})$ est *combinaison linéaire* des colonnes de la matrice A.

Nous laissons au lecteur le soin de formuler les définitions et remarques analogues pour les systèmes d'équations linéaires à gauche.

5. Produit par blocs

Les définitions du n° 4 se généralisent de la façon suivante. Soit E un A-module (à droite ou à gauche), *somme directe* d'une famille $(E_i)_{i\in I}$ de sous-modules. Pour tout $x \in E$, soit $x = \sum_{i\in I} x_i$ avec $x_i \in E_i$ pour tout $i \in I$; nous dirons que la *matrice colonne* $M(x) = (x_i)_{i\in I}$ à éléments dans E est *la matrice de x par rapport à la décomposition* $(E_i)_{i\in I}$ *de* E *en somme directe*.

Soit F un second A-module (E et F étant tous deux des A-modules à droite ou tous deux des A-modules à gauche), et supposons que F soit *somme directe* d'une famille $(F_k)_{k\in K}$ de sous-modules. Pour tout $u \in \operatorname{Hom}(E, F)$ et tout $x_i \in E_i$, posons $u(x_i) = \sum_k u_{ki}(x_i)$ avec $u_{ki}(x_i) \in F_k$ pour tout $k \in K$; on a $u_{ki} \in \operatorname{Hom}(E_i, F_k)$; nous dirons que la matrice $M(u) = (u_{ki})_{(k,i)\in K\times I}$ de type (K, I), à éléments dans l'ensemble H *somme* des $\operatorname{Hom}(E_i, F_k)$, est la *matrice de u par rapport aux décompositions* (E_i) *et* (F_k) *de* E *et* F *en sommes directes*.

Avec ces définitions, il est évident que si u, v sont deux applications A-linéaires de E dans F, on a, pour les matrices par rapport aux mêmes décompositions en sommes directes

$$M(u + v) = M(u) + M(v), \qquad M(\gamma u) = \gamma M(u) \tag{21}$$

pour tout élément γ du centre de A (cf. II, p. 141, *Remarque*).

En outre, la définition des u_{ki} montre que si K est fini, on peut écrire

$$M(u(x)) = M(u) . M(x) \tag{22}$$

où $M(u(x))$ est la matrice de $u(x)$ par rapport à la décomposition (F_k), le produit du second membre de (22) étant calculé pour les applications $(t, z) \mapsto t(z)$ de $\mathrm{Hom}(E_i, F_k) \times E_i$ dans F_k (II, p. 141, *Remarque*).

Soit G un troisième A-module, somme directe d'une famille $(G_l)_{l \in L}$ de sous-modules, de sorte qu'à toute application A-linéaire $v : F \to G$ correspond une matrice $M(v) = (v_{lk})$ par rapport aux décompositions (F_k) et (G_l). Si I, K et L sont *finis*, on a alors

$$M(v \circ u) = M(v) . M(u) \tag{23}$$

où le premier membre est la matrice (w_{li}) de $w = v \circ u$ par rapport aux décompositions (E_i) et (G_l), et le produit du second membre est calculé pour les applications $(t, s) \mapsto t \circ s$ de $\mathrm{Hom}(F_k, G_l) \times \mathrm{Hom}(E_i, F_k)$ dans $\mathrm{Hom}(E_i, G_l)$ (II, p. 141, *Remarque*). Cela n'est en effet autre chose que la formule (32) de II, p. 19, exprimée en termes de matrices.

Enfin, si on suppose I et K finis, E^* (resp. F^*) s'identifie canoniquement à la somme directe des modules E_i^* (resp. F_k^*) (II, p. 44, prop. 10). On vérifie alors aussitôt que la matrice de ${}^t u$ par rapport aux décompositions (F_k^*) et (E_i^*) n'est autre que $({}^t u_{ki})_{(i,k) \in I \times K}$.

Supposons maintenant que I et K soient finis et en outre que chacun des E_i (resp. F_k) admette une base *finie*. Il revient au même de dire que E (resp. F) admet une base $(e_r)_{r \in R}$ (resp. $(f_s)_{s \in S}$) et que R (resp. S) admet une partition $(R_i)_{i \in I}$ (resp. $(S_k)_{k \in K}$) telle que pour tout $i \in I$ (resp. $k \in K$), $(e_r)_{r \in R_i}$ soit une base de E_i (resp. $(f_s)_{s \in S_k}$ une base de F_k). Alors, si $X = M(u)$ est la matrice de u par rapport aux bases $(e_r)_{r \in R}$ et $(f_s)_{s \in S}$, la matrice $X_{ki} = M(u_{ki})$ par rapport aux bases $(e_r)_{r \in R_i}$ et $(f_s)_{s \in S_k}$ n'est autre que la *sous-matrice* de X obtenue en supprimant les lignes d'indice $s \notin S_k$ et les colonnes d'indice $r \notin R_i$. On définit ainsi une *application bijective*

$$X \mapsto (X_{ki})_{(i,k) \in I \times K} \tag{24}$$

de l'ensemble des matrices de type (S, R) à éléments dans A sur l'ensemble des *matrices de matrices* $(X_{ki})_{(k,i) \in K \times I}$ de type $K \times I$, où chaque X_{ki} est une matrice sur A de type (S_k, R_i). Supposons que de plus G admette une base finie $(g_t)_{t \in T}$, et que $T = (T_l)_{l \in L}$ soit une partition de T telle que pour chaque $l \in L$, $(g_t)_{t \in T_l}$ soit une base de G_l; soient $Y = M(v)$ la matrice de v par rapport aux bases $(f_s)_{s \in S}$ et $(g_t)_{t \in T}$, $Y_{lk} = M(v_{lk})$ celle de v_{lk} par rapport aux bases $(f_s)_{s \in S_k}$ et $(g_t)_{t \in T_l}$, $Z = M(w)$ la matrice de $w = v \circ u$ par rapport aux bases $(e_r)_{r \in R}$ et $(g_t)_{t \in T}$, $Z_{li} = M(w_{li})$ celle de w_{li} par rapport aux bases $(e_r)_{r \in R_i}$ et $(g_t)_{t \in T_l}$; on déduit alors de (23) que les sous-matrices Z_{li} de $Z = YX$ sont données par

$$Z_{li} = \sum_k Y_{lk} X_{ki} \tag{25}$$

autrement dit, l'application bijective (24) *transforme les produits en produits* lorsque tous les produits considérés sont définis (les produits de matrices de matrices étant définis au sens de II, p. 141, *Remarque*); lorsqu'on calcule ainsi les sous-matrices Z_{li} du produit YX, on dit qu'on effectue ce produit « *par blocs* ».

Ce nom provient de ce que, lorsque $I = [1, p]$ et $K = [1, q]$, on imagine le tableau représentant la matrice X comme partagé en « blocs » formant un « tableau de matrices »

$$\begin{pmatrix} X_{11} & X_{12} & \cdots & X_{1p} \\ X_{21} & X_{22} & \cdots & X_{2p} \\ \cdots & \cdots & \cdots & \cdots \\ X_{q1} & X_{q2} & \cdots & X_{qp} \end{pmatrix}$$

que l'on considère comme un symbole notant X lorsque p et q sont des entiers explicités assez petits pour que ce soit praticable.

6. Matrice d'une application semi-linéaire

Soient A, B deux anneaux, $\sigma: A \to B$ un homomorphisme de A dans B, E un A-module à droite (resp. à gauche) ayant une base $(e_i)_{i \in I}$, F un B-module à droite (resp. à gauche) ayant une base $(f_k)_{k \in K}$. Soit $u: E \to F$ une application *semi-linéaire* relative à σ et soit $u(e_i) = \sum_{k \in K} f_k u_{ki}$ (resp. $u(e_i) = \sum_{k \in K} u_{ki} f_k$), où les u_{ki} sont donc des éléments de B; par définition, la matrice $M(u) = (u_{ki})$ de type $K \times I$ est encore appelée la *matrice de u par rapport aux bases* (e_i) *et* (f_k). Par le même calcul que pour la prop. 2 de II, p. 144, on vérifie aussitôt que pour tout $x \in E$, on a, si I et K sont *finis*,

(26 D) $$M(u(x)) = M(u) . \sigma(M(x))$$

(resp.

(26 G) $${}^tM(u(x)) = \sigma({}^tM(x)) . {}^tM(u).)$$

Soient C un troisième anneau, $\tau: B \to C$ un homomorphisme, G un C-module à droite (resp. à gauche) ayant une base $(g_l)_{l \in L}$, v une application semi-linéaire de F dans G relative à τ; si $M(v)$ est la matrice de v par rapport à (f_k) et (g_l), $M(v \circ u)$ la matrice de $v \circ u$ relative à (e_k) et (g_l), on a cette fois, si I, K, L sont *finis*,

(27 D) $$M(v \circ u) = M(v) . \tau(M(u))$$

(resp.

(27 G) $${}^tM(v \circ u) = \tau({}^tM(u)) . {}^tM(v).)$$

En effet, pour démontrer par exemple (27 D), notons que pour tout $x \in E$, on a par (26 D),

$$M(v \circ u) . \tau(\sigma(M(x))) = M(v(u(x))) = M(v) . \tau(M(u(x))) = M(v) . \tau(M(u)) . \tau(\sigma(M(x))),$$

d'où (27 D) par la prop. 1 de II, p. 142.

Supposons enfin que σ: $A \to B$ soit un *isomorphisme*; rappelons alors que

$^tu : F^* \to E^*$ est une application semi-linéaire relative à σ^{-1} (II, p. 43); lorsque I et K sont finis, la matrice de ^tu par rapport aux bases duales (f_k^*) et (e_i^*) est donnée par

$$(28) \qquad\qquad M(^tu) = \sigma^{-1}(^tM(u))$$

car on a ici, par définition, en supposant par exemple que E et F soient des modules à droite, $\langle ^tu(f_k^*), e_i \rangle^\sigma = \langle f_k^*, u(e_i) \rangle$ lorsque σ est noté $x \mapsto x^\sigma$.

> *Remarque.* — Soient A un anneau, σ un *antiendomorphisme* de Λ (II, p. 143); considérons les deux situations suivantes:
>
> (GD) E est un A-module à gauche, F un A-module à droite, u une application **Z**-linéaire de E dans F telle que $u(ax) = u(x)\sigma(a)$ pour $a \in A$, $x \in E$; en d'autres termes, u est une application *semi-linéaire* relative à σ du A^0-module à droite E dans le A-module à droite F.
>
> (DG) E est un A-module à droite, F un A-module à gauche, u une application **Z**-linéaire de E dans F telle que $u(xa) = \sigma(a)u(x)$ pour $a \in A$, $x \in E$; en d'autres termes, u est une application *semi-linéaire* relative à σ du A^0-module à gauche E dans le A-module à gauche F.
>
> Dans les deux cas, la matrice $M(u)$ de u relative à des bases de E et F a ses éléments dans A; si ces bases sont finies, on a, pour tout $x \in E$, les formules respectives
>
> $$(17\ GD) \qquad\qquad M(u(x)) = M(u).\sigma(M(x))$$
>
> $$(17\ DG) \qquad\qquad {}^tM(u(x)) = \sigma(^tM(x)).{}^tM(u),$$
>
> les produits des deux membres étant calculés *dans* A. Cela résulte aussitôt de (26 D) et (26 G) respectivement.

7. Matrices carrées

DÉFINITION 4. — *On appelle matrice carrée une matrice dont les lignes et les colonnes ont même ensemble d'indices.*

On dit qu'une matrice carrée ayant n lignes et n colonnes est une *matrice d'ordre n*.

> *Remarque.* — On aura soin de noter qu'une matrice dont les ensembles des indices de lignes et des indices de colonnes ont *même cardinal*, mais *ne sont pas identiques*, ne doit pas être considérée comme une matrice carrée; en particulier, le produit de deux telles matrices sur un anneau *n'est pas défini*.

Il est clair que l'addition et la multiplication des matrices carrées sur A, ayant un ensemble fini I pour ensemble d'indices des lignes et des colonnes, définissent sur l'ensemble de ces matrices une structure *d'anneau*, en raison des formules (7), (8) et (9) (II, p. 142): la matrice (δ_{ij}) où δ_{ij} est l'indice de Kronecker (pour $i \in I$, $j \in I$) est l'élément unité de cet anneau et se note I_n ou 1_n lorsque I a n éléments. Lorsque $I = [1, n]$, on désignera simplement par $\mathbf{M}_n(A)$ l'anneau de matrices ainsi défini; le groupe des éléments inversibles de $\mathbf{M}_n(A)$ se désigne par $\mathbf{GL}_n(A)$ ou $\mathbf{GL}(n, A)$.

Pour qu'une matrice carrée $U = (a_{ij})$ d'ordre n sur A soit inversible à droite (resp. à gauche), il faut et il suffit que pour tout système $(b_i)_{1 \leqslant i \leqslant n}$ d'éléments de A, le système de n équations à n inconnues

$$\sum_{j=1}^{n} a_{ij} x_j = b_i \qquad (1 \leqslant i \leqslant n)$$

$$(\text{resp. } \sum_{j=1}^{n} x_j a_{ji} = b_i)$$

ait *une solution* (x_i) dans A.

Soient I un ensemble d'indices fini, A un anneau, E un A-module à droite (resp. à gauche) ayant une base $(e_\iota)_{\iota \in \mathrm{I}}$. Pour tout *endomorphisme* u de E, la matrice $M(u)$ de u par rapport aux *deux bases identiques à* (e_ι), est une matrice carrée; pour abréger, on dit que c'est la matrice de u *par rapport à la base* (e_ι).

Supposons que $\mathrm{I} = [1, n]$. L'application $u \mapsto M(u)$ (resp. $u \mapsto {}^tM(u)$) est un *isomorphisme* de l'anneau $\mathrm{End}_{\mathrm{A}}(\mathrm{E})$ sur $\mathbf{M}_n(\mathrm{A})$ (resp. sur l'anneau opposé à $\mathbf{M}_n(\mathrm{A})$), comme il résulte des formules (18 D) (resp. (18 G)) (II, p. 145). Les éléments inversibles de l'anneau $\mathbf{M}_n(\mathrm{A})$, dits *matrices inversibles*, correspondent par l'application $u \mapsto M(u)$ (resp. $u \mapsto {}^tM(u)$) aux *automorphismes* de E; le groupe $\mathbf{GL}(n, \mathrm{A})$ s'identifie donc canoniquement au groupe $\mathbf{GL}(\mathrm{A}^n_d)$.

Si u est un automorphisme de E, son *contragrédient* $\check{u}$ est un automorphisme du A-module à gauche (resp. à droite) E*, tel que $\check{u} = ({}^tu)^{-1} = {}^t(u^{-1})$ (II, p. 43, déf. 6); si $M(\check{u})$ est la matrice de $\check{u}$ par rapport à la base duale (e_ι^*), on a donc, en vertu de II, p. 145, prop. 3

$$M(\check{u}) = ({}^tM(u))^{-1} = {}^tM(u^{-1}). \tag{29}$$

Pour toute matrice inversible X, on a donc ${}^t(X^{-1}) = ({}^tX)^{-1}$; on note encore cette matrice ${}^tX^{-1}$, et on l'appelle la *contragrédiente* de la matrice X.

Soit σ un *automorphisme* de l'anneau A; pour toute application *semi-linéaire* $u \colon \mathrm{E} \to \mathrm{E}$ relative à σ, la matrice $M(u)$ de cette application par rapport à une base (e_ι) de E est encore une matrice carrée. Il résulte aussitôt de (27 D) (II, p. 148) que si u est bijective, on a

$$M(u^{-1}) = (\sigma^{-1}(M(u)))^{-1}.$$

Soit E un A-module *somme directe* d'une famille finie $(\mathrm{E}_\iota)_{\iota \in \mathrm{I}}$ de sous-modules; pour tout endomorphisme u de E, la matrice $M(u) = (u_{\kappa\iota})$ de u par rapport aux deux décompositions de E identiques à (E_ι) (II, p. 146) est une *matrice carrée d'applications linéaires*. Pour que $u(\mathrm{E}_\iota) \subset \mathrm{E}_\iota$ pour tout $\iota \in \mathrm{I}$, il faut et il suffit que $u_{\kappa\iota} = 0$ pour $\kappa \neq \iota$. Lorsque $\mathrm{I} = [1, n]$, les relations

$$u(\mathrm{E}_i) \subset \mathrm{E}_i + \mathrm{E}_{i+1} + \cdots + \mathrm{E}_n \qquad (1 \leqslant i \leqslant n)$$

équivalent aux relations $u_{ki} = 0$ pour $k < i$.

Exemples de matrices carrées. — I. *Matrices diagonales.* Dans une matrice carrée $M = (m_{\iota\kappa})_{(\iota, \kappa) \in \mathrm{I} \times \mathrm{I}}$, les éléments dont les deux indices sont égaux sont appelés *éléments diagonaux* et la famille $(m_{\iota\iota})_{\iota \in \mathrm{I}}$ est appelée la *diagonale* de M; une matrice carrée $M = (m_{\iota\kappa})$ sur un anneau, dont les éléments autres que les éléments diagonaux sont nuls, est appelée *matrice diagonale*. Pour toute famille $(a_\iota)_{\iota \in \mathrm{I}}$ d'éléments d'un anneau A, on note $\mathrm{diag}(a_\iota)_{\iota \in \mathrm{I}}$ (ou $\mathrm{diag}(a_1, a_2, \ldots, a_n)$ lorsque $\mathrm{I} = [\![1, n]\!]$) la matrice diagonale $(m_{\iota\kappa})$ telle que $m_{\iota\iota} = a_\iota$ pour tout $\iota \in \mathrm{I}$. Dans l'ensemble $\mathbf{M}_n(\mathrm{A})$ des matrices carrées d'ordre n sur A, la matrice unité I_n est une matrice diagonale, ainsi que tout multiple $aI_n = I_n a$ de cette matrice par un scalaire a (matrice diagonale (dite *scalaire*) dont tous les éléments diagonaux sont égaux à a).

Pour toute famille $(d_i)_{1 \leqslant i \leqslant n}$ d'éléments de A et toute matrice $X = (x_{ij})$ de type (n, q) (resp. (p, n)) sur A, on a, en posant $D = \mathrm{diag}(d_i)$

$$(30) \qquad \begin{cases} DX = (d_i x_{ij}) \\ XD = (x_{ij} d_j). \end{cases}$$

En particulier, pour deux matrices diagonales d'ordre n, on a

$$(31) \qquad \begin{cases} \mathrm{diag}(a_i) + \mathrm{diag}(b_i) = \mathrm{diag}(a_i + b_i) \\ \mathrm{diag}(a_i) \,.\, \mathrm{diag}(b_i) = \mathrm{diag}(a_i b_i). \end{cases}$$

Les matrices diagonales forment donc un *sous-anneau* de $\mathbf{M}_n(\mathrm{A})$ isomorphe à l'anneau produit A^n; les matrices scalaires forment un sous-anneau isomorphe à A.

II. *Matrices de permutations; matrices monomiales*. Soit π une *permutation* quelconque d'un ensemble fini I, et soit $(e_i)_{i \in \mathrm{I}}$ la base canonique du A-module $\mathrm{E} = \mathrm{A}_d^{\mathrm{I}}$; il existe un endomorphisme u_π de E et un seul tel que pour tout $i \in \mathrm{I}$, $u_\pi(e_i) = e_{\pi(i)}$ (II, p. 25, cor. 3). Pour tout $i \in \mathrm{I}$, la colonne d'indice i de la matrice $M(u_\pi)$ par rapport à la base (e_i) a tous ses éléments nuls, sauf celui qui se trouve dans la ligne d'indice $\pi(i)$ et qui est égal à 1. Par abus de langage, on dit que $M(u_\pi)$ est *la matrice de la permutation* π. Il est immédiat que pour deux permutations quelconques σ, τ de I, on a $u_{\sigma\tau} = u_\sigma \circ u_\tau$, et que pour la permutation identique ε, u_ε est l'identité; l'application $\pi \mapsto M(u_\pi)$ est donc un *isomorphisme* du groupe symétrique $\mathfrak{S}_\mathrm{I}$ sur le groupe des matrices de permutation.

Chaque ligne et chaque colonne d'une matrice de permutation ne contient qu'un seul élément $\neq 0$. Une matrice carrée finie R sur un anneau A non réduit à 0, ayant cette propriété, est dite *matrice monomiale*; soit r_i l'unique élément $\neq 0$ de la colonne d'indice i de R, et soit $\pi(i)$ l'indice de la ligne où se trouve cet élément; il est clair que π est une permutation de l'ensemble I des indices et que l'on a $R = M(u_\pi)D$, où $D = \mathrm{diag}(r_i)$.

III. *Matrices triangulaires*. Dans l'anneau $\mathbf{M}_n(\mathrm{A})$ des matrices carrées d'ordre n sur un anneau A, on appelle *matrice triangulaire supérieure* (resp. *inférieure*) toute matrice (a_{ij}) telle que $a_{ij} = 0$ pour $i > j$ (resp. $i < j$); on dit encore qu'une telle matrice *n'a que des zéros au-dessous* (resp. *au-dessus*) *de sa diagonale*. On constate aussitôt que les matrices triangulaires supérieures (resp. inférieures) forment un sous-anneau S (resp. T) de $\mathbf{M}_n(A)$, $S \cap T$ étant évidemment l'anneau des matrices diagonales.

L'ensemble S' (resp. T') des matrices de S (resp. T) dont les éléments diagonaux sont *inversibles* est un *groupe* multiplicatif de matrices dit *groupe trigonal large supérieur* (resp. *inférieur*); cela résulte aussitôt de II, p. 27, *Remarque* 5. L'ensemble S_1 (resp. T_1) des matrices de S (resp. T) dont les éléments diagonaux sont tous égaux à 1 est un *sous-groupe* du précédent, appelé *groupe trigonal strict supérieur* (resp. *inférieur*) et toute matrice $M \in S'$ (resp. $M \in T'$) dont (d_i) est la diagonale, s'écrit $M = DM_1 = M'_1D$, où $D = \text{diag}(d_i)$ et M_1 et M'_1 des matrices appartenant à S_1 (resp. T_1).

IV. *Matrices diagonales et matrices triangulaires de matrices.* Soit $(I_k)_{1 \leqslant k \leqslant p}$ une partition de l'ensemble fini I; toute matrice carrée sur un anneau A ayant I pour ensemble d'indices peut s'écrire sous forme de *matrice carrée de matrices* correspondant à *la même partition* (I_k) de l'ensemble d'indices des lignes et de l'ensemble d'indices des colonnes (II, p. 147)

$$\begin{pmatrix} X_{11} & X_{12} & \cdots & X_{1p} \\ X_{21} & X_{22} & \cdots & X_{2p} \\ \cdots & \cdots & \cdots & \cdots \\ X_{p1} & X_{p2} & \cdots & X_{pp} \end{pmatrix} \tag{32}$$

où chaque X_{kk} est une matrice carrée ayant I_k pour ensemble d'indices des lignes et des colonnes.

Cela étant, on dira que (32) est une *matrice diagonale* (resp. *triangulaire supérieure*, resp. *triangulaire inférieure*) *de matrices* si toutes les matrices X_{ij} telles que $i \neq j$ (resp. $i > j$, resp. $i < j$) sont *nulles*. On a vu plus haut comment s'interprètent les endomorphismes u dont la matrice est une matrice diagonale, resp. triangulaire inférieure, de matrices, en considérant la matrice correspondante $M(u)$ d'applications linéaires. Les matrices triangulaires inférieures (resp. triangulaires supérieures, diagonales) de matrices pour une partition donnée (I_k) de I forment un *sous-anneau* de l'anneau de matrices $A^{I \times I}$. En particulier l'anneau des matrices diagonales de matrices relatif à la partition (I_k) est isomorphe au produit $\prod_{k=1}^{p} \text{End}_A(E_k)$.

8. Changements de bases

PROPOSITION 4. — *Soit* E *un* A-*module à droite ayant une base finie* $(e_i)_{\leqslant i \leqslant n}$ *de* n *éléments. Pour qu'une famille de* n *éléments* $e'_i = \sum_{j=1}^{n} e_j a_{ji}$ $(1 \leqslant i \leqslant n)$ *soit une base de* E, *il faut et il suffit que la matrice carrée* $P = (a_{ji})$ *d'ordre* n *soit inversible.*

En effet, P n'est autre que la matrice, par rapport à la base (e_i), de l'endomorphisme u de E défini par $u(e_i) = e'_i$ $(1 \leqslant i \leqslant n)$. Or, pour que u soit un automorphisme de E, il faut et il suffit que $(u(e_i))$ soit une base de E (II, p. 25, cor. 3); d'où la proposition.

On dit que la matrice inversible P est la *matrice de passage de la base* (e_i) *à la base* (e'_i). On peut aussi l'interpréter comme la matrice de l'application identique

1_E par rapport aux bases (e'_i) et (e_i) (*dans cet ordre*) ; il est clair alors que la matrice de passage *de la base* (e'_i) *à la base* (e_i) est l'*inverse* P^{-1} de P.

PROPOSITION 5. — *Soient* (e_i), (e'_i) *deux bases de n éléments de* E, *P la matrice de passage de* (e_i) *à* (e'_i). *Si* (e^*_i) *et* (e'^*_i) *sont les bases duales respectives de* (e_i) *et* (e'_i), *la matrice de passage de* (e^*_i) *à* (e'^*_i) *est la contragrédiente* ${}^tP^{-1}$ *de* P.

En effet, la transposée de l'application identique 1_E est l'application identique 1_{E^*}; en vertu de la prop. 3 de II, p. 145, la matrice de 1_{E^*}, par rapport aux bases (e'^*_i) et (e^*_i) (dans cet ordre) est la transposée de la matrice de 1_E par rapport aux bases (e_i) et (e'_i) (dans cet ordre), c'est-à-dire la transposée de P^{-1}.

PROPOSITION 6. — *Soient* E *et* F *deux* A-*modules à droite,* (e_i) *et* (e'_i) *deux bases de* E *ayant n éléments,* (f_j) *et* (f'_j) *deux bases de* F *ayant m éléments, P la matrice de passage de* (e_i) *à* (e'_i), *Q la matrice de passage de* (f_j) *à* (f'_j). *Pour toute application linéaire u de* E *dans* F, *soient* $M(u)$ *la matrice de u par rapport aux bases* (e_i) *et* (f_j), $M'(u)$ *la matrice de u par rapport aux bases* (e'_i) *et* (f'_j) ; *on a alors*

(33 D) $$M'(u) = Q^{-1}M(u)P.$$

En effet, on peut écrire $u = 1_F \circ u \circ 1_E$. La formule (33) résulte aussitôt de II, p. 144, corollaire, lorsqu'on prend la matrice de 1_E par rapport à (e'_i) et (e_i), celle de u par rapport à (e_i) et (f_j) et celle de 1_F par rapport à (f_j) et (f'_j).

COROLLAIRE 1. — *Si u est un endomorphisme de* E, $M(u)$ *et* $M'(u)$ *ses matrices par rapport aux bases* (e_i) *et* (e'_i) *respectivement, on a*

(34 D) $$M'(u) = P^{-1}M(u)P.$$

COROLLAIRE 2. — *Si* $M(x)$ *et* $M'(x)$ *sont les matrices à une colonne d'un même élément* $x \in$ E *par rapport aux bases* (e_i) *et* (e'_i) *respectivement, on a*

(35 D) $$M(x) = P.M'(x).$$

C'est un cas particulier de la prop. 6, où l'on prend pour u l'application $\theta_x : a \mapsto xa$ de A_d dans E (II, p. 145, *Remarque* 1).

Si $P = (a_{ij})$, la formule (35 D) équivaut à

(36 D) $$x_i = \sum_{j=1}^{n} a_{ij}x'_j \qquad (1 \leqslant i \leqslant n)$$

pour les éléments x_i et x'_i des matrices $M(x)$ et $M'(x)$ respectivement. Les formules (36 D) sont dites *formules de changement de coordonnées*. On observera qu'elles expriment les composantes de x relatives à l' « ancienne » base (e_i) en fonction des composantes de x relatives à la « nouvelle » base (e'_i) et des éléments de P, c'est-à-dire des composantes de la « nouvelle » base relatives à l' « ancienne » base.

Remarques. — 1) Partons maintenant d'un A-module *à gauche* E ayant deux bases (e_i), (e'_i) de n éléments chacune; si on pose $e'_i = \sum_{j=1}^{n} a_{ji}e_j$ on dit encore que $P = (a_{ji})$ est la *matrice de passage* de (e_i) à (e'_i); c'est encore la matrice de l'automorphisme

u de E tel que $u(e_i) = e'_i$, par rapport à la base (e_i), et aussi la matrice de 1_E prise par rapport aux bases (e'_i) et (e_i) *dans cet ordre*. Les résultats précédents subsistent alors avec les seules modifications suivantes: les formules (33 D) à (36D) sont respectivement remplacées par

(33 G) $$^tM'(u) = {}^tP.{}^tM(u).{}^tQ^{-1}$$

(34 G) $$^tM'(u) = {}^tP.{}^tM(u).{}^tP^{-1}$$

(35 G) $$^tM(x) = {}^tM'(x).{}^tP.$$

(36 G) $$x_i = \sum_{j=1}^{n} x'_j a_{ij} \qquad (1 \leqslant i \leqslant n).$$

2) Sous les hypothèses de II, p. 152, prop. 4, considérons un élément $x^* \in E^*$; comme la matrice de passage de (e_i^*) à $(e_i'^*)$ est $^tP^{-1}$ (II, p, 153, prop. 5) on a, pour les matrices $M(x^*)$ et $M'(x^*)$ de x^* par rapport à ces deux bases respectivement,

$$^tM(x^*) = {}^tM'(x^*).P^{-1}$$

ou encore

(37 D) $$^tM'(x^*) = {}^tM(x^*).P$$

ce qui est équivalent au système d'équations

(38 D) $$x_i'^* = \sum_{j=1}^{n} x_j^* a_{ji} \qquad (1 \leqslant i \leqslant n)$$

pour les éléments (x_i^*) et $(x_i'^*)$ des matrices $M(x^*)$ et $M'(x^*)$. Les formules correspondantes pour un A-module à gauche E sont

(37 G) $$M'(x^*) = {}^tP.M(x^*)$$

(38 G) $$x_i'^* = \sum_{j=1}^{n} a_{ji} x_j^* \qquad (1 \leqslant i \leqslant n).$$

3) Soient A, B deux anneaux, σ: A $\rightarrow$ B un *homomorphisme* de A dans B, E un A-module à droite (resp. à gauche), (e_i), (e'_i) deux bases de n éléments de E, F un B-module à droite (resp. à gauche), (f_j), (f'_j) deux bases de m éléments de F, P (resp. Q) la matrice de passage de (e_i) à (e'_i) (resp. de (f_j) à (f'_j)).

Pour toute application *semi-linéaire* u: E $\rightarrow$ F, relative à σ, soient $M(u)$ la matrice de u rapport à (e_i) et (f_j), $M'(u)$ sa matrice par rapport à (e'_i) et (f'_j). Alors on a

(39 D) $$M'(u) = Q^{-1}M(u)\sigma(P)$$

(resp.

(39 G) $$^tM'(u) = \sigma({}^tP).{}^tM(u).{}^tQ^{-1}).$$

La démonstration est la même que pour (33 D) et (33 G), en utilisant cette fois les formules (27 D) et (27 G) (II, p. 148).

9. Matrices équivalentes; matrices semblables

DÉFINITION 5. — *On dit que deux matrices* X, X' *à* m *lignes et* n *colonnes sur un anneau* A *sont équivalentes s'il existe une matrice carrée inversible* P *d'ordre* m *et une matrice carrée inversible* Q *d'ordre* n *telles que*

$$X' = PXQ. \tag{40}$$

Il est clair que la relation « X et X' sont équivalentes » est bien une *relation d'équivalence* (E, II, p. 40) dans l'ensemble A^{mn} des matrices de type (m, n) sur A, ce qui justifie la terminologie.

Avec cette définition, la prop. 6 de II, p. 153 implique que lorsqu'on change de bases dans deux A-modules à droite E, F (ayant des bases finies), la matrice d'une application linéaire $u: E \to F$, par rapport aux nouvelles bases, est *équivalente* à la matrice de u par rapport aux anciennes bases.

Réciproquement, si on a la relation (40) et si $u: A_d^n \to A_d^m$ est l'application linéaire dont la matrice est X par rapport aux bases canoniques (e_i) et (f_j) respectives de A_d^n et A_d^m, alors X' est la matrice de u par rapport aux bases (e'_i) et (f'_j) telles que Q soit la matrice de passage de (e_i) à (e'_i) et P^{-1} la matrice de passage de (f_j) à (f'_j).

Exemples de matrices équivalentes. — 1) On dit que deux matrices $X = (x_{ij})$ et $X' = (x'_{ij})$ à m lignes et n colonnes « *ne diffèrent que par l'ordre des lignes* » s'il existe une permutation σ de l'intervalle $[1,m]$ de **N**, telle que l'on ait, pour tout couple d'indices (i, j), $x'_{ij} = x_{\sigma(i), j}$ (on dit encore que X' s'obtient en effectuant la permutation σ^{-1} sur les lignes de X). Les matrices X et X' sont alors *équivalentes*, car on a $X' = PX$, où P est la matrice de la permutation σ^{-1} (cf. II, p. 151, *Exemple* II).

On dit de même que X et X' *ne diffèrent que par l'ordre des colonnes* s'il existe une permutation τ de $[1,n]$ telle que $x'_{ij} = x_{i,\tau(j)}$ pour tout couple d'indices; X et X' sont encore équivalentes, car on a $X' = XQ$, où Q est la matrice de la permutation τ.

On notera qu'avec les notations précédentes, P est la matrice de passage d'une base $(f_i)_{1 \leqslant j \leqslant n}$ à la base $(f_{\sigma^{-1}(j)})_{1 \leqslant j \leqslant m}$ et Q la matrice de passage d'une base $(e_i)_{1 \leqslant i \leqslant n}$ à la base $(e_{\tau(i)})_{1 \leqslant i \leqslant n}$.

2) Soient j, k deux éléments *distincts* de $[1, n]$ et soit $a \in A$.

Supposons que pour $1 \leqslant i \leqslant m$, on ait $x'_{ij} = x_{ij} + x_{ik}a$ et $x'_{il} = x_{il}$ pour $l \neq j$; on dit que X' se déduit de X en *ajoutant à la colonne d'indice* j *de* X *la colonne d'indice* k *multipliée à droite par* a. Dans ce cas X et X' sont encore équivalentes: en effet, si $Q = I_n + aE_{kj}$ (matrice triangulaire inversible, comme on l'a vu dans II, p. 152), on a $X' = XQ$.

De même, soient h, i deux éléments *distincts* de $[1, m]$, a un élément de A; si X' se déduit de X en ajoutant à la *ligne* d'indice i de X la ligne d'indice h multipliée *à gauche* par a, X et X' sont équivalentes, car on a $X' = PX$, avec $P = I_m + aE_{ih}$.

3) Enfin, si, pour un indice donné j, on a $x'_{ij} = x_{ij}c$ pour $1 \leqslant i \leqslant m$, où $c \in A$ est *inversible*, et si $x'_{il} = x_{il}$ pour $1 \leqslant i \leqslant m$ et $l \neq j$, X et X' sont encore équivalentes; en effet, on a $X' = XQ$, où Q est la matrice $\mathrm{diag}(a_k)$ avec $a_j = c$, $a_k = 1$ pour $k \neq j$. On dit alors que X' se déduit de X en *multipliant à droite par* c *la colonne d'indice* j *de* X.

De même, si X' se déduit de X en multipliant *à gauche* la ligne d'indice i de X par un élément *inversible* $c \in A$, X' et X sont équivalentes, car $X' = PX$ où P est la matrice $\mathrm{diag}(b_h)$ avec $b_i = c$, $b_h = 1$ pour $h \neq i$.

DÉFINITION 6. — *On dit que deux matrices carrées* X, X' *d'ordre* n *sur un anneau* A *sont semblables s'il existe une matrice carrée inversible P d'ordre n telle que*

(41) $$X' = PXP^{-1}.$$

Il est clair que la relation « X et X' sont semblables » est une *relation d'équivalence* dans $\mathbf{M}_n(A)$, signifiant que X et X' sont transformées l'une de l'autre par un *automorphisme intérieur* de cet anneau.

Avec cette définition, le cor. 1 de II, p. 153 implique que lorsqu'on change de base dans un A-module E (ayant une base finie), la matrice d'un endomorphisme u de E par rapport à la nouvelle base est *semblable* à la matrice de u par rapport à l'ancienne base.

Remarques. — 1) Deux matrices carrées qui ne diffèrent que par l'ordre des lignes (ou l'ordre des colonnes) sont équivalentes, mais *non semblables* en général. On obtient une matrice semblable à une matrice carrée $X = (x_{ij})$ en effectuant *la même permutation* σ^{-1} sur les lignes et les colonnes, c'est-à-dire en considérant la matrice $X' = (x'_{ij})$, où $x'_{ij} = x_{\sigma(i),\,\sigma(j)}$ pour tout couple d'indices; en effet, si X est la matrice d'un endomorphisme u de A^n_d par rapport à une base $(e_i)_{1 \leqslant i \leqslant n}$, X' est la matrice de u par rapport à la base $(e_{\sigma(i)})_{1 \leqslant i \leqslant n}$.

2) Soient X et X' deux matrices carrées d'ordre n, qui s'écrivent sous forme de matrices diagonales de matrices carrées (II, p. 152, *Exemple* IV):

$$X = \begin{pmatrix} X_1 & 0 & \cdots & 0 \\ 0 & X_2 & \cdots & 0 \\ \cdots & \cdots & \cdots & \cdots \\ 0 & 0 & \cdots & X_p \end{pmatrix} \qquad X' = \begin{pmatrix} X'_1 & 0 & \cdots & 0 \\ 0 & X'_2 & \cdots & 0 \\ \cdots & \cdots & \cdots & \cdots \\ 0 & 0 & \cdots & X'_p \end{pmatrix}$$

correspondant à la *même* partition de l'ensemble d'indices $[1, n]$ pour X et X'. Si, pour $1 \leqslant i \leqslant p$, X_i et X'_i sont équivalentes (resp. semblables), alors X et X' sont équivalentes (resp. semblables) : en effet, si $X'_i = P_i X_i Q_i$ pour $1 \leqslant i \leqslant p$, on a $X' = PXQ$ avec

$$P = \begin{pmatrix} P_1 & 0 & \cdots & 0 \\ 0 & P_2 & \cdots & 0 \\ \cdots & \cdots & \cdots & \cdots \\ 0 & 0 & \cdots & P_p \end{pmatrix} \qquad Q = \begin{pmatrix} Q_1 & 0 & \cdots & 0 \\ 0 & Q_2 & \cdots & 0 \\ \cdots & \cdots & \cdots & \cdots \\ 0 & 0 & \cdots & Q_p \end{pmatrix}$$

comme il résulte du calcul du produit « par blocs » (II, p. 147). En outre, si $Q_i = P_i^{-1}$ pour tout i, on a $Q = P^{-1}$.

10. Produit tensoriel de matrices sur un anneau commutatif

Soient C un anneau *commutatif*, E, F, U, V quatre C-modules, $\varphi : E \to U$, $\psi : F \to V$ deux applications C-linéaires. Supposons que E, F, U, V aient respectivement des bases finies $(e_\lambda)_{\lambda \in L}$, $(f_\mu)_{\mu \in M}$, $(u_\rho)_{\rho \in R}$, $(v_\sigma)_{\sigma \in S}$; soient $A = (a_{\rho\lambda})$ la matrice de φ par rapport à (e_λ) et (u_ρ), $B = (b_{\sigma\mu})$ celle de ψ par rapport à (f_μ) et (v_σ). Pour tout couple $(\lambda, \mu) \in L \times M = N$, posons $g_{\lambda\mu} = e_\lambda \otimes f_\mu$; pour tout couple $(\rho, \sigma) \in R \times S = T$, posons $w_{\rho\sigma} = u_\rho \otimes v_\sigma$; les $g_{\lambda\mu}$ forment alors une base de $E \otimes F$ et les $w_{\rho\sigma}$ une base de $U \otimes V$ (II, p. 62, cor. 2). On appelle *produit tensoriel* de A par B et on note $A \otimes B$ la matrice $X = (x_{\tau\nu})_{(\tau,\nu)\in T\times N}$ dont les éléments sont donnés par

$$x_{(\rho,\sigma),(\lambda,\mu)} = a_{\rho\lambda}b_{\sigma\mu}. \tag{42}$$

Alors $A \otimes B$ est *la matrice de* $\varphi \otimes \psi$ *par rapport aux bases* $(g_{\lambda\mu})$ *et* $(w_{\rho\sigma})$. En effet, on a par définition (II, p. 52, formule (3))

$$(\varphi \otimes \psi)(g_{\lambda\mu}) = (\varphi \otimes \psi)(e_\lambda \otimes f_\mu) = \varphi(e_\lambda) \otimes \psi(f_\mu)$$
$$= \sum_{\rho,\sigma} a_{\rho\lambda}b_{\sigma\mu}(u_\rho \otimes v_\sigma) = \sum_{\rho,\sigma} a_{\rho\lambda}b_{\sigma\mu}w_{\rho\sigma}.$$

La définition (42) des éléments de $A \otimes B$ montre que cette matrice correspond biunivoquement à la matrice de matrices $(a_{\rho\lambda}B)_{(\rho,\lambda)\in R\times L}$ et aussi à la matrice de matrices $(Ab_{\sigma\mu})_{(\sigma,\mu)\in S\times M}$ (II, p. 147).

Le fait que $(\varphi, \psi) \mapsto \varphi \otimes \psi$ est une application C-bilinéaire et la formule (9) de II, p. 56 se traduisent par les identités

$$\begin{cases} A \otimes (B_1 + B_2) = A \otimes B_1 + A \otimes B_2 \\ (A_1 + A_2) \otimes B = A_1 \otimes B + A_2 \otimes B \end{cases} \tag{43}$$

$$(cA) \otimes B = A \otimes (cB) = c(A \otimes B) \qquad \text{pour } c \in C \tag{44}$$

$$(A_1 \otimes B_1)(A_2 \otimes B_2) = (A_1A_2) \otimes (B_1B_2) \tag{45}$$

lorsque les opérations écrites sont définies. La transposée d'un produit tensoriel de matrices est donnée par

$${}^t(A \otimes B) = ({}^tA) \otimes ({}^tB). \tag{46}$$

Si A et B sont des matrices carrées inversibles sur C, $A \otimes B$ est inversible et l'on a

$$(A \otimes B)^{-1} = (A^{-1}) \otimes (B^{-1}). \tag{47}$$

Soient $(e'_\lambda)_{\lambda\in L}$ une seconde base de E, $(f'_\mu)_{\mu\in M}$ une seconde base de F; si P est la matrice de passage de la base (e_λ) à la base (e'_λ), Q la matrice de passage de la base (f_μ) à la base (f'_μ), la matrice de passage de la base $(e_\lambda \otimes f_\mu)$ à la base $(e'_\lambda \otimes f'_\mu)$ est $P \otimes Q$. Si A' est *équivalente* (resp. *semblable*) à A, B' *équivalente* (resp. *semblable*) à B, alors $A' \otimes B'$ est *équivalente* (resp. *semblable*) à $A \otimes B$.

On généralise de façon évidente la définition du produit tensoriel de matrices à un nombre fini quelconque de matrices sur C; on a en particulier la formule d'associativité

$$\Big(\bigotimes_{i\in I_1} X_i\Big) \otimes \Big(\bigotimes_{i\in I_2} X_i\Big) = \bigotimes_{i\in I} X_i \tag{48}$$

pour toute *partition* (I_1, I_2) de l'ensemble fini d'indices I.

11. Trace d'une matrice

Soit C un anneau *commutatif*; pour toute matrice carrée $X = (x_{ij})$ sur C, correspondant à l'ensemble d'indices fini I, on appelle *trace* de X l'élément

(49) $$\mathrm{Tr}(X) = \sum_{i \in \mathrm{I}} x_{ii}.$$

Soit E un C-module admettant une base finie $(e_i)_{i \in \mathrm{I}}$; pour tout endomorphisme u de E, on a

(50) $$\mathrm{Tr}(u) = \mathrm{Tr}(M(u))$$

$M(u)$ étant la matrice de u par rapport à la base (e_i); cela résulte aussitôt de II, p. 78, formule (17) lorsqu'on applique cette formule à l'endomorphisme $x \mapsto \langle x, e_i^* \rangle e_j$ (où (e_i^*) est la base duale de (e_i)); on passe de là au cas général par linéarité. La formule (49) montre que l'on a

(51) $$\mathrm{Tr}(u) = \sum_i \langle u(e_i), e_i^* \rangle$$

pour toute base (e_i) de E (cf. II, p. 78, formule (17)).

Si X est une matrice de type (m, n) sur C, Y une matrice de type (n, m) sur C, on a

(52) $$\mathrm{Tr}(XY) = \mathrm{Tr}(YX)$$

comme il résulte de ce qui précède et de la prop. 3 de II, p. 78; on peut aussi obtenir (52) directement, car si $X = (x_{ij})$, $Y = (y_{ji})$ $(1 \leqslant i \leqslant m, 1 \leqslant j \leqslant n)$, on a

(53) $$\mathrm{Tr}(XY) = \sum_{i,j} x_{ij} y_{ji}$$

en vertu de (49). Cette dernière formule prouve en outre:

PROPOSITION 7. — *Soit* C *un anneau commutatif, et pour toute matrice* $P \in \mathbf{M}_n(\mathrm{C})$, *soit* f_P *la forme linéaire* $X \mapsto \mathrm{Tr}(PX)$ *sur* $\mathbf{M}_n(\mathrm{C})$; *l'application* $P \mapsto f_P$ *est une bijection* C-*linéaire de* $\mathbf{M}_n(\mathrm{C})$ *sur son dual.*

PROPOSITION 8. — *Si g est une forme linéaire sur le* C-*module* $\mathbf{M}_n(\mathrm{C})$ *telle que* $g(XY) = g(YX)$ *quelles que soient les matrices* X, Y *de* $\mathbf{M}_n(\mathrm{C})$, *il existe un scalaire* $c \in \mathrm{C}$ *et un seul tel que* $g(X) = c . \mathrm{Tr}(X)$ *pour toute matrice* $X \in \mathbf{M}_n(\mathrm{C})$.

La proposition étant triviale pour $n = 1$, on peut se borner au cas où $n \geqslant 2$. En prenant $X = E_{ij}$, $Y = E_{jk}$ avec $i \neq k$, il vient $g(E_{ik}) = 0$; prenant ensuite $X = E_{ij}$, $Y = E_{ji}$ on trouve $g(E_{ii}) = g(E_{jj})$; la proposition en résulte aussitôt, les E_{ij} formant une base de $\mathbf{M}_n(\mathrm{C})$.

12. Matrices sur un corps

Les matrices finies à m lignes et n colonnes sur un corps K correspondent biunivoquement aux applications linéaires de l'espace vectoriel à droite $\mathrm{E} = \mathrm{K}^n$ dans l'espace vectoriel à droite $F = K_d^m$, lorsqu'on prend les matrices de ces applications par rapport aux bases canoniques de E et F. Par définition, le *rang* d'une telle matrice X est le rang de l'application linéaire u: $E \to F$ qui lui correspond; comme ce nombre est par définition la dimension du sous-espace $u(E)$ de F, il revient au même (en identifiant les colonnes de X aux images par u de la base canonique de E) de donner la définition suivante:

DÉFINITION 7. — *Étant donnée une matrice X à m lignes et n colonnes sur un corps* K, *on appelle rang de X par rapport à* K, *et on note* $\mathrm{rg}(X)$, *la dimension du sous-espace de* K_d^m *engendré par les n colonnes de X.*

On peut dire aussi que le rang de X est le *nombre maximum de colonnes de X linéairement indépendantes* (en tant qu'éléments de K_d^m). On a évidemment $\mathrm{rg}(X) \leqslant \inf(m, n)$; pour toute sous-matrice Y de X, on a $\mathrm{rg}(Y) \leqslant \mathrm{rg}(X)$.

Si E et F sont deux espaces vectoriels de dimension finie sur K, u une application linéaire de E dans F, le rang de la matrice $M(u)$ par rapport à deux bases quelconques est égal au rang de u.

PROPOSITION 9. — *Si les éléments d'une matrice X à m lignes et n colonnes appartiennent à un sous-corps* K_0 *d'un corps* K, *le rang de X par rapport à* K_0 *est égal au rang de X par rapport à* K.

En effet, soit F_0 le K_0-espace vectoriel à droite engendré par la base canonique du K-espace vectoriel à droite $F = K_d^m$; par hypothèse les colonnes de X appartiennent à F_0. Soit V_0 (resp. V) le sous-K_0-espace vectoriel de F_0 (resp. le sous-K-espace vectoriel de F) engendré par ces colonnes. On a $V = V_0 \otimes_{K_0} K$ (II, p. 120, prop. 2), donc $\dim_K V = \dim_{K_0} V_0$.

PROPOSITION 10. — *Le rang d'une matrice X sur un corps* K *est égal au rang de sa transposée* ${}^tX$ *sur le corps opposé* K^0.

En effet, avec les notations introduites avant la déf. 7, le rang de u est égal à celui de ${}^tu$ (II, p. 104, prop. 10) et la proposition résulte donc de II, p. 145, prop. 3.

On voit donc que le rang de X peut aussi être défini comme le *nombre maximum de lignes de X linéairement indépendantes* (quand on les considère comme des éléments du K-espace vectoriel à gauche K_s^n).

Les matrices carrées d'ordre n sur un corps K correspondent biunivoquement aux endomorphismes de $E = K_d^n$ et forment un anneau isomorphe à l'anneau $\mathrm{End}_K(E)$ (II, p. 150); aux automorphismes de E correspondent les matrices carrées inversibles.

PROPOSITION 11. — *Soit X une matrice carrée d'ordre n sur un corps* K. *Les propriétés suivantes sont équivalentes:*

a) *X est inversible dans* $\mathbf{M}_n(K)$.

b) *X est inversible à droite dans* $\mathbf{M}_n(K)$.

c) *X est inversible à gauche dans* $\mathbf{M}_n(\mathrm{K})$.

d) *X est de rang n.*

Cela ne fait que traduire II, p. 101, corollaire.

PROPOSITION 12. — *Pour qu'un système de m équations linéaires à n inconnues*

$$\sum_{j=1}^{n} a_{ij}x_j = b_i \quad (1 \leqslant i \leqslant m) \tag{54}$$

sur un corps K, *ait au moins une solution, il faut et il suffit que la matrice $A = (a_{ij})$ du système et la matrice B obtenue en bordant A par une $(n + 1)$-ème colonne égale à (b_i), soient des matrices de même rang.*

On a vu en effet (II, p. 146) que l'existence d'une solution de (54) équivaut au fait que la colonne (b_i) est combinaison linéaire des colonnes de A, et la proposition résulte donc de II, p. 99, cor. 4.

On notera que la condition de la prop. 12 est toujours remplie lorsque $m = n$ et que A est inversible, c'est-à-dire de rang n (prop. 11). Si x et b désignent alors les matrices à une colonne (x_i) et (b_i) respectivement, le système (54) est équivalent à $A.x = b$, et son unique solution est $x = A^{-1}.b$.

13. Équivalence des matrices sur un corps

PROPOSITION 13. — *Soient* E, F *deux espaces vectoriels sur un corps* K, *de dimensions finies. Si u:* E $\rightarrow$ F *est une application linéaire de rang r, il existe des bases de* E *et* F *telles que, par rapport à ces bases, on ait*

$$M(u) = \begin{pmatrix} I_r & 0 \\ 0 & 0 \end{pmatrix}. \tag{55}$$

Toute matrice de type (m, n) sur K *et de rang r est équivalente à une matrice de la forme* (55).

La seconde assertion est trivialement équivalente à la première. Pour démontrer celle-ci, soient dim E $= n$, dim F $= m$. Le noyau N $= \overset{-1}{u}(0)$ est de dimension $n - r$ (II, p. 101, formule (11)); soient V un supplémentaire de N dans E, $(e_i)_{1 \leqslant i \leqslant n}$ une base de E telle que $(e_i)_{1 \leqslant i \leqslant r}$ soit une base de V et $(e_i)_{r+1 \leqslant i \leqslant n}$ une base de N. Alors les $u(e_j)$ $(1 \leqslant j \leqslant r)$ forment une base de $u(\mathrm{E})$; il existe donc une base $(f_j)_{1 \leqslant j \leqslant m}$ de F telle que $f_j = u(e_j)$ pour $1 \leqslant j \leqslant r$ (II, p. 95, th. 2), et il est clair que par rapport aux bases (e_i) et (f_j), la matrice $M(u)$ est donnée par (55).

COROLLAIRE. — *Pour que deux matrices sur un corps, de type (m, n), soient équivalentes, il faut et il suffit qu'elles aient même rang.*

Nous allons retrouver la prop. 13 par un autre procédé plus explicite. Pour tout anneau A, tout $\lambda \in A$, tout entier $m > 1$ et tout couple d'entiers *distincts* i, j dans $[1, m]$, nous poserons

$$B_{ij}(\lambda) = I_m + \lambda E_{ij} \tag{56}$$

matrice inversible d'ordre m d'après ce qu'on a vu dans II, p. 152.

Lemme 1. — *Soit* $X = (\xi_{ij})$ *une matrice de type* (m, n) *sur un anneau* A. *Supposons que* $m \geqslant 2$ *et qu'il existe un élément* ξ_{i1} *de la première colonne de* X *qui soit inversible dans* A. *Alors il existe deux matrices carrées inversibles* $P \in \mathbf{M}_m(A)$, $Q \in \mathbf{M}_n(A)$ *et une matrice* Y *de type* $(m-1, n-1)$ *sur* A, *telles que* P (resp. Q) *soit produit de matrices de la forme* $B_{ij}(\lambda)$ *d'ordre* m (resp. n), *et que l'on ait*

$$PXQ = \begin{pmatrix} 1 & 0 & \cdots & 0 \\ 0 & & & \\ \vdots & & Y & \\ 0 & & & \end{pmatrix}. \tag{57}$$

En effet, la matrice $B_{ij}(\lambda)X$ s'obtient en ajoutant à la ligne d'indice i de X la ligne d'indice j multipliée à gauche par λ (II, p. 155, *Exemple* 2); si ξ_{i1} est inversible, il existe donc $\lambda \in A$ tel que pour la matrice $X' = B_{1i}(\lambda)X = (\xi'_{kl})$ on ait $\xi'_{11} = 1$; multipliant à gauche X' par des matrices $B_{k1}(\mu_k)$ d'ordre m convenablement choisies (pour $2 \leqslant k \leqslant m$), on obtient une matrice $X'' = (\xi''_{kl})$ telle que $\xi''_{11} = 1$, $\xi''_{k1} = 0$ pour $k \neq 1$. On multiplie ensuite *à droite* la matrice obtenue successivement par des matrices $B_{1j}(\nu_j)$ d'ordre n convenables $(2 \leqslant j \leqslant n)$, et on obtient bien une matrice de la forme (57).

Proposition 14. — *Soit* X *une matrice de type* (m, n) *sur un corps* K. *Si* X *est de rang* r, *il existe deux matrices carrées inversibles* $P \in \mathbf{M}_m(K)$, $Q \in \mathbf{M}_n(K)$ *telles que* P (resp. Q) *soit produit de matrices d'ordre* m (resp. n) *de la forme* $B_{ij}(\lambda)$ *et que l'on ait*

$$PXQ = \begin{pmatrix} 1 & 0 & \cdots & 0 & 0 & \cdots & 0 \\ 0 & 1 & \cdots & 0 & 0 & \cdots & 0 \\ \cdots & \cdots & \cdots & \cdots & \cdots & \cdots & \cdots \\ 0 & 0 & \cdots & \delta_r & 0 & \cdots & 0 \\ 0 & 0 & \cdots & 0 & 0 & \cdots & 0 \\ \cdots & \cdots & \cdots & \cdots & \cdots & \cdots & \cdots \\ 0 & 0 & \cdots & 0 & 0 & \cdots & 0 \end{pmatrix} \tag{58}$$

(*matrice* (η_{ij}) *dont tous les termes sont nuls sauf les* η_{ii} *pour* $1 \leqslant i \leqslant r$, *avec* $\eta_{ii} = 1$

pour $1 \leqslant i \leqslant r-1$, $\eta_{rr} = \delta_r \neq 0$). *Si* $r \neq m$ *ou* $r \neq n$, *on peut en outre supposer que* $\delta_r = 1$.

La proposition est évidente si $X = 0$; supposons donc $X \neq 0$. Si $m = n = 1$ la proposition est évidente (avec $P = I_m$, $Q = I_n$, $\delta_1 \neq 0$ arbitraire). Si $n = 1$, $m \geqslant 2$, on peut appliquer le lemme 1 (puisque $X \neq 0$), qui donne la forme voulue (58) avec $r = 1$, $\delta_r = 1$. Raisonnons par récurrence sur $n > 1$; il existe un élément $\xi_{ij} \neq 0$ dans X; si $j = 1$, on peut appliquer le lemme 1 et se ramener au cas où X a la forme (57). L'hypothèse de récurrence s'applique alors à Y et il y a donc des matrices inversibles $P' \in \mathbf{M}_{m-1}(\mathrm{K})$, $Q' \in \mathbf{M}_{n-1}(\mathrm{K})$ produits de matrices de la forme $B_{ij}(\lambda)$ d'ordre $m-1$ (resp. $n-1$), telles que $P'YQ'$ soit de la forme (58). Or, si $B_{ij}(\lambda)$ appartient par exemple à $\mathbf{M}_{m-1}(\mathrm{K})$, on a $\begin{pmatrix} 1 & 0 \\ 0 & B_{ij}(\lambda) \end{pmatrix} = B_{i+1,j+1}(\lambda)$; la formule (58) résulte alors de la formule du produit par blocs en posant $P = \begin{pmatrix} 1 & 0 \\ 0 & P' \end{pmatrix}$ et $Q = \begin{pmatrix} 1 & 0 \\ 0 & Q' \end{pmatrix}$. Si enfin on avait $j \neq 1$, il suffirait de considérer la matrice $XB_{j1}(1)$ pour être ramené au cas précédent.

La prop. 14 redonne aussitôt la prop. 13.

COROLLAIRE 1. — *Si X est une matrice carrée inversible d'ordre n sur un corps* K, *il existe trois matrices inversibles P, Q, D d'ordre n telles que $X = PDQ$, P et Q étant produits de matrices de la forme $B_{ij}(\lambda)$, et D une matrice diagonale de la forme* $D = \mathrm{diag}(1, 1, \ldots, 1, \delta)$ *avec* $\delta \neq 0$ (cf. II, p. 207, exerc. 13).

COROLLAIRE 2. — *Pour tout corps* K, *le groupe de matrices inversibles* $\mathbf{GL}(n, \mathrm{K})$ *est engendré par les matrices de permutation* (II, p. 151, *Exemple* 2), *les matrices diagonales* $\mathrm{diag}(a, 1, \ldots, 1)$ ($a \neq 0$ *dans* K) *et les matrices* $B_{12}(\lambda)$ ($\lambda \in \mathrm{K}$).

On a vu (II, p. 155) que le produit à droite (resp. à gauche) d'une matrice par la matrice d'une transposition convenable échange deux colonnes (resp. deux lignes) quelconques. On en conclut que la matrice $\mathrm{diag}(1, \ldots, 1, a)$ est égale au produit de $\mathrm{diag}(a, 1, \ldots, 1)$ et de matrices de permutation, et que toute matrice $B_{ij}(\lambda)$ est égale au produit de $B_{12}(\lambda)$ et de matrices de permutation, d'où le corollaire.

Remarques. — 1) Au chap. III, on verra que si $m = n = r$ et si K est *commutatif*, alors, pour tous les choix de P et Q satisfaisant aux conditions de la prop. 14, l'élément δ_r est toujours le même et est égal au *déterminant* de X (III, p. 101).

2) Le raisonnement de la prop. 14, légèrement modifié, montre qu'il y a une matrice de permutation R telle que l'on ait (avec les mêmes conditions pour P)

$$PXR = \begin{pmatrix} I_r & N \\ 0 & 0 \end{pmatrix}$$

si l'on n'a pas $m = n = r$, et

$$PXR = \mathrm{diag}(1, \ldots, 1, \delta)$$

dans le cas contraire. On observera aussi que la méthode de démonstration donne une détermination explicite des matrices P, Q, R lorsque X est donnée explicitement.

§ 11. MODULES ET ANNEAUX GRADUÉS

A partir du n° 2 de ce paragraphe, Δ *désignera un monoïde* (I, p. 12) *commutatif, noté additivement, ayant un élément neutre noté* 0.

1. Groupes commutatifs gradués

Nous allons traduire dans un autre langage les définitions relatives aux sommes directes (II, p. 17).

DÉFINITION 1. — *Étant donnés un groupe commutatif* G *noté additivement et un ensemble* Δ, *on appelle graduation de type* Δ *sur* G *une famille* $(G_\lambda)_{\lambda\in\Delta}$ *de sous-groupes de* G, *dont* G *est somme directe. L'ensemble* G, *muni de la structure définie par sa loi de groupe et sa graduation, est appelé groupe* (*commutatif*) *gradué de type* Δ.

On dit que Δ est l'*ensemble des degrés* de G. On dit qu'un élément $x \in G$ est *homogène* s'il appartient à un des G_λ, *homogène de degré* λ si $x \in G_\lambda$. L'élément 0 est donc homogène de tous les degrés; mais si $x \neq 0$ est homogène, il appartient à un seul des G_λ; l'indice λ tel que $x \in G_\lambda$ est alors appelé *le degré de x* (ou quelquefois le *poids* de x) et se note parfois $\deg(x)$. Tout $y \in G$ s'écrit d'une seule manière comme somme $\sum_\lambda y_\lambda$ d'éléments homogènes, avec $y_\lambda \in G_\lambda$; on dit que y_λ est la *composante homogène de degré* λ (ou simplement la *composante de degré* λ) de y. Lorsqu'on utilise le mot « poids » au lieu de « degré », on remplace l'adjectif « homogène » par « *isobare* ».

Exemples. — 1) Étant donnés un monoïde commutatif Δ quelconque (ayant un élément neutre 0) et un groupe commutatif quelconque G, on définit une graduation $(G_\lambda)_{\lambda\in\Delta}$ sur G en prenant $G_0 = G$ et $G_\lambda = \{0\}$ pour $\lambda \neq 0$; cette graduation est dite *triviale*.

2) Soient Δ, Δ' deux ensembles, ρ une application de Δ dans Δ'. Soit $(G_\lambda)_{\lambda\in\Delta}$ une graduation de type Δ sur un groupe commutatif G; pour $\mu \in \Delta'$, soit G'_μ la somme des G_λ tels que $\rho(\lambda) = \mu$; il est clair que $(G'_\mu)_{\mu\in\Delta'}$ est une graduation de type Δ' sur G, dite *déduite* de (G_λ) au moyen de l'application ρ.

Lorsque Δ est un groupe commutatif, noté additivement, et ρ l'application $\lambda \mapsto -\lambda$ de Δ sur lui-même, on dit que (G'_μ) est la graduation *opposée* de (G_λ).

3) Si $\Delta = \Delta_1 \times \Delta_2$ est un produit de deux ensembles, on dit qu'une graduation de type Δ est une *bigraduation* de types Δ_1, Δ_2. Pour tout $\lambda \in \Delta_1$, posons $G'_\lambda = \bigoplus_{\mu\in\Delta_2} G_{\lambda\mu}$, et pour tout $\mu \in \Delta_2$, posons $G''_\mu = \bigoplus_{\lambda\in\Delta_1} G_{\lambda\mu}$; il est clair que $(G'_\lambda)_{\lambda\in\Delta_1}$ est une graduation de type Δ_1 et $(G''_\mu)_{\mu\in\Delta_2}$ une graduation de type Δ_2 sur G; on dit que ces graduations sont les *graduations partielles* déduites de la bigraduation $(G_{\lambda\mu})$. On notera que l'on a $G_{\lambda\mu} = G'_\lambda \cap G''_\mu$; inversement, si $(G'_\lambda)_{\lambda\in\Delta_1}$ et $(G''_\mu)_{\mu\in\Delta_2}$ sont deux graduations sur G telles que G soit somme directe des

$G_{\lambda\mu} = G'_\lambda \cap G''_\mu$, ces sous-groupes forment une bigraduation de types Δ_1, Δ_2 sur G, dont (G'_λ) et (G''_μ) sont les graduations partielles. Nous laissons au lecteur le soin de généraliser au cas où Δ est un produit fini d'ensembles.

4) Soient Δ_0 un monoïde commutatif noté additivement, ayant un élément neutre noté 0; soit I un ensemble quelconque, et désignons par $\Delta_0^{(I)} = \Delta$ le sous-monoïde du produit Δ_0^I formé des familles $(\lambda_\iota)_{\iota\in I}$ de support fini. Soit $\rho : \Delta \to \Delta_0$ l'homomorphisme (codiagonal) surjectif de Δ dans Δ_0 défini par $\rho((\lambda_\iota)) = \sum_{\iota\in I} \lambda_\iota$. De toute graduation de type Δ on déduit au moyen de ρ une graduation de type Δ_0 (*Exemple* 2) ; on dit que c'est la *graduation totale* associée à la « multigraduation » donnée de type Δ.

Les définitions et exemples de ce n° s'étendent aussitôt au cas où G est un groupe *non nécessairement commutatif*; il faut simplement remplacer partout la notion de somme directe par celle de « somme restreinte » (II, p. 15, *Remarque*). On notera que dans ce cas les G_λ sont des sous-groupes distingués de G et que pour $\lambda \neq \mu$, tout élément de G_λ est permutable à tout élément de G_μ.

2. Anneaux et modules gradués

DÉFINITION 2. — *Étant donnés un anneau* A *et une graduation* (A_λ) *de type* Δ *sur le groupe additif* A, *on dit que cette graduation est compatible avec la structure d'anneau de* A *si l'on a*

(1) $$A_\lambda A_\mu \subset A_{\lambda+\mu} \quad \textit{quels que soient } \lambda, \mu \textit{ dans } \Delta.$$

L'anneau A, *muni de cette graduation, est alors appelé anneau gradué de type* Δ.

PROPOSITION 1. — *Si tout élément de* Δ *est simplifiable et si* (A_λ) *est une graduation de type* Δ *compatible avec la structure d'un anneau* A, A_0 *est un sous-anneau de* A (*et en particulier on a* $1 \in A_0$).

Comme $A_0A_0 \subset A_0$ par définition, il suffit de prouver que $1 \in A_0$. Soit $1 = \sum_{\lambda\in\Delta} e_\lambda$ la décomposition de 1 en ses composantes homogènes. Si $x \in A_\mu$, on a $x = x.1 = \sum_{\lambda\in\Delta} xe_\lambda$; comparant les composantes de degré μ, on obtient (puisque la relation $\mu + \lambda = \mu$ entraîne $\lambda = 0$) $x = xe_0$. Cette relation, étant vraie pour tout élément homogène de A, est vraie pour tout $x \in A$; en particulier $1 = 1.e_0 = e_0 \in A_0$.

DÉFINITION 3. — *Soient* A *un anneau gradué de type* Δ, (A_λ) *sa graduation,* M *un* A-*module à gauche* (resp. *à droite*) ; *on dit qu'une graduation* (M_λ) *de type* Δ *sur le groupe additif* M *est compatible avec la structure de* A-*module de* M *si l'on a*

(2) $$A_\lambda M_\mu \subset M_{\lambda+\mu} \qquad (\text{resp. } M_\mu A_\lambda \subset M_{\lambda+\mu})$$

quels que soient λ, μ *dans* Δ. *Le module* M, *muni de cette graduation, est alors appelé module gradué à gauche* (resp. *à droite*) *de type* Δ *sur l'anneau gradué* A.

Lorsque les éléments de Δ sont simplifiables, il résulte de (2) et de la prop. 1 que les M_λ sont des A_0-*modules*.

Il est clair que si A est un anneau gradué de type Δ, le A-module à gauche A_s (resp. le A-module à droite A_d) est gradué de type Δ.

Exemples. — 1) Sur un anneau quelconque A, la graduation triviale de type Δ est compatible avec la structure d'anneau. Si A est gradué par la graduation triviale, pour qu'une graduation (M_λ) de type Δ sur un A-module M soit compatible avec la structure de A-module, il faut et il suffit que les M_λ soient des *sous-modules* de M.

2) Soient A un anneau gradué de type Δ, M un A-module gradué de type Δ, ρ un homomorphisme de Δ dans un monoïde commutatif Δ' dont l'élément neutre est noté 0. Alors A est un anneau gradué de type Δ' et M un A-module gradué de type Δ' pour les graduations de type Δ' déduites de ρ et des graduations de type Δ sur A et M par le procédé de II, p. 163, *Exemple* 2: cela résulte aussitôt de la relation $\rho(\lambda + \mu) = \rho(\lambda) + \rho(\mu)$.

En particulier, si $\Delta = \Delta_1 \times \Delta_2$ est un produit de deux monoïdes commutatifs, les projections pr_1 et pr_2 sont des homomorphismes et les graduations correspondantes ne sont autres que les *graduations partielles* déduites des graduations de type Δ (II, p. 163, *Exemple* 3); ces graduations partielles sont donc compatibles avec la structure d'anneau de A et la structure de module de M.

De même, si $\Delta = \Delta_0^{(I)}$ (où Δ_0 est un monoïde commutatif ayant un élément neutre noté 0), la *graduation totale* (II, p. 164, *Exemple* 4) de type Δ_0 déduite de la graduation de type Δ de A (resp. M) au moyen de l'homomorphisme codiagonal est compatible avec la structure d'anneau de A (resp. avec la structure de module de M).

3) Soient A un anneau gradué de type Δ, M un A-module gradué de type Δ, λ_0 un élément de Δ; pour tout $\lambda \in \Delta$, soit $M'_\lambda = M_{\lambda+\lambda_0}$, et soit M' le **Z**-module $\bigoplus_{\lambda\in\Delta} M'_\lambda$. Comme $A_\lambda M'_\mu \subset M_{\lambda+\mu+\lambda_0} = M'_{\lambda+\mu}$, M' est un A-module et les M'_λ forment sur M' une graduation de type Δ compatible avec la structure de A-module de M'; on dit que le A-module gradué M' de type Δ ainsi défini est obtenu par *décalage de* λ_0 de la graduation de M, et on le note $M(\lambda_0)$. Lorsque Δ est un *groupe*, le A-module sous-jacent au A-module gradué M' s'identifie à M.

*4) Soit B un anneau commutatif. L'anneau de polynômes B[X] à une indéterminée est gradué de type **N** par les sous-groupes BX^n ($n \geqslant 0$) (cf. III, p. 25, et IV).*

*5) Soient B un anneau commutatif, E un B-module, Q une forme quadratique sur E, C(Q) l'algèbre de Clifford de Q (cf. IX, § 9). Les sous-B-modules $C^+(Q)$ et $C^-(Q)$ forment sur C(Q) une graduation de type **Z**/2**Z** compatible avec la structure d'anneau de C(Q).*

Remarques. — 1) Les graduations les plus souvent utilisées sont de type **Z** ou de type $\mathbf{Z}^n$; lorsqu'on parle d'anneaux ou de modules *gradués* (resp. *bigradués*, *trigradués*, etc.) sans préciser de quel type, il est sous-entendu qu'il s'agit de graduations de type $\mathbf{Z}$ (resp. $\mathbf{Z}^2$, $\mathbf{Z}^3$, etc.); on dit aussi qu'un anneau (resp. module) gradué de type $\mathbf{N}$ est un anneau (resp. module) *gradué à degrés positifs*.

2) Les $\mathbf{Z}$-modules gradués de type Δ, lorsque $\mathbf{Z}$ est muni de la graduation triviale, ne sont autres que les groupes commutatifs gradués (dont l'ensemble des degrés est un monoïde commutatif) de II, p. 163, déf. 1.

DÉFINITION 4. — *Soient* A, A′ *deux anneaux gradués de même type* Δ, (A_λ), (A'_λ) *leurs graduations respectives. On dit qu'un homomorphisme d'anneaux* $h : A \to A'$ *est gradué si l'on a* $h(A_\lambda) \subset A'_\lambda$ *pour tout* $\lambda \in \Delta$.

Soient M, M′ *deux modules gradués de type* Δ *sur un anneau gradué* A *de type* Δ. *Soient* $u : M \to M'$ *un* A*-homomorphisme et* δ *un élément de* Δ; *on dit que* u *est gradué de degré* δ *si l'on a* $u(M_\lambda) \subset M_{\lambda+\delta}$ *pour tout* $\lambda \in \Delta$.

Soient A un anneau gradué de type Δ, A′ un anneau gradué de type Δ', $\rho : \Delta \to \Delta'$ un homomorphisme. On dit qu'un homomorphisme d'anneaux $h : A \to A'$ est *gradué* si h est un homomorphisme gradué d'anneaux gradués de type Δ', lorsque l'on munit A de la graduation de type Δ' déduite de sa graduation de type Δ au moyen de ρ (II, p. 163, *Exemple* 2); cela signifie donc que $h(A_\lambda) \subset A'_{\rho(\lambda)}$ pour tout $\lambda \in \Delta$.

On dit qu'un A-homomorphisme $u : M \to M'$ est *gradué* s'il existe $\delta \in \Delta$ tel que u soit gradué de degré δ. Si $u \neq 0$ et si tout élément de Δ est *simplifiable*, le degré δ de u est alors déterminé de façon *unique*.

Si $h : A \to A'$, $h' : A' \to A''$ sont deux homomorphismes gradués d'anneaux gradués de type Δ, il en est de même de $h' \circ h : A \to A''$; pour qu'une application $h : A \to A'$ soit un *isomorphisme* d'anneaux gradués, il faut et il suffit que h soit bijective et que h et l'application réciproque h' soient des homomorphismes gradués; il suffit d'ailleurs pour cela que h soit un homomorphisme gradué bijectif. On voit donc qu'on peut prendre pour *morphismes* de l'espèce de structure d'anneau gradué de type Δ les homomorphismes gradués (E, IV, p. 11).

De même, si $u : M \to M'$ et $u' : M' \to M''$ sont deux homomorphismes gradués de A-modules gradués de type Δ, de degrés respectifs δ et δ', $u' \circ u : M \to M''$ est un homomorphisme gradué de degré $\delta + \delta'$. Si δ admet un opposé $-\delta$ dans Δ et si $u : M \to M'$ est un homomorphisme gradué bijectif de degré δ, l'application réciproque $u' : M' \to M$ est un homomorphisme gradué bijectif de degré $-\delta$. On en conclut comme ci-dessus qu'on peut prendre pour *morphismes* de l'espèce de structure de A-module gradué de type Δ les *homomorphismes gradués de degré* 0. Mais un homomorphisme gradué bijectif $u : M \to N$ de degré $\neq 0$ n'est pas un isomorphisme de A-modules gradués si M et N ne sont pas réduits à 0 et si les éléments de Δ sont simplifiables.

Exemples. — 6) Si M est un A-module gradué, $M(\lambda_0)$ un A-module gradué obtenu par décalage (II, p. 165, *Exemple* 3), l'application $\mathbf{Z}$-linéaire de $M(\lambda_0)$ dans M qui coïncide avec l'injection canonique dans chaque $M_{\lambda+\lambda_0}$, est un homomorphisme gradué de degré λ_0 (qui est bijectif lorsque Δ est un *groupe*).

7) Si a est un élément homogène de degré δ appartenant au centre de A, l'homothétie $x \mapsto ax$ d'un A-module gradué quelconque M est un homomorphisme gradué de degré δ.

Remarque 3). — On dit qu'un A-module gradué M est un A-*module gradué libre* s'il existe une base $(m_\iota)_{\iota \in I}$ de M formée d'éléments *homogènes*. Supposons qu'il en soit ainsi et que Δ soit un *groupe* commutatif; soit λ_ι le degré de m_ι, et considérons pour chaque ι le A-module décalé $A(-\lambda_\iota)$ (II, p. 165, *Exemple* 3); si on désigne par e_ι l'élément 1 de A, considéré comme élément *de degré* λ_ι dans $A(-\lambda_\iota)$, l'application A-linéaire $u : \bigoplus_{\iota \in I} A(-\lambda_\iota) \to M$ telle que $u(e_\iota) = m_\iota$ pour tout ι, est un *isomorphisme de* A-*modules gradués*.

Supposant toujours que Δ est un groupe commutatif, soient maintenant N un A-module gradué, $(n_\iota)_{\iota \in I}$ un système de générateurs *homogènes* de N, et supposons que n_ι soit de degré μ_ι. Alors l'application A-linéaire $v : \bigoplus_{\iota \in I} A(-\mu_\iota) \to N$ telle que $u(e_\iota) = n_\iota$ pour tout ι est un *homomorphisme surjectif de degré* 0 *de* A-*modules gradués*. Si N est un A-module gradué *de type fini*, il y a toujours un système fini de générateurs homogènes de N, et on aura donc un homomorphisme surjectif du type précédent avec I *fini*.

3. Sous-modules gradués

PROPOSITION 2. — *Soient* A *un anneau gradué de type* Δ, M *un* A-*module gradué de type* Δ, (M_λ) *sa graduation*, N *un sous-*A-*module de* M. *Les propriétés suivantes sont équivalentes :*

a) N *est somme de la famille* $(N \cap M_\lambda)_{\lambda \in \Delta}$.

b) *Les composantes homogènes de tout élément de* N *appartiennent à* N.

c) N *est engendré par des éléments homogènes.*

Tout élément de N s'écrivant d'une seule manière comme somme d'éléments des M_λ, il est immédiat que *a*) et *b*) sont équivalentes et que *a*) entraîne *c*). Montrons que *c*) implique *b*). Soit donc $(x_\iota)_{\iota \in I}$ une famille de générateurs homogènes $\neq 0$ de N, et soit $\delta(\iota)$ le degré de x_ι. Tout élément de N s'écrit $\sum_\iota a_\iota x_\iota$ avec $a_\iota \in A$; si $a_{\iota,\lambda}$ est la composante de degré λ de a_ι, la conclusion résulte de la relation

$$\sum_{\iota \in I} \Big(\sum_{\mu \in \Delta} a_{\iota,\mu} x_\iota \Big) = \sum_{\lambda \in \Delta} \Big(\sum_{\mu + \delta(\iota) = \lambda} a_{\iota,\mu} x_\iota \Big).$$

Remarque 1). — Avec les notations précédentes, la relation $\sum_{\iota \in I} a_\iota x_\iota = 0$ est donc équivalente au système de relations $\sum_{\mu + \delta(\iota) = \lambda} a_{\iota,\mu} x_\iota = 0$. Lorsque Δ est un groupe, ces relations s'écrivent $\sum_{\iota \in I} a_{\iota, \lambda - \delta(\iota)} x_\iota = 0$.

Lorsqu'un sous-module N de M vérifie les propriétés équivalentes énoncées dans la prop. 2, il est clair que les $N \cap M_\lambda$ forment une graduation compatible avec la structure de A-module de N, appelée *graduation induite* par celle de M; on dit que N, muni de cette graduation, est un *sous-module gradué* de M.

COROLLAIRE 1. — *Si* N *est un sous-module gradué de* M *et si* (x_ι) *est un système générateur de* N, *les composantes homogènes des* x_ι *forment un système générateur de* N.

COROLLAIRE 2. — *Si* N *est un sous-module gradué de type fini de* M, N *admet un système générateur fini formé d'éléments homogènes.*

Il suffit d'appliquer le cor. 1 en remarquant qu'un élément de M n'a qu'un nombre fini de composantes homogènes $\neq 0$.

Un sous-module gradué de A_s (resp. A_d) est appelé *idéal à gauche* (resp. *à droite*) *gradué* de l'anneau gradué A. Pour tout sous-anneau B de A on a $(B \cap A_\lambda)(B \cap A_\mu) \subset B \cap A_{\lambda+\mu}$; si B est un *sous-*$\mathbf{Z}$*-module gradué* de A, la graduation induite sur B par celle de A est donc compatible avec la structure d'anneau de B; on dit alors que B est un *sous-anneau gradué* de A.

Il est clair que si N (resp. B) est un sous-A-module gradué de M (resp. un sous-anneau gradué de A), l'injection canonique $N \to M$ (resp. $B \to A$) est un homomorphisme gradué de modules de degré 0 (resp. un homomorphisme gradué d'anneaux).

Si N est un sous-module gradué d'un A-module gradué M et $(M_\lambda)_{\lambda \in \Delta}$ la graduation de M, les sous-modules $(M_\lambda + N)/N$ de M/N forment une *graduation* compatible avec la structure de ce module quotient. En effet, si $N_\lambda = M_\lambda \cap N$, $(M_\lambda + N)/N$ s'identifie à M_λ/N_λ, et il résulte de II, p. 167, prop. 2 et II, p. 14, formule (26), que M/N est leur somme directe. En outre, on a $A_\lambda(M_\mu + N) \subset A_\lambda M_\mu + N \subset M_{\lambda+\mu} + N$, donc $A_\lambda((M_\mu + N)/N) \subset (M_{\lambda+\mu} + N)/N$, ce qui établit notre assertion. On dit que la graduation $((M_\lambda + N)/N)_{\lambda \in \Delta}$ est la *graduation quotient* de celle de M par N, et le module quotient M/N, muni de cette graduation, s'appelle le *module gradué quotient* de M par le sous-module gradué N; l'homomorphisme canonique $M \to M/N$ est un homomorphisme gradué de degré 0 pour cette graduation.

Si $\mathfrak{b}$ est un idéal bilatère gradué de A, la graduation quotient sur $A/\mathfrak{b}$ est compatible avec la structure d'anneau de $A/\mathfrak{b}$; l'anneau $A/\mathfrak{b}$, muni de cette graduation, s'appelle l'*anneau gradué quotient* de A par $\mathfrak{b}$; l'homomorphisme canonique $A \to A/\mathfrak{b}$ est un homomorphisme d'anneaux gradués pour cette graduation.

PROPOSITION 3. — *Soient* A *un anneau gradué de type* Δ, M *et* N *deux* A*-modules gradués de type* Δ, $u : M \to N$ *un* A*-homomorphisme gradué de degré* δ. *Alors :*

(i) $\mathrm{Im}(u)$ *est un sous-module gradué de* N.

(ii) *Si* δ *est un élément simplifiable de* Δ, $\mathrm{Ker}(u)$ *est un sous-module gradué de* M.

(iii) *Si* $\delta = 0$, *la bijection* $\mathrm{M}/\mathrm{Ker}(u) \to \mathrm{Im}(u)$ *canoniquement associée à u est un isomorphisme de modules gradués.*

L'assertion (i) découle aussitôt des définitions et de la prop. 2, c) (II, p. 167). Si x est un élément de M tel que $u(x) = 0$ et si $x = \sum_\lambda x_\lambda$ est sa décomposition en composantes homogènes (où x_λ est de degré λ), on a $\sum_\lambda u(x_\lambda) = u(x) = 0$ et $u(x_\lambda)$ est de degré $\lambda + \delta$; si δ est simplifiable, la relation $\lambda + \delta = \mu + \delta$ entraîne $\lambda = \mu$, donc les $u(x_\lambda)$ sont les composantes homogènes de $u(x)$, et on a nécessairement $u(x_\lambda) = 0$ pour tout $\lambda \in \Delta$, ce qui prouve (ii). La bijection $v : \mathrm{M}/\mathrm{Ker}(u) \to \mathrm{Im}(u)$ canoniquement associée à u est alors un homomorphisme gradué de degré δ, comme il résulte de la définition de la graduation quotient; d'où (iii) lorsque $\delta = 0$.

Corollaire. — *Soient* A, B *deux anneaux gradués de type* Δ, $u : \mathrm{A} \to \mathrm{B}$ *un homomorphisme gradué d'anneaux gradués. Alors* $\mathrm{Im}(u)$ *est un sous-anneau gradué de* B, $\mathrm{Ker}(u)$ *un idéal bilatère gradué de* A, *et la bijection* $\mathrm{A}/\mathrm{Ker}(u) \to \mathrm{Im}(u)$ *canoniquement associée à u est un isomorphisme d'anneaux gradués.*

Il suffit d'appliquer la prop. 3 à u considéré comme homomorphisme de degré 0 de $\mathbf{Z}$-modules gradués.

Proposition 4. — *Soient* A *un anneau gradué de type* Δ, M *un* A*-module gradué de type* Δ.

(i) *Toute somme et toute intersection de sous-modules gradués de* M *est un sous-module gradué.*

(ii) *Si x est un élément homogène de* M, *de degré* μ *simplifiable dans* Δ, *l'annulateur de x est un idéal à gauche gradué de* A.

(iii) *Si tous les éléments de* Δ *sont simplifiables, l'annulateur d'un sous-module gradué de* M *est un idéal bilatère gradué de* A.

Si (N_ι) est une famille de sous-modules gradués de M, la propriété c) de la prop. 2 (II, p. 167) montre que la somme des N_ι est engendrée par des éléments homogènes, et la propriété b) de la prop. 2 (II, p. 167) prouve que les composantes homogènes de tout élément de $\bigcap_\iota \mathrm{N}_\iota$ appartiennent à $\bigcap_\iota \mathrm{N}_\iota$; d'où (i).

Pour démontrer (ii), il suffit de remarquer que $\mathrm{Ann}(x)$ est le noyau de l'homomorphisme $a \mapsto ax$ du A-module A_s dans M et que cet homomorphisme est gradué de degré μ; la conclusion résulte de la prop. 3, (ii). Enfin (iii) est conséquence de (i) et (ii), car l'annulateur d'un sous-module gradué N de M est l'intersection des annulateurs des éléments homogènes de N, en vertu de la prop. 2 de II, p. 167.

Remarque 2). — Soient M un A-module gradué, E un sous-module de M; il résulte de la prop. 4, (i) qu'il existe un *plus grand* sous-module gradué N′ de M contenu dans E et un *plus petit* sous-module gradué N″ de M contenant E; N′ est l'ensemble des $x \in \mathrm{E}$ dont toutes les composantes homogènes appartiennent à E, et N″ est le sous-module de M engendré par les composantes homogènes d'un système générateur de E.

PROPOSITION 5. — *Soit* A *un anneau gradué de type* Δ. *Si tout élément de* Δ *est simplifiable, alors, pour tout élément homogène* $a \in A$, *le commutant de* a *dans* A (I, p. 7) *est un sous-anneau gradué de* A.

Supposons que a soit de degré δ; soit $b = \sum_\lambda b_\lambda$ un élément permutable à a, b_λ étant la composante homogène de degré λ de b pour tout $\lambda \in \Delta$. On a par hypothèse $\sum_\lambda (ab_\lambda - b_\lambda a) = 0$ et $ab_\lambda - b_\lambda a$ est homogène de degré $\lambda + \delta$; comme δ est simplifiable, on en déduit que $ab_\lambda = b_\lambda a$ pour tout λ, ce qui prouve notre assertion.

COROLLAIRE. — *Si tout élément de* Δ *est simplifiable, le commutant d'un sous-anneau gradué* B *de* A (et en particulier le *centre* de A) *est un sous-anneau gradué de* A.

C'est en effet l'intersection des commutants des éléments homogènes de B.

Remarque 3). — Un *système inductif* $(A_\alpha, \varphi_{\beta\alpha})$ *d'anneaux gradués de type* Δ (resp. un *système inductif* $(M_\alpha, f_{\beta\alpha})$ *de* A_α*-modules gradués de type* Δ) est un système inductif d'anneaux (resp. de A_α-modules) tel que chaque A_α (resp. M_α) soit gradué de type Δ et que chaque $\varphi_{\beta\alpha}$ (resp. $f_{\beta\alpha}$) soit un *homomorphisme d'anneaux gradués* (resp. un A_α*-homomorphisme de degré* 0 *de modules gradués*). Si $(A_\alpha^\lambda)_{\lambda \in \Delta}$ (resp. $(M_\alpha^\lambda)_{\lambda \in \Delta}$) est la graduation de A_α (resp. M_α) et si on pose $A = \varinjlim A_\alpha$, $A^\lambda = \varinjlim A_\alpha^\lambda$ (resp. $M = \varinjlim M_\alpha$, $M^\lambda = \varinjlim M_\alpha^\lambda$), il résulte de II, p. 91, prop. 5 que (A^λ) (resp. (M^λ)) est une graduation de A (resp. M), et il résulte de I, p. 115–117 que cette graduation est compatible avec la structure d'anneau de A (resp. la structure de A-module de M). On dit que l'anneau *gradué* A (resp. le A-module *gradué* M) est la *limite inductive* du système inductif d'anneaux gradués $(A_\alpha, \varphi_{\beta\alpha})$ (resp. de modules gradués $(M_\alpha, f_{\beta\alpha})$). Si $\varphi_\alpha : A_\alpha \to A$ (resp. $f_\alpha : M_\alpha \to M$) est l'application canonique, φ_α (resp. f_α) est un homomorphisme d'anneaux gradués (resp. un homomorphisme de degré 0 de A_α-modules gradués).

4. Cas d'un groupe des degrés ordonné

Sur un groupe commutatif Δ, noté additivement, on dit qu'une structure d'ordre (notée $\leqslant$) est *compatible* avec la structure de groupe si pour tout $\rho \in \Delta$, la relation $\lambda \leqslant \mu$ entraîne $\lambda + \rho \leqslant \mu + \rho$. Le groupe Δ, muni de cette structure d'ordre, est alors appelé *groupe ordonné*. Nous étudierons en détail ces groupes dans VI, § 1; bornons-nous ici à remarquer que dans un tel groupe, la relation $\lambda > 0$ entraîne $\lambda + \mu > \mu$ pour tout μ, car elle entraîne $\lambda + \mu \geqslant \mu$ par définition, et la relation $\xi + \mu = \mu$ équivaut à $\xi = 0$.

Soient Δ un groupe commutatif ordonné, A un anneau gradué de type Δ, (A_λ) sa graduation, et supposons que la relation $A_\lambda \neq \{0\}$ entraîne $\lambda \geqslant 0$; alors il résulte des définitions que $\mathfrak{J}_0 = \sum_{\lambda > 0} A_\lambda$ est un *idéal bilatère gradué* de A, en vertu de la remarque faite ci-dessus.

PROPOSITION 6. — *Soient* Δ *un groupe commutatif ordonné,* A *un anneau gradué de type* Δ, (A_λ) *sa graduation,* M *un* A*-module gradué de type* Δ, (M_λ) *sa graduation. Supposons que la relation* $A_\lambda \neq \{0\}$ *implique* $\lambda \geqslant 0$ *et qu'il existe* λ_0 *tel que* $M_{\lambda_0} \neq \{0\}$ *et* $M_\lambda = \{0\}$ *pour* $\lambda < \lambda_0$. *Alors, si on pose* $\mathfrak{J}_0 = \sum_{\lambda > 0} A_\lambda$, *on a* $\mathfrak{J}_0 M \neq M$.

Soit x un élément non nul de M_{λ_0}; supposons que l'on ait $x \in \mathfrak{J}_0 M$. Alors $x = \sum_i a_i x_i$ où les a_i sont des éléments homogènes $\neq 0$ de $\mathfrak{J}_0$, les x_i des éléments homogènes $\neq 0$ de M, avec $\deg(x) = \deg(a_i) + \deg(x_i)$ pour tout i (II, p. 167). Mais, comme $\deg(a_i) > 0$, on aurait alors $\lambda_0 = \deg(a_i) + \deg(x_i) > \deg(x_i)$, ce qui contredit l'hypothèse.

COROLLAIRE 1. — *Les hypothèses sur* Δ *et* A *étant celles de la prop.* 6, *si* M *est un* A*-module gradué de type fini tel que* $\mathfrak{J}_0 M = M$, *on a* $M = \{0\}$.

Supposons $M \neq \{0\}$. Soit λ_0 un élément minimal de l'ensemble des degrés d'un système générateur fini formé d'éléments homogènes $\neq 0$ de M; alors les hypothèses de la prop. 6 seraient vérifiées, ce qui implique contradiction.

COROLLAIRE 2. — *Les hypothèses sur* Δ *et* A *étant celles de la prop.* 6, *soient* M *un* A*-module gradué de type fini,* N *un sous-module gradué de* M *tel que* $N + \mathfrak{J}_0 M = M$; *alors on a* $N = M$.

En effet, M/N est un A-module gradué de type fini, et l'hypothèse entraîne que $\mathfrak{J}_0 . (M/N) = M/N$; donc $M/N = 0$.

COROLLAIRE 3. — *Les hypothèses sur* Δ *et* A *étant celles de la prop.* 6, *soit* $u : M \to N$ *un homomorphisme gradué de* A*-modules à droite gradués,* N *étant supposé de type fini. Si l'homomorphisme*

$$u \otimes 1 : M \otimes_A (A/\mathfrak{J}_0) \to N \otimes_A (A/\mathfrak{J}_0)$$

est surjectif, alors u *est surjectif.*

En effet, $u(M)$ est un sous-module gradué de N, et le $(A/\mathfrak{J}_0)$-module $(N/u(M)) \otimes_A (A/\mathfrak{J}_0)$ est isomorphe à $(N \otimes_A (A/\mathfrak{J}_0))/\mathrm{Im}(u \otimes 1)$ (II, p. 59, prop. 6). L'hypothèse entraîne donc $(N/u(M)) \otimes_A (A/\mathfrak{J}_0) = 0$, donc $N = u(M)$ en vertu du cor. 1.

Remarque. — Il résulte de la démonstration du cor. 1 que les cor. 1 et 2 (resp. le cor. 3) sont encore valables lorsqu'au lieu de supposer que M (resp. N) est de type fini, on fait l'hypothèse suivante : il existe une partie Δ^+ de Δ vérifiant les conditions suivantes :

1° pour $\lambda \notin \Delta^+$, on a $M_\lambda = \{0\}$ (resp. $N_\lambda = \{0\}$);

2° toute partie non vide de Δ^+ possède un plus petit élément.

Ce sera le cas si $\Delta = \mathbf{Z}$ et si M (resp. N) est un module gradué à degrés *positifs*.

PROPOSITION 7. — *Supposons que* $\Delta = \mathbf{Z}$. *Les hypothèses sur* A *et* M *étant celles de la prop.* 6, *on considère le* A_0*-module gradué* $N = M/\mathfrak{J}_0 M$, *et on suppose vérifiées les conditions suivantes*:

(i) *chacun des* N_λ, *considéré comme* A_0*-module, admet une base* $(y_{\iota\lambda})_{\iota \in I_\lambda}$;

(ii) *l'homomorphisme canonique* $\mathfrak{J}_0 \otimes_A M \to M$ *est injectif.*

Alors M *est un* A*-module gradué libre* (II, p. 167, *Remarque* 3), *et de façon précise, si* $x_{\iota\lambda}$ *est un élément de* M_λ *dont l'image dans* N_λ *est* $y_{\iota\lambda}$, *la famille* $(x_{\iota\lambda})_{(\iota,\lambda)\in I}$ (*où* I *est l'ensemble somme des* I_λ) *est une base de* M.

On sait (II, p. 167, *Remarque* 3) qu'il y a un A-module gradué libre L (de graduation (L_λ)) et un homomorphisme $p: L \to M$ de degré 0 tel que $p(e_{\iota\lambda}) = x_{\iota\lambda}$ pour tout $(\iota, \lambda) \in I$ ($(e_{\iota\lambda})_{(\iota,\lambda)\in I}$ étant une base de L formée d'éléments homogènes $e_{\iota\lambda} \in L_\lambda$). Il résulte de la *Remarque* de II, p. 171, que p est *surjectif*. Considérons le A-module gradué $R = \operatorname{Ker}(p)$, et notons que $R_\lambda = \{0\}$ pour $\lambda < \lambda_0$ par définition; il s'agit de prouver que $R = \{0\}$, et en vertu de la prop. 6 il suffira de montrer que l'on a $\mathfrak{J}_0 R = R$. Considérons le diagramme commutatif (II, p. 58, prop. 5).

$$\begin{array}{ccccccc} \mathfrak{J}_0 \otimes R & \xrightarrow{1\otimes j} & \mathfrak{J}_0 \otimes L & \xrightarrow{1\otimes p} & \mathfrak{J}_0 \otimes M & \longrightarrow & 0 \\ \downarrow a & & \downarrow b & & \downarrow c & & \\ 0 \longrightarrow R & \xrightarrow[j]{} & L & \xrightarrow[p]{} & M & \longrightarrow & 0 \end{array}$$

où j est l'injection canonique, a, b, c les homomorphismes provenant de l'injection canonique $\mathfrak{J}_0 \to A$ (II, p. 55, prop. 4); il faut montrer que a est *surjectif*. Notons que, comme L est libre, b est *injectif* (II, p. 63, cor. 6) et c est injectif par hypothèse. Soit donc t un élément de R, et soit $\bar{t}$ sa classe dans $R/\mathfrak{J}_0 R$; on a une suite exacte (II, p. 58, prop. 5 et II, p. 60, cor. 2)

$$R/\mathfrak{J}_0 R \xrightarrow{\bar{j}} L/\mathfrak{J}_0 L \xrightarrow{\bar{p}} M/\mathfrak{J}_0 M \longrightarrow 0$$

où $\bar{j}$ et $\bar{p}$ se déduisent de j et p par passage aux quotients, et $\bar{p}$ est par hypothèse une *bijection*; on a donc $\bar{j}(\bar{t}) = 0$, autrement dit $j(t) \in \mathfrak{J}_0 L$. Il y a donc un élément $z \in \mathfrak{J}_0 \otimes L$ tel que $j(t) = b(z)$; comme $p(b(z)) = 0$, on a $c((1 \otimes p)(z)) = 0$, et comme c est injectif, $(1 \otimes p)(z) = 0$. Autrement dit, z est l'image d'un élément $t' \in \mathfrak{J}_0 \otimes R$ par $1 \otimes j$, et on a alors $j(a(t')) = b(z) = j(t)$; comme j est injectif, cela entraîne $t = a(t')$.

C.Q.F.D.

Nous montrerons plus tard (AC, II, § 3, n° 2, prop. 5) comment cette proposition peut s'étendre aux modules non gradués.

Lemme 1. — *Pour qu'un groupe commutatif* Δ *soit tel qu'il existe sur* Δ *un ordre total compatible avec la structure de groupe de* Δ, *il faut et il suffit que* Δ *soit sans torsion.*

En effet, s'il existe une telle structure d'ordre sur Δ et si $\lambda > 0$, on a $\lambda + \mu > 0$ pour tout $\mu \geqslant 0$ et en particulier, par récurrence sur l'entier $n > 0$, $n.\lambda > 0$, ce qui prouve que Δ est sans torsion (puisque tout élément $\neq 0$ de Δ est, soit > 0, soit < 0). Inversement, si Δ est sans torsion, Δ est un sous-**Z**-module d'un **Q**-espace vectoriel (II, p. 117, cor. 1) qu'on peut supposer de la forme $\mathbf{Q}^{(I)}$; si on munit I d'une structure de bon ordre (E, III, p. 20, th. 1) et $\mathbf{Q}$ de sa structure d'ordre usuelle, l'ensemble $\mathbf{Q}^{(I)}$, muni de l'*ordre lexicographique*, est totalement ordonné (E, III, p. 23); il est immédiat que cet ordre est compatible avec la structure de groupe additif de $\mathbf{Q}^{(I)}$.

C.Q.F.D.

Proposition 8. — *Soient* Δ *un groupe commutatif sans torsion,* A *un anneau gradué de type* Δ. *Si le produit dans* A *de deux éléments homogènes* $\neq 0$ *est* $\neq 0$, *l'anneau* A *n'a pas de diviseur de* 0.

Munissons Δ d'une structure d'ordre total compatible avec sa structure de groupe (lemme 1) et soient $x = \sum_{\lambda \in \Delta} x_\lambda$, $y = \sum_{\lambda \in \Delta} y_\lambda$ deux éléments non nuls de A (x_λ et y_λ étant homogènes de degré λ pour tout $\lambda \in \Delta$); soit α (resp. β) le plus grand des éléments $\lambda \in \Delta$ tels que $x_\lambda \neq 0$ (resp. $y_\lambda \neq 0$); il est immédiat que si $\lambda \neq \alpha$ ou $\mu \neq \beta$, ou bien $x_\lambda y_\mu = 0$ ou bien $\deg(x_\lambda y_\mu) < \alpha + \beta$; la composante homogène de degré $\alpha + \beta$ de xy est donc $x_\alpha y_\beta$, qui n'est pas nul par hypothèse; d'où $xy \neq 0$.

5. Produit tensoriel gradué de modules gradués

Soient Δ un monoïde commutatif dont l'élément neutre est noté 0, A un anneau gradué de type Δ, M (resp. N) un A-module à droite (resp. à gauche) gradué de type Δ. Soit (A_λ) (resp. (M_λ), (N_λ)) la graduation de A (resp. M, N); le produit tensoriel $M \otimes_{\mathbf{Z}} N$ des $\mathbf{Z}$-*modules* M et N est somme directe des $M_\lambda \otimes_{\mathbf{Z}} N_\mu$ (II, p. 61, prop. 7), donc ces derniers forment une *bigraduation* de types Δ, Δ sur ce $\mathbf{Z}$-module. Considérons sur $M \otimes_{\mathbf{Z}} N$ la *graduation totale* de type Δ associée à cette bigraduation (II, p. 164, *Exemple* 4); elle est formée des sous-$\mathbf{Z}$-modules $P_\lambda = \sum_{\mu+\nu=\lambda} (M_\mu \otimes_{\mathbf{Z}} N_\nu)$. On sait que le $\mathbf{Z}$-module $M \otimes_A N$ est quotient de $M \otimes_{\mathbf{Z}} N$ par le sous-$\mathbf{Z}$-module Q engendré par les éléments $(xa) \otimes y - x \otimes (ay)$, où $x \in M$, $y \in N$ et $a \in A$ (II, p. 51); si pour tout $\lambda \in \Delta$, $x_\lambda, y_\lambda, a_\lambda$ sont les composantes homogènes de degré λ de x, y, a respectivement, il est clair que $(xa) \otimes y - x \otimes (ay)$ est somme des éléments homogènes $(x_\lambda a_\nu) \otimes y_\mu - x_\lambda \otimes (a_\nu y_\mu)$, autrement dit Q est un sous-$\mathbf{Z}$-module *gradué* de $M \otimes_{\mathbf{Z}} N$ (II, p. 167, prop. 2), et le quotient $M \otimes_A N = (M \otimes_{\mathbf{Z}} N)/Q$ est donc canoniquement muni d'une structure de $\mathbf{Z}$-module gradué de type Δ (II, p. 168). En outre (II, p. 170, prop. 5), le *centre* C de A est un sous-anneau gradué de A; la graduation que nous venons de définir sur $M \otimes_A N$ est *compatible avec sa structure de module sur l'anneau gradué* C. En effet, $M \otimes_{\mathbf{Z}} N$ est canoniquement muni de *deux* structures de C-module, pour lesquelles on a respectivement $c(x \otimes y) = (xc) \otimes y$ et $(x \otimes y)c = x \otimes (cy)$ pour $x \in M$, $y \in N$, $c \in C$ (II, p. 53); si $x \in M_\lambda$, $y \in N_\mu$, $c \in C \cap A_\nu$, les deux éléments $c(x \otimes y)$ et $(x \otimes y)c$ appartiennent à $(M \otimes_{\mathbf{Z}} N)_{\lambda+\mu+\nu}$ et leur différence appartient à Q, donc leur image commune dans $M \otimes_A N$ appartient à $(M \otimes_A N)_{\lambda+\mu+\nu}$, ce qui établit notre assertion. Quand nous parlerons de $M \otimes_A N$ comme d'un C-*module gradué*, il s'agira toujours de la structure ainsi définie, sauf mention expresse du contraire. On notera que $(M \otimes_A N)_\lambda$ peut se définir comme le sous-groupe additif de $M \otimes_A N$ engendré par les $x_\mu \otimes y_\nu$, où $x_\mu \in M_\mu$, $y_\nu \in N_\nu$ et $\mu + \nu = \lambda$.

Soient M' (resp. N') un second A-module à droite (resp. à gauche) gradué, $u : M \to M'$, $v : N \to N'$ des homomorphismes gradués de degrés respectifs α et β. Alors il résulte aussitôt de la remarque précédente que $u \otimes v$ est un homomorphisme (de C-modules) *gradué* de degré $\alpha + \beta$.

Lorsque A est commutatif, on définit de même une graduation (compatible avec la structure de A-module) sur le produit tensoriel d'un nombre fini quelconque de A-modules gradués; il est immédiat en outre que les isomorphismes d'associativité tels que $(M \otimes N) \otimes P \to M \otimes (N \otimes P)$ (II, p. 64, prop. 8) sont des isomorphismes de modules *gradués*.

Remarque. — Lorsque A est muni de la graduation *triviale* (II, p. 163, *Exemple* 1), $(M \otimes_A N)_\lambda$ est alors simplement la somme directe des sous-C-modules $M_\mu \otimes_A N_\nu$ de $M \otimes_A N$ tels que $\mu + \nu = \lambda$.

Soient M (resp. N) un A-module à droite (resp. à gauche) gradué de type Δ, P un **Z**-module gradué de type Δ, et soit f une application **Z**-bilinéaire de $M \times N$ dans P, vérifiant la condition (1) de II, p. 50, et telle en outre que l'on ait

$$f(x_\lambda, y_\mu) \in P_{\lambda+\mu} \quad \text{pour } x \in M_\lambda, y \in N_\mu, \lambda, \mu \text{ dans } \Delta.$$

On a alors $f(x, y) = g(x \otimes y)$ où $g : M \otimes_A N \to P$ est une application **Z**-linéaire (II, p. 51, prop. 1), et il résulte de la condition précédente que g est un homomorphisme *gradué* de degré 0 de **Z**-modules.

Soit B un second anneau gradué de type Δ, $\rho : A \to B$ un homomorphisme d'anneaux gradués (II, p. 166); alors $\rho_*(B_d)$ est un A-module à droite gradué de type Δ. Si E est un A-module à gauche gradué de type Δ, et si l'on munit $\rho_*(B_d) \otimes_A E$ de la structure de **Z**-module gradué de type Δ définie ci-dessus, la structure canonique de B-module à gauche (II, p. 81) est compatible avec la graduation de $E_{(B)} = \rho^*(E) = \rho_*(B_d) \otimes_A E$. On dit que le B-module gradué ainsi obtenu est obtenu par extension à B de l'anneau des scalaires au moyen de ρ, et lorsqu'on parle de $E_{(B)}$ ou de $\rho^*(E)$ comme d'un B-module gradué, c'est toujours de cette structure qu'il s'agit sauf mention expresse du contraire.

6. Modules gradués d'homomorphismes gradués

Supposons dans ce numéro que le monoïde Δ soit un *groupe*. Soient A un anneau gradué de type Δ, et M, N deux A-modules à gauche (par exemple) gradués de type Δ. Désignons par H_λ le groupe additif des *homomorphismes gradués de degré* λ de M dans N (II, p. 166); dans le groupe additif $\mathrm{Hom}_A(M, N)$ de *tous* les homomorphismes de M dans N (pour les structures de A-module *non gradué*) la somme (pour $\lambda \in \Delta$) des H_λ est *directe*. En effet, si on a une relation $\sum_\lambda u_\lambda = 0$ avec $u_\lambda \in H_\lambda$ pour tout λ, on en tire $\sum_\lambda u_\lambda(x_\mu) = 0$ pour tout μ et tout $x_\mu \in M_\mu$. Comme les éléments de Δ sont simplifiables, $u_\lambda(x_\mu)$ est la composante homogène de degré $\lambda + \mu$ de $\sum_\lambda u_\lambda(x_\mu)$; on a donc $u_\lambda(x_\mu) = 0$ pour tout couple (λ, μ) et tout $x_\mu \in M_\mu$, ce qui entraîne $u_\lambda = 0$ pour tout $\lambda \in \Delta$. Nous désignerons (dans ce paragraphe) par $\mathrm{Homgr}_A(M, N)$ le sous-groupe additif de $\mathrm{Hom}_A(M, N)$ somme des H_λ et nous dirons que c'est le groupe additif des *homomorphismes de A-modules gradués* de M dans N. Soit C le centre de A, qui est un sous-anneau gradué (II, p. 170, corollaire); pour la structure canonique de C-module sur $\mathrm{Hom}_A(M, N)$ (II, p. 35, *Remarque* 1), $\mathrm{Homgr}_A(M, N)$ est un *sous-module* et la graduation (H_λ) est *compatible* avec la structure de C-module: en effet, si $c_\nu \in C \cap A_\nu$, $x_\mu \in M_\mu$ et $u_\lambda \in H_\lambda$, on a, par définition

$$(c_\nu u_\lambda)(x_\mu) = c_\nu . u_\lambda(x_\mu) \subset N_{\lambda+\mu+\nu},$$

donc $c_\nu u_\lambda \in H_{\lambda+\nu}$.

Soient M′ et N′ deux A-modules à gauche gradués de type Δ, $u' : M' \to M$, $v' : N \to N'$ des homomorphismes gradués de degrés respectifs α et β. Alors il est immédiat que $\mathrm{Hom}(u', v') : w \mapsto v' \circ w \circ u'$ applique $\mathrm{Homgr}_A(M, N)$ dans $\mathrm{Homgr}_A(M', N')$ et que sa restriction à $\mathrm{Homgr}_A(M, N)$ est un homomorphisme *gradué* dans $\mathrm{Homgr}_A(M', N')$, *de degré* $\alpha + \beta$.

En particulier $\mathrm{Homgr}_A(M, M)$ est un *sous-anneau gradué* de $\mathrm{End}_A(M)$, que l'on note $\mathrm{Endgr}_A(M)$.

Remarque. — Si M et N sont des A-modules à gauche gradués, $\mathrm{Homgr}_A(M, N)$ est en général distinct de $\mathrm{Hom}_A(M, N)$. Toutefois ces deux ensembles sont égaux lorsque M est un A-module *de type fini*. En effet, M est alors engendré par un nombre fini d'éléments homogènes x_i $(1 \leqslant i \leqslant n)$; soit $d(i)$ le degré de x_i; soit $u \in \mathrm{Hom}_A(M, N)$ et pour tout $\lambda \in \Delta$, désignons par $z_{i,\lambda}$ la composante homogène de degré $\lambda + d(i)$ de $u(x_i)$. Montrons qu'il existe un homomorphisme $u_\lambda : M \to N$, tel que $u_\lambda(x_i) = z_{i,\lambda}$ pour tout i. Il suffit de prouver que si l'on a $\sum_i a_i x_i = 0$ avec $a_i \in A$ pour $1 \leqslant i \leqslant n$, il en résulte que $\sum_i a_i z_{i,\lambda} = 0$ pour tout $\lambda \in \Delta$ (II, p. 16, *Remarque*). On peut supposer que chaque a_i est homogène de degré $d'(i)$ tel que $d(i) + d'(i) = \mu$ pour tout i (II, p. 167, *Remarque* 1); on a alors $\sum_i a_i u(x_i) = 0$; prenant la composante homogène de degré $\lambda + \mu$ du premier membre, il vient $\sum_i a_i z_{i,\lambda} = 0$, d'où l'existence de l'homomorphisme u_λ; il est clair en outre que u_λ est *gradué* de degré λ. Enfin, on a $u_\lambda = 0$ sauf pour un nombre fini de valeurs de λ, et $u = \sum_\lambda u_\lambda$ par définition, ce qui achève de prouver notre assertion.

En particulier, on a $\mathrm{Homgr}_A(A_s, M) = \mathrm{Hom}_A(A_s, M)$ pour tout A-module à gauche gradué M; en outre $\mathrm{Hom}_A(A_s, M)$ est muni d'une structure de A-*module à gauche gradué* (et non seulement de C-module gradué) et il est immédiat que pour cette structure, l'application canonique de M dans $\mathrm{Hom}_A(A_s, M)$ (II, p. 35, *Remarque* 2) est un *isomorphisme de* A-*modules gradués.*

De même, $\mathrm{Homgr}_A(M, A_s)$ est muni d'une structure de A-*module à droite gradué* (et non seulement de C-module gradué); on dit que c'est le *dual gradué* du A-module gradué M, et on le note $M^{*\mathrm{gr}}$, ou simplement M^* quand aucune confusion n'en résulte. Si $u : M \to N$ est un homomorphisme gradué de degré δ, il résulte de ce qui précède que la restriction à $N^{*\mathrm{gr}}$ de ${}^t u = \mathrm{Hom}(u, 1_{A_s})$ est un homomorphisme gradué u' du dual gradué $N^{*\mathrm{gr}}$ dans le dual gradué $M^{*\mathrm{gr}}$, de degré δ, dit *transposé gradué* de u.

On considère parfois sur le dual gradué $M^{*\mathrm{gr}}$ la graduation déduite de la précédente à l'aide de l'isomorphisme $\lambda \mapsto -\lambda$ de Δ (II, p. 163, *Exemple* 2) de sorte que l'on prend pour éléments homogènes de degré λ de $M^{*\mathrm{gr}}$ les formes linéaires graduées *de degré* $-\lambda$ sur M (lorsque A est muni de la graduation triviale, ce seront les formes linéaires nulles dans les M_μ d'indice $\mu \neq \lambda$). Alors, si $u : M \to N$ est un homomorphisme gradué de degré δ, u' devient un homomorphisme gradué de degré $-\delta$.

Supposons A *commutatif* et gradué de type Δ, et soient M, N, P, Q quatre A-modules *gradués* de type Δ. On a alors des *homomorphismes canoniques gradués de degré* 0

(3) $$\mathrm{Homgr}_A(M, \mathrm{Homgr}_A(N, P)) \to \mathrm{Homgr}_A(M \otimes_A N, P)$$

(4) $$\mathrm{Homgr}_A(M, N) \otimes_A P \to \mathrm{Homgr}_A(M, N \otimes_A P)$$

(5) $$\mathrm{Homgr}_A(M, P) \otimes_A \mathrm{Homgr}_A(N, Q) \to \mathrm{Homgr}_A(M \otimes_A N, P \otimes_A Q)$$

(les produits tensoriels étant munis des graduations définies dans II, p. 173) que l'on obtient par restriction des homomorphismes canoniques définis au § 4 (II, p. 74, 75 et 79); en effet, si $u : M \to \mathrm{Homgr}_A(N, P)$ est gradué de degré δ, alors, pour tout $x \in M_\lambda$, $u(x)$ est un homomorphisme gradué $N \to P$ de degré $\delta + \lambda$, donc, pour $y \in N_\mu$, on a $u(x)(y) \in P_{\delta+\lambda+\mu}$; si $v : M \otimes_A N \to P$ correspond canoniquement à u, on voit donc que v est un homomorphisme gradué de degré δ, d'où notre assertion concernant (3); on voit en outre que cet homomorphisme est *bijectif*. On raisonne de même pour (4) et (5).

Si on prend en particulier $P = Q = A$ dans (5), on obtient un homomorphisme canonique *gradué* de degré 0

(6) $$M^{*\mathrm{gr}} \otimes_A N^{*\mathrm{gr}} \to (M \otimes_A N)^{*\mathrm{gr}}.$$

APPENDICE

PSEUDOMODULES

1. Adjonction d'un élément unité à un pseudo-anneau

Soit A un pseudo-anneau (I, p. 93). Sur l'ensemble $A' = \mathbf{Z} \times A$, définissons les lois de composition suivantes:

(1) $$\begin{cases} (m, a) + (n, b) = (m + n, a + b) \\ (m, a)(n, b) = (mn, mb + na + ab). \end{cases}$$

On vérifie aussitôt que A′, muni de ces deux lois de composition, est un *anneau*, dans lequel l'élément (1, 0) est *l'élément unité*. L'ensemble $\{0\} \times A$ est un idéal bilatère de A′ et $\iota : x \mapsto (0, x)$ est un isomorphisme du pseudo-anneau A sur le sous-pseudo-anneau $\{0\} \times A$, au moyen duquel on identifie A et $\{0\} \times A$. On dit que A′ est *l'anneau déduit du pseudo-anneau* A *par adjonction d'un élément unité.*

Si A admet déjà un élément unité ε, l'élément $e = (0, \varepsilon)$ de A′ est un *idempotent* appartenant au centre de A′ et tel que

$$A = eA' = A'e.$$

Alors $(eA', (1 - e)A')$ est une décomposition directe (I, p. 105) de A′, et l'anneau $(1 - e)A'$ est *isomorphe à* $\mathbf{Z}$.

2. Pseudomodules

Étant donné un pseudo-anneau A ayant ou non un élément unité, on appelle *pseudomodule à gauche* sur A un groupe commutatif E (noté additivement) admettant A comme ensemble d'opérateurs et vérifiant les axiomes (M_I), (M_{II}) et (M_{III}) de II, p. 1, déf. 1. On définit de même les pseudomodules à droite sur A.

Soit A′ l'anneau obtenu par adjonction à A d'un élément unité. Si E est un pseudomodule à gauche sur A, on lui associe sur E une structure de *A′-module à gauche* en posant, pour tout $x \in E$ et tout élément $(n, a) \in A'$

$$(n, a) . x = nx + ax. \tag{2}$$

On vérifie en effet aussitôt les axiomes (M_I) à (M_{IV}) de II, p. 1, déf. 1; en outre, en restreignant à $\{0\} \times A$ (identifié à A) l'ensemble d'opérateurs de cette structure de module, on obtient sur E la structure de pseudomodule donnée initialement.

Pour qu'une partie M de E soit un sous-groupe à opérateurs du pseudomodule E (auquel cas la structure induite est évidemment encore une structure de pseudomodule à gauche sur A), il faut et il suffit que M soit un *sous-module* du A′-module E associé, et ce sous-A′-module est associé au pseudomodule M. En outre, le A′-module quotient E/M est alors associé au groupe à opérateurs quotient E/M, qui est évidemment un pseudomodule sur A.

Si E, F sont deux pseudomodules sur A, il y a identité entre les homomorphismes de groupes à opérateurs $E \to F$ et les applications A′-linéaires $E \to F$ des A′-modules associés respectivement aux pseudomodules E et F. Si $(E_\iota)_{\iota \in I}$ est une famille de pseudomodules sur A, les groupes à opérateurs $\prod_{\iota \in I} E_\iota$ et $\bigoplus_{\iota \in I} E_\iota$ sont des pseudomodules sur A, et les A′-modules associés sont respectivement le produit et la somme directe des A′-modules E_ι associés. On a des résultats analogues pour les limites projectives et inductives de pseudomodules. La théorie des pseudomodules sur A est ainsi ramenée à celle des A′-modules.

Exercices

§ 1

1) Soient E, F, deux A-modules, $u : E \to F$ une application linéaire. Soient M un sous-module de E, N un sous-module de F, i l'injection canonique $M \to E$, q la surjection canonique $F \to F/N$. Montrer que l'on a $u(M) = \operatorname{Im}(u \circ i)$ et $\overset{-1}{u}(N) = \operatorname{Ker}(q \circ u)$.

2) Soient E un A-module à gauche; pour tout idéal à gauche $\mathfrak{a}$ de A on désigne par $\mathfrak{a}E$ la somme des $\mathfrak{a}x$ où $x \in E$, qui est donc un sous-module de E.

a) Montrer que pour toute famille $(E_\lambda)_{\lambda \in L}$ de A-modules, $\mathfrak{a} . \bigoplus_{\lambda \in L} E_\lambda$ s'identifie canoniquement à $\bigoplus_{\lambda \in L} \mathfrak{a}E_\lambda$.

b) Si $\mathfrak{a}$ est un idéal à gauche de type fini de A, montrer que pour toute famille $(E_\lambda)_{\lambda \in L}$ de A-modules, $\mathfrak{a} . \prod_{\lambda \in L} E_\lambda$ s'identifie canoniquement à $\prod_{\lambda \in L} \mathfrak{a}E_\lambda$. Donner un exemple où $\mathfrak{a}$ n'est pas de type fini et où la propriété précédente tombe en défaut (prendre A commutatif et tous les E_λ égaux à A).

* *c*) Soient K un corps commutatif, A l'anneau K[X, Y] des polynômes à deux indéterminées sur K, $\mathfrak{m} = AX$, $\mathfrak{n} = AY$. Si E est le A-module quotient de A^2 par le sous-module de A^2 engendré par $Xe_1 - Ye_2$ (où (e_1, e_2) est la base canonique de A^2), montrer que $(\mathfrak{m} \cap \mathfrak{n})E \neq (\mathfrak{m}E) \cap (\mathfrak{n}E)$.$_*$

3) Soit E un A-module.

a) Soit $(L_\mu)_{\mu \in M}$ une famille d'ensembles ordonnés filtrants croissants, et pour tout $\mu \in M$, soit $(F_{\lambda\mu})_{\lambda \in L_\mu}$ une famille croissante de sous-modules de E. Montrer que l'on a

$$\bigcap_{\mu \in M} \Big(\sum_{\lambda \in L_\mu} F_{\lambda\mu} \Big) = \sum_{\rho \in \prod_\mu L_\mu} \Big(\bigcap_{\mu \in M} F_{\rho(\mu), \mu} \Big).$$

b) On prend pour A un corps, pour E le A-module $A^{\mathbf{N}}$; soit G le sous-module $A^{(\mathbf{N})}$ de E; d'autre part, pour toute partie finie H de $\mathbf{N}$, soit F_H le sous-module $\prod_{n \in \mathbf{N}} M_n$ de E, où $M_n = A$ pour $n \notin H$ et $M_n = \{0\}$ pour $n \in H$. Montrer que la famille (F_H), où H parcourt l'ensemble Φ

des parties finies de **N**, est filtrante décroissante, et que l'on a

$$\left(\bigcap_{H\in\Phi} F_H\right) + G \neq \bigcap_{H\in\Phi} (F_H + G).$$

4) Soient E, F_1, F_2 trois A-modules, $f_1 : F_1 \to E$, $f_2 : F_2 \to E$ deux applications A-linéaires. On appelle *produit fibré* de F_1 et F_2 relatif à f_1 et f_2 le sous-module du produit $F_1 \times F_2$ formé des couples (x_1, x_2) tels que $f_1(x_1) = f_2(x_2)$; on le note $F_1 \times_E F_2$.
a) Pour tout couple d'applications A-linéaires $u_1 : G \to F_1$, $u_2 : G \to F_2$ telles que $f_1 \circ u_1 = f_2 \circ u_2$, il existe une application A-linéaire et une seule $u : G \to F_1 \times_E F_2$ telle que $p_1 \circ u = u_1$, $p_2 \circ u = u_2$, en désignant par p_1 et p_2 les restrictions à $F_1 \times_E F_2$ des projections pr_1 et pr_2.
b) Soient E', F'_1, F'_2 trois A-modules, $f'_1 : F'_1 \to E'$, $f'_2 : F'_2 \to E'$ deux applications A-linéaires, $F'_1 \times_{E'} F'_2$ le produit fibré relatif à ces applications. Pour tout système d'applications A-linéaires $v_1 : F_1 \to F'_1$, $v_2 : F_2 \to F'_2$, $w : E \to E'$ telles que $f'_1 \circ v_1 = w \circ f_1$, $f'_2 \circ v_2 = w \circ f_2$, soit v l'application A-linéaire de $F_1 \times_E F_2$ dans $F'_1 \times_{E'} F'_2$ correspondant aux deux applications linéaires $v_1 \circ p_1$ et $v_2 \circ p_2$. Montrer que si v_1 et v_2 sont injectives, il en est de même de v; donner un exemple où v_1 et v_2 sont surjectives, mais v n'est pas surjective (prendre $E' = \{0\}$). Si w est injective, v_1 et v_2 surjectives, montrer que v est surjective.

5) Soient E, F_1, F_2 trois A-modules, $f_1 : E \to F_1$, $f_2 : E \to F_2$ deux applications A-linéaires. On appelle *somme amalgamée* de F_1 et F_2 relative à f_1 et f_2 le module quotient de $F_1 \times F_2$ par le sous-module image de E par l'application $z \mapsto (f_1(z), -f_2(z))$; on la note $F_1 \oplus_E F_2$.
a) Pour tout couple d'applications A-linéaires $u_1 : F_1 \to G$, $u_2 : F_2 \to G$ telles que $u_1 \circ f_1 = u_2 \circ f_2$, montrer qu'il existe une application A-linéaire et une seule $u : F_1 \oplus_E F_2 \to G$ telle que $u \circ j_1 = u_1$, $u \circ j_2 = u_2$, en désignant par j_1 et j_2 les composées respectives de l'application canonique $F_1 \times F_2 \to F_1 \oplus_E F_2$ et des injections canoniques $F_1 \to F_1 \times F_2$, $F_2 \to F_1 \times F_2$.
b) Soient E', F'_1, F'_2 trois A-modules, $f'_1 : E' \to F'_1$, $f'_2 : E' \to F'_2$ deux applications A-linéaires, $F'_1 \oplus_{E'} F'_2$ la somme amalgamée relative à ces applications. Pour tout système d'applications A-linéaires $v_1 : F'_1 \to F_1$, $v_2 : F'_2 \to F_2$, $w : E' \to E$ telles que $v_1 \circ f'_1 = f_1 \circ w$, $v_2 \circ f'_2 = f_2 \circ w$, soit v l'application A-linéaire de $F'_1 \oplus_{E'} F'_2$ dans $F_1 \oplus_E F_2$ correspondant aux deux applications linéaires $j_1 \circ v_1$ et $j_2 \circ v_2$. Montrer que si v_1 et v_2 sont surjectives, il en est de même de v; donner un exemple où v_1 et v_2 sont injectives, mais v n'est pas injective. Montrer que si w est surjective, v_1 et v_2 injectives, alors v est injective.

6) Étant donné un A-module E, on désigne par $\gamma(E)$ le *plus petit* des cardinaux des systèmes générateurs de E.
a) Si $0 \to E \to F \to G \to 0$ est une suite exacte de A-modules, on a

$$\gamma(G) \leqslant \gamma(F) \leqslant \gamma(E) + \gamma(G).$$

Donner un exemple d'un produit $F = E \times G$ tel que $\gamma(E) = \gamma(F) = \gamma(G) = 1$ (prendre pour E et G des quotients de **Z**).
b) Si E est somme d'une famille $(F_\lambda)_{\lambda\in L}$ de sous-modules, on a $\gamma(E) \leqslant \sum_{\lambda\in L} \gamma(F_\lambda)$.
c) Si M et N sont des sous-modules d'un module E, montrer que

$$\sup(\gamma(M), \gamma(N)) \leqslant \gamma(M \cap N) + \gamma(M + N).$$

7) *a*) Soient A un anneau, E un (A, A)-bimodule; sur le produit $B = A \times E$, on définit une structure d'anneau en posant

$$(a, x)(a', x') = (aa', ax' + xa');$$

E (identifié canoniquement à $\{0\} \times E$) est alors un idéal bilatère de B, tel que $E^2 = \{0\}$.
b) En choisissant convenablement A et E, montrer qu'on peut faire en sorte que E soit un B-module à gauche tel que $\gamma(E)$ (exerc. 6) soit un cardinal arbitraire, bien que $\gamma(B_s) = 1$.

* 8) Soient A un anneau commutatif, $B = A[X_n]_{n\geqslant 1}$ un anneau de polynômes sur A à une

infinité d'indéterminées, C l'anneau quotient de B par l'idéal engendré par les polynômes $(X_1 - X_2)X_i$ pour $i \geqslant 3$. Si ξ_1 et ξ_2 sont les classes dans C de X_1 et X_2 respectivement, montrer que dans C l'intersection des idéaux monogènes $C\xi_1$ et $C\xi_2$ n'est pas un idéal de type fini.$_*$

9) Montrer que dans un A-module E, si $(F_n)_{n \geqslant 1}$ est une suite *strictement croissante* de sous-modules de type fini, le sous-module F de E réunion des F_n n'est pas de type fini. En déduire que si E est un A-module qui n'est pas de type fini, il existe un sous-module F de E tel que $\gamma(F) = \aleph_0$ $(= \text{Card}(\mathbf{N}))$.

10) Soit E un $\mathbf{Z}$-module somme directe de deux sous-modules M, N respectivement isomorphes à $\mathbf{Z}/2\mathbf{Z}$ et $\mathbf{Z}/3\mathbf{Z}$; montrer qu'il n'existe aucune autre décomposition de E en somme directe de deux sous-modules non réduits à 0.

11) Soit A un anneau admettant un corps des fractions à gauche (I, p. 155, exerc. 15). Montrer que dans le A-module A_s, un sous-module distinct de A_s et de $\{0\}$ n'admet pas de sous-module supplémentaire (cf. I, p. 156, exerc. 16).

12) Soient G un module E, F, deux sous-modules de G tels que $E \subset F$.
a) Si F est facteur direct dans G, F/E est facteur direct dans G/E. Si en outre E est facteur direct dans F, E est facteur direct dans G.
b) Si E est facteur direct dans G, alors E est facteur direct dans F. Si en outre F/E est facteur direct dans G/E, alors F est facteur direct dans G.
c) Donner un exemple de deux sous-modules M, N du $\mathbf{Z}$-module $E = \mathbf{Z}^2$, tels que M et N soient facteurs directs de E, mais que M + N ne soit pas facteur direct de E.
d) Soient p un nombre premier, U_p le sous-module du $\mathbf{Z}$-module $\mathbf{Q}/\mathbf{Z}$ formé des classes mod. $\mathbf{Z}$ des nombres rationnels de la forme k/p^n $(k \in \mathbf{Z}, n \in \mathbf{N})$. Soit E le $\mathbf{Z}$-module produit $M \times N$, où M et N sont tous deux isomorphes à U_p, M et N étant identifiés canoniquement à des sous-modules de E. On considère l'endomorphisme $u : (x, y) \mapsto (x, y + px)$ de E; montrer que u est bijectif. Si $M' = u(M)$, montrer que M et M' sont tous deux facteurs directs de E, mais que $M \cap M'$ n'est pas facteur direct de E (utiliser *b*), en montrant que le $\mathbf{Z}$-module U_p ne possède aucun facteur direct autre que lui-même et $\{0\}$.

¶ 13) Soient E un A-module, B l'anneau $\text{End}_A E$. Montrer que pour un élément $u \in B$, les trois conditions suivantes sont équivalentes: 1° Bu est facteur direct du B-module à gauche B_s; 2° uB est facteur direct du B-module à droite B_d; 3° $\text{Ker}(u)$ et $\text{Im}(u)$ sont des facteurs directs du A-module E. (Observer que tout idéal à gauche facteur direct de B_s est de la forme Bp, où p est un projecteur dans E; cf. I, p. 152, exerc. 12 et utiliser II, p. 21, cor. 1 et 2.)

14) Soient L un ensemble bien ordonné, E un A-module, $(E_\lambda)_{\lambda \in L}$ une famille croissante de sous-modules de E, tels que: 1° il existe un $\lambda \in L$ tel que $E_\lambda = \{0\}$; 2° E est réunion des E_λ pour $\lambda \in L$; 3° si $\lambda \in L$ est tel que l'ensemble des $\mu < \lambda$ admette un plus grand élément λ', E_λ est somme directe de $E_{\lambda'}$ et d'un sous-module F_λ; 4° si $\lambda \in L$ est la borne supérieure de l'ensemble des $\mu < \lambda$, alors E_λ est réunion des E_μ pour $\mu < \lambda$. Dans ces conditions, montrer que E est *somme directe* des F_λ. (Prouver par récurrence transfinie que chaque E_λ est somme directe des F_μ tels que $\mu \leqslant \lambda$.)

¶ 15) Soit $\mathfrak{c}$ un cardinal infini.
a) Soit I un ensemble et soit $R\{\alpha, \beta\}$ une relation entre éléments de I telle que, pour tout $\alpha \in I$, l'ensemble des $\beta \in I$ pour lesquels $R\{\alpha, \beta\}$ est vraie ait un cardinal $\leqslant \mathfrak{c}$. Montrer qu'il existe un ensemble bien ordonné L et une famille croissante $(I_\lambda)_{\lambda \in L}$ de parties de I tels que: 1° il existe un $\lambda \in L$ tel que $I_\lambda = \varnothing$; 2° I est réunion des I_λ pour $\lambda \in L$; 3° si $\lambda \in L$ est tel que l'ensemble des $\mu < \lambda$ ait un plus grand élément λ', $\text{Card}(I_\lambda - I_{\lambda'}) \leqslant \mathfrak{c}$; 4° si $\lambda \in L$ est la borne supérieure de l'ensemble des $\mu < \lambda$, I_λ est réunion des I_μ pour $\mu < \lambda$; 5° si $\alpha \in I_\lambda$ et si $R\{\alpha, \beta\}$ est vraie, alors $\beta \in I_\lambda$. (On remarquera d'abord que pour tout $\alpha \in I$, l'ensemble des

$\beta \in I$ pour lesquels il existe un entier n et une suite $(\gamma_j)_{1 \leqslant j \leqslant n}$ d'éléments de I telle que $\gamma_1 = \alpha$, $\gamma_n = \beta$ et que $R\{\gamma_j, \gamma_{j+1}\}$ soit vraie pour $1 \leqslant j \leqslant n - 1$, a un cardinal $\leqslant \mathfrak{c}$. On construira ensuite les I_λ par récurrence transfinie.)

b) Soient E un A-module, somme directe d'une famille $(M_\alpha)_{\alpha \in I}$ de sous-modules tels que $\gamma(M_\alpha) \leqslant \mathfrak{c}$ pour tout $\alpha \in I$ (cf. II, p. 179, exerc. 6). Soit f un endomorphisme de E. Montrer qu'il existe un ensemble bien ordonné L, une famille croissante $(I_\lambda)_{\lambda \in L}$ de parties de I, vérifiant les propriétés 1°, 2°, 3° et 4° de *a*), et telle en outre que si l'on pose $E_\lambda = \bigoplus_{\alpha \in I_\lambda} M_\alpha$, on ait $f(E_\lambda) \subset E_\lambda$. (Appliquer *a*) à la relation $R\{\alpha, \beta\}$: « il existe $x \in M_\alpha$ tel que la composante de $f(x)$ dans M_β soit $\neq 0$ ».) Pour tout $\lambda \in L$ tel que l'ensemble des $\mu < \lambda$ ait un plus grand élément λ', on pose $F_\lambda = \bigoplus_{\alpha \in I_\lambda - I_{\lambda'}} M_\alpha$. Montrer que E est somme directe des F_λ (appliquer l'exerc. 14).

c) Les hypothèses et notations étant celles de *b*), on suppose en outre que f est un *projecteur* et on pose $P = f(E)$. Soit $P_\lambda = P \cap E_\lambda$; montrer que si $\lambda \in L$ est tel que l'ensemble des $\mu < \lambda$ ait un plus grand élément λ', $P_{\lambda'}$ est facteur direct dans P_λ (cf. II, p. 180, exerc. 12), supplémentaire P'_λ de $P_{\lambda'}$ dans P_λ est isomorphe à un facteur direct de F_λ, et que qu'un $\gamma(P'_\lambda) \leqslant \mathfrak{c}$. Montrer que P est somme directe des P'_λ (appliquer l'exerc. 14).

d) Déduire de *c*) que si un A-module E est somme directe d'une famille $(M_\alpha)_{\alpha \in I}$ de sous-modules tels que $\gamma(M_\alpha) \leqslant \mathfrak{c}$, alors tout *facteur direct* P de E est aussi somme directe d'une famille $(N_\lambda)_{\lambda \in L}$ de sous-modules tels que $\gamma(N_\lambda) \leqslant \mathfrak{c}$.

16) Soit A un anneau tel qu'il existe un A-module M ayant un système générateur de n éléments, mais contenant un système libre de $n + 1$ éléments.

a) Montrer qu'il existe dans A_s^n un système libre de $n + 1$ éléments.

b) En déduire qu'il existe dans M un système libre *infini* (construire un tel système par récurrence, en utilisant *a*)).

c) Soient C un anneau, E le C-module libre $C_s^{(\mathbf{N})}$, (e_n) sa base canonique, A l'anneau des endomorphismes de E. On désigne par u_1 et u_2 les endomorphismes de E définis par les conditions $u_1(e_{2n}) = e_n$, $u_1(e_{2n+1}) = 0$, $u_2(e_{2n+1}) = e_n$, $u_2(e_{2n}) = 0$ pour tout $n \geqslant 0$. Montrer que u_1 et u_2 forment une *base* du A-module A_s et en déduire que dans le A-module A_s il existe des systèmes libres infinis.

* *d*) Soit A l'algèbre tensorielle d'un espace vectoriel E de dimension $\geqslant 2$ sur un corps commutatif (cf. III, p. 56). Montrer que dans le A-module A_s il existe des systèmes libres infinis (observer que deux vecteurs linéairement indépendants dans E sont linéairement indépendants dans A_s et utiliser *b*)). Par contre, pour tout entier $n > 0$, toute base du A-module A_s^n a n éléments (cf. II, p. 97, prop. 3). *

17) Soit A un anneau.

a) Montrer que si le A-module A_s^n n'est isomorphe à aucun A_s^m pour $m > n$, alors, pour tout $p < n$, A_s^p n'est isomorphe à aucun A_s^q pour $q > p$.

b) Montrer que si le A-module A_s^n ne contient aucun système libre de $n + 1$ éléments, le A-module A_s^p ne contient aucun système libre de $p + 1$ éléments pour $p < n$.

18) Soit A un anneau, pour lequel il existe un entier p ayant la propriété suivante: pour toute famille $(a_i)_{1 \leqslant i \leqslant p}$ de p éléments de A, il existe une famille $(c_i)_{1 \leqslant i \leqslant p}$ d'éléments de A, dont un au moins n'est pas diviseur de 0 à droite, telle que $\sum_{i=1}^{p} c_i a_i = 0$.

a) Montrer, par récurrence sur n, que pour toute famille (x_i) de p^n éléments de A_s^n, il existe une famille (c_j) de p^n éléments de A, dont un au moins n'est pas diviseur de 0 à droite, tel que $\sum_j c_j x_j = 0$.

b) Déduire de *a*) et de l'exerc. 16 que pour tout $n > 0$, le A-module A_s^n ne contient aucun système libre de $n + 1$ éléments.

19) Soit A un anneau sans diviseur de zéro, et non réduit à 0.

a) Montrer que pour $n > 1$, le A-module A_s^n n'est pas monogène.

b) Étant donné un entier $n \geqslant 1$, pour que le A-module A_s^n ne contienne pas de système libre de $n + 1$ éléments, il faut que A admette un corps des fractions à gauche (I, p. 155, exerc. 15); inversement, si cette condition est satisfaite, pour *aucun* entier $n > 0$, A_s^n ne contient de système libre de $n + 1$ éléments. (Utiliser les exerc. 17 et 18, ainsi que I, p. 156, exerc. 16.)
c) Montrer que si tout idéal à gauche de A est monogène, A admet un corps des fractions à gauche (utiliser *a*), et I, p. 156, exerc. 16).

20) *a*) Soit A un anneau admettant un corps des fractions à gauche (I, p. 155, exerc. 15). Soit E un A-module; montrer que si, dans E, $(x_\iota)_{1 \leqslant \iota \leqslant r}$ est un système libre, y, z deux éléments tels que $x_1, \ldots, x_r, y$ d'une part, $x_1, \ldots, x_r, z$ d'autre part, soient deux systèmes liés, alors $x_2, \ldots, x_r, y, z$ est un système lié.
b) Soit A l'anneau quotient $\mathbf{Z}/6\mathbf{Z}$, et soit (e_1, e_2) la base canonique du A-module A^2; montrer que si $a = 2e_1 + 3e_2$, a et e_1 forment un système lié, ainsi que a et e_2, bien que e_1 et e_2 forment un système libre.

21) Soient A un anneau, b, c deux éléments de A non diviseurs de 0 à droite, M le A-module A/Abc, N le sous-module Ac/Abc de M. Pour que N soit facteur direct dans M, il faut et il suffit qu'il existe deux éléments x, y de A tels que $xb + cy = 1$. (Si ε est la classe de 1 dans M, montrer qu'un supplémentaire de N dans M est engendré par un élément de la forme $(1 - yc)\varepsilon$, dont l'annulateur est l'idéal Ac.)

22) Si un A-module E admet une base dont l'ensemble d'indices est I et si l'un des deux ensembles A, I est infini, montrer que E est équipotent à $A \times I$.

23) *a*) Soient M, N deux parties d'un A-module E, $\mathfrak{m}$ et $\mathfrak{n}$ leurs annulateurs; montrer que l'annulateur de $M \cap N$ contient $\mathfrak{m} + \mathfrak{n}$ et donner un exemple où il est distinct de $\mathfrak{m} + \mathfrak{n}$.
b) Dans un module produit $\prod_\iota E_\iota$, l'annulateur d'une partie F est l'intersection des annulateurs de ses projections.
c) Dans un A-module libre, l'annulateur d'un élément $\neq 0$ ne contient que des diviseurs à gauche de 0 dans A; en particulier, si A est un anneau sans diviseur de 0, tout élément $\neq 0$ d'un module libre est libre.

24) Soient E un A-module, M, N deux sous-modules de E. On appelle *transporteur* de M dans N et on note $N : M$ l'ensemble des $a \in A$ tels que $aM \subset N$; c'est un idéal bilatère de A, égal à $\mathrm{Ann}((M + N)/N)$.
a) Soient A un anneau commutatif, M un A-module, N un sous-module de M, x un élément de M; montrer que $N \cap Ax = (N : Ax)x$.
b) Soient A un anneau commutatif, $\mathfrak{a}$, $\mathfrak{b}$ deux idéaux de A. Montrer que l'on a $\mathfrak{a} : \mathfrak{b} \supset \mathfrak{a}$ et que $(\mathfrak{a} : \mathfrak{b})/\mathfrak{a}$ est un A-module isomorphe à $\mathrm{Hom}_A(A/\mathfrak{b}, A/\mathfrak{a})$.

25) Soient E, F deux A-modules, $u : E \to F$ une application linéaire. Montrer que l'application $(x, y) \mapsto (x, y - u(x))$ du module produit $E \times F$ dans lui-même est un automorphisme de $E \times F$. En déduire que s'il existe une application linéaire $v : F \to F$ et un $a \in E$ tels que $v(u(a)) = a$, il existe un automorphisme w de $E \times F$ tel que $w(a, 0) = (0, u(a))$.

26) Soit E un A-module libre ayant une base contenant au moins deux éléments.
a) Montrer que toute application semi-linéaire de E dans lui-même (relative à un automorphisme de A) qui permute à tous les automorphismes de E, est nécessairement une homothétie $x \mapsto \alpha x$ ($\alpha \in A$).
b) Déduire de *a*) que le centre de $\mathrm{End}_A(E)$ est l'anneau des homothéties centrales, isomorphe au centre de A.
c) Déduire de *a*) que le centre du groupe $\mathbf{GL}(E)$ est le groupe des homothéties centrales inversibles de E, qui est isomorphe au groupe multiplicatif des éléments inversibles du centre de A.

27) Soit A un anneau commutatif. Montrer que si un idéal $\mathfrak{J}$ de A est un A-module libre, alors $\mathfrak{J}$ est un A-module monogène (autrement dit, un idéal principal). Donner un exemple

montrant que la proposition ne s'étend pas aux idéaux à gauche dans un anneau non commutatif (II, p. 181, exerc. 16).

§ 2

1) *a*) Si A est un anneau sans diviseur de zéro, montrer que tout élément $\neq 0$ d'un A-module projectif est libre.
b) Donner un exemple de A-module projectif dont l'annulateur n'est pas réduit à 0 (cf. I, p. 105).
c) Montrer que le **Z**-module **Q** n'est pas un **Z**-module projectif. *(Voir AC, II, § 5, exerc. 11 pour un exemple de module projectif de type fini non libre sur un anneau intègre.)*

2) Montrer que tout A-module projectif est somme directe d'une famille de sous-modules projectifs dont chacun admet un système générateur dénombrable (« *théorème de Kaplansky* »; appliquer l'exerc. 15 de II, p. 180 au cas où E est un module libre).

3) Soient $\mathfrak{c}$ un cardinal, P un A-module projectif tel que $\gamma(\mathrm{P}) \leqslant \mathfrak{c}$ (II, p. 179, exerc. 6). Montrer que si L est un A-module libre ayant une base infinie de cardinal $\geqslant \mathfrak{c}$, $\mathrm{P} \oplus \mathrm{L}$ est isomorphe à L. (Observer qu'il existe un A-module libre M, dont la base a un cardinal $\leqslant \mathfrak{c}$, isomorphe à la somme directe de P et d'un A-module Q. Remarquer que $\mathrm{M}^{(\mathbf{N})}$ et $\mathrm{P} \oplus \mathrm{M}^{(\mathbf{N})}$ sont isomorphes.)

¶ 4) *a*) Soient E, E′ deux A-modules, N un sous-module de E, N′ un sous-module de E′, tels que E soit projectif, et que E/N et E′/N′ soient isomorphes. Montrer qu'il existe une suite exacte

$$0 \longrightarrow \mathrm{N} \xrightarrow{u} \mathrm{E} \oplus \mathrm{N}' \xrightarrow{v} \mathrm{E}' \longrightarrow 0.$$

(Observer qu'il existe un homomorphisme $f : \mathrm{E} \to \mathrm{E}'$ tel que $f(\mathrm{N}) \subset \mathrm{N}'$, qui donne par passage aux quotients un isomorphisme $\mathrm{E}/\mathrm{N} \to \mathrm{E}'/\mathrm{N}'$; définir u et v de façon analogue à celle utilisée pour la suite exacte (29) de II, p. 17.)
b) Déduire de *a*) que si E′ est projectif, $\mathrm{E} \oplus \mathrm{N}'$ et $\mathrm{E}' \oplus \mathrm{N}$ sont isomorphes.
c) Soit $0 \to \mathrm{E}_m \to \mathrm{E}_{m-1} \to \cdots \to \mathrm{E}_1 \to \mathrm{E}_0 \to 0$ une suite exacte de A-modules, telle que $\mathrm{E}_0, \mathrm{E}_1, \ldots, \mathrm{E}_{m-2}$ soient projectifs. Montrer que les A-modules $\bigoplus_{h \geqslant 0} \mathrm{E}_{m-2h}$ et $\bigoplus_{h \geqslant 0} \mathrm{E}_{m-2h+1}$ sont isomorphes (en convenant que $\mathrm{E}_i = \{0\}$ pour $i < 0$).

5) Soient u une application linéaire d'un A-module E dans un A-module F, $v = {}^t u$ sa transposée. Pour tout sous-module N′ de F*, le sous-module de E orthogonal à $v(\mathrm{N}')$ est $\overset{-1}{u}(\mathrm{N})$, où N est le sous-module de F orthogonal à N′.

6) *a*) Si E est un A-module, tout endomorphisme injectif u de E est non diviseur à gauche de zéro dans l'anneau $\mathrm{End}_{\mathrm{A}}(\mathrm{E})$. Inversement, si pour tout sous-A-module $\mathrm{F} \neq \{0\}$ de E il existe un endomorphisme $v \neq 0$ de E tel que $v(\mathrm{E}) \subset \mathrm{F}$, un élément non diviseur à gauche de zéro dans $\mathrm{End}_{\mathrm{A}}(\mathrm{E})$ est un endomorphisme injectif. La condition précédente est vérifiée s'il existe une forme linéaire $x' \in \mathrm{E}^*$ et un $x \in \mathrm{E}$ tels que $\langle x, x' \rangle$ soit inversible dans A et en particulier si E est libre.
b) Tout endomorphisme $\neq 0$ du **Z**-module **Q** est bijectif, bien qu'il n'existe aucune forme linéaire $\neq 0$ sur **Q**.
c) Soit U_p le **Z**-module défini dans II, p. 180, exerc. 12 *d*). Montrer que l'endomorphisme $x \mapsto px$ de U_p n'est pas injectif et n'est pas diviseur à gauche de zéro dans $\mathrm{End}_{\mathbf{Z}}(\mathrm{U}_p)$.

7) *a*) Si u est un endomorphisme surjectif d'un A-module E, u est non diviseur de zéro à droite dans $\mathrm{End}_{\mathrm{A}}(\mathrm{E})$. Inversement, si pour tout sous-module $\mathrm{F} \neq \mathrm{E}$ de E, il existe une forme linéaire $x^* \in \mathrm{E}^*$, nulle sur F et surjective, tout élément non diviseur de zéro à droite dans $\mathrm{End}_{\mathrm{A}}(\mathrm{E})$ est un endomorphisme surjectif.
b) Si E est le **Z**-module défini dans l'exerc. 6 *c*), montrer que tout endomorphisme $\neq 0$ de E est surjectif, bien qu'il n'existe aucune forme linéaire $\neq 0$ sur E.

c) Montrer que si E est un **Z**-module libre $\neq 0$, il existe des endomorphismes non surjectifs de E qui ne sont pas diviseurs à droite de 0 dans $\mathrm{End}_{\mathbf{Z}}(E)$.

8) *a*) Soient E un A-module libre, F, G deux A-modules, $u: E \to G$, $v: F \to G$ deux applications linéaires. Montrer que si l'on a $u(E) \subset v(F)$, il existe une application linéaire $w: E \to F$ telle que $u = v \circ w$.
b) Donner un exemple de deux endomorphismes u, v non nuls du **Z**-module E défini dans l'exerc. 6 *c*) de II, p. 183, tels qu'il n'existe aucun endomorphisme w de E pour lequel $u = v \circ w$ (bien que $u(E) = v(E) = E$).
c) Donner un exemple de deux endomorphismes u, v du **Z**-module **Z** tels que $\overset{-1}{u}(0) = \overset{-1}{v}(0) = \{0\}$, mais tels qu'il n'existe aucun endomorphisme w de **Z** pour lequel $u = w \circ v$ (cf. II, p. 195, exerc. 14).

9) Étant donné un A-module E, pour tout sous-module M de E (resp. tout sous-module M′ de E*), on désigne par M^0 (resp. M'^0) l'orthogonal de M dans E* (resp. l'orthogonal de M′ dans E). On considère les quatre propriétés suivantes:

(A) L'homomorphisme canonique $c_E: E \to E^{**}$ est bijectif.

(B) Pour tout sous-module M de E, l'homomorphisme canonique $E^*/M^0 \to M^*$ est bijectif.

(C) Pour tout sous-module M de E, on a $M^{00} = M$.

(D) Pour tout couple de sous-modules M, N de E, on a

$$(M \cap N)^0 = M^0 + N^0.$$

a) Montrer que la condition (B) entraîne (D) (prouver que pour $x^* \in (M \cap N)^0$, il existe $y^* \in E^*$ tel que $\langle x + y, y^* \rangle = \langle x, x^* \rangle$ pour $x \in M$ et $y \in N$).
b) Soit A un anneau sans diviseur de zéro, mais n'ayant pas de corps des fractions à gauche *(par exemple l'algèbre tensorielle d'un espace vectoriel de dimension > 1, cf. III, p. 185, exerc. 5)*. Si on prend $E = A_s$, la condition (A) est satisfaite, mais aucune des conditions (B), (C), (D) (pour un exemple où (B), (C), (D) sont vérifiées, mais non (A), voir II, p. 103, th. 6).
c) On prend pour A un anneau produit K^I, où K est un corps commutatif et I un ensemble infini. Montrer que le A-module E = A vérifie les conditions (A) et (B), mais non (C) (observer que les annulateurs des idéaux de A sont tous de la forme K^J, où $J \subset I$).
d) On suppose que pour deux sous-modules M, N de E tels que $N \subset M$ et $N \neq M$, le dual $(M/N)^*$ ne soit pas réduit à 0; alors montrer que la condition (B) entraîne (C).
e) Le noyau de c_E est l'orthogonal $(E^*)^0$ de E* dans E. Donner un exemple où ni E* ni $(E^*)^0$ ne sont réduits à 0 (considérer un module contenant un élément dont l'annulateur contient un élément non diviseur de 0).
f) Soit M un facteur direct de E; montrer que l'on a $M^{00} = M + (E^*)^0$.

10) Donner un exemple d'application A-linéaire $u: E \to F$ telle que ${}^t u$ soit bijective, mais que u ne soit ni injective ni surjective (cf. II, p. 183, exerc. 6 *b*) et *c*)). En déduire un exemple où $y_0 \in F$ est orthogonal au noyau de ${}^t u$, mais où l'équation $u(x) = y_0$ n'a pas de solution.

¶ 11) Soient A un anneau, I un A-module. On dit que I est *injectif* si, pour toute suite exacte $E' \to E \to E''$ d'applications A-linéaires, la suite $\mathrm{Hom}(E'', I) \to \mathrm{Hom}(E, I) \to \mathrm{Hom}(E', I)$ est exacte.
a) Montrer que les propriétés suivantes sont équivalentes:
α) I est injectif.
β) Pour toute suite exacte $0 \to E' \to E \to E'' \to 0$ d'applications A-linéaires, la suite

$$0 \to \mathrm{Hom}(E'', I) \to \mathrm{Hom}(E, I) \to \mathrm{Hom}(E', I) \to 0$$

est exacte.
γ) Pour tout A-module M et tout sous-module N de M, toute application A-linéaire de N dans I se prolonge en une application A-linéaire de M dans I.

δ) Pour tout idéal à gauche $\mathfrak{a}$ de A et toute application A-linéaire $f : \mathfrak{a} \to I$ il existe un élément $b \in I$ tel que $f(a) = ab$ pour tout $a \in \mathfrak{a}$.
ζ) I est facteur direct de tout A-module qui le contient.
θ) Pour tout A-module E somme de I et d'un sous-module monogène, I est facteur direct de E.
(Pour prouver que δ) entraîne γ), montrer que la propriété δ) entraîne que si E est un A-module et F un sous-module de E tel que E/F soit monogène, alors toute application linéaire de F dans I se prolonge en une application linéaire de E dans I. Utiliser ensuite le th. de Zorn. Pour prouver que θ) entraîne δ), considérer le A-module $A_s \times I = M$, le sous-module N de M formé des éléments $(a, -f(a))$ pour $a \in \mathfrak{a}$, et appliquer θ) au module quotient M/N.)
b) Pour qu'un **Z**-module E soit injectif, il faut et il suffit que pour tout $x \in E$ et tout entier $n \neq 0$, il existe $y \in E$ tel que $ny = x$. En particulier, les **Z**-modules **Q** et **Q**/**Z** sont injectifs.

12) *a*) Pour qu'un produit $\prod_{\lambda \in L} E_\lambda$ de A-modules soit injectif (exerc. 11), il faut et il suffit que chacun des E_λ soit injectif.
b) Soient K un corps commutatif, L un ensemble infini, A l'anneau produit K^L. Montrer que A_s est un A-module injectif (utiliser *a*)), mais que l'idéal $\mathfrak{a}$ de A, somme directe des facteurs de K^L (canoniquement identifiés à des idéaux de A) n'est pas un A-module injectif.

¶ 13) *a*) Soient A un anneau, I un A-module injectif (exerc. 11), tel que, pour tout A-module monogène non nul E, il existe un A-homomorphisme non nul de E dans I. Soient M un A-module, N un sous-module de M, $\tilde{N}$ l'ensemble des $u \in \mathrm{Hom}_A(M, I)$ tels que $u(x) = 0$ dans N. Montrer que pour tout $y \notin N$, il existe un $u \in \tilde{N}$ tel que $u(y) \neq 0$.
b) Soit A un anneau. Pour tout (A, A)-bimodule T, et tout A-module à gauche (resp. à droite) M, $\mathrm{Hom}_A(M, T)$ est canoniquement muni d'une structure de A-module à droite (resp. à gauche) provenant de celle de T, et on a un A-homomorphisme canonique $c_{M,T} : M \to \mathrm{Hom}_A(\mathrm{Hom}_A(M, T), T)$ tel que $c_{M,T}(x)$ soit le A-homomorphisme $u \mapsto u(x)$. Montrer que si I est un (A, A)-bimodule qui, en tant que A-module à gauche, vérifie les conditions de *a*), alors l'homomorphisme canonique $c_{M,I}$ est injectif pour tout A-module à gauche M.
c) On suppose que I est un (A, A)-bimodule, qu'il est injectif en tant que A-module à gauche et A-module à droite, et que pour tout A-module monogène (à gauche ou à droite) $E \neq 0$, il existe un A-homomorphisme non nul de E dans I. Montrer que dans ces conditions, si P est un A-module projectif à gauche (resp. à droite), $\mathrm{Hom}_A(P, I)$ est un A-module injectif à droite (resp. à gauche). (Supposons que P soit un A-module projectif à gauche. Observer que pour tout sous-module N′ d'un A-module à droite N, $\mathrm{Hom}_A(N', I)$ est isomorphe à un module quotient de $\mathrm{Hom}_A(N, I)$ et appliquer *b*) au module à droite N et au module à gauche P.)
d) Soient C un anneau commutatif, A une C-algèbre, I un C-module injectif tel que pour tout C-module monogène $E \neq \{0\}$ il existe un C-homomorphisme non nul de E dans I. Pour tout A-module M, $\mathrm{Hom}_C(M, I)$ est un A-module; montrer que pour tout A-module projectif P, $\mathrm{Hom}_C(P, I)$ est un A-module injectif (même raisonnement que dans *c*)).

14) Soit A un anneau. Montrer que pour tout A-module M, il existe un A-module injectif I tel que M soit isomorphe à un sous-module de I. (Appliquer l'exerc. 13 *d*) avec C = **Z**, en utilisant l'exerc. 11 *b*) et le fait que tout A-module est quotient d'un A-module libre.)

¶ 15) On dit qu'un homomorphisme $u : E \to F$ de A-modules est *essentiel* s'il est injectif et si, pour tout sous-module $P \neq \{0\}$ de F, on a $\overset{-1}{u}(P) \neq \{0\}$; il suffit que cette condition soit vérifiée pour tout sous-module *monogène* $P \neq \{0\}$ de F. Si E est un sous-module de F, on dit que F est une *extension essentielle* de E si l'injection canonique $E \to F$ est essentielle.
a) Soient $u : E \to F$, $v : F \to G$ deux A-homomorphismes de A-modules. Si u et v sont essentiels, il en est de même de $v \circ u$. Inversement, si $v \circ u$ est essentiel et si v est injectif, alors u et v sont essentiels.

b) Soit E un sous-module d'un A-module F, et soit $(F_\lambda)_{\lambda \in L}$ une famille de sous-modules de F contenant E, et dont la réunion est F. Montrer que si chacun des F_λ est une extension essentielle de E, il en est de même de F.
c) Soit $(u_\lambda)_{\lambda \in L}$ une famille d'homomorphismes essentiels $u_\lambda : E_\lambda \to F_\lambda$. Montrer que l'homomorphisme $\bigoplus_{\lambda \in L} u_\lambda : \bigoplus_{\lambda \in L} E_\lambda \to \bigoplus_{\lambda \in L} F_\lambda$ est essentiel. (Le démontrer d'abord lorsque L a deux éléments, puis utiliser *b*).)
d) Le **Z**-module **Q** est une extension essentielle de **Z**, mais le produit $\mathbf{Q}^{\mathbf{N}}$ n'est pas une extension essentielle de $\mathbf{Z}^{\mathbf{N}}$.
e) Soit E un sous-module d'un module F. Montrer qu'il existe un sous-module Q de F tel que $Q \cap E = \{0\}$ et que la restriction à E de l'homomorphisme canonique $F \to F/Q$ soit essentielle.

16) On dit qu'un sous-module E d'un A-module F est *irréductible par rapport à* F (ou *dans* F) si $E \neq F$ et si E n'est pas intersection de deux sous-modules de F distincts de E.
a) Pour qu'un A-module F soit extension essentielle de chacun de ses sous-modules $\neq \{0\}$, il faut et il suffit que $\{0\}$ soit irréductible par rapport à F.
b) Soit $(E_\lambda)_{\lambda \in L}$ une famille de sous-modules d'un A-module F. On dit que $(E_\lambda)_{\lambda \in L}$ est une *décomposition irréductible réduite* de $\{0\}$ dans F si chacun des E_λ est irréductible dans F, si l'intersection des E_λ est réduite à 0 et si aucun des E_λ ne contient l'intersection des E_μ pour $\mu \neq \lambda$. Lorsqu'il en est ainsi, montrer que l'homomorphisme canonique de F dans $\bigoplus_{\lambda \in L} (F/E_\lambda)$ est essentiel (si $E'_\lambda = \bigcap_{\mu \neq \lambda} E_\mu$, observer que l'image F'_λ de E'_λ dans F/E_λ n'est pas nulle, et que l'image de F dans $\bigoplus_{\lambda \in L} (F/E_\lambda)$ contient $\bigoplus_{\lambda \in L} F'_\lambda$; puis appliquer l'exerc. 15 *c*)). Réciproquement, si $(E_\lambda)_{\lambda \in L}$ est une famille de sous-modules de F irréductibles dans F et si l'homomorphisme canonique $F \to \bigoplus_{\lambda \in L} (F/E_\lambda)$ est essentiel, la famille (E_λ) est une décomposition irréductible réduite de $\{0\}$ dans F.

¶ 17) *a*) Soient M, N, M′, N′ quatre sous-modules d'un module E, tels que $M \cap N = M' \cap N' = P$. Montrer que l'on a

$$M = (M + (N \cap M')) \cap (M + (N \cap N').$$

En déduire que si M est irréductible dans E, on a nécessairement $P = M' \cap N$ ou $P = N' \cap N$.
b) Soit $(N_i)_{1 \leqslant i \leqslant n}$ une famille finie de sous-modules de E irréductibles dans E, et soit M son intersection. Montrer que si $(P_j)_{1 \leqslant j \leqslant m}$ est une famille finie de sous-modules de E telle que $M = \bigcap_j P_j$, alors, pour tout indice i tel que $1 \leqslant i \leqslant n$, il existe un indice $\varphi(i)$ tel que $1 \leqslant \varphi(i) \leqslant m$ et tel que, si on pose $N'_i = \bigcap_{k \neq i} N_k$, on ait $M = P_{\varphi(i)} \cap N'_i$ (utiliser *a*)). En déduire que si aucun des P_j ne contient l'intersection des P_k d'indice $\neq j$, on a $m \leqslant n$ (remplacer successivement les N_i par des P_j convenables, en utilisant le résultat précédent). Conclure que deux décompositions irréductibles de M dans E, dont l'une est finie, ont nécessairement le même nombre de termes (cf. II, p. 188, exerc. 23).

¶ 18) *a*) Pour qu'un A-module I soit injectif, montrer qu'il est nécessaire et suffisant que I n'admette aucune extension essentielle distincte de lui-même (montrer que cette condition entraîne la condition δ) de l'exerc. 11 *a*) de II, p. 184, en raisonnant comme pour prouver que θ) entraîne δ) dans cet exercice).
b) Soit I un A-module injectif. Pour qu'un sous-module E de I soit injectif, il faut et il suffit que E n'admette aucune extension essentielle distincte de lui-même et contenue dans I (en utilisant l'exerc. 15 *e*), montrer que cette condition entraîne que E est facteur direct de I).
c) Soient I un A-module injectif, E un sous-module de I, $h : E \to F$ un homomorphisme essentiel. Montrer qu'il existe un homomorphisme *injectif* $j : F \to I$, tel que $j \circ h$ soit l'injection canonique de E dans I.

d) Soient I un A-module, E un sous-module de I. Montrer que les propriétés suivantes sont équivalentes:

α) I est injectif et est extension essentielle de E.

β) I est injectif et pour tout homomorphisme injectif j de E dans un A-module injectif J, il existe un homomorphisme injectif de I dans J prolongeant j.

γ) I est injectif, et est le plus petit sous-module injectif de I contenant E.

δ) I est extension essentielle de E et pour tout homomorphisme essentiel $h : E \to F$, il existe un homomorphisme injectif $j : F \to I$ tel que $j \circ h$ soit l'injection canonique de E dans I.

(Utiliser c) et a)). Lorsque ces conditions équivalentes sont vérifiées, on dit que I est une *enveloppe injective* de E; I est alors aussi une enveloppe injective de tout sous-module de I contenant E.

e) Soient I un A-module injectif, E un sous-module de I. Montrer que tout élément maximal de l'ensemble des extensions essentielles de E contenues dans I est une enveloppe injective de E (utiliser b)). En particulier, tout A-module admet une enveloppe injective (cf. II, p. 185, exerc. 14).

f) Si I, I′ sont deux enveloppes injectives d'un même A-module E, montrer qu'il existe un isomorphisme de I sur I′ laissant invariants les éléments de E.

¶ 19) a) Soient E, F deux A-modules, M un sous-module injectif de $E \oplus F$. Soit I une enveloppe injective de $M \cap E$ dans M, J un supplémentaire de I dans M. Montrer que la restriction à I (resp. J) de la projection caonnique de $E \oplus F$ sur E (resp. F) est injective (composer avec la projection de I dans E un prolongement $E \to I$ de l'injection $M \cap E \to I$).

b) Soient E un A-module, M un sous-module de E, maximal dans l'ensemble des sous-modules injectifs de E; M admet dans E un supplémentaire N qui ne contient aucun sous-module injectif $\neq \{0\}$. Montrer que pour tout sous-module injectif P de E, l'image de P par la projection de E sur M (pour la décomposition de E en somme directe $M \oplus N$) est une enveloppe injective de $P \cap M$ dans M (utiliser a)). Si M′ est un second sous-module de E, maximal dans l'ensemble des sous-modules injectifs de E, montrer qu'il existe un automorphisme de E transformant M en M′ et laissant invariants les éléments de N.

¶ 20) a) Soit A un anneau admettant un corps des fractions à gauche K (I, p. 155, exerc. 15). Montrer que K, considéré comme A-module à gauche, est une enveloppe injective de A_s. (Appliquer le critère α) de l'exerc. 18 d) et le critère δ) de l'exerc. 11 a) (II, p. 184) en remarquant que si $f : \mathfrak{a} \to K$ est une application A-linéaire d'un idéal à gauche $\mathfrak{a}$ de A dans K, l'élément $x^{-1}f(x)$ pour $x \in \mathfrak{a}$, $x \neq 0$ (l'inverse étant pris dans K) ne dépend pas de $x \in \mathfrak{a}$).

b) Soit U_p le sous-**Z**-module de $\mathbf{Q}/\mathbf{Z}$ formé des images canoniques des nombres rationnels de la forme k/p^n, où p est un nombre premier donné, $k \in \mathbf{Z}$ et $n \in \mathbf{N}$ (II, p. 180, exerc. 12 d). Montrer que U_p est une enveloppe injective de chacun des **Z**-modules $p^{-n}\mathbf{Z}/\mathbf{Z}$, isomorphe à $\mathbf{Z}/p^n\mathbf{Z}$. Montrer qu'il existe des automorphismes de U_p, distincts de l'automorphisme identique, et laissant invariants les éléments d'un sous-module $p^{-n}\mathbf{Z}/\mathbf{Z}$.

¶ 21) a) Soit $(E_j)_{j \in J}$ une famille finie de A-modules, et pour tout $j \in J$, soit I_j une enveloppe injective de E_j; montrer que $\bigoplus_{j \in J} I_j$ est une enveloppe injective de $\bigoplus_{j \in J} E_j$.

b) On dit qu'un A-module M est *indécomposable* s'il est distinct de {0} et s'il n'est pas somme directe de deux sous-modules distincts de {0}. Montrer que si I est un A-module injectif, les propriétés suivantes sont équivalentes:

α) {0} est un sous-module irréductible dans I.

β) I est indécomposable.

γ) I est une enveloppe injective de chacun de ses sous-modules $\neq \{0\}$. (Utiliser a) et l'exerc. 18 e).)

δ) I est isomorphe à l'enveloppe injective $I(A/\mathfrak{q})$, où $\mathfrak{q}$ est un idéal à gauche irréductible dans A.

En outre, lorsqu'il en est ainsi, pour tout $x \neq 0$ dans I, $\mathrm{Ann}(x)$ est un idéal à gauche irréductible dans A, et I est isomorphe à $I(A/\mathrm{Ann}(x))$.

En déduire que pour que l'enveloppe injective d'un A-module E soit indécomposable, il faut et il suffit que $\{0\}$ soit un sous-module irréductible dans E.

c) Donner un exemple de **Z**-module indécomposable E tel que son enveloppe injective I(E) soit décomposable (cf. VII, § 3, exerc. 5).

d) Soient E un A-module, I une enveloppe injective de E, $I = \bigoplus_{\lambda \in L} I_\lambda$ une décomposition de I en somme directe d'une famille *finie* de sous-modules injectifs indécomposables; pour tout $\lambda \in L$, soit $J_\lambda = \bigoplus_{\mu \neq \lambda} I_\mu$, et soit $N_\lambda = J_\lambda \cap E$. Montrer que $(N_\lambda)_{\lambda \in L}$ est une décomposition irréductible réduite de $\{0\}$ dans E (II, p. 186, exerc. 16 *b*)) et que I_λ est une enveloppe injective de E/N_λ. Inversement, toute décomposition irréductible réduite de $\{0\}$ dans E peut être obtenue par le procédé précédent d'une seule manière à un isomorphisme près (utiliser l'exerc. 16 *b*) de II, p. 186).

22) Soit I un A-module injectif. Si I est indécomposable, tout endomorphisme injectif de I est un automorphisme de I. En déduire que, pour que I soit indécomposable, il faut et il suffit que les éléments non inversibles de l'anneau End(I) forment un idéal bilatère de cet anneau.

¶ 23) Soit M un A-module, somme directe d'une famille (finie ou non) $(M_\lambda)_{\lambda \in L}$ de sous-modules tels que pour tout $\lambda \in L$, les éléments non inversibles de $\mathrm{End}(M_\lambda)$ forment un idéal bilatère dans cet anneau (ce qui entraîne que M_λ est *indécomposable*).

a) Soient f, g deux endomorphismes de M tels que $f + g = 1_M$. Montrer que pour toute suite finie $(\lambda_k)_{1 \leqslant k \leqslant s}$ d'indices distincts dans L, il existe une famille de sous-modules N_k $(1 \leqslant k \leqslant s)$ de M tels que pour tout k, l'un des endomorphismes f, g, restreint à M_{λ_k}, soit un isomorphisme de ce sous-module sur N_k, et que M soit somme directe des N_k $(1 \leqslant k \leqslant s)$ et des M_λ pour les λ distincts des λ_k. (Se ramener au cas $s = 1$; si π_λ est la projection canonique de M sur M_λ correspondant à la décomposition en somme directe de M_λ et de $\bigoplus_{\mu \neq \lambda} M_\mu$, remarquer que soit $\pi_\lambda \circ f$, soit $\pi_\lambda \circ g$, restreint à M_λ, est un automorphisme de M_λ.)

b) Soit f un endomorphisme *idempotent* de M. Montrer qu'il existe au moins un indice $\lambda \in L$ tel que la restriction de f à M_λ soit un isomorphisme de M_λ sur $f(M_\lambda)$; en outre $f(M_\lambda)$ est facteur direct de M. (Si $g = 1_M - f$, remarquer qu'il existe une suite finie d'indices $(\lambda_k)_{1 \leqslant k \leqslant s}$ telle que l'intersection de Ker(g) et de la somme directe des M_{λ_k} soit $\neq \{0\}$, et utiliser *a*).)

c) Déduire de *b*) que tout facteur direct indécomposable de M est isomorphe à un des M_λ.

d) Soit $(N_\kappa)_{\kappa \in K}$ une famille de sous-modules indécomposables de M dont M est somme directe; tout N_κ est donc isomorphe à un M_λ, et vice versa, en vertu de *c*). Soit T l'ensemble des classes de sous-modules indécomposables de M (pour la relation d'isomorphie) telles qu'un M_λ (ou un N_κ) appartienne à une de ces classes. Pour tout $t \in T$, soit $R(t)$ (resp. $S(t)$) l'ensemble des $\lambda \in L$ (resp. $\kappa \in K$) tels que $M_\lambda \in t$ (resp. $N_\kappa \in t$). Montrer que pour tout $t \in T$, on a $\mathrm{Card}(R(t)) = \mathrm{Card}(S(t))$. Avec les notations de *a*), soit $J(\kappa)$ l'ensemble des $\lambda \in L$ tels que la restriction de π_λ à N_κ soit un isomorphisme de N_κ sur M_λ; montrer que $J(\kappa)$ est fini et que les $J(\kappa)$ recouvrent $R(t)$ lorsque κ parcourt $S(t)$. En déduire que $\mathrm{Card}(S(t)) \leqslant \mathrm{Card}(R(t))$ lorsque $R(t)$ est infini. Lorsque $R(t)$ est fini, montrer à l'aide de *a*) que M est somme directe des M_λ pour $\lambda \notin R(t)$ et d'une sous-famille de $(N_\kappa)_{\kappa \in S(t)}$ de cardinal égal à celui de $R(t)$.

e) Déduire de *d*) et des exerc. 22 et 21 *d*) que si $(E_\lambda)_{\lambda \in L}$ et $(E'_\kappa)_{\kappa \in K}$ sont deux décompositions irréductibles réduites de $\{0\}$ dans un module F, L et K sont équipotents.

24) Soient M un A-module, I son enveloppe injective (II, p. 186, exerc. 18), $\mathfrak{a}$ un idéal bilatère de A, Q le sous-module de I formé des $z \in I$ tel que $\mathfrak{a}z = \{0\}$; Q est naturellement muni d'une structure de $(A/\mathfrak{a})$-module. Soit N le sous-module de M formé des $x \in M$ tels que $\mathfrak{a}x = \{0\}$; si on considère N comme un $(A/\mathfrak{a})$-module, montrer que Q est isomorphe à une enveloppe injective de N.

25 *a*) Pour qu'un A-module Q soit injectif, il suffit que pour tout A-module *projectif* P et tout sous-module P′ de P, toute application linéaire de P′ dans Q se prolonge en une application linéaire de P dans Q (utiliser le fait que tout A-module est quotient d'un A-module projectif).
b) Pour qu'un A-module P soit projectif, il suffit que pour tout A-module *injectif* Q et tout module quotient Q″ de Q, tout homomorphisme de P dans Q″ soit de la forme $\varphi \circ u$, où $\varphi : Q \to Q''$ est l'homomorphisme canonique et u est un homomorphisme de P dans Q (utiliser le fait que tout A-module est sous-module d'un A-module injectif).

26) Pour tout **Z**-module G et tout entier $n > 0$, on désigne par ${}_nG$ le noyau de l'endomorphisme $x \mapsto nx$ de G. Si $0 \to G' \to G \to G'' \to 0$ est une suite exacte, définir un homomorphisme canonique $d : {}_nG'' \to G'/nG'$ tel que la suite

$$0 \longrightarrow {}_nG' \longrightarrow {}_nG \longrightarrow {}_nG'' \xrightarrow{d} G'/nG' \longrightarrow G/nG \longrightarrow G''/nG'' \longrightarrow 0$$

soit exacte. Si ${}_nG$ et G/nG sont finis, on pose

$$h_n(G) = \mathrm{Card}(G/nG) - \mathrm{Card}({}_nG);$$

montrer alors que ${}_nG'$, ${}_nG''$, G'/nG', G''/nG'' sont finis et que l'on a $h_n(G) = h_n(G') + h_n(G'')$.

§ 3

1) Soient A un anneau, E un A-module à droite, F un A-module à gauche. Soit f une fonction définie dans l'ensemble S de toutes les suites finies $((x_1, y_1), (x_2, y_2), \ldots, (x_n, y_n))$ (n arbitraire) d'éléments de $E \times F$, à valeurs dans un ensemble G et telle que:
1° $f((x_1, y_1), \ldots, (x_n, y_n)) = f((x_{\sigma(1)}, y_{\sigma(1)}), \ldots, (x_{\sigma(n)}, y_{\sigma(n)}))$ pour toute permutation $\sigma \in \mathfrak{S}_n$;
2° $f((x_1 + x'_1, y_1), (x_2, y_2), \ldots, (x_n, y_n)) = f((x_1, y_1), (x'_1, y_1), (x_2, y_2), \ldots, (x_n, y_n))$;
3° $f((x_1, y_1 + y'_1), (x_2, y_2), \ldots, (x_n, y_n)) = f((x_1, y_1), (x_1, y'_1), (x_2, y_2) \ldots, (x_n, y_n))$;
4° $f((x_1\lambda, y_1), \ldots, (x_n, y_n)) = f((x_1, \lambda y_1), \ldots, (x_n, y_n))$ pour tout $\lambda \in A$.
Montrer qu'il existe une application et une seule g de $E \otimes_A F$ dans G telle que $f((x_1,y_1), \ldots, (x_n, y_n)) = g\big(\sum_{i=1}^{n} x_i \otimes y_i\big)$. (Remarquer que si l'on a $\sum_i x_i \otimes y_i = \sum_j x'_j \otimes y'_j$, la différence $\sum_i (x_i, y_i) - \sum_j (x'_j, y'_j)$ dans le **Z**-module $\mathbf{Z}^{(E \times F)}$ est combinaison linéaire à coefficients entiers d'éléments de la forme (2) de II, p. 50.)
*2) On considère le corps **C** des nombres complexes comme espace vectoriel sur le corps **R** des nombres réels.
a) Montrer que l'application canonique $\mathbf{C} \otimes_{\mathbf{R}} \mathbf{C} \to \mathbf{C} \otimes_{\mathbf{C}} \mathbf{C}$ n'est pas injective.
b) Montrer que les deux structures de **C**-module sur $\mathbf{C} \otimes_{\mathbf{R}} \mathbf{C}$ provenant de chacun des facteurs sont distinctes.*
3) *a*) Soient $(E_\lambda)_{\lambda \in L}$ une famille de A-modules à droite, F un A-module à gauche. Montrer que si F est de type fini, l'application canonique $\big(\prod_{\lambda \in L} E_\lambda\big) \otimes_A F \to \prod_{\lambda \in L} (E_\lambda \otimes_A F)$ est surjective.
b) Donner un exemple d'anneau commutatif A et d'un idéal $\mathfrak{m}$ de A tels que l'application canonique $A^{\mathbf{N}} \otimes_A (A/\mathfrak{m}) \to (A/\mathfrak{m})^{\mathbf{N}}$ ne soit pas injective (cf. II, p. 178, exerc. 2 *b*)).
c) Donner un exemple d'anneau commutatif A tel que l'application canonique $A^{\mathbf{N}} \otimes_A A^{\mathbf{N}} \to A^{\mathbf{N} \times \mathbf{N}}$ ne soit pas surjective (observer que pour n donné, l'image de **N** par une application de la forme $m \mapsto \sum_{i=1}^{r} u_i(m)v_i(n)$ où les u_i et v_i appartiennent à $A^{\mathbf{N}}$, engendre un idéal de type fini de A).
d) Déduire de *b*) et *c*) un exemple où l'homomorphisme canonique (22) (II, p. 61) n'est ni injectif ni surjectif.
4) Soient E un A-module à droite, F un A-module à gauche *libre*. Montrer que si x est

un élément libre de E, y un élément $\neq 0$ de F, on a $x \otimes y \neq 0$; si en outre A est commutatif et y un élément libre de F, alors $x \otimes y$ est libre dans le A-module $E \otimes_A F$.

§ 4

1) Soient A, B deux anneaux, E un A-module à gauche, F un A-module à droite, G un (A, B)-bimodule; $\mathrm{Hom}_B(F, G)$ est alors muni d'une structure de A-module à gauche, et $\mathrm{Hom}_A(E, G)$ d'une structure de B-module à droite. Montrer que les **Z**-modules $\mathrm{Hom}_A(E, \mathrm{Hom}_B(F, G))$ et $\mathrm{Hom}_B(F, \mathrm{Hom}_A(E, G))$ sont tous deux canoniquement isomorphes au **Z**-module des applications **Z**-bilinéaires f de $E \times F$ dans G telles que $f(\alpha x, y) = \alpha f(x, y)$ et $f(x, y\beta) = f(x, y)\beta$ pour $\alpha \in A$, $\beta \in B$, $x \in E$, $y \in F$.

2) Soient A l'anneau $\mathbf{Z}/4\mathbf{Z}$, $\mathfrak{m}$ l'idéal $2\mathbf{Z}/4\mathbf{Z}$ de A, E le A-module $A/\mathfrak{m}$. Montrer que l'application canonique $E^* \otimes_A E \to \mathrm{Hom}_A(E, E)$ n'est ni injective ni surjective. Il en est de même de l'application canonique $E \otimes_A E \to \mathrm{Hom}_A(E^*, E)$ et de l'application canonique $E^* \otimes_A E^* \to (E \otimes_A E)^*$.

3) Montrer que sous les conditions de II, p. 74, n° 2, si l'on suppose que E est un A-module à gauche de type fini et F un B-module à droite projectif, l'homomorphisme canonique (7) (II, p. 75) est bijectif.

4) Donner un exemple où l'homomorphisme canonique (21) (II, p. 79) n'est ni injectif ni surjectif, bien que l'on ait $F_2 = C$, $E_1 = C$, et que E_2 et F_1 soient des C-modules de type fini (cf. exerc. 2).

5) Soient A, B deux anneaux, E un A-module à droite, F un A-module à gauche, G un (B, A)-bimodule.
a) Montrer qu'il existe une application **Z**-linéaire et une seule

$$\eta : \quad E \otimes_A F \to \mathrm{Hom}_B(\mathrm{Hom}_A(E, G), G \otimes_A F)$$

qui, à tout produit $x \otimes y$, où $x \in E$ et $y \in F$, fait correspondre l'application $v_{x,y} : u \mapsto u(x) \otimes y$ de $\mathrm{Hom}_A(E, G)$ dans $G \otimes_A F$. Lorsque $B = A$ et $G = {}_sA_d$, l'homomorphisme se réduit à l'homomorphisme canonique (15) (II, p. 78).
b) Montrer que si F est un A-module projectif et si E et G sont tels que pour tout $x \neq 0$ dans E il existe $u \in \mathrm{Hom}_A(E, G)$ tel que $u(x) \neq 0$, alors l'homomorphisme η est injectif.

¶ 6) Soient A, B deux anneaux, E un A-module à gauche, F un (A, B)-bimodule, G un B-module à droite.
a) Montrer qu'il existe une application **Z**-linéaire et une seule

$$\sigma : \quad \mathrm{Hom}_B(F, G) \otimes_A E \to \mathrm{Hom}_B(\mathrm{Hom}_A(E, F), G)$$

telle que pour $x \in E$, $u \in \mathrm{Hom}_B(F, G)$, $\sigma(u \otimes x)$ soit l'application $v \mapsto u(v(x))$ de $\mathrm{Hom}_A(E, F)$ dans G.
b) Si E est un A-module projectif de type fini, montrer que σ est bijective.
c) On suppose que G soit un B-module *injectif* (II, p. 184, exerc. 11) et que E soit le conoyau d'une application A-linéaire $A_s^m \to A_s^n$. Montrer que σ est bijective (partir de la suite exacte $A_s^m \to A_s^n \to E \to 0$, et utiliser *b*), la définition des modules injectifs, ainsi que le th. 1 de II, p. 36 et la prop. 5 de II, p. 58).

7) Montrer que, si E_1, E_2, F_1, F_2 sont quatre modules sur un anneau commutatif C, l'homomorphisme canonique (21) (II, p. 79) est composé des homomorphismes

$$\begin{aligned}\mathrm{Hom}(E_1, F_1) \otimes \mathrm{Hom}(E_2, F_2) &\to \mathrm{Hom}(E_1, F_1 \otimes \mathrm{Hom}(E_2, F_2)) \\ &\to \mathrm{Hom}(E_1, \mathrm{Hom}(E_2, F_1 \otimes F_2)) \to \mathrm{Hom}(E_1 \otimes E_2, F_1 \otimes F_2)\end{aligned}$$

où les deux premiers homomorphismes proviennent de l'homomorphisme canonique (7) (II, p. 75) et le dernier est l'isomorphisme de II, p. 74, prop. 1.

8) Soient E, F deux modules projectifs de type fini sur un anneau commutatif C. Montrer que si u est un endomorphisme de E, v un endomorphisme de F, on a $\operatorname{Tr}(u \otimes v) = \operatorname{Tr}(u)\operatorname{Tr}(v)$.

9) Soient A un anneau, C son centre, E un A-module à droite, F un A-module à gauche, E*, F* les duals respectifs de E et F. On dit qu'une application additive f de $E^* \otimes_C F^*$ dans A est *doublement linéaire* si l'on a $f(aw) = af(w)$ et $f(wa) = f(w)a$ pour tout $w \in E^* \otimes_C F^*$ et tout $a \in A$. Montrer qu'il existe une application C-linéaire φ et une seule de $E \otimes_A F$ dans le C-module L des applications doublement linéaires de $E^* \otimes_C F^*$ dans A, telle que

$$(\varphi(x \otimes y))(x^* \otimes y^*) = \langle x^*, x\rangle\langle y, y^*\rangle$$

quels que soient $x \in E$, $y \in F$, $x^* \in E^*$, $y^* \in F^*$. Si E et F sont des modules projectifs de type fini, φ est bijective.

§ 5

1) Donner un exemple d'un homomorphisme $\rho : A \to B$ d'anneaux commutatifs, et de deux A-modules E, F tels que l'homomorphisme canonique (17) (II, p. 86) ne soit ni injectif ni surjectif (cf. II, p. 190, exerc. 2).

2) Donner un exemple d'un A-module libre E et d'un anneau B tels que l'homomorphisme (20) (II, p. 87) ne soit pas injectif (cf. II, p. 189, exerc. 3).

3) Donner un exemple d'un A-module monogène E et d'un anneau B tels que l'homomorphisme (20) (II, p. 87) ne soit pas surjectif (cf. II, p. 190, exerc. 2).

4) Soient $\rho : A \to B$ un homomorphisme d'anneaux. Pour tout A-module E, montrer que le diagramme

$$\begin{array}{ccccc}
E & \xrightarrow{c_E} & E^{**} & \longrightarrow & (E^{**})_{(B)} \\
\downarrow & & & & \downarrow{\scriptstyle v_{E^*}} \\
E_{(B)} & \xrightarrow[c_{E_{(B)}}]{} & (E_{(B)})^{**} & \xrightarrow[{}^t v_E]{} & ((E^*)_{(B)})^*
\end{array}$$

est commutatif.

5) Soient K un corps, A l'anneau produit K^N, $\mathfrak{a}$ l'idéal $K^{(N)}$ de A, B l'anneau $A/\mathfrak{a}$. Montrer que $\mathfrak{a}$ est un A-module projectif qui n'est pas de type fini, bien que $\mathfrak{a}_{(B)} = \{0\}$.

6) Les anneaux A et B étant définis comme dans II, p. 179, exerc. 7, soit M un A-module; montrer que pour que M soit de type fini (resp. libre, projectif), il faut et il suffit que $M \otimes_A B$ soit de type fini (resp. libre, projectif).

7) Soit $\rho : A \to B$ un homomorphisme d'anneaux. Pour tout B-module à gauche F, définir un homomorphisme canonique de B-modules

$$F \to \tilde{\rho}(\rho_*(F))$$

et montrer que si E est un A-module à gauche, les applications composées

$$\tilde{\rho}(E) \to \tilde{\rho}(\rho_*(\tilde{\rho}(E))) \to \tilde{\rho}(E)$$

$$\rho_*(F) \to \rho_*(\tilde{\rho}(\rho_*(F))) \to \rho_*(F)$$

sont les applications identiques.

§ 6

1) Soient (E_n, f_{nm}) le système projectif de **Z**-modules, dont **N** est l'ensemble d'indices, tel que $E_n = \mathbf{Z}$ pour tout n et que, pour $n \leqslant m$, f_{nm} soit l'application $x \mapsto 3^{m-n}x$. Pour tout n, soit u_n l'application canonique $E_n \to \mathbf{Z}/2\mathbf{Z}$. Montrer que (u_n) est un système projectif d'applications linéaires surjectives, mais que $\varprojlim u_n$ n'est pas surjective.

2) Soit $(E_\alpha, f_{\beta\alpha})$ un système inductif de A-modules. Montrer que le A-module $\varinjlim E_\alpha$ est canoniquement isomorphe au quotient de la somme directe $\bigoplus_\alpha E_\alpha = F$ par le sous-module N engendré par les éléments de la forme $j_\beta(f_{\beta\alpha}(x_\alpha)) - j_\alpha(x_\alpha)$, pour tout couple (α, β) tel que $\alpha \leqslant \beta$ et tout $x_\alpha \in E_\alpha$, les $j_\alpha : E_\alpha \to F$ étant les injections canoniques.

3) Soit (F_n, f_{mn}) le système inductif de **Z**-modules tel que F_n soit égal à U_p (II, p. 180, exerc. 12 *d*)) pour tout $n \geqslant 0$, et que f_{mn} soit l'endomorphisme $x \mapsto p^{m-n}x$ de U_p pour $n \leqslant m$. Montrer que l'on a $\varinjlim F_n = \{0\}$ bien que les f_{mn} soient surjectifs.

¶ 4) Soit $(F_\alpha, f_{\beta\alpha})$ un système inductif de A-modules.
a) Pour tout A-module E, définir un homomorphisme canonique de **Z**-modules

$$\varepsilon : \varinjlim \mathrm{Hom}_A(E, F_\alpha) \to \mathrm{Hom}_A(E, \varinjlim F_\alpha).$$

b) Montrer qui si E est de type fini, ε est injectif. Donner un exemple où ε n'est pas injectif (cf. exerc. 3, en prenant $E = \varinjlim F_\alpha$).
c) Montrer que si E est de type fini et si les $f_{\beta\alpha}$ sont injectifs, ε est surjectif. Donner un exemple où $E = \varinjlim F_\alpha$ est libre, où les $f_{\beta\alpha}$ sont injectifs et où ε n'est pas surjectif.
d) Montrer que si E est projectif de type fini, ε est bijectif.
**e*) Soient A un anneau intègre, $\mathfrak{a}$ un idéal de A qui n'est pas de type fini. Si $(\mathfrak{a}_\alpha)$ est la famille des idéaux de type fini contenus dans $\mathfrak{a}$, montrer que $E = A/\mathfrak{a}$ est canoniquement isomorphe à la limite inductive des $F_\alpha = A/\mathfrak{a}_\alpha$, mais que l'homomorphisme ε n'est pas surjectif.$_*$

§ 7

1) Montrer que si E est un espace vectoriel $\neq \{0\}$ sur un corps K ayant une infinité d'éléments, l'ensemble des systèmes générateurs de E n'est pas inductif pour la relation d'ordre $\supset$ (former une suite décroissante (S_n) de systèmes générateurs de E telle que l'intersection des S_n soit vide).

¶ 2) Soient K un corps, L un sous-corps de K, I un ensemble, $(x_i)_{1 \leqslant i \leqslant m}$ une famille libre de vecteurs de K_s^I, telle que les coordonnées de chacun des x_i appartiennent à L. Soit V le sous-espace vectoriel de K_s^I engendré par les x_i; montrer qu'il existe une partie finie J de I, ayant m éléments, telle que pour tout vecteur $z = (\zeta_\alpha)_{\alpha \in I}$ de V, tous les ζ_α appartiennent au sous-corps de K engendré par L et les m éléments ζ_β où $\beta \in J$. (En appliquant dans l'espace L_s^I le cor. 3 de II, p. 105, montrer qu'on peut se ramener au cas où il existe m indices $\beta_i \in I$ $(1 \leqslant i \leqslant m)$ tels que $\mathrm{pr}_{\beta_i}(x_j) = \delta_{ij}$.)

¶ 3) *a*) Soient G un groupe, M une partie infinie de G. Montrer que si G′ est le sous-groupe de G engendré par M, on a Card(G′) = Card(M).
b) Soient K un corps, M une partie infinie de K. Montrer que si K′ est le sous-corps de K engendré par M, on a Card(K′) = Card(M). (Considérer deux suites $(A_n)_{n \geqslant 0}$, $(P_n)_{n \geqslant 0}$ de parties de K telles que $A_0 = M$, que P_n soit le sous-groupe multiplicatif de K^* engendré par $A_n \cap K^*$, et A_{n+1} le sous-groupe additif de K engendré par P_n; puis appliquer *a*).)
c) Soient K un corps, I un ensemble infini; montrer que l'on a $\mathrm{Card}(K) \leqslant \dim(K_s^I)$. (Se ramener au cas $I = \mathbf{N}$, et raisonner par l'absurde. Soit B une base de $K_s^{\mathbf{N}}$ telle que

Card(B) < Card(K), et soit L le sous-corps de K engendré par les coordonnées de tous les éléments de B; on a Card(L) < Card(K). Former une suite $(\xi_n)_{n \geqslant 1}$ d'éléments de K telle que pour tout n, ξ_n n'appartienne pas au sous-corps de K engendré par L et les ξ_i d'indice $i < n$; puis appliquer l'exerc. 2 pour obtenir une contradiction, en considérant le point $x = (\xi_n)$ de $K_s^{\mathbf{N}}$.)

d) Déduire de *c*) que pour tout corps K et tout ensemble infini I, on a $\dim(K_s^I) = (\mathrm{Card}(K))^{\mathrm{Card}(I)}$ (« *théorème d'Erdös-Kaplansky* »).

4) Donner un exemple d'une suite infinie (F_n) de sous-espaces vectoriels d'un espace vectoriel E telle que $\mathrm{codim}\,(\bigcap_n F_n) > \sum_n \mathrm{codim}(F_n)$. (Prendre $\mathrm{codim}(F_n) = 1$ pour tout n. et utiliser l'exerc. 3 *d*).)

5) Soit $(H_\lambda)_{\lambda \in L}$ une famille d'hyperplans (passant par 0) d'un espace vectoriel E sur un corps K, qui soit un *recouvrement* de E.

a) Montrer que si K est fini, on a $\mathrm{Card}(L) \geqslant 1 + \mathrm{Card}(K)$, et si K est infini, $\mathrm{Card}(L) \geqslant \aleph_0 = \mathrm{Card}(\mathbf{N})$. (Prouver par récurrence sur r que si K a au moins r éléments, alors E ne peut être réunion de r hyperplans.) Montrer par des exemples que ces inégalités ne peuvent être améliorées sans hypothèse supplémentaire (lorsque K est infini, considérer l'espace $E = K_s^{(\mathbf{N})}$).

b) Si E est de dimension finie, montrer que $\mathrm{Card}(L) \geqslant 1 + \mathrm{Card}(K)$. (Raisonner par récurrence sur dim(E)).

¶ 6) Soit S une partie finie non vide d'un K-espace vectoriel E ne contenant pas 0. On suppose qu'il existe un entier $k \geqslant 1$ ayant la propriété suivante:

(*) pour tout $x \in S$, il y a une partition de $S - \{x\}$ en h parties libres, avec $h \leqslant k$.

Pour une telle partition $(N_i)_{1 \leqslant i \leqslant h}$ et toute suite $(r_j)_{1 \leqslant j \leqslant m}$ d'entiers de $[1, h]$, on définit par récurrence sur m un sous-espace $F_{r_1 r_2 \ldots r_m}$ de E de la façon suivante: F_{r_1} est le sous-espace engendré par N_{r_1}, $F_{r_1 \ldots r_p}$ le sous-espace engendré par l'intersection de $F_{r_1 \ldots r_{p-1}}$ et de N_{r_p}. On suppose que:

(**) pour tout $x \in S$ et toute partition $(N_i)_{1 \leqslant i \leqslant h}$ de $S - \{x\}$ en au plus k parties libres, il existe au moins une suite $(r_j)_{1 \leqslant j \leqslant m}$ telle que $x \notin F_{r_1 r_2 \ldots r_m}$.

a) Soit n le plus petit des entiers $m \geqslant 1$ pour tous les choix possibles de $x \in S$, $(N_i)_{1 \leqslant i \leqslant h}$ et $(r_j)_{1 \leqslant j \leqslant m}$ vérifiant les conditions (*) et (**). Montrer que l'on a nécessairement $n = 1$. (Raisonner par l'absurde en supposant $x \notin F_{r_1 r_2 \ldots r_n}$ et $n > 1$. Alors on a nécessairement $x \in F_{r_n}$. On pose pour simplifier $E_p = F_{r_1 r_2 \ldots r_p}$ pour $1 \leqslant p \leqslant n$ et on écrit $x = \sum_i \alpha_i y_i$ avec $\alpha_i \in K$ et $y_i \in N_{r_n}$; il y a au moins un y_i n'appartenant pas à E_{n-1}, on le note y; on pose $N = N_{r_n} - \{y\}$, $N'_i = N_i$ pour $1 \leqslant i \leqslant h$ et $i \neq r_n$, $N'_{r_n} = N \cup \{x\}$, de sorte que $(N'_i)_{1 \leqslant i \leqslant h}$ est une partition de $S - \{y\}$ formée de parties libres. On définit $E'_0 = E$ et pour $1 \leqslant p \leqslant n$, E'_p comme le sous-espace engendré par l'intersection de E'_{p-1} et de N_{r_p}. On a $y \notin E_{n-1}$; soit q le plus petit entier tel que $y \notin E_q$; montrer que $E'_q \not\subset E_q$. Soit s le plus petit entier tel que $E'_s \not\subset E_s$; montrer que $r_s = r_n$; déduire enfin une contradiction des relations $y \in E_s$, $E'_{s-1} \subset E_{s-1}$ et $E'_s \not\subset E_s$.)

b) Conclure de *a*) que sous les hypothèses faites, il existe une partition de S en h parties libres pour un entier $h \leqslant k$.

¶ 7) Soit S une partie finie non vide d'un K-espace vectoriel E, ne contenant pas 0. On suppose qu'il existe un entier $k \geqslant 1$ tel que pour toute partie T de S, on ait $\mathrm{Card}(T) \leqslant k.\mathrm{rg}(T)$. Montrer qu'il existe une partition de S en h parties libres pour un entier $h \leqslant k$. (Prouver que S vérifie la condition (**) de l'exerc. 6, en raisonnant par récurrence sur Card(S) et en prenant parmi tous les sous-espaces $F_{r_1 \ldots r_m}$ un de ceux ayant la plus petite dimension possible; si G est un tel sous-espace, j un indice pour lequel $\mathrm{Card}(G \cap N_j)$ est le plus petit possible, prouver que $k.\mathrm{Card}(G \cap N_j) \leqslant \mathrm{Card}(G \cap (S - \{x\})) \leqslant \mathrm{Card}(G \cap S) \leqslant k.\mathrm{Card}\,(G \cap N_j)$.)

8) Soit E un espace vectoriel, Montrer que tout endomorphisme de E qui n'est pas diviseur à droite de 0 dans End(E) est surjectif (cf. II, p. 183, exerc. 7).

9) Soit K un corps.
a) Dans l'espace vectoriel $E = K_s^{(\mathbf{Z})}$, on désigne par $(e_n)_{n\in\mathbf{Z}}$ la base canonique; soit v l'automorphisme de E défini par les relations $v(e_n) = e_{n+1}$ pour tout $n \in \mathbf{Z}$. Si $u = 1_E - v$, montrer que u est un endomorphisme injectif de E, mais que $\dim(\mathrm{Coker}(u)) = 1$.
b) Dans l'espace vectoriel $E = K_s^{(\mathbf{N})}$, on désigne par $(e_n)_{n\in\mathbf{N}}$ la base canonique; soit v l'endomorphisme de E défini par $v(e_0) = e_0$, $v(e_n) = e_{n-1} + e_n$ pour $n \geqslant 1$. Montrer que v est un automorphisme de E, et que, si $u = 1_E - v$, u est un endomorphisme surjectif de E tel que $\dim(\mathrm{Ker}(u)) = 1$.
c) Soit I un ensemble non vide. Montrer que tout automorphisme u de l'espace vectoriel $E = K_s^{(I)}$ peut s'écrire comme différence $u = v - w$ de deux automorphismes de E, sauf lorsque K n'a que 2 éléments et que I est réduit à un seul élément. (Remarquer qu'il suffit de prouver qu'*un* automorphisme particulier u est de la forme voulue; lorsque K est un corps à 2 éléments, considérer séparément les cas où $\mathrm{Card}(I) = 2$ et $\mathrm{Card}(I) = 3$.)

¶ 10) Soit E un espace vectoriel sur un corps K. Montrer que tout endomorphisme u de E est un automorphisme ou peut s'écrire $u = v - w$, où v et w sont des automorphismes de E. (Observer qu'on peut toujours remplacer u par $s_1 \circ u \circ s_2$, où s_1 et s_2 sont deux automorphismes de E. Distinguer deux cas, suivant que $\dim(\mathrm{Ker}(u)) \leqslant \dim(\mathrm{Coker}(u))$, ou $\dim(\mathrm{Ker}(u)) > \dim(\mathrm{Coker}(u))$; lorsque $\mathrm{rg}(u)$ est fini, on est toujours dans le premier cas. Lorsque $\dim(\mathrm{Ker}(u)) \leqslant \dim(\mathrm{Coker}(u))$, on peut se ramener au cas où $\mathrm{Ker}(u) \cap \mathrm{Im}(u) = \{0\}$; si $\dim(\mathrm{Ker}(u)) = \dim(\mathrm{Coker}(u))$, on peut supposer en outre que $\mathrm{Im}(u) + \mathrm{Ker}(u) = E$ et appliquer alors l'exerc. 9 *c*). Si $\dim(\mathrm{Ker}(u)) < \dim(\mathrm{Coker}(u))$, il y a un supplémentaire dans E de $\mathrm{Ker}(u)$ de la forme $W \oplus \mathrm{Im}(u)$ avec $\dim(W) = \dim(\mathrm{Im}(u)) = \dim(E)$; appliquer la remarque du début avec $s_1(u(\mathrm{Im}(u))) = \mathrm{Im}(u)$, et utiliser les exerc. 9 *a*) et *c*). Lorsque $\dim(\mathrm{Ker}(u)) > \dim(\mathrm{Coker}(u))$, on peut se ramener au cas où $\mathrm{Ker}(u) \subset \mathrm{Im}(u)$; prendre cette fois $s_1(\mathrm{Ker}(u)) = \overset{-1}{u}(\mathrm{Ker}(u))$, et utiliser les résultats des cas précédents et l'exerc. 9.)

11) Soient E, F deux espaces vectoriels sur un corps K, $u : E \to F$ une application linéaire. Montrer que pour tout sous-espace vectoriel V de F, on a

$$\dim(\overset{-1}{u}(V)) = \dim(V \cap \mathrm{Im}(u)) + \dim(\mathrm{Ker}(u)).$$

12) Soient E, F deux espaces vectoriels, u et v deux applications linéaires de E dans F.
a) Montrer que l'on a les inégalités

$$\mathrm{rg}(v) \leqslant \mathrm{rg}(u + v) + \mathrm{rg}(u)$$
$$\mathrm{rg}(u + v) \leqslant \inf(\dim(E), \dim(F), \mathrm{rg}(u) + \mathrm{rg}(v)).$$

Si E et F sont de dimensions finies, montrer que $\mathrm{rg}(u + v)$ peut prendre toute valeur entière satisfaisant aux inégalités

$$|\mathrm{rg}(u) - \mathrm{rg}(v)| \leqslant \mathrm{rg}(u + v) \leqslant \inf(\dim(E), \dim(F), \mathrm{rg}(u) + \mathrm{rg}(v)).$$

b) Montrer que l'on a

$$\dim(\mathrm{Ker}(u + v)) \leqslant \dim(\mathrm{Ker}(u) \cap \mathrm{Ker}(v)) + \dim(\mathrm{Im}(u) \cap \mathrm{Im}(v)).$$

c) Montrer que l'on a

$$\dim(\mathrm{Coker}(u + v)) \leqslant \dim(\mathrm{Coker}(u)) + \mathrm{rg}(v).$$

(Si V est un supplémentaire de $\mathrm{Ker}(v)$ dans E, remarquer que l'on a

$$u(\mathrm{Ker}(v)) \subset \mathrm{Im}(u + v) \quad \text{et} \quad \dim(u(V)) \leqslant \mathrm{rg}(v).)$$

13) Soient E, F, G trois espaces vectoriels, $u : E \to F$, $v : F \to G$ deux applications linéaires.
a) Montrer qu'il existe une décomposition de E en somme directe de $\mathrm{Ker}(u)$ et de deux sous-espaces M, N, tels que $\mathrm{Ker}(v \circ u) = M \oplus \mathrm{Ker}(u)$ et $\mathrm{Im}(v \circ u) = v(u(N))$.
b) On a $\dim(\mathrm{Ker}(u)) \leqslant \dim(\mathrm{Ker}(v \circ u)) \leqslant \dim(\mathrm{Ker}(u)) + \dim(\mathrm{Ker}(v))$; si $\mathrm{Ker}(u)$ et

Ker(v) sont de dimensions finies, montrer que dim(Ker($v \circ u$)) peut prendre toute valeur entière satisfaisant aux inégalités précédentes.
c) On a les égalités

$$\operatorname{rg}(u) = \operatorname{rg}(v \circ u) + \dim(\operatorname{Im}(u) \cap \operatorname{Ker}(v))$$
$$\operatorname{rg}(v) = \operatorname{rg}(v \circ u) + \operatorname{codim}_F(\operatorname{Im}(u) + \operatorname{Ker}(v)).$$

Si F est de dimension finie n, montrer que rg($v \circ u$) peut prendre toute valeur entière vérifiant les inégalités

$$\sup(0, \operatorname{rg}(u) + \operatorname{rg}(v) - n) \leqslant \operatorname{rg}(v \circ u) \leqslant \inf(\operatorname{rg}(u), \operatorname{rg}(v)).$$

14) Soient E, F, G trois espaces vectoriels, $u : E \to F$, $w : E \to G$ deux applications linéaires. Montrer que si $\overset{-1}{u}(0) \subset \overset{-1}{w}(0)$, il existe une application linéaire v de F dans G telle que $w = v \circ u$ (cf. II, p. 184, exerc. 8).

15) Soient E, F deux espaces vectoriels sur un corps K, $u : E \to F$ une application linéaire.
a) Les conditions suivantes sont équivalentes: 1° Ker(u) est de dimension finie; 2° il existe une application linéaire v de F dans E telle que $v \circ u = 1_E + w$, où w est un endomorphisme de E de rang fini; 3° pour tout espace vectoriel G sur K et toute application linéaire $f : G \to E$, la relation $\operatorname{rg}(u \circ f) < +\infty$ entraîne $\operatorname{rg}(f) < +\infty$.
b) Les conditions suivantes sont équivalentes: 1° Coker(u) est de dimension finie; 2° il existe une application linéaire v de F dans E telle que $u \circ v = 1_F + w$, où w est un endomorphisme de F de rang fini; 3° pour tout espace vectoriel G sur K et toute application linéaire $g : F \to G$, la relation $\operatorname{rg}(g \circ u) < +\infty$ entraîne $\operatorname{rg}(g) < +\infty$.

16) Soient E, F deux espaces vectoriels sur K, $u : E \to F$ une application linéaire. On dit que u est *d'indice fini* si Ker(u) et Coker(u) sont de dimensions finies et on appelle alors *indice* de u le nombre $d(u) = \dim(\operatorname{Ker}(u)) - \dim(\operatorname{Coker}(u))$.
Soient G un troisième espace vectoriel sur K, et $v : F \to G$ une application linéaire. Montrer que si deux des trois applications linéaires u, v, $v \circ u$ sont d'indice fini, il en est de même de la troisième et l'on a $d(v \circ u) = d(u) + d(v)$ (utiliser l'exerc. 13 *a*)).

17) Soient E, F, G, H quatre espaces vectoriels sur K, $u : E \to F$, $v : F \to G$, $w : G \to H$ trois applications linéaires. Montrer que l'on a $\operatorname{rg}(v \circ u) + \operatorname{rg}(w \circ v) \leqslant \operatorname{rg}(v) + \operatorname{rg}(w \circ v \circ u)$.

18) Soient E, F deux espaces vectoriels sur un corps K, u, v deux applications linéaires de E dans F. Pour qu'il existe un automorphisme f de E et un automorphisme g de F tels que $v = g \circ u \circ f$, il faut et il suffit que $\operatorname{rg}(u) = \operatorname{rg}(v)$, $\dim(\operatorname{Ker}(u)) = \dim(\operatorname{Ker}(v))$ et $\dim(\operatorname{Coker}(u)) = \dim(\operatorname{Coker}(v))$.

19) Soit E un espace vectoriel sur un corps K.
a) Montrer que toute application f de E dans E permutable avec tout automorphisme de E est de la forme $x \mapsto \alpha x$, où $\alpha \in K$ (montrer d'abord que pour tout $x \in E$, il existe $\rho(x) \in K$ tel que $f(x) = \rho(x)x$, en écrivant que f permute avec tout automorphisme de E laissant invariant x).
b) Soit g une application de E × E dans E telle que, pour tout automorphisme u de E, on ait $g(u(x),u(y)) = u(g(x,y))$ quels que soient x, y dans E. Montrer qu'il existe deux éléments α, β de K tels que dans l'ensemble des couples (x, y) d'éléments linéairement indépendants de E, on ait $g(x, y) = \alpha x + \beta y$; en outre il existe une application φ de K × K dans K telle que $g(\lambda x, \mu x) = \varphi(\lambda, \mu)x$ pour tout $x \in E$ (même méthode). Si en outre $g(u(x), u(y)) = u(g(x, y))$ pour tout endomorphisme u de E, on a $g(x, y) = \alpha x + \beta y$ quels que soient x, y dans E. Généraliser aux applications de E^n dans E.

20) Soit E un espace vectoriel.
a) Montrer que si M et N sont deux sous-espaces vectoriels de E, M′, N′ les orthogonaux de M et N respectivement dans E*, l'orthogonal de M ∩ N est M′ + N′ (cf. II, p. 184, exerc. 9 *a*)).
b) Si E est de dimension infinie, montrer qu'il existe des hyperplans H′ de E* tels que le sous-espace de E orthogonal à H′ soit réduit à 0 (considérer un hyperplan contenant les formes coordonnées correspondant à une base de E).
c) Montrer que si E est de dimension infinie, il existe une famille infinie (V_ι) de sous-espaces de E telle que, si V'_ι est le sous-espace de E* orthogonal à V_ι, le sous-espace de E* orthogonal à $\bigcap_\iota V_\iota$ soit distinct de $\sum_\iota V'_\iota$.
d) Déduire de *b*) que si E est de dimension infinie, il existe une décomposition $V' \oplus W'$ de E* en somme directe, W′ étant de dimension finie, pour laquelle la somme V + W des sous-espaces V, W de E orthogonaux respectivement à V′ et W′, soit distincte de E.
e) Pour qu'un sous-espace de E soit de dimension finie, il faut et il suffit que son orthogonal dans E* soit de codimension finie.

21) Avec les notations du th. 8 de II, p. 107, on désigne par u l'application linéaire $x \mapsto (\langle x, x^*_\iota\rangle)$ de E dans K^I_s, et on pose $y_0 = (\eta_\iota)$. On identifie $K^{(I)}_d$ à un sous-espace du dual de K^I_s par l'application canonique de $K^{(I)}_d$ dans son bidual; montrer alors que si N′ est le noyau de ${}^tu$, la condition du th. 8 (II, p. 107) exprime que y_0 est orthogonal à l'intersection de N′ et de $K^{(I)}_d$. Lorsque I est infini et que le système (21) (II, p. 107) est de rang fini, montrer que cette intersection est distincte de N′ (remarquer que N′ est alors de codimension finie).

22) Soient E et F deux espaces vectoriels sur un corps K, u une application linéaire de E dans F. Si V est un sous-espace vectoriel de E, V′ l'orthogonal de V dans E*, montrer que le dual de $u(V)$ est isomorphe à ${}^tu(F^*)/(V' \cap {}^tu(F^*))$. Si W′ est un sous-espace de F* tel que ${}^tu(W')$ soit de dimension finie, et si W est l'orthogonal de W′ dans F, ${}^tu(W')$ est isomorphe au dual de l'espace $u(E)/(W \cap u(E))$.

23) Montrer que pour qu'une application linéaire u d'un espace vectoriel E dans un espace vectoriel F soit telle que $\operatorname{rg}({}^tu) = \operatorname{rg}(u)$, il faut et il suffit que $\operatorname{rg}(u)$ soit fini (cf. II, p. 192, exerc. 3 *d*)).

24) Soit E un espace vectoriel de dimension finie $n > 1$ sur un corps commutatif K; montrer que, sauf si $n = 2$ et si K est un corps à 2 éléments, il n'existe pas d'isomorphisme φ de E sur E* ne dépendant que de la structure d'espace vectoriel de E. (Remarquer que si φ est un tel isomorphisme, on doit avoir $\langle x, \varphi(y)\rangle = \langle u(x), \varphi(u(y))\rangle$ pour x, y dans E et pour tout automorphisme u de E (E, IV, p. 6)).

25) *a*) Soient K un corps, L, M deux ensembles; on a des inclusions canoniques $(K^L_s)^{(M)} \subset (K^{(M)}_s)^L \subset K^{L\times M}_s$. Montrer que pour que deux de ces espaces vectoriels soient égaux, il faut et il suffit que l'un des ensembles L, M soit fini.
b) Soit $(E_\lambda)_{\lambda\in L}$ une famille d'espaces vectoriels à droite sur K, $(F_\mu)_{\mu\in M}$ une famille d'espaces vectoriels à gauche sur K. Pour que l'application canonique (26) (II, p. 109) soit bijective, il faut et il suffit que l'un des espaces vectoriels $\prod_{\lambda\in L} E_\lambda$, $\prod_{\mu\in M} F_\mu$ soit de dimension finie (utiliser *a*)).

26) *a*) Soient E, F deux espaces vectoriels à gauche sur un corps K; pour que l'homomorphisme canonique $E^* \otimes_K F \to \operatorname{Hom}_K(E, F)$ soit bijectif, il faut et il suffit que l'un des espaces E, F soit de dimension finie.
b) Soient E un espace vectoriel à droite, F un espace vectoriel à gauche sur un corps K. Pour que l'homomorphisme canonique $E \otimes_K F \to \operatorname{Hom}_K(E^*, F)$ soit bijectif, il faut et il suffit que E soit de dimension finie (utiliser l'exerc. 3 *d*) de II, p. 192).

27) *a*) Sous les hypothèses de la prop. 16, (i) (II, p. 110), pour que l'homomorphisme canonique (27) (II, p. 110), soit bijectif, il faut et il suffit que E ou F soit de dimension finie (remarquer que l'image par (27) (II, p. 110) d'un élément de $\mathrm{Hom}_K(E, G) \otimes_L F$ transforme E en un sous-espace de $G \otimes_L F$ contenu dans un sous-espace de la forme $G \otimes_L F'$, où F′ est un sous-espace de F de dimension finie).
b) Sous les hypothèses de la prop. 16, (ii) (II, p. 110), pour que l'homomorphisme canonique (28) (II, p. 110) soit bijectif, il faut et il suffit que l'un des couples (E_1, E_2), (E_1, F_1), (E_2, F_2) soit formé d'espaces vectoriels de dimension finie (utiliser *a*) et l'exerc. 7 de II, p. 190).

28) Soit $\rho : K \to A$ un homomorphisme injectif d'un corps K dans un anneau A, et soit E un espace vectoriel à gauche sur K. Pour que l'application canonique $(E^*)_{(A)} \to (E_{(A)})^*$ soit bijective, il faut et il suffit que E soit de dimension finie, ou que A, considéré comme K-espace vectoriel à droite, soit de dimension finie (utiliser l'exerc. 25 *b*) de II, p. 196). Lorsqu'on est dans l'un de ces deux cas, il existe une bijection canonique $(E^{**})_{(A)} \to (E_{(A)})^{**}$.

29) Soient A un anneau intègre, K son corps des fractions, E un A-module, T(E) son module de torsion.
a) Montrer que toute forme linéaire sur E est nulle dans T(E), de sorte que les duals E^* et $(E/T(E))^*$ sont canoniquement isomorphes.
b) Montrer que l'application canonique $(E^*)_{(K)} \to (E_{(K)})^*$ est injective, et qu'elle est bijective lorsque E est de type fini.
c) Donner un exemple de A-module E sans torsion tel que $E^* = \{0\}$ et $E_{(K)} \neq \{0\}$.

¶ 30) Soient A un anneau intègre, E, F deux A-modules. Montrer que si x est un élément libre de E, y un élément libre de F, on a $x \otimes y \neq 0$ dans $E \otimes_A F$. (Se ramener au cas où E et F sont sans torsion, puis au cas où E et F sont de type fini, et utiliser l'exerc. 29 *b*) pour montrer qu'il y a une application A-bilinéaire f de $E \times F$ dans K telle que $f(x, y) \neq 0$.)

31) Soient K_0 un corps commutatif, A l'anneau $K_0[X, Y]$ des polynômes à deux indéterminées sur K_0, qui est intègre, E l'idéal $AX + AY$ de A. Montrer que dans le produit tensoriel $E \otimes_A E$, l'élément $X \otimes Y - Y \otimes X$ est $\neq 0$, et que l'on a $XY(X \otimes Y - Y \otimes X) = 0$ (considérer les applications A-bilinéaires de $E \times E$ dans le module quotient A/E).

32) Étendre les résultats de II, p. 114–118 au cas où A est un anneau non commutatif admettant un *corps des fractions à gauche* K (I, p. 155, exerc. 15). (On notera que si ξ_i $(1 \leqslant i \leqslant n)$ sont des éléments de K, il existe un $\alpha \neq 0$ dans A tel que tous les $\alpha\xi_i$ appartiennent à A.)

33) Soit A un anneau intègre. On dit qu'un A-module E est *divisible* si pour tout $x \in E$ et tout $\alpha \neq 0$ dans A, il existe $y \in E$ tel que $\alpha y = x$.
a) Soient E, F deux A-modules. Montrer que si E est divisible, il en est de même de $E \otimes_A F$. Si E est divisible et si F est sans torsion, $\mathrm{Hom}_A(E, F)$ est sans torsion. Si E est un A-module de torsion et si F est divisible, on a $E \otimes_A F = \{0\}$. Si E est un A-module de torsion et si F est sans torsion, on a $\mathrm{Hom}_A(E, F) = \{0\}$.
b) Montrer que tout A-module injectif (II, p. 184, exerc. 11) est divisible et inversement que tout A-module sans torsion et divisible est injectif (utiliser le critère δ) de l'exerc. 11 de II, p. 184).

34) Soient A un anneau intègre, P un A-module projectif, P′ un sous-module projectif de P, $j : P' \to P$ l'injection canonique. Montrer que pour tout A-module sans torsion E, l'homomorphisme $j \otimes 1 : P' \otimes_A E \to P \otimes_A E$ est injectif (se ramener au cas où E est de type fini, et plonger E dans un A-module libre).

¶ 35) *a*) Soient K un corps, E un (K,K)-bimodule. On suppose que les dimensions de E, en tant qu'espace vectoriel à gauche et à droite sur K, sont égales à un même nombre fini n. Montrer qu'il existe une famille (e_i) de n éléments de E qui est à la fois une base pour chacune des deux structures d'espace vectoriel de E. (Remarquer que si $(b_j)_{1 \leqslant j \leqslant m}$ est une famille de $m < n$ éléments de E, libre pour chacune des deux structures d'espace vectoriel de E, et si V est le sous-espace vectoriel à gauche, W le sous-espace vectoriel à droite engendrés par (b_j), ou bien on a $V + W \neq E$, ou bien $V \cap \complement W$ et $W \cap \complement V$ ne sont pas vides; dans ce dernier cas, si $y \in V \cap \complement W$, $z \in W \cap \complement V$, $y + z$ forme avec les b_j une famille de $m + 1$ éléments, libre pour chacune des deux structures d'espace vectoriel de E.)

b) Soit F un sous-bimodule de E, dont les deux structures d'espace vectoriel sur K ont une même dimension $p < n$. Montrer qu'il existe une famille $(e_i)_{1 \leqslant i \leqslant n}$ d'éléments de E, qui est une base de E pour chacune de ses structures d'espace vectoriel, et telle que $(e_i)_{1 \leqslant i \leqslant p}$ soit une base de F pour chacune de ses deux structures d'espace vectoriel (même méthode).

c) Soit $(b_j)_{1 \leqslant j \leqslant n-1}$ une famille de $n - 1$ éléments de E, libre pour chacune des deux structures d'espace vectoriel de E. Soit V (resp. W) l'hyperplan engendré par (b_j) dans E considéré comme espace vectoriel à gauche (resp. à droite). Montrer que si $V \subset W$ (resp. $W \subset V$), on a nécessairement $V = W$ (remarquer que si $a \notin W$, l'ensemble des $\lambda \in K$ tels que $\lambda a \in W$ est un idéal à gauche).

*36) *a*) Soient K_0 un corps commutatif, $K = K_0(X)$ le corps des fractions rationnelles à une indéterminée sur K_0 (A, IV). On définit sur K une structure de (K, K)-bimodule, de la manière suivante: le produit $t.u$ d'un élément $u \in K$ par un opérateur à gauche $t \in K$ est la fraction rationnelle $t(X)u(X)$; le produit $u.t$ de u par un opérateur à droite $t \in K$ est la fraction rationnelle $u(X)t(X^2)$; la structure de K-espace vectoriel à gauche (resp. à droite) ainsi définie sur K est alors de dimension 1 (resp. de dimension 2). En déduire des exemples de (K,K)-bimodules tels que les dimensions des deux structures d'espace vectoriel d'un tel bimodule soient des entiers arbitraires.

b) Déduire de *a*) un exemple de (K, K)-bimodule E dont les deux structures d'espace vectoriel aient même dimension, et tel qu'il existe un sous-bimodule F de E, dont les deux structures d'espace vectoriel n'aient pas même dimension.*

¶ 37) *a*) Soient E un espace vectoriel à gauche (de dimension finie ou non), A_i $(1 \leqslant i \leqslant n)$ des sous-espaces vectoriels de E. On suppose que, pour toute suite $(a_i)_{1 \leqslant i \leqslant n}$ de points de E telle que $a_i \in A_i$ pour tout i, le sous-espace vectoriel de E engendré par les a_i soit de dimension $\leqslant m$ (m entier $\leqslant n$). Prouver alors qu'il existe un sous-espace W de E de dimension $h \leqslant m$, contenant $h + (n - m)$ des sous-espaces A_i. (Raisonner par récurrence sur n. Prouver d'abord qu'on peut (pour n fixé) se borner au cas où $m < n$ et $\dim(A_i) \leqslant m$ pour tout i; on peut aussi supposer que $A_i \neq \{0\}$ pour tout i et que les A_i ne sont pas tous de dimension 1. Raisonner alors (pour n fixé) par récurrence sur $d = \sum_{i=1}^{m} \dim(A_i)$. Si par exemple $\dim(A_n) \geqslant 2$, considérer un sous-espace B_n de A_n de dimension 1, et appliquer l'hypothèse de récurrence à $A_1, \ldots, A_{n-1}, B_n$; en conclure qu'il existe un nombre k tel que $1 \leqslant k \leqslant m$, et un sous-espace U de E de dimension k contenant k des A_i, par exemple $A_1, \ldots, A_k$; en remplaçant au besoin k par un entier k' tel que $1 \leqslant k' \leqslant k$, montrer en outre qu'on peut supposer qu'il existe des vecteurs $b_i \in A_i$ pour $1 \leqslant i \leqslant k$ tels que $b_1, \ldots, b_k$ forment une base de U; projeter alors sur un supplémentaire de U dans E et utiliser l'hypothèse de récurrence.)

b) Soit K un corps fini, et soit E un espace vectoriel de dimension N sur K. Soient U_i $(1 \leqslant i \leqslant n)$ des sous-espaces vectoriels de E tels que, pour toute partie H de $[1, n]$, l'intersection des U_i tels que $i \in H$ ait une dimension $\leqslant N - \mathrm{Card}(H)$. Montrer que la réunion des U_i ne peut être égale à E (raisonner par dualité en utilisant *a*)).

38) Soient K un corps commutatif de caractéristique 0, E un espace vectoriel de dimension finie sur K. Soient $p_1, \ldots, p_m$ des projecteurs de E sur des sous-espaces vectoriels de E tels que l'on ait $1_E = p_1 + p_2 + \cdots + p_m$. Montrer que E est somme directe des $p_i(E)$ et que les p_i sont deux à deux permutables (prendre les traces des deux membres).

39) Soient K un corps, L un sous-corps de K, $(K_\alpha)_{\alpha \in I}$ une famille filtrante décroissante de sous-corps de K tels que $L = \bigcap_{\alpha \in I} K_\alpha$. Soient E un espace vectoriel sur K, $(a_i)_{1 \leqslant i \leqslant m}$ une famille finie d'éléments de E; montrer que si la famille (a_i) est libre sur L, il existe un indice α tel que (a_i) soit libre sur K_α. (Raisonner par récurrence sur $m - r$, où r est le rang de la famille (a_i) sur K.)

§ 8

1) Soient K un corps, K′ un sous-corps de K, V un espace vectoriel à droite sur K non réduit à 0.

a) Soit V′ une K′-structure sur V. Montrer que K′ est égal à l'ensemble des $\mu \in K$ tels que pour tout $x \in V'$, $x\mu \in V'$.

b) Soit Γ′ le groupe des automorphismes de K laissant invariants les éléments de K′. Montrer que s'il n'existe aucun élément de K n'appartenant pas à K′ et invariant par tous les automorphismes $\sigma \in \Gamma'$, il n'existe aucun élément de V n'appartenant pas à V′ et invariant par tout dimorphisme bijectif de V (relatif à un automorphisme de K) qui laisse invariants tous les éléments de V′.

c) Inversement, soient E une partie de V, G le groupe des dimorphismes bijectifs de V laissant invariants tous les éléments de E; pour tout $u \in G$, soit σ_u l'automorphisme correspondant de K, et soit Γ le groupe des automorphismes de K image de G par l'homomorphisme $u \mapsto \sigma_u$. On suppose que G ne contienne aucun automorphisme de V distinct de l'automorphisme identique, et qu'il n'existe aucun élément de V n'appartenant pas à E et invariant par tous les dimorphismes $u \in G$. Montrer que si K′ est le sous-corps des éléments de K invariants par tous les automorphismes $\sigma \in \Gamma$, E est une K′-structure sur V. (Prouver d'abord que E est un sous-groupe additif de V contenant une base de V; soit K″ l'ensemble des $\mu \in K$ tels que la relation $x \in E$ entraîne $x\mu \in E$. Montrer que les éléments de K″ sont invariants par tout $\sigma \in \Gamma$ et que K″ est un sous-corps de K; en déduire que E est une K″-structure sur V.)

2) Soient K un corps, K′ un sous-corps de K, V un espace vectoriel à droite sur K, V′ une K′-structure sur V, R′ l'image canonique du dual V′* dans le dual V* de V (II, p. 122). Pour que R′ soit un système générateur de V*, il faut et il suffit que V soit de dimension finie ou que K soit un K′-espace vectoriel à droite de dimension finie (utiliser l'exerc. 25 de II, p. 196).

¶ 3) Soient K un corps, L un sous-corps de K, et désignons par K_L le corps K considéré comme espace vectoriel à gauche sur L; $E = \mathrm{End}_L(K_L)$ est canoniquement muni d'une structure de (K, K)-bimodule. Le dual $(K_L)^*$ est contenu dans E et est un (K, L)-sous-bimodule de E. Lorsque L est contenu dans le centre de K, les deux structures de L-espace vectoriel sur E, obtenues en restreignant à L le corps des scalaires des deux structures de K-espace vectoriel de E, sont identiques.

On suppose désormais que L est contenu dans le *centre* de K et que la dimension de K_L est finie et égale à *n*.

a) Montrer que $(K_L)^*$ est de dimension 1 pour sa structure d'espace vectoriel à gauche sur K (calculer de deux manières la dimension de $(K_L)^*$ sur L).

b) Montrer que E est un espace vectoriel à gauche de dimension *n* sur K (même méthode).

c) Soit F un espace vectoriel à gauche de dimension finie sur K, $F_{[L]}$ l'espace vectoriel correspondant sur L. Si $u_0 \neq 0$ est une forme linéaire sur K_L, montrer que l'application $x' \mapsto u_0 \circ x'$ du dual F* de F (considéré comme espace vectoriel sur L) sur le dual $(F_{[L]})^*$ de $F_{[L]}$ est bijective (utiliser *a*)).

¶ 4) Soient K un corps de rang fini sur son centre Z, et L un sous-corps de K contenant Z.

a) Montrer que les structures d'espace vectoriel de K à gauche et à droite par rapport à L ont même dimension.

b) Montrer que les propriétés *a*), *b*), *c*) de l'exerc. 3 sont encore valables dans ce cas (si u_0 est une forme linéaire $\neq 0$ sur L_Z, v_0 une forme linéaire $\neq 0$ sur K_L, remarquer que $\xi.(u_0 \circ v_0) = u_0 \circ (\xi v_0)$ pour $\xi \in K$, que $\xi.(u_0 \circ v_0)$ décrit le dual $(K_Z)^*$ lorsque ξ décrit K, et utiliser l'exerc. 3 *c*)).

5) Soit K_0 un sous-corps d'un corps K tel que K soit de dimension 2 en tant qu'espace vectoriel à droite sur K_0. Soit E un espace vectoriel à gauche sur K.

a) Soit E_0 une partie de E qui soit un espace vectoriel sur K_0, et soit V le plus grand sous-K-espace vectoriel de E_0; si W_0 est un sous-K_0-espace vectoriel de E_0, supplémentaire de V, montrer que le sous-K-espace vectoriel W de E engendré par W_0, est tel que $V \cap W = \{0\}$ (remarquer que si un élément $\mu \in K$ n'appartient pas à K_0, la relation $\mu x \in E_0$ pour un $x \in E_0$ entraîne $x \in V$).
b) Soit E'_0 un second sous-K_0-espace vectoriel de E, V' le plus grand sous-K-espace vectoriel de E'_0. Pour qu'il existe un K-automorphisme de E transformant E_0 en E'_0, il faut et il suffit que V et V' aient même dimension par rapport à K, que les codimensions de V dans E_0 et de V' dans E'_0 (par rapport à K_0) soient égales et que les codimensions de E_0 et E'_0 dans E (par rapport à K_0) soient égales (utiliser *a*)).

§ 9

*1) Dans un espace affine E sur un corps K, on dit qu'un quadruplet (a, b, c, d) de points de E est un *parallélogramme* si l'on a $b - a = c - d$, auquel cas (a, d, c, b) est aussi un parallélogramme. Montrer que si K est de caractéristique $\neq 2$, les milieux des couples (a, c) et (b, d) sont alors égaux; que peut-on dire lorsque K est de caractéristique 2 ?*

2) Soient E un espace affine sur un corps de caractéristique $\neq 2$, a, b, c, d quatre points quelconques de E. Montrer que si x, y, z, t sont les milieux respectifs des couples (a, b), (b, c), (c, d), (d, a), le quadruplet (x, y, z, t) est un parallélogramme (exerc. 1).

3) Soient K un corps commutatif de caractéristique $\neq 2$, E un plan affine sur K, a, b, c, d quatre points de E, dont trois quelconques ne sont pas en ligne droite. On désigne par D_{xy} la droite passant par deux points distincts x, y de E. On suppose que les droites D_{ab} et D_{cd} ont un point commun e et que les droites D_{ad} et D_{bc} ont un point commun f. Montrer que les milieux des trois couples (a, c), (b, d), (e, f) sont en ligne droite. Que devient cette propriété lorsque D_{ab} et D_{cd} sont parallèles, ou lorsque D_{ad} et D_{bc} sont parallèles ? Cas où K est un corps à 3 éléments.

4) Soient K un corps dont la caractéristique est différente de 2 et de 3, E un espace affine sur K, a, b, c trois points de E non en ligne droite, a', b', c' les milieux respectifs des couples (b, c), (c, a) et (a, b). Montrer que (avec les notations de l'exerc. 3) les droites $D_{aa'}$, $D_{bb'}$ et $D_{cc'}$ passent par le barycentre des trois points a, b, c. Que devient cette propriété lorsque K est de caractéristique 2 ou de caractéristique 3 ? Généraliser à un système de n points affinement indépendants.

5) Pour qu'une partie non vide V d'un espace affine E sur un corps K ayant au moins 3 éléments soit une variété linéaire, il faut et il suffit que pour tout couple (x, y) de points distincts de V, la droite D_{xy} passant par x et y soit tout entière contenue dans V. Si K a deux éléments, pour que V soit une variété linéaire, il faut et il suffit que le barycentre de trois points quelconques de V appartienne à V.

6) *a*) Soit E un espace affine de dimension $\geqslant 2$ sur un corps K. Pour qu'une application affine u de E dans lui-même transforme toute droite de E en une droite parallèle, il faut et il suffit que l'application linéaire v associée à u soit une homothétie $t \mapsto \gamma t$ de rapport $\gamma \neq 0$ appartenant au centre de K. Si $\gamma = 1$, u est une translation; montrer que si $\gamma \neq 1$, il existe un point et un seul $a \in E$ tel que $u(a) = a$. Si on prend a pour origine de E, u est alors identifiée à une homothétie centrale pour la structure d'espace vectoriel ainsi déterminée sur E; on dit que u est une *homothétie centrale* de l'espace affine E, de centre a et de rapport γ.
b) Soient u_1, u_2 deux applications affines de E dans E, dont chacune est, soit une translation, soit une homothétie centrale de E. Montrer que $u_1 \circ u_2$ est une translation ou une homothétie centrale de E; si u_1, u_2 et $u_1 \circ u_2$ sont toutes trois des homothéties centrales, montrer que leurs centres sont en ligne droite. Que peut-on dire lorsque u_1 et u_2 sont des homothéties centrales et $u_1 \circ u_2$ une translation ?

c) Montrer que l'ensemble des translations et des homothéties centrales est un sous-groupe distingué H du groupe affine de E, et que H/T est isomorphe au groupe multiplicatif du centre de K; montrer que H ne peut être commutatif que si H = T, autrement dit si le centre de K n'a que 2 éléments.

¶ 7) Soit E (resp. E') un espace affine de dimension finie $n \geqslant 2$ sur un corps K ayant au moins 3 éléments (resp. sur un corps K'), et soit u une application injective de E dans E' transformant trois points quelconques en ligne droite de E en trois points en ligne droite, et telle que la variété linéaire affine engendrée par $u(E)$ dans E' soit égale à E'.
a) Montrer que u transforme tout système de points affinement indépendants de E en un système de points affinement indépendants (utiliser l'exerc. 5 de II, p. 200).
b) Soient D_1, D_2 deux droites parallèles dans E, D'_1, D'_2 les droites de E' contenant respectivement $u(D_1)$ et $u(D_2)$. Montrer que D'_1 et D'_2 sont dans un même plan; si en outre u est surjective, montrer que D'_1 et D'_2 sont parallèles (dans le cas contraire, montrer qu'il y aurait 3 points non en ligne droite de E dont les images par u seraient en ligne droite) (cf. II, p. 204, exerc. 17).
c) On suppose désormais que si D_1 et D_2 sont des droites parallèles de E, les droites de E' contenant respectivement $u(D_1)$ et $u(D_2)$ sont parallèles. Montrer que si on prend dans E une origine a et dans E' l'origine $a' = u(a)$, il existe un isomorphisme σ de K sur un sous-corps K_1 de K', tel que si on considère E comme un espace vectoriel sur K et E' comme un espace vectoriel sur K_1, u soit une application semi-linéaire injective (relative à σ) de E dans E' (II, p. 32). (Considérer d'abord le cas $n = 2$; étant donnée une base (e_1, e_2) de E, montrer que pour deux éléments quelconques α, β de K, on peut construire les points $(\alpha + \beta)e_1$ et $(\alpha\beta)e_1$ de E à partir des points $0, e_1, e_2, \alpha e_1, \beta e_1$ par des constructions de parallèles à des droites données et des intersections de droites données; en déduire qu'on peut écrire $u(\lambda e_1) = \lambda^\sigma u(e_1)$, où σ est un isomorphisme de K sur un sous-corps de K', puis montrer que l'on a aussi $u(\lambda e_2) = \lambda^\sigma u(e_2)$ en considérant la droite joignant les points λe_1 et λe_2. Passer enfin de là au cas où n est quelconque, en raisonnant par récurrence sur n.) Si u est bijective, montrer que $K_1 = K'$.
d) Étendre le résultat de *c*) au cas où K est un corps à 2 éléments en supposant en outre que u transforme tout système de points affinement indépendants de E en un système de points affinement indépendants de E'.

8) Soient E un espace affine à gauche sur un corps K, T son espace des translations.
a) Pour qu'une application f de E dans un espace vectoriel à gauche L sur K soit affine, il faut et il suffit que l'on ait

$$f(\mathbf{t} + x) - f(x) = f(\mathbf{t} + y) - f(y)$$

$$f(\lambda\mathbf{t} + x) - f(x) = \lambda(f(\mathbf{t} + x) - f(x))$$

quels que soient $\lambda \in K$, $\mathbf{t} \in T$, x, y dans E. Soit $x \mapsto [x]$ l'injection canonique de E dans l'espace vectoriel $K_s^{(E)}$ des combinaisons linéaires formelles des éléments de E, et soit N le sous-espace de $K_s^{(E)}$ engendré par les éléments

$$[\mathbf{t} + x] - [x] - [\mathbf{t} + y] + [y]$$

$$[\lambda\mathbf{t} + x] - [x] - \lambda[\mathbf{t} + x] + \lambda[x]$$

pour $\lambda \in K$, $\mathbf{t} \in T$, x, y dans K; enfin, soit V l'espace quotient de $K_s^{(E)}$ par N, et φ l'application de E dans V qui à tout $x \in E$ associe la classe de $[x]$ modulo N. Alors φ est une application affine et pour toute application affine f de E dans un espace vectoriel à gauche L sur K, il existe une application linéaire g de V dans L et une seule telle que $f = g \circ \varphi$.
b) Soit $\varphi_0 : T \to V$ l'application linéaire associée à φ, de sorte que $\varphi(\mathbf{t} + x) - \varphi(x) = \varphi_0(\mathbf{t})$. Montrer que φ (et par suite aussi φ_0) est injective (considérer l'application $x \mapsto x - a$ de E dans T pour un $a \in E$); pour toute famille $(\lambda_\iota)_{\iota \in I}$ d'éléments de K à support fini, et toute famille $(x_\iota)_{\iota \in I}$ d'éléments de E, on a

$$\sum_\iota \lambda_\iota \varphi(x_\iota) = \varphi_0\big(\sum_\iota \lambda_\iota x_\iota\big) \qquad \text{si} \sum_\iota \lambda_\iota = 0$$

$$\sum_\iota \lambda_\iota \varphi(x_\iota) = \mu\varphi\big(\sum_\iota \mu^{-1}\lambda_\iota x_\iota\big) \qquad \text{si} \sum_\iota \lambda_\iota = \mu \neq 0.$$

En déduire que $\varphi_0(T)$ est un hyperplan passant par 0 dans V, et $\varphi(E)$ un hyperplan parallèle à $\varphi_0(T)$.

9) Soient K un corps fini à q éléments, V un espace vectoriel de dimension n sur K.

a) Montrer que l'ensemble des suites $(x_1, x_2, \ldots, x_m)$ de $m \leqslant n$ vecteurs de V formant un système libre, a un cardinal égal à

$$(q^n - 1)(q^n - q)\ldots(q^n - q^{m-1})$$

(raisonner par récurrence sur n).

b) Déduire de *a*) que le cardinal de l'ensemble des variétés linéaires de dimension m dans un espace projectif de dimension n sur K est égal à

$$\frac{(q^{n+1} - 1)(q^{n+1} - q)\ldots(q^{n+1} - q^m)}{(q^{m+1} - 1)(q^{m+1} - q)\ldots(q^{m+1} - q^m)}.$$

10) Dans un espace projectif $\mathbf{P}(V)$ de dimension n sur un corps K, on appelle *repère projectif* un ensemble S de $n + 2$ points, dont $n + 1$ quelconques forment un système projectivement libre. Si $S = (a_i)_{0 \leqslant i \leqslant n+1}$ et $S' = (a'_i)_{0 \leqslant i \leqslant n+1}$ sont deux repères projectifs quelconques de $\mathbf{P}(V)$, montrer qu'il existe une transformation $f \in \mathbf{PGL}(V)$ telle que $f(a_i) = a'_i$ pour $0 \leqslant i \leqslant n + 1$. Pour que cette transformation soit unique, il faut et il suffit que K soit commutatif. (Se ramener au cas où $a'_i = a_i$ pour tout i, et remarquer que l'on peut toujours écrire (avec les notations de II, p. 133) $a_i = \pi(b_i)$, où $(b_i)_{1 \leqslant i \leqslant n+1}$ est une base de V, et $b_0 = b_1 + b_2 + \cdots + b_{n+1}$.) *Donner un exemple où K est un corps de quaternions et où il existe un ensemble infini T de points de $\mathbf{P}(V)$, dont $n + 1$ quelconques forment un système projectivement libre, et une transformation $f \in \mathbf{PGL}(V)$, distincte de l'identité, et laissant invariants tous les points de T.$_*$

11) Soient V un espace vectoriel de dimension 2 sur un corps K, a, b, c, d quatre points distincts de la droite projective $\mathbf{P}(V)$. On appelle *birapport* du quadruplet (a, b, c, d) et on note $\begin{bmatrix} a & b \\ d & c \end{bmatrix}$ l'ensemble des éléments $\xi \in K$ tels qu'il existe deux vecteurs u, v dans V pour lesquels on a (avec les notations de II, p. 133) $a = \pi(u)$, $b = \pi(v)$, $c = \pi(u + v)$, $d = \pi(u + \xi v)$. Cette définition s'étend aussitôt à tout quadruplet de points distincts d'un ensemble muni d'une structure de droite projective (II, p. 138).

a) Montrer que $\begin{bmatrix} a & b \\ d & c \end{bmatrix}$ est l'ensemble des conjugués d'un élément $\neq 1$ du groupe multiplicatif K^*, et réciproquement que, lorsque a, b, c sont des points distincts de $\mathbf{P}(V)$, et ρ l'ensemble des conjugués d'un élément $\neq 1$ de K^*, il existe un point $d \in \mathbf{P}(V)$ tel que $\begin{bmatrix} a & b \\ d & c \end{bmatrix} = \rho$. Pour que d soit unique, il faut et il suffit que ρ soit réduit à un seul élément.

b) Montrer que l'on a

$$\begin{bmatrix} a & b \\ c & d \end{bmatrix} = \begin{bmatrix} b & a \\ d & c \end{bmatrix} = \begin{bmatrix} a & b \\ d & c \end{bmatrix}^{-1}$$

et

$$\begin{bmatrix} d & a \\ c & b \end{bmatrix} = 1 - \begin{bmatrix} a & b \\ d & c \end{bmatrix}$$

(en désignant par ρ^{-1} (resp. $1 - \rho$) l'ensemble des conjugués $\lambda\xi^{-1}\lambda^{-1} = (\lambda\xi\lambda^{-1})^{-1}$ (resp. $1 - \lambda\xi\lambda^{-1} = \lambda(1 - \xi)\lambda^{-1}$), où ξ est un élément de ρ).

c) Soient (a, b, c, d), (a', b', c', d') deux quadruplets de points distincts de $\mathbf{P}(V)$. Pour qu'il existe une application semi-linéaire bijective de V sur lui-même telle que l'application bijective f de $\mathbf{P}(V)$ sur elle-même, obtenue par passage aux quotients, satisfasse aux conditions $f(a) = a'$, $f(b) = b'$, $f(c) = c'$, $f(d) = d'$, il faut et il suffit qu'il existe un automorphisme σ de K tel que

$$\begin{bmatrix} a' & b' \\ d' & c' \end{bmatrix} = \begin{bmatrix} a & b \\ d & c \end{bmatrix}^\sigma.$$

Pour qu'il existe une transformation f du groupe projectif $\mathbf{PGL}(V)$ satisfaisant aux conditions précédentes, il faut et il suffit que

$$\begin{bmatrix} a' & b' \\ d' & c' \end{bmatrix} = \begin{bmatrix} a & b \\ d & c \end{bmatrix}.$$

12) Soit $\mathbf{P}(V)$ un espace projectif (à gauche) de dimension finie n sur un corps K. Montrer qu'il existe sur l'ensemble des hyperplans projectifs de $\mathbf{P}(V)$ une structure d'espace projectif (à droite) de dimension n sur K, canoniquement isomorphe à celle de $\mathbf{P}(V^*)$ (V^* étant le dual de V). Si M est une variété linéaire de dimension $r < n$ dans $\mathbf{P}(V)$, en déduire une structure d'espace projectif de dimension $n - r - 1$ sur l'ensemble des hyperplans projectifs contenant M. En particulier, si M est de dimension $n - 2$, on peut définir le birapport $\begin{bmatrix} H_1 & H_2 \\ H_4 & H_3 \end{bmatrix}$ d'un quadruplet (H_1, H_2, H_3, H_4) d'hyperplans distincts contenant M. Montrer que si $D \subset \mathbf{P}(V)$ est une droite ne rencontrant pas M, et si a_i est l'intersection de D et de H_i $(1 \leqslant i \leqslant 4)$, on a

$$\begin{bmatrix} a_1 & a_2 \\ a_4 & a_3 \end{bmatrix} = \begin{bmatrix} H_1 & H_2 \\ H_4 & H_3 \end{bmatrix}.$$

*13) Dans un plan projectif $\mathbf{P}(V)$ sur un corps K de caractéristique $\neq 2$, soient a, b, c, d quatre points formant un repère projectif (II, p. 202, exerc. 10); désignant par D_{xy} la droite passant par deux points distincts x, y de $\mathbf{P}(V)$, soient e, f, g les points d'intersection des droites D_{ab} et D_{cd}, D_{ac} et D_{bd}, D_{ad} et D_{bc} respectivement; soit h le point d'intersection de D_{bc} et D_{ef}; montrer que l'on a $\begin{bmatrix} b & c \\ h & g \end{bmatrix} = \{-1\}$ (« *théorème du quadrilatère complet* »; se ramener au cas où D_{ad} est la droite à l'infini d'un plan affine). Quel est le résultat correspondant lorsque K est de caractéristique 2 ?$_*$

14) Dans un plan projectif $\mathbf{P}(V)$ sur un corps K ayant au moins trois éléments, soient D, D' deux droites distinctes. Afin que, quels que soient les points distincts a, b, c de D, a', b', c' de D', les points d'intersection r de $D_{ab'}$ et $D_{ba'}$, q de $D_{ac'}$ et $D_{ca'}$, p de $D_{bc'}$ et $D_{cb'}$ soient en ligne droite, il faut et il suffit que K soit commutatif (« *théorème de Pappus* »; se ramener au cas où q et r sont sur la droite à l'infini d'un plan affine). Appliquer ce théorème à l'espace projectif des droites de $\mathbf{P}(V)$ (exerc. 12).

15) Dans un plan projectif sur un corps K ayant au moins trois éléments, soient s, a, b, c, a', b', c' sept points distincts tels que $\{s, a, b, c\}$ et $\{s, a', b', c'\}$ soient des repères projectifs (II, p. 202, exerc. 10) et que les droites D_{sa}, D_{sb}, D_{sc} passent respectivement par a', b', c'. Montrer que les points d'intersection r de D_{ab} et $D_{a'b'}$, p de D_{bc} et $D_{b'c'}$, q de D_{ca} et $D_{c'a'}$, sont en ligne droite (« *théorème de Desargues* »; méthode analogue à celle de l'exerc. 14).

16) *a*) Soient $E = \mathbf{P}(V)$ et $E' = \mathbf{P}(V')$ deux espaces projectifs de même dimension finie $n \geqslant 2$ sur deux corps K, K' respectivement, et soit u une application *bijective* de E sur E', transformant trois points quelconques en ligne droite en trois points en ligne droite. Montrer qu'il existe un isomorphisme σ de K sur K' et une application semi-linéaire bijective v de V sur V' (relative à σ) telle que u soit l'application obtenue par passage aux quotients à partir de v (« *théorème fondamental de la géométrie projective* »; utiliser l'exerc. 7 de II, p. 201). Supposons en outre $V' = V$ et K commutatif; pour que u soit une application projective, il faut et il

suffit que l'on ait en outre $\begin{bmatrix} u(a) & u(b) \\ u(d) & u(c) \end{bmatrix} = \begin{bmatrix} a & b \\ d & c \end{bmatrix}$ pour tout quadruplet (a, b, c, d) de points distincts en ligne droite dans $\mathbf{P}(V)$.
b) Soit p un entier tel que $1 \leqslant p \leqslant n - 1$. Montrer que la première conclusion de *a*) subsiste lorsqu'on suppose que l'image par u de toute variété linéaire projective de dimension p soit contenue dans une variété linéaire projective de dimension p.

17) Soient V un espace vectoriel de dimension finie n sur un corps K, $(e_i)_{1 \leqslant i \leqslant n}$ une base de V, K′ un sous-corps de K, V′ l'espace vectoriel de dimension n sur K′ engendré par les e_i. Donner un exemple d'application injective de V′ dans V, transformant trois points quelconques en ligne droite de l'espace affine V′ en trois points en ligne droite de l'espace affine V, mais ne transformant pas nécessairement deux droites parallèles en ensembles contenus dans deux droites parallèles. (Plonger V dans l'espace projectif E qui lui est canoniquement associé, et considérer une transformation projective u de E dans lui-même, telle que l'image réciproque par u de l'hyperplan à l'infini soit distincte de cet hyperplan et ne contienne aucun point de V′; on pourra par exemple prendre K infini et K′ fini).

¶ 18) Soient $E = \mathbf{P}(V)$ un plan projectif sur un corps K, u une application bijective de E sur lui-même, provenant par passage aux quotients d'une application semi-linéaire bijective v de V sur lui-même, relative à un automorphisme σ de K.
a) Montrer que les quatre propriétés suivantes sont équivalentes: α) pour tout $x \in E$, x, $u(x)$ et $u^2(x)$ sont en ligne droite; β) toute droite de E contient un point invariant par u; γ) par tout point de E passe une droite invariante par u; δ) pour toute droite D de E, les trois droites D, $u(D)$ et $u^2(D)$ ont un point commun. (Montrer d'abord que α) et γ) sont équivalentes; en déduire, par dualité (II, p. 203, exerc. 12) que β) et δ) sont équivalentes; prouver enfin que γ) entraîne β) et en déduire par dualité que β) entraîne γ).)
b) On suppose que u possède les propriétés énoncées dans *a*). Montrer que s'il existe dans E une droite D invariante par u et ne contenant qu'un seul point a invariant par u, u provient par passage aux quotients d'une transvection v de V (II, p. 206, exerc. 11). (Montrer que toute droite invariante par u contient a; en considérant une droite ne passant pas par a, montrer qu'il existe une droite D_0 passant par a et contenant au moins deux points invariants par u; conclure que tous les points de D_0 sont nécessairement invariants par u).
c) On suppose que u possède les propriétés énoncées dans *a*). Montrer que s'il existe dans E une droite D invariante par u et ne contenant que deux points invariants par u, u provient par passage aux quotients d'une dilatation v de V (II, p. 206, exerc. 11). (Si a, b sont les deux points de D invariants par u, montrer que toute droite invariante par u passe par a ou par b; remarquer ensuite qu'il existe au moins deux autres points c, d distincts de a, b et invariants par u, et par suite que la droite D_{cd} passe par a ou b; conclure en prouvant que tous les points de D_{cd} sont invariants par u.)
d) On suppose que u possède les propriétés énoncées dans *a*) et que toute droite de E invariante par u contient au moins trois points distincts invariants par u; il existe alors dans E un repère projectif (II, p. 202, exerc. 10) dont chaque point est invariant par u; en conclure qu'il existe une base $(e_i)_{1 \leqslant i \leqslant 3}$ de V telle que u provienne par passage aux quotients d'une application semi-linéaire v de V sur lui-même telle que $v(e_i) = e_i$ pour $1 \leqslant i \leqslant 3$. L'ensemble des points de E invariants par u est alors le plan projectif $\mathbf{P}(V_0)$, où V_0 est l'espace vectoriel sur le corps K_0 des invariants de σ, engendré par e_1, e_2, e_3.
e) On suppose désormais que u satisfait aux conditions de *a*) et de *d*), et que ni u ni u^2 n'est l'identité. Montrer qu'il existe $\gamma \in K$ tel que $\gamma^\sigma = \gamma$ et

$$(\xi^\sigma - \xi)^\sigma = \gamma(\xi^\sigma - \xi) \tag{1}$$

pour tout $\xi \in K$ (utiliser la condition α) de *a*), et l'existence de $\zeta \in K$ tel que $\zeta^\sigma \neq \zeta$). Montrer que $\gamma \neq -1$, puis que, pour tout $\xi \in K$ tel que $\xi^\sigma \neq \xi$, on a

$$(1 + \gamma)\xi^\sigma\gamma = \gamma\xi(1 + \gamma) \tag{2}$$

(appliquer (1) en remplaçant ξ par ξ^2); étendre (2) à tout $\xi \in K$ en remarquant que $\xi = \eta - \zeta$, où $\eta^\sigma \neq \eta$ et $\xi^\sigma \neq \zeta$. En conclure que $\gamma \neq 1$, puis déduire de (1) et (2) que l'on a

$$\xi^\sigma = (1 + \gamma)\xi(1 + \gamma)^{-1} \tag{3}$$

pour tout $\xi \in K$, et que $\gamma + \gamma^{-1}$ appartient au centre de K. Réciproque.
*Donner un exemple où γ n'appartient pas au centre de K, mais où $\gamma + \gamma^{-1}$ est dans ce centre.$_*$

*19) Soient K un corps commutatif, $\tilde{K}$ le corps projectif obtenu en adjoignant à K un point à l'infini (II, p. 136), f et g deux éléments de K(X). Montrer que si l'on pose $h(X) = f(g(X))$ et si $\tilde{f}, \tilde{g}, \tilde{h}$ sont les prolongements canoniques de f, g, h à $\tilde{K}$, on a $\tilde{h} = \tilde{f} \circ \tilde{g}$.$_*$

§ 10

1) *a*) Soient E un A-module à droite. Sur le groupe additif E^r (pour $r \geqslant 1$) on définit une loi d'action ayant $\mathbf{M}_r(A)$ comme ensemble d'opérateurs, en désignant par $x.P$, pour tout élément $x = (x_i)_{1 \leqslant i \leqslant r}$ de E^r et toute matrice carrée $P = (\alpha_{ij}) \in \mathbf{M}_r(A)$, l'élément $y = (y_i)$ de E^r tel que

$$y_i = \sum_{j=1}^{r} x_j \alpha_{ji} \qquad (1 \leqslant i \leqslant r).$$

Cette loi d'action définit, avec la loi additive de E^r, une structure de $\mathbf{M}_r(A)$-module à droite sur E^r; par restriction à l'anneau des matrices scalaires $I.\alpha$ de l'anneau des opérateurs, on retrouve sur E^r la structure de A-module produit. Montrer que, pour que le A-module E possède un système générateur de r éléments, il faut et il suffit que le $\mathbf{M}_r(A)$-module E^r soit monogène.
b) Soit $(x_i)_{1 \leqslant i \leqslant n}$ un système générateur de E et soit $(y_j)_{1 \leqslant j \leqslant m}$ une famille d'éléments de E (resp. un système générateur de E). Soient z, z', z'' les trois éléments de E^{m+n} tels que $z_i = x_i$ pour $1 \leqslant i \leqslant n$, $z_{n+j} = 0$ pour $1 \leqslant j \leqslant m$, $z'_i = x_i$ pour $1 \leqslant i \leqslant n$, $z'_{n+j} = y_j$ pour $1 \leqslant j \leqslant n$, $z''_i = 0$ pour $1 \leqslant i \leqslant n$, $z''_{n+j} = y_j$ pour $1 \leqslant j \leqslant n$. Montrer qu'il existe deux matrices inversibles P, Q de $\mathbf{M}_{n+m}(A)$ telles que $z' = z.P$ (resp. $z'' = z.Q$).
c) Si A est commutatif, $u_P : x \mapsto x.P$ est un endomorphisme du A-module E^r et l'application $P \mapsto u_P$ est un homomorphisme de l'anneau $\mathbf{M}_r(A)$ dans l'anneau $\mathrm{End}_A(E^r)$. Si E est un A-module fidèle cet homomorphisme est injectif.

2) *a*) Soit X une matrice carrée sur un anneau A, qui s'écrit comme matrice triangulaire supérieure (X_{ij}) de matrices $(1 \leqslant i \leqslant p, 1 \leqslant j \leqslant p)$. Montrer que si chacune des matrices carrées X_{ii} $(1 \leqslant i \leqslant p)$ est inversible, il en est de même de X, et X^{-1} s'écrit comme matrice triangulaire supérieure (Y_{ij}) $(1 \leqslant i \leqslant p, 1 \leqslant j \leqslant p)$ correspondant à la même partition de l'ensemble d'indices. Lorsque A est un corps, prouver que cette condition suffisante pour que X soit inversible, est aussi nécessaire.
b) Donner un exemple d'anneau A et de matrice $\begin{pmatrix} a & 1 \\ 0 & b \end{pmatrix}$ (avec $a \in A$, $b \in A$) qui est inversible sans que a ni b soient inversibles dans A, et dont l'inverse $\begin{pmatrix} a' & b' \\ c' & d' \end{pmatrix}$ est telle que $b' \neq 0$ et $c' \neq 0$ (prendre pour A l'anneau d'endomorphismes d'un espace vectoriel de dimension infinie).

3) Soit A l'anneau quotient $\mathbf{Z}/30\mathbf{Z}$. Montrer que dans la matrice

$$\begin{pmatrix} 1 & 1 & -1 \\ 0 & 2 & 3 \end{pmatrix}$$

sur l'anneau A, les deux lignes sont linéairement indépendantes, mais deux colonnes quelconques sont linéairement dépendantes.

4) Soient A un anneau, C son centre, B l'anneau de matrices $\mathbf{M}_n(\mathrm{A})$, Δ le sous-groupe additif de A engendré par les éléments $\alpha\beta - \beta\alpha$ pour $\alpha \in \mathrm{A}$, $\beta \in \mathrm{A}$, D le sous-groupe additif de B engendré par les matrices $XY - YX$, pour $X \in \mathrm{B}$, $Y \in B$; Δ et D sont des C-modules. Pour toute matrice $X = (\xi_{ij}) \in \mathrm{B}$, soit $\theta(X)$ l'élément $\sum_{i=1}^{n} \bar{\xi}_{ii}$ de A/Δ, où, pour tout $\alpha \in \mathrm{A}$, $\bar{\alpha}$ désigne la classe de α mod. Δ. Montrer que θ est un homomorphisme surjectif de B dans A/Δ, dont le noyau est égal à D, de sorte que B/D est isomorphe à A/Δ en tant que C-module. (Observer que D contient les matrices αE_{ij} et les matrices $\alpha(E_{ii} - E_{jj})$ pour $\alpha \in \mathrm{A}$ et $i \neq j$.)

¶ 5) Soient A un anneau, L, M, N trois ensembles d'indices quelconques, $U = (a_{\lambda\mu})$ une matrice de $\mathrm{A}^{\mathrm{L}\times\mathrm{M}}$, $V = (b_{\mu\nu})$ une matrice de $\mathrm{A}^{\mathrm{M}\times\mathrm{N}}$; si, pour tout couple $(\lambda, \nu) \in \mathrm{L} \times \mathrm{N}$, la famille $(a_{\lambda\mu}b_{\mu\nu})$ $(\mu \in \mathrm{M})$ a un support *fini*, l'élément $c_{\lambda\nu} = \sum_{\mu} a_{\lambda\mu}b_{\mu\nu}$ est défini, et on dit encore que la matrice $(c_{\lambda\nu})$ est le *produit* UV de U par V. Lorsque les produits UV' et UV'' sont définis, il en est de même de $U(V' + V'')$ et on a $UV' + UV'' = U(V' + V'')$; la réciproque est-elle vraie? Donner un exemple de trois matrices infinies U, V, W telles que les produits UV, VW, $U(VW)$ et $(UV)W$ soient définis, mais que l'on ait $U(VW) \neq (UV)W$ (prendre pour U une matrice à une ligne dont tous les éléments sont égaux à 1, pour W sa transposée, pour V une matrice dont tous les éléments sont égaux à 0, 1 ou -1, et qui n'a qu'un nombre fini d'éléments $\neq 0$ dans chaque ligne et chaque colonne. Déterminer par récurrence les éléments de V de sorte que $UV = 0$ mais que VW ait un seul élément $\neq 0$).

6) Soit X une matrice à m lignes et n colonnes sur un corps K; montrer que le rang $\mathrm{rg}(X)$ est égal au plus grand des rangs des sous-matrices de X ayant un nombre égal de lignes et de colonnes. (Soit $\mathrm{rg}(X) = r$; si $a_1, \ldots, a_r$ sont r colonnes de X formant un système libre dans K_d^m, et si on forme une base de K_d^m avec ces r vecteurs et $m - r$ vecteurs de la base canonique, montrer que les composantes de $a_1, \ldots, a_r$ sur les r autres vecteurs de la base canonique forment une matrice de rang r.)

7) Soit X une matrice à m lignes et n colonnes sur un corps K; si r est le rang de X, montrer que le rang d'une sous-matrice à m lignes et s colonnes, obtenue en supprimant $n - s$ colonnes de X, est $\geqslant r + s - n$.

8) Soit $X = (\alpha_{ij})$ une matrice à m lignes et n colonnes sur un corps K. Pour que X soit de rang 1, il faut et il suffit qu'il existe dans K une famille $(\lambda_i)_{1 \leqslant i \leqslant m}$ de m éléments non tous nuls, et un famille $(\mu_j)_{1 \leqslant j \leqslant n}$ de n éléments non tous nuls, telles que $\alpha_{ij} = \lambda_i\mu_j$ pour tout couple d'indices.

9) Soient X, Y deux matrices à m lignes et n colonnes sur un corps K; s'il existe deux matrices carrées P, P_1 d'ordre m, et deux matrices carrées Q, Q_1 d'ordre n telles que $Y = PXQ$ et $X = P_1YQ_1$, montrer que X et Y sont équivalentes.

10) Soient X, X', Y, Y' quatre matrices carrées d'ordre n sur un anneau A, telles que X soit inversible. Pour qu'il existe deux matrices carrées inversibles P, Q d'ordre n telles que $X' = PXQ$ et $Y' = PYQ$, il faut et il suffit que X' soit inversible et que les matrices YX^{-1} et $Y'X'^{-1}$ soient semblables.

11) Soient E un espace vectoriel à droite sur un corps K, de dimension $\geqslant 1$, H un hyperplan de E. Tout endomorphisme u de E, laissant invariant chacun des éléments de H, donne, par passage aux quotients, un endomorphisme de l'espace quotient E/H de dimension 1, endomorphisme qui est donc de la forme $\dot{x} \mapsto \dot{x}\mu(\dot{x})$, où $\mu(\dot{x}) \in \mathrm{K}$ est tel que $\mu(\dot{x}\lambda) = \lambda^{-1}\mu(\dot{x})\lambda$ pour $\lambda \in \mathrm{K}^*$. Un *automorphisme* de E laissant invariants les éléments de H est appelé *transvection d'hyperplan* H si l'automorphisme correspondant de E/H est l'identité, *dilatation d'hyperplan* H dans le cas contraire; lorsque u est une dilatation, l'ensemble des éléments $\mu(\dot{x})$ pour $\dot{x} \in \mathrm{E/H}$, qui est une classe d'éléments conjugués dans le groupe multiplicatif K^*, est appelé la *classe* de la dilatation u.

a) Montrer que pour toute dilatation, il existe une droite supplémentaire de H et une seule, invariante par la dilatation.
b) Soit φ une forme linéaire sur E telle que $H = \overset{-1}{\varphi}(0)$; montrer que pour toute transvection u d'hyperplan H, il existe un unique vecteur $a \in H$ tel que $u(x) = x + a\varphi(x)$ pour tout $x \in E$. Soit $\Gamma(E, H)$ le sous-groupe de $\mathbf{GL}(E)$ formé des automorphismes laissant invariant chaque élément de H; montrer que les transvections d'hyperplan H forment un sous-groupe commutatif distingué $\Theta(E,H)$ de $\Gamma(E, H)$, isomorphe au groupe additif H; le groupe quotient $\Gamma(E, H)/\Theta(E, H)$ est isomorphe au groupe multiplicatif K^*. Pour que $\Gamma(E, H)$ soit commutatif, il faut et il suffit que l'une des deux conditions suivantes soit vérifiée: α) K est un corps à deux éléments; β) K est commutatif et $\dim E = 1$.
c) On suppose que E est de dimension finie; montrer que pour toute transvection u, il existe une base de E telle que la matrice de u par rapport à cette base ait tous ses éléments diagonaux égaux à 1, et au plus un autre élément $\neq 0$.
d) Montrer que le *centralisateur* (I, p. 54) du groupe $\Theta(E, H)$ dans le groupe $\mathbf{GL}(E)$ est le composé $Z(E)\Theta(E, H) = \Theta(E, H)Z(E)$ de $\Theta(E, H)$ et du centre $Z(E)$ de $\mathbf{GL}(E)$ (cf. II, p. 182, exerc. 26). Les seuls automorphismes appartenant à ce centralisateur et laissant invariant au moins un élément $\neq 0$ de E sont les transvections du groupe $\Theta(E, H)$. Si K a au moins 3 éléments, le centralisateur de $\Gamma(E, H)$ dans $\mathbf{GL}(E)$ est égal à $Z(E)$.
e) Montrer que les *normalisateurs* (I, p. 54) de $\Theta(E, H)$ et de $\Gamma(E, H)$ dans $\mathbf{GL}(E)$ sont tous deux égaux au sous-groupe formé des automorphismes laissant invariant H.

¶ 12) Soit E un espace vectoriel à droite le dimension $\geqslant 1$ sur un corps K. On désigne par $F(E)$ le sous-groupe distingué de $\mathbf{GL}(E)$ formé des automorphismes u tels que le noyau de $1_E - u$ soit de codimension *finie* (on a donc $F(E) = \mathbf{GL}(E)$ si E est de dimension finie). On désigne par $\mathbf{SL}(E)$ le sous-groupe distingué de $\mathbf{GL}(E)$ engendré par toutes les transvections (exerc. 11); il est contenu dans $F(E)$.
a) Si $\dim E \geqslant 2$, montrer que pour tout couple de vecteurs x, y non nuls de E, il existe une transvection, ou un produit de deux transvections, qui transforme x en y (autrement dit $\mathbf{SL}(E)$ opère *transitivement* dans $E - \{0\}$).
b) Soient V, W deux hyperplans de E, $\dot{x}_0 = x_0 + V$ une classe mod. V distincte de V, $\dot{y}_0 = y_0 + W$ une classe mod. W distincte de W. Montrer que si $\dim E \geqslant 2$, il existe une transvection, ou un produit de deux transvections, qui transforme V en W et $\dot{x}_0$ en $\dot{y}_0$ (considérer d'abord le cas où V et W sont distincts).
c) Si $\dim E \geqslant 2$, montrer que deux transvections quelconques, distinctes de l'identité, sont *conjuguées dans le groupe* $F(E)$.
d) Si $\dim E \geqslant 3$, montrer que deux transvections quelconques, distinctes de l'identité, sont *conjuguées dans le groupe* $\mathbf{SL}(E)$ (se ramener à l'aide de *b*) au cas où les hyperplans des deux transvections sont identiques, puis utiliser *a*)).
e) On suppose que $\dim E = 2$. Pour que deux transvections quelconques soient conjuguées dans $\mathbf{SL}(E)$, il faut et il suffit que le sous-groupe Q de K^* engendré par les *carrés* des éléments de K^* soit identique à K^*. (Si u est une transvection distincte de l'identité, a un vecteur de E non invariant par u et $b = u(a) - a$, montrer que pour toute transvection u' conjuguée de u dans $\mathbf{SL}(E)$, on a $u'(a) - a = a\lambda + b\mu$, avec $\mu = 0$ ou $\mu \in Q$; on utilisera pour cela le fait que dans un groupe G, tout produit $sts^{-1}t$ est un produit de carrés.)
f) On suppose que $\dim E \geqslant 2$. Pour que deux dilatations u, u' soient telles qu'il existe un $v \in \mathbf{SL}(E)$ tel que $u' = vuv^{-1}$, il faut et il suffit que les classes (exerc. 11) de u et u' soient les mêmes (utiliser *b*)). En déduire que si la classe d'une dilatation est contenue dans le groupe des commutateurs de K^*, cette dilatation appartient au groupe $\mathbf{SL}(E)$ (observer que $(vuv^{-1})u^{-1} = v(uv^{-1}u^{-1})$).

¶ 13) Soient E un espace vectoriel à droite de dimension $\geqslant 2$, H_0 un hyperplan de E.
a) Montrer que tout automorphisme u appartenant à $F(E)$ (exerc. 12) est produit d'un automorphisme de $\mathbf{SL}(E)$ et éventuellement d'une dilatation d'hyperplan H_0 (procéder par récurrence sur la codimension du noyau de $1_E - u$, en utilisant les exerc. 12 *a*) et 12 *f*)).
b) Montrer que $\mathbf{SL}(E)$ contient le groupe des commutateurs de $F(E)$ et est identique à

ce groupe sauf lorsque E est un espace de dimension 2 sur le corps à 2 éléments. (Pour montrer que **SL**(E) contient le groupe des commutateurs de F(E), utiliser *a*) et l'exerc. 12 *f*). Pour voir que **SL**(E) est contenu dans le groupe des commutateurs de F(E) sauf dans le cas d'exception indiqué, montrer que pour tout homomorphisme de F(E) dans un groupe commutatif, l'image d'une transvection est l'élément neutre, en utilisant les exerc. 11 *b*) (II, p. 206) et 12 *c*).)

c) Montrer que **SL**(E) est égal à son groupe des commutateurs sauf lorsque dim E $= 2$ et que K a 2 ou 3 éléments. (Si dim E $\geqslant 3$, remarquer que toute transvection u s'écrit $vwv^{-1}w^{-1}$, où v est une transvection et $w \in \mathbf{SL}(E)$, en utilisant l'exerc. 12 *d*). Si dim E $= 2$, remarquer d'abord que tout automorphisme u dont la matrice par rapport à une base de E est de la forme $\begin{pmatrix} \lambda & 0 \\ 0 & \lambda^{-1} \end{pmatrix}$ est un produit de transvections en procédant comme dans *a*); considérer ensuite le commutateur $uvu^{-1}v^{-1}$, où v est la transvection dont la matrice par rapport à la même base est $\begin{pmatrix} 1 & 1 \\ 0 & 1 \end{pmatrix}$).

¶ 14) Soit E un espace vectoriel de dimension $\geqslant 2$ sur un corps K.

a) Montrer que le groupe projectif **PGL**(E) est canoniquement isomorphe au quotient du groupe linéaire **GL**(E) par son centre (isomorphe au groupe multiplicatif du centre de K, cf. II, p. 182, exerc. 26).

b) On désigne par **PSL**(E) l'image canonique du groupe **SL**(E) (exerc. 13) dans **PGL**(E); c'est un sous-groupe distingué de **PGL**(E), contenant le groupe des commutateurs de **PGL**(E) lorsque E est de dimension finie. Montrer que **PSL**(E) est un groupe *deux fois transitif* (I, p. 131, exerc. 14) de permutations de **P**(E).

c) Soit $a \neq 0$ un élément de E, et soit $e = \pi(a) \in \mathbf{P}(E)$ (avec les notations de II, p. 133). Montrer que les transvections de la forme $x \mapsto x + a\varphi(x)$ (où $\varphi \in E^*$ est telle que $\varphi(a) = 0$) constituent un sous-groupe commutatif de **SL**(E); si Γ_e est l'image de ce sous-groupe dans **PSL**(E), Γ_e est un sous-groupe distingué du sous-groupe Φ_e de **PSL**(E) laissant invariant e. Montrer en outre que la réunion des sous-groupes conjugués de Γ_e dans **PSL**(E) engendre **PSL**(E).

d) Soit Σ un groupe primitif (I, p. 131, exerc. 13) de permutations d'un ensemble F, qui soit égal à son groupe des commutateurs. On suppose qu'il existe un élément $c \in F$ tel que le sous-groupe Φ_c de Σ laissant invariant c contienne un sous-groupe distingué commutatif Γ_c, tel que la réunion des sous-groupes conjugués de Γ_c dans Σ engendre Σ. Montrer que dans ces conditions Σ est *simple*. (Soit Δ un sous-groupe distingué de Σ distinct de l'identité; utilisant I, p. 131, exerc. 17, montrer que l'on a $\Sigma = \Delta . \Phi_c = \Delta . \Gamma_c$, et en utilisant le fait que Γ_c est commutatif, en déduire que tout commutateur dans Σ est contenu dans Δ.)

e) Déduire de *c*), *d*) et de l'exerc. 13 *c*) que le groupe **PSL**(E) est *simple* sauf lorsque dim E $= 2$ et que K a 2 ou 3 éléments.

f*) Si dim E $= n + 1$ et si K est un corps à q éléments, montrer que l'ordre de **PGL(E) est

$$(q^{n+1} - 1)(q^{n+1} - q) \ldots (q^{n+1} - q^{n-1})q^n$$

(utiliser *a*), l'exerc. 9 *a*) de II, p. 202, et le fait que K est nécessairement commutatif (V, § 11, exerc. 14 et VIII, § 11, n° 1, th. 1)).$_*$

g) Montrer que si dim E $= 2$ et si K est un corps à 2 (resp. 3) éléments, **PSL**(E) est isomorphe au groupe symétrique $\mathfrak{S}_3$ (resp. au groupe alterné $\mathfrak{A}_4$). (Considérant **PSL**(E) comme groupe de permutations de **P**(E), remarquer qu'il contient toute transposition (resp. tout cycle $(a\ b\ c)$) et utiliser *f*)).

h) Montrer que, sauf dans les cas considérés dans *g*), tout sous-groupe distingué de **SL**(E) distinct de **SL**(E) est contenu dans le centre de **SL**(E) (utiliser *d*) et le fait que toute transvection est un commutateur dans **SL**(E) (exerc. 13 *c*))).

¶ 15) Soit A un anneau; pour tout entier $n \geqslant 1$, on identifie canoniquement A^n au sous-module de $A^{(N)}$ formé des éléments dont les coordonnées d'indice $\geqslant n$ sont 0, et on désigne par A'_n le sous-module supplémentaire formé des éléments dont les coordonnées d'indice $< n$ sont 0. On identifie tout endomorphisme $u \in \mathbf{GL}_n(A)$ à l'automorphisme de

$A^{(N)}$ dont la restriction à A^n est u et la restriction à A'_n l'identité, de sorte que $\mathbf{GL}_n(A)$ est identifié à un sous-groupe de $\mathbf{GL}(A^{(N)})$; on désigne par F le sous-groupe de $\mathbf{GL}(A^{(N)})$ réunion des $\mathbf{GL}_n(A)$, autrement dit le sous-groupe laissant invariants les éléments de la base canonique de $A^{(N)}$ sauf un nombre fini d'entre eux (cf. II, p. 207, exerc. 12). Soit T_n le sous-groupe de $\mathbf{GL}_n(A)$ engendré par les $B_{ij}(\lambda)$ pour $0 \leqslant i < n$, $0 \leqslant j < n$, $i \neq j$, $\lambda \in A$ (II, p. 161), et soit T le sous-groupe de F réunion des T_n.
a) Montrer que pour $n \geqslant 3$, T_n est égal à son groupe des commutateurs.
b) Soient a, b deux éléments *inversibles* de A. Montrer que l'on a :

$$\begin{pmatrix} ab & 0 \\ 0 & 1 \end{pmatrix} = P \begin{pmatrix} a & 0 \\ 0 & b \end{pmatrix} Q \quad \text{et} \quad \begin{pmatrix} a & 0 \\ 0 & b \end{pmatrix} = P' \begin{pmatrix} b & 0 \\ 0 & a \end{pmatrix} Q'$$

où P, Q, P', Q' appartiennent à T_2. En déduire que la matrice $\begin{pmatrix} aba^{-1}b^{-1} & 0 \\ 0 & 1 \end{pmatrix}$ appartient à T_2.
c) Déduire de *b*) que le groupe des commutateurs de $\mathbf{GL}_n(A)$ est contenu dans T_{2n} (remplacer A par $\mathbf{M}_n(A)$ dans *b*)). Conclure (en utilisant *a*)) que le groupe des commutateurs de F est égal à T.

16) *a*) Soit U une matrice carrée d'ordre n sur le corps $\mathbf{Q}$, dont tous les éléments non diagonaux sont égaux à un même nombre rationnel $r > 0$, et dont la diagonale $(d_1, \ldots, d_n)$ est telle que $d_i \geqslant r$ pour tout i et $d_i > r$ sauf peut-être pour une valeur de i. Montrer que U est inversible (si $x = (x_i)_{1 \leqslant i \leqslant n}$ est une solution de l'équation $U.x = 0$, montrer que les x_i sont tous de même signe et en déduire qu'ils sont tous nuls).
b) Soient E un ensemble fini ayant m éléments notés a_i $(1 \leqslant i \leqslant m)$, $(A_j)_{1 \leqslant j \leqslant n}$ une famille de n parties de E, deux à deux distinctes; on suppose que l'on a $\mathrm{Card}(A_i \cap A_j) = r \geqslant 1$ pour tout couple (i, j) d'éléments distincts de $[1, n]$. Montrer que l'on a nécessairement $n \leqslant m$. (Soit $V = (c_{ij})$ la matrice de type (m, n) telle que $c_{ij} = 1$ lorsque $a_i \in A_j$, $c_{ij} = 0$ dans le cas contraire. Appliquer *a*) à la matrice ${}^tV.V$ d'ordre n.)

¶ 17) Soient K un corps (commutatif ou non), E un espace vectoriel à droite de dimension n sur K, u un endomorphisme de E.
a) Montrer que si $n > 1$ et si u n'est pas une homothétie centrale, il existe une base de E telle que la matrice de u par rapport à cette base soit de la forme (α_{ij}) avec $\alpha_{ij} = 0$ pour $j > i + 1$ et $\sum_{i=1}^{n-1} \alpha_{i,i+1} = 1$ (raisonner par récurrence sur n).
b) Montrer que si $n > 2$, il existe une base de E telle que la matrice de u par rapport à cette base soit de la forme (α_{ij}) avec $\alpha_{ij} = 0$ pour $j > i + 1$ et $\sum_{i=1}^{n-1} \alpha_{i,i+1} = 0$. (Raisonner par récurrence sur n en utilisant *a*), en notant qu'il revient au même de prouver la proposition pour u ou pour $u + \gamma 1_E$, où γ appartient au centre de K, et en étudiant séparément le cas où u est de rang 1 ou 2.)
c) Soit $A = (\alpha_{ij})$ une matrice ayant les propriétés décrites dans *b*). Soit d'autre part S la matrice (ε_{ij}) d'ordre n telle que $\varepsilon_{ij} = 0$, sauf pour $i = j + 1$ où $\varepsilon_{j+1,j} = 1$. Montrer qu'il existe une matrice $B = (\beta_{ij})$ d'ordre n telle que $A = \lambda E_{nn} + (BS - SB)$ avec $\lambda \in K$. (Prendre B telle que $\beta_{i1} = 0$ pour $1 \leqslant i \leqslant n$ et $\beta_{ij} = 0$ pour $j > i + 2$).
d) On suppose K commutatif. Déduire de *c*) que tout endomorphisme u de E tel que $\mathrm{Tr}(u) = 0$ peut s'écrire $vw - wv$, où v et w sont des endomorphismes de E.

§ 11

1) Soit Δ un monoïde commutatif, noté additivement, dont l'élément neutre est noté 0. Soit $\mathbf{Z}^{(\Delta)}$ l'algèbre de Δ sur $\mathbf{Z}$ (III, p. 19), c'est-à-dire un anneau commutatif, qui est un $\mathbf{Z}$-module libre ayant une base $(X^\sigma)_{\sigma \in \Delta}$, avec la multiplication $(aX^\sigma)(bX^\tau) = abX^{\sigma+\tau}$. Pour tout $\mathbf{Z}$-module E, on pose $E^{(\Delta)} = E \otimes_{\mathbf{Z}} \mathbf{Z}^{(\Delta)}$, tout élément de $E^{(\Delta)}$ s'écrivant donc d'une

seule manière sous la forme $\sum_{\sigma \in \Delta} z_\sigma \otimes X^\sigma$, avec $z_\sigma \in E$, la famille (z_σ) ayant un support fini. Pour tout homomorphisme $f : E \to E'$ de **Z**-modules, on note $f^{(\Delta)}$ l'homomorphisme $f \otimes 1 : E^{(\Delta)} \to E'^{(\Delta)}$ de $\mathbf{Z}^{(\Delta)}$-modules. De même, si Δ' est un second monoïde additif dont l'élément neutre est noté 0, et si $\alpha : \Delta \to \Delta'$ est un homomorphisme de monoïdes, on note $\alpha(E)$ l'homorphisme $E^{(\Delta)} \to E^{(\Delta')}$ tel que $\alpha(E)(z_\sigma \otimes X^\sigma) = z_\sigma \otimes X^{\alpha(\sigma)}$. On identifie $(E^{(\Delta)})^{(\Delta')}$ à $E^{(\Delta \times \Delta')}$ en faisant correspondre à $\sum_{\sigma' \in \Delta'} \left(\sum_{\sigma \in \Delta} z_{\sigma,\sigma'} \otimes X^\sigma\right) \otimes X^{\sigma'}$ l'élément $\sum_{\sigma,\sigma'} z_{\sigma,\sigma'} \otimes X^{(\sigma,\sigma')}$. Enfin, on note $\varepsilon(E)$ l'homomorphisme $E^{(\Delta)} \to E$ transformant $\sum_\sigma z_\sigma \otimes X^\sigma$ en $\sum_\sigma z_\sigma$.

a) Soient E un **Z**-module, $(E_\sigma)_{\sigma \in \Delta}$ une graduation sur E de type Δ et pour tout $\sigma \in \Delta$, soit p_σ le projecteur $E \to E_\sigma$ correspondant à la décomposition de E en somme directe des E_σ. Pour tout $x \in E$, soit $\varphi_E(x) = \sum_{\sigma \in \Delta} p_\sigma(x) \otimes X^\sigma$. Montrer que l'homomorphisme $\varphi_E : E \to E^{(\Delta)}$ ainsi défini possède les propriétés suivantes:

(1) $$\varepsilon(E) \circ \varphi_E = 1_E$$

(2) $$\delta(E) \circ \varphi_E = \varphi_E^{(\Delta)} \circ \varphi_E,$$

où $\delta : \Delta \to \Delta \times \Delta$ est l'application diagonale.

Montrer que l'on définit ainsi une *bijection* de l'ensemble des graduations sur E de type Δ, sur l'ensemble des homomorphismes de E dans $E^{(\Delta)}$ vérifiant les conditions (1) et (2).

b) Soient E, F deux **Z**-modules gradués de type Δ. Pour qu'un homomorphisme $f : E \to F$ soit gradué de degré 0, il faut et il suffit que l'on ait $\varphi_F \circ f = f^{(\Delta)} \circ \varphi_E$. Pour qu'un sous-module E' de E soit gradué, il faut et il suffit que $\varphi_E(E') \subset E'^{(\Delta)}$.

c) Soit A un anneau; on munit $A^{(\Delta)} = A \otimes_{\mathbf{Z}} \mathbf{Z}^{(\Delta)}$ de la structure d'anneau telle que $(a \otimes X^\sigma)(b \otimes X^\tau) = (ab) \otimes X^{\sigma+\tau}$. Soit $(A_\sigma)_{\sigma \in \Delta}$ une graduation du groupe additif A; pour que cette graduation soit compatible avec la structure d'anneau de A et que l'on ait $1 \in A_0$, il faut et il suffit que $\varphi_A : A \to A^{(\Delta)}$ soit un homomorphisme d'anneaux. Énoncer et démontrer un résultat analogue pour les A-modules gradués.

Appendice

1) Soient A un pseudo-anneau, M un pseudomodule à gauche sur A tel que pour tout $z \neq 0$ dans M, on ait $z \in Az$. Montrer que si x, y sont deux éléments de M tels que $\mathrm{Ann}(x) \subset \mathrm{Ann}(y)$ dans A, il existe un endomorphisme u de M tel que $u(x) = y$ (prouver que la relation $bx = ax$ pour a, b dans A entraîne $by = ay$.)

CHAPITRE III

Algèbres tensorielles, algèbres extérieures, algèbres symétriques

Rappelons les notations exponentielles introduites au chapitre I *et dont nous ferons un fréquent usage* (I, p. 89):

Soit $(x_\lambda)_{\lambda \in L}$ *une famille d'éléments d'un anneau* A, *deux à deux permutables; pour toute application* $\alpha : L \to \mathbf{N}$, *de support fini, nous poserons*

$$x^\alpha = \prod_{\alpha \in L} x_\lambda^{\alpha(\lambda)}.$$

Si β *est une seconde application de* L *dans* $\mathbf{N}$, *de support fini, on note* $\alpha + \beta$ *l'application* $\lambda \mapsto \alpha(\lambda) + \beta(\lambda)$ *de* L *dans* $\mathbf{N}$; *muni de cette loi de composition, l'ensemble* $\mathbf{N}^{(L)}$ *des applications de* L *dans* $\mathbf{N}$, *de support fini, est le monoïde commutatif libre déduit de* L, *et l'on a*

$$x^\alpha x^\beta = x^{\alpha+\beta}.$$

Pour tout $\alpha \in \mathbf{N}^{(L)}$, *on pose* $|\alpha| = \sum_{\lambda \in L} \alpha(\lambda) \in \mathbf{N}$; *on a donc* $|\alpha + \beta| = |\alpha| + |\beta|$; *on dit que* $|\alpha|$ *est l'ordre du « multiindice »* α. *Pour tout* $\lambda \in L$, *on note* δ_λ *l'élément de* $\mathbf{N}^{(L)}$ *tel que* $\delta_\lambda(\lambda) = 1$, $\delta_\lambda(\mu) = 0$ *pour* $\mu \neq \lambda$ *(indice de Kronecker); les* δ_λ *pour* $\lambda \in L$ *sont les seuls éléments de* $\mathbf{N}^{(L)}$ *qui sont d'ordre* 1. *On munit* $\mathbf{N}^{(L)}$ *de l'ordre induit par l'ordre produit sur* $\mathbf{N}^L$, *de sorte que la relation* $\alpha \leqslant \beta$ *équivaut à «* $\alpha(\lambda) \leqslant \beta(\lambda)$ *pour tout* $\lambda \in L$ *»; on note alors* $\beta - \alpha$ *le multiindice* $\lambda \mapsto \beta(\lambda) - \alpha(\lambda)$, *de sorte que c'est l'unique multiindice tel que* $\alpha + (\beta - \alpha) = \beta$. *Pour tout* $\alpha \in \mathbf{N}^{(L)}$, *il n'y a qu'un nombre fini de multiindices* $\beta \leqslant \alpha$; *les* δ_λ *sont les éléments minimaux de l'ensemble* $\mathbf{N}^{(L)} - \{0\}$; *la relation* $\alpha \leqslant \beta$ *entraîne* $|\alpha| \leqslant |\beta|$, *et si l'on a à la fois* $\alpha \leqslant \beta$ *et* $|\alpha| = |\beta|$, *on en tire* $\alpha = \beta$. *Enfin, on pose* $\alpha! = \prod_{\lambda \in L} (\alpha(\lambda))!$, *ce qui a un sens puisque* $0! = 1$.

Du § 4 au § 8 inclus, A *désigne un anneau commutatif, et sauf mention expresse du contraire, les algèbres considérées sont supposées associatives et unifères, et les homomorphismes d'algèbres sont supposés unifères.*

§ 1. ALGÈBRES

1. Définition d'une algèbre

DÉFINITION 1. — *Soit* A *un anneau* commutatif. *On appelle algèbre sur* A (*ou* A-*algèbre, ou simplement algèbre lorsqu'aucune confusion n'est à craindre*), *un ensemble* E *muni d'une structure définie par les données suivantes:*

1) *une structure de* A-*module sur* E;

2) *une application* A-*bilinéaire* (II, p. 56) *de* E × E *dans* E.

L'application A-bilinéaire de E × E dans E qui intervient dans cette définition est appelée la *multiplication* dans l'algèbre E; on la note d'ordinaire $(x, y) \mapsto x . y$, ou simplement $(x, y) \mapsto xy$.

Soient $(\alpha_i)_{i \in I}$ et $(\beta_j)_{j \in J}$ deux familles d'éléments de A, *à support fini* (I, p. 13). Alors, quelles que soient les familles $(x_i)_{i \in I}$ et $(y_j)_{j \in J}$ d'éléments de E, on a la formule générale de distributivité (I, p. 27)

$$(1) \qquad \Big(\sum_{i \in I} \alpha_i x_i\Big)\Big(\sum_{j \in J} \beta_j y_j\Big) = \sum_{(i, j) \in I \times J} (\alpha_i \beta_j)(x_i y_j);$$

en particulier

$$(2) \qquad (\alpha x)y = x(\alpha y) = \alpha(xy) \qquad \text{pour } \alpha \in A,\ x \in E \text{ et } y \in E.$$

L'application bilinéaire $(x, y) \mapsto yx$ de E × E dans E et la structure de A-module de E définissent sur E une structure de A-algèbre, dite *opposée* à la structure d'algèbre donnée. L'ensemble E muni de cette nouvelle structure s'appelle l'*algèbre opposée* à l'algèbre E; on la note souvent E^0. On dit que la A-algèbre E est *commutative* si elle est identique à son opposée, autrement dit si la multiplication dans E est commutative. Un isomorphisme de E sur E^0 est encore appelé un *antiautomorphisme* de l'algèbre E.

Lorsque la multiplication dans l'algèbre E est associative, on dit que E est une A-algèbre *associative*. Lorsque la multiplication dans E admet un élément neutre (nécessairement unique (I, p. 12)), on dit que cet élément est l'*élément unité* de E et que E est une algèbre *unifère*.

Exemples. — 1) Tout anneau commutatif A peut être considéré comme une A-algèbre (associative et commutative).

2) Soit E un pseudo-anneau (I, p. 93). La multiplication dans E et l'unique structure de **Z**-module de E définissent sur E une structure de **Z**-algèbre associative.

3) Soient F un ensemble, A un anneau commutatif. L'ensemble A^F de toutes

les applications de F dans A, muni de la structure d'anneau produit (I, p. 103) et de la structure de A-module produit (II, p. 11), est une A-algèbre associative et commutative.

4) Soit E une A-algèbre; les lois internes $(x, y) \mapsto xy + yx$ et $(x, y) \mapsto xy - yx$ définissent (avec la structure de A-module de E) deux structures de A-algèbres sur E, qui ne sont pas en général associatives; la première loi $(x, y) \mapsto xy + yx$ est toujours commutative.

DÉFINITION 2. — *Etant données deux algèbres* E, E′ *sur un anneau commutatif* Λ, *on appelle homomorphisme de* E *dans* E′ *une application* $f: E \to E'$ *telle que:*

1) *f soit un homomorphisme de* A-*modules*;

2) $f(xy) = f(x)f(y)$ *quels que soient* $x \in E$ *et* $y \in E$.

Il est clair que le composé de deux homomorphismes de A-algèbres est un homomorphisme de A-algèbres. Tout homomorphisme bijectif d'algèbres est un isomorphisme. On peut donc prendre pour *morphismes* de l'espèce de structure de A-algèbre les homomorphismes de A-algèbres (E, IV, p. 11). Nous supposerons toujours par la suite qu'on a fait ce choix de morphismes. Si E, E′ sont deux A-algèbres, on note $\mathrm{Hom}_{A\text{-alg.}}(E, E')$ l'ensemble des homomorphismes de A-algèbres de E dans E′.

Soient E, E′ deux algèbres ayant chacune un élément unité. Un homomorphisme de E dans E′ transformant l'élément unité de E en l'élément unité de E′ est appelé *homomorphisme unifère* (ou *morphisme unifère d'algèbres*).

2. Sous-algèbres. Idéaux. Algèbres quotients

Soient A un anneau commutatif, E une A-algèbre. Si F est un sous-A-module de E, stable pour la multiplication dans E, la restriction à $F \times F$ de la multiplication dans E définit (avec la structure de A-module de F) une structure de A-algèbre sur F. On dit que F, muni de cette structure, est une *sous-algèbre* de la A-algèbre E. Toute intersection de sous-algèbres de E est une sous-algèbre de E. Pour toute famille $(x_i)_{i \in I}$ d'éléments de E, l'intersection des sous-algèbres de E contenant tous les x_i s'appelle la sous-algèbre de E *engendrée* par la famille $(x_i)_{i \in I}$ et on dit que $(x_i)_{i \in I}$ est un *système générateur* (ou une *famille génératrice*) de cette sous-algèbre. Si $u: E \to E'$ est un homomorphisme de A-algèbres, l'image $u(F)$ de toute sous-algèbre F de E est une sous-algèbre de E′.

Soit E une algèbre *associative*. Pour toute partie M de E, l'ensemble M′ des éléments de M permutables avec tous les éléments de M est une sous-algèbre de E, dite sous-algèbre *commutante* (ou *centralisatrice*) de M dans E (I, p. 8). La commutante M″ de M′ dans E est aussi appelée la *bicommutante* de M; il est clair que $M \subset M''$. On en conclut que M′ est contenu dans sa bicommutante M‴, qui n'est autre que la commutante de M″; mais la relation $M \subset M''$ entraîne $M''' \subset M'$, de sorte que $M' = M'''$ (cf. E, III, p. 7, prop. 2). Si F est une sous-algèbre de E, le *centre* de F est l'intersection $F \cap F'$ de F et de sa commutante F′

dans E. On notera que si F est *commutative*, on a $F \subset F'$, donc $F' \supset F''$; la bicommutante F'' de F est dans ce cas le *centre* de F'.

Pour certaines algèbres non associatives (par exemple les algèbres de Lie), on définit autrement les notions de commutante d'une sous-algèbre et de centre (LIE, I, § 1, n°6).

On dit qu'une partie $\mathfrak{a}$ d'une A-algèbre E est un *idéal à gauche* (resp. *idéal à droite*) de E lorsque $\mathfrak{a}$ est un sous-A-module de E et que les relations $x \in \mathfrak{a}$, $y \in E$ entraînent $yx \in \mathfrak{a}$ (resp. $xy \in \mathfrak{a}$). Il revient au même de dire que $\mathfrak{a}$ est un idéal à gauche de E, ou un idéal à droite de l'algèbre opposée E^0. Un *idéal bilatère* de E est un sous-ensemble $\mathfrak{a}$ de E qui est à la fois idéal à gauche et idéal à droite. Lorsque E est associative et admet un élément unité e, on a, pour $\alpha \in A$ et $x \in E$, $\alpha x = (\alpha e)x = x(\alpha e)$ en vertu de (2) (III, p. 2), donc les idéaux (à droite, à gauche, bilatères) de l'*anneau* E (I, p. 98) sont identiques aux idéaux (à droite, à gauche, bilatères) de l'*algèbre* E. Toute somme et toute intersection d'idéaux à gauche (resp. à droite, resp. bilatères) de l'algèbre E est un idéal à gauche (resp. à droite, resp. bilatère). L'intersection des idéaux à gauche (resp. à droite, resp. bilatères) contenant une partie X de E est appelée l'idéal à gauche (resp. à droite, resp. bilatère) de E *engendré* par X.

Soit $\mathfrak{b}$ un idéal *bilatère* d'une A-algèbre E. Si $x \equiv x' \pmod{\mathfrak{b}}$ et $y \equiv y' \pmod{\mathfrak{b}}$, on a

$$x(y - y') \in \mathfrak{b} \quad \text{et} \quad (x - x')y' \in \mathfrak{b}$$

donc $xy \equiv x'y' \pmod{\mathfrak{b}}$. On peut donc définir sur le A-module quotient $E/\mathfrak{b}$ une loi de composition quotient de la loi de multiplication $(x, y) \mapsto xy$ de E par la relation d'équivalence $x \equiv x' \pmod{\mathfrak{b}}$ (I, p. 10). On vérifie aussitôt que cette loi quotient est une application A-bilinéaire de $(E/\mathfrak{b}) \times (E/\mathfrak{b})$ dans $E/\mathfrak{b}$; elle définit donc avec la structure de A-module de $E/\mathfrak{b}$ une structure de A-algèbre sur $E/\mathfrak{b}$. On dit que $E/\mathfrak{b}$, muni de cette structure d'algèbre, est l'*algèbre quotient* de l'algèbre E par l'idéal bilatère $\mathfrak{b}$. L'application canonique $p: E \to E/\mathfrak{b}$ est un homomorphisme d'algèbres.

Soient E, E' deux A-algèbres, et $u: E \to E'$ un homomorphisme d'algèbres. L'image $u(E)$ est une sous-algèbre de E' et le noyau $\mathfrak{b} = \overset{-1}{u}(0)$ est un idéal bilatère de E; de plus, dans la décomposition canonique de u:

$$E \xrightarrow{p} E/\mathfrak{b} \xrightarrow{v} u(E) \xrightarrow{j} E'$$

v est un *isomorphisme d'algèbres*. Plus généralement, tous les résultats de I, p. 100–102 sont encore valables (ainsi que leurs démonstrations) lorsqu'on remplace partout le mot « anneau » par « algèbre ».

Soient A un anneau commutatif, E une A-algèbre. Sur l'ensemble $\tilde{E} = A \times E$, définissons les lois de composition suivantes:

$$(\lambda, x) + (\mu, y) = (\lambda + \mu, x + y)$$
$$(\lambda, x)(\mu, y) = (\lambda\mu, xy + \mu x + \lambda y)$$
$$\lambda(\mu, x) = (\lambda\mu, \lambda x).$$

On vérifie aussitôt que $\tilde{\mathrm{E}}$, muni de ces lois de composition, est une *algèbre sur* A, et que (1, 0) est élément unité de cette algèbre. L'ensemble $\{0\} \times \mathrm{E}$ est un idéal bilatère de $\tilde{\mathrm{E}}$, et $x \mapsto (0, x)$ est un isomorphisme de l'algèbre E sur la sous-algèbre $\{0\} \times \mathrm{E}$, au moyen duquel on identifie E et $\{0\} \times \mathrm{E}$. On dit que $\tilde{\mathrm{E}}$ est *l'algèbre déduite de* E *par adjonction d'un élément unité*; elle est associative (resp. commutative) si et seulement si E l'est.

3. Diagrammes exprimant l'associativité et la commutativité

Soient A un anneau *commutatif*, E un A-module; la donnée d'une application bilinéaire de $\mathrm{E} \times \mathrm{E}$ dans E équivaut à celle d'une application A-*linéaire*:

$$m \colon \mathrm{E} \otimes_{\mathrm{A}} \mathrm{E} \to \mathrm{E}$$

(II, p. 56). Une structure de A-algèbre sur E est donc définie par la donnée d'une structure de A-module sur E et d'une application A-linéaire de $\mathrm{E} \otimes_{\mathrm{A}} \mathrm{E}$ dans E.

Soit E′ une seconde A-algèbre, et soit $m' \colon \mathrm{E}' \otimes_{\mathrm{A}} \mathrm{E}' \to \mathrm{E}'$ l'application A-linéaire définissant la multiplication de E′. Une application $f \colon \mathrm{E} \to \mathrm{E}'$ est un homomorphisme de A-algèbres si et seulement si f est une application A-linéaire qui rend commutatif le diagramme

$$\begin{array}{ccc} \mathrm{E} \otimes_{\mathrm{A}} \mathrm{E} & \xrightarrow{f \otimes f} & \mathrm{E}' \otimes_{\mathrm{A}} \mathrm{E}' \\ {\scriptstyle m}\downarrow & & \downarrow{\scriptstyle m'} \\ \mathrm{E} & \xrightarrow[f]{} & \mathrm{E}' \end{array}$$

Pour qu'une A-algèbre E soit *associative*, il faut et il suffit (compte tenu de l'associativité du produit tensoriel, cf. II, p. 64) que le diagramme d'applications A-linéaires

$$\begin{array}{ccc} \mathrm{E} \otimes_{\mathrm{A}} \mathrm{E} \otimes_{\mathrm{A}} \mathrm{E} & \xrightarrow{m \otimes 1_{\mathrm{E}}} & \mathrm{E} \otimes_{\mathrm{A}} \mathrm{E} \\ {\scriptstyle 1_{\mathrm{E}} \otimes m}\downarrow & & \downarrow{\scriptstyle m} \\ \mathrm{E} \otimes_{\mathrm{A}} \mathrm{E} & \xrightarrow[m]{} & \mathrm{E} \end{array}$$

soit commutatif. De même, pour que l'algèbre E soit *commutative*, il faut et il suffit que le diagramme d'applications A-linéaires

$$\begin{array}{ccc} \mathrm{E} \otimes_{\mathrm{A}} \mathrm{E} & \xrightarrow{\sigma} & \mathrm{E} \otimes_{\mathrm{A}} \mathrm{E} \\ & {\scriptstyle m}\searrow \quad \swarrow{\scriptstyle m} & \\ & \mathrm{E} & \end{array}$$

soit commutatif, en notant σ l'application A-linéaire canonique définie par $\sigma(x \otimes y) = y \otimes x$ pour $x \in \mathrm{E}$, $y \in \mathrm{E}$ (II, p. 52, cor. 2).

Pour tout $c \in \mathrm{E}$, notons η_c l'application A-linéaire de A dans E définie par la condition $\eta_c(1) = c$. Pour que c soit *élément unité* de E, il faut et il suffit que les deux diagrammes

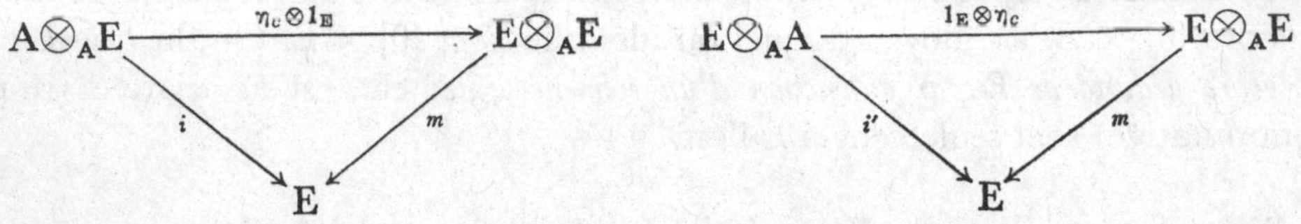

soient commutatifs (i et i' désignant les isomorphismes canoniques (II, p. 55, prop. 4)).

Soit E une A-algèbre ayant un élément unité e, et posons $\eta = \eta_e$ (qu'on note aussi η_{E}); on a $\eta(\alpha\beta) = \eta(\alpha)\eta(\beta) = \alpha\eta(\beta)$ car, d'après (2) (III, p. 2), on a $(\alpha e)(\beta e) = (\alpha\beta)e = \alpha(\beta e)$; donc η est un homomorphisme de A-*algèbres*. On observera que la structure de A-module de E peut se définir à l'aide de η, car on a

(3) $$\alpha x = \eta(\alpha) . x \qquad \text{pour } \alpha \in \mathrm{A},\ x \in \mathrm{E}$$

(où, dans le second membre, il s'agit de la multiplication dans E). L'image de l'homomorphisme η est une *sous-algèbre* de E, dont les éléments commutent à tous ceux de E. Le noyau de l'homomorphisme η est l'*annulateur* de l'élément e du A-module E; d'après (3), c'est aussi l'annulateur du A-module E (II, p. 28).

Lorsque l'algèbre E est *unifère* et est *associative*, η est un homomorphisme d'anneaux. Réciproquement, soit $\rho \colon \mathrm{A} \to \mathrm{B}$ un homomorphisme d'*anneaux*, tel que l'image $\rho(\mathrm{A})$ soit *contenue dans le centre* de B, l'anneau A étant en outre supposé commutatif; alors on définit sur B une structure de A-*algèbre*, associative et unifère, en posant (cf. (3))

$$\lambda x = \rho(\lambda) . x \qquad \text{pour } \lambda \in \mathrm{A},\ x \in \mathrm{E}.$$

4. Produits d'algèbres

Soit $(\mathrm{E}_i)_{i \in \mathrm{I}}$ une famille d'algèbres sur un même anneau commutatif A. On vérifie immédiatement que sur l'ensemble produit $\mathrm{E} = \prod_{i \in \mathrm{I}} \mathrm{E}_i$, la structure de A-module produit (II, p. 10) et la multiplication

(4) $$((x_i), (y_i)) \mapsto (x_i y_i)$$

définissent une structure de A-algèbre; muni de cette structure, l'ensemble E est appelé l'*algèbre produit* de la famille d'algèbres $(\mathrm{E}_i)_{i \in \mathrm{I}}$.

Lorsque toutes les algèbres E_i sont associatives (resp. commutatives, resp.

unifères) il en est de même de leur produit. En outre, toutes les propriétés énoncées dans I, p. 103–104 s'étendent sans modification aux produits d'algèbres quelconques.

5. Restriction et extension des scalaires

Soient A_0 et A deux anneaux commutatifs, et $\rho: A_0 \to A$ un homomorphisme d'anneaux. Si E est une A-algèbre, on notera (conformément à II, p. 30) $\rho_*(E)$ le A_0-module défini par l'addition de E et la loi externe

$$\lambda . x = \rho(\lambda) x \qquad \text{pour tout } \lambda \in A_0 \text{ et tout } x \in E.$$

La multiplication de E et la structure de A_0-module de $\rho_*(E)$ définissent sur $\rho_*(E)$ une structure de A_0-*algèbre*. Lorsque A_0 est un sous-anneau de A et que ρ est l'injection canonique, on dit que l'algèbre $\rho_*(E)$ est obtenue à partir de E par *restriction à* A_0 de l'anneau A des scalaires. Par abus de langage, on le dit parfois encore lorsque l'homomorphisme ρ est quelconque.

Soit F une A_0-algèbre. On appelle *semi-homomorphisme* (relatif à ρ) ou ρ-*homomorphisme* de F dans la A-algèbre E, un homomorphisme $F \to \rho_*(E)$ de A_0-algèbres; on dit aussi A_0-homomorphisme si aucune confusion n'en résulte. Si E, E′ sont deux A-algèbres, tout homomorphisme de A-algèbres $E \to E'$ est aussi un homomorphisme de A_0-algèbres $\rho_*(E) \to \rho_*(E')$.

Considérons maintenant deux anneaux commutatifs A et B, et un homomorphisme d'anneaux $\rho: A \to B$. Pour tout A-module E, on a défini (II, p. 82) le B-module $\rho^*(E) = E \otimes_A B$ obtenu à partir de E par *extension* à B de l'anneau A des scalaires. Si E est en outre une A-algèbre, on va définir sur $\rho^*(E)$ une structure de B-*algèbre*. Pour cela, on observe que $(E \otimes_A B) \otimes_B (E \otimes_A B)$ est canoniquement isomorphe à $(E \otimes_A E) \otimes_A B$ (II, p. 83, prop. 3). Si $m: E \otimes_A E \to E$ définit la multiplication dans E, l'application $m \otimes 1_B: (E \otimes_A E) \otimes_A B \to E \otimes_A B$ s'identifie donc canoniquement à une application B-linéaire

$$m': \rho^*(E) \otimes_B \rho^*(E) \to \rho^*(E)$$

qui définit sur $\rho^*(E)$ la structure de B-algèbre voulue. On a donc

$$(x \otimes \beta)(x' \otimes \beta') = (xx') \otimes (\beta\beta') \tag{5}$$

pour x, x' dans E, β et β' dans B. On dit que la B-algèbre $\rho^*(E)$ est déduite de la A-algèbre E par *extension à* B de l'anneau A des scalaires (au moyen de ρ). On la note aussi $E_{(B)}$ ou $E \otimes_A B$. Lorsque E est associative (resp. commutative, resp. unifère), il en est de même de l'algèbre $\rho^*(E)$.

Proposition 1. — *Pour toute* A-*algèbre* E, *l'application canonique* $\varphi_E: x \mapsto x \otimes 1$ *de* E *dans* $E_{(B)}$ *est un* A-*homomorphisme d'algèbres. En outre, pour toute* B-*algèbre* F, *et tout* A-*homomorphisme* $f: E \to F$, *il existe un* B-*homomorphisme* $\bar{f}: E_{(B)} \to F$ *et un seul tel que* $\bar{f}(x \otimes 1) = f(x)$ *pour tout* $x \in E$.

La première assertion résulte aussitôt de la définition de la multiplication dans $E_{(B)}$, qui donne $(x \otimes 1)(x' \otimes 1) = (xx') \otimes 1$ pour $x \in E$ et $x' \in E$. L'existence et l'unicité de l'application B-*linéaire* $\bar{f}$ de $E_{(B)}$ dans F vérifiant la relation $\bar{f}(x \otimes 1) = f(x)$ pour tout $x \in E$ résultent de II, p. 82, prop. 1; tout revient à voir ici que $\bar{f}(yy') = \bar{f}(y)\bar{f}(y')$ pour y et y' dans $E_{(B)}$; comme les éléments de la forme $x \otimes 1$ (avec $x \in E$) engendrent le B-module $E_{(B)}$, on peut se limiter au cas où $y = x \otimes 1$, $y' = x' \otimes 1$, avec $x \in E$, $x' \in E$; comme $yy' = (xx') \otimes 1$, la relation $\bar{f}(yy') = \bar{f}(y)\bar{f}(y')$ résulte alors de la relation $f(xx') = f(x)f(x')$.

On peut encore dire que $f \mapsto \bar{f}$ est une *bijection canonique*

(6) $$\mathrm{Hom}_{A\text{-alg.}}(E, \rho_*(F)) \to \mathrm{Hom}_{B\text{-alg.}}(\rho^*(E), F).$$

Le couple formé de $E_{(B)}$ et de φ_E est donc solution du *problème d'application universelle* (E, IV, p. 23) où Σ est l'espère de structure de B-algèbre et les α-applications les A-homomorphismes de E dans une B-algèbre.

Corollaire. — *Soient* E, E' *deux* A-*algèbres*; *pour tout* A-*homomorphisme d'algèbres* $u: E \to E'$, $u \otimes 1_B$ *est l'unique* B-*homomorphisme d'algèbres* $v: E \otimes_A B \to E' \otimes_A B$ *rendant commutatif le diagramme*

$$\begin{array}{ccc} E & \xrightarrow{\varphi_E} & E \otimes_A B \\ {\scriptstyle u}\big\downarrow & & \big\downarrow{\scriptstyle v} \\ E' & \xrightarrow[\varphi_{E'}]{} & E' \otimes_A B \end{array}$$

Soient C un troisième anneau commutatif, $\sigma: B \to C$ un homomorphisme d'anneaux; il est immédiat que le C-homomorphisme canonique

$$\sigma^*(\rho^*(E)) \to (\sigma \circ \rho)^*(E)$$

transformant $(x \otimes 1) \otimes 1$ en $x \otimes 1$ pour tout $x \in E$ (II, p. 83, prop. 2) est un isomorphisme d'*algèbres*.

6. Limites projectives et limites inductives d'algèbres

Soient I un ensemble préordonné, (A_i, φ_{ij}) un système projectif d'*anneaux commutatifs*, ayant I pour ensemble d'indices. Soit (E_i, f_{ij}) un système projectif de A_i-modules ayant I pour ensemble d'indices (II, p. 89), et supposons en outre que chaque E_i soit muni d'une structure de A_i-algèbre, et que, pour $i \leqslant j$, f_{ij} soit un A_j-homomorphisme d'algèbres (relatif à φ_{ij}) (III, p. 7). Soient $A = \varprojlim A_i$ et $E = \varprojlim E_i$, qui est muni d'une structure de A-module, limite projective des structures des A_i-modules E_i (II, p. 89); on vérifie aussitôt que sur E, considéré comme limite projective des E_i considérés comme magmas pour la multiplication (I, p. 113), la loi de composition, avec la structure de A-module de E, définit sur E une structure de A-*algèbre*; on dit que (E_i, f_{ij}) est un *système projectif de* A_i-*algèbres* et que la A-algèbre E est sa *limite projective*. Si $f_i: E \to E_i$, $\varphi_i: A \to A_i$ sont les applications canoniques, f_i est un A-*homomorphisme* d'algèbres (relatif à φ_i). Si les E_i sont associatives (resp. commutatives), il en est de même de E; si chaque E_i admet un élément unité e_i, et si $f_{ij}(e_j) = e_i$ pour $i \leqslant j$, $e = (e_i)$ est élément unité de l'algèbre E.

Soit (E'_i, f'_{ij}) un second système projectif de A_i-algèbres, et pour tout i, soit $u_i\colon E_i \to E'_i$ un homomorphisme de A_i-algèbres, ces applications formant un *système projectif*; alors $u = \varprojlim u_i$ est un *homomorphisme de* A-*algèbres*.

Supposons maintenant que tous les A_i soient égaux à un *même anneau* commutatif A, et les φ_{ij} à Id_A, de sorte que $E = \varprojlim E_i$ est une A-algèbre. Soit F une A-algèbre, et pour tout $i \in I$, soit $u_i\colon F \to E_i$ un homomorphisme de A-algèbres tel que (u_i) soit un système projectif d'applications; alors $u = \varprojlim u_i$ est un homomorphisme de l'algèbre F dans l'algèbre E. *Inversement*, pour tout homomorphisme de A-algèbres $v\colon F \to E$, la famille des $v_i = f_i \circ v$ est un système projectif d'homomorphismes de A-algèbres tel que $v = \varprojlim v_i$. Comme d'ailleurs, en posant $\bar{f}_{ij} = \mathrm{Hom}(1_F, f_{ij})$, il est clair que $(\mathrm{Hom}_{A\text{-alg.}}(F, E_i), \bar{f}_{ij})$ est un système projectif d'ensembles, on voit que les remarques précédentes s'expriment encore en disant que l'application canonique $v \mapsto (f_i \circ v)$ est une *bijection*

$$l_F\colon \mathrm{Hom}_{A\text{-alg.}}(F, \varprojlim E_i) \to \varprojlim \mathrm{Hom}_{A\text{-alg.}}(F, E_i).$$

En outre, pour tout homomorphisme $w\colon F \to F'$ de A-algèbres, les $\overline{w}_i = \mathrm{Hom}(w, 1_{E_i})\colon \mathrm{Hom}_{A\text{-alg.}}(F', E_i) \to \mathrm{Hom}_{A\text{-alg.}}(F, E_i)$ forment un système projectif d'applications, et le diagramme

$$\begin{array}{ccc} \mathrm{Hom}_{A\text{-alg.}}(F', \varprojlim E_i) & \xrightarrow{l_{F'}} & \varprojlim \mathrm{Hom}_{A\text{-alg.}}(F', E_i) \\ {\scriptstyle \mathrm{Hom}(w,\, 1_E)}\downarrow & & \downarrow{\scriptstyle \varprojlim \overline{w}_i} \\ \mathrm{Hom}_{A\text{-alg.}}(F, \varprojlim E_i) & \xrightarrow[l_F]{} & \varprojlim \mathrm{Hom}_{A\text{-alg.}}(F, E_i) \end{array}$$

est commutatif.

Supposons maintenant I *filtrant* croissant. Considérons un système inductif d'anneaux commutatifs (A_i, φ_{ji}) et un système inductif (E_i, f_{ji}) de A_i-modules, ayant I pour ensemble d'indices; supposons que chaque E_i soit muni d'une structure de A_i-algèbre et que, pour $i \leqslant j$, f_{ji} soit un A_i-homomorphisme d'algèbres (relatif à φ_{ji}) (III, p. 7). Soient $A = \varinjlim A_i$, $E = \varinjlim E_i$; E est muni d'une structure de A-module, limite inductive des structures des A_i-modules E_i (II, p. 90); en outre, sur E, considéré comme limite inductive des E_i, considérés comme magmas pour la multiplication (I, p. 115), la loi de composition, avec la structure de A-module de E, définit sur E une structure de A-*algèbre*; on dit que (E_i, f_{ji}) est un *système inductif de* A_i-*algèbres* et que la A-algèbre E est sa *limite inductive*. Si $f_i\colon E_i \to E$, $\varphi_i\colon A_i \to A$ sont les applications canoniques, f_i est un A_i-*homomor-*

phisme d'algèbres (relatif à φ_i). Si les E_i sont associatives (resp. commutatives), il en est de même de E; si chaque E_i admet un élément unité e_i, et si $f_{ji}(e_i) = e_j$ pour $i \leqslant j$, E admet un élément unité e tel que $f_i(e_i) = e$ pour tout $i \in I$.

Soit (E'_i, f'_{ij}) un second système inductif de A_i-algèbres, et pour tout i, soit $u_i: E_i \to E'_i$ un homomorphisme de A_i-algèbres, ces applications formant un *système inductif*; alors $u = \varinjlim u_i$ est un *homomorphisme de* A-*algèbres*.

Supposons maintenant que tous les anneaux A_i soient égaux à un *même anneau* A et les φ_{ji} à Id_A, de sorte que $E = \varinjlim E_i$ est une A-algèbre. Soit F une A-algèbre, et, pour tout i, soit $u_i: E_i \to F$ un homomorphisme de A-algèbres tel que (u_i) soit un système inductif d'applications; alors $u = \varinjlim u_i$ est un homomorphisme de l'algèbre E dans l'algèbre F. *Inversement*, pour tout homomorphisme de A-algèbres $v: E \to F$, la famille des $v_i = v \circ f_i$ est un système inductif d'homomorphismes de A-algèbres tel que $v = \varinjlim v_i$. Comme d'ailleurs, en posant $\bar{f}_{ij} = \mathrm{Hom}(f_{ji}, 1_F)$, il est clair que $(\mathrm{Hom}_{A\text{-alg.}}(E_i, F), \bar{f}_{ij})$ est un système projectif d'ensembles, on voit que les remarques précédentes s'expriment encore en disant que l'application canonique $v \mapsto (v \circ f_i)$ est une *bijection*

$$d_F: \mathrm{Hom}_{A\text{-alg.}}(\varinjlim E_i, F) \to \varprojlim \mathrm{Hom}_{A\text{-alg.}}(E_i, F).$$

En outre, pour tout homomorphisme $w: F \to F'$ de A-algèbres, les $\bar{w}_i = \mathrm{Hom}(1_{E_i}, w): \mathrm{Hom}_{A\text{-alg.}}(E_i, F) \to \mathrm{Hom}_{A\text{-alg.}}(E_i, F')$ forment un système projectif d'applications, et le diagramme

$$\begin{array}{ccc} \mathrm{Hom}_{A\text{-alg.}}(\varinjlim E_i, F) & \xrightarrow{d_F} & \varprojlim \mathrm{Hom}_{A\text{-alg.}}(E_i, F) \\ {\scriptstyle \mathrm{Hom}(1_E, w)} \downarrow & & \downarrow {\scriptstyle \varprojlim \bar{w}_i} \\ \mathrm{Hom}_{A\text{-alg.}}(\varinjlim E_i, F') & \xrightarrow[d_{F'}]{} & \varprojlim \mathrm{Hom}_{A\text{-alg.}}(E_i, F') \end{array}$$

est commutatif.

7. Bases d'une algèbre. Table de multiplication

Par définition, une *base* d'une A-algèbre E est une base de E pour sa structure de A-module. Soit $(a_i)_{i \in I}$ une base de E; il existe une famille unique $(\gamma_{ij}^k)_{(i,j,k) \in I \times I \times I}$ d'éléments de l'anneau A telle que pour tout couple $(i, j) \in I \times I$, l'ensemble des $k \in I$ tels que $\gamma_{ij}^k \neq 0$ soit *fini*, et que

$$a_i a_j = \sum_{k \in L} \gamma_{ij}^k a_k. \tag{7}$$

On dit que les γ_{ij}^k sont les *constantes de structure* de l'algèbre E par rapport à la base (a_i), et que les relations (7) constituent la *table de multiplication* de l'algèbre E (relativement à la base (a_i)).

On peut imaginer les relations (7) écrites en disposant les seconds membres de ces relations en un tableau carré

		$\dots$	a_j	$\dots$
$\vdots$				
a_i			$\sum_k \gamma_{ij}^k a_k$	
$\vdots$				

étant entendu que l'élément qui figure dans la ligne d'indice i et la colonne d'indice j est égal au produit $a_i a_j$.

Réciproquement, donnons-nous un A-*module* E et une base $(a_i)_{i \in I}$ de E, ainsi qu'une famille (γ_{ij}^k) d'éléments de A telle que, pour tout couple $(i, j) \in I \times I$, l'ensemble des $k \in I$ tels que $\gamma_{ij}^k \neq 0$ soit fini. Alors il y a sur E une structure de A-algèbre et une seule pour laquelle les relations (7) sont satisfaites, puisque le A-module $E \otimes_A E$ est libre et admet pour base $(a_i \otimes a_j)_{(i,j) \in I \times I}$ (cf. II, p. 62, cor. 2).

Soient E une A-algèbre, $(a_i)_{i \in I}$ un système générateur du A-module E (par exemple une base). Pour que E soit *associative*, il faut et il suffit que les a_i vérifient les *relations d'associativité*

$$(a_i a_j) a_k = a_i (a_j a_k) \qquad \text{quels que soient } i, j, k. \tag{8}$$

En effet l'application $(x, y, z) \mapsto (xy)z - x(yz)$ est une application A-trilinéaire $E \times E \times E \to E$, donc définit une application A-linéaire $E \otimes_A E \otimes_A E \to E$; si cette dernière application s'annule pour les éléments $a_i \otimes a_j \otimes a_k$, qui forment un système générateur du A-module $E \otimes_A E \otimes_A E$, elle est identiquement nulle.

De même, pour que E soit *commutative*, il faut et il suffit que les a_i vérifient les *relations de commutativité*

$$a_i a_j = a_j a_i \qquad \text{quels que soient } i, j. \tag{9}$$

La démonstration est analogue en considérant cette fois l'application A-bilinéaire $(x, y) \mapsto xy - yx$. Enfin, pour qu'un élément $e \in E$ soit élément unité, il faut et il suffit que les a_i vérifient les relations

$$a_i = e a_i = a_i e \qquad \text{quel que soit } i, \tag{10}$$

comme on le voit cette fois en considérant les applications A-linéaires $x \mapsto x - xe$ et $x \mapsto x - ex$.

Lorsque $(a_i)_{i \in I}$ est une base de E et (γ_{ij}^k) la famille des constantes de structure correspondante, les relations (8) équivalent aux relations $\sum_r \gamma_{ij}^r \gamma_{rk}^s = \sum_r \gamma_{ir}^s \gamma_{jk}^r$ quels que soient i, j, k, s. De même les relations (9) équivalent à $\gamma_{ij}^k = \gamma_{ji}^k$ quels que soient i, j, k.

Soit $(a_i)_{i \in I}$ une base de la A-algèbre E; si $\rho \colon A \to B$ est un homomorphisme d'anneaux, $(a_i \otimes 1)$ est une base de la B-algèbre $\rho^*(E) = E \otimes_A B$ (II, p. 84, prop. 4). Si (γ_{ij}^k) est la famille des constantes de structure de E relativement à la base (a_i), la famille $(\rho(\gamma_{ij}^k))$ est la famille des constantes de structure de $\rho^*(E)$ relativement à la base $(a_i \otimes 1)$.

§ 2. EXEMPLES D'ALGÈBRES

Dans tout ce paragraphe, A *désigne un anneau commutatif.*

1. Algèbres d'endomorphismes

Soit B une A-algèbre associative ayant un élément unité noté 1, et soit M un B-module à droite. On sait que l'anneau $E = \operatorname{End}_B(M)$ est en outre muni d'une structure de module sur le centre de B. Or, l'image de l'homomorphisme $h\colon \alpha \mapsto \alpha . 1$ de A dans B est contenue dans le centre de B (III, p. 3) ; donc h munit E d'une structure de A-*module*. De plus, pour $\alpha \in A$, f, g dans E, on a $\alpha(f \circ g) = f \circ (\alpha g) = (\alpha f) \circ g$; donc la multiplication dans E et la structure de A-module de E définissent sur E une structure de A-*algèbre associative*; l'application identique de M est élément unité de cette algèbre.

2. Algèbres de matrices

Soient B une A-algèbre associative unifère, et $\mathbf{M}_n(B)$ l'ensemble des *matrices carrées d'ordre n* sur B (II, p. 149). Alors $\mathbf{M}_n(B)$ est muni d'une structure de A-module définie par $\alpha . (b_{ij}) = (\alpha b_{ij})$ $(\alpha \in A,\ b_{ij} \in B,\ 1 \leqslant i \leqslant n,\ 1 \leqslant j \leqslant n)$; cette structure et la multiplication des matrices définissent sur $\mathbf{M}_n(B)$ une structure de A-*algèbre associative* unifère. La bijection canonique de $\mathbf{M}_n(B)$ sur $\operatorname{End}_B(B_d^n)$ (II, p. 150) est un isomorphisme de A-algèbres.

Lorsque B = A, la A-algèbre $\mathbf{M}_n(A)$ admet une *base canonique* (E_{ij}) formée des unités matricielles (II, p. 142) ; la table de multiplication correspondante est

$$E_{ij}E_{hk} = \delta_{jh}E_{ik}. \tag{1}$$

L'élément unité I_n est égal à $\sum_{i=1}^{n} E_{ii}$.

3. Algèbres quadratiques

Soient α, β deux éléments de A, (e_1, e_2) la base canonique du A-module A^2. On appelle *algèbre quadratique de type* (α, β) *sur* A le A-module A^2 muni de la structure d'algèbre définie par la table de multiplication (III, p. 10)

$$e_1^2 = e_1, \qquad e_1e_2 = e_2e_1 = e_2, \qquad e_2^2 = \alpha e_1 + \beta e_2. \tag{2}$$

Une A-algèbre E isomorphe à une algèbre quadratique est encore dite *algèbre quadratique*. Il revient au même de dire que E admet une base de deux éléments dont l'un est élément unité.

On peut montrer que toute A-algèbre unifère qui admet une base de deux éléments est une algèbre quadratique (III, p. 178, § 2, exerc. 1).

Si une base (e_1, e_2) d'une A-algèbre a la table de multiplication (2), on dit que c'est une *base de type* (α, β). Par abus de langage, on dit qu'une algèbre quadratique est *de type* (α, β) lorsqu'elle possède une base de type (α, β).

PROPOSITION 1. — *Une algèbre quadratique* E *est associative et commutative.*

La fait que E soit commutative résulte de l'égalité $e_1e_2 = e_2e_1$ dans (2) (III, p. 12) ; de même, pour vérifier l'associativité, il suffit de voir que $x(yz) = (xy)z$ lorsque x, y, z sont chacun égaux à e_1 ou e_2. Or, cette relation est évidente si l'un au moins des éléments x, y, z est égal à e_1: elle est encore vraie pour $x = y = z = e_2$ puisque E est commutative; d'où la proposition.

Notons e l'élément unité dans une algèbre quadratique E, et soit (e, i) une base de E de type (α, β); toute autre base de E contenant e est donc de la forme (e, j) avec $j = \gamma e + \delta i$ (II, p. 98, corollaire). En outre, pour que (e, j) soit une base de E, il faut et il suffit que δ soit *inversible* dans A; la condition est évidemment suffisante; inversement, si $\bar{i}$ est l'image canonique de i dans E/Ae, $\bar{i}$ et $\bar{j} = \delta\bar{i}$ doivent chacun former une base de E/Ae, d'où la nécessité de la condition. On a alors

$$j^2 = (\gamma^2 + \alpha\delta^2)e + (2\gamma\delta + \beta\delta^2)i = (\alpha\delta^2 - \gamma^2 - \beta\gamma\delta)e + (2\gamma + \beta\delta)j;$$

on voit donc que E est de type

$$(\alpha\delta^2 - \gamma^2 - \beta\gamma\delta, 2\gamma + \beta\delta) \tag{3}$$

pour tout $\delta \in$ A inversible et tout $\gamma \in$ A. En particulier, si E est de type $(\alpha, 2\beta')$, elle est aussi de type $(\alpha + \beta'^2, 0)$ comme on le voit en prenant $\gamma = -\beta'$ et $\delta = 1$.

PROPOSITION 2. — *Soient* E *une* A*-algèbre quadratique, e son élément unité. Pour tout $u \in$ E, soit* $\mathrm{T}(u)$ *la trace de l'endomorphisme $m_u : x \mapsto ux$ du* A*-module libre* E (II, p. 78). *Alors l'application s définie par $s(u) = \mathrm{T}(u).e - u$ est un automorphisme de l'algèbre* E, *et l'on a $s^2(u) = u$ pour tout $u \in$* E.

En effet, soit (e, i) une base de E de type (α, β); on a $\mathrm{T}(e) = 2$, d'où $s(e) = e$, et $\mathrm{T}(i) = \beta$, d'où $s(i) = \beta e - i$. Donc $(e, s(i))$ est une base de E, dont le type est donné par (3) avec $\gamma = \beta$ et $\delta = -1$, ce qui redonne (α, β); on en conclut que s est un automorphisme de l'algèbre E. Comme $m_{s(u)} = sm_us^{-1}$, les endomorphismes m_u et $m_{s(u)}$ du A-module E ont même trace (II, p. 78, prop. 3), d'où

$$s^2(u) = \mathrm{T}(u).e - s(u) = \mathrm{T}(u).e - (\mathrm{T}(u).e - u) = u$$

pour tout $u \in$ E.

On dit que l'automorphisme s est la *conjugaison* de la A-algèbre E, et $s(u)$ est appelé le *conjugué* de u.

Si $u = \xi e + \eta i$, avec ξ, η dans A, on a $s(u) = (\xi + \beta\eta)e - \eta i$, d'où

(4) $$\mathrm{T}(u)e = u + s(u) = (2\xi + \beta\eta)e$$

(5) $$u.s(u) = (\xi^2 + \beta\xi\eta - \alpha\eta^2)e = \mathrm{N}(u)e$$

où l'on a posé $\mathrm{N}(u) = \xi^2 + \beta\xi\eta - \alpha\eta^2$. Les éléments $\mathrm{T}(u)$ et $\mathrm{N}(u)$ (ou, lorsqu'on identifie canoniquement A et Ae, les éléments $\mathrm{T}(u)e$ et $\mathrm{N}(u)e$) s'appellent respectivement la *trace* et la *norme* de u.

Lorsque $\beta = 0$, les formules précédentes se simplifient en

(6) $$s(\xi e + \eta i) = \xi e - \eta i, \qquad \mathrm{T}(\xi e + \eta i) = 2\xi, \qquad \mathrm{N}(\xi e + \eta i) = \xi^2 - \alpha\eta^2.$$

Il est clair que T est une *forme linéaire* sur E, *et N une *forme quadratique* sur E (IX, § 3, n° 4)$_*$. Comme E est commutative et associative, il résulte de (5) que l'on a

(7) $$\mathrm{N}(uv) = \mathrm{N}(u)\mathrm{N}(v).$$

Pour que u soit *inversible dans* E, il faut et il suffit que $\mathrm{N}(u)$ soit *inversible dans* A. En effet comme $\mathrm{N}(e) = 1$, la nécessité de la condition résulte de (7) où on fait $v = u^{-1}$. Inversement, si $\mathrm{N}(u)$ est inversible dans A, il résulte de (5) que u est inversible et que l'on a

(8) $$u^{-1} = (\mathrm{N}(u))^{-1}s(u).$$

* On peut prouver que $\mathrm{N}(u)$ est le déterminant (III, p. 90) de l'endomorphisme m_u (cf. III, p. 111, *Exemple* 1).$_*$

La proposition suivante donne la structure des algèbres quadratiques sur un *corps* commutatif:

PROPOSITION 3. — *Soit* E *une* A-*algèbre quadratique de type* (α, β).

(i) *Si* A *est un corps et s'il ne contient aucun élément* ζ *tel que* $\zeta^2 = \alpha + \beta\zeta$, E *est un corps* (*commutatif*) (cf. V, § 3).

(ii) *Si l'anneau* A *contient un élément* ζ *tel que* $\zeta^2 = \alpha + \beta\zeta$ *et si* $\beta - 2\zeta$ *est inversible* (resp. *nul*), E *est isomorphe à* A × A (resp. *est de type* (0, 0)).

Prouvons (i). Soient ξ, η deux éléments de A et $u = \xi e + \eta i$. Si $\eta \neq 0$ et si l'on pose $\theta = -\xi\eta^{-1}$, on a $\mathrm{N}(u) = \eta^2(\theta^2 - \beta\theta - \alpha)$ d'après (5), d'où $\mathrm{N}(u) \neq 0$ en vertu de l'hypothèse sur A; si $\eta = 0$, on a $\mathrm{N}(u) = \xi^2$. En tous cas, si $u \neq 0$, on a $\mathrm{N}(u) \neq 0$, donc $\mathrm{N}(u)$ est inversible dans A, et par suite u est inversible dans E.

Prouvons maintenant (ii). La base canonique (e_1, e_2) de l'algèbre A × A est de type (0, 1). On a vu (III, p. 13, formule (3)) que E est de type

$$(\alpha\delta^2 - \gamma^2 - \beta\gamma\delta, 2\gamma + \beta\delta)$$

pour tout $\gamma \in \mathrm{A}$ et tout δ inversible dans A. Si $\beta - 2\zeta$ est inversible, prenons $\delta = (\beta - 2\zeta)^{-1}$ et $\gamma = -\zeta(\beta - 2\zeta)^{-1}$; alors $2\gamma + \beta\delta = 1$, et $\alpha\delta^2 - \gamma^2 - \beta\gamma\delta = \delta^2(\alpha - \zeta^2 + \beta\zeta) = 0$; ainsi E est de type (0, 1), donc isomorphe à A × A. Si $\beta - 2\zeta = 0$, on a déjà remarqué que E est de type $(\alpha + \zeta^2, 0)$, donc de type $(0, 0)$ puisque $\alpha + \zeta^2 = 2\zeta^2 - \beta\zeta = 0$.

Une A-algèbre quadratique de type $(0, 0)$ s'appelle aussi une *algèbre de nombres duaux* sur A.

4. Algèbres cayleyennes

DÉFINITION 1. — *On appelle algèbre cayleyenne sur* A *un couple* (E, s), *où* E *est une algèbre sur* A *ayant un élément unité* e, *et* s *est un antiautomorphisme de* E *tel que l'on ait*

$$u + s(u) \in \mathrm{A}e \quad \textit{et} \quad u.s(u) \in \mathrm{A}e$$

pour tout $u \in \mathrm{E}$.

On dit que s est la *conjugaison* de l'algèbre cayleyenne (E, s) et que $s(u)$ est le *conjugué* de u. La condition $u + s(u) \in \mathrm{A}e$ entraîne que u et $s(u)$ sont *permutables*. On pose

$$\mathrm{T}(u) = u + s(u) \tag{9}$$

$$\mathrm{N}(u) = u.s(u) = s(u).u \tag{10}$$

et on dit que ces éléments de la sous-algèbre Ae sont respectivement la *trace* et la *norme cayleyennes* de u.

Le couple formé d'une algèbre quadratique E et de sa conjugaison s (qui est un antiautomorphisme, puisque E est commutative) (III, p. 13) est une algèbre cayleyenne.

Soit (E, s) une algèbre cayleyenne; comme $s(e) = e$, on a $s(u + s(u)) = u + s(u)$, autrement dit $s(u) + s^2(u) = u + s(u)$, ou encore

$$s^2(u) = u \tag{11}$$

de sorte que s^2 est l'application identique de E. On en déduit

$$\mathrm{T}(s(u)) = \mathrm{T}(u), \qquad \mathrm{N}(s(u)) = \mathrm{N}(u). \tag{12}$$

Enfin, la relation $(u - u)(u - s(u)) = 0$ donne

$$u^2 - \mathrm{T}(u).u + \mathrm{N}(u) = 0 \tag{13}$$

pour tout $u \in \mathrm{E}$.

PROPOSITION 4. — *Soient* E *une* A-*algèbre,* s *et* s' *des antiautomorphismes de* E *tels que* (E, s) *et* (E, s') *soient des algèbres cayleyennes. Si* E *admet une base contenant l'élément unité* e, *on a* $s' = s$.

Il est clair que $s'(u) = s(u) = u$ pour tout $u \in \mathrm{A}e$. Si T, N (resp. T', N') sont les fonctions trace et norme pour (E, s) (resp. (E, s')), il résulte de (13) que l'on a

$$(\mathrm{T}(u) - \mathrm{T}'(u)).u - (\mathrm{N}(u) - \mathrm{N}'(u)) = 0.$$

Soient B une base de E contenant e, u un élément de B distinct de e; on a

$T(u) - T'(u) = 0$, d'où $s(u) = s'(u)$. Comme s et s' coïncident dans B, ils sont égaux.

Dans ce qui suit, nous poserons $\bar{u} = s(u)$, de sorte que l'on a

$$(14)\qquad \begin{cases} u + \bar{u} = T(u), & u\bar{u} = \bar{u}u = N(u), \quad \bar{\bar{u}} = u, \\ \overline{u + v} = \bar{u} + \bar{v}, & \overline{\alpha u} = \alpha\bar{u}, \quad \overline{uv} = \bar{v}.\bar{u} \end{cases}$$

pour u, v dans E, $\alpha \in A$; en outre

$$(15)\qquad T(e) = 2e, \qquad N(e) = e.$$

De la formule $T(uv) = uv + \overline{uv} = uv + \bar{v}.\bar{u} = uv + (T(v) - v)(T(u) - u)$, on déduit

$$(16)\qquad uv + vu = T(u)v + T(v)u + (T(uv) - T(u)T(v))$$

d'où, par échange de u et v,

$$(17)\qquad T(vu) = T(uv).$$

D'autre part, on a $N(u + v) = (u + v)(\bar{u} + \bar{v}) = N(u) + N(v) + T(u\bar{v})$, d'où

$$(18)\qquad T(v\bar{u}) = T(u\bar{v}) = N(u + v) - N(u) - N(v).$$

Or, (16) appliquée en remplaçant u par $\bar{u}$ donne

$$T(\bar{u}v) = T(u)T(v) + \bar{u}v + v\bar{u} - T(u)v - T(v)\bar{u} = T(u)T(v) - uv - \bar{v}.\bar{u};$$

d'où

$$(19)\qquad T(v\bar{u}) = T(u\bar{v}) = N(u + v) - N(u) - N(v) = T(u)T(v) - T(uv).$$

Enfin, il est clair que pour tout $\alpha \in A$, on a

$$(20)\qquad N(\alpha u) = \alpha^2 N(u);$$

en particulier $N(2u) = 4N(u)$, de sorte que la formule (19) donne

$$(21)\qquad (T(u))^2 - T(u^2) = 2N(u).$$

Il est clair que T est une forme linéaire sur le (Ae)-module E. Comme $(u, v) \mapsto T(v\bar{u})$ est une forme bilinéaire sur ce module, * il résulte de (18) et (20) que N est une forme quadratique (cf. IX, § 3, n° 4). *

5. Construction d'algèbres cayleyennes. Quaternions

Soit (E, s) une algèbre cayleyenne sur A, pour laquelle nous utiliserons les notations de III, p. 15, et soit $\gamma \in A$. Soit F l'algèbre sur A dont le module sous-jacent est $E \times E$ et dont la multiplication est définie par

$$(22)\qquad (x, y)(x', y') = (xx' + \gamma\bar{y}'y, y\bar{x}' + y'x);$$

il est clair que $(e, 0)$ est élément unité de F, et que $E \times \{0\}$ est une sous-algèbre de F isomorphe à E; nous l'*identifierons* à E dans ce qui suit, de sorte que $x \in E$ est identifié à $(x, 0)$ et en particulier e est identifié à l'élément unité de F.

Soit t la permutation de F définie par

$$t((x, y)) = (\bar{x}, -y) \qquad (x \in E, y \in E). \tag{23}$$

PROPOSITION 5. — (i) *Le couple* (F, t) *est une algèbre cayleyenne sur* A.

(ii) *Posons* $j = (0, e)$ *de sorte que* $(x, y) = xe + yj$ *pour* $x \in E$, $y \in E$. *La trace et la norme cayleyennes* T_F *et* N_F *de* F *sont données par les formules*

$$T_F(xe + yj) = T(x), \qquad N_F(xe + yj) = N(x) - \gamma N(y). \tag{24}$$

(iii) *Pour que* F *soit associative, il faut et il suffit que* E *soit associative et commutative.*

Pour $(x, y) \in F$, on a

$$(x, y) + t((x, y)) = (x + \bar{x}, 0) = T(x)e, \tag{25}$$

$$\begin{aligned}(x, y)t((x, y)) &= (x, y)(\bar{x}, -y) = (x\bar{x} - \gamma\bar{y}y, y\bar{\bar{x}} - yx) = (N(x) - \gamma N(y), 0)\\ &= (N(x) - \gamma N(y))e.\end{aligned} \tag{26}$$

Pour prouver à la fois (i) et (ii), il suffit donc de montrer que t est un antiautomorphisme de F. Il est clair que t est une bijection A-linéaire. D'autre part, on a

$$\begin{aligned}t((x, y).(x', y')) &= t((xx' + \gamma\bar{y}'y, y\bar{x}' + y'x)) = (\bar{x}'\bar{x} + \gamma\bar{y}y', -y\bar{x}' - y'x)\\ &= (\bar{x}', -y')(\bar{x}, -y) = t((x', y'))t((x, y))\end{aligned}$$

donc t est un antiautomorphisme.

Reste à prouver (iii). Comme E s'identifie à une sous-algèbre de F, on peut supposer E associative. Soient $u = (x, y)$, $u' = (x', y')$, $u'' = (x'', y'')$ des éléments de F. On a

$$\begin{cases}(uu')u'' = ((xx' + \gamma\bar{y}'y)x'' + \gamma\bar{y}''(y\bar{x}' + y'x), (y\bar{x}' + y'x)\bar{x}'' + y''(xx' + \gamma\bar{y}'y))\\ u(u'u'') = (x(x'x'' + \gamma\bar{y}''y') + \gamma(x''\bar{y}' + \bar{x}'\bar{y}'')y, y(\bar{x}''\bar{x}' + \gamma\bar{y}'y'') + (y'\bar{x}'' + y''x')x)\end{cases} \tag{27}$$

L'examen de ces formules montre que la commutativité de E entraîne l'associativité de F. Réciproquement, si F est associative, les formules (27) appliquées avec $y = y' = 0$, $x'' = 0$ et $y'' = e$ donnent $(0, x'x) = (0, xx')$ c'est-à-dire $x'x = xx'$ quels que soient x, x' dans E; ainsi E est alors commutative.

C. Q. F. D.

Notons encore qu'avec les notations précédentes, on a, pour x, y dans E,

$$yj = j\bar{y}, \qquad x(yj) = (yx)j, \qquad (xj)y = (x\bar{y})j, \qquad (xj)(yj) = \bar{y}xe \tag{28}$$

$$j^2 = e. \tag{29}$$

L'algèbre cayleyenne (F, t) est appelée l'*extension cayleyenne de* (E, s) *définie par* γ.

Exemples. — 1) Si l'on prend $E = A$ (donc $s = 1_A$), l'algèbre F est une A-*algèbre quadratique*, de base (e, j) avec $j^2 = \gamma e$.

2) Prenons pour E une *algèbre quadratique de type* (α, β), de sorte que le module sous-jacent à E est A^2, avec la table de multiplication (2) (III, p. 12) pour la base canonique. Prenons pour s la conjugaison dans E (III, p. 13, prop. 2). Alors, pour tout $\gamma \in A$, l'extension cayleyenne F de (E, s) définie par γ est appelée l'*algèbre de quaternions de type* (α, β, γ), qui est *associative* en vertu de III, p. 13, prop. 1 et III, p. 17, prop. 5; son module sous-jacent est A^4, et si l'on note (e, i, j, k) la base canonique de A^4, la table de multiplication correspondante est donnée par

$$(30) \qquad \begin{cases} i^2 = \alpha e + \beta i, & ij = k, & ik = \alpha j + \beta k \\ ji = \beta j - k, & j^2 = \gamma e, & jk = \beta\gamma e - \gamma i \\ ki = -\alpha j, & kj = \gamma i, & k^2 = -\alpha\gamma e \end{cases}$$

De plus, pour $u = \rho e + \xi i + \eta j + \zeta k$ (avec ρ, ξ, η, ζ dans A), on a (en écrivant $\bar{u}$ au lieu de $t(u)$ et identifiant A à Ae):

$$(31) \qquad \begin{cases} \bar{u} = (\rho + \beta\xi)e - \xi i - \eta j - \zeta k \\ T_F(u) = 2\rho + \beta\xi \\ N_F(u) = \rho^2 + \beta\rho\xi - \alpha\xi^2 - \gamma(\eta^2 + \beta\eta\zeta - \alpha\zeta^2) \end{cases}$$

Les formules (30) résultent en effet de (28) et (29) (III, p. 17), et les formules (31) de (23) et (24) (III, p. 17), compte tenu des formules relatives à l'algèbre quadratique E.

On a, pour u, v dans F

$$(32) \qquad N_F(uv) = N_F(u)N_F(v)$$

car $N_F(uv) = uv.\overline{uv} = uv(\bar{v}.\bar{u}) = u(v\bar{v})\bar{u} = (u\bar{u})(v\bar{v})$ en vertu de l'associativité et du fait que $N_F(u)$ appartient au centre de F.

Une A-algèbre isomorphe à une algèbre de quaternions est encore dite *algèbre de quaternions*; si une base d'une telle algèbre a la table de multiplication (30), on dit que c'est une *base de type* (α, β, γ). Par abus de langage, on dit qu'une algèbre de quaternions est *de type* (α, β, γ) lorsqu'elle possède une base de type (α, β, γ).

Lorsque $\beta = 0$, les formules (30) et (31) se simplifient en

$$(33) \qquad \begin{cases} i^2 = \alpha e, & ij = k, & ik = \alpha j \\ ji = -k, & j^2 = \gamma e, & jk = -\gamma i \\ ki = -\alpha j; & kj = \gamma i; & k^2 = -\alpha\gamma e \end{cases}$$

et

$$(34) \qquad \begin{cases} \bar{u} = \rho e - \xi i - \eta j - \zeta k \\ T_F(u) = 2\rho \\ N_F(u) = \rho^2 - \alpha\xi^2 - \gamma\eta^2 + \alpha\gamma\zeta^2 \end{cases}$$

On remplace alors partout (α, β, γ) par (α, γ) dans les locutions précédentes. Il est immédiat que les algèbres de quaternions de types (α, γ) et (γ, α) sont *isomorphes*.

On notera que les formules (32) montrent que F n'est pas commutative lorsque $-1 \neq 1$ dans A.

* Si l'on prend pour A le corps **R** des nombres réels, et $\alpha = \gamma = -1$, $\beta = 0$, l'algèbre F correspondante s'appelle l'*algèbre des quaternions de Hamilton*, et est notée **H**. Si $u = \rho e + \xi i + \eta j + \zeta k$ (ρ, ξ, η, ζ dans **R**) est un élément $\neq 0$ de **H**, la formule $u\bar{u} = \bar{u}u = \rho^2 + \xi^2 + \eta^2 + \zeta^2$ (III, p. 18, formule (34)) montre que $N(u) \neq 0$ dans **R**, de sorte que u admet un *inverse* $u^{-1} = N(u)^{-1}\bar{u}$ dans **H**, et que **H** est donc un *corps non commutatif*. *

3) Si on prend pour E une algèbre de quaternions (cf. III, p. 18, *Exemple* 2), l'extension cayleyenne de E définie par un élément $\delta \in A$ est en général non associative (III, p. 17, prop. 5); on l'appelle *algèbre d'octonions* sur A (cf. III, p. 176).

6. Algèbre d'un magma, d'un monoïde, d'un groupe

Rappelons qu'un *magma* est un ensemble muni d'une loi de composition (I, p. 1). Soit S un magma, noté multiplicativement, et soit $E = A^{(S)}$ le A-module des combinaisons linéaires formelles des éléments de S (II, p. 25); on sait qu'on définit une application canonique $s \mapsto e_s$ de S dans $A^{(S)}$ telle que la famille $(e_s)_{s \in S}$ soit une base (dite *canonique*) de $A^{(S)}$, tout élément de $A^{(S)}$ s'écrivant donc d'une seule manière sous la forme $\sum_{s \in S} \alpha_s e_s$, où (α_s) est une famille d'éléments de A à support fini. Cela étant, on définit sur E une structure de A-*algèbre* en prenant comme table de multiplication de la base canonique

$$e_s e_t = e_{st}. \tag{35}$$

L'algèbre E ainsi définie s'appelle l'*algèbre du magma* S sur A. Si $x = \sum_{s \in S} \xi_s e_s$ et $y = \sum_{s \in S} \eta_s e_s$ sont deux éléments de E, on a

$$xy = \sum_{s \in S} \Big(\sum_{tu = s} \xi_t \eta_u\Big) e_s.$$

Lorsque S est un monoïde (resp. un groupe), on dit que E est l'*algèbre du monoïde* (resp. *du groupe*) S sur A; c'est alors une algèbre *associative* (III, p. 11); de même, lorsque S est un monoïde commutatif, son algèbre est *associative et commutative*. Enfin, si le magma S admet un élément neutre u, e_u est élément unité de l'algèbre E; comme l'élément e_u est libre, A s'identifie alors à la sous-algèbre Ae_u de E.

Lorsque $A \neq \{0\}$, on identifie parfois S à son image par l'injection $s \mapsto e_s$, de sorte qu'on écrit $\sum_{s \in S} \alpha_s s$ un élément de E; mais cette identification n'est pas possible (sous peine de confusion) lorsque S est noté additivement. On écrit alors souvent aussi e^s au lieu de e_s.

Soient B un second anneau commutatif, et $\rho: A \to B$ un homomorphisme d'anneaux; considérons les algèbres $E = A^{(S)}$ et $E' = B^{(S)}$ d'un même magma S sur A et sur B, et soient $(e_s)_{s \in S}$ et $(e'_s)_{s \in S}$ leurs bases canoniques respectives. L'algèbre $B^{(S)}$ s'identifie canoniquement, par l'application A-linéaire j telle que $j(e_s \otimes 1) = e'_s$ pour tout $s \in S$, à l'algèbre $A^{(S)} \otimes_A B$ obtenue à partir de $A^{(S)}$ par extension à B de l'anneau des scalaires (II, p. 25, cor. 3).

PROPOSITION 6. — *Soient* S *un magma,* F *une* A*-algèbre et* f *un homomorphisme de* S *dans* F *munie de sa seule structure multiplicative. Alors il existe un homomorphisme de* A*-algèbres* $\bar{f}: A^{(S)} \to F$ *et un seul rendant commutatif le diagramme*

$$\begin{array}{ccc} S & \xrightarrow{f} & F \\ \downarrow & & \downarrow {\scriptstyle 1_F} \\ A^{(S)} & \xrightarrow[\bar{f}]{} & F \end{array} \qquad (36)$$

(*où la flèche verticale de gauche est l'application canonique* $s \mapsto e_s$).

En effet, soit $\bar{f}: A^{(S)} \to F$ l'unique homomorphisme de A-modules tel que $\bar{f}(e_s) = f(s)$ (II, p. 25, cor. 3); il suffit de vérifier que $\bar{f}$ est un homomorphisme d'algèbres, et pour cela il suffit de prouver que $\bar{f}(e_s e_t) = \bar{f}(e_s)\bar{f}(e_t)$, ce qui résulte aussitôt de la définition et de l'hypothèse $f(st) = f(s)f(t)$.

La prop. 6 exprime que le couple formé de $A^{(S)}$ et de l'application canonique $s \mapsto e_s$ est solution du problème d'application universelle (E, IV, p. 23), où Σ est l'espèce de structure de A-algèbre et les α-applications les homomorphismes de S dans une A-algèbre munie de sa seule loi multiplicative.

COROLLAIRE. — *Soient* S, S′ *deux magmas,* $g: S \to S'$ *un homomorphisme. Il existe alors un homomorphisme de* A*-algèbres* $u: A^{(S)} \to A^{(S')}$ *et un seul rendant commutatif le diagramme*

$$\begin{array}{ccc} S & \xrightarrow{g} & S' \\ \downarrow & & \downarrow \\ A^{(S)} & \xrightarrow[u]{} & A^{(S')} \end{array}$$

(*où les flèches verticales sont les applications canoniques*).

Il suffit d'appliquer la prop. 6 en prenant pour f l'application composée $S \xrightarrow{g} S' \longrightarrow A^{(S')}$.

En particulier, si T est une *partie stable* du magma S (I, p. 6), l'ensemble des éléments $\sum_{s \in T} \alpha_s e_s$ de $A^{(S)}$ est une *sous-algèbre* de $A^{(S)}$ canoniquement isomorphe à l'algèbre $A^{(T)}$, et qu'on identifie parfois à cette dernière.

Exemple. — Soient V un A-module, S un monoïde qui *opère à gauche* dans V; cela signifie (I, p. 49) qu'on se donne une application $(s, x) \mapsto s.x$ de S dans V telle que $s.(x + y) = s.x + s.y$, $s.(\alpha x) = \alpha(s.x)$ et $s.(t.x) = (st).x$ pour s, t dans S, x, y dans V et $\alpha \in A$ et que si e désigne l'élément neutre de S, $e.x = x$ pour $x \in V$.

Si l'on pose $f(s)(x) = s.x$, f est un *homomorphisme* de S dans l'algèbre $\mathrm{End}_A(V)$ (munie de sa seule loi multiplicative), transformant l'élément neutre e en l'élément unité 1_V. Appliquant la prop. 6 de III, p. 20, on en déduit un homomorphisme de A-algèbres $\bar{f} : A^{(S)} \to \mathrm{End}_A(V)$, qui munit le groupe additif sous-jacent à V d'une structure de *module à gauche* sur $A^{(S)}$.

Ceci permet de ramener l'étude des groupes commutatifs à opérateurs à celle des modules. Soit en effet M un groupe commutatif à opérateurs, noté additivement, et dont toutes les lois d'action sont notées multiplicativement. Soit Ω l'ensemble somme (E, II, p. 30) des domaines d'opérateurs des diverses lois d'action de M, chacun de ces domaines étant identifié canoniquement à une partie de Ω. Soit $\mathrm{Mo}(\Omega)$ le *monoïde libre* (I, p. 79) construit sur Ω; on définit une loi d'action $(s, x) \mapsto s.x$ sur M, ayant $\mathrm{Mo}(\Omega)$ comme domaine d'opérateurs, par récurrence sur la longueur du *mot* s dans $\mathrm{Mo}(\Omega)$; si s est de longueur 0, c'est le mot vide e, et nous posons $e.x = x$ pour tout $x \in M$. Si s est de longueur $n \geqslant 1$, on peut l'écrire d'une seule manière $s = tu$, où u est de longueur $n - 1$ et t de longueur 1, de sorte que $t \in \Omega$; on pose alors $s.x = t.(u.x)$. Pour deux mots quelconques s, s' dans $\mathrm{Mo}(\Omega)$, on vérifie la relation $s.(s'.x) = (ss').x$ par récurrence sur la longueur de s.

Appliquant alors la méthode décrite ci-dessus, on obtient finalement sur M une structure de $\mathbf{Z}^{(\mathrm{Mo}(\Omega))}$-module à gauche, et on vérifie sans peine que les notions usuelles de la théorie des groupes à opérateurs (sous-groupes stables, homomorphismes) sont les mêmes pour les groupes commutatifs à opérateurs et les modules qui leur sont ainsi associés.

7. Algèbres libres

DÉFINITION 2. — *Soit* I *un ensemble; désignons par* M(I) (resp. Mo(I), resp. $\mathbf{N}^{(I)}$) *le magma libre* (I, p. 77) (resp. *le monoïde libre* (I, p. 79), resp. *le monoïde commutatif libre* (I, p. 88)) *construit sur* I. *L'algèbre de* M(I) (resp. Mo(I), resp. $\mathbf{N}^{(I)}$) *sur* A *s'appelle l'algèbre libre* (resp. *l'algèbre associative libre*, resp. *l'algèbre associative et commutative libre* (ou, par abus de langage, *l'algèbre commutative libre*)) *de l'ensemble* I *sur l'anneau* A.

Nous noterons $\mathrm{Lib}_A(I)$ (resp. $\mathrm{Libas}_A(I)$, resp. $\mathrm{Libasc}_A(I)$) l'algèbre libre (resp. l'algèbre associative libre, resp. l'algèbre commutative libre) de I sur A. Par composition de l'injection canonique de I dans M(I) (resp. Mo(I), resp. $\mathbf{N}^{(I)}$) et de l'application canonique de M(I) (resp. Mo(I), resp. $\mathbf{N}^{(I)}$) dans $\mathrm{Lib}_A(I)$ (resp. $\mathrm{Libas}_A(I)$, resp. $\mathrm{Libasc}_A(I)$) on obtient une application canonique de I dans $\mathrm{Lib}_A(I)$ (resp. $\mathrm{Libas}_A(I)$, resp. $\mathrm{Libasc}_A(I)$), qui est injective si $A \neq \{0\}$. Nous désignerons par X_i l'image d'un élément $i \in I$ par cette application canonique, et nous dirons que X_i est l'*indéterminée d'indice* i de $\mathrm{Lib}_A(I)$ (resp. $\mathrm{Libas}_A(I)$, resp. $\mathrm{Libasc}_A(I)$).

Comme Mo(I) et $\mathbf{N}^{(I)}$ ont chacun un élément neutre, $\mathrm{Libas}_A(I)$ et $\mathrm{Libasc}_A(I)$ sont des algèbres associatives unifères, et en outre $\mathrm{Libasc}_A(I)$ est commutative. Si e est l'élément unité de $\mathrm{Libas}_A(I)$ (resp. $\mathrm{Libasc}_A(I)$), l'application $\alpha \mapsto \alpha e$ est un isomorphisme de A sur un sous-anneau du centre de $\mathrm{Libas}_A(I)$ (resp. $\mathrm{Libasc}_A(I)$), qu'on identifie à A (III, p. 19).

PROPOSITION 7. — *Soient* I *un ensemble,* F *une algèbre* (resp. *une algèbre associative unifère,* resp. *une algèbre associative et commutative unifère*) *sur* A. *Pour toute application* $f\colon \mathrm{I} \to \mathrm{F}$, *il existe un homomorphisme* (resp. *un homomorphisme unifère*) *et un seul* $\bar{f}$ *de* $\mathrm{Lib}_{\mathrm{A}}(\mathrm{I})$ (resp. $\mathrm{Libas}_{\mathrm{A}}(\mathrm{I})$, resp. $\mathrm{Libasc}_{\mathrm{A}}(\mathrm{I})$) *dans* F *tel que* $\bar{f}(\mathrm{X}_i) = f(i)$ *pour tout* $i \in \mathrm{I}$.

Soit F_m le magma (resp. le monoïde) obtenu en munissant l'ensemble F de sa loi de composition multiplicative. Il y a un homomorphisme (resp. un homomorphisme unifère) et un seul g de $\mathrm{M}(\mathrm{I})$ (resp. $\mathrm{Mo}(\mathrm{I})$, resp. $\mathbf{N}^{(\mathrm{I})}$) dans F_m tel que $g(i) = f(i)$ pour tout $i \in \mathrm{I}$ (I, p. 78, p. 79 et p. 88); la prop. 7 résulte donc de III, p. 20, prop. 6.

Remarques. — 1) Nous définirons plus loin un isomorphisme de $\mathrm{Libas}_{\mathrm{A}}(\mathrm{I})$ sur l'algèbre tensorielle du module libre $\mathrm{A}^{(\mathrm{I})}$ (III, p. 62) ainsi qu'un isomorphisme de $\mathrm{Libasc}_{\mathrm{A}}(\mathrm{I})$ sur l'algèbre symétrique de $\mathrm{A}^{(\mathrm{I})}$ (III, p. 75).

2) Soit ρ un homomorphisme unifère de A dans un anneau commutatif B. Comme on l'a vu dans III, p. 20, on déduit de ρ un isomorphisme σ de $\mathrm{Lib}_{\mathrm{B}}(\mathrm{I})$ (resp. $\mathrm{Libas}_{\mathrm{B}}(\mathrm{I})$, resp. $\mathrm{Libasc}_{\mathrm{B}}(\mathrm{I})$) sur l'algèbre $(\mathrm{Lib}_{\mathrm{A}}(\mathrm{I}))_{(\mathrm{B})}$ (resp. $(\mathrm{Libas}_{\mathrm{A}}(\mathrm{I}))_{(\mathrm{B})}$, resp. $(\mathrm{Libasc}_{\mathrm{A}}(\mathrm{I}))_{(\mathrm{B})}$) obtenue par extension des scalaires à B au moyen de ρ; si $\mathrm{X}_i^{\mathrm{A}}$, $\mathrm{X}_i^{\mathrm{B}}$ sont les indéterminées d'indice i correspondant respectivement à A et à B, on a $\sigma(\mathrm{X}_i^{\mathrm{B}}) = \mathrm{X}_i^{\mathrm{A}} \otimes 1$.

3) Soit J une partie de I; on sait que $\mathrm{M}(\mathrm{J})$ s'identifie à une partie stable du magma $\mathrm{M}(\mathrm{I})$, donc (III, p. 20) $\mathrm{Lib}_{\mathrm{A}}(\mathrm{J})$ s'identifie canoniquement à une sous-algèbre de $\mathrm{Lib}_{\mathrm{A}}(\mathrm{I})$, engendrée par les X_i tels que $i \in \mathrm{J}$; on dit qu'un élément de $\mathrm{Lib}_{\mathrm{A}}(\mathrm{J})$ ne fait intervenir que les indéterminées d'indices appartenant à J. La définition donnée dans III, p. 19 de l'algèbre d'un magma montre que $\mathrm{Lib}_{\mathrm{A}}(\mathrm{I})$ est la réunion de la famille filtrante des sous-algèbres $\mathrm{Lib}_{\mathrm{A}}(\mathrm{J})$ lorsque J parcourt l'ensemble des parties *finies* de I. On a des résultats analogues pour $\mathrm{Libas}_{\mathrm{A}}(\mathrm{I})$ et $\mathrm{Libasc}_{\mathrm{A}}(\mathrm{I})$.

4) A tout élément s de $\mathrm{M}(\mathrm{I})$ (resp. $\mathrm{Mo}(\mathrm{I})$, resp. $\mathbf{N}^{(\mathrm{I})}$) est associé sa *longueur* $l(s)$, qui est un entier $\geqslant 1$ (resp. $\geqslant 0$) tel que $l(ss') = l(s) + l(s')$ (I, p. 77, p. 79 et p. 87). Si e_s est l'élément de $\mathrm{Lib}_{\mathrm{A}}(\mathrm{I})$ (resp. $\mathrm{Libas}_{\mathrm{A}}(\mathrm{I})$, resp. $\mathrm{Libasc}_{\mathrm{A}}(\mathrm{I})$) correspondant à s, on appelle *degré total* (ou simplement *degré*) d'un élément $x = \sum_s \alpha_s e_s \neq 0$ de $\mathrm{Lib}_{\mathrm{A}}(\mathrm{I})$ (resp. $\mathrm{Libas}_{\mathrm{A}}(\mathrm{I})$, resp. $\mathrm{Libasc}_{\mathrm{A}}(\mathrm{I})$) le plus grand des nombres $l(s)$ lorsque s parcourt l'ensemble (non vide par hypothèse) des éléments tels que $\alpha_s \neq 0$. Par exemple, si i, j, k sont trois éléments distincts de I, l'élément $(\mathrm{X}_i(\mathrm{X}_j\mathrm{X}_k))\mathrm{X}_i - (\mathrm{X}_i\mathrm{X}_j)(\mathrm{X}_k\mathrm{X}_i)$ est un élément $\neq 0$ de degré total 4 dans $\mathrm{Lib}_{\mathrm{A}}(\mathrm{I})$.

8. Définition d'une algèbre par générateurs et relations

Soient F une algèbre sur A, $(x_i)_{i\in\mathrm{I}}$ une famille d'éléments de F. En vertu de la prop. 7, il existe un unique homomorphisme $f\colon \mathrm{Lib}_{\mathrm{A}}(\mathrm{I}) \to \mathrm{F}$ tel que $f(\mathrm{X}_i) = x_i$

pour tout $i \in \mathrm{I}$. Pour que f soit surjectif, il faut et il suffit que $(x_i)_{i \in \mathrm{I}}$ soit un système générateur de F.

Si $\mathrm{U} \in \mathrm{Lib}_{\mathrm{A}}(\mathrm{I})$, $f(\mathrm{U})$ s'appelle *l'élément de* F *déduit de* U *par substitution des éléments* x_i *aux indéterminées* X_i, ou encore la *valeur* de U pour les valeurs x_i des indéterminées X_i; on le note le plus souvent $\mathrm{U}((x_i)_{i \in \mathrm{I}})$; on a en particulier $\mathrm{U}((\mathrm{X}_i)_{i \in \mathrm{I}}) = \mathrm{U}$. Si λ est un homomorphisme de F dans une algèbre F′ sur A, on a

$$\lambda(\mathrm{U}((x_i)_{i \in \mathrm{I}})) = \mathrm{U}((\lambda(x_i))_{i \in \mathrm{I}}).$$

Considérons en particulier le cas où $\mathrm{F} = \mathrm{Lib}_{\mathrm{A}}(\mathrm{J})$, où J est un second ensemble; pour toute famille $(\mathrm{H}_i)_{i \in \mathrm{I}}$ d'éléments de $\mathrm{Lib}_{\mathrm{A}}(\mathrm{J})$ et toute famille $(y'_j)_{j \in \mathrm{J}}$ d'élément d'une A-algèbre F′, on a

$$(37) \qquad (\mathrm{U}((\mathrm{H}_i)_{i \in \mathrm{I}}))((y'_j)_{j \in \mathrm{J}}) = \mathrm{U}((\mathrm{H}_i((y'_j)_{j \in \mathrm{J}}))_{i \in \mathrm{I}}).$$

Les notations étant comme ci-dessus, on appelle *relateur* de la famille $(x_i)_{i \in \mathrm{I}}$ dans F tout élément U de $\mathrm{Lib}_{\mathrm{A}}(\mathrm{I})$ tel que $\mathrm{U}((x_i)_{i \in \mathrm{I}}) = 0$, ou encore tel que $f(\mathrm{U}) = 0$. L'idéal bilatère $\mathrm{Ker}(f)$ formé par ces éléments est appelé l'*idéal des relateurs* de (x_i).

Soit $(\mathrm{R}_j)_{j \in \mathrm{J}}$ une famille d'éléments de $\mathrm{Lib}_{\mathrm{A}}(\mathrm{I})$. On dit que $((x_i)_{i \in \mathrm{I}}, (\mathrm{R}_j)_{j \in \mathrm{J}})$ est une *présentation* de l'algèbre F si $(x_i)_{i \in \mathrm{I}}$ est un système générateur de F, et si l'idéal bilatère de $\mathrm{Lib}_{\mathrm{A}}(\mathrm{I})$ engendré par les R_j est égal à l'idéal des relateurs de la famille $(x_i)_{i \in \mathrm{I}}$; on dit que les x_i sont les *générateurs* et les R_j les *relateurs* de la présentation.

Considérons maintenant un ensemble quelconque I, et une famille $(\mathrm{R}_j)_{j \in \mathrm{J}}$ d'éléments de $\mathrm{Lib}_{\mathrm{A}}(\mathrm{I})$. On appelle *algèbre universelle définie par le système générateur* I *lié par la famille de relateurs* $(\mathrm{R}_j)_{j \in \mathrm{J}}$ l'algèbre E quotient de $\mathrm{Lib}_{\mathrm{A}}(\mathrm{I})$ par l'idéal bilatère engendré par la famille (R_j). Il est clair que si l'on note $\overline{\mathrm{X}}_i$ l'image de X_i dans E, $((\overline{\mathrm{X}}_i)_{i \in \mathrm{I}}, (\mathrm{R}_j)_{j \in \mathrm{I}})$ est une *présentation* de E. En outre, si $(x_i)_{i \in \mathrm{I}}$ est une famille d'éléments d'une algèbre F et si l'on a $\mathrm{R}_j((x_i)_{i \in \mathrm{I}}) = 0$ pour tout $j \in \mathrm{J}$, il existe un unique homomorphisme $g\colon \mathrm{E} \to \mathrm{F}$ tel que $g(\overline{\mathrm{X}}_i) = x_i$ pour tout $i \in \mathrm{I}$; pour que $((x_i)_{i \in \mathrm{I}}, (\mathrm{R}_j)_{j \in \mathrm{J}})$ soit une présentation de F, il faut et il suffit que g soit *bijectif*.

Ces remarques justifient les abus de langage suivants: au lieu de dire « $((x_i)_{i \in \mathrm{I}}, (\mathrm{R}_j)_{j \in \mathrm{J}})$ est une présentation de F », on dit aussi « F est l'algèbre engendrée par les générateurs x_i soumis aux relations $\mathrm{R}_j((x_i)_{i \in \mathrm{I}}) = 0$ ». Lorsque les R_j sont de la forme $\mathrm{P}_j - \mathrm{Q}_j$, on dit aussi que « F est l'algèbre engendrée par les x_i soumis aux relations $\mathrm{P}_j((x_i)) = \mathrm{Q}_j((x_i))$ ».

Soit H un ensemble; nous dirons qu'un élément S de $\mathrm{Lib}_{\mathrm{A}}(\mathrm{H})$ est un *relateur universel* pour une A-algèbre F si l'on a $\mathrm{S}((x_h)_{h \in \mathrm{H}}) = 0$ pour *toute* famille $(x_h)_{h \in \mathrm{H}}$ d'éléments de F ayant H pour ensemble d'indices.

Exemples. — 1) Prenons $\mathrm{H} = \{1, 2, 3\}$; les algèbres qui admettent

$$(\mathrm{X}_1\mathrm{X}_2)\mathrm{X}_3 - \mathrm{X}_1(\mathrm{X}_2\mathrm{X}_3)$$

comme relateur universel sont les algèbres associatives. Les algèbres qui admettent

$X_1X_2 - X_2X_1$ comme relateur universel sont les algèbres commutatives. * Les algèbres qui admettent les relateurs universels X_1X_1 et

$$(X_1X_2)X_3 + (X_2X_3)X_1 + (X_3X_1)X_2$$

sont les algèbres de Lie.$_*$

Soit I un ensemble; donnons-nous une famille $(S_k)_{k\in K}$ d'éléments de $\mathrm{Lib}_A(H)$, et considérons l'ensemble T des éléments de $\mathrm{Lib}_A(I)$ de la forme $S_k((U_h)_{h\in H})$, où k parcourt K, et pour chaque k, $(U_h)_{h\in H}$ parcourt l'ensemble des familles d'éléments de $\mathrm{Lib}_A(I)$ ayant H pour ensemble d'indices; considérons une famille $(R_j)_{j\in J}$ ayant T pour ensemble d'éléments. Cela étant, soit F l'algèbre universelle définie par le système générateur I lié par la famille $(R_j)_{j\in J}$, et soit u: $\mathrm{Lib}_A(I) \to F$ l'homomorphisme canonique, de sorte que $\mathrm{Ker}(u)$ est engendré par les éléments $S_k((U_h)_{h\in H})$ pour tous les $k \in K$ et toutes les familles $(U_h)_{h\in H}$ d'éléments de $\mathrm{Lib}_A(I)$; il est clair que chacun des S_k $(k \in K)$ est un *relateur universel* pour F. Soit maintenant F′ une algèbre admettant un système générateur $(x_i)_{i\in I}$, pour laquelle chacun des S_k soit un relateur universel, et soit u': $\mathrm{Lib}_A(I) \to F'$ l'homomorphisme tel que $u'(X_i) = x_i$ pour tout $i \in I$; il est clair que $\mathrm{Ker}(u) \subset \mathrm{Ker}(u')$, donc u' s'écrit d'une seule manière sous la forme $u' = h \circ u$, où h: $F \to F'$ est un homomorphisme, tel que $h(\overline{X}_i) = x_i$ pour tout $i \in I$. On dit pour cette raison que F est *l'algèbre universelle définie par le système générateur* I, *correspondant à la famille de relateurs universels* $(S_k)_{k\in K}$. Par abus de langage, on dit parfois que F est l'algèbre universelle engendrée par I et soumise aux *identités* $S_k((u_h)) = 0$ pour toute famille $(u_h)_{h\in H}$ d'éléments de F.

Exemple 2. — Soit L′ l'algèbre universelle engendrée par I et soumise aux identités $(uv)w - u(vw) = 0$ pour toute famille de trois éléments de L′, et soit L″ l'algèbre obtenue par adjonction à L′ d'un élément unité; il existe alors un isomorphisme unifère unique g de L″ sur $\mathrm{Libas}_A(I)$ tel que $g(\overline{X}_i) = X_i$ pour tout $i \in I$. En effet, il est clair que L″ est associative et l'existence de l'homomorphisme g résulte de la définition de L′ et des remarques qui la précèdent; mais alors il est clair que L″ vérifie la propriété universelle (III, p. 22, prop. 7) qui caractérise $\mathrm{Libas}_A(I)$, d'où la conclusion.

Des considérations analogues aux précédentes s'appliquent aux algèbres associatives (resp. associatives et commutatives), en tenant compte des remarques qui suivent. Quand le contexte indique suffisamment que les algèbres que l'on considère sont des algèbres unifères, on fait souvent l'abus de langage qui consiste à appeler *système générateur* d'une algèbre F une famille d'éléments $(x_i)_{i\in I}$ de F telle que la sous-algèbre engendrée par les x_i $(i \in I)$ *et par l'élément unité* soit égale à F. Cela étant, soient F une algèbre associative unifère sur A, et soit $(x_i)_{i\in I}$ une famille d'éléments de F; en vertu de III, p. 22, prop. 7, il existe un unique homomorphisme *unifère* f: Libas_A (I) $\to$ F tel que $f(X_i) = x_i$ pour tout $i \in I$; si $U \in \mathrm{Libas}_A(I)$, on appelle encore $f(U)$ *l'élément de* F *déduit de* U *par substitution des éléments* x_i *aux indéterminées* X_i, et on le note encore $U((x_i)_{i \in I})$. On transporte alors aussitôt aux algèbres associatives les notions de *relateur*, de *présentation*, et de *relateur universel*; il suffit simplement de remplacer partout $\mathrm{Lib}_A(I)$ par$\mathrm{Libas}_A(I)$. L'*algèbre associative unifère universelle, définie par le système générateur* I *lié par la famille de relateurs* $(R_j)_{j \in J}$ est l'algèbre quotient de $\mathrm{Libas}_A(I)$ par l'idéal bilatère engendré par la famille (R_j). On définit de même l'algèbre associative unifère universelle définie par le système générateur I, et correspondant à une famille de relateurs universels. Nous laissons au lecteur le soin d'énoncer les définitions analogues relatives aux algèbres associatives et commutatives, $\mathrm{Libasc}_A(I)$ se substituant à $\mathrm{Libas}_A(I)$.

Exemple 3. — Soit L′ l'algèbre associative unifère universelle engendrée par I et soumise aux identités $uv - vu = 0$ pour toute famille de deux éléments de L′. On voit comme dans III, p. 24, *Exemple* 2 que L′ est canoniquement isomorphe à $\mathrm{Libasc}_A(I)$.

9. Algèbres de polynômes

Soit B une A-algèbre associative, *commutative* et unifère et soit $(x_i)_{i \in I}$ une famille d'éléments de B; on désigne par $A[(x_i)_{i \in I}]_B$, ou simplement $A[(x_i)_{i \in I}]$, la sous-algèbre de B engendrée par les x_i $(i \in I)$ et par l'élément unité, lorsqu'aucune confusion n'en résulte. Pour tout ensemble I, l'algèbre $\mathrm{Libasc}_A(I)$ est donc égale à $A[(X_i)_{i \in I}]$ (qu'on note aussi $A[X_i]_{i \in I}$); cette dernière notation, qui a l'avantage d'indiquer la notation choisie pour noter les indéterminées, est celle que nous emploierons en général dans la suite de ce Traité. Les éléments de $A[(X_i)_{i \in I}]$ sont appelés *polynômes par rapport aux indéterminées* X_i $(i \in I)$ *à coefficients dans* A; il convient de noter que lorsqu'on dit « soit $A[(X_i)_{i \in I}]$ une algèbre de polynômes », on sous-entend toujours que les X_i sont les indéterminées. Pour toute partie J de I, l'usage de la notation précédente revient à identifier $\mathrm{Libasc}_A(J)$ à la sous-algèbre de $\mathrm{Libasc}_A(I)$ engendrée par les X_i d'indice $i \in J$ et l'élément unité (cf. III, p. 22, *Remarque* 3). Pour $I = \{1, 2, \ldots, n\}$ on écrit $A[X_1, X_2, \ldots, X_n]$ au lieu de $A[(X_i)_{i \in I}]$.

Si I et I′ sont deux ensembles équipotents, les algèbres $\mathrm{Libasc}_A(I)$ et $\mathrm{Libasc}_A(I')$ sont isomorphes. On note souvent A[X] l'algèbre des polynômes correspondant à un ensemble d'indices I non spécifié à *un seul* élément, X étant l'unique indéterminée; de même, on notera A[X, Y], A[X, Y, Z], ... les algèbres de polynômes correspondant à des ensembles d'indices non spécifiés à 2, 3, ... éléments. On notera qu'en vertu des conventions faites plus haut, A[X] et A[Y] sont par exemple des sous-algèbres (distinctes) de A[X, Y, Z] si $A \neq \{0\}$.

Les éléments

$$X^\nu = \prod_{i \in I} X_i^{\nu(i)}$$

où ν parcourt $\mathbf{N}^{(I)}$, forment une base de l'algèbre de polynômes $A[(X_i)_{i \in I}]$. Ces éléments s'appellent les *monômes* en les indéterminées X_i, et le nombre $|\nu| = \sum_{i \in I} \nu(i)$ est appelé le *degré* (ou *degré total*) du monôme X^ν. L'unique monôme de degré 0 est l'élément unité de $A[(X_i)_{i \in I}]$; on l'identifie souvent à l'élément unité 1 de A. Tout polynôme u de $A[(X_i)_{i \in I}]$ s'écrit d'une façon et d'une seule

$$u = \sum_{\nu \in \mathbf{N}^{(I)}} \alpha_\nu X^\nu$$

avec $\alpha_\nu \in A$; les éléments α_ν, nuls sauf pour un nombre fini d'indices $\nu \in \mathbf{N}^{(I)}$, s'appellent les *coefficients* de u; les éléments $\alpha_\nu X^\nu$ s'appellent les *termes* de u (l'élément $\alpha_\nu X^\nu$ étant souvent appelé « le terme en X^ν »); en particulier le terme $\alpha_0 X^0$ (identifié à $\alpha_0 \in A$) s'appelle le *terme constant* de u. Si J est une partie de I, u appartient à $A[(X_i)_{i \in J}]$ si et seulement si $\alpha_\nu = 0$ lorsque $\nu \notin \mathbf{N}^{(J)}$. Il en résulte que $A[(X_i)_{i \in I}]$ est la réunion des sous-algèbres $A[(X_i)_{i \in J}]$, où J parcourt l'ensemble des parties finies de I. Si $\alpha_\nu = 0$ pour $|\nu| > n$, on dit que u est un *polynôme de degré* $\leqslant n$. Lorsque $\alpha_\nu = 0$, on dit (par abus de langage) que *u ne contient pas de terme en* X^ν; en particulier, quand $\alpha_0 = 0$, on dit que u est un polynôme *sans terme constant.*

Pour tout polynôme *non nul* $u = \sum_\nu \alpha_\nu X^\nu$, on appelle *degré* (ou *degré total*) de u le plus grand des entiers $|\nu|$ pour les multiindices ν tels que $\alpha_\nu \neq 0$.

Soit F une A-algèbre associative unifère, et soit $(x_i)_{i \in I}$ une famille d'éléments de F, *deux à deux permutables*. La sous-algèbre F′ de F engendrée par les x_i et l'élément unité est commutative (III, p. 11), ce qui permet de définir la substitution des x_i aux X_i dans un polynôme $u \in A[(X_i)_{i \in I}]$ (bien que F ne soit pas nécessairement commutative) : $u((x_i)_{i \in I})$ est un élément de F′, donc de F, et $h : u \mapsto u((x_i)_{i \in I})$ est un homomorphisme de $A[(X_i)_{i \in I}]$ dans F. Les éléments du noyau de h sont les relateurs de la famille (x_i) dans $A[(X_i)_{i \in I}]$, qu'on appelle aussi *relateurs polynomiaux* (à coefficients dans A) entre les x_i. L'image de l'homomorphisme h est la sous-algèbre F′, qu'on désigne encore par $A[(x_i)_{i \in I}]$ (même quand F n'est pas commutative) ; si $\mathfrak{a}$ est l'idéal des relateurs polynomiaux entre les x_i, on a une suite exacte de A-modules

$$0 \longrightarrow \mathfrak{a} \longrightarrow A[(X_i)_{i \in I}] \xrightarrow{h} A[(x_i)_{i \in I}] \longrightarrow 0.$$

PROPOSITION 8. — *Soient* $A[(X_i)_{i \in I}]$ *une algèbre de polynômes,* J *une partie de* I, K *le complémentaire de* J *dans* I. *Si on pose* $A' = A[(X_j)_{j \in J}]$ *et si on note* X'_k $(k \in K)$ *les indéterminées dans l'algèbre de polynômes* $\mathrm{Libasc}_{A'}(K) = A'[(X'_k)_{k \in K}]$, *il existe un isomorphisme unique d'anneaux de* $A'[(X'_k)_{k \in K}]$ *sur* $A[(X_i)_{i \in I}]$ *qui coïncide avec l'identité dans* A′ *et transforme* X'_k *en* X_k *pour tout* $k \in K$.

En effet, il est clair que $A[(X_i)_{i \in I}]$ est une A′-algèbre engendrée par les X_k pour $k \in K$. D'autre part, comme un relateur polynomial entre les X_k $(k \in K)$ à coefficients dans A′ s'écrit d'une seule manière $\sum_\nu h_\nu((X_j)_{j \in J}) X'^\nu$ où ν parcourt une partie finie de $\mathbf{N}^{(K)}$ et où les h_ν sont des éléments de $A[(X_j)_{j\in J}]$, les h_ν doivent être des relateurs polynomiaux entre les X_j à coefficients dans A, donc sont tous nuls, ce qui prouve la proposition.

On utilise souvent l'isomorphisme décrit dans la prop. 8 pour identifier les éléments de $A[(X_i)_{i\in I}]$ à des polynômes à coefficients dans $A' = A[(X_j)_{j\in J}]$. Si u est un élément $\neq 0$ de $A[(X_i)_{i\in I}]$, son degré total quand on le considère comme élément de $A'[(X_k)_{k\in K}]$ est encore appelé son *degré par rapport aux* X_i *d'indice* $i \in K$.

Remarque. — Soient I et J deux ensembles, $(P_j)_{j\in J}$ une famille d'éléments de $\mathbf{Z}[(X_i)_{i\in I}]$; si Q est un élément de $\mathbf{Z}[(Y_j)_{j\in J}]$ tel que $Q((P_j)_{j\in J}) = 0$, alors, pour toute famille $(b_i)_{i\in I}$ d'éléments deux à deux permutables d'un anneau B, on a $Q((P_j((b_i)_{i\in I}))_{j\in J}) = 0$. On appelle parfois *identités polynomiales* les relations vraies de la forme $Q((P_j)_{j\in J}) = 0$. Par exemple

$$(X_1 + X_2)^2 - X_1^2 - X_2^2 - 2X_1X_2 = 0$$

avec $Q = Y_1^2 - Y_2,\ P_1 = X_1 + X_2,\ P_2 = X_1^2 + X_2^2 + 2X_1X_2$

$$X_1^n - X_2^n - (X_1 - X_2)(X_1^{n-1} + X_1^{n-2}X_2 + \cdots + X_2^{n-1}) = 0$$

avec $Q = Y_1 - Y_2Y_3,\ P_1 = X_1^n - X_2^n,\ P_2 = X_1 - X_2,$
$P_3 = X_1^{n-1} + X_1^{n-2}X_2 + \cdots + X_2^{n-1}$

sont des identités polynomiales.

10. Algèbre large d'un monoïde

L'algèbre d'un monoïde S sur A est (en tant que A-module) le sous-module du produit A^S formé des familles $(\alpha_s)_{s\in S}$ de support fini; la multiplication dans cette algèbre est définie par les relations $(\alpha_s)(\beta_s) = (\gamma_s)$, où, pour tout $s \in S$,

$$\gamma_s = \sum_{tu=s} \alpha_t\beta_u \tag{38}$$

(cf. III, p. 19, formule (35)). La somme du second membre de (38) a un sens parce que (α_s) et (β_s) sont des familles de supports finis, et qu'il en est donc de même de la famille double $(\alpha_t\beta_u)_{(t,u)\in S\times S}$. Mais le second membre de (38) a encore un sens pour des éléments *quelconques* (α_s), (β_s) de A^S lorsque le monoïde S vérifie la condition suivante:

(D) *Pour tout* $s \in S$, *il n'existe qu'un nombre fini de couples* (t, u) *dans* $S \times S$ *tels que* $tu = s$.

Supposons donc que S vérifie la condition (D); sur le A-module produit A^S, on peut alors définir une loi de multiplication par la formule (38). Il est immédiat que la multiplication ainsi définie sur A^S est A-bilinéaire; en outre, elle est *associative*, car on a, pour α, β, γ dans A^S,

$$\sum_{uvw=t} \alpha_u\beta_v\gamma_w = \sum_{rw=t}\Big(\Big(\sum_{uv=r}\alpha_u\beta_v\Big)\gamma_w\Big) = \sum_{us=t}\Big(\alpha_u\Big(\sum_{vw=s}\beta_v\gamma_w\Big)\Big).$$

Cette multiplication et la structure de A-module de A^S définissent donc sur

A^S une structure d'*algèbre associative* unifère sur A; nous dirons que l'ensemble A^S, muni de cette structure, est l'*algèbre large* du monoïde S sur A.

Il est immédiat que l'*algèbre* $A^{(S)}$ du monoïde S sur A (dite encore *algèbre stricte* de S lorsqu'on veut éviter des confusions) est une *sous-algèbre* de l'algèbre large de S sur A (et est identique à cette dernière lorsque S est fini). *Par abus de langage*, on note encore tout élément $(\xi_s)_{s\in S}$ de l'algèbre large de S sur A par la même notation $\sum_{s\in S} \xi_s e_s$ (ou même $\sum_{s\in S} \xi_s . s$) que les éléments de l'algèbre stricte de S; bien entendu le signe de sommation qui figure dans cette notation ne correspond à aucune opération algébrique puisqu'il porte en général sur une *infinité* de termes $\neq 0$. Avec cette notation, la multiplication dans l'algèbre large de S est encore donnée par la formule (35) de III, p. 19.

Si S est commutatif, il en est de même de son algèbre large A^S. Si T est un sous-monoïde de S, l'algèbre large A^T du monoïde s'identifie canoniquement à une sous-algèbre de l'algèbre large de S. Si $\rho: A \to B$ est un homomorphisme d'anneaux, l'extension canonique $\rho^S: A^S \to B^S$ est un A-homomorphisme de l'algèbre large de S sur A dans l'algèbre large de S sur B, qui prolonge l'homomorphisme canonique $A^{(S)} \to B^{(S)}$.

11. Séries formelles sur un anneau commutatif

Pour tout ensemble I, le monoïde additif $\mathbf{N}^{(I)}$ vérifie la condition (D) de III, p. 27: en effet, si $s = (n_i)_{i\in I}$ avec $n_i = 0$ sauf pour les indices i d'une partie finie H de I, la relation $s = t + u$ avec $t = (p_i)_{i\in I}$ et $u = (q_i)_{i\in I}$ équivaut à $p_i + q_i = n_i$ pour tout i; mais cela entraîne $p_i = q_i = 0$ pour $i \notin H$ et $p_i \leqslant n_i$, $q_i \leqslant n_i$ pour $i \in H$; il y a donc $\prod_{i\in H} (n_i + 1)$ couples (t, u) dans $\mathbf{N}^{(I)}$ tels que $t + u = s$.

On peut donc considérer l'*algèbre large* sur A du monoïde $\mathbf{N}^{(I)}$, qui contient l'algèbre (stricte) $A[X_i]_{i\in I}$ de ce monoïde. C'est une algèbre associative, commutative et unifère, qu'on appelle *algèbre des séries formelles par rapport aux indéterminées* X_i $(i \in I)$ *et à coefficients dans* A et qu'on note $A[[X_i]]_{i\in I}$; ses éléments portent le nom de *séries formelles* par rapport aux indéterminées X_i $(i \in I)$, à coefficients dans A. Un tel élément $(\alpha_\nu)_{\nu\in \mathbf{N}^{(I)}}$ se note encore, suivant la convention faite dans III, p. 28, $\sum_{\nu\in\mathbf{N}^{(I)}} \alpha_\nu X^\nu$; les α_ν sont les *coefficients* de la série formelle, les $\alpha_\nu X^\nu$ ses *termes*; un polynôme en les X_i est donc une série formelle n'ayant qu'un nombre *fini* de termes $\neq 0$.

Il est clair que de toute bijection $\sigma: I_1 \to I_2$, on déduit canoniquement un isomorphisme d'algèbres $A[[X_i]]_{i\in I_1} \to A[[X_i]]_{i\in I_2}$ en faisant correspondre à la série formelle $\sum_{(n_i)} \alpha_{(n_i)} . \prod_{i\in I_1} X_i^{n_i}$ la série formelle $\sum_{(n_i)} \alpha_{(n_i)} . \prod_{i\in I_1} X_{\sigma(i)}^{n_i}$.

Soit J une partie de I; l'algèbre $A[[X_i]]_{i\in J}$ peut être identifiée à la sous-algèbre de $A[[X_i]]_{i\in I}$ constituée par les séries formelles $\sum_{(n_i)} \alpha_{(n_i)} . \prod_{i\in I} X_i^{n_i}$ où

$\alpha_{(n_i)} = 0$ pour tout élément $(n_i) \in \mathbf{N}^{(\mathrm{I})}$ tel que $n_i \neq 0$ pour un indice $i \in \mathrm{I} - \mathrm{J}$ au moins. En outre, si $\mathrm{K} = \mathrm{I} - \mathrm{J}$, $\mathrm{A}[[\mathrm{X}_i]]_{i \in \mathrm{I}}$ s'identifie canoniquement à $(\mathrm{A}[[\mathrm{X}_j]]_{j \in \mathrm{J}})[[\mathrm{X}_k]]_{k \in \mathrm{K}}$, en identifiant la série formelle $\sum_{(n_i)} \alpha_{(n_i)} . \prod_{i \in \mathrm{I}} \mathrm{X}_i^{n_i}$ à la série formelle $\sum_{(m_k)} \beta_{(m_k)} . \prod_{k \in \mathrm{K}} \mathrm{X}_k^{m_k}$, où

$$\beta_{(m_k)} = \sum_{(p_j)} \gamma_{(p_j)} . \prod_{j \in \mathrm{J}} \mathrm{X}_j^{p_j}$$

avec $\gamma_{(p_j)} = \alpha_{(n_i)}$ pour la suite (n_i) telle que $n_i = p_i$ pour $i \in \mathrm{J}$ et $n_i = m_i$ pour $i \in \mathrm{K}$.

Etant donnée une série formelle $u = \sum_{\nu} \alpha_\nu \mathrm{X}^\nu$, on appelle termes *de degré total* p dans u les termes $\alpha_\nu \mathrm{X}^\nu$ tels que $|\nu| = p$. La série formelle u_p dont les termes de degré total p sont ceux de u et dont les autres termes sont nuls, est dite *partie homogène de degré* p de u; lorsque I est *fini*, u_p est un *polynôme* pour tout p; u_0 s'identifie à un élément de A (dit encore *terme constant* de u). Si u et v sont deux séries formelles et $w = uv$, on a

$$w_p = \sum_{r=0}^{p} u_r v_{p-r}, \tag{39}$$

pour tout entier $p \geqslant 0$.

Pour toute série formelle $u \neq 0$, on appelle *ordre total* (ou simplement *ordre*) de u le plus petit des entiers $p \geqslant 0$ tels que $u_p \neq 0$. Si on désigne cet ordre par $\omega(u)$, et si u et v sont deux séries formelles $\neq 0$, on a

$$\omega(u + v) \geqslant \inf(\omega(u), \omega(v)) \quad \text{si } u + v \neq 0 \tag{40}$$

$$\omega(uv) \geqslant \omega(u) + \omega(v) \quad \text{si } uv \neq 0. \tag{41}$$

En outre, si $\omega(u) \neq \omega(v)$, on a nécessairement $u + v \neq 0$ et les deux membres de (40) sont *égaux*.

On notera que l'ordre de 0 *n'est pas défini*. Par abus de langage on convient toutefois de dire que « f est une série formelle d'ordre $\geqslant p$ (resp. $> p$) » si la partie homogène de degré n de f est nulle pour tout $n < p$ (resp. $n \leqslant p$); 0 est donc une « série formelle d'ordre $> p$ » pour *tout* entier $p \geqslant 0$.

Soit J une partie de I, et identifions comme ci-dessus $\mathrm{A}[[\mathrm{X}_i]]_{i \in \mathrm{I}}$ à $\mathrm{B}[[\mathrm{X}_k]]_{k \in \mathrm{K}}$, avec $\mathrm{K} = \mathrm{I} - \mathrm{J}$ et $\mathrm{B} = \mathrm{A}[[\mathrm{X}_j]]_{j \in \mathrm{J}}$; aux définitions ci-dessus appliquées à $\mathrm{B}[[\mathrm{X}_k]]_{k \in \mathrm{K}}$ correspondent donc de nouvelles définitions pour les séries formelles $u \in \mathrm{A}[[\mathrm{X}_i]]_{i \in \mathrm{I}}$: un terme $\alpha_{(n_i)} . \prod_{i \in \mathrm{I}} \mathrm{X}_i^{n_i}$ est dit *de degré* p *par rapport aux* X_i *d'indice* $i \in \mathrm{K}$ si $\sum_{i \in \mathrm{K}} n_i = p$, et la série formelle de $\mathrm{B}[[\mathrm{X}_k]]_{k \in \mathrm{K}}$ ayant même termes de degré p que u et les autres nuls est dite *partie homogène de degré* p *par rapport aux* X_i *d'indice* $i \in \mathrm{K}$. Si $u \neq 0$, l'*ordre* $\omega_{\mathrm{K}}(u)$ par rapport aux X_i d'indice $i \in \mathrm{K}$ est le plus petit des entiers $p \geqslant 0$ tels que la partie homogène de degré p de u par rapport aux X_i d'indice $i \in K$ soit $\neq 0$. On a encore les inégalités (40) et (41) lorsqu'on y remplace ω par ω_K.

§ 3. ALGÈBRES GRADUÉES

Les graduations dont il sera question dans ce paragraphe auront pour ensemble de degrés un *monoïde commutatif noté additivement et dont l'élément neutre est noté* 0.

1. Algèbres graduées

DÉFINITION 1. — *Soient* Δ *un monoïde commutatif,* A *un anneau commutatif gradué de type* Δ (II, p. 164), $(A_\lambda)_{\lambda \in \Delta}$ *sa graduation,* E *une* A*-algèbre. On dit qu'une graduation* $(E_\lambda)_{\lambda \in \Delta}$ *de type* Δ *sur le groupe additif* E *est compatible avec la structure de* A*-algèbre de* E *si elle est compatible à la fois avec la structure de* A*-module et avec la structure d'anneau de* E, *autrement dit, si l'on a, quels que soient* λ, μ *dans* Δ,

$$A_\lambda E_\mu \subset E_{\lambda+\mu} \tag{1}$$

$$E_\lambda E_\mu \subset E_{\lambda+\mu}. \tag{2}$$

La A*-algèbre* E, *munie de cette graduation, est alors appelée algèbre graduée de type* Δ *sur l'anneau gradué* A.

Lorsque la graduation de A est *triviale* (c'est-à-dire (II, p. 163) que $A_0 = A$, $A_\lambda = \{0\}$ pour $\lambda \neq 0$), la condition (1) signifie que les E_λ sont des *sous-*A*-modules* de E. Ceci conduit à définir la notion d'algèbre graduée de type Δ sur un anneau commutatif A *non gradué*: on munit A de la graduation triviale de type Δ et on applique la définition précédente.

Lorsque nous considérerons des A-algèbres graduées E ayant un *élément unité* e, il sera toujours sous-entendu que e est *de degré* 0 (cf. III, p. 183, exerc. 1).

On en conclut que si un élément inversible $x \in E$ est *homogène* et de degré p, son inverse x^{-1} est *homogène* et de degré $-p$: il suffit en effet de décomposer x^{-1} en somme d'éléments homogènes dans les relations $x^{-1}x = xx^{-1} = e$.

Soient E et E' deux algèbres graduées de type Δ sur un anneau gradué A de type Δ. On dit qu'un homomorphisme u: E $\to$ E' de A-algèbres est un *homomorphisme d'algèbres graduées* si on a $u(E_\lambda) \subset E'_\lambda$ pour tout $\lambda \in \Delta$ (en désignant par (E_λ) et (E'_λ) les graduations respectives de E et E'); lorsque E et E' sont associatives et unifères, et que u est unifère, cette condition signifie que u est un homomorphisme d'anneaux gradués (II, p. 166).

Soit E une A-algèbre graduée de type **N**. On identifie E à une A-algèbre graduée de type **Z**, en convenant que $E_n = \{0\}$ pour $n < 0$.

Remarque. — La définition 1 peut encore s'interpréter en disant que E est un A-module gradué et que l'application A-linéaire

$$m\colon\ E \otimes_A E \to E$$

qui définit la multiplication dans E (III, p. 5) est *homogène de degré* 0 lorsqu'on munit $E \otimes_A E$ de sa graduation de type Δ (II, p. 173).

Définir une structure de A-algèbre graduée de type Δ sur l'anneau gradué A, ayant E pour A-module gradué sous-jacent, revient donc à définir, pour chaque couple (λ, μ) d'éléments de Δ, une application **Z**-bilinéaire $m_{\lambda\mu}\colon E_\lambda \times E_\mu \to E_{\lambda+\mu}$ telle que pour tout triplet d'indices (λ, μ, ν) et pour $\alpha \in A_\lambda$, $x \in E_\mu$, $y \in E_\nu$, on ait $\alpha . m_{\mu,\nu}(x, y) = m_{\lambda+\mu,\nu}(\alpha x, y) = m_{\mu,\lambda+\nu}(x, \alpha y)$.

Exemples. — 1) Soit B un *anneau gradué* de type Δ; si on munit B de sa structure canonique de **Z**-algèbre (III, p. 2, *Exemple* 2), B est une A-algèbre graduée (**Z** étant muni de la graduation triviale).

2) Soient A un anneau commutatif gradué de type Δ, M un A-module gradué de type Δ. Supposons que tous les éléments du monoïde Δ soient *simplifiables*, ce qui permet (II, p. 175) de définir sur $\mathrm{Homgr}_A(M, M) = \mathrm{Endgr}_A(M)$ une structure de A-module gradué de type Δ; comme cette graduation est compatible avec la structure d'anneau de $\mathrm{Endgr}_A(M)$ (II, p. 175), elle définit sur la A-algèbre $\mathrm{Endgr}_A(M)$ une structure de A-*algèbre graduée unifère*.

3) *Algèbre d'un magma.* Soient S un magma et soit $\varphi\colon S \to \Delta$ un homomorphisme. Pour tout $\lambda \in \Delta$, posons $S_\lambda = \varphi^{-1}(\lambda)$; on a alors $S_\lambda S_\mu \subset S_{\lambda+\mu}$. Soient A un anneau commutatif gradué de type Δ, $(A_\lambda)_{\lambda\in\Delta}$ sa graduation; nous allons définir sur l'algèbre $E = A^{(S)}$ du magma S (III, p. 19) une structure de A-algèbre graduée. Pour cela, désignons par E_λ le sous-groupe additif de E engendré par les éléments de la forme $\alpha . s$ tels que $\alpha \in A_\mu$, $s \in S_\nu$ et $\mu + \nu = \lambda$. Comme les S_λ sont deux à deux disjoints, E est somme directe des $A_\mu S_\nu$, donc aussi somme directe des E_λ, et il est immédiat que les E_λ vérifient les conditions (1) et (2) de III, p. 30 et définissent donc sur E la structure de A-algèbre graduée voulue. Si S admet un élément neutre e, on supposera en outre que $\varphi(e) = 0$. Un cas particulier est celui où la graduation de l'anneau A est triviale; alors E_λ est le sous-A-module de E engendré par S_λ. Plus particulièrement, si l'on prend $S = \mathbf{N}^{(I)}$, $\Delta = \mathbf{N}$ et pour φ l'application telle que $\varphi((n_i)) = \sum_{i\in I} n_i$, l'anneau A étant muni de la graduation triviale, on obtient ainsi sur l'algèbre de polynômes $A[X_i]_{i\in I}$ une graduation pour laquelle le degré d'un polynôme homogène $\neq 0$ est le *degré total* défini dans III, p. 26 (cf. III, p. 73).

Prenons maintenant pour S le *monoïde libre* Mo(B) d'un ensemble B (I, p. 79), et pour φ l'homomorphisme $\mathrm{Mo}(B) \to \mathbf{N}$ qui à chaque mot associe sa *longueur*. On obtient ainsi une structure de A-algèbre graduée sur l'*algèbre associative libre* de l'ensemble B (III, p. 21; cf. III, p. 62).

2. Sous-algèbres graduées, idéaux gradués d'une algèbre graduée

Soit E une algèbre graduée de type Δ sur un anneau gradué A de type Δ. Si F est une *sous*-A-*algèbre* de E qui est un *sous*-A-*module gradué*, alors la graduation (F_λ) de F est compatible avec sa structure de A-algèbre, puisque $F_\lambda = F \cap E_\lambda$; on dit dans ce cas que F est une *sous-algèbre graduée* de E, et l'injection canonique $F \to E$ est un homomorphisme d'algèbres graduées.

De même, si $\mathfrak{a}$ est un *idéal* à gauche (resp. à droite) de E qui soit un *sous*-A-*module gradué*, on a $E_\lambda \mathfrak{a}_\mu \subset \mathfrak{a}_{\lambda+\mu}$ (resp. $\mathfrak{a}_\lambda E_\mu \subset \mathfrak{a}_{\lambda+\mu}$), puisque $\mathfrak{a}_\lambda = \mathfrak{a} \cap E_\lambda$; on dit alors que $\mathfrak{a}$ est un *idéal gradué* de l'algèbre E. Si $\mathfrak{b}$ est un idéal bilatère gradué de E, la graduation quotient sur le module $E/\mathfrak{b}$ est compatible avec la structure d'algèbre de $E/\mathfrak{b}$, et l'homomorphisme canonique $E \to E/\mathfrak{b}$ est un homomorphisme d'algèbres graduées.

Si $u\colon E \to E'$ est un homomorphisme d'algèbres graduées, $\mathrm{Im}(u)$ est une sous-algèbre graduée de E', $\mathrm{Ker}(u)$ un idéal bilatère gradué de E, la bijection $E/\mathrm{Ker}(u) \to \mathrm{Im}(u)$ canoniquement associée à u étant un isomorphisme d'algèbres graduées.

PROPOSITION 1. — *Soient* A *un anneau commutatif gradué de type* Δ, E *une* A-*algèbre graduée de type* Δ, S *un ensemble d'éléments homogènes de* E. *Alors la sous*-A-*algèbre* (resp. *l'idéal à gauche, l'idéal à droite, l'idéal bilatère*) *engendrée par* S (resp. *engendré par* S) *est une sous-algèbre graduée*(resp. *un idéal gradué*).

La sous-algèbre de E engendrée par S est le sous-A-module engendré par les produits finis d'éléments de S, qui sont homogènes; de même, l'idéal à gauche (resp. à droite) engendré par S est le sous-A-module engendré par les éléments de la forme $u_1(u_2(\dots(u_n s))\dots)$ (resp. $(\dots((su_n)u_{n-1})\dots)u_2)u_1$, où $s \in S$ et les $u_j \in E$ sont homogènes (n quelconque) et ces produits sont homogènes, d'où dans ce cas la conclusion en vertu de II, p. 167, prop. 2; enfin l'idéal bilatère engendré par S est la réunion de la suite $(\mathfrak{J}_n)_{n \geqslant 1}$, où $\mathfrak{J}_1$ est l'idéal à gauche engendré par S, $\mathfrak{J}_{2n}$ (resp. $\mathfrak{J}_{2n+1}$) l'idéal à droite (resp. à gauche) engendré par $\mathfrak{J}_{2n-1}$ (resp. $\mathfrak{J}_{2n}$), ce qui termine la démonstration.

3. Limites inductives d'algèbres graduées

Soit $(A_\alpha, \varphi_{\beta\alpha})$ un système inductif filtrant d'anneaux commutatifs gradués de type Δ (II, p. 170, *Remarque* 3), et pour chaque α, soit E_α une A_α-algèbre graduée de type Δ; pour $\alpha \leqslant \beta$, soit $f_{\beta\alpha}\colon E_\alpha \to E_\beta$ un A_α-homomorphisme *d'algèbres graduées*, et supposons que l'on ait $f_{\gamma\alpha} = f_{\gamma\beta} \circ f_{\beta\alpha}$ pour $\alpha \leqslant \beta \leqslant \gamma$; nous dirons alors que $(E_\alpha, f_{\beta\alpha})$ est un *système inductif filtrant d'algèbres graduées de type* Δ sur le système inductif filtrant $(A_\alpha, \varphi_{\beta\alpha})$ d'anneaux commutatifs graduées de type Δ. On sait alors (II, p. 170) que $E = \varinjlim E_\alpha$ est canoniquement muni d'une structure de module gradué de type Δ sur l'anneau gradué $A = \varinjlim A_\alpha$, et d'une multiplication telle que $E^\lambda E^\mu \subset E^{\lambda+\mu}$ (en désignant par (E^λ) la graduation de E);

donc cette multiplication et la structure de A-module gradué de E définissent sur E une structure de A-*algèbre graduée de type* Δ; on dit que E, muni de cette structure, est la *limite inductive* du système inductif $(E_\alpha, f_{\beta\alpha})$ d'algèbres graduées. Les homomorphismes canoniques $E_\alpha \to E$ sont alors des A_α-homomorphismes d'algèbres graduées. En outre, si F est une A-algèbre graduée de type Δ et (u_α) un système inductif de A_α-homomorphismes $u_\alpha : E_\alpha \to F$, $u = \varinjlim u_\alpha$ est un A-homomorphisme d'algèbres graduées.

§ 4. PRODUITS TENSORIELS D'ALGÈBRES

Du § 4 *au* § 8 *inclus*, A *désigne un anneau commutatif, et sauf mention expresse du contraire, les algèbres considérées sont supposées associatives et unifères, et les homomorphismes d'algèbres sont supposés unifères.*

1. Produit tensoriel d'une famille finie d'algèbres

On désigne toujours par A un anneau commutatif. Soit $(E_i)_{i \in I}$ une famille *finie* de A-algèbres, et soit $E = \bigotimes_{i \in I} E_i$ le A-module produit tensoriel des A-modules E_i (II, p. 71). On va définir sur E une structure de A-*algèbre*. Soit $m_i : E_i \otimes_A E_i \to E_i$ l'application A-linéaire qui définit la multiplication dans E_i (III, p. 5). Considérons l'application A-linéaire

$$m' = \bigotimes_{i \in I} m_i : \bigotimes_{i \in I} (E_i \otimes_A E_i) \to \bigotimes_{i \in I} E_i = E;$$

l'application composée

$$(\bigotimes_{i \in I} E_i) \otimes_A (\bigotimes_{i \in I} E_i) \xrightarrow{\tau} \bigotimes_{i \in I} (E_i \otimes_A E_i) \xrightarrow{m'} \bigotimes_{i \in I} E_i$$

où τ est l'isomorphisme d'associativité (II, p. 72) est une application A-linéaire $m : E \otimes_A E \to E$; nous allons voir que m définit sur E une structure d'algèbre (associative et unifère). En effet, si on explicite la multiplication définie par m, on obtient la formule

$$(1) \qquad (\bigotimes_{i \in I} x_i)(\bigotimes_{i \in I} y_i) = \bigotimes_{i \in I} (x_i y_i) \quad \text{pour } x_i, y_i \text{ dans } E_i \text{ et } i \in I.$$

On voit donc déjà, par linéarité, que si e_i est l'élément unité de E_i, $e = \bigotimes_{i \in I} e_i$ est élément unité de E. D'autre part, l'associativité de chacune des E_i entraîne la relation

$$((\bigotimes_{i \in I} x_i)(\bigotimes_{i \in I} y_i))(\bigotimes_{i \in I} z_i) = \bigotimes_{i \in I} (x_i y_i z_i) = (\bigotimes_{i \in I} x_i)((\bigotimes_{i \in I} y_i)(\bigotimes_{i \in I} z_i))$$

d'où, par linéarité, la relation $x(yz) = (xy)z$ quels que soient x, y, z dans E.

DÉFINITION 1. — *Etant donnée une famille finie* $(E_i)_{i \in I}$ *d'algèbres sur* A, *on appelle produit tensoriel de cette famille, et on note* $\bigotimes_{i \in I} E_i$ (ou, lorsque I est l'intervalle $(1, n)$ de **N**, $E_1 \otimes_A E_2 \otimes \cdots \otimes_A E_n$, ou simplement $E_1 \otimes E_2 \otimes \cdots \otimes E_n$) *l'algèbre obtenue en munissant le produit tensoriel des* A-*modules* E_i *de la multiplication définie par* (1).

La relation (1) montre que le produit tensoriel $\bigotimes_{i \in I} E_i^0$ des algèbres *opposées* aux E_i est l'algèbre opposée à $\bigotimes_{i \in I} E_i$; en particulier, si les E_i sont *commutatives*, il en est de même de $\bigotimes_{i \in I} E_i$.

Soient $(E_i)_{i \in I}$ et $(F_i)_{i \in I}$ deux familles de A-algèbres ayant le même ensemble d'indices fini I. Soit, pour chaque $i \in I$, $f_i \colon E_i \to F_i$ un homomorphisme de A-algèbres. Alors l'application A-linéaire

$$f = \bigotimes_{i \in I} f_i \colon \bigotimes_{i \in I} E_i \to \bigotimes_{i \in I} F_i$$

est un *homomorphisme de* A-*algèbres*, comme il résulte de (1).

Pour toute partition $(I_j)_{j \in J}$ de I, les isomorphismes d'associativité

$$\bigotimes_{j \in J} \Big(\bigotimes_{i \in I_j} E_i\Big) \to \bigotimes_{i \in I} E_i$$

(II, p. 72) sont aussi des isomorphismes d'*algèbres*, comme il résulte de (1) et de leurs définitions.

Lorsque I est l'intervalle $(1, n)$ de **N** et que toutes les algèbres E_i sont égales à une même algèbre E, l'algèbre produit tensoriel $\bigotimes_{i \in I} E_i$ se note aussi $E^{\otimes n}$.

Nous nous bornerons dans le reste de ce n° aux propriétés des produits tensoriels de deux algèbres, laissant au lecteur le soin de les étendre aux produits tensoriels de familles finies quelconques.

Soient E, F deux A-algèbres; si $\mathfrak{a}$ (resp. $\mathfrak{b}$) est un idéal à gauche de E (resp. F), l'image canonique $\mathrm{Im}(\mathfrak{a} \otimes_A \mathfrak{b})$ de $\mathfrak{a} \otimes_A \mathfrak{b}$ dans $E \otimes_A F$ est un idéal à gauche de $E \otimes_A F$; on a des énoncés analogues en remplaçant « idéal à gauche » par « idéal à droite » ou « idéal bilatère ». En outre:

PROPOSITION 1. — *Soient* E, F *deux* A-*algèbres*, $\mathfrak{a}$ (resp. $\mathfrak{b}$) *un idéal bilatère de* E (resp. F). *Alors l'isomorphisme canonique de* A-*modules*

$$(E/\mathfrak{a}) \otimes (F/\mathfrak{b}) \to (E \otimes F)/(\mathrm{Im}(\mathfrak{a} \otimes F) + \mathrm{Im}(E \otimes \mathfrak{b}))$$

(II, p. 60, cor. 1) *est un isomorphisme d'algèbres.*

Cela résulte de (1) (III, p. 33) et de la définition donnée *loc. cit.*

COROLLAIRE 1. — *Soient* E *une* A-*algèbre*, $\mathfrak{a}$ *un idéal de* A. *Alors le* A-*module* $\mathfrak{a}E$ *est un idéal bilatère de* E, *et l'isomorphisme canonique de* $(A/\mathfrak{a})$-*modules*

$$(A/\mathfrak{a}) \otimes_A E \to E/\mathfrak{a}E$$

est un isomorphisme de $(A/\mathfrak{a})$-*algèbres.*

COROLLAIRE 2. — *Si* $\mathfrak{a}$, $\mathfrak{b}$ *sont deux idéaux de* A, *la* A-*algèbre* $(A/\mathfrak{a}) \otimes_A (A/\mathfrak{b})$ *est canoniquement isomorphe à* $A/(\mathfrak{a} + \mathfrak{b})$.

COROLLAIRE 3. — *Soient* E, F *deux* A-*algèbres*, $\mathfrak{a}$ *un idéal de* A *contenu dans l'annulateur de* F. *Alors la* $(A/\mathfrak{a})$-*algèbre* $E \otimes_A F$ *est canoniquement isomorphe à* $(E/\mathfrak{a}E) \otimes_{A/\mathfrak{a}} F$.

PROPOSITION 2. — *Soient* $(E_\lambda)_{\lambda \in L}$ *et* $(F_\mu)_{\mu \in M}$ *deux familles de* A-*algèbres. L'application canonique* (II, p. 61)

$$\Big(\bigoplus_{\lambda \in L} E_\lambda\Big) \otimes_A \Big(\bigoplus_{\mu \in M} F_\mu\Big) \to \bigoplus_{(\lambda, \mu) \in L \times M} (E_\lambda \otimes_A F_\mu)$$

est un isomorphisme d'algèbres.

Cela résulte aussitôt de II, p. 61, prop. 7 et de la définition de la multiplication dans $E \otimes F$.

PROPOSITION 3. — *Soient* A, B *deux anneaux commutatifs*, $\rho: A \to B$ *un homomorphisme d'anneaux*, E, F *deux* A-*algèbres. Alors l'isomorphisme canonique de* B-*modules*

$$\rho^*(E) \otimes_B \rho^*(F) \to \rho^*(E \otimes_A F)$$

(II, p. 83, prop. 3) *est un isomorphisme de* B-*algèbres.*

PROPOSITION 4. — *Soient* A, B *deux anneaux commutatifs*, $\rho: A \to B$ *un homomorphisme d'anneaux*, E *une* A-*algèbre*, F *une* B-*algèbre. Alors l'isomorphisme canonique de* A-*modules*

$$\rho_*(F) \otimes_A E \to \rho_*(F \otimes_B \rho^*(E))$$

(II, p. 85, prop. 6) *est un isomorphisme de* A-*algèbres.*

Les vérifications sont triviales, compte tenu de III, p. 7.

En particulier, la structure de A-algèbre de $B \otimes_A E$ obtenue par restriction à A de l'anneau B des scalaires, est identique à la structure de l'algèbre $B \otimes_A E$, produit tensoriel des A-algèbres B et E.

Enfin, si (A_i, φ_{ji}) est un système inductif d'anneaux commutatifs, (E_i, f_{ji}) et (F_i, g_{ji}) deux systèmes inductifs de A_i-algèbres (III, p. 9), et $A = \varinjlim A_i$, l'isomorphisme canonique de A-modules

$$\varinjlim (E_i \otimes_{A_i} F_i) \to (\varinjlim E_i) \otimes_A (\varinjlim F_i)$$

(II, p. 93, prop. 7) est aussi un *isomorphisme de* A-*algèbres*, comme il résulte des définitions.

Exemples de produits tensoriels d'algèbres. — 1) Soient A un anneau commutatif, M, N deux A-modules; l'application canonique

$$\mathrm{End}_A(M) \otimes_A \mathrm{End}_A(N) \to \mathrm{End}_A(M \otimes_A N) \tag{2}$$

(II, p. 79) est un homomorphisme de A-*algèbres*, comme il résulte de II, p. 53, formule (5). Lorsque M ou N est un A-module *projectif de type fini*, on sait que cet homomorphisme est *bijectif* (II, p. 79, prop. 4). En particulier on retrouve la définition du produit tensoriel de deux matrices carrées.

2) Soient S, T deux monoïdes, $A^{(S)}$ et $A^{(T)}$ les algèbres des monoïdes S et T sur l'anneau A (III, p. 19); on a alors un isomorphisme canonique de A-algèbres

$$A^{(S)} \otimes_A A^{(T)} \to A^{(S \times T)} \tag{3}$$

En effet, les éléments $e_s \otimes e_t$ (resp. $e_{(s,\,t)}$), où s parcourt S et t parcourt T, forment une base de $A^{(S)} \otimes_A A^{(T)}$ en vertu de II, p. 62, cor. 2 (resp. de $A^{(S \times T)}$); l'isomorphisme cherché s'obtient en faisant correspondre $e_{(s,\,t)}$ à $e_s \otimes e_t$, et il résulte aussitôt des définitions que c'est bien un isomorphisme d'*algèbres*.

2. Caractérisation universelle des produits tensoriels d'algèbres

PROPOSITION 5. — *Soit* $(E_i)_{i \in I}$ *une famille finie de* A-*algèbres, et, pour chaque* $i \in I$, *soit* e_i *l'élément unité de* E_i. *Pour chaque* $i \in I$, *soit* $u_i \colon E_i \to E = \bigotimes_{k \in I} E_k$ *l'application* A-*linéaire défini par*

$$u_i(x_i) = \bigotimes_j x'_j \qquad \textit{avec } x'_i = x_i \textit{ et } x'_j = e_j \textit{ pour } j \neq i.$$

(i) *Les* u_i *sont des homomorphismes de* A-*algèbres; de plus, pour* $i \neq j$, *les éléments* $u_i(x_i)$ *et* $u_j(x_j)$ *sont permutables dans* E *quels que soient* $x_i \in E_i$ *et* $x_j \in E_j$, *et* E *est engendrée par la réunion des sous-algèbres* $u_i(E_i)$.

(ii) *Soit* F *une* A-*algèbre, et, pour tout* $i \in I$, *soit* $v_i \colon E_i \to F$ *un homomorphisme de* A-*algèbres, les* v_i *étant tels que, pour* $i \neq j$, $v_i(x_i)$ *et* $v_j(x_j)$ *soient permutables dans* F *quels que soient* $x_i \in E_i$ *et* $x_j \in E_j$. *Alors il existe un homomorphisme de* A-*algèbres* $w \colon E \to F$ *et un seul tel que*

$$v_i = w \circ u_i \qquad \textit{pour tout } i \in I. \tag{4}$$

(i) L'application u_i est un homomorphisme d'algèbres par définition de la multiplication dans E. Si $i \neq j$, $x_i \in E_i$, $x_j \in E_j$, on a

$$u_i(x_i) = \bigotimes_k x'_k \qquad \text{avec } x'_i = x_i\,,\ x'_k = e_k \text{ pour } k \neq i$$

$$u_j(x_j) = \bigotimes_k x''_k \qquad \text{avec } x''_j = x_j\,,\ x''_k = e_k \text{ pour } k \neq j.$$

Il est clair que $x'_k x''_k = x''_k x'_k$ pour tout $k \in I$, donc $u_i(x_i)$ et $u_j(x_j)$ commutent dans E d'après la formule (1) (III, p. 33) définissant la multiplication dans E. La dernière assertion résulte de la relation $\bigotimes_i x_i = \prod_{i \in I} u_i(x_i)$.

(ii) Pour chaque $i \in I$, soit x_i un élément de E_i. Le produit $\prod_{i \in I} v_i(x_i)$ est alors défini dans F indépendamment de toute structure d'ordre sur I, puisque l'algèbre

F est associative et que les éléments $v_i(x_i)$ sont deux à deux permutables. L'application $(x_i)_{i\in I} \to \prod_{i\in I} v_i(x_i)$ de $\prod_{i\in I} E_i$ dans F est évidemment A-multilinéaire, et il existe donc une application A-linéaire $w\colon E \to F$ et une seule, telle que

$$w(\bigotimes_i x_i) = \prod_i v_i(x_i). \tag{5}$$

Or, l'homomorphisme de A-algèbres $w\colon E \to F$ cherché doit satisfaire à (5), qui résulte de (4) et du fait que $\bigotimes_i x_i = \prod_{i\in I} u_i(x_i)$. Ceci prouve l'unicité de w; il reste à montrer que l'application A-linéaire w définie par (5) est un homomorphisme de A-algèbres et vérifie (4). Le fait que w vérifie (4) est évident: il suffit d'appliquer (5) au cas où $x_j = e_j$ pour $j \neq i$, et on obtient $w(u_i(x_i)) = v_i(x_i)$. Enfin, w est un homomorphisme d'algèbres, car on a

$$w((\bigotimes_i x_i)(\bigotimes_i y_i)) = w(\bigotimes_i (x_i y_i)) = \prod_i v_i(x_i y_i)$$

$$= \prod_i (v_i(x_i) v_i(y_i)) = (\prod_i v_i(x_i)) \cdot (\prod_i v_i(y_i))$$

puisque $v_i(x_i)$ permute avec $v_j(y_j)$ pour $j \neq i$; on a donc bien

$$w((\bigotimes_i x_i)(\bigotimes_i y_i)) = w(\bigotimes_i x_i) \,.\, w(\bigotimes_i y_i)$$

ce qui, par linéarité, achève la démonstration.

Le couple formé de E et de l'application canonique $\varphi\colon (x_i) \to \bigotimes_i x_i$ de $\prod_i E_i$ dans E est solution du *problème d'application universelle* (E, IV, p. 23) où Σ est l'espèce de structure de A-algèbre, les morphismes étant les homomorphismes de A-algèbres, et les α-applications les applications $\prod_i u_i$ de $\prod_i E_i$ dans une A-algèbre, telles que les u_i soient des homomorphismes de A-algèbres, et que $u_i(x_i)$ et $u_j(x_j)$ permutent pour $i \neq j$, quels que soient $x_i \in E_i$ et $x_j \in E_j$.

COROLLAIRE. — *Soient* $(E_i)_{i\in I}$, $(F_i)_{i\in I}$ *deux familles finies de* A-*algèbres, et, pour tout* $i \in I$, *soit* $f_i\colon E_i \to F_i$ *un homomorphisme d'algèbres. Si* $u_i\colon E_i \to \bigotimes_{j\in I} E_j$, $v_i\colon F_i \to \bigotimes_{j\in I} F_j$ *sont les homomorphismes canoniques, l'application* $f = \bigotimes_i f_i$ (cf. III, p. 34) *est l'unique homomorphisme de* A-*algèbres tel que* $f \circ u_i = v_i \circ f_i$ *pour tout* $i \in I$.

Il suffit de noter que les homomorphismes $g_i = v_i \circ f_i$ sont tels que $g_i(x_i) = v_i(f_i(x_i))$ et $g_j(x_j) = v_j(f_j(x_j))$ permutent pour $i \neq j$, $x_i \in E_i$ et $x_j \in E_j$; on applique alors la prop. 5 de III, p. 36.

Lorsque, dans la prop. 5 (III, p. 36), on suppose que l'algèbre F est *commutative*, l'hypothèse que $v_i(x_i)$ et $v_j(x_j)$ sont permutables pour $i \neq j$ est automatiquement vérifiée. Donc, *lorsque* F *est commutative*, on a une bijection canonique

$$\text{(6)} \qquad \mathrm{Hom}_{\text{A-alg.}}(\bigotimes_i \mathrm{E}_i, \mathrm{F}) \to \prod_i \mathrm{Hom}_{\text{A-alg.}}(\mathrm{E}_i, \mathrm{F}),$$

à savoir celle qui, à tout homomorphisme w de $\bigotimes_i \mathrm{E}_i$ dans F, associe la famille des $w \circ u_i$.

On notera que si E est une A-algèbre commutative, la structure d'anneau de $\mathrm{E} \otimes_{\mathrm{A}} \mathrm{F}$ est la même que celle de $\mathrm{F}_{(\mathrm{E})}$ (III, p. 7).

3. Modules et multimodules sur les produits tensoriels d'algèbres

DÉFINITION 2. — *Soit* E *une* A-*algèbre* (*unifère*). *On appelle* E-*module à gauche* (resp. *à droite*) *un module à gauche* (resp. *à droite*) *sur l'anneau sous-jacent à* E.

Sauf mention expresse du contraire, tous les modules et multimodules considérés dans ce nº sont des modules et multimodules à gauche.

Si M est un E-module, l'homomorphisme η: A → E (III, p. 6) définit alors sur M une structure de A-module dite *sous-jacente* à la structure de E-module de M; pour $\alpha \in \mathrm{A}$, $s \in \mathrm{E}$, $x \in \mathrm{M}$, on a

$$\text{(7)} \qquad \alpha(sx) = s(\alpha x) = (\alpha s)x,$$

de sorte que pour tout $s \in \mathrm{E}$, l'homothétie h_s: $x \mapsto sx$ de M est un *endomorphisme* de la structure sous-jacente de A-module. Inversement, la donnée d'une structure de E-module sur M équivaut à la donnée d'une structure de A-*module* sur M et d'un *homomorphisme de* A-*algèbres* $s \mapsto h_s$ de E dans $\mathrm{End}_{\mathrm{A}}(\mathrm{M})$.

DÉFINITION 3. — *Soient* E *et* F *deux* A-*algèbres* (*unifères*), M *un ensemble muni d'une structure de* E-*module et d'une structure de* F-*module. On dit que* M *est un bimodule* (*à gauche*) *sur les algèbres* E *et* F *si*;

1º M *est un bimodule sur les anneaux sous-jacents à* E *et* F (II, p. 33);

2º *les deux structures de* A-*module sous-jacentes aux structures de* E-*module et de* F-*module de* M *sont identiques*.

Cette dernière condition exprime que, si e et e' sont les éléments unités de E et F respectivement, on a

$$\text{(8)} \qquad (\alpha e)x = (\alpha e')x \qquad \text{pour } \alpha \in \mathrm{A}, x \in \mathrm{M};$$

on note alors αx la valeur commune des deux membres.

On peut encore dire que se donner sur M une structure de bimodule sur E et F équivaut à se donner sur M une *structure de* A-*module*, ainsi que deux homomorphismes de A-algèbres $s \mapsto h'_s$ de E dans $\mathrm{End}_{\mathrm{A}}(\mathrm{M})$ et $t \mapsto h''_t$ de F dans $\mathrm{End}_{\mathrm{A}}(\mathrm{M})$ tels que $h'_s h''_t = h''_t h'_s$ quels que soient $s \in \mathrm{E}$ et $t \in \mathrm{F}$. Par suite (III, p. 36, prop. 5) on en déduit canoniquement un homomorphisme de A-algèbres $u \mapsto h_u$ de $E \otimes_A F$ dans $\mathrm{End}_A(M)$ tel que $h_{s\otimes t} = h'_s h''_t = h''_t h'_s$ pour $s \in E$ et $t \in F$. Autrement dit, on définit ainsi sur M une structure de $(E \otimes_A F)$-*module*, dite *associée* à la structure de bimodule sur E et F donnée, et pour laquelle on a

$$(s \otimes t)\cdot x = s(tx) = t(sx) \qquad \text{pour } s \in E,\ t \in F \text{ et } x \in M.$$

Les structures de E-module et de F-module données sur M se déduisent de cette structure de $(E \otimes_A F)$-module par restrictions de l'anneau des scalaires, correspondant aux deux homomorphismes canoniques $E \to E \otimes_A F$ et $F \to E \otimes_A F$.

Inversement, si on se donne sur M une structure de $(E \otimes_A F)$-module, on en déduit au moyen des homomorphismes canoniques $E \to E \otimes_A F$ et $F \to E \otimes_A F$ une structure de E-module et une structure de F-module sur M, et il est immédiat que M est un *bimodule* sur les algèbres E et F pour ces deux structures, et que la structure de $(E \otimes_A F)$-module donnée est associée à cette structure de bimodule.

On a ainsi établi une correspondance biunivoque entre les $(E \otimes_A F)$-modules et les bimodules sur les algèbres E et F. Il est clair que tout sous-bimodule de M est un sous-module pour la structure de $(E \otimes_A F)$-module associée, et réciproquement. On a des résultats analogues pour les quotients, produits, sommes directes, limites projectives et injectives. Enfin, si M′ est un second bimodule sur les algèbres E et F, et si $f : M \to M'$ est un homomorphisme de bimodules, f est aussi un homomorphisme de $(E \otimes_A F)$-modules, et réciproquement.

On a évidemment des énoncés correspondants pour les structures de bimodule à droite, ou lorsque par exemple il s'agit d'une structure de E-module à gauche et d'une structure de F-module à droite; on parle dans ce cas de (E, F)-*bimodule*, et la donnée d'une telle structure revient à celle d'une structure de bimodule *à gauche* sur E et F^o.

Exemples. — 1) Soit B une A-algèbre; l'anneau B est canoniquement muni d'une structure de (B, B)-*bimodule* (II, p. 34, *Exemple* 1), et si e est l'élément unité de B, on a $(\alpha e)x = x(\alpha e) = \alpha x$ pour tout $x \in B$ et tout $\alpha \in A$; on peut donc considérer B comme un *bimodule à gauche* sur les algèbres B et B^o (opposée à B); à la structure de (B, B)-bimodule de B est donc associée une structure de $(B \otimes_A B^o)$-*module* telle que, pour b, x et b' dans B, on ait

$$(b \otimes b').x = bxb' \tag{9}$$

le second membre étant le produit dans l'anneau B.

2) Soient E et F deux A-algèbres, e, e' leurs éléments unités respectifs, M un E-module, N un F-module; ces structures de module définissent sur M une structure de bimodule sur les anneaux A et E, et sur N une structure de bimodule sur les anneaux A et F; on en déduit donc sur le produit tensoriel $M \otimes_A N$ une structure de bimodule sur les anneaux E et F, définie par

$$x.(m \otimes n) = (x.m) \otimes n, \qquad y.(m \otimes n) = m \otimes (y.n)$$

pour $x \in \mathrm{E}$, $y \in \mathrm{F}$, $m \in \mathrm{M}$, $n \in \mathrm{N}$ (II, p. 54); on voit en outre que les conditions (8) de III, p. 38 sont vérifiées, donc la structure de bimodule précédente est associée à une structure de $(\mathrm{E} \otimes_{\mathrm{A}} \mathrm{F})$-*module* sur $\mathrm{M} \otimes_{\mathrm{A}} \mathrm{N}$, telle que

$$(x \otimes y).(m \otimes n) = (x.m) \otimes (y.n) \tag{10}$$

pour $x \in \mathrm{E}$, $y \in \mathrm{F}$, $m \in \mathrm{M}$, $n \in \mathrm{N}$.

Si on prend en particulier $\mathrm{M} = \mathrm{E}_s$, $\mathrm{E}_s \otimes_{\mathrm{A}} \mathrm{N}$ se trouve muni canoniquement d'une structure de $(\mathrm{E} \otimes_{\mathrm{A}} \mathrm{F})$-module; d'ailleurs, $\mathrm{E} \otimes_{\mathrm{A}} \mathrm{N}$ est canoniquement identifié à $\mathrm{E} \otimes_{\mathrm{A}} (\mathrm{F}_d \otimes_{\mathrm{F}} \mathrm{N}) = (\mathrm{E} \otimes_{\mathrm{A}} \mathrm{F}) \otimes_{\mathrm{F}} \mathrm{N}$, où $\mathrm{E} \otimes_{\mathrm{A}} \mathrm{F}$ est considéré comme muni de sa structure de F-module à droite définie par l'homomorphisme canonique $v \colon \mathrm{F} \to \mathrm{E} \otimes_{\mathrm{A}} \mathrm{F}$; pour x, x' dans E, $y \in \mathrm{F}$, $n \in \mathrm{N}$, $x' \otimes n$ est ainsi identifié à $(x' \otimes e') \otimes n$, et $(x \otimes y).(x' \otimes n) = (xx') \otimes (y.n)$ à $((xx') \otimes y) \otimes n$. Le $(\mathrm{E} \otimes_{\mathrm{A}} \mathrm{F})$-module $\mathrm{E}_s \otimes_{\mathrm{A}} \mathrm{N}$ est ainsi identifié au $(\mathrm{E} \otimes_{\mathrm{A}} \mathrm{F})$-module déduit de N par extension des scalaires à $\mathrm{E} \otimes_{\mathrm{A}} \mathrm{F}$ au moyen de l'homomorphisme v (II, p. 82). L'application canonique $n \mapsto e \otimes n$ de N dans $\mathrm{E}_s \otimes_{\mathrm{A}} \mathrm{N}$ s'identifie à l'application canonique $n \mapsto (e \otimes e') \otimes n$ de N dans $(\mathrm{E} \otimes_{\mathrm{A}} \mathrm{F}) \otimes_{\mathrm{F}} \mathrm{N}$; on sait que c'est un F-homomorphisme.

Avec les mêmes notations, soit P un $(\mathrm{E} \otimes_{\mathrm{A}} \mathrm{F})$-module à droite; alors on a un isomorphisme canonique de **Z**-modules

$$\mathrm{P} \otimes_{\mathrm{E} \otimes_{\mathrm{A}} \mathrm{F}} (\mathrm{E}_s \otimes_{\mathrm{A}} \mathrm{N}) \to \mathrm{P} \otimes_{\mathrm{F}} \mathrm{N} \tag{11}$$

où au second membre P est considéré comme F-module à droite au moyen de l'homomorphisme canonique v. En effet, P s'identifie canoniquement à $\mathrm{P} \otimes_{\mathrm{E} \otimes_{\mathrm{A}} \mathrm{F}} (\mathrm{E} \otimes_{\mathrm{A}} \mathrm{F})$, et $(\mathrm{E} \otimes_{\mathrm{A}} \mathrm{F}) \otimes_{\mathrm{F}} \mathrm{N}$ à $\mathrm{E} \otimes_{\mathrm{A}} (\mathrm{F} \otimes_{\mathrm{F}} \mathrm{N})$, donc à $\mathrm{E} \otimes_{\mathrm{A}} \mathrm{N}$, ce qui établit l'isomorphisme annoncé (II, p. 64, prop. 8 et II, p. 55, prop. 4).

Tout ce qui précède s'étend aux *multimodules* (II, p. 33).

4. Produit tensoriel d'algèbres sur un corps

Soient K un *corps* commutatif, E et F deux algèbres sur K, dont les éléments unités respectifs e, e' sont *non nuls*. Alors les homomorphismes $\eta_{\mathrm{E}} \colon \mathrm{K} \to \mathrm{E}$ et $\eta_{\mathrm{F}} \colon \mathrm{K} \to \mathrm{F}$ (III, p. 6) sont des injections qui permettent d'identifier K à un sous-corps de E (resp. de F). Les homomorphismes canoniques $u \colon \mathrm{E} \to \mathrm{E} \otimes_{\mathrm{K}} \mathrm{F}$ et $v \colon \mathrm{F} \to \mathrm{E} \otimes_{\mathrm{K}} \mathrm{F}$, définis par $u(x) = x \otimes e'$ et $v(y) = e \otimes y$, sont *injectifs* (II, p. 113, prop. 19), et permettent d'identifier E et F à des *sous-algèbres* de $\mathrm{E} \otimes_{\mathrm{K}} \mathrm{F}$, ayant toutes deux comme élément unité l'élément unité $e \otimes e'$ de $\mathrm{E} \otimes_{\mathrm{K}} \mathrm{F}$. Dans $\mathrm{E} \otimes_{\mathrm{K}} \mathrm{F}$, on a $\mathrm{E} \cap \mathrm{F} = \mathrm{K}$ (II, p. 113, prop. 19).

Si E′ et F′ sont des sous-algèbres de E et F respectivement, l'homomorphisme canonique $\mathrm{E}' \otimes_{\mathrm{K}} \mathrm{F}' \to \mathrm{E} \otimes_{\mathrm{K}} \mathrm{F}$ est injectif, et permet d'identifier $\mathrm{E}' \otimes_{\mathrm{K}} \mathrm{F}'$ à la sous-algèbre de $\mathrm{E} \otimes_{\mathrm{K}} \mathrm{F}$ engendrée par $\mathrm{E}' \cup \mathrm{F}'$ (II, p. 108, prop. 14).

PROPOSITION 6. — *Soient* E, F *deux algèbres sur un corps commutatif* K, *non réduites à* 0, C (resp. D) *une sous-algèbre de* E (resp. F), C′ (resp. D′) *la commutante de* C *dans* E (resp. *de* D *dans* F). *Alors la commutante de* $\mathrm{C} \otimes_{\mathrm{K}} \mathrm{D}$ *dans* $\mathrm{E} \otimes_{\mathrm{K}} \mathrm{F}$ *est* $\mathrm{C}' \otimes_{\mathrm{K}} \mathrm{D}'$.

Tout revient à voir qu'un élément $z = \sum_i x_i \otimes y_i$ de la commutante de $C \otimes_K D$ ($x_i \in E$, $y_i \in F$) appartient à $C' \otimes_K D'$; on sait que l'on a $C' \otimes_K D' = (C' \otimes_K F) \cap (E \otimes_K D')$ (II, p. 109, corollaire). On peut supposer les y_i linéairement indépendants sur K; pour tout $x \in C$, on doit avoir $(x \otimes e')z = z(x \otimes e')$, c'est-à-dire $\sum_i (xx_i - x_i x) \otimes y_i = 0$, d'où $xx_i = x_i x$ pour tout i (II, p. 62, cor. 1); on doit donc avoir $x_i \in C'$ pour tout i, et par suite $z \in C' \otimes_K F$; on montre de même que $z \in E \otimes_K D'$, d'où la proposition.

COROLLAIRE. — *Si* Z *et* Z' *sont les centres respectifs de* E *et* F, *le centre de* $E \otimes_K F$ *est* $Z \otimes_K Z'$.

Soient E et F deux sous-algèbres d'une algèbre G sur un corps commutatif K; supposons que tout élément de E *commute* à tout élément de F. Alors les injections canoniques $i\colon E \to G$, $j\colon F \to G$ définissent un homomorphisme canonique $h = i \otimes j\colon E \otimes_K F \to G$ (III, p. 36, prop. 5) tel que $(i \otimes j)(x \otimes y) = xy$ pour $x \in E$, $y \in F$.

DÉFINITION 4. — *Etant donnée une algèbre* G *sur un corps commutatif* K, *on dit que deux sous-algèbres* E, F *de* G *sont linéairement disjointes sur* K *si elles vérifient les conditions suivantes:*

1° *tout élément de* E *commute à tout élément de* F;

2° *l'homomorphisme canonique de* $E \otimes_K F$ *dans* G *est injectif.*

PROPOSITION 7. — *Soient* G *une algèbre sur un corps commutatif* K, E *et* F *deux sous-algèbres de* G *telles que tout élément de* E *commute à tout élément de* F. *Pour que* E *et* F *soient linéairement disjointes sur* K, *il faut et il suffit qu'il existe une base de* E *sur* K *qui soit une partie libre de* G *pour la structure de* F*-module à droite de* G. *Lorsqu'il en est ainsi*:

(i) *l'homomorphisme canonique* $h\colon E \otimes_K F \to G$ *est un isomorphisme de* $E \otimes_K F$ *sur la sous-algèbre de* G *engendrée par* $E \cup F$;

(ii) *on a* $E \cap F = K$;

(iii) *toute partie libre de* E (resp. F) *sur* K *est une partie libre de* G *pour sa structure de* F*-module* (resp. *de* E*-module*) *à droite ou à gauche.*

La condition de l'énoncé est évidemment nécessaire, toute base de E sur K étant une base de $E \otimes_K F$ pour sa structure de F-module à droite (II, p. 62, cor. 1). Pour voir que la condition est suffisante, remarquons que l'image H de $E \otimes_K F$ par h est l'ensemble des sommes $\sum_i x_i y_i = \sum_i y_i x_i$ dans G, avec $x_i \in E$ et $y_i \in F$; si (a_λ) est une base de E sur K, H est donc aussi le *sous-module* du F-module (à droite ou à gauche) G, engendré par (a_λ). La condition de l'énoncé signifie donc qu'il existe une base (a_λ) de E qui est aussi une base du F-module H; il en résulte que h est injective. L'assertion (iii) résulte de ce que toute partie libre de E est contenue dans une base de E (II, p. 95, th. 2).

COROLLAIRE 1. — *Pour que l'homomorphisme canonique de* $E \otimes_K F$ *dans* G *soit bijectif, il faut et il suffit qu'il existe une base de* E *sur* K *qui soit une base du* F*-module (à droite ou à gauche)* G.

COROLLAIRE 2. — *Soient* E, F *deux sous-algèbres de* G, *de rang fini sur* K, *telles que tout élément de* E *commute à tout élément de* F. *Pour que* E *et* F *soient linéairement disjointes sur* K, *il faut et il suffit que la sous-algèbre* H *de* G *engendrée par* $E \cup F$ *soit telle que*

$$[H:K] = [E:K].[F:K]. \tag{12}$$

En effet, cela exprime que le rang sur K de l'homomorphisme canonique surjectif $h: E \otimes_K F \to H$ est égal au rang de $E \otimes_K F$ sur K, ce qui équivaut à dire que cet homomorphisme est bijectif (II, p. 101, prop. 9).

5. Produit tensoriel d'une famille infinie d'algèbres.

Soient A un anneau commutatif, et $(E_i)_{i\in I}$ une famille quelconque de A-algèbres (unifères). Pour toute partie finie J de I, notons E_J le produit tensoriel $\bigotimes_{i\in J} E_i$ des algèbres E_i d'indice $i \in J$; on note e_i l'élément unité de E_i, et $e_J = \bigotimes_{i\in J} e_i$ l'élément unité de E_J; on note $f_{J,i}$ l'homomorphisme canonique $E_i \to E_J$ pour $i \in J$ (III, p. 36, prop. 5). Si J, J' sont deux parties finies de I telles que $J \subset J'$, on en déduit canoniquement (III, p. 36, prop. 5) un homomorphisme $f_{J'J}: E_J \to E_{J'}$ par la condition $f_{J'J} \circ f_{J,i} = f_{J',i}$ pour tout $i \in J$. En outre l'unicité de $f_{J'J}$ entraîne que si J, J', J'' sont trois parties finies de I telles que $J \subset J' \subset J''$, on a $f_{J''J} = f_{J''J'} \circ f_{J'J}$. Autrement dit, $(E_J, f_{J'J})$ est un *système inductif de* A*-algèbres* dont l'ensemble d'indices est l'ensemble filtrant croissant $\mathfrak{F}(I)$ des parties finies de I.

DÉFINITION 5. — *On appelle produit tensoriel de la famille de* A*-algèbres* $(E_i)_{i\in I}$ *la limite inductive* E *du système inductif* $(E_J, f_{J'J})$.

Si I est fini, E s'identifie à $\bigotimes_{i\in I} E_i$. Par abus de notation, on désigne encore E par $\bigotimes_{i\in I} E_i$ même si I est infini.

Pour toute partie finie J de I, on notera f_J l'homomorphisme canonique $\bigotimes_{i\in J} E_i \to \bigotimes_{i\in I} E_i$ (et on écrira f_i au lieu de $f_{\{i\}}$); si e est l'élément unité de $\bigotimes_{i\in I} E_i$, on a donc $f_J(e_J) = e$ pour tout $J \in \mathfrak{F}(I)$. Il est immédiat que si toutes les algèbres E_i sont commutatives, il en est de même de $\bigotimes_{i\in I} E_i$.

PROPOSITION 8. — (i) *Les homomorphismes* $f_i: E_i \to E = \bigotimes_{k\in I} E_k$ *sont tels que pour deux indices* i, j *tels que* $i \neq j$, $f_i(x_i)$ *et* $f_j(x_j)$ *commutent dans* E *quels que soient* $x_i \in E_i$ *et* $x_j \in E_j$; *en outre,* E *est engendrée par la réunion des sous-algèbres* $f_i(E_i)$.

(ii) *Soit* F *une* A*-algèbre, et, pour tout* $i \in I$, *soit* $u_i: E_i \to F$ *un homomorphisme de* A*-algèbres tel que, pour* $i \neq j$, $u_i(x_i)$ *et* $u_j(x_j)$ *commutent dans* F *quels que soient* $x_i \in E_i$ *et*

$x_j \in E_j$. *Alors il existe un homomorphisme de* A-*algèbres* u E: $\to$ F *et un seul tel que l'on ait* $u_i = u \circ f_i$ *quel que soit* $i \in I$.

(i) Comme, pour toute partie finie J de I, on a $f_i = f_J \circ f_{J,i}$, la première assertion de (i) résulte de III, p. 36, prop. 5, en prenant J contenant i et j; la second résulte aussi de III, p. 36, prop. 5, en tenant compte de ce que E est réunion des $f_J(E_J)$ lorsque J parcourt $\mathfrak{F}(I)$.

(ii) Pour toute partie finie J de I, il résulte de III, p. 36, prop. 5 qu'il existe un homomorphisme unique $u_J\colon E_J \to F$ tel que $u_J \circ f_{J,i} = u_i$ pour tout $i \in J$; on déduit aussitôt de cette propriété d'unicité que, pour $J \subset J'$, on a $u_J = u_{J'} \circ f_{J'J}$; autrement dit, les u_J forment un *système inductif* d'homomorphismes. Soit $u = \varinjlim u_J\colon E \to F$; on a par définition $u_J = u \circ f_J$ pour toute partie finie J de I, et en particulier $u_i = u \circ f_i$ pour tout $i \in I$; l'unicité de u résulte de ces relations et du fait que les $f_i(E_i)$ engendrent l'algèbre E.

COROLLAIRE. — *Soient* $(E_i)_{i\in I}$, $(E'_i)_{i\in I}$ *deux familles de* A-*algèbres ayant même ensemble d'indices, et, pour tout* $i \in I$, *soit* $u_i\colon E_i \to E'_i$ *un homomorphisme d'algèbres. Il existe alors un homomorphisme de* A-*algèbres et un seul* $u\colon \bigotimes_{i\in I} E_i \to \bigotimes_{i\in I} E'_i$ *tel que, pour tout* $i \in I$, *le diagramme*

$$\begin{array}{ccc} E_i & \xrightarrow{u_i} & E'_i \\ {\scriptstyle f_i}\downarrow & & \downarrow{\scriptstyle f'_i} \\ \bigotimes_{i\in I} E_i & \xrightarrow[u]{} & \bigotimes_{i\in I} E'_i \end{array}$$

soit commutatif, f_i *et* f'_i *désignant les homomorphismes canoniques.*

Il suffit d'appliquer la prop. 8 aux homomorphismes $f'_i \circ u_i$.

L'homomorphisme u défini dans le cor. de la prop. 8 se note $\bigotimes_{i\in I} u_i$. Si J est une partie quelconque de I, on peut appliquer la prop. 8 à la famille $(f_i)_{i\in J}$ des homomorphismes canoniques $f_i\colon E_i \to \bigotimes_{i\in I} E_i = E$; on en déduit un homomorphisme canonique $E_J \to E$, que l'on note encore f_J et qui, lorsque J est *finie*, coïncide avec l'homomorphisme noté de cette façon plus haut.

Soit maintenant $(x_i)_{i\in I}$ un élément de $\prod_{i\in I} E_i$ tel que la famille $(x_i - e_i)_{i\in I}$ ait un *support fini* H. Il est immédiat que, si J et J′ sont deux parties finies de I contenant H, on a

$$f_J((x_i)_{i\in J}) = f_{J'}((x_i)_{i\in J'}).$$

On désignera par $\bigotimes_{i\in I} x_i$ la valeur commune des $f_J((x_i)_{i\in J})$ pour les parties finies $J \supset H$ de I.

PROPOSITION 9. — *Soit* $(E_i)_{i\in I}$ *une famille de* A-*algèbres, et pour chaque* $i \in I$, *soit* B *une base de* E_i *telle que l'élément unité* e_i *appartienne à* B_i. *Soit* B *l'ensemble des éléments de la forme* $\bigotimes_{i \in I} x_i$, *où* (x_i) *parcourt l'ensemble des éléments de* $\prod_{i \in I} B_i$ *tels que la famille* $(x_i - e_i)$ *ait un support fini. Alors* B *est une base de l'algèbre* $\bigotimes_{i \in I} E_i$, *et cette base contient l'élément unité* e.

En effet, pour toute partie finie J de I, soit B_J la base de $E_J = \bigotimes_{i \in J} E_i$ produit tensoriel des bases B_i pour $i \in J$ (II, p. 72). Il résulte aussitôt des définitions que B est la réunion des $f_J(B_J)$ lorsque J parcourt F(I), et que l'on a $f_{J'J}(B_J) \subset B_{J'}$ lorsque $J \subset J'$; donc (B_J) est un système inductif de parties des E_J et $B = \varinjlim B_J$; la conclusion résulte donc de II, p. 92, corollaire.

On dit encore que la base B est le *produit tensoriel* des bases B_i pour $i \in I$; lorsque les conditions de la prop. 9 sont satisfaites, les homomorphismes canoniques $f_J \colon E_J \to E = \bigotimes_{i \in I} E_i$ sont *injectifs* pour toute partie J de I, car si B_J est la base de E_J produit tensoriel des B_i pour $i \in J$, on vérifie aussitôt que la restriction de f_J à B_J est injective et applique B_J sur une partie de B.

6. Lemmes de commutation

Lemme 1.—*Soient* A *un anneau commutatif,* E *une* A-*algèbre,* $(x_i)_{1 \leqslant i \leqslant n}$ *une suite finie d'éléments de* E, $(\lambda_i)_{1 \leqslant i \leqslant n}$ *une suite finie d'éléments de* A, y *un élément de* E; *supposons que l'on ait*

$$x_i y = \lambda_i y x_i \qquad \text{pour } 1 \leqslant i \leqslant n. \tag{13}$$

Alors on a

$$(x_1 x_2 \ldots x_n) y = (\lambda_1 \lambda_2 \ldots \lambda_n) y (x_1 x_2 \ldots x_n). \tag{14}$$

Le lemme étant trivial pour $n = 1$, on raisonne par récurrence sur $n \geqslant 2$. On a

$$(x_1 x_2 \ldots x_n) y = (x_1 \ldots x_{n-1})(x_n y) = (x_1 \ldots x_{n-1})(\lambda_n y x_n) = \lambda_n((x_1 \ldots x_{n-1}) y) x_n$$

ce qui, d'après l'hypothèse de récurrence, est égal à

$$\lambda_n(\lambda_1 \ldots \lambda_{n-1}) y (x_1 \ldots x_{n-1}) x_n = (\lambda_1 \ldots \lambda_{n-1} \lambda_n) y (x_1 \ldots x_{n-1} x_n),$$

d'où le lemme.

Lemme 2.—*Soient* A *un anneau commutatif,* E *une* A-*algèbre,* $(x_i)_{1 \leqslant i \leqslant n}$ *et* $(y_i)_{1 \leqslant i \leqslant n}$ *deux suites finies de* n *éléments de* E; *supposons que pour* $1 \leqslant j < i \leqslant n$, *on ait*

$$x_i y_j = \lambda_{ij} y_j x_i \qquad \text{avec } \lambda_{ij} \in A. \tag{15}$$

Alors on a

$$(x_1 x_2 \ldots x_n)(y_1 y_2 \ldots y_n) = \Big(\prod_{i > j} \lambda_{ij}\Big)(x_1 y_1)(x_2 y_2) \ldots (x_n y_n). \tag{16}$$

Le lemme étant trivial pour $n = 1$, on raisonne encore par récurrence sur n pour $n \geqslant 2$. En vertu du lemme 1, on a

$$\begin{aligned}(x_1 \ldots x_n)(y_1 \ldots y_n) &= x_1(x_2 \ldots x_n)y_1(y_2 \ldots y_n) = \\ &= \Big(\prod_{i>1} \lambda_{i1}\Big)(x_1y_1)(x_2 \ldots x_n)(y_2 \ldots y_n)\end{aligned}$$

et il suffit alors d'appliquer l'hypothèse de récurrence pour obtenir (16).

Pour toute famille $\lambda = (\lambda_{ij})$ d'éléments de A, avec $1 \leqslant j < i \leqslant n$, et pour toute permutation $\sigma \in \mathfrak{S}_n$, on pose

(17) $$\varepsilon_\sigma(\lambda) = \prod_{i>j,\, \sigma^{-1}(i)<\sigma^{-1}(j)} \lambda_{ij} = \prod_{i<j,\, \sigma(i)>\sigma(j)} \lambda_{\sigma(i),\, \sigma(j)}.$$

On observera que, lorsque $A = \mathbf{Z}$ et $\lambda_{ij} = -1$ pour tout couple (i, j) tel que $1 \leqslant j < i \leqslant n$, $\varepsilon_\sigma(\lambda)$ n'est autre que la signature ε_σ de la permutation σ (I, p. 62).

Lemme 3.—*Soient* A *un anneau commutatif*, E *une* A-*algèbre*, $(x_i)_{1 \leqslant i \leqslant n}$ *une suite finie d'éléments de* E, *et supposons que, pour tout couple* (i, j) *d'entiers tel que* $1 \leqslant j < i < n$, *on ait*

(18) $$x_i x_j = \lambda_{ij} x_j x_i \qquad \textit{avec } \lambda_{ij} \in A.$$

Alors, pour toute permutation $\sigma \in \mathfrak{S}_n$, *on a*

(19) $$x_{\sigma(1)} x_{\sigma(2)} \ldots x_{\sigma(n)} = \varepsilon_\sigma(\lambda) x_1 x_2 \ldots x_n.$$

Le lemme est trivial pour $n = 1$ et $n = 2$; procédons par récurrence sur n pour $n \geqslant 3$. Si $\sigma(n) = n$, la relation (19) résulte de l'hypothèse de récurrence. Supposons donc $\sigma(n) = k$, $k \neq n$, et soit τ la permutation de $[1, n]$ définie par

$$\begin{cases}\tau(i) = i & \text{pour } i < k \\ \tau(i) = i + 1 & \text{pour } k \leqslant i < n \\ \tau(n) = k. & \end{cases}$$

Soit $\pi = \tau^{-1} \circ \sigma$; la permutation π laisse fixe n; on a $\sigma = \tau \circ \pi$, et par suite, si on pose $y_i = x_{\tau(i)}$, on a $y_{\pi(i)} = x_{\sigma(i)}$. Si $i \neq n$ et $j \neq n$, les relations $\pi(i) > \pi(j)$ et $\sigma(i) > \sigma(j)$ sont équivalentes (puisque τ est une application strictement croissante de $[1, n-1]$ dans $[1, n]$). Pour $i \neq n$, $j \neq n$ et $\sigma(i) > \sigma(j)$, on a

$$y_{\pi(i)} y_{\pi(j)} = x_{\sigma(i)} x_{\sigma(j)} = \lambda_{\sigma(i),\, \sigma(j)} x_{\sigma(j)} x_{\sigma(i)} = \lambda_{\sigma(i),\, \sigma(j)} y_{\pi(j)} y_{\pi(i)}$$

d'où, par l'hypothèse de récurrence (compte tenu du fait que $\pi(n) = n$):

$$y_{\pi(1)} y_{\pi(2)} \ldots y_{\pi(n)} = \Big(\prod_{i<j<n,\, \sigma(i)>\sigma(j)} \lambda_{\sigma(i),\, \sigma(j)}\Big) y_1 y_2 \ldots y_n$$

c'est-à-dire

(20) $$x_{\sigma(1)} x_{\sigma(2)} \ldots x_{\sigma(n)} = \Big(\prod_{i<j<n,\, \sigma(i)>\sigma(j)} \lambda_{\sigma(i),\, \sigma(j)}\Big) x_{\tau(1)} \ldots x_{\tau(n)}.$$

Or, on a

$$x_{\tau(1)} \dots x_{\tau(n)} = x_1 \dots x_{k-1} x_{k+1} \dots x_n x_k,$$

et ceci, d'après le lemme 1 (III, p. 44), est égal à

$$\Big(\prod_{j>k} \lambda_{jk}\Big) x_1 \dots x_n = \Big(\prod_{\sigma(i)>\sigma(n)} \lambda_{\sigma(i),\sigma(n)}\Big) x_1 \dots x_n. \tag{21}$$

Finalement, (20) et (21) donnent

$$x_{\sigma(1)} \dots x_{\sigma(n)} = \alpha . x_1 \dots x_n$$

avec

$$\alpha = \Big(\prod_{i<j<n,\, \sigma(i)>\sigma(j)} \lambda_{\sigma(i),\sigma(j)}\Big) . \Big(\prod_{i<n,\, \sigma(i)>\sigma(n)} \lambda_{\sigma(i),\sigma(n)}\Big)$$

$$= \prod_{i<j,\, \sigma(i)>\sigma(j)} \lambda_{\sigma(i),\sigma(j)} = \varepsilon_\sigma(\lambda)$$

ce qui achève la démonstration du lemme 3.

7. Produit tensoriel d'algèbres graduées relativement à des facteurs de commutation

DÉFINITION 6. — *Soit* $(\Delta_i)_{i \in I}$ *une famille finie de monoïdes commutatifs, notés additivement. On appelle système de facteurs de commutation sur les* Δ_i, *à valeurs dans un anneau commutatif* A, *un système d'applications* $\varepsilon_{ij} : \Delta_i \times \Delta_j \to A$, *où* $i \in I$, $j \in I$, $i \neq j$, *vérifiant les conditions suivantes :*

$$\varepsilon_{ij}(\alpha_i + \alpha'_i, \beta_j) = \varepsilon_{ij}(\alpha_i, \beta_j)\varepsilon_{ij}(\alpha'_i, \beta_j) \tag{22}$$

$$\varepsilon_{ij}(\alpha_i, \beta_j + \beta'_j) = \varepsilon_{ij}(\alpha_i, \beta_j)\varepsilon_{ij}(\alpha_i, \beta'_j) \tag{23}$$

$$\varepsilon_{ij}(\alpha_i, \beta_j)\varepsilon_{ji}(\beta_j, \alpha_i) = 1, \tag{24}$$

quels que soient α_i, α'_i *dans* Δ_i, β_j, β'_j *dans* Δ_j.

Si on munit I d'une structure d'ordre total et si les Δ_i sont des groupes, on définit un système de facteurs de commutation sur les Δ_i en prenant pour tout couple (i, j) tel que $i < j$ une application **Z**-*bilinéaire* quelconque ε_{ij} de $\Delta_i \times \Delta_j$ dans le **Z**-module (*multiplicatif*) A* des éléments *inversibles* de l'anneau A, puis en posant $\varepsilon_{ji}(\beta_j, \alpha_i) = (\varepsilon_{ij}(\alpha_i, \beta_j))^{-1}$ pour $i < j$.

On notera que, puisque les $\varepsilon_{ij}(\alpha_i, \beta_j)$ sont inversibles, on a

$$\varepsilon_{ij}(0, \beta_j) = \varepsilon_{ij}(\alpha_i, 0) = 1,$$

en vertu de (22) et (23).

Exemples. — 1) Le système de facteurs de commutation *trivial* est formé des ε_{ij} tels que $\varepsilon_{ij}(\alpha_i, \beta_j) = 1$ quels que soient i, j, $\alpha_i \in \Delta_i$, $\beta_j \in \Delta_j$.

2) Si on prend A = **Z** et Δ_i = **Z** pour tout $i \in I$, on a un système de facteurs

de commutation en prenant $\varepsilon_{ij}(\alpha_i, \beta_j) = (-1)^{\alpha_i\beta_j}$. On notera que ce nombre ne dépend que des parités de α_i et β_j, et les ε_{ij} peuvent donc être considérés comme un système de facteurs de commutation lorsque certains des Δ_i sont égaux à $\mathbf{Z}/2\mathbf{Z}$, les autres à $\mathbf{Z}$.

Ces deux exemples sont les cas les plus fréquents que l'on rencontre dans les applications.

PROPOSITION 10. — *Soient* A *un anneau commutatif*, $(\Delta_i)_{i\in I}$ *une famille finie de monoïdes commutatifs, notés additivement; pour chaque* $i \in I$, *soit* E_i *une* A*-algèbre graduée de type* Δ_i. *Enfin, soit* (ε_{ij}) *un système de facteurs de commutation sur les* Δ_i, *à valeurs dans* A. *Il existe alors une* A*-algèbre graduée* E *de type* $\Delta = \prod_{i\in I} \Delta_i$ *et, pour chaque* $i \in I$, *un homomorphisme d'algèbres* $h_i \colon E_i \to E$, *ayant les propriétés suivantes:*

(i) *Si* $\varphi_i \colon \Delta_i \to \Delta$ *est l'homomorphisme canonique, alors* h_i *est un homomorphisme gradué* (II, p. 166), *autrement dit, on a* $h_i(E_i^{\alpha_i}) \subset E^{\varphi_i(\alpha_i)}$, *en notant* $(E_i^{\alpha_i})$ *et* (E^α) *les graduations respectives de* E_i *et de* E.

(ii) Si $i \neq j$ *et si* x_i (resp. x_j) *est un élément de* E_i (resp. E_j) *homogène de degré* $\alpha_i \in \Delta_i$ (resp. $\beta_j \in \Delta_j$), *alors on a*

$$h_i(x_i)h_j(x_j) = \varepsilon_{ij}(\alpha_i, \beta_j)h_j(x_j)h_i(x_i). \tag{25}$$

(iii) *Pour toute* A*-algèbre* F *et tout système d'homomorphismes* $f_i \colon E_i \to F$ *vérifiant les conditions*

$$f_i(x_i)f_j(x_j) = \varepsilon_{ij}(\alpha_i, \beta_j)f_j(x_j)f_i(x_i) \tag{26}$$

lorsque $i, j, x_i, x_j, \alpha_i, \beta_j$ *ont les mêmes significations que dans* (ii), *alors il existe un homomorphisme d'algèbres* $f \colon E \to F$ *et un seul, tel que* $f_i = f \circ h_i$ *pour tout* $i \in I$. *En outre, le* A*-module sous-jacent à* E *est le produit tensoriel* $\bigotimes_{i\in I} E_i$.

Considérons le A-*module* $E = \bigotimes_{i\in I} E_i$; il s'identifie à la somme directe des sous-modules E^α, où, pour tout $\alpha = (\alpha_i) \in \Delta$, on pose $E^\alpha = \bigotimes_{i\in I} E_i^{\alpha_i}$; les E^α forment donc sur le A-module E une graduation de type Δ. Nous allons définir sur E une structure de A-*algèbre graduée* de type Δ. Pour cela, munissons I d'une structure d'ordre total; pour tout couple d'éléments $\alpha = (\alpha_i)$, $\beta = (\beta_i)$ de Δ, il s'agit d'abord de définir une application A-bilinéaire de $E^\alpha \times E^\beta$ dans $E^{\alpha+\beta}$, ou encore une application A-linéaire $m_{\alpha\beta}$ de $E^\alpha \otimes_A E^\beta$ dans $E^{\alpha+\beta}$. Nous définirons $m_{\alpha\beta}$ par la condition

$$m_{\alpha\beta}\Big(\big(\bigotimes_{i\in I} x_i\big) \otimes \big(\bigotimes_{i\in I} y_i\big)\Big) = \varepsilon(\alpha, \beta) \bigotimes_{i\in I} (x_i y_i) \tag{27}$$

pour $x_i \in E_i^{\alpha_i}$, $y_i \in E_i^{\beta_i}$, où l'on a posé

$$\varepsilon(\alpha, \beta) = \prod_{i>j} \varepsilon_{ij}(\alpha_i, \beta_j). \tag{28}$$

En effet, le second membre de (27) appartient évidemment à $E^{\alpha+\beta}$, et l'application $(x_1, \ldots, x_n, y_1, \ldots, y_n) \mapsto \varepsilon(\alpha, \beta) \bigotimes_{i \in I} (x_i y_i)$ est A-multilinéaire dans le produit des $E_i^{\alpha_i}$ et des $E_i^{\beta_i}$ ($1 \leqslant i \leqslant n$). Il s'agit ensuite de prouver que la multiplication ainsi définie sur E est *associative*; or, si $\gamma = (\gamma_i)$ est un troisième élément de Δ, et $z_i \in E_i^{\gamma_i}$ pour $1 \leqslant i \leqslant n$, on a

$$((\bigotimes_i x_i)(\bigotimes_i y_i))(\bigotimes_i z_i) = \varepsilon(\alpha + \beta, \gamma)\varepsilon(\alpha, \beta) \bigotimes_i (x_i y_i z_i)$$
$$(\bigotimes_i x_i)((\bigotimes_i y_i)(\bigotimes_i z_i)) = \varepsilon(\alpha, \beta + \gamma)\varepsilon(\beta, \gamma) \bigotimes_i (x_i y_i z_i)$$

et tout revient à vérifier l'identité

$$\varepsilon(\alpha + \beta, \gamma)\varepsilon(\alpha, \beta) = \varepsilon(\alpha, \beta + \gamma)\varepsilon(\beta, \gamma).$$

Mais cette dernière résulte aussitôt des relations

$$\varepsilon(\alpha + \beta, \gamma) = \varepsilon(\alpha, \gamma)\varepsilon(\beta, \gamma)$$
$$\varepsilon(\alpha, \beta + \gamma) = \varepsilon(\alpha, \beta)\varepsilon(\alpha, \gamma)$$

elles-mêmes conséquences immédiates de la définition (28) et de (22) et (23) (III, p. 46).

Si, pour tout $i \in I$, e_i désigne l'élément unité de E_i, on sait que e_i est homogène de degré 0 (III, p. 30), donc $e = \bigotimes_{i \in I} e_i$ est homogène de degré 0, et il résulte de (27), (28) (III, p. 47) et des relations $\varepsilon_{ij}(\alpha_i, 0) = \varepsilon_{ij}(0, \beta_j) = 1$ que e est élément unité de E, ce qui achève de définir sur E la structure de A-algèbre graduée cherchée. On prendra ensuite $h_i(x_i) = x_i \otimes \bigotimes_{j \neq i} e_j$; pour vérifier que $h_i(x_i x'_i) = h_i(x_i)h_i(x'_i)$ pour x_i, x'_i dans E_i, on peut se borner au cas où x_i et x'_i sont homogènes, et alors cette relation découle aussitôt de (27) (III, p. 47) et des relations $\varepsilon_{ij}(\alpha_i, 0) = \varepsilon_{ij}(0, \beta_j) = 1$; ces mêmes relations et (24) (III, p. 46) prouvent en outre que les h_i satisfont aux conditions (i) et (ii) de l'énoncé, et que l'on a

$$\bigotimes_{i \in I} x_i = \prod_{i \in I} h_i(x_i) \tag{29}$$

où le second membre est le produit de la *séquence* $(h_i(x_i))_{i \in I}$ dans E pour la structure d'ordre total considérée sur I (I, p. 3) (il suffit de raisonner par récurrence sur le nombre des x_i (supposés homogènes) distincts des e_i).

Reste à vérifier la condition (iii); notons que l'application $(x_i)_{i \in I} \mapsto \prod_{i \in I} f_i(x_i)$, où le second membre est le produit de la *séquence* $(f_i(x_i))_{i \in I}$ pour l'ordre total choisi sur I, est A-multilinéaire. Il existe donc une application A-linéaire et une seule $f \colon E \to F$ telle que

$$f(\bigotimes_{i \in I} x_i) = \prod_{i \in I} f_i(x_i). \tag{30}$$

Il est clair que $f(e)$ est l'élément unité de F et que $f \circ h_i = f_i$; pour voir que f est un homomorphisme d'algèbres, autrement dit que $f(x)f(y) = f(xy)$ pour x, y dans E, on peut se borner, par linéarité, au cas où $x = \bigotimes_{i \in I} x_i, y = \bigotimes_{i \in I} y_i$, x_i (resp. y_i) étant homogène de degré α_i (resp. β_i) pour tout $i \in I$. La relation à vérifier se réduit alors, compte tenu de (27) (III, p. 47), à

$$\Big(\prod_{i \in I} f_i(x_i)\Big)\Big(\prod_{i \in I} f_i(y_i)\Big) = \varepsilon(\alpha, \beta) \prod_{i \in I} (f_i(x_i) f_i(y_i)).$$

Mais compte tenu des relations (26) (III, p. 47), cela est une conséquence du lemme 2 de III, p. 44. C.Q.F.D.

Il est clair que l'algèbre E et l'application canonique $\psi: \bigotimes_{i \in I} E_i \to E$ constituent une solution du *problème d'application universelle* (E, IV, p. 23), où Σ est l'espèce de structure de A-algèbre, et les α-applications les applications $\prod_i f_i$ de $\prod_i E_i$ dans une A-algèbre, vérifiant les conditions (26) de III, p. 47.

Pour un ordre total fixé sur I, nous dirons que l'algèbre graduée E définie dans la démonstration de la prop. 10 est un *ε-produit tensoriel gradué de type* Δ de la famille $(E_i)_{i \in I}$ d'algèbres graduées de types Δ_i, et nous le noterons ${}^{\varepsilon}\bigotimes_{i \in I} E_i$ (s'il n'y a pas de confusion possible sur l'ordre de I) ; nous noterons de même ${}^{\varepsilon}\bigotimes_{i \in I} f_i$ l'homomorphisme $f: E \to F$ défini dans la démonstration de la prop. 10. Les homomorphismes h_i sont dits *canoniques*. On écrit aussi ${}^{\varepsilon}G^{\otimes n}$ lorsque $I = [1, n]$ et que toutes les E_i sont égales à une même algèbre G.

Remarques. — 1) On retrouve le produit tensoriel d'algèbres défini dans III, p. 34 (muni en outre de la graduation produit tensoriel de celles de ses facteurs) lorsque l'on prend $\varepsilon_{ij}(\alpha_i, \beta_j) = 1$ quels que soient i, j, α_i et β_j.

2) Supposons que tous les Δ_i soient égaux à $\mathbf{Z}$, et posons $\varepsilon_{ij}(\alpha_i, \beta_j) = (-1)^{\alpha_i \beta_j}$; le ε-produit tensoriel ${}^{\varepsilon}\bigotimes_{i \in I} E_i$ correspondant à ce système de facteurs de commutation est alors appelé le produit tensoriel *gauche* des algèbres graduées E_i de type $\mathbf{Z}$, et se note ${}^{g}\bigotimes_{i \in I} E_i$ (ou $E \, {}^{g}\!\otimes_A F$ pour deux algèbres, ou ${}^{g}G^{\otimes n}$ au lieu de ${}^{\varepsilon}G^{\otimes n}$).

COROLLAIRE 1. — *Avec les notations de la prop.* 10 (III, p. 48), *supposons en outre que* F *soit une* A-*algèbre graduée de type* Δ, *et que chaque* f_i *soit un homomorphisme d'algèbres graduées relatif à* $\varphi_i: \Delta_i \to \Delta$; *alors* $f = {}^{\varepsilon}\bigotimes_{i \in I} f_i$ *est un homomorphisme d'algèbres graduées.*

Cela résulte aussitôt de la définition de f et du fait que $\sum_{i \in I} \varphi_i(\alpha_i) = (\alpha_i)$ par définition des φ_i.

On voit donc que (E, ψ) est *aussi* solution d'un second problème d'application universelle, où Σ est cette fois l'espèce de structure de A-*algèbre graduée de type* Δ, les morphismes étant les homomorphismes d'algèbres graduées de type Δ, et les α-applications les applications $\prod_i f_i$, où en plus des conditions (26) de III, p. 47, on suppose que f_i est un homomorphisme d'algèbres graduées relatif à φ_i.

COROLLAIRE 2. — *Soient* $(E_i)_{i \in I}$, $(F_i)_{i \in I}$ *deux familles finies de* A-*algèbres*, E_i *et* F_i *étant graduées de type* Δ_i *pour tout* $i \in I$. *Pour chaque* $i \in I$, *soit* $g_i\colon E_i \to F_i$ *un homomorphisme d'algèbres graduées de type* Δ_i. *Alors, si* $h_i\colon E_i \to {}^{\varepsilon}\bigotimes_{i \in I} E_i$ *et* $h'_i\colon F_i \to {}^{\varepsilon}\bigotimes_{i \in I} F_i$ *sont les homomorphismes canoniques, il existe un homomorphisme de* A-*algèbres graduées de type* Δ *et un seul,* $g\colon {}^{\varepsilon}\bigotimes_{i \in I} E_i \to {}^{\varepsilon}\bigotimes_{i \in I} F_i$ *tel que* $g \circ h_i = h'_i \circ g_i$ *pour tout* $i \in I$. *En outre, si chaque* g_i *est bijectif, il en est de même de* g.

Il suffit d'appliquer le cor. 1 aux $f_i = h'_i \circ g_i$, en remarquant que les conditions (26) (III, p. 47) découlent alors des relations (25) (III, p. 47) appliquées aux h'_i.

On notera encore (si aucune confusion n'en résulte) ${}^{\varepsilon}\bigotimes_i g_i$ l'homomorphisme défini dans le cor. 2; si pour chaque $i \in I$, G_i est une troisième A-algèbre graduée de type Δ_i, et $g'_i\colon F_i \to G_i$ un homomorphisme d'algèbres graduées, on a

$$({}^{\varepsilon}\bigotimes_i g'_i) \circ ({}^{\varepsilon}\bigotimes_i g_i) = {}^{\varepsilon}\bigotimes_i (g'_i \circ g_i) \tag{31}$$

comme il résulte aussitôt de (30) (III p. 48).

Lorsqu'il s'agit du produit tensoriel *gauche* d'algèbres graduées de type **Z**, on écrit ${}^{g}\bigotimes_i f_i$ au lieu de ${}^{\varepsilon}\bigotimes_i f_i$ pour des homomorphismes $f_i\colon E_i \to F_i$ d'algèbres graduées de type **Z**; quand $I = \{1, 2\}$, on écrit aussi $f_1 \,{}^{g}\!\otimes f_2$ cet homomorphisme; quand $I = [1, n]$, que tous les E_i (resp. F_i) sont égaux et tous les f_i égaux à un même homomorphisme f, on écrit ${}^{g}f^{\otimes n}$.

Remarque. — Dans la démonstration de la prop. 10 (III, p. 47), on s'est servi d'une relation d'ordre total sur I pour définir une structure d'*algèbre* sur le produit tensoriel $\bigotimes_{i \in I} E_i$ des A-modules E_i. Si l'on change la relation d'ordre sur I, on trouve une autre structure multiplicative sur $\bigotimes_{i \in I} E_i$, mais la nouvelle algèbre ainsi obtenue est *canoniquement isomorphe* à la précédente, puisque l'une et l'autre sont solutions du même problème d'application universelle. Par exemple, lorsque $I = \{1, 2\}$, l'isomorphisme canonique de l'algèbre $E_1 \,{}^{\varepsilon}\!\otimes_A E_2$ sur l'algèbre $E_2 \,{}^{\varepsilon}\!\otimes_A E_1$ transforme $x_1 \otimes x_2$ en $\varepsilon_{2,1}(\alpha, \beta) x_2 \otimes x_1$, pour x_1 homogène de degré α et x_2 homogène de degré β.

Soit J une partie de I, et, pour chaque $i \in J$, considérons l'homomorphisme canonique $h_i\colon E_i \to {}^{\varepsilon}\bigotimes_{i \in I} E_i = E$. En vertu des relations (25) de III, p. 47, on déduit canoniquement (par la prop. 10 de III, p. 47) de ces homomorphismes un homomorphisme canonique $h\colon E' = {}^{\varepsilon}\bigotimes_{i \in J} E_i \to E$ tel que pour tout $i \in J$, $h'_i = h \circ h_i$, h'_i étant l'homomorphisme canonique $E_i \to E'$. Si l'on prend sur J l'ordre total induit par celui choisi sur I, on a

$$h(\bigotimes_{i \in J} x_i) = \prod_{i \in I} h_i(x_i) = \bigotimes_{i \in I} x'_i$$

où le second membre est le produit de la *séquence* $(h_i(x_i))_{i \in J}$, et où dans le troisième membre, $x'_i = x_i$ pour $i \in J$, $x'_i = e_i$ pour $i \notin J$.

PROPOSITION 11 (« associativité » du ε-produit tensoriel). — *Avec les notations de la prop.* 10 (III, p. 47), *soit* $(J_\lambda)_{\lambda \in L}$ *une partition de* I, *et posons* $\Delta'_\lambda = \prod_{i \in J_\lambda} \Delta_i$ *pour tout* $\lambda \in L$. *Soit* E'_λ *un* ε*-produit tensoriel gradué de type* Δ'_λ *de la famille* $(E_i)_{i \in J_\lambda}$ *(pour un ordre total choisi sur* J_λ*). D'autre part, pour* λ, μ *dans* L *et* $\lambda \neq \mu$, *posons, pour* $\alpha'_\lambda = (\alpha_i)_{i \in J_\lambda}$, $\beta'_\mu = (\beta_j)_{j \in J_\mu}$,

$$\varepsilon'_{\lambda\mu}(\alpha'_\lambda, \beta'_\mu) = \prod_{i \in J_\lambda, j \in J_\mu} \varepsilon_{ij}(\alpha_i, \beta_j). \tag{32}$$

Alors $(\varepsilon'_{\lambda\mu})$ *est un système de facteurs de commutation sur les* Δ'_λ *à valeurs dans* A, *et il existe un homomorphisme et un seul d'algèbres graduées de type* Δ, $v : {}^{\varepsilon'}\!\bigotimes_{\lambda \in L} E'_\lambda \to {}^{\varepsilon}\!\bigotimes_{i \in I} E_i$, *tel que*

$$v\Big(\bigotimes_{\lambda \in L} \Big(\bigotimes_{i \in J_\lambda} x_i\Big)\Big) = \bigotimes_{i \in I} x_i \tag{33}$$

pour tout $(x_i) \in \prod_{i \in I} E_i$, *pourvu que l'on prenne sur* I *l'ordre total qui induit sur chaque* J_λ *l'ordre total choisi, et qui est tel que pour* $\lambda < \mu$ *dans* L, $i \in J_\lambda$ *et* $j \in J_\mu$, *on ait* $i < j$.

Le fait que les $\varepsilon'_{\lambda\mu}$ forment un système de facteurs de commutation est trivial. Soient $h_{i,\lambda} : E_i \to E'_\lambda$, $h'_\lambda : E'_\lambda \to {}^{\varepsilon'}\!\bigotimes_{\lambda \in L} E'_\lambda$ les homomorphismes canoniques (pour $\lambda \in L$, $i \in J_\lambda$), et posons $h''_i = h'_\lambda \circ h_{i,\lambda}$; il suffira, en vertu de l'unicité de la solution d'un problème d'application universelle, de montrer que ${}^{\varepsilon'}\!\bigotimes_{\lambda \in L} E'_\lambda$ et les h''_i vérifient les conditions de la prop. 10 (III, p. 47). Or, pour tout $\lambda \in L$, soit $f'_\lambda : E'_\lambda \to F$ l'unique homomorphisme d'algèbres tel que $f'_\lambda \circ h_{i,\lambda} = f_i$ pour tout $i \in J_\lambda$. Montrons que, pour $\lambda \neq \mu$, $\alpha'_\lambda = (\alpha_i)_{i \in J_\lambda}$, $\beta'_\mu = (\beta_j)_{j \in J}$, on a

$$f'_\lambda(x'_\lambda) f'_\mu(x'_\mu) = \varepsilon'_{\lambda\mu}(\alpha'_\lambda, \beta'_\mu) f'_\mu(x'_\mu) f'_\lambda(x'_\lambda) \tag{34}$$

pour $x'_\lambda \in E'_\lambda$ (resp. $x'_\mu \in E'_\mu$) homogène de degré α'_λ (resp. β'_μ) ; il suffit, par linéarité, de le voir lorsque $x'_\lambda = \bigotimes_{i \in J_\lambda} x_i$, $x'_\mu = \bigotimes_{i \in J_\mu} x_j$, x_i (resp. x_j) étant homogène de degré α_i (resp. β_j) dans E_i (resp. E_j) pour $i \in J_\lambda$, $j \in J_\mu$. Mais cela résulte de la formule (30) (III, p. 48) qui définit les f'_λ, et du lemme 3 de III, p. 45, compte tenu de l'hypothèse (26) (III, p. 47) et de la définition (32). Il y a donc un homomorphisme d'algèbres et un seul $f : {}^{\varepsilon'}\!\bigotimes_{\lambda \in L} E'_\lambda \to F$ tel que $f \circ h'_\lambda = f'_\lambda$ pour tout $\lambda \in L$; d'où $f \circ h''_i = f_i$ pour tout $i \in I$, et l'unicité de f est triviale.

8. Produit tensoriel d'algèbres graduées de mêmes types

Les hypothèses de III, p. 47, prop. 10 étant supposées vérifiées, supposons en outre que tous les Δ_i soient égaux à un *même monoïde commutatif* Δ_0 ; on peut alors considérer sur le ε-produit tensoriel ${}^{\varepsilon}\!\bigotimes_{i \in I} E_i$ la *graduation totale* de type Δ_0, associée à la graduation de type $\Delta = \Delta_0^{\mathrm{I}}$ sur cette algèbre (II, p. 164); nous dirons que $\overset{\varepsilon}{\bigotimes}_{i \in \mathrm{I}} \mathrm{E}_i$, munie de cette graduation, est un *ε-produit tensoriel gradué de type* Δ_0 de la famille $(\mathrm{E}_i)_{i \in \mathrm{I}}$ d'algèbres graduées de type Δ_0.

Conservant toujours les notations de la prop. 10 de III, p. 47, supposons que F soit aussi une A-*algèbre graduée de type* Δ_0 et que les f_i soient des *homomorphismes d'algèbres graduées de type* Δ_0. Alors $f : \overset{\varepsilon}{\bigotimes}_{i \in \mathrm{I}} \mathrm{E}_i \to \mathrm{F}$ est aussi un *homomorphisme d'algèbres graduées de type* Δ_0 : il résulte en effet de la formule (30) (III, p. 48) que si x_i est homogène et de degré $\alpha_i \in \Delta_0$, $\bigotimes_{i \in \mathrm{I}} x_i$ et $\prod_{i \in \mathrm{I}} f_i(x_i)$ sont tous deux homogènes de degré $\sum_{i \in \mathrm{I}} \alpha_i \in \Delta_0$.

On peut donc dire que $\overset{\varepsilon}{\bigotimes}_{i \in \mathrm{I}} \mathrm{E}_i$, muni de la graduation totale de type Δ_0, constitue, avec l'application canonique ψ, une solution d'un troisième problème d'application universelle, où Σ est l'espèce de structure de A-*algèbre graduée de type* Δ_0, les morphismes les homomorphismes d'algèbres graduées de type Δ_0, et les α-applications les applications $\prod_i f_i$ où, en plus des conditions (26) (de III, p. 47), on suppose que chaque f_i est un homomorphisme d'algèbres graduées de type Δ_0.

Pour toute partie J de I, l'homomorphisme canonique $\overset{\varepsilon}{\bigotimes}_{i \in \mathrm{J}} \mathrm{E}_i \to \overset{\varepsilon}{\bigotimes}_{i \in \mathrm{I}} \mathrm{E}_i$ (III, p. 50) est, dans le cas actuel, un homomorphisme d'algèbres graduées de type Δ_0, comme il résulte de ce qui précède.

Proposition 12 (« associativité » du ε-produit tensoriel d'algèbres graduées de mêmes types). — *Avec les notations de* III, p. 47, *prop.* 10, *supposons que tous les* Δ_i *soient égaux à un même monoïde* Δ_0 *; soit* $(\mathrm{J}_\lambda)_{\lambda \in \mathrm{L}}$ *une partition de* I. *Avec les notations de la prop.* 11 *de* III, p. 51, *supposons que le second membre de la formule* (32) (III, p. 51) *ne dépende que des sommes* $\alpha''_\lambda = \sum_{i \in \mathrm{J}_\lambda} \alpha_i$, $\beta''_\mu = \sum_{j \in \mathrm{J}_\mu} \beta_j$, *pour tout couple* (λ, μ) *d'indices distincts, tout* $\alpha'_\lambda \in \Delta'_\lambda$ *et tout* $\beta'_\mu \in \Delta'_\mu$*; désignons par* $\varepsilon''_{\lambda\mu}(\alpha''_\lambda, \beta''_\mu)$ *le second membre de* (32). *Alors* $(\varepsilon''_{\lambda\mu})$ *est un système de facteurs de commutation sur la famille* $(\Delta''_\lambda)_{\lambda \in \mathrm{L}}$, *où* $\Delta''_\lambda = \Delta_0$ *pour tout* $\lambda \in \mathrm{L}$. *Si* E''_λ *est le ε-produit tensoriel gradué de type* Δ_0 *de la famille* $(\mathrm{E}_i)_{i \in \mathrm{J}_\lambda}$, *il existe un isomorphisme et un seul d'algèbres graduées de type* Δ_0, $w : \overset{\varepsilon''}{\bigotimes}_{\lambda \in \mathrm{L}} \mathrm{E}''_\lambda \to \overset{\varepsilon}{\bigotimes}_{i \in \mathrm{I}} \mathrm{E}_i$, *tel que*

$$w\Big(\bigotimes_{\lambda \in \mathrm{L}} \Big(\bigotimes_{i \in \mathrm{J}_\lambda} x_i\Big)\Big) = \bigotimes_{i \in \mathrm{I}} x_i \tag{35}$$

pourvu que l'on choisisse des ordres totaux sur les J_λ *et sur* I *de la façon décrite dans* III, p. 51, *prop.* 11.

En vertu de l'hypothèse, pour γ, δ dans Δ_0, on a $\varepsilon''_{\lambda\mu}(\gamma, \delta) = \varepsilon_{i_0 j_0}(\gamma, \delta)$ pour un $i_0 \in \mathrm{J}_\lambda$ et un $j_0 \in \mathrm{J}_\mu$, comme on le voit en considérant les éléments $\alpha'_\lambda = (\alpha_i)_{i \in \mathrm{J}_\lambda}$ et $\beta'_\mu = (\beta_j)_{j \in \mathrm{J}_\mu}$ tels que $\alpha_{i_0} = \gamma$, $\alpha_i = 0$ pour $i \neq i_0$, $\beta_{j_0} = \delta$, $\beta_j = 0$ pour $j \neq j_0$; il en résulte aussitôt que les $\varepsilon''_{\lambda\mu}$ forment un système de facteurs de commutation. Le reste de la démonstration est alors analogue à celle de la prop. 11 (III, p. 51), et est laissé au lecteur.

On notera que les hypothèses supplémentaires de la prop. 12 sont remplies lorsque $\Delta_0 = \mathbf{Z}$ et que (ε_{ij}) est, soit le système de facteurs trivial ($\varepsilon_{ij}(\alpha_i, \beta_j) = 1$ quels que soient i, j), soit le système de facteurs défini par $\varepsilon_{ij}(\alpha_i, \beta_j) = (-1)^{\alpha_i\beta_j}$; dans ce dernier cas, le second membre de la formule (32) est en effet égal à $(-1)^\gamma$, avec $\gamma = \sum_{i\in J_\lambda, j\in J_\mu} \alpha_i\beta_j = \big(\sum_{i\in J_\lambda} \alpha_i\big)\big(\sum_{j\in J_\mu} \beta_j\big)$.

Remarques. — 1) Soit I un ensemble *infini* d'indices, Δ_0 un monoïde commutatif; désignons par $(\Delta_i)_{i\in I}$ la famille telle que $\Delta_i = \Delta_0$ pour tout i, et supposons donnée, pour tout couple d'indices distincts (i, j) de I, une application $\varepsilon_{ij}\colon \Delta_i \times \Delta_j \to A$ vérifiant les conditions (22), (23) et (24) (III, p. 46); nous dirons encore que c'est un *système de facteurs de commutation sur la famille* (Δ_i). Considérons une famille $(E_i)_{i\in I}$ de A-algèbres graduées de type Δ_0; pour chaque partie finie J de I, désignons par E_J un *ε-produit tensoriel gradué de type* Δ_0 de la sous-famille $(E_i)_{i\in J}$ (avec un choix arbitraire d'un ordre total sur J). Si J, J' sont deux parties finies de I telles que $J \subset J'$, on a défini ci-dessus un homomorphisme canonique d'algèbres graduées de type Δ_0, $h_{J'J}\colon E_J \to E_{J'}$, et les propriétés d'unicité de ces homomorphismes montrent aussitôt que si $J \subset J' \subset J''$ sont trois parties finies de I, on a $h_{J''J} = h_{J''J'} \circ h_{J'J}$. On a donc un système inductif $(E_J, h_{J'J})$ d'algèbres graduées de type Δ_0 (III, p. 32), dont l'ensemble d'indices est l'ensemble filtrant croissant $\mathfrak{F}(I)$ des parties finies de I. L'algèbre graduée de type Δ_0, *limite inductive* de ce système inductif (III, p. 33) est appelée un *ε-produit tensoriel gradué de type* Δ_0 de la famille $(E_i)_{i\in I}$; on le note encore $\overset{\varepsilon}{\bigotimes}_{i\in I} E_i$. Lorsque tous les Δ_i sont égaux à $\mathbf{Z}$ et $\varepsilon_{ij}(\alpha_i, \beta_j) = (-1)^{\alpha_i\beta_j}$, on dit encore que le produit tensoriel $\overset{\varepsilon}{\bigotimes}_{i\in I} E_i$ est le produit tensoriel *gauche* de la famille $(E_i)_{i\in I}$ et on le note $\overset{g}{\bigotimes}_{i\in I} E_i$. Nous laissons au lecteur le soin de formuler et de démontrer la proposition qui généralise au cas où I est infini la prop. 10 de III, p. 47, comme la prop. 8 de III, p. 42 généralise au cas où I est infini la prop. 5 de III, p. 36. On notera que le A-module sous-jacent à $\overset{\varepsilon}{\bigotimes}_{i\in I} E_i$ est le même que celui sous-jacent au produit tensoriel (non gradué) de la famille $(E_i)_{i\in I}$ d'algèbres non graduées, défini dans III, p. 42.

2) Soient E une A-algèbre graduée de type Δ_0 (où Δ_0 est un monoïde commutatif), et $\rho\colon A \to B$ un homomorphisme d'anneaux; la graduation de $\rho^*(E)$ (II, p. 174) est identique à la graduation du produit tensoriel gradué $B \otimes_A E$, où B est muni de la graduation triviale.

9. Algèbres anticommutatives et algèbres alternées

DÉFINITION 7. — *On dit qu'une* A-*algèbre graduée* E *de type* $\mathbf{Z}$ *est anticommutative si, quels que soient les éléments* homogènes *non nuls* x, y *de* E, *on a*

$$xy = (-1)^{\deg(x)\deg(y)} yx. \tag{36}$$

On dit que l'algèbre E *est alternée si elle est anticommutative et si de plus* $x^2 = 0$ *pour tout élément homogène* $x \in E$ *de degré impair.*

Remarques. — 1) Soit E^+ la sous-algèbre graduée de E somme directe des E_{2n} ($n \in \mathbf{Z}$) ; il résulte de la déf. 7 que si E est anticommutative, E^+ est une *sous-algèbre contenue dans le centre de* E (donc commutative).

2) Supposons que 2 ne soit pas diviseur de 0 dans E; alors si E est anticommutative, E est alternée, car pour $x \in E$ homogène et de degré impair, on a $x^2 = -x^2$ d'après (36), d'où $2x^2 = 0$, et $x^2 = 0$ en vertu de l'hypothèse.

3) Nous étudierons en détail dans III, p. 76 à 90, des exemples importants d'algèbres alternées.

Lemme 4. — *Soient* E *une algèbre graduée du type* **Z**, S *un ensemble d'éléments homogènes* $\neq 0$; *l'ensemble* F *des éléments de* E *dont toutes les composantes homogènes* $x \neq 0$ *satisfont à la relation* (36) (III, p. 53) *pour tout* $y \in S$, *est une sous-algèbre graduée de* E.

Il suffit de noter que: 1° si x', x'' sont deux éléments homogènes de même degré p, y un élément homogène de degré q, et si $x'y = (-1)^{pq}yx'$, $x''y = (-1)^{pq}yx''$, on a aussi $(x' + x'')y = (-1)^{pq}y(x' + x'')$; 2° si x', x'' sont deux éléments homogènes de degrés respectifs p', p'', y un élément homogène de degré q, et si $x'y = (-1)^{p'q}yx'$, $x''y = (-1)^{p''q}yx''$, on a $(x'x'')\,y = (-1)^{(p'+p'')q}y(x'x'')$.

PROPOSITION 13. — *Soient* E *une* A-*algèbre graduée de type* **Z**, S *un système générateur de l'algèbre* E *formé d'éléments homogènes* $\neq 0$; *pour que* E *soit anticommutative* (resp. *alternée*), *il faut et il suffit que* (36) (III, p. 53) *soit vérifiée, quels que soient* $x \in S$ *et* $y \in S$ (resp. *que cette condition soit vérifiée et en outre que* $x^2 = 0$ *pour tout* x *homogène de degré impair appartenant à* S).

Considérons d'abord le cas des algèbres anticommutatives. En vertu du lemme 4, la sous-algèbre F formée des éléments dont toute les composantes homogènes $x \neq 0$ satisfont à (36) (III, p. 53) pour tout $y \in S$, contient tous les éléments de S, donc F = E. Si maintenant F′ est de même la sous-algèbre de E formée des éléments dont toutes les composantes homogènes $x \neq 0$ satisfont à (36) pour tout élément homogène $y \neq 0$ de E, il résulte de ce qui précède que F′ contient tous les éléments de S, donc F′ = E, ce qui prouve la proposition dans ce cas.

Pour prouver la proposition dans le cas des algèbres alternées, on peut déjà supposer E anticommutative; il est immédiat alors que tout élément homogène de degré impair de E est de la forme $\sum_i z_i x_i$, où $z_i \in E^+$ et $x_i \in S$ est de degré impair (utilisant le fait que E^+ est contenu dans le centre de E); on en déduit $\left(\sum_i z_i x_i\right)^2 = \sum_i z_i^2 x_i^2 + \sum_{i<j} z_i z_j (x_i x_j + x_j x_i) = 0$ puisque $x_i^2 = 0$ par hypothèse et $x_i x_j + x_j x_i = 0$ en vertu de (36).

PROPOSITION 14. — *Soient* E *et* F *deux* A-*algèbres graduées de type* **Z**, *toutes deux anticommutatives* (resp. *alternées*). *Alors le produit tensoriel gauche* $E\,{}^g\!\otimes_A F$ (III, p. 49) *est* (*une algèbre*) *anticommutative* (resp. *alternée*).

En effet, un système générateur de $E\,{}^g\!\otimes_A F$ est formé des $x \otimes y$, où x (resp. y) est un élément homogène $\neq 0$ de E (resp. F). Considérons deux tels éléments

$x \otimes y$, $x' \otimes y'$, avec $\deg(x) = p$, $\deg(y) = q$, $\deg(x') = p'$, $\deg(y') = q'$, de sorte que $x \otimes y$ est de degré $p + q$ et $x' \otimes y'$ de degré $p' + q'$. On a par définition (III, p. 47, formule (27)), et en vertu de (36) (III, p. 53)

$$\begin{aligned}(x \otimes y)(x' \otimes y') &= (-1)^{qp'}(xx') \otimes (yy')\\ (x' \otimes y')(x \otimes y) &= (-1)^{pq'}(x'x) \otimes (y'y)\\ &= (-1)^{pq'+pp'+qq'}(xx') \otimes (yy')\end{aligned}$$

et le critère de la prop. 13 (III, p. 54) montre que $E \,{}^{g}\!\otimes_A F$ est anticommutative puisque $pq' + pp' + qq' - qp' \equiv (p + q)(p' + q')$ (mod. 2). Si de plus E et F sont alternées et $p + q$ impair, un des nombres p, q est nécessairement impair, donc $(x \otimes y)^2 = \pm(x^2) \otimes (y^2) = 0$, et la prop. 13 montre que $E \,{}^{g}\!\otimes_A F$ est alternée.

COROLLAIRE. — *Soit* E *une* A-*algèbre graduée de type* **Z**, *anticommutative* (resp. *alternée*). *Alors, pour tout homomorphisme d'anneaux* $\rho: A \to B$, *la* B-*algèbre graduée* $\rho^*(E)$ (III, p. 53, *Remarque* 2) *est anticommutative* (resp. *alternée*).

En effet, l'anneau B, muni de la graduation triviale, peut être considéré comme une A-algèbre alternée, et $\rho^*(E) = E \,{}^{g}\!\otimes_A B$, donc on peut appliquer la prop. 14.

Remarque. — Soit E une A-algèbre graduée de type **Z** anticommutative. Alors l'application A-linéaire de $E \otimes_A E$ dans E définie par la multiplication de E (III, p. 5) est un homomorphisme de la A-algèbre graduée $E \,{}^{g}\!\otimes_A E$ dans E, car avec les notations de la prop. 14, on a, dans l'algèbre E, $(xy)(x'y') = (-1)^{qp'}(xx')(yy')$.

§ 5. ALGÈBRE TENSORIELLE, TENSEURS

1. Définition de l'algèbre tensorielle d'un module

Soient A un anneau commutatif, M un A-module. Pour tout entier $n \geqslant 0$, nous noterons $\bigotimes^n M$, ou $M^{\otimes n}$, ou $T^n(M)$, ou $T^n_A(M)$, ou $\mathrm{Tens}^n(M)$ le A-module produit tensoriel de n modules égaux à M (dit aussi *puissance tensorielle n-ème* de M); on a donc $T^1(M) = M$; on pose en outre $T^0(M) = A$. Notons T(M) ou Tens(M) le A-module *somme directe* $\bigoplus_{n \geqslant 0} T^n(M)$. Nous allons définir sur T(M) une structure de A-algèbre graduée de type **N**, en définissant pour tout couple d'entiers $p \geqslant 0$, $q \geqslant 0$, une application A-linéaire $m_{pq}: T^p(M) \otimes_A T^q(M) \to T^{p+q}(M)$ (III, p. 31, *Remarque*). Pour $p > 0$ et $q > 0$, m_{pq} est l'isomorphisme d'associativité (II, p. 72), et lorsque $p = 0$ (resp. $q = 0$), $m_{0,q}$ est l'isomorphisme canonique de $A \otimes_A T^q(M)$ sur $T^q(M)$ (resp. $m_{p,0}$ est l'isomorphisme canonique de $T^p(M) \otimes_A A$ sur $T^p(M)$) (II, p. 55, prop. 4). On a donc, pour $x_i \in M$, $\alpha \in A$,

$$(1)\quad \begin{cases}(x_1 \otimes \cdots \otimes x_p).(x_{p+1} \otimes \cdots \otimes x_{p+q})\\ \qquad\qquad = x_1 \otimes \cdots \otimes x_p \otimes x_{p+1} \otimes \cdots \otimes x_{p+q}\\ \alpha.(x_1 \otimes \cdots \otimes x_p) = \alpha(x_1 \otimes \cdots \otimes x_p)\end{cases}$$

Il est immédiat que la multiplication ainsi définie sur $\mathsf{T}(\mathrm{M})$ est *associative* et admet pour élément unité l'élément unité 1 de $\mathrm{A} = \mathsf{T}^0(\mathrm{M})$.

DÉFINITION 1. — *Pour tout module* M *sur un anneau commutatif* A, *on appelle algèbre tensorielle de* M, *et on note* $\mathsf{T}(\mathrm{M})$ *ou* Tens (M) (*ou* $\mathsf{T}_{\mathrm{A}}(\mathrm{M})$), *l'algèbre* $\bigoplus_{n \geqslant 0} \mathsf{T}^n(\mathrm{M})$ *munie de la multiplication définie par* (1). *On appelle injection canonique de* M *dans* $\mathsf{T}(\mathrm{M})$ *l'injection canonique* $\varphi : \mathsf{T}^1(\mathrm{M}) \to \mathsf{T}(\mathrm{M})$ (II, p. 12) (on écrit aussi φ_{M}).

PROPOSITION 1. — *Soient* E *une* A-*algèbre* (*unifère*), $f : \mathrm{M} \to \mathrm{E}$ *une application* A-*linéaire. Il existe un homomorphisme et un seul de* A-*algèbres* $g : \mathsf{T}(\mathrm{M}) \to \mathrm{E}$ *tel que* $f = g \circ \varphi$.

En d'autres termes, $(\mathsf{T}(\mathrm{M}), \varphi)$ est solution du *problème d'application universelle* (E, IV, p. 23), où Σ est l'espèce de structure de A-algèbre, les α-applications étant les applications A-linéaires du module M dans une A-algèbre. On observera qu'il n'est pas question ici de graduation sur l'algèbre $\mathsf{T}(\mathrm{M})$.

Pour toute famille finie $(x_i)_{1 \leqslant i \leqslant n}$ de n éléments de M, on a par définition du produit dans $\mathsf{T}(\mathrm{M})$, $x_1 \otimes x_2 \otimes \cdots \otimes x_n = \varphi(x_1)\varphi(x_2)\ldots\varphi(x_n)$; on a donc nécessairement $g(x_1 \otimes x_2 \otimes \cdots x_n) = f(x_1)f(x_2)\ldots f(x_n)$ pour $n \geqslant 1$, et $g(\alpha) = \alpha e$ (si e est l'élément unité de E) pour $\alpha \in \mathrm{A}$, ce qui prouve l'unicité de g. Réciproquement, notons que, pour tout $n > 0$, l'application

$$(x_1, \ldots, x_n) \mapsto f(x_1)f(x_2)\ldots f(x_n)$$

de M^n dans E est A-multilinéaire; donc il lui correspond une application A-linéaire $g_n : \mathsf{T}^n(\mathrm{M}) \to \mathrm{E}$ telle que

$$g_n(x_1 \otimes x_2 \otimes \cdots \otimes x_n) = f(x_1)f(x_2)\ldots f(x_n). \tag{2}$$

Définissons d'autre part l'application $g_0 : \mathsf{T}^0(\mathrm{M}) \to \mathrm{E}$ comme égale à η_{E} (III, p. 6) autrement dit $g_0(\alpha) = \alpha e$ pour $\alpha \in \mathrm{A}$. Soit g l'unique application A-linéaire de $\mathsf{T}(\mathrm{M})$ dans E dont la restriction à $\mathsf{T}^n(\mathrm{M})$ est g_n ($n \geqslant 0$); il est immédiat que $g \circ \varphi = g_1 = f$, et il reste à vérifier que g est un homomorphisme de A-algèbres. On a par construction $g(1) = e$, et il suffit, par linéarité, de voir que $g(uv) = g(u)g(v)$ pour $u \in \mathsf{T}^p(\mathrm{M})$ et $v \in \mathsf{T}^q(\mathrm{M})$ ($p > 0$, $q > 0$); or il résulte des formules (1) et (2) que cette relation est vraie lorsque $u = x_1 \otimes x_2 \otimes \cdots \otimes x_p$ et $v = x_{p+1} \otimes \cdots \otimes x_{p+q}$ (où les x_i appartiennent à E). Elle est donc vraie pour $u \in \mathsf{T}^p(\mathrm{M})$ et $v \in \mathsf{T}^q(\mathrm{M})$ par linéarité.

Remarque. — Supposons que E soit une A-algèbre *graduée* de type **Z**, de graduation (E_n), et supposons en outre que l'on ait

$$f(\mathrm{M}) \subset \mathrm{E}_1. \tag{3}$$

Alors il résulte de (2) que $g(\mathsf{T}^p(\mathrm{M})) \subset \mathrm{E}_p$ pour tout $p \geqslant 0$, donc g est un homomorphisme d'*algèbres graduées*.

2. Propriétés fonctorielles de l'algèbre tensorielle

PROPOSITION 2. — *Soient* A *un anneau commutatif*, M *et* N *deux* A-*modules*, $u : \mathrm{M} \to \mathrm{N}$

une application A-*linéaire. Il existe un homomorphisme de* A-*algèbres et un seul,* $u'\colon \mathsf{T}(\mathrm{M}) \to \mathsf{T}(\mathrm{N})$, *tel que le diagramme*

$$\begin{array}{ccc} \mathrm{M} & \xrightarrow{\ u\ } & \mathrm{N} \\ {\scriptstyle\varphi_{\mathrm{M}}}\big\downarrow & & \big\downarrow{\scriptstyle\varphi_{\mathrm{N}}} \\ \mathsf{T}(\mathrm{M}) & \xrightarrow[u']{} & \mathsf{T}(\mathrm{N}) \end{array}$$

soit commutatif. En outre, u' est un homomorphisme d'algèbres graduées.

L'existence et l'unicité de u' résultent de III, p. 56, prop. 1, appliquée à l'algèbre $\mathsf{T}(\mathrm{N})$ et à l'application linéaire $\varphi_{\mathrm{N}} \circ u\colon \mathrm{M} \to \mathsf{T}(\mathrm{N})$; comme

$$u(\mathrm{M}) \subset \mathsf{T}^1(\mathrm{N}) = \mathrm{N},$$

le fait que u' soit un homomorphisme d'algèbres graduées résulte de la *Remarque* de III, p. 56.

L'homomorphisme u' de la prop. 2 sera désormais noté $\mathsf{T}(u)$. Si P est un A-module et $v\colon \mathrm{N} \to \mathrm{P}$ une application A-linéaire, on a

$$\mathsf{T}(v \circ u) = \mathsf{T}(v) \circ \mathsf{T}(u) \tag{4}$$

car $\mathsf{T}(v) \circ \mathsf{T}(u)$ est un homomorphisme d'algèbres qui rend commutatif le diagramme

$$\begin{array}{ccc} \mathrm{M} & \xrightarrow{\ v\circ u\ } & \mathrm{P} \\ {\scriptstyle\varphi_{\mathrm{M}}}\big\downarrow & & \big\downarrow{\scriptstyle\varphi_{\mathrm{P}}} \\ \mathsf{T}(\mathrm{M}) & \xrightarrow[\mathsf{T}(v)\circ\mathsf{T}(u)]{} & \mathsf{T}(\mathrm{P}) \end{array}$$

On dit parfois que $\mathsf{T}(u)$ est le *prolongement canonique* de u à $\mathsf{T}(\mathrm{M})$ (qui contient $\mathrm{M} = \mathsf{T}^1(\mathrm{M})$). On notera que la restriction $\mathsf{T}^n(u)\colon \mathsf{T}^n(\mathrm{M}) \to \mathsf{T}^n(\mathrm{N})$ n'est autre que l'application linéaire $u^{\otimes n} = u \otimes u \otimes \cdots \otimes u$ (n fois), car on a

$$\mathsf{T}^n(u)(x_1 \otimes \cdots \otimes x_n) = u(x_1) \otimes \cdots \otimes u(x_n)$$

puisque $\mathsf{T}(u)$ est un homomorphisme d'algèbres et $\mathsf{T}^1(u) = u$; la restriction $\mathsf{T}^0(u)$ à A est l'application identique. On dit que $\mathsf{T}^n(u) = u^{\otimes n}$ est la *puissance tensorielle n-ème* de u.

Proposition 3. — *Si* $u\colon \mathrm{M} \to \mathrm{N}$ *est une application* A-*linéaire surjective, l'homomorphisme* $\mathsf{T}(u)\colon \mathsf{T}(\mathrm{M}) \to \mathsf{T}(\mathrm{N})$ *est surjectif, et son noyau est l'idéal bilatère de* $\mathsf{T}(\mathrm{M})$ *engendré par le noyau* $\mathrm{P} \subset \mathrm{M} \subset \mathsf{T}(\mathrm{M})$ *de u.*

En effet, $\mathsf{T}^0(u)\colon \mathsf{T}^0(\mathrm{M}) \to \mathsf{T}^0(\mathrm{N})$ est bijectif, et pour tout entier $n > 0$, $\mathsf{T}^n(u)\colon \mathsf{T}^n(\mathrm{M}) \to \mathsf{T}^n(\mathrm{N})$ est surjectif, comme on le voit par récurrence sur n en utilisant II, p. 59, prop. 6; cette dernière proposition montre aussi, par récurrence sur n, que le noyau $\mathfrak{I}_n$ de $\mathsf{T}^n(u)$ est le sous-module de $\mathsf{T}^n(\mathrm{M})$ engendré par les produits $x_1 \otimes x_2 \otimes \cdots \otimes x_n$ où l'un au moins des x_i appartient à P. Cela montre que le noyau $\mathfrak{I} = \bigoplus_{n \geqslant 1} \mathfrak{I}_n$ de $\mathsf{T}(u)$ est l'idéal bilatère engendré par P dans $\mathsf{T}(\mathrm{M})$.

Si $u \colon \mathrm{M} \rightarrow \mathrm{N}$ est une application linéaire *injective*, il n'est pas toujours vrai que $\mathsf{T}(u)$ soit une application injective (III, p. 184, exerc. 1). Toutefois, il en est ainsi lorsque u est une injection telle que $u(\mathrm{M})$ soit un *facteur direct* de N, car alors il existe une application linéaire $v \colon \mathrm{N} \rightarrow \mathrm{M}$ telle que $v \circ u$ soit l'application identique de M, et par suite $\mathsf{T}(v \circ u) = \mathsf{T}(v) \circ \mathsf{T}(u)$ est l'application identique de $\mathsf{T}(\mathrm{M})$, donc $\mathsf{T}(u)$ est injective et son image (isomorphe à $\mathsf{T}(\mathrm{M})$) est *facteur direct* de $\mathsf{T}(\mathrm{N})$ (II, p. 20, prop. 15). Plus précisément:

PROPOSITION 4. — *Soient* N *et* P *deux sous-modules d'un* A*-module* M, *tels que leur somme* $\mathrm{N} + \mathrm{P}$ *soit facteur direct dans* M, *et que leur intersection* $\mathrm{N} \cap \mathrm{P}$ *soit facteur direct dans* N *et dans* P. *Alors les homomorphismes* $\mathsf{T}(\mathrm{N}) \rightarrow \mathsf{T}(\mathrm{M})$, $\mathsf{T}(\mathrm{P}) \rightarrow \mathsf{T}(\mathrm{M})$ *et* $\mathsf{T}(\mathrm{N} \cap \mathrm{P}) \rightarrow \mathsf{T}(\mathrm{M})$ *prolongements canoniques des injections canoniques, sont injectifs; si l'on identifie* $\mathsf{T}(\mathrm{N}), \mathsf{T}(\mathrm{P})$ *et* $\mathsf{T}(\mathrm{N} \cap \mathrm{P})$ *à des sous-algèbres de* $\mathsf{T}(\mathrm{M})$ *au moyen de ces homomorphismes, on a*

$$\mathsf{T}(\mathrm{N} \cap \mathrm{P}) = \mathsf{T}(\mathrm{N}) \cap \mathsf{T}(\mathrm{P}). \tag{5}$$

Par hypothèse, il existe des sous-modules $\mathrm{N}' \subset \mathrm{N}$ et $\mathrm{P}' \subset \mathrm{P}$ tels que $\mathrm{N} = \mathrm{N}' \oplus (\mathrm{N} \cap \mathrm{P})$, $\mathrm{P} = \mathrm{P}' \oplus (\mathrm{N} \cap \mathrm{P})$; on a alors

$$\mathrm{N} + \mathrm{P} = \mathrm{N}' \oplus \mathrm{P}' \oplus (\mathrm{N} \cap \mathrm{P}),$$

et il existe, par hypothèse, un sous-module M′ de M tel que

$$\mathrm{M} = \mathrm{M}' \oplus (\mathrm{N} + \mathrm{P}) = \mathrm{M}' \oplus \mathrm{N}' \oplus \mathrm{P}' \oplus (\mathrm{N} \cap \mathrm{P}) \\ = \mathrm{M}' \oplus \mathrm{P}' \oplus \mathrm{N} = \mathrm{M}' \oplus \mathrm{N}' \oplus \mathrm{P}.$$

En particulier $\mathrm{N} + \mathrm{P}$, N, P et $\mathrm{N} \cap \mathrm{P}$ sont facteurs directs dans M, ce qui entraîne, comme on l'a vu plus haut, que les homomorphismes canoniques $\mathsf{T}(\mathrm{N} + \mathrm{P}) \rightarrow \mathsf{T}(\mathrm{M})$, $\mathsf{T}(\mathrm{N}) \rightarrow \mathsf{T}(\mathrm{M})$, $\mathsf{T}(\mathrm{P}) \rightarrow \mathsf{T}(\mathrm{M})$, $\mathsf{T}(\mathrm{N} \cap \mathrm{P}) \rightarrow \mathsf{T}(\mathrm{M})$ sont injectifs. Les trois algèbres $\mathsf{T}(\mathrm{N}), \mathsf{T}(\mathrm{P})$ et $\mathsf{T}(\mathrm{N} \cap \mathrm{P})$ s'identifient donc à des sous-algèbres de $\mathsf{T}(\mathrm{N} + \mathrm{P})$ et cette dernière à une sous-algèbre de $\mathsf{T}(\mathrm{M})$; posant $\mathrm{Q} = \mathrm{N} \cap \mathrm{P}$, il reste à montrer que, si on identifie $\mathsf{T}(\mathrm{Q})$, $\mathsf{T}(\mathrm{N}' \oplus \mathrm{Q})$ et $\mathsf{T}(\mathrm{P}' \oplus \mathrm{Q})$ à des sous-algèbres de $\mathsf{T}(\mathrm{N}' \oplus \mathrm{P}' \oplus \mathrm{Q})$, on a

$$\mathsf{T}(\mathrm{N}' \oplus \mathrm{Q}) \cap \mathsf{T}(\mathrm{P}' \oplus \mathrm{Q}) = \mathsf{T}(\mathrm{Q}). \tag{6}$$

Or, considérons le diagramme commutatif

$$\begin{array}{ccc} \mathrm{N}' \oplus \mathrm{Q} & \longrightarrow & \mathrm{N}' \oplus \mathrm{P}' \oplus \mathrm{Q} \\ \downarrow & & \downarrow \\ \mathrm{Q} & \longrightarrow & \mathrm{P}' \oplus \mathrm{Q} \end{array}$$

où les flèches horizontales sont les injections canoniques, et les flèches verticales les projections. On en déduit un diagramme commutatif

$$(7)\qquad \begin{array}{ccc} \mathsf{T}(\mathrm{N}' \oplus \mathrm{Q}) & \xrightarrow{u} & \mathsf{T}(\mathrm{N}' \oplus \mathrm{P}' \oplus \mathrm{Q}) \\ {\scriptstyle r}\downarrow & & \downarrow{\scriptstyle s} \\ \mathsf{T}(\mathrm{Q}) & \xrightarrow[v]{} & \mathsf{T}(\mathrm{P}' \oplus \mathrm{Q}) \end{array}$$

où r et s sont des homomorphismes surjectifs (III, p. 57, prop. 3) et u et v des homomorphismes injectifs. Cela étant, pour prouver (6), notons que le second membre est évidemment contenu dans le premier; il suffit donc de voir que si

$$x \in \mathsf{T}(\mathrm{N}' \oplus \mathrm{Q}) \cap \mathsf{T}(\mathrm{P}' \oplus \mathrm{Q}),$$

alors on a $x \in \mathsf{T}(\mathrm{Q})$. Or, la définition de l'homomorphisme s montre que sa restriction à $\mathsf{T}(\mathrm{P}' \oplus \mathrm{Q})$ (identifié à une sous-algèbre de $\mathsf{T}(\mathrm{N}' \oplus \mathrm{P}' \oplus \mathrm{Q})$ est l'application identique; l'hypothèse sur x entraîne donc que $s(u(x)) = x$. Mais alors on a aussi $v(r(x)) = x$, autrement dit x appartient à l'image de $\mathsf{T}(\mathrm{Q})$ dans $\mathsf{T}(\mathrm{P}' \oplus \mathrm{Q})$, ce qu'il fallait démontrer.

Remarque. — On notera en particulier que les hypothèses de la prop. 4 sont toujours vérifiées pour des sous-modules *quelconques* N, P de M, lorsque A est un *corps* (II, p. 98, prop. 4). En outre, si $\mathrm{N} \subset \mathrm{P}$ et $\mathrm{N} \neq \mathrm{P}$, on a alors $\mathsf{T}^n(\mathrm{N}) \neq \mathsf{T}^n(\mathrm{P})$ pour tout $n \geqslant 1$, puisque si R est un supplémentaire de P dans N, on a $\mathsf{T}^n(\mathrm{P}) \cap \mathsf{T}^n(\mathrm{R}) = \{0\}$ en vertu de (4), et $\mathsf{T}^n(\mathrm{R}) \neq \{0\}$.

Corollaire. — *Soient* K *un corps commutatif,* M *un espace vectoriel sur* K. *Pour tout élément* $z \in \mathsf{T}(\mathrm{M})$, *il existe un plus petit sous-espace vectoriel* N *de* M *tel que* $z \in \mathsf{T}(\mathrm{N})$, *et* N *est de rang fini sur* K.

Il est sous-entendu dans cet énoncé que pour tout sous-espace vectoriel P de M, on identifie canoniquement $\mathsf{T}(\mathrm{P})$ à une sous-algèbre de $\mathsf{T}(\mathrm{M})$. Soit $z \in \mathsf{T}(\mathrm{M})$; z s'exprime comme combinaison linéaire d'éléments dont chacun est un produit fini d'éléments de $\mathrm{M} = \mathsf{T}^1(\mathrm{M})$; tous les éléments de M qui interviennent dans ces produits engendrent un sous-espace vectoriel Q de rang fini et l'on a $z \in \mathsf{T}(\mathrm{Q})$. Soit $\mathfrak{F}$ l'ensemble (non vide) des sous-espaces vectoriels P de rang fini tels que $z \in \mathsf{T}(\mathrm{P})$. Toute suite décroissante d'éléments de $\mathfrak{F}$ est stationnaire, puisque ce sont des espaces vectoriels de rang fini. Donc $\mathfrak{F}$ possède un élément minimal N (E, III, p. 51). Il reste à voir que tout $\mathrm{P} \in \mathfrak{F}$ contient N; or, on a $z \in \mathsf{T}(\mathrm{P}) \cap \mathsf{T}(\mathrm{N}) = \mathsf{T}(\mathrm{P} \cap \mathrm{N})$ (III, p. 58, prop. 4); vu la définition de N, cela entraîne $\mathrm{N} \cap \mathrm{P} = \mathrm{N}$, c'est-à-dire $\mathrm{P} \supset \mathrm{N}$.

On dit que le sous-espace N de M est *associé* à z.

3. Extension de l'anneau des scalaires

Soient A, A' deux anneaux commutatifs, $\rho : \mathrm{A} \to \mathrm{A}'$ un homomorphisme d'anneaux. Soient M un A-module, M' un A'-module, $u : \mathrm{M} \to \mathrm{M}'$ un A-homomorphisme; comme l'injection canonique $\varphi_{\mathrm{M}'} : \mathrm{M}' \to \mathsf{T}_{\mathrm{A}'}(\mathrm{M}')$ est aussi un

A-homomorphisme (par restriction des scalaires), il en est de même du composé $M \xrightarrow{u} M' \xrightarrow{\varphi_{M'}} T_{A'}(M')$. On en déduit (III, p. 57) un homomorphisme de A-algèbres $T_A(M) \to \rho_*(T_{A'}(M'))$, que l'on note encore $T(u): T_A(M) \to T_{A'}(M')$, qui est l'unique A-homomorphisme rendant commutatif le diagramme

$$\text{(8)} \qquad \begin{array}{ccc} M & \xrightarrow{u} & M' \\ {\scriptstyle \varphi_M}\downarrow & & \downarrow{\scriptstyle \varphi_{M'}} \\ T_A(M) & \xrightarrow[T(u)]{} & T_{A'}(M') \end{array}$$

Si $\sigma: A' \to A''$ est un homomorphisme d'anneaux commutatifs, M″ un A″-module, $v: M' \to M''$ un A′-homomorphisme, la propriété d'unicité précédente montre que l'on a

$$\text{(9)} \qquad T(v \circ u) = T(v) \circ T(u).$$

PROPOSITION 5. — *Soient* A, B *deux anneaux commutatifs*, $\rho: A \to B$ *un homomorphisme d'anneaux*, M *un* A-*module. Le prolongement canonique*

$$\psi: \ T_B(B \otimes_A M) \to B \otimes_A T_A(M)$$

de l'application B-*linéaire* $1_B \otimes \varphi_M: B \otimes_A M \to B \otimes_A T_A(M)$, *est un isomorphisme de* B-*algèbres graduées.*

Considérons les deux homomorphismes de A-algèbres: l'injection canonique $j: B = T^0(B \otimes_A M) \to T(B \otimes_A M)$ et l'homomorphisme

$$h = T(i): \ T(M) \to T(B \otimes_A M),$$

déduit (cf. formule (8)) de l'application A-linéaire canonique $i: M \to B \otimes_A M$. Comme $T^0(B \otimes_A M)$ est contenu dans le centre de $T(B \otimes_A M)$, on peut appliquer la prop. 5 de III, p. 36, et on obtient donc un homomorphisme de A-algèbres $\psi': B \otimes_A T(M) \to T(B \otimes_A M)$ tel que, pour $\beta \in B$, $x_i \in M$ pour $1 \leqslant i \leqslant n$, on ait

$$\psi'(\beta \otimes (x_1 \otimes x_2 \otimes \cdots \otimes x_n)) = \beta((1 \otimes x_1) \otimes (1 \otimes x_2) \otimes \cdots \otimes (1 \otimes x_n))$$

ce qui montre aussitôt que ψ' est aussi un homomorphisme de B-algèbres. Il suffit de prouver que $\psi \circ \psi'$ et $\psi' \circ \psi$ sont les applications identiques de $B \otimes_A T(M)$ et de $T(B \otimes_A M)$ respectivement. Or, ces deux algèbres sont engendrées par $B \otimes_A M$, et il est clair que $\psi \circ \psi'$ et $\psi' \circ \psi$ coïncident avec l'application identique dans $B \otimes_A M$, d'où la conclusion.

4. Limite inductive d'algèbres tensorielles

Soient $(A_\alpha, \varphi_{\beta\alpha})$ un système inductif filtrant d'anneaux commutatifs, $(M_\alpha, f_{\beta\alpha})$ un système inductif de A_α-modules (II, p. 90); soient $A = \varinjlim A_\alpha$, $M = \varinjlim M_\alpha$, qui est un A-module. Pour $\alpha \leqslant \beta$ on déduit canoniquement du A_α-homomorphisme $f_{\beta\alpha}: M_\alpha \to M_\beta$ un homomorphisme de A_α-algèbres (III, p. 60, formule (8)) $f'_{\beta\alpha} = \mathsf{T}(f_{\beta\alpha}) : \mathsf{T}_{A_\alpha}(M_\alpha) \to \mathsf{T}_{A_\beta}(M_\beta)$, et il résulte de (9) (III, p. 60) que $(\mathsf{T}_{A_\alpha}(M_\alpha), f'_{\beta\alpha})$ est un *système inductif de* A_α*-algèbres*. Soit d'autre part $f_\alpha : M_\alpha \to M$ le A_α-homomorphisme canonique; on en déduit (III, p. 60, formule (8)) un homomorphisme de A_α-algèbres, $f'_\alpha : \mathsf{T}_{A_\alpha}(M_\alpha) \to \mathsf{T}_A(M)$, et il résulte encore de (9) (III, p. 60) que les f'_α constituent un système inductif de A_α-homomorphismes.

PROPOSITION 6. — *Le* A-*homomorphisme* $f' = \varinjlim f'_\alpha : \varinjlim \mathsf{T}_{A_\alpha}(M_\alpha) \to \mathsf{T}_A(M)$ *est un isomorphisme d'algèbres graduées.*

Posons pour simplifier $E = \mathsf{T}_A(M)$, $E' = \varinjlim \mathsf{T}_{A_\alpha}(M_\alpha)$, et soit

$$g_\alpha : \mathsf{T}_{A_\alpha}(M_\alpha) \to E'$$

le A_α-homomorphisme canonique. Il est clair que les applications A_α-linéaires composées $M_\alpha \xrightarrow{\varphi_{M_\alpha}} \mathsf{T}_{A_\alpha}(M_\alpha) \xrightarrow{g_\alpha} E'$ forment un système inductif, et il y a donc une application A-linéaire et une seule $u = \varinjlim (g_\alpha \circ \varphi_{M_\alpha}) : M \to E'$ telle que $u \circ f_\alpha = g_\alpha \circ \varphi_{M_\alpha}$ pour tout α. Cette application se factorise elle-même d'une seule manière (III, p. 56, prop. 1) en $M \xrightarrow{\varphi_M} E \xrightarrow{h} E'$, où h est un homomorphisme de A-algèbres. Il suffira de prouver que $h \circ f' = 1_{E'}$, et $f' \circ h = 1_E$.

Notons pour cela que, pour tout indice α, on a (III, p. 60, formule (8))

$$h \circ f'_\alpha \circ \varphi_{M_\alpha} = h \circ \varphi_M \circ f_\alpha = u \circ f_\alpha = g_\alpha \circ \varphi_{M_\alpha}$$

d'où, par l'assertion d'unicité de III, p. 56, prop. 1, $h \circ f'_\alpha = g_\alpha$ pour tout α; on en tire $(h \circ f') \circ g_\alpha = g_\alpha$ pour tout α, donc $h \circ f' = 1_{E'}$ par définition d'une limite inductive.

D'autre part, on a, en vertu de III, p. 60, formule (8),

$$f' \circ u \circ f_\alpha = f' \circ g_\alpha \circ \varphi_{M_\alpha} = f'_\alpha \circ \varphi_{M_\alpha} = \varphi_M \circ f_\alpha,$$

d'où de nouveau $f' \circ u = \varphi_M$ par définition d'une limite inductive; on en conclut que $f' \circ h \circ \varphi_M = \varphi_M$, et la propriété d'unicité de III, p. 56, prop. 1 donne $f' \circ h = 1_E$.

On peut aussi démontrer la prop. 6 en observant que, pour tout entier $n \geqslant 1$, on a un isomorphisme canonique de A-modules $\varinjlim \mathsf{T}^n_{A_\alpha}(M_\alpha) \to \mathsf{T}^n_A(M)$, comme il résulte par récurrence sur n de II, p. 93, prop. 7. Il est immédiat de vérifier que ces isomorphismes sont les restrictions de f'.

5. Algèbre tensorielle d'une somme directe. Algèbre tensorielle d'un module libre. Algèbre tensorielle d'un module gradué

Soient A un anneau commutatif, $M = \bigoplus_{\lambda \in L} M_\lambda$ la somme directe d'une famille de A-modules. Il résulte de II, p. 61, prop. 7, par récurrence sur n, que $\mathsf{T}^n(M)$ est somme directe des sous-modules images des injections canoniques

$$M_{\lambda_1} \otimes M_{\lambda_2} \otimes \cdots \otimes M_{\lambda_n} \to \mathsf{T}^n(M) = M^{\otimes n}$$

relatives à *toutes* les suites $(\lambda_i) \in L^n$. Identifiant $M_{\lambda_1} \otimes M_{\lambda_2} \otimes \cdots \otimes M_{\lambda_n}$ à cette image, on voit que $T(M)$ est *somme directe de tous les modules*

$$M_{\lambda_1} \otimes M_{\lambda_2} \otimes \cdots \otimes M_{\lambda_n},$$

où n parcourt $\mathbf{N}$, et, pour chaque n, (λ_i) parcourt L^n.

On en déduit d'abord la conséquence suivante:

THÉORÈME 1. — *Soient* A *un anneau commutatif,* M *un* A-*module libre,* $(e_\lambda)_{\lambda \in L}$ *une base de* M. *Alors les éléments* $e_s = e_{\lambda_1} \otimes e_{\lambda_2} \otimes \cdots \otimes e_{\lambda_n}$, *où* $s = (\lambda_1 \ldots, \lambda_n)$ *parcourt l'ensemble de toutes les suites finies d'éléments de* L, *et où on convient que* $e_\varnothing$ *est l'élément unité de* $T(M)$, *forment une base du* A-*module* $T(M)$.

Les éléments de cette base sont évidemment homogènes, et la table de multiplication est donnée par

$$e_s e_t = e_{st} \tag{10}$$

en notant st la suite d'éléments de L obtenue par *juxtaposition* des suites s et t (I, p. 79).

On voit que la base (e_s) de $T(M)$, munie de la loi multiplicative (10), est canoniquement isomorphe au *monoïde libre* construit sur l'ensemble L (I, p. 79), l'isomorphisme s'obtenant en faisant correspondre à chaque mot s de ce monoïde l'élément e_s. On en conclut (III, p. 22) que *l'algèbre tensorielle* $T(M)$ *d'un module libre* M *muni d'une base dont* L *est l'ensemble d'indices, est canoniquement isomorphe à l'algèbre associative libre de* L *sur* A. En particulier (III, p. 22, prop. 7) pour toute application $f : L \to E$ de L dans une A-algèbre E, il existe un homomorphisme $\bar{f} : T(M) \to E$ de A-algèbres et un seul tel que $\bar{f}(e_\lambda) = f(\lambda)$.

Remarque. — Les résultats précédents peuvent également s'obtenir comme conséquence des propriétés universelles de l'algèbre associative libre et de l'algèbre tensorielle, compte tenu de (II, p. 62, cor. 2).

COROLLAIRE. — *Si* M *est un* A-*module projectif,* $T(M)$ *est un* A-*module projectif.*

En effet, M est facteur direct d'un A-module libre N (II, p. 39, prop. 4), donc $T(M)$ est facteur direct de $T(N)$ (III, p. 58); comme $T(N)$ est libre (th. 1), cela montre que $T(M)$ est projectif (II, p. 39).

PROPOSITION 7. — *Soient* Δ *un monoïde commutatif,* M *un* A-*module gradué de type* Δ, $(M_\alpha)_{\alpha \in \Delta}$ *sa graduation. Pour tout couple* $(\alpha, n) \in \Delta \times \mathbf{N}$, *soit* $T^{\alpha, n}(M)$ *la somme (directe) des sous-modules* $M_{\alpha_1} \otimes M_{\alpha_2} \otimes \cdots \otimes M_{\alpha_n}$ *de* $T^n(M)$ *tels que* $\sum_{i=1}^{n} \alpha_i = \alpha$; *alors* $(T^{\alpha, n}(M))_{(\alpha, n) \in \Delta \times \mathbf{N}}$ *est la seule graduation de type* $\Delta \times \mathbf{N}$ *compatible avec la structure d'algèbre de* $T(M)$ *et qui induise sur* $M = T^1(M)$ *la graduation donnée.*

On a vu au début de ce n° que $T(M)$ est somme directe des $T^{\alpha, n}(M)$, et le fait qu'il s'agisse d'une graduation compatible avec la structure d'algèbre résulte aussitôt des définitions. Si $(T'^{\alpha, n})$ est une autre graduation de type $\Delta \times \mathbf{N}$ sur

$\mathsf{T}(\mathrm{M})$, compatible avec la structure d'algèbre, et telle que $\mathsf{T}^{\alpha,1}(\mathrm{M}) = \mathsf{T}'^{\alpha,1}$ pour $\alpha \in \Delta$, il résulte aussitôt des définitions que l'on aura, pour tout $n \geqslant 1$ et tout $\alpha \in \Delta$, $\mathsf{T}^{\alpha,n}(\mathrm{M}) \subset \mathsf{T}'^{\alpha,n}$; mais puisque $\mathsf{T}(\mathrm{M})$ est aussi somme directe des $\mathsf{T}^{\alpha,n}(\mathrm{M})$, cela entraîne $\mathsf{T}'^{\alpha,n} = \mathsf{T}^{\alpha,n}(\mathrm{M})$ (II, p. 18, *Remarque*).

6. Tenseurs et notation tensorielle

Soient A un anneau commutatif, M un A-module, M* le *dual* de M (II, p. 40), I et J deux ensemble *finis disjoints*; on note $\mathsf{T}^{\mathrm{I}}_{\mathrm{J}}(\mathrm{M})$ le A-module $\bigotimes_{i \in \mathrm{I} \cup \mathrm{J}} \mathrm{E}_i$, où $\mathrm{E}_i = \mathrm{M}$ si $i \in \mathrm{I}$, $\mathrm{E}_i = \mathrm{M}^*$ si $i \in \mathrm{J}$; les éléments de $\mathsf{T}^{\mathrm{I}}_{\mathrm{J}}(\mathrm{M})$ sont dits *tenseurs de type* (I, J) sur M. On dit qu'ils sont *contravariants* si $\mathrm{J} = \varnothing$, *covariants* si $\mathrm{I} = \varnothing$, *mixtes* dans les autres cas.

Soient I′, I″ deux parties de I et J′, J″ deux parties de J, telles que $\mathrm{I}' \cup \mathrm{I}'' = \mathrm{I}$, $\mathrm{I}' \cap \mathrm{I}'' = \varnothing$, $\mathrm{J}' \cup \mathrm{J}'' = \mathrm{J}$, $\mathrm{J}' \cap \mathrm{J}'' = \varnothing$; alors on a un isomorphisme canonique d'associativité (II, p. 72)

$$\mathsf{T}^{\mathrm{I}}_{\mathrm{J}}(\mathrm{M}) \to \mathsf{T}^{\mathrm{I}'}_{\mathrm{J}'}(\mathrm{M}) \otimes_{\mathrm{A}} \mathsf{T}^{\mathrm{I}''}_{\mathrm{J}''}(\mathrm{M}). \tag{11}$$

Si l'on considère l'algèbre tensorielle $\mathsf{T}(\mathrm{M} \oplus \mathrm{M}^*)$, il résulte de III, p. 62 que $\mathsf{T}^n(\mathrm{M} \oplus \mathrm{M}^*)$ s'identifie canoniquement à la somme directe des $\mathsf{T}^{\mathrm{I}}_{\mathrm{J}}(\mathrm{M})$ où I parcourt l'ensemble des parties de l'intervalle $(1, n)$ de **N**, et J est le complémentaire de I dans $(1, n)$.

Lorsque $\mathrm{I} = (1, p)$ et $\mathrm{J} = (p + 1, p + q)$ avec des entiers $p \geqslant 0$, $q \geqslant 0$ (en convenant de remplacer I (resp. J) par $\varnothing$ lorsque $p = 0$ (resp. $q = 0$)), le A-module $\mathsf{T}^{\mathrm{I}}_{\mathrm{J}}(\mathrm{M})$ se note aussi $\mathsf{T}^{p}_{q}(\mathrm{M})$; les A-modules $\mathsf{T}^{n}_{0}(\mathrm{M})$ et $\mathsf{T}^{0}_{n}(\mathrm{M})$ sont donc par définition les A-modules $\mathsf{T}^n(\mathrm{M})$ et $\mathsf{T}^n(\mathrm{M}^*)$ respectivement. Lorsque I et J sont des ensembles finis quelconques, de cardinaux $p = \mathrm{Card}(\mathrm{I})$ et $q = \mathrm{Card}(\mathrm{J})$: munissons chacun d'eux d'une structure d'ordre total; il existe alors une bijection croissante de I (resp. J) sur $(1, p)$ (resp. $(p + 1, p + q)$), et ces bijections définissent donc un isomorphisme

$$\mathsf{T}^{\mathrm{I}}_{\mathrm{J}}(\mathrm{M}) \to \mathsf{T}^{p}_{q}(\mathrm{M}).$$

Lorsque M est un A-module *projectif de type fini*, il résulte de II, p. 47, cor. 4 et de II, p. 80, cor. 1, que l'on a un isomorphisme canonique

$$(\mathsf{T}^{\mathrm{I}}_{\mathrm{J}}(\mathrm{M}))^* \to \mathsf{T}^{\mathrm{J}}_{\mathrm{I}}(\mathrm{M}).$$

Supposons maintenant que M soit un A-module *libre de type fini*, et soit $(e_\lambda)_{\lambda \in \mathrm{L}}$ une base de M (L étant donc un ensemble *fini*). On notera $(e^\lambda)_{\lambda \in \mathrm{L}}$ la base de M*, *duale* de (e_λ) (II, p. 45). Les bases (e_λ) et (e^λ) de M et M* respectivement définissent (III, p. 62) une base de $\mathsf{T}^{\mathrm{I}}_{\mathrm{J}}(\mathrm{M})$, qu'on explicite comme suit: étant données deux applications $f\colon \mathrm{I} \to \mathrm{L}$ et $g\colon \mathrm{J} \to \mathrm{L}$, soit e^g_f l'élément $\bigotimes_{i \in \mathrm{I} \cup \mathrm{J}} x_i$ de $\mathsf{T}^{\mathrm{I}}_{\mathrm{J}}(\mathrm{M})$, défini par

$$x_i = e_{f(i)} \quad \text{si} \quad i \in \mathrm{I}, \qquad x_i = e^{g(i)} \quad \text{si} \quad i \in \mathrm{J}.$$

Lorsque (f, g) parcourt l'ensemble des couples d'applications $f: \mathrm{I} \rightarrow \mathrm{L}$ et $g: \mathrm{J} \rightarrow \mathrm{L}$, les e_f^g forment une *base* du A-module $\mathsf{T}_{\mathrm{J}}^{\mathrm{I}}(\mathrm{M})$, dite *associée* à la base donnée (e_λ) de M. Pour $z \in \mathsf{T}_{\mathrm{J}}^{\mathrm{I}}(\mathrm{M})$, on peut donc écrire

$$z = \sum_{(f,g)} \alpha_g^f(z) \cdot e_f^g \tag{12}$$

où les α_g^f sont les formes coordonnées relatives à la base (e_f^g) ; par abus de langage, on dit que les $\alpha_g^f(z)$ sont les coordonnées du tenseur z *par rapport à la base* (e_λ) du module M. Les α_g^f constituent la base duale de (e_f^g), autrement dit s'identifient aux éléments de la base de $\mathsf{T}_{\mathrm{I}}^{\mathrm{J}}(\mathrm{M})$, *associée* à (e_λ). Lorsque I et J sont des parties complémentaires d'un intervalle $[1, n]$ de $\mathbf{N}$, on note encore α_g^f (ou $\alpha_g^f(z)$) de la façon suivante: on écrit en indices supérieurs chaque élément $f(i)$ à la i-ème place pour $i \in \mathrm{I}$, et un point à la i-ème place pour $i \in \mathrm{J}$; de même, on écrit en indices inférieurs $g(i)$ à la i-ème place pour $i \in \mathrm{J}$, un point à la i-ème place pour $i \in \mathrm{I}$. Par exemple, pour $\mathrm{I} = \{1, 4\}$, $\mathrm{J} = \{2, 3\}$, on écrira $\alpha^{\lambda \cdot \cdot \mu}_{\cdot \nu \rho \cdot}$ si $f(1) = \lambda$, $f(4) = \mu$, $g(2) = \nu$, $g(3) = \rho$.

Soit $(\bar{e}_\lambda)_{\lambda \in \mathrm{L}}$ une autre base de M, et soit P la matrice de passage de (e_λ) à $(\bar{e}_\lambda)$ (II, p. 152). Alors la matrice de passage de (e^λ) à $(\bar{e}^\lambda)$ (base duale de $(\bar{e}_\lambda)$) est la *contragrédiente* ${}^tP^{-1}$ de P (II, p. 153, prop. 5). Il en résulte (II, p. 157) que la matrice de passage de la base (e_f^g) de $\mathsf{T}_{\mathrm{J}}^{\mathrm{I}}(\mathrm{M})$ à la base $(\bar{e}_f^g)$ (où f (resp. g) parcourt l'ensemble des applications de I dans L (resp. de J dans L)) est la matrice

$$\bigotimes_{i \in \mathrm{I} \cup \mathrm{J}} Q_i, \qquad \text{où } Q_i = P \text{ si } i \in \mathrm{I}, \quad Q_i = {}^tP^{-1} \text{ si } i \in \mathrm{J}. \tag{13}$$

La transposée de cette matrice de passage s'identifie par suite à

$$\bigotimes_{i \in \mathrm{I} \cup \mathrm{J}} R_i, \qquad \text{où } R_i = {}^tP^{-1} \text{ si } i \in \mathrm{I}, \quad R_i = P \text{ si } i \in \mathrm{J} ; \tag{14}$$

Supposons de nouveau le module M quelconque. Soient $i \in \mathrm{I}$, $j \in \mathrm{J}$, et posons $\mathrm{I}' = \mathrm{I} - \{i\}$, $\mathrm{J}' = \mathrm{J} - \{j\}$; on va définir une application A-linéaire canonique

$$c_j^i : \mathsf{T}_{\mathrm{J}}^{\mathrm{I}}(\mathrm{M}) \rightarrow \mathsf{T}_{\mathrm{J}'}^{\mathrm{I}'}(\mathrm{M}),$$

dite *contraction de l'indice i et de l'indice j*. Pour cela, on remarque que l'application de $\mathrm{M}^{\mathrm{I}} \times (\mathrm{M}^*)^{\mathrm{J}}$, qui à toute famille $(x_i)_{i \in \mathrm{I} \cup \mathrm{J}}$ où $x_i \in \mathrm{M}$ si $i \in \mathrm{I}$ et $x_i \in \mathrm{M}^*$ si $j \in \mathrm{J}$, fait correspondre l'élément

$$\langle x_i, x_j \rangle \bigotimes_{k \in (\mathrm{I} \cup \mathrm{J}) - \{i, j\}} x_k \tag{15}$$

de $\mathsf{T}_{\mathrm{J}'}^{\mathrm{I}'}(\mathrm{M})$, est A-*multilinéaire* ; c_j^i est l'application A-linéaire correspondante.

Supposons maintenant que M soit libre de type fini, et soit $(e_\lambda)_{\lambda \in \mathrm{L}}$ une base de M. Etant données deux applications $f: \mathrm{I} \rightarrow \mathrm{L}$, $g: \mathrm{J} \rightarrow \mathrm{L}$, notons f_i la restriction de f à $I' = I - \{i\}$, et g_j la restriction de g à $J' = J - \{j\}$; on a alors en vertu de (12)

$$c_j^i(e_f^g) = \begin{cases} 0 & \text{si } f(i) \neq g(j) \\ e_{f_i}^{g_j} & \text{si } f(i) = g(j) \end{cases} \tag{16}$$

On en déduit l'expression des coordonnées de $c_j^i(z)$ en fonction de celles de z; pour toute application f' (resp. g') de I' dans L (resp. de J' dans L), et tout $\lambda \in L$, désignons par (f', λ) (resp. (g', λ)) l'application de I dans L (resp. de J dans L) dont la restriction à I' (resp. J') est f' (resp. g'), et qui prend la valeur λ en l'élément i (resp. j). Alors, si on désigne par $\beta_{g'}^{f'}$ les formes coordonnées relatives à la base $(e_{f'}^{g'})$ de $T_{J'}^{I'}(M)$, on a

$$\beta_{g'}^{f'}(c_j^i(z)) = \sum_{\lambda \in L} \alpha_{(g', \lambda)}^{(f', \lambda)}(z). \tag{17}$$

Exemples de tenseurs. — 1) Soit M un A-module *projectif de type fini*. On sait (II, p. 77, corollaire) que l'on a un isomorphisme canonique de A-modules

$$\theta_M : M^* \otimes_A M \to \operatorname{End}_A(M)$$

tel que $\theta_M(x^* \otimes x)$ (pour $x \in M$, $x^* \in M^*$) soit l'endomorphisme

$$y \mapsto \langle y, x^* \rangle x.$$

On peut donc au moyen de θ_M, identifier $T_{\{1\}}^{\{2\}}(M)$ (isomorphe à $T_1^1(M)$) au A-module $\operatorname{End}_A(M)$. Supposons que M soit un module libre et soit $(e_\lambda)_{\lambda \in L}$ une base de M; on note donc $\zeta_{\mu.}^{.\lambda}$ les coordonnées d'un tenseur $z \in M^* \otimes M$ relativement à la base $(e^\mu \otimes e_\lambda)$ de ce module. Comme $\theta_M(e^\mu \otimes e_\lambda)$ est l'endomorphisme $y \mapsto \langle y, e^\mu \rangle e_\lambda$, l'endomorphisme $u = \theta_M(z) = \theta_M\Big(\sum_{\lambda, \mu} \zeta_{\mu.}^{.\lambda} e^\mu \otimes e_\lambda\Big)$ transforme y en $\sum_{\lambda, \mu} \zeta_{\mu.}^{.\lambda} \langle y, e^\mu \rangle e_\lambda$; faisant $y = e_\lambda$, on obtient la relation

$$u(e_\lambda) = \sum_{\mu \in L} \zeta_{\lambda.}^{.\mu} e_\mu \tag{18}$$

autrement dit, *la matrice de l'application linéaire* $u = \theta_M(z)$ *est celle dont l'élément qui figure dans la ligne d'indice* μ *et la colonne d'indice* λ *est* $\zeta_{\lambda.}^{.\mu}$.

La définition de la *trace* de u (II, p. 78) montre aussitôt que l'on a

$$\operatorname{Tr}(\theta_M(z)) = c_1^2(z).$$

Par suite, l'élément $z_0 = \sum_{\lambda \in L} e^\lambda \otimes e_\lambda$ (dont les coordonnées $\zeta_{\mu.}^{.\lambda}$ sont nulles pour $\lambda \neq \mu$, égales à 1 pour $\lambda = \mu$), qui est tel que $\theta_M(z_0) = 1_M$, est transformé de l'élément $1 \in A = T_0^0(M)$ par l'application *transposée de la contraction*

$$c_1^2 : T_{\{1\}}^{\{2\}}(M) \to A.$$

2) Supposons toujours que M soit un A-module *projectif de type fini*; on a un isomorphisme canonique de A-modules

$$\mu\colon \mathrm{M}^* \otimes_{\mathrm{A}} \mathrm{M}^* \to (\mathrm{M} \otimes_{\mathrm{A}} \mathrm{M})^*$$

(II, p. 80, cor. 1), ainsi qu'un isomorphisme canonique

$$\theta\colon (\mathrm{M} \otimes_{\mathrm{A}} \mathrm{M})^* \otimes_{\mathrm{A}} \mathrm{M} \to \mathrm{Hom}_{\mathrm{A}}(\mathrm{M} \otimes_{\mathrm{A}} \mathrm{M}, \mathrm{M})$$

(II, p. 77, corollaire); d'ailleurs $\mathrm{Hom}_{\mathrm{A}}(\mathrm{M} \otimes_{\mathrm{A}} \mathrm{M}, \mathrm{M})$ est canoniquement isomorphe au A-module $\mathscr{L}_2(\mathrm{M}, \mathrm{M}; \mathrm{M})$ des applications A-*bilinéaires* de $\mathrm{M} \times \mathrm{M}$ dans M (II, p. 71). Composant ces isomorphismes, on obtient un isomorphisme canonique

$$\chi_{\mathrm{M}}\colon \mathrm{T}^{\{3\}}_{\{1,2\}}(\mathrm{M}) = \mathrm{M}^* \otimes \mathrm{M}^* \otimes \mathrm{M} \to \mathscr{L}_2(\mathrm{M}, \mathrm{M}; \mathrm{M})$$

tel que, pour x^*, y^* dans M^*, $z \in \mathrm{M}$, $\chi_{\mathrm{M}}(x^* \otimes y^* \otimes z)$ soit l'application bilinéaire

$$(u, v) \mapsto \langle u, x^*\rangle\langle v, y^*\rangle z.$$

On peut donc, au moyen de χ_{M}, identifier $\mathrm{T}^{\{3\}}_{\{1,2\}}(\mathrm{M})$ (isomorphe à $\mathrm{T}^1_2(\mathrm{M})$) au A-module $\mathscr{L}_2(\mathrm{M}, \mathrm{M}; \mathrm{M})$. Supposons que M soit un module libre et soit $(e_\lambda)_{\lambda \in \mathrm{L}}$ une base de M; on note donc $\zeta^{\cdot\cdot\nu}_{\lambda\mu\cdot}$ les coordonnées d'un tenseur $z \in \mathrm{M}^* \otimes \mathrm{M}^* \otimes \mathrm{M}$ relativement à la base $(e^\lambda \otimes e^\mu \otimes e_\nu)$ de ce module. L'application bilinéaire $\chi_{\mathrm{M}}(z)$ transforme le couple (e_λ, e_μ) en

$$\sum_{\nu \in \mathrm{L}} \zeta^{\cdot\cdot\nu}_{\lambda\mu\cdot} e_\nu$$

et par suite les $\zeta^{\cdot\cdot\nu}_{\lambda\mu\cdot}$ ne sont autres que les *constantes de structure* de l'algèbre (non associative en général) définie sur M par l'application bilinéaire $\chi_{\mathrm{M}}(z)$, par rapport à la base (e_λ) (III, p. 10).

Remarque 2) — Soient $(e_\lambda)_{\lambda \in \mathrm{L}}$, $(\bar{e}_\lambda)_{\lambda \in \mathrm{L}}$ deux bases de M, P la matrice de passage de (e_λ) à $(\bar{e}_\lambda)$. En raison de ce qui a été vu dans l'*Exemple* 1 (III, p. 65), on note α^λ_μ l'élément de P qui figure dans la ligne d'indice λ et la colonne d'indice μ, et on note β^μ_λ l'élément de la contragrédiente ${}^tP^{-1}$ qui figure dans la ligne d'indice λ et la colonne d'indice μ. On a donc (avec les notations introduites plus haut)

$$\text{(19)} \qquad \begin{cases} \bar{e}_\mu = \sum_\lambda \alpha^\lambda_\mu e_\lambda \\ \bar{e}^\mu = \sum_\lambda \beta^\mu_\lambda e^\lambda \end{cases}$$

$$\text{(20)} \qquad \bar{e}^{g'}_{f'} = \sum_{(f,g)} \Big(\prod_{i \in \mathrm{I}} \alpha^{f(i)}_{f'(i)}\Big)\Big(\prod_{j \in \mathrm{J}} \beta^{g'(j)}_{g(j)}\Big) e^g_f$$

quelles que soient les applications $f'\colon \mathrm{I} \to \mathrm{L}$ et $g'\colon \mathrm{J} \to \mathrm{L}$. Les coordonnées ζ^f_g

d'un tenseur $z \in \mathsf{T}^{\mathrm{I}}_{\mathrm{J}}(\mathrm{M})$ par rapport à la base (e_λ) s'expriment donc à l'aide des coordonnées $\bar{\zeta}^{f'}_{g'}$ de z par rapport à la base $(\bar{e}_\lambda)$ à l'aide des formules

$$(21) \qquad \zeta^f_g = \sum_{(f',g')} \Big(\prod_{i \in \mathrm{I}} \alpha^{f(i)}_{f'(i)}\Big)\Big(\prod_{j \in \mathrm{J}} \beta^{g'(j)}_{g(j)}\Big)\bar{\zeta}^{f'}_{g'}.$$

La matrice de passage P^{-1} de la base $(\bar{e}_\lambda)$ à la base (e_λ) est la transposée de ${}^tP^{-1}$, de sorte que β^μ_λ est l'élément qui figure dans la colonne d'indice λ et la ligne d'indice μ de P^{-1}. Le calcul de e^g_f à l'aide des $\bar{e}^{g'}_{f'}$ et celui des $\bar{\zeta}^{f'}_{g'}$ à l'aide des ζ^f_g se font donc en remplaçant dans les calculs précédents, α^λ_μ par β^μ_λ et β^μ_λ par α^λ_μ, et en échangeant les rôles de f et f', de g et g'. Il vient donc

$$(22) \qquad e^g_f = \sum_{(f',g')} \Big(\prod_{j \in \mathrm{J}} \alpha^{g(j)}_{g'(j)}\Big)\Big(\prod_{i \in \mathrm{I}} \beta^{f'(i)}_{f(i)}\Big)\bar{e}^{g'}_{f'}$$

$$(23) \qquad \bar{\zeta}^{f'}_{g'} = \sum_{(f,g)} \Big(\prod_{j \in \mathrm{J}} \alpha^{g(j)}_{g'(j)}\Big)\Big(\prod_{i \in \mathrm{I}} \beta^{f'(i)}_{f(i)}\Big)\zeta^f_g.$$

Les formules précédentes sont telles que la sommation porte sur des indices qui figurent une fois en indice inférieur et une fois en indice supérieur. Certains auteurs s'autorisent de cette circonstance pour supprimer dans ces formules les signes de sommation.

§ 6. ALGÈBRE SYMÉTRIQUE

1. Définition de l'algèbre symétrique d'un module

DÉFINITION 1. — *Soient* A *un anneau commutatif,* M *un* A*-module. On appelle algèbre symétrique de* M, *et on note* $\mathsf{S}(\mathrm{M})$ *ou* Sym(M) *ou* $\mathsf{S}_{\mathrm{A}}(\mathrm{M})$, *l'algèbre sur* A *quotient de l'algèbre tensorielle* $\mathsf{T}(\mathrm{M})$ *par l'idéal bilatère* $\mathfrak{J}'$ *(aussi noté* $\mathfrak{J}_{\mathrm{M}}$*) engendré par les éléments* $xy - yx = x \otimes y - y \otimes x$ *de* $\mathsf{T}(\mathrm{M})$, *où* x *et* y *parcourent* M.

L'idéal $\mathfrak{J}'$ étant engendré par des éléments homogènes de degré 2, est un *idéal gradué* (II, p. 167, prop. 2); on pose $\mathfrak{J}'_n = \mathfrak{J}' \cap \mathsf{T}^n(\mathrm{M})$; l'algèbre $\mathsf{S}(\mathrm{M})$ est donc graduée par la graduation (dite *canonique*) formée des $\mathsf{S}^n(\mathrm{M}) = \mathsf{T}^n(\mathrm{M})/\mathfrak{J}'_n$. On a $\mathfrak{J}'_0 = \mathfrak{J}'_1 = \{0\}$, donc $\mathsf{S}^0(\mathrm{M})$ s'identifie canoniquement à A et $\mathsf{S}^1(\mathrm{M})$ à $\mathsf{T}^1(\mathrm{M}) = \mathrm{M}$; nous ferons toujours par la suite ces identifications, et nous noterons φ' ou φ'_{M} l'injection canonique $\mathrm{M} \to \mathsf{S}(\mathrm{M})$.

PROPOSITION 1. — *L'algèbre* $\mathsf{S}(\mathrm{M})$ *est commutative.*

En effet, on a par définition $\varphi'(x)\varphi'(y) = \varphi'(y)\varphi'(x)$ pour x, y dans M, et comme les éléments $\varphi'(x)$, où x parcourt M, engendrent $\mathsf{S}(\mathrm{M})$, la conclusion résulte de III, p. 11.

PROPOSITION 2. — *Soient* E *une* A*-algèbre,* $f\colon \mathrm{M} \to \mathrm{E}$ *une application* A*-linéaire telle que*

$$(1) \qquad f(x)f(y) = f(y)f(x) \text{ quels que soient } x, y \text{ dans M.}$$

Il existe un homomorphisme et un seul de A-*algèbres* $g: \mathsf{S}(\mathrm{M}) \to \mathrm{E}$ *tel que* $f = g \circ \varphi'$.

En d'autres termes, $(\mathsf{S}(\mathrm{M}), \varphi')$ est solution du *problème d'application universelle* (E, IV, p. 23), où Σ est l'espèce de structure de A-algèbre, les α-applications étant les applications linéaires du A-module M dans une A-algèbre vérifiant (1).

L'unicité de g résulte de ce que $\varphi'(\mathrm{M}) = \mathrm{M}$ engendre $\mathsf{S}(\mathrm{M})$. Pour prouver l'existence de g, notons qu'en vertu de III, p. 56, prop. 1, il existe un homomorphisme $g_1: \mathsf{T}(\mathrm{M}) \to \mathrm{E}$ de A-algèbres tel que $f = g_1 \circ \varphi$; tout revient à voir que g_1 s'annule dans l'idéal $\mathfrak{J}'$, car alors, si $p: \mathsf{T}(\mathrm{M}) \to \mathsf{S}(\mathrm{M}) = \mathsf{T}(\mathrm{M})/\mathfrak{J}'$ est l'homomorphisme canonique, on pourra écrire $g_1 = g \circ p$, où $g: \mathsf{S}(\mathrm{M}) \to \mathrm{E}$ est un homomorphisme d'algèbres, et la conclusion résultera de ce que $p \circ \varphi = \varphi'$. Or le noyau de g_1 est un idéal bilatère qui, en vertu de (1) et de la relation $g_1 \circ \varphi = f$, contient les éléments $x \otimes y - y \otimes x$ pour x, y dans M. Ceci termine la démonstration.

Remarques. — 1) Supposons que E soit une A-algèbre *graduée* de type $\mathbf{Z}$, de graduation (E_n), et supposons en outre que l'application linéaire f (supposée vérifier (1)) soit telle que

$$f(\mathrm{M}) \subset \mathrm{E}_1. \tag{2}$$

Alors la relation $g(x_1 x_2 \ldots x_p) = f(x_1) f(x_2) \ldots f(x_p)$ pour les $x_i \in \mathrm{M}$ montre que $g(\mathsf{S}^p(\mathrm{M})) \subset \mathrm{E}_p$ pour tout $p \geqslant 0$, donc g est un homomorphisme d'*algèbres graduées*.

2) Tout élément de $\mathsf{S}(\mathrm{M})$ est somme de produits de la forme $x_1 x_2 \ldots x_n$, où les x_i appartiennent à M; on aura soin de ne pas confondre de tels produits pris *dans* $\mathsf{S}(\mathrm{M})$ et les produits analogues pris *dans* $\mathsf{T}(\mathrm{M})$.

3) Si $n!.1$ est inversible dans A, le A-module $\mathsf{S}^n(\mathrm{M})$ est engendré par les éléments de la forme x^n, où $x \in \mathrm{M}$; cela résulte de la remarque précédente et de (I, p. 95, prop. 2).

2. Propriétés fonctorielles de l'algèbre symétrique

Proposition 3. — *Soient* A *un anneau commutatif*, M *et* N *deux* A-*modules*, $u: \mathrm{M} \to \mathrm{N}$ *une application* A-*linéaire. Il existe un homomorphisme de* A-*algèbres et un seul*, $u': \mathsf{S}(\mathrm{M}) \to \mathsf{S}(\mathrm{N})$, *tel que le diagramme*

$$\begin{array}{ccc} \mathrm{M} & \xrightarrow{u} & \mathrm{N} \\ {\scriptstyle \varphi'_{\mathrm{M}}}\downarrow & & \downarrow{\scriptstyle \varphi'_{\mathrm{N}}} \\ \mathsf{S}(\mathrm{M}) & \xrightarrow[u']{} & \mathsf{S}(\mathrm{N}) \end{array}$$

soit commutatif. En outre, u' *est un homomorphisme d'algèbres graduées.*

L'existence et l'unicité de u' résultent de III, p. 67, prop. 2, appliquée à l'algèbre commutative $\mathsf{S}(\mathrm{N})$ et à $f = \varphi'_{\mathrm{N}} \circ u: \mathrm{M} \to \mathsf{S}(\mathrm{N})$; comme

$$f(\mathrm{M}) \subset \mathsf{S}^1(\mathrm{N}) = \mathrm{N},$$

le fait que u' soit un homomorphisme d'algèbres graduées résulte de III, p. 68, *Remarque* 1.

L'homomorphisme u' de la prop. 3 sera désormais noté $\mathsf{S}(u)$. Si P est un A-module et $v \colon \mathrm{N} \to \mathrm{P}$ une application A-linéaire, on a

$$\mathsf{S}(v \circ u) = \mathsf{S}(v) \circ \mathsf{S}(u) \tag{3}$$

car $\mathsf{S}(v) \circ \mathsf{S}(u)$ est un homomorphisme d'algèbres qui rend commutatif le diagramme

$$\begin{array}{ccc} \mathrm{M} & \xrightarrow{v \circ u} & \mathrm{P} \\ {\scriptstyle \varphi'_{\mathrm{M}}} \downarrow & & \downarrow {\scriptstyle \varphi'_{\mathrm{P}}} \\ \mathsf{S}(\mathrm{M}) & \xrightarrow[\mathsf{S}(v) \circ \mathsf{S}(u)]{} & \mathsf{S}(\mathrm{P}) \end{array}$$

Comme $\mathsf{S}(\mathrm{M})$ contient $\mathrm{M} = \mathsf{S}^1(\mathrm{M})$, on dit parfois que $\mathsf{S}(u)$ est le *prolongement canonique* de u à $\mathsf{S}(\mathrm{M})$. La restriction $\mathsf{S}^n(u) \colon \mathsf{S}^n(\mathrm{M}) \to \mathsf{S}^n(\mathrm{N})$ est telle que

$$\mathsf{S}^n(u)(x_1 x_2 \ldots x_n) = u(x_1) u(x_2) \ldots u(x_n)$$

pour les $x_i \in \mathrm{M}$, puisque $\mathsf{S}(u)$ est un homomorphisme d'algèbres et $\mathsf{S}^1(u) = u$; la restriction $\mathsf{S}^0(u)$ à A est l'application identique. On notera que $\mathsf{S}^n(u)$ provient de $\mathsf{T}^n(u) \colon \mathsf{T}^n(\mathrm{M}) \to \mathsf{T}^n(\mathrm{N})$ par passage aux quotients.

PROPOSITION 4. — *Si* $u \colon \mathrm{M} \to \mathrm{N}$ *est une application* A-*linéaire surjective, l'homomorphisme* $\mathsf{S}(u) \colon \mathsf{S}(\mathrm{M}) \to \mathsf{S}(\mathrm{N})$ *est surjectif, et son noyau est l'idéal de* $\mathsf{S}(\mathrm{M})$ *engendré par le noyau* $\mathrm{P} \subset \mathrm{M} \subset \mathsf{S}(\mathrm{M})$ *de* u.

Posons $v = \mathsf{T}(u) : \mathsf{T}(\mathrm{M}) \to \mathsf{T}(\mathrm{N})$; on sait (III, p. 57, prop. 3) que v est surjective, donc il résulte des définitions que l'on a $v(\mathfrak{J}'_{\mathrm{M}}) = \mathfrak{J}'_{\mathrm{N}}$; si $\mathfrak{K}$ est le noyau de v, on a par suite $v^{-1}(\mathfrak{J}'_{\mathrm{N}}) = \mathfrak{K} + \mathfrak{J}'_{\mathrm{M}}$. Comme $\mathsf{S}(u) \colon \mathsf{T}(\mathrm{M})/\mathfrak{J}'_{\mathrm{M}} \to \mathsf{T}(\mathrm{N})/\mathfrak{J}'_{\mathrm{N}}$ se déduit de v par passage aux quotients, c'est un homomorphisme surjectif dont le noyau est $\mathfrak{K}' = (\mathfrak{K} + \mathfrak{J}'_{\mathrm{M}})/\mathfrak{J}'_{\mathrm{M}}$. Comme $\mathfrak{K}$ est engendré par le noyau P de u (III, p. 57), il en est de même de $\mathfrak{K}'$.

Si $u \colon \mathrm{M} \to \mathrm{N}$ est une application linéaire *injective*, il n'est pas toujours vrai que $\mathsf{S}(u)$ soit une application injective (III, p. 187, exerc. 1). Toutefois il en est ainsi lorsque u est une injection telle que $u(\mathrm{M})$ soit *facteur direct* de N, et alors l'image de $\mathsf{S}(u)$ (isomorphe à $\mathsf{S}(\mathrm{M})$) est *facteur direct* de $\mathsf{S}(\mathrm{N})$; la démonstration est la même que celle des assertions analogues pour $\mathsf{T}(u)$ (III, p. 58) en remplaçant T par S.

PROPOSITION 5. — *Soient* N *et* P *deux sous-modules d'un* A-*module* M, *tels que leur somme* $\mathrm{N} + \mathrm{P}$ *soit facteur direct dans* M, *et que leur intersection* $\mathrm{N} \cap \mathrm{P}$ *soit facteur direct dans* N *et dans* P. *Alors les homomorphismes* $\mathsf{S}(\mathrm{N}) \to \mathsf{S}(\mathrm{M})$, $\mathsf{S}(\mathrm{P}) \to \mathsf{S}(\mathrm{M})$ *et* $\mathsf{S}(\mathrm{N} \cap \mathrm{P}) \to \mathsf{S}(\mathrm{M})$ *prolongements canoniques des injections canoniques, sont injectifs; si l'on identifie* $\mathsf{S}(\mathrm{N})$, $\mathsf{S}(\mathrm{P})$ *et* $\mathsf{S}(\mathrm{N} \cap \mathrm{P})$ *à des sous-algèbres de* $\mathsf{S}(\mathrm{M})$ *au moyen de ces homomorphismes, on a*

$$\mathsf{S}(\mathrm{N} \cap \mathrm{P}) = \mathsf{S}(\mathrm{N}) \cap \mathsf{S}(\mathrm{P}). \tag{4}$$

La démonstration se déduit de celle de III, p. 58–59, prop. 4, en remplaçant partout T par S. Les hypothèses de la prop. 5 sont toujours vérifiées pour des sous-modules *quelconques* N, P de M lorsque A est un corps.

COROLLAIRE. — *Soient* K *un corps commutatif,* M *un espace vectoriel sur* K. *Pour tout élément* $z \in \mathsf{S}(M)$, *il existe un plus petit sous-espace vectoriel* N *de* M *tel que* $z \in \mathsf{S}(N)$, *et* N *est de dimension finie.*

La démonstration se déduit de celle de III, p. 59, corollaire, en remplaçant partout T par S.

On dit que N est le sous-espace vectoriel de M *associé* à z.

3. Puissance symétrique *n*-ème d'un module et applications multilinéaires symétriques

Soient X, Y deux ensembles, n un entier $\geqslant 1$. On appelle *application symétrique* de X^n dans Y toute application $f\colon X^n \to Y$ telle que, pour toute permutation $\sigma \in \mathfrak{S}_n$ et tout élément $(x_i) \in X^n$, on ait

$$f(x_{\sigma(1)}, x_{\sigma(2)}, \ldots, x_{\sigma(n)}) = f(x_1, x_2, \ldots, x_n). \tag{5}$$

Comme les transpositions échangeant deux entiers consécutifs engendrent le groupe $\mathfrak{S}_n$ (I, p. 61), il suffit que la condition (5) soit vérifiée lorsque σ est une telle transposition.

Lorsque Y est un *module* sur un anneau commutatif A, il est clair que l'ensemble des applications symétriques de X^n dans Y est un *sous-module* du A-module Y^{X^n} de toutes les applications de X^n dans Y.

PROPOSITION 6. — *Soient* A *un anneau commutatif,* M *et* N *deux* A-*modules. Si, à toute application* A-*linéaire* $g\colon \mathsf{S}^n(M) \to N$ $(n \geqslant 1)$ *on associe l'application n-linéaire*

$$(x_1, x_2, \ldots, x_n) \mapsto g(x_1 x_2 \ldots x_n) \tag{6}$$

(*où au second membre le produit est pris dans l'algèbre* $\mathsf{S}(M)$), *on obtient une application* A-*linéaire bijective du* A-*module* $\mathrm{Hom}_A(\mathsf{S}^n(M), N)$ *sur le* A-*module des applications n*-linéaires symétriques *de* M^n *dans* N.

Rappelons (II, p. 71) qu'on a une bijection canonique du A-module $\mathrm{Hom}_A(\mathsf{T}^n(M), N)$ sur le A-module $\mathscr{L}_n(M, \ldots, M; N)$ de *toutes* les applications n-linéaires de M^n dans N, en associant à toute application A-linéaire $f\colon \mathsf{T}^n(M) \to N$ l'application n-linéaire

$$\bar{f}\colon (x_1, x_2, \ldots, x_n) \mapsto f(x_1 \otimes x_2 \otimes \cdots \otimes x_n). \tag{7}$$

D'autre part, les applications A-linéaires $g\colon \mathsf{S}^n(M) \to N$ correspondent biunivoquement aux applications A-linéaires $f\colon \mathsf{T}^n(M) \to N$ telles que *f s'annule dans* $\mathfrak{J}'_n$, en associant à g l'application $f = g \circ p_n$, où $p_n\colon \mathsf{T}^n(M) \to \mathsf{S}^n(M) = \mathsf{T}^n(M)/\mathfrak{J}'_n$ est l'homomorphisme canonique (II, p. 36, th. 1). Mais comme $\mathfrak{J}'_n$ est combinaison linéaire d'éléments de la forme

$$(u_1 \otimes u_2 \otimes \cdots \otimes u_p) \otimes (x \otimes y - y \otimes x) \otimes (v_1 \otimes \cdots \otimes v_{n-p-2})$$

(x, y, u_i, v_j dans M), dire que la fonction f est de la forme $g \circ p_n$ signifie que la fonction n-linéaire correspondante $\bar{f}$ vérifie la relation

$$\bar{f}(u_1, \ldots, u_p, x, y, v_1, \ldots, v_{n-p-2}) = \bar{f}(u_1, \ldots, u_p, y, x, v_1, \ldots, v_{n-p-2});$$

autrement dit, d'après ce qu'on a vu plus haut, cela signifie que $\bar{f}$ est *symétrique*; d'où la proposition, compte tenu de ce que $p_n(x_1 \otimes x_2 \otimes \cdots \otimes x_n) = x_1 x_2 \ldots x_n$ pour les $x_i \in M$.

On dit que le A-module $S^n(M)$ est la *puissance symétrique n-ème* de M. Pour tout homomorphisme de A-modules $u\colon M \to N$, l'application $S^n(u) : S^n(M) \to S^n(N)$ qui coïncide avec $S(u)$ dans $S^n(M)$ s'appelle la *puissance symétrique n-ème de u*.

Remarque. — Soit σ une permutation de $\mathfrak{S}_n$; comme l'application

$$(x_1, x_2, \ldots, x_n) \mapsto x_{\sigma^{-1}(1)} \otimes x_{\sigma^{-1}(2)} \otimes \cdots \otimes x_{\sigma^{-1}(n)}$$

de M^n dans $T^n(M)$ est A-multilinéaire, elle s'écrit d'une seule manière

$$(x_1, \ldots, x_n) \mapsto u_\sigma(x_1 \otimes x_2 \otimes \cdots \otimes x_n),$$

où u_σ est un *endomorphisme* du A-module $T^n(M)$, qu'on écrit aussi $z \mapsto \sigma . z$. Il est clair que si σ est l'élément neutre de $\mathfrak{S}_n$, u_σ est l'identité; d'autre part, lorsqu'on pose $y_i = x_{\sigma^{-1}(i)}$, on a, pour toute permutation $\tau \in \mathfrak{S}_n$, $y_{\tau^{-1}(i)} = x_{\sigma^{-1}(\tau^{-1}(i))}$, donc $\tau.(\sigma.z) = (\tau\sigma).z$; autrement dit, le A-module $T^n(M)$ est un $\mathfrak{S}_n$-*ensemble* à gauche pour l'opération $(\sigma, z) \mapsto \sigma . z$ (I, p. 50). Les éléments de $T^n(M)$ tels que $\sigma . z = z$ pour *tout* $\sigma \in \mathfrak{S}_n$, sont appelés *tenseurs symétriques* (contravariants) *d'ordre n*; ils forment un sous-A-module $S'_n(M)$ de $T^n(M)$.

Pour tout $z \in T^n(M)$, on pose $\boldsymbol{s}.z = \sum_{\sigma \in \mathfrak{S}_n} \sigma . z$, et on dit que $\boldsymbol{s}.z$ est le *symétrisé* du tenseur z; il est clair que $\boldsymbol{s}.z$ est un tenseur symétrique, et par suite $z \mapsto \boldsymbol{s}.z$ est un endomorphisme de $T^n(M)$ dont l'image $S''_n(M)$ est contenue dans $S'_n(M)$; en général, on a $S''_n(M) \neq S'_n(M)$ (III, p. 188, exerc. 5). Si z est un tenseur symétrique, on a $\boldsymbol{s}.z = n!z$; on en conclut que *lorsque n! est inversible dans* A, l'endomorphisme $z \mapsto (n!)^{-1}\boldsymbol{s}.z$ est un *projecteur* dans $T^n(M)$ (II, p. 18), dont l'image est $S'_n(M) = S''_n(M)$; en outre le *noyau* de ce projecteur n'est autre que $\mathfrak{I}'_n$. En effet, on a évidemment $\sigma(\mathfrak{I}'_n) \subset \mathfrak{I}'_n$ pour tout $\sigma \in \mathfrak{S}_n$, et $\mathfrak{I}'_n$ est par définition engendré par les tenseurs $z - \rho.z$, où ρ est une transposition échangeant deux nombres consécutifs dans $[1, n]$; en outre, si σ, τ sont deux permutations de $\mathfrak{S}_n$, on a $z - (\sigma\tau).z = z - \sigma.z + \sigma.(z - \tau.z)$, d'où l'on déduit (puisque toute permutation de $\mathfrak{S}_n$ est produit de transpositions échangeant deux nombres consécutifs) que $z - \sigma.z \in \mathfrak{I}'_n$ quels que soient $z \in T^n(M)$ et $\sigma \in \mathfrak{S}_n$. Par suite (toujours en supposant $n!$ inversible dans A), on voit que $z - (n!)^{-1}\boldsymbol{s}.z = \sum_{\sigma \in \mathfrak{S}_n} (n!)^{-1}(z - \sigma.z) \in \mathfrak{I}'_n$ pour tout $z \in T^n(M)$, ce qui démontre notre assertion.

Lorsque $n!$ est inversible dans A, les sous-modules $S'_n(M)$ et $\mathfrak{I}'_n$ de $T^n(M)$ sont donc *supplémentaires*, et la restriction à $S'_n(M)$ de l'homomorphisme canonique $T^n(M) \rightarrow S^n(M) = T^n(M)/\mathfrak{J}'_n$ est un *isomorphisme de* A-*modules*, qui permet dans le cas envisagé d'identifier les tenseurs symétriques d'ordre n aux éléments de la puissance symétrique n-ème de M. On notera toutefois que cette identification n'est pas compatible avec la multiplication, le produit (dans $T(M)$) de deux tenseurs symétriques n'étant pas symétrique en général, et n'ayant donc pas pour image dans $S(M)$ le produit des images des tenseurs symétriques considérés.

4. Extension de l'anneau des scalaires

Soient A, A' deux anneaux commutatifs, $\rho: A \rightarrow A'$ un homomorphisme d'anneaux, M un A-module, M' un A'-module, $f: M \rightarrow M'$ un A-*homomorphisme* (relatif à ρ) de M dans M'. L'application composée $M \xrightarrow{f} M' \xrightarrow{\varphi'_{M'}} S_{A'}(M')$ est une application A-linéaire de M dans la A-algèbre commutative $\rho_*(S_{A'}(M'))$; il existe donc (III, p. 67, prop. 2) un A-*homomorphisme* d'algèbres et un seul $f': S_A(M) \rightarrow S_{A'}(M')$ rendant commutatif le diagramme

$$\begin{array}{ccc} M & \xrightarrow{f} & M' \\ {\scriptstyle \varphi'_M}\downarrow & & \downarrow{\scriptstyle \varphi'_{M'}} \\ S_A(M) & \xrightarrow[f']{} & S_{A'}(M') \end{array} \tag{8}$$

On en déduit aussitôt que si $\sigma: A' \rightarrow A''$ est un second homomorphisme d'anneaux, M'' un A''-module, $g: M' \rightarrow M''$ un A'-homomorphisme (relatif à σ), $g': S_{A'}(M') \rightarrow S_{A''}(M'')$ le A'-homomorphisme d'algèbres correspondant, alors le A-homomorphisme d'algèbres composé

$$S_A(M) \xrightarrow{f'} S_{A'}(M') \xrightarrow{g'} S_{A''}(M'') \tag{9}$$

correspond au A-homomorphisme composé $g \circ f: M \rightarrow M''$ (relatif à $\sigma \circ \rho$).

PROPOSITION 7. — *Soient* A, B *deux anneaux commutatifs*, $\rho: A \rightarrow B$ *un homomorphisme d'anneaux*, M *un* A-*module. Le prolongement canonique*

$$\psi: S_B(B \otimes_A M) \rightarrow B \otimes_A S_A(M)$$

de l'application B-*linéaire* $1_B \otimes \varphi'_M: B \otimes_A M \rightarrow B \otimes_A S_A(M)$, *est un isomorphisme de* B-*algèbres graduées*.

La démonstration se déduit de celle de III, p. 60, prop. 5 en y remplaçant T par S et φ_M par φ'_M.

5. Limite inductive d'algèbres symétriques

Soient $(A_\alpha, \varphi_{\beta\alpha})$ un système inductif filtrant d'anneaux commutatifs, $(M_\alpha, f_{\beta\alpha})$ un système inductif de A_α-modules, $A = \varinjlim A_\alpha$, $M = \varinjlim M_\alpha$. Pour $\alpha \leqslant \beta$, on déduit canoniquement du A_α-homomorphisme $f_{\beta\alpha}\colon M_\alpha \to M_\beta$ un homomorphisme de A_α-algèbres (III, p. 72, formule (8)), $f'_{\beta\alpha}: S_{A_\alpha}(M_\alpha) \to S_{A_\beta}(M_\beta)$ et il résulte de (9) (III, p. 72) que $(S_{A_\alpha}(M_\alpha), f'_{\beta\alpha})$ est un *système inductif de* A_α-*algèbres*. Soit d'autre part $f_\alpha\colon M_\alpha \to M$ le A_α-homomorphisme canonique; on en déduit (III, p. 72, formule (8)) un homomorphisme de A_α-algèbres, $f'_\alpha\colon S_{A_\alpha}(M_\alpha) \to S_A(M)$, et il résulte encore de (9) que les f'_α constituent un système inductif de A_α-homomorphismes.

PROPOSITION 8. — *Le* A-*homomorphisme* $f' = \varinjlim f'_\alpha\colon \varinjlim S_{A_\alpha}(M_\alpha) \to S_A(M)$ *est un isomorphisme d'algèbres graduées.*

La démonstration est la même que celle de III, p. 61, prop. 6, en y remplaçant partout T par S et φ et φ', et tenant compte du fait qu'une limite inductive d'algèbres commutatives est commutative.

6. Algèbre symétrique d'une somme directe. Algèbre symétrique d'un module libre. Algèbre symétrique d'un module gradué.

Soient A un anneau commutatif, $M = \bigoplus_{\lambda\in L} M_\lambda$ la somme directe d'une famille de A-modules, $j_\lambda\colon M_\lambda \to M$ l'injection canonique; on en déduit un A-homomorphisme d'algèbres $S(j_\lambda)\colon S(M_\lambda) \to S(M)$. Puisque $S(M)$ est commutative, on peut appliquer aux homomorphismes $S(j_\lambda)$ la prop. 8 de III, p. 42, et il existe donc un unique homomorphisme d'algèbres

$$g : \bigotimes_{\lambda\in L} S(M_\lambda) \to S(M), \tag{10}$$

(aussi noté g_M) tel que $S(j_\lambda) = g \circ f_\lambda$ pour tout $\lambda \in L$, en désignant par

$$f_\lambda : S(M_\lambda) \to \bigotimes_{\lambda\in L} S(M_\lambda)$$

l'homomorphisme canonique.

PROPOSITION 9. — *L'homomorphisme canonique g* (*formule* (10)) *est un isomorphisme d'algèbres graduées* (cf. III, p. 53, *Remarque* 1).

Pour prouver que g est bijectif, on va définir un homomorphisme d'algèbres

$$h : S(M) \to \bigotimes_{\lambda\in L} S(M_\lambda) \tag{11}$$

tel que $g \circ h$ et $h \circ g$ soient respectivement les applications identiques de $S(M)$ et de $\bigotimes_{\lambda\in L} S(M_\lambda)$. Pour chaque $\lambda \in L$, soit u_λ l'application linéaire composée

$$M_\lambda \xrightarrow{\varphi'_{M_\lambda}} S(M_\lambda) \xrightarrow{f_\lambda} \bigotimes_{\lambda\in L} S(M_\lambda).$$

Il existe une application A-linéaire et une seule $u\colon M \to \bigotimes_{\lambda\in L} S(M_\lambda)$ telle que $u \circ j_\lambda = u_\lambda$ pour tout $\lambda \in L$. Comme les $S(M_\lambda)$ sont commutatives, il en est de même de leur produit tensoriel (III, p. 42), donc (III, p. 67, prop. 2) il existe un homomorphisme unique d'algèbres $h : \mathsf{S}(M) \to \bigotimes_{\lambda \in L} \mathsf{S}(M_\lambda)$, tel que $h \circ \varphi'_M = u$; d'ailleurs, il est immédiat que $u(M)$ est contenu dans le sous-module des éléments de degré 1 de l'algèbre graduée $\bigotimes_{\lambda \in L} \mathsf{S}(M_\lambda)$, donc h est un homomorphisme d'algèbres graduées. Pour $x_\lambda \in M_\lambda$, on a $h(g(u_\lambda(x_\lambda))) = h(g(f_\lambda(\varphi'_{M_\lambda}(x_\lambda)))) = h(\mathsf{S}(j_\lambda)(\varphi'_{M_\lambda}(x_\lambda))) = h(\varphi'_M(j_\lambda(x_\lambda))) = u_\lambda(x_\lambda)$; comme les $u_\lambda(x_\lambda)$ engendrent l'algèbre $\bigotimes_{\lambda \in L} \mathsf{S}(M_\lambda)$ (III, p. 42, prop. 8), $h \circ g$ est bien l'application identique. De même,

$$g(h(\varphi'_M(j_\lambda(x_\lambda)))) = g(u_\lambda(x_\lambda)) = g(f_\lambda(\varphi'_{M_\lambda}(x_\lambda))) = \mathsf{S}(j_\lambda)(\varphi'_{M_\lambda}(x_\lambda)) = \varphi'_M(j_\lambda(x_\lambda)),$$

et comme les éléments $\varphi'_M(j_\lambda(x_\lambda))$ engendrent l'algèbre $\mathsf{S}(M)$, $g \circ h$ est bien l'application identique.

Remarque 1). — Soit $N = \bigoplus_{\lambda \in L} N_\lambda$ la somme directe d'une seconde famille de A-modules ayant L pour ensemble d'indices, et, pour tout $\lambda \in L$, soit $v_\lambda : M_\lambda \to N_\lambda$ une application A-linéaire, d'où une application A-linéaire $v = \bigoplus_\lambda v_\lambda : M \to N$ (II, p. 12, prop. 6). Alors le diagramme

$$\begin{array}{ccc} \bigotimes_{\lambda \in L} \mathsf{S}(M_\lambda) & \xrightarrow{g_M} & \mathsf{S}(M) \\ \Big\downarrow {\scriptstyle \bigotimes_{\lambda \in L} \mathsf{S}(v_\lambda)} & & \Big\downarrow {\scriptstyle \mathsf{S}(v)} \\ \bigotimes_{\lambda \in L} \mathsf{S}(N_\lambda) & \xrightarrow[g_N]{} & \mathsf{S}(N) \end{array}$$

est commutatif, comme il résulte des définitions (III, p. 43, corollaire).

On peut décrire de façon plus précise le sous-A-module de $\bigotimes_{\lambda \in L} \mathsf{S}(M_\lambda)$ auquel $\mathsf{S}^n(M)$ s'identifie au moyen de l'isomorphisme g. Pour toute partie finie J de L, posons $E_J = \bigotimes_{\lambda \in J} \mathsf{S}(M_\lambda)$, de sorte que $\bigotimes_{\lambda \in L} \mathsf{S}(M_\lambda) = \varinjlim E_J$ suivant l'ensemble filtrant $\mathfrak{F}(L)$ des parties finies de L, par définition (III, p. 42). Pour toute famille $\nu = (n_\lambda) \in \mathbf{N}^{(L)}$ (ayant donc un support *fini*) telle que $\sum_{\lambda \in L} n_\lambda = n$, et toute partie finie J de L contenant le support de la famille ν, posons

$$\mathsf{S}^{J,\nu}(M) = \bigotimes_{\lambda \in J} \mathsf{S}^{n_\lambda}(M_\lambda) \tag{12}$$

de sorte que le sous-module $E_{J,n}$ des éléments de degré n de E_J est la *somme directe* des $\mathsf{S}^{J,\nu}(M)$ pour toutes les familles ν de support contenu dans J et telles que $\sum_{\lambda \in L} n_\lambda = n$ (III, p. 47, prop. 10 et III, p. 53). Posons par convention $\mathsf{S}^{J,\nu}(M) = \{0\}$ pour les familles ν dont le support n'est pas contenu dans J; alors on peut encore dire que $E_{J,n}$ est *somme directe* de *tous* les $\mathsf{S}^{J,\nu}(M)$, où ν parcourt l'ensemble H_n

de *toutes* les familles $\nu = (n_\lambda)_{\lambda \in L}$ telles que $\sum_{\lambda \in L} n_\lambda = n$. Puisque $S^0(M_\lambda)$ s'identifie à A, il est clair en outre que pour deux parties finies $J \subset J'$ de L et une famille ν de support contenu dans J, l'application canonique $S^{J,\nu}(M) \to S^{J',\nu}(M)$ (restriction à $S^{J,\nu}(M)$ de l'application canonique $E_J \to E_{J'}$) est *bijective*. Si l'on pose, pour tout $\nu \in H_n$,

$$S^\nu(M) = \varinjlim S^{J,\nu}(M) \tag{13}$$

on voit donc que l'on a, compte tenu de II, p. 91, prop. 5:

COROLLAIRE. — *Le* A-*module* $S^n(M)$ *est l'image par l'isomorphisme* (10) (III, p. 74) *du sous-module de* $\bigotimes_{\lambda \in L} S(M_\lambda)$ *somme directe des sous-modules* $S^\nu(M)$ *pour toutes les familles* $\nu = (n_\lambda) \in \mathbf{N}^{(L)}$ *telles que* $\sum_{\lambda \in L} n_\lambda = n$; *si* J *est le support de* ν, $S^\nu(M)$ *est canoniquement isomorphe à* $\bigotimes_{\lambda \in J} S^{n_\lambda}(M_\lambda)$.

On identifiera en général $S^\nu(M)$, $\bigotimes_{\lambda \in J} S^{n_\lambda}(M_\lambda)$ et leur image dans $S^n(M)$.

THÉORÈME 1. — *Soient* A *un anneau commutatif*, M *un* A-*module libre ayant une base* $(e_\lambda)_{\lambda \in L}$. *Pour toute application* $\alpha: L \to \mathbf{N}$, *de support fini, posons*

$$e^\alpha = \prod_{\lambda \in L} e_\lambda^{\alpha(\lambda)} \tag{14}$$

(*produit dans l'algèbre commutative* S(M)). *Alors, lorsque* α *parcourt l'ensemble* $\mathbf{N}^{(L)}$ *des applications de* L *dans* N, *de support fini, les* e^α *forment une base du* A-*module* S(M).

Comme M est somme directe des $M_\lambda = Ae_\lambda$, il suffit de démontrer le théorème lorsque L est réduit à un seul élément et d'appliquer ensuite III, p. 73, prop. 9. Mais lorsque $M = Ae$ (e élément libre), on a $x \otimes y - y \otimes x = 0$ quels que soient x, y dans M; l'idéal $\mathfrak{J}'$ est donc nul, d'où $T(Ae) = S(Ae)$ et le théorème résulte alors de III, p. 62, th. 1.

La table de multiplication de la base (14) est donnée par

$$e^\alpha e^\beta = e^{\alpha + \beta} \tag{15}$$

où $\alpha + \beta$ est l'application $\lambda \mapsto \alpha(\lambda) + \beta(\lambda)$ de L dans $\mathbf{N}$. En d'autres termes, la base (e^α) de S(M), munie de la loi multiplicative (15), est canoniquement isomorphe au monoïde commutatif libre $\mathbf{N}^{(L)}$ déduit de L; on en conclut (III, p. 25) que *l'algèbre symétrique* S(M) *d'un module libre* M *ayant une base dont* L *est l'ensemble d'indices, est canoniquement isomorphe à l'algèbre des polynômes* $A[(X_\lambda)_{\lambda \in L}]$, l'isomorphisme canonique s'obtenant en faisant correspondre X_λ à e_λ. En particulier (III, p. 22, prop. 7), pour toute application $f: L \to E$ de L dans une A-algèbre *commutative* E, il existe un homomorphisme $\bar{f}$: S(M) $\to$ E de A-algèbres et un seul tel que $\bar{f}(e_\lambda) = f(\lambda)$.

Remarque 2). — Les résultats précédents peuvent également s'obtenir comme conséquence des propriétés universelles des algèbres de polynômes et des algèbres symétriques, compte tenu de (II, p. 25, cor. 3).

Corollaire. — *Si* M *est un* A-*module projectif*, S(M) *est un* A-*module projectif.*

La démonstration est la même que celle de III, p. 62, corollaire, en remplaçant T par S.

Proposition 10. — *Soient* Δ *un monoïde commutatif à élément neutre,* M *un* A-*module gradué de type* Δ, $(M_\alpha)_{\alpha\in\Delta}$ *sa graduation. Pour tout couple* $(\alpha, n) \in \Delta \times \mathbf{N}$, *soit* $S^{\alpha,n}(M)$ *le sous-module de* $S^n(M)$ *somme directe des sous-modules* $\bigotimes_{\lambda\in J} S^{n_\lambda}(M_{\alpha_\lambda})$, *où* $(n_\lambda)_{\lambda\in L}$ *parcourt l'ensemble des familles d'entiers* $\geqslant 0$ *telles que* $\sum_{\lambda\in L} n_\lambda = n$, J *est son support et, pour chaque* (n_λ), $(\alpha_\lambda)_{\lambda\in J}$ *parcourt l'ensemble des familles de* Δ^J *telles que* $\sum_{\lambda\in J} \alpha_\lambda = \alpha$. *Alors* $(S^{\alpha,n}(M))_{(\alpha,n)\in\Delta\times\mathbf{N}}$ *est la seule graduation de type* $\Delta \times \mathbf{N}$ *compatible avec la structure d'algèbre de* S(M), *et qui induise sur* $M = S^1(M)$ *la graduation donnée.*

Le fait que S(M) soit somme directe des $S^{\alpha,n}(M)$ résulte du cor. de la prop. 9; le reste de la démonstration est identique à la fin de la démonstration de III, p. 62, prop. 7.

Supposons plus particulièrement que $\Delta = \mathbf{Z}$, et munissons S(M) de la graduation *totale* (de type $\mathbf{Z}$) (II, p. 164) correspondant à la graduation de type $\mathbf{Z} \times \mathbf{N}$ (donc aussi de type $\mathbf{Z} \times \mathbf{Z}$) définie ci-dessus; les éléments homogènes de degré $n \in \mathbf{Z}$ pour cette graduation sont donc ceux de la somme directe des $S^{q,m}(M)$ pour $q + m = n$. Soit f une application linéaire *homogène de degré* 0 du A-module gradué M dans une A-algèbre graduée *commutative* F de type $\mathbf{Z}$; alors l'homomorphisme d'algèbres $g\colon S(M) \to F$ tel que $f = g \circ \varphi'_M$ est un *homomorphisme d'algèbres graduées de type* $\mathbf{Z}$, comme il résulte de la formule $g(x_1x_2\ldots x_n) = f(x_1)f(x_2)\ldots f(x_n)$ pour des x_i homogènes dans M, de l'hypothèse sur f, et de la définition de la graduation de type $\mathbf{Z}$ sur S(M).

§ 7. ALGÈBRE EXTÉRIEURE

1. Définition de l'algèbre extérieure d'un module

Définition 1. — *Soient* A *un anneau commutatif,* M *un* A-*module. On appelle algèbre extérieure de* M, *et on note* $\wedge(M)$ *ou* Alt(M) *ou* $\wedge_A(M)$, *l'algèbre sur* A *quotient de l'algèbre tensorielle* T(M) *par l'idéal bilatère* $\mathfrak{I}''$ (*aussi noté* $\mathfrak{I}''_M$) *engendré par les éléments* $x \otimes x$, *où* x *parcourt* M.

L'idéal $\mathfrak{I}''$ étant engendré par des éléments homogènes de degré 2, est un *idéal gradué* (II, p. 167, prop. 2); on pose $\mathfrak{I}''_n = \mathfrak{I}'' \cap T^n(M)$; l'algèbre $\wedge(M)$ est donc graduée par la graduation (dite *canonique*) formée des $\wedge^n(M) = T^n(M)/\mathfrak{I}''_n$.

On a $\mathfrak{J}''_0 = \mathfrak{J}''_1 = \{0\}$, donc $\bigwedge^0(\mathrm{M})$ s'identifie canoniquement à A et $\bigwedge^1(\mathrm{M})$ à $\mathrm{T}^1(\mathrm{M}) = \mathrm{M}$; nous ferons toujours par la suite ces identifications, et nous noterons φ'' ou φ''_{M} l'injection canonique $\mathrm{M} \to \bigwedge(\mathrm{M})$.

PROPOSITION 1. — *Soient* E *une* A-*algèbre*, $f : \mathrm{M} \to \mathrm{E}$ *une application* A-*linéaire telle que*

(1) $$(f(x))^2 = 0 \quad \textit{quel que soit } x \in \mathrm{M}.$$

Il existe un homomorphisme et un seul de A-*algèbres* $g : \bigwedge(\mathrm{M}) \to \mathrm{E}$ *tel que* $f = g \circ \varphi''$.

En d'autres termes, $(\bigwedge(\mathrm{M}), \varphi'')$ est solution du *problème d'application universelle* (E, IV, p. 23), où Σ est l'espèce de structure de A-algèbre, les α-applications étant les applications linéaires du A-module M dans une A-algèbre vérifiant (1).

L'unicité de g résulte de ce que $\varphi''(\mathrm{M}) = \mathrm{M}$ engendre $\bigwedge(\mathrm{M})$. Pour prouver l'existence de g, notons qu'en vertu de III, p. 56, prop. 1, il existe un homomorphisme $g_1 : \mathrm{T}(\mathrm{M}) \to \mathrm{E}$ de A-algèbres tel que $f = g_1 \circ \varphi$; tout revient à voir que g_1 s'annule dans l'idéal $\mathfrak{J}''$, car alors, si $p : \mathrm{T}(\mathrm{M}) \to \bigwedge(\mathrm{M}) = \mathrm{T}(\mathrm{M})/\mathfrak{J}''$ est l'homomorphisme canonique, on pourra écrire $g_1 = g \circ p$, où $g : \bigwedge(\mathrm{M}) \to \mathrm{E}$ est un homomorphisme d'algèbres, et la conclusion résultera de ce que $p \circ \varphi = \varphi''$. Or, le noyau de g_1 est un idéal bilatère qui, en vertu de (1) et de la relation $g_1 \circ \varphi = f$, contient les éléments $x \otimes x$ pour $x \in \mathrm{M}$. Ceci termine la démonstration.

Remarques. — 1) Supposons que E soit une A-algèbre *graduée* de type **Z**, de graduation (E_n), et supposons en outre que l'application linéaire f (supposée vérifier (1)) soit telle que

(2) $$f(\mathrm{M}) \subset \mathrm{E}_1.$$

Alors la relation $g(x_1 x_2 \ldots x_p) = f(x_1) f(x_2) \ldots f(x_p)$ pour les $x_i \in \mathrm{M}$ montre que $g(\bigwedge^p(\mathrm{M})) \subset \mathrm{E}_p$ pour tout $p \geqslant 0$, donc g est un homomorphisme d'*algèbres graduées*.

2) Pour éviter des confusions, on note le plus souvent le produit de deux éléments u, v de l'algèbre extérieure $\bigwedge(\mathrm{M})$ par $u \wedge v$ et on dit qu'il est le *produit extérieur* de u par v. Les éléments de $\bigwedge^n(\mathrm{M})$ sont donc les sommes d'éléments de la forme $x_1 \wedge x_2 \wedge \cdots \wedge x_n$ avec $x_i \in \mathrm{M}$ pour $1 \leqslant i \leqslant n$ et sont souvent appelés *n-vecteurs*.

2. Propriétés fonctorielles de l'algèbre extérieure

PROPOSITION 2. — *Soient* A *un anneau commutatif*, M *et* N *deux* A-*modules*, $u : \mathrm{M} \to \mathrm{N}$ *une application* A-*linéaire. Il existe un homomorphisme de* A-*algèbres et un seul*,
$$u'' : \bigwedge(\mathrm{M}) \to \bigwedge(\mathrm{N}),$$
tel que le diagramme
$$\begin{array}{ccc} \mathrm{M} & \xrightarrow{\;u\;} & \mathrm{N} \\ {\scriptstyle \varphi''_{\mathrm{M}}}\downarrow & & \downarrow{\scriptstyle \varphi''_{\mathrm{N}}} \\ \bigwedge(\mathrm{M}) & \xrightarrow[u'']{} & \bigwedge(\mathrm{N}) \end{array}$$
soit commutatif. En outre, u'' *est un homomorphisme d'algèbres graduées.*

L'existence et l'unicité de u'' résultent de III, p. 77, prop. 1, appliquée à l'algèbre $\wedge(\mathrm{N})$ et à $f = \varphi''_{\mathrm{N}} \circ u : \mathrm{M} \to \wedge(\mathrm{N})$; on a en effet $f(\mathrm{M}) \subset \mathrm{N}$, donc f vérifie la condition (1) par définition de $\mathfrak{I}''_{\mathrm{N}}$; comme $f(\mathrm{M}) \subset \wedge^1(\mathrm{N}) = \mathrm{N}$, le fait que u'' soit un homomorphisme d'algèbres graduées résulte de la *Remarque* 1 de III, p. 77.

L'homomorphisme u'' de la prop. 2 sera désormais noté $\wedge(u)$. Si P est un A-module et $v : \mathrm{N} \to \mathrm{P}$ une application A-linéaire, on a

$$\wedge(v \circ u) = \wedge(v) \circ \wedge(u) \tag{3}$$

car $\wedge(v) \circ \wedge(u)$ est un homomorphisme d'algèbres qui rend commutatif le diagramme

$$\begin{array}{ccc} \mathrm{M} & \xrightarrow{v \circ u} & \mathrm{P} \\ {\scriptstyle \varphi''_{\mathrm{M}}}\downarrow & & \downarrow{\scriptstyle \varphi''_{\mathrm{P}}} \\ \wedge(\mathrm{M}) & \xrightarrow[\wedge(v)\circ\wedge(u)]{} & \wedge(\mathrm{P}) \end{array}$$

Puisque $\wedge(\mathrm{M})$ contient $\mathrm{M} = \wedge^1(\mathrm{M})$, on dit parfois que $\wedge(u)$ est le *prolongement canonique* de u à $\wedge(\mathrm{M})$. La restriction $\wedge^n(u) : \wedge^n(\mathrm{M}) \to \wedge^n(\mathrm{N})$ est telle que

$$\wedge^n(u)(x_1 \wedge x_2 \wedge \cdots \wedge x_n) = u(x_1) \wedge u(x_2) \wedge \cdots \wedge u(x_n) \tag{4}$$

pour les $x_i \in \mathrm{M}$, puisque $\wedge(u)$ est un homomorphisme d'algèbres et $\wedge^1(u) = u$; la restriction $\wedge^0(u)$ à A est l'application identique. On notera que $\wedge^n(u)$ provient de $\mathsf{T}^n(u) : \mathsf{T}^n(\mathrm{M}) \to \mathsf{T}^n(\mathrm{N})$ par passage aux quotients.

PROPOSITION 3. — *Si* $u : \mathrm{M} \to \mathrm{N}$ *est une application* A*-linéaire surjective, l'homomorphisme* $\wedge(u) : \wedge(\mathrm{M}) \to \wedge(\mathrm{N})$ *est surjectif, et son noyau est l'idéal bilatère de* $\wedge(\mathrm{M})$ *engendré par le noyau* $\mathrm{P} \subset \mathrm{M} \subset \wedge(\mathrm{M})$ *de* u.

La démonstration se déduit de celle de III, p. 69, prop. 4 en y remplaçant S par $\wedge$ et $\mathfrak{I}'$ par $\mathfrak{I}''$.

Si $u : \mathrm{M} \to \mathrm{N}$ est une application linéaire *injective*, il n'est pas toujours vrai que $\wedge(u)$ soit une application injective (III, p. 188, exerc. 3) (voir cependant plus loin III, p. 88, corollaire). Toutefois il en est ainsi lorsque u est une injection telle que $u(\mathrm{M})$ soit *facteur direct* de N, et alors l'image de $\wedge(u)$ (isomorphe à $\wedge(\mathrm{M})$) est *facteur direct* de $\wedge(\mathrm{N})$; la démonstration est la même que celle des assertions analogues pour $\mathsf{T}(u)$ (III, p. 58) en remplaçant T par $\wedge$.

PROPOSITION 4. — *Soient* N *et* P *deux sous-modules d'un* A*-module* M, *tels que leur somme* $\mathrm{N} + \mathrm{P}$ *soit facteur direct dans* M, *et que leur intersection* $\mathrm{N} \cap \mathrm{P}$ *soit facteur direct dans* N *et dans* P. *Alors les homomorphismes* $\wedge(\mathrm{N}) \to \wedge(\mathrm{M})$, $\wedge(\mathrm{P}) \to \wedge(\mathrm{M})$ *et* $\wedge(\mathrm{N} \cap \mathrm{P}) \to \wedge(\mathrm{M})$ *prolongements canoniques des injections canoniques, sont injectifs ; si l'on identifie* $\wedge(\mathrm{N})$, $\wedge(\mathrm{P})$, *et* $\wedge(\mathrm{N} \cap \mathrm{P})$ *à des sous-algèbres de* $\wedge(\mathrm{M})$ *au moyen de ces homomorphismes, on a*

$$\wedge(\mathrm{N} \cap \mathrm{P}) = \wedge(\mathrm{N}) \cap \wedge(\mathrm{P}). \tag{5}$$

La démonstration se déduit de celle de III, p. 58, prop. 4 en remplaçant partout T par $\wedge$. Les hypothèses de la prop. 4 sont toujours vérifiées pour des sous-modules *quelconques* N, P de M lorsque A est un *corps*.

Corollaire. — *Soient* K *un corps commutatif,* M *un espace vectoriel sur* K. *Pour tout élément* $z \in \wedge(\mathrm{M})$, *il existe un plus petit sous-espace vectoriel* N *de* M *tel que* $z \in \wedge(\mathrm{N})$, *et* N *est de dimension finie.*

La démonstration se déduit de celle de III, p. 59, corollaire, en remplaçant partout T par $\wedge$.

On dit que N est le sous-espace vectoriel de M *associé* à l'élément z de $\wedge(\mathrm{M})$.

3. Anticommutativité de l'algèbre extérieure

Proposition 5. — (i) *Soit* $(x_i)_{1 \leqslant i \leqslant n}$ *une suite finie d'éléments du module* M; *pour toute permutation* σ *du groupe symétrique* $\mathfrak{S}_n$, *on a*

$$x_{\sigma(1)} \wedge x_{\sigma(2)} \wedge \cdots \wedge x_{\sigma(n)} = \varepsilon_\sigma . x_1 \wedge x_2 \wedge \cdots \wedge x_n \tag{6}$$

ε_σ *désignant la signature de la permutation* σ.

(ii) *S'il existe deux indices distincts* i, j *tels que* $x_i = x_j$, *le produit*

$$x_1 \wedge x_2 \wedge \cdots \wedge x_n$$

est nul.

(i) Tout d'abord, puisqu'on a $x \wedge x = 0$ quel que soit $x \in \mathrm{M}$ par définition de l'idéal $\mathfrak{J}''$, on a aussi, pour x, y dans M,

$$x \wedge y + y \wedge x = (x + y) \wedge (x + y) - x \wedge x - y \wedge y = 0.$$

Ceci établit (6) dans le cas où $n = 2$. Le cas général résulte alors de III, p. 45, lemme 3.

(ii) Sous les hypothèses de (ii), il existe une permutation $\sigma \in \mathfrak{S}_n$ telle que $\sigma(1) = i$ et $\sigma(2) = j$; alors le premier membre de (6) est nul pour cette permutation, donc il en est de même du second.

Corollaire 1. — *Soient* H, K *deux parties complémentaires de l'intervalle* $(1, n)$ *de* $\mathbf{N}$, *et soient* $(i_h)_{1 \leqslant h \leqslant p}$, $(j_k)_{1 \leqslant k \leqslant n-p}$ *les suites des éléments de* H *et de* K *respectivement, rangées dans l'ordre croissant; posons*

$$x_\mathrm{H} = x_{i_1} \wedge x_{i_2} \wedge \cdots \wedge x_{i_p}, \quad x_\mathrm{K} = x_{j_1} \wedge x_{j_2} \wedge \cdots \wedge x_{j_{n-p}};$$

alors on a

$$x_\mathrm{H} \wedge x_\mathrm{K} = (-1)^\nu x_1 \wedge x_2 \wedge \cdots \wedge x_n \tag{7}$$

où ν *est le nombre des couples* $(i, j) \in \mathrm{H} \times \mathrm{K}$ *tels que* $i > j$.

Compte tenu de la prop. 5, tout revient à prouver le

Lemme 1. — *Si* $\sigma \in \mathfrak{S}_n$ *est la permutation telle que* $\sigma(h) = i_h$ *pour* $1 \leqslant h \leqslant p$, $\sigma(h) = j_{h-p}$ *pour* $p + 1 \leqslant h \leqslant n$, *on a* $\varepsilon_\sigma = (-1)^\nu$.

En effet, pour $1 \leqslant h < h' \leqslant p$ ou $p + 1 \leqslant h < h' \leqslant n$, on a $\sigma(h') > \sigma(h)$, et le nombre des couples (h, h') tels que $1 \leqslant h \leqslant p < h' \leqslant n$ et que $\sigma(h) > \sigma(h')$ est égal à ν.

Corollaire 2. — *L'algèbre graduée* $\bigwedge(\mathrm{M})$ *est alternée* (III, p. 53).

Il suffit en effet d'appliquer à $\bigwedge(\mathrm{M})$ la prop. 13 de III, p. 54, en prenant pour système générateur l'ensemble M et en utilisant la prop. 5 de III, p. 79.

Proposition 6. — *Si* M *est un* A*-module de type fini,* $\bigwedge(\mathrm{M})$ *est un* A*-module de type fini; de plus, si* M *admet un système générateur à n éléments, on a* $\bigwedge^p(\mathrm{M}) = \{0\}$ *pour* $p > n$.

Soit en effet $(x_i)_{1 \leqslant i \leqslant n}$ un système générateur de M. Tout élément de $\bigwedge^p(\mathrm{M})$ est combinaison linéaire d'éléments de la forme

$$x_{i_1} \wedge x_{i_2} \wedge \cdots \wedge x_{i_p}$$

où les indices i_k appartiennent à $[1, n]$; en vertu de la prop. 5 de III, p. 79, on peut supposer ces indices distincts (sinon l'élément correspondant est nul). Si $p > n$, il n'y a pas de telle suite d'indices, donc $\bigwedge^p(\mathrm{M}) = \{0\}$. Si $p \leqslant n$, ces suites sont en nombre fini, ce qui achève la démonstration.

4. Puissance extérieure *n*-ème d'un module et applications multilinéaires alternées

Etant donnés deux modules M, N sur un anneau commutatif A, on appelle application *n-linéaire alternée* de M^n dans N toute application *n*-linéaire $f : \mathrm{M}^n \to \mathrm{N}$ telle que l'on ait, pour tout $p \leqslant n - 2$.

$$f(u_1, \ldots, u_p, x, x, v_1, \ldots, v_{n-p-2}) = 0 \tag{8}$$

quels que soient x, les u_i $(1 \leqslant i \leqslant p)$ et les v_j $(1 \leqslant j \leqslant n - p - 2)$ dans M.

Proposition 7. — *Soient* A *un anneau commutatif,* M *et* N *deux* A*-modules. Si, à toute application* A*-linéaire* $g : \bigwedge^n(\mathrm{M}) \to \mathrm{N}$ $(n \geqslant 2)$ *on associe l'application n-linéaire*

$$(x_1, x_2, \ldots, x_n) \mapsto g(x_1 \wedge x_2 \wedge \cdots \wedge x_n) \tag{9}$$

on obtient une application A*-linéaire bijective du* A*-module* $\mathrm{Hom}_{\mathrm{A}}(\bigwedge^n(\mathrm{M}), \mathrm{N})$ *sur le* A*-module des applications n*-linéaires alternées *de* M^n *dans* N.

Considérons en effet la bijection canonique de A-module $\mathrm{Hom}_{\mathrm{A}}(\mathrm{T}^n(\mathrm{M}), \mathrm{N})$ sur le A-module $\mathscr{L}_n(\mathrm{M}, \ldots, \mathrm{M}; \mathrm{N})$ de *toutes* les applications *n*-linéaires de M^n dans N, obtenu en associant à toute application A-linéaire $f : \mathrm{T}^n(\mathrm{M}) \to \mathrm{N}$ l'application *n*-linéaire

$$\bar{f} : (x_1, \ldots, x_n) \mapsto f(x_1 \otimes x_2 \otimes \cdots \otimes x_n)$$

(II, p. 71). D'autre part, les applications A-linéaires $g : \bigwedge^n(\mathrm{M}) \to \mathrm{N}$ correspondent biunivoquement aux applications A-linéaires $f : \mathrm{T}^n(\mathrm{M}) \to \mathrm{N}$ telles que f *s'annule dans* $\mathfrak{I}''_n$, en associant à g l'application $f = g \circ p_n$, où

$$p_n : \mathrm{T}^n(\mathrm{M}) \to \wedge^n(\mathrm{M}) = \mathrm{T}^n(\mathrm{M})/\mathfrak{I}''_n$$

est l'homomorphisme canonique (II, p. 36, th. 1). Mais comme $\mathfrak{I}''_n$ est combinaison linéaire d'éléments de la forme

$$(u_1 \otimes u_2 \otimes \cdots \otimes u_p) \otimes (x \otimes x) \otimes (v_1 \otimes \cdots \otimes v_{n-p-2})$$

(x, u_i, v_j dans M), dire que f est de la forme $g \circ p_n$ signifie que la fonction n-linéaire correspondante $\bar{f}$ vérifie (8), autrement dit est *alternée.*

On dit que le A-module $\wedge^n(\mathrm{M})$ est la *puissance extérieure n-ème* de M. Pour tout homomorphisme de A-modules $u : \mathrm{M} \to \mathrm{N}$, l'application

$$\wedge^n(u) : \wedge^n(\mathrm{M}) \to \wedge^n(\mathrm{N})$$

qui coïncide avec $\wedge(u)$ dans $\wedge^n(\mathrm{M})$ s'appelle la *puissance extérieure n-ème de u.*

COROLLAIRE 1. — *Pour toute application n-linéaire alternée* $g : \mathrm{M}^n \to \mathrm{N}$, *on a, pour toute permutation* $\sigma \in \mathfrak{S}_n$,

$$g(x_{\sigma(1)}, x_{\sigma(2)}, \ldots, x_{\sigma(n)}) = \varepsilon_\sigma g(x_1, x_2, \ldots, x_n) \tag{10}$$

quels que soient les $x_i \in \mathrm{M}$; *en outre si* $x_i = x_j$ *pour deux indices* i, j *distincts, on a* $g(x_1, x_2, \ldots, x_n) = 0$.

C'est une conséquence évidente de la prop. 7 de III, p. 80 et de III, p. 79, prop. 5.

COROLLAIRE 2. — *Soit* $(x_i)_{1 \leqslant i \leqslant n}$ *une suite de n éléments de* M *telle que*

$$x_1 \wedge x_2 \wedge \cdots \wedge x_n = 0;$$

alors, pour toute application n-linéaire alternée $g : \mathrm{M}^n \to \mathrm{N}$, *on a* $g(x_1, \ldots, x_n) = 0$.

COROLLAIRE 3. — *Soit* $f : \mathrm{M}^{n-1} \to \mathrm{A}$ *une forme* $(n-1)$*-linéaire alternée. Si* $(x_i)_{1 \leqslant i \leqslant n}$ *est une suite de n éléments de* M *telle que* $x_1 \wedge x_2 \wedge \cdots \wedge x_n = 0$, *on a*

$$\sum_{i=1}^{n} (-1)^i f(x_1, \ldots, \hat{x}_i, \ldots, x_n) x_i = 0 \tag{11}$$

(*où l'on pose* $f(x_1, \ldots, \hat{x}_i, \ldots, x_n) = f(x_1, \ldots, x_{i-1}, x_{i+1}, \ldots, x_n)$ *pour* $1 \leqslant i \leqslant n$).

Il suffit de prouver que l'application n-linéaire

$$(x_1, \ldots, x_n) \mapsto \sum_{i=1}^{n} (-1)^i f(x_1, \ldots, \hat{x}_i, \ldots, x_n) x_i$$

de M^n dans M est *alternée.* Or, si $x_i = x_{i+1}$, tous les termes de la somme du second membre ont des coefficients nuls sauf x_i et x_{i+1}, puisque f est alternée; d'autre part, le coefficient de x_i est $(-1)^i f(x_1, \ldots, x_{i-1}, x_{i+1}, x_{i+2}, \ldots, x_n)$ et celui de x_{i+1} est $(-1)^{i+1} f(x_1, \ldots, x_i, x_{i+2}, \ldots, x_n)$ et ils sont opposés par hypothèse.

Remarque. — On dit qu'un élément z de $\mathsf{T}^n(\mathrm{M})$ est un *tenseur antisymétrique* (contravariant) *d'ordre* n si $\sigma . z = \varepsilon_\sigma z$ pour tout permutation $\sigma \in \mathfrak{S}_n$ (cf. III, p. 71, *Remarque*) ; ces éléments forment un sous-A-module $\mathsf{A}'_n(\mathrm{M})$ de $\mathsf{T}^n(\mathrm{M})$. Pour tout $z \in \mathsf{T}^n(\mathrm{M})$, on pose $\boldsymbol{a} . z = \sum_{\sigma \in \mathfrak{S}_n} \varepsilon_\sigma(\sigma . z)$ et on dit que $\boldsymbol{a} . z$ est *l'antisymétrisé* de z; comme $\varepsilon_{\sigma\tau} = \varepsilon_\sigma \varepsilon_\tau$, on voit aussitôt que $\boldsymbol{a} . z$ est un tenseur antisymétrique, et par suite $z \mapsto \boldsymbol{a} . z$ est un endomorphisme de $\mathsf{T}^n(\mathrm{M})$ dont l'image $\mathsf{A}''_n(\mathrm{M})$ est contenue dans $\mathsf{A}'_n(\mathrm{M})$; en général on a $\mathsf{A}''_n(\mathrm{M}) \neq \mathsf{A}'_n(\mathrm{M})$ (III, p. 189, exerc. 8). Si z est un tenseur antisymétrique, on a $\boldsymbol{a} . z = n!z$; donc, *lorsque* $n!$ *est inversible dans* A, l'endomorphisme $z \mapsto (n!)^{-1}\boldsymbol{a} . z$ est un *projecteur* dans $\mathsf{T}^n(\mathrm{M})$ dont l'image est $\mathsf{A}'_n(\mathrm{M}) = \mathsf{A}''_n(\mathrm{M})$. En outre le *noyau* de ce projecteur n'est autre que $\mathfrak{J}''_n$; en effet, on peut évidemment se borner au cas où $n \geqslant 2$, donc 2 (divisant $n!$) est inversible dans A et $x \otimes x = 2^{-1}(x \otimes x + x \otimes x)$; par suite $\mathfrak{J}''_n$ est engendré par les éléments $z + \rho . z$, où ρ est une transposition échangeant deux nombres consécutifs dans $[1, n]$; en outre, pour deux permutations σ, τ de $\mathfrak{S}_n$, on peut écrire

$$z - \varepsilon_{\sigma\tau}((\sigma\tau) . z) = z - \varepsilon_\tau(\tau . z) + \varepsilon_\tau(\tau \cdot z - \varepsilon_\sigma \sigma . (\tau . z)),$$

d'où l'on déduit que $z - \varepsilon_\sigma(\sigma . z) \in \mathfrak{J}''_n$ quels que soient $z \in \mathsf{T}^n(\mathrm{M})$ et $\sigma \in \mathfrak{S}_n$. Par suite (en supposant toujours $n!$ inversible dans A), on voit que $z - (n!)^{-1}\boldsymbol{a} . z = \sum_{\sigma \in \mathfrak{S}_n} (n!)^{-1}(z - \varepsilon_\sigma(\sigma . z)) \in \mathfrak{J}''_n$ pour tout $z \in \mathsf{T}^n(\mathrm{M})$, ce qui établit notre assertion.

Lorsque $n!$ est inversible dans A, les sous-modules $\mathsf{A}'_n(\mathrm{M})$ et $\mathfrak{J}''_n$ de $\mathsf{T}^n(\mathrm{M})$ sont donc *supplémentaires*, et la restriction à $\mathsf{A}'_n(\mathrm{M})$ de l'homomorphisme canonique $\mathsf{T}^n(\mathrm{M}) \to \wedge^n(\mathrm{M}) = \mathsf{T}^n(\mathrm{M})/\mathfrak{J}''_n$ est un *isomorphisme* de A-modules, qui permet dans le cas envisagé d'identifier les tenseurs antisymétriques d'ordre n aux éléments de la puissance extérieure n-ème de M. On notera ici encore que cette identification n'est pas compatible avec la multiplication, le produit dans $\mathsf{T}(\mathrm{M})$ de deux tenseurs antisymétriques n'étant pas antisymétrique en général.

5. Extension de l'anneau des scalaires

Soient A, A′ deux anneaux commutatifs, $\rho : \mathrm{A} \to \mathrm{A}'$ un homomorphisme d'anneaux, M un A-module, M′ un A′-module, $f : \mathrm{M} \to \mathrm{M}'$ un A-*homomorphisme* (relatif à ρ) de M dans M′. L'application composée $\mathrm{M} \xrightarrow{f} \mathrm{M}' \xrightarrow{\varphi''_{\mathrm{M}'}} \wedge_{\mathrm{A}'}(\mathrm{M}')$ est une application A-linéaire de M dans la A-algèbre $\wedge_{\mathrm{A}'}(\mathrm{M}')$, et comme les éléments de $f(\mathrm{M}) \subset \mathrm{M}'$ sont de carré nul dans $\wedge_{\mathrm{A}'}(\mathrm{M}')$, il existe (III, p. 77, prop. 1) un A-*homomorphisme* d'algèbres et un seul $f'' : \wedge_{\mathrm{A}}(\mathrm{M}) \to \wedge_{\mathrm{A}'}(\mathrm{M}')$ rendant commutatif le diagramme

$$\text{(12)} \qquad \begin{array}{ccc} \mathrm{M} & \xrightarrow{f} & \mathrm{M}' \\ {\scriptstyle \varphi''_{\mathrm{M}}}\downarrow & & \downarrow{\scriptstyle \varphi''_{\mathrm{M}'}} \\ \wedge_{\mathrm{A}}(\mathrm{M}) & \xrightarrow[f'']{} & \wedge_{\mathrm{A}'}(\mathrm{M}') \end{array}$$

et f'' est un homomorphisme d'algèbres graduées. On en déduit aussitôt que si $\sigma : A' \to A''$ est un second homomorphisme d'anneaux, M″ un A″-module, $g : M' \to M''$ un A′-homomorphisme (relatif à σ), $g'' : \wedge_{A'}(M') \to \wedge_{A''}(M'')$ le A″-homomorphisme d'algèbres correspondant, alors le A-homomorphisme d'algèbres composé

$$(13) \qquad \wedge_A(M) \xrightarrow{f''} \wedge_{A'}(M') \xrightarrow{g''} \wedge_{A''}(M'')$$

correspond au A-homomorphisme composé $g \circ f : M \to M''$ (relatif à $\sigma \circ \rho$).

PROPOSITION 8. — *Soient* A, B *deux anneaux commutatifs*, $\rho : A \to B$ *un homomorphisme d'anneaux*, M *un* A-*module. Le prolongement canonique*

$$\psi : \wedge_B(B \otimes_A M) \to B \otimes_A \wedge_A(M)$$

de l'application B-*linéaire* $1_B \otimes \varphi''_M : B \otimes_A M \to B \otimes_A \wedge_A(M)$, *est un isomorphisme de* B-*algèbres graduées.*

La démonstration se déduit de celle de III, p. 60, prop. 5 en y remplaçant T par $\wedge$ et φ_M par φ''_M.

6. Limites inductives d'algèbres extérieures

Soient $(A_\alpha, \varphi_{\beta\alpha})$ un système inductif filtrant d'anneaux commutatifs, $(M_\alpha, f_{\beta\alpha})$ un système inductif de A_α-modules, $A = \varinjlim A_\alpha$, $M = \varinjlim M_\alpha$. Pour $\alpha \leqslant \beta$, on déduit canoniquement du A_α-homomorphisme $f_{\beta\alpha} : M_\alpha \to M_\beta$ un homomorphisme de A_α-algèbres (III, p. 82, formule (12)) $f''_{\beta\alpha} : \wedge_{A_\alpha}(M_\alpha) \to \wedge_{A_\beta}(M_\beta)$ et il résulte de (13) que $(\wedge_{A_\alpha}(M_\alpha), f''_{\beta\alpha})$ est un *système inductif de* A-*algèbres graduées*. Soit d'autre part $f_\alpha : M_\alpha \to M$ le A_α-homomorphisme canonique; on en déduit (III, p. 82, formule (12)) un homomorphisme de A_α-algèbres graduées, $f''_\alpha : \wedge_{A_\alpha}(M_\alpha) \to \wedge_A(M)$, et il résulte encore de (13) que les f''_α constituent un système inductif de A_α-homomorphismes.

PROPOSITION 9. — *Le* A-*homomorphisme* $f'' = \varinjlim f''_\alpha : \varinjlim \wedge_{A_\alpha}(M_\alpha) \to \wedge_A(M)$ *est un isomorphisme d'algèbres graduées.*

La démonstration est la même que celle de III, p. 61, prop. 6, en y remplaçant partout T par $\wedge$ et φ et φ'', et tenant compte du fait qu'une limite inductive d'algèbres alternées est alternée.

7. Algèbre extérieure d'une somme directe. Algèbre extérieure d'un module gradué

Soient A un anneau commutatif, $M = \bigoplus_{\lambda \in L} M_\lambda$ la somme directe d'une famille de A-modules, $j_\lambda : M_\lambda \to M$ l'injection canonique; on en déduit un A-homomorphisme d'algèbres graduées $\wedge(j_\lambda) : \wedge(M_\lambda) \to \wedge(M)$. Puisque $\wedge(M)$ est anticommutative, on peut appliquer aux homomorphismes $\wedge(j_\lambda)$ la prop. 10 de III,

p. 47 (éventuellement généralisée au cas où L est infini, cf. III, p. 53, *Remarque*) ; il existe donc un unique homomorphisme d'algèbres

$$g : {}^{g}\bigotimes_{\lambda \in L} \wedge(M_\lambda) \to \wedge(M) \tag{14}$$

(aussi noté g_M) tel que $\wedge(j_\lambda) = g \circ f_\lambda$, en désignant par

$$f_\lambda : \wedge(M_\lambda) \to {}^{g}\bigotimes_{\lambda \in L} \wedge(M_\lambda)$$

l'homomorphisme canonique.

PROPOSITION 10. — *L'homomorphisme canonique g (formule (14)) est un isomorphisme d'algèbres graduées.*

Pour prouver que g est bijectif, on définit un homomorphisme d'algèbres graduées

$$h : \wedge(M) \to {}^{g}\bigotimes_{\lambda \in L} \wedge(M_\lambda) \tag{15}$$

tel que $g \circ h$ et $h \circ g$ soient respectivement les applications identiques de $\wedge(M)$ et de ${}^{g}\bigotimes_{\lambda \in L} \wedge(M_\lambda)$. Pour chaque $\lambda \in L$, on considère l'application linéaire composée

$$u_\lambda : M_\lambda \xrightarrow{\varphi''_{M_\lambda}} \wedge(M_\lambda) \xrightarrow{f_\lambda} {}^{g}\bigotimes_{\lambda \in L} \wedge(M_\lambda).$$

Il existe une application A-linéaire et une seule $u : M \to {}^{g}\bigotimes_{\lambda \in L} \wedge(M_\lambda)$ telle que $u \circ j_\lambda = u_\lambda$ pour tout $\lambda \in L$. Le produit tensoriel gauche ${}^{g}\bigotimes_{\lambda \in L} \wedge(M_\lambda)$ est une algèbre *alternée*: en effet, pour L fini cela résulte de III, p. 54, prop. 14, et pour L quelconque, cela résulte de la définition de ce produit donnée dans III, p. 53, *Remarque* et du fait qu'une limite inductive d'algèbres graduées alternées est alternée. Comme en outre $u(M)$ est contenu dans le sous-module des éléments de degré 1 de l'algèbre graduée ${}^{g}\bigotimes_{\lambda \in L} \wedge(M_\lambda)$, il résulte de III, p. 77, prop. 1 et *Remarque* 1, qu'il existe un homomorphisme unique d'algèbres graduées

$$h : \wedge(M) \to {}^{g}\bigotimes_{\lambda \in L} \wedge(M_\lambda)$$

tel que $h \circ \varphi''_M = u$. La vérification du fait que $g \circ h$ et $h \circ g$ sont les applications identiques se fait alors comme dans III, p. 73, prop. 9 en remplaçant S par $\wedge$, et φ' par φ''.

Remarque. — Soit $N = \bigoplus_{\lambda \in L} N_\lambda$ la somme directe d'une seconde famille de A-modules ayant L pour ensemble d'indices, et, pour tout $\lambda \in L$, soit $v_\lambda : M_\lambda \to N_\lambda$

une application A-linéaire, d'où une application A-linéaire $v = \bigoplus_{\lambda} v_\lambda : M \to N$ (II, p. 13, prop. 7). Alors le diagramme

$$\begin{array}{ccc} {}^{g}\bigotimes_{L} \wedge(M_\lambda) & \xrightarrow{g_M} & \wedge(M) \\ {\scriptstyle \bigotimes_{\lambda\in L} \wedge(v_\lambda)} \downarrow & & \downarrow {\scriptstyle \wedge(v)} \\ {}^{g}\bigotimes_{\lambda\in L} \wedge(N_\lambda) & \xrightarrow[g_N]{} & \wedge(N) \end{array}$$

est commutatif (cf. III, p. 43, corollaire).

On peut décrire de façon plus précise le sous-A-module de ${}^{g}\bigotimes_{\lambda\in L} \wedge(M_\lambda)$ auquel $\wedge^n(M)$ s'identifie au moyen de l'isomorphisme g. Pour toute partie finie J de L, posons $E_J = {}^{g}\bigotimes_{\lambda\in J} \wedge(M_\lambda)$, de sorte que ${}^{g}\bigotimes_{\lambda\in L} \wedge(M_\lambda) = \varinjlim E_J$ suivant l'ensemble filtrant $\mathfrak{F}(L)$ des parties finies de L, par définition (III, p. 53, *Remarque*). Pour toute famille $\nu = (n_\lambda) \in \mathbf{N}^{(L)}$ (ayant donc un support *fini*) telle que $\sum_{\lambda\in L} n_\lambda = n$, et toute partie finie J de L contenant le support de la famille ν, posons

(16) $$\wedge^{J,\nu}(M) = \bigotimes_{\lambda\in J} \wedge^{n_\lambda}(M_\lambda)$$

de sorte que le sous-module $E_{J,n}$ des éléments de degré n de E_J est la *somme directe* des $\wedge^{J,\nu}(M)$ pour toutes les familles ν de support contenu dans J et telles que $\sum_{\lambda\in L} n_\lambda = n$ (III, p. 47, prop. 10 et p. 52). Posons par convention $\wedge^{J,\nu}(M) = \{0\}$ pour les familles ν dont le support n'est pas contenu dans J; alors on peut encore dire que $E_{J,n}$ est *somme directe* de *tous* les $\wedge^{J,\nu}(M)$, où ν parcourt l'ensemble H_n de *toutes* les familles $\nu = (n_\lambda)_{\lambda\in L}$ telles que $\sum_{\lambda\in L} n_\lambda = n$. Puisque $\wedge^0(M_\lambda)$ s'identifie à A, il est clair en outre que pour deux parties finies $J \subset J'$ de L et une famille ν de support contenu dans J, l'application canonique $\wedge^{J,\nu}(M) \to \wedge^{J',\nu}(M)$ (restriction à $\wedge^{J,\nu}(M)$ de l'application canonique $E_J \to E_{J'}$) est *bijective*. Si l'on pose, pour tout $\nu \in H_n$,

(17) $$\wedge^{\nu}(M) = \varinjlim \wedge^{J,\nu}(M)$$

on voit donc que l'on a, compte tenu de II, p. 91, prop. 5:

COROLLAIRE. — *Le* A-*module* $\wedge^n(M)$ *est l'image par l'isomorphisme* (14) (III, p. 84) *du sous-module de* ${}^{g}\bigotimes_{\lambda\in L} \wedge(M_\lambda)$ *somme directe des sous-modules* $\wedge^{\nu}(M)$ *pour toutes les familles* $\nu = (n_\lambda) \in \mathbf{N}^{(L)}$ *telles que* $\sum_{\lambda\in L} n_\lambda = n$; *si* J *est le support de* ν, $\wedge^{\nu}(M)$ *est canoniquement isomorphe à* $\bigotimes_{\lambda\in J} \wedge^{n_\lambda}(M_\lambda)$.

On identifiera en général $\wedge^{\nu}(M)$, $\bigotimes_{\lambda\in J} \wedge^{n_\lambda}(M_\lambda)$ et leur image dans $\wedge^n(M)$. Avec cette convention:

PROPOSITION 11. — *Soient* Δ *un monoïde commutatif à élément neutre*, M *un* A-*module gradué de type* Δ, $(M_\alpha)_{\alpha\in\Delta}$ *sa graduation. Pour tout couple* $(\alpha, n) \in \Delta \times \mathbf{N}$, *soit* $\bigwedge^{\alpha, n}(M)$ *le sous-module de* $\bigwedge^n(M)$ *somme directe des sous-modules* $\bigotimes_{\lambda\in J} \bigwedge^{n_\lambda}(M_{\alpha_\lambda})$, *où* $(n_\lambda)_{\lambda\in L}$ *parcourt l'ensemble des familles d'entiers* $\geqslant 0$ *telles que* $\sum_{\lambda\in L} n_\lambda = n$, J *est son support et, pour chaque* (n_λ), $(\alpha_\lambda)_{\lambda\in J}$ *parcourt l'ensemble des familles de* Δ^J *telles que* $\sum_{\lambda\in J} \alpha_\lambda = \alpha$. *Alors* $(\bigwedge^{\alpha, n}(M))_{(\alpha, n)\in\Delta\times\mathbf{N}}$ *est la seule graduation de type* $\Delta \times \mathbf{N}$ *compatible avec la structure d'algèbre de* $\bigwedge(M)$ *et qui induise sur* $M = \bigwedge^1(M)$ *la graduation donnée.*

Le fait que $\bigwedge(M)$ soit somme directe des $\bigwedge^{\alpha, n}(M)$ résulte de III, p. 85, corollaire; le reste de la démonstration est identique à la fin de la démonstration de III, p. 62, prop. 7.

8. Algèbre extérieure d'un module libre

THÉORÈME 1. — *Soit* M *un* A-*module ayant une base* $(e_\lambda)_{\lambda\in L}$. *Munissons* L *d'une structure d'ensemble totalement ordonné* (E, III, p. 20, th. 1), *et, pour toute partie finie* J *de* L, *posons*

$$e_J = e_{\lambda_1} \wedge e_{\lambda_2} \wedge \cdots \wedge e_{\lambda_n} \tag{18}$$

où $(\lambda_k)_{1\leqslant k\leqslant n}$ *est la suite des éléments de* J *rangés dans l'ordre croissant* (E, III, p. 38, prop. 6) ; *on convient que* $e_\varnothing = 1$, *élément unité de* A. *Alors les* e_J, *où* J *parcourt l'ensemble* $\mathfrak{F}(L)$ *des parties finies de* L, *forment une base de l'algèbre extérieure* $\bigwedge(M)$.

Puisque les e_λ engendrent le A-module M, tout élément de $\bigwedge(M)$ est combinaison linéaire de produits d'éléments e_λ en nombre fini, donc (compte tenu de III, p. 79, prop. 5) est une combinaison linéaire d'un nombre fini d'éléments e_J pour $J \in \mathfrak{F}(L)$. Tout revient à prouver que les e_J sont linéairement indépendants sur A. Sinon, il existerait entre ces éléments une relation linéaire à coefficients non tous nuls; la réunion des parties J qui correspondent aux e_J dont le coefficient dans cette relation est $\neq 0$ est une partie *finie* K de L (puisqu'il n'y a qu'un nombre fini de coefficients $\neq 0$). Soit N le sous-module de M engendré par les e_λ tels que $\lambda \in K$; N est facteur direct dans M, donc (III, p. 78) $\bigwedge(N)$ s'identifie à une sous-algèbre de $\bigwedge(M)$, et si nous montrons que les e_J, pour $J \subset K$, forment une base de $\bigwedge(N)$, nous arriverons à la contradiction cherchée.

Tout revient donc à prouver le th. 1 lorsque la base de M est *finie*; on peut donc supposer que $L = [1, m] \subset \mathbf{N}$. Pour chaque $i \in L$, soit M_i le sous-module libre Ae_i de M; M est somme directe des M_i, et $\bigwedge(M_i)$ est somme directe de $\bigwedge^0(M_i) = A$ et de $\bigwedge^1(M_i) = M_i$ (III, p. 80, prop. 6). Identifions canoniquement $\bigwedge(M)$ au A-module produit tensoriel des $\bigwedge(M_i)$ (III, p. 84, prop. 10); ce dernier a pour base le produit tensoriel des bases $(1, e_i)$ des $\bigwedge(M_i)$ (II, p. 62, cor. 2) ; on obtient ainsi tous les éléments

$$u_1 \otimes u_2 \otimes \cdots \otimes u_m$$

où l'on a, soit $u_i = 1$, soit $u_i = e_i$; si J est l'ensemble des indices i tels que $u_i = e_i$, $u_1 \otimes u_2 \otimes \cdots \otimes u_m$ est identifié à e_J, ce qui termine la démonstration.

Corollaire 1. — *Supposons que* $L = [1, m]$; *alors la base* $(e_J)_{J \in \mathfrak{P}(L)}$ *de* $\wedge(M)$ *a* 2^m *éléments. Pour* $p > m$, *on a* $\wedge^p(M) = \{0\}$; $\wedge^m(M)$ *a une base formée d'un seul élément* e_L; *pour* $0 \leqslant p \leqslant m$, *le nombre d'éléments de la base* (e_J) *de* $\wedge^p(M)$ *formée des* e_J *tels que* $\mathrm{Card}(J) = p$, *est* $\binom{m}{p} = \dfrac{m!}{p!(m-p)!}$.

Cela résulte de E, III, p. 29, prop. 12 et E, III, p. 42, cor. 1.

Revenons au cas où l'ensemble L du th. 1 est quelconque, et explicitons la *table de multiplication* (III, p. 10) de la base (e_J). Etant données deux parties finies J, K de l'ensemble totalement ordonné L, posons

$$\begin{cases} \rho_{J,K} = 0 & \text{si } J \cap K \neq \varnothing \\ \rho_{J,K} = (-1)^\nu & \text{si } J \cap K = \varnothing \end{cases} \tag{19}$$

en désignant dans ce dernier cas par ν le nombre des couples $(\lambda, \mu) \in J \times K$ tels que $\lambda > \mu$. Alors le cor. 1 de III, p. 79 entraîne aussitôt la relation

$$e_J \wedge e_K = \rho_{J,K} e_{J \cup K}. \tag{20}$$

On notera la formule

$$\rho_{J,K}\rho_{K,J} = (-1)^{jk} \tag{21}$$

lorsque $J \cap K = \varnothing$, $j = \mathrm{Card}(J)$ et $k = \mathrm{Card}(K)$ (III, p. 80, cor. 2).

Corollaire 2. — *Si* M *est un* A-*module projectif*, $\wedge(M)$ *est un* A-*module projectif.*

La démonstration est la même que celle de III, p. 62, corollaire, en remplaçant T par $\wedge$.

Corollaire 3. — *Soient* M *un* A-*module projectif*, $(x_i)_{1 \leqslant i \leqslant n}$ *une suite finie d'éléments de* M. *Pour qu'il existe sur* M *une forme* n-*linéaire alternée* f *telle que* $f(x_1, x_2, \ldots, x_n) \neq 0$, *il faut et il suffit que* $x_1 \wedge x_2 \wedge \cdots \wedge x_n \neq 0$.

On sait déjà (sans hypothèse sur M) que la condition est nécessaire (III, p. 80, prop. 7). Supposons maintenant que M soit projectif et que

$$x_1 \wedge x_2 \wedge \cdots \wedge x_n \neq 0.$$

Alors $\wedge^n(M)$ est projectif (cor. 2), donc l'application canonique

$$\wedge^n(M) \to (\wedge^n(M))^{**}$$

est injective (II, p. 47, cor. 4); on en conclut qu'il existe une forme linéaire $g : \wedge^n(M) \to A$ telle que $g(x_1 \wedge x_2 \wedge \cdots \wedge x_n) \neq 0$. Si f est la forme n-linéaire alternée correspondant à g (III, p. 80, prop. 7), on a donc $f(x_1, \ldots, x_n) \neq 0$.

9. Critères d'indépendance linéaire

PROPOSITION 12. — *Soit* M *un* A-*module projectif. Pour que des éléments* $x_1, x_2, \ldots, x_n$ *de* M *soient linéairement dépendants, il faut et il suffit qu'il existe* $\lambda \neq 0$ *dans* A *tel que*

$$\lambda x_1 \wedge x_2 \wedge \cdots \wedge x_n = 0. \tag{22}$$

La condition est nécessaire (sans hypothèse sur M), car si, par exemple, λx_1 (avec $\lambda \neq 0$) est combinaison linéaire de $x_2, \ldots, x_n$, la relation (22) a lieu (III, p. 79, prop. 5). Montrons que la condition est suffisante par récurrence sur n; pour $n = 1$, c'est une conséquence triviale de la définition. Supposons donc $n > 1$ et la condition (22) vérifiée pour un $\lambda \neq 0$. Si $\lambda x_2 \wedge x_3 \wedge \cdots \wedge x_n = 0$, alors l'hypothèse de récurrence entraîne que $x_2, \ldots, x_n$ sont linéairement dépendants, donc *a fortiori* $x_1, x_2, \ldots, x_n$ le sont. Si $\lambda x_2 \wedge x_3 \wedge \cdots \wedge x_n \neq 0$, il résulte de III, p. 87, cor. 3, qu'il existe une forme $(m-1)$-linéaire alternée f telle que $f(\lambda x_2 \wedge x_3 \wedge \cdots \wedge x_n) = \mu \neq 0$. Puisque l'on a

$$x_1 \wedge (\lambda x_2) \wedge \cdots \wedge x_n = 0,$$

il résulte de III, p. 87, cor. 3, que μx_1 est combinaison linéaire de $\lambda x_2, x_3, \ldots, x_n$; donc $x_1, x_2, \ldots, x_n$ sont linéairement dépendants.

COROLLAIRE. — *Soient* M *et* N *deux* A-*modules projectifs, et soit* $f : \mathrm{M} \to \mathrm{N}$ *une application* A-*linéaire. Si* f *est injective, alors* $\wedge(f) : \wedge(\mathrm{M}) \to \wedge(\mathrm{N})$ *est injective.*

Démontrons-le d'abord en supposant que M soit *libre*; soit $(e_\lambda)_{\lambda \in \mathrm{L}}$ une base de M, de sorte que $(e_\mathrm{J})_{\mathrm{J} \in \mathfrak{F}(\mathrm{L})}$ (formule (18)) est une base de $\wedge(\mathrm{M})$. Supposons que le noyau de $\wedge(f)$ contienne un élément $u = \sum_\mathrm{J} \alpha_\mathrm{J} e_\mathrm{J} \neq 0$. Soit K un élément minimal parmi les parties finies J telles que $\alpha_\mathrm{J} \neq 0$, et soit H une partie finie de L, disjointe de K et telle que $\mathrm{K} \cup \mathrm{H}$ contienne tous les J (en nombre fini) tels que $\alpha_\mathrm{J} \neq 0$; pour tout $\mathrm{J} \neq \mathrm{K}$ tel que $\alpha_\mathrm{J} \neq 0$, on a donc par définition $\mathrm{J} \cap \mathrm{H} \neq \varnothing$, et par suite (III, p. 87, formule (20))

$$u \wedge e_\mathrm{H} = \pm \alpha_\mathrm{K} e_{\mathrm{K} \cup \mathrm{H}}$$

appartient à l'idéal bilatère de $\wedge(\mathrm{M})$, noyau de $\wedge(f)$. Posons $e_{\mathrm{K} \cup \mathrm{H}} = e_{\lambda_1} \wedge e_{\lambda_2} \wedge \cdots \wedge e_{\lambda_n}$; on a donc $\alpha_\mathrm{K} f(e_{\lambda_1}) \wedge f(e_{\lambda_2}) \wedge \cdots \wedge f(e_{\lambda_n}) = 0$; en vertu de la prop. 12, les éléments $f(e_{\lambda_i})$ $(1 \leqslant i \leqslant n)$ de N sont linéairement dépendants. Mais ceci contredit l'hypothèse que f est injectif (II, p. 25, cor. 3).

Abordons maintenant le cas général, et soit M′ un A-module tel que $\mathrm{M} \oplus \mathrm{M}' = \mathrm{P}$ soit libre (II, p. 39, prop. 4). Considérons l'application linéaire $g : \mathrm{M} \oplus \mathrm{M}' \to \mathrm{N} \oplus \mathrm{M} \oplus \mathrm{M}'$ telle que $g(x, y) = (f(x), 0, y)$, de sorte qu'on a le diagramme commutatif

$$\begin{array}{ccc} \mathrm{M} & \xrightarrow{\ f\ } & \mathrm{N} \\ \downarrow & & \downarrow{\scriptstyle j'} \\ \mathrm{P} & \xrightarrow[\ g\ ]{} & \mathrm{N} \oplus \mathrm{P} \end{array}$$

où les flèches verticales sont les injections canoniques. Puisque g est injective et P libre, $\wedge(g)$ est un homomorphisme injectif comme on l'a vu plus haut. Or, $\wedge(j) : \wedge(\mathrm{M}) \rightarrow \wedge(\mathrm{P})$ est un homomorphisme injectif puisque M est facteur direct dans P (III, p. 78). L'homomorphisme composé

$$\wedge(\mathrm{M}) \xrightarrow{\wedge(j)} \wedge(\mathrm{P}) \xrightarrow{\wedge(g)} \wedge(\mathrm{N} \oplus \mathrm{P})$$

est donc injectif, et comme il est aussi égal, à l'homomorphisme composé

$$\wedge(\mathrm{M}) \xrightarrow{\wedge(f)} \wedge(\mathrm{N}) \xrightarrow{\wedge(j')} \wedge(\mathrm{N} \oplus \mathrm{P})$$

on en conclut que $\wedge(f)$ est injectif.

PROPOSITION 13. — *Soient* M *un* A-*module*, N *un sous-module facteur direct de* M *qui est libre de dimension p, $\{u\}$ une base de $\wedge^p(\mathrm{N})$. Pour qu'un élément $x \in \mathrm{M}$ appartienne à* N, *il faut et il suffit que $u \wedge x = 0$.*

Soit P un sous-module de M supplémentaire de N, et soient $y \in \mathrm{N}$, $z \in \mathrm{P}$ tels que $x = y + z$. Alors $u \wedge x = u \wedge z$. Comme $\wedge^p(\mathrm{N})$ est libre de dimension 1, l'application $\varphi : \mathrm{P} \rightarrow \mathrm{P} \otimes \wedge^p(\mathrm{N})$ telle que $\varphi(p) = p \otimes u$ est bijective (II, p. 55, prop. 4). D'autre part (III, p. 84, prop. 10), le composé des homomorphismes canoniques

$$\psi : \mathrm{P} \otimes \wedge^p(\mathrm{N}) \rightarrow \wedge(\mathrm{P}) \otimes \wedge(\mathrm{N}) \rightarrow \wedge(\mathrm{M})$$

est injectif. L'application $\psi \circ \varphi$ est donc injective, d'où la proposition.

THÉORÈME 2. — *Soit* M *un* A-*module ayant une base finie $(e_i)_{1 \leqslant i \leqslant n}$. Pour qu'une suite $(x_i)_{1 \leqslant i \leqslant n}$ de n éléments de* M *forme une base de* M, *il faut et il suffit que l'élément $\lambda \in \mathrm{A}$ tel que*

(23) $$x_1 \wedge x_2 \wedge \cdots \wedge x_n = \lambda . e_1 \wedge e_2 \wedge \cdots \wedge e_n$$

soit inversible dans A.

Rappelons que $e_1 \wedge e_2 \wedge \cdots \wedge e_n$ est l'unique élément d'une base de $\wedge^n(\mathrm{M})$ (III, p. 87, cor. 1) de sorte que l'élément $\lambda \in \mathrm{A}$ vérifiant (23) est déterminé de façon unique. Si $(x_i)_{1 \leqslant i \leqslant n}$ est une base de M, $x_1 \wedge x_2 \wedge \cdots \wedge x_n$ est l'unique élément d'une base de $\wedge^n(\mathrm{M})$ (III, p. 87), donc λ est inversible. Réciproquement, supposons λ inversible; alors la forme n-linéaire alternée f correspondant à l'application linéaire $g : \wedge^n(\mathrm{M}) \rightarrow \mathrm{A}$ telle que $g(e_1 \wedge e_2 \wedge \cdots \wedge e_n) = \lambda^{-1}$, est telle que $f(x_1, x_2, \ldots, x_n) = 1$. Pour tout $x \in \mathrm{M}$, on a évidemment

$$x \wedge x_1 \wedge \cdots \wedge x_n = 0$$

(III, p. 80, prop. 6); appliquant III, p. 87, cor. 3, on obtient

$$f(x_1, x_2, \ldots, x_n)x = \sum_{i=1}^{n} (-1)^{i-1} f(x, x_1, \ldots, \hat{x}_i, \ldots, x_n) x_i .$$

Comme $f(x_1, \ldots, x_n) = 1$, cela montre que tout $x \in \mathrm{M}$ est combinaison linéaire de $x_1, x_2, \ldots, x_n$, et comme ces derniers sont linéairement indépendants (puisque $x_1 \wedge x_2 \wedge \cdots \wedge x_n \neq 0$), ils forment une base de M.

§ 8. DÉTERMINANTS

1. Déterminant d'un endomorphisme

Soient M un A-module ayant une *base finie* de n éléments, u un endomorphisme de M. Le A-module $\wedge^n(\mathrm{M})$ est un module libre monogène, c'est-à-dire isomorphe à A (III, p. 87, cor. 1); $\wedge^n(u)$ est un endomorphisme de ce module, et est par suite une homothétie $z \mapsto \lambda z$ de rapport $\lambda \in \mathrm{A}$ déterminé de façon unique (II, p. 41, prop. 5).

DÉFINITION 1. — *On appelle déterminant d'un endomorphisme u d'un* A-*module libre* M *de dimension finie n* (II, p. 98, corollaire et *Remarque* 1), *et on note* det u, *le scalaire* λ *tel que $\wedge^n(u)$ soit l'homothétie de rapport* λ.

D'après la formule (4) de III, p. 78, det u est l'unique scalaire tel que l'on ait

(1) $$u(x_1) \wedge u(x_2) \wedge \cdots \wedge u(x_n) = (\det u)\, x_1 \wedge x_2 \wedge \cdots \wedge x_n$$

pour toute suite $(x_i)_{1 \leqslant i \leqslant n}$ de n éléments de M. Si $\det(u) = 1$, on dit que u est *unimodulaire*.

PROPOSITION 1. — (i) *Si u et v sont deux endomorphismes d'un* A-*module libre* M *de dimension finie, on a*

(2) $$\det(u \circ v) = (\det u)(\det v).$$

(ii) *On a* $\det(1_{\mathrm{M}}) = 1$; *pour tout automorphisme u de* M, det u *est inversible dans* A *et l'on a*

(3) $$\det(u^{-1}) = (\det u)^{-1}.$$

Si n est la dimension de M, cela résulte aussitôt de la relation $\wedge^n(u \circ v) = (\wedge^n(u)) \circ (\wedge^n(v))$ (III, p. 78, formule (3)).

Soit M un A-module libre ayant une base finie $(e_i)_{1 \leqslant i \leqslant n}$; étant donnée une suite $(x_i)_{1 \leqslant i \leqslant n}$ de n éléments de M, on appelle *déterminant* de cette suite *par rapport à la base donnée* (e_i), et on note $\det(x_1, x_2, \ldots, x_n)$ lorsqu'aucune confusion sur la base n'est possible, le déterminant de l'endomorphisme u de M tel que $u(e_i) = x_i$ pour $1 \leqslant i \leqslant n$. En vertu de la formule (1), on a donc

(4) $$x_1 \wedge x_2 \wedge \cdots \wedge x_n = \det(x_1, x_2, \ldots, x_n)\, e_1 \wedge e_2 \wedge \cdots \wedge e_n$$

et cette relation caractérise l'application $(x_i) \mapsto \det(x_1, \ldots, x_n)$ de M^n dans A. Elle montre que cette application est une *forme n-linéaire alternée*. Comme, en vertu de III, p. 80, prop. 7, le A-module des formes n-linéaires alternées est canoniquement isomorphe au dual de $\bigwedge^n(\mathrm{M})$, et que $\bigwedge^n(\mathrm{M})$ est isomorphe à A, on voit que *toute forme n-linéaire alternée sur* M^n *est de la forme*

$$(x_1, \ldots, x_n) \mapsto \alpha \det(x_1, x_2, \ldots, x_n)$$

pour un $\alpha \in \mathrm{A}$.

PROPOSITION 2. — *Soient* M *un* A-*module libre ayant une base finie* $(e_i)_{1 \leqslant i \leqslant n}$, v *un endomorphisme de* M. *Pour toute suite* $(x_i)_{1 \leqslant i \leqslant n}$ *de n éléments de* M, *on a*

$$\det(v(x_1), \ldots, v(x_n)) = (\det v) \det(x_1, \ldots, x_n). \tag{5}$$

En effet, si u est l'endomorphisme de M tel que $u(e_i) = x_i$ pour tout i, on a $v(x_i) = (v \circ u)(e_i)$, et (5) résulte donc de (2) (III, p. 90).

2. Caractérisation des automorphismes d'un module libre de dimension finie

THÉORÈME 1. — *Soit* M *un* A-*module libre de dimension finie, u un endomorphisme de* M. *Les conditions suivantes sont équivalentes :*

a) *u est bijectif ;*

b) *u est inversible à droite* (II, p. 21, cor. 1) ;

c) *u est inversible à gauche* (II, p. 21, cor. 2) ;

d) *u est surjectif ;*

e) det *u est inversible dans* A.

Soit $(e_i)_{1 \leqslant i \leqslant n}$ une base de M. Si $x_i = u(e_i)$ pour $1 \leqslant i \leqslant n$, on a

$$x_1 \wedge x_2 \wedge \cdots \wedge x_n = (\det u) e_1 \wedge e_2 \wedge \cdots \wedge e_n.$$

En vertu de III, p. 89, th. 2, une condition nécessaire et suffisante pour que les x_i forment une base de M est que $\det u$ soit un élément inversible de A; ceci prouve l'équivalence de a) et de e). Observons que a) entraîne évidemment chacune des conditions b), c) et d) ; il reste à prouver que chacune des conditions b), c) et d) entraîne e). Or, s'il existe un endomorphisme v de M tel que $v \circ u = 1_{\mathrm{M}}$ ou $u \circ v = 1_{\mathrm{M}}$, on a $(\det v)(\det u) = 1$, donc $\det u$ est inversible dans A. Si u est surjectif, il en est de même de $\bigwedge^n(u)$ (III, p. 78, prop. 3), autrement dit l'homothétie de rapport $\det u$ dans A est surjective, ce qui entraîne aussitôt que $\det u$ est inversible.

PROPOSITION 3. — *Soit* M *un* A-*module libre de dimension finie. Pour tout endomorphisme u de* M, *les conditions suivantes sont équivalentes ;*

f) *u est injectif ;*

g) det *u n'est pas diviseur de zéro dans* A.

Avec les mêmes notations que dans la démonstration du th. 1, pour que u soit injectif, il faut et il suffit que les x_i soient linéairement indépendants. D'après III, p. 88, prop. 12, il faut et il suffit pour cela que la relation $\lambda x_1 \wedge x_2 \wedge \cdots \wedge x_n = 0$ (avec $\lambda \in \mathrm{A}$) entraîne $\lambda = 0$. Mais cela équivaut à $\lambda(\det u) = 0$ puisque $e_1 \wedge \cdots \wedge e_n$ est une base de $\bigwedge^n(\mathrm{M})$; d'où la proposition.

Remarque. — Lorsque A est un corps, la condition e) du th. 2 est équivalente à la condition g) de la prop. 3 puisqu'elles signifient toutes deux que $\det u \neq 0$. Il y a donc dans ce cas équivalence entre toutes les conditions du th. 1 et de la prop. 3 (cf. II, p. 101, corollaire).

3. Déterminant d'une matrice carrée

DÉFINITION 2. — *Soient* I *un ensemble fini,* A *un anneau commutatif,* X *une matrice carrée de type* (I, I) *sur l'anneau* A (II, p. 149). *On appelle déterminant de* X *et on note* $\det X$ *le déterminant de l'endomorphisme* u *du* A-*module* A^I, *dont* X *est la matrice par rapport à la base canonique de* A^I.

Si $X = (\xi_{ij})_{(i,j) \in I \times I}$, et si $(e_i)_{i \in I}$ est la base canonique de A^I, l'endomorphisme u est donc donné par

$$u(e_i) = \sum_{j \in I} \xi_{ji} e_j.$$

Lorsque $I = [1, n] \subset \mathbf{N}$, si l'on pose $x_i = u(e_i)$ pour $i \in I$, le déterminant de X est donc défini par la relation

$$x_1 \wedge x_2 \wedge \cdots \wedge x_n = (\det X)\, e_1 \wedge e_2 \wedge \cdots \wedge e_n \tag{6}$$

autrement dit, $\det X$ est égal au déterminant $\det(x_1, x_2, \ldots, x_n)$ par rapport à la base canonique de A^n. Par conséquent:

PROPOSITION 4. — *Pour* n *vecteurs* $x_1, \ldots, x_n$ *de* A^n, *notons* $X(x_1, \ldots, x_n)$ *la matrice carrée d'ordre* n *dont la* i-*ème colonne est* x_i, *pour* $1 \leqslant i \leqslant n$. *Alors l'application*

$$(x_1, \ldots, x_n) \mapsto \det(X(x_1, \ldots, x_n))$$

de $(A^n)^n$ *dans* A *est* n-*linéaire alternée.*

En particulier, le déterminant d'une matrice dont deux colonnes sont égales est nul. Si l'on effectue une permutation σ sur les colonnes d'une matrice, le déterminant de la nouvelle matrice est égal à celui de l'ancienne multiplié par ε_σ. Si l'on ajoute à une colonne d'une matrice un multiple scalaire d'une colonne d'indice différent, le déterminant de la nouvelle matrice est égal à celui de l'ancienne.

Plus généralement, soit M un A-module libre de dimension finie n, et soit $(e_i)_{i \in I}$ une base de M; pour tout endomorphisme u de M, si X est la matrice de u par rapport à la base (e_i), on a

$$\det(u) = \det(X) \tag{7}$$

comme cela résulte aussitôt des définitions.

Lorsque $I = [1, n]$, le déterminant de X se note aussi $\det(\xi_{ij})_{1 \leqslant i \leqslant n, 1 \leqslant j \leqslant n}$ ou simplement $\det(\xi_{ij})$ si cela ne crée pas de confusion, ou encore

$$\begin{vmatrix} \xi_{11} & \xi_{12} & \cdots & \xi_{1n} \\ \xi_{21} & \xi_{22} & \cdots & \xi_{2n} \\ \cdots & \cdots & \cdots & \cdots \\ \xi_{n1} & \xi_{n2} & \cdots & \xi_{nn} \end{vmatrix}$$

Lorsque $\det X = 1$, on dit que la matrice X est *unimodulaire*.

Exemples. — 1) Le déterminant de la matrice vide est égal à 1 ; le déterminant d'une matrice carrée d'ordre 1 est égal à l'unique élément de cette matrice. Pour une matrice d'ordre 2

$$\begin{pmatrix} \xi_{11} & \xi_{12} \\ \xi_{21} & \xi_{22} \end{pmatrix}$$

on a, avec les notations précédentes

$$x_1 \wedge x_2 = (\xi_{11}e_1 + \xi_{21}e_2) \wedge (\xi_{12}e_1 + \xi_{22}e_2) = \xi_{11}\xi_{22}e_1 \wedge e_2 + \xi_{21}\xi_{12}e_2 \wedge e_1$$

d'où

$$\begin{vmatrix} \xi_{11} & \xi_{12} \\ \xi_{21} & \xi_{22} \end{vmatrix} = \xi_{11}\xi_{22} - \xi_{12}\xi_{21}.$$

Traduisons dans le langage des matrices quelques-uns des résultats des nos 1 et 2 :

PROPOSITION 5. — *Si X et Y sont deux matrices carrées sur un anneau commutatif* A, *ayant même ensemble fini d'indices, on a*

$$\det(XY) = (\det X)(\det Y). \tag{8}$$

Pour que X soit inversible, il faut et il suffit que $\det X$ *soit un élément inversible de* A, *et on a alors*

$$\det(X^{-1}) = (\det X)^{-1}. \tag{9}$$

Cela résulte aussitôt de III, p. 90, prop. 1 et de III, p. 91, th. 1.

COROLLAIRE. — *Deux matrices carrées semblables ont des déterminants égaux.*

En effet, si P est une matrice carrée inversible, on a $\det(PXP^{-1}) = \det X$ d'après (8) et (9).

PROPOSITION 6. — *Pour que les colonnes d'une matrice carrée X d'ordre fini soient linéairement indépendantes, il faut et il suffit que* $\det X$ *ne soit pas un diviseur de zéro dans* A.

Cela résulte de III, p. 91, prop. 3.

4. Calcul d'un déterminant

Lemme 1. — *Soient* A *un anneau commutatif,* M *un* A*-module libre ayant une base* $(e_j)_{j \in J}$, *où l'ensemble d'indices* J *est totalement ordonné. Pour tout entier* $p \leqslant \mathrm{Card}(J)$, *toute fonction p-linéaire alternée* $f : M^p \to N$ (*où* N *est un* A-*module*), *et toute famille de* p *éléments* $x_i = \sum_{j \in J} \xi_{ji} e_j$ *de* M $(1 \leqslant i \leqslant p)$, *on a*

$$(10)\quad f(x_1, x_2, \ldots, x_p) = \sum_{j_1 < j_2 < \ldots < j_p} \Big(\sum_{\sigma \in \mathfrak{S}_p} \varepsilon_\sigma \xi_{j_{\sigma(1)},1} \xi_{j_{\sigma(2)},2} \ldots \xi_{j_{\sigma(p)},p} \Big) f(e_{j_1}, \ldots, e_{j_p})$$

où $(j_k)_{1 \leqslant k \leqslant p}$ *parcourt l'ensemble des suites strictement croissantes de* p *éléments de* J.

On a en effet

$$f(x_1, \ldots, x_p) = \sum_{(j_k)} \xi_{j_1,1} \xi_{j_2,2} \ldots \xi_{j_p,p} f(e_{j_1}, e_{j_2}, \ldots, e_{j_p})$$

où $(j_k)_{1 \leqslant k \leqslant p}$ parcourt *toutes* les suites de p éléments de J; il suffit alors d'appliquer à f le cor. 1 de III, p. 81.

En particulier, si J est fini et a n éléments, et si $x_i = \sum_{j \in J} \xi_{ji} e_j$ $(1 \leqslant i \leqslant n)$ sont n éléments de M, on a

$$(11)\quad x_1 \wedge x_2 \wedge \cdots \wedge x_n = \Big(\sum_{\sigma \in \mathfrak{S}_n} \varepsilon_\sigma \xi_{j_{\sigma(1)},1} \xi_{j_{\sigma(2)},2} \ldots \xi_{j_{\sigma(n)},n} \Big) e_{j_1} \wedge e_{j_2} \wedge \cdots \wedge e_{j_n}$$

où $(j_k)_{1 \leqslant k \leqslant n}$ est l'unique suite des n éléments de J rangés par ordre croissant, d'où

$$(12)\quad \det(x_1, x_2, \ldots, x_n) = \sum_{\sigma \in \mathfrak{S}_n} \varepsilon_\sigma \xi_{j_{\sigma(1)},1} \xi_{j_{\sigma(2)},2} \ldots \xi_{j_{\sigma(n)},n}.$$

Les notations étant celles du lemme 1, la comparaison des formules (10) et (11) permet d'écrire

$$(13)\quad x_1 \wedge x_2 \wedge \cdots \wedge x_p = \sum_{H \in \mathfrak{F}_p(J)} \det(x_{H,1}, x_{H,2}, \ldots, x_{H,p}) e_H$$

où $\mathfrak{F}_p(J)$ est l'ensemble des parties de J ayant p éléments et, pour toute partie $H \in \mathfrak{F}_p(J)$, on pose $x_{H,i} = \sum_{j \in H} \xi_{ji} e_j$ et $e_H = e_{j_1} \wedge e_{j_2} \wedge \cdots \wedge e_{j_p}$, $(j_k)_{1 \leqslant k \leqslant p}$ étant la suite des éléments de H rangés par ordre croissant, étant entendu que $\det(x_{H,1}, \ldots, x_{H,p})$ est pris par rapport à la base $(e_{j_k})_{1 \leqslant k \leqslant p}$.

PROPOSITION 7. — *Soient* I *un ensemble fini,* $X = (\xi_{ji})_{(j,i) \in I \times I}$ *une matrice carrée de type* (I, I) *sur un anneau commutatif* A. *On a alors*

$$(14)\quad \det X = \sum_{\sigma \in \mathfrak{S}_I} \varepsilon_\sigma \Big(\prod_{i \in I} \xi_{\sigma(i),i} \Big)$$

où σ *parcourt le groupe* $\mathfrak{S}_I$ *des permutations de* I, *et où* ε_σ *est la signature de* σ (I, p. 62).

On peut se borner au cas où $I = [1, n] \subset \mathbf{N}$, et il suffit alors d'appliquer la formule (12), où $(e_i)_{1 \leqslant i \leqslant n}$ est la base canonique de A^n, et les x_i les colonnes de X (cf. III, p. 92, formule (6)).

En particulier, pour le déterminant d'une matrice d'ordre 3

$$X = \begin{pmatrix} \xi_{11} & \xi_{12} & \xi_{13} \\ \xi_{21} & \xi_{22} & \xi_{23} \\ \xi_{31} & \xi_{32} & \xi_{33} \end{pmatrix}$$

on a

$$\det(X) = \xi_{11}\xi_{22}\xi_{33} + \xi_{12}\xi_{23}\xi_{31} + \xi_{21}\xi_{32}\xi_{13} - \xi_{13}\xi_{22}\xi_{31} - \xi_{12}\xi_{21}\xi_{33} - \xi_{11}\xi_{23}\xi_{32}.$$

PROPOSITION 8. — *Pour toute matrice carrée X sur un anneau commutatif, le déterminant de la matrice transposée ${}^tX$ est égal au déterminant de X.*

Supposons que X soit de type (I, I). Pour tout couple de permutations σ, τ de $\mathfrak{S}_I$, on a (la multiplication étant commutative)

$$\prod_{i \in I} \xi_{\sigma(i), i} = \prod_{j \in I} \xi_{\sigma(\tau(j)), \tau(j)}.$$

Prenons en particulier $\tau = \sigma^{-1}$; utilisant le fait que $\varepsilon_{\sigma^{-1}} = \varepsilon_\sigma$, on voit qu'on a

$$\det X = \sum_{\sigma \in \mathfrak{S}_I} \varepsilon_\sigma \Big(\prod_{i \in I} \xi_{i, \sigma(i)}\Big) \tag{15}$$

ce qui démontre la proposition.

COROLLAIRE 1. — *Pour n vecteurs $x_1, \ldots, x_n$ de A^n, notons $Y(x_1, \ldots, x_n)$ la matrice carrée d'ordre n dont la i-ème ligne est x_i, pour $1 \leqslant i \leqslant n$. Alors l'application*

$$(x_1, \ldots, x_n) \mapsto \det(Y(x_1, \ldots, x_n))$$

de $(A^n)^n$ dans A est n-linéaire alternée.

COROLLAIRE 2. — *Pour une matrice carrée X d'ordre fini sur un anneau commutatif A, les conditions suivantes sont équivalentes :*

(i) *les lignes de X sont linéairement indépendantes ;*
(ii) *les colonnes de X sont linéairement indépendantes ;*
(iii) $\det X$ *n'est pas diviseur de zéro dans* A.

Cela résulte de III, p. 93, prop. 6 et III, p. 95, prop. 8.

COROLLAIRE 3. — *Soient u un endomorphisme d'un A-module libre M de dimension finie, ${}^tu$ l'endomorphisme transposé du dual M^* (II, p. 42, déf. 5) ; on a*

$$\det({}^tu) = \det(u). \tag{16}$$

En effet, si X est la matrice de u par rapport à une base de M, ${}^tX$ est la matrice de ${}^tu$ par rapport à la base duale (II, p. 145, prop. 3) ; comme $\det(u) = \det(X)$ et $\det({}^tu) = \det({}^tX)$, la conclusion résulte de la prop. 8.

5. Mineurs d'une matrice

Soit X une matrice rectangulaire $(\xi_{ij})_{(i, j) \in I \times J}$ de type (I, J), dont les ensembles d'indices I et J sont *totalement ordonnés*. Si $H \subset I$ et $K \subset J$ sont des parties finies ayant *même nombre* p d'éléments, il existe une unique bijection *croissante* $\varphi: \mathrm{H} \rightarrow \mathrm{K}$ (E, III, p. 38, prop. 6); nous noterons $X_{\mathrm{H},\mathrm{K}}$ la *matrice carrée de type* (H, H) égale à $(\xi_{i,\varphi(j)})_{(i,j)\in\mathrm{H}\times\mathrm{H}}$. Si les éléments de X appartiennent à un anneau commutatif A, le déterminant $\det(X_{\mathrm{H},\mathrm{K}})$ s'appelle le *mineur* d'indices H, K de la matrice X; on dit aussi que ces déterminants (pour tous les couples (H, K) de parties à p éléments de I et J respectivement) sont les *mineurs d'ordre* p de X. Avec ces notations:

Proposition 9. — *Soit* M *un* A*-module ayant une base* $(e_i)_{i\in\mathrm{J}}$ *(finie ou non) dont l'ensemble d'indices* J *est totalement ordonné. Pour tout entier* $p > 0$, *soit* $(e_{\mathrm{H}})_{\mathrm{H}\in\mathfrak{F}_p(\mathrm{J})}$ *la base correspondante de* $\bigwedge^p(\mathrm{M})$ (III, p. 86). *Soit* $(x_i)_{1\leqslant i\leqslant p}$ *une suite de* p *éléments de* M; *posons*

$$x_i = \sum_{j\in\mathrm{J}} \xi_{ji} e_j \qquad \textit{pour } i \in \mathrm{I} = [1, p]$$

et notons X *la matrice* (ξ_{ji}) *de type* (J, I). *On a alors*

$$x_1 \wedge x_2 \wedge \cdots \wedge x_p = \sum_{\mathrm{H}\in\mathfrak{F}_p(\mathrm{J})} (\det X_{\mathrm{H},\mathrm{I}}) e_{\mathrm{H}}, \tag{17}$$

H *parcourant l'ensemble* $\mathfrak{F}_p(\mathrm{J})$ *des parties à* p *éléments de* J.

Cela résulte en effet de la formule (12) de III, p. 94 et de la formule (6) de III, p. 92.

Proposition 10. — *Soient* M *et* N *deux* A*-modules libres de dimensions respectives* m *et* n, $u : \mathrm{M} \rightarrow \mathrm{N}$ *une application linéaire,* X *la matrice de* u *par rapport à une base* $(e_i)_{1\leqslant i\leqslant m}$ *de* M *et une base* $(f_j)_{1\leqslant j\leqslant n}$ *de* N. *Alors, pour tout entier* $p \leqslant \inf(m, n)$, *la matrice de* $\bigwedge^p(u)$ *par rapport à la base* $(e_{\mathrm{K}})_{\mathrm{K}\in\mathfrak{F}_p(\mathrm{I})}$ *de* $\bigwedge^p(\mathrm{M})$ *et à la base* $(f_{\mathrm{H}})_{\mathrm{H}\in\mathfrak{F}_p(\mathrm{J})}$ *de* $\bigwedge^p(\mathrm{N})$ *(où l'on a posé* $\mathrm{I} = [1, m]$ *et* $\mathrm{J} = [1, n]$) *est la matrice* $(\det(X_{\mathrm{H},\mathrm{K}}))$ *de type* $(\mathfrak{F}_p(\mathrm{J}), \mathfrak{F}_p(\mathrm{I}))$ (donc à $\binom{n}{p}$ lignes et $\binom{m}{p}$ colonnes).

En effet, pour une partie $\mathrm{K} \subset \mathrm{J}$ à p éléments, soit $(j_k)_{1\leqslant k\leqslant p}$ la suite des éléments de K rangés par ordre croissant; par définition de $\bigwedge^p(u)$, on a (III, p. 78, formule (4))

$$\textstyle\bigwedge^p(u)(e_{\mathrm{K}}) = u(e_{j_1}) \wedge u(e_{j_2}) \wedge \cdots \wedge u(e_{j_p}).$$

Donc l'élément de la matrice de $\bigwedge^p(u)$ qui se trouve dans la ligne d'indice H et dans la colonne d'indice K est la composante d'indice H de l'élément $u(e_{j_1}) \wedge \cdots \wedge u(e_{j_p})$; il est donc égal à $\det(X_{\mathrm{H},\mathrm{K}})$ en vertu de la prop. 9.

On dit que la matrice $(\det(X_{\mathrm{H},\mathrm{K}}))$ est la *puissance extérieure* p*-ème* de la matrice X et on la note $\bigwedge^p(X)$. Lorsque $p = m = n$, $\bigwedge^n(X)$ est la matrice à un seul élément $\det(X)$.

Proposition 11. — *Soit* M *un* A*-module libre de dimension finie* n; *pour tout endomorphisme* u *de* M *et tout couple d'éléments* ξ, η *de* A, *on a*

$$\det(\xi 1_{\mathrm{M}} + \eta u) = \sum_{k\geqslant 0} \mathrm{Tr}(\textstyle\bigwedge^k(u))\xi^{n-k}\eta^k. \tag{18}$$

Soit $(e_i)_{1 \leqslant i \leqslant n}$ une base de M, et posons $I = [1, n]$; pour calculer le premier membre de (18), on doit former le produit

$$(\xi e_1 + \eta u(e_1)) \wedge (\xi e_2 + \eta u(e_2)) \wedge \cdots \wedge (\xi e_n + \eta u(e_n))$$

qui est égal à la somme des termes $\xi^{n-p}\eta^p z_K$, où

$$z_K = x_1 \wedge x_2 \wedge \cdots \wedge x_n$$

avec $x_i = u(e_i)$ pour $i \in K$, $x_i = e_i$ pour $i \in H = I - K$, l'entier p parcourant l'intervalle $[0, n]$ et, pour chaque p, K parcourant l'ensemble des parties à p éléments de I. Si $i_1 < i_2 < \cdots < i_{n-p}$ (resp. $j_1 < j_2 < \cdots < j_p$) sont les éléments de H (resp. K) rangés par ordre croissant, on peut écrire (III, p. 87, cor. 1 et formule (19))

$$z_K = \rho_{H,K} e_{i_1} \wedge e_{i_2} \wedge \cdots \wedge e_{i_{n-p}} \wedge u(e_{j_1}) \wedge \cdots \wedge u(e_{j_p}).$$

Mais si X est la matrice de u par rapport à la base (e_i), on a, en vertu de la prop. 10 (III, p. 96)

$$u(e_{j_1}) \wedge \cdots \wedge u(e_{j_p}) = \sum_{L \in \mathfrak{F}_p(I)} (\det X_{L,K}) e_L$$

donc

$$z_K = \rho_{H,K} \sum_{L \in \mathfrak{F}_p(I)} (\det X_{L,K}) e_H \wedge e_L.$$

Or, on a $H \cap L \neq \varnothing$ sauf pour $L = K$; il résulte donc de III, p. 87, formule (20) que l'on a $z_K = (\det X_{K,K}) e_1 \wedge e_2 \wedge \cdots \wedge e_n$ et la formule (18) résulte donc de la prop. 10 de III, p. 96, et de la définition de la trace d'une matrice (II, p. 158, formules (49) et (50)).

Corollaire. — *Sous les mêmes hypothèses que dans la prop.* 11, *on a, pour l'endomorphisme* $\wedge(u)$ *du* A-*module* $\wedge(M)$

(19) $$\mathrm{Tr}(\wedge(u)) = \det(1_M + u).$$

Il suffit de remplacer ξ et η par 1 dans (18), et d'observer que la matrice de $\wedge(u)$ par rapport à la base des e_H $(H \in \mathfrak{F}(I))$ est la matrice diagonale des matrices des $\wedge^k(u)$ pour $k \geqslant 0$ (II, p. 152, *Exemple* IV).

6. Développements d'un déterminant

Soit I un ensemble d'indices fini totalement ordonné. Pour toute partie H de I, notons H′ le complémentaire I − H. Soit $X = (\xi_{ji})$ une matrice carrée de type (I, I), qu'on peut considérer comme matrice d'un endomorphisme u de $M = A^I$ par rapport à la base canonique $(e_i)_{i \in I}$ de M. Soit $n = \mathrm{Card}(I)$, et soient H une partie de I à $q \leqslant n$ éléments, K une partie de I à $n - q$ éléments; on peut alors écrire (III, p. 96, prop. 10)

$$(\wedge^q(u))(e_H) = \sum_R \det(X_{R,H})e_R$$

$$(\wedge^{n-q}(u))(e_K) = \sum_S \det(X_{S,K})e_S$$

où R (resp. S) parcourt l'ensemble des parties de I à q (resp. $n - q$) éléments. Il résulte de III, p. 87, formules (19) et (20) que l'on a $e_R \wedge e_S = 0$ sauf si $S = R'$, d'où la formule

$$(20) \qquad (\wedge^q(u)(e_H)) \wedge (\wedge^{n-q}(u)(e_K)) = \sum_R \rho_{R,R'} \det(X_{R,H}) \det(X_{R',K})e_I$$

où R parcourt l'ensemble $\mathfrak{F}_q(I)$ des parties à q éléments de I.

Si l'on prend $K = H'$, il résulte de la définition de $\wedge^n(u)$ (III, p. 78, formule (4)) et de III, p. 79, cor. 1, que le premier membre de (20) est $\rho_{H,H'} \wedge^n(u)(e_I)$. Donc (III, p. 90, formule (1) et III, p. 78, formule (4))

$$(21) \qquad \det(X) = \rho_{H,H'} \sum_{R \in \mathfrak{F}_q(I)} \rho_{R,R'} \det(X_{R,H}) \det(X_{R',H'}).$$

Si au contraire $K \neq H'$, on a $H \cap K \neq \varnothing$; comme le premier membre de (20) est $\pm \wedge^n(u)(e_H \wedge e_K)$, il est *nul*, d'où

$$(22) \qquad \sum_R \rho_{R,R'} \det(X_{R,H}) \det(X_{R',K}) = 0 \qquad \text{pour } K \neq H'.$$

Le second membre de (21) est appelé *développement de Laplace* du déterminant de la matrice X *suivant les q colonnes dont les indices appartiennent à* H *et les $n - q$ colonnes dont les indices appartiennent au complémentaire* H' *de* H. Les mineurs $\det(X_{R,H})$ et $\det(X_{R',H'})$ sont parfois dits *complémentaires*.

Un cas simple et important du développement de Laplace est celui où $I = [1, n]$ et $q = 1$, donc $H = \{i\}$; pour toute partie $R = \{j\}$ à un élément de I, on a alors $\det X_{R,H} = \xi_{ji}$. Le mineur $\det X_{R',H'}$ est le déterminant de la matrice carrée déduite canoniquement (III, p. 96) de la matrice obtenue en supprimant dans X la ligne d'indice j et la colonne d'indice i. Notons X^{ji} cette matrice carrée. On a évidemment $\rho_{H,H'} = (-1)^{i-1}$ et $\rho_{R,R'} = (-1)^{j-1}$; par suite (21) devient dans ce cas

$$(23) \qquad \det X = \sum_{j=1}^{n} (-1)^{i+j}\xi_{ji} \det(X^{ji})$$

et on déduit de même de (22)

$$(24) \qquad \sum_{j=1}^{n} (-1)^j \xi_{ji} \det(X^{jk}) = 0 \qquad \text{pour } k \neq i.$$

La formule (23) est connue sous le nom de *développement du déterminant de X suivant la colonne d'indice i*. Le scalaire $(-1)^{i+j}\det(X^{ji})$ est appelé le *cofacteur* d'indices j et i (ou, par abus de langage, le *cofacteur de* ξ_{ji}) dans X.

On appelle *matrice des cofacteurs* de X la matrice

$$Y = ((-1)^{i+j}\det(X^{ji})) \tag{25}$$

dont l'élément appartenant à la j-ème ligne et la i-ème colonne est le cofacteur d'indices j et i. Les formules (23) et (24) équivalent à la formule

$$^tY.X = (\det X)I_n. \tag{26}$$

Par suite:

PROPOSITION 12. — *Pour toute matrice carrée inversible X de type (n, n), l'inverse de X est donnée par la formule*

$$X^{-1} = (\det X)^{-1}.{}^tY \tag{27}$$

où Y est la matrice des cofacteurs de X.

En considérant la *transposée* de X et en utilisant la prop. 8 de III, p. 95, on obtiendrait les développements de Laplace relatifs à deux ensembles complémentaires de lignes, et en particulier, le développement de $\det X$ suivant une ligne; on a ainsi des formules équivalant à

$$X.{}^tY = (\det X)I_n, \tag{28}$$

avec les notations précédentes.

On vérifie aisément que si X est la matrice d'un endomorphisme u d'un A-module libre M de dimension n par rapport à une base $(e_i)_{1\leqslant i\leqslant n}$, ^tY est la matrice de l'endomorphisme $\tilde{u}$ de M défini par la condition suivante: quels que soient les n éléments $x, y_2, \ldots, y_n$ de M, on a

$$\tilde{u}(x) \wedge y_2 \wedge \cdots \wedge y_n = x \wedge u(y_2) \wedge \cdots \wedge u(y_n).$$

On dit que $\tilde{u}$ est le *cotransposé* de u (cf. III, p. 169, corollaire).

Exemples. — 1) *Déterminant de Vandermonde.* Etant donnée une suite $(\zeta_i)_{1\leqslant i\leqslant n}$ de n éléments de A, on appelle *déterminant de Vandermonde* de cette suite le déterminant

$$V(\zeta_1, \zeta_2, \ldots, \zeta_n) = \begin{vmatrix} 1 & 1 & \ldots & 1 \\ \zeta_1 & \zeta_2 & \ldots & \zeta_n \\ \zeta_1^2 & \zeta_2^2 & \ldots & \zeta_n^2 \\ . & . & . & . \\ \zeta_1^{n-1} & \zeta_2^{n-1} & \ldots & \zeta_n^{n-1} \end{vmatrix}$$

Nous allons montrer que l'on a

$$V(\zeta_1, \zeta_2, \ldots, \zeta_n) = \prod_{i<j} (\zeta_j - \zeta_i). \tag{29}$$

La proposition étant immédiate pour $n = 1$, raisonnons par récurrence sur n. Pour chaque indice $k \geqslant 2$, retranchons de la ligne d'indice k la ligne d'indice

$k - 1$ multipliée par ζ_1 ; la valeur du déterminant n'est pas modifiée et l'on a donc

$$V(\zeta_1, \zeta_2, \ldots, \zeta_n) = \begin{vmatrix} 1 & 1 & \ldots & 1 \\ 0 & \zeta_2 - \zeta_1 & \ldots & \zeta_n - \zeta_1 \\ 0 & \zeta_2(\zeta_2 - \zeta_1) & \ldots & \zeta_n(\zeta_n - \zeta_1) \\ \cdot & \cdot & \cdot & \cdot \\ 0 & \zeta_2^{n-2}(\zeta_2 - \zeta_1) & \ldots & \zeta_n^{n-2}(\zeta_n - \zeta_1) \end{vmatrix}$$

d'où, en développant suivant la première colonne, puis mettant en facteur $\zeta_k - \zeta_1$ dans la colonne d'indice $k - 1$ du mineur ainsi obtenu ($2 \leqslant k \leqslant n$)

$$V(\zeta_1, \ldots, \zeta_n) = (\zeta_2 - \zeta_1)(\zeta_3 - \zeta_1)\ldots(\zeta_n - \zeta_1)V(\zeta_2, \ldots, \zeta_n)$$

ce qui établit (29) par récurrence.

2) Considérons une matrice carrée d'ordre n qui se présente sous forme d'une « matrice triangulaire supérieure de matrices » (II, p. 152, *Exemple* IV)

$$X = \begin{pmatrix} Y & T \\ 0 & Z \end{pmatrix}$$

Montrons que l'on a

$$\det X = (\det Y)(\det Z). \tag{30}$$

Soient n l'ordre de la matrice X, h celui de la matrice Y, $(e_i)_{1 \leqslant i \leqslant n}$ la base canonique de A^n, x_i ($1 \leqslant i \leqslant n$) les colonnes de X; l'hypothèse entraîne que les colonnes $x_1, \ldots, x_h$ appartiennent au sous-module de A^n ayant pour base $e_1, \ldots, e_h$ et l'on a par définition (III, p. 92, formule (6))

$$x_1 \wedge x_2 \wedge \cdots \wedge x_h = (\det Y)e_1 \wedge e_2 \wedge \cdots \wedge e_h.$$

D'autre part, pour tout indice $i > h$, on peut écrire $x_i = y_i + z_i$, où y_i est une combinaison linéaire de $e_1, e_2, \ldots, e_h$ et z_i une combinaison linéaire de $e_{h+1}, \ldots, e_n$. D'après (30), on a $x_1 \wedge x_2 \wedge \cdots \wedge x_h \wedge y_i = 0$ pour tout $i > h$, donc

$$x_1 \wedge x_2 \wedge \cdots \wedge x_n = (\det Y)\, e_1 \wedge e_2 \wedge \cdots \wedge e_h \wedge z_{h+1} \wedge \cdots \wedge z_n.$$

Mais par définition on a

$$z_{h+1} \wedge z_{h+2} \wedge \cdots \wedge z_n = (\det Z)\, e_{h+1} \wedge e_{h+2} \wedge \cdots \wedge e_n$$

d'où la formule (30).

Par récurrence sur p, on en déduit que si X est sous forme d'une matrice triangulaire supérieure de matrices:

$$X = \begin{pmatrix} X_{11} & X_{12} & \ldots & X_{1p} \\ 0 & X_{22} & \ldots & X_{2p} \\ \ldots & \ldots & \ldots & \ldots \\ 0 & 0 & \ldots & X_{pp} \end{pmatrix}$$

on a

(31) $$\det X = (\det X_{11})(\det X_{22})\ldots(\det X_{pp}).$$

Ceci s'applique en particulier à une matrice triangulaire (toutes les X_{ii} étant d'ordre 1) et plus particulièrement à une matrice diagonale:

(32) $$\det(\mathrm{diag}(\alpha_1, \alpha_2, \ldots, \alpha_n)) = \alpha_1\alpha_2\ldots\alpha_n.$$

3) Soient M, M′ deux A-modules libres de dimensions respectives n, n', u un endomorphisme de M, u' un endomorphisme de M′. Alors on a

(33) $$\det(u \otimes u') = (\det u)^{n'}(\det u')^{n}.$$

En effet, on peut écrire $u \otimes u' = (u \otimes 1_{M'}) \circ (1_M \otimes u')$ et on est ramené au cas où l'un des deux endomorphismes u, u' est l'identité. Par exemple si $u' = 1_{M'}$, et si X est la matrice de u par rapport à une base (e_i) de M, alors la matrice de $u \otimes 1_{M'}$ par rapport au produit tensoriel de (e_i) et d'une base de M′ s'écrit comme matrice (à n' lignes et n' colonnes) de matrices à n lignes et n colonnes

$$\begin{pmatrix} X & 0 & \ldots & 0 \\ 0 & X & \ldots & 0 \\ . & . & . & . \\ 0 & 0 & \ldots & X \end{pmatrix}$$

d'où, en vertu de l'*Exemple* 2

$$\det(u \otimes 1_{M'}) = (\det X)^{n'} = (\det u)^{n'}$$

ce qui donne aussitôt la formule (33).

7. Application aux équations linéaires

Considérons un système de n équations linéaires scalaires à n inconnues sur un anneau (*commutatif*) A (II, p. 50):

(34) $$\sum_{j=1}^{n} \lambda_{ij}\xi_j = \eta_i \qquad (1 \leqslant i \leqslant n).$$

Soit L la matrice carrée (λ_{ij}) d'ordre n; en identifiant comme d'ordinaire la matrice à une colonne formée des ξ_i (resp. des η_i) à l'élément $x = (\xi_i)$ de A^n (resp. l'élément $y = (\eta_i)$ de A^n), le système (34) s'écrit aussi (II, p. 144, prop. 2)

(35) $$L.x = y.$$

Soit u l'endomorphisme $x \mapsto L.x$ de A^n, ayant L pour matrice par rapport à la base canonique; dire que l'équation (35) a une solution (au moins) pour *tout* $y \in A^n$ signifie que u est *surjectif*; le th. 1 de III, p. 91 entraîne donc la proposition suivante:

PROPOSITION 13. — *Pour qu'un système de n équations linéaires à n inconnues sur un anneau commutatif admette au moins une solution quels que soient les seconds membres, il faut et il suffit que le déterminant de la matrice du système soit inversible; dans ce cas le système admet une seule solution.*

Si det L n'est pas diviseur de zéro dans A, l'équation (34) est équivalente à l'équation

$$(\det L)L.x = (\det L)y.$$

Si M est la matrice des cofacteurs de L, on déduit de (34) et de la formule (26) de III, p. 99, la relation

$$(\det L)x = {}^tM.y \tag{36}$$

qui s'écrit aussi

$$(\det L)\xi_i = \sum_{j=1}^{n} (-1)^{i+j}(\det L^{ij})\eta_j = \det L_i \qquad (1 \leqslant i \leqslant n) \tag{37}$$

en désignant par L_i la matrice obtenue en remplaçant par y la colonne d'indice i de L. Les formules (37) s'appellent les *formules de Cramer* pour le système (34); toute solution de (34) est aussi solution de (37). Inversement, on déduit de (36), compte tenu de la formule (28) de III, p. 99,

$$(\det L)(L.x - y) = 0 \tag{38}$$

donc, si det L n'est pas diviseur de zéro dans A, les systèmes (34) et (37) sont *équivalents*; si det L est inversible, l'unique solution de (34) est donnée par

$$\xi_i = (\det L)^{-1}(\det L_i) \qquad (1 \leqslant i \leqslant n). \tag{39}$$

On dit encore qu'un système (34) tel que det L soit inversible est un *système de Cramer*.

Faisons en particulier $y = 0$; il résulte alors de III, p. 91, prop. 3 que:

PROPOSITION 14. — *Pour qu'un système linéaire* homogène *de n équations à n inconnues sur un anneau commutatif admette une solution non nulle, il faut et il suffit que le déterminant de sa matrice soit diviseur de zéro.*

8. Cas d'un corps commutatif

Tout ce qui précède s'applique lorsque l'anneau A est un corps commutatif; mais il y a des simplifications et l'on peut apporter des compléments.

Ainsi la prop. 12 de III, p. 88 se formule dans ce cas comme suit:

PROPOSITION 15. — *Soit* E *un espace vectoriel sur un corps commutatif; pour que p vecteurs $x_i \in$ E $(1 \leqslant i \leqslant p)$ soient linéairement indépendants, il faut et il suffit que $x_1 \wedge x_2 \wedge \cdots \wedge x_p \neq 0$.*

Corollaire. — *Soit X une matrice de type (m, n) sur un corps commutatif. Le rang de X est égal au plus grand des entiers p tels qu'il existe au moins un mineur d'ordre p de X qui soit* $\neq 0$.

En effet, le rang de X est le nombre maximum des colonnes de X linéairement indépendantes (II, p. 159, déf. 7). Le corollaire résulte donc de la prop. 15, et de la formule (17) de III, p. 96.

Considérons maintenant le cas d'un *système de m équations linéaires à n inconnues sur un corps commutatif* K :

$$\sum_{j=1}^{n} \lambda_{ij}\xi_j = \eta_i \qquad (1 \leqslant i \leqslant m). \tag{41}$$

Proposition 16. — *Soit* $L = (\lambda_{ij})$ *la matrice (de type (m, n)) du système* (41). *Soit M la matrice de type* $(m, n + 1)$ *obtenue en bordant L par la* $(n + 1)$*-ème colonne* (η_i) (II, p. 139). *Soit p le rang de L (calculé par application du cor. de la prop.* 15). *Supposons que le mineur* Δ *de L, déterminant de la matrice obtenue en supprimant les lignes et les colonnes d'indice* $\geqslant p + 1$ *dans L, soit* $\neq 0$ *(ce que l'on peut toujours faire au moyen d'une permutation convenable sur les lignes de L et d'une permutation convenable sur les colonnes de L*). *Alors, pour que le système* (41) *ait au moins une solution, il faut et il suffit que tous les mineurs d'ordre* $p + 1$ *de M, déterminants des sous-matrices d'ordre* $p + 1$ *de M dont les colonnes ont pour indices* $1, 2, \ldots, p$ *et* $n + 1$, *soient nuls. S'il en est ainsi, les solutions du système* (41) *sont celles du système formé des p premières équations; si on les écrit*

$$\sum_{j=1}^{p} \lambda_{ij}\xi_j = \eta_i - \sum_{k=p+1}^{n} \lambda_{ik}\xi_k \qquad (1 \leqslant i \leqslant p) \tag{42}$$

on obtient toutes les solutions de ce système en prenant pour les ξ_k *d'indice* $k > p$ *des valeurs arbitraires et en appliquant les formules de Cramer* (III, p. 102, formules (37)) *pour calculer les* ξ_j *d'indice* $j \leqslant p$.

On sait (II, p. 160, prop. 12) que pour que le système (41) ait au moins une solution, il faut et il suffit que les matrices L et M aient *même rang*. Les lignes et les colonnes de L ayant été permutées de façon à satisfaire à la condition de l'énoncé, désignons par a_i $(1 \leqslant i \leqslant p)$ les p premières colonnes de L, par $y = (\eta_i)$ la $(n + 1)$-ème colonne de M; toutes les colonnes de L étant par hypothèse combinaisons linéaires des a_i, dire que M a même rang p que L signifie que y est combinaison linéaire des a_i, ou encore (III, p. 102, prop. 15) que l'on a $a_1 \wedge \cdots \wedge a_p \wedge y = 0$. La condition de possibilité de l'énoncé est la traduction de cette dernière relation, compte tenu de la formule (17) de III, p. 96. En outre, puisque les p premières lignes de M sont linéairement indépendantes, les lignes d'indice $>p$ en sont des combinaisons linéaires, donc toute solution de (42) est aussi solution de (41). La dernière assertion de l'énoncé est alors une conséquence immédiate de la prop. 13 de III, p. 102.

9. Le groupe unimodulaire SL(n, A)

Soit $\mathbf{M}_n(A)$ l'anneau des matrices carrées d'ordre n sur A. Considérons l'application $\det: \mathbf{M}_n(A) \to A$. Le groupe $\mathbf{GL}(n, A)$ des éléments inversibles de $\mathbf{M}_n(A)$ (isomorphe au groupe des automorphismes du A-module A^n (II, p. 150)) n'est autre que l'image réciproque par cette application du groupe multiplicatif A* des éléments inversibles de A (III, p. 93, prop. 5). Notons d'autre part que l'application $\det: \mathbf{GL}(n, A) \to A^*$ est un homomorphisme de groupes (III, p. 93, prop. 5).

L'application $\det: \mathbf{M}_n(A) \to A$ est d'ailleurs *surjective* (et par suite il en est de même de l'homomorphisme $\det: \mathbf{GL}(n, A) \to A^*$) : en effet, pour tout $\lambda \in A$, on a $\det(\mathrm{diag}(\lambda, 1, \ldots, 1)) = \lambda$ en vertu de la formule (32) de III, p. 101.

Le *noyau* de l'homomorphisme surjectif $\det: \mathbf{GL}(n, A) \to A^*$ est un sous-groupe distingué de $\mathbf{GL}(n, A)$, qui se compose des matrices *unimodulaires*; on le note $\mathbf{SL}_n(A)$ ou $\mathbf{SL}(n, A)$ et on l'appelle souvent le *groupe unimodulaire* ou *groupe linéaire spécial* des matrices carrées d'ordre n sur A.

Dans ce n° nous allons examiner le cas où A est un *corps*. Rappelons que pour $1 \leqslant i \leqslant n$, $1 \leqslant j \leqslant n$, on note E_{ij} la matrice carrée d'ordre n dont tous les éléments sont nuls sauf celui appartenant à la ligne d'indice i et à la colonne d'indice j, qui est égal à 1 ; I_n désignant la matrice unité d'ordre n, on pose $B_{ij}(\lambda) = I_n + \lambda E_{ij}$ pour tout couple d'indices *distincts* i, j et tout $\lambda \in A$ (II, p. 161).

PROPOSITION 17. — *Soit* K *un corps commutatif. Le groupe unimodulaire* $\mathbf{SL}(n, K)$ *est engendré par les matrices* $B_{ij}(\lambda)$ *pour* $i \neq j$ *et* $\lambda \in K$.

En vertu de II, p. 161, prop. 14, on sait que toute matrice de $\mathbf{GL}(n, K)$ est produit de matrices de la forme $B_{ij}(\lambda)$ et d'une matrice de la forme $\mathrm{diag}(1, 1, \ldots, 1, \alpha)$ avec $\alpha \in K^*$. Or il est immédiat que $\det(B_{ij}(\lambda)) = 1$ et $\det(\mathrm{diag}(1, \ldots, 1, \alpha)) = \alpha$ (III, p. 100, *Exemple* 2) ; d'où la proposition.

COROLLAIRE. — *Le groupe* $\mathbf{SL}(n, K)$ *est le groupe des commutateurs de* $\mathbf{GL}(n, K)$, *sauf dans le cas où* $n = 2$ *et où* K *est un corps à* 2 *éléments.*

Comme $\mathbf{SL}(n, K)$ est le noyau de l'homomorphisme det de $\mathbf{GL}(n, K)$ dans le groupe commutatif K*, $\mathbf{SL}(n, K)$ contient le groupe des commutateurs Γ de $\mathbf{GL}(n, K)$ (I, p. 67). Pour prouver que $\mathbf{SL}(n, K) = \Gamma$, il suffira, en vertu de la prop. 17, de montrer que, pour tout $\lambda \in K^*$, $B_{ij}(\lambda)$ appartient à Γ. Or, $B_{ij}(\lambda)$ est conjugué de $B_{ij}(1)$ dans $\mathbf{GL}(n, K)$ car on a $B_{ij}(\lambda) = Q . B_{ij}(1) . Q^{-1}$, où Q désigne la matrice par rapport à la base canonique (e_i) de l'automorphisme v de K^n tel que $v(e_i) = \lambda e_i$, $v(e_k) = e_k$ pour $k \neq i$. D'autre part, soit u_{ij} (pour $i \neq j$) l'automorphisme de K^n tel que $u_{ij}(e_i) = -e_j$, $u_{ij}(e_j) = e_i$, $u_{ij}(e_k) = e_k$ pour $k \notin \{i, j\}$, qui appartient à $\mathbf{SL}(n, K)$; on a $B_{ji}(\lambda) = U_{ij} B_{ij}(-\lambda) U_{ij}^{-1}$, où U_{ij} est la matrice de u_{ij} par rapport à la base canonique. De même, si $1 < i < j$, on a $B_{1j}(\lambda) = U_{1i} B_{ij}(\lambda) U_{1i}^{-1}$: et enfin pour $2 < j$, $B_{12}(\lambda) = U_{2j} B_{1j}(\lambda) U_{2j}^{-1}$. Ceci prouve que tous les $B_{ij}(\lambda)$ ont même image s dans $\mathbf{GL}(n, K)/\Gamma$, et il reste à montrer que s est l'élément neutre.

Supposons d'abord que K contienne un élément λ distinct de 0 et de 1; on a donc $1 = \lambda + (1 - \lambda)$, les deux termes du second membre étant $\neq 0$; la relation $B_{12}(1) = B_{12}(\lambda)B_{12}(1 - \lambda)$ montre que $s^2 = s$, donc s est bien l'élément neutre.

Supposons maintenant que $n \geqslant 3$. Le produit $B_{21}(1)B_{31}(1)$ est la matrice d'un automorphisme u de K^n tel que $u(e_1) = e_1 + e_2 + e_3$, $u(e_i) = e_i$ pour $i \neq 1$. Si S est la matrice de l'automorphisme u' de K^n tel que $u'(e_2) = e_2 + e_3$, $u'(e_i) = e_i$ pour $i \neq 2$, on a $S.B_{21}(1)B_{31}(1).S^{-1} = B_{21}(1)$; on en déduit encore $s^2 = s$, ce qui achève la démonstration.

Remarques. — 1) On a $\mathbf{GL}(2, \mathbf{F}_2) = \mathbf{SL}(2, \mathbf{F}_2)$; c'est un groupe résoluble d'ordre 6, dont le groupe des commutateurs est d'indice 2 (II, p. 208, exerc. 14).

2) Avec les mêmes notations que ci-dessus, on prouve comme dans I, p. 61, prop. 9 que l'on a, pour $i < j$, $j - i > 1$, $u_{ij} = u_{j-1,j}\, u_{i,j-1} u_{j-1,j}^{-1}$; donc *le groupe* $\mathbf{SL}(n, K)$ *est engendré par les matrices* $B_{12}(\lambda)$ *et* $U_{i,i+1}$ *pour* $1 \leqslant i \leqslant n - 1$.

10. Le A[X]-module associé à un endomorphisme de A-module

Soit M un A-module, u un endomorphisme de M. Considérons l'anneau A[X] des polynômes à une indéterminée X sur A. Pour tout polynôme $p \in A[X]$ et tout $x \in M$, posons

$$p.x = p(u)(x). \tag{43}$$

Comme $(pq)(u) = p(u) \circ q(u)$ pour deux polynômes p, q de A[X], on définit ainsi sur M une structure de A[X]-module; l'ensemble M, muni de cette structure, est noté M_u; la structure de A-module donnée sur M s'obtient par restriction à A de l'anneau d'opérateurs de M_u. On notera que les sous-modules de M_u ne sont autres que les sous-modules de M qui sont *stables* pour u.

Comme l'application $(p, x) \mapsto p.x$ de $A[X] \times M$ dans M est A-bilinéaire, elle définit canoniquement une application A-linéaire $\varphi : A[X] \otimes_A M \to M$ telle que

$$\varphi(p \otimes x) = p.x = p(u)(x). \tag{44}$$

D'autre part, $A[X] \otimes_A M$ est canoniquement muni d'une structure de A[X]-module (II, p. 81); nous noterons ce A[X]-module M[X]; l'application $\varphi : M[X] \to M_u$ est A[X]-*linéaire*, car pour p, q dans A[X] et $x \in M$, on a

$$\varphi(q(p \otimes x)) = \varphi((qp) \otimes x) = (qp).x = q(u)(p(u)(x)) = q.\varphi(p \otimes x).$$

En outre, u est un A[X]-endomorphisme de M_u, car on a

$$u(p.x) = u(p(u)(x)) = (up(u))(x) = p.u(x).$$

Enfin, on déduit canoniquement de u un A[X]-endomorphisme $\bar{u}$ de M[X] en posant (II, p. 82)

$$\bar{u}(p \otimes x) = p \otimes u(x). \tag{45}$$

Il résulte d'ailleurs des formules (44) et (45) que les applications A[X]-linéaires u, $\bar{u}$ et φ sont liées par la relation

$$\varphi \circ \bar{u} = u \circ \varphi. \tag{46}$$

Notons ψ le A[X]-endomorphisme $\mathrm{X} - \bar{u}$ de M[X], de sorte que $\psi(p \otimes x) = (\mathrm{X}p) \otimes x - p \otimes u(x)$. On a la proposition suivante:

PROPOSITION 18. — *La suite de* A[X]-*homomorphismes*

$$\mathrm{M}[\mathrm{X}] \xrightarrow{\psi} \mathrm{M}[\mathrm{X}] \xrightarrow{\varphi} \mathrm{M}_u \longrightarrow 0 \tag{47}$$

est exacte.

Comme $\varphi(1 \otimes x) = x$ pour tout $x \in \mathrm{M}$, il est clair que φ est surjective; d'autre part, on a $\varphi(\mathrm{X}(p \otimes x)) = \mathrm{X}.\varphi(p \otimes x) = u(\varphi(p \otimes x))$, autrement dit, $\varphi \circ \mathrm{X} = u \circ \varphi = \varphi \circ \bar{u}$ en vertu de (46); ceci prouve que $\varphi \circ \psi = 0$. Il reste à voir que $\mathrm{Ker}\, \varphi \subset \mathrm{Im}\, \psi$. Notons pour cela que, puisque les monômes X^k ($k \geqslant 0$) forment une base du A-module A[X], tout élément $z \in \mathrm{M}[\mathrm{X}]$ s'écrit d'une seule manière sous la forme $z = \sum_k \mathrm{X}^k \otimes x_k$, où (x_k) est une famille d'éléments de M, de support fini. Si $z \in \mathrm{Ker}\, \varphi$, on a $\varphi(z) = \sum_k u^k(x_k) = 0$, et l'on peut écrire

$$z = \sum_k (\mathrm{X}^k \otimes x_k - 1 \otimes u^k(x_k)) = \sum_k (\mathrm{X}^k - \bar{u}^k)(1 \otimes x_k).$$

Mais comme les A[X]-endomorphismes X et $\bar{u}$ de M[X] sont permutables, on a $\mathrm{X}^k - \bar{u}^k = (\mathrm{X} - \bar{u}) \circ \left(\sum_{j=0}^{k-1} \mathrm{X}^j \bar{u}^{k-j-1}\right)$, ce qui prouve qu'il existe un $y \in \mathrm{M}[\mathrm{X}]$ tel que $z = \psi(y)$.

Soient maintenant M′ un second A-module, u' un endomorphisme de M′; notons $\mathrm{M}'_{u'}$, φ', $\bar{u}'$, ψ' le module et les applications obtenus à partir de M′ et u' comme M_u, φ, $\bar{u}$, ψ le sont à partir de M et u. Alors:

PROPOSITION 19. — *Pour qu'une application g de* M *dans* M′ *soit un* A[X]-*homomorphisme de* M_u *dans* $\mathrm{M}'_{u'}$, *il faut et il suffit que g soit un* A-*homomorphisme de* M *dans* M′ *tel que* $g \circ u = u' \circ g$. *Lorsqu'il en est ainsi, si $\bar{g}$ est le* A[X]-*homomorphisme de* M[X] *dans* M′[X] *égal à* $1_{\mathrm{A}[\mathrm{X}]} \otimes g$ (II, p. 82), *le diagramme*

$$\begin{array}{ccccccc} \mathrm{M}[\mathrm{X}] & \xrightarrow{\psi} & \mathrm{M}[\mathrm{X}] & \xrightarrow{\varphi} & \mathrm{M}_u & \longrightarrow & 0 \\ \bar{g}\downarrow & & \bar{g}\downarrow & & g\downarrow & & \\ \mathrm{M}'[\mathrm{X}] & \xrightarrow[\psi']{} & \mathrm{M}'[\mathrm{X}] & \xrightarrow[\varphi']{} & \mathrm{M}'_{u'} & \longrightarrow & 0 \end{array} \tag{48}$$

est commutatif.

La condition $g \circ u = u' \circ g$ est évidemment nécessaire en vertu de (43) pour que g soit un A[X]-homomorphisme; elle est suffisante, car elle entraîne par récurrence que $g \circ u^n = u'^n \circ g$ pour tout entier $n > 0$. D'autre part, pour tout $x \in \mathrm{M}$ et tout $p \in \mathrm{A}[\mathrm{X}]$, on a

$$\varphi'(\bar{g}(p \otimes x)) = \varphi'(p \otimes g(x)) = p(u')(g(x)) = g(p(u)(x)) = g(\varphi(p \otimes x))$$

et

$$\bar{u}'(\bar{g}(p \otimes x)) = \bar{u}'(p \otimes g(x)) = p \otimes u'(g(x)) = p \otimes g(u(x)) = \bar{g}(\bar{u}(p \otimes x))$$

ce qui prouve la commutativité du diagramme (48).

11. Polynôme caractéristique d'un endomorphisme

Soient M un A-module libre de dimension n, u un endomorphisme de M. Considérons l'anneau de polynômes à deux indéterminées A[X, Y] et le A[X, Y]-module $\mathrm{M}[\mathrm{X}, \mathrm{Y}] = \mathrm{A}[\mathrm{X}, \mathrm{Y}] \otimes_{\mathrm{A}} \mathrm{M}$; soit $\bar{\bar{u}}$ l'endomorphisme du A[X, Y]-module M[X, Y] déduit canoniquement de u (II, p. 82). Il résulte de III, p. 96, prop. 11, que l'on a

$$\det(\mathrm{X} - \mathrm{Y}\bar{\bar{u}}) = \sum_{j=0}^{n} (-1)^j \operatorname{Tr}(\wedge^j(u))\mathrm{X}^{n-j}\mathrm{Y}^j \tag{49}$$

car si U est la matrice de u par rapport à une base $(e_i)_{1 \leqslant i \leqslant n}$ de M, U est la matrice de $\bar{\bar{u}}$ par rapport à la base $(1 \otimes e_i)_{1 \leqslant i \leqslant n}$ de M[X, Y], donc $\operatorname{Tr}(\wedge^j(\bar{\bar{u}})) = \operatorname{Tr}(\wedge^j(u))$.

Définition 3. — *Soient* M *un* A-*module libre de dimension finie, u un endomorphisme de* M. *On appelle polynôme caractéristique de u et on note* $\chi_u(\mathrm{X})$ *le déterminant de l'endomorphisme* $\mathrm{X} - \bar{u}$ *du* A[X]-*module libre* M[X].

Si M est de rang n, il résulte de (49) que l'on a

$$\chi_u(\mathrm{X}) = \sum_{j=0}^{n} (-1)^j \operatorname{Tr}(\wedge^j(u))\mathrm{X}^{n-j} \tag{50}$$

car on a $\det(\mathrm{X} - \mathrm{Y}\bar{\bar{u}}) = \det(\mathrm{X}.I_n - \mathrm{Y}U)$ et $\det(\mathrm{X} - \bar{u}) = \det(\mathrm{X}.I_n - U)$. On voit donc que $\chi_u(\mathrm{X})$ est un polynôme unitaire de degré n, dans lequel le coefficient de X^{n-1} est $-\operatorname{Tr}(u)$ et le terme constant est $(-1)^n \det(u)$.

Proposition 20 (« théorème de Hamilton-Cayley »). — *Pour tout endomorphisme u d'un* A-*module libre de dimension finie, on a* $\chi_u(u) = 0$.

En effet, avec les notations de la prop. 18 (III, p. 106), pour tout $x \in \mathrm{M}$, $\chi_u(u)(x)$ est l'image par φ de $\chi_u(\mathrm{X}) \otimes x$. Mais si v est l'endomorphisme de M[X], *cotransposé* de $\mathrm{X} - \bar{u}$ (III, p. 99), on a

$$\chi_u(\mathrm{X}) \otimes x = \chi_u(\mathrm{X})(1 \otimes x) = (\mathrm{X} - \bar{u})(v(1 \otimes x))$$

et la conclusion résulte de la prop. 18 de III, p. 106.

§ 9. NORMES ET TRACES

Dans tout ce paragraphe, on note K *un anneau commutatif,* A *une* K-*algèbre, associative et unifère. Tout* A-*module sera supposé muni de la structure de* K-*module obtenue par restriction des scalaires à* K.

1. Normes et traces relatives à un module

DÉFINITION 1. — *Soit* M *un* A*-module admettant une base finie en tant que* K*-module. Pour tout* $a \in \mathrm{A}$, *soit* a_{M} *l'endomorphisme* $x \mapsto ax$ *du* K*-module* M. *La trace, le déterminant et le polynôme caractéristique de* a_{M} *sont appelés respectivement la trace, la norme et le polynôme caractéristique de* a *relativement à* M.

La trace et la norme de a sont donc des éléments de K, notés respectivement $\mathrm{Tr}_{\mathrm{M/K}}(a)$ et $\mathrm{N}_{\mathrm{M/K}}(a)$; le polynôme caractéristique de a est un élément de K[X], noté $\mathrm{Pc}_{\mathrm{M/K}}(a; \mathrm{X})$. On omet K dans les notations précédentes lorsqu'il n'y a pas risque de confusion.

D'après les propriétés de la trace et du déterminant d'un endomorphisme (II, p. 78 et III, p. 90), on a les relations

(1) $$\mathrm{Tr}_{\mathrm{M}}(a + a') = \mathrm{Tr}_{\mathrm{M}}(a) + \mathrm{Tr}_{\mathrm{M}}(a')$$

(2) $$\mathrm{Tr}_{\mathrm{M}}(aa') = \mathrm{Tr}_{\mathrm{M}}(a'a)$$

(3) $$\mathrm{N}_{\mathrm{M}}(aa') = \mathrm{N}_{\mathrm{M}}(a)\mathrm{N}_{\mathrm{M}}(a')$$

quels que soient a, a' dans A.

Soient $(e_i)_{1 \leqslant i \leqslant n}$ une base du K-module M, et $(m_{ij}(a))$ la matrice de l'endomorphisme a_{M} par rapport à cette base. Les fonctions m_{ij} sont des formes linéaires sur le K-module A, et l'on a

(4) $$\mathrm{Tr}_{\mathrm{M}}(a) = \sum_{i=1}^{n} m_{ii}(a)$$

(5) $$\mathrm{N}_{\mathrm{M}}(a) = \det(m_{ij}(a))$$

(6) $$\mathrm{Pc}_{\mathrm{M}}(a; \mathrm{X}) = \det(\delta_{ij}\mathrm{X} - m_{ij}(a)).$$

Il résulte de III, p. 107, formule (50), que l'on a

(7) $$\mathrm{Pc}_{\mathrm{M}}(a; \mathrm{X}) = \mathrm{X}^n + c_1\mathrm{X}^{n-1} + \cdots + c_n$$

avec

(8) $$c_1 = -\mathrm{Tr}_{\mathrm{M}}(a), \qquad c_n = (-1)^n\mathrm{N}_{\mathrm{M}}(a).$$

Pour $\lambda \in \mathrm{K}$, on a

(9) $$\mathrm{Tr}_{\mathrm{M}}(\lambda) = n.\lambda, \qquad \mathrm{N}_{\mathrm{M}}(\lambda) = \lambda^n, \qquad \mathrm{Pc}_{\mathrm{M}}(\lambda; \mathrm{X}) = (\mathrm{X} - \lambda)^n.$$

Soit K′ une K-algèbre commutative. Posons $\mathrm{M}' = \mathrm{K}' \otimes_{\mathrm{K}} \mathrm{M}$ et $\mathrm{A}' = \mathrm{K}' \otimes_{\mathrm{K}} \mathrm{A}$, de sorte que M′ est muni d'une structure de A′-module (III, p. 40, *Exemple* 2). En tant que K′-module, M′ admet la base formée des $1 \otimes e_i$ $(1 \leqslant i \leqslant n)$ et la matrice de a_{M} par rapport à (e_i) est égale à la matrice de $(1 \otimes a)_{\mathrm{M}'}$ par rapport à (e'_i). On a donc

(12) $$\mathrm{Tr}_{\mathrm{M}'}(1 \otimes a) = \mathrm{Tr}_{\mathrm{M}}(a).1, \qquad \mathrm{N}_{\mathrm{M}'}(1 \otimes a) = \mathrm{N}_{\mathrm{M}}(a).1$$

$$\mathrm{Pc}_{\mathrm{M}'}(1 \otimes a; \mathrm{X}) = \mathrm{Pc}_{\mathrm{M}}(a; \mathrm{X}).1$$

pour tout $a \in A$, où 1 désigne l'élément unité de K'. Si l'on prend en particulier $K' = K[X]$, on a

$$\mathrm{Pc}_{M/K}(a; X) = \mathrm{N}_{M[X]/K[X]}(X - a). \tag{13}$$

2. Propriétés des traces et normes relatives à un module

Si M et M' sont deux A-modules *isomorphes*, ayant des bases finies sur K, on a, pour tout $a \in A$

$$\mathrm{Tr}_{M'}(a) = \mathrm{Tr}_M(a), \qquad \mathrm{N}_{M'}(a) = \mathrm{N}_M(a), \qquad \mathrm{Pc}_{M'}(a; X) = \mathrm{Pc}_M(a; X) \tag{14}$$

car si f est un isomorphisme de M sur M', la matrice de a_M par rapport à une base B de M sur K est la même que la matrice de a_M par rapport à la base $f(B)$ de M'.

PROPOSITION 1. — *Soit* $M = M_0 \supset M_1 \supset \cdots \supset M_r = \{0\}$ *une suite décroissante de sous-modules d'un* A*-module* M, *telle que chacun des* K*-modules* $P_i = M_{i-1}/M_i$ $(1 \leqslant i \leqslant r)$ *admette une base finie. Alors le* K*-module* M *admet une base finie et l'on a*

$$\mathrm{Tr}_M(a) = \sum_{i=1}^{r} \mathrm{Tr}_{P_i}(a), \qquad \mathrm{N}_M(a) = \prod_{i=1}^{r} \mathrm{N}_{P_i}(a)$$

(15)

$$\mathrm{Pc}_M(a; X) = \prod_{i=1}^{r} \mathrm{Pc}_{P}(a; X).$$

Soit B'_i une base de P_i sur K; alors un système de représentants B_i de B'_i (mod. M_i) est une base d'un supplémentaire du K-module M_i dans le K-module M_{i-1} (II, p. 27, prop. 21). La réunion B des B_i $(1 \leqslant i \leqslant r)$ est une base de M sur K. Soit X_{ii} la matrice de l'endomorphisme a_{P_i} par rapport à la base B'_i. Il est immédiat que la matrice de a_M par rapport à la base B est de la forme

$$\begin{pmatrix} X_{rr} & X_{r,r-1} & \dots & X_{r,1} \\ 0 & X_{r-1,r-1} & \dots & X_{r-1,1} \\ \dots & \dots & \dots & \dots \\ 0 & 0 & \dots & X_{11} \end{pmatrix}$$

et la proposition résulte des formules (4), (5) et (6) de III, p. 108 et de la formule (31) de III, p. 101.

PROPOSITION 2. — *Soient* A, A' *deux* K*-algèbres,* M *un* A*-module et* M' *un* A'*-module. On suppose que* M *et* M' *sont des* K*-modules libres de dimensions respectives n et n', et on considère* $M \otimes_K M'$ *comme un* $(A \otimes_K A')$*-module* (III, p. 40, *Exemple* 2). *Alors, pour* $a \in A$ *et* $a' \in A_1$, *on a*

$$\mathrm{Tr}_{M \otimes M'}(a \otimes a') = \mathrm{Tr}_M(a)\mathrm{Tr}_{M'}(a') \tag{16}$$

(17) $$N_{M\otimes M'}(a \otimes a') = (N_M(a))^{n'}(N_{M'}(a'))^n.$$

En effet, la formule (16) résulte de II, p. 80, formule (26) et la formule (17) de III, p. 101, formule (33).

3. Norme et trace dans un algèbre

Définition 2. — *Soit* A *une* K-*algèbre qui soit un* K-*module libre de dimension finie. Pour tout élément* $a \in A$, *on appelle trace* (resp. *norme*,[1] resp. *polynôme caractéristique*) *de* a *relativement à* A *et à* K *la trace* (resp. *le déterminant*, resp. *le polynôme caractéristique*) *de l'endomorphisme* $x \mapsto ax$ *du* K-*module* A.

On note $\mathrm{Tr}_{A/K}(a)$, $N_{A/K}(a)$ et $\mathrm{Pc}_{A/K}(a; X)$ la trace, la norme et le polynôme caractéristique de $a \in A$ relativement à A et K; on omet K (et même A) dans ces notations lorsqu'il n'y a pas risque de confusion. On notera que la trace (resp. la norme, le polynôme caractéristique) de $a \in A$ n'est autre que la trace (resp. la norme, le polynôme caractéristique) de a relativement au A-module A_s.

Supposons que A soit le produit $A_1 \times A_2 \times \cdots \times A_m$ d'un nombre fini d'algèbres qui soient des K-modules libres de dimensions finies sur K. Utilisant la remarque précédente et la prop. 1 de III, p. 109, on a, pour tout élément $a = (a_1, \ldots, a_m) \in A$

(18) $$\mathrm{Tr}_{A/K}(a) = \sum_{i=1}^{m} \mathrm{Tr}_{A_i/K}(a_i), \qquad N_{A/K}(a) = \prod_{i=1}^{m} N_{A_i/K}(a_i)$$

$$\mathrm{Pc}_{A/K}(a; X) = \prod_{i=1}^{m} \mathrm{Pc}_{A_i/K}(a_i; X).$$

De même, la prop. 2 de III, p. 109 montre que si A et A′ sont deux algèbres qui soient des K-modules libres de dimensions finies n, n' respectivement sur K, on a, pour $a \in A$, $a' \in A'$,

(19) $$\mathrm{Tr}_{A\otimes A'}(a \otimes a') = \mathrm{Tr}_A(a)\mathrm{Tr}_{A'}(a')$$

(20) $$N_{A\otimes A'}(a \otimes a') = (N_A(a))^{n'}(N_{A'}(a'))^n.$$

Enfin, soient A une algèbre qui soit un K-module libre de dimension finie sur K, h un homomorphisme de K dans un anneau commutatif K′, $A' = A_{(K')}$ la K′-algèbre déduite de A par extension des scalaires au moyen de h. Il résulte de la formule (12) de III, p. 108 que, pour tout $a \in A$, on a

(21) $$\mathrm{Tr}_{A'/K'}(1 \otimes a) = h(\mathrm{Tr}_{A/K}(a)), \qquad N_{A'/K'}(1 \otimes a) = h(N_{A/K}(a))$$

$$\mathrm{Pc}_{A'/K'}(1 \otimes a; X) = \bar{h}(\mathrm{Pc}_{A/K}(a; X))$$

[1] On ne confondra pas cette notion avec la notion de norme dans une algèbre sur un corps valué (TG, IX, § 3, n° 7).

$\bar{h}$ étant l'homomorphisme $K[X] \to K'[X]$ déduit de h. En particulier, pour $K' = K[X]$, on a, en posant $A[X] = A \otimes_K K[X]$,

$$Pc_{A/K}(a; X) = N_{A[X]/K[X]}(X - a).$$

Plus généralement, si K′ est une K-algèbre commutative et $A' = A \otimes_K K'$, on a, pour tout $x \in A'$,

$$Pc_{A/K}(a; x) = N_{A'/K'}(x - a).$$

Exemples. — 1) Soient A une algèbre quadratique sur K de type (α, β), (e_1, e_2) une base de type (α, β) (III, p. 12 et 13). Pour $x = \xi e_1 + \eta e_2$, on a $Tr_{A/K}(x) = 2\xi + \beta\eta$ et $N_{A/K}(x) = \xi^2 + \beta\xi\eta - \alpha\eta^2$; ces fonctions sont donc identiques à la trace et à la norme cayleyennes de x (III, p. 14 et p. 15).

2) Soit A une algèbre de quaternions sur K. Un calcul direct permet de vérifier que l'on a $Tr_{A/K}(x) = 2\,T(x)$ et $N_{A/K}(x) = (N(x))^2$, où T et N sont la trace et la norme cayleyennes (III, p. 15).

3) Soit $A = \mathbf{M}_n(K)$, et rangeons la base canonique (E_{ij}) de A (II, p. 142) dans l'ordre lexicographique. On voit alors aussitôt que pour toute matrice $X = \sum_{i,j} \xi_{ij} E_{ij}$, la matrice (d'ordre n^2) de l'endomorphisme $Y \to XY$ a la forme

$$\begin{pmatrix} X & 0 & \dots & 0 \\ 0 & X & \dots & 0 \\ \dots & \dots & \dots & \dots \\ 0 & 0 & \dots & X \end{pmatrix}$$

d'où $Tr_{A/K}(X) = n.Tr(X)$ et $N_{A/K}(X) = (\det(X))^n$.

4. Propriétés des normes et traces dans une algèbre

PROPOSITION 3. — *Soit* A *une* K-*algèbre admettant une base finie. Pour qu'un élément* $a \in A$ *soit inversible, il faut et il suffit que sa norme* $N_{A/K}(a)$ *soit inversible dans* K.

Si a admet un inverse a' dans A, on a

$$N_{A/K}(a)N_{A/K}(a') = N_{A/K}(aa') = N_{A/K}(1) = 1$$

d'après la formule (3) de III, p. 108. Réciproquement, si $N_{A/K}(a)$ est inversible, l'endomorphisme $h : x \mapsto ax$ est bijectif (III, p. 91, th. 1). Il existe donc $a' \in A$ tel que $aa' = 1$; on a alors $h(a'a - 1) = aa'a - a = (aa' - 1)a = 0$, d'où $a'a = 1$ puisque h est injectif. Donc a' est l'inverse de a.

PROPOSITION 4. — *Soit* A *une* K-*algèbre admettant une base finie. Pour tout* $a \in A$, *on a* $Pc_{A/K}(a; a) = 0$.

Cela résulte immédiatement du th. de Hamilton-Cayley (III, p. 107, prop. 20).

PROPOSITION 5. — *Soient* A *une* K-*algèbre,* $\mathfrak{m}$ *un idéal bilatère de* A. *On suppose que* $A_0 = A/\mathfrak{m}$ *est un* K-*module libre de dimension finie* n, *qu'il existe un entier* $r > 0$ *tel que* $\mathfrak{m}^r = \{0\}$, *et que* $\mathfrak{m}^{i-1}/\mathfrak{m}^i$ *est un* A_0-*module libre de dimension finie* s_i *pour* $1 \leqslant i \leqslant r$.

Posons $s = s_1 + \cdots + s_r$ *et pour tout* $a \in A$, *notons* a_0 *la classe de* a mod. $\mathfrak{m}$. *Alors* A *est un* K-*module libre de dimension* ns, *et pour tout* $a \in A$, *on a*

$$(23) \qquad \mathrm{Tr}_A(a) = s.\mathrm{Tr}_{A_0}(a_0), \quad \mathrm{N}_A(a) = (\mathrm{N}_{A_0}(a_0))^s$$
$$\mathrm{Pc}_A(a; X) = (\mathrm{Pc}_{A_0}(a_0; X))^s$$

En vertu de II, p. 31, prop. 25, $\mathfrak{m}^{i-1}/\mathfrak{m}^i$ est un K-module libre de dimension ns_i. On peut donc appliquer la prop. 1 de III, p. 109 avec $P_i = \mathfrak{m}^{i-1}/\mathfrak{m}^i$; cela montre en premier lieu que A est un K-module libre de dimension $n(s_1 + \cdots + s_r) = ns$. En outre, l'hypothèse entraîne que le A-module P_i est isomorphe à une somme directe de s_i sous-modules isomorphes au A-module A_0; en vertu de la prop. 1 de III, p. 109, on a donc $\mathrm{N}_{P_i}(a) = \mathrm{N}_{A_0}(a)^{s_i}$; finalement, on a donc

$$\mathrm{N}_A(a) = \mathrm{N}_{A_0}(a)^s.$$

Dans cette formule, $\mathrm{N}_{A_0}(a)$ est défini en considérant A_0 comme A-module à gauche, et il est égal au déterminant de l'application K-linéaire $x \mapsto ax$ de A_0 dans lui-même; mais comme $ax = a_0x$ pour $x \in A_0$, on a $\mathrm{N}_{A_0}(a) = \mathrm{N}_{A_0}(a_0)$, ce qui achève de prouver la formule (23) relative à la norme. Les deux autres se démontrent de façon analogue.

PROPOSITION 6. — *Soient* A *une* K-*algèbre* commutative *admettant une base finie sur* K, V *un* A-*module admettant une base finie sur* A. *Alors* V *admet une base finie sur* K, *et pour tout* A-*endomorphisme* u *de* V, *si* u_K *est l'application* u *considérée comme* K-*endomorphisme de* V *on a*

$$(24) \qquad \mathrm{Tr}(u_K) = \mathrm{Tr}_{A/K}(\mathrm{Tr}(u)), \qquad \det(u_K) = \mathrm{N}_{A/K}(\det(u))$$
$$\mathrm{Pc}(u_K; X) = \mathrm{N}_{A[X]/K[X]}(\mathrm{Pc}(u; X))$$

Soient $(a_i)_{1 \leqslant i \leqslant m}$ une base de A sur K, $(e_j)_{1 \leqslant j \leqslant n}$ une base de V sur A; alors (a_ie_j) est une base de V sur K (II, p. 31, prop. 25). D'autre part la troisième des formules (24) se déduit de la seconde appliquée à l'endomorphisme $X - \bar{u}$ du A[X]-module $A[X] \otimes_A V$ (III, p. 106). Il suffira donc de démontrer les deux premières formules (24). Nous établirons d'abord le lemme suivant:

Lemme 1. — *Soient* X_{ij} $(1 \leqslant i \leqslant n,\ 1 \leqslant j \leqslant n)$ n^2 *indéterminées*, X *la matrice carrée* (X_{ij}) *d'ordre* n, $D(X_{11}, \ldots, X_{nn}) \in \mathbf{Z}[X_{11}, \ldots, X_{nn}]$ *le déterminant* $\det(X)$. *Soient d'autre part* A *un anneau commutatif*, M_{ij} $(1 \leqslant i \leqslant n,\ 1 \leqslant j \leqslant n)$ n^2 *matrices carrées d'ordre* m *sur* A, deux à deux permutables, *et* M *la matrice carrée d'ordre* mn *sur* A *qui se met sous la forme d'une matrice carrée de matrices* (II, p. 152)

$$M = \begin{pmatrix} M_{11} & M_{12} & \cdots & M_{1n} \\ M_{21} & M_{22} & \cdots & M_{2n} \\ \cdots & \cdots & \cdots & \cdots \\ M_{n1} & M_{n2} & \cdots & M_{nn} \end{pmatrix}$$

Alors le déterminant de M est égal au déterminant de la matrice carrée $\mathrm{D}(M_{11}, \ldots, M_{nn})$ *d'ordre m.*

Nous procéderons par récurrence sur n, les cas $n = 0$ et $n = 1$ étant triviaux. Soient Z un nouvelle indéterminée, et N_{ij} la matrice $M_{ij} + \delta_{ij}ZI_m$ (δ_{ij} indice de Kronecker). Si $\mathrm{D}^{ij}(\mathrm{X}_{11}, \ldots, \mathrm{X}_{nn})$ est le *cofacteur* de X_{ij} dans la matrice X (III, p. 99), on a

$$\sum_{i=1}^{n} \mathrm{X}_{ji}\mathrm{D}^{ki}(\mathrm{X}_{11}, \ldots, \mathrm{X}_{nn}) = \delta_{jk}\mathrm{D}(\mathrm{X}_{11}, \ldots, \mathrm{X}_{nn}) \tag{25}$$

(III, p. 99, formule (28)). Posons $N'_{ij} = \mathrm{D}^{ij}(N_{11}, \ldots, N_{nn})$, qui est une matrice carrée d'ordre m sur A[Z], et considérons le produit $N.U$ où

$$U = \begin{pmatrix} N'_{11} & 0 & \cdots & 0 \\ N'_{12} & I_m & \cdots & 0 \\ \cdots & \cdots & \cdots & \cdots \\ N'_{1n} & 0 & \cdots & I_m \end{pmatrix} \qquad N = \begin{pmatrix} N_{11} & N_{12} & \cdots & N_{n1} \\ N_{21} & N_{22} & \cdots & N_{2n} \\ \cdots & \cdots & \cdots & \cdots \\ N_{n1} & N_{n2} & \cdots & N_{nn} \end{pmatrix}$$

En effectuant ce produit par blocs (II, p. 148) et utilisant les formules (25), il vient

$$N.U = \begin{pmatrix} P & N_{12} & \ldots & N_{1n} \\ 0 & N_{22} & \cdots & N_{2n} \\ \cdots & \cdots & \cdots & \cdots \\ 0 & N_{n2} & \cdots & N_{nn} \end{pmatrix}$$

où on a posé $P = \mathrm{D}(N_{11}, \ldots, N_{nn})$. Soit

$$Q = \begin{pmatrix} N_{22} & \cdots & N_{2n} \\ \cdots & \cdots & \cdots \\ N_{n2} & \cdots & N_{nn} \end{pmatrix}$$

qui est une matrice d'ordre $m(n-1)$; on a (III, p. 101, formule (31)) $(\det N)(\det U) = (\det P)(\det Q)$ et $\det U = \det N'_{11}$. Mais d'après l'hypothèse de récurrence, on a $\det Q = \det(\mathrm{D}^{11}(N_{11}, \ldots, N_{nn})) = \det N'_{11}$, et en vertu de la définition des N_{ij}, il est clair que $\det Q$ est un polynôme de A[Z], de degré $m(n-1)$, dont le terme en $\mathrm{Z}^{m(n-1)}$ a pour coefficient 1; on en déduit aussitôt que $\det Q$ n'est pas diviseur de zéro dans l'algèbre graduée A[Z]. On en conclut donc que $\det N = \det(\mathrm{D}(N_{11}, \ldots, N_{nn}))$ dans A[Z]; si on substitue 0 à Z dans ces polynômes, il vient $\det M = \det(\mathrm{D}(M_{11}, \ldots, M_{nn}))$.

Ce lemme étant démontré, le K-module V est somme directe des K-modules $\mathrm{A}e_j$ $(1 \leqslant j \leqslant n)$; posons $u(e_j) = \sum_{k=1}^{n} c_{jk}e_k$. Pour tout élément $xe_j \in \mathrm{A}e_j$, avec $x \in \mathrm{A}$, la composante de $u(xe_j)$ dans $\mathrm{A}e_k$ est $xc_{jk}e_k$; on en conclut que la matrice de u_{K} par rapport à la base (a_ie_j) du K-module V se met sous forme d'une matrice carrée de matrices (M_{jk}), où M_{jk} est la matrice de l'application K-linéaire

$xe_j \mapsto xc_{jk}e_k$ de Ae_j dans Ae_k, par rapport aux bases $(a_ie_j)_{1\leqslant i\leqslant m}$ et $(a_ie_k)_{1\leqslant i\leqslant m}$ de ces deux K-modules (II, p. 147). Si pour tout $t \in A$, on note $M(t)$ la matrice, pour rapport à la base $(a_i)_{1\leqslant i\leqslant m}$ de A sur K, de l'endomorphisme $x \mapsto xt$ de A, on a $M_{jk} = M(c_{jk})$; comme $t \mapsto M(t)$ est un homomorphisme d'anneaux les matrices M_{jk} sont *deux à deux permutables*. On a donc $\det u_K = \det(D(M_{11}, \ldots, M_{nn}))$ en vertu du lemme 1. Mais comme $t \mapsto M(t)$ est un homomorphisme d'anneaux, $D(M_{11}, \ldots, M_{nn})$ est la matrice du K-endomorphisme $x \mapsto x.\det(c_{jk})$ de A par rapport à la base (a_i); par définition son déterminant est donc $N_{A/K}(\det(u))$, ce qui prouve la seconde formule (24). D'autre part, on a $\mathrm{Tr}(u_K) = \sum_{j=1}^{n} \mathrm{Tr}(M_{jj}) = \sum_{j=1}^{n} \mathrm{Tr}_{A/K}(c_{jj}) = \mathrm{Tr}_{A/K}\left(\sum_{j=1}^{n} c_{jj}\right) = \mathrm{Tr}_{A/K}(\mathrm{Tr}(u))$, et la prop. 6 est ainsi complètement démontrée.

Corollaire. — *Soient* A *une* K-*algèbre commutative admettant une base finie sur* K, B *une* A-*algèbre admettant une base finie sur* A. *Alors* B *admet une base finie sur* K, *et pour tout* $b \in B$, *on a* (« formules de transitivité »)

$$\mathrm{Tr}_{B/K}(b) = \mathrm{Tr}_{A/K}(\mathrm{Tr}_{B/A}(b)), \qquad N_{B/K}(b) = N_{A/K}(N_{B/A}(b))$$

(26)

$$\mathrm{Pc}_{B/K}(b; X) = N_{A[X]/K[X]}(\mathrm{Pc}_{B/A}(b; X)).$$

Cela résulte immédiatement de la prop. 6, où l'on fait $V = B$ et $u(x) = bx$.

Remarque. — Supposons que l'homomorphisme $\lambda \mapsto \lambda.1$ de K dans A soit injectif, et identifions K à son image dans A; supposons que A admette une base finie $(e_i)_{1\leqslant i\leqslant n}$ en tant que K-module. Soit s un automorphisme de A tel que $s(K) = K$. Soit a un élément de A; on a, par transport de structure,

(27) $$\mathrm{Tr}_{A/K}(s(a)) = s(\mathrm{Tr}_{A/K}(a))$$

(28) $$N_{A/K}(s(a)) = s(N_{A/K}(a)).$$

* Considérons par ailleurs une dérivation D de A (III, p. 118) telle que $D(K) \subset K$, et posons $D(e_i) = \sum_{j=1}^{n} e_j\mu_{ji}$ avec $\mu_{ji} \in K$; posons

$$ae_i = \sum_{j=1}^{n} e_j\lambda_{ji} \quad \text{avec } \lambda_{ji} \in K.$$

On a

$$D(a)e_i + aD(e_i) = D(ae_i) = \sum_{j=1}^{n} (D(e_j)\lambda_{ji} + e_jD(\lambda_{ji})).$$

On en déduit que l'on a

$$D(a)e_i = \sum_{j=1}^{n} e_j\nu_{ji}$$

avec $\nu_{ji} = D(\lambda_{ji}) + \sum_{k=1}^{n} (\mu_{jk}\lambda_{ki} - \lambda_{jk}\mu_{ki})$. Comme $\sum_{i,k} (\mu_{ik}\lambda_{ki} - \lambda_{ik}\mu_{ki}) = 0$, on a donc $\mathrm{Tr}_{A/K}(D(a)) = \sum_{i=1}^{n} D(\lambda_{ii})$, autrement dit

(29) $$\mathrm{Tr}_{A/K}(D(a)) = D(\mathrm{Tr}_{A/K}(a)).*$$

5. Discriminant d'une algèbre

DÉFINITION 3. — *Soit* A *une* K-*algèbre admettant une base finie de n éléments. On appelle discriminant d'une suite* $(x_1, \ldots, x_n)$ *de n éléments de* A, *par rapport à* K, *et l'on note* $D_{A/K}(x_1, \ldots, x_n)$ *le déterminant de la matrice carrée* $(\mathrm{Tr}_{A/K}(x_i x_j))_{1 \leqslant i \leqslant n, 1 \leqslant j \leqslant n}$.

Considérons d'abord une base $(e_i)_{1 \leqslant i \leqslant n}$ de A sur K, et posons

(30) $$e_i e_j = \sum_{k=1}^{n} c_{ijk} e_k \qquad \text{avec } c_{ijk} \in K.$$

On a donc $\mathrm{Tr}_{A/K}(e_i) = \sum_{s=1}^{n} c_{iss}$, d'où $\mathrm{Tr}_{A/K}(e_i e_j) = \sum_{k,s} c_{ijk} c_{kss}$, et par suite

(31) $$D_{A/K}(e_1, \ldots, e_n) = \det\Big(\big(\sum_{k,s} c_{ijk} c_{kss}\big)_{1 \leqslant i \leqslant n, 1 \leqslant j \leqslant n}\Big).$$

Soient maintenant $(x_i)_{1 \leqslant i \leqslant n}$, $(x'_i)_{1 \leqslant i \leqslant n}$ deux suites de n éléments de A, et supposons qu'il existe une matrice carrée d'ordre n, $M = (m_{ij})$ à coefficients dans K, telle que $x_i = \sum_{j=1}^{n} m_{ij} x'_j$ pour $1 \leqslant i \leqslant n$. Posons

$$T = (\mathrm{Tr}_{A/K}(x_i x_j))_{1 \leqslant i \leqslant n, 1 \leqslant j \leqslant n}, \qquad T' = (\mathrm{Tr}_{A/K}(x'_i x'_j))_{1 \leqslant i \leqslant n, 1 \leqslant j \leqslant n}.$$

On a $\mathrm{Tr}_{A/K}(x_i x_j) = \sum_{p,q} m_{ip} m_{jq} \mathrm{Tr}_{A/K}(x'_p x'_q)$, d'où $T = M.T.{}^tM$; la règle de multiplication des déterminants donne donc

$$\det T = \det M . \det T' . \det {}^tM = (\det M)^2 \det T'$$

d'où finalement

(32) $$D_{A/K}(x_1, \ldots, x_n) = (\det M)^2 D_{A/K}(x'_1, \ldots, x'_n).$$

La formule précédente montre en particulier que les discriminants de deux *bases* de A sur K diffèrent par multiplication par le carré d'un élément *inversible* de K, et engendrent donc le même idéal (*principal*) de K. Cet idéal $\Delta_{A/K}$ s'appelle l'*idéal discriminant* de A sur K; en vertu de la formule (32), le discriminant de toute suite de n éléments de A appartient à $\Delta_{A/K}$. On notera que deux suites de n éléments de A qui ne diffèrent que par l'ordre des termes ont même discriminant, car le déterminant d'une matrice de permutation est égal à ± 1.

Exemples. — 1) Si A est une algèbre quadratique de type (α, β) sur K, on a (avec les notations de III, p. 12) $\mathrm{Tr}(e_1) = 2$, $\mathrm{Tr}(e_2) = \beta$, $\mathrm{Tr}(e_2^2) = \alpha\mathrm{Tr}(e_1) + \beta\mathrm{Tr}(e_2) = 2\alpha + \beta^2$, d'où $\mathrm{D}_{\mathrm{A/K}}(e_1, e_2) = \beta^2 + 4\alpha$.

2) Soit $\mathrm{A} = \mathrm{K}[\mathrm{X}]/\mathrm{K}[\mathrm{X}]\mathrm{P}$, où $\mathrm{P}(\mathrm{X}) = \mathrm{X}^3 + p\mathrm{X} + q$, de sorte que si x est l'image de X dans A, $1, x, x^2$ forment une base de A sur K et $x^3 = -px - q$. On voit aussitôt que $\mathrm{Tr}(1) = 3$, $\mathrm{Tr}(x) = 0$, $\mathrm{Tr}(x^2) = -2p$, et en tenant compte de la relation $x^3 = -px - q$, $\mathrm{Tr}(x^3) = -3q$ et $\mathrm{Tr}(x^4) = 2p^2$, d'où facilement $\mathrm{D}_{\mathrm{A/K}}(1, x, x^2) = -4p^3 - 27q^2$.

3) Soit A une algèbre de quaternions de type (α, β, γ) sur K, $(1, i, j, k)$ une base de A de type (α, β, γ); compte tenu de III, p. 18, formule (30), on trouve aisément $\mathrm{Tr}(1) = 4$, $\mathrm{Tr}(i) = 2\beta$, $\mathrm{Tr}(j) = \mathrm{Tr}(k) = 0$, puis

$$\mathrm{D}_{\mathrm{A/K}}(1, i, j, k) = -16\gamma^2(\beta^2 + 4\alpha)^2.$$

4) Soit $\mathrm{A} = \mathbf{M}_n(\mathrm{K})$, et considérons la base canonique $(E_{ij})_{1 \leqslant i \leqslant n,\, 1 \leqslant j \leqslant n}$ de A sur K (II, p. 142). Il est immédiat que $\mathrm{Tr}_{\mathrm{A/K}}(E_{ij}) = 0$ si $j \neq i$ et $\mathrm{Tr}_{\mathrm{A/K}}(E_{ii}) = n$ pour tout i; on en déduit sans peine que la matrice $(\mathrm{Tr}(E_{ij}E_{hk}))$ d'ordre n^2 est de la forme $n.P$, où P est une matrice de permutation, d'où $\mathrm{D}_{\mathrm{A/K}}((E_{ij})) = \pm n^{n^2}$.

§ 10. DÉRIVATIONS

Dans ce paragraphe, et sauf mention expresse du contraire, les algèbres considérées ne sont pas supposées associatives et n'ont pas nécessairement d'élément unité; K *désigne un anneau commutatif.*

1. Facteurs de commutation

Quand dans ce paragraphe, on parlera sans préciser de *graduations*, il s'agira de graduations de type Δ, où Δ désigne un *groupe commutatif* noté additivement. Dans ce paragraphe, on appelle *facteur de commutation* sur Δ un facteur de commutation sur Δ à valeurs dans l'anneau $\mathbf{Z}$ (III, p. 46, déf. 6). Un facteur de commutation sur Δ s'identifie donc à une application $\varepsilon : (\alpha, \beta) \mapsto \varepsilon_{\alpha\beta} = \varepsilon(\alpha, \beta)$ de $\Delta \times \Delta$ dans le groupe multiplicatif $\{-1, 1\}$ telle que pour $\alpha, \alpha', \beta, \beta'$ dans Δ, on ait

$$(1) \qquad \begin{cases} \varepsilon(\alpha + \alpha', \beta) = \varepsilon(\alpha, \beta)\varepsilon(\alpha', \beta) \\ \varepsilon(\alpha, \beta + \beta') = \varepsilon(\alpha, \beta)\varepsilon(\alpha, \beta') \\ \varepsilon(\beta, \alpha) = \varepsilon(\alpha, \beta). \end{cases}$$

Il en résulte que $\varepsilon(2\alpha, \beta) = \varepsilon(\alpha, 2\beta) = 1$.

Lorsque $\Delta = \mathbf{Z}$, tout facteur de commutation ε est déterminé par la donnée de $\varepsilon(1, 1)$; il n'y a donc que *deux* tels facteurs, le premier défini par

$$(2) \qquad \varepsilon(p, q) = 1 \quad \text{pour } p, q \text{ dans } \mathbf{Z}$$

et le second par

$$(3) \qquad \varepsilon(p, q) = (-1)^{pq} \quad \text{pour } p, q \text{ dans } \mathbf{Z}.$$

2. Définition générale des dérivations

Considérons un anneau commutatif K, six K-modules gradués de type Δ : A, A′, A″, B, B′, B″, et trois applications K-bilinéaires

$$\mu : A \times A' \to A'', \qquad \lambda_1 : B \times A' \to B'', \qquad \lambda_2 : A \times B' \to B''$$

telles que les applications K-linéaires correspondantes

$$A \otimes_K A' \to A'', \qquad B \otimes_K A' \to B'', \qquad A \otimes_K B' \to B''$$

soient *graduées de degré* 0. On notera simplement $a.a'$ ou même aa' l'image $\mu(a, a')$ pour $a \in A$, $a' \in A'$, et de même pour les deux autres applications bilinéaires. Le *degré* de $a.a'$ est donc la *somme* des degrés de a et de a'.

Définition 1. — *Pour les données précédentes et pour un facteur de commutation* ε *sur* $\Delta \times \Delta$, *on appelle* ε*-dérivation* (*ou* (K, ε)*-dérivation*) *de degré* $\delta \in \Delta$ *de* (A, A′, A″) *dans* (B, B′, B″) *un triplet d'applications* K*-linéaires graduées de degré* δ :

$$d : A \to B, \qquad d' : A' \to B', \qquad d'' : A'' \to B''$$

telles que, pour tout élément homogène $a \in A$ *et tout élément* $a' \in A'$ *on ait*

$$d''(a.a') = (da).a' + \varepsilon_{\delta,\, \deg(a)}\, a.(d'a'). \tag{4}$$

Il suffit évidemment, par linéarité, de vérifier la relation (4) lorsque a et a' parcourent des systèmes générateurs respectifs de A et A′.

Il est souvent commode de désigner par la même lettre d les trois applications d, d', d'' (ce qu'on peut justifier en notant également d l'application K-linéaire

$$(a, a', a'') \mapsto (da, d'a', d''a'')$$

de $A \oplus A' \oplus A''$ dans $B \oplus B' \oplus B''$). La relation (4) s'écrit alors plus simplement

$$d(a.a') = (da).a' + \varepsilon_{\delta,\, \deg(a)}\, a.(da'). \tag{5}$$

Les ε-dérivations de (A, A′, A″) dans (B, B′, B″) de degré *donné* forment un sous-K-module du K-module des applications linéaires graduées

$$\mathrm{Homgr}_K(A \oplus A' \oplus A'', B \oplus B' \oplus B'').$$

Lorsque $\varepsilon(\alpha, \beta) = 1$ quels que soient α, β dans Δ, on dit simplement *dérivation* (ou K-*dérivation*) au lieu de ε-dérivation. Les dérivations forment un sous-K-module de $\mathrm{Hom}_K(A \oplus A' \oplus A'', B \oplus B' \oplus B'')$.

Lorsque $\Delta = \mathbf{Z}$ et $\varepsilon(p, q) = (-1)^{pq}$, toute ε-dérivation de degré *pair* est une dérivation; une ε-dérivation de degré *impair* est souvent appelée *antidérivation* (ou K-*antidérivation*); une antidérivation d satisfait donc à

$$d(a.a') = (da).a' + (-1)^{\deg(a)} a.(da') \tag{6}$$

pour un élément *homogène* $a \in A$.

Remarques. — 1) On peut définir la notion de *dérivation* pour des modules non gradués, en convenant de munir ces modules de la graduation triviale.

2) Tant qu'on ne considère que des ε-dérivations d'un degré donné δ, on peut se débarrasser du facteur de commutation ε par le procédé suivant: on modifie l'application bilinéaire $\lambda_2 : A \times B' \to B''$ en la remplaçant par l'application bilinéaire $\lambda'_2 : A \times B' \to B''$ telle que pour tout *a homogène* dans A et tout $b' \in B'$, on ait

$$\lambda'_2(a, b') = \varepsilon_{\delta, \deg(a)} \lambda_2(a, b').$$

Alors d est une dérivation relativement aux applications bilinéaires μ, λ_1, λ'_2.

La définition générale des ε-dérivations donnée ci-dessus est surtout utilisée dans deux cas:

Cas I): on a $A = B$, $A' = B'$, $A'' = B''$, et les trois applications bilinéaires μ, λ_1, λ_2 sont égales à une *même* application.

Cas II): on a $A = A' = A''$, $B = B' = B''$, de sorte que (pour μ) A est une *algèbre graduée*, et que les deux applications K-bilinéaires

$$(7) \qquad \lambda_1 : B \times A \to B, \qquad \lambda_2 : A \times B \to B$$

sont telles que les applications K-linéaires correspondantes $B \otimes_K A \to B$, $A \otimes_K B \to B$ soient graduées de degré 0. Une ε-dérivation de degré δ de A dans B est alors une application K-linéaire graduée $d : A \to B$ de degré δ, telle que, pour tout x homogène dans A et tout $y \in A$, on ait la relation

$$(8) \qquad d(xy) = (dx)y + \varepsilon_{\delta, \deg(x)}\, x(dy).$$

Rentre en particulier dans le cas II) le cas où A est une K-algèbre *associative* unifère, et où λ_1 et λ_2 sont les lois d'action d'un (A, A)-*bimodule* (III, p. 39, déf. 3). Il en est ainsi notamment lorsque A et B sont deux K-*algèbres associatives* unifères, que l'on s'est donné un homomorphisme unifère de K-algèbres graduées $\rho : A \to B$ et que l'on considère sur B la structure de (A, A)-bimodule définie par les deux lois d'action

$$\lambda_1 : (b, a) \mapsto b\rho(a), \qquad \lambda_2 : (a, b) \mapsto \rho(a)b$$

pour $a \in A$, $b \in B$.

Les cas I) et II) ont en commun le cas suivant: on considère une K-algèbre graduée A, on prend $B = A$, les applications (7) étant toutes deux la multiplication dans A. On parle alors de *ε-dérivation* (ou *(K, ε)-dérivation*) *de l'algèbre graduée* A: c'est une application K-linéaire graduée de A dans elle-même, de degré δ, satisfaisant à (8) pour tout x homogène dans A et tout $y \in A$. En particulier, si A est un *anneau gradué*, considéré comme une **Z**-algèbre (associative), on parlera des *ε-dérivations de l'anneau* A.

Soient A une K-algèbre *associative, commutative et unifère*, B un A-*module*; lorsqu'on parlera de *dérivation de* A *dans* B, il sera sous-entendu qu'il s'agit de la structure de A-bimodule de B déduite de sa structure de A-module; on a alors la formule

(9) $$d(xy) = x(dy) + y(dx) \qquad \text{pour } x \in \mathrm{A}, y \in \mathrm{A}$$

pour une telle dérivation $d : \mathrm{A} \to \mathrm{B}$.

3. Exemples de dérivations

Exemple 1. — *Soit A la **R**-algèbre des applications dérivables de **R** dans **R**, et soit x_0 un point de **R**; on peut considérer **R** comme A-module pour la loi d'action $(f, a) \mapsto f(x_0)a$. Alors l'application $f \mapsto \mathrm{D}f(x_0)$ est une dérivation, puisque l'on a (FVR, I, § 1, n° 3) $(\mathrm{D}(fg))(x_0) = (\mathrm{D}f(x_0))g(x_0) + f(x_0)(\mathrm{D}g(x_0))$.*

Exemple 2. — *Soit X une variété différentielle de classe C^∞, et soit A la **R**-algèbre graduée des formes différentielles sur X, L'application qui à toute forme différentielle ω sur X associe sa différentielle extérieure $d\omega$ est une antidérivation de degré $+1$ (VAR. R, § 8).*

Exemple 3. — Soit A une K-algèbre associative. Pour tout $a \in \mathrm{A}$, l'application $x \mapsto ax - xa$ est une *dérivation* de l'algèbre A (cf. III, p. 124).

Exemple 4. — Soient M un K-module, A l'algèbre extérieure $\bigwedge(\mathrm{M}^*)$, munie de sa graduation usuelle (III, p. 76). *On verra dans III, p. 167 que, pour tout $x \in \mathrm{M}$, le produit intérieur droit $i(x)$ est une *antidérivation* de degré -1 de A.*

Exemple 5. — Reprenons la situation générale de la déf. 1 de III, p. 117, et soient $\overline{\mathrm{K}}$ un second anneau commutatif, $\rho : \mathrm{K} \to \overline{\mathrm{K}}$ un homomorphisme d'anneaux; désignons par $\overline{\mathrm{A}}, \overline{\mathrm{A}}', \overline{\mathrm{A}}'', \overline{\mathrm{B}}, \overline{\mathrm{B}}', \overline{\mathrm{B}}''$ les $\overline{\mathrm{K}}$-modules gradués obtenus respectivement à partir de A, A', A'', B, B', B'' par extension à $\overline{\mathrm{K}}$ de l'anneau des scalaires (II, p. 174); on déduit de μ, λ_1 et λ_2 des applications $\overline{\mathrm{K}}$-bilinéaires

$$\bar{\mu} : \overline{\mathrm{A}} \times \overline{\mathrm{A}}' \to \overline{\mathrm{A}}'', \qquad \bar{\lambda}_1 : \overline{\mathrm{B}} \times \overline{\mathrm{A}}' \to \mathrm{B}'', \qquad \bar{\lambda}_2 : \overline{\mathrm{A}} \times \overline{\mathrm{B}}' \to \overline{\mathrm{B}}''$$

en considérant les produits tensoriels par $1_{\overline{\mathrm{K}}}$ des applications K-linéaires correspondant à μ, λ_1 et λ_2 (II, p. 82). Alors, si d est une ε-dérivation de degré δ de (A, A', A'') dans (B, B', B''), l'application $\bar{d} = d \otimes 1_{\overline{\mathrm{K}}}$ de $\overline{\mathrm{A}} \oplus \overline{\mathrm{A}}' \oplus \overline{\mathrm{A}}''$ dans $\overline{\mathrm{B}} \oplus \overline{\mathrm{B}}' \oplus \overline{\mathrm{B}}''$ est une ε-dérivation de degré δ de $(\overline{\mathrm{A}}, \overline{\mathrm{A}}', \overline{\mathrm{A}}'')$ dans $(\overline{\mathrm{B}}, \overline{\mathrm{B}}', \overline{\mathrm{B}}'')$.

Exemple 6. — Soit A une K-algèbre graduée de type **Z**; on définit une K-application linéaire graduée de degré 0, $d : \mathrm{A} \to \mathrm{A}$ en prenant, pour $x_n \in \mathrm{A}_n$ ($n \in \mathbf{Z}$), $d(x_n) = nx_n$. Cette application est une *dérivation* de A, car pour $x_p \in \mathrm{A}_p$, $x_q \in \mathrm{A}_q$, on a $d(x_p x_q) = (p + q)x_p x_q = d(x_p)x_q + x_p d(x_q)$.

4. Composition des dérivations

Nous supposons dans ce n° que l'on se trouve dans le *cas* I) de III, p. 118, c'est-à-dire que A, A', A'' sont trois K-modules gradués de type Δ, que l'on s'est donné une application K-bilinéaire $\mu : A \times A' \to A''$ correspondant à une application K-linéaire graduée de degré 0, $A \otimes_K A' \to A''$. Les endomorphismes gradués f de $A \oplus A' \oplus A''$ tels que $f(A) \subset A$, $f(A') \subset A'$ et $f(A'') \subset A''$ forment une *sous-algèbre graduée* de l'algèbre associative graduée $\mathrm{Endgr}_K(A \oplus A' \oplus A'')$ (III, p. 31, *Exemple* 2). On peut en particulier composer deux ε-dérivations de (A, A′, A″), mais on se gardera de croire que le composé de deux ε-dérivations soit encore une ε-dérivation.

Dans toute algèbre graduée B de type Δ, on définit le *ε-crochet* (ou simplement *crochet* lorsque $\varepsilon = 1$) de deux éléments homogènes u, v, par la formule

(10) $$[u, v]_\varepsilon = uv - \varepsilon_{\deg u, \deg v}\, vu \quad (\text{noté simplement } [u, v] \text{ si } \varepsilon = 1).$$

En prolongeant cette application par linéarité, on obtient une application K-bilinéaire $(u, v) \mapsto [u, v]_\varepsilon$ de $B \times B$ dans B. On a, pour u et v homogènes dans B

$$[v, u]_\varepsilon = -\varepsilon_{\deg u, \deg v}\, [u, v]_\varepsilon.$$

Appliquons cette définition à l'algèbre graduée $\mathrm{Endgr}_K(A \oplus A' \oplus A'')$: on définit ainsi le ε-crochet de deux endomorphismes gradués.

PROPOSITION 1. — *Soient d_1, d_2 deux ε-dérivations de* (A, A′, A″), *de degrés respectifs* δ_1, δ_2. *Alors le ε-crochet*

$$[d_1, d_2]_\varepsilon = d_1 \circ d_2 - \varepsilon_{\delta_1, \delta_2}\, d_2 \circ d_1$$

est une ε-dérivation de degré $\delta_1 + \delta_2$. *De plus, si d est une ε-dérivation de degré δ de* (A, A′, A″), *et si* $\varepsilon_{\delta, \delta} = -1$, *alors $d^2 = d \circ d$ est une dérivation.*

Supposons $x \in A$ homogène de degré ξ; pour tout $y \in A'$, on a

(11) $$\begin{aligned} d_1(d_2(xy)) = {} & ((d_1 d_2)(x))y + \varepsilon_{\delta_1, \delta_2 + \xi}(d_2 x)(d_1 y) \\ & + \varepsilon_{\delta_2, \xi}(d_1 x)(d_2 y) + \varepsilon_{\delta_1 + \delta_2, \xi}\, x((d_1 d_2)(y)) \end{aligned}$$

compte tenu des formules (1) de III, p. 116. Echangeant les rôles de d_1 et d_2, on obtient, après simplifications utilisant de nouveau (1) (III, p. 116),

$$\begin{aligned} (d_1 d_2)(xy) - \varepsilon_{\delta_1, \delta_2}(d_2 d_1)(xy) = {} & ((d_1 d_2)(x))y - \varepsilon_{\delta_1, \delta_2}((d_2 d_1)(x))y \\ & + \varepsilon_{\delta_1 + \delta_2, \xi}\, x((d_1 d_2)(y)) - \varepsilon_{\delta_1, \delta_2}\varepsilon_{\delta_1 + \delta_2, \xi}\, x((d_2 d_1)(y)) \end{aligned}$$

c'est-à-dire, en posant $d = [d_1, d_2]_\varepsilon$ et $\delta = \delta_1 + \delta_2$,

$$d(xy) = (dx)y + \varepsilon_{\delta, \xi}\, x(dy)$$

ce qui prouve que d est une ε-dérivation.

D'autre part, si, dans (11), on fait $d_1 = d_2 = d$, $\delta_1 = \delta_2 = \delta$ et si $\varepsilon_{\delta, \delta} = -1$, on obtient, puisqu'alors $\varepsilon_{\delta, \delta + \xi} = -\varepsilon_{\delta, \xi}$ par (1),

$$d^2(xy) = (d^2 x)y + \varepsilon_{2\delta, \xi}\, x(d^2 y)$$

et comme $\varepsilon_{2\delta, \xi} = 1$, on voit que d^2 est bien une dérivation.

Corollaire. — *Supposons* $\Delta = \mathbf{Z}$. *Alors :*

(i) *Le carré d'une antidérivation est une dérivation.*

(ii) *Le crochet de deux dérivations est une dérivation.*

(iii) *Le crochet d'une antidérivation et d'une dérivation de degré pair est une antidérivation.*

(iv) *Si* d_1 *et* d_2 *sont des antidérivations,* $d_1d_2 + d_2d_1$ *est une dérivation.*

Sous les hypothèses du début de ce n° (III, p. 119,) considérons maintenant une suite finie $D = (d_i)_{1 \leqslant i \leqslant n}$ de *dérivations deux à deux permutables* de (A, A', A''). Pour tout polynôme $P(X_1, \ldots, X_n)$ de l'algèbre $K[X_1, \ldots, X_n]$, l'élément $P(d_1, \ldots, d_n)$ de $\mathrm{Endgr}_K(A \oplus A' \oplus A'')$ est donc défini (III, p. 26) ; on le notera en abrégé $P(D)$.

Proposition 2. — *Avec les hypothèses et notations précédentes, considérons* $2n$ *indéterminées* $T_1, \ldots, T_n, T'_1, \ldots, T'_n$, *et pour tout polynôme* $F \in K[X_1, \ldots, X_n]$, *posons* $F(\mathbf{T}) = F(T_1, \ldots, T_n), F(\mathbf{T}') = F(T'_1, \ldots, T'_n)$ *et*

$$F(\mathbf{T} + \mathbf{T}') = F(T_1 + T'_1, \ldots, T_n + T'_n).$$

Supposons que l'on ait

$$P(\mathbf{T} + \mathbf{T}') = \sum_i Q_i(\mathbf{T})R_i(\mathbf{T}')$$

où les Q_i *et* R_i *appartiennent à* $K[X_1, \ldots, X_n]$. *Alors, quels que soient* $x \in A$ *et* $y \in A'$, *on a*

$$P(D)(xy) = \sum_i (Q_i(D)x)(R_i(D)y). \tag{12}$$

Introduisons n autres indéterminées $T''_1, \ldots, T''_n$, et considérons l'algèbre de polynômes $K[T_1, \ldots, T_n, T'_1, \ldots, T'_n, T''_1, \ldots, T''_n] = B$; considérons d'autre part le K-module M des applications bilinéaires de $A \times A'$ dans A'' ; on définit sur M une structure de B-*module* en posant, pour toute application K-bilinéaire $f \in M$ et $1 \leqslant i \leqslant n$

$$\begin{cases} (T_i f)(a, a') = f(d_i a, a') \\ (T'_i f)(a, a') = f(a, d_i a') \\ (T''_i f)(a, a') = d_i(f(a, a')) \end{cases} \tag{13}$$

Puisque les d_i sont deux à deux permutables, on voit que pour tout polynôme $F \in K[X_1, \ldots, X_n]$, on a $(F(\mathbf{T})f)(a, a') = f(F(D)a, a')$, $(F(\mathbf{T}')f)(a, a') = f(a, F(D)a')$ et $(F(\mathbf{T}'')f)(a, a') = F(D)(f(a, a'))$. Donc, pour prouver (12) il suffit de montrer que l'on a

$$\Big(P(\mathbf{T}'') - \sum_i Q_i(\mathbf{T})R_i(\mathbf{T}')\Big).\mu = 0 \tag{14}$$

ou encore $(P(\mathbf{T}'') - P(\mathbf{T} + \mathbf{T}')).\mu = 0$ dans le B-module M. Or, l'hypothèse que les d_i sont des dérivations s'exprime encore en disant que l'on a, pour $1 \leqslant i \leqslant n$

$$(\mathrm{T}''_i - \mathrm{T}_i - \mathrm{T}'_i).\mu = 0 \tag{15}$$

dans le B-module M. En considérant successivement les polynômes

$$\mathrm{P}(\mathrm{T}''_1, \mathrm{T}''_2, \ldots, \mathrm{T}''_n) - \mathrm{P}(\mathrm{T}_1 + \mathrm{T}'_1, \mathrm{T}''_2, \ldots, \mathrm{T}''_n)$$
$$\mathrm{P}(\mathrm{T}_1 + \mathrm{T}'_1, \mathrm{T}''_2, \ldots, \mathrm{T}''_n) - \mathrm{P}(\mathrm{T}_1 + \mathrm{T}'_1, \mathrm{T}_2 + \mathrm{T}'_2, \ldots, \mathrm{T}''_n)$$
$$\cdots\cdots\cdots\cdots\cdots\cdots\cdots\cdots\cdots\cdots\cdots\cdots$$
$$\mathrm{P}(\mathrm{T}_1 + \mathrm{T}'_1, \ldots, \mathrm{T}_{n-1} + \mathrm{T}'_{n-1}, \mathrm{T}''_n) - \mathrm{P}(\mathrm{T}_1 + \mathrm{T}'_1, \ldots, \mathrm{T}_{n-1} + \mathrm{T}'_{n-1}, \mathrm{T}_n + \mathrm{T}'_n)$$

on voit que la différence $\mathrm{P}(\mathbf{T}'') - \mathrm{P}(\mathbf{T} + \mathbf{T}')$ s'écrit sous la forme

$$\sum_{i=1}^{n} (\mathrm{T}''_i - \mathrm{T}_i - \mathrm{T}'_i)\mathrm{G}_i(\mathbf{T}, \mathbf{T}', \mathbf{T}'')$$

où les G_i sont des éléments de B. La relation (14) est donc conséquence immédiate des relations (15).

Corollaire (formule de Leibniz). — *Soient* d_i $(1 \leqslant i \leqslant n)$ *n dérivations de* (A, A′, A″), *deux à deux permutables. Pour tout* $\alpha = (\alpha_1, \ldots, \alpha_n) \in \mathbf{N}^n$ *posons*

$$d^\alpha = d_1^{\alpha_1} d_2^{\alpha_2} \ldots d_n^{\alpha_n}. \tag{16}$$

Alors, pour $x \in \mathrm{A}$ *et* $y \in \mathrm{A}'$, *on a*

$$d^\alpha(xy) = \sum_{\beta+\gamma=\alpha} ((\beta, \gamma)) d^\beta(x) d^\gamma(y) \tag{17}$$

où l'on a posé (avec les notations introduites au début du chapitre)

$$((\beta, \gamma)) = (\beta + \gamma)!/(\beta!\gamma!). \tag{18}$$

Cela résulte aussitôt de la formule multinomiale (I, p. 95)

$$(\mathbf{T} + \mathbf{T}')^\alpha = \sum_{\beta+\gamma=\alpha} ((\beta, \gamma)) \mathbf{T}^\beta \mathbf{T}'^\gamma$$

et de la prop. 2.

5. Dérivations d'une algèbre A dans un A-bimodule

Nous supposons dans ce n° que l'on se trouve dans le *cas* II) de III, p. 118. On a donc une K-algèbre graduée A, et un K-module gradué E, ainsi que deux applications K-linéaires de degré 0

$$\mathrm{E} \otimes_{\mathrm{K}} \mathrm{A} \to \mathrm{E}, \qquad \mathrm{A} \otimes_{\mathrm{K}} \mathrm{E} \to \mathrm{E}$$

notées

$$x \otimes a \mapsto x.a \quad \text{et} \quad a \otimes x \mapsto a.x \qquad \text{pour } a \in \mathrm{A} \text{ et } x \in \mathrm{E}.$$

Proposition 3. — *Soit* $d : \mathrm{A} \to \mathrm{E}$ *une* ε*-dérivation de degré* δ. *Alors* Ker(d) *est une sous-algèbre graduée de* A; *si* A *admet un élément unité, il appartient à* Ker(d).

Il est clair que Ker(d) est un sous-K-module gradué de A; de plus, la relation

(8) de III, p. 118 montre que, si x et y sont deux éléments homogènes appartenant à $\mathrm{Ker}(d)$, on a $d(xy) = 0$, donc $xy \in \mathrm{Ker}(d)$. Enfin, si A admet un élément unité 1 (de degré 0, cf. III, p. 30), la relation (8) de III, p. 118, où on remplace x et y par 1, donne $d(1) = d(1) + d(1)$, donc $d(1) = 0$.

COROLLAIRE. — *Soient d_1 et d_2 deux ε-dérivations de* A *dans* E, *de même degré* δ. *Si d_1 et d_2 prennent les mêmes valeurs en chaque élément d'un système générateur de l'algèbre* A, *on a* $d_1 = d_2$.

En effet, $d_1 - d_2$ est une ε-dérivation de degré δ, donc $\mathrm{Ker}(d_1 - d_2)$ est une sous-algèbre de A qui contient un système générateur de A, donc est égale à A.

PROPOSITION 4. — *Soit $d : \mathrm{A} \to \mathrm{E}$ une ε-dérivation de degré δ. Supposons que* A *possède un élément unité* 1, *et soit x un élément homogène de* A, *ayant un inverse x^{-1} dans* A. *Alors on a*

$$d(x^{-1}) = -\varepsilon_{\delta,\,\deg(x)}x^{-1}((dx)x^{-1}) = -\varepsilon_{\delta,\,\deg(x)}(x^{-1}(dx))x^{-1}. \tag{19}$$

En effet, on a $d(xx^{-1}) = d(1) = 0$ (III, p. 122, prop. 3), d'où

$$(dx)x^{-1} + \varepsilon_{\delta,\,\deg(x)}x(d(x^{-1})) = 0$$

ce qui prouve la première formule (19). D'autre part, x^{-1} est homogène de degré $-\deg(x)$ et $\varepsilon_{\delta,\,\deg(x)} = \varepsilon_{\delta,\,-\deg(x)}$ en vertu des formules (1) de III, p. 116; en écrivant que $d(x^{-1}x) = 0$, on obtient de même la seconde formule (19).

PROPOSITION 5. — *Supposons que* A *soit un anneau commutatif intègre, et soit* L *son corps des fractions. Toute dérivation de* A *dans un espace vectoriel* E *sur* L (*considéré comme* A-*module*) *se prolonge d'une seule manière en une dérivation de* L *dans* E.

Soient d une dérivation de A dans E, $\bar{d}$ une dérivation de L dans E prolongeant d; alors, pour $u \in \mathrm{A}$, $v \in \mathrm{A}$, $v \neq 0$, on a nécessairement, en vertu de (19)

$$\bar{d}(u/v) = v^{-1}du - uv^{-2}dv \tag{20}$$

ce qui prouve l'unicité de $\bar{d}$. Inversement, montrons qu'on peut définir $\bar{d}$ par la formule (20); on doit d'abord vérifier que si $u/v = u'/v'$, la valeur du second membre de (20) ne change pas quand on remplace u par u' et v par v'. Or, on a $uv' = vu'$, donc $v'(du) + u(dv') = v(du') + u'(dv)$, et par suite $v'(du - uv^{-1}dv) = v(du' - u'v'^{-1}dv')$, puisque $uv'v^{-1} = u'$ et $u'v'^{-1}v = u$. On a ainsi défini une application $\bar{d} : \mathrm{L} \to \mathrm{E}$, qui prolonge d; on vérifie aussitôt qu'elle est K-linéaire et est une dérivation.

PROPOSITION 6. — *Supposons que* A *soit une* K-*algèbre graduée associative unifère,* E *un* (A, A)-*bimodule gradué. Si $d : \mathrm{A} \to \mathrm{E}$ est une ε-dérivation de degré δ, on a, pour toute suite finie $(x_i)_{1 \leqslant i \leqslant n}$ d'éléments homogènes de* A, *de degrés respectifs ξ_i $(1 \leqslant i \leqslant n)$*

$$d(x_1x_2 \ldots x_n) = \sum_{i=1}^{n} \varepsilon_{\delta,\,\xi_1+\ldots+\xi_{i-1}}x_1\ldots x_{i-1}(dx_i)x_{i+1}\ldots x_n. \tag{21}$$

La formule (21) est triviale pour $n = 0$ et se prouve par récurrence sur n, compte tenu de (4) (III, p. 117).

Corollaire. — *Supposons que* A *soit une algèbre associative unifère, commutative et ayant un élément unité, et* E *un* A-*module. Si* $d : A \rightarrow E$ *est une dérivation, on a, pour tout entier* $n \geqslant 0$,

(22) $$d(x^n) = nx^{n-1}(dx) \qquad \textit{pour tout } x \in A.$$

Il suffit de munir A de la graduation triviale et d'appliquer (21) avec tous les x_i égaux à x.

Revenons au cas général d'une ε-dérivation $d : A \rightarrow E$ de degré δ. Soit Z_ε l'ensemble des $a \in A$ tels que pour tout composant homogène a_α de degré α de a, on ait, pour tout x homogène dans E

(23) $$xa_\alpha = \varepsilon_{\delta, \deg(x)} a_\alpha x.$$

Si A est une algèbre graduée associative unifère, et E un (A, A)-bimodule gradué, il résulte aussitôt de cette définition que Z_ε est une *sous-algèbre graduée* de A contenant l'élément unité.

Proposition 7. — *Supposons que* A *soit une algèbre graduée associative unifère et* E *un* (A, A)-*bimodule gradué. Soit* $d : A \rightarrow E$ *une* ε-*dérivation de degré* δ, *et* a *un élément homogène de degré* α *de* Z_ε. *Alors l'application* $x \mapsto a(dx)$ *est une* ε-*dérivation de degré* $\delta + \alpha$.

Posons en effet $d'(x) = a(dx)$; pour x homogène de degré ξ dans A, et $y \in A$, on a, en vertu de (23) et de (1) (III, p. 116),

$$\begin{aligned} d'(xy) &= a((dx)y) + \varepsilon_{\delta, \xi} a(x(dy)) = (a(dx))y + \varepsilon_{\delta+\alpha, \xi}(xa)(dy) \\ &= (d'x)y + \varepsilon_{\delta+\alpha, \xi} x(d'y). \end{aligned}$$

La prop. 7 exprime que le K-module des ε-dérivations de A dans E est un Z_ε-*module gradué de type* Δ.

6. Dérivations d'une algèbre

Soit A une K-algèbre graduée; pour tout élément *homogène* $a \in A$, on note $\mathrm{ad}_\varepsilon(a)$, ou simplement $\mathrm{ad}(a)$ si aucune confusion n'en résulte, l'application K-linéaire de A dans A

$$x \mapsto [a, x]_\varepsilon$$

(III, p. 120, formule (10)) qui est *graduée de degré* deg a.

Proposition 8. — *Soit* A *une* K-*algèbre graduée.*

(i) *Pour toute* ε-*dérivation* $d : A \rightarrow A$ *et tout élément homogène* a *de* A, *on a*

(24) $$[d, \mathrm{ad}_\varepsilon(a)]_\varepsilon = \mathrm{ad}_\varepsilon(da).$$

(ii) *Si l'algèbre* A *est associative,* $\mathrm{ad}_\varepsilon(a)$ *est une* ε*-dérivation de* A, *de degré* $\deg(a)$.

(i) En effet, supposons que d soit de degré δ, soit $\alpha = \deg a$, et posons $f = [d, \mathrm{ad}_\varepsilon(a)]_\varepsilon$. Pour tout élément homogène $x \in \mathrm{A}$ de degré ξ, on a, compte tenu de (1), (III, p. 116)

$$\begin{aligned} f(x) &= d(ax - \varepsilon_{\alpha,\xi}xa) - \varepsilon_{\delta,\alpha}(a(dx) - \varepsilon_{\alpha,\delta+\xi}(dx)a) \\ &= (da)x + \varepsilon_{\delta,\alpha}a(dx) - \varepsilon_{\alpha,\xi}(dx)a - \varepsilon_{\delta+\alpha,\xi}x(da) \\ &\quad - \varepsilon_{\delta,\alpha}a(dx) + \varepsilon_{\alpha,\xi}(dx)a \\ &= (da)x - \varepsilon_{\delta+\alpha,\xi}x(da) = [da, x]_\varepsilon. \end{aligned}$$

(ii) Pour tout x homogène de degré ξ et tout y homogène de degré η dans A, on a

$$\begin{aligned} \mathrm{ad}_\varepsilon(a)(xy) &= a(xy) - \varepsilon_{\alpha,\xi+\eta}(xy)a \\ &= (ax - \varepsilon_{\alpha,\xi}xa)y + \varepsilon_{\alpha,\xi}x(ay - \varepsilon_{\alpha,\eta}ya) \\ &= \mathrm{ad}_\varepsilon(a)(x)\,.y + \varepsilon_{\alpha,\xi}x\,.\,\mathrm{ad}_\varepsilon(a)(y) \end{aligned}$$

compte tenu de (1) et de l'associativité de A.

Lorsque A est associative, on dit que $\mathrm{ad}_\varepsilon(a)$ est la *ε-dérivation intérieure* de A définie par a.

Corollaire. — *Soit* A *une algèbre graduée associative. Pour deux éléments homogènes* a, b *de* A, *on a*

$$[\mathrm{ad}_\varepsilon(a), \mathrm{ad}_\varepsilon(b)]_\varepsilon = \mathrm{ad}_\varepsilon([a, b]_\varepsilon). \tag{25}$$

Il suffit de remplacer d par $\mathrm{ad}_\varepsilon(a)$ et $\mathrm{ad}_\varepsilon(a)$ par $\mathrm{ad}_\varepsilon(b)$ dans (24).

Si $\deg a = \alpha$, $\deg b = \beta$, la formule (25) équivaut à la relation suivante, pour tout élément homogène $c \in \mathrm{A}$ de degré γ

$$\varepsilon_{\alpha,\gamma}[a, [b, c]_\varepsilon]_\varepsilon + \varepsilon_{\beta,\alpha}[b, [c, a]_\varepsilon]_\varepsilon + \varepsilon_{\gamma,\beta}[c, [a, b]_\varepsilon]_\varepsilon = 0 \tag{26}$$

dite *identité de Jacobi*.

7. Propriétés fonctorielles

Dans ce n°, toutes les algèbres sont supposées associatives et unifères, et tout homomorphisme d'algèbres est supposé unifère.

Proposition 9. — *Soient* A, B *deux* K*-algèbres graduées,* E *un* (A,A)*-bimodule gradué,* F *un* (B,B)*-bimodule gradué; soient* $\rho : \mathrm{A} \to \mathrm{B}$ *un homomorphisme d'algèbres graduées,* $\theta : \mathrm{E} \to \mathrm{F}$ *un* A*-homomorphisme de* A*-bimodules (relatif à* ρ*), gradué et de degré* 0. *Alors*:

(i) *Pour toute* ε*-dérivation* $d' : \mathrm{B} \to \mathrm{F}$, $d' \circ \rho : \mathrm{A} \to \rho_*(\mathrm{F})$ *est une* ε*-dérivation de même degré.*

(ii) *Pour toute* ε*-dérivation* $d : \mathrm{A} \to \mathrm{E}$, $\theta \circ d : \mathrm{A} \to \rho_*(\mathrm{F})$ *est une* ε*-dérivation de même degré.*

Les deux assertions découlent aussitôt des relations

$$d'(\rho(xy)) = d'(\rho(x)\rho(y)) = d'(\rho(x))\rho(y) + \varepsilon_{\delta',\xi}\rho(x)d'(\rho(y))$$
$$\theta(d(xy)) = \theta((dx)y + \varepsilon_{\delta,\xi}x(dy)) = \theta(dx)\rho(y) + \varepsilon_{\delta,\xi}\rho(x)\theta(dy)$$

pour $x \in$ A homogène de degré ξ et $y \in$ A, δ et δ' désignant les degrés respectifs de d et d'.

Corollaire. — *Soit* S *un système générateur de l'algèbre* A. *Pour que* $d' \circ \rho = \theta \circ d$, *il faut et il suffit que* $d'(\rho(x)) = \theta(d(x))$ *pour tout* $x \in$ S.

C'est une conséquence immédiate de la prop. 9 et de III, p. 123, corollaire.

Sous les conditions de la prop. 9, on sait que B est muni (au moyen de ρ) d'une structure de (A, A)-bimodule (II, p. 34, *Exemple* 1).

Proposition 10. — *Sous les conditions de la prop.* 9, *pour qu'une ε-dérivation d' : B $\rightarrow$ F soit* A-*linéaire pour les structures de* A-*module à gauche* (resp. *à droite*) *de* B *et de* ρ_*(F), *il faut et il suffit que d' s'annule dans la sous-algèbre* ρ(A) *de* B.

Faisons la démonstration pour les structures de A-module à gauche. Pour $a \in$ A, $b \in$ B, on a

$$d'(\rho(a)b) = d'(\rho(a))b + \rho(a)d'b,$$

donc si $d' \circ \rho = 0$, d' est linéaire pour les structures de A-module à gauche de B et de ρ_*(F). Réciproquement, s'il en est ainsi, on a en particulier

$$d'(\rho(a)) = d'(\rho(a).1) = \rho(a)d'(1) = 0$$

(III, p. 122, prop. 3).

Notons en particulier D_K(B, F) le K-module des *dérivations* de B dans F (III, p. 117); celles de ces dérivations qui sont A-*linéaires*, autrement dit qui s'annulent dans ρ(A), forment un *sous*-K-*module* de D_K(B, F), que l'on note $D_{A,\rho}$(B, F) ou simplement D_A(B, F) (on a évidemment $D_K(B, F) = D_{K,\varphi}(B, F)$, où φ : K $\rightarrow$ B est l'homomorphisme définissant la structure de K-algèbre de B).

Soient maintenant A, B, C trois K-algèbres graduées, ρ : A $\rightarrow$ B, σ : B $\rightarrow$ C deux homomorphismes d'algèbres graduées, G un (C, C)-bimodule gradué; si l'on note D_A(B, G), D_B(C, G) et D_A(C, G) les K-modules respectifs $D_{A,\rho}(B, \sigma_*(G))$, $D_{B,\sigma}$(C, G) et $D_{A,\sigma\circ\rho}$(C, G), il est clair que D_B(C, G) est un *sous*-K-*module* de D_A(C, G) puisque $\sigma(\rho(A)) \subset \sigma(B)$.

Proposition 11. — *Sous les conditions précédentes, on a une suite exacte de* K-*homomorphismes*

$$0 \longrightarrow D_B(C, G) \xrightarrow{u} D_A(C, G) \xrightarrow{v} D_A(B, G) \tag{27}$$

où u est l'injection canonique et v l'homomorphisme $d \mapsto d \circ \sigma$ (III, p. 125, prop. 9).

En effet, le noyau de v est l'ensemble des dérivations d : C $\rightarrow$ G telles que $d(\sigma(b)) = 0$ pour tout $b \in$ B, c'est-à-dire précisément l'image de u.

8. Relations entre dérivations et homomorphismes d'algèbres

Nous supposons de nouveau dans ce n° que l'on se trouve dans le *cas* II) de III, p. 118, la K-algèbre graduée A n'étant pas supposée associative. Etant donné un élément $\delta \in \Delta$, considérons le K-module gradué $E(\delta)$ (II, p. 165) tel que $(E(\delta))_\mu = E_{\mu+\delta}$ pour tout $\mu \in \Delta$. Définissons sur le K-module gradué $A \oplus E(\delta)$ une structure de K-*algèbre graduée* en posant, pour tout élément homogène $a \in A$, et pour des éléments quelconques $a' \in A$, x, x' dans $E(\delta)$,

(28) $$(a, x)(a', x') = (aa', x.a' + \varepsilon_{\delta, \deg(a)}a.x');$$

la vérification du fait que cette multiplication définit une structure d'anneau gradué est en effet immédiate.

On appelle *augmentation* de l'algèbre $A \oplus E(\delta)$ la projection $p : (a, x) \mapsto a$, qui est un homomorphisme d'algèbres graduées. Les applications K-linéaires $g : A \to A \oplus E(\delta)$ graduées *de degré* 0 telles que la composée

$$A \xrightarrow{g} A \oplus E(\delta) \xrightarrow{p} A$$

soit l'identité 1_A sont les applications de la forme $x \mapsto (x, f(x))$, où $f : A \to E$ est une application K-linéaire graduée *de degré* δ.

PROPOSITION 12. — *Pour qu'une application* K-*linéaire graduée* $f : A \to E$ *de degré* δ *soit une* ε-*dérivation, il faut et il suffit que l'application* $x \mapsto (x, f(x))$ *de* A *dans* $A \oplus E(\delta)$ *soit un homomorphisme de* K-*algèbres graduées.*

En effet, si l'on écrit que pour x homogène dans A et $y \in A$, on a

$$(xy, f(xy)) = (x, f(x)).(y, f(y))$$

on obtient, compte tenu de (28), la relation équivalente

$$f(xy) = f(x).y + \varepsilon_{\delta, \deg(x)}x.f(y)$$

d'où la proposition.

PROPOSITION 13. — *Pour que l'algèbre* $A \oplus E(\delta)$ *soit associative et unifère, il faut et il suffit que* A *soit associative et unifère et que les applications* $(a, x) \mapsto a.x$ *et* $(a, x) \mapsto x.a$ *définissent sur* E *une structure de* (A, A)-*bimodule; l'élément unité de* $A \oplus E(\delta)$ *est alors* (1, 0).

Si l'on écrit qu'un élément $(u, m) \in A \oplus E(\delta)$ est élément unité de cette algèbre, on trouve aussitôt que u doit être élément unité de A; en écrivant que $(u, m).(0, x) = (0, x).(u, m) = (0, x)$, il vient $u.x = x.u = x$ pour $x \in E$, et en écrivant que $(u, m).(u, 0) = (u, 0).(u, m) = (u, 0)$ on obtient $m = 0$. Le fait que A soit associative lorsque $A \oplus E(\delta)$ l'est résulte de ce que l'augmentation est un homomorphisme surjectif. La condition $(x.a').a'' = x.(a'a'')$ équivaut alors à $((0, x)(a', 0))(a'', 0) = (0, x)((a', 0), (a'', 0))$ et de même la condition $a.(a'.x) = (aa').x$ équivaut à $(a, 0)((a', 0)(0, x)) = ((a, 0)(a', 0))(0, x)$; enfin la condition $a.(x.a') = (a.x).a'$ équivaut à $(a, 0)((0, x)(a', 0) = ((a, 0)(0, x))(a', 0)$.

9. Prolongement de dérivations

PROPOSITION 14. — *Soient* A *un anneau commutatif,* M *un* A*-module,* B *la* A*-algèbre* T(M) (resp. S(M), resp. $\wedge$(M)), E *un* (B,B)*-bimodule. Soient* $d_0 : A \to E$ *une dérivation de l'anneau* A *dans le* A*-module* E, $d_1 : M \to E$ *un homomorphisme de groupes additifs tel que, pour tout* $a \in A$ *et tout* $x \in M$, *on ait*

$$(29) \qquad d_1(ax) = ad_1(x) + d_0(a).x,$$

et en outre, lorsque B = S(M), *que l'on ait*

$$(30) \qquad x.d_1(y) + d_1(x).y = y.d_1(x) + d_1(y).x$$

quels que soient x, y *dans* M, *et, lorsque* B = $\wedge$(M),

$$(31) \qquad x.d_1(x) + d_1(x).x = 0$$

pour tout $x \in M$.

Alors il existe une dérivation et une seule d *de* B *(considéré comme* **Z***-algèbre) dans le* (B, B)*-bimodule* E *telle que* $d \mid A = d_0$ *et* $d \mid M = d_1$.

Prenons sur le **Z**-module B $\oplus$ E la structure de **Z**-algèbre associative définie par

$$(b, t)(b', t') = (bb', bt' + tb')$$

dont (1, 0) est l'élément unité (III, p. 127, prop. 13). Par l'injection canonique $t \mapsto (0, t)$, E s'identifie à un idéal bilatère de B $\oplus$ E tel que $E^2 = \{0\}$. D'autre part, l'application $h_0 : A \to B \oplus E$ définie par $h_0(a) = (a, d_0(a))$ est un homomorphisme unifère d'anneaux (III, p. 127, prop. 12); par cette application, B $\oplus$ E devient donc une A-*algèbre*. En outre, si, pour tout $x \in M$, on pose $h_1(x) = (x, d_1(x))$, il résulte de la définition de h_0 et de (29) que l'on a $h_1(ax) = h_0(a)h_1(x)$; autrement dit h_1 est une application A-*linéaire* de M dans B $\oplus$ E. Il existe alors un *homomorphisme de* A*-algèbres* $h : B \to B \oplus E$ et un seul tel que $h \mid M = h_1$ (et nécessairement $h \mid A = h_0$): en effet, si B = T(M), cela résulte de III, p. 56, prop. 1; si B = S(M), la condition (30) montre que $h(x)h(y) = h(y)h(x)$ quels que soient x, y dans M, et la conclusion résulte de III, p. 67, prop. 2; enfin, si B = $\wedge$(M), la condition (31) montre que $(h(x))^2 = 0$ quel que soit $x \in M$, puisque $x \wedge x = 0$, et la conclusion résulte de III, p. 77, prop. 1. L'homomorphisme h est tel que le composé $p \circ h : B \to B$ avec l'augmentation $p : B \oplus E \to B$ soit l'identité 1_B, car $p \circ h$ et 1_B coïncident par définition pour les éléments de A et ceux de M, et l'ensemble de ces éléments est un système générateur de B. On peut par suite écrire $h(b) = (b, d(b))$ pour tout $b \in B$, et l'application $b \mapsto d(b)$ de B dans E est une dérivation répondant à la question, en vertu de la prop. 12 de III, p. 127.

COROLLAIRE. — *Soit* M *un* K*-module gradué de type* Δ; *on munit les* K*-algèbres* T(M), S(M) *et* $\wedge$(M) *des graduations correspondantes de type* $\Delta' = \Delta \times \mathbf{Z}$ (III, p. 62, prop. 7, III, p. 76, prop. 10 et III, p. 86, prop. 11). *On munit d'autre part* M *de la graduation de type* Δ' *telle que* $M_{\alpha, 1} = M_\alpha$ *pour tout* $\alpha \in \Delta$ *et* $M_{\alpha, n} = \{0\}$ *pour* $\alpha \in \Delta$ *et* $n \neq 1$. *Soit* ε' *un facteur de commutation sur* Δ'.

(i) *Soit* E *un* T(M)*-bimodule (à droite et à gauche) gradué de type* Δ'; *pour tout*

$\delta \in \Delta$ et tout entier $n \in \mathbf{Z}$, toute application K*-linéaire $f: \mathrm{M} \to \mathrm{E}$ graduée de degré $\delta_1 = (\delta, n)$ se prolonge d'une seule manière en une ε'-dérivation $d: \mathsf{T}(\mathrm{M}) \to \mathrm{E}$ de degré δ'.*

(ii) *Soit* E *un* $\mathsf{S}(\mathrm{M})$*-module gradué de type Δ'; pour qu'une application* K*-linéaire $f: \mathrm{M} \to \mathrm{E}$, graduée de degré δ', se prolonge en une ε'-dérivation $d: \mathsf{S}(\mathrm{M}) \to \mathrm{E}$ de degré δ', il faut et il suffit que, pour tout couple (x, y) d'éléments homogènes de* M, *on ait*

$$x.f(y) + \varepsilon'_{\delta', (\deg(y), 1)} y.f(x) = y.f(x) + \varepsilon'_{\delta', (\deg(x), 1)} x.f(y). \tag{33}$$

La ε'-dérivation d est alors unique.

(iii) *Soit* E *un* $\wedge(\mathrm{M})$*-bimodule (à gauche et à droite) gradué de type Δ'; pour qu'une application* K*-linéaire $f: \mathrm{M} \to \mathrm{E}$ graduée de degré δ', se prolonge en une ε'-dérivation $d: \wedge(\mathrm{M}) \to \mathrm{E}$ de degré δ', il faut et il suffit que, pour tout élément homogène x de* M, *on ait*

$$x.f(x) + \varepsilon'_{\delta', (\deg(x), 1)} f(x).x = 0. \tag{34}$$

La ε'-dérivation d est alors unique.

On applique la *Remarque* 2 de III, p. 118 en modifiant l'une des lois d'action de B-module de E (avec B égal à $\mathsf{T}(\mathrm{N})$, $\mathsf{S}(\mathrm{M})$ ou $\wedge(\mathrm{M})$); la loi d'action ainsi modifiée est encore, en vertu de (1) (III, p. 116), une loi de B-module, et la structure de B-module ainsi obtenue sur E est encore compatible avec l'autre structure de B-module. Il suffit alors d'appliquer la prop. 14 (III, p. 128), avec $\mathrm{A} = \mathrm{K}$ et $d_0 = 0$.

Exemple 1). — Dans l'application de la prop. 14, on notera que si $d_0 = 0$, la condition (29) (III, p. 128) signifie simplement que d_1 est A*-linéaire.* Si l'on prend en particulier $\mathrm{E} = \mathrm{B}$, et la structure de (B, B)-bimodule déduite de la structure d'anneau de B, les conditions (30) et (31) (III, p. 128) sont automatiquement vérifiées lorsqu'on prend pour d_1 la composée d'un *endomorphisme* s de M et de l'injection canonique $\mathrm{M} \to \mathrm{B}$: c'est évident pour (30) puisque $\mathsf{S}(\mathrm{M})$ est commutative, et pour (31) cela résulte de ce que x et $s(x)$ sont de degré 1 dans $\wedge(\mathrm{M})$. On voit donc que *tout endomorphisme s de* M *se prolonge d'une seule manière en une dérivation* D_s de $\mathsf{T}(\mathrm{M})$ (resp. de $\mathsf{S}(\mathrm{M})$, resp. de $\wedge(\mathrm{M})$), qui est de degré 0. En outre, on a, pour deux endomorphismes s, t de M,

$$[\mathrm{D}_s, \mathrm{D}_t] = \mathrm{D}_{[s,t]} \tag{35}$$

car les deux membres sont des dérivations de $\mathsf{T}(\mathrm{M})$ (resp. $\mathsf{S}(\mathrm{M})$, resp. $\wedge(\mathrm{M})$) qui sont égales à $[s, t]$ dans M.

On obtiendra l'expression de D_s à l'aide de la formule (21) de III, p. 123, qui donne respectivement, pour $x_1, x_2, \ldots, x_n$ dans M

$$\tag{36} \begin{cases} \mathrm{D}_s(x_1 \otimes x_2 \otimes \cdots \otimes x_n) \\ \qquad = \sum_{i=1}^{n} x_1 \otimes \cdots \otimes x_{i-1} \otimes s(x_i) \otimes x_{i+1} \otimes \cdots \otimes x_n \\ \mathrm{D}_s(x_1 x_2 \ldots x_n) = \sum_{i=1}^{n} x_1 \ldots x_{i-1} s(x_i) x_{i+1} \ldots x_n \\ \mathrm{D}_s(x_1 \wedge x_2 \wedge \cdots \wedge x_n) \\ \qquad = \sum_{i=1}^{n} x_1 \wedge \cdots \wedge x_{i-1} \wedge s(x_i) \wedge x_{i+1} \wedge \cdots \wedge x_n. \end{cases}$$

Dans le cas de l'algèbre $\wedge(M)$, on a la propriété suivante de D_s:

PROPOSITION 15. — *Si* M *est un* K-*module libre de rang fini n, alors, pour tout endomorphisme s de* M, *la restriction à* $\wedge^n(M)$ *de la dérivation* D_s *est l'homothétie de rapport* $Tr(s)$.

En effet, soit $(e_j)_{1 \leqslant j \leqslant n}$ une base de M et posons $e = e_1 \wedge e_2 \wedge \cdots \wedge e_n$. Si $s(e_j) = \sum_{i=1}^{n} \alpha_{jk} e_k$, la troisième formule (36) donne

$$D_s(e) = \sum_{i=1}^{n} e_1 \wedge \cdots \wedge e_{i-1} \wedge s(e_i) \wedge e_{i+1} \wedge \cdots \wedge e_n = \Big(\sum_{j=1}^{n} \alpha_{jj}\Big)e.$$

Exemple.—2) Dans III, p. 128–129, corollaire, (iii), prenons $\Delta = \{0\}$, la graduation sur $\wedge(M)$ étant donc la graduation usuelle de type $\mathbf{Z}$; prenons d'autre part $\varepsilon_{p,q} = (-1)^{pq}$. Alors, pour toute forme linéaire $x^* \in M^*$ sur M, $x \mapsto \langle x, x^* \rangle$ est une application K-linéaire graduée de degré -1 de M dans $\wedge(M)$ vérifiant la relation (34) de III, p. 129; il existe donc une *antidérivation* $i(x^*)$ de $\wedge(M)$, de degré -1, telle que (en vertu de la formule (21) de III, p. 123)

$$i(x^*)(x_1 \wedge \ldots \wedge x_n) = \sum_{i=1}^{n} (-1)^{i-1} \langle x_i, x^* \rangle x_1 \wedge \cdots \wedge x_{i-1} \wedge x_{i+1} \wedge \ldots \wedge x_n$$

et qui est un cas particulier du produit intérieur qui sera défini dans III, p. 166, formule (68).

PROPOSITION 16. — *Soient* A *une* K-*algèbre commutative*, M_i $(1 \leqslant i \leqslant n)$ *et* P *des* A-*modules*, H *le* A-*module des applications* A-*multilinéaires de* $M_1 \times M_2 \times \cdots \times M_n$ *dans* P. *On suppose donnée une* K-*dérivation* $d_0 : A \to A$ *de l'algèbre* A, *et pour chaque i, une application* K-*linéaire* $d_i : M_i \to M_i$ *et une application* K-*linéaire* $D : P \to P$, *de sorte que pour* $1 \leqslant i \leqslant n$, (d_0, d_i, d_i) *soit une* K-*dérivation de* (A, M_i, M_i) *dans lui-même et que* (d_0, D, D) *soit une dérivation de* (A, P, P) *dans lui-même. Alors il existe une application* K-*linéaire* $D' : H \to H$ *telle que* (d_0, D', D') *soit une* K-*dérivation de* (A, H, H) *dans lui-même et que l'on ait*

$$(37)\quad D(f(x_1, \ldots, x_n)) = (D'f)(x_1, \ldots, x_n) + \sum_{i=1}^{n} f(x_1, \ldots, x_{i-1}, d_i x_i, x_{i+1}, \ldots, x_n)$$

quels que soient $x_i \in M_i$ *pour* $1 \leqslant i \leqslant n$ *et* $f \in H$.

Montrons que pour $f \in H$, l'application $D'f$ de $M_1 \times M_2 \times \cdots \times M_n$ dans P définie par (37) est A-multilinéaire. En effet, pour $a \in A$, on a

$$(D'f)(ax_1, x_2, \ldots, x_n) = D(af(x_1, \ldots, x_n)) - f(d_1(ax_1), x_2, \ldots, x_n)$$
$$- a \sum_{i=2}^{n} f(x_1, \ldots, x_{i-1}, d_i x_i, x_{i+1}, \ldots, x_n)$$

et par hypothèse $D(af(x_1, \ldots, x_n)) = (d_0 a) f(x_1, \ldots, x_n) + aD(f(x_1, \ldots, x_n))$ et $d_1(ax_1) = (d_0 a)x_1 + a.d_1 x_1$, ce qui donne $(D'f)(ax_1, x_2, \ldots, x_n) =$

$a.(D'f)(x_1, \ldots, x_n)$, et on prouve de même la linéarité en chacun des x_i. D'autre part, on a

$$\begin{aligned}(D'(af))(x_1, \ldots, x_n) & \\ &= D(af(x_1, \ldots, x_n)) - \sum_{i=1}^{m} af(x_1, \ldots, x_{i-1}, d_i x_i, x_{i+1}, \ldots, x_n) \\ &= (d_0 a)f(x_1, \ldots, x_n) + aD(f(x_1, \ldots, x_n)) \\ &\qquad - \sum_{i=1}^{m} af(x_1, \ldots, x_{i-1}, d_i x_i, x_{i+1}, \ldots, x_n) \\ &= (d_0 a)f(x_1, \ldots, x_n) + a(D'f)(x_1, \ldots, x_n)\end{aligned}$$

autrement dit

$$D'(af) = (d_0 a)f + a(D'f)$$

ce qui établit la proposition.

Exemples. — 3) Appliquant la prop. 16 (III, p. 130) au cas $n = 1$, $M_1 = M$, $P = A$, on a $H = M^*$, *dual* de M; on voit qu'on déduit d'une K-dérivation (d_0, d, d) de (A, M, M) une K-dérivation (d_0, d^*, d^*) de (A, M^*, M^*) telle que

(38) $$d_0\langle m, m^*\rangle = \langle dm, m^*\rangle + \langle m, d^*m^*\rangle$$

pour $m \in M$ et $m^* \in M^*$. L'application K-linéaire de $M \oplus M^*$ dans lui-même qui est égale à d dans M et à d^* dans M^* vérifie alors la condition (29) de III, p. 128, et il y a par suite une K-*dérivation* D de la A-algèbre $\mathsf{T}(M \oplus M^*)$, qui se réduit à d_0 dans A, à d dans M et à d^* dans M^*. La restriction d_J^I de D au sous-A-module $\mathsf{T}_J^I(M)$ de $\mathsf{T}(M \oplus M^*)$ (III, p. 63) est un K-endomorphisme de $\mathsf{T}_J^I(M)$ tel que (d_0, d_J^I, d_J^I) soit une K-*dérivation* de $(A, \mathsf{T}_J^I(M), \mathsf{T}_J^I(M))$. En outre, pour $i \in I$, $j \in J$, si l'on pose $I' = I - \{i\}$, $J' = J - \{j\}$, on vérifie aussitôt que l'on a pour la contraction c_j^i (III, p. 64)

$$c_j^i(d_J^I(z)) = d_{J'}^{I'}(c_j^i(z)) \qquad \text{pour tout } z \in \mathsf{T}_J^I(M).$$

4) Soient M_i $(1 \leqslant i \leqslant 3)$ trois A-modules, et pour chaque i, supposons que (d_0, d_i, d_i) soit une dérivation de (A, M_i, M_i); appliquant de nouveau la prop. 16 (III, p. 130) pour $n = 1$, on en déduit pour tout couple (i, j), une dérivation (d_0, d_{ij}, d_{ij}) de (A, H_{ij}, H_{ij}), où $H_{ij} = \mathrm{Hom}_A(M_i, M_j)$. Avec ces notations, a on, pour $u \in \mathrm{Hom}_A(M_1, M_2)$ et $v \in \mathrm{Hom}_A(M_2, M_3)$,

(39) $$d_{13}(v \circ u) = (d_{23}v) \circ u + v \circ (d_{12}u)$$

comme on le vérifie aussitôt sur les définitions.

10. Problème universel pour les dérivations: cas non commutatif

Dans toute la fin du § 10, *toutes les algèbres sont supposées associatives et unifères, et tout homomorphisme d'algèbres est supposé unifère.*

Soit A une K-algèbre; le produit tensoriel $A \otimes_K A$ est canoniquement muni d'une structure de (A, A)-bimodule pour laquelle

$$x.(u \otimes v).y = (xu) \otimes (vy) \tag{40}$$

quels que soient x, y, u, v dans A (III, p. 39, *Exemple* 2). L'application K-linéaire $m : A \otimes_K A \to A$ correspondant à la multiplication dans A (donc telle que $m(x \otimes y) = xy$) est un homomorphisme de (A, A)-*bimodules*; son *noyau* I est donc un sous-bimodule de $A \otimes_K A$.

Lemme 1. — *L'application* $\delta_A : x \mapsto x \otimes 1 - 1 \otimes x$ *est une* K-*dérivation de* A *dans* I, *et* I *est engendré, en tant que* A-*module à gauche, par l'image de* δ_A.

La première assertion résulte de ce que

$$(xy) \otimes 1 - 1 \otimes (xy) = (x \otimes 1 - 1 \otimes x).y + x.(y \otimes 1 - 1 \otimes y)$$

en vertu de (40). D'autre part, si l'élément $\sum_i x_i \otimes y_i$ (pour les x_i, y_i dans A) appartient à I, on a par définition $\sum_i x_i y_i = 0$, donc

$$\sum_i (x_i \otimes y_i) = \sum_i x_i.(1 \otimes y_i - y_i \otimes 1)$$

en vertu de (40), ce qui achève de prouver le lemme.

PROPOSITION 17. — *La dérivation* δ_A *possède la propriété universelle suivante: pour toute* (A, A)-*bimodule* E *et toute* K-*dérivation* $d : A \to E$, *il existe un homomorphisme de* (A, A)-*bimodules* $f : I \to E$ *et un seul tel que* $d = f \circ \delta_A$.

Notons d'abord que, pour tout homomorphisme $f : I \to E$ de (A, A)-bimodules, $f \circ \delta_A$ est une dérivation (III, p. 125, prop. 9). Inversement, soit $d : A \to E$ une K-dérivation, et prouvons d'abord que s'il existe un homomorphisme $f : I \to E$ de (A, A)-bimodules tel que $d = f \circ \delta_A$, f est *uniquement déterminé* par cette condition; en effet, la définition de δ_A donne

$$f(x \otimes 1 - 1 \otimes x) = dx$$

et notre assertion résulte de ce que l'image de δ_A engendre I comme A-module à gauche (lemme 1): on doit donc avoir

$$f\Big(\sum_i x_i \otimes y_i\Big) = \sum_i x_i.f(1 \otimes y_i - y_i \otimes 1) = -\sum_i x_i.dy_i.$$

Inversement, comme l'application $(x, y) \mapsto -x.dy$ de $A \times A$ dans E est K-bilinéaire, il existe une application K-linéaire et une seule $g : A \otimes_K A \to E$ telle que $g(x \otimes y) = -x.dy$; il suffit de voir que la restriction f de g à I est A-linéaire pour les structures de A-module à gauche et de A-module à droite. La première assertion est évidente puisque $(xx').dy = x.(x'.dy)$; pour prouver la seconde, notons que si $\sum_i x_i \otimes y_i \in I$ et $x \in A$, on a

$$\sum_i x_i.d(y_i x) = \sum_i x_i.dy_i.x + \sum_i (x_i y_i).dx;$$

mais, puisque $\sum_i x_i y_i = 0$ par définition de I, cela termine la démonstration.

On a ainsi défini un *isomorphisme canonique* $f \mapsto f \circ \delta_A$ de K-modules

$$\mathrm{Hom}_{(A, A)}(I, E) \to D_K(A, E)$$

le premier membre étant le K-module des homomorphismes de (A, A)-bimodules de A dans E.

11. Problème universel pour les dérivations: cas commutatif

Supposons maintenant que A soit une K-algèbre *commutative* et E un A-*module*; E peut être considéré comme un (A, A)-bimodule dont les deux lois externes sont identiques à la loi de A-module donnée. D'autre part la structure de (A, A)-bimodule de $A \otimes_K A$ s'identifie à sa structure de $(A \otimes_K A)$-module provenant de la structure d'*anneau commutatif* de $A \otimes_K A$, puisqu'on a ici pour x, y, u, v dans A,

$$x.(u \otimes v).y = (xu) \otimes (vy) = (xu) \otimes (yv) = (x \otimes y)(u \otimes v).$$

Le noyau $\mathfrak{I}$ de m est donc ici un *idéal* de l'anneau $A \otimes_K A$ et comme $m : A \otimes_K A \to A$ est surjectif, $(A \otimes_K A)/\mathfrak{I}$ est isomorphe à A; si en outre on considère E comme un $(A \otimes_K A)$-module au moyen de m (autrement dit le $(A \otimes_K A)$-module $m_*(E)$), les homomorphismes $\mathfrak{I} \to E$ de (A, A)-*bimodules* s'identifient aux homomorphismes $\mathfrak{I} \to E$ de $(A \otimes_K A)$-*modules* (III, p. 39), autrement dit on a un isomorphisme canonique de K-modules

$$\mathrm{Hom}_{(A, A)}(\mathfrak{I}, E) \to \mathrm{Hom}_{A \otimes_K A}(\mathfrak{I}, E).$$

D'autre part, on a $\mathfrak{I}E = \{0\}$, car les éléments $1 \otimes x - x \otimes 1$ engendrent $\mathfrak{I}$ comme $(A \otimes_K A)$-module (III, p. 132, lemme 1) et on a, pour tout $z \in E$, $(1 \otimes x - x \otimes 1).z = 0$ en vertu de la définition de la structure de $(A \otimes_K A)$-module sur E. Puisque $\mathfrak{I}$ est contenu dans l'annulateur du $(A \otimes_K A)$-module E, et que la structure de $((A \otimes_K A)/\mathfrak{I})$-module de E n'est autre par définition que la structure initiale de A-module donnée sur E, on a, compte tenu de l'isomorphisme canonique de $\mathfrak{I} \otimes_K ((A \otimes_K A)/\mathfrak{I})$ et de $\mathfrak{I}/\mathfrak{I}^2$ (III, p. 34, cor. 1), un isomorphisme canonique de K-modules

$$\mathrm{Hom}_{A \otimes_K A}(\mathfrak{I}, E) \to \mathrm{Hom}_A(\mathfrak{I}/\mathfrak{I}^2, E).$$

Compte tenu de la prop. 17 de III, p. 132, on voit que nous avons prouvé la proposition suivante:

PROPOSITION 18. — *Soient* A *une* K-*algèbre commutative,* $\mathfrak{I}$ *l'idéal noyau de l'homomorphisme canonique surjectif* $m: A \otimes_K A \to A$, *de sorte que* A *est isomorphe à* $(A \otimes_K A)/\mathfrak{I}$ *et que* $\mathfrak{I}/\mathfrak{I}^2$ *est canoniquement muni d'une structure de* A-*module. Soit* $d_{A/K} : A \to \mathfrak{I}/\mathfrak{I}^2$ *l'application* K-*linéaire qui, à tout* $x \in A$, *fait correspondre la classe de* $x \otimes 1 - 1 \otimes x$ *modulo* $\mathfrak{I}^2$. *L'application* $d_{A/K}$ *est une* K-*dérivation, et pour tout* A-*module* E, *et toute*

K-*dérivation* $D : A \to E$, *il existe une application* A-*linéaire et une seule* $g : \mathfrak{I}/\mathfrak{I}^2 \to E$ *telle que* $D = g \circ d_{A/K}$.

On dit que le A-module $\mathfrak{I}/\mathfrak{I}^2$ est le A-*module des* K-*différentielles* de A, et on le note $\Omega_K(A)$; pour tout $x \in A$, $d_{A/K}(x)$ (aussi noté dx) s'appelle la *différentielle de* x; on a vu (III, p. 132, lemme 1) que les éléments $d_{A/K}(x)$, pour $x \in A$, forment un *système générateur* du A-module $\Omega_K(A)$. La prop. 18 montre que l'application $g \mapsto g \circ d_{A/K}$ est un *isomorphisme canonique de* A-*modules*

$$\varphi_A : \operatorname{Hom}_A(\Omega_K(A), E) \to D_K(A, E)$$

(la structure de A-module de $D_K(A, E)$ étant définie par la prop. 7 de III, p. 124).

Le couple $(\Omega_K(A), d_{A/K})$ est donc solution du problème d'application universelle où Σ est l'espèce de structure de A-module et les α-applications les K-dérivations de A dans un A-module (E, IV, p. 23).

Exemple. — Soit M un K-module; il résulte de la prop. 14 de III, p. 128 que pour tout S(M)-module E, l'application $D \mapsto D \mid M$ définit un isomorphisme de S(M)-modules de $D_K(S(M), E)$ sur $\operatorname{Hom}_K(M, E)$; d'autre part, puisque E est un S(M)-module, $\operatorname{Hom}_K(M, E)$ est canoniquement isomorphe à $\operatorname{Hom}_{S(M)}(M \otimes_K S(M), E)$, tout K-homomorphisme de M dans E s'écrivant d'une seule manière $x \mapsto h(x \otimes 1)$, où $h \in \operatorname{Hom}_{S(M)}(M \otimes_K S(M), E)$ (II, p. 82). Soit D_0 la K-dérivation $S(M) \to M \otimes_K S(M)$ dont la restriction à M est l'homomorphisme canonique $x \mapsto x \otimes 1$; toute K-dérivation $D : S(M) \to E$ s'écrit donc d'une seule manière $h \circ D_0$ avec $h \in \operatorname{Hom}_{S(M)}(M \otimes_K S(M), E)$. En vertu de l'unicité d'une solution d'un problème d'application universelle, on voit qu'il existe un *unique* isomorphisme de S(M)-modules

$$\omega : M \otimes_K S(M) \to \Omega_K (S(M))$$

tel que $D_0 \circ \omega = d_{S(M)/K}$; autrement dit, pour tout $x \in M$, on a $\omega(x \otimes 1) = dx$.

En particulier, *si* M *est un* K-*module libre de base* $(e_\lambda)_{\lambda \in L}$, $\Omega_K(S(M))$ *est un* S(M)-*module libre ayant pour base l'ensemble des différentielles* de_λ. Considérons en particulier le cas où $L = [1, n]$, de sorte que S(M) s'identifie à l'algèbre de polynômes $K[X_1, \ldots, X_n]$ (III, p. 75); pour tout polynôme $P \in K[X_1, \ldots, X_n]$, on peut écrire d'une seule manière

$$dP = \sum_{i=1}^{n} D_i P . dX_i$$

avec $D_iP \in K[X_1, \ldots, X_n]$, et en vertu de ce qui précède, les applications $P \mapsto D_iP$ sont les K-*dérivations de* $K[X_1, \ldots, X_n]$ correspondant aux formes coordonnées sur $\Omega_K(S(M))$ pour la base (dX_i); on écrit aussi $\dfrac{\partial P}{\partial X_i}$ au lieu de D_iP, et on l'appelle la *dérivée partielle* de P par rapport à X_i.

12. Propriétés fonctorielles des K-différentielles

PROPOSITION 19. — *Soit*

$$\begin{array}{ccc} K & \xrightarrow{\rho} & K' \\ {\scriptstyle\eta}\downarrow & & \downarrow{\scriptstyle\eta'} \\ A & \xrightarrow[u]{} & A' \end{array}$$

un diagramme commutatif d'homomorphismes d'anneaux commutatifs, η (resp. η') *faisant de* A (resp. A') *une* K-*algèbre* (resp. K'-*algèbre*). *Il existe une application* A-*linéaire et une seule* $v\colon \Omega_K(A) \to \Omega_{K'}(A')$ *rendant commutatif le diagramme*

$$\begin{array}{ccc} A & \xrightarrow{u} & A' \\ {\scriptstyle d_{A/K}}\downarrow & & \downarrow{\scriptstyle d_{A'/K'}} \\ \Omega_K(A) & \xrightarrow[v]{} & \Omega_{K'}(A') \end{array}$$

En effet, $d_{A'/K'} \circ u$ est une K-dérivation de A à valeurs dans le A-module $\Omega_{K'}(A')$; l'existence et l'unicité de v résultent alors de la prop. 18 de III, p. 133.

L'application v de la prop. 19 sera notée $\Omega(u)$; si l'on a un diagramme commutatif d'homomorphismes d'anneaux commutatifs

$$\begin{array}{ccccc} K & \xrightarrow{\rho'} & K' & \xrightarrow{\rho'} & K'' \\ {\scriptstyle\eta}\downarrow & & \downarrow{\scriptstyle\eta'} & & \downarrow{\scriptstyle\eta''} \\ A & \xrightarrow[u]{} & A' & \xrightarrow[u']{} & A'' \end{array}$$

il résulte aussitôt de la propriété d'unicité de la prop. 19 que

$$\Omega(u' \circ u) = \Omega(u') \circ \Omega(u).$$

Puisque $\Omega_{K'}(A')$ est un A'-module, on déduit canoniquement de $\Omega(u)$ une application A'-*linéaire*

(41) $$\Omega_0(u)\colon \Omega_K(A) \otimes_A A' \to \Omega_{K'}(A')$$

telle que $\Omega(u)$ soit composée de $\Omega_0(u)$ et de l'homomorphisme canonique $i_A : \Omega_K(A) \to \Omega_K(A) \otimes_A A'$. Pour tout A'-module E', on a un diagramme commutatif

(42) $$\begin{array}{ccc} \mathrm{Hom}_{A'}(\Omega_{K'}(A'), E') & \xrightarrow{\mathrm{Hom}(\Omega_0(u),\, 1_{E'})} & \mathrm{Hom}_{A'}(\Omega_K(A) \otimes_A A', E') \\ {\scriptstyle\varphi_{A'}}\downarrow & & \downarrow{\scriptstyle\varphi_A \circ r_A} \\ D_{K'}(A', E') & \xrightarrow[C(u)]{} & D_K(A, E) \end{array}$$

où $C(u)$ est l'application $D \mapsto D \circ u$ (III, p. 125, prop. 9) et r_A l'isomorphisme canonique $\mathrm{Hom}(i_A, 1_{E'})\colon \mathrm{Hom}_{A'}(\Omega_K(A) \otimes_A A', E') \to \mathrm{Hom}_A(\Omega_K(A), E')$; cela résulte aussitôt de la prop. 19 et de la définition des isomorphismes φ_A et $\varphi_{A'}$.

PROPOSITION 20. — *Supposons que l'on ait* $A' = A \otimes_K K'$, $\eta' : K' \to A'$ *et* $u : A \to A'$ *étant les homomorphismes canoniques. Alors l'application* A'*-linéaire*

$$\Omega_0(u) : \Omega_K(A) \otimes_A A' \to \Omega_{K'}(A')$$

est un isomorphisme.

En vertu du fait que dans le diagramme (42) de III, p. 135 les flèches verticales sont bijectives, tout revient à prouver que, pour tout A'-module E', l'homomorphisme $C(u) : D \mapsto D \circ u$ du diagramme (42) est bijectif (II, p. 36, th. 1). Or $\mathrm{Hom}(u, 1_{E'}) : \mathrm{Hom}_{K'}(A \otimes_K K', E') \to \mathrm{Hom}_K(A, E')$ est un isomorphisme (II, p. 82, prop. 1) et $C(u)$ en est la restriction à $D_{K'}(A', E')$, donc est injectif; d'ailleurs, si $f : A' \to E'$ est une application K'-linéaire telle que $f \circ u : A \to E'$ soit une K-dérivation, on déduit aussitôt du fait que f est K'-linéaire et de ce que $f((x \otimes 1)(y \otimes 1)) = (y \otimes 1)f(x \otimes 1) + (x \otimes 1)f(y \otimes 1)$ pour x, y dans A, que f est une K'-*dérivation*, les éléments $x \otimes 1$ pour $x \in A$ formant un système générateur du K'-module A'; ceci achève de montrer que $C(u)$ est bijectif.

Bornons-nous désormais au cas où $\rho : K \to K'$ est *l'application identique* de K; à tout homomorphisme de K-algèbres $u : A \to B$, on associe donc une application B-linéaire

$$\Omega_0(u) : \Omega_K(A) \otimes_A B \to \Omega_K(B). \tag{43}$$

D'autre part, on peut considérer le B-module des A-*différentielles* $\Omega_A(B)$ puisque B est une A-algèbre au moyen de u; la dérivation canonique $d_{B/A} : B \to \Omega_A(B)$ étant *a fortiori* une K-dérivation, se factorise de façon unique en

$$B \xrightarrow{d_{B/K}} \Omega_K(B) \xrightarrow{\Omega_u} \Omega_A(B)$$

où Ω_u est une application B-linéaire (III, p. 133, prop. 18). Pour tout B-module E, on a un diagramme commutatif

$$\begin{array}{ccc} \mathrm{Hom}_B(\Omega_A(B), E) & \xrightarrow{\mathrm{Hom}(\Omega_u, 1_E)} & \mathrm{Hom}_B(\Omega_K(B), E) \\ \downarrow{\scriptstyle \varphi_{A,B}} & & \downarrow{\scriptstyle \varphi_{K,B}} \\ D_A(B, E) & \xrightarrow[j_u]{} & D_K(B, E) \end{array} \tag{44}$$

j_u étant l'injection canonique (III, p. 126); cela résulte aussitôt de la prop. 18 de III, p. 133.

PROPOSITION 21. — *La suite d'applications* B*-linéaires*

$$\Omega_K(A) \otimes_A B \xrightarrow{\Omega_0(u)} \Omega_K(B) \xrightarrow{\Omega_u} \Omega_A(B) \longrightarrow 0 \tag{45}$$

est exacte.

Tout revient à voir que, pour tout B-module E, la suite

$$0 \longrightarrow \mathrm{Hom}_B(\Omega_A(B), E) \xrightarrow{\mathrm{Hom}(\Omega_u, 1_E)} \mathrm{Hom}_B(\Omega_K(B), E) \xrightarrow{\mathrm{Hom}(\Omega_0(u), 1_E)} \mathrm{Hom}_B(\Omega_K(A) \otimes_A B, E)$$

est exacte (II, p. 36, th. 1); mais en vertu du fait que dans les diagrammes commutatifs (42) (III, p. 135) et (44) (III, p. 136), les flèches verticales sont des isomorphismes, il suffit de montrer que la suite

$$0 \longrightarrow D_A(B, E) \xrightarrow{j_u} D_K(B, E) \xrightarrow{C(u)} D_K(A, E)$$

est exacte, ce qui n'est autre que la prop. 11 de III, p. 126.

Considérons maintenant le cas où l'homomorphisme de K-algèbres $u: A \to B$ est *surjectif;* si $\mathfrak{J}$ est son noyau, B est donc isomorphe à $A/\mathfrak{J}$. Considérons la restriction $d \mid \mathfrak{J} : \mathfrak{J} \to \Omega_K(A)$ de la dérivation canonique $d = d_{A/K}$, et l'application A-linéaire composée

$$d' : \mathfrak{J} \xrightarrow{d|\mathfrak{J}} \Omega_K(A) \xrightarrow{i_A} \Omega_K(A) \otimes_A B.$$

On a $d'(\mathfrak{J}^2) = 0$, car pour x, y dans $\mathfrak{J}$, on a

$$d'(xy) = d(xy) \otimes 1 = (x.dy + y.dx) \otimes 1 = dy \otimes u(x) + dx \otimes u(y) = 0$$

puisque $u(x) = u(y) = 0$. On déduit donc de d', par passage au quotient, une application A-linéaire

$$\bar{d} : \mathfrak{J}/\mathfrak{J}^2 \to \Omega_K(A) \otimes_A B$$

et comme $\mathfrak{J}$ annule le A-module $\mathfrak{J}/\mathfrak{J}^2$, $\bar{d}$ est en fait une application B-*linéaire.*

PROPOSITION 22. — *Soient* $\mathfrak{J}$ *un idéal de la* K-*algèbre commutative* A, B = $A/\mathfrak{J}$, *et* $u : A \to B$ *l'homomorphisme canonique. La suite des applications* B-*linéaires*

$$(46) \qquad \mathfrak{J}/\mathfrak{J}^2 \xrightarrow{\bar{d}} \Omega_K(A) \otimes_A B \xrightarrow{\Omega_0(u)} \Omega_K(B) \longrightarrow 0$$

est alors exacte.

Notons que $\Omega_K(A) \otimes_A B$ s'identifie à $\Omega_K(A)/\mathfrak{J}\Omega_K(A)$, et que l'image de $\bar{d}$ est l'image de $d(\mathfrak{J})$ dans ce module quotient; le quotient de $\Omega_K(A) \otimes_A B$ par $\operatorname{Im}(\bar{d})$ s'identifie donc au quotient $\Omega_K(A)/N$, où N est le sous-A-module engendré par $\mathfrak{J}\Omega_K(A)$ et $d(\mathfrak{J})$. En outre, l'application composée

$$A \xrightarrow{d_{A/K}} \Omega_K(A) \longrightarrow \Omega_K(A)/N$$

est une K-dérivation (III, p. 125, prop. 9), et puisqu'elle s'annule dans $\mathfrak{J}$ par définition de N, elle définit, par passage au quotient, une K-dérivation $D_0 : B \to \Omega_K(A)/N$. Compte tenu de l'unicité de la solution d'un problème d'application universelle, tout revient à prouver que, pour tout B-module E et toute K-dérivation $D : B \to E$, il existe une application B-linéaire unique $g : \Omega_K(A)/N \to E$ telle que $D = g \circ D_0$. Or, l'application composée $D \circ u : A \to E$ est une K-dérivation (III, p. 125, prop. 9), donc il existe une application A-linéaire $f: \Omega_K(A) \to E$ et une seule telle que $f \circ d_{A/K} = D \circ u$. Cette relation montre déjà que f s'annule dans $d(\mathfrak{J})$; comme de plus $\mathfrak{J}E = \{0\}$ puisque E est un B-module, f s'annule dans $\mathfrak{J}\Omega_K(A)$; donc f s'annule dans N, et définit par passage au quotient, une application B-linéaire $g : \Omega_K(A)/N \rightarrow E$ telle que $g \circ D_0 = D$; l'unicité de g résulte de l'unicité de f. C. Q. F. D.

On se gardera de croire que, si $u : A \rightarrow B$ est un homomorphisme injectif, $\Omega_0(u) : \Omega_K(A) \otimes_A B \rightarrow \Omega_K(B)$ soit nécessairement injectif (III, p. 197, exerc. 5). Toutefois, on a la proposition suivante:

PROPOSITION 23. — *Soient* A *une* K-*algèbre intègre*, B *son corps des fractions*, $u : A \rightarrow B$ *l'injection canonique. Alors* $\Omega_0(u) : \Omega_K(A) \otimes_A B \rightarrow \Omega_K(B)$ *est un isomorphisme.*

Compte tenu de ce que dans le diagramme (42) de III, p. 135, les flèches verticales sont bijectives, tout revient à prouver que pour tout espace vectoriel E sur B, l'application $C(u) : D_K(B, E) \rightarrow D_K(A, E)$ est bijective. Mais cela résulte de ce que toute K-dérivation de A dans E se prolonge d'une seule manière en une K-dérivation de B dans E (III, p. 123, prop. 5).

§ 11. COGÈBRES, PRODUITS DE FORMES MULTILINÉAIRES, PRODUITS INTÉRIEURS ET DUALITÉ

Dans ce paragraphe, A *est un anneau commutatif, muni de la graduation triviale. Pour un* A-*module gradué* M *de type* **N**, *nous noterons* M^{*gr} *le* A-*module gradué de type* **N**, *dont les éléments homogènes de degré n sont les formes* A-*linéaires sur* M, *nulles sur* M_k *pour tout* $k \neq n$.

1. Cogèbres

DÉFINITION 1. — *On appelle cogèbre sur* A (*ou* A-*cogèbre, ou simplement cogèbre si aucune confusion n'en résulte*) *un ensemble* E *muni d'une structure définie par les données suivantes*:

1) *une structure de* A-*module sur* E;
2) *une application* A-*linéaire* $c : E \rightarrow E \otimes_A E$, *dite coproduit de* E.

DÉFINITION 2. — *Etant données deux cogèbres* E, E′, *dont les coproduits sont notés respectivement* c *et* c', *on appelle morphisme de* E *dans* E′ *une application* A-*linéaire* $u : E \rightarrow E'$ *telle que l'on ait*

(1) $$(u \otimes u) \circ c = c' \circ u$$

autrement dit, rendant commutatif le diagramme d'applications A-*linéaires*

(2) $$\begin{array}{ccc} E & \xrightarrow{\ u\ } & E' \\ {\scriptstyle c}\downarrow & & \downarrow{\scriptstyle c'} \\ E \otimes_A E & \xrightarrow[u \otimes u]{} & E' \otimes_A E' \end{array}$$

On vérifie immédiatement que l'application identique est un morphisme, que le composé de deux morphismes est un morphisme, et que tout morphisme bijectif est un isomorphisme.

Exemples. — 1) L'isomorphisme canonique $A \to A \otimes_A A$ (II, p. 56) définit sur A une structure de A-cogèbre.

2) Soient E une cogèbre, c son coproduit, σ l'automorphisme canonique du A-module $E \otimes_A E$ tel que $\sigma(x \otimes y) = y \otimes x$ pour $x \in E$, $y \in E$; l'application A-linéaire $\sigma \circ c$ définit sur E une nouvelle structure de cogèbre; muni de cette structure, E est appelé la cogèbre *opposée* à la cogèbre E donnée.

3) Soit B une A-*algèbre*, et soit $m : B \otimes_A B \to B$ l'application A-linéaire définissant la multiplication dans B (III, p. 5). La transposée ${}^t m$ est donc une application A-linéaire du dual B^* du A-module B dans le dual $(B \otimes_A B)^*$ du A-module $B \otimes_A B$. Si de plus B est un A-module *projectif de type fini*, l'application canonique $\mu : B^* \otimes_A B^* \to (B \otimes_A B)^*$ est un isomorphisme de A-modules (II, p. 80); l'application $c = \mu^{-1} \circ {}^t m$ est alors un coproduit définissant sur le *dual* B^* du A-module B une structure de *cogèbre.*

4) Soient X un ensemble, $A^{(X)}$ le A-module des combinaisons linéaires formelles des éléments de X à coefficients dans A (II p. 25), $(e_x)_{x \in X}$ la base canonique de $A^{(X)}$. On définit une application A-linéaire $c : A^{(X)} \to A^{(X)} \otimes_A A^{(X)}$ par la condition $c(e_x) = e_x \otimes e_x$, et on obtient ainsi une structure canonique de cogèbre sur $A^{(X)}$.

5) Soient M un A-module, $\mathsf{T}(M)$ l'algèbre tensorielle de M (III, p. 56); d'après (II, p. 71) il existe une application A-linéaire et une seule c du A-module $\mathsf{T}(M)$ dans le A-module $\mathsf{T}(M) \otimes_A \mathsf{T}(M)$, telle que, pour tout $n \geqslant 0$,

$$c(x_1 x_2 \ldots x_n) = \sum_{0 \leqslant p \leqslant n} (x_1 x_2 \ldots x_p) \otimes (x_{p+1} \ldots x_n) \tag{3}$$

quels que soient les $x_i \in M$ ($x_1 x_2 \ldots x_n$ désigne le produit dans l'algèbre $\mathsf{T}(M)$). On munit ainsi $\mathsf{T}(M)$ d'une structure de *cogèbre.*

6) Soient M un A-module, $\mathsf{S}(M)$ l'algèbre symétrique de M (III, p. 67); l'application diagonale $\Delta : x \mapsto (x, x)$ de M dans $M \times M$ est une application A-linéaire, à laquelle correspond donc canoniquement un homomorphisme $\mathsf{S}(\Delta)$ de la A-algèbre $\mathsf{S}(M)$ dans la A-algèbre $\mathsf{S}(M \times M)$ (III, p. 68, prop. 3). D'autre part, on a défini dans III, p. 73, un isomorphisme canonique d'algèbres graduées, $h : \mathsf{S}(M \times M) \to \mathsf{S}(M) \otimes_A \mathsf{S}(M)$; par composition on obtient donc un homomorphisme de A-*algèbres*, $c = h \circ \mathsf{S}(\Delta) : \mathsf{S}(M) \to \mathsf{S}(M) \otimes_A \mathsf{S}(M)$, définissant donc sur $\mathsf{S}(M)$ une structure de *cogèbre.* Pour tout $x \in M$, on a par définition $\mathsf{S}(\Delta)(x) = (x, x)$, et la définition de h donnée dans III, p. 73 montre que $h((x, x)) = x \otimes 1 + 1 \otimes x$. Il en résulte que c est l'unique homomorphisme d'algèbre tel que, pour tout $x \in M$, on ait

$$c(x) = x \otimes 1 + 1 \otimes x. \tag{4}$$

Comme c est un homomorphisme d'algèbres, on en déduit que, pour toute suite $(x_i)_{1 \leqslant i \leqslant n}$ de n éléments de M, on a

$$(5) \qquad c(x_1 x_2 \ldots x_n) = \prod_{i=1}^{n} (x_i \otimes 1 + 1 \otimes x_i) = \sum (x_{i_1} \ldots x_{i_p}) \otimes (x_{j_1} \ldots x_{j_{n-p}})$$

la sommation du troisième membre de (5) étant étendue à tous les couples de suites strictement croissantes (éventuellement vides) $i_1 < i_2 < \cdots < i_p$, $j_1 < j_2 < \cdots < j_{n-p}$ d'éléments de $[1, n]$, dont les ensembles d'éléments sont complémentaires. L'élément $c(x_1 x_2 \ldots x_n)$ est un élément de *degré total* n dans $\mathsf{S}(\mathrm{M}) \otimes_{\mathrm{A}} \mathsf{S}(\mathrm{M})$, et sa composante de bidegré $(p, n-p)$ est

$$(6) \qquad \sum_{\sigma} (x_{\sigma(1)} \ldots x_{\sigma(p)}) \otimes (x_{\sigma(p+1)} \ldots x_{\sigma(n)})$$

où la sommation est étendue à toutes les permutations $\sigma \in \mathfrak{S}_n$ qui sont *croissantes* dans chacun des intervalles $[1, p]$ et $[p + 1, n]$.

7) Soit M un A-module, et procédons pour l'algèbre extérieure $\wedge(\mathrm{M})$ de la même manière que pour $\mathsf{S}(\mathrm{M})$ dans l'*Exemple* 6; l'application diagonale Δ: $\mathrm{M} \rightarrow \mathrm{M} \times \mathrm{M}$ définit cette fois un homomorphisme $\wedge(\Delta)$ de la A-algèbre $\wedge(\mathrm{M})$ dans la A-algèbre $\wedge(\mathrm{M} \times \mathrm{M})$ (III, p. 77, prop. 2); on a d'autre part un isomorphisme canonique d'algèbres graduées

$$h : \wedge(\mathrm{M} \times \mathrm{M}) \rightarrow \wedge(\mathrm{M}) \,{}^{\mathrm{g}}\!\otimes_{\mathrm{A}} \wedge(\mathrm{M})$$

(III, p. 84, prop. 10), d'où par composition un homomorphisme d'*algèbres* $c = h \circ \wedge(\Delta) : \wedge(\mathrm{M}) \rightarrow \wedge(\mathrm{M}) \,{}^{\mathrm{g}}\!\otimes_{\mathrm{A}} \wedge(\mathrm{M})$, que l'on peut considérer comme un homomorphisme de A-modules $\wedge(\mathrm{M}) \rightarrow \wedge(\mathrm{M}) \otimes_{\mathrm{A}} \wedge(\mathrm{M})$ et qui définit donc sur $\wedge(\mathrm{M})$ une structure de *cogèbre*. On prouve comme dans l'*Exemple* 6 que c est l'unique homomorphisme d'algèbres tel que pour tout $x \in \mathrm{M}$, on a

$$(7) \qquad c(x) = x \otimes 1 + 1 \otimes x,$$

d'où, pour toute suite $(x_i)_{1 \leqslant i \leqslant n}$ d'éléments de M

$$c(x_1 \wedge x_2 \wedge \cdots \wedge x_n) = (x_1 \otimes 1 + 1 \otimes x_1) \wedge \cdots \wedge (x_n \otimes 1 + 1 \otimes x_n)$$

où le produit du second membre est pris dans l'algèbre $\wedge(\mathrm{M}) \,{}^{\mathrm{g}}\!\otimes_{\mathrm{A}} \wedge(\mathrm{M})$; pour calculer ce produit, on considère, pour tout couple de suites strictement croissantes $i_1 < i_2 < \cdots < i_p$, $j_1 < j_2 < \cdots < j_{n-p}$ d'éléments de $[1, n]$, dont les ensembles d'éléments sont complémentaires, le produit $y_1 y_2 \ldots y_n$, où $y_{i_h} = x_{i_h} \otimes 1$ $(1 \leqslant h \leqslant p)$ et $y_{j_k} = 1 \otimes x_{j_k}$ $(1 \leqslant k \leqslant n - p)$, et on fait la somme de tous ces produits. Comme l'algèbre graduée $\wedge(\mathrm{M}) \,{}^{\mathrm{g}}\!\otimes_{\mathrm{A}} \wedge(\mathrm{M})$ est anticommutative et que les éléments $x_i \otimes 1$ et $1 \otimes x_i$ sont de degré total 1, on a, en vertu de III, p. 45, lemme 3 et de III, p. 44, lemme 1,

$$(8) \qquad c(x_1 \wedge x_2 \wedge \cdots \wedge x_n) = \sum (-1)^{\nu} (x_{i_1} \wedge \cdots \wedge x_{i_p}) \otimes (x_{j_1} \wedge \cdots \wedge x_{j_{n-p}})$$

ν étant le nombre de couples (h, k) tels que $j_k < i_h$, et la sommation étant étendue au même ensemble que dans (5) (III, p. 140). L'élément $c(x_1 \wedge \cdots \wedge x_n)$ est de *degré total n* dans $\wedge(\mathrm{M}) \,{}^g\!\otimes_{\mathrm{A}} \wedge(\mathrm{M})$, et sa composante homogène de bidegré $(p, n-p)$ est égale à

(9) $$\sum_{\sigma} \varepsilon_{\sigma}(x_{\sigma(1)} \wedge \cdots \wedge x_{\sigma(p)}) \otimes (x_{\sigma(p+1)} \wedge \cdots \wedge x_{\sigma(n)})$$

la sommation étant étendue aux permutations $\sigma \in \mathfrak{S}_n$ qui sont *croissantes dans chacun des intervalles* $[1, p]$ et $[p+1, n]$.

Quand on parlera par la suite de $\mathrm{A}^{(\mathrm{X})}$, de $\mathsf{T}(\mathrm{M})$, $\mathsf{S}(\mathrm{M})$ ou $\wedge(\mathrm{M})$ comme de *cogèbres*, il s'agira, sauf mention expresse du contraire, des structures de cogèbres définies dans les exemples 5, 6, 7 et 8 respectivement.

8) Soient E, F deux A-cogèbres, c, c' leurs coproduits respectifs. Désignons par $\tau : (\mathrm{E} \otimes_{\mathrm{A}} \mathrm{E}) \otimes_{\mathrm{A}} (\mathrm{F} \otimes_{\mathrm{A}} \mathrm{F}) \to (\mathrm{E} \otimes_{\mathrm{A}} \mathrm{F}) \otimes_{\mathrm{A}} (\mathrm{E} \otimes_{\mathrm{A}} \mathrm{F})$ l'isomorphisme d'associativité tel que $\tau((x \otimes x') \otimes (y \otimes y')) = (x \otimes y) \otimes (x' \otimes y')$ pour x, x' dans E et y, y' dans F. Alors l'application linéaire composée

$$\mathrm{E} \otimes_{\mathrm{A}} \mathrm{F} \xrightarrow{c \otimes c'} (\mathrm{E} \otimes_{\mathrm{A}} \mathrm{E}) \otimes_{\mathrm{A}} (\mathrm{F} \otimes_{\mathrm{A}} \mathrm{F}) \xrightarrow{\tau} (\mathrm{E} \otimes_{\mathrm{A}} \mathrm{F}) \otimes_{\mathrm{A}} (\mathrm{E} \otimes_{\mathrm{A}} \mathrm{F})$$

définit sur le A-module $\mathrm{E} \otimes_{\mathrm{A}} \mathrm{F}$ une structure de cogèbre, dite *produit tensoriel* des cogèbres E et F.

Soient E une cogèbre, Δ un monoïde commutatif. On dit qu'une graduation $(\mathrm{E}_\lambda)_{\lambda \in \Delta}$ sur le A-module E est *compatible avec le coproduit c* de E si c est un homomorphisme gradué de degré 0 du A-module gradué E dans le A-module gradué (de type Δ) $\mathrm{E} \otimes_{\mathrm{A}} \mathrm{E}$, autrement dit (II, p. 173) si l'on a

(10) $$c(\mathrm{E}_\lambda) \subset \sum_{\mu + \nu = \lambda} \mathrm{E}_\mu \otimes_{\mathrm{A}} \mathrm{E}_\nu.$$

Dans ce qui suit, nous nous limiterons le plus souvent aux graduations de type **N** compatibles avec le produit; une cogèbre munie d'une telle graduation sera encore appelée une *cogèbre graduée*. Si F est une second cogèbre graduée, un *morphisme de cogèbres graduées* $\varphi : \mathrm{E} \to \mathrm{F}$ est par définition un morphisme de cogèbres (III, p. 138, déf. 2) qui est aussi un *homomorphisme gradué de degré* 0 de A-modules gradués.

Exemples. — 9) Il est immédiat que les cogèbres $\mathsf{T}(\mathrm{M})$, $\mathsf{S}(\mathrm{M})$, et $\wedge(\mathrm{M})$ définies ci-dessus sont des cogèbres graduées.

2. Coassociativité, cocommutativité, coünité

Soient E une cogèbre, c son coproduit, N, N′, N″ trois A-modules, m une application bilinéaire de $\mathrm{N} \times \mathrm{N}'$ dans N″. Notons $\tilde{m} : \mathrm{N} \otimes_{\mathrm{A}} \mathrm{N}' \to \mathrm{N}''$ l'application A-linéaire correspondant à m. Si $u : \mathrm{E} \to \mathrm{N}$, $v : \mathrm{E} \to \mathrm{N}'$ sont deux applications A-linéaires, on en déduit une application A-linéaire $u \otimes v : \mathrm{E} \otimes_{\mathrm{A}} \mathrm{E} \to \mathrm{N} \otimes_{\mathrm{A}} \mathrm{N}'$, et une application A-linéaire composée de E dans N″:

(11) $$m(u, v) : \mathrm{E} \xrightarrow{c} \mathrm{E} \otimes_{\mathrm{A}} \mathrm{E} \xrightarrow{u \otimes v} \mathrm{N} \otimes_{\mathrm{A}} \mathrm{N}' \xrightarrow{\tilde{m}} \mathrm{N}''$$

Il est clair que l'on a défini ainsi une application A-bilinéaire $(u, v) \mapsto m(u, v)$ de $\mathrm{Hom}_A(E, N) \times \mathrm{Hom}_A(E, N')$ dans $\mathrm{Hom}_A(E, N'')$.

Lorsque E est une cogèbre graduée, N, N', N'' des A-modules gradués de même type, $\tilde{m}$ un homomorphisme gradué de degré k de $N \otimes_A N'$ dans N'', alors, si u (resp. v) est un homomorphisme gradué de degré p (resp. q), $m(u, v)$ est un homomorphisme gradué de degré $p + q + k$.

Exemples. — 1) Prenons pour E la cogèbre graduée $\mathsf{T}(M)$ (III, p. 139), et supposons N, N', N'' munis de la graduation triviale. Un homomorphisme gradué de degré $-p$ de $\mathsf{T}(M)$ dans N (resp. N', N'') correspond alors à une application multilinéaire de M^p dans N (resp. N', N''). Etant donnée une application multilinéaire $u\colon M^p \to N$ et une application multilinéaire $v\colon M^q \to N'$, la méthode précédente permet d'en déduire une application multilinéaire $m(u, v)\colon M^{p+q} \to N''$, appelé *produit* (relativement à m) de u et v. Les formules (3) (III, p. 139) et (11) (III, p. 141) montrent que l'on a, pour $x_1, \ldots, x_{p+q}$ dans M

$$(m(u, v))(x_1, \ldots, x_{p+q}) = m(u(x_1, \ldots, x_p), v(x_{p+1}, \ldots, x_{p+q})).$$

2) Prenons pour E la cogèbre graduée $\mathsf{S}(M)$ (III, p. 139), en conservant les mêmes hypothèses sur N, N', N''. Un homomorphisme gradué de degré $-p$ de $\mathsf{S}(M)$ dans N correspond alors à une *application multilinéaire symétrique* de M^p dans N (III, p. 70). On déduit donc d'une application multilinéaire symétrique $u\colon M^p \to N$ et d'une application multilinéaire symétrique $v\colon M^q \to N'$ une application multilinéaire symétrique $m(u, v)\colon M^{p+q} \to N''$, que l'on note encore (pour éviter des confusions) $u \cdot_m v$ (ou même $u \cdot v$) et qu'on appelle *produit symétrique* (relativement à m) de u et v. Les formules (6) (III, p. 140) et (11) (III, p. 141) montrent que l'on a, pour $x_1, \ldots, x_{p+q}$ dans M

$$(u \cdot_m v)(x_1, \ldots, x_{p+q}) = \sum_\sigma m(u(x_{\sigma(1)}, \ldots, x_{\sigma(p)}), v(x_{\sigma(p+1)}, \ldots, x_{\sigma(p+q)}))$$

la sommation étant étendue aux permutations $\sigma \in \mathfrak{S}_{p+q}$ croissantes dans chacun des intervalles $(1, p)$ et $(p + 1, p + q)$.

3) Prenons pour E la cogèbre graduée $\wedge(M)$ (III, p. 140). On déduit alors de la même manière, d'une application multilinéaire alternée $u\colon M^p \to N$ et d'une application multilinéaire alternée $v\colon M^q \to N'$, une application multilinéaire alternée $m(u, v)\colon M^{p+q} \to N''$, que l'on note encore $u \wedge_m v$ ou $u \wedge v$ et que l'on appelle *produit alterné* (relativement à m) de u et v. Les formules (9) et (11) (III, p. 141) montrent ici que, pour $x_1, \ldots, x_{p+q}$ dans M, on a

$$(u \wedge_m v)(x_1, \ldots, x_{p+q}) = \sum_\sigma \varepsilon_\sigma m(u(x_{\sigma(1)}, \ldots, x_{\sigma(p)}), v(x_{\sigma(p+1)}, \ldots, x_{\sigma(p+q)}))$$

la sommation étant encore étendue aux permutations $\sigma \in \mathfrak{S}_{p+q}$ croissantes dans chacun des intervalles $(1, p)$ et $(p + 1, p + q)$.

Revenons au cas où E est une cogèbre graduée quelconque (de type **N**), et supposons que les trois modules N, N′, N″ soient tous égaux au A-module sous-jacent à une A-*algèbre graduée* B de type **Z**, l'application m étant le produit dans B, de sorte que $\tilde{m}: B \otimes_A B \to B$ est une application A-linéaire graduée de degré 0. On obtient donc sur le A-module gradué $\mathrm{Homgr}_A(E, B) = C$ une structure de A-*algèbre graduée.*

En particulier, on peut prendre B = A (avec la graduation triviale), de sorte que $\mathrm{Homgr}_A(E, A)$ est le *dual gradué* E^{*gr}, qui est ainsi muni d'une structure de A-algèbre graduée.

Soient F une seconde cogèbre graduée, c' son coproduit, $\varphi: E \to F$ un morphisme de cogèbres graduées (III, p. 141); alors le morphisme gradué canonique $\tilde{\varphi} = \mathrm{Hom}(\varphi, 1_B): \mathrm{Homgr}_A(F, B) \to \mathrm{Homgr}_A(E, B)$ est un *homomorphisme d'algèbres graduées.* En effet, pour u, v dans $\mathrm{Homgr}_A(F, B)$ et $x \in E$, on a $(\tilde{\varphi}(uv))(x) = (uv)(\varphi(x)) = m((u \otimes v)(c'(\varphi(x))))$. Mais par hypothèse $c'(\varphi(x)) = (\varphi \otimes \varphi)(c(x))$ donc $(u \otimes v)(c'(\varphi(x))) = (\tilde{\varphi}(u) \otimes \tilde{\varphi}(v))(c(x))$, et par suite $\tilde{\varphi}(uv) = \tilde{\varphi}(u)\tilde{\varphi}(v)$, ce qui prouve notre assertion.

En particulier, le transposé gradué ${}^t\varphi: F^{*gr} \to E^{*gr}$ est un homomorphisme d'algèbres graduées.

Remarque. — Supposons que les E_p soient des A-modules *projectifs de type fini*, de sorte que l'on peut identifier canoniquement les A-modules gradués $(E \otimes_A E)^{*gr}$ et $E^{*gr} \otimes_A E^{*gr}$ (II, p. 80, cor. 1). Si de plus on identifie alors canoniquement les A-modules $A \otimes_A A$ et A (II, p. 55), on peut dire que l'application linéaire $E^{*gr} \otimes_A E^{*gr} \to E^{*gr}$ qui définit la multiplication dans E^{*gr} est *la transposée graduée du coproduit c.*

PROPOSITION 1. — *Soit* E *une cogèbre sur* A. *Afin que, pour toute* A-*algèbre associative* B, *la* A-*algèbre* $\mathrm{Hom}_A(E, B)$ *soit associative, il faut et il suffit que le coproduit* $c: E \to E \otimes_A E$ *soit tel que le diagramme*

$$(12)\qquad \begin{array}{ccc} E & \xrightarrow{c} & E \otimes_A E \\ {\scriptstyle c}\downarrow & & \downarrow{\scriptstyle 1_E \otimes c} \\ E \otimes_A E & \xrightarrow[c \otimes 1_E]{} & E \otimes_A E \otimes_A E \end{array}$$

soit commutatif.

Soient B une A-algèbre associative, et u, v, w trois éléments de $C = \mathrm{Hom}_A(E, B)$. Notons m_3 l'application A-linéaire $B \otimes_A B \otimes_A B \to B$ qui, à $b \otimes b' \otimes b''$, fait correspondre $bb'b''$. Par définition du produit dans l'algèbre C, $(uv)w$ est l'application composée

$$E \xrightarrow{c} E \otimes E \xrightarrow{c \otimes 1_E} E \otimes E \otimes E \xrightarrow{u \otimes v \otimes w} B \otimes B \otimes B \xrightarrow{m_3} B$$

tandis que $u(vw)$ est l'application composée

$$E \xrightarrow{c} E \otimes E \xrightarrow{1_E \otimes c} E \otimes E \otimes E \xrightarrow{u \otimes v \otimes w} B \otimes B \otimes B \xrightarrow{m_3} B.$$

Il en résulte que si le diagramme (12) est commutatif, l'algèbre $\mathrm{Hom}_A(E, B)$ est associative pour toute A-algèbre associative B. Pour établir la réciproque, il suffit de montrer qu'il existe une A-algèbre associative B et trois applications A-linéaires u, v, w de E dans B telles que l'application $m_3 \circ (u \otimes v \otimes w)$ de $E \otimes E \otimes E$ dans B soit *injective*. Prenons pour B la A-algèbre $\mathsf{T}(E)$ et pour u, v, w l'application canonique de E dans $\mathsf{T}(E)$. L'application $m_3 \circ (u \otimes v \otimes w)$ est alors l'application canonique $E \otimes E \otimes E = \mathsf{T}^3(E) \to \mathsf{T}(E)$ qui est injective.

Lorsque la cogèbre E vérifie la condition de la prop. 1, on dit qu'elle est *coassociative.*

Exemples. — 4) On vérifie aussitôt que la cogèbre A (III, p. 139, *Exemple* 1), la cogèbre $A^{(X)}$ (III, p. 139, *Exemple* 4) et la cogèbre $\mathsf{T}(M)$ (III, p. 139, *Exemple* 5) sont coassociatives. Si B est une A-algèbre *associative* qui est un A-module projectif de type fini, la cogèbre B^* (III, p. 139, *Exemple* 3) est coassociative : en effet, la commutativité du diagramme (12) de III, p. 143, se déduit alors par transposition de celle du diagramme qui exprime l'associativité de B (III, p. 5). Réciproquement, le même raisonnement et l'identification canonique du A-module B avec son bidual (II, p. 47, cor. 4) montrent que si la cogèbre B^* est coassociative, l'algèbre B est associative. Enfin, les cogèbres $\mathsf{S}(M)$ et $\wedge(M)$ (III, p. 139, *Exemple* 6 et p. 140, *Exemple* 7) sont coassociatives; cela résulte de la commutativité du diagramme

(13)
$$\begin{array}{ccc} M & \xrightarrow{\Delta} & M \times M \\ {\scriptstyle\Delta}\downarrow & & \downarrow{\scriptstyle 1_M \times \Delta} \\ M \times M & \xrightarrow[\Delta \times 1_M]{} & M \times M \times M \end{array}$$

des propriétés fonctorielles de $\mathsf{S}(M)$ (III, p. 69) et $\wedge(M)$ (III, p. 78), qui donnent les diagrammes commutatifs correspondants

(14)
$$\begin{array}{ccc} \mathsf{S}(M) & \xrightarrow{\mathsf{S}(\Delta)} & \mathsf{S}(M \times M) \\ {\scriptstyle \mathsf{S}(\Delta)}\downarrow & & \downarrow{\scriptstyle \mathsf{S}(1_M \times \Delta)} \\ \mathsf{S}(M \times M) & \xrightarrow[\mathsf{S}(\Delta \times 1_M)]{} & \mathsf{S}(M \times M \times M) \end{array} \qquad \begin{array}{ccc} \wedge(M) & \xrightarrow{\wedge(\Delta)} & \wedge(M \times M) \\ {\scriptstyle \wedge(\Delta)}\downarrow & & \downarrow{\scriptstyle \wedge(1_M \times \Delta)} \\ \wedge(M \times M) & \xrightarrow[\wedge(\Delta \times 1_M)]{} & \wedge(M \times M \times M) \end{array}$$

et de l'existence et de la fonctorialité des isomorphismes canoniques pour les algèbres symétrique et extérieure d'une somme directe (III, p. 73 et III, p. 84).

PROPOSITION 2. — *Soit* E *une cogèbre sur* A. *Afin que, pour toute* A-*algèbre commutative* B, *la* A-*algèbre* $\mathrm{Hom}_A(E, B)$ *soit commutative, il faut et il suffit que le coproduit* $c \colon E \to E \otimes_A E$ *soit tel que le diagramme*

(15)
$$\begin{array}{ccccc} & & E & & \\ & {\scriptstyle c}\swarrow & & \searrow{\scriptstyle c} & \\ E \otimes_A E & & \xrightarrow[\sigma]{} & & E \otimes_A E \end{array}$$

(où σ est l'homomorphisme de symétrie, tel que $\sigma(x \otimes y) = y \otimes x$) *soit commutatif* (autrement dit, il faut et il suffit que la cogèbre E soit *identique à son opposée* (III, p. 139, *Exemple* 2).

Soient B une A-algèbre commutative, et u, v deux éléments de $C = \mathrm{Hom}_A(E, B)$. Par définition du produit dans C, uv et vu sont respectivement égaux aux applications composées

$$E \xrightarrow{c} E \otimes E \xrightarrow{u \otimes v} B \otimes B \xrightarrow{m} B$$

et

$$E \xrightarrow{c} E \otimes E \xrightarrow{v \otimes u} B \otimes B \xrightarrow{m} B.$$

Il en résulte que si le diagramme (15) est commutatif, l'algèbre $\mathrm{Hom}_A(E, B)$ est commutative pour toute A-algèbre commutative B. Pour établir la réciproque, il suffit de montrer qu'il existe une A-algèbre commutative B et deux applications A-linéaires u, v de E dans B telles que $m \circ (u \otimes v) : E \otimes E \to B$ soit injective. Prenons pour B l'algèbre $\mathsf{S}(E \oplus E)$ et pour u (resp. v) le composé de l'application canonique $E \oplus E \to \mathsf{S}(E \oplus E)$ et de l'application $x \mapsto (x, 0)$ (resp. $x \mapsto (0, x)$) de E dans $E \oplus E$. Si $h : \mathsf{S}(E) \otimes \mathsf{S}(E) \to \mathsf{S}(E \oplus E)$ est l'isomorphisme canonique (III, p. 73, prop. 9) et si $\lambda : E \to \mathsf{S}(E)$ est l'application canonique, on a $h^{-1} \circ m \circ (u \otimes v) = \lambda \otimes \lambda$. Or $\lambda \otimes \lambda$ est injectif, car $\lambda(E)$ est un facteur direct de $\mathsf{S}(E)$ (II, p. 63, cor. 5).

Lorsque la cogèbre E vérifie la condition de la prop. 2, on dit qu'elle est *cocommutative*.

Exemples. — 5) Il est immédiat que la cogèbre A (III, p. 139, *Exemple* 1) et la cogèbre $A^{(X)}$ (III, p. 139, *Exemple* 4) sont cocommutatives. Il résulte de la formule (5) de III, p. 140, que la cogèbre $\mathsf{S}(M)$ est cocommutative. Enfin, pour qu'une A-algèbre B, telle que le A-module B soit projectif de type fini, ait la propriété que la cogèbre B^* (III, p. 139, *Exemple* 3) soit cocommutative, il faut et il suffit que B soit commutative; en effet (compte tenu de l'identification canonique du A-module B et de son bidual (II, p. 47)), cela résulte de ce que la commutativité du diagramme (15) de III, p. 144, équivaut par transposition à celle du diagramme qui exprime la commutativité de B (III, p. 5).

PROPOSITION 3. — *Soit* E *une cogèbre sur* A. *Afin que, pour toute* A-*algèbre unifère* B, *la* A-*algèbre* $\mathrm{Hom}_A(E, B)$ *soit unifère, il faut et il suffit qu'il existe une forme linéaire* γ *sur* E *rendant commutatifs les diagrammes*

$$\begin{array}{ccc} E & \xrightarrow{\quad c \quad} & E \otimes_A E \\ & \searrow^{h'} & \downarrow{\scriptstyle \gamma \otimes 1_E} \\ & & A \otimes_A E \end{array} \qquad \begin{array}{ccc} E & \xrightarrow{\quad c \quad} & E \otimes_A E \\ & \searrow^{h''} & \downarrow{\scriptstyle 1_E \otimes \gamma} \\ & & E \otimes_A A \end{array} \tag{16}$$

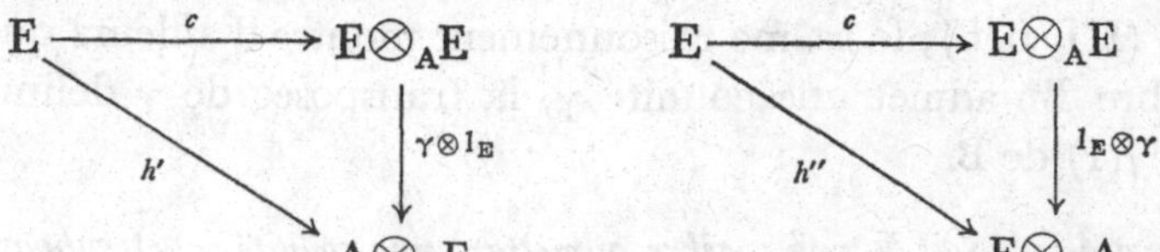

où $c\colon E \rightarrow E \otimes_A E$ *est le coproduit,* h' *et* h'' *les isomorphismes canoniques* (II, p. 55, prop. 4). *L'unité de* $\mathrm{Hom}_A(E, B)$ *est alors l'application linéaire* $x \mapsto \gamma(x)1$ (1 désignant l'élément unité de B).

Soit γ une forme linéaire sur E qui rend commutatif le diagramme (16). Soient B une A-algèbre unifère d'élément unité 1, $\eta\colon A \rightarrow B$ l'application canonique, $v = \eta \circ \gamma$ l'élément de la A-algèbre $C = \mathrm{Hom}_A(E, B)$. Pour tout élément $u \in C$, uv est l'application composée

$$(17) \qquad E \xrightarrow{c} E \otimes E \xrightarrow{1_E \otimes \gamma} E \otimes A \xrightarrow{u \otimes \eta} B \otimes B \xrightarrow{m} B.$$

On a donc $uv = m \circ (u \otimes \eta) \circ h'' = u$. On prouve de même que l'on a $vu = u$, donc v est élément unité de C. Inversement, munissons le A-module $A \oplus E$ de la structure d'algèbre unifère telle que $(a, x)(a', x') = (aa', ax' + a'x)$ pour a, a' dans A et x, x' dans E. Notons B la A-algèbre ainsi obtenue et soit C la A-algèbre $\mathrm{Hom}_A(E, B)$. Supposons C unifère et soit $e\colon x \mapsto (\gamma(x), \lambda(x))$ son élément unité (où $\gamma(x) \in A$ et $\lambda(x) \in E$). Soit d'autre part f l'élément $x \mapsto (0, x)$ de C. Un calcul immédiat montre que fe est l'élément

$$x \mapsto (0, (h'')^{-1}((1_E \otimes \gamma)(c(x))))$$

de C. La condition $fe = f$ entraîne la commutativité du second diagramme (16), et on voit de même que la condition $ef = f$ entraîne la commutativité du premier diagramme (16).

Une forme linéaire γ sur E rendant commutatifs les diagrammes (16) de III, p. 145, est appelée une *coünité* de la cogèbre E. Une cogèbre admet *au plus une* coünité : en effet, c'est l'élément unité de l'algèbre $\mathrm{Hom}_A(E, A)$. Une cogèbre ayant une coünité est dite *coünifère*.

Exemples. — 6) L'application identique est la coünité de la cogèbre A; sur la cogèbre $A^{(X)}$ (III, p. 139, *Exemple* 4), la forme linéaire γ telle que $\gamma(e_x) = 1$ pour tout $x \in X$ est la coünité. Sur la cogèbre $\mathsf{T}(M)$ (resp. $\mathsf{S}(M)$, $\wedge(M)$) la forme linéaire γ telle que $\gamma(1) = 1$ et $\gamma(z) = 0$ pour z dans les $\mathsf{T}^n(M)$ (resp. $\mathsf{S}^n(M)$, $\wedge^n(M)$) pour $n \geqslant 1$, est la coünité. Enfin, soit B une A-algèbre qui soit un A-module projectif de type fini, et qui possède un élément unité e; alors sur la cogèbre B^* (III, p. 139, *Exemple* 3), la forme linéaire $\gamma\colon x^* \mapsto \langle e, x^* \rangle$ est la coünité, car cette forme n'est autre que la transposée de l'application A-linéaire $\eta_e\colon \xi \rightarrow \xi e$ de A dans B, et, par transposition, la commutativité des diagrammes (16) de III, p. 145, se déduit de celle des diagrammes qui expriment (à l'aide de η_e) que e est élément unité de B (III, p. 6); le même raisonnement montre d'ailleurs qu'inversement, si la cogèbre B^* admet une coünité γ, la transposée de γ définit un élément unité $e = {}^t\gamma(1)$ de B.

PROPOSITION 4. — *Soit* E *une cogèbre admettant une coünité* γ, *et supposons qu'il existe dans* E *un élément e tel que* $\gamma(e) = 1$; *alors* E *est somme directe des sous-A-modules* Ae *et* $E_\gamma = \mathrm{Ker}(\gamma)$, *et l'on a*

$$(18)\qquad \begin{cases} c(e) \equiv e \otimes e \ (\mathrm{mod.}\ E_\gamma \otimes E_\gamma) \\ c(x) \equiv x \otimes e + e \otimes x \quad (\mathrm{mod.}\ E_\gamma \otimes E_\gamma) \ \textit{pour tout}\ x \in E_\gamma. \end{cases}$$

La première assertion est immédiate, car on a $\gamma(x - \gamma(x)e) = 0$ et la relation $\gamma(\alpha e) = 0$ entraîne $\alpha = 0$. Posons $c(e) = \sum_i s_i \otimes t_i$, de sorte que $e = \sum_i \gamma(s_i)t_i = \sum_i \gamma(t_i)s_i$ en vertu de (16) et que $1 = \gamma(e) = \sum_i \gamma(s_i)\gamma(t_i)$. On a par suite

$$\sum_i (s_i - \gamma(s_i)e) \otimes (t_i - \gamma(t_i)e) = \sum_i s_i \otimes t_i - \sum_i e \otimes \gamma(s_i)t_i \\ - \sum_i \gamma(t_i)s_i \otimes e + \sum_i \gamma(s_i)e \otimes \gamma(t_i)e$$

elément qui, en vertu des relations antérieures, n'est autre que $c(e) - e \otimes e$; cela prouve par suite la première relation (18). D'autre part, la décomposition de $E \otimes E$ en somme directe

$$A(e \otimes e) \oplus ((Ae) \otimes E_\gamma) \oplus (E_\gamma \otimes (Ae)) \oplus (E_\gamma \otimes E_\gamma)$$

permet d'écrire, pour $x \in E_\gamma$, $c(x) = \lambda(e \otimes e) + (e \otimes y) + (z \otimes e) + u$ avec $u = \sum_j v_j \otimes w_j$, y, z et les v_j et w_j appartenant à E_γ. La définition de la coünité γ donne alors $x = \lambda e + y = \lambda e + z$, et comme $\gamma(x) = 0$, on a nécessairement $\lambda = 0$, $x = y = z$, d'où la seconde relation (18).

Remarque. — Soient C une A-cogèbre coassociative et coünifère, B une A-algèbre associative unifère et M un B-module à gauche. L'application A-bilinéaire $(b, m) \mapsto bm$ de B × M dans M définit une application A-bilinéaire

$$\mathrm{Hom}_A(C, B) \times \mathrm{Hom}_A(C, M) \to \mathrm{Hom}_A(C, M)$$

par le procédé général décrit au début de ce n°. On vérifie aussitôt que cette application définit sur $\mathrm{Hom}_A(C, M)$ une structure de module à gauche sur l'anneau $\mathrm{Hom}_A(C, B)$.

3. Propriétés des cogèbres graduées de type N

PROPOSITION 5. — (i) *Soit* E *une cogèbre graduée admettant une coünité* γ; *alors* γ *est une forme linéaire homogène de degré* 0.

(ii) *Supposons de plus qu'il existe un élément* $e \in E$ *tel que* $E_0 = Ae$ *et* $\gamma(e) = 1$. *Alors le noyau* E_γ *de* γ *est égal à* $E_+ = \sum_{n \geq 1} E_n$, *on a* $c(e) = e \otimes e$, *et*

$$(19)\qquad c(x) \equiv x \otimes e + e \otimes x \quad (\mathrm{mod.}\ E_+ \otimes E_+),$$

pour tout $x \in E_+$.

(i) Il suffit de voir que $\gamma(x) = 0$ pour $x \in E_n$, pour tout $n \geqslant 1$. Puisque c est un homomorphisme gradué de degré 0, on a

$$c(x) = \sum_{0 \leqslant j \leqslant n} \Big(\sum_i y_{ij} \otimes z_{i,n-j} \Big) \tag{20}$$

avec, pour tout j tel que $0 \leqslant j \leqslant n$, y_{ij} et z_{ij} dans E_j; appliquant (16) (III, p. 145), il vient $x = \sum_{0 \leqslant j \leqslant n} \Big(\sum_i \gamma(y_{ij}) z_{i,n-j} \Big) = \sum_{0 \leqslant j \leqslant n} \Big(\sum_i \gamma(z_{i,n-j}) y_{ij} \Big)$, d'où, en égalant aux deux membres les composantes de degré 0 et de degré n

$$x = \sum_i \gamma(y_{i0}) z_{in} = \sum_i \gamma(z_{i0}) y_{in}$$

$$0 = \sum_i \gamma(y_{in}) z_{i0} = \sum_i \gamma(z_{in}) y_{i0}$$

et par suite $\gamma(x) = \sum_i \gamma(y_{in}) \gamma(z_{i0}) = \gamma(0) = 0$.

(ii) Puisque $\operatorname{Ker}(\gamma)$ et E_+ sont tous deux des sous-A-modules supplémentaires de $Ae = E_0$ et que $E_+ \subset \operatorname{Ker}(\gamma)$ par (i), on a $E_+ = \operatorname{Ker}(\gamma)$ (II, p. 18, *Remarque* 1); les autres assertions découlent de la prop. 4 de III, p. 146.

Proposition 6. — *Soit* E *une cogèbre graduée sur* A. *Afin que, pour toute* A-*algèbre commutative* B, *munie de la graduation triviale, la* A-*algèbre graduée de type* **Z**, $\operatorname{Homgr}_A(E, B)$ (III, p. 143) *soit anticommutative* (III, p. 53, déf. 7), *il faut et il suffit que, si* σ_g *désigne l'automorphisme du* A-*module* $E \otimes_A E$ *tel que* $\sigma_g(x_p \otimes x_q) = (-1)^{pq} x_q \otimes x_p$ *pour* $x_p \in E_p$, $x_q \in E_q$, *p et q quelconques dans* **N**, *le diagramme*

(21)

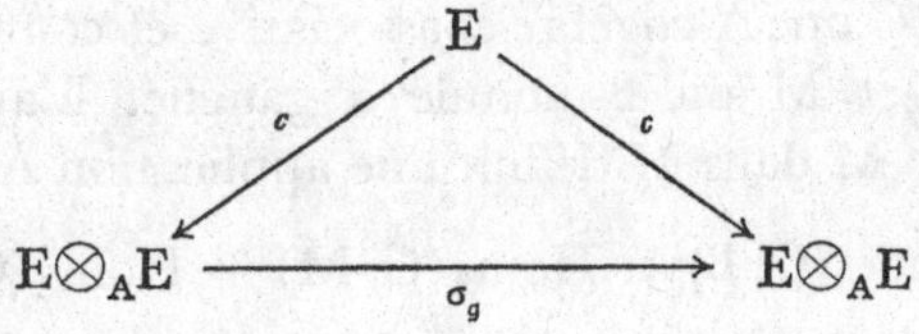

soit commutatif.

La démonstration est analogue à celle de la prop. 2 de III, p. 144.

Lorsque la cogèbre graduée E vérifie la condition de la prop. 6, on dit qu'elle est *anticocommutative*.

Exemple. — Il résulte aussitôt de la formule (8) de III, p. 140 que pour tout A-module M, la cogèbre graduée $\wedge(M)$ est *anticocommutative*.

4. Bigèbres et bigèbres gauches

Définition 3. — *On appelle bigèbre graduée* (resp. *bigèbre graduée gauche*) *sur un anneau* A *un ensemble* E *muni d'une structure de* A-*algèbre graduée de type* **N** *et d'une structure de*

A-*cogèbre graduée de type* **N**, *ayant même structure de* A-*module gradué sous-jacentes et telles que* :

1° *La* A-*algèbre* E *est associative et unifère.*

2° *La* A-*cogèbre* E *est coassociative et coünifère.*

3° *Le coproduit* c: $E \to E \otimes_A E$ *est un homomorphisme de l'algèbre graduée* E *dans l'algèbre graduée* $E \otimes_A E$ (resp. *l'algèbre graduée* $E\ {}^g\!\otimes_A E$ (cf. III, p. 49).

4° *La coünité* γ *de* E *est un homomorphisme de l'algèbre graduée* E *dans l'algèbre* A (*munie de la graduation triviale*) *telle que si* e *désigne l'élément unité de la* A-*algèbre* E, $\gamma(e) = 1$.

Si E est une bigèbre graduée dont la graduation est *triviale*, on dit simplement que E est une *bigèbre*. On dit qu'une bigèbre graduée est commutative (resp. cocommutative) si l'algèbre sous-jacente est commutative (resp. si la cogèbre sous-jacente est cocommutative); on dit qu'une bigèbre graduée gauche est anticommutative (resp. anticocommutative) si l'algèbre graduée sous-jacente est anticommutative (resp. si la cogèbre graduée sous-jacente est anticocommutative).

Il résulte de la déf. 3, et de III, p. 147, prop. 5, que pour une bigèbre graduée ou une bigèbre graduée gauche E, on a

$$(22)\quad \begin{cases} c(e) = e \otimes e \\ c(x) \equiv x \otimes e + e \otimes x \pmod{E_+ \otimes E_+} \quad \text{pour } x \in E_+ = \bigoplus_{n \geqslant 1} E_n. \end{cases}$$

Si E et F sont deux bigèbres graduées (resp. deux bigèbres graduées gauches), on dit qu'une application φ: $E \to F$ est un *morphisme de bigèbres graduées* (resp. un *morphisme de bigèbres graduées gauches*) si: 1° φ est un morphisme d'algèbres graduées (transformant donc l'élément unité de E en l'élément unité de F); 2° φ est un morphisme de cogèbres graduées tel que, si γ et γ' sont les coünités respectives de E et F on ait $\gamma = \gamma' \circ \varphi$.

Exemples. — 1) Soit S un monoïde d'élément neutre u, de sorte que l'algèbre $E = A^{(S)}$ du monoïde S sur A admet l'élément unité e_u (III, p. 19); on a vu d'autre part que E est muni canoniquement d'une structure de A-cogèbre coassociative, cocommutative et ayant une coünité γ telle que $\gamma(e_s) = 1$ pour tout $s \in S$ (III, p. 139, *Exemple* 4 et III, p. 144, *Exemple* 4, p. 145, *Exemple* 5 et p. 146, *Exemple* 6). La formule $c(e_s) = e_s \otimes e_s$ donnant le coproduit montre en outre aussitôt que c est un homomorphisme d'algèbres. On a donc défini sur E une structure de *bigèbre cocommutative* et E, muni de cette structure, est appelé la *bigèbre du monoïde* S *sur* A.

Si T est un second monoïde ayant un élément neutre v, f: $S \to T$ un homomorphisme tel que $f(u) = v$, $f_{(A)}$: $A^{(S)} \to A^{(T)}$ l'homomorphisme de A-algèbres déduit de f (III, p. 20), on vérifie aussitôt que $f_{(A)}$ est un *homomorphisme de bigèbres*.

2) Soit M un A-module. Les structures de A-algèbre graduée (III, p. 67) et de A-cogèbre graduée (III, p. 139, *Exemple* 6) définies sur S(M) définissent sur cet

ensemble une structure de *bigèbre graduée commutative et cocommutative*; on a vu en effet (III, p. 139, *Exemple* 6) que le coproduit de $\mathsf{S}(M)$ est un homomorphisme d'*algèbres*, et il résulte de la définition de la coünité γ (III, p. 146, *Exemple* 6) que $\gamma(1) = 1$ et que γ est un homomorphisme d'algèbres de E dans A.

3) Soit M un A-module. On voit comme dans l'*Exemple* 2) que sur $\wedge(M)$ les structures de A-algèbre graduée (III, p. 76) et de A-cogèbre graduée (III, p. 140, *Exemple* 7) définissent sur cet ensemble une structure de *bigèbre graduée gauche anticommutative et anticocommutative*.

Remarque. — Si M est un A-module tel que $M \otimes_A M \neq \{0\}$, les structures de A-algèbre graduée (III, p. 56) et de A-cogèbre graduée (III, p. 139, *Exemple* 5) sur $\mathsf{T}(M)$ *ne définissent pas* une structure de bigèbre, car en général on a

$$c(x_1x_2y_1y_2) \neq c(x_1x_2)c(y_1y_2)$$

pour quatre éléments x_1, x_2, y_1, y_2 de M, comme le montre la formule (3) de III, p. 139.

5. Les duals gradués $\mathsf{T}(M)^{*gr}$, $\mathsf{S}(M)^{*gr}$ et $\wedge(M)^{*gr}$

Nous reprenons à partir de maintenant les conventions générales du chapitre sur les algèbres, qui seront donc supposées (sauf mention expresse du contraire) associatives et unifères.

Soit M un A-module; les structures de A-cogèbre graduée définies sur $\mathsf{T}(M)$ (III, p. 139, *Exemple* 5), $\mathsf{S}(M)$ (III, p. 139, *Exemple* 6) et $\wedge(M)$ (III, p. 140, *Exemple* 7) permettent de définir canoniquement sur les duals gradués $\mathsf{T}(M)^{*gr}$, $\mathsf{S}(M)^{*gr}$ et $\wedge(M)^{*gr}$ des structures d'*algèbre graduée* de type **N**, en vertu de III, p. 143, prop. 1, p. 145, prop. 3 et p. 143, et de la convention faite sur la graduation du dual graduée d'un module gradué (III, p. 138). En outre, l'algèbre graduée $\mathsf{S}(M)^{*gr}$ est *commutative* (III, p. 144, prop. 2 et p. 145, *Exemple* 5) et l'algèbre graduée $\wedge(M)^{*gr}$ est *anticommutative* (III, p. 148, prop. 6 et p. 148, *Exemple*). Dans $\wedge(M)^{*gr}$, *tout élément de degré* 1 *est de carré nul*; un tel élément s'identifie en effet à une forme linéaire f sur M, et son carré à la forme bilinéaire alternée $f \wedge f$ sur M^2 telle que $(f \wedge f)(x, y) = f(x)f(y) - f(y)f(x)$ (III, p. 142, *Exemple* 3).

Soient N un second A-module, u une application A-linéaire de M dans N. On sait que u définit canoniquement des homomorphismes d'algèbres graduées

$$\text{(23)} \qquad \begin{cases} \mathsf{T}(u)\colon \mathsf{T}(M) \to \mathsf{T}(N) \\ \mathsf{S}(u)\colon \mathsf{S}(M) \to \mathsf{S}(N) \\ \wedge(u)\colon \wedge(M) \to \wedge(N) \end{cases}$$

(III, p. 57, III, p. 69, et III, p. 78). On vérifie aussitôt sur la formule (3) de III, p. 139 que $\mathsf{T}(u)$ est aussi un *morphisme de cogèbres*. D'autre part, si Δ_M (resp. Δ_N) désigne l'application diagonale $M \to M \times M$ (resp. $N \to N \times N$), on a la relation $(u \times u) \circ \Delta_{M} = \Delta_{N} \circ u$; on en déduit que $\mathsf{S}(u \times u) \circ \mathsf{S}(\Delta_{M}) = \mathsf{S}(\Delta_{N}) \circ \mathsf{S}(u)$ (resp. $\wedge(u \times u) \circ \wedge(\Delta_{M}) = \wedge(\Delta_{N}) \circ \wedge(u)$). Tenant compte de la définition du coproduit dans $\mathsf{S}(M)$ et $\wedge(M)$ (III, p. 139, *Exemple* 6 et p. 140, *Exemple* 7) et du caractère fonctoriel des isomorphismes canoniques

$$\mathsf{S}(M \times M) \to \mathsf{S}(M) \otimes_{A} \mathsf{S}(M)$$

et $\wedge(M \times M) \to \wedge(M) \,{}^{g}\!\otimes_{A} \wedge(M)$, on voit que $\mathsf{S}(u)$ et $\wedge(u)$ sont aussi des *morphismes de cogèbres*[1] (donc ici des morphismes de *bigèbres*). Il en résulte aussitôt que les *transposés gradués* (II, p. 176) des homomorphismes (23) de III, p. 150

$$\begin{aligned} {}^{t}\mathsf{T}(u) &: \mathsf{T}(N)^{*\mathrm{gr}} \to \mathsf{T}(M)^{*\mathrm{gr}} \\ {}^{t}\mathsf{S}(u) &: \mathsf{S}(N)^{*\mathrm{gr}} \to \mathsf{S}(M)^{*\mathrm{gr}} \\ {}^{t}\wedge(u) &: \wedge(N)^{*\mathrm{gr}} \to \wedge(M)^{*\mathrm{gr}} \end{aligned}$$

sont des *homomorphismes d'algèbres graduées.*

Remarquons maintenant que le dual M^* de M s'identifie au sous-module des éléments de degré 1 de $\mathsf{T}(M)^{*\mathrm{gr}}$ (resp. $\mathsf{S}(M)^{*\mathrm{gr}}$, $\wedge(M)^{*\mathrm{gr}}$). Il résulte donc de la propriété universelle de l'algèbre tensorielle (III, p. 56) et de la propriété universelle de l'algèbre symétrique (III, p. 68) qu'*il existe un homomorphisme et un seul d'algèbres graduées*

$$\theta_{\mathsf{T}} : \mathsf{T}(M^*) \to \mathsf{T}(M)^{*\mathrm{gr}}$$

qui prolonge l'injection canonique $M^* \to \mathsf{T}(M)^{*\mathrm{gr}}$, *et un homomorphisme et un seul d'algèbres graduées*

$$\theta_{\mathsf{S}} : \mathsf{S}(M^*) \to \mathsf{S}(M)^{*\mathrm{gr}}$$

qui prolonge l'injection canonique $M^* \to \mathsf{S}(M)^{*\mathrm{gr}}$. D'autre part, l'injection canonique de M^* dans l'algèbre *opposée* à $\wedge(M)^{*\mathrm{gr}}$ est telle que le carré de tout élément de M^* soit nul; donc (III, p. 77, prop. 1) *il existe un homomorphisme et un seul d'algèbres graduées*

$$\theta_{\wedge} : \wedge(M^*) \to (\wedge(M)^{*\mathrm{gr}})^{0}$$

qui prolonge l'injection canonique $M^* \to \wedge(M)^{*\mathrm{gr}}$.[2] Ces homomorphismes sont fonctoriels: par exemple, pour tout homomorphisme $u : M \to N$ de A-modules, le diagramme

$$\begin{array}{ccc} \mathsf{T}(N^*) & \xrightarrow{\mathsf{T}({}^{t}u)} & \mathsf{T}(M^*) \\ {\scriptstyle\theta_{\mathsf{T}}}\downarrow & & \downarrow{\scriptstyle\theta_{\mathsf{T}}} \\ \mathsf{T}(N)^{*\mathrm{gr}} & \xrightarrow[{}^{t}\mathsf{T}(u)]{} & \mathsf{T}(M)^{*\mathrm{gr}} \end{array}$$

est commutatif, comme il résulte aussitôt de la propriété universelle de l'algèbre tensorielle (III, p. 56); on a des diagrammes commutatifs analogues pour θ_{S} et $\theta_{\wedge}$.

[1] Cela résulte aussi des formules (5) de III, p. 140 et (9) de III, p. 141.

[2] On prolonge cette injection en un homomorphisme dans l'algèbre opposée à $\wedge(M)^{*\mathrm{gr}}$ au lieu d'un homomorphisme dans $\wedge(M)^{*\mathrm{gr}}$ pour des raisons de commodité dans les calculs.

Nous allons expliciter les homomorphismes θ_T, θ_S et $\theta_\wedge$. Pour cela, considérons de façon plus générale une A-cogèbre coassociative E de coproduit c, et définissons par récurrence sur n, pour $n \geqslant 2$, l'application linéaire c_n de E dans $E^{\otimes n}$ par $c_2 = c$, et

(24) $$c_n = (c_{n-1} \otimes 1_E) \circ c.$$

Notons d'autre part $m_n \colon A^{\otimes n} \to A$ l'application linéaire canonique telle que $m_n(\xi_1 \otimes \xi_2 \otimes \cdots \otimes \xi_n) = \xi_1\xi_2 \cdots \xi_n$, et remarquons que l'on a, pour $n \geqslant 2$

(25) $$m_n = m \circ (m_{n-1} \otimes 1_A)$$

en posant $m = m_2$. Avec ces notations:

Lemme 1. — (i) *Dans l'algèbre associative* $E^* = \mathrm{Hom}_A(E, A)$, *le produit de n éléments* $u_1, u_2, \ldots, u_n$ *est donné par*

(26) $$u_1u_2\ldots u_n = m_n \circ (u_1 \otimes u_2 \otimes \cdots \otimes u_n) \circ c_n.$$

(ii) *Supposons en outre la cogèbre* E *graduée. Alors, dans l'algèbre associative graduée* $E^{*gr} = \mathrm{Homgr}_A(E, A)$, *le produit de n éléments* $u_1, u_2, \ldots, u_n$ *de degré* 1 *est donné par*

(27) $$u_1u_2\ldots u_n = m_n \circ (u_1 \otimes u_2 \otimes \cdots \otimes u_n) \circ \delta_n$$

où $\delta_n \colon E \to E^{\otimes n}$ *est l'application linéaire qui, à tout* $x \in E$, *fait correspondre la composante de multidegré* $(1, 1, \ldots, 1)$ *de* $c_n(x)$.

La formule (26) n'est autre que la définition du produit dans E* pour $n = 2$; pour la démontrer par récurrence sur n, on observe que

$$\begin{aligned} u_1u_2\ldots u_n &= m \circ ((u_1u_2\ldots u_{n-1}) \otimes u_n) \circ c \\ &= m \circ ((m_{n-1} \circ (u_1 \otimes u_2 \otimes \cdots \otimes u_{n-1}) \circ c_{n-1}) \otimes u_n) \circ c \\ &= m \circ (m_{n-1} \otimes 1_A) \circ (u_1 \otimes u_2 \otimes \cdots \otimes u_{n-1} \otimes u_n) \circ (c_{n-1} \otimes 1_E) \circ c \\ &= m_n \circ (u_1 \otimes u_2 \otimes \cdots \otimes u_n) \circ c_n \end{aligned}$$

en vertu de (24), (25), de II, p. 53, formule (5) et de la relation $u_n = 1_A \circ u_n \circ 1_E$.

Lorsque E est graduée et les éléments $u_i \in E^{*gr}$ homogènes de degré 1, on a par définition pour des éléments *homogènes* $x_i \in E$

$$(u_1 \otimes u_2 \otimes \cdots \otimes u_n)(x_1 \otimes x_2 \otimes \cdots \otimes x_n) = 0$$

sauf si tous les x_i sont de degré 1, d'où la formule (27).

Il résulte des formules (3) de III, p. 139, (5) et (7) de III, p. 140 et de la formule (24) de III, p. 152 que lorsque l'on prend pour E l'une des trois cogèbres graduées $\mathsf{T}(M)$, $\mathsf{S}(M)$ et $\wedge(M)$, on obtient respectivement par récurrence sur n (compte tenu de ce que le coproduit est un homomorphisme gradué de degré 0), pour $x_1, x_2, \ldots, x_n$ dans M:

lorsque $E = \mathsf{T}(M)$, $\quad \delta_n(x_1x_2\ldots x_n) = x_1 \otimes x_2 \otimes \cdots \otimes x_n$

lorsque $E = \mathsf{S}(M)$, $\quad \delta_n(x_1x_2\ldots x_n) = \sum_{\sigma \in \mathfrak{S}_n} x_{\sigma(1)} \otimes x_{\sigma(2)} \otimes \cdots \otimes x_{\sigma(n)}$

lorsque $E = \wedge(M)$, $\quad \delta_n(x_1x_2\ldots x_n) = \sum_{\sigma \in \mathfrak{S}_n} \varepsilon_\sigma x_{\sigma(1)} \otimes x_{\sigma(2)} \otimes \cdots \otimes x_{\sigma(n)}$

Il suffit en effet de noter, par exemple lorsque $E = \wedge(M)$, que dans l'expression $c_n(x_1x_2\ldots x_n) = (c_{n-1}\otimes 1_E)\left(\sum(-1)^\nu(x_{i_1}\ldots x_{i_p})\otimes(x_{j_1}\ldots x_{j_{n-p}})\right)$ provenant de la formule (8) de III, p. 140, les seuls termes pouvant donner un terme de multidegré $(1, 1, \ldots, 1)$ sont ceux pour lesquels $n - p = 1$, donc $\delta_n(x_1x_2\ldots x_n)$ est le terme de multidegré $(1, 1, \ldots, 1)$ dans la somme

$$\sum_{i=1}^{n}(-1)^{n-i}c_{n-1}(x_1\ldots x_{i-1}x_{i+1}\ldots x_n)\otimes x_i$$

et ce terme est nécessairement égal à

$$\sum_{i=1}^{n}(-1)^{n-i}\delta_{n-1}(x_1\ldots x_{i-1}x_{i+1}\ldots x_n)\otimes x_i,$$

d'où le résultat en vertu de l'hypothèse de récurrence.

Compte tenu du lemme 1 de III, p. 152, le produit dans $\mathsf{T}(M)^{*gr}$ de n formes linéaires $x_1^*, x_2^*, \ldots, x_n^*$ de M^* est donné par

$$\langle x_1^*x_2^*\ldots x_n^*, x_1x_2\ldots x_n\rangle = \prod_{i=1}^{n}\langle x_i^*, x_i\rangle \tag{28}$$

pour $x_i \in M$ $(1 \leqslant i \leqslant n)$; le produit de ces n formes dans $\mathsf{S}(M)^{*gr}$ est donné par

$$\langle x_1^*x_2^*\ldots x_n^*, x_1x_2\ldots x_n\rangle = \sum_{\sigma\in\mathfrak{S}_n}\left(\prod_{i=1}^{n}\langle x_{\sigma(i)}^*, x_i\rangle\right); \tag{29}$$

enfin, le produit de ces formes dans $\wedge(M)^{*gr}$ est donné par

$$\langle x_1^*x_2^*\ldots x_n^*, x_1x_2\ldots x_n\rangle = \det(\langle x_i^*, x_j\rangle). \tag{30}$$

Dans chacun de ces trois cas, on a respectivement

$$\theta_{\mathsf{T}}(x_1^*\otimes x_2^*\otimes\cdots\otimes x_n^*) = x_1^*x_2^*\ldots x_n^*$$
$$\theta_{\mathsf{S}}(x_1^*x_2^*\ldots x_n^*) = x_1^*x_2^*\ldots x_n^*$$
$$\theta_\wedge(x_1^*\wedge x_2^*\wedge\cdots\wedge x_n^*) = x_n^*x_{n-1}^*\ldots x_1^* = (-1)^{n(n-1)/2}x_1^*x_2^*\ldots x_n^*$$

donc on déduit de (28), (29) et (30) les relations

$$\langle\theta_{\mathsf{T}}(x_1^*\otimes x_2^*\otimes\cdots\otimes x_n^*), x_1\otimes x_2\otimes\cdots\otimes x_n\rangle = \prod_{i=1}^{n}\langle x_i^*, x_i\rangle \tag{28 bis}$$

(en d'autres termes, θ_{T} restreint à $\mathsf{T}^2(M^*)$, n'est autre que l'homomorphisme canonique de II, p. 80)

$$\langle\theta_{\mathsf{S}}(x_1^*x_2^*\ldots x_n^*), x_1x_2\ldots x_n\rangle = \sum_{\sigma\in\mathfrak{S}_n}\left(\prod_{i=1}^{n}\langle x_{\sigma(i)}^*, x_i\rangle\right) \tag{29 bis}$$

$$\langle\theta_\wedge(x_1^*\wedge x_2^*\wedge\cdots\wedge x_n^*), x_1\wedge x_2\wedge\cdots\wedge x_n\rangle = (-1)^{n(n-1)/2}\det(\langle x_i^*, x_j\rangle). \tag{30 bis}$$

PROPOSITION 7. — *Soit* M *un* A-*module projectif de type fini. Alors les homomorphismes canoniques* $\theta_{\mathsf{T}} : \mathsf{T}(\mathrm{M}^*) \to \mathsf{T}(\mathrm{M})^{*\mathrm{gr}}$ *et* $\theta_{\wedge} : \wedge(\mathrm{M}^*) \to (\wedge(\mathrm{M})^{*\mathrm{gr}})^0$ *sont bijectifs. En outre le dual gradué* $\wedge(\mathrm{M})^{*\mathrm{gr}}$ *est alors égal au dual* $\wedge(\mathrm{M})^*$ *du* A-*module* $\wedge(\mathrm{M})$.

Supposons d'abord que M ait une *base finie* $(e_i)_{1 \leqslant i \leqslant m}$, et soit $(e_i^*)_{1 \leqslant i \leqslant m}$ la base duale de M* (II, p. 45). La formule (28 bis) de III, p. 153, montre que pour toute suite finie $s = (j_k)_{1 \leqslant k \leqslant n}$ de n éléments de l'intervalle $[1, m]$ de **N**, $\theta_{\mathsf{T}}(e_{j_1}^* \otimes \cdots \otimes e_{j_n}^*)$ est l'élément d'indice s de la base de $(\mathsf{T}^n(\mathrm{M}))^*$, *duale* de la base de $\mathsf{T}^n(\mathrm{M})$ formée des $e_s = e_{j_1} \otimes \cdots \otimes e_{j_n}$ (III, p. 62, th. 1). Donc θ_{T} est bijectif.

De même, la formule (30 bis) de III, p. 153 montre que pour toute partie finie H de $[1, m]$ ayant n éléments, $(-1)^{n(n-1)/2}\theta_{\wedge}(e_{\mathrm{H}}^*)$ (notation de III, p. 86, th. 1) est l'élément d'indice H de la base de $(\wedge^n(\mathrm{M}))^*$, *duale* de la base de $\wedge^n(\mathrm{M})$ formée des e_{H}. Donc $\theta_{\wedge}$ est bijectif.

Supposons seulement maintenant que M soit projectif de type fini; alors M est facteur direct d'un A-module libre de type fini L, de sorte qu'il existe deux applications A-linéaires $\mathrm{M} \xrightarrow{j} \mathrm{L} \xrightarrow{p} \mathrm{M}$ dont le composé est l'identité 1_{M}. On en déduit un diagramme commutatif

$$\begin{array}{ccccc} \mathsf{T}(\mathrm{M}^*) & \xrightarrow{\mathsf{T}({}^t j)} & \mathsf{T}(\mathrm{L}^*) & \xrightarrow{\mathsf{T}({}^t p)} & \mathsf{T}(\mathrm{M}^*) \\ \downarrow{\scriptstyle \theta_{\mathsf{T}}} & & \downarrow{\scriptstyle \theta_{\mathsf{T}}} & & \downarrow{\scriptstyle \theta_{\mathsf{T}}} \\ \mathsf{T}(\mathrm{M})^{*\mathrm{gr}} & \xrightarrow{{}^t\mathsf{T}(j)} & \mathsf{T}(\mathrm{L})^{*\mathrm{gr}} & \xrightarrow{{}^t\mathsf{T}(p)} & \mathsf{T}(\mathrm{M})^{*\mathrm{gr}} \end{array}$$

et un diagramme commutatif analogue où T est remplacé par $\wedge$. La proposition résulte alors du lemme suivant:

Lemme 2. — *Soit*

$$\begin{array}{ccccc} \mathrm{X} & \xrightarrow{u} & \mathrm{Y} & \xrightarrow{v} & \mathrm{X} \\ \downarrow{\scriptstyle f} & & \downarrow{\scriptstyle g} & & \downarrow{\scriptstyle f} \\ \mathrm{X}' & \xrightarrow[u']{} & \mathrm{Y}' & \xrightarrow[v']{} & \mathrm{X}' \end{array}$$

un diagramme commutatif d'ensembles et d'applications tel que $v \circ u$ *et* $v' \circ u'$ *soient les applications identiques de* X *et* X' *respectivement. Alors, si* g *est injective* (resp. *surjective*, resp. *bijective*), *il en est de même de* f.

En effet, u est injective puisque $v \circ u$ l'est; donc, si g est injective, $u' \circ f = g \circ u$ est injective, et par suite f est injective. De même v' est surjective puisque $v' \circ u'$ l'est; donc, si g est surjective, $f \circ v = v' \circ g$ est surjective et par suite f est surjective.

La dernière assertion de la prop. 7 résulte de ce que $\wedge(\mathrm{M})$ est alors un A-module de type fini (III, p. 80, prop. 6 et II, p. 175, *Remarque*).

Examinons maintenant ce qu'on peut dire de l'homomorphisme θ_{S} lorsque M est *projectif de type fini*. Supposons d'abord que M admette une base finie $(e_i)_{1 \leqslant i \leqslant m}$. Avec les notations du début du chapitre, le A-module $\mathsf{S}^n(\mathrm{M})$ admet pour base la famille des éléments e^α tels que $|\alpha| = n$. Notons u_α (pour $|\alpha| = n$) l'élément d'indice α dans la base de $(\mathrm{S}^n(\mathrm{M}))^*$ *duale* de (e^α). Les éléments u_α, pour $\alpha \in \mathbf{N}^m$, forment donc une base de l'algèbre $\mathrm{S}(\mathrm{M})^{*\mathrm{gr}}$ et nous allons expliciter la table de multiplication de cette base. Posons

$$u_\alpha u_\beta = \sum_{\gamma \in \mathbf{N}^m} a_{\alpha\beta\gamma} u_\gamma \qquad \text{avec } a_{\alpha\beta\gamma} \in \mathrm{A}.$$

On a par définition $a_{\alpha\beta\gamma} = \langle u_\alpha u_\beta, e^\gamma \rangle = m((u_\alpha \otimes u_\beta)(c(e^\gamma)))$, où $m\colon \mathrm{A} \otimes \mathrm{A} \to \mathrm{A}$ définit la multiplication dans A et c est le coproduit de S(M). En d'autres termes, $a_{\alpha\beta\gamma}$ n'est autre que le coefficient de $e^\alpha \otimes e^\beta$ lorsque l'on écrit $c(e^\gamma)$ au moyen de la base de $\mathrm{S}(\mathrm{M}) \otimes \mathrm{S}(\mathrm{M})$ formée des $e^\xi \otimes e^\eta$, où ξ et η parcourent $\mathbf{N}^m$. Mais puisque c est un homomorphisme d'algèbres, on a

$$c(e^\gamma) = \prod_{i=1}^{m} (c(e_i))^{\gamma_i} = \prod_{i=1}^{m} (e_i \otimes 1 + 1 \otimes e_i)^{\gamma_i}$$

en vertu du la formule (4) du n° 1; cela donne

$$c(e^\gamma) = \sum_{\xi+\eta=\gamma} ((\xi, \eta)) e^\xi \otimes e^\eta \tag{31}$$

où l'on pose

$$((\xi, \eta)) = \prod_{i=1}^{n} \frac{(\xi_i + \eta_i)!}{\xi_i!\,\eta_i!} \qquad \text{(cf. III, p. 122, formule (18)).} \tag{32}$$

On obtient donc la table de multiplication

$$u_\alpha u_\beta = ((\alpha, \beta)) u_{\alpha+\beta}. \tag{33}$$

D'autre part, si $(e_i^*)_{1 \leqslant i \leqslant m}$ est la base de M*, duale de (e_i), il résulte de la formule (29 bis) (III, p. 153) que l'on a, pour tout $\alpha \in \mathbf{N}^m$,

$$\theta_{\mathrm{S}}(e^{*\alpha}) = \alpha!\,u_\alpha \tag{34}$$

avec les notations de III, p. 75. L'homomorphisme θ_{S} est donc bijectif si et seulement si les $\alpha!u_\alpha$ forment une *base* de $\mathrm{S}(\mathrm{M})^{*\mathrm{gr}}$, ou encore si les éléments $\alpha!1$ dans A sont *inversibles*.

PROPOSITION 8. — *Supposons que l'anneau* A *soit une algèbre sur le corps* **Q** *des nombres rationnels ; alors, pour tout* A*-module projectif de type fini* M, *l'homomorphisme*

$$\theta_{\mathrm{S}} : \mathrm{S}(\mathrm{M}^*) \to \mathrm{S}(\mathrm{M})^{*\mathrm{gr}}$$

est bijectif.

On vient en effet de le prouver lorsque M est libre de type fini; on passe de là au cas général en utilisant le lemme 2 de III, p. 154, comme dans la démonstration de la prop. 7 de III, p. 154.

Remarque. — Soient M un A-module, $\rho: A \to B$ un homomorphisme d'anneaux commutatifs. On a alors un diagramme d'homomorphismes de B-algèbres graduées

$$\begin{array}{ccc} \mathsf{T}((M^*)_{(B)}) & \longrightarrow & (\mathsf{T}(M)^{*gr})_{(B)} \\ {\scriptstyle \mathsf{T}(\upsilon_M)}\downarrow & & \downarrow{\scriptstyle \upsilon_{\mathsf{T}(M)}} \\ \mathsf{T}((M_{(B)})^*) & \xrightarrow[\theta_{\mathsf{T}}]{} & \mathsf{T}(M_{(B)})^{*gr} \end{array}$$

où la première ligne est l'homomorphisme composé de l'homomorphisme $\theta_{\mathsf{T}} \otimes 1_B: \mathsf{T}(M^*) \otimes_A B \to \mathsf{T}(M)^{*gr} \otimes_A B$, et de l'isomorphisme canonique

$$\mathsf{T}((M^*)_{(B)}) \to \mathsf{T}(M^*) \otimes_A B$$

(III, p. 60, prop. 5). On vérifie aussitôt, compte tenu de la formule (28) et de la définition de l'homomorphisme υ_E (II, p. 87) que ce diagramme est *commutatif.* Lorsque M est un A-module *projectif de type fini*, $M_{(B)}$ est un B-module projectif de type fini (II, p. 84, corollaire), et tous les homomorphismes du diagramme précédent sont *bijectifs* (III, p. 154, prop. 7 et II, p. 88, prop. 8). On a des diagrammes commutatifs analogues en remplaçant T par S ou $\wedge$; le diagramme relatif à $\wedge$ est encore formé d'homomorphismes bijectifs lorsque M est projectif de type fini (III, p. 154, prop. 7) ; si de plus A est une algèbre sur $\mathbf{Q}$, le diagramme relatif à S est aussi formé d'homomorphismes bijectifs (III, p. 155, prop. 8).

6. Produits intérieurs: cas des algèbres

Soient $E = \bigoplus_{p \geqslant 0} E_p$ une A-*algèbre graduée* de type $\mathbf{N}$, P un A-module gradué de type $\mathbf{Z}$; pour tout élément *homogène* $x \in E_p$, la multiplication *à gauche* par x est une application A-linéaire $e(x)$ de E dans lui-même qui est *graduée de degré p*. Pour tout élément $u \in \mathrm{Homgr}_A(E, P)$, on appelle *produit intérieur droit de u par x* et on note $u \llcorner x$ l'élément $u \circ e(x)$ de $\mathrm{Homgr}_A(E, P)$. On écrit aussi $(i(x))(u) = u \llcorner x$, et on voit que $i(x)$ est un endomorphisme gradué de degré p du A-module gradué $\mathrm{Homgr}_A(E, P)$. Si maintenant $x = \sum_{p \geqslant 0} x_p$ est un élément quelconque de E (avec $x_p \in E_p$ pour tout $p \geqslant 0$, $x_p = 0$ sauf pour un nombre fini de valeurs de p), on pose $i(x) = \sum_{p=0}^{\infty} i(x_p)$, qui est donc un endomorphisme du A-module $\mathrm{Homgr}_A(E, P)$.

Pour se souvenir de l'élément qui, dans l'expression $u \llcorner x$, « opère » sur l'autre, on observera que l'élément x qui « opère » sur u est placé à l'extrémité libre du trait horizontal dans $\llcorner$.

L'*associativité* de l'algèbre E se traduit par la relation $e(xy) = e(x) \circ e(y)$ pour x, y homogènes; d'où, par définition de $i(x)$

$$i(xy) = i(y) \circ i(x) \tag{35}$$

d'abord pour x, y homogènes, puis, par linéarité, pour x, y *quelconques* dans E; cela s'écrit aussi

(36) $$(u \llcorner x) \llcorner y = u \llcorner (xy)$$

pour x, y dans E et $u \in \mathrm{Homgr}_A(E, P)$; comme d'autre part il est clair que $i(1)$ est l'application identique (puisqu'il en est ainsi de $e(1) = 1_E$), et que $x \mapsto i(x)$ est A-*linéaire*, on voit que la loi d'action $(x, u) \mapsto u \llcorner x$ $(x \in E, u \in \mathrm{Homgr}_A(E, P))$ définit, avec l'addition, une structure de E-*module à droite* sur $\mathrm{Homgr}_A(E, P)$.

On aura en particulier à considérer le cas $P = A$, $\mathrm{Homgr}_A(E, P)$ étant dans ce cas le *dual gradué* E^{*gr} de E; $i(x)$ est alors la *transposée graduée* de l'application A-linéaire $e(x)$ (II, p. 176), autrement dit, quels que soient x, y dans E, $u \in E^{*gr}$, on a

(37) $$\langle u \llcorner x, y\rangle = \langle u, xy\rangle.$$

Avec la convention du début du paragraphe, on notera que si $x \in E_p$, $i(x)$ est un endomorphisme de E^{*gr} *de degré* $-p$.

Pour tout élément homogène $x \in E_p$, on note de même $e'(x)$ la multiplication *à droite* par x, par $x \lrcorner u$ l'élément $u \circ e'(x)$ de $\mathrm{Homgr}_A(E, P)$, qu'on appelle le *produit intérieur gauche de u par x*; on pose $i'(x)(u) = x \lrcorner u$, et $i'(x)$ est donc un endomorphisme gradué de degré p de $\mathrm{Homgr}_A(E, P)$; on étend comme ci-dessus cette définition au cas où x est un élément quelconque de E. Comme ici $e'(xy) = e'(y) \circ e'(x)$, on a

(38) $$i'(xy) = i'(x) \circ i'(y)$$

qui s'écrit aussi

(39) $$x \lrcorner (y \lrcorner u) = (xy) \lrcorner u$$

et montre que la loi d'action $(x, u) \mapsto x \lrcorner u$ définit, avec l'addition, une structure de E-*module à gauche* sur $\mathrm{Homgr}_A(E, P)$. L'associativité de E entraîne d'autre part que $e(x) \circ e'(y) = e'(y) \circ e(x)$ pour x, y homogènes dans E, d'où la relation

(40) $$(y \lrcorner u) \llcorner x = y \lrcorner (u \llcorner x)$$

de sorte que les deux lois d'action sur $\mathrm{Homgr}_A(E, P)$ définissent sur cet ensemble une structure de (E, E)-*bimodule* (II, p. 33).

Lorsqu'on prend $P = A$, $i'(x)$ est la transposée graduée de $e'(x)$; autrement dit, quels que soient x, y dans E, $u \in E^{*gr}$, on a

(41) $$\langle y, x \lrcorner u\rangle = \langle yx, u\rangle.$$

Lorsque l'algèbre graduée E est *commutative*, on a évidemment $u \llcorner x = x \lrcorner u$. Lorsque E est *anticommutative* et $P = A$, on a, pour $x \in E_p$, $y \in E_r$ et $u \in E_q^*$, $yx = (-1)^{pr}xy$, d'où par (37) et (41), $\langle u \llcorner x, y\rangle = (-1)^{pr}\langle y, x \lrcorner u\rangle$. Mais comme les deux membres de cette relation sont nuls sauf pour $r = q - p$, on a $x \lrcorner u = (-1)^{p(q-p)}u \llcorner x$.

Soient F une seconde A-algèbre graduée et $\varphi : E \to F$ un A-homomorphisme d'algèbres graduées; alors $\tilde{\varphi} = \mathrm{Hom}(\varphi, 1_P) : \mathrm{Homgr}_A(F, P) \to \mathrm{Homgr}_A(E, P)$ est un A-homomorphisme gradué de degré 0; par définition, pour x, y dans E et $u \in \mathrm{Homgr}_A(F, P)$

$$\begin{aligned}(\tilde{\varphi}(u \llcorner \varphi(x)))(y) &= (u \llcorner \varphi(x))(\varphi(y)) \\ &= u(\varphi(x)\varphi(y)) = u(\varphi(xy)) = (\tilde{\varphi}(u))(xy) = (\tilde{\varphi}(u) \llcorner x)(y)\end{aligned}$$

ou encore

$$\tilde{\varphi}(u \llcorner \varphi(x)) = \tilde{\varphi}(u) \llcorner x \tag{42}$$

et on a de même

$$\tilde{\varphi}(\varphi(x) \lrcorner u) = x \lrcorner \tilde{\varphi}(u). \tag{43}$$

En d'autres termes, lorsque $\mathrm{Homgr}_A(F, P)$ est considéré comme un (E, E)-*bimodule* au moyen de l'homomorphisme d'anneaux $\varphi : E \to F$, on voit que $\tilde{\varphi}$ est un *homomorphisme de* (E, E)-*bimodules* (ou encore un E-*homomorphisme* du (F, F)-bimodule $\mathrm{Homgr}_A(F, P)$ dans le (E, E)-bimodule $\mathrm{Homgr}_A(E, P)$).

Exemples. — On peut en particulier appliquer ce qui précède lorsque E est l'une des algèbres graduées $\mathsf{T}(M)$, $\mathsf{S}(M)$ ou $\wedge(M)$ pour un A-module M, et P un A-module (muni de la graduation triviale). Pour expliciter les structures de bimodule ainsi obtenues, notons que les éléments de degré $-n$ de $\mathrm{Homgr}_A(\mathsf{T}(M), P)$ (resp. $\mathrm{Homgr}_A(\mathsf{S}(M), P)$, resp. $\mathrm{Homgr}_A(\wedge(M), P)$) sont identifiés aux *applications* n-*linéaires* (resp. aux *applications* n-*linéaires symétriques*, resp. aux *applications* n-*linéaires alternées*) de M^n dans P. Il suffit d'exprimer les produits

$$f \llcorner (x_1 \otimes x_2 \otimes \cdots \otimes x_p)$$

(resp. $f \llcorner (x_1 x_2 \ldots x_p)$, resp. $f \llcorner (x_1 \wedge x_2 \wedge \cdots \wedge x_p)$) pour toute suite finie $(x_i)_{1 \leqslant i \leqslant p}$ d'éléments de M et les analogues pour le produit intérieur gauche. Il résulte aussitôt des définitions que l'on a

$$f \llcorner (x_1 \otimes x_2 \otimes \cdots \otimes x_p) = (x_1 \otimes x_2 \otimes \cdots \otimes x_p) \lrcorner f = 0 \quad \text{si } p > n \tag{44}$$

et que, pour $p \leqslant n$, $f \llcorner (x_1 \otimes x_2 \otimes \cdots \otimes x_p)$ (resp. $(x_1 \otimes x_2 \otimes \cdots \otimes x_p) \lrcorner f$) est l'*application* $(n - p)$-*linéaire* définie par

$$\begin{cases}(f \llcorner (x_1 \otimes x_2 \otimes \cdots \otimes x_p))(y_1, \ldots, y_{n-p}) = f(x_1, \ldots, x_p, y_1, \ldots, y_{n-p}) \\ ((x_1 \otimes x_2 \otimes \cdots \otimes x_p) \lrcorner f)(y_1, \ldots, y_{n-p}) = f(y_1, \ldots, y_{n-p}, x_1, \ldots, x_p)\end{cases} \tag{45}$$

Pour $p > n$, on a encore dans $\mathrm{Homgr}_A(\mathsf{S}(M), P)$ (resp. $\mathrm{Homgr}_A(\wedge(M), P)$) les formules (44) en y remplaçant $x_1 \otimes x_2 \otimes \ldots \otimes x_p$ par $x_1 x_2 \ldots x_p$ (resp. $x_1 \wedge x_2 \wedge \cdots \wedge x_p$). Pour $p \leqslant n$, les mêmes substitutions dans (45) définissent les *applications* $(n - p)$-*linéaires symétriques* $f \llcorner (x_1 x_2 \ldots x_p)$ et $(x_1 x_2 \ldots x_p) \lrcorner f$ (resp. les *applications* $(n - p)$-*linéaires alternées*

$$f \llcorner (x_1 \wedge x_2 \wedge \cdots \wedge x_p) \text{ et } (x_1 \wedge x_2 \wedge \cdots \wedge x_p) \lrcorner f).$$

Lorsque $n = p$, les produits précédents sont égaux à la fonction *constante* sur M égale à $f(x_1, \ldots, x_p)$.

Si u: M $\rightarrow$ N est un homomorphisme de A-modules, $\mathsf{T}(u)\colon \mathsf{T}(\mathrm{M}) \rightarrow \mathsf{T}(\mathrm{N})$ est un homomorphisme de A-algèbres graduées, donc il résulte de ce qu'on a vu ci-dessus que $\mathsf{T}(u))^{\sim}$ est un $\mathsf{T}(\mathrm{M})$-*homomorphisme* du $(\mathsf{T}(\mathrm{N}), \mathsf{T}(\mathrm{N}))$-bimodule $\mathrm{Homgr}_{\mathrm{A}}(\mathsf{T}(\mathrm{N}), \mathrm{P})$ dans le $(\mathsf{T}(\mathrm{M}), \mathsf{T}(\mathrm{M}))$-bimodule $\mathrm{Homgr}_{\mathrm{A}}(\mathsf{T}(\mathrm{M}), \mathrm{P})$, relatif à l'homomorphisme d'anneaux $\mathsf{T}(u)$. On a des résultats analogues pour $(\mathsf{S}(u))^{\sim}$ et $(\wedge(u))^{\sim}$.

7. Produits intérieurs: cas des cogèbres

Soit $\mathrm{E} = \bigoplus_{p \geqslant 0} \mathrm{E}_p$ une *cogèbre graduée coassociative et coünifère*. On sait alors (III, p. 143, prop. 1 et p. 145, prop. 3) que le dual gradué $\mathrm{E}^{*\mathrm{gr}}$ est muni (avec la convention de graduation faite au début du paragraphe) d'une structure d'*algèbre graduée* de type **N** sur A, le produit de deux éléments u, v de cette algèbre étant défini par $uv = m \circ (u \otimes v) \circ c$, où $c\colon \mathrm{E} \rightarrow \mathrm{E} \otimes_{\mathrm{A}} \mathrm{E}$ est le coproduit et $m\colon \mathrm{A} \otimes_{\mathrm{A}} \mathrm{A} \rightarrow \mathrm{A}$ définit la multiplication. Autrement dit, si, pour $x \in \mathrm{E}$, on a $c(x) = \sum_i y_i \otimes z_i$, on peut écrire (en identifiant canoniquement $\mathrm{A} \otimes_{\mathrm{A}} \mathrm{E}$ et E)

$$\begin{aligned}\langle x, uv\rangle = (uv)(x) = \sum_i u(y_i)v(z_i) &= v\big(\sum_i u(y_i)z_i\big)\\ &= v(((u \otimes 1_{\mathrm{E}}) \circ c)(x)) = \langle((u \otimes 1_{\mathrm{E}}) \circ c)(x), v\rangle.\end{aligned}$$

Cela peut s'interpréter en disant que pour tout u homogène de degré p dans $\mathrm{E}^{*\mathrm{gr}}$, la multiplication à gauche $e(u)\colon v \mapsto uv$ dans $\mathrm{E}^{*\mathrm{gr}}$ est le *transposé gradué* de l'endomorphisme gradué de degré $-p$

$$i(u) = (u \otimes 1_{\mathrm{E}}) \circ c \tag{46}$$

de E; avec les notations précédentes, on a donc

$$(i(u))(x) = \sum_i u(y_i)z_i.$$

La formule (46) définit d'ailleurs un élément $i(u) \in \mathrm{Endgr}_{\mathrm{A}}(\mathrm{E})$ pour tout élément $u \in \mathrm{E}^{*\mathrm{gr}}$; pour tout $x \in \mathrm{E}$ et tout $u \in \mathrm{E}^{*\mathrm{gr}}$, on pose

$$x \llcorner u = (i(u))(x) \tag{47}$$

de sorte que, pour u et v dans $\mathrm{E}^{*\mathrm{gr}}$, on a

$$\langle x, uv\rangle = \langle x \llcorner u, v\rangle.$$

On dit que l'élément $x \llcorner u$ de E est le *produit intérieur droit de x par u*.

Ici encore, l'élément u qui « opère » sur x est placé à l'extrémité libre du trait horizontal dans $\llcorner$.

Pour deux éléments quelconques u, v de E^{*gr}, on a

(48) $$x \llcorner (uv) = (x \llcorner u) \llcorner v,$$

autrement dit

$$i(uv) = i(v) \circ i(u).$$

En effet, posons comme ci-dessus $c(x) = \sum_i y_i \otimes z_i$, de sorte que $x \llcorner (uv) = \sum_i (uv)(y_i) z_i$. Si $c(y_i) = \sum_j y'_{ij} \otimes y''_{ij}$, on a donc

(49) $$x \llcorner (uv) = \sum_{i,j} u(y'_{ij}) v(y''_{ij}) z_i.$$

D'autre part, si $c(z_i) = \sum_k z'_{ik} \otimes z''_{ik}$, on a

(50) $$(x \llcorner u) \llcorner v = \sum_{i,k} u(y_i) v(z'_{ik}) z''_{ik}.$$

Or, la coassociativité de E montre que l'on a (III, p. 143, prop. 1)

(51) $$\sum_{i,j} y'_{ij} \otimes y''_{ij} \otimes z_i = \sum_{i,k} y_i \otimes z'_{ik} \otimes z''_{ik}$$

et l'égalité des expressions (49) et (50) provient de ce que ce sont respectivement l'image du premier et du second membre de (51) par l'application linéaire f de $E \otimes E \otimes E$ dans A telle que $f(x \otimes y \otimes z) = u(x)v(y)z$.

Rappelons d'autre part (III, p. 145, prop. 3) que l'élément unité de l'algèbre E^{*gr} est la forme linéaire $e\colon x \mapsto \gamma(x).1$; on a donc

$$x \llcorner e = \sum_i \gamma(y_i) z_i = x$$

en vertu de la définition d'une coünité. Comme l'application $u \mapsto i(u)$ est linéaire, on voit que sur E, la loi d'action $(u, x) \mapsto x \llcorner u$ définit *une structure de* E^{*gr}*-module à droite.*

On définit de même, pour tout $u \in E^{*gr}$, l'endomorphisme de E

(52) $$i'(u) = (1_E \otimes u) \circ c$$

et, pour tout $x \in E$, on pose

(53) $$(i'(u))(x) = u \lrcorner x$$

et on dit que cet élément de E est le *produit intérieur gauche de x par u*. On voit comme ci-dessus que la loi d'action $(u, x) \mapsto u \lrcorner x$ définit sur E *une structure de* E^{*gr}*-module à gauche*. En outre, ces deux structures sont *compatibles*, autrement dit, on a

(54) $$(u \lrcorner x) \llcorner v = u \lrcorner (x \llcorner v)$$

pour u, v dans E^{*gr} (II, p. 33). En effet, avec les mêmes notations que ci-dessus, le premier membre de (54) est $\sum_{i,j} u(z_i)v(y'_{ij})y''_{ij}$ et le second est $\sum_{i,k} v(y_i)u(z''_{ik})z'_{ik}$; leur égalité résulte de ce que ce sont les images respectives du premier et du second membre de (51) par l'application linéaire g de $E \otimes E \otimes E$ dans A telle que $g(x \otimes y \otimes z) = v(x)u(z)y$.

On voit donc que les deux lois d'action sur E définissent sur cet ensemble une structure de (E^{*gr}, E^{*gr})-*bimodule.*

Lorsque la cogèbre E est *cocommutative*, on a $u \lrcorner x = x \llcorner u$ quels que soient $x \in E$ et $u \in E^{*gr}$; lorsqu'elle est *anticocommutative* (III, p. 53), et que $u \in E_p^*$ et $x \in E_q$, on peut écrire $c(x) = \sum_{0 \leqslant j \leqslant q} \left(\sum_i y_{ij} \otimes z_{i,q-j}\right)$ avec y_{ij} et z_{ij} dans E_j pour tout j, et l'on a par hypothèse

$$\sum_i z_{ij} \otimes y_{i,q-j} = (-1)^{j(q-j)} \sum_i y_{ij} \otimes z_{i,q-j}.$$

Par définition, on a $x \llcorner u = \sum_{0 \leqslant j \leqslant q} \left(\sum_i u(y_{ij}) z_{i,q-j}\right)$ et

$$u \lrcorner x = \sum_{0 \leqslant j \leqslant q} \left(\sum_i u(z_{i,q-j}) y_{ij}\right).$$

Comme $u(y_{ij}) = 0$ (resp. $u(z_{i,q-j}) = 0$) sauf si $j = p$ (resp. $q - j = p$), on voit d'après ce qui précède que l'on a $u \lrcorner x = (-1)^{p(q-p)} x \llcorner u$.

Enfin, soit $\varphi : E \to F$ un *morphisme de cogèbres graduées*; on a vu alors (III, p. 143) que le transposé gradué ${}^t\varphi : F^{*gr} \to E^{*gr}$ est un *homomorphisme d'algèbres graduées*; on a par suite, pour $x \in E$, u, v dans F^{*gr},

$$\begin{aligned}\langle \varphi(x \llcorner {}^t\varphi(u)), v\rangle &= \langle x \llcorner {}^t\varphi(u), {}^t\varphi(v)\rangle = \langle x, {}^t\varphi(u){}^t\varphi(v)\rangle = \langle x, {}^t\varphi(uv)\rangle \\ &= \langle \varphi(x), uv\rangle = \langle \varphi(x) \llcorner u, v\rangle\end{aligned}$$

d'où

$$\varphi(x) \llcorner u = \varphi(x \llcorner {}^t\varphi(u)); \tag{55}$$

et de même

$$u \lrcorner \varphi(x) = \varphi({}^t\varphi(u) \lrcorner x). \tag{56}$$

Autrement dit, φ est un F^{*gr}-*homomorphisme* du (E^{*gr}, E^{*gr})-bimodule E dans le (F^{*gr}, F^{*gr})-bimodule F, relatif à l'homomorphisme d'anneaux ${}^t\varphi : F^{*gr} \to E^{*gr}$.

Exemples. — On peut en particulier appliquer ce qui précède lorsque E est l'une des cogèbres graduées T(M), S(M) ou $\wedge$(M) pour un A-module M (III, p. 139–140, *Exemples* 5, 6 et 7). Pour expliciter les structures de bimodule ainsi obtenues, identifions encore un élément homogène f de degré n dans $T(M)^{*gr}$ (resp. $S(M)^{*gr}$, resp. $\wedge(M)^{*gr}$) à une *forme n-linéaire* (resp. une *forme n-linéaire* *symétrique*, resp. une *forme n-linéaire alternée*, dite aussi *n-forme*) sur M^n. Il suffit d'exprimer les produits $(x_1 \otimes x_2 \otimes \cdots \otimes x_p) \llcorner f$ (resp. $(x_1 x_2 \ldots x_p) \llcorner f$, resp. $(x_1 \wedge x_2 \wedge \cdots \wedge x_p) \llcorner f$) pour toute suite finie $(x_i)_{1 \leqslant i \leqslant p}$ d'éléments de M et les analogues pour le produit intérieur gauche. Or, les définitions (46) (III, p. 159) et (52) (III, p. 160) et les formules (3), (6) et (9) de III, p. 139–141, donnent respectivement

$$(57)\quad \begin{cases} (x_1 \otimes x_2 \otimes \cdots \otimes x_p) \llcorner f = f \lrcorner (x_1 \otimes x_2 \otimes \cdots \otimes x_p) = 0 \\ (x_1 x_2 \ldots x_p) \llcorner f = f \lrcorner (x_1 x_2 \ldots x_p) = 0 & \text{pour } p < n \\ (x_1 \wedge x_2 \wedge \cdots \wedge x_p) \llcorner f = f \lrcorner (x_1 \wedge x_2 \wedge \cdots \wedge x_p) = 0 \end{cases}$$

Pour $p \geqslant n$, on a respectivement

$$(58)\quad (x_1 \otimes x_2 \otimes \cdots \otimes x_p) \llcorner f = f(x_1, \ldots, x_n) x_{n+1} \otimes \cdots \otimes x_p$$

$$(59)\quad (x_1 x_2 \ldots x_p) \llcorner f = \sum_\sigma f(x_{\sigma(1)}, \ldots, x_{\sigma(n)}) x_{\sigma(n+1)} \ldots x_{\sigma(p)}$$

$$(60)\quad (x_1 \wedge x_2 \wedge \cdots \wedge x_p) \llcorner f = \sum_\sigma \varepsilon_\sigma f(x_{\sigma(1)}, \ldots, x_{\sigma(n)}) x_{\sigma(n+1)} \wedge \ldots \wedge x_{\sigma(p)}$$

(où, dans (59) et (60), les sommations sont étendues aux permutations $\sigma \in \mathfrak{S}_p$ *croissantes dans chacun des intervalles* $[1, n]$ *et* $[n + 1, p]$ de **N**); et de même

$$(61)\quad f \lrcorner (x_1 \otimes x_2 \otimes \cdots \otimes x_p) = f(x_{p-n+1}, \ldots, x_p) x_1 \otimes x_2 \otimes \cdots \otimes x_{p-n}$$

$$(62)\quad f \lrcorner (x_1 x_2 \ldots x_p) = \sum_\sigma f(x_{\sigma(p-n+1)}, \ldots, x_{\sigma(p)}) x_{\sigma(1)} \ldots x_{\sigma(p-n)}$$

$$(63)\quad f \lrcorner (x_1 \wedge x_2 \wedge \cdots \wedge x_p) = \sum_\sigma \varepsilon_\sigma f(x_{\sigma(p-n+1)}, \ldots, x_{\sigma(p)}) x_{\sigma(1)} \wedge \ldots \wedge x_{\sigma(p-n)}$$

(où, dans (62) et (63), les sommations sont étendues aux permutations $\sigma \in \mathfrak{S}_p$ *croissantes dans chacun des intervalles* $[1, p - n]$ *et* $[p - n + 1, p]$ de **N**).

8. Produits intérieurs: cas des bigèbres

Soit E une bigèbre graduée (resp. une bigèbre graduée gauche) (III, p. 148, déf. 3); on peut alors appliquer les résultats des n°s 6 et 7 pour définir les produits intérieurs droits (resp. gauches) $x \llcorner u \in E$ et $u \llcorner x \in E^{*gr}$ (resp. $u \lrcorner x \in E$ et $x \lrcorner u \in E^{*gr}$) pour tout $x \in E$ et tout $u \in E^{*gr}$. On obtient ainsi une structure de (E, E)-bimodule sur E^{*gr} et une structure de (E^{*gr}, E^{*gr})-bimodule sur E. De plus:

PROPOSITION 9. — *Soit* E *une bigèbre graduée* (resp. *une bigèbre graduée gauche*). *Pour tout élément x de degré* 1 *dans* E, *les produits intérieurs gauche et droit par x sont des dérivations* (resp. *des antidérivations*) (III, p. 117–118) *de l'algèbre* E^{*gr}.

Les notations étant celles de III, p. 156, on a, pour tout élément x homogène et *de degré* 1 dans une bigèbre graduée (resp. une bigèbre graduée gauche) E,

$c(x) = x \otimes 1 + 1 \otimes x$, en vertu de la prop. 5 de III, p. 147 et du fait que c est un homomorphisme de degré 0. Supposons d'abord que E soit une bigèbre graduée. Pour tout $y \in E$, on a par définition

$$\langle (uv) \llcorner x, y \rangle = \langle uv, xy \rangle = m((u \otimes v)(c(xy)))$$

et puisque c est un homomorphisme d'*algèbres*, $c(xy) = c(x)c(y)$. Posons $c(y) = \sum_i s_i \otimes t_i$ avec s_i et t_i dans E; on a par suite

$$c(xy) = \sum_i (xs_i) \otimes t_i + \sum_i s_i \otimes (xt_i).$$

On a donc $\langle (uv) \llcorner x, y \rangle = \sum_i u(xs_i)v(t_i) + \sum_i u(s_i)v(xt_i)$. Mais on peut écrire

$$\sum_i u(xs_i)v(t_i) = m(((u \llcorner x) \otimes v)(c(y))) = \langle (u \llcorner x)v, y \rangle,$$

et de même

$$\sum_i u(s_i)v(xt_i) = m((u \otimes (v \llcorner x))(c(y))) = \langle u(v \llcorner x), y \rangle,$$

d'où, en revenant à la notation $i(x)$ pour le produit intérieur

$$(i(x))(uv) = ((i(x))(u))v + u((i(x))(v)) \tag{64}$$

ce qui prouve que $i(x)$ est une *dérivation* dans E^{*gr}.

Supposons maintenant que E soit une bigèbre graduée *gauche*, que $u \in E^*_p$, $v \in E^*_q$ et $y \in E_r$; on peut alors écrire

$$c(y) = \sum_{0 \leqslant j \leqslant r} \Big(\sum_i s_{ij} \otimes t_{i,r-j}\Big)$$

où les s_{ij} et t_{ij} appartiennent à E_j; par définition du produit dans $E\ {}^{g}\!\otimes_A E$, on a alors

$$c(xy) = c(x)c(y) = \sum_{0 \leqslant j \leqslant r} \Big(\sum_i (xs_{ij}) \otimes t_{i,r-j} + (-1)^j \sum_i s_{ij} \otimes (xt_{i,r-j})\Big)$$

d'où cette fois

$$\langle (uv) \llcorner x, y \rangle = \sum_{0 \leqslant j \leqslant r} \Big(\sum_i u(xs_{ij})v(t_{i,r-j}) + (-1)^j \sum_i u(s_{ij})v(xt_{i,r-j})\Big)$$

On a encore $\sum_{0 \leqslant j \leqslant r} \Big(\sum_i u(xs_{ij})v(t_{i,r-j})\Big) = \langle (u \llcorner x)v, y \rangle$. D'autre part, on a $u(s_{ij}) = 0$ sauf si $j = -p$, donc on peut aussi écrire

$$\sum_{0 \leqslant j \leqslant r} (-1)^j \Big(\sum_i u(s_{ij})v(xt_{i,r-j})\Big) = (-1)^p \langle u(v \llcorner x), y \rangle.$$

On conclut donc que l'on a

$$(i(x))(uv) = ((i(x))(u))v + (-1)^p u((i(x))(v)), \tag{65}$$

autrement dit $i(x)$ est une *antidérivation* dans E^{*gr}. On prouve de même les assertions relatives au produit intérieur gauche par un élément x de degré 1 dans E.

Remarques. — 1) Soient E une bigèbre graduée sur A et N, N′, N″ trois A-modules gradués. Soit m une application A-bilinéaire de $N \times N'$ dans N″; pour $u \in \mathrm{Homgr}_A(E, N)$ et $v \in \mathrm{Homgr}_A(E, N')$, notons $u.v$ l'homomorphisme gradué $m \circ (u \otimes v) \circ c$ de E dans N″. D'autre part, notons $i(x)$ le produit intérieur (droit ou gauche) par $x \in E$ dans les A-modules $\mathrm{Homgr}_A(E, N)$, $\mathrm{Homgr}_A(E, N')$ et $\mathrm{Homgr}_A(E, N'')$ (III, p. 156). Alors, si x est *de degré* 1, on a

$$(i(x))(u.v) = ((i(x))(u)).v + u.((i(x))(v))$$

quels que soient $u \in \mathrm{Homgr}_A(E, N)$ et $v \in \mathrm{Homgr}_A(E, N')$.

Dans les mêmes conditions, si E est une bigèbre graduée gauche et si u est homogène de degré p, on a

$$(i(x))(u.v) = ((i(x))(u)).v + (-1)^p u.((i(x))(v)).$$

Les démonstrations sont les mêmes que dans la prop. 9.

2) Le même raisonnement que dans la démonstration précédente prouve, plus généralement, que pour tout $x \in E$, si $c(x) = \sum_j x'_j \otimes x''_j$, on a, quels que soient u, v dans E^{*gr}, la « formule de Leibniz »

$$(i(x))(uv) = \sum_j (i(x'_j))(u).(i(x''_j))(v).$$

En particulier, pour tout élément *primitif* d'une bigèbre graduée E, c'est-à-dire tel que $c(x) = x \otimes 1 + 1 \otimes x$, $i(x)$ est une *dérivation* de E^{*gr}.

PROPOSITION 10. — *Soit* E *une bigèbre graduée* (resp. *une bigèbre graduée gauche*). *Pour tout élément* f *de degré* 1 *dans* E^{*gr}, *les produits intérieurs gauche et droit par* f *sont des dérivations* (resp. *des antidérivations*) *de l'algèbre* E.

Soient $x \in E_p$, $y \in E_q$ ($p \geqslant 1$, $q \geqslant 1$). En vertu de la prop. 5 de III, p. 147, on peut écrire

$$c(x) = x \otimes 1 + \sum_{1 \leqslant j \leqslant p-1} \Big(\sum_i x'_{ij} \otimes x''_{i,p-j}\Big) + 1 \otimes x$$

$$c(y) = y \otimes 1 + \sum_{1 \leqslant k \leqslant q-1} \Big(\sum_i y'_{ik} \otimes y''_{i,q-k}\Big) + 1 \otimes y$$

où x'_{ij} et x''_{ij} appartiennent à E_j, y'_{ik} et y''_{ik} à E_k. Si E est une bigèbre graduée, la composante de $c(xy) = c(x)c(y)$ appartenant à $E_1 \otimes E$, est égale à

$$\sum_i x'_{i,1} \otimes x''_{i,p-1}y + \sum_i y'_{i,1} \otimes xy''_{i,q-1}$$

donc on a par définition

$$(xy) \llcorner f = \sum_i f(x'_{i,1})x''_{i,p-1}y + \sum_i f(y'_{i,1})xy''_{i,q-1}$$
$$= (x \llcorner f)y + x(y \llcorner f)$$

et le produit intérieur droit par f est bien une *dérivation*. Si au contraire E est une bigèbre graduée gauche, la composante de $c(xy)$ appartenant à $E_1 \otimes E$ est égale à

$$\sum_i x'_{i,1} \otimes x''_{i,p-1}y + (-1)^p \sum_i y'_{i,1} \otimes xy''_{i,q-1}$$

et on obtient cette fois

$$(xy) \llcorner f = (x \llcorner f)y + (-1)^p x(y \llcorner f)$$

ce qui montre que $i(f)$ est alors une *antidérivation*. On raisonne de même pour le produit intérieur gauche par f.

Exemples. — Les prop. 9 et 10 s'appliquent en particulier à la bigèbre graduée $\mathsf{S}(M)$ et à la bigèbre graduée gauche $\wedge(M)$. Les produits intérieurs par des éléments de degré 1 de $\mathsf{S}(M)$ (resp. $\mathsf{S}(M)^{*\mathrm{gr}}$) sont des *dérivations* qui *commutent deux à deux*, puisque $\mathsf{S}(M)$ (resp. $\mathsf{S}(M)^{*\mathrm{gr}}$) est commutative.

De même, les produits intérieurs par des éléments de degré 1 de $\wedge(M)$ (resp. $\wedge(M)^{*\mathrm{gr}}$) sont des *antidérivations*, qui sont de *carré nul*, car le carré d'un élément de degré 1 de l'algèbre $\wedge(M)$ (resp. $\wedge(M)^{*\mathrm{gr}}$) est nul.

9. Produits intérieurs entre $\mathsf{T}(M)$ et $\mathsf{T}(M^*)$, $\mathsf{S}(M)$ et $\mathsf{S}(M^*)$, $\wedge(M)$ et $\wedge(M^*)$

Le produit intérieur droit définit sur $\mathsf{T}(M)$ (resp. $\mathsf{S}(M)$, resp. $\wedge(M)$) une structure de module à droite sur l'algèbre $\mathsf{T}(M)^{*\mathrm{gr}}$ (resp. $\mathsf{S}(M)^{*\mathrm{gr}}$, resp. $\wedge(M)^{*\mathrm{gr}}$) (III, p. 161, *Exemples*). Utilisant les homomorphismes canoniques θ_{T} (resp. θ_{S}, resp. $\theta_{\wedge}$) de III, p. 151, on en déduit

une structure de $\mathsf{T}(M^*)$-module à droite sur $\mathsf{T}(M)$
une structure de $\mathsf{S}(M^*)$-module à droite sur $\mathsf{S}(M)$
une structure de $\wedge(M^*)$-module à gauche sur $\wedge(M)$.

On notera encore $(z^*, t) \mapsto i(z^*).t$ (par abus de langage) la loi d'action d'une quelconque de ces structures; on écrira aussi $t \llcorner z^*$ au lieu de $i(z^*).t$ lorsqu'il s'agit de $\mathsf{T}(M)$ ou de $\mathsf{S}(M)$; par contre, on écrira $z^* \lrcorner t$ lorsqu'il s'agit de $\wedge(M)$, et on dira qu'on a un produit intérieur *gauche* de t par z^*, puisqu'on a alors une loi de $\wedge(M^*)$-module *à gauche*. Pour z^* homogène de degré n et t homogène de degré p, on a $i(z^*).t = 0$ si $p < n$, et, pour $x_i \in M$ $(1 \leqslant i \leqslant p)$, $x_j^* \in M^*$ $(1 \leqslant j \leqslant n)$ et $p \geqslant n$, on a, en vertu des formules (58), (59) et (60) de III, p. 162,

$$(66)\qquad i(x_1^* \otimes x_2^* \otimes \cdots \otimes x_n^*).(x_1 \otimes x_2 \otimes \cdots \otimes x_p) = \Big(\prod_{j=1}^{n} \langle x_j^*, x_j\rangle\Big)\, x_{n+1} \otimes \cdots \otimes x_p$$

$$(67)\qquad i(x_1^* x_2^* \ldots x_n^*).(x_1 x_2 \ldots x_p) = \sum_\sigma \Big(\prod_{j=1}^{n} \langle x_j^*, x_{\sigma(j)}\rangle\Big) x_{\sigma(n+1)} \ldots x_{\sigma(p)}$$

(68) $$i(x_1^* \wedge x_2^* \wedge \cdots \wedge x_n^*).(x_1 \wedge x_2 \wedge \cdots \wedge x_p) = (-1)^{n(n-1)/2} \sum_\sigma \varepsilon_\sigma \Big(\prod_{j=1}^n \langle x_j^*, x_{\sigma(j)}\rangle\Big) x_{\sigma(n+1)} \wedge \cdots \wedge x_{\sigma(p)}$$

où, dans les formules (67) et (68), σ parcourt l'ensemble des permutations $\sigma \in \mathfrak{S}_p$ qui sont *croissantes* dans les intervalles $[1, n]$ et $[n+1, p]$.

On peut encore écrire, avec les notations de produit intérieur,

$$\langle t \llcorner u^*, v^*\rangle = \langle t, \theta_{\mathsf{T}}(u^*v^*)\rangle \qquad \text{pour } t \in \mathsf{T}(\mathrm{M}),\ u^*, v^* \text{ dans } \mathsf{T}(\mathrm{M}^*)$$
$$\langle t \llcorner u^*, v^*\rangle = \langle t, \theta_{\mathsf{S}}(u^*v^*)\rangle \qquad \text{pour } t \in \mathsf{S}(\mathrm{M}),\ u^*, v^* \text{ dans } \mathsf{S}(\mathrm{M}^*)$$
$$\langle v^*, u^* \lrcorner t\rangle = \langle \theta_\wedge(u^* \wedge v^*), t\rangle \qquad \text{pour } t \in \textstyle\bigwedge(\mathrm{M}),\ u^*, v^* \text{ dans } \bigwedge(\mathrm{M}^*).$$

Nous laissons au lecteur le soin d'expliciter les formules analogues pour les produits intérieurs gauches, utilisant cette fois les formules (61), (62) et (63) de III, p. 162.

On peut appliquer ce qui précède en remplaçant M par son dual M*; il faut alors remplacer M* par le bidual M** et T(M*), par exemple, est ainsi muni d'une structure de module à droite sur l'algèbre T(M**). Mais l'application canonique $c_{\mathrm{M}} : \mathrm{M} \to \mathrm{M}^{**}$ définit un homomorphisme d'algèbres $\mathsf{T}(c_{\mathrm{M}}) : \mathsf{T}(\mathrm{M}) \to \mathsf{T}(\mathrm{M}^{**})$, au moyen duquel T(M*) est muni d'une structure de T(M)-*module à droite*. On munit de même S(M*) (resp. $\bigwedge(\mathrm{M}^*)$) d'une structure de S(M)-*module à droite* (resp. $\bigwedge(\mathrm{M})$-*module à gauche*). Les formules explicites donnant les lois externes de ces modules se déduisent aussitôt des précédentes en y échangeant les rôles de M et de M*. On remarquera que, pour tout $x \in \mathrm{M}$, $i(x)$ est toujours une *dérivation* (resp. une *antidérivation de carré nul*) de l'algèbre graduée S(M*) (resp. $\bigwedge(\mathrm{M}^*)$).

PROPOSITION 11. — *L'homomorphisme canonique* $\theta_{\mathsf{T}} : \mathsf{T}(\mathrm{M}^*) \to \mathsf{T}(\mathrm{M})^{*\mathrm{gr}}$ (resp. $\theta_{\mathsf{S}} : \mathsf{S}(\mathrm{M}^*) \to \mathsf{S}(\mathrm{M})^{*\mathrm{gr}}$, resp. $\theta_\wedge : \bigwedge(\mathrm{M}^*) \to \bigwedge(\mathrm{M})^{*\mathrm{gr}}$) *est un homomorphisme de* T(M)-*modules à droite* (resp. *de* S(M)-*modules à droite*, resp. *de* $\bigwedge(\mathrm{M})$-*modules à gauche*).

Montrons en premier lieu que, pour $z^* \in \mathsf{T}(\mathrm{M}^*)$ et $t \in \mathsf{T}(\mathrm{M})$, on a

(69) $$\theta_{\mathsf{T}}(z^* \llcorner t) = \theta_{\mathsf{T}}(z^*) \llcorner t.$$

Puisque M est un système générateur de l'algèbre T(M), on peut se borner à prouver (69) lorsque $t = x \in \mathrm{M}$; on peut en outre se borner au cas où $z^* = x_1^* \otimes x_2^* \otimes \cdots \otimes x_p^*$, avec les $x_j^* \in \mathrm{M}^*$, et on a alors, d'après (66) (III, p. 165) où on a interverti les rôles de M et M*, $z^* \llcorner x = \langle x, x_1^*\rangle x_2^* \otimes \cdots \otimes x_p^*$. Par suite, quels que soient $y_2, \ldots, y_p$ dans M, on a

$$\langle \theta_{\mathsf{T}}(z^* \llcorner x), y_2 \otimes y_3 \otimes \cdots \otimes y_p\rangle = \langle x, x_1^*\rangle \prod_{j=2}^p \langle y_j, x_j^*\rangle$$
$$= \langle \theta_{\mathsf{T}}(z^*), x \otimes y_2 \otimes \cdots \otimes y_p\rangle = \langle \theta_{\mathsf{T}}(z^*) \llcorner x, y_2 \otimes \cdots \otimes y_p\rangle$$

d'où (69).

Prouvons en second lieu que pour $z^* \in \mathsf{S}(M^*)$ et $t \in \mathsf{S}(M)$, on a

$$\theta_{\mathsf{S}}(z^* \llcorner t) = \theta_{\mathsf{S}}(z^*) \llcorner t. \tag{70}$$

Comme ci-dessus, on peut se limiter au cas où $t = x \in M$. Mais en outre, ici $i(x)$ est une *dérivation* de $\mathsf{S}(M^*)$ et une *dérivation* de $\mathsf{S}(M)^{*gr}$. Par suite (III, p. 126, corollaire), il suffit de vérifier (70) pour $z^* = x^* \in M^*$, puisque M^* est un système générateur de $\mathsf{S}(M^*)$; mais cela est trivial, les deux membres étant alors égaux à $\langle x^*, x\rangle$. On raisonne de même pour prouver la relation

$$\theta_{\wedge}(t \lrcorner z^*) = t \lrcorner \theta_{\wedge}(z^*) \tag{71}$$

pour $z^* \in \wedge(M^*)$ et $t \in \wedge(M)$: on observe alors que pour $x \in M$, $i(x)$ est une *antidérivation* aussi bien dans $\wedge(M^*)$ que dans $\wedge(M)^{*gr}$ et on utilise III, p. 126, corollaire. On a un résultat analogue pour les produits intérieurs gauches.

10. Explicitation des produits intérieurs dans le cas d'un module libre de type fini

Soient M un A-module libre de type fini, $(e_i)_{1 \leqslant i \leqslant n}$ une base de M, $(e_i^*)_{1 \leqslant i \leqslant n}$ la base duale de M^*. Pour toute suite finie $s = (i_1, \ldots, i_p)$ d'éléments de $[1, n]$, posons $e_s = e_{i_1} \otimes e_{i_2} \otimes \cdots \otimes e_{i_p}$ (resp. $e_s^* = e_{i_1}^* \otimes \cdots \otimes e_{i_p}^*$). On sait (III, p. 62, th. 1) que les e_s forment une *base* du A-module $\mathsf{T}(M)$ et les e_s^* une *base* du A-module $\mathsf{T}(M^*)$. Si s, t sont deux suites finies d'éléments de $[1, n]$, nous noterons $s.t$ la suite obtenue de la façon suivante: si $s = (i_1, \ldots, i_p)$ et $t = (j_1, \ldots, j_q)$, $s.t$ est la suite $(i_1, \ldots, i_p, j_1, \ldots, j_q)$ à $p + q$ termes. On a donc $e_{s.t} = e_s \otimes e_t$. Il résulte alors de (66) que l'on a

$$\begin{cases} e_s \llcorner e_t^* = 0 & \text{si } s \text{ n'est pas de la forme } t.u \\ e_{t.u} \llcorner e_t^* = e_u \end{cases} \tag{72}$$

De même, l'algèbre symétrique $\mathsf{S}(M)$ a pour base l'ensemble des monômes e^α pour $\alpha \in \mathbf{N}^n$ (III, p. 75, th. 1), et $\mathsf{S}(M^*)$ l'ensemble des monômes $e^{*\alpha}$ pour $\alpha \in \mathbf{N}^n$; rappelons (III, p. 155) que l'on note u_α, pour $|\alpha| = k$, les éléments de la base de $(\mathsf{S}^k(M))^*$, duale de la base $(e^\alpha)_{|\alpha|=k}$ de $\mathsf{S}^k(M)$; les u_α, pour $\alpha \in \mathbf{N}^n$, forment donc une base de $\mathsf{S}(M)^{*gr}$. La définition du produit intérieur droit par e^β dans $\mathsf{S}(M)^{*gr}$ comme transposée de la multiplication par e^β dans $\mathsf{S}(M)$ montre alors que l'on a

$$\begin{cases} u_\alpha \llcorner e^\beta = 0 & \text{si } \alpha \not\geqslant \beta \\ u_\alpha \llcorner e^\beta = u_{\alpha-\beta} & \text{si } \alpha \geqslant \beta \end{cases} \tag{73}$$

De même, puisque $\mathsf{S}(M)$ s'identifie ici canoniquement au dual gradué de $\mathsf{S}(M)^{*gr}$, $i(u_\beta)$ est le transposé gradué de la multiplication par u_β dans $\mathsf{S}(M)^{*gr}$, donc on déduit de la table de multiplication (33) (III, p. 155) de la base (u_α) que l'on a

$$\begin{cases} e^\alpha \llcorner u_\beta = 0 & \text{si } \alpha \not\geqslant \beta \\ e^\alpha \llcorner u_\beta = ((\beta, \alpha - \beta))e^{\alpha-\beta} & \text{si } \alpha \geqslant \beta \end{cases} \tag{74}$$

Quant au produit intérieur droit d'un élément de S(M) par un élément de S(M*), la définition de ce produit (III, p. 165) et la formule (34) de III, p. 155 permettent de déduire de (74) les formules

$$(75)\qquad \begin{cases} e^{\alpha} \llcorner e^{*\beta} = 0 & \text{si } \alpha \not\geqslant \beta \\ e^{\alpha} \llcorner e^{*\beta} = \dfrac{\alpha!}{(\alpha-\beta)!}\, e^{\alpha-\beta} & \text{si } \alpha \geqslant \beta. \end{cases}$$

On a des formules analogues pour le produit intérieur d'un élément de S(M*) par un élément de S(M) en échangeant les rôles de M et M* (puisque M** s'identifie ici à M).

Remarque. — La donnée de la base $(e_i)_{1\leqslant i\leqslant n}$ permet d'identifier l'algèbre S(M) à l'algèbre de polynômes $A[X_1, \ldots, X_n]$ (III, p. 75); la formule (75) montre que le produit intérieur par $e^{*\alpha}$ n'est autre que l'opérateur différentiel $D^{\alpha} = D_1^{\alpha_1}D_2^{\alpha_2}\ldots D_n^{\alpha_n}$, où $D_i = \partial/\partial X_i$ pour $1 \leqslant i \leqslant n$ (III, p. 134, *Exemple*).

Considérons enfin l'algèbre extérieure $\bigwedge(M)$, qui a pour base l'ensemble des éléments e_J, où J parcourt l'ensemble des parties de l'intervalle $(1, n)$ de **N** (III, p. 86, th. 1); de même $\bigwedge(M^*)$ a pour base les éléments e_J^*. Il résulte de la formule (68) de III, p. 166 que l'on a

$$(76)\qquad \begin{cases} e_K^* \lrcorner e_J = 0 & \text{si } K \not\subset J \\ e_K^* \lrcorner e_J = (-1)^{p(p-1)/2}\rho_{K,J-K}e_{J-K} & \text{si } K \subset J \text{ et } p = \mathrm{Card}(K), \end{cases}$$

$\rho_{K,J-K}$ étant le nombre défini par la formule (19) de III, p. 87. On a des formules analogues en échangeant les rôles de M et M*.

11. Isomorphismes entre $\bigwedge^p(M)$ et $\bigwedge^{p-n}(M^*)$ pour un module libre M de dimension n

PROPOSITION 12. — *Soit* M *un* A-*module libre de dimension* n; *soit* $e \in \bigwedge^n(M)$ *un élément formant une base de* $\bigwedge^n(M)$, *et soit* e^* *l'élément de* $\bigwedge^n(M^*)$ *tel que* $\{(-1)^{n(n-1)/2}\theta_{\wedge}(e^*)\}$ *soit la base duale de* $\{e\}$ *dans* $(\bigwedge^n(M))^*$. *Soit* $\varphi : \bigwedge(M^*) \to \bigwedge(M)$ *l'application* $z \mapsto z \lrcorner e^*$, *et* $\varphi' : \bigwedge(M^*) \to \bigwedge(M)$ *l'application* $z^* \mapsto z^* \lrcorner e$. *Soit* φ_p (resp. φ'_p) *la restriction de* φ (resp. φ') *à* $\bigwedge^p(M)$ (resp. $\bigwedge^p(M^*)$). *Alors*:

(i) *L'application* φ *est un isomorphisme de* $\bigwedge(M)$-*modules à gauche, et l'application* φ' *un isomorphisme de* $\bigwedge(M^*)$-*modules à gauche*; *en outre les applications* φ *et* φ' *sont réciproques l'une de l'autre.*

(ii) *L'application* φ_p *est un isomorphisme du* A-*module* $\bigwedge^p(M)$ *sur le* A-*module* $\bigwedge^{n-p}(M^*)$ *et l'application* φ'_p *est un isomorphisme du* A-*module* $\bigwedge^p(M^*)$ *sur le* A-*module* $\bigwedge^{n-p}(M)$.

(iii) *Si l'on pose* $B(u, v^*) = \langle u, \theta_{\wedge}(v^*)\rangle$ *pour* $u \in \bigwedge(M)$ *et* $v^* \in \bigwedge(M^*)$, *on a, pour* $u^* \in \bigwedge^p(M^*)$ *et* $v^* \in \bigwedge^{n-p}(M^*)$,

$$(77)\qquad B(\varphi'_p(u^*), v^*) = (-1)^{p(n-p)}B(u^*, \varphi'_{n-p}(v^*)).$$

Le fait que φ soit $\wedge(\mathrm{M})$-linéaire et que φ' soit $\wedge(\mathrm{M}^*)$-linéaire résulte des formules $(u \wedge v) \lrcorner e^* = u \lrcorner (v \lrcorner e^*)$ et $(u^* \wedge v^*) \lrcorner e = u^* \lrcorner (v^* \lrcorner e)$ (III, p. 157, formule (37), compte tenu de ce que $\theta_\wedge$ est un isomorphisme de $\wedge(\mathrm{M}^*)$ sur l'algèbre opposée à $\wedge(\mathrm{M})^*$). Il existe d'autre part une base $(e_i)_{1 \leqslant i \leqslant n}$ de M telle que $e = e_1 \wedge e_2 \wedge \cdots \wedge e_n$ et $e^* = (-1)^{n(n-1)/2} e_1^* \wedge e_2^* \wedge \cdots \wedge e_n^*$, où (e_i^*) est la base duale de (e_i). Posons $\mathrm{I} = [1, n]$; il résulte de (76) (III, p. 168) que l'on a, pour toute partie J de I à p éléments

$$(78) \qquad \begin{cases} \varphi(e_\mathrm{J}) = (-1)^{\frac{n(n-1)}{2} + \frac{p(p-1)}{2}} \rho_{\mathrm{J},\mathrm{I}-\mathrm{J}} e^*_{\mathrm{I}-\mathrm{J}} \\ \varphi'(e^*_\mathrm{J}) = (-1)^{p(p-1)/2} \rho_{\mathrm{J},\mathrm{I}-\mathrm{J}} e_{\mathrm{I}-\mathrm{J}} \end{cases}$$

Ceci prouve que φ et φ' sont bijectives; en outre, on a $\rho_{\mathrm{J},\mathrm{I}-\mathrm{J}}\rho_{\mathrm{I}-\mathrm{J},\mathrm{J}} = (-1)^{p(n-p)}$ (III, p. 87, formule (21)); comme le nombre

$$\frac{n(n-1)}{2} + \frac{p(p-1)}{2} + \frac{(n-p)(n-p-1)}{2} + p(n-p) = n(n-1)$$

est *pair*, on en conclut que φ et φ' sont réciproques l'une de l'autre. Enfin, pour prouver (77), il suffit de prendre $u^* = e^*_\mathrm{J}$ et $v^* = e^*_{\mathrm{I}-\mathrm{J}}$; la vérification résulte encore de la définition de $\theta_\wedge$, des formules (78) et de la relation $\rho_{\mathrm{J},\mathrm{I}-\mathrm{J}}\rho_{\mathrm{I}-\mathrm{J},\mathrm{J}} = (-1)^{p(n-p)}$ (III, p. 87, formule (21)). On notera que pour $u^* \in \wedge^p(\mathrm{M}^*)$ et $v^* \in \wedge^{n-p}(\mathrm{M}^*)$, $\mathrm{B}(\varphi'_p(u^*), v^*)$ est, au signe près, le coefficient de $u^* \wedge v^*$ par rapport à la base $\{e^*\}$ de $\wedge^n(\mathrm{M}^*)$.

PROPOSITION 13. — *Avec les hypothèses et notations de la prop.* 11, *on a, pour tout endomorphisme g du* A-*module* M

$$(79) \qquad (\det g)\varphi = \wedge({}^t g) \circ \varphi \circ \wedge(g).$$

Il est clair que l'on a $\wedge({}^t g) = \theta_\wedge^{-1} \circ ({}^t\wedge(g)) \circ \theta_\wedge$; puisque $\wedge(g)$ est un endomorphisme de l'*algèbre* $\wedge(\mathrm{M})$, et que par définition, on a, pour tout $z \in \wedge(\mathrm{M})$, $\theta_\wedge(\wedge(g)(z) \lrcorner e^*) = \theta_\wedge(e^*) \llcorner \theta_\wedge(\wedge(g)(z))$, on déduit de la formule (42) de III, p. 158 que

$$\begin{aligned} ((\theta_\wedge^{-1} \circ ({}^t\wedge(g)) \circ \theta_\wedge) \circ \varphi \circ \wedge(g))(z) &= \theta_\wedge^{-1}({}^t\wedge(g)(\theta_\wedge(e^*)) \llcorner z) \\ &= z \lrcorner (\wedge({}^t g)(e^*)) = (\det g)(z \lrcorner e^*) = (\det g)\varphi(z) \end{aligned}$$

compte tenu de III, p. 95, prop. 8.

COROLLAIRE. — *Pour tout automorphisme g de* E, *on a*

$$(80) \qquad \wedge({}^t g^{-1}) = (\det g)^{-1} \varphi \circ (\wedge(g)) \circ \varphi^{-1}$$

12. Application au sous-espace associé à un p-vecteur

Soient K un corps, E un espace vectoriel sur K. Rappelons qu'à tout p-vecteur $z \in \wedge^p(\mathrm{E})$ on associe un sous-espace M_z de E, de dimension finie, à savoir le plus petit sous-espace vectoriel M de E tel que $z \in \bigwedge^p(M)$ (III, p. 79, corollaire).

PROPOSITION 14. — (i) *L'orthogonal de* M_z *dans* E^* *est l'ensemble des* $x^* \in E^*$ *tels que* $x^* \lrcorner z = 0$.

(ii) *Le sous-espace* M_z *associé à* z *est l'image de* $\bigwedge^{p-1}(E^*)$ *par l'application* λ_z: $u^* \mapsto u^* \lrcorner z$ *de* $\bigwedge^{p-1}(E^*)$ *dans* E.

Notons N l'image de λ_z. Pour $x^* \in E^*$ et $u^* \in \bigwedge^{p-1}(E^*)$, on a

$$\begin{aligned}\langle \theta_\wedge(x^*), u^* \lrcorner z\rangle &= \langle \theta_\wedge(u^* \wedge x^*), z\rangle = (-1)^{p-1}\langle \theta_\wedge(x^* \wedge u^*), z\rangle \\ &= (-1)^{p-1}\langle \theta_\wedge(u^*), x^* \lrcorner z\rangle.\end{aligned}$$

Par suite, pour que x^* soit orthogonal à N, il faut et il suffit que $x^* \lrcorner z$ soit orthogonal à $\theta_\wedge(\bigwedge(E^*))$. Or, cette dernière condition équivaut à dire que $x^* \lrcorner z = 0$; en effet, soit $(e_\lambda)_{\lambda \in L}$ une base de E; en munissant L d'une structure d'ordre total, on a vu (III, p. 86, th. 1) que les e_J, pour J parcourant l'ensemble $\mathfrak{F}(L)$ des parties finies de L, forment une base de $\bigwedge(E)$; il résulte alors de la formule (30) de III, p. 153 que les éléments $\theta_\wedge(e_J^*)$ sont, au signe près, les formes coordonnées sur $\bigwedge(E)$ relatives à la base (e_J); d'où notre assertion.

L'orthogonal de N est donc formé des $x^* \in E^*$ tels que $x^* \lrcorner z = 0$ et la conclusion de (i) résultera donc de (ii).

Montrons d'abord que $N \subset M_z$. En effet, soit M un sous-espace vectoriel de E tel que $z \in \bigwedge(M)$, et soit j: $M \to E$ l'injection canonique; notons μ_z l'application $v^* \mapsto v^* \lrcorner z$ de $\bigwedge^{p-1}(M^*)$ dans M; il résulte de la formule (60) de III, p. 162 que l'on a une factorisation canonique

$$\lambda_z\colon \bigwedge^{p-1}(E^*) \xrightarrow{\bigwedge^{p-1}({}^t j)} \bigwedge^{p-1}(M^*) \xrightarrow{\mu_z} M \xrightarrow{j} E$$

ce qui prouve que $N \subset M$, donc $N \subset M_z$ par définition de M_z. Il reste à voir que $N = M_z$. Supposons le contraire: il existerait alors une base $(e_i)_{1 \leqslant i \leqslant n}$ de M_z et un élément $x^* \in E^*$ tel que $\langle x^*, e_1\rangle = 1$, $\langle x^*, e_j\rangle = 0$ pour $2 \leqslant j \leqslant n$, et tel que x^* soit orthogonal à N, donc $x^* \lrcorner z = 0$. Posons $z = \sum_H a_H e_H$, où la somme est étendue aux parties à p éléments de $[1, n]$. En vertu de (68) (III, p. 166), on a

$$\begin{aligned} x^* \lrcorner e_H &= 0 &\quad& \text{si } 1 \notin H \\ x^* \lrcorner e_{\{1\} \cup H} &= e_H && \text{si } H \subset [2, n] \end{aligned}$$

ce qui montre que la relation $x^* \lrcorner z = 0$ entraîne $a_H = 0$ pour $1 \in H$. Mais ceci est impossible, car z appartiendrait alors à $\bigwedge^p(M')$, où M' est le sous-espace de M engendré par $e_2, \ldots, e_n$.

13. *p*-vecteurs purs. Grassmanniennes

Soient K un corps, E un espace vectoriel sur K. On dit qu'un p-vecteur $z \in \bigwedge^p(E)$ est *pur* (ou parfois *décomposable*) s'il est non nul et s'il existe des vecteurs $x_1, \ldots, x_p$ dans E tels que $z = x_1 \wedge x_2 \wedge \cdots \wedge x_p$. Pour cela, il faut et il suffit que le sous-espace M_z associé à z (qui est toujours de dimension $\geqslant p$ pour $z \neq 0$) soit *exactement* de dimension p (puisque $\wedge^p(M_z)$ est alors de dimension 1). En particulier, tout scalaire *non nul*, tout élément non nul de $E = \wedge^1(E)$, tout élément non nul de $\wedge^n(E)$ lorsque E est de dimension n, est *pur*.

PROPOSITION 15. — *Soit* E *un espace vectoriel de dimension n, et soit e un élément* $\neq 0$ *de* $\wedge^p(E)$ (*formant donc une base de cet espace vectoriel*). *Soit* $\varphi : \wedge(E) \to \wedge(E^*)$ *l'isomorphisme d'espaces vectoriels associé à e* (III, p. 168, prop. 12). *Si z est un élément pur de* $\wedge^p(E)$, *alors* $\varphi(z)$ *est un élément pur de* $\wedge^{n-p}(E^*)$, *et les sous-espaces associés à z et à* $\varphi(z)$ *sont orthogonaux.*

Les cas $p = 0$ et $p = n$ sont triviaux. Supposons donc $1 \leqslant p \leqslant n - 1$ et soit $z = x_1 \wedge \cdots \wedge x_p \neq 0$. Il existe alors une base $(e_i)_{1 \leqslant i \leqslant n}$ de E telle que $e_i = x_i$ pour $1 \leqslant i \leqslant p$, et $e = e_1 \wedge e_2 \wedge \cdots \wedge e_n$. On conclut alors de la formule (78) de III, p. 169 que l'on a $\varphi(z) = \pm e^*_{p+1} \wedge \cdots \wedge e^*_n$, d'où la proposition.

COROLLAIRE. — *Si* E *est de dimension n, tout* $(n - 1)$*-vecteur non nul sur* E *est pur.*

PROPOSITION 16. — *Pour qu'un élément* $z \neq 0$ *de* $\wedge^p(E)$ *soit pur, il faut et il suffit que l'on ait, pour tout* $u^* \in \wedge^{p-1}(E^*)$

(81) $$(u^* \lrcorner z) \wedge z = 0.$$

Le cas $p = 0$ étant trivial, nous supposerons $p \geqslant 1$. Si $z = x_1 \wedge \cdots \wedge x_p$, la formule (68) (III, p. 166) avec $n = p - 1$ montre que $u^* \lrcorner z$ est combinaison linéaire des x_i $(1 \leqslant i \leqslant p)$, d'où (81). Si au contraire le sous-espace M_z associé à z est de dimension $> p$, considérons une base $(e_j)_{1 \leqslant j \leqslant n}$ de ce sous-espace, avec $n > p$. Il résulte de la prop. 13 de III, p. 169 que chacun des e_j est de la forme $u^* \lrcorner z$ pour un $u \in \wedge^{p-1}(E^*)$, et la relation (81) entraîne donc $e_j \wedge z = 0$ pour $1 \leqslant j \leqslant n$. Il s'en suit que dans l'expression $z = \sum_H a_H e_H$ (où H parcourt l'ensemble des parties à p éléments de $[1, n]$) tous les coefficients a_H sont nuls, d'où $z = 0$ contrairement à l'hypothèse.

Le critère de la prop. 16 équivaut à écrire les conditions (81) lorsque u^* parcourt une *base* de $\wedge^{p-1}(E^*)$. En particulier, supposons que E soit de dimension finie n, et soit $(e_i)_{1 \leqslant i \leqslant n}$ une base de E. Les conditions (81) sont alors équivalentes aux conditions

(82-(J, H)) $$\langle e^*_J, (e^*_H \lrcorner z) \wedge z \rangle = 0$$

quelles que soient les parties J, H de $[1, n]$ telles que $\mathrm{Card}(J) = p + 1$ et $\mathrm{Card}(H) = p - 1$. Or, si I et I' sont deux parties à p éléments de $[1, n]$, les formules (76) de III, p. 168 et la table de multiplication (20) de III, p. 87 montrent que l'on a $\langle e^*_J, (e^*_H \lrcorner e_I) \wedge e_{I'} \rangle = 0$ *sauf* s'il existe un $i \in [1, n]$ tel que $I - H = \{i\}$, et $J - I' = \{i\}$, auquel cas on a

(83) $$\langle e^*_J, (e^*_H \lrcorner e_I) \wedge e_{I'} \rangle = (-1)^{(p-1)(p-2)/2} \varepsilon_{i, J, H}$$

où $\varepsilon_{i, J, H} = \rho_{\{i\}, H}\rho_{\{i\}, I'}$; on peut encore dire que pour $i \in J \cap \complement H$, $\varepsilon_{i, J, H}$ est égal à $+1$ si le nombre d'éléments de J qui sont $<i$ et le nombre d'éléments de H qui sont $<i$ ont *même parité*, et -1 dans le cas contraire.

Il en résulte aussitôt que si l'on pose $z = \sum_{\mathrm{I}} a_{\mathrm{I}} e_{\mathrm{I}}$, où I parcourt l'ensemble des parties à p éléments de $(1, n)$, la relation (82-(J, H)) est équivalente à la relation

$$(84\text{-}(\mathrm{J}, \mathrm{H})) \qquad \sum_{i \in \mathrm{J} \cap \complement \mathrm{H}} \varepsilon_{i, \mathrm{J}, \mathrm{H}} a_{\mathrm{J} - \{i\}} a_{\mathrm{H} \cup \{i\}} = 0.$$

Les relations (84) sont appelées les *relations de Grassmann*: ce sont donc des conditions nécessaires et suffisantes (lorsque J décrit l'ensemble des parties à $p + 1$ éléments et H l'ensemble des parties à $p - 1$ éléments de $(1, n)$) pour que l'élément $z \neq 0$ de $\wedge^p(\mathrm{E})$ soit *pur*.

On notera que les relations (84) ne sont pas indépendantes. Par exemple, pour $n = 4$ et $p = 2$, les relations de Grassmann se réduisent à l'unique relation

$$(85) \qquad a_{12}a_{34} - a_{13}a_{24} + a_{14}a_{23} = 0.$$

Soit $\mathrm{D}_p(\mathrm{E})$ le sous-ensemble de $\wedge^p(\mathrm{E})$ formé des p-vecteurs *purs*; il est clair que $\mathrm{D}_p(\mathrm{E})$ est saturé pour la relation d'équivalence entre u et v: « il existe $\lambda \in \mathrm{K}^*$ tel que $v = \lambda u$ », et que deux éléments u, v de $\mathrm{D}_p(\mathrm{E})$ sont équivalents pour cette relation si et seulement si les sous-espaces M_u et M_v de E qui leur sont associés sont les mêmes. On obtient donc ainsi une *bijection canonique* de *l'ensemble des sous-espaces vectoriels de dimension* p de E sur *l'image* $\mathbf{G}_p(\mathrm{E})$ *de* $\mathrm{D}_p(\mathrm{E})$ *dans l'espace projectif* $\mathbf{P}(\wedge^p(\mathrm{E}))$ associé à $\wedge^p(\mathrm{E})$. Le sous-ensemble $\mathbf{G}_p(\mathrm{E})$ de $\mathbf{P}(\wedge^p(\mathrm{E}))$ s'appelle la *grassmannienne* d'indice p de l'espace vectoriel E. Lorsque E est de dimension finie et que $(e_i)_{1 \leqslant i \leqslant n}$ est une base de E, la grassmannienne d'indice p est l'ensemble des points de $\mathbf{P}(\wedge^p(\mathrm{E}))$ dont un système de coordonnées homogènes (a_{I}) (relativement à la base (e_{I}) de $\wedge^p(\mathrm{E})$) vérifie les relations de Grassmann (84).

Lorsque $\mathrm{E} = \mathrm{K}^n$, on écrit parfois $\mathbf{G}_{n,p}(\mathrm{K})$ au lieu de $\mathbf{G}_p(\mathrm{K}^n)$, de sorte que $\mathbf{G}_{n,1}(\mathrm{K}) = \mathbf{P}_{n-1}(\mathrm{K})$. L'application $\mathrm{M} \mapsto \mathrm{M}^\circ$ qui, à tout sous-espace de dimension p de $\mathrm{E} = \mathrm{K}^n$ fait correspondre le sous-espace *orthogonal* dans E^* (identifié à K^n par le choix de la base duale de la base canonique de K^n) définit donc une *bijection* canonique de $\mathbf{G}_{n,p}(\mathrm{K})$ sur $\mathbf{G}_{n,n-p}(\mathrm{K})$; la prop. 15 de III, p. 171, montre que cette bijection est la *restriction* à $\mathbf{G}_{n,p}(\mathrm{K})$ d'un *isomorphisme* canonique de l'espace projectif $\mathbf{P}(\wedge^p(\mathrm{K}^n))$ sur l'espace projectif $\mathbf{P}(\wedge^{n-p}(\mathrm{K}^n))$.

APPENDICE

ALGÈBRES ALTERNATIVES. OCTONIONS

1. Algèbres alternatives

Soient A un anneau commutatif, F une A-algèbre (non nécessairement associative). Pour trois éléments quelconques x, y, z de F, on pose

$$(1) \qquad a(x,y,z) = x(yz) - (xy)z$$

(*associateur* de x, y, z); a est évidemment une application A-trilinéaire de $F \times F \times F$ dans F.

Lemme 1. — *Quels que soient* p, q, r, s *dans l'algèbre* F, *on a*

$$a(pq, r, s) - a(p, qr, s) + a(p, q, rs) = a(p, q, r)s + pa(q, r, s). \tag{2}$$

La vérification résulte aussitôt de la définition (1).

PROPOSITION 1. — *Pour une* A-*algèbre* F, *les conditions suivantes sont équivalentes*:

a) *Pour tout couple d'éléments* x, y *de* F, *la sous-algèbre engendrée par* x *et* y *est associative.*

b) *L'application trilinéaire* $(x, y, z) \mapsto a(x, y, z)$ *est alternée* (III, p. 80).

c) *Pour tout couple d'éléments* x, y *de* F, *on a* $x^2y = x(xy)$ *et* $yx^2 = (yx)x$.

Il est clair que a) implique c). Montrons que c) implique b): en effet, par définition (III, p. 80), pour prouver b), il suffit de vérifier que $a(x, x, y) = 0$ et $a(x, y, y) = 0$, ce qui n'est autre que c).

Pour établir l'implication *b)* ⇒ *a)*, nous prouverons les 4 lemmes suivants.

Lemme 2. — *Soient* E *une* A-*algèbre telle que l'application trilinéaire* $(x, y, z) \mapsto a(x, y, z)$ *soit alternée,* S *un système générateur de* E, U *un sous-A-module de* E *contenant* S *et tel que* $sU \subset U$ *et* $Us \subset U$ *pour tout* $s \in S$. *Alors on a* $U = E$.

En effet, l'ensemble U′ des $x \in E$ tels que $xU \subset U$ et $Ux \subset U$ est évidemment un sous-A-module de E, qui contient S par hypothèse. D'autre part, pour x, y dans U′ et $u \in U$, on a par hypothèse

$$(xy)u = x(yu) + a(x, y, u) = x(yu) - a(x, u, y) = x(yu) - (xu)y + x(uy) \in U;$$

par passage à l'algèbre opposée, on a de même $u(xy) \in U$. Donc U′ est une *sous-algèbre* de E, et puisqu'elle contient S, on a $U' = E$. On a donc $EU \subset U$, et *a fortiori* $UU \subset U$, ce qui prouve que U est une sous-algèbre de E; comme elle contient S, on a $U = E$, ce qui démontre le lemme.

Disons qu'une partie H de F est *fortement associative* si $a(u, v, w) = 0$ lorsque *deux au moins* des éléments u, v, w appartiennent à H.

Lemme 3. — *Supposons l'application* a *alternée. Si* H *est une partie fortement associative de* F, *la sous-algèbre de* F *engendrée par* H *est fortement associative.*

Comme l'ensemble des parties fortement associatives de F est inductif, il suffit de prouver que si H est une partie fortement associative *maximale* de F, H est alors une *sous-algèbre* de F. Comme H est évidemment un sous-A-module de F, il suffit de voir que pour deux éléments quelconques u, v de H, $H \cup \{uv\}$ est encore fortement associative, car en vertu de la définition de H, cela entraînera $uv \in H$. Or, pour tout $z \in H$ et tout $t \in F$, on a en vertu de (2)

$$a(uv, t, z) - a(u, vt, z) + a(u, v, tz) = 0$$

puisque H est fortement associative; comme u, v, z sont dans H, on a aussi

$a(u, vt, z) = a(u, v, tz) = 0$, d'où $a(uv, t, z) = 0$. Compte tenu de ce que a est alternée, cela montre que $a(p, q, r) = 0$ chaque fois que deux au moins des éléments p, q, r appartiennent à $H \cup \{uv\}$, d'où le lemme.

Lemme 4. — *Supposons l'application a alternée. Alors, pour tout* $x \in F$, *la sous-algèbre de* F *engendrée par x est fortement associative.*

En effet, on a $a(u, v, w) = 0$ chaque fois que deux des trois éléments u, v, w sont égaux à x, et il suffit d'appliquer lc lemme 3.

Lemme 5. — *Supposons l'application a alternée, et soient* X, Y *deux sous-algèbres fortement associatives de* F. *Alors la sous-algèbre* E *engendrée par* $X \cup Y$ *est associative.*

En effet, soit Z l'ensemble des $z \in E$ tels que $a(u, v, z) = 0$ quels que soient $u \in X$ et $v \in Y$; c'est évidemment un sous-A-module contenant X et Y puisque X et Y sont fortement associatives; en vertu du lemme 2, il suffira de voir que pour $u \in X$ et $v \in Y$, on a $uZ \subset Z$, $vZ \subset Z$, $Zu \subset Z$ et $Zv \subset Z$. Or, pour u, u' dans X, $v \in Y$ et $z \in Z$, on a d'après (2) (III, p. 173)

$$a(u'u, z, v) - a(u', uz, v) + a(u', u, zv) = a(u', u, z)v + u'a(u, z, v) = 0$$

en vertu du fait que X est fortement associative et de la définition de Z. Mais comme X est fortement associative, $a(u', u, zv) = 0$ et puisque $u'u \in X$, $a(u'u, z, v) = 0$ par définition de Z. On a donc bien $a(u', uz, v) = 0$ ce qui montre que $uZ \subset Z$. En appliquant maintenant (2) avec $(p, q, r, s) = (v, z, u, u')$, on obtient de même $Zu \subset Z$. Echangeant les rôles de X et Y (en tenant compte de ce que a est alternée), on obtient $vZ \subset Z$ et $Zv \subset Z$; d'où le lemme.

Il suffit maintenant, pour achever de montrer que b) implique a) dans la prop. 1, de prendre $X = \{x\}$ et $Y = \{y\}$, en utilisant le lemme 4.

DÉFINITION 1. — *On dit qu'une* A-*algèbre* F *est alternative si elle satisfait aux condition équivalentes de la prop.* 1.

Une algèbre associative est évidemment alternative. Nous donnerons dans III, p. 176 un exemple d'algèbre alternative qui n'est pas associative.

Si F est une A-algèbre alternative, toute A-algèbre $F \otimes_A A'$ obtenue à partir de F par extension des scalaires (III, p. 7) est une A'-algèbre alternative, comme il résulte de la condition b) de la prop. 1.

2. Algèbres cayleyennes alternatives

PROPOSITION 2. — *Soient* A *un anneau,* F *une* A-*algèbre cayleyenne, e son élément unité,* $s : x \mapsto \bar{x}$ *sa conjugaison,* $N : F \to A$ *sa norme cayleyenne* (III, p. 15).

(i) *Pour que* F *soit alternative, il faut et il suffit que l'on ait, pour tout couple d'éléments* x, y *de* F, $x^2y = x(xy)$.

(ii) *Si* F *est alternative, on a* $N(xy) = N(x)N(y)$ *quels que soient* x, y *dans* F.

(iii) *Supposons* F *alternative. Pour qu'un élément* $x \in F$ *soit inversible il faut et il suffit que* $N(x)$ *soit inversible dans* Ae; *l'inverse de* x *est alors unique et égal à* $N(x)^{-1}\bar{x}$; *en le notant* x^{-1}, *on a*

$$x^{-1}(xy) = x(x^{-1}y) = y$$

pour tout $y \in F$.

La condition $x^2y = x(xy)$ est évidemment nécessaire pour que F soit alternative (III, p. 173, prop. 1). Inversement, si elle est vérifiée pour tout couple d'éléments de F, en l'appliquant à $\bar{x}$ et $\bar{y}$, elle donne $\bar{x}^2\bar{y} = \bar{x}(\bar{x}\,\bar{y})$; appliquant à cette relation la conjugaison s, il vient $yx^2 = (yx)x$, de sorte que les conditions c) de la prop. 1 de III, p. 173 sont satisfaites.

On a évidemment $a(e, x, y) = 0$ quels que soient x, y dans F. Si F est alternative, on déduit donc de la prop. 1 (III, p. 173) que la sous-algèbre G de F engendrée par e, x et y est associative. Comme $\bar{x} = -x + T(x) \in -x + Ae$, on a $\bar{x} \in G$, et de même $\bar{y} \in G$. Ceci étant, on a $N(xy) = (xy)(\overline{xy}) = xy.\bar{y}.\bar{x} = N(y)x\bar{x} = N(y)N(x)$, compte tenu de ce que $N(y) \in Ae$. Ceci prouve b).

Démontrons enfin c). Si $N(x)$ est inversible dans Ae, et si l'on pose $x' = N(x)^{-1}\bar{x}$, on a $xx' = x'x = e$, car $N(x) = x\bar{x} = \bar{x}x$. Réciproquement, si x admet un inverse à gauche x'', on a $N(x'')N(x) = N(e) = e$ par b), et $N(x)$ est inversible dans Ae; de plus, comme $x' = N(x)^{-1}\bar{x}$ est dans la sous-algèbre engendrée par x et e, les éléments x, x' et x'' appartiennent à la sous-algèbre associative engendrée par x, x'' et e, donc on a $x'' = x''(xx') = (x''x)x' = x'$, d'où l'assertion d'unicité. Les formules $x^{-1}(xy) = x(x^{-1}y) = y$ résultent de ce que x^{-1}, x et y sont éléments de la sous-algèbre engendrée par x, y et e, qui est associative. C.Q.F.D.

PROPOSITION 3. — *Soient* E *une* A-*algèbre cayleyenne,* γ *un élément de* A *et* F *l'extension cayleyenne de* E *définie par* γ *et la conjugaison de* E (III, p. 17, prop. 5). *Pour que* F *soit alternative, il faut et il suffit que* E *soit associative.*

Soient $u = (x, y)$, $v = (x', y')$ deux éléments de F (x, y, x', y' étant dans E). On a (III, p. 17, formule (27))

$$(3) \qquad \begin{cases} u^2v = ((x^2 + \gamma\bar{y}y)x' + \gamma\bar{y}'(y\bar{x} + yx), (y\bar{x} + yx)\bar{x}' + y'(x^2 + \gamma\bar{y}y)) \\ u(uv) = (x(xx' + \gamma\bar{y}'y) + \gamma(x'\bar{y} + \bar{x}.\bar{y}')y, y(\bar{x}'\bar{x} + \gamma\bar{y}y') + (y\bar{x}' + y'x)x). \end{cases}$$

En tenant compte de ce que $\bar{y}y$ et $\bar{x} + x$ sont dans Ae, l'examen de ces formules montre que l'associativité de E entraîne $u^2v = u(uv)$, donc le fait que F est alternative (III, p. 174, prop. 2). Réciproquement, si F est alternative, l'égalité $u^2v = u(uv)$ appliquée pour $y' = 0$ donne

$$(y\bar{x} + yx)\bar{x}' = y(\bar{x}'\bar{x}) + (y\bar{x}')x.$$

Or le premier membre est égal à $(yT(x))\bar{x}' = y(\bar{x}'T(x)) = y(\bar{x}'x + \bar{x}'\bar{x})$; comparant au second membre, il vient $(y\bar{x}')x = y(\bar{x}'x)$, ce qui prouve l'associativité de E, puisque x, y et $\bar{x}'$ sont arbitraires dans E. C.Q.F.D.

3. Octonions

Soit E une algèbre de quaternions de type (α, β, γ) sur A (III, p. 18, *Exemple* 2), et soit $\delta \in A$. L'extension cayleyenne F de E définie par δ et la conjugaison de E s'appelle une *algèbre d'octonions* sur A, et on dit qu'elle est de type $(\alpha, \beta, \gamma, \delta)$. En vertu de la prop. 3 de III, p. 175, F est une algèbre *alternative*. Elle possède une base $(e_i)_{0 \leqslant i \leqslant 7}$ de 8 éléments, définis par

$$\begin{array}{llll} e_0 = (e, 0), & e_1 = (i, 0), & e_2 = (j, 0), & e_3 = (k, 0) \\ e_4 = (0, e), & e_5 = (0, i), & e_6 = (0, j), & e_7 = (0, k) \end{array}$$

où (e, i, j, k) est la base de E définie *loc. cit.*; il est clair que e_0 (aussi noté e) est l'élément unité de F. Si $u = \sum_{i=0}^{7} \xi_i e_i$ est un élément de F (avec les $\xi_i \in A$), les formules (23), (24) de III, p. 17 et (31) de III, p. 18 donnent pour le conjugué, la trace et la norme de l'octonion u

$$(4) \quad \begin{cases} \bar{u} = (\xi_0 + \beta\xi_1)e_0 - \sum_{i=1}^{7} \xi_i e_i \\ T_F(u) = 2\xi_0 + \beta\xi_1 \\ N_F(u) = \xi_0^2 + \beta\xi_0\xi_1 - \alpha\xi_1^2 - \gamma(\xi_2^2 + \beta\xi_2\xi_3 - \alpha\xi_3^2) \\ \qquad\qquad - \delta(\xi_4^2 + \beta\xi_4\xi_5 - \alpha\xi_5^2) + \gamma\delta(\xi_6^2 + \beta\xi_6\xi_7 - \alpha\xi_7^2) \end{cases}$$

Soient maintenant $u = (x, y)$, $u' = (x', y')$ et $u'' = (x'', y'')$ trois octonions (les éléments x, x', x'', y, y', y'' appartenant à E). Les formules (24) et (27) de III, p. 17 donnent

$$\begin{aligned} T_F((uu')u'') &= T(xx'x'') + \delta T(\bar{y}'yx'') + \delta T(\bar{y}''y\bar{x}') + \delta T(\bar{y}''y'x) \\ T_F(u(u'u'')) &= T(xx'x'') + \delta T(x''\bar{y}'y) + \delta T(\bar{x}'\bar{y}''y) + \delta T(x\bar{y}''y') \end{aligned}$$

(où T désigne la trace dans E et où l'on tient compte de ce que E est associative). Comme $T(xy) = T(yx)$ quels que soient les quaternions x, y (III, p. 16, formule (17)), on en déduit

$$(5) \qquad T_F((uu')u'') = T_F(u(u'u''))$$

Etudions en particulier les *octonions de type* $(-1, 0, -1, -1)$: les formules (4) se simplifient alors en

$$(6) \quad \begin{cases} \bar{u} = \xi_0 e_0 - \sum_{i=1}^{7} \xi_i e_i \\ T_F(u) = 2\xi_0 \\ N_F(u) = \sum_{i=0}^{7} \xi_i^2. \end{cases}$$

* Si l'on prend pour A le corps $\mathbf{R}$ des nombres réels, les octonions de type $(-1, 0, -1, -1)$ sur $\mathbf{R}$ s'appellent les *octonions* (ou *octaves*) *de Cayley*. Il résulte de la prop. 2, (ii) de III, p. 174 que tout octonion de Cayley $\neq 0$ est *inversible*.*

PROPOSITION 4. — *Soit* F *une algèbre d'octonions de type* $(-1, 0, -1, -1)$ *sur* A. *Il existe un espace vectoriel* V *de dimension* 3 *sur le corps à deux éléments* $\mathbf{Z}/2\mathbf{Z}$ *et une bijection* $\lambda \mapsto e'_\lambda$ *de* V *sur la base* $(e_i)_{0 \leqslant i \leqslant 7}$ *telle que*

$$(7) \qquad e'_0 = e_0, \qquad e'_\lambda e'_\mu = \pm e'_{\lambda+\mu}$$

quels que soient λ, μ *dans* V. *Pour qu'on ait* $e'_\lambda(e'_\mu e'_\nu) = (e'_\lambda e'_\mu)e'_\nu$, *il suffit que, dans* V, λ, μ, ν, *soient linéairement dépendants sur* $\mathbf{Z}/2\mathbf{Z}$*; cette condition est nécessaire si* $2 \neq 0$ *dans* A.

Gardons les notations du début de ce n°. Il résulte des formules (33) de III, p. 18, que l'ensemble S formé des éléments $\pm e_0$, $\pm e_1$, $\pm e_2$, $\pm e_3$ est stable pour la multiplication. En outre, pour x, y, y' dans E, on a, en vertu de la formule (22) de III, p. 16,

$$(8) \quad (x,0)(0,y') = (0,y'x), \qquad (0,y')(x,0) = (0,y'\bar{x}), \qquad (0,y)(0,y') = (-\bar{y}'y,0)$$

de sorte que l'ensemble T formé des éléments $\pm e_i$ $(0 \leqslant i \leqslant 7)$ est stable pour la multiplication; en outre, sa table de multiplication est *indépendante* de l'anneau A.

En particulier, soient A″ le corps $\mathbf{Z}/2\mathbf{Z}$ à deux éléments, et soient E″ l'algèbre des quaternions de type (1, 0, 1) sur A″, F″ l'algèbre des octonions de type (1, 0, 1, 1) sur A″; soit $(e''_i)_{0 \leqslant i \leqslant 7}$ la base de F″ formée comme ci-dessus. Puisque $-e''_i = e''_i$, l'ensemble T″ des e''_i a 8 éléments et est stable par la multiplication; en outre, il résulte aussitôt de ce qui précède que l'application $\theta : \mathrm{T} \to \mathrm{T}''$ telle que $\theta(e_i) = \theta(-e_i) = e''_i$ pour $0 \leqslant i \leqslant 7$ est un homomorphisme pour la multiplication. D'ailleurs l'algèbre des quaternions E″ est ici commutative, donc F″ est associative (III, p. 17, prop. 5); de plus, la conjugaison dans F″ est ici l'identité. Donc T″ est un *groupe*, et les formules (8) montrent qu'il est *commutatif*; ces formules et les formules (33) de III, p. 18 montrent que le carré de tout élément de T″ est l'unité. Si l'on désigne par V le groupe T″ écrit en notation additive, V peut être muni d'une seule manière d'une structure d'espace vectoriel sur $\mathbf{Z}/2\mathbf{Z}$, nécessairement de dimension 3 puisque $\mathrm{Card}(\mathrm{V}) = 8 = 2^{\dim(\mathrm{V})}$.

Pour tout $\lambda \in \mathrm{V}$, notons alors e'_λ l'élément de $(e_i)_{0 \leqslant i \leqslant 7}$ tel que $\theta(e'_\lambda) = \lambda$; on a $e'_0 = e_0$; en outre, comme θ est un homomorphisme et que la relation $\theta(x) = \theta(y)$ équivaut à $x = \pm y$, on a $e'_\lambda e'_\mu = \pm e'_{\lambda+\mu}$. Si λ, μ, ν sont linéairement indépendants sur $\mathbf{Z}/2\mathbf{Z}$, ils forment une base de V, donc tous les éléments e_i $(0 \leqslant i \leqslant 7)$ appartiennent à la sous-algèbre engendrée par e'_λ, e'_μ et e'_ν; lorsque $2 \neq 0$ dans A, on ne peut par suite avoir $e'_\lambda(e'_\mu e'_\nu) = (e'_\lambda e'_\mu)e'_\nu$, car F serait associative, donc E serait commutative (III, p. 17, prop. 5), ce qui contredit les relations (33) de III, p. 18. Au contraire, si λ, μ, ν sont linéairement dépendants dans V, les trois éléments e'_λ, e'_μ, e'_ν appartiennent à une sous-algèbre à 2 générateurs de F, qui est par suite associative (III, p. 173, prop. 1); d'où la conclusion.

Remarque. — Comme

$$\bar{e}'_\lambda = -e'_\lambda \qquad \text{pour } \lambda \neq 0, \text{ on a}$$
$$e'^2_\lambda = -e_0 \qquad \text{pour } \lambda \neq 0,$$
$$e'_\mu e'_\lambda = -e'_\lambda e'_\mu \qquad \text{pour } \lambda \neq 0, \mu \neq 0 \text{ et } \mu \neq \lambda.$$

Exercices

§ 1

1) Soient E une algèbre sur un corps (commutatif) K, L un surcorps commutatif de K. Montrer que si l'algèbre $E_{(L)}$ admet un élément unité, il en est de même de E (cf. II, p. 123, prop. 6).

§ 2

1) Soit E une A-algèbre ayant une base de deux éléments e_1, e_2 et un élément unité $e = \lambda e_1 + \mu e_2$.

a) Montrer que l'idéal $\mathfrak{a}$ de A engendré par λ et μ est l'anneau A tout entier (dans le cas contraire, noter que l'on aurait $E/\mathfrak{a}E = E \otimes_A (A/\mathfrak{a}) = \{0\}$ contrairement au fait que $A/\mathfrak{a} \neq \{0\}$ et que E est un A-module libre).

b) Si α, β sont deux éléments de A tels que $\alpha\lambda + \beta\mu = 1$, montrer que les éléments e et $u = \beta e_1 - \alpha e_2$ forment encore une base de E, et en déduire que E est une A-algèbre quadratique.

2) Montrer que toute algèbre quadratique sur $\mathbf{Z}$ est isomorphe à une algèbre de type $(0, n)$ avec $n \in \mathbf{N}$, ou à une algèbre de type $(m, 0)$ avec m non carré, ou à une algèbre du type $(m, 1)$ où m est un entier qui n'est pas de la forme $k(k - 1)$; en outre, ces algèbres sont deux à deux non isomorphes.

3) *a*) Soit K un corps commutatif. Montrer que, pour que K soit le centre d'une algèbre de quaternions de type (α, β, γ) sur K, il faut et il suffit que l'on soit dans l'un des cas suivants : 1° $\beta\gamma \neq 0$; 2° $\gamma = 0$, $\beta \neq 0$ et $\beta^2 + 4\alpha \neq 0$; 3° $\beta = 0$, $\alpha \neq 0$ ou $\gamma \neq 0$ et $2 \neq 0$ dans K.

b) Soit K un corps commutatif tel que $2 \neq 0$ dans K ; montrer que l'algèbre de quaternions sur K de type $(1, \gamma)$ est isomorphe à l'algèbre des matrices $\mathbf{M}_2(K)$ (considérer la base de cette algèbre formée des éléments $\frac{1}{2}(1 + i)$, $\frac{1}{2}(1 - i)$, $\dfrac{1}{2\gamma}(j + k)$, $\frac{1}{2}(j - k)$).

c) Soit K un corps commutatif tel que $2 \neq 0$ dans K, et soit E l'algèbre de quaternions sur K de type (α, γ). On dit qu'un quaternion $z \in E$ est *pur* si $\bar{z} = -z$ (on encore $T(z) = 0$).

Montrer que si z est pur, il en est de même de tout quaternion tzt^{-1}, où $t \in E$ est inversible.
d) Si u, v sont deux quaternions quelconques, $uv - vu$ est pur. En déduire que si u, v, w sont trois quaternions quelconques, on a

$$(uv - vu)^2 w = w(uv - vu)^2.$$

e) Montrer que s'il existe dans E un quaternion $z \neq 0$ tel que $N(z) = 0$, il existe aussi un quaternion pur $z' \neq 0$ tel que $N(z') = 0$. (Remarquer avec les notations de la formule (33) (III, p. 18) que, si α n'est pas un carré dans K, l'existence de $z \neq 0$ dans E tel que $N(z) = 0$ équivaut à l'existence d'un élément $y \in K + Ki$ tel que $\gamma = N(y)$.)

5) Sur un corps commutatif K dans lequel $2 = 0$, toute algèbre de quaternions E de type $(\alpha, 0, \gamma)$ est commutative et le carré de tout $x \in E$ appartient à K; la sous-algèbre $K(x)$ de E engendrée par un élément $x \in K$ est donc une algèbre quadratique de type $(\lambda, 0)$ sur K, et E est une algèbre quadratique sur $K(x)$.

Montrer que l'ensemble C des $x \in E$ dont le carré est égal au carré d'un élément de K, est un sous-espace vectoriel de E dont la dimension est égale à 1, 2 ou 4. Si C est de dimension 1 (auquel cas $C = K$), E est un corps. Si C est de dimension 2, il existe une algèbre quadratique $K(x)$ contenue dans E qui est un corps, et E a une base sur $K(x)$ formée de deux éléments 1 et u avec $u^2 = 0$; l'ensemble des $y \in E$ tels que $y^2 = 0$ est un idéal $\mathfrak{a}$ de dimension 2 sur K, et $E/\mathfrak{a}$ est isomorphe à $K(x)$. Enfin, si C est de dimension 4 (donc égal à E), l'ensemble $\mathfrak{a}$ des $y \in E$ tels que $y^2 = 0$ est un idéal de dimension 3, et $E/\mathfrak{a}$ est isomorphe à K; il existe dans E une base $(1, e_1, e_2, e_3)$ telle que $e_1^2 = e_2^2 = e_3^2 = 0$, $e_1e_2 = e_3$, $e_1e_3 = e_2e_3 = 0$; $Ke_3 = \mathfrak{b}$ est le seul idéal de dimension 1 dans E, $\mathfrak{b}$ est l'annulateur de $\mathfrak{a}$, et $\mathfrak{a}/\mathfrak{b}$ est somme directe de deux idéaux de $E/\mathfrak{b}$, de dimension 1, qui s'annulent mutuellement.

6) Soient K un corps commutatif dans lequel $2 \neq 0$, E une algèbre de quaternions sur K du type $(0, 0, \gamma)$.
a) Si γ n'est pas un carré dans K, il n'existe pas dans E d'idéal à gauche (resp. à droite) de dimension 1 sur K; l'ensemble $\mathfrak{a}$ des $x \in E$ tels que $x^2 = 0$ est un idéal bilatère de dimension 2 sur K et $E/\mathfrak{a}$ est un corps, algèbre quadratique sur K.
b) Si γ est un carré $\neq 0$ dans K, il existe dans E une base $(e_i)_{1 \leq i \leq 4}$ ayant la table de multiplication suivante:

	e_1	e_2	e_3	e_4
e_1	e_1	0	e_3	0
e_2	0	e_2	0	e_4
e_3	0	e_3	0	0
e_4	e_4	0	0	0

L'ensemble $\mathfrak{a}$ des $x \in E$ tels que $x^2 = 0$ est un idéal bilatère de dimension 2, somme directe des deux idéaux bilatères Ke_3 et Ke_4 qui s'annulent mutuellement; ces derniers sont les seuls idéaux (à gauche ou à droite) de dimension 1 dans E. L'algèbre quotient $E/\mathfrak{a}$ est isomorphe au produit de deux corps isomorphes à K.
c) Si $\gamma = 0$, l'ensemble $\mathfrak{a}$ des $x \in E$ tels que $x^2 = 0$ est un idéal bilatère de dimension 3; $Kk = \mathfrak{b}$ est le seul idéal (à gauche ou à droite) de dimension 1 dans E; c'est un idéal bilatère, annulateur de $\mathfrak{a}$ à gauche et à droite. Dans l'algèbre quotient $E/\mathfrak{b}$, $\mathfrak{a}/\mathfrak{b}$ est somme directe de deux idéaux bilatères de dimension 1, qui s'annulent mutuellement; enfin $E/\mathfrak{a}$ est un corps isomorphe à K.

7) Soient K un corps commutatif dans lequel $2 \neq 0$, E l'algèbre sur K ayant une base de quatre éléments $1, i, j, k$ (1 élément unité) avec la table de multiplication

$$i^2 = j^2 = k^2 = 1, \qquad ij = ji = k, \qquad jk = kj = i, \qquad ki = ik = j.$$

Montrer que E est isomorphe au produit de quatre corps isomorphes à K (considérer la base de E formée des éléments $(1 + \varepsilon i)(1 + \varepsilon' j)$, où ε et ε' sont égaux à 1 ou à -1).

L'algèbre E est l'algèbre (sur K) du produit de deux groupes cycliques d'ordre 2. Généraliser à l'algèbre du groupe produit de n groupes cycliques d'ordre 2 (cf. III, p. 36, *Exemple* 2).

8) Le *groupe quaternionien* $\mathfrak{Q}$ (I, p. 134, exerc. 4) est isomorphe au groupe multiplicatif des huit quaternions ± 1, $\pm i$, $\pm j$, $\pm k$ dans l'algèbre de quaternions de type $(-1, -1)$ sur un corps dans lequel $2 \neq 0$. Montrer que l'algèbre du groupe $\mathfrak{Q}$ sur un corps K dans lequel $2 \neq 0$ est isomorphe au produit de quatre corps isomorphes à K et de l'algèbre des quaternions de type $(+1, -1)$ sur K (si c est l'élément de $\mathfrak{Q}$ qui correspond au quaternion -1, les éléments de $\mathfrak{Q}$ peuvent s'écrire $e, i, j, k, c, ci, cj, ck$; considérer la base de E formée des éléments $\frac{1}{2}(e + c)$, $\frac{1}{2}(e - c)$, $\frac{1}{2}(e + c)i$, $\frac{1}{2}(e - c)i$, $\frac{1}{2}(e + c)j$, $\frac{1}{2}(e - c)j$, $\frac{1}{2}(e + c)k$, $\frac{1}{2}(e - c)k$).

9) *a*) Montrer que l'algèbre E du *groupe diédral* $\mathbf{D}_4$ d'ordre 8 (I, p. 134, exerc. 4) sur un corps K dans lequel $2 \neq 0$, est isomorphe au produit de quatre corps isomorphes à K et de l'algèbre des matrices d'ordre 2 sur K. (Si a, b sont les deux générateurs de $\mathbf{D}_4$ introduits dans I, p. 134, exerc. 4, les éléments de $\mathbf{D}_4$ s'écrivent $a^i b^j$ avec $0 \leqslant i \leqslant 3$, $0 \leqslant j \leqslant 1$; considérer la base de E formée des quatre éléments $\frac{1}{2}(e + a^2)$, $\frac{1}{2}(e - a^2)$, $\frac{1}{2}(a + a^3)$, $\frac{1}{2}(a - a^3)$, et de ces quatre éléments multipliés à droite par b; utiliser l'exerc. 4 de III, p. 179). En déduire que, si -1 est un carré dans K, les algèbres sur K des groupes *non isomorphes* $\mathfrak{Q}$ et $\mathbf{D}_4$ sont *isomorphes*.
b) Montrer de même que l'algèbre F du groupe diédral $\mathbf{D}_3$ d'ordre 6 sur un corps K dans lequel $2 \neq 0$ et $3 \neq 0$, est isomorphe au produit de deux corps isomorphes à K et de l'algèbre des matrices d'ordre 2 sur K (considérer ici la base de F formée des éléments $e + a + a^2$, $a + a^2 - 2e$, $a - a^2$, et de ces trois éléments multipliés à droite par b).

10) Soient G un groupe, H un sous-groupe distingué de G. Montrer que, si $\mathfrak{a}$ est l'idéal bilatère de l'algèbre de groupe $A^{(G)}$, engendré par les éléments $ts - s$, où t parcourt H et s parcourt G, l'algèbre de groupe $A^{(G/H)}$ est isomorphe à l'algèbre quotient $A^{(G)}/\mathfrak{a}$.

11) Soient A un anneau commutatif, S un monoïde commutatif d'élément neutre e. On suppose donnée sur A une loi d'action $(s, x) \mapsto x^s$ ayant S comme domaine d'opérateurs, telle que, pour tout $s \in S$, l'application $x \mapsto x^s$ soit un *automorphisme* de l'anneau A, et que $(x^s)^t = x^{st}$ quels que soient $x \in A$, s et t dans S (ce qui implique que e est opérateur neutre pour la loi d'action considérée). Cela étant, sur le A-module $A^{(S)}$, dont on désignera par (b_s) la base canonique, on définit une loi de composition multiplicative par la relation

$$\Big(\sum_s x_s b_s\Big)\Big(\sum_s y_s b_s\Big) = \sum_s \Big(\sum_{tu=s} a_{t,u} x_t y_u^s\Big) b_s$$

où les $a_{s,t}$ appartiennent à A.

Montrer que cette loi et l'addition dans $A^{(S)}$ définissent sur cet ensemble une structure d'*anneau*, pourvu que les $a_{s,t}$ satisfassent aux conditions

$$a_{s,t} a_{st,u} = a_{tu}^s a_{s,tu}$$

quels que soient s, t, u dans S. L'élément b_e est élément unité pour cet anneau si l'on a en outre $a_{e,s} = a_{s,e} = 1$ pour tout $s \in S$; dans ce cas on peut identifier A à un sous-anneau de $A^{(S)}$, et si C désigne le sous-anneau de A formé des éléments invariants par tous les automorphismes $x \mapsto x^s$, $A^{(S)}$ est une C-algèbre, qu'on appelle *produit croisé* de l'anneau A et du monoïde S, relativement au *système de facteurs* $(a_{s,t})$. Si l'on remplace le système de facteurs $(a_{s,t})$ par $\left(\frac{c_s c_t^s}{c_{st}} a_{s,t}\right)$, où, pour tout $s \in S$, c_s est un élément inversible de A et $c_e = 1$, le nouveau produit croisé obtenu est *isomorphe* au produit croisé défini par le système de facteurs $(a_{s,t})$.

Si on prend en particulier pour A une algèbre quadratique sur un anneau C, pour S un groupe cyclique d'ordre 2, soit $\{e, s\}$, tel que $x^s = \bar{x}$ pour $x \in A$, montrer que tout produit croisé de A et S est une *algèbre de quaternions* sur C.

12) Soit I un ensemble non vide. Montrer que les éléments du magma libre M(I) peuvent

être identifiés aux suites $(a_i)_{1 \leqslant i \leqslant n}$ (n entier $\geqslant 1$ arbitraire) où les a_i sont, soit des éléments de I, soit un signe spécial P (qui représente les « parenthèses ouvertes »), ces suites vérifiant les conditions suivantes :

(i) La longueur n de la suite est égale à deux fois le nombre des signes P qui y figurent, plus 1.

(ii) Pour tout $k \leqslant n - 1$, le nombre des signes P qui figurent dans la suite partielle $(a_i)_{1 \leqslant i \leqslant k}$ est $\geqslant k/2$.

(Utiliser E, I, p. 42–45, pour associer à chaque suite (a_i) un élément de M(I) ; par exemple, à la suite PPPxyzPxy correspond le mot $(((xy)z)(xy))$.)

¶ 13) Soient A un anneau commutatif, E un A-module. On définit par récurrence un A-module E_n en posant

$$E_1 = E, \qquad E_n = \bigoplus_{p+q=n} (E_p \otimes_A E_q) \qquad \text{pour } n \geqslant 2.$$

On pose $ME = \bigoplus_{n=1}^{\infty} E_n$, et on définit sur ME une structure de A-algèbre en posant, pour $x_p \in E_p$ et $x_q \in E_q$, $x_p x_q = x_p \otimes x_q \in E_{p+q}$.

a) Montrer que pour toute A-algèbre B et toute application A-linéaire $f : E \rightarrow B$, il existe un A-homomorphisme d'algèbres ME $\rightarrow$ B et un seul qui prolonge f. On dit que ME est l'*algèbre libre du* A-*module* E.

b) On définit par récurrence sur n un entier $a(n)$ par les formules

$$a(1) = 1, \qquad a(n) = \sum_{p+q=n} a(p)a(q) \qquad \text{si } n \geqslant 2.$$

Montrer que E_n est isomorphe à la somme directe de $a(n)$ modules isomorphes à $E^{\otimes n}$.

c) Soit $f(T)$ la série formelle $\sum_{n=1}^{\infty} a(n)T^n$. Montrer que $f(T) = T + (f(T))^2$. * En déduire les formules

$$f(T) = \frac{1 - \sqrt{1 - 4T}}{2} \quad \text{et} \quad a(n) = 2^{n-1} \frac{1.3.5\ldots(2n-1)}{n!}. *$$

d) Si I est un ensemble quelconque et $E = A^{(I)}$ montrer que $\mathrm{Lib}_A(I)$ s'identifie à ME. On a des homomorphismes canoniques $M(I) \xrightarrow{\omega} \mathbf{N}^{(I)} \xrightarrow{l} \mathbf{N}$, dont le composé est la longueur dans M(I) ; on dit que $\omega(m)$ est le *multidegré* de $m \in M(I)$; l'application ω définit sur $\mathrm{Lib}_A(I)$ une graduation de type $\mathbf{N}^{(I)}$. Montrer que l'ensemble $(\mathrm{Lib}_A(I))_\alpha$ des éléments homogènes de multidegré $\alpha \in \mathbf{N}^{(I)}$ pour cette graduation est un A-module libre de rang égal à

$$a(\alpha) = a(n)\frac{n!}{\alpha!} = 2^{n-1}\frac{1.3.5\ldots(2n-1)}{\alpha!}\;.$$

où $\alpha! = \prod_{i \in I} (\alpha(i))!$ et $n = \sum_{i \in I} \alpha(i) = l(\alpha)$ est la longueur de α.

14) *a*) Soit M un monoïde dont on note $\top$ la loi de composition; on suppose en outre M *totalement ordonné* par une relation d'ordre $x \leqslant y$, telle que les relations $x < y$ et $x' \leqslant y'$, ou $x \leqslant y$ et $x' < y'$, entraînent $x \top x' < y \top y'$. Montrer que si A est un anneau intègre, l'algèbre sur A du monoïde M n'a pas de diviseurs de 0.

b) En déduire que si A est un anneau intègre, toute algèbre de polynômes $A[(X_i)_{i \in I}]$ est un anneau intègre.

c) Si A est un anneau intègre, f et g deux polynômes de $A[(X_i)_{i \in I}]$ tels que fg soit homogène et $\neq 0$, montrer que f et g sont homogènes. En particulier, les éléments inversibles de l'anneau $A[(X_i)_{i \in I}]$ sont les éléments inversibles de l'anneau A.

15) Soit A un anneau commutatif, n un entier $\geqslant 2$ tel que pour tout $a \in A$, l'équation $nx = a$ ait une solution $x \in A$. Soit m un entier $\geqslant 1$, et soit u un polynôme de A[X] de la forme $X^{mn} + f(X)$, où f est de degré $\leqslant mn - 1$; montrer qu'il existe un polynôme $v \in A[X]$

de la forme $X^m + w$ où w est de degré $\leqslant m - 1$, tel que $u - v^n$ soit nul ou de degré $< m(n-1)$.

16) Soient A un anneau commutatif, $u = \sum_{k=0}^{m} a_k X^k$ un diviseur de 0 dans l'anneau A[X]. Montrer que si $v = \sum_{k=0}^{n} b_k X^k$ est un élément $\neq 0$ de A[X] de degré n, tel que $uv = 0$, il existe un polynôme $w \neq 0$, de degré $\leqslant n - 1$, tel que $uw = 0$. (Se ramener au cas où $b_0 \neq 0$; si $a_k v = 0$ pour $0 \leqslant k \leqslant m - 1$, montrer qu'on peut prendre $w = b_0$; si $a_k v = 0$ pour $0 \leqslant k < p \leqslant m - 1$ et $a_p v \neq 0$, montrer qu'on a $a_p b_0 = 0$ et par suite qu'on peut prendre $w = \sum_{k=0}^{n-1} a_p b_{k+1} X^k$.) En déduire qu'il existe un élément $c \neq 0$ de A tel que $cu = 0$.

17) Soit A un anneau commutatif. Montrer que, dans l'algèbre A[X] des polynômes à une indéterminée sur A, l'application $(u, v) \mapsto u(v)$ est une loi de composition associative et distributive à gauche par rapport à l'addition et à la multiplication dans A[X]. Si A est un anneau intègre, montrer que la relation $u(v) = 0$ entraîne que $u = 0$ ou que v est constant, et que si $u \neq 0$ et que le degré de v est > 0, le degré de $u(v)$ est égal au produit des degrés de u et de v.

18) Soient K un corps commutatif, K[X] l'anneau des polynômes à une indéterminée sur K. Montrer que tout automorphisme s de l'anneau K[X] laisse invariant K (III, p. 181, exerc. 14 *c*)) et induit sur K un automorphisme de ce corps; en outre, montrer qu'on a nécessairement $s(X) = aX + b$, avec $a \neq 0$ dans K et $b \in K$ (cf. exerc. 17). Réciproquement, montrer que la donnée d'un automorphisme σ de K et de deux éléments a, b de K tels que $a \neq 0$ définit un automorphisme s de K[X] et un seul tel que $s \mid K = \sigma$ et $s(X) = aX + b$. Si G est le groupe de tous les automorphismes de l'anneau K[X], N le sous-groupe de G formé des automorphismes de la structure de K-*algèbre* de K[X], montrer que N est un sous-groupe distingué de G et que G/N est isomorphe au groupe des automorphismes du corps K; le groupe N est isomorphe au groupe défini sur l'ensemble $K^* \times K$ par la loi de composition $(\lambda, \mu)(\lambda', \mu') = (\lambda\lambda', \lambda'\mu + \mu')$.

19) Démontrer l'identité polynomiale à 8 indéterminées

$$\begin{aligned}(X_1^2 + X_2^2 + X_3^2 + X_4^2)(Y_1^2 + Y_2^2 + Y_3^2 + Y_4^2) &= (X_1Y_1 - X_2Y_2 - X_3Y_3 - X_4Y_4)^2 \\ &+ (X_1Y_2 + X_2Y_1 + X_3Y_4 - X_4Y_3)^2 \\ &+ (X_1Y_3 + X_3Y_1 + X_4Y_2 - X_2Y_4)^2 \\ &+ (X_1Y_4 + X_4Y_1 + X_2Y_3 - X_3Y_2)^2.\end{aligned}$$

(Appliquer la formule (32) de III, p. 18, dans une algèbre de quaternions convenable.)

20) Montrer qu'il n'existe aucune identité polynomiale à 6 indéterminées

$$(X_1^2 + X_2^2 + X_3^2)(Y_1^2 + Y_2^2 + Y_3^2) = P^2 + Q^2 + R^2$$

où P, Q, R sont trois polynômes à coefficients dans **Z**, par rapport aux indéterminées X_i et Y_i. (Observer que $15 = 3.5$ ne peut se mettre sous la forme $p^2 + q^2 + r^2$, où p, q, r sont des entiers.)

21) Soit S un monoïde multiplicatif d'élément neutre e, vérifiant la condition (D) de III, p. 27, et satisfaisant en plus aux deux conditions suivantes: 1° la relation $st = e$ entraîne $s = t = e$; 2° pour tout $s \in S$ le nombre n de termes d'une suite finie $(t_i)_{1 \leqslant i \leqslant n}$ d'éléments *distincts de e* et tels que $t_1 t_2 \ldots t_n = s$, est inférieur à un nombre fini $\nu(s)$ ne dépendant que de s.

Montrer que, pour qu'un élément $x = \sum_{s \in T} \alpha_s s$ de l'algèbre large de S sur un anneau A soit inversible, il faut et il suffit que α_e soit inversible dans A (se ramener au cas où $\alpha_e = 1$ et utiliser l'identité $e - z^{n+1} = (e - z)(e + z + \cdots + z^n)$).

22) Si K est un corps commutatif, montrer que dans l'anneau des séries formelles $K[[X_1, X_2, \ldots, X_p]]$, il n'y a qu'un seul idéal maximal, égal à l'ensemble des éléments non inversibles. Au contraire, montrer que dans l'anneau de polynômes $K[X_1, \ldots, X_p]$ pour $p \geqslant 1$, il existe toujours plusieurs idéaux maximaux distincts.

23) Soit K un corps commutatif; montrer qu'il n'existe aucune série formelle $u(X, Y) \in K[[X, Y]]$ telle que, pour un entier $m > 0$, on ait $(X + Y)u(X, Y) = X^m Y^m$.

24) Soit K un corps commutatif, et soit k un entier tel que $k \neq 0$ dans K. Montrer que pour toute série formelle u de $K[[X]]$ de terme constant égal à 1, il existe une série formelle $v \in K[[X]]$ telle que $v^k = u$.

25) Soit A un anneau *commutatif ou non*, et soit σ un endomorphisme de A. Sur le groupe additif produit $E = A^{\mathbf{N}}$ on définit une loi de composition en posant $(\alpha_n)(\beta_n) = (\gamma_n)$, où $\gamma_n = \sum_{p+q=n} \alpha_p \sigma^p(\beta_q)$ (avec la convention $\sigma^0(\xi) = \xi$).

a) Montrer que cette loi définit, avec l'addition dans E, une structure d'*anneau* sur E, admettant comme élément unité e la suite (α_n) où $\alpha_0 = 1$ et $\alpha_n = 0$ pour $n \geqslant 1$. L'application qui, à tout $\xi \in A$, fait correspondre l'élément $(\alpha_n) \in E$ tel que $\alpha_0 = \xi$, $\alpha_n = 0$ pour $n \geqslant 1$, est un isomorphisme de A sur un sous-anneau de E, auquel on l'identifie. On écrit alors $\sum_{n=0}^{\infty} \alpha_n X^n$ au lieu de (α_n), et l'on a $X^p \beta = \sigma^p(\beta) X^p$ pour tout $\beta \in A$; si $u = \sum_{n=0}^{\infty} \alpha_n X^n \neq 0$, le plus petit entier n tel que $\alpha_n \neq 0$ est appelé l'*ordre* de u et noté $\omega(u)$.

b) Si A est un anneau sans diviseur de 0 et si σ est un isomorphisme de A sur un sous-anneau de A, montrer que E est un anneau sans diviseur de 0 et qu'on a $\omega(uv) = \omega(u) + \omega(v)$ pour $u \neq 0$ et $v \neq 0$.

c) Pour que $u = \sum_{n=0}^{\infty} \alpha_n X^n$ soit inversible, il faut et il suffit que α_0 soit inversible dans A.

d) On suppose que A soit un corps, et σ un *automorphisme* de A. Montrer que E admet un corps des quotients à gauche (I, p. 155, exerc. 15) et que dans ce corps F, tout élément $\neq 0$ s'écrit d'une seule manière sous la forme uX^{-h}, où u est un élément de E d'ordre 0.

¶ * 26) *a*) Soient A et B deux parties *bien ordonnées* de $\mathbf{R}$ (qui sont nécessairement dénombrables; cf. TG, IV, § 2, exerc. 1). Montrer que A + B est bien ordonné et que, pour tout $c \in A + B$, il n'existe qu'un nombre fini de couples (a, b) tels que $a \in A$, $b \in B$ et $a + b = c$ (pour montrer qu'une partie non vide de A + B a un plus petit élément, on considérera sa borne inférieure dans $\mathbf{R}$).

b) Soit K un corps commutatif. Dans l'espace vectoriel $K^{\mathbf{R}}$, on considère le sous-espace vectoriel E formé des éléments (α_x) tels que l'ensemble (dépendant de (α_x)) des $x \in \mathbf{R}$ tels que $\alpha_x \neq 0$ soit *bien ordonné*. Pour deux éléments quelconques (α_x), (β_x) de E, on pose $(\alpha_x)(\beta_x) = (\gamma_x)$, où $\gamma_x = \sum_{y+z=x} \alpha_y \beta_z$ (somme qui a un sens en vertu de *a*)). Montrer que cette loi définit, avec l'addition, une structure de *corps* sur E; les éléments de E sont encore notés $\sum_{t \in \mathbf{R}} \alpha_t X^t$ et appelés *séries formelles à exposants réels bien ordonnés*, à coefficients dans K. *

§ 3

1) Soit Δ un monoïde commutatif noté additivement, l'élément neutre étant noté 0, et dont tous les éléments sont *simplifiables*. Soit E une A-algèbre graduée de type Δ, et supposons que E admette un élément unité $e = \sum_{\alpha \in \Delta} e_\alpha$ où $e_\alpha \in E_\alpha$. Montrer que l'on a nécessairement $e = e_0 \in E_0$.

§ 4

¶ 1) Soient A un anneau commutatif, E, F deux A-algèbres, M un E-module à gauche, N un F-module à gauche, G l'algèbre $G = E \otimes_A F$. Pour tout couple d'endomorphismes $u \in \mathrm{End}_E(M)$, $v \in \mathrm{End}_F(N)$, il existe un G-endomorphisme w et un seul de $M \otimes_A N$ tel que $w(x \otimes y) = u(x) \otimes v(y)$ pour $x \in M$, $y \in N$, et on peut écrire $w = \varphi(u \otimes v)$, où φ est une application A-linéaire (dite *canonique*) de $\mathrm{End}_E(M) \otimes_A \mathrm{End}_F(N)$ dans $\mathrm{End}_G(M \otimes_A N)$. On suppose dans ce qui suit que A est un *corps*.

a) Montrer que l'application canonique φ est injective (considérer un élément $z = \sum_i u_i \otimes v_i$, où les $v_i \in \mathrm{End}_F(N)$ sont linéairement indépendants sur A, et écrire que $(\varphi(z))(x_\alpha \otimes y) = 0$ pour tout élément x_α d'une base de M sur A et tout $y \in N$).

b) On suppose que M est un E-module *libre de type fini*. Montrer que l'application φ est bijective dans chacun des cas suivants: 1° E est de rang fini sur le corps A; 2° N est un F-module de type fini.

c) On suppose que M est un E-module *libre*, et qu'il existe un $y \in N$ et une suite infinie (v_n) d'endomorphismes du F-module N tels que le sous-espace vectoriel (sur A) de N engendré par les $v_n(y)$ soit de rang infini sur A. Montrer que si l'application φ est bijective, toute base de M sur E est nécessairement *finie*.

d) On suppose toujours que M est un E-module *libre*. Montrer que, pour que le G-module $M \otimes_A N$ soit fidèle, il faut et il suffit que le F-module N soit fidèle (considérer un base de E sur A).

¶2) Soient K un corps commutatif, E, F deux corps dont le centre contient K, M un espace vectoriel à gauche sur E, N un espace vectoriel à gauche sur F; on pose $G = E \otimes_K F$.

a) Soient $x \neq 0$ un élément de M, $y \neq 0$ un élément de N. Montrer que $x \otimes y$ est libre dans le G-module $M \otimes_K N$ (utiliser l'exerc. 1 *d*) et la transitivité de $\mathrm{End}_E(M)$ (resp. $\mathrm{End}_F(N)$) dans l'ensemble des éléments de M (resp. N) distincts de 0).

b) Montrer que $M \otimes_K N$ est un G-module libre. (Si (m_α) est une base de M sur E, (n_β) une base de N sur F, montrer que la somme des G-modules $G(m_\alpha \otimes n_\beta)$ est directe, en utilisant une méthode analogue à celle de *a*)).

§ 5

1) Soient N le **Z**-module **Z**/4**Z**, M le sous-module 2**Z**/4**Z** de N, $j : M \to N$ l'injection canonique. Montrer que $\mathsf{T}(j) : \mathsf{T}(M) \to \mathsf{T}(N)$ n'est pas injective.

2) Soient I et J deux ensembles finis, $I_0 = I \cup \{\alpha\}$, $J_0 = J \cup \{\beta\}$, où α et β sont deux éléments n'appartenant pas à I et J respectivement, et supposons que I_0 et J_0 soient disjoints. Soient E un espace vectoriel de rang fini sur un corps commutatif K, et soit z un élément de $\mathsf{T}^I_J(E)$. Pour tout $i \in I$, soit W'_i le sous-espace de E^* formé des $x^* \in E^*$ tels que l'on ait $c^i_\beta(z \otimes x^*) = 0$ (c^i_β étant la contraction de l'indice $i \in I$ et de l'indice $\beta \in J_0$ dans $\mathsf{T}^I_{J_0}(E)$), et soit V_i le sous-espace de E orthogonal à W'. Pour tout $j \in J$, soit W_j le sous-espace de E formé des $x \in E$ tels que l'on ait $c^\alpha_j(z \otimes x) = 0$ (c^α_j étant la contraction de l'indice $\alpha \in I_0$ et de l'indice $j \in J$ dans $\mathsf{T}^{I_0}_J$ (E)), et soit V'_j le sous-espace de E^* orthogonal à W_j. Montrer que z appartient au produit tensoriel $(\bigotimes_{i \in I} V_i) \otimes (\bigotimes_{j \in J} V'_j)$ identifié canoniquement à un sous-espace de $\mathsf{T}^I_J(E)$. En outre, si $(U_i)_{i \in I}$ est une famille de sous-espaces de E, $(U'_j)_{j \in J}$ une famille de sous-espaces de E^*, telles que z appartienne au produit tensoriel $(\bigotimes_{i \in I} U_i) \otimes (\bigotimes_{j \in J} U'_j)$, identifié à un sous-espace de $\mathsf{T}^{\mathrm{I}}_{\mathrm{J}}(E)$, on a $V_i \subset U_i$ et $V'_j \subset U'_j$ quels que soient $i \in I$ et $j \in J$ (cf. II, p. 112, prop. 17).

3) Soit M un A-module projectif de type fini. Pour tout endomorphisme u de M, notons $\tilde{u}$ le tenseur $\theta_M^{-1}(u) \in M^* \otimes_A M$ qui lui correspond.

a) Pour tout élément $x \in M$, montrer que l'on a $u(x) = c^1_2(x \otimes \tilde{u})$, où $x \otimes \tilde{u}$ appartient à $M \otimes M^* \otimes M = \mathsf{T}^{\{1,3\}}_{\{2\}}(M)$.

b) Soient u, v deux endomorphismes de M et $w = u \circ v$; montrer que $\tilde{w} = c_3^2(\tilde{v} \otimes \tilde{u})$, où $\tilde{v} \otimes \tilde{u}$ appartient à $\mathsf{T}_{\{1,3\}}^{\{2,4\}}(\mathrm{M})$.

3) Pour tout automorphisme s de M et tout tenseur $z \in \mathsf{T}_\mathrm{J}^\mathrm{I}(\mathrm{M})$, on définit un tenseur $s.z \in \mathsf{T}_\mathrm{J}^\mathrm{I}(\mathrm{M})$ par la condition que si $z = \bigotimes_{k \in \mathrm{I} \cup \mathrm{J}} z_k$ avec $z_k \in \mathrm{M}$ pour $k \in \mathrm{I}$ et $z_k \in \mathrm{M}^*$ pour $k \in \mathrm{J}$, on a $s.z = \bigotimes_{k \in \mathrm{I} \cup \mathrm{J}} z'_k$, avec $z'_k = s(z_k)$ si $k \in \mathrm{I}$, $z'_k = {}^t s^{-1}(z_k)$ si $k \in \mathrm{J}$. Montrer que le groupe $\mathbf{GL}(\mathrm{M})$ *opère* par la loi $(s, z) \mapsto s.z$ dans le A-module $\mathsf{T}_\mathrm{J}^\mathrm{I}(\mathrm{M})$, les applications $z \mapsto s.z$ étant des automorphismes de cet A-module. En outre, pour tout couple d'indices $i \in \mathrm{I}$, $j \in \mathrm{J}$, on a

$$c_j^i(s.z) = s.c_j^i(z).$$

Si M est projectif de type fini, montrer, avec les notations de l'exerc. 2, que $s.\tilde{u} = (s \circ u \circ s^{-1})^\sim$.

4) Soit M un A-module projectif de type fini; pour toute application bilinéaire u de $\mathrm{M} \times \mathrm{M}$ dans M, on note $\tilde{u}$ le tenseur $\theta_\mathrm{M}^{-1}(u)$ dans $\mathsf{T}_{\{1,2\}}^{\{3\}}(\mathrm{M})$. Montrer que pour que la structure d'algèbre sur M définie par u soit associative, il faut et il suffit que les tenseurs $c_4^3(\tilde{u} \otimes \tilde{u})$ et $c_2^6(\tilde{u} \otimes \tilde{u})$ se correspondent par l'isomorphisme canonique d'associativité de $\mathsf{T}_{\{1,2,3\}}^{\{4\}}(\mathrm{M})$ sur $\mathsf{T}_{\{1,3,4\}}^{\{2\}}(\mathrm{M})$.

¶ 5) Soit E un espace vectoriel sur un corps commutatif K, et soit $\mathsf{T}(\mathrm{E})$ l'algèbre tensorielle de E.

a) Montrer que $\mathsf{T}(\mathrm{E})$ ne contient pas de diviseur de 0 et que les seuls éléments inversibles de $\mathsf{T}(\mathrm{E})$ sont les scalaires $\neq 0$. Si $\dim(\mathrm{E}) > 1$, $\mathsf{T}(\mathrm{E})$ est une K-algèbre non commutative.

b) Soient u, v deux éléments de $\mathsf{T}(\mathrm{E})$. Montrer que s'il existe deux éléments a, b de $\mathsf{T}(\mathrm{E})$ tels que $ua = vb \neq 0$, l'un des éléments u, v est multiple à droite de l'autre (Considérer d'abord le cas où u et v sont homogènes; se ramener au cas où E est de dimension finie et écrire $u = e_1u_1 + \cdots + e_nu_n$, $v = e_1v_1 + \cdots + e_nv_n$, où (e_k) est une base de E. Conclure en raisonnant par récurrence sur le plus grand degré des composantes homogènes de ua.) En déduire que si $\dim(\mathrm{E}) > 1$, l'anneau $\mathsf{T}(\mathrm{E})$ n'admet pas de corps des fractions à gauche (I, p. 155, exerc. 15).

c) Montrer que pour que deux éléments non nuls u, v de $\mathsf{T}(\mathrm{E})$ soient permutables, il faut et il suffit qu'il existe un vecteur $x \neq 0$ dans E tel que u et v appartiennent à la sous-algèbre de $\mathsf{T}(\mathrm{E})$ engendrée par x (utiliser *b*)). En déduire que si $\dim(\mathrm{E}) > 1$, le centre de $\mathsf{T}(\mathrm{E})$ est égal à K.

¶ 6) Soient K un corps commutatif, E, F deux K-algèbres ayant chacune un élément unité qu'on identifie à l'élément unité 1 de K. On considère la K-Algèbre $\mathsf{T}(\mathrm{E} \oplus \mathrm{F})$, où $\mathrm{E} \oplus \mathrm{F}$ est considéré comme espace vectoriel sur K; on identifie E (resp. F) à un *sous-espace vectoriel* de $\mathsf{T}(\mathrm{E} \oplus \mathrm{F})$ par l'injection canonique. Soit $\mathfrak{J}$ l'idéal bilatère de $\mathsf{T}(\mathrm{E} \oplus \mathrm{F})$ engendré par les éléments $x_1 \otimes x_2 - (x_1x_2)$ et $y_1 \otimes y_2 - (y_1y_2)$, où $x_i \in \mathrm{E}$, $y_i \in \mathrm{F}$, $i = 1, 2$; on note $\mathrm{E}*\mathrm{F}$ l'algèbre quotient $\mathsf{T}(\mathrm{E} \oplus \mathrm{F})/\mathfrak{J}$ et on dit que c'est le *produit libre* des K-algèbres E et F; on note φ l'homomorphisme canonique de $\mathsf{T}(\mathrm{E} \oplus \mathrm{F})$ sur $\mathrm{E}*\mathrm{F}$, par α et β les restrictions de φ à E et F; α et β sont des homomorphismes de K-*algèbres*.

a) Montrer que pour tout couple de K-homomorphismes $u: \mathrm{E} \to \mathrm{G}$, $v: \mathrm{F} \to \mathrm{G}$ dans une K-algèbre G, il existe un K-homomorphisme $w: \mathrm{E}*\mathrm{F} \to \mathrm{G}$ et un seul tel que $u = w \circ \alpha$, $v = w \circ \beta$ (ce qui justifie la terminologie).

b) Soit R_n le sous-espace vectoriel de $\mathsf{T}(\mathrm{E} \oplus \mathrm{F})$ somme des $\mathsf{T}^k(\mathrm{E} \oplus \mathrm{F})$ pour $0 \leqslant k \leqslant n$, et posons $\mathfrak{J}_n = \mathfrak{J} \cap \mathrm{R}_n$. Montrer que si on considère une base de E formée de 1 et d'une famille $(e_\lambda)_{\lambda \in \mathrm{L}}$ et une base de F formée de 1 et d'une famille $(f_\mu)_{\mu \in \mathrm{M}}$, alors on obtient dans R_n un supplémentaire de $\mathfrak{J}_n + \mathrm{R}_{n-1}$ en considérant le sous-espace de R_n ayant pour base les éléments de la forme $z_1 \otimes z_2 \otimes \cdots \otimes z_n$ où l'on a, ou bien z_{2j+1} égal à un des e_λ pour $2j + 1 \leqslant n$ et z_{2j} égal à un des f_μ pour $2j \leqslant n$, ou bien z_{2j+1} égal à un des f_μ pour $2j + 1 \leqslant n$ et z_{2j} égal à un des e_λ pour $2j \leqslant n$ (raisonner par récurrence sur n).

c) Soit $P_n = \varphi(R_n) \subset E*F$; on a $P_n \subset P_{n+1}$, $P_0 = K$, $P_h P_k \subset P_{h+k}$ et $E*F$ est réunion des P_n. Montrer que l'on a un isomorphisme canonique d'espaces vectoriels, pour $n \geqslant 1$,

$$P_n/P_{n-1} \to (G_1 \otimes G_2 \otimes \cdots \otimes G_n) \oplus (G_2 \otimes G_3 \otimes \cdots \otimes G_{n+1})$$

où on pose $G_k = E/K$ pour k impair, $G_k = F/K$ pour k pair. En particulier les homomorphismes α et β sont injectifs, ce qui permet d'identifier E et F à des sous-K-algèbres de $E*F$. On note P'_n (resp. P''_n) l'image réciproque dans P_n de $G_1 \otimes G_2 \otimes \cdots \otimes G_n$ (resp. de $G_2 \otimes G_3 \otimes \cdots \otimes G_{n+1}$); on appelle *hauteur* d'un élément $z \in E*F$ et on note $h(z)$ le plus petit entier tel que $z \in P_n$; si $h(z) = n$ et si $z \in P'_n$ (resp. $z \in P''_n$), on dit que z est *pur impair* (resp. *pur pair*). On a $P_n = P'_n + P''_n$ et $P'_n \cap P''_n = P_{n-1}$ pour $n \geqslant 1$.
d) Montrer que si u, v sont deux éléments de $E*F$ tels que $h(u) = r$, $h(v) = s$, on a $h(uv) \leqslant h(u) + h(v)$ et que l'on a $h(uv) = h(u) + h(v)$ sauf si u et v sont purs, et ou bien r est *pair* et u, v *ne sont pas de même parité*, ou bien r est *impair* et u, v *sont de même parité*. (Si par exemple r est pair, $u \in P_r$, $v \in P'_s$, montrer qu'on ne peut avoir $uv \in P_{r+s-1}$ que si $u \in P_{r-1}$ ou $v \in P_{s-1}$.)
e) Supposons que E soit sans diviseur de zéro, et avec les notations de *d*), supposons que r soit pair, u pur pair, v pur impair. Montrer que l'on a $h(uv) = r + s - 1$, sauf s'il existe deux éléments inversibles x, y de E tels que $uy \in P_{r-1}$ et $xb \in P_{s-1}$. (Soit (a_i) (resp. (b_j)) la base du supplémentaire de $\mathfrak{J}_r + R_{r-1}$ dans R_r (resp. du supplémentaire de $\mathfrak{J}_s + R_{s-}$ dans R_s) considéré dans *b*); écrire $u = \sum_i \varphi(a_i) x_i$ et $v = \sum_i y_j \varphi(b_j)$, où x_i et y_j sont dans E, et montrer que si $uv \in P_{r+s-2}$, on a nécessairement $x_i y_j \in K$.) Traiter de même les autres cas où $h(uv) < h(u) + h(v)$ lorsqu'on suppose que E et F sont sans diviseur de zéro.
f) Déduire de *d*) et *e*) que lorsque E et F sont sans diviseur de zéro, il en est de même de $E*F$.
g) Généraliser les définitions et résultats précédents à un nombre fini quelconque de K-algèbres unifères.

¶ 7) Soit E un espace vectoriel de dimension finie n sur un corps K. Pour tout entier $r \geqslant 1$, le groupe symétrique $\mathfrak{S}_r$ opère linéairement sur le produit tensoriel $E^{\otimes r}$ par l'action $(\sigma, z) \mapsto \sigma . z$ telle que

$$\sigma . (x_1 \otimes x_2 \otimes \cdots \otimes x_r) = x_{\sigma^{-1}(1)} \otimes x_{\sigma^{-1}(2)} \otimes \cdots \otimes x_{\sigma^{-1}(r)}$$

pour toute suite de r vecteurs $(x_i)_{1 \leqslant i \leqslant r}$ de E. On pose $u_\sigma(z) = \sigma . z$. Montrer que pour toute suite $(v_i)_{1 \leqslant i \leqslant r}$ de r endomorphismes de E, on a

$$(*) \qquad \operatorname{Tr}(u_\sigma \circ (v_1 \otimes v_2 \otimes \cdots \otimes v_r)) = \operatorname{Tr}(w_1)\operatorname{Tr}(w_2) \cdots \operatorname{Tr}(w_k)$$

où les endomorphismes w_j de E sont définis de la façon suivante: on décompose σ^{-1} en cycles, $\sigma^{-1} = \lambda_1 \lambda_2 \ldots \lambda_k$, et si $\lambda_j = (i_1\, i_2 \ldots i_h)$, on pose $w_j = v_{i_1} \circ v_{i_2} \cdots \circ v_{i_h}$. (Se ramener à calculer le premier membre de (*) lorsque chaque v_i est de la forme $x \mapsto \langle x, a_h^* \rangle a_k$, où $(a_j)_{1 \leqslant j \leqslant n}$ est une base de E et $(a_j^*)_{1 \leqslant j \leqslant n}$ la base duale.)

¶ 8) Soient A un anneau intègre, K son corps des fractions; pour tout A-module M, on désigne par $\tau(M)$ son sous-module de torsion (II, p. 115).
a) Montrer que pour que l'algèbre $\mathsf{T}(M)$ soit sans diviseur de zéro, il faut et il suffit que le A-module $\mathsf{T}(M)$ soit sans torsion (observer que $\mathsf{T}(M)_{(K)}$ est isomorphe à $\mathsf{T}(M_{(K)})$ et utiliser l'exerc. 5 de III, p. 185).
b) Soit $u: M \to M'$ un homomorphisme injectif de A-modules. Montrer que $\operatorname{Ker}(\mathsf{T}(u)) \subset \tau(\mathsf{T}(M))$; si M′ est sans torsion, on a $\operatorname{Ker}(\mathsf{T}(u)) = \tau(\mathsf{T}(M))$ (cf. II, p. 118, prop. 27).
c) Donner un exemple de A-module M sans torsion tel que $\tau(\mathsf{T}(M))$ ne soit pas réduit à 0 (II, p. 197, exerc. 31).

¶ 9) Soient A un anneau commutatif, F l'algèbre associative libre sur A de l'ensemble d'entiers $I = [1, n]$ où $n \geqslant 2$, X_i $(1 \leqslant i \leqslant n)$ les indéterminées correspondantes, de sorte qu'une base canonique de F sur A est formée des produits $X_{i_1} X_{i_2} \ldots X_{i_r}$, où $(i_1, \ldots, i_r)$ est une suite finie arbitraire d'éléments de I.

a) On désigne par C_2 l'ensemble des commutateurs $[X_i, X_j] = X_iX_j - X_jX_i$ pour $1 \leqslant i \leqslant j \leqslant n$. Supposant défini C_{m-1}, on désigne par C_m l'ensemble des éléments $[X_i, P] = X_iP - PX_i$, où $1 \leqslant i \leqslant n$ et P parcourt C_{m-1}. Soit U la sous-algèbre graduée de F engendrée par 1 et la réunion des C_m pour $m \geqslant 2$. Montrer que pour $1 \leqslant i \leqslant n$, on a $[X_i, P] \in U$ pour tout $P \in U$ (se borner au cas où P est un produit d'éléments de $\bigcup_m C_m$, et raisonner par récurrence sur le nombre de facteurs).

b) On suppose désormais que A est un *corps*. Pour tout entier $m \geqslant 0$, soit U_m le A-espace vectoriel des éléments homogènes de degré m dans U (de sorte que $U_0 = A$, $U_1 = \{0\}$) ; on choisit une base $R_{m,1}, \ldots, R_{m,d_m}$ dans chaque U_m, formée de produits d'éléments de $\bigcup_{k \leqslant m} C_k$. Pour tout couple d'entiers (m, k) tel que $m \geqslant 2$, $1 \leqslant k \leqslant d_m$, soit $E_{m,k}$ le sous-A-espace vectoriel de U engendré par les $R_{p,j}$ tels que $p > m$ ou $p = m$ et $j \geqslant k$; montrer que $E_{m,k}$ est un idéal bilatère de U, et que si $L_{m,k}$ est l'idéal à gauche de F engendré par $E_{m,k}$, $L_{m,k}$ est un idéal bilatère de F.

c) Pour tout multiindice $\alpha = (\alpha_1, \ldots, \alpha_n) \in \mathbf{N}^n$, on pose $X^\alpha = X_1^{\alpha_1} X_2^{\alpha_2} \ldots X_n^{\alpha_n}$. Montrer que les éléments $X^\alpha R_{m,k}$ $(m > 0, 1 \leqslant k \leqslant d_m)$ forment une base de F sur K. (Pour prouver que ces éléments forment un système générateur de l'espace vectoriel F, prouver que tout élément $X_{i_1} \ldots X_{i_r}$ en est une combinaison linéaire en procédant par récurrence sur le degré r. Pour voir que les $X^\alpha R_{m,k}$ sont linéairement indépendants, raisonner par l'absurde en considérant le degré maximum par rapport à un des X_i des monômes X^α qui figureraient dans une relation linéaire entre les $X^\alpha R_{m,k}$ et procéder par récurrence sur ce degré maximum; pour cela, se ramener au cas où K est infini (en considérant au besoin $F \otimes_K K'$ pour un surcorps K' de K), et observer que lorsque dans un $R_{m,k}$ on substitue $X_i + \lambda$ à X_i, pour un $\lambda \in K'$, l'élément $R_{m,k}$ ne change pas.)

d) Montrer que l'idéal bilatère $\mathfrak{J}(F)$ de F engendré par les commutateurs $[u, v] = uv - vu$ d'éléments de F est la somme des U_m pour $m \geqslant 2$; $F/\mathfrak{J}(F)$ est isomorphe à $A[X_1, \ldots, X_n]$, donc est un anneau intègre.

e) Montrer que l'algèbre U n'est pas une algèbre associative libre en prouvant que le quotient $U/\mathfrak{J}(U)$, où $\mathfrak{J}(U)$ est engendré par les commutateurs des éléments de U, admet des éléments $\neq 0$ nilpotents. (Considérer l'image z' dans $U/\mathfrak{J}(U)$ de l'élément $z = [X_i, X_j]$ de U; on a $z' \neq 0$ mais $z'^4 = 0$.)

10) Soient A un anneau commutatif,

$$M' \xrightarrow{u} M \xrightarrow{v} M'' \longrightarrow 0$$

une suite exacte de A-modules, n un entier > 0. Posons $L = \operatorname{Coker}(T^n(u))$ de sorte que l'on a une suite exacte

$$T^n(M') \xrightarrow{T^n(u)} T^n(M) \longrightarrow L \longrightarrow 0.$$

Pour toute partie J de l'ensemble $\{1, 2, \ldots, n\}$, posons

$$P_J = N_1 \otimes N_2 \otimes \cdots \otimes N_n, \quad \text{où } N_i = M' \text{ si } i \in J,\ N_i = M \text{ si } i \notin J$$

($P_\varnothing$ est donc égal à $T^n(M)$), et

$$Q_J = N_1 \otimes N_2 \otimes \cdots \otimes N_n, \quad \text{où } N_i = M' \text{ si } i \in J,\ N_i = M'' \text{ si } i \notin J$$

($Q_\varnothing$ est donc égal à $T^n(M'')$). Pour tout entier i tel que $0 \leqslant i \leqslant n$, notons $P^{(i)}$ le sous-module de $T^n(M)$ engendré par la réunion des images des P_J pour toutes les parties J telles que $\operatorname{Card}(J) = i$, et soit $L^{(i)}$ l'image canonique de $P^{(i)}$ dans L.

a) Montrer qu'il existe un homomorphisme canonique surjectif

$$\bigoplus_{\operatorname{Card}(J)=i} Q_J \to L^{(i)}/L^{(i+1)}$$

(cf. II, p. 56, prop. 6).

b) Si la suite $0 \longrightarrow M' \xrightarrow{u} M \xrightarrow{v} M'' \longrightarrow 0$ est exacte et scindée, montre que l'homomorphisme défini dans *a*) est bijectif.

§ 6

1) Si M est un A-module monogène, on a $\mathsf{S}(M) = \mathsf{T}(M)$. En déduire un exemple d'homomorphisme injectif $j\colon N \to M$ tel que $\mathsf{S}(j)\colon \mathsf{S}(N) \to \mathsf{S}(M)$ ne soit pas injectif (III, p. 184, exerc. 1).

2) Etablir pour les algèbres symétriques les propriétés analogues à celles de l'exerc. 8, a) et b) de III, p. 186.

3) Soient K un corps, B l'anneau de polynômes $K[X_1, X_2]$, $\mathfrak{p}$ l'idéal de B engendré par le polynôme $X_1^3 - X_2^2$.
a) Montrer que $\mathfrak{p}$ est premier, et par suite $A = B/\mathfrak{p}$ est intègre. On désigne par a et b les images canoniques de X_1 et X_2 dans A; a et b sont non inversibles dans A, et on a $a^3 = b^2$.
b) Soit $\mathfrak{m}$ l'idéal (maximal) de A engendré par a et b. Montrer que l'algèbre symétrique $\mathsf{S}(\mathfrak{m})$ n'est pas un anneau intègre. (Observer que $\mathfrak{m}$ s'identifie au module quotient A^2/N, où N est le sous-module de A^2 engendré par $(b, -a)$; en conclure que $\mathsf{S}(\mathfrak{m})$ est isomorphe à l'anneau quotient $A[U, V]/(bU - aV)$, et montrer que dans l'anneau de polynômes $A[U, V]$ l'idéal principal $(bV - aU)$ n'est pas premier, en considérant le produit $b^2(bV^3 - U^3)$.)

¶ 4) Soient A un anneau commutatif, $\mathfrak{a}$ un idéal de A. On appelle *algèbre de Rees de l'idéal* $\mathfrak{a}$ la sous-A-algèbre $\mathsf{R}(\mathfrak{a})$ de l'algèbre de polynômes A[T] à une indéterminée, formée des polynômes $c_0 + c_1T + \cdots + c_nT^n$, où $c_0 \in A$ et $c_k \in \mathfrak{a}^k$ pour tout entier $k \geqslant 1$.
a) Montrer qu'il existe un homorphisme surjectif de A-algèbres et un seul $r\colon \mathsf{S}(\mathfrak{a}) \to \mathsf{R}(\mathfrak{a})$ tel que la restriction de r à $\mathfrak{a}$ soit l'application A-linéaire $x \mapsto xT$.
b) Supposons l'anneau A intègre. Soient $a_1, \ldots, a_n$ des éléments de A, avec $a_n \neq 0$; on considère l'homomorphisme $u\colon A[X_1, \ldots, X_n] \to A[T]$ de A-algèbres tel que $u(X_i) = a_iT$. Le noyau $\mathfrak{r} = \mathrm{Ker}(u)$ est un idéal gradué, dont la composante homogène $\mathfrak{r}_m$ de degré m est formée des polynômes homogènes f de degré m tels que $f(a_1, \ldots, a_n) = 0$. Si $\mathfrak{r}' \subset \mathfrak{r}$ est l'idéal de $A[X_1, \ldots, X_n]$ engendré par la composante homogène $\mathfrak{r}_1$ de $\mathfrak{r}$, montrer que le A-module $\mathfrak{r}/\mathfrak{r}'$ est un A-module de torsion. (Pour voir que, pour tout $f \in \mathfrak{r}_m$, il existe $c \neq 0$ dans A tel que $cf \in \mathfrak{r}'$, raisonner par récurrence sur m, en posant

$$f(X_1, \ldots, X_n) = X_1f_1(X_1, \ldots, X_n) + X_2f_2(X_2, \ldots, X_n) + \cdots + X_nf_n(X_n)$$

où les f_j sont homogènes de degré $m - 1$; considérer le polynôme

$$g(X_1, \ldots, X_n) = X_1f_1(a_1, \ldots, a_n) + X_2f_2(a_2, \ldots, a_n) + \cdots + X_nf_n(a_n),$$

observer que $g \in \mathfrak{r}_1 \subset \mathfrak{r}'$ et former $a_n^{m-1}f - X_n^{m-1}g$.)
c) Déduire de *b*) que lorsque A est un anneau intègre, le noyau de l'homomorphisme r de *a*) est le module de torsion de $\mathsf{S}(\mathfrak{a})$. En déduire que, pour que $\mathsf{S}(\mathfrak{a})$ soit intègre, il faut et il suffit que $\mathsf{S}(\mathfrak{a})$ soit un A-module sans torsion. En particulier, si l'idéal $\mathfrak{a}$ est un A-module projectif, $\mathsf{S}(\mathfrak{a})$ est intègre et isomorphe à $\mathsf{R}(\mathfrak{a})$.

¶ 5) Soit E un espace vectoriel de dimension finie n sur un corps K.
a) Montrer que pour tout entier m, la puissance symétrique $\mathsf{S}^m(E)$ et l'espace vectoriel $\mathsf{S}'_m(E)$ des tenseurs contravariants symétriques d'ordre m ont même dimension $\binom{m+n-1}{n-1} = \binom{n+m-1}{m}$.
* *b*) Si K est de caractéristique $p > 0$, montrer que l'espace vectoriel $\mathsf{S}''_p(E)$ des tenseurs symétrisés d'ordre p a pour dimension $\binom{n}{p}$ (observer que si dans un produit tensoriel $x_1 \otimes x_2 \otimes \cdots \otimes x_p$ de p vecteurs de E on a $x_i = x_j$ pour un couple d'indices distincts i, j, alors le symétrisé de ce produit est nul; on utilisera le fait que si $(H_i)_{1 \leqslant i \leqslant r}$ est une partition de $\{1, 2, \ldots, p\}$ en ensembles non vides, comportant au moins deux ensembles, le sous-groupe

de $\mathfrak{S}_p$ laissant stable chacun des H_i est d'ordre non divisible par p). D'autre part, l'image canonique dans $S^p(E)$ de l'espace $S'_p(E)$ des tenseurs symétriques d'ordre p est de dimension n et est engendré par les images des tenseurs $x \otimes x \otimes \cdots \otimes x$ (p fois), où $x \in E$ (utiliser la même remarque); l'application canonique de $S'_p(E)$ dans $S^p(E)$ n'est donc pas bijective bien que les deux espaces vectoriels aient même dimension.$_*$

§ 7

1) Soient A un anneau intègre, K son corps des fractions.

a) Montrer que la puissance extérieure $\overset{2}{\wedge} K$ du A-module K est réduite à 0.

b) Pour tout A-module $E \subset K$, montrer que toute puissance extérieure $\overset{p}{\wedge} E$ est un A-module de torsion pour $p \geqslant 2$.

c) Si E est le A-module défini dans II, p. 197, exerc. 31, montrer que $\overset{2}{\wedge} E$ n'est pas réduit à 0. Donner un exemple d'un anneau intègre A et d'un A-module E contenu dans le corps des fractions K de A, tel qu'aucune puissance extérieure $\overset{p}{\wedge} E$ ne soit réduite à 0.

2) Pour tout idéal $\mathfrak{a}$ d'un anneau A, et tout A-module E, l'algèbre extérieure $\wedge(E/\mathfrak{a}E)$ est isomorphe à $(\wedge E)/\mathfrak{a}(\wedge E)$.

3) Donner un exemple d'anneau A ayant la propriété suivante: dans le A-module $E = A^2$, il existe un sous-module F tel que, si $j : F \rightarrowtail E$ est l'injection canonique, $\overset{2}{\wedge} j$ soit identiquement nulle sans que $\overset{2}{\wedge} E$ ni $\overset{2}{\wedge} F$ ne soient réduits à 0 (II, p. 190, exerc. 2).

4) Soit E un A-module libre de dimension $n \geqslant 3$. Montrer que si $1 \leqslant p \leqslant n - 1$ les A-modules $\overset{p}{\wedge} E$ et $\overset{n-p}{\wedge} E$ sont isomorphes; mais si $2p \neq n$, il n'existe pas d'isomorphisme φ de $\overset{p}{\wedge} E$ sur $\overset{n-p}{\wedge} E$ tel que pour tout automorphisme u de E, on ait $\varphi \circ (\overset{p}{\wedge} u) = (\overset{n-p}{\wedge} u) \circ \varphi$ (si (e_i) est une base de E, considérer l'automorphisme u tel que $u(e_i) = e_i + e_j$, $u(e_k) = e_k$ pour $k \neq i$ et donner à i et j toutes les valeurs possibles).

5) Soient K un corps commutatif, E, F deux espaces vectoriels sur K, u une application linéaire de E dans F, de rang fini r. Montrer que si $p \leqslant r$, le rang de $\overset{p}{\wedge} u$ est égal à $\binom{r}{p}$, et que si $p > r$, $\overset{p}{\wedge} u$ est identiquement nulle (prendre dans E une base dont r vecteurs forment une base d'un sous-espace supplémentaire de $u^{-1}(0)$, les autres une base de $u^{-1}(0)$).

¶ 6) Soient K un corps commutatif, E un espace vectoriel sur K.

a) Pour qu'un élément $z = \sum_{p=0}^{\infty} z_p$ (avec $z_p \in \overset{p}{\wedge} E$) de l'algèbre extérieure $\wedge E$ de E soit inversible, il faut et il suffit que $z_0 \neq 0$ (le démontrer d'abord lorsque E est de dimension finie, puis passer au cas général en remarquant que pour tout $z \in \wedge E$, il existe un sous-espace F de E, de dimension finie, tel que $z \in \wedge F$).

b) On suppose K tel que $2 \neq 0$ dans K. Montrer que si E est de dimension infinie, ou de dimension finie et paire, le centre de l'algèbre $\wedge E$ est formé des éléments tels que $z_p = 0$ pour tous les indices p *impairs*. Si E est de dimension impaire n, le centre de $\wedge E$ est somme du sous-espace précédent et de $\overset{n}{\wedge} E$. Dans tous les cas, le centre de $\wedge E$ est identique à l'ensemble des éléments de $\wedge E$ permutables avec tous les éléments inversibles de $\wedge E$.

7) Pour tout A-module E, montrer que si l'on pose $[u, v] = u \wedge v - v \wedge u$ pour deux éléments quelconques de $\wedge E$, alors, pour trois éléments quelconques u, v, w de $\wedge E$, on a $[[u, v], w] = 0$.

¶ 8) Soit E un A-module libre.
a) Montrer que dans $\mathsf{T}^n(\mathrm{E})$, $\mathfrak{J}''_n$ (III, p. 76) est un sous-A-module libre égal au noyau de l'endomorphisme $z \mapsto \boldsymbol{a}z$, et admet un supplémentaire qui est un A-module libre; $\bigwedge^n \mathrm{E}$ est par suite canoniquement isomorphe à $\mathsf{A}''_n(\mathrm{E})$. Si en outre dans A l'équation $2\xi = 0$ entraîne $\xi = 0$, alors $\mathsf{A}''_n(\mathrm{E}) = \mathsf{A}'_n(\mathrm{E})$.
**b*) On suppose que A soit un corps de caractéristique $p > 0$ et que $p \neq 2$. Alors l'image canonique de $\mathsf{A}'_p(\mathrm{E}) = \mathsf{A}''_p(\mathrm{E})$ dans $\bigwedge^p \mathrm{E}$ est nulle.
c) On suppose que A soit un corps de caractéristique 2. Alors on a $\mathsf{A}'_n(\mathrm{E}) = \mathsf{S}'_n(\mathrm{E})$, $\mathsf{A}''_n(\mathrm{E}) = \mathsf{S}''_n(\mathrm{E})$, mais en général $\mathsf{A}'_n(\mathrm{E}) \neq \mathsf{A}''_n(\mathrm{E})$.*

9) Soit E un A-module. L'antisymétrisée d'une application linéaire g de $\mathsf{T}^n(\mathrm{E})$ dans un A-module F est par définition l'application linéaire $\boldsymbol{a}g$ de $\mathsf{T}^n(\mathrm{E})$ dans F telle que $\boldsymbol{a}g(z) = g(\boldsymbol{a}z)$ pour tout $z \in \mathsf{T}^n(\mathrm{E})$; si $\varphi : \mathrm{E}^n \to \mathsf{T}^n(\mathrm{E})$ est l'application canonique, on dit aussi que l'application n-linéaire $\boldsymbol{a}g \circ \varphi$ est l'antisymétrisée de l'application n-linéaire $g \circ \varphi$. Déduire de l'exerc. 8 a) que si E est libre, toute application n-linéaire alternée de E^n dans F est l'antisymétrisée d'une application n-linéaire de E^n dans F.

¶ 10) Soit E un A-module ayant un système générateur de n éléments. Montrer que toute application n-linéaire alternée de E^n dans un A-module F est l'antisymétrisée d'une application n-linéaire de E^n dans F. (Soient a_j $(1 \leqslant j \leqslant n)$ les générateurs de E, $\varphi : \mathrm{A}^n \to \mathrm{E}$ l'homomorphisme tel que $\varphi(e_j) = a_j$ pour tout j, où (e_j) est la base canonique de A^n. Si $f : \mathrm{E}^n \to \mathrm{F}$ est une application n-linéaire alternée, il en est de même de $f_0 : (x_1, \ldots, x_n) \mapsto f(\varphi(x_1), \ldots, \varphi(x_n))$; montrer que si g_0 est une application n-linéaire de $(\mathrm{A}^n)^n$ dans F telle que $f_0 = \boldsymbol{a}g_0$, g_0 s'écrit aussi $(x_1, \ldots, x_n) \mapsto g(\varphi(x_1), \ldots, \varphi(x_n))$, où g est une application n-linéaire de E^n dans F.)

¶ 11) Soient K un corps commutatif dans lequel $2 = 0$, A l'anneau de polynômes K[X, Y, Z], E le A-module A^3/M, où M est le sous-module de A^3 engendré par l'élément (X, Y, Z) de A^3; enfin, soit F le A-module quotient de A par l'idéal $\mathrm{AX}^2 + \mathrm{AY}^2 + \mathrm{AZ}^2$. Montrer qu'il existe une application bilinéaire alternée de E^2 dans F qui n'est antisymétrisée d'aucune application bilinéaire de E^2 dans F, mais que dans $\mathsf{T}^2(\mathrm{E})$, le module $\mathfrak{J}''_2$ est égal au noyau de l'endomorphisme $z \mapsto \boldsymbol{a}z$ (considérer $\mathsf{T}^2(\mathrm{E})$ comme un module quotient de $\mathsf{T}^2(\mathrm{A}^3)$ et montrer que le noyau de $z \mapsto \boldsymbol{a}z$ est l'image canonique du module des tenseurs symétriques $\mathsf{S}'_2(\mathrm{A}^3)$).

¶ 12) Avec les notations de l'exerc. 11, soit B l'anneau quotient $\mathrm{A}/(\mathrm{AX}^2 + \mathrm{AY}^2 + \mathrm{AZ}^2)$, et soit G le B-module $\mathrm{E} \otimes_{\mathrm{A}} \mathrm{B}$. Montrer que dans $\mathsf{T}^2(\mathrm{G})$, le module $\mathfrak{J}''_2$ est distinct du noyau de l'endomorphisme $z \mapsto \boldsymbol{a}z$ (méthode analogue à celle de l'exerc. 11).

13) *a*) Soit M un A-module gradué de type N. Montrer qu'il existe sur l'algèbre $\mathsf{S}(\mathrm{M})$ (resp. $\bigwedge(\mathrm{M})$) une graduation et une seule de type N pour laquelle $\mathsf{S}(\mathrm{M})$ (resp. $\bigwedge(\mathrm{M})$) soit une A-algèbre graduée et qui induise sur M la graduation donnée. Montrer que si les éléments homogènes de degré pair dans M sont tous nuls (auquel cas on dit que la graduation de M est *impaire*), l'algèbre graduée $\bigwedge(\mathrm{M})$ ainsi obtenue est *alternée* (III, p. 53, déf. 7).
b) Etant donné un A-module gradué de type **N**, on considère le problème d'application universelle suivant: Σ est l'espèce de structure d'algèbre graduée anticommutative (III, p. 53, déf. 7), les morphismes sont les A-homomorphismes d'algèbres graduées (III, p. 30) et les α-applications sont les homomorphismes gradués de degré 0 de M dans une A-algèbre graduée anticommutative. On désigne par M^- (resp. M^+) le sous-module gradué de M engendré par les éléments homogènes de degré impair (resp. de degré pair). Montrer que l'algèbre graduée $\mathsf{G}(\mathrm{M}) = \bigwedge(\mathrm{M}^-) \otimes_{\mathrm{A}} \mathsf{S}(\mathrm{M}^+)$ est anticommutative; on définit une injection canonique j de M dans cette algèbre en posant $j(x) = x \otimes 1$ si $x \in \mathrm{M}^-$, $j(x) = 1 \otimes x$ si $x \in \mathrm{M}^+$. Montrer que l'algèbre graduée $\mathsf{G}(\mathrm{M})$ et l'injection j constituent une solution du problème d'application universelle précédent. On dit que $\mathsf{G}(\mathrm{M}) = \bigwedge(\mathrm{M}^-) \otimes_{\mathrm{A}} \mathsf{S}(\mathrm{M}^+)$ est l'***algèbre anticommutative universelle*** sur le A-module gradué M.

c) Démontrer les analogues des prop. 2, 3 et 4 pour l'algèbre anticommutative universelle. Cas où M admet une base formée d'éléments homogènes: expliciter dans ce cas une base de l'algèbre anticommutative universelle.

14) Soit M un A-module projectif, et soient $x_1, \ldots, x_n$ des éléments linéairement indépendants de M; pour toute partie $\mathrm{H} = \{i_1, \ldots, i_m\}$ de $m \leqslant n$ éléments de l'intervalle $(1, n)$, où $i_1 < i_2 < \cdots < i_m$, on pose $x_{\mathrm{H}} = x_{i_1} \wedge x_{i_2} \wedge \cdots \wedge x_{i_m}$. Montrer que lorsque H parcourt l'ensemble des parties ayant m éléments de $(1, n)$, les x_{H} sont linéairement indépendants dans $\wedge(\mathrm{M})$.

15) Soit M un A-module libre de dimension n. Montrer que tout système générateur de M ayant n éléments est une base de M.

§ 8

1) Dans une matrice U d'ordre n, si l'on remplace, pour chaque indice i, la colonne d'indice i par la somme des colonnes d'indices $\neq i$, le déterminant de la matrice obtenue est égal à $(-1)^{n-1}(n-1)\det U$. Si, dans U, on retranche, pour chaque i, la somme des colonnes d'indices $\neq i$ de la colonne d'indice i, le déterminant de la matrice obtenue est égal à $-(n-2)2^{n-1}\det U$.

2) Soit $\Delta = \det(\alpha_{ij})$ le déterminant d'une matrice d'ordre n; pour $1 \leqslant i \leqslant n-1$ et $1 \leqslant j \leqslant n-1$, on pose

$$\beta_{ij} = \begin{vmatrix} \alpha_{1j} & \alpha_{1,j+1} \\ \alpha_{i+1,j} & \alpha_{i+1,j+1} \end{vmatrix}.$$

Démontrer que le déterminant $\det(\beta_{ij})$ est égal à $\alpha_{12}\alpha_{13}\ldots\alpha_{1,n-1}\Delta$.

3) Démontrer l'identité

$$\begin{vmatrix} x_1 & y_1 & \alpha_{13} & \alpha_{14} & \ldots & \alpha_{1n} \\ \lambda_1 x_2 & x_2 & y_2 & \alpha_{24} & \ldots & \alpha_{2n} \\ \lambda_1\lambda_2 x_3 & \lambda_2 x_3 & x_3 & y_3 & \ldots & \alpha_{3n} \\ \ldots & \ldots & \ldots & \ldots & \ldots & \ldots \\ \lambda_1\lambda_2\ldots\lambda_{n-1}x_n & \lambda_2\ldots\lambda_{n-1}x_n & \lambda_3\ldots\lambda_{n-1}x_n & \lambda_4\ldots\lambda_{n-1}x_n & \ldots & x_n \end{vmatrix}$$
$$= (x_1 - \lambda_1 y_1)(x_2 - \lambda_2 y_2)\ldots(x_{n-1} - \lambda_{n-1}y_{n-1})x_n.$$

En déduire les identités suivantes:

$$\begin{vmatrix} 1 & 1 & 1 & \ldots & 1 \\ b_1 & a_1 & a_1 & \ldots & a_1 \\ b_1 & b_2 & a_2 & \ldots & a_2 \\ \ldots & \ldots & \ldots & \ldots & \ldots \\ b_1 & b_2 & b_3 & \ldots & a_n \end{vmatrix} = (a_1 - b_1)(a_2 - b_2)\ldots(a_n - b_n)$$

$$\begin{vmatrix} a_1b_1 & a_1b_2 & a_1b_3 & \ldots & a_1b_n \\ a_1b_2 & a_2b_2 & a_2b_3 & \ldots & a_2b_n \\ a_1b_3 & a_2b_3 & a_3b_3 & \ldots & a_3b_n \\ \ldots & \ldots & \ldots & \ldots & \ldots \\ a_1b_n & a_2b_n & a_3b_n & \ldots & a_nb_n \end{vmatrix} = a_1b_n(a_2b_1 - a_1b_2)\ldots(a_nb_{n-1} - a_{n-1}b_n)$$

$$\begin{vmatrix} a_2a_3\ldots a_n & a_3a_4\ldots a_nb_1 & a_4\ldots a_nb_1b_2 & \ldots & b_1b_2b_3\ldots b_{n-1} \\ b_2b_3\ldots b_n & a_3a_4\ldots a_na_1 & a_4\ldots a_na_1b_2 & \ldots & a_1b_2b_3\ldots b_{n-1} \\ a_2b_3\ldots b_n & b_3b_4\ldots b_nb_1 & a_4\ldots a_na_1a_2 & \ldots & a_1a_2b_3\ldots b_{n-1} \\ \ldots & \ldots & \ldots & \ldots & \ldots \\ a_2a_3\ldots b_n & a_3a_4\ldots b_nb_1 & a_4\ldots b_nb_1b_2 & \ldots & a_1a_2a_3\ldots a_{n-1} \end{vmatrix}$$
$$= (a_1a_2\ldots a_n - b_1b_2\ldots b_n)^{n-1}.$$

$$\begin{vmatrix} x & a_1 & a_2 & \dots & a_{n-1} & 1 \\ a_1 & x & a_2 & \dots & a_{n-1} & 1 \\ a_1 & a_2 & x & \dots & a_{n-1} & 1 \\ \dots & \dots & \dots & \dots & \dots & \dots \\ a_1 & a_2 & a_3 & \dots & x & 1 \\ a_1 & a_2 & a_3 & \dots & a_n & 1 \end{vmatrix} = (x - a_1)(x - a_2)\dots(x - a_n)$$

$$\begin{vmatrix} x & a_1 & a_2 & \dots & a_n \\ a_1 & x & a_2 & \dots & a_n \\ a_1 & a_2 & x & \dots & a_n \\ \dots & \dots & \dots & \dots & \dots \\ a_1 & a_2 & a_3 & \dots & x \end{vmatrix} = (x + a_1 + a_2 + \cdots + a_n)(x - a_1)(x - a_2)\dots(x - a_n)$$

(ramener ce dernier déterminant au précédent).

4) Calculer le déterminant

$$\Delta_n = \begin{vmatrix} a_1 + b_1 & b_1 & b_1 & \dots & b_1 \\ b_2 & a_2 + b_2 & b_2 & \dots & b_2 \\ \dots & \dots & \dots & \dots & \dots \\ b_n & b_n & b_n & \dots & a_n + b_n \end{vmatrix}$$

(exprimer Δ_n à l'aide de Δ_{n-1}).

5) Les a_i et b_j étant des éléments d'un corps commutatif, tels que $a_i + b_j \neq 0$ pour tout couple d'indices (i, j), prouver que

$$\det\left(\frac{1}{a_i + b_j}\right) = \frac{\prod_{i<j} (a_j - a_i)(b_j - b_i)}{\prod_{i,j} (a_i + b_j)}.$$

(« déterminant de Cauchy »).

6) Montrer que, si X est une matrice à n lignes et m colonnes, Y une matrice à p lignes et n colonnes, $Z = YX$ la matrice produit à p lignes et m colonnes, les mineurs d'ordre q de Z sont nuls si $n < q$; si $q \leqslant n$, ils sont donnés par

$$\det(Z_{\mathrm{L,H}}) = \sum_{\mathrm{K}} \det(Y_{\mathrm{L,K}}) \det(X_{\mathrm{K,H}})$$

où K parcourt l'ensemble des parties de q éléments de $[1, n]$ (utiliser la formule (3) de III, p. 78).

7) Soit $\Delta = \det(\alpha_{ij})$ le déterminant d'une matrice U d'ordre n; pour chaque indice i $(1 \leqslant i \leqslant n)$, on désigne par Δ_i le déterminant obtenu en multipliant dans U l'élément α_{ij} par β_j pour $1 \leqslant j \leqslant n$. Montrer que la somme des n déterminants Δ_i $(1 \leqslant i \leqslant n)$ est égale à $(\beta_1 + \beta_2 + \cdots + \beta_n)\Delta$ (développer Δ_i suivant la ligne d'indice i).

8) Soit $\Delta = \det(\alpha_{ij})$ le déterminant d'une matrice U d'ordre n, et σ une permutation appartenant à $\mathfrak{S}_n$; pour chaque indice i $(1 \leqslant i \leqslant n)$, soit Δ_i le déterminant de la matrice obtenue en remplaçant dans U l'élément α_{ij} par $\alpha_{i,\sigma(j)}$ pour $1 \leqslant j \leqslant n$; si p est le nombre d'indices invariants par la permutation σ, montrer que la somme des n déterminants Δ_i $(1 \leqslant i \leqslant n)$ est égale à $p\Delta$ (même méthode que dans l'exerc. 7).

9) Soit A une matrice carrée d'ordre n, B une sous-matrice de A, à p lignes et q colonnes, C la matrice obtenue en multipliant, dans A, chacun des éléments appartenant à B par un même scalaire α. Montrer que chaque terme du développement total de $\det C$ est égal au terme correspondant du développement total de $\det A$, multiplié par un scalaire de la forme α^r, où $r \geqslant p + q - n$, r dépendant du terme considéré (faire un développement de Laplace convenable de $\det C$).

10) Soient Γ, Δ, les déterminants de deux matrices U, V d'ordre n; soient H et K deux parties quelconques de p éléments de $[1, n]$, (i_k) (resp. (j_k)) la suite obtenue en rangeant les éléments de H (resp. K) dans l'ordre croissant; soit $\Gamma_{H,K}$ le déterminant de la matrice obtenue en remplaçant dans U la colonne d'indice i_k par la colonne d'indice j_k de V, pour $1 \leqslant k \leqslant p$; soit de même $\Delta_{K,H}$ le déterminant de la matrice obtenue en remplaçant, dans V, la colonne d'indice j_k par la colonne d'indice i_k de U, pour $1 \leqslant k \leqslant p$. Montrer que, pour toute partie H de p éléments de $[1, n]$, on a

$$\Gamma\Delta = \sum_{K} \Gamma_{H,K}\Delta_{K,H}$$

où K parcourt l'ensemble des parties de p éléments de $[1, n]$ (utiliser les formules (21) et (22) de III, p. 98).

11) Soit Δ le déterminant d'une matrice carrée X d'ordre n, Δ_p le déterminant de la matrice carrée $\overset{p}{\wedge} X$, d'ordre $\binom{n}{p}$. Montrer qu'on a

$$\Delta_p \Delta_{n-p} = \Delta^{\binom{n}{p}}$$

(utiliser les formules (21) et (22) de III, p. 98).

12) Une matrice (α_{ij}) d'ordre n est dite *centrosymétrique* (resp. *centrosymétrique gauche*) si on a $\alpha_{n-i+1, n-j+1} = \alpha_{ij}$ (resp. $\alpha_{n-i+1, n-j+1} = -\alpha_{ij}$) pour $1 \leqslant i \leqslant n$, $1 \leqslant j \leqslant n$.

a) Montrer qu'on peut mettre le déterminant d'une matrice centrosymétrique d'ordre pair $2p$ sous forme du produit de deux déterminants d'ordre p, et le déterminant d'une matrice centrosymétrique d'ordre impair $2p + 1$ sous forme du produit d'un déterminant d'ordre p et d'un déterminant d'ordre $p + 1$.

b) Montrer qu'on peut mettre le déterminant d'une matrice centrosymétrique gauche d'ordre pair $2p$ sous forme du produit de deux déterminants d'ordre p. Le déterminant d'une matrice centrosymétrique gauche d'ordre impair $2p + 1$ est nul si, dans A, la relation $2\xi = 0$ entraîne $\xi = 0$; dans le cas contraire, il peut se mettre sous la forme du produit de $\alpha_{p+1,p+1}$ par deux déterminants d'ordre p.

13) Soient $\Delta = \det(\alpha_{ij})$ le déterminant d'une matrice d'ordre n, Δ_{ij} le mineur d'ordre $n - 1$, complémentaire de α_{ij}. Montrer qu'on a

$$\begin{vmatrix} \alpha_{11} & \alpha_{12} \ldots \alpha_{1n} & x_1 \\ \alpha_{21} & \alpha_{22} \ldots \alpha_{2n} & x_2 \\ \cdots & \cdots & \cdots \\ \alpha_{n1} & \alpha_{n2} \ldots \alpha_{nn} & x_n \\ y_1 & y_2 \ldots y_n & z \end{vmatrix} = \Delta z - \sum_{i,j} (-1)^{i+j} \Delta_{ij} x_i y_j.$$

Si $\Delta = 0$, et si les α_{ij} appartiennent à un *corps*, montrer que le déterminant précédent est le produit d'une forme linéaire en $x_1, x_2, \ldots, x_n$ et d'une forme linéaire en $y_1, y_2, \ldots, y_n$ (utiliser l'exerc. 5 de III, p. 189, et l'exerc. 8 de II, p. 206).

Donner un exemple où ce résultat est en défaut lorsque l'anneau des scalaires A n'est pas un corps (prendre pour A l'anneau $\mathbf{Z}/(6)$, et $n = 2$).

14) Démontrer l'identité

$$\begin{vmatrix} 0 & 1 & 1 & 1 & \ldots & 1 \\ 1 & 0 & a_1 + a_2 & a_1 + a_3 & \ldots & a_1 + a_n \\ 1 & a_2 + a_1 & 0 & a_2 + a_3 & \ldots & a_2 + a_n \\ 1 & a_3 + a_1 & a_3 + a_2 & 0 & \ldots & a_3 + a_n \\ \cdots & \cdots & \cdots & \cdots & \cdots & \cdots \\ 1 & a_n + a_1 & a_n + a_2 & a_n + a_3 & \ldots & 0 \end{vmatrix} = (-1)^n 2^{n-1} \sum_{i=1}^{n} a_1 a_2 \ldots a_{i-1} a_{i+1} \ldots a_n.$$

(utiliser l'exerc. 13).

15) Montrer que si les colonnes d'une matrice carrée d'ordre n sur A sont linéairement indépendantes, les lignes de la matrice sont aussi linéairement indépendantes (cf. II, p. 205, exerc. 3).

16) Soient E, F deux A-modules libres de dimensions respectives m et n. Pour qu'une application linéaire $u\colon E \to F$ soit injective, il faut et il suffit que $m \leqslant n$, et que, si X désigne la matrice de u par rapport à deux bases quelconques de E et F, il n'existe pas de scalaire $\mu \neq 0$ tel que les produits par μ de tous les mineurs d'ordre m de X soient nuls.

17) Soit

$$(*) \qquad \sum_{j=1}^{n} \alpha_{ij}\xi_j = \beta_i \qquad (1 \leqslant i \leqslant m)$$

un système de m équations linéaires à n inconnues sur un anneau commutatif A. Soient x_j $(1 \leqslant j \leqslant n)$ les colonnes de la matrice $X = (\alpha_{ij})$ de ce système, et $y = (\beta_i)$; on suppose que dans X tous les mineurs d'ordre $> p$ sont nuls mais que $x_1 \wedge x_2 \wedge \cdots \wedge x_p \neq 0$. Pour que le système (*) ait une solution, il est nécessaire que l'on ait $x_1 \wedge x_2 \wedge \cdots \wedge x_p \wedge y = 0$. Réciproquement, si cette condition est vérifiée, il existe $n + 1$ éléments ξ_j $(1 \leqslant j \leqslant n + 1)$ de A tels que $\xi_{n+1} \neq 0$ et que l'on ait

$$\sum_{j=1}^{n} \alpha_{ij}\xi_j = \beta_i\xi_{n+1} \qquad (1 \leqslant i \leqslant m).$$

18) Soient E et F deux A-modules libres de dimensions respectives m et n, $u\colon E \to F$ une application linéaire, X la matrice de u par rapport à deux bases quelconques de E et F.
a) Si $m \geqslant n$ et s'il existe un mineur d'ordre n de X qui soit inversible, u est surjective.
b) Inversement, si u est surjective, montrer que l'on a $m \geqslant n$ et qu'il existe un mineur d'ordre n de X qui n'est pas nul. Si de plus, dans l'anneau A, l'idéal engendré par les éléments non inversibles est distinct de A, il existe un mineur d'ordre n de X qui est inversible (considérer la puissance extérieure $\bigwedge^{n} u$).
c) Soient B un anneau commutatif, A l'anneau produit B × B. Donner un exemple d'application linéaire surjective du A-module A^2 sur A, dont la matrice (par rapport aux bases canoniques de A^2 et A) ait tous ses éléments diviseurs de zéro.

19) Soit X une matrice sur un corps commutatif. Pour que X soit de rang p, il suffit qu'il existe un mineur d'ordre p de X qui soit $\neq 0$, et tel que tous les mineurs d'ordre $p + 1$ contenant ce mineur d'ordre p, soient nuls (montrer que toute colonne de X est alors combinaison linéaire des p colonnes auxquelles appartiennent les éléments du mineur d'ordre p considéré).

20) Soient A un anneau commutatif, M un A-module quelconque, $U = (\alpha_{ij})$ une matrice de type (m, n) à éléments dans A.
a) Supposons $m = n$, et soit $\Delta = \det(U)$; alors, si $x_1, \ldots, x_n$ sont des éléments de M tels que $\sum_{j=1}^{n} \alpha_{ij}x_j = 0$ pour $1 \leqslant i \leqslant n$, on a $\Delta x_i = 0$ pour tout indice i.
b) Supposons m, n quelconques, tous les mineurs d'ordre $> r$ de U nuls et un mineur d'ordre r inversible, par exemple celui de la matrice (α_{ij}) où $i \leqslant r$ et $j \leqslant r$; alors, si a_i désigne la ligne d'indice i dans U, les a_i d'indice $\leqslant r$ forment une base du sous-module de A^n engendré par toutes les lignes de U ; pour $i > r$, on a donc $a_i = \sum_{k=1}^{r} \lambda_{ik}a_k$. Soient alors $y_1, \ldots, y_m$ des éléments de M ; pour qu'il existe des éléments $x_1, \ldots, x_n$ de M vérifiant le système d'équations $\sum_{j=1}^{n} \alpha_{ij}x_j = y_i$ pour $1 \leqslant i \leqslant m$, il faut et il suffit que l'on ait $y_i = \sum_{k=1}^{r} \lambda_{ik}y_k$ pour $i > r$.

¶ 21) Soient K un corps commutatif infini, m, n, r trois entiers $\geqslant 0$ tels que $r \leqslant n \leqslant m$, $\mathbf{M}_{m,n}(K)$ le K-espace vectoriel (de dimension mn) formé des matrices de type (m, n) sur K,

V un *sous-espace vectoriel* de $\mathbf{M}_{m,n}(K)$ tel que r soit la plus grande valeur du rang des matrices $X \in V$. On se propose de prouver l'inégalité

$$(*) \qquad \dim(V) \leqslant mr.$$

a) Montrer qu'on peut supposer que $m = n$ et que la matrice

$$X_0 = \begin{pmatrix} I_r & 0 \\ 0 & 0 \end{pmatrix}$$

appartient à V. En déduire que toute matrice $X \in V$ est alors de la forme

$$\begin{pmatrix} X_{11} & X_{12} \\ X_{21} & 0 \end{pmatrix}$$

(où X_{11} est d'ordre r) avec la condition $X_{21}X_{12} = 0$ (écrire que pour tout $\xi \in K$, la matrice $\xi X_0 + X$ est de rang $\leqslant r$).

b) Déduire de *a*) que pour deux matrices X, Y dans V, on a

$$X_{21}Y_{12} + Y_{21}X_{12} = 0.$$

c) Pour toute matrice $X \in V$, on pose $f(X) = (X_{11}\ X_{12}) \in \mathbf{M}_{r,n}(K)$; f est une application linéaire et on a $\dim(V) = \dim(\operatorname{Im}(f)) + \dim(\operatorname{Ker}(f))$. D'autre part, on note u_X la forme linéaire $(Y_{11}\ Y_{12}) \mapsto \operatorname{Tr}(X_{21}Y_{12})$ sur $\mathbf{M}_{r,n}(K)$. Montrer que l'application linéaire $X \mapsto u_X$ de $\operatorname{Ker}(f)$ dans le dual $(\mathbf{M}_{r,n}(K))^*$ est injective; achever de prouver (*) en notant que l'image par $X \mapsto u_X$ de $\operatorname{Ker}(f)$ est contenue dans l'orthogonal de $\operatorname{Im}(f)$.

¶ 22) Soit F une application de $\mathbf{M}_n(K)$ dans un ensemble E, K étant un corps commutatif, telle que, pour tout triplet de matrices X, Y, Z dans $\mathbf{M}_n(K)$, on ait $F(XYZ) = F(XZY)$. On excepte le cas de $\mathbf{M}_2(\mathbf{F}_2)$; montrer alors qu'il existe une application Φ de K dans E telle que $F(X) = \Phi(\det(X))$. (Utilisant III, p. 104, corollaire, montrer d'abord que pour $U \in \mathbf{SL}_n(K)$, on a $F(X) = F(XU)$; en déduire que dans $\mathbf{GL}_n(K)$, $F(X)$ ne dépend que de $\det(X)$. D'autre part, si, pour $r \leqslant n - 1$, on pose

$$X_r = \begin{pmatrix} I_r & 0 \\ 0 & 0 \end{pmatrix}$$

montrer qu'il existe une matrice Y de rang r telle que $X_{r-1} = YX_r$ et $Y = X_rY$, et en déduire que $F(X)$ a la même valeur pour toutes les matrices de rang $< n$.)

23) Dans toute A-algèbre E, si $x_1, \ldots, x_n$ sont des éléments de E, on pose

$$[x_1\ x_2\ \ldots\ x_n] = \sum_{\sigma \in \mathfrak{S}_n} \varepsilon_\sigma x_{\sigma(1)} x_{\sigma(2)} \ldots x_{\sigma(n)}.$$

Montrer que si E admet un système générateur fini sur A, il existe un entier N tel que $[x_1\ x_2\ \ldots\ x_N] = 0$ quels que soient les éléments x_j $(1 \leqslant j \leqslant N)$ de E.

24) Soient X_i $(1 \leqslant i \leqslant m)$ des matrices carrées de même ordre n sur l'anneau commutatif A. Montrer que si m est pair, on a (exerc. 23)

$$\operatorname{Tr}[X_1\ X_2\ \ldots\ X_m] = 0$$

et si m est impair

$$\operatorname{Tr}[X_1\ X_2\ \ldots\ X_m] = m.\operatorname{Tr}(X_m[X_1\ X_2\ \ldots\ X_{m-1}]).$$

(Si λ est la permutation circulaire $(1\ 2\ \ldots\ m)$, C le sous-groupe cyclique de $\mathfrak{S}_m$ engendré par λ et H le sous-groupe de $\mathfrak{S}_m$ formé des permutations laissant m invariant, remarquer que toute permutation de $\mathfrak{S}_m$ s'écrit d'une seule manière $\sigma\tau$ avec $\sigma \in H$ et $\tau \in C$; puis utiliser le fait que la trace d'un produit de matrices est invariante par permutation circulaire des facteurs.)

¶ 25) Soit A un anneau commutatif contenant le corps $\mathbf{Q}$ des nombres rationnels, et soit X une matrice carrée d'ordre pair $2n \geqslant 2$ sur A. Soient L la partie $\{1, 2, \ldots, n+1\}$ de $\{1, 2, \ldots, 2n\}$, L' son complémentaire. Démontrer la formule suivante (« identité de Rédei »):

$$(*) \qquad \det(X_{\mathrm{L},\mathrm{L}})\det(X_{\mathrm{L}',\mathrm{L}'}) = \sum_{\mathrm{H},\mathrm{K}} (-1)^r \frac{1}{n\binom{n-1}{r}} \det(X_{\mathrm{H},\mathrm{K}})\det(X_{\mathrm{H}',\mathrm{K}'})$$

où H parcourt l'ensemble des parties de n éléments de $\{1, 2, \ldots, 2n\}$ contenant 1, K l'ensemble des parties de n éléments de L et $r = \mathrm{Card}(\mathrm{H} \cap \mathrm{L}')$. (Evaluer le coefficient d'un terme $x_{\sigma(1),1}x_{\sigma(2),2}\ldots x_{\sigma(2n),2n}$ dans le second membre de (*), pour une permutation quelconque $\sigma \in \mathfrak{S}_{2n}$, en notant que ce coefficient ne peut être $\neq 0$ que si $\mathrm{H} = \sigma(\mathrm{K})$; on montrera qu'il ne peut être $\neq 0$ que si $\sigma(\mathrm{L}) = \mathrm{L}$.)

26) *a*) Avec les notations de la prop. 19 (III, p. 106), supposons qu'il existe deux applications A[X]-linéaires g_1, g_2 de M[X] dans M'[X] telles que $\psi' \circ g_2 = g_1 \circ \psi$; montrer qu'il existe alors une application A[X]-linéaire g de M_u dans $\mathrm{M}'_{u'}$ telle que $\varphi' \circ g_1 = \varphi' \circ \bar{g}$. En outre, si g_1 et g_2 sont des A[X]-isomorphismes de M[X] sur M'[X], g est un A[X]-isomorphisme de M_u sur $\mathrm{M}'_{u'}$.

b) Avec les notations de III, p. 105, on dit que les endomorphismes u, u' sont *équivalents* s'il existe deux isomorphismes f_1, f_2 de M sur M' tels que $u' \circ f_2 = f_1 \circ u$; on dit qu'ils sont *semblables* s'il existe un isomorphisme f de M sur M' tel que $u' \circ f = f \circ u$. Déduire de *a*) que, pour que u et u' soient semblables, il faut et il suffit que les endomorphismes $\mathrm{X} - \bar{u}$ et $\mathrm{X} - \bar{u}'$ (des A[X]-modules M[X] et M'[X] respectivement) soient équivalents.

§ 9

1) Soient K un corps commutatif ayant au moins 3 éléments, A l'algèbre sur K ayant une base formée de l'élément unité 1 et de deux éléments e_1, e_2 tels que $e_1^2 = e_1$, $e_1e_2 = e_2$, $e_2e_1 = e_2^2 = 0$; soit A^0 l'algèbre opposée de A. Montrer qu'il existe dans A des éléments x tels que $\mathrm{Tr}_{\mathrm{A/K}}(x) \neq \mathrm{Tr}_{\mathrm{A^0/K}}(x)$ et $\mathrm{N}_{\mathrm{A/K}}(x) \neq \mathrm{N}_{\mathrm{A^0/K}}(x)$.

§ 10

1) Si A et B sont des K-algèbres, α et β deux K-homomorphismes de A dans B, on appelle (α, β)-dérivation de A dans B une application K-linéaire d de A dans B vérifiant la relation

$$d(xy) = (dx)\alpha(y) + \beta(x)(dy) \qquad \text{pour } x, y \text{ dans A},$$

autrement dit, une dérivation au sens de la déf. 1 (III, p. 117) où $\mathrm{A} = \mathrm{A}' = \mathrm{A}''$, $\mathrm{B} = \mathrm{B}' = \mathrm{B}''$, $d = d' = d''$, $\mu: \mathrm{A} \times \mathrm{A} \to \mathrm{A}$ est la multiplication, $\lambda_1: \mathrm{B} \times \mathrm{A} \to \mathrm{B}$ est l'application K-bilinéaire $(z, x) \mapsto z\alpha(x)$ et $\lambda_2: \mathrm{A} \times \mathrm{B} \to \mathrm{B}$ l'application K-bilinéaire $(x, z) \mapsto \beta(x)z$.

On suppose désormais que A et B sont des *corps commutatifs* et que $\alpha \neq \beta$. Montrer qu'il existe alors un élément $b \in \mathrm{B}$ tel que d soit la (α, β)-dérivation $x \mapsto b\alpha(x) - \beta(x)b$. (On peut supposer $d \neq 0$. Montrer d'abord que le noyau N de d est l'ensemble des $x \in \mathrm{A}$ tels que $\alpha(x) = \beta(x)$, puis montrer que pour $x \notin \mathrm{N}$, l'élément $b = d(x)/(\alpha(x) - \beta(x))$ est indépendant du choix de x.)

2) Soient K un corps commutatif de caractéristique $\neq 2$, A et B deux K-algèbres, α une application K-linéaire de A dans B; on appelle α-dérivation de A dans B une application K-linéaire d de A dans B vérifiant la relation

$$d(xy) = (dx)\alpha(y) + \alpha(x)(dy) \qquad \text{pour } x, y \text{ dans A},$$

autrement dit, une dérivation au sens de la déf. 1 avec $\mathrm{A} = \mathrm{A}' = \mathrm{A}''$, $\mathrm{B} = \mathrm{B}' = \mathrm{B}''$, $d = d' = d''$, μ étant la multiplication dans A, λ_1 l'application $(z, x) \mapsto z\alpha(x)$ de $\mathrm{B} \times \mathrm{A}$ dans B, et λ_2 l'application $(x, z) \mapsto \alpha(x)z$ de $\mathrm{A} \times \mathrm{B}$ dans B.

Montrer que si B est un *corps commutatif*, extension de K, et si $d \neq 0$, il existe un $b \neq 0$ dans B tel que

$$\alpha(xy) = \alpha(x)\alpha(y) + b(dx)(dy) \qquad \text{pour } x, y \text{ dans A.}$$

Si $b = c^2$ avec $c \in B$ et $c \neq 0$, il existe deux homomorphismes f, g de A dans B tels que $\alpha(x) = (f(x) + g(x))/2$, $dx = (f(x) - g(x))/2c$. Dans le cas contraire, il existe une algèbre quadratique (III, p. 13) B′ sur B, un $\mu \in B'$ tel que $\mu^2 = c$, et un homomorphisme f de A dans B′ tels que $\alpha(x) = (f(x) + \overline{f(x)})/2$, $dx = (f(x - \overline{f(x)})/2$.

¶ 3) Soient K un corps (commutatif ou non), E l'espace vectoriel à gauche $K_s^{(\mathbf{N})}$, et soit $(e_n)_{n \in \mathbf{N}}$ la base canonique de cet espace. Soient d'autre part σ un endomorphisme de K, et d une $(\sigma, 1_K)$-dérivation (exerc. 1) de K dans lui-même, autrement dit une application additive de K dans lui-même telle que $d(\xi\eta) = (d\xi)\sigma(\eta) + \xi(d\eta)$. Les éléments de E sont des combinaisons linéaires de produits $\alpha_n e_n$, et on définit une multiplication dans E (application $\mathbf{Z}$-bilinéaire de E × E dans E) par les conditions

$$(\alpha e_n)(\beta e_m) = (\alpha e_{n-1})(\sigma(\beta)e_{m+1} + (d\beta)e_m) \qquad \text{pour } n \geqslant 1$$
$$(\alpha e_0)(\beta e_m) = (\alpha\beta)e_m.$$

On définit ainsi sur E une structure d'anneau (non commutatif en général) dont e_0 est l'élément unité (identifié à l'élément 1 de K). Si l'on pose $X = e_1$, on a $e_n = X^n$ pour $n \geqslant 1$, de sorte que les éléments de E s'écrivent $\alpha_0 + \alpha_1 X + \cdots + \alpha_n X^n$, avec la règle de multiplication

$$X\alpha = \sigma(\alpha)X + d\alpha \qquad \text{pour } \alpha \in K.$$

On note cet anneau $K[X; \sigma, d]$ et on dit que c'est *l'anneau de polynômes non commutatifs en* X *à coefficients dans* K, *relatif à* σ *et* d. Pour un élément $z = \sum_j \alpha_j X^j$ de E non nul, le *degré* $\deg(z)$ est le plus grand entier j tel que $\alpha_j \neq 0$.

a) Montrer que si u, v sont deux éléments $\neq 0$ de E, on a:

$$uv \neq 0 \quad \text{et} \quad \deg(uv) = \deg(u) + \deg(v);$$
$$\deg(u + v) \leqslant \sup(\deg(u), \deg(v)) \qquad \text{si } u + v \neq 0.$$

En outre si $\deg(u) \geqslant \deg(v)$, il existe deux éléments w, r de E tels que $u = wv + r$ et, ou bien $r = 0$, ou bien $\deg(r) < \deg(v)$ (« division euclidienne » dans E).

b) Inversement, soit R un anneau, tel qu'il existe une application $u \mapsto \deg(u)$ de l'ensemble R′ des éléments $\neq 0$ de R dans **N**, vérifiant les conditions de *a*). Montrer que l'ensemble K formé de 0 et des éléments $u \in R$ non nuls tels que $\deg(u) = 0$ est un corps (non nécessairement commutatif). Si $K \neq R$ et si x est un élément de R pour lequel l'entier $\deg(x) > 0$ est le plus petit possible, montrer que tout élément de R s'écrit d'une seule manière sous la forme $\sum_j \alpha_j x^j$ avec $\alpha_j \in K$. (Pour voir que tout élément de R est de cette forme, raisonner par l'absurde en considérant un élément $u \in R$ non de cette forme et pour lequel $\deg(u)$ est le plus petit possible.) Prouver qu'il existe un endomorphisme σ de K et une $(\sigma, 1_K)$-dérivation d de K tels que l'on ait $x\alpha = \sigma(\alpha)x + d\alpha$ pour tout $\alpha \in K$. En déduire que R est isomorphe à un corps ou à un anneau $K[X; \sigma, d]$.

4) Soit M un K-module gradué de type **N**; montrer que tout endomorphisme gradué de degré r de M se prolonge d'une seule manière en une dérivation de degré r de l'algèbre anticommutative universelle G(M) (III, p. 190, exerc. 13).

5) Soient K un corps de caractéristique $p > 0$, B le corps K(X) des fractions rationnelles à une indéterminée, A le sous-corps $K(X^p)$ de A. Montrer que l'homomorphisme canonique $\Omega_K(A) \otimes_A B \to \Omega_K(B)$ n'est pas injectif.

§ 11

1) Si V est un A-module projectif de type fini, il en est de même de End(V), canoniquement identifié à $V \otimes_A V^*$ (II, p. 77, corollaire). Si, à tout élément $u \in \operatorname{End}(V)$ on fait correspondre la forme A-linéaire $v \mapsto \operatorname{Tr}(uv)$ sur End(V), on définit une bijection A-linéaire de End(V) sur son dual (End(V))*. Identifiant End(V) et son A-module dual par cette application, la structure de A-algèbre sur End(V) définit par dualité (III, p. 139, *Exemple* 3) une structure de A-cogèbre sur End(V), coassociative et ayant pour coünité la forme $\operatorname{Tr}: V \rightarrow A$. En particulier, pour $V = A^n$, on définit ainsi sur $\mathbf{M}_n(A)$ une structure de cogèbre pour laquelle la coproduit est donné par $c(E_{ij}) = \sum_k E_{kj} \otimes E_{ik}$. Cette structure de cogèbre et la structure d'algèbre de $\mathbf{M}_n(A)$ ne définissent pas une structure de bigèbre.

2) Montrer que dans la déf. 3 (III, p. 148), la condition 3° (relative aux bigèbres graduées) est équivalente à la suivante: le produit $m: E \otimes E \rightarrow E$ est un morphisme de la cogèbre graduée $E \otimes E$ dans la cogèbre graduée E.

3) Montrer que si M est un A-module, il existe sur $\mathsf{T}(M)$ une structure de bigèbre cocommutative et une seule dont la structure d'algèbre est la structure usuelle et dont le coproduit c est tel que, pour tout $x \in M$, on ait $c(x) = 1 \otimes x + x \otimes 1$.

4) Soient E une bigèbre commutative sur A, m le produit $E \otimes E \rightarrow E$, c le coproduit $E \rightarrow E \otimes E$, e l'élément unité et γ la coünité de E.

a) Montrer que pour toute A-algèbre *commutative* B, la loi de composition qui, à tout couple $(u, v) \in \operatorname{Hom}_{A\text{-alg.}}(E, B) \times \operatorname{Hom}_{A\text{-alg.}}(E, B)$, associe l'homomorphisme de A-algèbres

$$E \xrightarrow{c} E \otimes E \xrightarrow{u \otimes v} B \otimes B \xrightarrow{m_B} B$$

(où m_B est le produit dans B) définit sur $\operatorname{Hom}_{A\text{-alg.}}(E, B)$ une structure de monoïde.

b) Afin que, pour toute A-algèbre commutative B, $\operatorname{Hom}_{A\text{-alg.}}(E, B)$ soit un groupe, il faut et il suffit qu'il existe un homomorphisme $i: E \rightarrow E$ de A-algèbres tel que $i(e) = e$ et que les applications composées $m \circ (1_E \otimes i) \circ c$ et $m \circ (i \otimes 1_E) \circ c$ soient toutes deux égales à l'application $x \mapsto \gamma(x)e$. On dit alors que i est une *inversion* dans E; c'est un isomorphisme de E sur la bigèbre opposée E^o.

5) Soient E_1, E_2 deux bigèbres sur A. Montrer que sur le produit tensoriel $E_1 \otimes_A E_2$, les structures d'algèbre et de cogèbre produits tensoriels de celles de E_1 et E_2 définissent sur $E_1 \otimes_A E_2$ une structure de bigèbre.

6) Soit M un A-module gradué de type $\mathbf{N}$. Définir une structure de bigèbre graduée gauche sur l'algèbre anticommutative universelle $\mathsf{G}(M)$ (III, p. 190, exerc. 13); en déduire un homomorphisme canonique d'algèbres graduées $\mathsf{G}(M^*) \rightarrow \mathsf{G}(M)^{*gr}$, et des notions de produit intérieur entre éléments de $\mathsf{G}(M)$ et éléments de $\mathsf{G}(M^*)$.

7) Avec les hypothèses et notations de la prop. 11 (III, p. 166), prouver la formule

$$(\det g)\varphi^{-1} = \wedge(g) \circ \varphi^{-1} \circ \wedge({}^t g).$$

De cette formule et de (79) (III, p. 169), déduire une nouvelle démonstration de l'expression de l'inverse d'une matrice carrée à l'aide de la matrice de ses cofacteurs (III, p. 99, formule (26)).

8) Soient E un A-module libre de dimension n. Pour toute application A-linéaire v de $\wedge(M)$ dans un A-module G, on peut écrire $v = \sum_{p=0}^{n} v_p$, où v_p est la restriction de v à $\bigwedge^p(M)$; on pose alors $\eta v = \sum_{p=0}^{n} (-1)^p v_p$, de sorte que $\eta^2 v = v$. Soit u un isomorphisme de M sur son dual M*, et soit Δ le déterminant de la matrice de u, par rapport à une base (e_i) de

M et la base duale de M* (déterminant qui ne dépend pas de la base de M choisie). Si φ est l'isomorphisme de $\wedge$ (M) sur $\wedge$ (M*) défini à partir de $e = e_1 \wedge e_2 \wedge \ldots \wedge e_n$, démontrer la formule

$$\eta^{n+1}\Delta\varphi = \wedge({}^t u) \circ \varphi^{-1} \circ \wedge(u).$$

9) On appelle *adjointe* d'une matrice carrée X d'ordre n sur A la matrice $\tilde{X} = (\det(X^{ji}))$ des mineurs d'ordre $n - 1$ de X. Montrer que, si X est inversible, on a $\det(\tilde{X}) = (\det X)^{n-1}$, et que tout mineur $\det(\tilde{X}_{\mathrm{H,K}})$ d'ordre p de $\tilde{X}$ est donné par la formule

$$(1) \qquad \det(\tilde{X}_{\mathrm{H,K}}) = (\det X)^{p-1}(X_{\mathrm{H',K'}})$$

où H' et K' sont les complémentaires de H et K respectivement par rapport à $[1, n]$ (« identités de Jacobi »; utiliser la relation (80) de III, p. 169).

10) De toute identité $\Phi = 0$ entre mineurs d'une matrice carrée inversible X arbitraire d'ordre n sur A, on peut déduire une autre identité $\tilde{\Phi} = 0$ dite *complémentaire* de $\Phi = 0$, en appliquant l'identité $\Phi = 0$ aux mineurs de l'adjointe $\tilde{X}$ de X, puis en remplaçant les mineurs de $\tilde{X}$ en fonction des mineurs de X à l'aide de l'identité (1) de l'exerc. 9. Démontrer de cette manière l'identité suivante:

$$\det(X^{ih})\det(X^{jk}) - \det(X^{ik})\det(X^{jh}) = (\det X).\det(X^{ij,hk}) \qquad \text{pour } i < j$$

où $X^{ij,hk}$ désigne le mineur d'ordre $n - 2$ de X obtenu en supprimant dans X les lignes d'indices i, j et les colonnes d'indices h, k.

¶ 11) Soit $\Phi = 0$ une identité entre mineurs d'une matrice carrée inversible X d'ordre n sur un anneau commutatif A, $\tilde{\Phi} = 0$ l'identité complémentaire (exerc. 10), k un entier > 0. Soit Y une matrice carrée inversible d'ordre $n + k$, et soit $\tilde{Y}_0$ la sous-matrice de la matrice adjointe $\tilde{Y}$, formée en supprimant dans $\tilde{Y}$ les lignes d'indice $\leqslant k$ et les colonnes d'indice $\leqslant k$. Si on suppose que $\tilde{Y}_0$ est inversible, et qu'on applique l'identité $\tilde{\Phi} = 0$ aux mineurs de $\tilde{Y}_0$, puis si on remplace chaque mineur qui figure dans cette identité (considéré comme *mineur de* $\tilde{Y}$) par son expression en fonction des mineurs de Y, à l'aide de l'identité (1) de l'exerc. 9 (III, p. 198), on obtient une identité $\Phi_k = 0$ entre mineurs de la matrice Y (valable si Y et $\tilde{Y}_0$ sont inversibles) qui est dite *extension d'ordre* k de l'identité $\Phi = 0$.

En particulier, soient $A = (\alpha_{ij})$ une matrice carrée inversible d'ordre $n + k$, B la sous-matrice d'ordre k de A obtenue en supprimant dans A les lignes et les colonnes d'indice $> k$, Δ_{ij} le déterminant de la matrice d'ordre $k + 1$ obtenue en supprimant dans A les lignes d'indice $> k$ sauf celle d'indice $k + i$ et les colonnes d'indice $> k$ sauf celle d'indice $k + j$; si C désigne la matrice (Δ_{ij}) d'ordre n, démontrer l'identité

$$\det C = (\det A)(\det B)^{n-1}$$

valable lorsque A et B sont inversibles (montrer que c'est l'extension d'ordre k du développement total d'un déterminant d'ordre n).

Enoncer les identités obtenues par extension du développement de Laplace (III, p. 98) et de l'identité de l'exerc. 2 de III, p. 190

¶ 12) Soit $X = (\xi_{ij})$ une matrice carrée d'ordre n sur un corps commutatif K; soit H une partie de p éléments de $[1, n]$, H' le complémentaire de H par rapport à $[1, n]$; on suppose que, pour tout couple d'indices $h \in \mathrm{H}$, $k \in \mathrm{H'}$, on a

$$\sum_i \xi_{ih}\xi_{ik} = 0.$$

Montrer que, quelles que soient les parties L, M de p éléments de $[1, n]$, on a

$$\rho_{\mathrm{M,M'}} \det(X_{\mathrm{L,H}}) \det(X_{\mathrm{M',H'}}) - \rho_{\mathrm{L,L'}} \det(X_{\mathrm{M,H}}) \det(X_{\mathrm{L,H'}}) = 0.$$

(Considérer les colonnes x_h d'indice $h \in \mathrm{H}$ de X comme des vecteurs de $\mathrm{E} = \mathrm{K}^n$, les colonnes x_k^* d'indice $k \in \mathrm{H'}$ comme des vecteurs de E*, et montrer que la $(n - p)$-forme $x_{\mathrm{H'}}^*$ est proportionelle à $\varphi_p(x_{\mathrm{H}})$.)

13) Soient Γ et Δ deux déterminants de matrices inversibles d'ordre n sur un anneau commutatif, Γ_{ij} le déterminant obtenu en remplaçant dans Γ la colonne d'indice i par la colonne d'indice j de Δ. Montrer qu'on a

$$\det(\Gamma_{ij}) = \Gamma^{n-1}\Delta.$$

(Développer Γ_{ij} suivant la colonne d'indice i, et utiliser l'exerc. 9 de III, p. 198.)

14) Soit M un A-module libre de dimension $n > 1$. Montrer que tout isomorphisme ψ de $\overset{p}{\wedge}(\mathrm{M})$ sur $\overset{n-p}{\wedge}(\mathrm{M}^*)$ telle que l'on ait $\overset{n-p}{\wedge}(\check{u}) \circ \psi = \psi \circ \overset{n}{\wedge}(u)$ pour tout automorphisme u de M, de déterminant égal à 1, est un des isomorphismes ψ_p définis dans la prop. 12 de III, p. 168 (procéder comme dans III, p. 189, exerc. 4).

15) Soit E un A-module libre de dimension n. Soient z un p-vecteur sur E, z^* une $(p + q)$-forme sur E; z peut être canoniquement identifié (III, p. 190, exerc. 8) à l'antisymétrisé $\boldsymbol{a}z_1$ d'un tenseur contravariant z_1 d'ordre p, et z^* à l'antisymétrisé d'un tenseur covariant d'ordre $p + q$. Si, dans le tenseur mixte $z_1 . z^*$, on contracte le k-ème indice contravariant et le $(p + k)$-ème indice covariant pour $1 \leqslant k \leqslant p$, montrer que le tenseur covariant d'ordre q ainsi obtenu est antisymétrisé, et s'identifie canoniquement à la q-forme $z^* \llcorner z$, au signe près.

16) Soit E un A-module libre de dimension n. On appelle *produit régressif* de $x \in \wedge(\mathrm{E})$ et $y \in \wedge(\mathrm{E})$ par rapport à une base $\{e\}$ de $\overset{n}{\wedge}(\mathrm{E})$, et on note $x \vee y$, l'élément $\varphi^{-1}(\varphi(x) \wedge \varphi(y))$, l'isomorphisme φ étant relatif à e. Ce produit n'est défini qu'à un facteur inversible près, dépendant de la base $\{e\}$ choisie. Montrer que si x est un p-vecteur, y un q-vecteur, on a $x \vee y = 0$ si $p + q \leqslant n$, et que si $p + q \geqslant n$, $x \vee y$ est un $(p + q - n)$-vecteur tel que $y \vee x = (-1)^{(n-p)(n-q)}x \vee y$. Le produit régressif est associatif et distributif par rapport à l'addition, et définit sur $\wedge(\mathrm{E})$ une structure d'algèbre unifère isomorphe à la structure de l'algèbre extérieure. Exprimer les composantes de $x \vee y$ en fonction de celles de x et y pour une base donnée de E.

17) Soient K un corps commutatif, E un espace vectoriel sur K.
a) Soit z un p-vecteur $\neq 0$ sur E, et soit V_z le sous-espace vectoriel de E formé des vecteurs x tels que $z \wedge x = 0$. On a $\dim(\mathrm{V}_z) \leqslant p$; si $(x_i)_{1 \leqslant i \leqslant q}$ est un système libre de vecteurs de V_z, il existe un $(p - q)$-vecteur v tel que $z = v \wedge x_1 \wedge \cdots \wedge x_q$. Si E est de dimension finie, on a $\mathrm{V}_z = \varphi^{-1}(\mathrm{M}_z^0)$, où M_z^0 est l'orthogonal dans E^* du sous-espace M_z associé à z. Pour que z soit un p-vecteur pur, il faut et il suffit que $\dim(\mathrm{V}_z) = p$ et on a alors $\mathrm{V}_z = \mathrm{M}_z$.
b) Soient v un p-vecteur pur, w un q-vecteur pur, V et W les sous-espaces de E associés respectivement à v et w. Pour que $\mathrm{V} \subset \mathrm{W}$, il faut et il suffit que $q \geqslant p$ et qu'il existe un $(q - p)$-vecteur u tel que $w = u \wedge v$. Pour que $\mathrm{V} \cap \mathrm{W} = \{0\}$, il faut et il suffit que $v \wedge w \neq 0$; le sous-espace $\mathrm{V} + \mathrm{W}$ est alors associé au $(p + q)$-vecteur pur $v \wedge w$.
c) Soient u et v deux p-vecteurs purs, U et V les sous-espaces associés respectivement à u et v. Pour que $u + v$ soit pur, il faut et il suffit que $\dim(\mathrm{U} \cap \mathrm{V}) \geqslant p - 1$.

18) Soit $z = \sum_{\mathrm{H}} \alpha_{\mathrm{H}} e_{\mathrm{H}}$ un p-vecteur pur non nul d'un espace vectoriel E de dimension n, exprimé à l'aide de ses composantes relatives à une base quelconque $(e_i)_{1 \leqslant i \leqslant n}$ de E. Soit G une partie de p éléments de $[1, n]$ telle que $\alpha_{\mathrm{G}} \neq 0$; soit $(i_h)_{1 \leqslant h \leqslant p}$ la suite des indices de G rangés dans l'ordre croissant, $(j_k)_{1 \leqslant k \leqslant n-p}$ la suite des indices du complémentaire G′ de G, rangés dans l'ordre croissant. Pour tout couple (h, k) d'indices tels que $1 \leqslant h \leqslant p$, $1 \leqslant k \leqslant n - p$, soit β_{hk} la composante α_{H} de z correspondant à la partie H de $[1, n]$ formée des $p - 1$ indices de G distincts de i_h, et de l'indice $j_k \in \mathrm{G}'$; soit X la matrice (β_{hk}) à p lignes et $n - p$ colonnes. Etant donnée une partie quelconque L de p éléments de $[1, n]$, telle que $\mathrm{L} \cap \complement\mathrm{G}$ ait $q \geqslant 1$ éléments, montrer que $(\alpha_{\mathrm{G}})^{q-1}\alpha_{\mathrm{L}}$ est égal, au signe près, au mineur d'ordre q de X, formé des lignes d'indice h tel que $i_h \in \mathrm{G} \cap \complement\mathrm{L}$, et des colonnes d'indice k tel que $j_k \in \mathrm{L} \cap \complement\mathrm{G}$. (Ecrire que z est de la forme $\alpha_{\mathrm{G}} y_1 \wedge y_2 \wedge \cdots \wedge y_p$, où les vecteurs y_i sont tels que, dans la matrice Y à n lignes et p colonnes dont les y_i sont les colonnes, la sous-matrice formée des lignes dont l'indice appartient à G soit la matrice unité.)

19) Sur un espace vectoriel E de dimension finie, soit $z = x_1 \wedge x_2 \wedge \cdots \wedge x_p$ un p-vecteur pur $\neq 0$; soient v^* une q-forme ($q \leqslant p$) et u^* un élément quelconque de $\wedge(E^*)$. Montrer que l'on a

$$(u^* \wedge v^*) \lrcorner z = (-1)^{q(q-1)/2} \sum_{H} \rho_{H,K} \langle v^*, x_H \rangle (u^* \lrcorner x_K)$$

où H parcourt l'ensemble des parties de q éléments de $(1, p)$, K est le complémentaire de H par rapport à $(1, p)$, x_H (resp. x_K) désignant le produit extérieur des x_i tels que $i \in H$ (resp. $i \in K$).

20) Soient E un espace vectoriel de dimension n, z un p-vecteur pur sur E, V le sous-espace de E associé à z, u^* un q-vecteur pur sur E^*, W′ le sous-espace de E^* associé à u^*, W le sous-espace de E, de dimension $n - q$, orthogonal à W′. Si $q < p$, $u^* \lrcorner z$ est un $(p - q)$-vecteur pur sur E, nul si $\dim(V \cap W) > p - q$; si $\dim(V \cap W) = p - q$, $V \cap W$ est associé à $u^* \lrcorner z$.

21) *a*) Démontrer directement (sans utiliser les isomorphismes φ_p) que sur un espace vectoriel de dimension n, tout $(n - 1)$-vecteur est pur.
b) Soit A une algèbre commutative sur un corps K, ayant une base formée de l'élément unité 1, et de trois éléments a_1, a_2, a_3 dont les produits deux à deux sont nuls. Soit E le A-module A^3 et soit $(e_i)_{1 \leqslant i \leqslant 3}$ sa base canonique; montrer que le bivecteur

$$a_1(e_2 \wedge e_3) + a_2(e_3 \wedge e_1) + a_3(e_1 \wedge e_2)$$

n'est pas pur.

22) Soient E un ensemble ordonné dans lequel tout intervalle (a, b) est fini. Soit S la partie de E × E formée des couples (x, y) tels que $x \leqslant y$. Montrer que l'on définit sur le A-module $A^{(S)}$ des combinaisons linéaires formelles des éléments de S une structure de cogèbre coassociative en prenant pour coproduit

$$c((x, y)) = \sum_{x \leqslant z \leqslant y} (x, z) \otimes (z, y).$$

Pour cette cogèbre, la forme linéaire γ telle que

$$\gamma((x, y)) = 0 \quad \text{si } x \neq y \text{ dans E}, \quad \gamma((x, y)) = 1$$

est une coünité.

23) Soit C une cogèbre sur un anneau A. On dit qu'un sous-A-module S de C est une *sous-cogèbre* de C si l'on a $c(S) \subset \operatorname{Im}(S \otimes S)$.
a) Si C est coassociative (resp. cocommutative), il en est de même de toute sous-cogèbre. Si γ est une coünité de C, la restriction de γ à toute sous-cogèbre de C est une coünité.
b) Quelles sont les sous-cogèbres de la cogèbre $A^{(X)}$ (III, p. 139, *Exemple* 4)?
c) Si (S_α) est une famille de sous-cogèbres de C, $\sum_\alpha S_\alpha$ est une sous-cogèbre de C (la plus petite contenant toutes les S_α).

24) Soit C une cogèbre sur un anneau A. On dit qu'un sous-A-module S de C est un *coïdéal à droite* (resp. *à gauche*) si l'on a $c(S) \subset \operatorname{Im}(S \otimes C)$ (resp. $c(S) \subset \operatorname{Im}(C \otimes S)$).
a) Une sous-cogèbre (exerc. 23) est un coïdéal à droite et à gauche. La réciproque est vraie si A est un corps.
b) Toute somme de coïdéaux à droite (resp. à gauche) est un coïdéal à droite (resp. à gauche).
c) Si S est un coïdéal à droite (resp. à gauche) de C, l'orthogonal S^0 est un idéal à droite (resp. à gauche) dans l'algèbre duale C^*.
d) Si A est un corps et $\mathfrak{I}'$ un idéal à droite (resp. à gauche) dans l'algèbre duale C^*, l'orthogonal $\mathfrak{I}'^0$ dans C est un coïdéal à droite (resp. à gauche) de C. (Raisonner par l'absurde en

supposant qu'il existe un $x \in \mathfrak{J}'^0$ tel que $c(x) \notin \mathfrak{J}'^0 \otimes C$; écrire $c(x) = \sum_i y_i \otimes z_i$, où les z_i sont linéairement indépendants, et montrer qu'on pourrait trouver $y' \in \mathfrak{J}'$ et $z' \in C^*$ tel que $\langle y'z', x\rangle \neq 0$.)

En déduire que pour qu'un sous-espace vectoriel S de C soit un coïdéal à droite (resp. à gauche), il faut et il suffit que S^0 soit un idéal à droite (resp. à gauche) de C^*.

e) Déduire de *d*) que si A est un corps, toute intersection de coïdéaux à droite (resp. coïdéaux à gauche, resp. sous-cogèbres) de C est un coïdéal à droite (resp. un coïdéal à gauche, resp. une sous-cogèbre). Pour que S soit une sous-cogèbre de C, il faut et il suffit que son orthogonal S^0 soit un idéal bilatère de l'algèbre C^*.

25) Soit C une cogèbre sur un anneau A. On dit qu'un sous-A-module S de C est un *coïdéal* si l'on a $c(S) \subset \mathrm{Im}(S \otimes C) + \mathrm{Im}(C \otimes S)$. Si C est coünifère, de coünité γ, on dit qu'un coïdéal S est *conul* si $\gamma(x) = 0$ pour $x \in S$.

a) Un coïdéal à droite ou à gauche est un coïdéal. Toute somme de coïdéaux est un coïdéal.

b) Si S est un coïdéal de C, l'orthogonal S^0 est une *sous-algèbre* de l'algèbre duale C^*. Si C est coünifère et S est conul, S^0 est unifère.

c) On suppose que A est un corps, et C une cogèbre coünifère. Montrer que si E' est une sous-algèbre unifère de C^* ayant même élément unité que C^*, l'orthogonal E'^0 dans C est un coïdéal conul.

d) Si S est un coïdéal de C, montrer qu'il existe sur C/S une structure de cogèbre et une seule telle que l'application canonique $p: C \to C/S$ soit un morphisme de cogèbres. Si C est coünifère et si S est conul, C/S est coünifère.

e) Pour tout morphisme $f: C \to C'$ de cogèbres, $S = \mathrm{Ker}(f)$ est un coïdéal de C, $S' = \mathrm{Im}(f)$ une sous-cogèbre de C', et dans la factorisation canonique $C \xrightarrow{p} C/S \xrightarrow{g} S' \xrightarrow{j} C'$ de f, g est un isomorphisme de cogèbres.

26) Soit C une cogèbre coassociative et coünifère sur un corps commutatif K.

a) Pour tout sous-espace vectoriel E de C qui est un C^*-module à gauche pour la loi $(u, x) \mapsto u \lrcorner x$, l'annulateur à gauche de ce C^*-module est un idéal bilatère $\mathfrak{J}'$ de l'algèbre C^*. Montrer que si E est de dimension finie sur K, $C^*/\mathfrak{J}'$ est de dimension finie.

b) Déduire de *a*) que pour tout élément $x \in C$, la sous-cogèbre de C engendrée par x est de dimension finie. (Noter que le C^*-module E engendré par x est de dimension finie, et que si $\mathfrak{J}'$ est son annulateur à gauche, on a $x \in \mathfrak{J}'^0$, orthogonal de $\mathfrak{J}'$ dans C.)

27) Soit B une algèbre associative et unifère sur un corps commutatif K, et soit $m: B \otimes_K B \to B$ l'application K-linéaire définissant la multiplication dans B. Le produit tensoriel $B^* \otimes_K B^*$ (où B^* est l'espace vectoriel dual de l'espace vectoriel B) s'identifie canoniquement à un sous-espace vectoriel de $(B \otimes_K B)^*$ (II, p. 110, prop. 16).

a) Montrer que, pour un élément $w \in B^*$, les conditions suivantes sont équivalentes: 1° ${}^t m(w) \in B^* \otimes B^*$; 2° l'ensemble des $x \lrcorner w$, où x parcourt B, est un sous-espace de dimension finie de B^*; 3° l'ensemble des $w \llcorner x$, où x parcourt B, est un sous-espace de dimension finie de B^*; 4° l'ensemble des $x \lrcorner w \llcorner y$, où x et y parcourent B, est contenu dans un sous-espace de dimension finie de B^*.

b) Soit $B' \subset B^*$ l'ensemble des $w \in B^*$ vérifiant les conditions équivalentes de *a*). Montrer que ${}^t m(B') \subset B' \otimes_K B'$. (Pour $w \in B'$, écrire ${}^t m(w) = \sum_i u_i \otimes v_i$, où par exemple les u_i sont linéairement indépendants dans B^*; montrer que l'on a alors $v_i \in B'$ pour tout i en utilisant l'associativité de B, et raisonnant par l'absurde.) B' est donc la *plus grande cogèbre* contenue dans B^*, pour laquelle ${}^t m$ est le coproduit. On dit que B' est la *cogèbre duale* de l'algèbre B. Lorsque B est de dimension finie, $B' = B^*$.

c) Montrer que si B est un corps commutatif de dimension infinie sur K, on a $B' = \{0\}$. (Noter que l'orthogonal de l'ensemble des $x \lrcorner w$, pour un $w \in B^*$, x parcourant B, est un idéal de B).

d) Soient B_1, B_2 deux K-algèbres, $f: B_1 \to B_2$ un K-homomorphisme d'algèbres. Montrer que l'on a ${}^t f(B'_2) \subset B'_1$, et que ${}^t f$, restreint à B'_2, est un homomorphisme de cogèbres de B'_2 dans B'_1.

e) Si C est une cogèbre coassociative et coünifère sur K, l'injection canonique $C \to C^{**}$ de l'espace vectoriel C dans son bidual transforme C en un sous-espace de $(C^*)'$, cogèbre duale de l'algèbre C^* duale de C, et est un homomorphisme de cogèbres de C dans $(C^*)'$.

APPENDICE

1) Montrer que dans une A-algèbre cayleyenne alternative, on a (notations de III, p. 15), $T((xy)z) = T(x(yz))$. (Se ramener à prouver que $a(x, y, z) = a(\bar{z}, \bar{y}, \bar{x})$).

2) Soit F une A-algèbre alternative, dans laquelle la relation $2x = 0$ entraîne $x = 0$. Montrer que, quels que soient x, y, z dans F, on a $x(yz)x = (xy)(zx)$ (identité de Moufang). (Dans l'identité

$$(xy)z + y(zx) = x(yz) + (yz)x$$

remplacer successivement y par xy et z par zx.)

3) Soit F une A-algèbre cayleyenne alternative, dans laquelle la relation $2x = 0$ entraîne $x = 0$. Montrer que si $x \in F$ est inversible, on a, quels que soient y, z, t dans F,

$$(N(x) + N(y))(N(z) + N(t)) = N(x\bar{z} + yt) + N(xt - (xz)(x^{-1}y))$$

(utiliser les exerc. 1 et 2).

NOTE HISTORIQUE

Chapitres II et III

(N.-B. — Les chiffres romains renvoient à la bibliographie placée à la fin de cette note.)

L'algèbre linéaire est à la fois l'une des plus anciennes branches des mathématiques, et l'une des plus nouvelles. D'une part, on trouve à l'origine des mathématiques les problèmes qui se résolvent par une seule multiplication ou division, c'est-à-dire par le calcul d'une valeur d'une fonction $f(x) = ax$, ou par la résolution d'une équation $ax = b$: ce sont là des problèmes typiques d'algèbre linéaire, et il n'est pas possible de les traiter, ni même de les poser correctement, sans « penser linéairement ».

D'autre part, non seulement ces questions, mais presque tout ce qui touche aux équations du premier degré, avait depuis longtemps été relégué dans l'enseignement élémentaire, lorsque le développement moderne des notions de corps, d'anneau, d'espace vectoriel topologique, etc., est venu dégager et mettre en valeur des notions essentielles d'algèbre linéaire (par exemple la dualité); c'est alors qu'on s'est aperçu du caractère essentiellement linéaire de presque toute l'algèbre moderne, dont cette « linéarisation » est même l'un des traits marquants, et qu'on a rendu à l'algèbre linéaire la place qui lui revient. En faire l'histoire, du point de vue où nous nous plaçons, serait donc une tâche aussi importante que difficile; et nous devrons nous contenter ici d'indications assez sommaires.

De ce qui précède, il résulte que l'algèbre a sans doute pris naissance pour répondre aux besoins de praticiens calculateurs; c'est ainsi que nous voyons la règle de trois[1] et la règle de fausse position, plus ou moins clairement énoncées, jouer un rôle important dans tous les manuels d'arithmétique pratique, depuis le papyrus Rhind des Égyptiens jusqu'à ceux qui sont en honneur dans nos écoles primaires, en passant par Āryabhaṭa, les Arabes, Léonard de Pise et les innombrables « livres de calcul » du Moyen âge et de la Renaissance; mais elles n'ont peut-être jamais constitué autre chose qu'un extrait, à l'usage des praticiens, de théories scientifiques plus avancées.

Quant aux mathématiciens proprement dits, la nature de leurs recherches sur l'algèbre linéaire est fonction de la structure générale de leur science. La mathématique grecque ancienne, telle qu'elle est exposée dans les *Éléments* d'Euclide, a développé deux théories abstraites de caractère linéaire, d'une part celle des grandeurs ((II), livre V; cf. Note historique de TG, IV), d'autre part celle des entiers ((II), livre VII). Chez les Babyloniens, nous trouvons des méthodes beaucoup plus voisines de notre algèbre élémentaire; ils savent résoudre, et d'une

[1] Cf. J. Tropfke, *Geschichte der Elementar-Mathematik*, 1. Band, 2te Ausgabe, Berlin–Leipzig (W. de Gruyter), 1921, pp. 150–155.

manière fort élégante ((I), p. 181–183) des systèmes d'équations du premier degré. Pendant fort longtemps, néanmoins, les progrès de l'algèbre linéaire tiennent surtout à ceux du calcul algébrique, et c'est sous cet aspect, étranger à la présente Note, qu'il convient de les considérer; pour ramener, en effet, un système linéaire à une équation du type $ax = b$, il suffit, s'il s'agit d'une seule inconnue, de connaître les règles (déjà, en substance, énoncées par Diophante) par lesquelles on peut faire passer des termes d'un membre dans l'autre, et combiner les termes semblables; et, s'il s'agit de plusieurs inconnues, il suffit de savoir de plus les éliminer successivement jusqu'à n'en avoir plus qu'une. Aussi les Traités d'algèbre, jusqu'au XVIIIe siècle, pensent-ils avoir tout fait, en ce qui concerne le premier degré, dès qu'ils ont exposé ces règles; quant à un système à autant d'équations que d'inconnues (ils n'en considèrent pas d'autres) où les premiers membres ne seraient pas des formes linéairement indépendantes, ils se contentent invariablement d'observer en passant que cela indique un problème mal posé. Dans les traités du XIXe siècle, et même certains ouvrages plus récents, ce point de vue ne s'est modifié que par les progrès de la notation, qui permettent d'écrire des systèmes de n équations à n inconnues, et par l'introduction des déterminants, qui permettent d'en donner des formules de résolution explicite dans le « cas général »; ces progrès, dont le mérite appartiendrait à Leibniz ((VII), p. 239) s'il avait développé et publié ses idées à ce sujet, sont dus principalement aux mathématiciens du XVIIIe et du début du XIXe siècle.

Mais il nous faut d'abord examiner divers courants d'idées qui, beaucoup plus que l'étude des systèmes linéaires, ont contribué au développement de l'algèbre linéaire au sens où nous l'entendons. Inspiré par l'étude d'Apollonius, Fermat (IV *a*), conçoit, avant même Descartes (V), le principe de la géométrie analytique, a l'idée de la classification des courbes planes suivant leur degré (qui, devenue peu à peu familière à tous les mathématiciens, peut être considérée comme définitivement acquise vers la fin du XVIIe siècle), et pose le principe fondamental qu'une équation du premier degré, dans le plan, représente une droite, et une équation du second degré une conique: principe dont il déduit aussitôt de « très belles » conséquences relatives à des lieux géométriques. En même temps, il énonce (IV *b*) la classification des problèmes en problèmes déterminés, problèmes qui se ramènent à une équation à deux inconnues, à une équation à trois inconnues, etc.; et il ajoute: les premiers consistent en la détermination d'un point, les seconds d'une ligne ou lieu plan, les suivants d'une surface, etc. (« ...*un tel problème ne recherche pas un point seulement, ou une ligne, mais toute une surface propre à la question; c'est de là que naissent les lieux superficiels, et de même pour les suivants* », *loc. cit.*, p. 186; là déjà se trouve le germe de la géométrie à n dimensions). Cet écrit, posant le principe de la dimension en algèbre et en géométrie algébrique, indique une fusion de l'algèbre et de la géométrie, absolument conforme aux idées modernes, mais qui, on l'a déjà vu, mit plus de deux siècles à pénétrer dans les esprits.

Du moins ces idées aboutissent-elles bientôt à l'épanouissement de la géométrie analytique, qui prend toute son ampleur au XVIIIe siècle avec Clairaut, Euler, Cramer, Lagrange et bien d'autres. Le caractère linéaire des formules de transformation de coordonnées dans le plan et dans l'espace, qui n'a pu manquer d'être aperçu déjà par Fermat, est mis en relief par exemple par Euler ((VIII *a*), chap. II-III et Append., chap. IV), qui fonde là-dessus la classification des lignes planes, et celle des surfaces, suivant leur degré (invariant justement en raison de la linéarité de ces formules); c'est lui aussi (*loc. cit.*, chap XVIII) qui introduit le mot d'« affinité », pour désigner la relation entre courbes qui peuvent se déduire l'une de l'autre par une transformation $x' = ax$, $y' = by$ (mais sans apercevoir rien de géométriquement invariant dans cette définition qui reste attachée à un choix d'axes particulier). Un peu plus tard, nous voyons Lagrange (IX *a*) consacrer tout un mémoire, qui longtemps resta justement célèbre, à des problèmes typiquement linéaires et multilinéaires de géométrie analytique à trois dimensions. C'est vers la même époque, à propos du problème linéaire constitué par la recherche d'une courbe plane passant par des points donnés, que prend corps, d'abord d'une manière en quelque sorte empirique, la notion de déterminant, avec Cramer (X) et Bezout (XI); développée ensuite par plusieurs auteurs, cette notion et ses propriétés essentielles sont définitivement mises au point par Cauchy (XIII) et Jacobi (XVI *a*).

D'autre part, tandis que les mathématiciens avaient quelque peu tendance à dédaigner les équations du premier degré, la résolution des équations différentielles constituait au contraire un problème capital; il était naturel que, parmi ces équations, on distinguât de bonne heure les équations linéaires, à coefficients constants ou non, et que leur étude contribuât à mettre en valeur la linéarité et ce qui s'y rattache. C'est bien ce qu'on aperçoit chez Lagrange (IX *b*) et Euler (VIII *b*), du moins en ce qui concerne les équations homogènes; car ces auteurs ne jugent pas utile de dire que la solution générale de l'équation non homogène est somme d'une solution particulière et de la solution générale de l'équation homogène correspondante, et ils ne font de ce principe (connu cependant de D'Alembert) aucun usage; notons aussi que, lorsqu'ils énoncent que la solution générale de l'équation linéaire homogène d'ordre n est combinaison linéaire de n solutions particulières, ils n'ajoutent pas que celles-ci doivent être linéairement indépendantes, et ne font aucun effort pour expliciter cette dernière notion; sur ces points comme sur tant d'autres, c'est seulement, semble-t-il, l'enseignement de Cauchy à l'École Polytechnique qui jettera de la clarté ((XIV), pp. 573-574). Mais déjà Lagrange (*loc. cit.*) introduit aussi (purement par le calcul, il est vrai, et sans lui donner de nom) l'équation adjointe $L^*(y) = 0$ d'une équation différentielle linéaire $L(y) = 0$, exemple typique de dualité en vertu de la relation

$$\int zL(y)\,dx = \int L^*(z)y\,dx,$$

valable pour y et z s'annulant aux extrémités de l'intervalle d'intégration; plus précisément, et 30 ans avant que Gauss ne définît explicitement la transposée d'une substitution linéaire à 3 variables, nous voyons là le premier exemple sans doute d'un « opérateur fonctionnel » L^* transposé ou « adjoint » d'un opérateur L donné au moyen d'une fonction bilinéaire (ici l'intégrale $\int yzdx$).

En même temps, et avec Lagrange aussi (IX *c*), les substitutions linéaires, à 2 et 3 variables tout d'abord, étaient en passe de conquérir l'arithmétique. Il est clair que l'ensemble des valeurs d'une fonction $F(x, y)$, lorsqu'on donne à x et y toutes les valeurs entières, ne change pas lorsqu'on fait sur x, y une substitution linéaire quelconque, à coefficients entiers, de déterminant 1; c'est sur cette observation fondamentale que Lagrange fonde la théorie de la représentation des nombres par les formes, et celle de la réduction des formes; et Gauss, par un pas dont il nous est devenu difficile d'apprécier toute la hardiesse, en dégage la notion d'équivalence et celle de classe de formes (cf. I, p. 161); à ce propos, il reconnaît la nécessité de quelques principes élémentaires relatifs aux substitutions linéaires, et introduit en particulier la notion de transposée ou d'adjointe ((XII *a*), p. 304). A partir de ce moment, l'étude arithmétique et l'étude algébrique des formes quadratiques, à 2, 3 et plus tard n variables, celle des formes bilinéaires qui leur sont étroitement liées, et plus récemment la généralisation de ces notions à une infinité de variables, devaient, jusqu'à notre époque, constituer l'une des plus fécondes sources de progrès pour l'algèbre linéaire (cf. Note hist. de A, IX).

Mais, progrès encore plus décisif peut-être, Gauss, dans ces mêmes *Disquisitiones*, créait (cf. I, p. 162) la théorie des groupes commutatifs finis, qui y interviennent de quatre manières différentes, par le groupe additif des entiers modulo m (pour m entier), par le groupe multiplicatif des nombres premiers à m modulo m, par le groupe des classes de formes quadratiques binaires, enfin par le groupe multiplicatif des racines m-èmes de l'unité; et, comme nous l'avons déjà marqué, c'est clairement comme groupes commutatifs, ou pour mieux dire comme modules sur $\mathbf{Z}$, que Gauss traite de tous ces groupes, étudie leur structure, leurs relations d'isomorphisme, etc. Dans le module des « entiers complexes » $a + bi$, on le voit plus tard étudier un module infini sur $\mathbf{Z}$, dont il n'a pas manqué sans doute d'apercevoir l'isomorphisme avec le module des périodes (découvertes par lui dans le domaine complexe) des fonctions elliptiques; en tout cas cette idée apparaît déjà nettement chez Jacobi, par exemple dans sa célèbre démonstration de l'impossibilité d'une fonction à 3 périodes et dans ses vues sur le problème d'inversion des intégrales abéliennes (XVI *b*), pour aboutir bientôt aux théorèmes de Kronecker (cf. Note hist. de TG, VII).

Ici, aux courants dont nous avons cherché à suivre le tracé et parfois les méandres, vient s'en mêler un autre, qui était longtemps demeuré souterrain. Comme il sera ailleurs exposé plus en détail (Note hist. de A, IX), la géométrie « pure » au sens où on l'a comprise durant le siècle dernier, c'est-à-dire essentiellement la géométrie projective du plan et de l'espace sans usage de coordonnées, avait été créée au XVIIe siècle par Desargues (VI), dont les idées, appréciées à leur juste valeur par un Fermat, mises en œuvre par un Pascal, étaient ensuite tombées dans l'oubli, éclipsées par les brillants progrès de la géométrie analytique; elle est remise en honneur vers la fin du XVIIIe siècle, par Monge, puis Poncelet et ses émules, Brianchon, Chasles, parfois séparée complètement et volontairement des méthodes analytiques, parfois (surtout en Allemagne) s'y mêlant intimement. Or les transformations projectives, de quelque point de vue qu'on les considère (synthétique ou analytique), ne sont pas autre chose bien entendu que des substitutions linéaires sur les coordonnées projectives ou « barycentriques »; la théorie des coniques (au XVIIe siècle), et plus tard celle des quadriques, dont les propriétés projectives ont longtemps fait le sujet d'étude principal de cette école, ne sont autres que celle des formes quadratiques, dont nous avons déjà signalé plus haut l'étroite connexion avec l'algèbre linéaire. A ces notions se joint celle de polarité: créée, elle aussi, par Desargues, la théorie des pôles et polaires devient, entre les mains de Monge et de ses successeurs, et bientôt sous le nom de principe de dualité, un puissant instrument de transformation des théorèmes géométriques; si l'on n'ose affirmer que ses rapports avec les équations différentielles adjointes aient été aperçus sinon tardivement (ils sont indiqués par Pincherle à la fin du siècle), on n'a pas manqué du moins, Chasles en porte le témoignage (XVII), d'apercevoir sa parenté avec la notion de triangles sphériques réciproques, introduite en trigonométrie sphérique par Viète ((III), p. 418) et Snellius dès le XVIe siècle. Mais la dualité en géométrie projective n'est qu'un aspect de la dualité des espaces vectoriels, compte tenu des modifications qu'impose le passage de l'espace affine à l'espace projectif (qui en est un espace quotient, par la relation « multiplication scalaire »).

Le XIXe siècle, plus qu'aucune époque de notre histoire, a été riche en mathématiciens de premier ordre; et il est difficile en quelques pages, même en se bornant aux traits les plus saillants, de décrire tout ce que la fusion de ces mouvements d'idées vient produire entre leurs mains. Entre les méthodes purement synthétiques d'une part, espèce de lit de Procuste où se mettent eux-mêmes à la torture leurs adeptes orthodoxes, et les méthodes analytiques liées à un système de coordonnées arbitrairement infligé à l'espace, on sent bientôt le besoin d'une espèce de calcul géométrique, rêvé mais non créé par Leibniz, imparfaitement ébauché par Carnot; c'est d'abord l'addition des vecteurs qui apparaît, implicite chez Gauss dans sa représentation géométrique des imaginaires et l'application qu'il en fait à la géométrie élémentaire (cf. Note hist. de TG, VIII), développée par Bellavitis sous le nom de « méthode des équipollences », et qui prend sa forme définitive chez Grassmann, Möbius, Hamilton; en même temps, sous le nom de « calcul barycentrique », Möbius en donne une version adaptée aux besoins de la géométrie projective (XVIII).

A la même époque, et parmi les mêmes hommes, s'effectue le passage, si naturel (dès qu'on est engagé dans cette voie) que nous l'avons vu annoncé déjà par Fermat, du plan et de l'espace « ordinaire » à l'espace à n dimensions; passage inévitable même, puisque les phénomènes algébriques, qui pour deux ou trois variables s'interprètent comme d'eux-mêmes en termes géométriques, subsistent sans changement pour des variables en nombre quelconque; s'imposer donc, dans l'emploi du langage géométrique, la limitation à 2 ou 3 dimensions, serait pour le mathématicien moderne un joug aussi incommode que celui qui empêcha toujours les Grecs d'étendre la notion de nombre aux rapports de grandeurs incommensurables. Aussi le langage et les idées relatifs à l'espace à n dimensions apparaissent-ils à peu près simultanément de tous côtés, obscurément chez Gauss, clairement chez les mathématiciens de la génération suivante; et leur plus ou moins grande hardiesse à s'en servir a moins tenu peut-être à leurs penchants mathématiques qu'à des vues philosophiques ou même purement pratiques. En tout cas, Cayley et Grassmann, vers 1846, manient ces concepts avec la plus grande aisance (et cela, dit Cayley, à la différence de Grassmann ((XXII *a*), p. 321), « *sans recourir à aucune notion métaphysique* »); chez Cayley, on reste constamment très près de l'interprétation analytique et des coordonnées, tandis que chez Grassmann c'est dès l'abord, avec l'addition des vecteurs dans l'espace à n dimensions, l'aspect géométrique qui prend le dessus, pour aboutir aux développements dont nous allons parler dans un moment.

Cependant, l'impulsion venue de Gauss poussait, de deux manières différentes, les mathématiciens vers l'étude des algèbres ou « systèmes hypercomplexes ». D'une part, on ne pouvait manquer de chercher à étendre le domaine des nombres réels autrement que par l'introduction de l'« unité imaginaire » $i = \sqrt{-1}$, et à s'ouvrir peut-être ainsi des domaines plus vastes et aussi féconds que celui des nombres complexes. Gauss lui-même s'était convaincu ((XII *b*), p. 178) de l'impossibilité d'une telle extension, tant du moins qu'on cherche à conserver les principales propriétés des nombres complexes, c'est-à-dire, en langage moderne, celles qui en font un corps commutatif; et, soit sous son influence, soit indépendamment, ses contemporains semblent avoir partagé cette conviction, qui ne sera justifiée que bien plus tard par Weierstrass (XXIII) dans un théorème précis. Mais, dès qu'on interprète la multiplication des nombres complexes par des rotations dans le plan, on est amené, si on se propose d'étendre cette idée à l'espace, à envisager (puisque les rotations dans l'espace forment un groupe non abélien) des multiplications non commutatives; c'est là une des idées qui guident Hamilton[1] dans sa découverte des quaternions (XX), premier exemple d'un corps non commutatif. La singularité de cet exemple (le seul, comme Frobenius devait le démontrer plus tard, qu'on puisse construire sur le corps des réels) en restreint quelque peu la portée, en dépit ou peut-être à cause même de la formation d'une école de « quaternionistes » fanatiques: phénomène étrange, qui se

[1] Cf. l'intéressante préface de ses *Lectures on quaternions* (XX) où il retrace tout l'historique de sa découverte.

reproduit plus tard autour de l'œuvre de Grassmann, puis des vulgarisateurs qui tirent de Hamilton et Grassmann ce qu'on a appelé le « calcul vectoriel ». L'abandon un peu plus tard de l'associativité, par Graves et Cayley qui construisent les « nombres de Cayley », n'ouvre pas de voie très intéressante. Mais, après que Sylvester eut introduit les matrices, et (sans lui donner de nom) en eut clairement défini le rang (XXI), c'est encore Cayley (XXII *b*) qui en crée le calcul, non sans observer (fait essentiel, souvent perdu de vue par la suite) qu'une matrice n'est qu'une notation abrégée pour une substitution linéaire, de même en somme que Gauss notait (a, b, c) la forme $aX^2 + 2bXY + cY^2$. Il n'y a là d'ailleurs que l'un des aspects, le plus intéressant pour nous sans doute, de l'abondante production de Sylvester et Cayley sur les déterminants et tout ce qui s'y rattache, production hérissée d'ingénieuses identités et d'impressionnants calculs.

C'est aussi (entre autres choses) une algèbre sur les réels que découvre Grassmann, l'algèbre extérieure à laquelle son nom reste attaché. Son œuvre, antérieure même à celle de Hamilton (XIX *a*), créée dans une solitude morale presque complète, resta longtemps mal connue, à cause sans doute de son originalité, à cause aussi des brumes philosophiques dont elle commence par s'envelopper, et qui par exemple en détournent d'abord Möbius. Mû par des préoccupations analogues à celles de Hamilton mais de plus ample portée (et qui, comme il s'en aperçoit bientôt, avaient été celles mêmes de Leibniz), Grassmann construit un vaste édifice algébrico-géométrique, reposant sur une conception géométrique ou « intrinsèque » (déjà à peu près axiomatisée) de l'espace vectoriel à n dimensions; parmi les plus élémentaires des résultats auxquels il aboutit, citons par exemple la définition de l'indépendance linéaire des vecteurs, celle de la dimension, et la relation fondamentale $\dim V + \dim W = \dim(V + W) + \dim(V \cap W)$ (*loc. cit.*, p. 209; cf. (XIX *b*), p. 21). Mais ce sont surtout la multiplication extérieure, puis la multiplication intérieure, des multivecteurs, qui lui fournissent les outils au moyen desquels il traite aisément, d'abord les problèmes de l'algèbre linéaire proprement dite, ensuite ceux qui se rapportent à la structure euclidienne, c'est-à-dire à l'orthogonalité des vecteurs (où il trouve l'équivalent de la dualité qui lui manque).

L'autre voie ouverte par Gauss, dans l'étude des systèmes hypercomplexes, est celle qui part des entiers complexes $a + bi$; de ceux-ci, on passe tout naturellement aux algèbres ou systèmes hypercomplexes plus généraux, sur l'anneau $\mathbf{Z}$ des entiers et sur le corps $\mathbf{Q}$ des rationnels, et tout d'abord à ceux déjà envisagés par Gauss qui sont engendrés par des racines de l'unité, puis aux corps de nombres algébriques et aux modules d'entiers algébriques: ceux-là font l'objet principal de l'œuvre de Kummer, l'étude de ceux-ci est abordée par Dirichlet, Hermite, Kronecker, Dedekind. Ici, contrairement à ce qui se passe pour les algèbres sur les réels, il n'est nécessaire de renoncer à aucune des propriétés caractéristiques des corps commutatifs, et c'est à ceux-ci qu'on se borne pendant tout le XIX siècle. Mais les propriétés linéaires, et par exemple la recherche de la base pour les entiers du corps (indispensable à une définition générale du discriminant) jouent sur bien des points un rôle essentiel; et, chez Dedekind en tout cas, les méthodes sont destinées à devenir typiquement « hypercomplexes »; Dedekind lui-même d'ailleurs, sans se poser de manière générale le problème des algèbres, a conscience de ce caractère de ses travaux, et de ce qui les apparente par exemple aux résultats de Weierstrass sur les systèmes hypercomplexes sur les réels ((XXIV), en particulier vol. 2, p. 1). En même temps la détermination de la structure du groupe multiplicatif des unités dans un corps de nombres algébriques, effectuée par Dirichlet dans des notes célèbres (XV) et presque en même temps par Hermite, était éminemment propre à éclaircir les idées sur les modules sur **Z**, leurs systèmes générateurs, et, quand ils en ont, leurs bases, Puis la notion d'idéal, que Dedekind définit dans les corps de nombres algébriques (comme module sur l'anneau des entiers du corps), tandis que Kronecker introduit dans les anneaux de polynômes (sous le nom de « systèmes de modules ») une notion équivalente, donne les premiers exemples de modules sur des anneaux, plus généraux que **Z**; et avec les mêmes auteurs, puis avec Hilbert, se dégage peu à peu dans des cas particuliers la notion de groupe à opérateurs, et la possibilité de construire toujours à partir d'un tel groupe un module sur un anneau convenablement défini.

En même temps, l'étude arithmético-algébrique des formes quadratiques et bilinéaires, et de leur « réduction » (ou, ce qui revient au même, des matrices et de leurs « invariants ») amène à la découverte des principes généraux sur la résolution des systèmes d'équations linéaires, principes qui, faute de la notion de rang, avaient échappé à Jacobi.[1] Le problème de la résolution en nombres entiers des systèmes d'équations linéaires à coefficients entiers est abordé et résolu, d'abord dans un cas particulier par Hermite, puis dans toute sa généralité par H. J. Smith (XXV); les résultats de ce dernier sont retrouvés, en 1878 seulement, par Frobenius, dans le cadre du vaste programme de recherches institué par Kronecker, et auquel participe aussi Weierstrass; c'est incidemment que Kronecker, au cours de ces travaux, donne leur forme définitive aux théorèmes sur les systèmes linéaires à coefficients réels (ou complexes), qu'élucide aussi, dans un obscur manuel, avec le soin minutieux qui le caractérise, le célèbre auteur d'*Alice in Wonderland*; quant à Kronecker, il dédaigne de publier ces résultats, et les abandonne à ses collègues et disciples; le mot même de rang n'est introduit que par Frobenius. C'est aussi dans leur enseignement à l'université de Berlin que Kronecker (XXVI) et Weierstrass introduisent la définition « axiomatique » des déterminants (comme fonction multilinéaire alternée de n vecteurs dans l'espace à n dimensions, normée de manière à prendre la valeur 1 pour la matrice unité), définition équivalente à celle qui se déduit du calcul de Grassmann, et à celle qui est adoptée dans ce Traité; c'est dans ses cours encore que Kronecker, sans éprouver le besoin de lui donner un nom, et sous forme encore non intrinsèque, introduit

[1] De la classification des systèmes de n équations à n inconnues quand le déterminant s'annule, il dit ((XVI *a*), p. 370) : « *paullo prolixum videtur negotium* » (elle ne saurait s'élucider brièvement).

le produit tensoriel d'espaces et le produit « kroneckérien » des matrices (substitution linéaire induite, sur un produit tensoriel, par des substitutions linéaires données appliquées aux facteurs).

Ces recherches ne sauraient être séparées non plus de la théorie des invariants, créée par Cayley, Hermite et Sylvester (la « trinité invariantive » dont parle plus tard Hermite dans ses lettres) et qui, d'un point de vue moderne, est avant tout une théorie des représentations du groupe linéaire. Là se dégage, comme équivalent algébrique de la dualité en géométrie projective, la distinction entre séries de variables cogrédientes et contragrédientes, c'est-à-dire vecteurs dans un espace et vecteurs dans l'espace dual; et, après que l'attention se fut portée d'abord sur les formes de bas degré, puis de degré quelconque, à 2 et 3 variables, on ne tarde guère à examiner les formes bilinéaires, puis multilinéaires, à plusieurs séries de variables « cogrédientes » ou « contragrédientes », ce qui équivaut à l'introduction des tenseurs; celle-ci devient consciente et se popularise lorsque, sous l'inspiration de la théorie des invariants, Ricci et Levi-Cività, en 1900, introduisent en géométrie différentielle le « calcul tensoriel » (XXVIII), qui connut plus tard une grande vogue à la suite de son emploi par les physiciens « relativistes ». C'est encore l'interpénétration progressive de la théorie des invariants, de la géométrie différentielle, et de la théorie des équations aux dérivées partielles (surtout le problème dit de Pfaff, et ses généralisations) qui amènent peu à peu les géomètres à considérer, d'abord les formes bilinéaires alternées de différentielles, en particulier le « covariant bilinéaire » d'une forme de degré 1 (introduit en 1870 par Lipschitz, puis étudié par Frobenius), pour aboutir à la création, par E. Cartan (XXIX) et Poincaré (XXX) du calcul des formes différentielles extérieures. Poincaré introduit cellesci, en vue de la formation de ses invariants intégraux, comme étant les expressions qui figurent dans les intégrales multiples, tandis que Cartan, guidé sans doute par ses recherches sur les algèbres, les introduit d'une manière plus formelle, mais non sans observer aussi que la partie algébrique de leur calcul est identique à la multiplication extérieure de Grassmann (d'où le nom qu'il adopte), remettant par là définitivement à sa vraie place l'œuvre de celui-ci. La traduction, dans les notations du calcul tensoriel, des formes différentielles extérieures, montre d'ailleurs immédiatement leur liaison avec les tenseurs antisymétriques, ce qui, dès qu'on revient au point de vue purement algébrique, fait voir qu'elles sont aux formes multilinéaires alternées ce que les tenseurs covariants sont aux formes multilinéaires quelconques; cet aspect s'éclaircit encore avec la théorie moderne des représentations du groupe linéaire; et on reconnaît par là, par exemple, l'identité substantielle entre la définition des déterminants donnée par Weierstrass et Kronecker, et celle qui résulte du calcul de Grassmann.

Nous arrivons ainsi à l'époque moderne, où la méthode axiomatique et la notion de structure (sentie d'abord, définie à date toute récente seulement), permettent de séparer des concepts qui jusque-là avaient été inextricablement mêlés, de formuler ce qui était vague ou inconscient, de démontrer avec la généralité qui leur est propre les théorèmes qui n'étaient connus que dans des cas particuliers. Peano, l'un des créateurs de la méthode axiomatique, et l'un des premiers mathématiciens aussi à apprécier à sa valeur l'œuvre de Grassmann, donne dès 1888 ((XXVII), chap IX) la définition axiomatique des espaces vectoriels (de dimension finie ou non) sur le corps des réels, et, avec une notation toute moderne, des applications linéaires d'un tel espace dans un autre; un peu plus tard, Pincherle cherche à développer des applications de l'algèbre linéaire, ainsi conçue, à la théorie des fonctions, dans une direction il est vrai qui s'est montrée peu féconde; du moins son point de vue lui permet-il de reconnaître dans l'« adjointe de Lagrange » un cas particulier de la transposition des applications linéaires: ce qui apparaît bientôt, plus clairement encore, et pour les équations aux dérivées partielles aussi bien que pour les équations différentielles, au cours des mémorables travaux de Hilbert et de son école sur l'espace de Hilbert et ses applications à l'analyse. C'est à l'occasion de ces dernières recherches que Toeplitz (XXXI), introduisant aussi (mais au moyen de coordonnées) l'espace vectoriel le plus général sur les réels, fait l'observation fondamentale que la théorie des déterminants est inutile à la démonstration des principaux théorèmes de l'algèbre linéaire, ce qui permet d'étendre ceux-ci sans difficulté aux espaces de dimension infinie; et il indique aussi que l'algèbre linéaire ainsi comprise s'applique bien entendu à un corps de base commutatif quelconque.

D'autre part, avec l'introduction par Banach, en 1922, des espaces qui portent son nom,[1] on rencontre, il est vrai dans un problème topologique autant qu'algébrique, des espaces non isomorphes à leur dual. Déjà, entre un espace vectoriel de dimension finie et son dual, il n'est pas d'isomorphisme « canonique », c'est-à-dire déterminé par la structure, ce qui s'était reflété depuis longtemps dans la distinction entre cogrédient et contragrédient. Il semble néanmoins hors de doute que la distinction entre un espace et son dual ne s'est définitivement établie qu'à la suite des travaux de Banach et de son école; ce sont ces travaux aussi qui ont fait apparaître l'intérêt de la notion de codimension. Quant à la dualité ou « orthogonalité » entre les sous-espaces vectoriels d'un espace et ceux de son dual, la manière dont on la formule aujourd'hui présente une analogie qui n'est pas seulement extérieure avec la formulation moderne du théorème principal de la théorie de Galois (cf. A, V), et avec la dualité dite de Pontrjagin dans les groupes abéliens localement compacts; celle-ci remonte à Weber, qui, à l'occasion de recherches arithmétiques, en pose les bases en 1886 pour les groupes finis; en théorie de Galois, la « dualité » entre sous-groupes et sous-corps prend forme chez Dedekind et Hilbert; et l'orthogonalité entre sous-espaces vectoriels dérive visiblement, d'abord de la dualité entre variétés linéaires en géométrie projective, et aussi de la notion et des propriétés des variétés complètement orthogonales dans un espace euclidien ou un espace de Hilbert (d'où son nom). Tous ces faisceaux

[1] Ce sont les espaces vectoriels normés complets, sur le corps des nombres réels ou celui des nombres complexes.

se rassemblent à l'époque contemporaine, entre les mains d'algébristes tels que E. Noether, E. Artin et Hasse, de topologistes tels que Pontrjagin et Whitney (non sans influences mutuelles s'exerçant entre les uns et les autres) pour aboutir, dans chacun de ces domaines, à la mise au point dont les résultats sont exposés dans le présent Traité.

En même temps se fait un examen critique, destiné à éliminer, sur chaque point, les hypothèses non vraiment indispensables, et surtout celles par lesquelles on se fermerait certaines applications. On s'aperçoit ainsi de la possibilité de substituer les anneaux aux corps dans la notion d'espace vectoriel, et, créant la notion générale de module, de traiter du même coup ces espaces, les groupes abéliens, les modules particuliers déjà étudiés par Kronecker, Weierstrass, Dedekind, Steinitz, et même les groupes à opérateurs, et par exemple de leur appliquer le théorème de Jordan-Hölder; en même temps se fait, au moyen de la distinction entre module à droite et module à gauche, le passage au non commutatif, à quoi conduisait le développement moderne de la théorie des algèbres par l'école américaine (Wedderburn, Dickson) et surtout par l'école allemande (E. Noether, E. Artin).

BIBLIOGRAPHIE

(I) O. Neugebauer, *Vorlesungen über Geschichte der antiken Mathematik*, Bd. I: Vorgrieschische Mathematik, Berlin (Springer), 1934.

(II) *Euclidis Elementa*, 5 vol., éd. J. L. Heiberg, Lipsiae (Teubner), 1883-88.

(II *bis*) T. L. Heath, *The thirteen books of Euclid's Elements* ..., 3 vol., Cambridge, 1908.

(III) Francisci Vietae *Opera mathematica* ..., Lugduni Batavorum (Elzevir), 1646.

(IV) P. Fermat, *Œuvres*, t. I, Paris (Gauthier-Villars), 1891: *a*) Ad locos planos et solidos Isagoge (p. 91–110; trad. française, *ibid.*, t. III, p. 85); *b*) Appendix ad methodum... (p. 184-188; trad. française, *ibid.*, t. III, p. 159).

(V) R. Descartes, *La Géométrie*, Leyde (Jan Maire), 1637 (= *Œuvres*, éd. Ch. Adam et P. Tannery, t. VI, Paris (L. Cerf), 1902).

(VI) G. Desargues, *Œuvres* ..., t. I, Paris (Leiber), 1864: Brouillon proiect d'une atteinte aux éuénemens des rencontres d'un cône auec un plan (p. 103-230).

(VII) G. W. Leibniz, *Mathematische Schriften*, éd. C. I. Gerhardt, t. I, Berlin (Asher), 1849.

(VIII) L. Euler: *a*) *Introductio in Analysin Infinitorum*, t. 2^{dus}, Lausannae, 1748 (= *Opera Omnia* (1), t. IX, Zürich-Leipzig-Berlin (O. Füssli et B. G. Teubner), 1945); *b*) *Institutionum Calculi Integralis* vol. 2^{dum}, Petropoli, 1769 (= *Opera Omnia* (1), t. XII, Leipzig-Berlin (B. G. Teubner), 1914).

(IX) J.-L. Lagrange, *Œuvres*, Paris (Gauthier-Villars), 1867-1892: *a*) Solutions analytiques de quelques problèmes sur les pyramides triangulaires, t. III, p. 661-692; *b*) Solution de différents problèmes de calcul intégral, t. I, p. 471; *c*) Recherches d'arithmétique, t. III, p. 695-795.

(X) G. Cramer, *Introduction à l'analyse des lignes courbes*, Genève (Cramer et Philibert), 1750.

(XI) E. Bezout, *Théorie générale des équations algébriques*, Paris, 1779.

(XII) C. F. Gauss, *Werke*, Göttingen, 1870-1927: *a*) Disquisitiones arithmeticae, Bd. I; *b*) Selbstanzeige zur Theoria residuorum biquadraticorum, Commentatio secunda, Bd. II, p. 169-178.

(XIII) A.-L. Cauchy, Mémoire sur les fonctions qui ne peuvent obtenir que deux valeurs égales et de signes contraires par suite des transpositions opérées entre les variables qu'elles renferment, *J. Ec. Polytech.*, cahier 17 (tome X), 1815, p. 29-112 (= *Œuvres complètes* (2), t. I, Paris (Gauthier-Villars), 1905, p. 91-169).

(XIV) A.-L. Cauchy, in *Leçons de calcul différentiel et de calcul intégral, rédigées principalement d'après les méthodes de M. A.-L. Cauchy*, par l'abbé Moigno, t. II, Paris, 1844.

(XV) P. G. Lejeune-Dirichlet, *Werke*, t. I, Berlin (G. Reimer), 1889, p. 619-644.

(XVI) C. G. J. Jacobi, *Gesammelte Werke*, Berlin (G. Reimer), 1881-1891: *a*) De formatione et proprietatibus determinantium, Bd. III, p. 355-392; *b*) De functionibus duarum variabilium..., Bd. II, p. 25-50.

(XVII) M. Chasles, *Aperçu historique sur l'origine et le développement des méthodes en géométrie*..., Bruxelles, 1837.

(XVIII) A. F. Möbius, *Der baryzentrische Calcul*..., Leipzig, 1827 (= *Gesammelte Werke*, Bd. I, Leipzig (Hirzel), 1885).

(XIX) H. Grassmann: *a*) *Die lineale Ausdehnungslehre, ein neuer Zweig der Mathematik, dargestellt und durch Anwendungen auf die übrigen Zweige der Mathematik, wie auch auf die Statik, Mechanik, die Lehre vom Magnetismus und die Kristallonomie erlaütert*, Leipzig (Wigand), 1844 (= *Gesammelte Werke*, Bd. I, 1. Teil, Leipzig (Teubner), 1894); *b*) *Die Ausdehnungslehre, vollständig und in strenger Form bearbeitet*, Berlin, 1862 (= *Gesammelte Werke*, Bd. I, 2. Teil, Leipzig (Teubner), 1896).

(XX) W. R. Hamilton, *Lectures on Quaternions*, Dublin, 1853.

(XXI) J. J. Sylvester, *Collected Mathematical Papers*, vol. I, Cambridge, 1904: No. 25, Addition to the articles..., p. 145-151 (= *Phil. Mag.*, 1850).

(XXII) A. Cayley, *Collected Mathematical Papers*, Cambridge, 1889-1898: *a*) Sur quelques théorèmes de la géométrie de position, t. I, p. 317-328 (= *J. de Crelle*, t. XXXI (1846), p. 213-227); *b*) A memoir on the theory of matrices, t. II, p. 475-496 (= *Phil. Trans.*, 1858).

(XXIII) K. Weierstrass, *Mathematische Werke*, Bd. II, Berlin (Mayer und Müller), 1895: Zur Theorie der aus *n* Haupteinheiten gebildeten complexen Grössen, p. 311-332.

(XXIV) R. Dedekind, *Gesammelte mathematische Werke*, 3 vol., Braunschweig (Vieweg), 1930-32.

(XXV) H. J. Smith, *Collected Mathematical Papers*, vol. I, Oxford, 1894: On systems of linear indeterminate equations and congruences, p. 367 (= *Phil. Trans.*, 1861).

(XXVI) L. Kronecker, *Vorlesungen über die Theorie der Determinanten...*, Leipzig (Teubner), 1903.

(XXVII) G. Peano, *Calcolo geometrico secondo l'Ausdehnungslehre di Grassmann, preceduto dalle operazioni della logica deduttiva*, Torino, 1888.

(XXVIII) G. Ricci et T. Levi-Civitá, Méthodes de calcul différentiel absolu et leurs applications, *Math. Ann.*, t. LIV (1901), p. 125.

(XXIX) E. Cartan, Sur certaines expressions différentielles et le problème de Pfaff, *Ann. E. N. S.* (3), t. XVI (1899), p. 239-332 (= *Oeuvres complètes*, t. II_1, Paris (Gauthier-Villars), 1953, p. 303–396).

(XXX) H. Poincaré, *Les méthodes nouvelles de la mécanique céleste*, t. III, Paris (Gauthier-Villars), 1899, chap. xxii.

(XXXI) O. Toeplitz, Ueber die Auflösung unendlichvieler linearer Gleichungen mit unendlichvielen Unbekannten, *Rend. Circ. Mat. Pal.*, t. XXVIII (1909), p. 88-96.

INDEX DES NOTATIONS

$x + y$, $x.y$, xy, $x \top y$, $x \perp y$: I, p. 1.
$X \top Y$, $X + Y$, XY (X, Y parties): I, p. 2.
$X \top a$, $a \top X$ (X partie, a élément): I, p. 2.
$\top_{\alpha \in A} x_\alpha$, $\top_\alpha x_\alpha$, $\top x_\alpha$, $\perp_{\alpha \in A} x_\alpha$, $\perp_\alpha x_\alpha$, $\perp x_\alpha$, $\sum_{\alpha \in A} x_\alpha$, $\sum_\alpha x_\alpha$, $\sum x_\alpha$, $\prod_{\alpha \in A} x_\alpha$, $\prod_\alpha x_\alpha$, $\prod x_\alpha$: I, p. 3–4.
$\top_{p \leqslant i \leqslant q} x_i$, $\top_{i=p}^{q} x_i$: I, p. 5.
$x_p \top x_{p+1} \top \cdots \top x_q$: I, p. 5.
$\overset{n}{\top} x$, $\overset{n}{\perp} x$, x^n, nx ($n \in \mathbf{N}$): I, p. 5.
$\top_{0 \leqslant i < j \leqslant n} x_{ij}$, $\top_{i<j} x_{ij}$: I, p. 10.
$\sum_{i=p}^{q} \sum_{j=r}^{s} x_{ij}$, $\sum_{j=r}^{s} \sum_{i=p}^{q} x_{ij}$: I, p. 10.
$\top_{0 \leqslant i_1 < i_2 < \cdots < i_p \leqslant n} x_{i_1 i_2 \ldots i_p}$, $\top_{i_1 < i_2 < \cdots < i_p} x_{i_1 i_2 \ldots i_p}$: I, p. 10.
$\top_{i \in I} x_i$ ($(x_i)_{i \in I}$ famille à support fini): I, p. 14.
0, 1: I, p. 14.
γ_a, δ_a, $\gamma(a)$, $\delta(a)$: I, p. 14.
E_S (S partie d'un monoïde commutatif E): I, p. 17.
$\mathbf{Z}$, + (addition dans $\mathbf{Z}$): I, p. 20.
$\leqslant$ (relation d'ordre dans $\mathbf{Z}$): I, p. 21.
$\mathbf{N}^*$: I, p. 21.
$\overset{n}{\top}$ (pour $n \in \mathbf{Z}$): I, p. 22.
$-x$, $x - y$, $x + y - z$, $x - y - z$, $x - y + z - t$: I, p. 23.
nx ($n \in \mathbf{Z}$): I, p. 23.
x^n ($n \in \mathbf{Z}$): I, p. 23.
$\frac{1}{x}$, $\frac{x}{y}$, x/y: I, p. 23.
$\alpha.x$, $x.\alpha$, x^α (α opérateur): I, p. 24.
$\alpha \perp x$, $\alpha \perp X$, $\Xi \perp X$ (α opérateur, Ξ ensemble d'opérateurs): I, p. 24.
$\mathfrak{S}_F$: I, p. 29.
(G:H), G/H (H sous-groupe de G) : I, p. 34.
$x \equiv y$ (mod. H), $x \equiv y$ (H) (H sous-groupe distingué): I, p. 35.
Ker f, Im f (f homomorphisme de groupes): I, p. 36.
$\prod_{i \in I} G_i$ (G_i groupes): I, p. 43.
$G_1 \times_H G_2$: I, p. 44.
$\coprod_{i \in I} G_i$: I, p. 45.
$x \equiv y$ (mod. a), $x \equiv y$ (a) (a, x, y entiers rationnels): I, p. 46.
$v_p(a)$ (p nombre premier, a entier rationnel): I, p. 49.
Aut(G), Int(G), Int(x) (G groupe, $x \in G$): I, p. 53.
$N_G(A)$, N(A) (G groupe, $A \subset G$): I, p. 54.
$C_G(A)$, C(A) (G groupe, $A \subset G$): I, p. 54.
E/G, G\E (G groupe opérant dans E): I, p. 55.
G\E/H (G, H groupes opérant dans E par des actions qui commutent): I, p. 55.
$\mathfrak{S}_n$: I, p. 59.
$\tau_{x,y}$ (transposition de support $\{x, y\}$): I, p. 60.
$\varepsilon(\sigma)$, ε_σ (σ permutation): I, p. 62.
$\mathfrak{A}_E$, $\mathfrak{A}_n$: I, p. 62.

INDEX TERMINOLOGIQUE

TABLE DES MATIÈRES